JN314178

物性物理学
ハンドブック

川畑有郷
鹿児島誠一
北岡良雄
上田正仁

［編集］

朝倉書店

編集者

かわばた ありさと
川畑 有郷
学習院大学名誉教授

かごしま せいいち
鹿児島 誠一
東京大学名誉教授
明治大学理工学部客員教授

きたおか よしお
北岡 良雄
大阪大学大学院基礎工学研究科教授

うえだ まさひと
上田 正仁
東京大学大学院理学系研究科教授

序

　本書は物性物理学のほぼすべての分野の解説が網羅されている．物性物理学の内容は多岐にわたり，分野によってその様相は色々と異なる．非常に精密な実験と洗練された理論により成り立っている分野もあれば，大雑把な実験と泥臭い現象論が幅をきかせている分野もある．決して前者が高級で後者が低級ということはないのだが，解説の書き方も，おのずから傾向が異なる．筆者もいくつかの解説に目を通してみたが，正直な所，これだけの実験事実からこれだけのことをいっていいものだろうか，と感じた解説もいくつかあった．しかし，執筆者は各分野の選りすぐりのエキスパートであり，その分野における長い経験によって裏打ちされたものと考えられる．素人が一寸読んだだけで批判するべきものではないだろう．

　第1章から第10章までは，物質が示す現象によって分類してある．第10章は「誘電体」となっているが，これも，特別な誘電的な現象を示す物質という意味であり，現象が優先の分類である．磁性に対して，誘電性という言葉もあるがちょっとニュアンスが違う．これに対して，第11章は，色々な物質の性質を概観したものであり，第10章までとは織物の縦糸と横糸の関係にあるといってよいであろう．

　筆者は，JPSJ (Journal of the Physical Society of Japan) の編集委員長を務めているが，以前に編集委員長を務めていたとき（1994～1996年）に比べると研究者の守備範囲が確実に狭くなっていると感じる．論文のレフェリーを依頼すると，一寸専門が違うといって断られることが多い．以前は，半導体か磁性か，の区別ぐらいでレフェリーを依頼しても引き受けてくれたものである．とくに，大先生はそうであった．特殊な電子顕微鏡に関する論文のレフェリーがどうしても見つからず，要は波の干渉に関することだから，というので光学の大家に依頼したら引き受けてくれた．このようなことは今では考えられない．

　ここでいいたいことは，他分野の解説をとくに目的がなくとも時々読んでみ

たらどうだろうか，ということである．まったくかけ離れた分野の解説を読むのも面白いし，自分の専門の隣接分野であれば，楽に読めて研究の発展のヒントになるかもしれない．本書を棚に飾っておくだけでなく，このように活用していただければ，著者の方々も努力のし甲斐があったというものだろう．著者および編集委員の方々には，この場を借りてお礼を申し上げたい．また，編集部の方々の努力も並々ならぬものがあったことを申し添えたい．

 2012 年 3 月

川 畑 有 郷

編集者

川畑有郷　学習院大学名誉教授
鹿児島誠一　東京大学名誉教授
　　　　　　明治大学
北岡良雄　大阪大学
上田正仁　東京大学

執筆者（五十音順）

赤井久純	大阪大学	勝本信吾	東京大学
安食博志	大阪大学	鹿野田一司	東京大学
荒川一郎	学習院大学	川勝年洋	東北大学
有馬孝尚	東北大学	川上則雄	京都大学
石橋善弘	名古屋大学名誉教授	川路紳治	学習院大学名誉教授
一宮彪彦	名古屋大学名誉教授	川島直輝	東京大学
伊藤公平	慶應義塾大学	神野賢一	前 和歌山大学
伊藤　満	東京工業大学	倉本義夫	東北大学
井上　慎	東京大学	河野公俊	理化学研究所
井元信之	大阪大学	小林典男	東北大学名誉教授
岩佐義宏	東京大学	作道恒太郎	筑波大学名誉教授
上江洲由晃	早稲田大学	斯波弘行	東京工業大学名誉教授
上田和夫	東京大学	清水克哉	大阪大学
上羽牧夫	名古屋大学	髙木英典	東京大学
枝川圭一	東京大学	髙柳邦夫	東京工業大学
江藤幹雄	慶應義塾大学	田仲由喜夫	名古屋大学
大塚穎三	大阪大学名誉教授	谷垣勝己	東北大学
大槻東巳	上智大学	樽茶清悟	東京大学
大野英男	東北大学	津田惟雄	東京理科大学
大見哲巨	近畿大学	坪田　誠	大阪市立大学
小川哲生	大阪大学	豊沢　豊	元 東京大学
押川正毅	東京大学	永井克彦	広島大学名誉教授
小野嘉之	東邦大学	永長直人	東京大学
勝又紘一	理化学研究所名誉研究員	前野悦輝	京都大学

舛本泰章	筑波大学	本河光博	東北大学名誉教授
松田祐司	京都大学	森垣和夫	東京大学名誉教授
水谷宇一郎	名古屋大学	山口　豪	前 静岡大学
南　和彦	名古屋大学	山田耕作	京都大学名誉教授
宮尾正大	室蘭工業大学名誉教授	湯浅新治	産業技術総合研究所
三宅和正	大阪大学	吉岡大二郎	東京大学
村上雅人	芝浦工業大学	若林淳一	中央大学
村田惠三	大阪市立大学		

目　　　次

1 磁　　　性 1
　1.1 磁性の基礎概念 .... [倉本義夫] 1
　　1.1.1 はじめに 1
　　1.1.2 磁気モーメントの形成 2
　　1.1.3 磁気モーメント間の相互作用 7
　　1.1.4 種々の磁気秩序 12
　　1.1.5 磁気秩序の発現と抑圧 14
　1.2 遍歴電子系の磁性 16
　　1.2.1 バンド理論 .... [赤井久純] 16
　　1.2.2 金属磁性とスピンのゆらぎ .... [三宅和正] 27
　1.3 局在スピン系の磁性 .... [本河光博] 38
　　1.3.1 はじめに 38
　　1.3.2 スピン対と単分子磁性体 40
　　1.3.3 スピン対の1次元鎖と2次元ネットワーク 42
　　1.3.4 1次元磁性体と2次元磁性体 44
　　1.3.5 三角格子磁性体 45
　　1.3.6 3次元磁性体 46
　1.4 近藤効果 .... [山田耕作] 48
　　1.4.1 金属中の残留抵抗 48
　　1.4.2 アンダーソン・ハミルトニアン 50
　　1.4.3 近藤効果 51
　　1.4.4 アンダーソン・ハミルトニアンの摂動展開 55
　　1.4.5 ベーテ仮説による厳密解 56
　　1.4.6 まとめ 57
　1.5 量子スピン系 58
　　1.5.1 理　　論 .... [押川正毅] 58
　　1.5.2 実　　験 .... [勝又紘一・南　和彦] 80
　1.6 スピングラス .... [川島直輝] 92
　　1.6.1 スピングラスとは何か 92

	1.6.2	スピングラス現象	93
	1.6.3	磁性体としてのスピングラス	94
	1.6.4	モデルとしてのスピングラス	95
	1.6.5	スピングラスと関連分野	98
1.7	スピントロニクス		100
	1.7.1	巨大磁気抵抗効果 [湯浅新治]	100
	1.7.2	磁性半導体 [大野英男]	111

2 超伝導・超流動 ... 121

2.1	基礎概念とBCS超伝導 [永井克彦]		121
	2.1.1	基礎概念とBCS超伝導	121
	2.1.2	BCS理論	125
2.2	金属元素・合金・化合物の超伝導 [小林典男]		137
	2.2.1	元素・合金の超伝導	138
	2.2.2	強結合超伝導体	140
	2.2.3	超伝導化合物	141
	2.2.4	層状超伝導化合物	144
2.3	高温超伝導		150
	2.3.1	実　　験 [髙木英典]	150
	2.3.2	理　　論 [上田和夫]	175
2.4	エキゾチック超伝導		182
	2.4.1	重い電子系の超伝導 [松田祐司]	182
	2.4.2	有機物超伝導 [鹿野田一司]	190
	2.4.3	スピン3重項の超伝導 [前野悦輝]	197
	2.4.4	超高圧誘起単体元素超伝導 [清水克哉]	211
2.5	超伝導工学 [村上雅人]		216
	2.5.1	超伝導電力応用の基礎	216
	2.5.2	超伝導電力応用	220
	2.5.3	デバイス応用	221
2.6	超　流　動		224
	2.6.1	ヘリウム4 [坪田　誠]	224
	2.6.2	ヘリウム3 [河野公俊]	232
2.7	原子気体のボース–アインシュタイン凝縮		246
	2.7.1	実　　験 [井上　慎]	246
	2.7.2	理　　論 [大見哲巨]	254

3 量子ホール効果 **264**

3.1 整数量子ホール効果 . . . . [川路紳治] 264
- 3.1.1 整数量子ホール効果とは何か 264
- 3.1.2 2次元電子気体のランダウ準位 266
- 3.1.3 2次元電子気体の電流磁気効果 267
- 3.1.4 長距離乱雑ポテンシャルによる局在と量子ホール効果 269
- 3.1.5 2次元自由電子系のホール電流の基本的性質 270
- 3.1.6 ラフリンの思考実験 272
- 3.1.7 強磁場中の2次元電子系の局在 273

3.2 分数量子ホール効果 . . . . [吉岡大二郎] 275
- 3.2.1 舞　　台 275
- 3.2.2 実　　験 276
- 3.2.3 エネルギーギャップと分数量子ホール効果 278
- 3.2.4 1電子状態の波動関数 279
- 3.2.5 ラフリンの波動関数 279
- 3.2.6 厳密なハミルトニアン 280
- 3.2.7 零点と準粒子 281
- 3.2.8 複合粒子理論 281
- 3.2.9 偶数分母状態 283
- 3.2.10 スピン自由度 283
- 3.2.11 2　層　系 284

4 金属–絶縁体転移 **287**

4.1 パイエルス転移 . . . . [小野嘉之] 287
- 4.1.1 パイエルス転移とは 287
- 4.1.2 密度応答関数とパイエルス不安定性 288
- 4.1.3 フォノンのソフト化 289
- 4.1.4 ギャップとひずみの温度依存性 291
- 4.1.5 高次元系のパイエルスひずみ (フェルミ面のネスティング) 292
- 4.1.6 スピン・パイエルス系 293
- 4.1.7 整合–不整合転移 294
- 4.1.8 パイエルス相における励起–位相モードと振幅モード 294

4.2 アンダーソン転移 . . . . [大槻東巳・伊藤公平] 295
- 4.2.1 はじめに 295
- 4.2.2 スケーリング理論 296
- 4.2.3 対称性と普遍クラス 299
- 4.2.4 ユニバーサリティの確認 301

　　　　4.2.5　実験の状況 301
　　　　4.2.6　ま　と　め 305
　4.3　モット転移 .... [斯波弘行] 306
　　　　4.3.1　バンド理論による金属と絶縁体の区別 306
　　　　4.3.2　電子間のクーロン相互作用とモット絶縁体 307
　　　　4.3.3　モット転移の理論 310
　　　　4.3.4　モット転移の具体例 311

5　メゾスコピック系 315
　5.1　バリスティック伝導・量子干渉 .... [勝本信吾] 315
　　　　5.1.1　拡散伝導とバリスティック伝導 315
　　　　5.1.2　様々な「長さ」 316
　　　　5.1.3　量子ポイントコンタクト・ランダウアーの公式 319
　　　　5.1.4　バリスティック伝導の古典的効果 323
　　　　5.1.5　量子干渉計 325
　　　　5.1.6　ランダウアー–ビュティカーの公式 327
　　　　5.1.7　永　久　電　流 328
　　　　5.1.8　拡散伝導における量子干渉効果 328
　　　　5.1.9　普遍的伝導度ゆらぎ・量子カオス 329
　5.2　単電子帯電効果 .... [江藤幹雄] 332
　　　　5.2.1　微小トンネル接合 332
　　　　5.2.2　クーロン島 (量子ドット) 334
　　　　5.2.3　コトンネリングと近藤効果 337
　5.3　メゾスコピック超伝導 .... [田仲由喜夫] 339
　　　　5.3.1　超伝導を微細加工した系 340
　　　　5.3.2　超伝導・常伝導体界面 341
　　　　5.3.3　超伝導と単電子帯電効果 346

6　光　物　性 348
　6.1　歴史・配位座標モデル・励起子・光非線形・高密度励起 .... [豊沢　豊] 348
　　　　6.1.1　光物性研究の歴史 348
　　　　6.1.2　局在電子と配位座標モデル 349
　　　　6.1.3　励　起　子 353
　　　　6.1.4　共鳴2次光学過程 358
　　　　6.1.5　励起子分子 359
　　　　6.1.6　光非線形性 359
　　　　6.1.7　2光子吸収による励起子分子創成の巨大断面積 360

- 6.1.8 高密度励起状態 ... 360
- 6.2 低次元系・光誘起相転移 ... [小川哲生] 363
  - 6.2.1 最近の光物性物理学の特徴 ... 363
  - 6.2.2 低次元系の光物性 ... 363
  - 6.2.3 光誘起相転移 ... 373
- 6.3 量子光学 ... [井元信之] 379
  - 6.3.1 光の量子論の歴史 ... 380
  - 6.3.2 量子化された光 ... 382
  - 6.3.3 光の量子状態 ... 383
  - 6.3.4 量子光学の応用 ... 388

7 低次元系の物理 ... 391

- 7.1 1次元系の物理 ... [川上則雄] 391
  - 7.1.1 自由電子の性質 ... 391
  - 7.1.2 朝永–ラッティンジャー液体 ... 392
  - 7.1.3 共形場の理論 ... 395
  - 7.1.4 ボソン化法 ... 396
  - 7.1.5 可積分系とソリトン物理 ... 397
- 7.2 2次元系の物理 ... [永長直人] 400
  - 7.2.1 2次元系の特徴 ... 400
  - 7.2.2 ベレジンスキー–コステリッツ–サウレス転移 ... 403
  - 7.2.3 スキルミオンとメロン ... 406

8 ナノサイエンス ... 410

- 8.1 量子細線・ナノコンタクト ... [勝本信吾] 410
  - 8.1.1 作製法 ... 410
  - 8.1.2 1次元電子系と電気伝導 ... 412
  - 8.1.3 電子間相互作用 ... 414
  - 8.1.4 0.7異常問題 ... 415
  - 8.1.5 量子細線の光応答 ... 416
- 8.2 量子ドット・量子閉じ込め ... [樽茶清悟] 416
  - 8.2.1 単一量子ドット ... 417
  - 8.2.2 結合量子ドット ... 420
  - 8.2.3 単一電荷検出 ... 423
  - 8.2.4 緩和問題 ... 425
  - 8.2.5 量子情報への応用 ... 427
- 8.3 微粒子・クラスター・ナノ結晶 ... 430

		8.3.1 電気伝導・熱伝導・磁性 .... [谷垣勝己] 430

　　　　8.3.1 電気伝導・熱伝導・磁性 .... [谷垣勝己] 430
　　　　8.3.2 光学的性質 .... [舛本泰章] 437
　　　　8.3.3 金属クラスター .... [山口　豪] 452
　　8.4 カーボンナノチューブ・ナノワイヤーほか 458
　　　　8.4.1 カーボンナノチューブ・グラフェン .... [安食博志] 458
　　　　8.4.2 金属ナノチューブ・ナノワイヤー .... [髙柳邦夫] 468

9　表面・界面物理学 **478**

　　9.1 表面・界面構造 .... [一宮彪彦] 478
　　　　9.1.1 表面と界面 478
　　　　9.1.2 表面・界面の再構成構造とその表現 479
　　　　9.1.3 表面再構成構造 483
　　9.2 2次元電子系 .... [若林淳一] 485
　　　　9.2.1 シリコン MOS 反転層 485
　　　　9.2.2 GaAs ヘテロ構造の 2 次元電子系 489
　　9.3 吸　　　着 .... [荒川一郎] 494
　　　　9.3.1 吸着の熱・統計力学 496
　　　　9.3.2 吸 着 平 衡 499
　　　　9.3.3 均質表面上の吸着 503
　　9.4 結 晶 成 長 .... [上羽牧夫] 506
　　　　9.4.1 平坦面と荒れた面 506
　　　　9.4.2 結晶成長機構 508
　　　　9.4.3 エピタキシャル成長 510
　　　　9.4.4 表面構造の緩和 511
　　　　9.4.5 成長時の安定性 512

10　誘　電　体 **515**

　　10.1 誘電体とは .... [作道恒太郎] 515
　　　　10.1.1 常誘電体と強誘電体 515
　　　　10.1.2 $BaTiO_3$ と $PbTiO_3$ 518
　　　　10.1.3 様々な誘電的相転移 521
　　10.2 本質的不均一系としての誘電体 526
　　　　10.2.1 リラクサー .... [上江洲由晃] 526
　　　　10.2.2 量子常誘電体 $SrTiO_3$・酸素同位体効果・量子常誘電体が示す
　　　　　　　巨大物性 .... [伊藤　満] 536
　　10.3 ドメインと分極反転 .... [石橋善弘] 546
　　　　10.3.1 分　域　壁 546

目次

- 10.3.2 分域壁の運動 549
- 10.3.3 分極反転 550
- 10.4 マルチフェロイック .... [有馬孝尚] 555
  - 10.4.1 フェロイックとは 555
  - 10.4.2 マルチフェロイックの示す物性 557
  - 10.4.3 電気磁気効果 558
  - 10.4.4 磁気構造に由来する第2高調波発生 563
  - 10.4.5 ドメイン構造 563
  - 10.4.6 トロイダルモーメント 564

11 物質から見た物性物理 **567**

- 11.1 半導体 .... [大塚穎三・宮尾正大] 567
  - 11.1.1 半導体の位置付け 567
  - 11.1.2 電子工業との連携 572
- 11.2 イオン結晶 .... [神野賢一] 577
  - 11.2.1 ハロゲン化アルカリの固有発光 579
  - 11.2.2 正孔の V_K 緩和と自己束縛励起子 580
  - 11.2.3 励起子の断熱不安定性とオフセンター緩和 581
  - 11.2.4 自己束縛励起子の多重安定構造 583
  - 11.2.5 断熱ポテンシャル面と緩和ダイナミクス 585
  - 11.2.6 特徴的な金属ハライド 588
- 11.3 酸化物 .... [津田惟雄] 589
  - 11.3.1 多様な電子状態・結晶構造 589
  - 11.3.2 電気伝導性 594
- 11.4 分子性物質 602
  - 11.4.1 有機導体 .... [村田惠三] 602
  - 11.4.2 フラーレン：軌道の自由度をもつ分子性固体 .... [岩佐義宏] 619
- 11.5 ソフトマテリアル .... [川勝年洋] 630
  - 11.5.1 ソフトマテリアルの定義と実例 630
  - 11.5.2 実験的手法 (散乱実験と実空間観察) 636
  - 11.5.3 理論的手法 (統計的な解析手法とシミュレーション) 636
  - 11.5.4 ソフトマテリアル研究の今後の発展 (複合系とマルチスケールモデリング) 638
- 11.6 準結晶 .... [枝川圭一] 639
  - 11.6.1 はじめに 639
  - 11.6.2 準結晶の原子配列秩序 640
  - 11.6.3 準結晶の電子構造と電気伝導 643

11.6.4 おわりに 645
11.7 アモルファス物質 645
　11.7.1 アモルファス金属 .... [水谷宇一郎] 645
　11.7.2 アモルファス半導体 .... [森垣和夫] 655

索　引 **663**

1

磁　　性

1.1　磁性の基礎概念

1.1.1　はじめに

　磁石がある金属を引き付け，別の金属や非金属には無関心，という現象に幼い頃に接して，自然の神秘的な力を実感した人は多いだろう．鉄 (Fe) の強磁性は，少なくともギリシャ時代から人類に知られていた．また，羅針盤などでその応用もなされてきた．量子力学誕生以前の磁性研究は，電磁気学と統計力学に矛盾しないという制限の下での現象論であった．この時点でのめざましい知見として，常磁性磁化率が絶対温度に反比例するというキュリーの法則の発見 (1895) と Langevin によるその説明 (1905)，さらに Weiss による分子場概念 (1907) の導入などがあげられる．分子場とは，その物質がもつ磁化に比例する磁場で，個々の磁気モーメントに対してはたらく．分子場の概念により，強磁性転移温度 (キュリー温度) 以下の磁化の温度依存性などが説明された．しかし，磁気的秩序をもたらす力を微視的に理解するには，1925 年にはじまる量子力学の革命的発展まで待たなくてはならなかった．すなわち，磁性は優れて量子的な現象である．この事実は，磁性の背景となる電磁気学が古典力学の範囲で閉じていることと対照的である．参考のため磁性に関するいくつかの教科書をあげておく[1-4]．

　本章では，磁性と磁気秩序を理解するための基礎概念について，大まかに 3 つのトピックに分けて解説する．まず物質の磁性を担う微視的な磁気モーメントについてまとめる．古典電磁気学によれば，磁気モーメントは荷電粒子が回転運動をすることによって生ずる．量子力学では，これに加えて電子の自転運動 (スピン) が磁気モーメントを担う．複数の電子のスピンが平行になる方が，パウリ原理のおかげで電子間のクーロン反発力を少なくすることができる．

　次に，磁気モーメントの相互作用について解説する．これは交換相互作用とよばれ，量子力学，とくにパウリの排他律が本質的に重要である．磁気モーメントを担う電子はエネルギーバンドを形成し，固体中を遍歴することができる．エネルギーバンドを出発点にすると，電子が原子内に局在する現象はクーロン反発力による多体効果と解

釈される．遍歴電子の交換相互作用は，おもにクーロン反発力に由来する．

さらに，磁気的秩序のパターンとゆらぎについて説明する．量子力学以前から知られていた秩序は強磁性だけであった．これを拡張したネールの反強磁性の理論 (1936) は当初懐疑の目で見られたようである．これが受容されると，より複雑な様々な秩序パターンが次々に見出された．一方，磁気モーメントが存在するにもかかわらず，その量子ゆらぎやモーメント間の相互作用の相克によって，磁気秩序が絶対零度まで発生しない場合，あるいは非常に低温まで抑えられる場合がある．これらは，基礎的な観点からも応用の観点からも，新しい発展が期待される分野である．

1.1.2 磁気モーメントの形成

a. 軌道磁気モーメントとスピン

物質の磁性は，ほとんど電子の磁気モーメントによって担われる．古典電磁気学によれば，速度 $\boldsymbol{v}$，電荷 Q をもつ粒子の回転運動による磁気モーメント $\boldsymbol{\mu}$ は次のように決まる．

$$\mu = \frac{Q}{2c}\boldsymbol{r}\times\boldsymbol{v} = \frac{Qc}{2mc}\boldsymbol{r}\times\boldsymbol{p} \tag{1.1}$$

ここで，CGS ガウス単位系を用いている．$\boldsymbol{r}$ は座標，$\boldsymbol{p}$ は運動量である．荷電粒子が電子の場合には，素電荷 $-e$ をもつので

$$Q = -e = -4.80\times 10^{-10}\text{esu} = -1.60\times 10^{-19}\text{C}$$

である．角運動量は量子化されてプランク定数 $\hbar$ の整数倍になる．すなわち，l_z を整数として $(\boldsymbol{r}\times\boldsymbol{p})_z = \hbar l_z$ である．そこで，ボーア磁子 μ_B を電子質量 $m_e = 9.1\times 10^{-28}\text{g}$ を用いて

$$\mu_\text{B} \equiv \frac{e\hbar}{2m_e c} = 9.27\times 10^{-24}\text{J/T} = 9.27\times 10^{-21}\text{erg/G} \tag{1.2}$$

と定義する．電子の軌道運動による磁気モーメントは μ_B の整数倍になる．すなわち，$\mu = -\mu_\text{B} l$．l は z 成分 l_z の最大値である．この意味で，μ_B は磁気モーメントの量子といえる．後の議論のために，μ_B の大きさを電気双極子と以下のように関係づけると便利である．

$$\mu_\text{B} = \frac{e^2}{2\hbar c}ea_\text{B} \tag{1.3}$$

ここで，$\alpha = e^2/(\hbar c) \sim 1/137$ は無次元の量であり，微細構造定数とよばれる．一方，$a_\text{B} = \hbar^2/(me^2) = 0.53$ Å はボーア半径である．ea_B は素電荷が水素原子の大きさ程度変位することによる電気双極子モーメントを表す．すなわち，磁気モーメント量子の大きさは，典型的な電気双極子モーメントの 10^{-2} 程度しかない．

スピンは，大雑把には電子の自転運動と見なされる．これによって角運動量 $\hbar s$ と磁気モーメント μ_s が生ずる．両者の関係はディラックの相対論的量子力学によると $\mu_\text{s} = -2\mu_\text{B} s$ となる．すなわち，μ_B にかかる比例係数 2 (g 因子とよぶ) は軌道磁気

モーメントの 2 倍になっている．正確には，電磁相互作用の高次効果がはたらくことにより，$g = 2.002$ 程度になる．

b. スピン–軌道相互作用

電子に乗った座標系から見ると，原子核が軌道回転運動をしているように見える．電子スピンは，回転電流から生ずる磁場を感じる．これをスピン–軌道相互作用とよぶ．具体的にこの効果を記述するハミルトニアンは

$$\mathcal{H}_{SL} = \lambda \boldsymbol{l} \cdot \boldsymbol{s} \tag{1.4}$$

という形になる．正の係数 λ は原子核によるクーロン・ポテンシャルによって決まる．大きさの程度は $\lambda \sim \alpha^2 Z (a_B/r)^3 \mathrm{Ry}$ である．ここで，Z は原子番号，r は電子の平均的軌道半径，$\mathrm{Ry} = 13.6\,\mathrm{eV}$ である．したがって，原子番号の大きい元素の内殻電子ほどスピン軌道相互作用の効果が強い．

c. 不完全殻の磁性

原子中には，複数の電子がある．電子はフェルミ粒子なので，パウリの排他原理にしたがう．すなわち，多電子波動関数は，2 個の電子スピンと空間座標を同時に入れ替える変換に対して反対称になっている．反対称性は，同じ状態を 2 個以上の電子が占有することはできないことを意味する．たとえば，3d 電子の場合には，量子数 $l = 2$ であり，その z 成分 l_z は -2 から 2 までの整数値をとる．各 z 成分に対して，スピンの上向き，下向きの自由度があるので，d 軌道は最大 10 個の電子を収容できる．ちょうど 10 個入った場合を閉殻とよぶ．周期表の第 4 周期を見ると，K, Ca では 3d 軌道は空である．一方，Ga から Kr までは 3d 軌道はすべてつまっており，閉殻になっている．この間に遷移金属元素がある．たとえば，Ti^{3+} では 1 個の電子が 3d 軌道を占有し，原子数の増加とともに V^{3+} では 2 個，Cu^{3+} では 8 個と増える．1 個以上 9 個未満のときには，全角運動量は 0 ではなくなる．これを不完全殻とよぶ．Zn は通常 2 価になるので 3d 殻は閉殻である．同様に，4d 系列では，Zr^{3+} が $4d^1$，Ag^{3+} が $4d^9$ である．

さて Fe^{3+} では 3d 電子が 5 個あり，これらはパウリの排他律に抵触せずに，スピンをそろえて 5 個の軌道に入ることができる．こうすると，クーロン反発力を一番避けやすくできるのでエネルギーも下がる．したがって Fe^{3+} の基底電子状態の角運動量はスピン部分が $S = 5/2$，軌道部分が $L = 0$ になる．Fe の強磁性転移温度が高いのは，このような電子配置と関係が深い．ここで，多電子全体の角運動量は S, L のように大文字で表している．基底状態の電子配置は全スピン S，全軌道角運動量 L とともに，全角運動量 J で特徴づけられる．基底状態ではパウリの排他律に抵触しない範囲で，これらの角運動量が以下のように決まる．

(i) S を最大化，
(ii) その条件下で L を最大化，

(iii) $J = |L - S|$ (電子数が $2l+1$ 以下), あるいは $J = L + S$ (電子数が $2l+1$ 以上).

例外はあるが,通常は (i)〜(iii) を満たす配置がクーロン反発力を避けるために,もっとも有利である.上記 (i), (ii) をフントの規則とよぶことが多いが,(iii) を含めることもある.上記 (iii) は式 (1.4) から理解される.すなわち,電子数が l で決まる縮退度 (d 殻では 5, f 殻では 7) 以下であれば,各電子に対して式 (1.4) を適用すればよいし,縮退度以上の電子数に対しては,完全につまった状態からの電子の欠損 (正孔) を考えればよい.とくに閉殻より少し少ない電子数ではスピンと軌道角運動量は平行にそろう傾向がある.

不完全 4f 殻をもつ希土類元素では,4f 電子が磁性を担う.Ce^{3+} では $4f^1$ の配置で原子番号の増加とともに 4f 電子数が増し,Yb^{3+} では $4f^{13}$ の配置をもつ.4f 電子は局在性が強いために,バンド形成の効果が弱く,軌道角運動量が固体中でも生き残る場合が多い.また,原子番号が大きいために,スピン軌道相互作用が $0.3 \sim 0.8\,\mathrm{eV}$ の程度になる.不完全殻の J と磁気モーメント μ の大きさは,$\mu = g_J \mu_\mathrm{B} J$ と関係づけられる.ここで,g_J は

$$g_J = \frac{3}{2} + \frac{S(S+1) - L(L+1)}{2J(J+1)} \tag{1.5}$$

で与えられ,ランデの g 因子とよばれる.$g_J \to 2\,(L=0)$ および $g_J \to 1\,(S=0)$ は容易に納得されるが,1 以下にもなれることに注意する.たとえば,Ce^{3+} では $g_J = 6/7$ である.表 1.1 は,3 価の希土類イオンについてフント規則基底状態の S, L, J を示す.この表からわかるように,$J=8$ が最大であり (Ho^{3+}),重希土類は L, S が足されるために概して大きい J の値をとる.

不完全殻中の電子が感ずるポテンシャルは球対称ではなく,結晶の対称性を反映したものである.これを結晶場とよぶ.結晶場により,軌道角運動量はよい量子数ではなくなるが,その効果は f 電子系と d 電子系でかなり異なっている.まず 3d 電子系

表 1.1 球対称場中の 3 価の希土類イオンの角運動量の各成分.

		S	L	J
$4f^1$	Ce^{3+}	1/2	3	5/2
$4f^2$	Pr^{3+}	1	5	4
$4f^3$	Nd^{3+}	3/2	6	9/2
$4f^4$	Pm^{3+}	2	6	4
$4f^5$	Sm^{3+}	5/2	5	5/2
$4f^6$	Eu^{3+}	3	3	0
$4f^7$	Gd^{3+}	7/2	0	7/2
$4f^8$	Tb^{3+}	3	3	6
$4f^9$	Dy^{3+}	5/2	5	15/2
$4f^{10}$	Ho^{3+}	2	6	8
$4f^{11}$	Er^{3+}	3/2	6	15/2
$4f^{12}$	Tm^{3+}	1	5	6
$4f^{13}$	Yb^{3+}	1/2	3	7/2

表 1.2 立方対称結晶場中で 3 重項が基底状態の場合の $3d^n$ 配置のスピン状態. 結晶場の弱い分裂の場合を第 3 列, 強い分裂の場合を第 4 列に示す.

		S	
		(弱い分裂)	(強い分裂)
$3d^1$	Ti^{3+}	1/2	1/2
$3d^2$	V^{3+}	1	1
$3d^3$	Cr^{3+}	3/2	3/2
$3d^4$	Mn^{3+}	2	1
$3d^5$	Fe^{3+}	5/2	1/2
$3d^6$	Co^{3+}	2	0
$3d^7$	Ni^{3+}	3/2	1/2
$3d^8$	Cu^{3+}	1	1
$3d^9$	Cu^{2+}	1/2	1/2

について説明する. 3d 電子系では, 4f 電子系に比べてスピン-軌道相互作用が小さく (10 meV 程度), 波動関数が比較的広がっているので結晶場が大きい (eV 程度). そのため, 結晶場ポテンシャルによって, 軌道角運動量 $l = 2$ のうちで l_z の異なる状態が混合し, 新しい 1 電子固有状態を形成する. 多電子状態は, この 1 電子固有状態にパウリ原理を破らないように下から電子をつめていくことで得られる. l_z が定まらないので, 磁気モーメントにはスピン成分だけが寄与するようになる. これを軌道角運動量の凍結とよぶことがある. しかし, 実際には 3d 殻にもスピン-軌道相互作用があるので, 軌道モーメントの寄与は無視できない場合が多い. 表 1.2 に, 立方対称結晶場の 3 重項 (t_{2g}) が 2 重項 (e_g) の下に位置する場合のスピンの大きさをまとめる. 正方対称の結晶場の場合には, 2 重項が下にくることが普通である. その場合には, 電子-正孔を入れ替えて考えればよい. すなわち, $3d^n \leftrightarrow 3d^{10-n}$ とすればよい. 結晶場分裂がフント規則 (i) のエネルギーよりも小さい場合には, スピンの電子数依存性は 4f 殻の場合と同様になる. 一方, 強い結晶場の場合には, まず t_{2g} 軌道が 6 電子までつまり, ついで e_g 軌道の占有がはじまる.

一方, 4f 殻では結晶場がスピン軌道相互作用よりも小さいので, 結晶場の効果は $(2J+1)$ 個の縮退した基底状態の分裂として現れる. ここで, J が整数の場合には, 結晶場基底状態が単重項になることも可能である. 単重項の磁気モーメントは, 励起状態との結合がない限り消失する. これに対して J が半整数の場合には, 結晶場があっても基底状態はかならず縮退する. これはクラマース縮退とよばれ, 時間反転に関する対称性と関係づけられる. 直感的には, スピンの縮退は結晶場ポテンシャルによっては解けないことを意味する.

d. 多極子モーメント

全角運動量を J とすると, 多極子テンソルの最大ランクは $2J$ で与えられる. すなわち, $J = 1/2$ のときには磁気双極子モーメントのみが可能だが, これより大きい J では電気四極子と磁気双極子が存在する. たとえば, 1 つの p 電子がある系では, $L = 1, S = 1/2$ である. ここで $p_z = 1$ の波動関数は球形ではなく, 有限の電気四極

子モーメントをもつ．また磁気モーメントにはスピンのみが寄与する．一方，$p_x \pm ip_y$ の形の波動関数は，時間反転対称性を破っているので軌道磁気モーメントが有限である．$J = 3/2$ 以上になると有限の磁気八極子も実現する．磁気八極子は時間反転を破る状態であり，空間分布した微視的磁気モーメントが原子全体としては打ち消しあっている状態と解釈される．もっとも対称性の高い例として，$T_{xyz} = J_x J_y J_z$ のように変換する量がある．このほかにも，$J_z(J_x{}^2 - J_y{}^2)$ や $J_z(5J_z{}^2 - 3\mathbf{J}^2)$ のような変換性をもつ八極子があり，全部で 7 個のテンソル成分がある．八極子を実験的に検出するのは，双極子ほど簡単ではないが，最近はその検出例が報告されている[5]．多極子として，磁気四極子テンソル $x_i J_j$ あるいは，電気八極子テンソル $x_i x_j x_k$ も考えられる．これらは座標 x_i に関して奇であり，反転対称性を破っている．原子核では，パリティ非保存と関連して磁気四極子の報告があり，電気八極子については高分子液体の秩序に関連した議論がある．

e. 局在電子の常磁性

有限の磁気モーメントをもつ原子の集合があっても，温度が高い場合には個々のモーメントが異なる方向に揺らいでいて，全体としてはモーメントがゼロになっている．この状態に磁場を加えると，モーメントの向きがそろい，磁化が発生する．このような状態を常磁性とよぶ．磁化率 $\chi(T)$ の温度変化はキュリーの法則 $\chi(T) = C/T$ で与えられる．ここで，C をキュリー定数とよび，個々のモーメントの大きさの 2 乗に比例する．

一方，整数の角運動量 J が結晶場単重項の基底状態をつくる場合には，磁場によって励起状態との結合が誘起され，このために磁気モーメントが生ずる．これをヴァン・ヴレック (van Vleck) の常磁性とよぶ．帯磁率 $\chi(T)$ は，結晶場分裂に対応する温度以上ではキュリー則にしたがい，この温度以下では一定値に落ち着く．

f. パウリ常磁性

金属では，電子は遍歴運動をする．この状態は，孤立原子の状態とは異なり，エネルギーバンドによって記述される．孤立原子では角運動量がよい量子数で軌道磁気モーメントをもたらしたが，エネルギーバンドでは平面波が第 0 近似となる．この場合，軌道磁気モーメントは消失し，スピンによるモーメントだけが残る．磁場がないときに，スピン磁気モーメントが打ち消し合っている状態はパウリ常磁性とよばれ，金属でふつうに見られる．磁場が加わると，磁場の方向を向いたスピン磁気モーメントをもつ電子の数が増え，逆向きのモーメントをもつ電子は減少する．この結果，磁場方向に磁化を生ずる．電子数の変化は，全体に比べてわずかである．これは，磁場によるエネルギー (ゼーマン分裂) が電子の運動エネルギー (フェルミ・エネルギー ε_F) に比べて十分小さいからである．たとえば，10 T の磁場によるゼーマン分裂は，ε_F ($\sim$eV) の 10^{-3} 程度しかない．室温程度では，帯磁率 χ はほとんど温度変化しない．これは，熱エネルギーが ε_F の 10^{-2} 程度しかないことによる．パウリ帯磁率の大きさは，自由電子ガスモデルでは，$\chi = (3/2)n\mu_B{}^2/\varepsilon_F \sim 10^{-6}$ emu/g で与えられる．この大き

さを同じ密度の局在電子による常磁性帯磁率と比べると，室温付近では 10^{-3} 程度である．

g. 反　磁　性

ネオンやアルゴンなどの希ガスの電子状態は閉殻とよばれる．イオン結晶では，電子の移動によって正負のイオンは希ガスと同じ閉殻状態になる．ここでは多電子の角運動量の成分が打ち消しあい，$S = L = J = 0$ になっている．閉殻に磁場を印加すると，電子の励起軌道との混合が生じ，磁場を打ち消すように軌道磁気モーメントが誘起される．これは，古典的な半磁性電流を記述するレンツの法則に対応する．反磁性磁化率は負の量になり，絶対値はほぼ 10^{-6}emu/g 程度である．

一方，金属電子の軌道運動によっても反磁性が生ずる．これを量子力学的に解明したのはランダウであり，ランダウ反磁性とよばれる．自由電子ガスモデルでは，ランダウ反磁性の大きさはパウリ常磁性のちょうど 1/3 になる．実際の金属では，バンド構造によってランダウ反磁性が大きくなる例が知られている．たとえば，ビスマスや黒鉛は大きな反磁性を示す．

1.1.3 磁気モーメント間の相互作用

a. 双極子相互作用

古典電磁気学によれば，磁気モーメントの相互作用は電気双極子モーメントと同様の空間依存性をもつ．すなわち 2 個の磁気モーメントを $\boldsymbol{\mu}_1, \boldsymbol{\mu}_2$ とすると相互作用エネルギー V_{12} は

$$V_{12} = \frac{1}{r^3}\boldsymbol{\mu}_1 \cdot \boldsymbol{\mu}_2 - \frac{3}{r^5}(\boldsymbol{r} \cdot \boldsymbol{\mu}_1)(\boldsymbol{r} \cdot \boldsymbol{\mu}_2) \tag{1.6}$$

となる．しかし，磁気双極子の大きさは，電気双極子に比べて微細構造定数 $\alpha = e^2/(\hbar c) \sim 1/137$ 程度だけ小さいので，磁気双極子どうしの相互作用は 10^{-4} 程度しかない．したがって，Fe, Co, Ni などの高温強磁性の原因として古典的双極子相互作用を考えることはできない．

しかし，後に述べる交換相互作用が互いに相殺しあうような状況では，双極子相互作用が低温の磁気秩序の原因になることもある．とくに，Dy や Gd など大きい J をもつイオンどうしの相互作用では，双極子相互作用が重要になる場合がある．双極子相互作用は磁性イオンを結ぶ軸とモーメントの相対的方向に強く依存する特徴がある．

b. 直接交換相互作用

Heisenberg は，量子力学の建設の直後 (1928) に，磁性の現代的理解に関してもっとも重要な概念を提出した．それが交換相互作用である．交換相互作用は，上で説明した磁気双極子相互作用に比べて $\alpha^{-2} \sim 10^4$ 程度大きい．この相互作用の機構は，基本的には原子内のスピンをそろえるフント規則と同じであり，その大きさは，原子間のクーロン相互作用と程度である．交換相互作用は，量子力学でいう同種粒子間にのみ働く力である．対照的に，磁気双極子相互作用は同種粒子にも異種粒子にも作用す

る．実際の交換相互作用は，強磁性をもたらす要素と反強磁性をもたらす要素が混在している．絶縁体の交換相互作用は基本的には反強磁性的である．金属では，バンド構造に依存してどちらにもなりうる．また，交換相互作用の到達距離が長くなるので，長周期の複雑な磁気秩序が発現する場合がある．

2個の電子が，それぞれ電子軌道 a, b，およびスピンの z 成分 σ, σ' をもつとする．スピン交換とは，$|a\sigma, b\sigma'\rangle \to |a\sigma', b\sigma\rangle$ の過程をいう．クーロン相互作用 $V_C(r) = e^2/r$ の行列要素 $J_{ab} \equiv \langle a\sigma, b\sigma'|V_C|a\sigma', b\sigma\rangle$ は軌道の空間依存性だけで決まり，

$$J_{ab} = -\int \phi_a^*(\bm{r}_1)\phi_b^*(\bm{r}_2)V_C(\bm{r}_1-\bm{r}_2)\phi_b(\bm{r}_1)\phi_a(\bm{r}_2)d\bm{r}_1 d\bm{r}_2 \tag{1.7}$$

で与えられる．右辺に負符号があるのは，フェルミ粒子の入れ替えを1回行ったからである．この行列要素 J_{ab} は必ず負になる．これは，$X(\bm{r}) = \phi_a^*(\bm{r})\phi_b(\bm{r})$ を導入して，

$$\begin{aligned}J_{ab} &= -\int X(\bm{r}_1)V_C(\bm{r}_1-\bm{r}_2)X^*(\bm{r}_2)d\bm{r}_1 d\bm{r}_2 \\ &= -\frac{1}{(2\pi)^3}\int d\bm{q}\frac{4\pi e^2}{q^2}|X_{\bm{q}}|^2 < 0\end{aligned} \tag{1.8}$$

と変形すればわかる．ここで，$4\pi e^2/q^2$ は $V_C(\bm{r})$ のフーリエ変換，$X_{\bm{q}}$ は $X(\bm{r})$ のフーリエ変換である．

V_C のスピン依存性を明瞭に示すために，軌道 a, b のスピン交換を記述する演算子として，

$$\mathcal{P} = \frac{1}{2}(1 + 4\bm{S}_a \cdot \bm{S}_b) \tag{1.9}$$

を導入する．ここで，$\bm{S}_a$ は軌道 a のスピン演算子である．スピン3重項の場合には，$\mathcal{P} \to 1$，単重項の場合には $\mathcal{P} \to -1$ が固有値となる．次にクーロン相互作用のスピンについての対角要素を $K_{ab} = \langle a\sigma, b\sigma'|V_C|a\sigma, b\sigma'\rangle$ と書く．これはもちろん正の量である．2電子のスピン部分の基底を $|\uparrow\uparrow\rangle, |\uparrow\downarrow\rangle, |\downarrow\uparrow\rangle, |\downarrow\downarrow\rangle$ にとると，$\langle a\alpha, b\beta|V_C|a\gamma, b\delta\rangle$ を 4×4 の行列 $\hat{V}_C$ で表すことができる．すなわち

$$\hat{V}_C = K_{ab}\bm{1} + J_{ab}\mathcal{P} \tag{1.10}$$

となる．ここで，$\bm{1}$ は単位行列である．式 (1.9) を参照すると，スピン3重項は単重項よりも $2|J_{ab}|$ だけエネルギーが低いことがわかる．$J_{ab}\mathcal{P}$ からスピン依存部分 $2J_{ab}\bm{S}_a\cdot\bm{S}_b$ を抜き出し，これを直接交換相互作用とよぶ．平行スピンをもつ2電子は，パウリ原理のために近づくことが阻害されるので，クーロン斥力を感じないですむ．したがって，クーロン斥力は強磁性をもたらすと理解される．直接交換相互作用はこの事情を $J_{ab} < 0$ で表現しているが，もっと極端な形にすると事態はさらに明瞭になる．すなわち，クーロン相互作用を仮想的に δ 関数で置き換えると，$J_{ab} = -K_{ab}$ が得られる．これを式 (1.9)，(1.10) に代入すると，スピン3重項の電子対は斥力をまったく感じない，という結果が得られる．これに対して，単重項の電子対は $2K_{ab}$ の斥力を感じる．

1.1 磁性の基礎概念

遍歴電子系では軌道 a, b としてバンド状態をとることができる．直接交換相互作用は金属の強磁性をもたらす主要な原因である．一方，絶縁体では直接交換相互作用は通常支配的にはならない．これは波動関数の重なりによって，軌道が変形する効果の方が重要だからである．以下に絶縁体のおもな交換相互作用を説明する．

c. 超交換相互作用

絶縁体において，磁性イオンの間に介在する酸素やハロゲンなどの負イオンは，それ自身としてはモーメントを持たないが，電子交換の中間状態に寄与する．これによりスピンに依存した相互作用が生ずる．磁性イオンどうしが負イオンで媒介されているので超交換相互作用の名前がある．この機構は最初 Kramers が提案し (1934)，後に P. W. Anderson が体系的に論じた (1950, 1959). 磁性電子の仮想的運動を伴っているので，運動交換 (kinetic exchange) ともよばれている．図 1.1 に示すようなエネルギー準位をもつ 3 サイトの空間配置を考える．ハミルトニアンは

$$H_{\text{pair}} = \varepsilon_c \sum_\sigma c_\sigma^\dagger c_\sigma + \sum_{i=1,2} \left\{ U n_{i\uparrow} n_{i\downarrow} + \sum_\sigma \left[\varepsilon_d n_{i\sigma} + V(d_{i\sigma}^\dagger c_\sigma + c_\sigma^\dagger d_{i\sigma}) \right] \right\} \quad (1.11)$$

で与えられる．ここで，$\varepsilon_d < 0$, $\varepsilon_c > 0$, $\varepsilon_d + U > 0$ であり，$n_{i\sigma} = d_{i\sigma}^\dagger d_{i\sigma}$ は，スピン σ をもつ d 電子の個数演算子，c_σ は中間にある軌道電子 (以後リガンド電子とよぶ) の消滅演算子である．酸素やフッ素などの閉殻を形成する負イオンのリガンドでは，c_σ はむしろ正孔の生成演算子と解釈される．

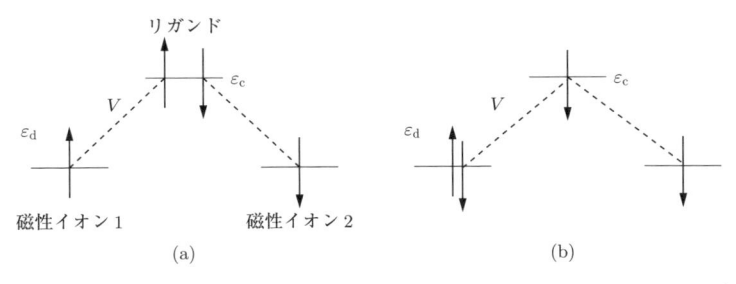

d 電子とリガンド電子の混成 V が小さいとして，これに関する摂動論を行う．$V = 0$ では，サイト 1, 2 には d 電子が 1 個ずつあり，スピンは 4 重縮退している．この縮退は 3 重項 ($S = 1$) と単重項 ($S = 0$) の縮退と理解できる．混成の効果で，リガンドの軌道に電子が移ることができる．その際，2 つの磁性イオンのスピンが反対向きであれば，パウリ原理に抵触せずに，リガンドに 2 個の電子が入ることができる．これを図 1.1a に示す．また，さらにリガンドから磁性イオン 1 に電子が流入し，2 重占有の中間状態図 1.1b も可能である．一方，磁性イオンのスピンがそろっていると，図 1.1a,b の中間状態は禁止される．これは，混成を考慮すると，その摂動効果によっ

図 **1.1** 超交換相互作用の摂動過程．磁性イオンの中間に非磁性イオン (リガンド) が介在する．

てスピンが平行にそろった状態 ($S=1$ の 3 重項) の方がエネルギーが高くなることに対応する．スピンが反対向きの状態は，$S=0$ と $S=1, S_z=0$ との両方があるが，後者は 3 重項に属し，$S_z=\pm 1$ の状態と縮退している．したがって，V によって縮退が解け，$S=0$ の単重項が基底状態になることがわかる．3 重項と単重項の分裂 ΔE を $J=\Delta E>0$ とすると，スピン分裂は $J\boldsymbol{S}_1\cdot\boldsymbol{S}_2$ と表現される．簡単のため $U\to\infty$ とすると，図 1.1a の過程だけが残り，$J=8V^4/(\varepsilon_c-\varepsilon_d)^3$ と計算される．

結晶中に多数の磁性イオンとリガンドがあると，それぞれの最隣接ペア $\langle ij\rangle$ での交換過程を考慮して，磁性イオンのスピンを現す有効ハミルトニアンとして

$$H_{\mathrm{spin}} = J\sum_{\langle ij\rangle} \boldsymbol{S}_i\cdot\boldsymbol{S}_j \tag{1.12}$$

が得られる．このように，隣接スピン対の内積で表せるようなハミルトニアンをハイゼンベルク模型とよぶ．ここで，$J>0$ なので，反強磁性的な相互作用を表す．

超交換相互作用は，基本的には反強磁性的であるが，磁性イオンあるいはリガンドに軌道縮退があると強磁性的 ($J<0$) になることもある．この機構は以下のように説明される[1]．まず，磁性イオンに軌道縮退がある場合には，図 1.1b の中間状態のほかに，同一イオン上に 2 個の平行スピンが配置する状態も可能である．軌道が異なればパウリの排他律に抵触しないからである．フント規則によれば，平行スピン中間状態の方がエネルギーが低いので，摂動エネルギーの利得が大きい．これは強磁性的な交換相互作用を意味する．次に，リガンドの軌道縮退効果を考察する．図 1.1a の中間状態のほかに，異なるリガンド軌道を用いれば，2 個の平行スピンを同一リガンドに収容することができる．この方が，リガンド上のクーロン相互作用が小さくなるのでエネルギーは下がる．しかし磁性イオンに軌道縮退がなければ，依然として同一磁性イオン上の平行スピンは禁止される．したがって，リガンド軌道の縮退には強磁性と反強磁性の要素が共存する．このような縮退の実現は，磁性イオン 2 個との幾何学的配置と関係している．すなわち，リガンドを頂点として磁性イオンとの 2 本のボンドが $90°$ をなしている場合には，直交した σ 結合があるのが普通である．すなわちリガンド軌道の縮退がある．これを定式化したのが Goodenough (1955) と金森 (1959) である．軌道縮退のない磁性イオンの超交換相互作用の符号は金森–グッドイナフ則：

(i) 頂点リガンドと 2 個の磁性イオンがほぼ直線状に並んでいれば反強磁性
(ii) 三者のボンドがほぼ $90°$ をなしていれば強磁性

として，まとめられている．磁性イオンに軌道縮退があれば，超交換相互作用は一般に強磁性的である．

d. 2 重交換相互作用

この相互作用は Zener がはじめに議論した (1951)．名前の由来は，超交換相互作用と同様に，磁性イオンの間にある陰イオンの電子の運動が介在しているからである．

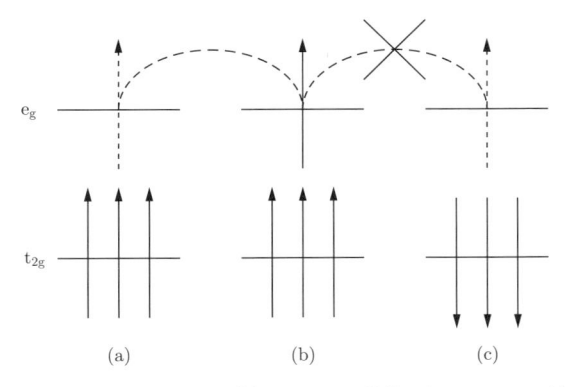

図 1.2 2重交換相互作用の機構．Mn^{3+} にある (b) 状態から，(a) の Mn^{4+} の状態への電子移動は可能であるが，t_{2g} スピンが逆を向いた (c) の状態にはフント規則のために不可能になる．

説明を単純にするため，陰イオンはあからさまには考えず，図 1.2 のような Mn イオンの並びを想定する．Mn の結晶場 3 重項を構成する t_{2g} 軌道の電子が隣接する Mn のペアで平行なスピンをもつ場合には，これと平行なスピンをもつ e_g 軌道の電子がホッピングすることが可能である．しかし，t_{2g} 軌道のスピンが反平行である Mn のペアでは，フント規則に邪魔されてホッピングができない．この結果，t_{2g} 電子のスピンが強磁性にそろった方がホッピングによるエネルギーが下がる．二重交換相互作用は，遷移金属において強い強磁性発現に重要な役割を果たしている．

e. RKKY 相互作用

名前の由来は，この相互作用を議論した Ruderman–Kittel–Kasuya–Yosida の頭文字をとったものである．磁気的希土類イオンなどの局在モーメントを含む金属では，まず局在モーメントと伝導電子との交換相互作用で伝導電子の分極が生ずる．この交換相互作用は，直接交換の場合と混成相互作用を介したものがあり，両者が拮抗することもある．いずれの場合にも，スピン偏極した伝導電子は結晶中を遍歴し，他の局在モーメントの位置にまで達する．この結果，局在モーメントの間に間接的な交換相互作用が生ずる．これを RKKY 相互作用とよぶ．RKKY 相互作用の性格は伝導帯とフェルミ面に強く依存している．自由電子ガスモデルでは，RKKY 相互作用 $J(r)$ の距離依存性は，

$$J(r) \sim \cos(2k_F r + \eta)/r^3 \tag{1.13}$$

で与えられる．ここで，k_F はフェルミ波数，η は位相のずれである．RKKY 相互作用は振動的に変化するために，局在モーメント間の距離に依存して安定化するパターンが異なる．すなわち強磁性や長周期の反強磁性など多彩な希土類の磁気秩序は，RKKY 相互作用で自然に解釈することができる．

f. 反対称交換相互作用

結晶中の2つの磁性イオンが中点について反転対称性をもたない場合には, そのスピン S_1 と S_2 の間に $D \cdot (S_1 \times S_2)$ の形の相互作用があっても対称性には矛盾しない. ここで D は相互作用の大きさを表すベクトルである. この相互作用は S_1 と S_2 を入れ替えたときに符号を変えるので, 反対称交換相互作用とよばれる. I. E. Dzyaloshinski は, 対称性の議論からこの型の相互作用がありうることを指摘し, 守谷はこの相互作用をもたらす微視的機構を議論したので, ジャロシンスキー–守谷相互作用ともよばれる. この相互作用をもたらすのは, 結晶場とスピン軌道相互作用の絡み合いである. 反対称交換相互作用により, ヘマタイト α-Fe_2O_3 の弱い強磁性が, 主たる反強磁性の寄生強磁性として説明された. また反対称交換相互作用は, らせん磁気構造の原因となり, スピングラスなどの磁気異方性の起源にもなりえる.

1.1.4 種々の磁気秩序

a. 強磁性

磁気モーメントが全部同じ向きを向く場合が強磁性状態である. この場合は全部の磁気モーメントが打ち消し合うことなく磁化に寄与し, 大きい磁化 (自発磁化) を生ずる. これが磁石である. 局在電子系の強磁性の代表例としては, 磁気テープの材料として有用な酸化クロム CrO_2 があげられる. 希土類金属の $4f$ 電子は局在しており, 強磁性の主原因は RKKY 相互作用である. ガドリニウムなどの強磁性はこの例である.

Fe, Ni, Co など, 遷移金属の代表的強磁性は, 遍歴電子間の交換相互作用が原因である. しかし, モーメントが大きい場合には, バンドから出発する記述よりも局在電子の描像の方が単純になる場合が多い. この原因は, 強い電子相関のために, 遍歴電子であってもバンド描像からの大きな補正が必要なことによる. とくに, 有限温度のエントロピーを理解するためには, 電子の個別励起よりも, 集団的な励起をスピンのゆらぎとして扱う方が妥当である[3].

b. 反強磁性とフェリ磁性

磁気秩序はあっても, 全体として一様なモーメントが出現しない場合を反強磁性とよぶ. もっとも単純な反強磁性は, 局在モーメントのサイトが2種類 A, B に分かれ, A サイトでは上向きスピン, B サイトでは下向きスピンが配列するような構造である. この秩序状態はネール状態とよばれる. より複雑な場合は, 秩序のパターンに応じてらせん構造など特別な名前がついている. 絶縁体の局在電子系においては, 交換相互作用は反強磁性的になることが普通である. 遍歴電子系でも, 磁気モーメントの分布が空間的に変化をして反強磁性を示す場合がある. 反強磁性秩序の転移温度はネール温度とよばれている.

2種類の磁気モーメントが互いに反対向きに秩序し, その大きさが異なっていると, 全体に有限の磁化が生ずる. これをフェリ磁性とよぶ. 代表的な例は, フェライトとよばれる鉄族原子を含む一群の化合物である. 中でも Fe_3O_4 は磁性材料として一般的

に使用されている.

c. らせん構造とスピン密度波

局在モーメント間の反強磁性的交換相互作用が次近接イオンやそれ以上の距離にまで無視できないと,単純な反強磁性構造は安定化しない.そのかわりに,結晶中のある方向に沿って,磁気モーメントの向きが少しずつ回転しているような配列が安定化することもある.これは,らせん型反強磁性とよばれ,吉森昭夫がはじめに提案した (1959).代表例としては,MnO_2 がある.一方,磁気モーメントが長周期構造をとる際に,モーメントの大きさ自体が空間的に変調された状態もありえる.これをスピン密度波 (SDW) とよぶ.SDW 状態の代表的な例として金属 Cr があげられる.局在電子では,スピンの大きさが一定に保たれるので,らせん構造の方が起こりやすいが,遍歴電子の秩序としてはモーメントの大きさが変調する SDW が生ずる方が自然である.

d. 多重磁気構造と多極子秩序

図 1.3 に示したようなスピン構造は,単一の波数では記述できない[6].このようなパターンは CeB_6 の低温相で実現されている.すなわち,$k \parallel (1,1)$ 方向に波を打つスピンパターンと,$(1,-1)$ 方向に波をうつパターンが共存している.この構造では,隣接するスピンどうしの向きが直交しているので,通常の再隣接交換相互作用ではエネルギーを下げることはない.図 1.3 の構造を安定化させるのは,(1) 軌道縮退,および (2) 格子との結合が考えられる.図中に示した楕円は磁性電子の電荷密度を模式的に示したものである.スピン–軌道相互作用が強いと,楕円の短軸方向が磁化容易軸になる.したがって,まず四極子秩序が起こって楕円のジグザク配置を安定化させると,このパターンに乗って矢印の磁気モーメントが秩序化する.その際,次近接の相互作用に双極子相互作用と同じような角度依存性があれば,図 1.3 のパターンが安定化される.

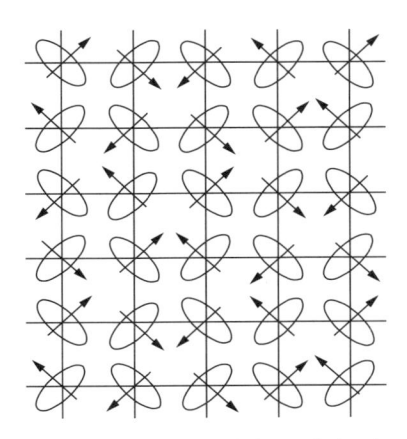

図 1.3 正方格子上の二重波数構造の例.格子定数を a とすると,超格子の波数は $\boldsymbol{k}_1 = (\pi/a, \pi/a)$ および $\boldsymbol{k}_2 = (\pi/a, -\pi/a)$ となる.

e. 格子との結合

磁性は電子のスピンがおもな役割を演ずる現象であるが,軌道状態がスピンに影響することも重要である.この代表例が水素分子で,2個の電子が結合軌道に入ることにより,陽子の正電荷にはさまれるように電子が配置する.これによって化学結合が形成され,スピンは単重項になる.各原子に1個の価電子があるような準1次元系を考えよう.たとえば,$CuGeO_3$ では,Cu^{2+} の状態に 3d 正孔が1個存在し,スピンは 1/2 になる.この系では Cu が対をなすように変形し,結晶の単位胞が鎖方向に2倍になることが知られている.すなわち,2個のスピンが水素分子の結合形成と似た機構で Cu 対の内側に寄り,ダイマー (2量体) の単重項を形成する.これに伴い,結晶格子は変形する.変形の大きさは弾性エネルギーとの兼ね合いで決まる.これを図 1.4 に示す.

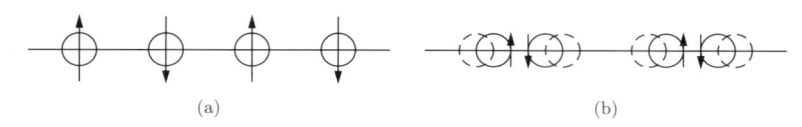

図 1.4 (a) 反強磁性 (ネール) 状態と,(b) スピンダイマー (2量体) 状態.ダイマー状態では,原子は変位して対を形成し,スピン対は単重項を形成する.

1次元金属では,フェルミ波数 k_F の2倍で特徴付けられる密度波が自発的に形成されることが知られている.これに伴う相転移はパイエルス転移とよばれている.上記で説明した格子変形は絶縁体で期待されるものであり,通常のパイエルス転移とは異なっている.そこで,スピン・パイエルス転移ともよばれている.スピン・パイエルス状態は,格子変形を伴うスピンダイマー状態に他ならず,単重項を形成しないネール状態とは異なっている.そこで両者が競合する場合には,スピン間の交換相互作用の到達距離が変わったり,乱れが入ったりすると一方から他方へ安定相が変わることがある.

1.1.5 磁気秩序の発現と抑圧

分子場の描像では,相互作用する磁気モーメントがあって,温度を相互作用に対応する値以下に下げれば,磁気秩序が実現すると考えられるが,現実はこの限りではない.磁気秩序を抑える要因としては,(1) 量子ゆらぎ,(2) 幾何学的フラストレーション,および (3) 磁気モーメント間の相互作用が運動エネルギーに比べて弱いことなどがあげられる.フラストレーションとは,拮抗する反強磁性パターンの存在を意味する.これらについて以下に簡単に解説する.

a. 低次元系とゆらぎ

量子ゆらぎが磁気秩序を抑圧する最たる例が1次元系である.$S = 1/2$ のハイゼンベルク模型では,絶対零度でさえ秩序がない[4].一方,イジング模型のようにスピン

の方向が離散化されている場合には，絶対零度 $T=0$ にだけ秩序状態があることがわかっている．有限温度では，熱ゆらぎによりネール秩序，強磁性秩序ともに破壊される．2次元正方格子における $S=1/2$ の反強磁性ハイゼンベルク模型では，$T=0$ だけにネール状態がある．イジング系では，有限の転移温度 (キュリー温度) があり，Onsager (1944) により，厳密な熱力学的性質が求められている．

b. フラストレート系

1次元のフラストレート系としては，最近接相互作用 J_1 と次近接相互作用 J_2 がともに反強磁性的であるハイゼンベルク模型が典型的である．J_2/J_1 を0から増加させたときの基底状態を追跡すると，$J_2/J_1 = 0.24$ 程度で，スピンダイマー状態に転移することがわかっている．スピンの励起にギャップがあることがダイマー状態の特徴である．ダイマーはスピン・パイエルス状態でのスピン配置と同じであるが，スピンだけのモデルではもちろん格子変形はない．2次元では，3角格子やかごめ格子上のスピンが反強磁性的に相互作用する系がフラストレートされている．また3次元でもパイロクロアとよばれる構造では，ネール秩序が起こりにくい．これは基本となる正4面体の頂点にスピンがあると，どのような配置をとってもフラストレーションが解消されないためである．実際の物質では，格子変形によって交換相互作用に関する縮退が解かれる場合が多い．

c. 磁気秩序を示すp電子系

s電子やp電子は，d電子やf電子に比べて広がっているので，結晶中では幅の広いエネルギーバンドをつくりやすい．この場合，磁気モーメントをつくるのに必要なクーロン斥力がバンドの運動エネルギーに比べて不足しているので，通常磁気秩序は生じない．しかし，p電子でも磁気秩序を示す例がある．もっともよく知られた例は固体酸素で，そのネール温度は 24 K である．酸素は低温で分子固体になり，O_2 分子が $S=1$ のスピンをもっている．O_2 分子を z 軸に平行に置くと，$2p_z$ 軌道が安定な σ 結合をつくり，$2p_x, 2p_y$ 軌道は π 結合を形成する．酸素分子中の8個の $2p^4$ 電子は，σ および π の3つの結合軌道に6個入り，残りの2個が2つの反結合 π 軌道に入る．反結合軌道内の2電子のスピン状態は，フント規則によって $S=1$ になる．他にも C_{60} 系や有機物で磁気秩序が観測されている．一方，今までは磁性とは縁が遠い系と思われていた半導体でも，InAs や GaAs に Mn をドープした系では 100 K 以上のキュリー温度が観測され，興味を集めている．ただし，この場合にはモーメントの担い手は Mn の d 電子である．半導体は様々な制御ができるので磁性の新しい応用が期待される[7]．

[倉 本 義 夫]

文 献

[1] 金森順次郎，新物理学シリーズ 7「磁性」(培風館, 1969).
[2] 芳田 奎,「磁性」(岩波書店, 1991).
[3] 守谷 亨,「磁性物理学」(朝倉書店, 2006).

[4] D. C. Mattis, *The Theory of Magnetism I and II* (Springer-Verlag, 1981, 1985).
[5] 楠瀬博明, 倉本義夫, 日本物理学会誌 **61** (2006) 766.
[6] J. Rossat-Mignod, in Methods of Experimental Physics, Vol. 23C, *Neutron Scattering*, ed. by K. Sköld and D. L. Price (Academic Press, 1987) p. 69.
[7] H. Ohno, in *Semiconductor Spintronics and Quantum Computation*, ed. by D. D. Awschalom et al. (Springer-Verlag, 2002) p. 1.

1.2 遍歴電子系の磁性

1.2.1 バンド理論

a. 一般論

現在のバンド理論は密度汎関数法によって基礎づけられている．とくに密度汎関数法における局所密度近似は簡単な近似であるにもかかわらず，凝縮系の基底状態の様々な性質をよく記述することが知られている．たとえば金属や絶縁体の凝集エネルギーや格子定数，弾性定数などの実験値を数パーセント程度の精度で再現することができる．基底状態の磁性も局所密度近似を用いたバンド理論によってうまく記述することのできる場合が多い．とくに金属性の強い系の基底状態の磁性は定量的にも正しい結果を与える．局在性が強くなると，局所密度近似にもとづくバンド理論はその正当性を失っていくが，磁気的な長距離秩序が安定に残る領域ではそのままバンド理論によって基底状態の磁性がうまく記述される場合が多い．

しかし，基底状態の磁性，すなわち絶対零度における磁性という枠組みからはずれると，バンド理論によって原理的に理解できる磁性現象は電子間相互作用の弱い極限のパウリ常磁性などの限られた範囲に限られる．適用範囲を超えて有限温度の磁性を単純なバンド理論で記述する試みはたくさんあるし，それらが実験事実を説明する場合も多いが，その正当性については注意深く吟味しなければならない．一方，関与する励起のエネルギースケールによっては，室温程度でさえ十分絶対零度に近いといえる場合は多く，そのような場合にはバンド理論の適用範囲はかなり広いといえる．

したがって，ここでは主として基底状態の磁性について，それがバンド理論にもとづいてどのように理解されるかについて述べて，それを超える試みについてはごく簡単な紹介にとどめる．磁性を記述するためのバンド理論の出発点はスピン密度汎関数法である．スピン密度汎関数法は変分原理を与えるが，そのオイラー方程式はコーン–シャム方程式とよばれ，以下の通り，スピン偏極したポテンシャル下の一体シュレーディンガー方程式と同じ形をもつ．

$$\left(-\frac{\hbar^2}{2m} + v_\sigma^{\text{eff}}\right)\varphi_{k\sigma} = \varepsilon_{k\sigma}\varphi_{k\sigma} \tag{1.14}$$

$$v_\sigma^{\text{eff}} = v_\sigma^{\text{ext}} + e^2 \int \frac{n(\boldsymbol{r}')}{|\boldsymbol{r}-\boldsymbol{r}'|}d\boldsymbol{r}' + v_\sigma^{\text{xc}} \tag{1.15}$$

ここで，式 (1.14) に現れる $v_\sigma^{\mathrm{eff}}(\boldsymbol{r})$ は式 (1.15) によって定義されるが，そこで用いられる電子密度 $n(\boldsymbol{r})$ (あるいはスピン密度．以下スピン密度を含めてこれらを密度とよぶ) は式 (1.14) を解いて得られる $|\varphi_{k\sigma}|^2$ を固有値 $\varepsilon_{k\sigma}$ の小さいものから順番に電子の個数 N だけ足し合わせて得られる (スピン状態を区別して足し上げたものからはスピン密度が得られる)．式 (1.15) の $v_\sigma^{\mathrm{ext}}(\boldsymbol{r})$ は外部ポテンシャルである．原子核のつくるポテンシャルは通常外部ポテンシャルに含まれる (ボルン–オッペンハイマー近似)．また式 (1.15) の右辺第 2 項はハートリー・ポテンシャルである．$v_\sigma^{\mathrm{xc}}(\boldsymbol{r})$ は交換相関ポテンシャルとよばれ，交換相関エネルギー E_{xc} の汎関数微分によって $v_\sigma^{\mathrm{xc}}(\boldsymbol{r}) = \delta E_{\mathrm{xc}}/\delta n_\sigma(\boldsymbol{r})$ と定義される．E_{xc} は電子密度の汎関数でありその厳密な形を閉じた形で与えることは不可能であるが，局所スピン密度近似 (LDA，LSDA) の下では単なる密度の関数であり，密度が与えられれば簡単に計算することができる．式 (1.14) と (1.15) は連立方程式となっており，バンド計算という場合はこれをセルフコンシステントに解くことを意味する．

局所スピン密度近似の下での v_σ^{xc} として，いくつかの形が提案されている．また，局所密度近似を少し改良したものとして一般化勾配近似 (GGA) が提案されている．最近では量子モンテカルロ法によって決められたパラメーターと GGA を組み合わせた方法がよく用いられている．結果が v_σ^{xc} に強く依存することはないが，v_σ^{xc} は実験に合わせるためのパラメーターではないので，一定の v_σ^{xc} を決めて，それを用いて系統性を見ていくのが正直なアプローチといえる．

コーン–シャム方程式 (1.14), (1.15) の解が，$\varepsilon_{k\uparrow} = \varepsilon_{k\downarrow}$ かつ，$\varphi_{k\uparrow} \equiv \varphi_{k\downarrow}$ 以外の解をもたないとき，系は非磁性であるといえる．一方，コーン–シャム方程式がそれ以外に解をもつとき，系は磁性を示す．もっとも単純な場合はこの解が不安定化する場合，すなわち，この解がエネルギーの極小 (局所安定) に対応しない場合である．非磁性状態が局所安定である条件は密度汎関数法のもとでは以下のようになる．まず全エネルギー汎関数を

$$E[n,m] = T_0[n,m] + \sum_\sigma \int v_\sigma^{\mathrm{ext}} n_\sigma d\boldsymbol{r} + E_{\mathrm{Hartree}}[n] + E_{\mathrm{xc}}[n,m] \quad (1.16)$$

のように表す．ここで T_0 は相互作用をしない仮想的な電子系の運動エネルギー汎関数，第 2 項は外部ポテンシャルによるエネルギー，E_{Hartree} はハートリーエネルギー，E_{xc} は交換相関エネルギーでいずれも密度あるいはスピン密度の汎関数である．コーン–シャム方程式の解は

$$\frac{\delta E[n,m]}{\delta n(\boldsymbol{r})} = 0 \quad (1.17)$$

$$\frac{\delta E[n,m]}{\delta m(\boldsymbol{r})} = 0 \quad (1.18)$$

に対応する．この解が微小なスピン分極のゆらぎに対して安定であるための必要条件は非局所帯磁率 $\chi(\boldsymbol{r}, \boldsymbol{r}')$ があらゆる $\boldsymbol{r}, \boldsymbol{r}'$ に対して正になることである．非局所帯磁

率は，定義によって全エネルギーのスピン密度に関する 2 次変分であり，

$$\chi(\boldsymbol{r},\boldsymbol{r}')^{-1} = \frac{\delta^2 E[n,m]}{\delta m(\boldsymbol{r})\delta m(\boldsymbol{r}')} = \chi_0(\boldsymbol{r},\boldsymbol{r}')^{-1} - U(\boldsymbol{r},\boldsymbol{r}') \tag{1.19}$$

のように与えられる．ここで $\chi_0(\boldsymbol{r},\boldsymbol{r}')$ は相互作用がない系での非局所帯磁率であり

$$\chi_0(\boldsymbol{r},\boldsymbol{r}')^{-1} = \frac{\delta^2 T_0}{\delta m(\boldsymbol{r})\delta m(\boldsymbol{r}')} \tag{1.20}$$

で与えられ，バンド構造あるいは相互作用のない系のグリーン関数が得られれば計算できる量である．また $U(\boldsymbol{r},\boldsymbol{r}')$ は交換相関積分に相当する量であり

$$U(\boldsymbol{r},\boldsymbol{r}') = -\frac{\delta^2 E_{\mathrm{xc}}}{\delta m(\boldsymbol{r})\delta m(\boldsymbol{r}')} \tag{1.21}$$

である．系は

$$\chi_0(\boldsymbol{r},\boldsymbol{r}')^{-1} \geq U(\boldsymbol{r},\boldsymbol{r}') \tag{1.22}$$

のとき，磁気的に局所安定であることがわかる．また，これを満たさない $\boldsymbol{r},\boldsymbol{r}'$ があれば，系は自発的にスピン分極する．$\chi_0(\boldsymbol{r},\boldsymbol{r}')$ が正定値であることを考慮すると

$$\delta(\boldsymbol{r}-\boldsymbol{r}') - \int U(\boldsymbol{r},\boldsymbol{r}'')\chi_0(\boldsymbol{r}'',\boldsymbol{r}')d\boldsymbol{r}'' < 0 \tag{1.23}$$

のとき系は磁気的に不安定であることがわかる．この条件は古典的な平均場近似を使って得られるストーナー条件と同じ形をしているが，今の場合近似を含まない条件である．ただし，具体的に $U(\boldsymbol{r},\boldsymbol{r}')$ を求めようとすると近似に頼らざるを得ない．

式 (1.23) は $U(\boldsymbol{R}_i+\boldsymbol{r},\boldsymbol{R}_j+\boldsymbol{r}')$，$\chi_0(\boldsymbol{R}_i+\boldsymbol{r},\boldsymbol{R}_j+\boldsymbol{r}')$ が $\boldsymbol{R}_i-\boldsymbol{R}_j$ ($\boldsymbol{R}_i$ は格子点の位置) にしかよらないとすると (格子模型)，格子の周期でフーリエ変換され

$$1 - U(q)\chi_0(q) < 1 \tag{1.24}$$

と簡略化される．$q=0$ によって式 (1.24) が満たされるならば強磁性，$q=Q$ で満たされるなら波数が Q のスピン密度波状態，また $2Q$ が逆格子ベクトルに一致するならば反強磁性状態に対応するスピン密度の空間ゆらぎに対して系は不安定となり，単純にはそのような長距離秩序が発生すると考えてよい．

上で述べた非磁性状態の不安定化は磁性発現の十分条件ではあるが，非磁性状態が安定だからといって，磁気的秩序がないというわけではない．典型的にはメタ磁性の場合があてはまる．この場合，非磁性状態以外に複数個の局所安定状態が存在する．このような局所安定が非磁性状態以外に存在するか否かは式 (1.23) で表される条件からは判定することはできず，全エネルギーを磁化 (一般的には秩序変数) の関数としてしらべる必要がある．たとえば，強磁性解が存在するか否かは固定磁気モーメント法 (fixed moment method) によって，比較的簡単にしらべることができる．

局所密度近似の範囲で磁強性が発生するか否かは式 (1.23) の条件から Morruzi, Janak と Williams によって希土類をのぞく様々な単体元素についてしらべられ，その結果，単体では鉄 (Fe)，コバルト (Co) とニッケル (Ni) だけがこの条件を満たすことが示された．強磁性以外の磁気構造に関してとくに系統的な計算はなされていないが，多くの場合，局所密度近似 (あるいはそれに少し非局所性を取り入れた近似) によって実験に対応する磁気構造が得られることが様々な物質について確認されている．

b. 磁気秩序の発生とバンド理論

前項で述べたように，様々な磁気秩序の形成は全エネルギー最小の条件から決めることができる．具体的な処方箋は局所密度近似などで与えられている．その観点からは磁気秩序形成の機構を個々の場合に議論することが最重要なことではないかもしれない．しかし簡単な原理によって磁気秩序の形成がある程度説明できるならば，たとえば未知物質の磁気秩序の予測などにおいて，有用であるといえる．このような理解をする上で重要な概念はバンドエネルギーである．バンドエネルギーはコーン–シャム方程式 (1.14) に現れる固有値 ε_k のうち，値の小さい N 個について足し上げたものである．式 (1.14) 自身がシュレーディンガー方程式の意味をもたないので，固有値も一体エネルギーとしての意味はもたない．それにもかかわらずバンドエネルギーは有用な量である．そのことを見るために式 (1.16) で与えられる全エネルギーを $E = E_\mathrm{B} + E_\mathrm{D}$ と分解する．ここで E_B と E_D はそれぞれバンドエネルギー，重複補正 (ダブルカウンティング) エネルギーとよばれ

$$E_\mathrm{B} = \sum_{\sigma, k=1}^{N} \varepsilon_{k\sigma} = \sum_{\sigma} \left[\sum_{k=1}^{N} \int \phi_{k\sigma}^{\dagger} (-\nabla^2) \phi_{k\sigma} \, d^3r + \int v_{\sigma}^{\mathrm{eff}} n_{\sigma} \, d^3r \right] \tag{1.25}$$

$$E_\mathrm{D} = \sum_{\sigma} \int \left(-v_{\sigma}^{\mathrm{eff}} + v_{\sigma}^{\mathrm{ext}} \right) n \, d^3r + E_{\mathrm{Hartree}} + E_{\mathrm{xc}} \tag{1.26}$$

で与えられる．コーン–シャム軌道のエネルギー固有値 $\varepsilon_{k\sigma}$ を足し上げたバンドエネルギーは電子間相互作用によるエネルギーを 2 度重複して足し込んでいることになるが，重複補正エネルギーは，それを補正する意味をもつ．コーン–シャム方程式 (1.14)，(1.15) はそれぞれ $\delta E_\mathrm{B}/\delta n = 0$ と $\delta E_\mathrm{D}/\delta n = 0$ に対応する．すなわち，$n_\sigma(\boldsymbol{r})$ が変化しても E_B と E_D のそれぞれは 1 次の程度で変化しない．このことを用いると本来物理的な意味をもたないとされるエネルギー分散 $\varepsilon_{k\sigma}$ からもある程度の情報を得ることができる．たとえば，強磁性解と反強磁性解のいずれがより安定かをしらべようとしたとする．それぞれの場合の粒子密度を $n_\mathrm{F}(\boldsymbol{r})$, $n_\mathrm{AF}(\boldsymbol{r})$ としよう．粒子密度はスピンに依存するがスピンを表す添字は省略する．n_F と n_AF の違いが小さければ重複補正エネルギーの違いは 1 次の程度では生じない．一方，バンドエネルギーは強磁性，反強磁性状態を保ったまま粒子密度が変化する限り 1 次の程度で変化は生じないが，考えている状態が強磁性と反強磁性のように異なっていればもちろん異なったエネルギーを与える．すなわち $\delta E_\mathrm{B}/\delta n = 0$ の条件は基底状態であることの必要条件でしか

ない．したがって強磁性と反強磁性のエネルギー差は粒子密度の変化の1次の精度でバンドエネルギーからのみ生じることがわかる．もちろん，電子間相互作用も異なった2つの状態で同じ程度に変化しているのであるが，重複補正エネルギーという形にしたことによってバンドエネルギーに繰り込まれた．このことは強磁性と反強磁性のエネルギー差のみならず，一般的に成立することであり，多くの現象で，電子間相互作用を忘れて，コーン–シャム軌道のエネルギーだけでエネルギー差を計算してよいことの根拠を与えている．たとえば，結合・反結合エネルギー差，固体の凝集，フント則などがこのような原則にもとづいて説明されているが，様々な磁気秩序間の相対的安定性に対しても適用することができ，明快な理解を得ることができる．

例として，半分詰まった(ハーフフィルド)バンドの場合の強磁性，反強磁性のエネルギー差を考える．このような問題は歴史的にはハバード模型に対して様々な精密な議論がなされてきたが，ここではあくまで仮想的な電子の状態を記述するコーン–シャム方程式を念頭に置いた議論である．簡単のために交換分裂がバンド幅に比べて大きい場合を考える．非磁性状態の状態密度を図 1.5a のように単純化すると，強磁性，反強磁性状態での状態密度はそれぞれ，図 1.5b, c のようになる．強磁性状態では上向きスピン状態と下向きスピン状態が交換分裂によってシフトしただけで，それぞれのスピンバンドの状態密度に変化はない．一方，反強磁性状態では1つの方向を向いたス

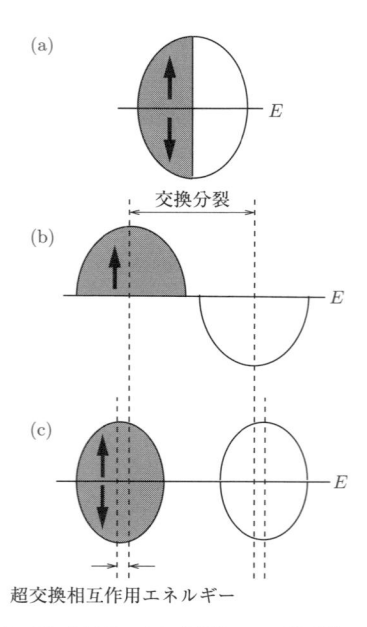

図 1.5　半分詰まったバンドにおける，(a) 非磁性，(b) 強磁性，(c) 反強磁性状態での状態密度．電子間相互作用が大きく，交換分裂がバンド幅より大きい場合を想定している．

ピンがそれぞれ交換分裂を生じることから,各スピンバンドはサブバンドに分裂する.電子の移動がポテンシャル差によって制限されるためサブバンド自身の幅は狭くなる.また,サブバンドの重心は電子移動によって低エネルギー側サブバンドはさらに下方に,高エネルギー側サブバンドはさらに上方に押し上げられることがわかる.サブバンドが電子によって完全に占められていることからサブバンドの幅の大小はバンドエネルギーには影響を与えないが重心の移動がエネルギーの利得をもたらす.これらのことからバンドエネルギーは反強磁性状態の方が強磁性状態より低く,したがって反強磁性がより安定であることが結論できる.このように反強磁性を安定化する機構は超交換相互作用に他ならない.超交換相互作用はふつう,2個のイオンの間の電子移動による多体エネルギーの利得を摂動で扱うことによって導かれるが,バンド理論の立場からは単純にバンドエネルギーの利得として表現される.

　上の例では,ちょうど半分詰まったバンドを考えたが,この状態から少し電子が減ったり,増えたりした場合も同様に議論を進めることができる.電子数が増える場合は空のバンドに電子がつめられると考えればよいのであるが,明らかに強磁性状態に電子をつめる方がバンドエネルギーの上昇は少ない.この効果は強磁性状態の方がバンド幅が広いことに起因するが,バンド幅の違いは電子移動のエネルギーに対して1次の効果であり,2次の効果である超交換相互作用による反強磁性の安定化エネルギーよりかなり大きく,少しの電子が空のバンドに詰められただけで反強磁性より強磁性の方が安定になる.この効果はバンド理論における二重交換相互作用にほかならない.電子数が半分詰まった状態より減少する場合には完全に詰まったバンドにホールが導入されたと考えればよく,電子が増えた場合とまったく同様に強磁性が安定になる.電子間相互作用が大きい極限では超交換相互作用によるエネルギーの利得がなくなるため,無限小の電子またはホールを導入するだけで強磁性が安定化することになる.これはハバード模型でよく知られた長岡の強磁性に対応する.

　強磁性の安定化エネルギーはバンドが1/4あるいは3/4詰まった状態で最大になることがわかる.1/4からさらに電子が減少,あるいは3/4からさらに電子が増加すると強磁性と反強磁性との間のエネルギー差は減少していき,電子が空になるかバンドがすっかり埋まった状態でエネルギー差はなくなる.

　異なった磁気構造の間のエネルギーは実際にはバンド幅よりははるかに小さい量であり,上のような状況が状態密度で確認できる訳ではない.バンド計算から視覚的にバンドエネルギーの大小を議論できるのはフェルミ・エネルギーのあたりに鋭いギャップやピークを生じており,それがバンドエネルギーに寄与していると推察できる場合のみであり,ほとんどの場合はバンドエネルギーの変化を定量的に計算して初めてその大小を結論できる.しかしながら,磁気構造の安定性を理解する上で,バンドエネルギーの利得を定性的に考えることはきわめて有用である.

c. 遷移金属の強磁性

単体で強磁性を示す金属は鉄 (bcc), コバルト (hcp), ニッケル (fcc), ガドリニウム (hcp) である. 希土類金属であるガドリニウム (Gd) は不完全な f 殻と大きな軌道磁気モーメントをもち, 単純な局所密度近似による取扱いは不十分である. 軌道電流や, 自己相互作用補正を入れた取扱いが試みられているが, ここでは取り扱わない. 3d 遷移金属である Fe, Co, Ni は古くからバンド理論によって磁性が議論されてきたが, 少なくとも絶対零度における磁性はよく理解されているといってよい. Fe については強磁性, 反強磁性のエネルギーが拮抗しており, エネルギー極小を与える格子における磁気状態は, 通常の局所密度近似では強磁性がもっとも安定な磁気構造にはならない. 密度勾配の補正を入れた交換相関エネルギー (GGA: 一般化勾配近似) を入れて初めて強磁性状態が最安定な磁気構造になることが知られている. 図 1.6, 1.7, 1.8 に Fe, Co, Ni の状態密度曲線を示す.

d. 遷移金属の反強磁性

単体の遷移金属で反強磁性を示す物質はクロム (Cr) とマンガン (Mn) である. Cr の磁気構造は反強磁性スピン密度波状態である. 室温で安定な α-Mn は立方晶であるがきわめて複雑な結晶構造をもち, 反強磁性構造も非一軸構造でたいへん複雑である. Cr の反強磁性スピン密度波状態はバンド計算がなされており, 実験との一致もよい. スピン密度波状態はフェルミ面のネスティングによって説明されることが多く, また反強磁性帯磁率の計算結果もフェルミ面のネスティングの存在を示唆する. 実際, ネスティングがスピン密度波状態の周期を決める役割をになっていることは間違いない. しかし, スピン密度波状態を安定にしている機構は長距離に及ぶ反強磁性的結合であり, たとえネスティングがなかったとしてもスピン密度波状態は安定化されると考えてよい. たとえば Fe/Cr/Fe の 3 層構造をもつ GMR (巨大磁気抵抗) 素子構造では Cr は積層方向に逆格子空間で定義されたフェルミ面をもたないが, 計算によると積層方向への反強磁性スピン密度波状態が実現する.

一方, Mn の反強磁性はその結晶構造と磁気構造の複雑さからバンド計算による決定的な結論は得られていない. 現在のところ局所密度近似の範囲で実験を説明することができるか否かは明らかではない. Mn は 2 価状態では d 電子バンドが半分つまった状態であり, 電子間相互作用の効果が大きい. そのため, 一般化勾配近似を含めて, 電子相関の効果を過大評価する傾向 (遮蔽効果が大きすぎる) のある局所密度近似では取扱いが十分でない可能性がある.

e. 金属間化合物の磁性

Cr, Mn, Fe, Co, Ni を含む金属間化合物には磁性を示す物質が多い. これらの金属間化合物の磁性は局所密度近似にもとづくバンド理論で理解される場合が多い. たとえばホイスラー合金とよばれる一群の合金がある. 様々な組成のものがあるが, 組成元素が単体では強磁性を示さないにもかかわらず金属間化合物をつくると強磁性を示すものがあるので有名である. 強磁性ホイスラー合金には上向きスピンは金属的で

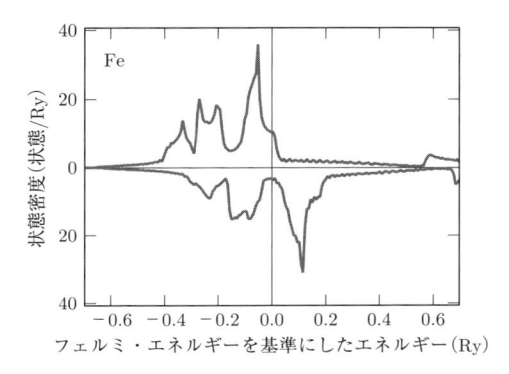

図 1.6　bcc 鉄の状態密度曲線. 磁気モーメントは $2.15\,\mu_B/\mathrm{atom}$ である.

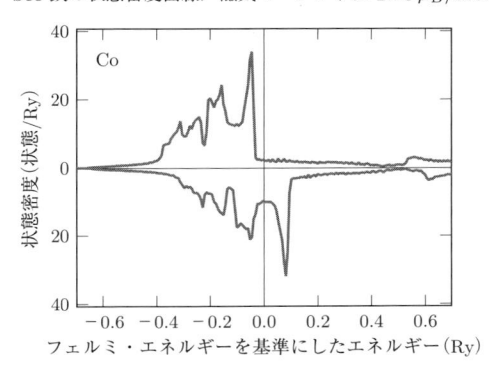

図 1.7　hcp コバルトの状態密度曲線. 磁気モーメントは $1.56\,\mu_B/\mathrm{atom}$ である.

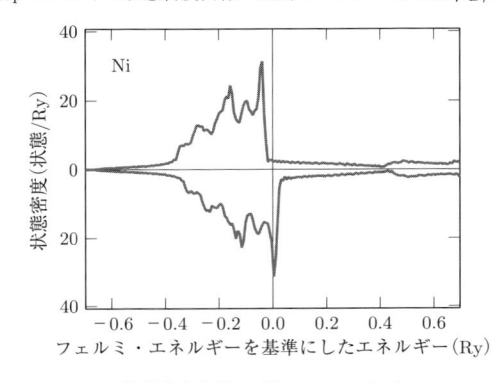

図 1.8　fcc ニッケルの状態密度曲線. 磁気モーメントは $0.59\,\mu_B/\mathrm{atom}$ である.

フェルミ面があるのに下向きスピンは半導体的もしくは絶縁体的であり下向きスピンフェルミ面がない，いわゆるハーフメタルとよばれる性質を示すものが多い．図 1.9 に $\mathrm{Co_2MnSi}$ ホイスラー合金の状態密度曲線を示す．下向きスピンバンドにギャップが

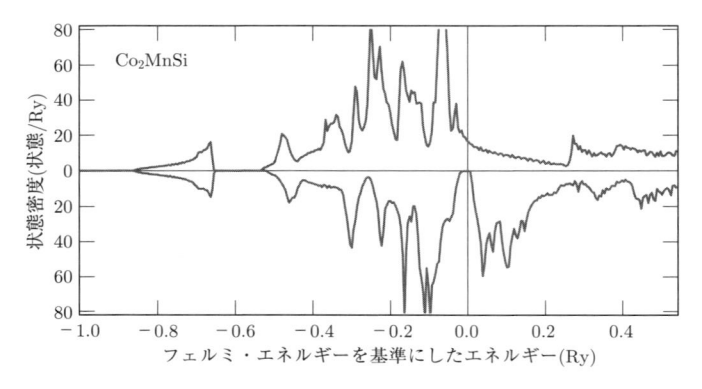

図 1.9 フル・ホイスラー合金 Co_2MnSi の状態密度曲線. ハーフメタルの性質を示し, 磁気モーメントは単位胞あたり $5\mu_B$ をとる.

開き, フェルミ・エネルギーがギャップ中にあることがわかる. 下向きスピンにフェルミ面が存在しないことから, このような強磁性体の磁化は絶縁体磁性のように単位胞あたりボーア磁子を単位として整数となる. しかし, 電子構造はバンド理論でよく理解され, 典型的な金属磁性体といえる.

f. 遷移金属化合物の磁性

3d 遷移金属の酸化物, 硫化物, セレン化合物, テルル化合物などのカルコゲナイドには金属強磁性や反強磁性の磁性を示すものが数多く存在する. これらのうち, FeSe, $FeSe_2$, CrTe などのセレン化合物, テルル化合物は Mn 化合物などのハーフフィルド近傍を除いて金属性が強く, バンド理論でよく理解される. FeS, FeS_2, CoS, CoS_2 などの硫化物はイオン性がやや強く金属磁性と絶縁体磁性の境界付近にあると考えられている. 局所密度近似の取扱いが難しくなってくる領域であるが, その磁性はおおむねバンド理論で正しく理解できるといってよい. ただし NiS_2 は $d\gamma$ バンドとよばれるバンドがハーフフィルドの条件を満たしており, 局所密度近似にもとづくバンド理論による記述は破綻するといってよい. FeO, CoO, NiO などの酸化物に対してはさらにイオン性が強く局所密度近似の正当性が疑わしいという印象があるが, 磁気的長距離秩序がある系に対しては, 基底状態はバンド理論でほぼ理解することができる. ただし, 光電子分光や有限温度磁性などの励起状態にかかわる現象に関しては議論が困難になってくる. 自己エネルギーへの繰込みが強く, コーン–シャム軌道が物理的な意味をほとんど失っているからである. 一方, $FeCl_2$ などの遷移金属ハライドのように十分にイオン性が強く明らかに絶縁体である系は, ふたたびバンド理論がいちおう正しい結果を与える. このような系ではフェルミ面が存在しないため非局所性の影響は少なく, また, 低エネルギーの一電子励起もないために, 基底状態に対しては局所密度近似とそれを超えた取扱いとの間に大きな差異は生じない.

1.2 遍歴電子系の磁性

g. 不規則遷移金属合金の磁性

3d 遷移金属には互いに全率固溶するものが多い．これらの不規則合金には強磁性を示すものも多いがそれらの合金の示す磁化を平均電子数に対してプロットすると $Fe_{0.8}Co_{0.2}$ 付近を頂点とするピラミッド状の曲線の上によく乗ることが実験的に知られており，この曲線はスレーター–ポーリング曲線とよばれている．一般に金属磁性はバンド理論によって理解されるが，結晶の周期が失われた不規則合金に対してはブロッホの定理が成り立たず，ブロッホ状態を考えるバンド理論の適用がそのままでは困難になる．このような不規則系に対しては大きなユニットセルを考えてその中で不規則な配置を考えるなどのいくつかの対応策が考えられているが，もっとも素直で精度も高い方法はコヒーレントポテンシャル近似 (CPA) を適用することである．CPA は第一原理電子状態計算の 1 つである KKR グリーン関数法 (KKR 法) に直接適用するこ

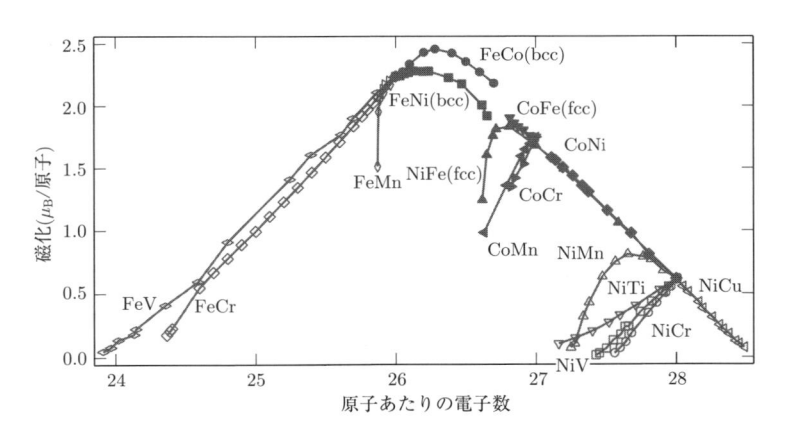

図 **1.10** スレーター–ポーリング曲線 (実験)

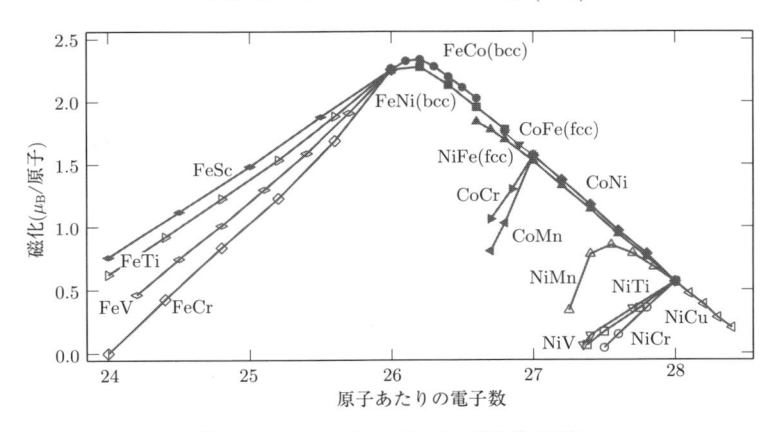

図 **1.11** スレーター–ポーリング曲線 (理論)

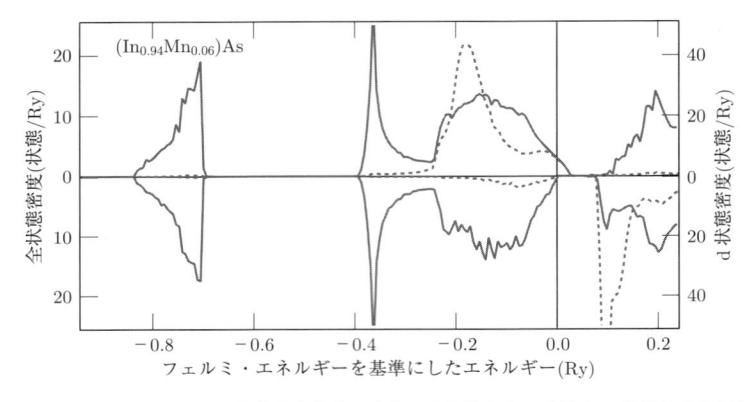

図 1.12 (In, Mn) As の状態密度曲線．実線は全状態密度，破線は d 状態密度を表す．

とができて (KKR–CPA)．この手法によって様々な不規則遷移金属合金の磁性が計算されている．図 1.10 に 3d 不規則遷移金属の磁化の実験，図 1.11 に KKR–CPA による計算結果を示す．ピラミッド状の主構造以外に細かい枝分かれなども含めて，計算と実験の一致はきわめてよいといえる．このことから，3d 遷移金属の磁性は局所密度近似にもとづくバンド理論によってよく説明されることがわかる．

h. 希薄磁性半導体の磁性

スピントロニクス材料としてよく知られている (Cd, Mn) Te や強磁性 (Ga, Mn) As などの希薄磁性半導体も基底状態はバンド理論によって記述される．磁性イオンの濃度が非常に小さい領域でも強磁性状態が基底状態として得られるものが多い．これらの物質は磁性イオンはよく発達した局所モーメントをもっている．ここでいう局所モーメントをもつという意味は，磁性イオンの周辺の磁気状態のいかんにかかわらず，安定してイオン位置にスピン分極が存在するということである．希薄磁性半導体ではどんな濃度でもこのような局所磁気モーメントが失われることはない．しかし，これらの局所モーメントの間の磁気的結合は強磁性的でも反強磁性的でもありえる．じっさい，この磁気的結合はキャリア濃度などによって敏感に変わることが知られている．このような磁気的結合の性質は前出のバンドエネルギーの解析から議論することができる．解析の結果これらの物質中の磁気イオン間には超交換相互作用，2 重交換相互作用，pd 混成の 3 つの機構に代表される磁気的相互作用が存在し，それらが個々の物質の基底状態での磁気構造を決めていることが理解される．2 重交換相互作用と pd 混成はほとんどの場合強磁性的な相互作用であり，超交換相互作用は多くの場合において反強磁性的である．図 1.12 に最初に発見された強磁性希薄磁性半導体として有名な (In, Mn) As の状態密度曲線を示す．この場合の強磁性発現の機構は 2 重交換相互作用と pd 混成がともに働いているが，どちらかといえば pd 混成の効果が強いといえる．上向きスピンの d 状態が価電子バンドの低い位置，あるいは価電子バンドの下に

状態をつくるときには pd 混成が，フェルミ・エネルギー付近に状態をつくるときには 2 重交換相互作用が強磁性発現の重要な機構となる．

i. その他の磁性現象

ここではふれなかったが，もっとも重要な磁気的性質の 1 つは有限温度での磁性のふるまいである．金属の有限温度磁性に関しては 1970 年代から 80 年代にかけて，守谷らによって精密な議論が展開され，その結果，有限温度金属磁性の基本的な理解はいちおう得られているといってよい．しかし，個々の物質に応じた第一原理的な理解は初歩的な段階にとどまっているといってよい．局所密度近似にもとづくバンド理論による記述は今のところ，平均場近似の段階といってよい．やや進んだ方法としては局所磁気モーメントの横方向の微小ゆらぎの間の磁気的相互作用を KKR 法を用いた摂動計算によって計算して，それを磁気モーメントのあいだの交換相互作用 J_{ij} と見なし，系の磁気的自由度をハイゼンベルク模型に射影するものがある．いったんハイゼンベルク模型に射影してしまえば，系の磁気的性質はスピン統計の手法を使って比較的容易に記述することができる．このような手法を用いて金属磁性の有限温度の性質や磁気転移点の評価が行われており，局所モーメントがよく発達した鉄などにおいては理論と実験との一致は悪くない．しかし，局所モーメントがよく定義できる系においても磁気モーメントの縦ゆらぎはあり，ハイゼンベルク模型への射影の正当性は長距離秩序からのわずかなゆらぎに限られており，その妥当性については注意深い議論が必要である．さらに進んだ議論や局所モーメントがよく定義できないような弱い金属磁性の場合については，今後の研究課題である． [赤井久純]

1.2.2 金属磁性とスピンのゆらぎ

a. 誘起モーメント磁性

普通の金属中の電子は室温においてフェルミ縮退している．室温 ($T = 300\,\text{K}$) はそのフェルミ温度 ($T_\text{F} \sim 10^4\,\text{K}$) に比べて十分低温にあるからである．フェルミ縮退していると磁場ゼロのもとでは，電子のスピン (磁気モーメント) は全体として消失している．このような系に磁性を持たせるためには電子間にある閾値以上の大きさの交換相互作用を必要とする．この点が絶縁体における局在スピン系の磁性発現と異なる点である．実際，隣り合う局在スピン間に有限の交換相互作用 (J) が働いていると (それがどんなに小さくても)，必ずある有限の転移温度 ($T_c \propto |J|$) をもつ (1.3 節参照)．局在電子系の磁性であっても，Pr^{3+} イオンを含む化合物では，Pr^{3+} イオン (電子状態は，$4f^2$ で $J = 4$) の結晶場基底状態は 1 重項で磁気モーメントをもたない場合があり，同様の機構を必要とする．また，(Ce^{3+} イオンを含む) 重い電子系とよばれる一群の化合物においてもほとんど局在した f 電子が局所的に磁気的な 1 重項状態にあるので，磁性は同様の機構で生じる．これらの磁性をまとめて (交換相互作用で誘起された磁気モーメントの間で生じる磁性という意味で) **誘起モーメント磁性** とよぶ．

話を簡単にするために，ハバード模型にもとづいて議論する．すなわち，ハミルト

ニアンとして,

$$H = \sum_{i,j}\sum_{\sigma} t_{ij}(c_{i\sigma}^{\dagger}c_{j\sigma} + \text{h.c.}) - \mu\sum_{i}\sum_{\sigma} c_{i\sigma}^{\dagger}c_{i\sigma} + U\sum_{i} c_{i\uparrow}^{\dagger}c_{i\uparrow}c_{i\downarrow}^{\dagger}c_{i\downarrow} \tag{1.27}$$

を採用する. ここで, t_{ij} はサイト i ($\bm{r}_i$) とサイト j ($\bm{r}_j$) の間の電子の飛び移り積分を, U はオンサイトでのクーロン・ポテンシャルを表し, $c_{i\sigma}$ はサイト i でスピン σ ($=\uparrow$ or $\downarrow$) をもつ電子の消滅演算子である. 第 2 項の μ は化学ポテンシャルであり, 以下ではグランドカノニカル分布にもとづいて議論する. i サイトでの電子数 $\hat{n}_i \equiv (c_{i\uparrow}^{\dagger}c_{i\uparrow} + c_{i\downarrow}^{\dagger}c_{i\downarrow})$ とスピンの z 成分 $\hat{s}_i \equiv (c_{i\uparrow}^{\dagger}c_{i\uparrow} - c_{i\downarrow}^{\dagger}c_{i\downarrow})/2$ を用いて式 (1.27) の第 3 項 (相互作用項) H_{int} を書き換えると,

$$H_{\text{int}} = U\sum_{i}\left(\frac{1}{4}\hat{n}_i^2 - \hat{s}_i^2\right) \tag{1.28}$$

となる. 磁性を議論するためにまず平均場近似を用いる. すなわち, 式 (1.28) において $\hat{n}_i \approx n$, $\hat{s}_i^2 = s_i^2 + 2s_i(\hat{s}_i - s_i) + (\hat{s}_i - s_i)^2 \approx -s_i^2 + 2s_i\hat{s}_i$ とすると, 有効ハミルトニアン H_{eff} は

$$H_{\text{eff}} = \sum_{i,j}\sum_{\sigma} t_{ij}(c_{i\sigma}^{\dagger}c_{j\sigma} + \text{h.c.}) - \sum_{i} 2Us_i\hat{s}_i + \sum_{i} U\left(\frac{1}{4}n^2 + s_i^2\right) \tag{1.29}$$

となり, 磁化の平均値 s_i は H_{eff} の熱平均 $s_i = \langle\hat{s}_i\rangle_{\text{eff}}$ で決まる. ここで,

$$\langle\cdots\rangle_{\text{eff}} = \frac{\text{Tr}(\cdots)e^{-\beta H_{\text{eff}}}}{\text{Tr}\,e^{-\beta H_{\text{eff}}}} \tag{1.30}$$

である ($\beta = 1/k_\text{B}T$). 式 (1.29) の H_{eff} は磁化の平均値 s_i を含んでいるので, 関係 $s_i = \langle\hat{s}_i\rangle_{\text{eff}}$ は s_i に関する連立非線形方程式である. 磁気転移点の近傍では s_i について線形化できて

$$s_i = \sum_{j}\chi_{ij}^{(0)}2Us_j \tag{1.31}$$

となる. $\chi_{ij}^{(0)}$ は自由電子系 ($U=0$) におけるスピン帯磁率であり, サイトの座標の差 ($\bm{r}_i - \bm{r}_i$) にのみ依存しているので, 式 (1.31) はそのフーリエ成分の関係

$$s_{\bm{q}} = 2U\chi_{\bm{q}}^{(0)}s_{\bm{q}} \tag{1.32}$$

に帰着する. この $\chi_{\bm{q}}^{(0)}$ は自由電子系 ($U=0$) のハミルトニアン H_0 を用いて

$$\chi_{\bm{q}}^{(0)} = \int_0^{\beta} d\tau\langle e^{\tau H_0}\hat{s}_{\bm{q}}e^{-\tau H_0}\hat{s}_{-\bm{q}}\rangle_0 = \frac{1}{2}\sum_{\bm{p}}\frac{f(\xi_{\bm{p}+\bm{q}}) - f(\xi_{\bm{p}})}{\xi_{\bm{p}} - \xi_{\bm{p}+\bm{q}}} \tag{1.33}$$

で与えられる. ここで, $f(x) = 1/(e^{\beta x}+1)$ はフェルミ分布, $\xi_{\bm{p}} = \sum_{i-j} t_{ij}e^{i(\bm{r}_i - \bm{r}_j)\cdot\bm{p}} - \mu$ は化学ポテンシャルから測ったバンドエネルギーを意味する.

1.2 遍歴電子系の磁性

磁気転移温度 T_m は，温度を降下させるとき，式 (1.31) がある波数ベクトル $\bm{q}$ に対して初めて成立する温度として定義される．すなわち，$1 = 2U\chi_{\bm{q}}^{(0)}(T=T_\mathrm{m}^\mathrm{mf})$ であり，具体的には

$$1 = U\sum_{\bm{p}} \frac{f(\xi_{\bm{p}+\bm{q}};T_\mathrm{m}^\mathrm{mf}) - f(\xi_{\bm{p}};T_\mathrm{m}^\mathrm{mf})}{\xi_{\bm{p}} - \xi_{\bm{p}+\bm{q}}} \quad (1.34)$$

となる．T_m^mf を最大にする波数ベクトル $\bm{q}$ はバンド分散 $\xi_{\bm{p}}$ に依存する．$\bm{q}=(0,0,0)$ であれば強磁性，$\bm{q}=(\pi/a,\pi/a,\pi/a)$ (a は格子定数) などのように整合ベクトルの場合は反強磁性，一般の不整合ベクトルの場合にはスピン密度波 (SDW) の磁気秩序の発生に対応する．条件 (1.34) は，強磁性の場合 ($\bm{q}=0$)，**ストーナー条件** とよばれる．$U=0$ の電子系は $T=0$ においてもフェルミ縮退によりスピン磁気モーメントは消失しているため，$\chi_{\bm{q}}^{(0)}$ はあらゆる波数ベクトル $\bm{q}$ について有限の値にとどまる．したがって，磁性が発生するための最低条件は，$U > U_\mathrm{c} \equiv 1/[2\chi_{\bm{q}}^{(0)}]$ であり，相互作用の閾値が存在する．この点が局在スピン系の場合との大きな違いである．局在スピン系では，式 (1.31) に対応する条件として

$$s_{\bm{q}} = J_{\bm{q}}\chi_\mathrm{loc}(T_\mathrm{m}^\mathrm{mf})s_{\bm{q}} \quad (1.35)$$

が得られる．$J_{\bm{q}}$ は交換相互作用のフーリエ変換，χ_loc は局在スピンの帯磁率を表す．$\chi_\mathrm{loc}(T) \propto 1/T$ (キュリー則) であるから，$J_{\bm{q}} \neq 0$ である限り有限の転移温度が必ず存在する (図 1.13)．

局在電子系であっても結晶場基底状態がスピン 1 重項であれば式 (1.35) に現れる χ_loc はヴァン・ヴレック帯磁率 χ_VV で置き換える必要があり $[\lim_{T\to 0}\chi_\mathrm{VV}(T)$ は有限値にと

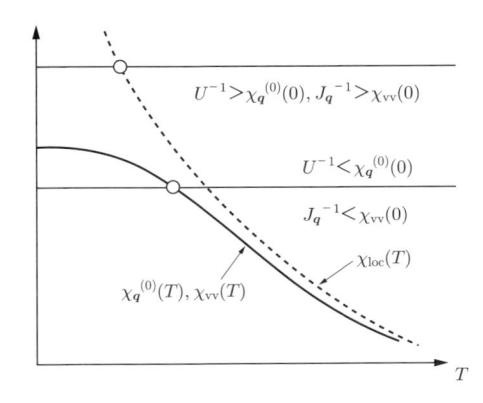

図 1.13 金属系および局在スピン系での磁性発現条件．実線は $\chi_{\bm{q}}^{(0)}(T)$ あるいは $\chi_\mathrm{VV}(T)$ を，破線は $\chi_\mathrm{loc}(T)$ を表す．有限の転移温度 (丸印) が存在するためには，$U^{-1} < \chi_{\bm{q}}^{(0)}(0)$ あるいは $J_{\bm{q}}^{-1} < \chi_\mathrm{VV}(0)$ の条件を満たす必要がある．局在スピンが存在するとき $\chi_\mathrm{loc}(T)$ は $T \to 0$ で発散するので $J_{\bm{q}}$ の大きさにかかわらず有限の転移温度 (丸印) が存在する．

どまるので],磁性が発生するには交換相互作用 J_q が閾値を超える必要 $[J_q > 1/\chi_{\text{VV}}(T=0)]$ がある.

b. スピンゆらぎの効果——平均場近似を超えて

平均場近似では着目するスピンへの相互作用の効果は平均値で置き換えて平均値のまわりの「スピンゆらぎ」の効果は無視する.しかし,この効果を無視することは定量的のみならず定性的にも正しくない.これは守谷グループの研究を初めとする 70 年代半ばまでの研究で明らかにされた[1,2].その際の中心的な論点は「遍歴電子系の磁性体 (磁性をもつ電子が金属中を動き回っている) においても局在電子系の磁性を特徴付けるキュリー–ワイス則 が観測される」ことをどのように理解するかということであった.もちろんフェルミ温度 T_{F} より高温の領域で帯磁率がキュリー則 にしたがうことはフェルミ気体の統計力学の教えるところである.しかし,問題は弱い遍歴磁性体 ($T_{\text{m}} \ll T_{\text{F}}$:フェルミ温度) において,$T > T_{\text{m}}$ の広い温度領域においてキュリー–ワイス則が成り立つことである (図 1.14).

(i) 一般化されたギンツブルク–ランダウ自由エネルギー汎関数 スピンゆらぎの効果を議論するためには,ハミルトニアン (1.27),(1.28) から得られる熱力学ポテンシャル $\Omega = -\beta^{-1} \log \text{Sp}(e^{-\beta H})$ の汎関数表示にもとづいて議論するのがもっとも見通しがよい.やや天下りになるが,式 (1.28) のスピン間の相互作用の効果は,

$$\text{Sp}(e^{-\beta H}) = \text{Sp}(e^{-\beta H_0}) \int \cdots \int \delta \Psi \exp\left(-\frac{1}{2} \int_0^\beta d\tau \sum_i \Psi_i{}^2(\tau)\right)$$
$$\times \left\langle \text{T}_\tau \exp\left(-\int_0^\beta d\tau \sum_i \sqrt{U/2}\Psi_i(\tau) e^{\tau H_0} \hat{s}_i e^{-\tau H_0}\right)\right\rangle_0 \quad (1.36)$$

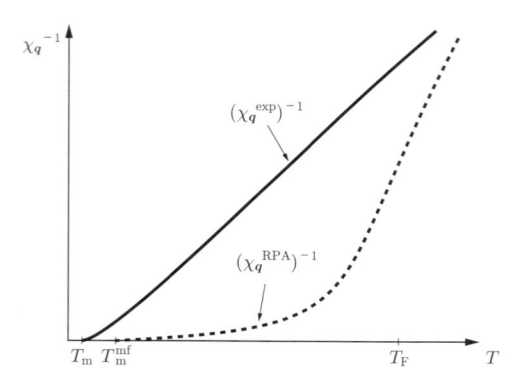

図 1.14 遍歴磁性体における帯磁率の温度依存性.実線は「弱い遍歴磁性体」で観測される逆帯磁率 $1/\chi_q^{\text{exp}}$ を,破線は平均場近似 ($\equiv$ RPA) で得られる $1/\chi_q^{\text{RPA}}$ を表す.$T_{\text{m}}, T_{\text{m}}^{\text{mf}}$ は,それぞれ,実際の,平均場近似による転移温度を,T_{F} はフェルミ温度 (実際より低めに書かれている) を表す.

のように表すことができる[3]. ここで, $\langle \cdots \rangle_0$ は H_0 によるグランドカノニカル平均を表し, T_τ は T 積とよばれ指数関数の中を展開したときに現れる種々の τ をもつ $\Psi(\tau)$ の積を τ の大きい順に並べ替える操作を表す. $\int \cdots \int \delta\Psi$ は汎関数積分とよばれ,

$$\Psi_i(\tau) = \sum_{\boldsymbol{q}} \sum_{\omega_m} e^{i(\boldsymbol{q}\cdot\boldsymbol{r}_i - \omega_m\tau)}\Psi(\boldsymbol{q},\omega_m), \quad \omega_m = \frac{2m\pi}{\beta} \qquad (m \text{ は整数}) \qquad (1.37)$$

により定義されるフーリエ成分に関する無限多重積分で表すことができる (以下参照). 式 (1.36) の被積分関数は $\Psi(\boldsymbol{q},\omega_m)$ に関する (無限) 多変数の関数である. 関係 (1.36) は一般に

$$\mathrm{Sp}(e^{-\beta H}) = \mathrm{Sp}(e^{-\beta H_0}) \int \cdots \int \prod_{\boldsymbol{q},\omega_m} d\Psi(\boldsymbol{q},\omega_m) \exp\left(-\beta\Phi[\Psi]\right) \qquad (1.38)$$

の形に表すことができ, $\Phi[\Psi]$ はスピンのフーリエ成分に共役な磁場 Ψ に関する一般化された自由エネルギーという意味をもつ. それは標準的な多体問題の技法を用いると, $\Psi(\boldsymbol{q},\omega_m)$ に関してつぎのように展開される.

$$\Phi[\Psi] = \frac{1}{2}\sum_{\boldsymbol{q}\omega_m} v_2(\boldsymbol{q},\omega_m)|\Psi(\boldsymbol{q},\omega_m)|^2 + \frac{1}{4}\sum_{\boldsymbol{q}_i,\omega_i} v_4(\boldsymbol{q}_1\omega_1,\cdots,\boldsymbol{q}_4\omega_4)\Psi(\boldsymbol{q}_1,\omega_1)\cdots$$
$$\Psi(\boldsymbol{q}_4,\omega_4)\delta\left(\sum_{i=1}^{4}\boldsymbol{q}_i\right)\delta\left(\sum_{i}^{4}\omega_i\right) + \cdots \qquad (1.39)$$

ここで,

$$v_2(\boldsymbol{q},\omega_m) = 1 - 2U\chi_{\boldsymbol{q}}^{(0)}(i\omega_m) \qquad (1.40)$$

であり, 振動数 ω_m に依存する非摂動系のスピン帯磁率 $\chi_{\boldsymbol{q}}^{(0)}(i\omega_m)$ は式 (1.33) の静的帯磁率を一般化した

$$\chi_{\boldsymbol{q}}^{(0)}(i\omega_m) = \frac{1}{2}\sum_{\boldsymbol{p}} \frac{f(\xi_{\boldsymbol{p}+\boldsymbol{q}}) - f(\xi_{\boldsymbol{p}})}{\xi_{\boldsymbol{p}} - \xi_{\boldsymbol{p}+\boldsymbol{q}} + i\omega_m} \qquad (1.41)$$

で与えられる.

式 (1.39) の中で磁気秩序を表す 1 つの波数 $\boldsymbol{Q}$ の静的 ($\omega = 0$) モード $\Psi(\boldsymbol{Q},0) \equiv \Psi_{\boldsymbol{Q}}$ だけを残すと,

$$\Phi = \frac{1}{2}v_2(\boldsymbol{Q},0)\Psi_{\boldsymbol{Q}}{}^2 + \frac{1}{4}v_4\Psi_{\boldsymbol{Q}}{}^4 + \cdots \qquad (1.42)$$

となる. これは 2 次相転移のギンツブルク–ランダウ (GL) 理論に現れる自由エネルギーにほかならない. $v_2 > 0$ であれば常磁性状態 ($\Psi_{\boldsymbol{Q}} = 0$) が, $v_2 < 0$ であれば磁気秩序状態 ($\Psi_{\boldsymbol{Q}} \neq 0$) が実現し, $v_2 = 0$[条件 (1.34) に対応] が磁気転移温度を与える. すなわち, 平均場近似の結果が再現される. 式 (1.39) には静的平均場 $\Psi_{\boldsymbol{Q}}$ 以外のモー

ドの効果が含まれており，平均場近似を超えるスピンゆらぎの効果を議論するベースとなる．

相互作用 (1.28) の効果を含む動的スピン帯磁率 $\chi_{\boldsymbol{q}}(\omega)$ は

$$\chi_{\boldsymbol{q}}(i\omega_m) = \int_0^\beta d\tau e^{i\omega_m\tau} \langle e^{\tau H}\hat{s}_{\boldsymbol{q}} e^{-\tau H}\hat{s}_{-\boldsymbol{q}}\rangle \tag{1.43}$$

において，解析接続 $i\omega_m \to \omega + i\delta$ (δ は正の微少量) をすることで得られる．式 (1.43) で定義される「スピン帯磁率」は自由エネルギー汎関数 $\Phi[\Psi]$ を用いて

$$\chi_{\boldsymbol{q}}(i\omega_m) = \frac{\beta}{U}\frac{\mathrm{Sp}\{\Psi(\boldsymbol{q},\omega_m)\Psi(-\boldsymbol{q},-\omega_m)\exp(-\beta\Phi[\Psi])\}}{\mathrm{Sp}\{\exp(-\beta\Phi[\Psi])\}} - \frac{1}{U} \tag{1.44}$$

で与えられる．ここで，Sp は $\int\cdots\int \prod_{\boldsymbol{q},\omega_m} d\Psi(\boldsymbol{q},\omega_m)$ を表す．$\Phi[\Psi]$ として式 (1.39) の 2 次の項に限れば，式 (1.44) の Sp は単なるガウス積分で簡単に実行できて，RPA 近似での「スピン帯磁率」

$$\chi_{\boldsymbol{q}}^{\mathrm{RPA}}(i\omega_m) = \frac{2\chi_{\boldsymbol{q}}^{(0)}(i\omega_m)}{1 - 2U\chi_{\boldsymbol{q}}^{(0)}(i\omega_m)} \tag{1.45}$$

が得られる．平均場近似での転移温度を与える式 (1.34) は，**RPA 近似** での静的スピン帯磁率 $\chi_{\boldsymbol{q}}^{\mathrm{RPA}}(0)$ が発散する条件に対応する．

(ii) スピンゆらぎのモード結合近似——SCR 理論　式 (1.45) で与えられる静的スピン帯磁率の温度依存性は，$\chi_{\boldsymbol{q}}^{(0)}(0)$ のそれで与えられるので，$T < T_\mathrm{F}$ において，バンド構造の詳細による弱い温度依存性を別にすれば，大きな温度依存性をもたない．実験で観測されているような「キュリー–ワイス」的な大きな温度依存性は式 (1.39) で与えられる自由エネルギー汎関数 $\Phi[\Psi]$ の 4 次 (および高次) の項の効果として現れる．この **4 次のモード間相互作用** に対して平均場近似を適用する．

以下では話を具体的にするため，スピンのゆらぎは波数ベクトル $\boldsymbol{Q}$ のまわりの長波数成分 $\boldsymbol{Q} + \boldsymbol{q}$ ($|\boldsymbol{q}| < q_\mathrm{c} \sim 1/a$) で低振動数 ω ($|\omega| \ll \omega_\mathrm{c} \sim T_\mathrm{F}$) が重要なので，式 (1.39) の $\Phi[\Psi]$ の係数 v_2, v_4 を $\boldsymbol{q}, \omega$ について展開し，

$$v_2(\boldsymbol{q},\omega_m) \simeq r_0 + Aq^2 + C_q|\omega_m|, \quad v_4(\boldsymbol{q}_1\omega_1,\cdots,\boldsymbol{q}_4\omega_4) \simeq u_0 \tag{1.46}$$

と表す．$r_0 \equiv 1 - 2U\chi_{\boldsymbol{Q}}^{(0)}(0)$, $A \sim a^2$, $C_q \sim 1/T_\mathrm{F}$, u_0 はバンド構造が決まれば定まるパラメターである．また，$C_q = Cq^{2-z}$ の q 依存性をもち，強磁性の場合 ($\boldsymbol{Q} = 0$) には $z = 3$ であり ($C_q \propto 1/q$)，反強磁性・SDW の場合 ($\boldsymbol{Q} \neq 0$) には $z = 2$ であり ($C_q \propto q^0 =$ const.) である．自由エネルギー汎関数 $\Phi[\Psi]$，式 (1.39) は

$$\begin{aligned}\Phi[\Psi] = &\frac{1}{2}\sum_{\boldsymbol{q}\omega_m}(r_0 + Aq^2 + C_q|\omega_m|)|\Psi(\boldsymbol{q},\omega_m)|^2 \\ &+ \frac{u_0}{4}\sum_{\boldsymbol{q}_i,\omega_i}\Psi(\boldsymbol{q}_1,\omega_1)\cdots\Psi(\boldsymbol{q}_4,\omega_4)\delta\left(\sum_{i=1}^4 \boldsymbol{q}_i\right)\delta\left(\sum_i^4 \omega_i\right) + \cdots\end{aligned} \tag{1.47}$$

となる．スピンゆらぎ Ψ の間の相互作用の効果を平均場近似で取り込むために，平均場自由エネルギー汎関数

$$\Phi_{\text{eff}}[\Psi] = \frac{1}{2}\sum_{\boldsymbol{q}}\sum_{n}(r + Aq^2 + C_q|\omega_n|)\Psi(\boldsymbol{q},\omega_n)\Psi(-\boldsymbol{q},-\omega_n) \tag{1.48}$$

を導入する．すなわち，r が「平均場」を表す．一般に熱力学ポテンシャル Ω に対してファイマンの不等式

$$\Omega \leq \Omega_{\text{eff}} + T\langle\Phi - \Phi_{\text{eff}}\rangle_{\text{eff}} \equiv \tilde{\Omega}(r) \tag{1.49}$$

が成立するので，右辺の $\tilde{\Omega}(r)$ を最小とするように r を決定する．その結果，r を決めるつぎの関係を得る．

$$r = r_0 + 3u_0\langle\Psi^2\rangle_{\text{eff}}, \qquad \langle\Psi^2\rangle_{\text{eff}} = T\sum_{\boldsymbol{q}}\sum_{m}\frac{1}{r + Aq^2 + C_q|\omega_m|} \tag{1.50}$$

これは式 (1.47) の第 2 項において，$\Psi^4 \to 6\langle\Psi^2\rangle_{\text{eff}}\Psi^2$ と近似する「直観的」な平均場近似と等価である．式 (1.50) の $\langle\Psi^2\rangle_{\text{eff}}$ の $T\sum_m$ は複素積分の技法を用いると

$$\begin{aligned}\langle\Psi^2\rangle_{\text{eff}} &= \sum_{\boldsymbol{q}}\int_0^{\omega_c}\frac{d\omega}{\pi}\coth\frac{\omega}{2T}\frac{C_q\omega}{(r+Aq^2)^2+(C_q\omega)^2}\\ &= \sum_{\boldsymbol{q}}\left[\frac{1}{C_q}\int_0^{\omega_c}\frac{d\omega}{\pi}\frac{\omega}{\Gamma_q^2+\omega^2} + \frac{2}{C_q}\int_0^{\infty}\frac{d\omega}{\pi}\frac{1}{e^{\beta\omega}-1}\frac{\omega}{\Gamma_q^2+\omega^2}\right]\\ &\equiv \langle\Psi^2\rangle_{\text{zero}} + \langle\Psi^2\rangle_{\text{th}}\end{aligned} \tag{1.51}$$

と書ける．ここで，$\Gamma_q \equiv (r+Aq^2)/C_q$ である．式 (1.51) の第 1 項の $\sum_{\boldsymbol{q}}$ と ω 積分を実行するとゼロ点スピンゆらぎ振幅 $\langle\Psi^2\rangle_{\text{zero}}$ は，臨界点近傍 $(r\sim 0)$ において，

$$\langle\Psi^2\rangle_{\text{zero}} = \frac{Vq_B^d}{4\pi^d C_{q_B}}\begin{cases}C_1(d,z) - C_2(d,z)\dfrac{r}{Aq_B^2} + \cdots & (d+z>4) \\[2mm] C_1(d,z) + \dfrac{r}{Aq_B^2}\left(\ln\dfrac{r}{Aq_B^2}-1\right)+\cdots & (d+z=4)\end{cases} \tag{1.52}$$
$$\tag{1.53}$$

となる．ここで，$q_B = \pi/a$，C_i $(i=1,2)$ は $\mathcal{O}(1)$ の正の定数で，

$$C_1(d,z) \equiv 2\int_0^{x_c} dx\, x^{d+z-3}\ln\left(\frac{C_{q_B}\omega_c}{Aq_B^2 x^z}\right)$$
$$C_2(3,2) = C_2(2,3) = 2x_c, \qquad C_2(3,3) = \frac{1-x_c^2}{2}$$

と定義される．式 (1.51) の第 2 項の ω 積分を実行すると熱スピンゆらぎ振幅 $\langle\Psi^2\rangle_{\rm th}$ は，

$$\langle\Psi^2\rangle_{\rm th} = \frac{Vq_{\rm B}^d}{2\pi^d C_{q_{\rm B}}} \int_0^{x_c} dx\, x^{d+z-3} \left[\ln u - \frac{1}{2u} - \psi(u)\right] \quad (1.54)$$

となる．ここで，$x \equiv q/q_{\rm B}$, $x_c \equiv q_c/q_{\rm B}$, $u \equiv \Gamma_q/2\pi T$, $\psi(z)$ はディガンマ関数 (digamma function) である．

以上をまとめると，スピンゆらぎの基本的パラメター r に対するセルフコンシステントな関係 (1.50) は，$y \equiv r/Aq_{\rm B}^2$ に対する方程式

$$y = \begin{cases} y_0(t) + \dfrac{y_1}{2}d \int_0^{x_c} dx\, x^{d+z-3}\left[\ln u - \dfrac{1}{2u} - \psi(u)\right] & (d+z>4) \\ & (1.55) \\ y_0(t) + \dfrac{y_1}{2}\left(y\ln y + 2\int_0^{x_c} dx\, x\left[\ln u - \dfrac{1}{2u} - \psi(u)\right]\right) & (d+z=4) \end{cases}$$

$$(1.56)$$

に帰着する．ここで，$u \equiv x^{z-2}(y+x^2)/t$, $t \equiv T/T_0$, $T_0 \equiv Aq_{\rm B}^2/2\pi C_{q_{\rm B}}$, であり，係数 $y_0(t)$, y_1 はつぎの式で定義される．

$$y_0(t) \equiv \frac{r_0(t)/Aq_{\rm B}^2 + 3u_0W_dC_1T_0/(T_AN_{\rm F})^2}{1+3u_0W_dC_2T_0/(T_AN_{\rm F})^2}, \quad y_1 \equiv \frac{12u_0W_dT_0/(T_AN_{\rm F})^2 d}{1+3u_0W_dC_2T_0/(T_AN_{\rm F})^2} \quad (1.57)$$

ここで，$W_d \equiv Vq_{\rm B}^d/8\pi^{d-1}$, $T_A \equiv Aq_{\rm B}^2/2N_{\rm F}$ はスピンゆらぎの波数依存性を特徴付けるエネルギースケールを与えるパラメターであり，$y=r/Aq_{\rm B}^2 \equiv 1/2T_A\chi_Q(0)$ の関係にある．一般に y_0 は r_0 の温度依存性を通して t 依存性をもつが，パラメター $y_0 \equiv y\,(t=0)$ を導入する．一方，y_1 の温度依存性は無視できる．4 つの基本的パラメター，y_0, y_1, T_0, T_A はいくつかの実験から決められる[2]．そうすると動的スピン帯磁率は

$$\chi_Q^{-1}(q,\omega) = 2T_A\left[y+\left(\frac{q}{q_{\rm B}}\right)^2 - i\frac{\omega}{2\pi T_0(q/q_{\rm B})^{z-2}}\right] \quad (1.58)$$

で与えられ，これを用いて関連したあらゆる物理量のふるまいが理解される．これら一連の理論は **SCR** (Self-Consistent Renormalization) 理論とよばれ，守谷グループで発展させられた[1,2]．式 (1.55), (1.56) の x 積分を解析的に実行することはできないが，よい精度で成立する近似式

$$\ln u - \frac{1}{2u} - \psi(u) \simeq \frac{1}{2u(1+6u)} \quad (1.59)$$

を用いることで初等的に実行できる．

3 次元強磁性 ($d=3$, $Q=0$, $z=3$) の場合，式 (1.55) は

$$y = y_0(t) + \frac{3}{2}y_1 t \int_0^{x_c} dx\left[\frac{x^3}{2x(x^2+y)} - \frac{x^3}{2x(x^2+y)+t/3}\right] \quad (1.60)$$

となる.これから転移温度 $T_\mathrm{m}^\mathrm{SCR} = t_\mathrm{m}^\mathrm{SCR} \times T_0$ を決める関係 ($y=0$)

$$0 = y_0(t_\mathrm{m}^\mathrm{SCR}) + \frac{3}{2}y_1 t_\mathrm{m}^\mathrm{SCR}\left(\frac{x_\mathrm{c}}{2} - \int_0^{x_\mathrm{c}} \mathrm{d}x \frac{x^3}{2x^3 + t_\mathrm{m}^\mathrm{SCR}/3}\right) \quad (1.61)$$

と転移温度近傍での $y(\chi_{\boldsymbol{Q}=0}(0)^{-1})$ の温度依存性が,

$$y \propto (t - t_\mathrm{m}^\mathrm{SCR})^2, \quad \chi_{\boldsymbol{Q}=0}(0) \propto (T - T_\mathrm{m}^\mathrm{SCR})^{-2} \quad (1.62)$$

と求められる.すなわち,スピンゆらぎの効果により転移温度は,$r_0(T_\mathrm{m}^\mathrm{mf}) = 0$ で与えられる平均場近似の値 T_m^mf よりスピンゆらぎ振幅 $\langle \Psi^2 \rangle_\mathrm{eff}$ の効果によって抑えられて式 (1.61) で与えられる.また,強磁性帯磁率の移転点近傍での温度依存性は,平均場近似での $\chi_{\boldsymbol{Q}=0}^\mathrm{mf} \propto (T - T_\mathrm{m}^\mathrm{mf})^{-1}$ から $\chi_{\boldsymbol{Q}=0} \propto (T - T_\mathrm{m}^\mathrm{SCR})^{-2}$ へと変化する.より広い温度範囲 ($T_\mathrm{m}^\mathrm{SCR} < T < T_0 \sim T_\mathrm{F}$) では式 (1.60) を数値的に解く必要があるが,第2項の t に比例する熱スピンゆらぎ振幅が支配的となり,いわゆる「キュリー–ワイス的温度依存性」が得られる.反強磁性の場合も同様である.すなわち,金属磁性をめぐる長年の懸案が解決されたのである.このあたりの事情を図 1.15 に示す.

実際の転移温度に近づくと最後には式 (1.48) の近似を超える**臨界ゆらぎ**の効果が顕在化する.その温度領域は上述の方法で決定された y を,それからの摂動論的な補正項 Δy が上回る温度領域として評価される.この条件は2次相転移における**ギンツブルク判定条件**の一例であり,3次元 ($d=3$) の場合,

$$\frac{T - T_\mathrm{m}^\mathrm{SCR}}{T_\mathrm{m}^\mathrm{SCR}} < \frac{\pi^2}{12} \frac{T_\mathrm{m}^\mathrm{SCR}}{T_0} \ln\left|\frac{T - T_\mathrm{m}^\mathrm{SCR}}{T_0}\right| \quad (1.63)$$

で与えられる.ここで,$T_\mathrm{m}^\mathrm{SCR}$ は式 (1.61) で決まる転移温度を表す.したがって,$T_\mathrm{m}^\mathrm{SCR} \ll T_0 \sim T_\mathrm{F}$ であればモード結合近似の破綻する温度領域は $T_\mathrm{m}^\mathrm{SCR}$ のごく近

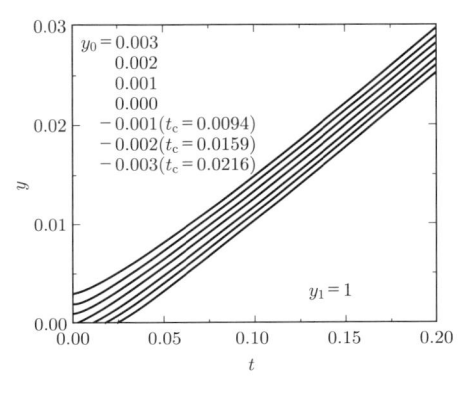

図 **1.15** SCR 理論による強磁性逆帯磁率 $1/\chi_{\boldsymbol{Q}=0} \propto y$ の温度依存性.実線は,種々のパラメター y_0 に対する式 (1.60) の解を表す ($y_1 = 1.0$ と設定).

表 1.3 SCR 理論による核磁気緩和率 $1/T_1$ と電気抵抗率 ρ の温度依存性.

	強磁性 ($Q=0$)	反強磁性 ($Q \neq 0$)
核磁気緩和率 $1/T_1$	$T\chi_{Q=0}(T)\ (T>T_\mathrm{C})$ $T/M_{Q=0}^2(T)(T<T_\mathrm{C})$	$T\chi_Q^{1/2}(T)(T>T_\mathrm{N})$ $T/M_Q(T)(T<T_\mathrm{N})$
電気抵抗率 $\rho(T)$	$T^2/M_{Q=0}(0)(T \ll T_\mathrm{C})$ $T^{5/3}(T_\mathrm{C} \lesssim T)$ $T^2\chi_{Q=0}(T)(T \gg T_\mathrm{C})$	$T^2/M_Q(0)(T \ll T_\mathrm{N})$ $T^{3/2}(T_\mathrm{N} \lesssim T)$ $T^2\chi_{Q=0}(T)(T \gg T_\mathrm{N})$

傍に限られており,フェルミ温度に比べて転移温度の低い「弱磁性金属」に対し精度のよい記述を与える. **BCS 理論** が超伝導現象のよい理論になっていることに対応するといってよい.

2 次元 ($d=2$) の場合は $T_\mathrm{m}^\mathrm{SCR}=0$ となる.なぜなら,$t \neq 0$ において $y \to 0$ となると仮定すると,式 (1.55), (1.56) の被積分関数において $u \to x^z/t$ となり x 積分が対数発散してしまい,$y=0$ が解とはならないからである.その意味で SCR 理論は **マーミン–ワグナーの定理** を満たしている.

転移温度以下 ($T < T_\mathrm{m}^\mathrm{SCR}$),磁気秩序のある状態では,自発磁化 M_Q とそのまわりのスピンゆらぎをセルフコンシステントに決める必要があるので,理論的取扱いは複雑になる.しかし,近似の精神は同じであり,$T > T_\mathrm{m}^\mathrm{SCR}$ 側と同様な理論を展開できる.すなわち,式 (1.39) の「共役磁場」Ψ を $\Psi_q = \delta_{q,Q}\bar{\Psi}_Q + \delta\Psi_q$ と表すと,式 (1.49) の有効熱力学ポテンシャル $\tilde{\Omega}$ は r の他に $\bar{\Psi}_Q$ の関数にもなるので,これら 2 つのパラメターについて最小になるような条件を求めることになる.その結果,自発磁化の温度依存性は,

$$M_Q(T) \propto \begin{cases} (T_\mathrm{C}^{4/3} - T^{4/3})^{1/2} & (\boldsymbol{Q}=0: 強磁性) \quad (1.64) \\ (T_\mathrm{N}^{3/2} - T^{3/2})^{1/2} & (\boldsymbol{Q} \neq 0: 反強磁性・SDW) \quad (1.65) \end{cases}$$

で与えられる.ここで,T_C (T_N) は SCR 理論で決まるキュリー温度 (ネール温度) である [2].転移温度とパラメター y_0 との関係は

$$T_\mathrm{C} \propto |y_0|^{3/4}, \quad T_\mathrm{N} \propto |y_0|^{2/3} \quad (y_0 < 0) \quad (1.66)$$

表 1.4 $T=0$ での量子臨界点近傍 ($y_0 \sim 0$) での物理量の異常性.

	強磁性 ($z=3$)		反強磁性 ($z=2$)	
	$d=3$	$d=2$	$d=3$	$d=2$
$\lim_{T \to 0} \dfrac{C(T)}{T}$	$-\log|y_0|$	$y_0^{-1/2}(y_0>0)$	const. $-|y_0|^{1/2}$	$\log y_0(y_0>0)$
$\lim_{T \to 0} \dfrac{\rho(T)-\rho_0}{T^2}$	$|y_0|^{-1/2}$	$y_0^{-1}(y_0>0)$	$|y_0|^{-1/2}$	$y_0^{-1}(y_0>0)$

表 1.5 量子臨界点 ($y_0 = 0$) での物理量の低温 ($T \sim 0$) での温度依存性.

	強磁性 ($Q=0, z=3$)		反強磁性 ($Q \neq 0, z=2$)	
	$d=3$	$d=2$	$d=3$	$d=2$
$1/\chi_Q$	$T^{4/3}$	$-T\log T$	$T^{3/2}$	$-T/\log T$
$1/T_1$	$T^{-1/3}$	$T^{-1/2}(-\log T)^{-3/2}$	$T^{1/4}$	$-\log T$
ρ	$T^{5/3}$	$T^{4/3}$	$T^{3/2}$	T
C/T	$-\log T$	$T^{-1/3}$	const. $- T^{1/2}$	$-\log T$

で与えられる.

動的スピン磁化率 (1.58) を用いて種々の物理量のふるまいを予言できる. 表 1.3 にそれをまとめる. これらは「弱磁性金属」の実験を系統的によく説明する.

加圧や組成の変化などによりパラメター y_0 が 0 に近づくと $T_\mathrm{m}^\mathrm{SCR} \to 0$ となり, 磁気相転移は量子臨界現象を示す. そのとき, SCR 理論の適用条件 (1.63) (の逆不等号) はすべての温度領域で満足されるので, 量子臨界現象を正しく記述する. SCR 理論の正当性は摂動論的「くりこみ群」の方法によっても確立している[3,4]. $y_0 \sim 0$ (量子臨界点近傍), $T=0$ での物理量の異常性を表 1.4 に, 量子臨界点 ($y_0 = 0$) での物理量の温度依存性を表 1.5 に示す.

これらのふるまいは種々の物質系で確認されている[5].

c. スピンゆらぎ理論の種々の展開

(i) 強相関金属系でのスピンゆらぎ   スピンゆらぎの議論の出発点となった自由エネルギー汎関数 (1.39) はその導出からわかるように弱相関極限から摂動論的に得られたものであるので, 強相関電子系の典型例である重い電子系やモット金属絶縁体転移点近傍の金属などに対しては無力であると思われがちであるが, 実はそうではない. そこで重要な役割を演じるのがフェルミ液体論 である. フェルミ液体論では (裸の相互作用がいかに強くても, 系が金属に留まる限り)「フェルミ準位近傍の自由度はコヒーレントな準粒子で記述され, その準粒子はフェルミ準位から離れたインコヒーレントな自由度を通じて弱く相互作用する」という描像が成り立つ. 強相関効果は一般に局所的な性格をもっているが, その効果を取り込んで遍歴的な「準粒子自由度」と局在的なインコヒーレント成分からなる「スピン自由度」が交換相互作用するというモデルに立脚して「スピン自由度」についてモード結合近似を適用することは可能である[6,7]. つまり, 汎関数 (1.39) を与えるには必ずしも弱相関金属を前提とする必要はない. このような考え方は強く相互作用する難問題において有効性を発揮する「くりこみ群」の方法における基本的なものである. 実際, 重い電子系の量子臨界点近傍での異常性は一, 二の例外を除いて表 1.4, 1.5 の結果で与えられる[7].

(ii) フェルミ面のネスティング効果   フェルミ面がネスト ($\xi_{p+Q} = -\xi_p$ がフェルミ面上の有限の領域で成立) していると, $T \ll T_\mathrm{F}$ においても式 (1.46) の展開係

数 A, C_q が大きな温度依存性をもつ. $T \to 0$ の極限では q^2, ω_m によるべき展開はできなくなり,対数的な異常が現れて種々の物理量の温度依存性が SCR 理論の結論から変更を受ける.高温から近づいたとき,それらの係数は $T \to 0$ の極限において $A \propto 1/T^2$, $C_q \propto 1/T$ のように増加し,銅酸化物高温超伝導体などで話題になった「スピンギャップ」的なふるまいや「電荷スピン分離」の様相が現れることがある[8].ただし,高温から低温の極限までを滑らかにつなぐことは今後の研究に残されている.

[三宅和正]

文献

[1] T. Moriya and A. Kawabata, J. Phys. Soc. Jpn. **34** (1973) 639.
[2] T. Moriya, Springer Series of Solid State Sciences 56, *Spin Fluctuations in Itinerant Electron Magnetism* (Springer-Verlag, 1985).
[3] J. A. Hertz, Phys. Rev. B **14** (1976) 1165.
[4] A. J. Millis, Phys. Rev. B **48** (1993) 7183.
[5] 三宅和正,固体物理 **33** (1998) 285.
[6] Y. Kuramoto and K. Miyake, J. Phys. Soc. Jpn. **59** (1990) 2831.
[7] T. Moriya and T. Takimoto, J. Phys. Soc. Jpn. **64** (1995) 960.
[8] K. Miyake and O. Narikiyo, J. Phys. Soc. Jpn. **63** (1994) 3821.

1.3 局在スピン系の磁性

1.3.1 はじめに

磁性体の磁気モーメントが電子のスピンおよび軌道角運動量から来ることは自明である.$3p^63d^{1\sim9}4s^2$ の軌道をもつ Sc から Cu までの鉄族元素では d 軌道の電子がスピン角運動量と軌道角運動量をキャンセルしない配置をとるため磁気モーメントをもつ.これらの元素は「遷移元素」(transition element) または「遷移金属」(transition metal) とよばれる.4d, 5d 元素あるいは 4f 軌道や 5f 軌道の電子をもつ希土類元素やアクチノイド元素も同様の事情にある.物質中ではこれらの元素が単体あるいは合金として金属を形成する場合とイオン結合あるいは共有結合を通じて絶縁体結晶になる場合がある.前者の場合の磁性は 1.2 節で述べられる.後者の場合は,これらの元素が一般にイオンになっていて d または f 電子はその元素の位置にとどまり,それに由来する磁気モーメントはそこに局在している.このようなイオンで構成された磁性体を局在スピン系という.

孤立したイオン (非磁性の結晶中に磁気イオンを薄く混入することにより実現でき,他の磁気イオンと相互作用がない) におけるスピンのエネルギー状態は光学スペクトルや電子スピン共鳴 (ESR) などによって決められる.とくに ESR では磁束密度 $\boldsymbol{B}$ の磁場をかけたとき

$$\mathcal{H} = g\mu_{\rm B}\boldsymbol{S}\cdot\boldsymbol{B} - D(S^z)^2 \tag{1.67}$$

のスピンハミルトニアンを用いて最低軌道状態の結晶場によるパラメター，g 値と正方対称結晶場の異方性 D などを詳細に決めることができる．D を含む項は $S = 1/2$ のときは定数になるが，たとえば $S = 2$ の Fe^{2+} では D はかなり大きい．

局在スピン系の磁性を支配するのはスピン間の相互作用である．古典的な双極子相互作用は，エネルギーは小さく，異方性として働く場合があるが，物質の磁性に及ぼす影響は少ない．i と j の 2 つのサイトにあるスピン，S_i, S_j の間に働く相互作用として重要なものは次の交換相互作用 (exchange interaction) である．

$$\mathcal{H} = -2J_{ij}\boldsymbol{S}_i\boldsymbol{S}_j \tag{1.68}$$

これはスピンをもつ 2 つのイオンの電子の波動関数の重なりによるものであるが，イオン結晶などの絶縁体では陰イオンを介しての超交換相互作用 (superexchange interaction) が重要である．J の正負はスピンを担うイオンや間に介在する陰イオンの波動関数に依存し，一般論として金森–グッドイナフ (Kanamori–Goodenough) 則がある[1]．

J は結晶場の異方性を反映して異方的になる場合がある．そのとき J はテンソルとなるが，正方対称を仮定すると，量子化軸を z にとり，式 (1.68) は次のように書き換えられる．

$$\mathcal{H} = -2\left[J_{\parallel}S_i^z S_j^z + \frac{J_{\perp}}{2}(S_i^+ S_j^- + S_i^- S_j^+)\right] \tag{1.69}$$

極端な場合として $J_{\perp} = 0$ のときをイジング型スピンといいスピンは z 成分しかもたない．また $J_{\parallel} = 0$ のときは xy 型スピンといい z 成分をもたない．このような極端な状態は現実にはありえないが，近似的に取り扱う場合がよくあり，モデルとして重要な概念の 1 つである．一般に Fe^{2+} や Co^{2+} スピンはイジング的である．これに対し，$J_{\parallel} = J_{\perp}$ の場合は式 (1.68) そのものであり，とくにハイゼンベルク型スピンとよぶ．$J_x \neq J_y$ のとき，$S_i^+ S_j^+ + S_i^- S_j^-$ のような項が出てくる．これは非永年 (non-secular) 項とよばれ，全スピンの大きさを保存せず，スピン系の禁制遷移を可能にしたり，奇妙な現象のもとになる．

スピンの外積で表されるジャロシンスキー–守谷 (Dzyaloshinsky–Moriya) 相互作用はエルミート行列でないので対角化できず，取扱いは複雑になる．また当然非永年項になる．この相互作用の存在および相互作用定数 $\boldsymbol{D}$ の方向はこれらのスピン間の対称性に大きく依存する[1–4]．

相互作用が 2 体のスピン間だけではなく結晶全体にわたる場合，系のハミルトニアンは次のようになる．

$$\mathcal{H} = -2\sum_{i \neq j}S_i \tilde{J}_{ij} S_j - D\sum_i (S_i^z)^2 \tag{1.70}$$

$J_{ij} > 0$ の場合は，キュリー温度以下でスピンが同じ方向にそろった強磁性体であるが，$J_{ij} < 0$ の場合，ネール温度以下でスピンが交互に反対向きになる反強磁性体と

なる．このとき D は異方性として大きな役割を果たす．このような異方性をシングルイオン型異方性 (single ion type anisotropy) といい，それに対し，J_{ij} の異方性を擬双極子型異方性 (pseudodipole anisotropy) という．

このような磁性の基本は1980年頃までに完全に理解されており，1.1節に要約されている．また優れた教科書がいくつもある[1,2,4,5]．そのため1980年代のはじめに局在スピン系の磁性に関してはもう研究することがないといわれ，磁性研究の動向は金属磁性に傾いていった．しかしながら1986年の高温超電導体の発見を契機として，非常に優れた酸化物磁性体やその他複雑な磁性体の合成技術が進み，局在スピン系の磁性として，基底1重項やフラストレーションなど奇妙な性質をもついわゆる量子スピン系といわれる物質がたくさん見つけられ，それらの研究が盛んになった．量子スピンに関しては1.5節に詳しく述べられているが，ここではその基本となる概念を述べる．また古いタイプの磁性研究に関しては文献 [6,7] が役に立つ．以下あげる文献は十分ではないが詳細は原論文を孫引きされたい．

1.3.2　スピン対と単分子磁性体

$S=1/2$ の2つのスピンが交換相互作用で結ばれているスピン対において，式 (1.68) に z 方向に磁場がかかった場合を考える．すなわち次式

$$\mathcal{H} = -2\left[JS_1^z S_2^z + \frac{J}{2}(S_1^+ S_2^- + S_1^- S_2^+)\right] + g\mu_B B(S_1^z + S_2^z) \tag{1.71}$$

のエネルギー固有値を求める．これは容易に対角化できて，そのエネルギー固有値 W は，次のようになる．

$$\begin{aligned} W_1 &= -\frac{1}{2}J + g\mu_B B, & W_2 &= -\frac{1}{2}J, \\ W_3 &= -\frac{1}{2}J - g\mu_B B, & W_4 &= \frac{3}{2}J \end{aligned} \tag{1.72}$$

W_1, W_2, W_3 の状態は3重項 (triplet) 状態といい，$S=1$ の単一スピンの状態に一致する．これらを $|S, S_z\rangle$ という表式を使って，$|1,1\rangle, |1,0\rangle, |1,-1\rangle$ と表す．W_4 は $S=0$ の場合に対応し，1重項 (singlet) 状態とよび，$|0,0\rangle$ で表す．これは $S=1$ 状態の W_2 ($S_z=0$) の状態と区別されなければならず，$S=0$ の場合ではスピンが見かけ上なくなってしまっている状態である．$J>0$ のときは3重項状態が安定で，$k_B T < 2|J|$ (k_B はボルツマン定数，T は温度) の低温では $S=1$ のスピンと等価である．しかし $J<0$ (反強磁性) の場合は図 1.16 に示されるように1重項が基底状態となる．$-2J/g\mu_B$ より強い磁場中では W_3 の方がエネルギーが低くなり，磁化が現れる．これは量子スピン系で重要な概念となる．式 (1.69) のような異方性があるときは磁場ゼロで W_2 は W_1, W_3 と縮退しない．

一般に任意の S_1, S_2 に対して $S = S_1+S_2, S_1+S_2-1, S_1+S_2-2, \cdots, |S_1-S_2|$ のように $2S_1+1$ 個または $2S_2+1$ 個の多重項 (multiplet) ができる．さらにそれぞ

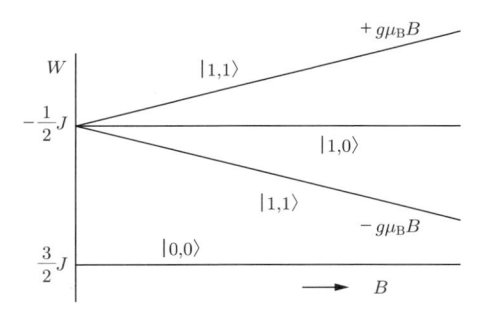

図 1.16 磁場中でのスピン対のエネルギー準位.

れの多重項の中で $m = S, S-1, \cdots, -S$ の $2S+1$ 個の準位ができ，磁場によって分裂する．それぞれの準位を $|S, m\rangle$ と表す．この多重項内での準位間の遷移は ESR などで観測されるが，多重項間の遷移は禁制遷移であり，ESR の吸収は起こらない．しかし相互作用に非永年項があると遷移が起こり，吸収が見られる．3 スピン系，4 スピン系以上になっても問題は複雑になるが，基本的には解ける問題である．このような系は分子磁性として存在する．

最近もっと多くのスピンが 1 つの固まりになった単分子磁性体とよばれるものに興味がもたれている．たとえば $[\mathrm{Mn}_{12}(\mathrm{CH}_3\mathrm{COO})_{16}(\mathrm{H}_2\mathrm{O})_4\mathrm{O}_{12}]2\mathrm{CH}_3\mathrm{COOH}$ の場合[8]，12 個の Mn イオンが，内側に 4 個の Mn^{4+} ($S = 3/2$) とそれを囲むように 8 個の Mn^{3+} ($S = 2$) で正方対称性をもつクラスターを構成していて，Mn^{4+} どうし，Mn^{3+} どうしは強磁性的にそして Mn^{4+} と Mn^{3+} は反強磁性的に強く結合している．そのために $S = 10$ の多重項が基底状態である．$k_\mathrm{B}T < 2|J|$ の低温領域では他の多重項は無視し，クラスター間の双極子相互作用も無視する．こうするとこのクラスターは巨

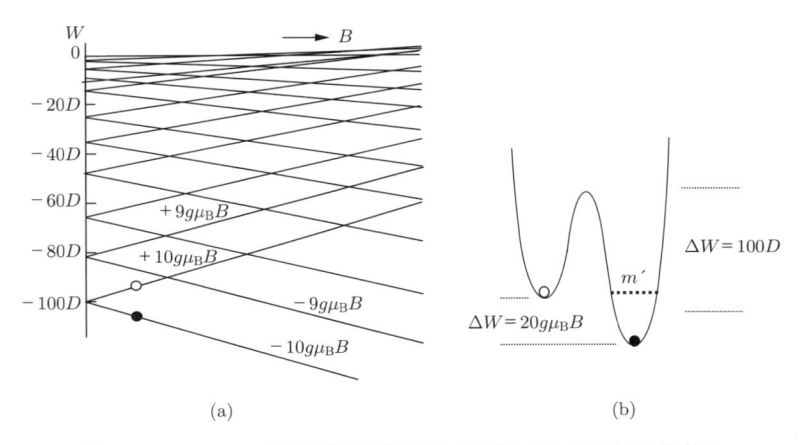

図 1.17 $S = 10$ の基底多重項の磁場による分裂とトンネル効果の概念図.

大なスピンをもつ 1 つの原子と等価であると考えられる. 磁場を z 軸にかけると, その固有状態は式 (1.67) を使って容易に計算することができる. 図 1.17a に示されるように最低エネルギー状態, $|10, \pm 10\rangle$ では $W_{10} = -100D \pm 10g\mu_B B$ となり, 次の状態, $|10, \pm 9\rangle$ では $W_9 = -81D \pm 9g\mu_B B$ である. そして次々と $|10, \pm 1\rangle$, $|10, 0\rangle$ の $W_1 = -D \pm g_B B$, $W_0 = 0$ まで続く. 低温で最初磁場を下向きにかけて十分時間がたつと, $S = 10$ のスピンは下を向き, 系は最低のエネルギー状態 $m = -10$ (●) にある. そして速やかに磁場を反転させると, スピンはすぐには上を向くことができなくて磁場と反対方向を向いているわけであるから状態は $m = +10$ (○) になる. ○ から ● へ緩和して初めてスピンは上向き (磁場と平行) になる. しかしスピンは $\Delta m = \pm 1$ の遷移しか許されないので $m = 10$ から $m = -10$ まで一気に遷移できず, いったん $m = 0$ まで 1 つずつかけ上がりそしてふたたび 1 つずつ降りてこなければならない. これは図 1.17b に模式的に示されるように $100D$ のバリヤーを超えることを意味する. このバリヤーに匹敵する温度ではスピンの反転は容易に起こるが, 低温では転移の確率が低くなり, 緩和時間が長くなる. 実験的には磁場を掃引してゆくと数 T (テスラ) の大きなヒステリシスを示しながら階段的に磁化が増えてゆく[8]. これはトンネル効果による遷移と考えられている. すなわち磁場を掃引してゆくと $m = \pm 10$ の間隔や他の準位 (m') が変化し, ○ と m' がどこかで一致するところができる. そのときトンネル効果によってバリヤーを超えることなく右側に移り, そのまま ● へ緩和してゆくという考え方である. このように一見, 古典的なスピン系で量子力学的トンネル効果が大きな役割を果たしているところが興味深い. 図 1.17a は 1 つの多重項の準位なのでこの準位間の遷移は ESR で観測することができ, $\Delta m = \pm 1$ の遷移による複雑な吸収が報告されている[9]. このほかに Fe$_8$ ($S = 10$), V$_{15}$ ($S = 1/2$), CrCu$_6$ ($S = 9/2$), CrNi$_6$ ($S = 15/2$), CrMn$_6$ ($S = 27/2$), Fe$_{19}$meteidi ($S = 33/2$), Cu$_6$ ($S = 3$) などのクラスターも見つけられており, 大きなヒステリシスをもつナノスケールの磁性体として応用も視野に入れた興味がもたれている[10].

1.3.3　スピン対の 1 次元鎖と 2 次元ネットワーク

$J < 0$ の $S = 1/2$ のスピン対が図 1.18a のように反強磁性交換相互作用 J' で 1 次元的につながった系 (交代ボンド鎖ともいう) では, 単一のスピン対と同じく 1 重項が基底状態になる (詳しくは 1.5 節参照). CuGeO$_3$ という物質では, 低温でスピンパイエルス転移を起こすことによりこのような状態が実現する. 1 重項–3 重項間のエネルギー差, すなわちスピンギャップを直接測定するには電磁波の吸収を観測することがもっとも優れているが, 上にも述べたように通常これは禁制遷移である. しかし相互作用の中に非永年項があると, 図 1.19a のような遷移が観測される[11]. またこの物質に磁場をかけると図 1.19b のように磁化のとびが観測される[12]. これは励起 3 重項の 1 つが磁場により下がってきて 1 重項とクロスすることにより起こるが, すべてのスピンが一気に 3 重項になるのではなく, この磁場より上の相では図 1.19c に模式的

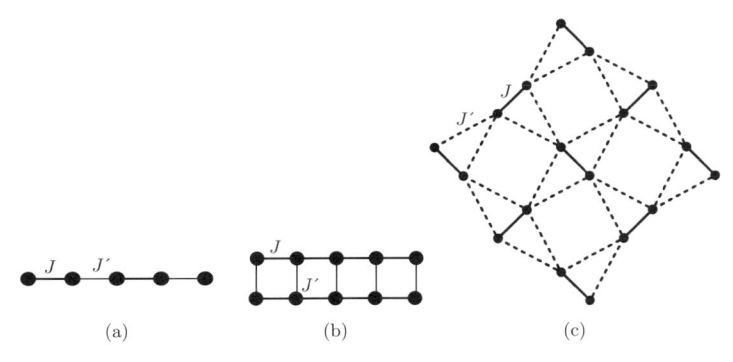

図 **1.18** スピン対の結合の例.

に示されるような部分的な反強磁性状態が規則的に生じ磁化が徐々に大きくなる[13].

ハルデイン状態[14,15]も低温で基底 1 重項であり,スピンギャップをもつ (詳しくは 1.5 節参照). この系は $S=1$ のスピンが反強磁性結合 ($J'<0$) した 1 次元鎖であるが,この $S=1$ のスピンは $S=1/2$ のスピンが強く強磁性結合 ($J>0$) したもの等価であることが示される. これは非常に不思議な現象であるが,代表的なハルデイン

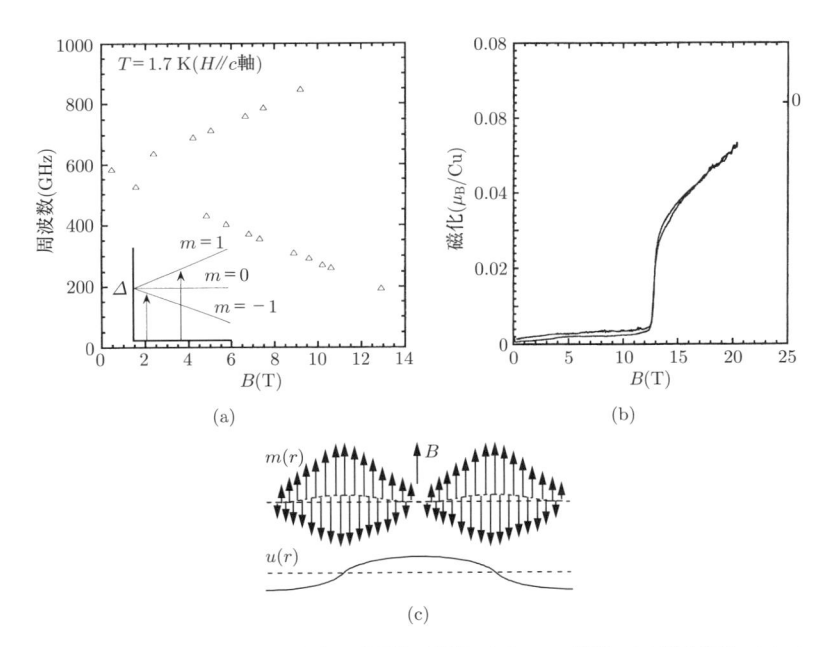

図 **1.19** (a) $CuGeO_3$ の 1 重項–3 重項間の遷移による ESR 吸収, (b) 磁化過程, (c) ソリトン模型.

物質である Ni^{2+} 鎖の NENP に非磁性の Zn^{2+} イオンを薄く混入することにより鎖を切って，鎖の端のスピンの ESR を観測することにより確かめられた[16]．基底 1 重項から 3 重項への禁制遷移も ESR によって観測されている[17]．この場合は鎖の中の Ni^{2+} イオンを取り巻く結晶場の主軸，すなわち g テンソルの主軸が交互に少しずれることにより，スタガード磁場が生じ，それが禁制遷移を許すことに寄与している[18]．また最近，Mg で Ni の鎖が切られた Y_2BaNiO_5 において有限長の鎖の端と端の Ni^{2+} スピンの相関が強磁場 ESR を使ってきれいに見られ，やはり端のスピンは $S=1/2$ であることを示している[19]．

スピン対が図 1.18b のような物質は梯子格子構造とよばれ，その変形も含め多くの物質が見つけられ，やはり基底 1 重項を示す（詳しくは 1.5 節参照）．

$SrCu_2(BO_3)_2$ という物質はスピン対が図 1.18c のように 2 次元ネットワークをつくる．この物質はシャストリー–サザーランド (Shastry–Sutherland) 模型といわれるものに対応し，基底状態ではやはり 1 重項になっている．低温でこれに磁場をかけると，20 T 以上で磁化の大きさが飽和磁化の $1/8, 1/4, 1/3$ でプラトーとなる多段のステップが現れる[20]．これはスピン対が磁場によって部分的に 3 重項になり，それがコメンシュレートな格子をつくるためと考えられている．これは強磁場中での ESR[21] や NMR[22] でも確かめられている．

1.3.4　1 次元磁性体と 2 次元磁性体

図 1.18a において，$J=J'$ の場合 1 次元磁性体とよばれる．これは結晶自身は 3 次元であるにもかかわらず規則的に並んだ磁気イオンが，特定の一方向にだけ強い交換相互作用を通じて磁気的結合する場合である．理想的な 1 次元磁性体では J の正負にかかわらずまた異方性の有無にかかわらず絶対零度になっても強磁性体あるいは反強磁性体への磁気相転移は起こらない．十分低温においても短距離秩序といわれる有限距離の磁気秩序が時間的空間的にゆらいでいるという描像が成り立ち，スピンギャップはない．しかし現実には，多くの 1 次元磁性体と思われる物質において，多少なりとも存在する鎖間の相互作用 J'' により，$k_BT < 2|J''|$ の低温で 3 次元的磁気相転移をする．それでも $|J''| < k_BT < 2|J|$ の温度範囲では，帯磁率や比熱などの物理量の温度変化に，1 次元性を反映したふるまいを示す．多くの物質について研究が行われたが[23]，今ではもう過去のものとなっている．そして 1980 年代後半から 1 次元磁性体の研究は基底 1 重項やスピンフラストレーションを起こす量子スピン系に移っていった．

1 次元反強磁性の Cu–Benzoate $[Cu(C_6H_5COO)_2\cdot 3H_2O]$ は古い磁性体と考えられていたが，最近異色の存在として蘇った．ESR の実験結果だけを示すと，図 1.20 のように温度を下げるにしたがいスピン波的なスピノンモードから非線形系特有の動的局在モードであるブリーザーモードにクロスオーバーしてゆく様子が見える．ここで

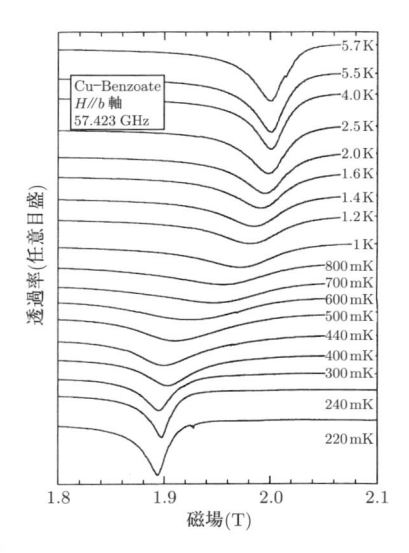

図 1.20 Cu–Benzoate の ESR 吸収温度を下げるにしたがいスピノンモードからブリーザーモードにクロスオーバーする.

いうクロスオーバーとは明確な転移点をもたないで徐々に別の相に移行してゆく状態を意味する.この系では低温で,ジャロシンスキー–守谷相互作用や g テンソルの主軸が交互に変化するせいで,かけた磁場と垂直の方向に交互に反対向きのスタガード磁場が生じるため,磁場の 2/3 乗に比例する磁場誘起ギャップが E_g でき,次式のように十分低温では ESR の共鳴振動数 ω がシフトする[24].

$$\hbar\omega = \sqrt{(g\mu_B B)^2 + (E_g)^2} \tag{1.73}$$

図 1.18b において $J = J'$ の 2 次元磁性体の場合は,異方性のないハイゼンベルク・スピン系では絶対零度まで磁気相転移は起こらない.しかし異方性があると有限温度で磁気相転移を起こす.これは 1 次元磁性体とともに詳しくしらべられた[23].典型的な例として正方格子をもつ K_2NiF_4 型の結晶構造の反強磁性体があげられるが,すべて上に述べたように面間の相互作用により低温で 3 次元相転移をする.La_2CuO_4 もこの結晶構造で反強磁性体となるが,高温超伝導体の母結晶であるということから 2 次元磁性体として非常に詳しくしらべられた[25].

図 1.18c において $J = J'$ の場合は三角格子をつくるので,$J < 0$ ならばスピンフラストレーションを起こす.

1.3.5 三角格子磁性体

2 種の陽イオン A, B (磁気イオン) と陰イオン X で構成される ABX_3 型化合物は B イオンが大きいとペロブスカイト構造より六方晶のいわゆる $CsNiCl_3$ 型結晶構造に

なる[26]. この構造ではBイオンは上下に三角配列したXイオンに囲まれる. このXイオンを介するBイオン間の交換相互作用によりc軸方向に1次元鎖をもつ磁性体となる. またc面内ではBイオンは三角格子をつくる. c軸方向の相互作用は正負両方の場合があるが, c面内は負であり, 反強磁性的である. 三角格子上で2つのスピンを反強磁性的に配列すると3つ目はどちらを向けばいいか迷うことになる. 妥協の産物として120°構造をとるか, 非常に異方性の強い場合は一組は強磁性配列するかである. いずれにしてもこの状態は基底状態でなく, スピンフラストレーションを起こしており, その観点からA, B, Xの多くの組合せについて研究された[26]. $ACuCl_3$ (A=K, Tl, NH_4) は, ヤーン–テラーひずみのためc軸に沿って梯子格子になっていて, その量子効果が興味深い (詳しくは1.5節参照).

1.3.6 3次元磁性体

磁気イオンが結晶中で規則的に並んで, 交換相互作用を通じて3次元的ネットワークをつくる場合が3次元磁性体である. 単純な結晶としては, ペロブスカイト型, NaCl型, スピネル型, ルチル型などが代表的である. 強磁性体は非常に少なく[6,7], スピネル型のフェライトを除いてほとんどが反強磁性体となる. 分子場近似がよく成り立ち, また低温でのふるまいもスピン波近似で理解されるなど物性物理として完成している[1–5]. しかし機能という観点から見ると, まだまだ磁性研究の種は尽きない. 永久磁石材料や磁性材料は別としても, とくに酸化物磁性体はキャリアーをドープすることにより電気伝導が生じ, 超伝導や巨大磁気抵抗など興味ある物性が見られる. それゆえにドープする前の絶縁体結晶に関してもその磁性を精密にしらべることは重要である.

$S=2$のMn^{3+}イオンをもつペロブスカイト型$LaMnO_3$は古くから知られた反強磁性体であるが, キャリアードープすることにより金属的になり, 巨大磁気抵抗効果 (1.7.1項を参照) を示すことから一躍有名になった. それをきっかけに, 超交換相互作用による反強磁性磁気構造のみならずそれに軌道整列が深く関与していることがわかった[27]. この研究により, 過去にしらべられたペロブスカイト結晶構造をもつ多くの磁性体においてあらためて軌道整列との関係が明確になった. たとえば, 数少ない強磁性体である$YTiO_3$も同様であるし[28], また$KCuF_3$はペロブスカイト構造にもかかわらず, 軌道整列のせいで1次元磁性を示す[29].

$A_2B_2O_7$の化学式をもち, 3次元の複雑な構造をもつパイロクロア酸化物磁性体はAサイトもBサイトも四面体のコーナーに位置し, 各四面体がコーナーでつながったような構造をしている. Aが非磁性のY^{3+}, In^{3+}, Lu^{3+}, Tl^{3+}の場合, ペロブスカイト構造と違って, Bイオンどうしのボンドが180°よりもかなり小さいため, V^{4+}, Cr^{4+}, Mn^{4+}などでは強磁性になる. 反強磁性結合になるとフラストレーションが起こりオーダーがないと思われるが, まだ明確でない. Bが非磁性のTi^{4+}でAがHoや

Dy の場合非常に異方性が強いため磁気モーメントが通常の磁性体のように一方向を向かず，2つは四面体の内側へ向かって，他の2つは外側へ向かい，two-in, two-out とよばれる構造をもつ[30]．またこの磁気構造は6個のとりうる場合が縮退していてオーダーしてもエントロピーが残る．その構造とふるまいが氷と似ていることからスピンアイス[30,31]と名づけられ，興味がもたれている．しかしこの物質は磁性もさることながら巨大磁気抵抗や超伝導 (11.3 節参照) の出現などに興味の焦点があるようである．

分子磁性体も最近注目されているものの1つである．これは 1.3.2 項で述べた単分子磁性体と異なり，高分子結晶磁性体を意味する．これは安定ラジカルスピンが寄与する純有機磁性体，遷移金属イオンを含む有機ラジカル磁性体，そして遷移金属イオンを含む無機錯体に分けられる．カイラル磁性体はカイラル構造をもつ有機ラジカル磁性体で，透明である[32]．代表的なものとして [Cr(CN)$_6$][Mn(R)–pnH(H$_2$O)](H$_2$O) があげられる．これはカイラル化合物が示す旋光性と磁場中で磁性体が示すファラデー効果を併せもち，さらに不斉磁気二色性という新しい磁気光効果を示す．これは常光に対して吸収係数が磁化の向きと光の進む向きが同じか反対かによって異なるという現象である．カイラル磁性体としては三角格子の CsCuCl$_3$ などもそうであり，これが初めてではないが，透明ということで光学材料として期待されている．また無機物の CuB$_2$O$_4$ も透明カイラル磁性体の1つである． [本河光博]

文　献

[1] 金森順次郎，新物理学シリーズ 7「磁性」(培風館，1969).
[2] 安達健五，物性科学選書「化合物磁性―局在スピン系」(裳華房，1996).
[3] 永宮健夫，「磁性の理論」(吉岡書店，1987).
[4] 芳田 奎，物性物理学シリーズ 2「磁性」(朝倉書店，1972).
[5] 伊達宗行，新物理学シリーズ 20「電子スピン共鳴」(培風館，1978) p.130.
[6] 近角聡信ほか編，「磁性体ハンドブック」(朝倉書店，1975).
[7] 安達健五，固体物理 **33** (1998) 669.
[8] B. Barbara et al., J. Magn. Magn. Mater. **200** (1999) 167–181.
[9] K. Takeda et al., Phys. Rev. **B65** (2002) 094424.
[10] 大川尚士，伊藤 翼 編，「集積型金属錯体の科学」(化学同人，2003).
[11] H. Nojiri et al., J. Phys. Soc. Jpn. **68** (1999) p.3417.
[12] H. Ohta et al., J. Phys. Soc. Jpn. **63** (1994) 2870.
[13] H. M. Ronnow et al., Phys. Rev. Lett. **84** (2000) 4469.
[14] K. Katsumata et al., Phys. Rev. Lett. **63** (1989) 86.
[15] Y. Ajiro et al., Phys. Rev. Lett. **63** (1989) 1424.
[16] Y. Ajiro et al., J. Phys. Soc. Japn. **66** (1997) 971.
[17] W. Lu et al., Phys. Rev. Lett. **67** (1991) 3716.
[18] H. Shiba et al., J. Magn. Magn. Mater. **140–144** (1955) 1590.
[19] M. Yoshida et al., Phys. Rev. Lett. **95** (2005) 117202.
[20] H. Kageyama et al., J. Phys. Soc. Jpn. **68** (1999) 1821.
[21] H. Nojiri et al., J. Phys. Soc. Jpn. **72** (2003) 3243

[22] K. Kodama et al., Science **298** (2002) 395.
[23] L. J. de Jongh and A. R. Miedema, *Experiments on Simple Magnetic Model systems* (Taylor & Francis, 1974).
[24] T. Sakon et al., J. Phys. Soc. Jpn. **70** (2001) 2259.
[25] K. Yamada, Phys. Rev. **B40** (1989) 4557.
[26] 目方 守，足立公夫，固体物理 **17** (1982) 491.
[27] 井上順一郎，小椎八重航，固体物理 **32** (1997) 317.
[28] J. Akimitsu et al., J. Phys. Soc. Jpn. **70** (2001) 3475.
[29] M. T. Hutchings, Phys. Rev. **188** (1969) 919.
[30] 安井幸夫ほか，日本物理学会誌 **57** (2002) 830.
[31] S. T. Bramwell and M. J. P. Gingras, Science **294** (2001) 1495.
[32] 井上克也，固体物理 **37** (2002) 861.

1.4 近藤効果

1.4.1 金属中の残留抵抗

Cu や Au などの金属の電気抵抗は低温では減少し，温度によらない不純物による電気抵抗が残る．この不純物濃度に比例した抵抗を残留抵抗とよんでいる．不純物として 3d 遷移金属である Ti, V, ⋯, Ni, Cu を順に入れていくと，母体金属の種類によって図 1.21 と図 1.22 の場合が観測される．図 1.21 は Cu 金属中であるが Mn 付近で残留抵抗が減り，さらに増大し，2 つのピークを示す．図 1.22 は Al 中に不純物を入れた場合である．この場合は Cr, Mn で最大の抵抗を示す．どうしてこのような違いが生じるのか．J. Friedel は次のように磁性原子 Mn が磁気モーメントをもつかもたないかの違いとして次のように説明した[1]．

Z を不純物原子と母体金属の価数の差，ΔN を不純物原子の周囲にある局所的な電子数，$\delta_{l\sigma}$ を l 波の位相のずれのフェルミ面の値とする．これらの物理量の間にはフ

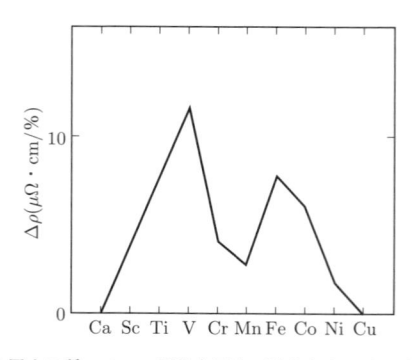

図 **1.21** Cu 金属中に種々の 3d 遷移金属を不純物として入れたときの残留抵抗．

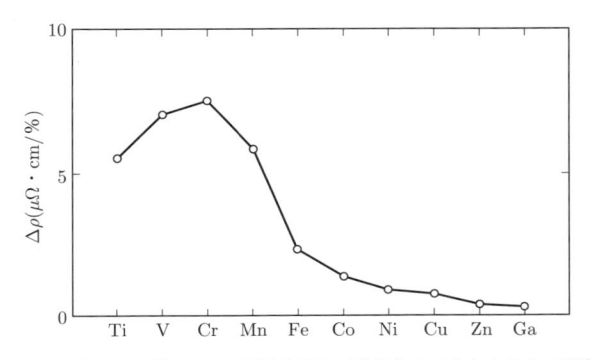

図 1.22 Al 金属中に種々の 3d 遷移金属を不純物として入れたときの残留抵抗.

リーデルの総和則 (Friedel sum rule) とよばれる次の関係式が成立する.

$$Z = \Delta N = \sum_{l,\sigma}(2l+1)\frac{\delta_{l\sigma}}{\pi} \qquad (1.74)$$

ここで l は角運動量, σ はスピンである. 不純物ポテンシャルによる位相のずれを π で割ると局所的に不純物のまわりに集まる電子数 ΔN を表す. 遠くから見ると不純物の電荷は金属の電子によって遮蔽されるから, ΔN は不純物と母体の価数の差 Z に等しい.

ここで問題になるのは 3d 遷移金属の d 電子であるから角運動量 $l=2$ の成分である. さて, 残留抵抗 $\Delta \rho$ は散乱理論により, $\sin^2(\delta_\sigma)$ に比例することが知られている.

a. 非磁性の場合

もし, 不純物原子が非磁性とすると, 位相のずれ δ_σ はスピンによらないから,

$$Z = 10\frac{\delta_2}{\pi} \qquad (1.75)$$

$$\Delta \rho \propto \sin^2 \frac{Z\pi}{10} \qquad (1.76)$$

この式によると d 電子が 5 個つまった Mn では $Z=5$ であり, 位相のずれ, $\delta_2 = \pi/2$ となり, $\Delta \rho$ が最大になることがわかる.

b. 磁気的な場合

Mn の場合を考えると, フント結合 (Hund's coupling) によって 5 個の d 電子が同じ向きのスピンをもつようにつまる. それを上向きとすると, 下向きの電子は空である. このとき, 上向きスピンの位相のずれ $\delta_{2\uparrow} = \pi$ であり, 下向きスピンの位相のずれ $\delta_{2\downarrow} = 0$ である. このとき, 上向きスピン, 下向きスピンの電子ともに残留抵抗はゼロである. この場合が図 1.21 に対応する.

1.4.2 アンダーソン・ハミルトニアン

1961 年に P. W. Anderson は次のモデルを提案し,金属中の磁気モーメントの発生の機構を議論した[2].

$$H = \sum_{k,\sigma} \varepsilon_k C^{\dagger}_{k,\sigma} C_{k,\sigma} + \frac{1}{\sqrt{N}} \sum_{k,\sigma} (V_{kd} C^{\dagger}_{k,\sigma} d_\sigma + V_{dk} d^{\dagger}_\sigma C_{k,\sigma})$$
$$+ \sum_\sigma \varepsilon_\sigma n_{d\sigma} + U n_{d\uparrow} n_{d\downarrow} \tag{1.77}$$

ここでは軌道縮退を無視し,局在電子は 1 軌道とする.第 1 項は伝導電子系,第 3, 4 項は局在 d 軌道,第 2 項は伝導電子と d 軌道の混成を表す項である.第 4 項のみが多体相互作用で,d 電子間のクーロン斥力を表す.

Anderson はこの多体相互作用を次のようなハートリー–フォック (Hartree–Fock) 近似を用いて解いた.すなわち,

$$U n_{d\uparrow} n_{d\downarrow} = U(n_{d\uparrow} - \langle n_{d\uparrow} \rangle)(n_{d\downarrow} - \langle n_{d\downarrow} \rangle) + U(n_{d\uparrow} \langle n_{d\downarrow} \rangle$$
$$+ n_{d\downarrow} \langle n_{d\uparrow} \rangle) - U \langle n_{d\uparrow} \rangle \langle n_{d\downarrow} \rangle \tag{1.78}$$

と書き直す.ここで $\langle \cdots \rangle$ は平均を表す.ハートリー–フォック近似というのは上の式の第 1 項のゆらぎの 2 次の項を無視する近似である.この近似によって一体問題で近似され,有効 d レベル $E_{d\sigma}$ が

$$E_{d\sigma} = \varepsilon_d + U \langle n_{d-\sigma} \rangle \tag{1.79}$$

となる.つまり,有効 d レベルはつまった逆向きスピンの電子の平均値だけクーロン反発力を受けることになる.

議論を簡単にするため対称アンダーソン (symmetric Anderson) 模型とよばれる次の場合を考える.全 d 電子数の平均値を 1 とし,$\langle n_{d\uparrow} \rangle = \langle n_{d\downarrow} \rangle = 1/2$ となる非磁性

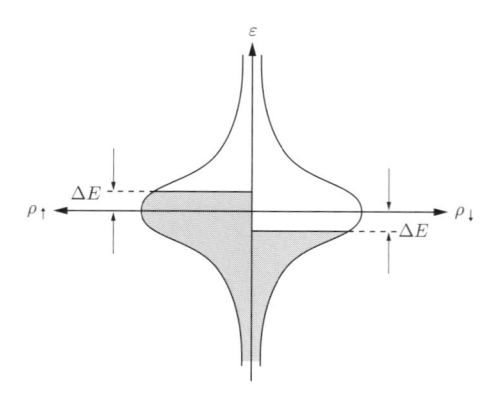

図 **1.23**　非磁性の解から,$\delta n = \Delta E \rho_{\rm d}(\mu)$ だけ電子数をずらせる.

的な場合を考える.

$$\varepsilon_\mathrm{d} = -\frac{U}{2} \tag{1.80}$$

$$E_\mathrm{d} = \varepsilon_\mathrm{d} + \frac{U}{2} = 0 \tag{1.81}$$

ハミルトニアンの第2項の混成項はd電子の出入りを通じてd準位にエネルギー幅 Δ をもたらす.

$$\Delta = \frac{\pi}{N}\sum_k |V_{kd}|^2 \delta(\varepsilon_k - E_\mathrm{d}) = \frac{\pi\rho\langle V\rangle^2}{N} \tag{1.82}$$

ここで ρ は伝導電子のフェルミ面での状態密度である. 以下伝導電子のバンド幅は無限大とし, 状態密度を ρ とする. 実際, フェルミ面での状態密度が効き, それ以外の部分の状態密度の詳細にはよらない. この対称アンダーソン模型の非磁性の解から, 図 1.23 に示すように, 上下のスピンのd電子数を $\delta n = \Delta E \rho_\mathrm{d}(\mu)$ というわずかな量だけ増減させ, わずかに磁化させたとする. ここで ΔE はずらしたエネルギーの値であり, $\rho_\mathrm{d}(\mu)$ はフェルミ面でのd電子のスピンあたりの状態密度である. フェルミ・エネルギーを $\mu = 0$ とし, 磁化したときの全エネルギーの増大 E_tot を求めると

$$E_\mathrm{tot} = E_\mathrm{kin} + E_\mathrm{corr} = [1 - U\rho_\mathrm{d}(0)]\frac{\delta n^2}{\rho_\mathrm{d}(0)} \tag{1.83}$$

となる. このエネルギーが負であれば δn が有限の値をとって磁化するとエネルギーが下がる. それゆえ, $U\rho_\mathrm{d}(0) > 1$ のとき, 磁気モーメントが発生することになる. 対称アンダーソン模型では $\rho_\mathrm{d}(0) = 1/\pi\Delta$ であるから, $U/\pi\Delta > 1$ のとき, 磁気モーメントが発生することになる. 電子相関 U がdレベルの幅 Δ より大きいと磁気モーメントが発生するという結果である. しかし, このもっともらしい結論に重要な問題点があったのである. それが次に述べる近藤効果として登場する.

1.4.3 近藤効果

1930年代から, 低温での未解決の問題として, 電気抵抗極小の問題があった. 一般に電気抵抗は格子振動や電子間の散乱によって生じるから, 低温では減少していくはずである. 極小というのはいったん減少した抵抗がさらに低温にすると増大し始めることである. その様子を図 1.24 に示す.

前節で述べた磁気モーメントが発生すると思われる場合に, 抵抗が減少するが一定値にとどまらず, 増大する. きわめて濃度が薄く1不純物の効果として説明されなければならない. これを説明したのが 1964 年の近藤淳氏の論文である[4].

局在磁気モーメントが存在するとして, 伝導電子との相互作用を次のように書く.

$$H = \sum_{k,\sigma} \varepsilon_k C_{k\sigma}^\dagger C_{k\sigma} - \frac{J}{2N}\sum_{kk'\sigma,\sigma'} C_{k'\sigma'}^\dagger \sigma_{\sigma'\sigma} C_{k\sigma} \cdot S$$

$$= H_0 + H_\mathrm{sd} \tag{1.84}$$

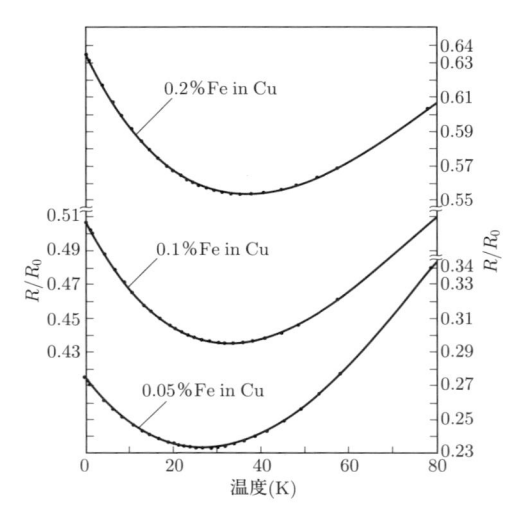

図 **1.24** 抵抗極小の温度変化を示す実験 (文献 [3] より転載]).

この第 2 項の s–d 交換相互作用は式 (1.77) から，d 電子が 1 個で $U/(\pi\Delta)$ が十分大きいとして，混成項で展開して導出することができる．その結果，交換相互作用 J は次式で表され，必ず負である ($J < 0$).

$$J = -2|V|^2 \left(\frac{-1}{\varepsilon_\mathrm{d}} + \frac{1}{\varepsilon_\mathrm{d} + U} \right) = -\frac{8|V|^2}{U} \tag{1.85}$$

最後の式では対称なアンダーソン模型を考え，$\varepsilon_\mathrm{d} = -U/2$ を仮定した．式 (1.84) の第 2 項の s–d 相互作用を摂動として T 行列 (T-matrix) を求める．第 2 ボルン近似まで求めると温度によらない項を除いて，次の結果が得られる．

$$T(\varepsilon) = -\frac{J}{2N}(S \cdot \sigma)\left[1 + \frac{J}{2N}\sum_{k'} \frac{1 - 2f(\varepsilon_{k'})}{\varepsilon + i\eta - \varepsilon_{k'}} \right] \tag{1.86}$$

ここで $f(\varepsilon)$ はフェルミ分布関数である．この T 行列を用いて電気抵抗を求めると，

$$R = R_\mathrm{B}\left[1 + \frac{2J\rho}{N}\log\left(\frac{k_\mathrm{B}T}{D}\right) \right] \tag{1.87}$$

ここで R_B は式 (1.86) の第 1 項で与えられるボルン近似での電気抵抗の値である．D は伝導電子のバンド幅であり，状態密度は一定とした．k_B はボルツマン定数である．式 (1.87) は低温になっていくにしたがい，抵抗が対数的に増大していくことを表している．こうして，抵抗極小が見事に説明されたのである．この磁性不純物による電気抵抗の増大を近藤効果とよんでいる．

しかし，$k_\mathrm{B}T/D$ の対数は $T = 0$ で発散するから，1 個の不純物で金属の電気抵抗が無限大になってしまう．これはありえないことなので，この発散をめぐり，近藤問

1.4 近藤効果

題として世界中の多くの理論家がその解決のために取り組んだ．たとえば，式 (1.87) の摂動展開は第 2 項が第 1 項の大きさ 1 に近づくと使えないはずである．その温度を近藤温度とよび，$T = T_k$ とすると

$$k_\mathrm{B} T_k = D \exp\left(\frac{-N}{|J|\rho}\right) \tag{1.88}$$

で与えられる．このことから，温度 T_k 付近ではこの項の高次の項が計算されなければならないことになる．この $[J\rho/N \log(k_\mathrm{B}T/D)]^n$ の項を無限次まで集める計算は A. A. Abrikosov によってなされた[5]．結果は

$$R = R_\mathrm{B} \left[1 - \frac{J\rho}{N} \log\left(\frac{k_\mathrm{B}T}{D}\right)\right]^{-2} \tag{1.89}$$

こうして，最強発散項を無限次まで集めても，上式の結果は $T = T_k$ で抵抗が発散することを示している．

一方，芳田と興地は磁化率を計算し，次の結果を得た．

$$\chi_\mathrm{imp} = \frac{C}{T}\left[1 + \frac{J\rho}{N}\frac{1}{1-(J\rho/N)\log(k_\mathrm{B}T/D)}\right] \tag{1.90}$$

$$C = \frac{(g\mu_\mathrm{B})^2 S(S+!)}{3k_\mathrm{B}} \tag{1.91}$$

ここで C はキュリー定数であり，g, μ_B は g 値とボーア磁子である．温度の低下とともに第 2 項の分母が減少し，J が負であるので第 2 項は負の値として絶対値が大きくなる．括弧内の部分をキュリー定数 C に含めて考えると，温度の低下とともにスピンが T_k に向かって減少していくように見える．これらの結果から，芳田は基底状態はスピン 1 重項 (singlet) 状態であるとして次の基底状態を提案した[6]．

$$\Psi_\mathrm{singlet} = \frac{1}{\sqrt{2}}[\psi_\alpha \chi_\alpha - \psi_\beta \chi_\beta] \tag{1.92}$$

ここで，χ_α, χ_β はそれぞれ上向き，下向きの局在スピンの波動関数，ψ_α, ψ_β はそれぞれの局在スピンに付随する伝導電子の波動関数で ψ_α は下向きスピンを，ψ_β は上向きスピンをもち，局在スピンと 1 重項を形成する．この様子を図 1.25 に示す．

式 (1.84) をハミルトニアンとするシュレーディンガー方程式に波動関数 (1.92) を代入して，次の結果が得られる．

$$H\Psi_\mathrm{singlet} = E\Psi_\mathrm{singlet} \tag{1.93}$$

$$E = E_D + \tilde{E} \tag{1.94}$$

$$\tilde{E} = -k_\mathrm{B} T_\mathrm{K} = -D\exp\left(-\frac{N}{\rho|J|}\right) \tag{1.95}$$

ここで，E_D はフェルミ球と局在スピンの 2 重項から，s–d 交換相互作用を摂動展開して得られるエネルギーであり，$\tilde{E}$ はスピン 1 重項の結合エネルギーである．スピン

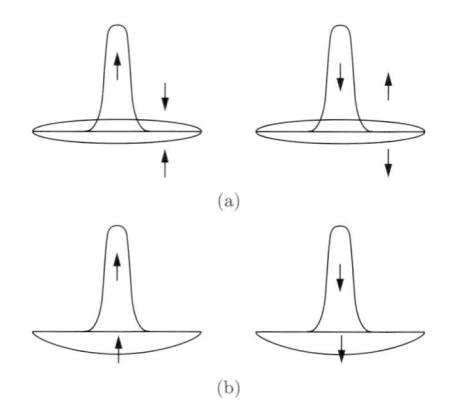

図 1.25 中心の d 電子のスピンが上向き,下向きのときの周囲のスピンの分布 (a) から,一様に上下のスピンの電子数を 1/2 個ずつ減らした図 (b). 中心の d 電子と同方向のスピンの正孔が周囲にある. 中心の d 電子とまわりの電子を合わせるとスピンを局所的に保存する.

1 重項を形成することにより,近藤温度に対応するエネルギーだけエネルギーが下がることを示している.

この 1 重項のエネルギー低下は次のように理解できる. 局在スピンが上向きと下向きの状態は縮退している. それを交換相互作用の横成分 $J_\perp$ で結合すると縮退が解け,エネルギーが下がるのである. そのためには基底状態の波動関数の 2 成分の間に次の行列要素が存在することが必要である.

$$\left\langle \psi_\alpha \chi_\alpha \left| -\frac{J_\perp}{N} \sum_{kk'} C^\dagger_{k'\downarrow} C_{k\uparrow} S_+ \right| \psi_\beta \chi_\beta \right\rangle \neq 0 \tag{1.96}$$

$$\left\langle \psi_\beta \chi_\beta \left| -\frac{J_\perp}{N} \sum_{kk'} C^\dagger_{k'\uparrow} C_{k\downarrow} S_- \right| \psi_\alpha \chi_\alpha \right\rangle \neq 0 \tag{1.97}$$

この行列要素が残るためにはアンダーソンの直交定理に反しないことが必要で,上の式の左右の波動関数の伝導電子の局所的な数が保存しなければならない. この要請から,基底状態では局在スピンが上を向いている成分には伝導電子の上向きスピンをもつ正孔が 1/2 個,下向きスピンをもつ電子が 1/2 個局所的に集まっている. 局所スピンの下向き成分には電子と正孔のスピンの向きを入れ替えた伝導電子が集まっている. この様子が図 1.25 に示されている. したがって,この軌道縮退のないモデルでは位相のずれ δ_σ は $\pm\pi/2$ であるから,電気抵抗は最大値をとることになり,非磁性の場合と同じ値になるということである. これは低温での実験と一致する.

1.4.4 アンダーソン・ハミルトニアンの摂動展開

磁性状態から出発しても結局伝導電子と結合してスピン1重項状態となり，スピンが消滅することがわかった．1個の不純物であるから，相転移はないはずであるから，ハートリー–フォック近似が疑われる．そこで，式 (1.78) で無視したゆらぎの2次の項を摂動として取り込むことを考える[7].

$$H = H_0 + H' \tag{1.98}$$

$$H_0 = \sum_{k,\sigma} \varepsilon_k C_{k,\sigma}^\dagger C_{k,\sigma} + \frac{1}{\sqrt{N}} \sum_{k,\sigma} (V_{kd} C_{k,\sigma}^\dagger d_\sigma + V_{dk} d_\sigma^\dagger C_{k,\sigma})$$
$$+ \sum_\sigma E_{d,\sigma} - U\langle n_{d,\uparrow}\rangle\langle n_{d,\downarrow}\rangle \tag{1.99}$$

$$E_{d\sigma} = \varepsilon_d + U\langle n_{d,-\sigma}\rangle \tag{1.100}$$
$$H' = U(n_{d\uparrow} - \langle n_{d\uparrow}\rangle)(n_{d\downarrow} - \langle n_{d\downarrow}\rangle) \tag{1.101}$$

対称アンダーソン模型で，$\langle n_{d\sigma}\rangle = 1/2$, $E_{d\sigma} = 0$ から，H' を摂動として基底エネルギー E_g を計算すると $u = U/\pi\Delta$ を展開パラメーターとして

$$E_g = E(u=0) + \pi\Delta\left(-\frac{u}{4} - 0.0369u^2 + 0.0008u^4 + \cdots\right) \tag{1.102}$$

となる．この結果を図 1.26 に示した．

確かにハートリー–フォック近似で磁性が発生する $u = 1$ を超えても摂動展開のエネルギーの方が低いことがわかる．右の図 1.26b は川上–興地によるベーテ仮説による厳密解の結果である．$u = 4$ くらいまで摂動計算とよく一致している．

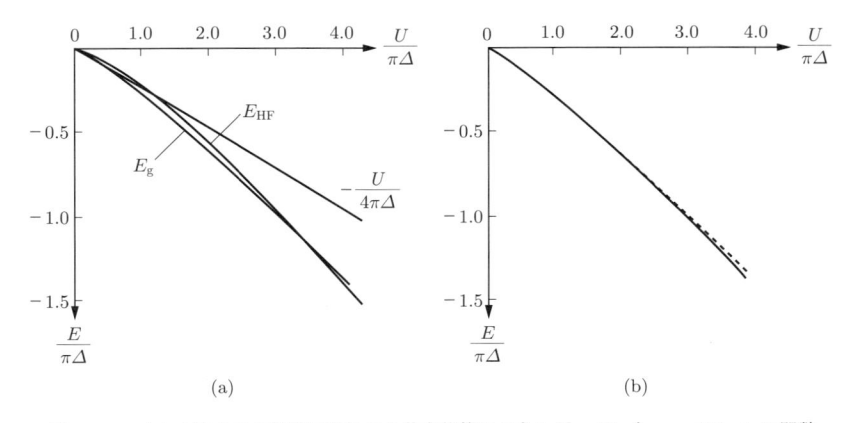

図 **1.26** (a) 4次までの摂動展開による基底状態のエネルギー E_g を $u = U/\pi\Delta$ の関数として示す．$E_{\rm HF}$ はハートリー–フォック近似での結果である．(b) はベーテ仮説にもとづく厳密解の結果である．破線が4次までの摂動計算の結果である．

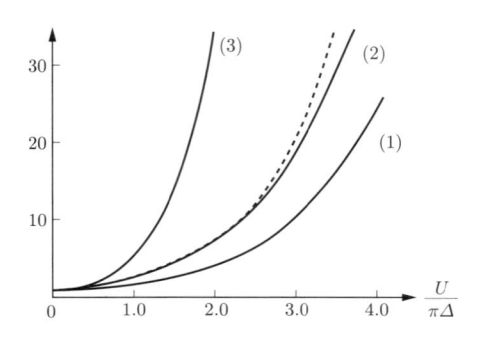

図 1.27 4次までの摂動展開で得られた (1) $\tilde{\gamma}$, (2) $\tilde{\chi}_s$, (3) $\tilde{R} = (\tilde{\chi}_{\uparrow\uparrow})^2 + (\tilde{\chi}_{\uparrow\downarrow})^2/2$ を示す. (2) の近くの破線は $\exp u$ を示す.

同様にスピン磁化率 χ_s, 電荷感受率 χ_c, 電子比熱係数 γ は次のように展開される.

$$\chi_s = \frac{g\mu_B{}^2}{2}\frac{1}{\pi\Delta}\tilde{\chi}_s \tag{1.103}$$

$$\tilde{\chi}_s = \tilde{\chi}_{\uparrow\uparrow} + \tilde{\chi}_{\uparrow\downarrow} = \sum_{n=0} a_n u^n \tag{1.104}$$

$$\chi_c = \sum_\sigma \frac{1}{\pi\Delta}\tilde{\chi}_c \tag{1.105}$$

$$\tilde{\chi}_c = \tilde{\chi}_{\uparrow\uparrow} - \tilde{\chi}_{\uparrow\downarrow} = \sum_{n=0} a_n (-u)^n \tag{1.106}$$

$$\gamma = \frac{2\pi^2 k_B{}^2}{3}\frac{1}{\pi\Delta}\tilde{\gamma} \tag{1.107}$$

$$\tilde{\gamma} = \frac{1}{2}(\tilde{\chi}_s + \tilde{\chi}_c) \tag{1.108}$$

ここで, $\tilde{\chi}_{\uparrow\uparrow}$, $\tilde{\chi}_{\uparrow\downarrow}$ はそれぞれ, 平行, 反平行スピン間の相関関数からの寄与で, 対称アンダーソン模型では前者は u の偶数次のみ, 後者は奇数次のみをもつ.

電気抵抗は $T=0$ では位相のずれが $\pm\pi/2$ であったから, 最大の抵抗値をとり, 温度 T の2乗で減少する. その結果は

$$R = R_0\left[1 - \frac{\pi^2}{3}\left(\frac{k_B T}{3}\right)^2(2\tilde{\chi}_{\uparrow\uparrow}{}^2 + \tilde{\chi}_{\uparrow\downarrow}{}^2)\right] \tag{1.109}$$

図 1.27 の (1), (2), (3) に $\tilde{\gamma}$, $\tilde{\chi}_s$, $\tilde{R} = (\tilde{\chi}_{\uparrow\uparrow})^2 + (\tilde{\chi}_{\uparrow\downarrow})^2/2$ を示す.

1.4.5 ベーテ仮説による厳密解

1980年になって, 近藤問題の厳密解が N. Andrei や P. B. Wiegman らによって得られた. アンダーソン模型に対しても Wiegman[8] や川上–興地[9] によって厳密解が得られた. ここではアンダーソン模型の結果を紹介する. 以下は V. Zlatić と B.

Horvatić によって得られた解析的な形に変形された式である[10].

$$\tilde{\chi}_s = \exp\left(\frac{\pi^2 u}{8}\right) \sqrt{\frac{2}{\pi u}} \int_0^\infty \exp\left(-\frac{x^2}{2u}\right) \frac{\cos(\pi x/2)}{1-x^2} dx \tag{1.110}$$

$$\tilde{\chi}_c = \exp\left(-\frac{\pi^2 u}{8}\right) \sqrt{\frac{2}{\pi u}} \int_0^\infty \exp\left(-\frac{x^2}{2u}\right) \frac{\cosh(\pi x/2)}{1+x^2} dx \tag{1.111}$$

この結果を用いると式 (1.104) や式 (1.106) の展開係数を求めることができる. 結果は次の漸化式で与えられる.

$$a_n = (2n-1)a_{n-1} - \left(\frac{\pi}{2}\right)^2 a_{n-2} \tag{1.112}$$

$$a_0 = a_1 = 1 \tag{1.113}$$

この漸化式で与えられる級数は収束半径 $u = \infty$ で収束することが示される. こうして物理量が電子間の多体相互作用 U に関して解析的であることが示された. これはフェルミ液体の断熱的連続といわれるものに関係しており, 厳密解を用いて連続性が証明されたことになる.

磁化率と比熱係数の比をウィルソン (Wilson) 比 R_W とよんでいる.

$$R_\mathrm{W} = \left(\frac{\chi_s}{2\mu_\mathrm{B}^2}\right) \bigg/ \left(\frac{\gamma}{2\pi^2/3} k_\mathrm{B}{}^2\right) = \frac{\tilde{\chi}_s}{\tilde{\gamma}} = \frac{2\tilde{\chi}_s}{\tilde{\chi}_s + \tilde{\chi}_c} \tag{1.114}$$

電子間相互作用 u が大きいとき, 電荷ゆらぎ χ_c は 0 になるので, ウィルソン比は 1 から u の増大とともに 2 に近づく.

1.4.6 ま と め

1 個の不純物に平均場近似を用いて相転移を導出する近似は正しくない. ゆらぎの効果が大きく相転移を消失させる. こうして磁性不純物の系では基底状態は常に非磁性のフェルミ液体状態である. 近藤効果は非磁性の系を磁性状態から出発したために生じた異常である. $U = 0$ の非磁性状態とは滑らかに接続される. もし, フェルミ球と局在スピンの 2 重項から出発すると 1 重項基底状態に到達するのが困難である. これが高温からの J に関する摂動計算で発散が現れ, 滑らかに接続されない理由と考えられる. 局在スピンと伝導電子の交換相互作用 $J < 0$ が有限である限り, 低温でスピン 1 重項が形成される. このことは Anderson, Wilson, Nozières らのスケーリングを用いた理論によって導かれている.

最後に芳田による相図を図 1.28 に示しておく. 相境界は明確なものではないが, ほぼどのような状態であるか, スピンや電荷のゆらぎがどのような場合に強まるかが理解されよう. さらに超伝導体中に磁性不純物を入れた場合の問題もあるが, 超伝導転移温度 $T_k > T_c$ では T_c 付近では非磁性的に見え, $T_k < T_c$ の場合には T_c 付近では磁性不純物のように見えることは容易に理解されよう.

[山田耕作]

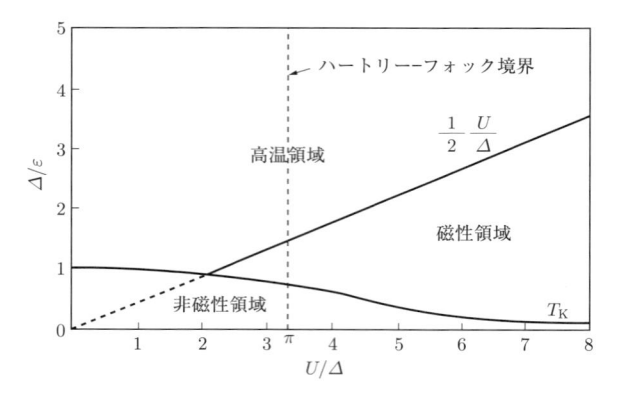

図 1.28 磁性不純物の相図．近藤温度より高い温度ではスピンゆらぎが起こり，磁気的な状態となる．キュリー定数は $C = T\chi = 1/4$ である．さらに $U/2$ より高温では電荷ゆらぎが激しく，$C = T\chi = 1/8$ になる．ハートリー-フォック境界は有限温度における磁気モーメントの存在を示す目安として考えることができる．

文　献

[1] J. Friedel, Nuovo Cimento Suppl. **2** (1958) 287.
[2] P. W. Anderson, Phys. Rev. **124** (1961) 41.
[3] J. P. Frank et al., Proc. Roy. Soc. A **263** (1961) 494.
[4] J. Kondo, Prog. Theor. Phys. **32** (1964) 37.
[5] A. A. Abrikosov, Physics **2** (1965) 5.
[6] K. Yosida, Phys. Rev. **147** (1966) 223; K. Yosida and A. Yoshimori, *Magnetism*, Vol. V ed. by H. Suhl (Academic Press, 1973).
[7] K. Yamada, Prog. Theor. Phys. **53** (1975) 970.
[8] A. M. Tsvelisk and P. B. Wiegmann, Adv. Phys. **32** (1985) 453.
[9] N. Kawakami and A. Okiji, Phys. Lett. **86A** (1981) 483; A. Okiji and N. Kawakami, J. Appl. Phys. **85** (1984) 1931.
[10] V. Zlatić and B. Horvatić, Phys. Rev. **B28** (1985) 6904.

1.5　量子スピン系

1.5.1　理　論

a.　序　論

物性物理における多くの興味深い問題には，電子のスピンが関与している．電気伝導の問題には当然，電荷の自由度すなわち電子自身の移動が重要であるが，電子が局在化してその移動が無視できる状況でも，各原子が不対電子をもちそのスピン自由度が重要になる場合がある．スピン自由度のみを考慮し，これらの相互作用を考えた模型を「スピン系」とよぶ．いうまでもなく，物性物理に現れる電子スピンはもとより量子力学的なものであるが，スピンの量子力学的な性質が重要になる模型をとくに区別して「量子スピン系」とよぶことがある．また，現実の物質についても，電子が局

在していてスピン自由度のみを考えた量子力学的な模型でその磁性が理解できる系を量子スピン系とよぶ.

この記事では, 個々の詳細に立ち入らずいくつかのトピックを議論し, 量子スピン系の物理を概観する. なお, 全般的な参考文献としてはたとえば文献 [1,2] をあげておく.

(i) 古典スピン系 対比のため, 古典スピン系について簡単に触れておく.

スピンは角運動量であり, 古典的には (擬) ベクトルである. たとえば電子スピンであればその大きさ S^2 は決まっているので, これとの類推で「古典スピン」として長さ一定のベクトルを考えることがある. たとえば格子上の各サイト j が単位ベクトル $\bm{n}_j$ の自由度をもつ系を考える. ($\bm{n}^2 = 1$) 典型的な古典スピン系として, (古典) ハイゼンベルク模型がある. これは, たとえば次のようなハミルトニアンで定義される.

$$\mathcal{H} = J \sum_{\langle j,k \rangle} \bm{n}_j \cdot \bm{n}_k \tag{1.115}$$

ただし, $\langle j,k \rangle$ は最近接のサイトの対を表し, ここでは最近接のスピン間のみに相互作用が働くものとする (もちろん, より一般的な模型も考えることができる). この模型のもつハイゼンベルク相互作用 $J\bm{n}_j \cdot \bm{n}_k$ は等方的 (すべてのスピンを一斉に回転する操作に対して不変) である. この模型で $J < 0$ (強磁性的な相互作用) の場合, 最近接のスピンが平行で同じ向きをとると一番エネルギーが低い. したがって, 基底状態はすべてのスピンが同じ向きをとる強磁性状態である. 模型が等方的であることから, すべてのスピンの向きが揃っていればどの方向であっても基底状態であり, 基底状態は無限に縮退している. すなわち, スピン空間の対称性が自発的に破れることになる.

相互作用が反強磁性的 $J < 0$ の場合, 最近接のスピンの向きが反対になった状態がもっともエネルギーが低い. ただし, 基底状態がどうなるかは格子の構造による. 正方格子の場合, すべての最近接のスピン対が反対を向いているネール状態を構成することができる. したがって, 正方格子の場合は, ネール状態が基底状態である. 正方格子に限らず, 一般に, 2 部格子 (bipartite lattice) ではネール状態が反強磁性 (古典) ハイゼンベルク模型の基底状態である. 2 部格子とは, 次のような性質を満たす格子である.

- 格子を 2 つの副格子 (A と B) に分けることができる
- 同じ副格子に属するサイトの間に直接の相互作用はなく, 相互作用は A 副格子に属するサイトと B 副格子に属するサイトの間だけに存在する

このとき, A 副格子に属するスピンがすべて同じ向きをとり, B 副格子に属するスピンがすべて A 副格子のスピンと反対の向きをとるネール状態は基底状態になる.

一方, 2 部格子でない格子では, 反強磁性ハイゼンベルク模型の基底状態は自明でない. たとえば三角格子を考えると, 三角形の 2 辺について最近接のスピンを反対向

きにすることはできるが，このとき残りの一辺については最近接のスピンは同じ向きになってしまう．したがって，すべての相互作用についてエネルギーを最小にすることはできない．このような状況をフラストレーションとよぶ．フラストレーションがある場合は，古典スピン系でも基底状態が自明ではない．後で議論する量子スピン系でもフラストレーションは興味深い問題となる．

さて，電子のもつスピン 1/2 は，角運動量の z 成分として $\pm\hbar/2$ の2通りの値しか取らない．これに対応する模型として，イジング模型がある．

$$\mathcal{H} = J \sum_{\langle j,k \rangle} \sigma_j^z \sigma_k^z \tag{1.116}$$

ここで，σ^z はパウリ行列の z 成分であり，固有値 ± 1 をもつ．この模型は，明らかにスピン空間に関して等方的ではない．しかし，現実の物質には多少の異方性はあり，異方性の強い物質に関してはイジング模型がよい近似になっていることもありえる．上で述べたように，イジング模型は角運動量の z 成分が離散的な値をとるという量子スピンの特徴を反映した模型である．しかし，この模型のハミルトニアンには非可換な演算子は現れず，すべての σ^z を同時に対角化できるため，古典スピン系に分類するのが通常である．実際，この模型は，磁性を離れて様々な古典統計力学の問題の模型としても使われる．

(ii) 量子スピン系と古典スピン系　　量子スピン $\boldsymbol{S}$ についても，古典的な場合 (1.115) と同様にハイゼンベルク模型を考えることができる．ハミルトニアンは

$$\mathcal{H} = J \sum_{\langle j,k \rangle} \boldsymbol{S}_j \cdot \boldsymbol{S}_k \tag{1.117}$$

量子スピンの場合，スピンの各成分が量子力学的な物理量 (演算子) であり，互いに非可換である．したがって，古典スピンのように向きをもつベクトルとして図示することは本来はできない．スピンの交換関係は，

$$[S^x, S^y] = iS^z \tag{1.118}$$

および，上式で添字の巡回置換をしたもので与えられる．このとき，

$$\boldsymbol{S}^2 = S(S+1) \tag{1.119}$$

によってスピンの大きさ S を定義すると，S は 1/2 の整数倍となる．電子スピンは $S = 1/2$ をもつ．

古典スピンは，量子スピンの $S \to \infty$ の極限と見なすこともできる．これは，次のような議論から理解できる．$\boldsymbol{n} = \boldsymbol{S}/S$ と定義すると，

$$[n^x, n^y] = \frac{S^z}{S^2} = \frac{1}{S} n^z \tag{1.120}$$

したがって，n の各成分の非可換性は $S \to \infty$ で無視できることになり，古典スピンに帰着すると考えられる．このような事情は，後に議論するスピン波理論にも見ることができる．

このような議論では，量子スピンのふるまいは S が大きいほど古典スピンに近くなると考えられる．ただし，極限をとる順序にもよるので，このような議論には注意も必要である．

(iii) 物性物理と量子スピン系　ここまで，量子スピン系の模型を天下り的に導入してきたが，現実の物質の模型として，量子スピン系がどのように現れるかを簡単に議論したい．

まず，スピンの大きさについて考える．磁性は電子スピンに由来する．電子はスピン 1/2 をもつが，多くの場合，原子 (イオン) のもつ電子のスピンは互いに相殺しゼロになる．しかし，相殺が完全でない場合には，イオンがゼロでないスピンをもつ．量子スピン系はこのような状況を表すものである．このとき，各イオンのもつスピンは，電子スピンの 1/2 とは限らない．複数の電子のスピンがフント結合をして，1/2 より大きなスピンをもつことがある．

実際には結晶場の影響やスピン軌道相互作用を考える必要があり複雑だが，イオンがもつスピンは，そのイオンの種類によってだいたい決まっている．代表的な例をあげると，Cu^{2+} はスピン 1/2，Ni^{2+} はスピン 1，Mn^{2+} はスピン 5/2 などである．このように，スピンをもつイオンには遷移金属元素が多い．たとえばアルカリ金属やハロゲンなどのイオンは電子構造が閉殻となり電子スピンは互いに相殺してしまう．安定なイオンで電子スピンが相殺せず残るためには，d 軌道などの縮退が重要である．

一方，量子スピン系は遷移金属化合物に限るわけではない．最近興味をもたれている例として，有機化合物による量子スピン系がある[3]．これは，いわゆるラジカル (不対電子) のスピンに由来するものである．

(iv) スピンの相互作用　スピン間の相互作用を考える．多くの量子スピン系では，ハイゼンベルク型の反強磁性相互作用が支配的である．これは，いわゆる交換相互作用によるものである．量子スピン系では，基本的に局在した電子を扱うが，もともと電子は原子間を移動するものなので，局在した状態でも電子の移動を摂動論における中間状態として取り入れる必要がある．具体的に議論するため，たとえば電子相関の基本的な模型であるハバード模型

$$\mathcal{H} = -t \sum_{\langle j,k \rangle, \sigma} c_{j\sigma}^\dagger c_{k\sigma} + \text{h.c.} + U \sum_j n_{j\uparrow} n_{j\downarrow} \tag{1.121}$$

を考えよう．ただし，$\sigma = \uparrow, \downarrow$ はスピン，$c_{j\sigma}$ ($c_{j\sigma}^\dagger$) はサイト j におけるスピン σ の電子の消滅 (生成) 演算子である．

局在スピン系を議論するため，サイトあたりの電子数が 1 で，スピン上向きと下向きの電子数が等しいハーフフィリング状態を考え，また $t \ll U$ とする．$t = 0$ の極限

では，基底状態において各サイトを1つの電子が占拠する．各サイトの電子はスピンをもつが，摂動論の0次では基底状態はスピン状態に関して縮退している．電子ホッピングtを摂動として考えると，基底状態エネルギーの1次摂動ではゼロであり，縮退は解けない．2次摂動では，隣り合うサイトのスピンが同じであれば最近接のサイト間で電子スピンが同じ向きを取っているときは，パウリの排他律のため電子が移動することはできない．しかし，隣り合うサイトの電子スピンが反対向きであれば，電子が一方に移動して，電子の占有数が0と2となった状態が生じる．この状態のエネルギーはクーロン斥力Uのために高いが，基底状態のエネルギーの2次摂動において中間状態として寄与する．また，この中間状態から，ゼロ次の基底状態に戻る際にスピンが反転する場合がある．2次摂動の範囲でスピンに関する有効ハミルトニアンを導くと，

$$\mathcal{H} = J \sum_{\langle j,k \rangle} \bm{S}_j \cdot \bm{S}_k \tag{1.122}$$

となる．これはハイゼンベルク模型にほかならない．このとき，相互作用$J = 4t^2/U$は反強磁性的である．

磁性の工学的応用上は，強磁性相互作用に興味がもたれるが，強磁性の発現メカニズムは更に複雑であり，ここで考えるような局在スピン系では反強磁性相互作用の方が一般的である．また，ここで考える局在スピン系では，後で議論するように，強磁性模型よりも反強磁性模型の方が量子効果が大きく量子多体系としての興味からは興味深い．いずれにせよ，反強磁性ハイゼンベルク模型(1.122)は量子スピン系における基本的模型である．

上で議論したように，交換相互作用は2サイト間の電子の移動から導かれる．このような機構は3サイト以上の電子の移動にも一般化でき，多スピン交換相互作用を生む．通常の磁性体では多スピン交換相互作用は2体の交換相互作用に比べて小さいと考えられ，多くの場合には無視されている．しかし，典型的な2次元$S = 1/2$反強磁性体とされるLa_2CuO_4(高温超伝導体の母物質)では，2体の交換相互作用の約1/4の4スピン交換相互作用が存在すると推定されている[4]．他の磁性体でも，定量的な理解のためには多スピン交換相互作用が無視できない可能性がある．なお，固体ヘリウム3の核磁性の問題では，ヘリウム3原子間の斥力のため，同じ場所を2つの原子が同時に占めている状態は仮想状態としても抑制される．このため，2体の交換相互作用よりもリング状の多体交換相互作用の方が起こりやすい．したがって，有効スピン模型では多体交換相互作用が支配的となる[4]．

交換相互作用として等方的なハイゼンベルク型を考えることが多いが，現実の物質の相互作用には異方性が存在する．$S \geq 1$の場合には単一サイトでの異方性項(たとえば$D(S^z)^2$など)が存在する．また，相互作用する2つのスピンの間に反転対称性

がないときには，反対称な相互作用

$$\boldsymbol{D} \cdot (\boldsymbol{S}_j \times \boldsymbol{S}_k) \tag{1.123}$$

が許される．実際に，スピン軌道相互作用からこのような異方的な相互作用が導かれる．これをジャロシンスキー–守谷相互作用とよぶ．これらの異方性が興味深い効果を生むこともあるが，その議論は本記事では省略する．

b. 量子ゆらぎと基底状態

反強磁性ハイゼンベルク模型 (1.122) の基底状態を考える．まず，簡単のため，この模型が正方格子や立方格子のような 2 部格子上で定義されていると考える．この場合，フラストレーションは存在せず，古典スピン系であれば完全な反強磁性秩序状態 (ネール状態) が基底状態となる．ネール状態は，すべての隣り合うスピンが互いに反対を向いた状態である．ハイゼンベルク模型は等方的であり，すべてのスピンをいっせいに回転してもエネルギーは変わらないので，このとき基底状態は無限に縮退している．

一方，量子スピン系では事情は異なる．ハイゼンベルク相互作用は

$$\boldsymbol{S}_j \cdot \boldsymbol{S}_k = S_j^z S_k^z + \frac{1}{2}\left(S_j^+ S_k^- + S_j^- S_k^+\right) \tag{1.124}$$

と書ける．第 2 項は，隣り合うスピンが反対向きの場合，その 2 つのスピンの向きを変化させるものである．これを量子ゆらぎの 1 つの現れと解釈することもできる．このハミルトニアンを完全なネール状態に作用させると異なる状態が生じる．完全なネール状態は反強磁性ハイゼンベルク模型の固有状態ではなく，したがって，基底状態でもありえない．量子反強磁性ハイゼンベルク模型の基底状態は，量子ゆらぎに影響されることになる．一方，強磁性ハイゼンベルク模型の場合，古典的な基底状態である完全強磁性状態 (すべてのスピンがそろった状態) は量子スピンの場合でも厳密な基底状態である．

もちろん，このことはただちにネール秩序の不在を意味しない．基底状態が完全なネール状態でなくとも，自発交替磁化がゼロでなければネール秩序があるといえる．実際，フラストレーションのない量子反強磁性ハイゼンベルク模型は，多くの場合ネール秩序をもつことが知られている．式 (1.120) で議論したように，スピン量子数 S が小さいほど量子ゆらぎが重要になると期待される．また，一般に，ゆらぎの効果は次元が低いほど大きい．

c. スピン波理論

量子ハイゼンベルク反強磁性体を記述する標準的な理論として，スピン波理論がある．これは，古典的なネール秩序状態から出発して，そこからの量子ゆらぎを考えるものである．形式的には，スピン波理論はホルシュタイン–プリマコフ変換によってス

ピン系をボース粒子系として表現することによって定式化される.

$$S^z = S - n \tag{1.125}$$

$$S^- = \sqrt{2S} a^\dagger \sqrt{1 - \frac{n}{2S}} \tag{1.126}$$

$$S^+ = \sqrt{2S} \sqrt{1 - \frac{n}{2S}} a \tag{1.127}$$

ここで, $a, a^\dagger$ はボース粒子の生成消滅演算子であり, $n = a^\dagger a$ は個数演算子である. 反強磁性体への応用では, 出発点となるネール秩序状態で 2 つの副格子上のスピンは反対を向いているため, 2 種類のボース粒子を導入して, それぞれの副格子で異なるホルシュタイン–プリマコフ変換を用いる必要がある[5,6] (A 副格子では $S^z = S - n_A$, B 副格子では $S^z = -S + n_B$).

反強磁性ハイゼンベルク模型は, 2 種類のボース粒子系が相互作用する模型として表現できるが, $1/S$ で展開して $O(1)$ の項までとるとハミルトニアンは以下のように対角化できる.

$$\mathcal{H} = \text{const.} + \sum_{\boldsymbol{q}} \omega(\boldsymbol{q}) \left[\alpha^\dagger(\boldsymbol{q})\alpha(\boldsymbol{q}) + \beta^\dagger(\boldsymbol{q})\beta(\boldsymbol{q}) + O\left(\frac{1}{S}\right) \right] \tag{1.128}$$

ただし, α, β は 2 種類のボース粒子の消滅演算子である. これは分散 $\omega(\boldsymbol{q})$ をもつ, 相互作用のないボース粒子系を表す. ただし, $O(1/S)$ の項には相互作用が存在する. $1/S$ が展開パラメーターになることは, 式 (1.120) で議論したように, 量子ゆらぎは S が小さいほど大きいことの反映である.

このスピン波理論から, いくつかの重要な帰結を得る. まず, 量子ハイゼンベルク反強磁性体の励起状態が相互作用の弱いボース粒子の集まりとして記述できること自体, 非常に重要な事実である. このような, 多体系の励起状態を記述する自由な (自由に近い) 粒子を素励起とよぶ. 反強磁性体における素励起はスピン波理論によるとボース粒子であり, これをマグノンとよぶ. マグノンは, 物理的には前述のようにネール秩序からのゆらぎを表す. マグノンの存在は, 実験的にもたとえば非弾性中性子散乱によって直接確認することができ, 分散関係を測定することができる.

分散 $\omega(\boldsymbol{q})$ は, 具体的な模型によるが, 一般に反強磁性ハイゼンベルク模型では $\boldsymbol{q} \sim 0$ で $\omega \propto |\boldsymbol{q}|$ である. $\boldsymbol{q} = 0$ で $\omega = 0$ になることは, マグノン励起がギャップレス (最低励起エネルギーがゼロ) であることを意味する. これは, 南部–ゴールドストーン定理の帰結である. 南部–ゴールドストーン定理によれば, 一般に, 基底状態が連続的な対称性を自発的に破る場合ギャップレスの励起 (南部–ゴールドストーンモード) が存在する. ネール状態はハイゼンベルク模型のスピン空間における回転対称性 (SU(2) 対称性) を自発的に破るため, 南部–ゴールドストーン定理が適用できることになる.

さらに, スピン波理論によって, 基底状態における副格子磁化を求めることができる. 古典ハイゼンベルク模型の副格子磁化は $\pm S$ であるが, 対応する量子模型では量

子ゆらぎによって副格子磁化が減少する．2次元 $S=1/2$ 正方格子ハイゼンベルク反強磁性体の副格子磁化は，スピン波理論によれば

$$m_s = \frac{1}{2} - 0.197 = 0.303 \tag{1.129}$$

である．これは，モンテカルロ・シミュレーション[7]によって求められた値 0.307 と非常によく一致している．$1/S$ 展開であるスピン波理論が量子効果の大きい $S=1/2$ の系，しかも 2 次元でも驚くほどよく成立していることが示唆される．いずれにせよ，量子ゆらぎの効果が大きいと考えられる 2 次元正方格子上の $S=1/2$ 反強磁性ハイゼンベルク模型でも，ネール秩序が残っていることがスピン波理論と数値計算により裏付けられたことになる．なお，2 次元正方格子上で $S \geq 1$ では数学的に厳密にネール秩序の存在が証明されている[8,9]．

d. 低次元でのゆらぎ

上で議論したように，量子ゆらぎの強い 2 次元 $S=1/2$ 反強磁性ハイゼンベルク模型においても基底状態ではネール秩序が残っている．しかし，有限温度では，ゆらぎの効果によって 2 次元ハイゼンベルク模型の長距離秩序は消失する．これは，2 次元以下では有限温度で連続的対称性の自発的破れは起こらないというマーミン–ワグナーの定理の帰結でもある．

多くの d 次元量子多体系は，数学的には $d+1$ 次元古典統計力学系に対応する．このとき，有限温度 T の量子多体系は，付加的な次元 (虚時間) 方向の長さが $1/T$ である古典統計力学系に対応する．したがって，量子多体系における有限温度の効果は古

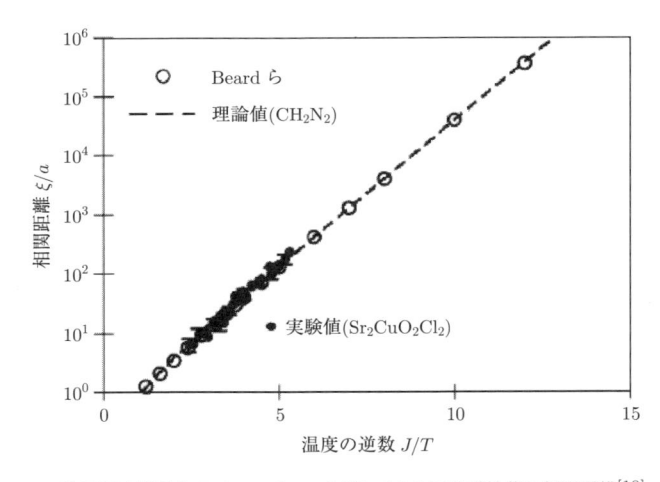

図 **1.29** 2 次元正方格子上の $S=1/2$ ハイゼンベルク反強磁性体の相関距離[10]．有限温度では長距離秩序の不在を反映して相関距離は常に有限だが，絶対零度に向けて発散する．$O(3)$ 非線形シグマ模型による理論的予言 (破線) と，実験 (黒丸) および量子モンテカルロ法による数値結果 (白丸) がよく一致している．

典統計力学系の一種の有限サイズスケーリングによって記述されることになる．2次元反強磁性ハイゼンベルク模型は，大きなスケールでは3次元古典ハイゼンベルク模型と共通のふるまいをする．絶対零度での基底状態は，無限に大きい3次元空間中の古典ハイゼンベルク模型に対応して長距離秩序をもつ．しかし，有限温度では虚時間方向の長さが有限になるため，本質的に2次元系となって長距離秩序が消失すると理解できる．

3次元古典ハイゼンベルク模型は，連続極限では場の理論で $O(3)$ 非線形シグマ模型として知られているものに対応する．Chakravarty, Halperin, Nelson[11]は低温での2次元 $S=1/2$ ハイゼンベルク反強磁性体の性質を $O(3)$ 非線形シグマ模型によって定量的に導出した．たとえば，相関距離は低温ではほぼ $e^{\mathrm{const.}/T}$ に比例して発散する．これは，図1.29に示すように，量子モンテカルロ法による数値計算や実験で測定された相関距離のふるまいとよく一致している．

一方，1次元では，基底状態においてもスピン波理論によって副格子磁化の減少を求めると発散してしまう．これは，スピン波理論が1次元では破綻していることを示し，任意の S に対しネール秩序が存在しないことを示唆している．1次元での興味深い事実については，1.5.1項gで述べる．

e. 粒子描像と磁化プラトー

量子スピン系は，古典スピン系に量子ゆらぎが加わったものととらえることもできる．しかし，それでは理解が難しい現象も存在する．そのような現象の例の1つが，磁化プラトーである．スピン系に磁場を加えると，磁場の関数として磁化が増加する．これをグラフにしたものが磁化曲線である．通常は，磁化は磁場の関数としてなめらかに増加するが，絶対零度のスピン系では，ある範囲の磁場に対して磁化が変化しない場合があることが知られている．このような，磁化曲線の平坦部を磁化プラトーとよぶ．たとえば，NH_4CuCl_3 に関する実験結果[12]を図1.30に示す．

すべてのスピンが S^z の最大値をとり磁化が飽和した状態も磁化プラトーの特殊な場合と見なすことができるが，磁化曲線の途中にプラトーが出現する場合もある．多くの系における磁化プラトーでは，一般的な量子化則

$$n(S-m) = 整数 \tag{1.130}$$

が成り立つ[13,14]．ただし，ここで n は基底状態の単位胞に含まれるスピンの数，S はスピン量子数，m はサイトあたりの磁化である．

磁化プラトーは，古典スピン系に量子ゆらぎが加わったという見方では理解が難しいが，以下のようにとらえることができ，量子化則も自然に理解することができる．量子スピン系は，量子力学的な多粒子系と見なすことができる．たとえば，$S=1/2$ であれば，あるサイトのスピンが下向きであれば粒子がない，上向きであれば粒子がある，と解釈できる．この仮想的な粒子はボース統計にしたがうが，2つの粒子が同一サイトを占有することはできないので，ハードコア的な斥力相互作用をもつと考えら

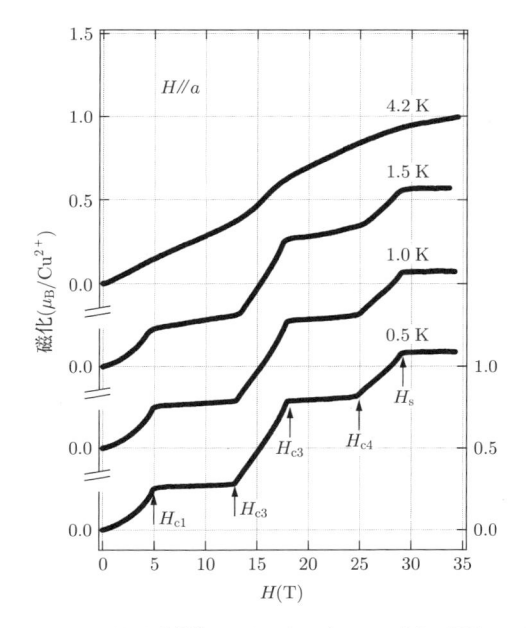

図 1.30 NH$_4$CuCl$_3$ の磁化曲線[12]. 絶対零度の系では, 磁化 (縦軸) はなめらかに増加するがある範囲の磁場に対して磁化が特定の値に固定され変化しない場合がある. これを磁化プラトーとよぶ. NH$_4$CuCl$_3$ の磁化曲線は, 温度を下げるに従いステップ上の構造が現れ, 絶対零度では磁化プラトーをもつと考えられる.

れる. また, 交換相互作用のうち横成分 [式 (1.124) の第 2 項] は, この粒子が隣接サイト間を移動する効果を表す. 磁場の方向を z 方向にとると, 磁場はこの仮想的な粒子に対する化学ポテンシャルに相当する.

磁化プラトーは, 化学ポテンシャルの変化に対して粒子数が変わらない, 励起ギャップをもつ安定な系であり, 大ざっぱにいえば多粒子系としては絶縁体に対応する. 一方, プラトー外で, 磁場の関数として磁化がなめらかに増加する領域は, 励起ギャップがない状態であり, 多粒子系としては金属などの導体に対応する. したがって, 磁化プラトーの出現は一種の導体/絶縁体転移である.

上述のように, 磁化プラトー (絶縁体) は, ゼロでない励起ギャップをもつ, 多粒子系の安定な状態に対応する. 一様な格子上の多粒子系においてこのような状態が実現するためには, 通常, 粒子系が格子と整合である必要がある. 直観的には, 粒子が格子に固定されなくてはならないので, 周期的な状態の単位胞あたりの粒子数は整数であることになる. 量子化則 (1.130) の左辺は基底状態における単位胞あたりの仮想的な粒子数に相当するので, まさにこれが量子化則の直観的な理解を与える. この直観の理論的な裏付けも与えられているが, ここでは省略する[13–15]. ただし, 系がトポロジカル秩序をもつ場合は, 量子化則が破れることもある.

f. ダイマー系と1重項基底状態

フラストレーションのない，一様な格子上の反強磁性ハイゼンベルク模型では (1次元を除いて) 基底状態はネール秩序をもつ．しかし，相互作用が一様でない模型では事情が異なる．1つの典型的な例として，ダイマー系がある．これは，スピン2つずつが対をなし，それぞれの対の内部の反強磁性相互作用が強く，異なる対の間の相互作用が弱い系である．簡単のため，ここでは $S=1/2$ に限って考えよう．この系の基底状態は，異なる対の間の相互作用がゼロである極限を考えるとよく理解できる．この極限では，問題は2スピンの問題

$$\mathcal{H} = J\boldsymbol{S}_1 \cdot \boldsymbol{S}_2 \tag{1.131}$$

に還元され，基底状態はそれぞれのスピン対 (ダイマー) が1重項状態

$$\frac{1}{\sqrt{2}}(|\uparrow\downarrow\rangle - |\downarrow\uparrow\rangle) \tag{1.132}$$

をとった状態で表される．この状態ではもちろん，系はネール秩序をもたない．最低励起状態は，ダイマーの1つが3重項状態になった状態で与えられ，基底状態からの励起エネルギーは J である．

実際のダイマー系では，異なるダイマーに属するスピンの間に弱い相互作用 J' が働く．したがって，一般に，基底状態は各ダイマーの独立な1重項状態の直積とは異なる．しかし，相互作用が等方的で，かつギャップが潰れない限り，基底状態は縮退のない1重項状態である．このような基底状態は，古典スピン系で期待されるネール秩序状態とはまったく異なっており，量子ゆらぎ効果の1つの典型例であるといえる．これに対応する物質として，たとえば $TlCuCl_3$ がある．

(i) ダイマー系における素励起とボース–アインシュタイン凝縮 先に述べたとおり，ダイマー極限 $J'=0$ での最低励起状態は，ダイマーの1つが3重項状態をとった状態である．多数あるダイマーのうち1つが3重項状態をとったものがすべて同じエネルギーをもつので，最低励起状態は多数の縮退をもつ．

ダイマー間相互作用 J' は，ダイマー間で3重項を移動させる働きをもつ．したがって，$J' \neq 0$ では，この3重項が分散をもち，素励起として働く．この素励起を，マグノンとよぶこともあるが，秩序状態からの素励起ととくに区別するためにトリプロン (triplon) とよぶこともある．トリプロンの分散は，たとえば $TlCuCl_3$ の非弾性中性子散乱実験で実際に観測されている．

さて，このような系に磁場をかけた場合を考えよう．磁場の方向を z 軸にとる．トリプロンには，$S^z = -1, 0, 1$ に対応する3種類がある．磁場は，$S^z = -1, 1$ のトリプロンに対して化学ポテンシャルを変化させる役割を果たす．磁場を増加させると，$S^z = 1$ のトリプロンの最低エネルギーが低下し，磁場がギャップに等しい時点でゼロになる．これ以上の磁場では，$S^z = 1$ のトリプロンの最低エネルギーが負になるこ

とになる．トリプロンはボース粒子と見なすことができるので，このような場合には，ボース–アインシュタイン凝縮 (BEC) が起きると考えられる．冷却原子系などにおけるBECでは，粒子数は一定であり，化学ポテンシャルは与えられた粒子数によって定まると考えられる．しかし，量子スピン系ではトリプロンの数は保存されず，化学ポテンシャルの制御によって粒子数が変化する．相互作用がなければ，トリプロンの最低エネルギーが負になると粒子数が無限大になってしまうことになる．しかし，実際には，2つのトリプロンが同じダイマーを占有することはできないことから，トリプロンの間に斥力がはたらく．そのため，磁場がギャップの値を超えても，トリプロンの数は有限になる．このように，ダイマー系はBECの1つの新たな実現を与えている．

BECが起きると，系は非対角長距離秩序をもつ．スピン系の場合には，昇降演算子 $S^{\pm}$ が粒子の生成消滅演算子に対応することから，非対角長距離秩序とは相関関数

$$\langle S_j^+ S_k^- \rangle \tag{1.133}$$

が j, k が離れた極限でも有限に残ることを意味する．これは，磁場と直交するスピン成分の長距離秩序に他ならない．BECとは，スピン系の長距離秩序の1つの表現とも言える．

BEC描像にもとづいて，$TlCuCl_3$ における実験で観測された (磁場に平行な成分の) 磁化の温度変化を理解することができる[16,17]．実験では，磁場をギャップより大きい値に固定し温度を変化させると，転移温度付近で磁化が極小となり，それよりも低温で磁化が増加する．この現象はスピンに関する通常の平均場近似では説明できないが，BECの描像では以下のように理解できる．

磁化は，トリプロンの粒子数に対応する．トリプロンは，非凝縮体と凝縮体からなると考えられ，転移温度より高温では非凝縮体のみ存在する．非凝縮体のトリプロンの粒子数は温度の低下とともに単調に減少する．これが転移温度以上での磁化のふるまいに対応する．しかし，転移温度以下では凝縮体のトリプロンの粒子数が温度の低下とともに増加し，これが非凝縮体のトリプロンの粒子数の減少を上回るために全体として粒子数 (磁化) が増加する．

(ii) 直交ダイマー系　ダイマー系の興味深い例として，異なるダイマー間の相互作用が有限であっても基底状態がダイマー内1重項状態の積で厳密に与えられる場合がある．シャストリー–サザランド (Shastry–Sutherland) 模型は，図1.31のような格子上の模型である[19]．このとき，相互作用が J のスピン対が1重項を形成した状態は，系の厳密な固有状態であり，とくに J が J' に比べ十分大きければ厳密な基底状態になる．

この模型は1981年に提案されたが，その後，1998年になって陰山らによって見出されたスピンギャップ系 $SrCu_2(BO_3)_2$ がシャストリー–サザランド模型と等価であることがわかり，研究が大きく進展した[18]．この模型は，基底状態が厳密にわかるだけではなく，数々の興味深い性質をもつ．たとえば，$TlCuCl_3$ と同様に，この系の素励

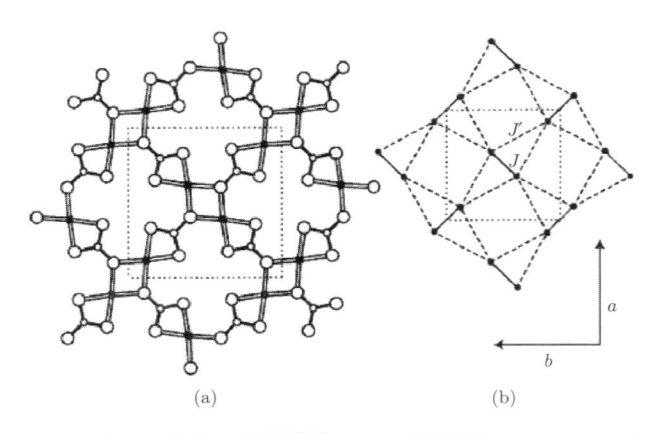

図 1.31 シャストリー–サザランド模型[18]．(b) に示す格子上の $S=1/2$ ハイゼンベルク反強磁性体である．J'/J が十分小さければ基底状態はダイマー状態の積で厳密に与えられる．SrCu$_2$(BO$_3$)$_2$ は (a) のような結晶構造をもち，黒丸の位置に $S=1/2$ をもつ Cu^{2+} がある．これは，シャストリー–サザランド模型の実現になっている．

起はトリプロンである．しかし，この系ではトリプロンが容易に移動できず，エネルギー分散が小さい．これは，トリプロンが局在しやすい傾向があることを意味する[20]．これに対応して，SuCu$_2$(BO$_3$)$_2$ の磁化曲線には複数の磁化プラトーが見られると考えられる．

g. 1 次元系

(i) ハイゼンベルク・スピン鎖とハルデイン予想　一般に，低次元ほどゆらぎの効果が大きいと考えられる．これを反映して，1 次元では標準的なハイゼンベルク反強磁性鎖

$$\mathcal{H} = J \sum_j \boldsymbol{S}_j \cdot \boldsymbol{S}_{j+1} \tag{1.134}$$

はネール秩序を持たない．このことは，1.5.1 項 c で議論したように，スピン波理論からも示唆されている．

$S=1/2$ の場合，ハイゼンベルク反強磁性鎖 (1.134) はベーテ仮設の方法によって厳密に解くことができる．その結果，系がギャップレスであることはわかっていた．一方，$S \geq 1$ の場合には (1.134) を解くことはできない．この模型について，Haldane は 1981 年に，それまでの常識に反する以下のような予想を行った．

- S が半奇数の場合，系はギャップレスであり，基底状態におけるスピン相関関数はべき的に減衰する
- S が整数の場合，系はゼロでない励起ギャップをもち，基底状態におけるスピン相関関数は指数関数的に減衰する

ハルデインの予想は，模型 (1.134) を $O(3)$ 非線形シグマ模型で記述したとき，S が半

奇数の場合に限ってトポロジカル項が現れることにもとづいて行われた．ここではその詳細については論じないので[21]，などのレビュー記事を参照されたい．現在では，多くの理論的，数値的，および実験的研究によって，ハルデイン予想は確立されている．

 S が整数か半奇数かによって系の性質が定性的にも異なるということは非常に驚くべきことである．一方，この問題は，1.5.1 項 e で議論した磁化プラトーの特殊な場合と見ることもできる．磁場が加えられていない状態では $m=0$ であり，模型が (1.134) のように並進対称でありこの対称性が自発的に破れていないとすれば $n=1$ である．すると，粒子数の整合性条件 (プラトーの量子化条件) (1.130) より，系がギャップをもつためには S が整数である必要がある．これはリープ–シュルツ–マティスの定理からも結論できる．(実際，プラトーの量子化条件は，リープ–シュルツ–マティスの定理の一般化ともいえる．) これだけでは S が整数の場合に実際にギャップが開くことがいえるわけではないが，S が半奇数と整数の場合に違いがあることを示す点でこの議論は重要である．

(ii) ハルデイン状態 整数スピンの場合，式 (1.134) は励起ギャップ (ハルデイン・ギャップ) をもつが，その基底状態はどのような状態だろうか．基底状態は縮退がない 1 重項状態である．これは，1.5.1 項 f で議論したダイマー状態に類似している．実際，ダイマー状態とハルデイン状態の関連は以下のように考えると明らかとなる．$S=1/2$ のハイゼンベルク鎖で，相互作用の大きさが 1 つおきに変化するものを考えよう．

$$\mathcal{H} = J\sum_j \boldsymbol{S}_{2j}\cdot\boldsymbol{S}_{2j+1} + J'\sum_j \boldsymbol{S}_{2j+1}\cdot\boldsymbol{S}_{2j+2}. \tag{1.135}$$

ただし，$J>0$ とする．まず，$J'=0$ とすると，系の基底状態は J で相互作用する対が 1 重項を形成したダイマー状態で与えられる．ここで，ダイマー間に強磁性的な相互作用 ($J'<0$) を導入しよう．このとき，J' で相互作用する対に関しては 3 重項状態が有利となる．$J' \to -\infty$ の極限では，$J'<0$ で相互作用するスピン対は 3 重項状態のみをとり，1 つの $S=1$ と等価になる．この極限では系は $S=1$ の一様なハイゼンベルク鎖と等価になる．数値的に，$J'=0$ と $J'\to-\infty$ の間で相転移がないことが確かめられているので，$S=1/2$ 交替鎖のダイマー状態と $S=1$ ハルデイン状態は同じ相に属すると見なすこともできる．

 $S=1$ ハルデイン状態を表す代表的な状態として，図 1.32 のようなアフレック–リープ–ケネディ–田崎 (AKLT) 状態がある[9]．これは，まさに $S=1/2$ のダイマー状態を元に $S=1$ の状態を構成したものである．この AKLT 状態は $S=1$ の標準的なハイゼンベルク鎖 (1.134) の基底状態ではないが，AKLT 模型

$$\mathcal{H} = J\sum_j \boldsymbol{S}_j\cdot\boldsymbol{S}_{j+1} + \frac{J}{3}\sum_j (\boldsymbol{S}_j\cdot\boldsymbol{S}_{j+1})^2 \tag{1.136}$$

の厳密な基底状態である．AKLT 状態においてスピン相関関数が指数関数的に減衰すること，また AKLT 模型がゼロでない励起ギャップをもつことは厳密に証明されてい

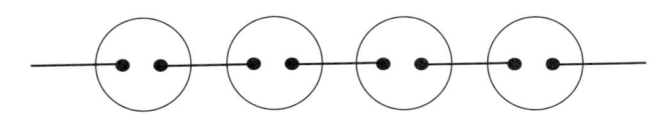

図 1.32 $S=1$ AKLT 状態. 黒点は $S=1/2$ スピンを表し,線で結ばれた 2 つの $S=1/2$ は 1 重項を形成している. 円で囲まれた 2 つの $S=1/2$ の波動関数は対称化され,3 重項状態に射影されている.

る. したがって,AKLT 模型においては,ハルデイン予想の内容が厳密に確かめられている. AKLT 状態を高スピンに拡張することも可能であるが,一様な状態をつくろうとすると整数スピン S に限られることはすぐにわかる.

AKLT 模型,AKLT 状態は単にハルデイン予想を支持する証拠となるだけでなく,ハルデイン相の様々な興味深い性質を見出すきっかけとしても重要であった. たとえば,開放端に現れる $S=1/2$ の端状態,ストリング秩序変数などであるが,ここではそれらの議論は省略する.

(iii) $S=1/2$ **スピン鎖と朝永–ラッティンジャー流体** $S=1/2$ の場合,反強磁性ハイゼンベルク鎖 (1.134) はギャップレスである. これは,1.5.1 項 e の議論にしたがえば,1 次元多粒子系が格子に固定されず流体としてふるまう状況に対応する.

このような 1 次元における量子流体の多くは,朝永–ラッティンジャー流体として記述される. 多粒子系の密度ゆらぎは音波として伝播する. 量子系では音波が量子化された自由なボース粒子であるフォノンが素励起として現れる. 朝永–ラッティンジャー流体は作用

$$S = \frac{K}{2} \int dx\, dt\, (\partial_\mu \phi)^2 \tag{1.137}$$

で定義される,1 次元における自由なボース粒子の場の理論である. このボース粒子は密度ゆらぎを量子化したフォノンを表すものと理解することができる. $S=1/2$ 反強磁性ハイゼンベルク鎖 (1.134) の低エネルギー現象が朝永–ラッティンジャー流体で表されることは,ベーテ仮設により厳密に求められる有限系の励起スペクトルの低エネルギー部分と,式 (1.137) から求めた有限サイズスペクトルが一致することから確認される[22].

フォノンはどの次元でも存在するが,1 次元の朝永–ラッティンジャー流体では,一見自明に見える自由ボソン場の理論 (1.137) がフォノン以外の様々な低エネルギー励起も包含しており,低エネルギーでの物理現象を記述することができる. 朝永–ラッティンジャー流体理論により,絶対零度および有限温度における様々な物理量の相関関数を求めることができる.

絶対零度では,いろいろな物理量の相関関数はべき的に減衰する. これは,朝永–ラッティンジャー流体が量子臨界状態にあることの反映である. 実験は有限温度で行われるが,十分低温・低エネルギーの領域では有限温度の性質も朝永–ラッティンジャー液体理論によって記述できる. たとえば,有限温度では相関距離は有限になるが,相

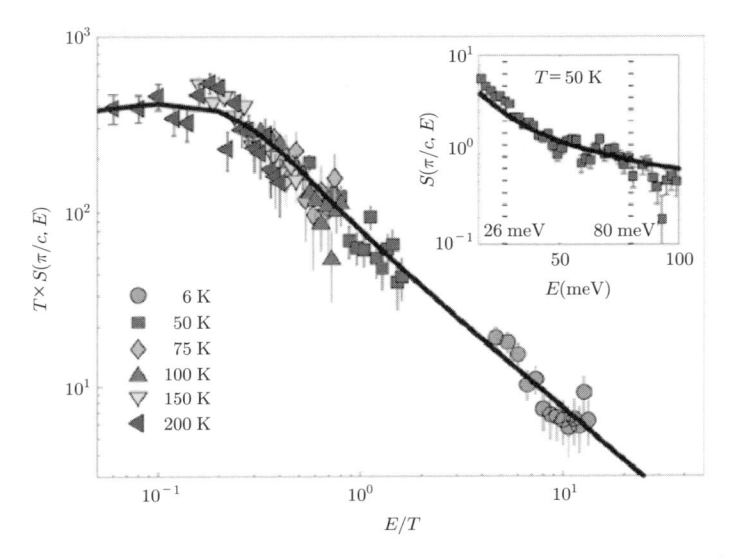

図 1.33 KCuF$_3$ における反強磁性ゆらぎの動的構造因子 $S(\pi, E)$ のスケーリング[23]. E はエネルギー. いくつかの異なる温度 T に対して, $TS(\pi, E)$ が E/T の関数としてスケールされる. これは, 朝永–ラッティンジャー液体理論の予言する普遍的なスケーリング関数 (実線) とよく一致している.

関距離は温度に反比例する. また, 反強磁性ゆらぎ (波数 π) のエネルギー E における動的構造因子が E/T の普遍的な関数になることも導かれる. 擬 1 次元 $S = 1/2$ ハイゼンベルク反強磁性体 KCuF$_3$ について, 非弾性中性子散乱によって得られた動的構造因子は, 図 1.33 のように朝永–ラッティンジャー液体理論の予言と非常によく一致している[23].

h. フラストレーションのある量子スピン系

59 ページの (i) で議論したように, たとえば三角格子上の古典反強磁性体ではすべての辺について同時に相互作用エネルギーを最低にすることができない. このような系を, フラストレーションのある系とよぶ. 量子スピン系におけるフラストレーションについてはいろいろな定義が可能だが, ここでは簡単のため, 対応する古典スピン系がフラストレーションをもつ場合と考えよう.

フラストレーションのあるスピン系は, 古典系, 量子系ともに現在盛んに研究されている分野であり, 今後の発展に待つところが大きい. ここでは, フラストレーションのある量子スピン系に関するトピックスをいくつか紹介する.

(i) 非自明な秩序 フラストレーションがある場合, 通常の反強磁性秩序は抑制される. 反強磁性秩序に代わって, 他の秩序が生じる場合もある. このような秩序と, それらが生じる模型の例をいくつかあげておく (あくまでも例示であって, 網羅的なものではないことをお断りしておく).

スカラーカイラル秩序： 3つのスピン $S_{1,2,3}$ について，秩序変数 $S_1 \cdot (S_2 \times S_3)$ の期待値がゼロでないとき，スカラーカイラル秩序が存在するという．ハミルトニアンが時間反転対称性をもつとき，この秩序が存在すれば，時間反転対称性が自発的に破られたことになる．

このような秩序が生じる例として，4スピン交換相互作用をもつ2本鎖 $S = 1/2$ 梯子系がある．

$$\mathcal{H} = \cos\theta \sum_{\langle j,k \rangle} S_j \cdot S_k + \sin\theta \sum_{\square} \left(P_4 + P_4^{-1} \right). \tag{1.138}$$

ここで，第1項の和はすべての辺（水平垂直両方向の）についてとり，第2項はすべての正方形（プラケット）上の4スピン交換相互作用についての和である．これは等方的な1次元系なので，反強磁性長距離秩序はもとより生じないが，一方でスカラーカイラル秩序は離散的な対称性の自発的破れに対応し，1次元系でも絶対零度では存在する可能性がある．実際，上記のモデルでは，

$$0.1476\pi \sim \tan^{-1}\frac{1}{2} < \theta \lesssim 0.39\pi \tag{1.139}$$

の領域がスカラーカイラル秩序相であると報告されている[24, 25]．

ダイマー秩序： 1.5.1項fで議論したように，反強磁性交換相互作用がスピン対の内部で強い模型では，基底状態はダイマー状態で与えられる．一方，相互作用の強さが一様であっても，基底状態がダイマー状態になる場合がある．この場合，格子のもつ離散的な並進対称性や回転対称性が自発的に破られることになり，一種の秩序状態と見なすことができる．このようなダイマー秩序をもつ模型の代表例として，次近接相互作用をもつ $S = 1/2$ 反強磁性スピン鎖

$$\mathcal{H} = J \sum_j S_j \cdot S_{j+1} + J' \sum_j S_j \cdot S_{j+2} \tag{1.140}$$

がある．とくに，$J' = J/2 > 0$ の場合をマジャンダー–ゴッシュ(Majumdar–Gosh)模型とよび，このときの基底状態はスピン対のダイマー状態の直積で厳密に与えられる[26]．ダイマー状態の直積がマジャンダー–ゴッシュ模型の基底状態であることは，ハミルトニアンが

$$\mathcal{H} \propto \sum_j P \left[(S_j + S_{j+1} + S_{j+2})^2 = \frac{3}{2}\left(\frac{3}{2}+1\right) \right] \tag{1.141}$$

のように連続する3スピンに関する射影演算子で書けることから簡単に示すことができる．このとき，ダイマーの組み方が2通りあることから，図1.34のように基底状態は2重縮退している．このようなダイマー相は，1.5.1項fで議論したダイマー状態と異なり，格子の並進対称性を自発的に破っているという意味で秩序をもっている．このような秩序をダイマー秩序とよぶ．

基底状態 1 ●―● ●―● ●―● ●―●

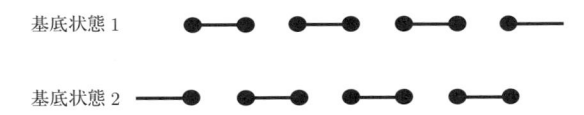

基底状態 2 ● ●―● ●―● ●―● ●

図 **1.34** 1次元鎖のダイマー状態．ダイマーの組み方によって2通りの状態がある．この2つの状態は，マジャンダー–ゴッシュ模型の2重縮退した基底状態である．

$J' = 0$ の場合，この模型は標準的な $S = 1/2$ ハイゼンベルク反強磁性鎖に帰着する．(iii) 節で議論したように，この点では系は量子臨界的な朝永–ラッティンジャー液体状態にある．J' を変化させると，$J' < J'_c \sim 0.2411J$ では朝永–ラッティンジャー液体であり，$J' > J'_c$ ではギャップをもつダイマー相であることがわかっている[27,28]．

ダイマーが規則的な構造を形成する，様々なダイマー秩序をもつ相が考えられる．このような状態を，VBC (Valence-Bond Crystal, バレンスボンド結晶) 状態とよぶことがある．文献によってはこのような状態が VBS (Valence-bond Solid) 状態とよばれることもあるが，VBS 状態は，もともと並進対称性を破らない AKLT 状態の呼称として導入されたものであり，その用法と混同しないように注意が必要である．

VBC 状態の興味深い最近の例として，図 1.35 のようにカゴメ格子上の $S = 1/2$ ハイゼンベルク反強磁性体が一様でない交換相互作用をもつ場合が議論されている．簡単のため $J_1 = J_2 = J_3 = J$，J_4 のみ J と異なる場合を考える．J_4/J が小さい極限では，図 1.36 に示すピンホイール VBC 状態が基底状態である．一様なカゴメ格子にかなり近い $J_4/J \sim 0.97$ に至るまで，同じ秩序をもつ相に属することが報告されている[29]．

カゴメ格子はフラストレーションを生む格子の代表例であり，理論的に盛んに研究されるとともに，カゴメ格子系に対応するいくつかのモデル物質が注目を集めている．しかし，現実の物質では，必ずしも完全なカゴメ格子は実現されない．$Rb_2Cu_3SnF_{12}$

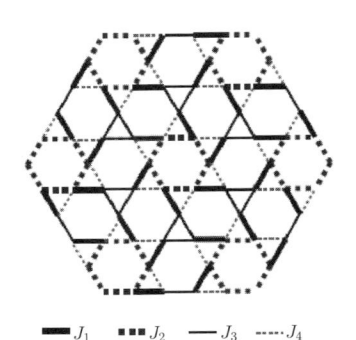

図 **1.35** 4つの交換相互作用 J_1, J_2, J_3, J_4 をもつ，変形されたカゴメ格子上の反強磁性ハイゼンベルク模型．$J_1 = J_2 = J_3 = J_4$ の場合，通常のカゴメ格子上の模型に帰着する[29]．

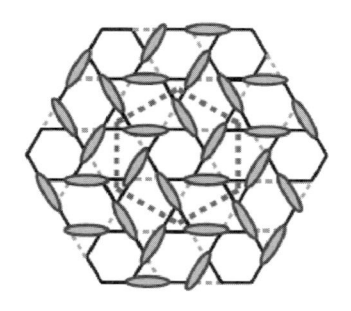

図 1.36 ピンホイール型の VBC 状態. $J_4 = 0$ の極限ではこのような VBC 秩序をもつ状態が自然に基底状態となるが,標準的なカゴメ格子模型に近い $J_4/J \lesssim 0.97$ に至るまで同じ VBC 相に属している[29].

は,図 1.35 のような交換相互作用が一様でないカゴメ格子上のハイゼンベルク反強磁性体に対応すると考えられ,$(J_2, J_3, J_4)/J_1 = 0.95, 0.85, 0.55$ と推定されている.その基底状態として図 1.36 のようなピンホイール VBC 相が実現されていることが実験的にも支持されている[30].

なお,純粋な量子スピン系の議論を外れるが,現実の磁性体では,動的な格子変形の効果も重要である.一般に,スピン間の距離が近くなると反強磁性交換相互作用も大きくなるので,格子変形によってスピン対の間の相互作用を強くすることによってダイマー状態を形成することができる.このとき,ダイマー状態の形成によるエネルギーの利得が格子変形による損失を上回れば,格子変形によるダイマー状態の形成が自発的に起きることになる.これは,スピン・パイエルス不安定として古くより知られていることである.一方,本項で議論したように,量子スピン系においては純粋にスピン間の相互作用のみの効果によってダイマー状態が自発的に出現する場合がある.このときも,対応する現実の物質では,ダイマー状態の形成によって格子変形が誘起される可能性がある.格子変形がダイマー状態形成の要因であるのか,あるいは結果であるのか,は現実の物質系では必ずしも簡単な問題ではない.

スピンネマティック秩序: 液晶の分子には,形状が異方的であり軸方向に長いが,軸方向に反転しても対称であるものが存在する.このような分子が多数配列する場合,軸方向が揃った秩序状態が存在する.この場合の秩序変数は軸の方向のみであり,向きはもたない.

これとのアナロジーで,スピン系においても磁気モーメントの軸方向のみが揃い,向きは乱雑な秩序状態が考えられる.これをスピンネマティック秩序相とよぶ.ネール秩序相の秩序変数である (交替) 磁化はこの相ではゼロである.スピンネマティック秩序相の秩序変数は,

$$Q^{\alpha\beta} = \frac{S^\alpha S^\beta + S^\beta S^\alpha}{2} - \frac{\delta^{\alpha\beta}}{3} \bm{S} \cdot \bm{S} \tag{1.142}$$

で与えられる．単一スピンについてこの秩序変数を考えると $S = 1/2$ ではゼロになり，スピンネマティック秩序は $S \geq 1$ のみで存在することがわかる．ただし，$S = 1/2$ の系でも，複数のスピンについて秩序変数を定義すればネマティック秩序を考えることができる．

スピンネマティック秩序相が実現される例として，フラストレーションのある強磁性体があげられている[31]．このような系では，スピン 1 をもつマグノン 2 つからなる束縛状態が凝縮する場合がある．これがスピンネマティック秩序に対応することは，以下のようにしてわかる．

束縛状態ではないマグノンが凝縮する場合，マグノンの生成・消滅演算子がゼロでない期待値をもつことになる．マグノンの生成・消滅演算子に対応するスピン演算子は (z 軸を適当に取れば) $S^{\pm}$ であり，これがゼロでない期待値をもつ場合には通常の磁気秩序があることになる．一方，マグノン自身でなくマグノンの束縛状態が凝縮する場合は，$S^{\pm}$ の期待値はゼロだが，$(S^{\pm})^2$ がゼロでない期待値をもつことになる．これはスピンネマティック秩序の秩序変数 (1.142) に対応する．

(ii) 「秩序」をもたない**量子スピン液体** フラストレーションのある量子スピン系では，これまで議論してきたように，通常の反強磁性秩序以外の様々な秩序が現れる場合がある．一方，何の秩序ももたない，量子ゆらぎによって純粋に乱れたスピン液体状態が生じる可能性も考えられる．実際，1 次元量子反強磁性鎖ではフラストレーションがなくとも長距離秩序をもたない朝永-ラッティンジャー液体状態やハルデイン・ギャップ状態が実現されている．

ギャップをもつスピン液体— **RVB 状態**： 2 次元でこのような量子スピン液体状態の存在に興味がもたれた 1 つのきっかけは，アンダーソンによる RVB (Resonating Valence Bond) 状態の提案である．たとえば正方格子を考えると，隣接するスピンがダイマーを形成したバレンスボンド状態は多数存在する．図 1.37 はその一例である．

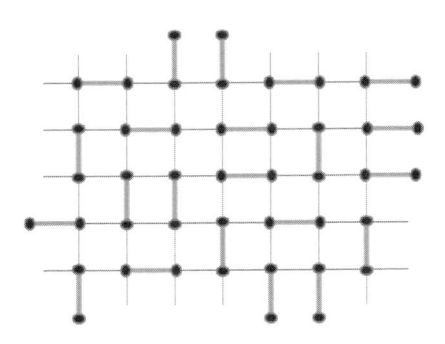

図 **1.37** 正方格子上で隣接するスピンがダイマーを形成するバレンスボンド状態の一例．RVB 状態はこのような状態の重ね合せで与えられる．

RVB状態とは，これらの多数のバレンスボンド状態の重ね合せ状態である．その結果，反強磁性秩序もダイマー秩序も持たない，量子ゆらぎにより乱れた状態が期待できる．これが基底状態となるとき，励起ギャップが開いた安定な基底状態となることも期待される (RVB状態は，様々な異なった意味で用いられることがあり若干の混乱も見られる．本記事では，上記のような限定された意味で用いる)．

高温超伝導発見の後，正方格子上の$S = 1/2$ハイゼンベルク反強磁性体の基底状態はこのようなRVB状態で与えられるのではないかという提案があった[32]が，1.5.1 項 c でふれたように，正方格子上の$S = 1/2$ハイゼンベルク模型はネール秩序をもつことが数値計算によって確認され，この提案は否定された．

しかし，フラストレーションのある系ではRVB状態が実現されるのではないかという期待があり，その後も長年にわたって研究が続けられた．量子スピン系を記述する有効模型として，バレンスボンド状態とその間のゆらぎを取り入れた量子ダイマー模型がある．この量子ダイマー模型についても，安定なRVB状態の存在を示すことは長年困難であった．2000年になって，三角格子上の量子ダイマー模型に励起ギャップをもつ安定なRVB相が存在する強い証拠が得られ[33]，その後カゴメ格子上の特殊な量子ダイマー模型はRVB状態を厳密な基底状態としてもつことが示された[34]．一方で，Kitaevは量子計算に関する興味から厳密に解けるトーリックコード模型を1997年に提案した[35]が，その基底状態は本質的にRVB状態と等価であることが後に認識されてきた．

RVB状態 (あるいはトーリックコード状態) には，局所的な物理量で定義される秩序変数は存在しない．したがって，通常の意味では「秩序をもたない」状態である．しかし，この状態はいくつかの特徴をもつ．たとえば，平面上の基底状態は一意に決まるが，トーラス上での基底状態は4重に縮退する．このような，空間のトポロジーに依存する基底状態の縮退は，トポロジカル縮退とよばれる．トポロジカル縮退は分数量子ホール状態で最初に認識されたが，「トポロジカル秩序」とよばれる一種の秩序を反映したものと考えられている．したがって，RVB状態もトポロジカル秩序をもつことになる．その1つの反映として，RVB状態における素励起は$S = 1$をもつマグノンではなく，$S = 1/2$をもつ分数化した励起であるスピノンであることが期待される．

トポロジカル秩序をもつRVB状態が局所的相互作用をもつハミルトニアンの基底状態として実現できることは理論的には確立しているが，現実の磁性体，あるいは現実的な模型での実現についてはまだ確立していない．最近の1つの興味深い研究として，有限の幅の梯子系の密度行列くりこみ群による研究から，カゴメ格子上の$S = 1/2$ハイゼンベルク反強磁性体の基底状態がRVB状態であることが示唆されている[36]．しかし，この模型については今までの研究で異なる提案もなされており，さらなる検討が必要だと思われる．

ギャップのないスピン液体： 励起ギャップのない，量子臨界的なスピン液体については，1次元の朝永-ラッティンジャー液体を除いて理論的な理解はかなり不完全であ

る．しかし，2次元以上でもこのような状態の存在について，様々な興味深い提案がなされている．

最近注目されている系として，三角格子上のモット絶縁体がある．この系は，ギャップレス励起をもつスピン液体相をもつという報告がある．たとえば，有機三角格子系 $\kappa-(\text{BEDT-TTF})_2\text{Cu}_2(\text{CN})_3$ についてギャップレススピン液体相の実験的な報告がなされた[37]．この相は絶縁体なので量子スピン系として記述できると考えられるが，三角格子上の標準的な $S=1/2$ 反強磁性ハイゼンベルク模型は長距離スピン秩序をもち，スピン液体相を実現しない．理論的には，電子系のモデルに立ち返り，三角格子上のハバード模型を考えると，基底状態としてギャップレススピン液体相が出現することが報告されている[38]．この系を量子スピン系として記述するには通常のハイゼンベルク模型に加え，多スピン交換相互作用を考える必要があることになる．

表面に吸着された2次元固体ヘリウム3においても，三角格子上の多スピン交換相互作用模型が実現されると考えられている[4]．この系は以前から研究されているが，やはりギャップレス励起をもつスピン液体相であるとする実験的な報告がある[39,40]．一方，有限系の対角化による数値的研究では，三角格子上の多スピン交換相互作用をもつ多スピン交換相互作用模型はスピン液体相をもつが励起ギャップがあると報告されている[41]．もちろん，実験的にはギャップレスなのか，小さいがゼロでないギャップをもつ相なのかの判別は難しい．上記の有機三角格子系の実験研究にも刺激され三角格子上の多スピン交換相互作用模型の理論的解析がふたたび盛んになっており，ギャップレススピン液体相の出現を示唆する結果も報告されている[42]．いずれにせよ，この系の完全な理解は今後の実験的および理論的研究に待つところが大きいだろう．

[押川正毅]

文　献

[1] 久保 健，田中秀数，「磁性 I」(朝倉書店, 2008).
[2] A. Auerbach, *Interacting Electrons and Quantum Magnetism* (Springer-Verlag, 1994).
[3] Y. Hosokoshi et al., Phys. Rev. B **60** (1999) 12924.
[4] M. Roger, J. Low Temp. Phys. **162** (2011) ISSN 0022-2291, 10.1007/s10909-010-0293-1, URL http://dx.doi.org/10.1007/s10909-010-0293-1.
[5] P. W. Anderson, Phys. Rev. **86** (I952) 694.
[6] R. Kubo, Phys. Rev. **87** (1952) 568.
[7] A. W. Sandvik, Phys. Rev. B **56** (1997) 11678.
[8] E. Jordão Neves et al., Phys. Lett. A **114** (1986) 331.
[9] I. Affleck et al., Commun. Math. Phys. **115** (1988) 477.
[10] B. B. Beard et al., Phys. Rev. Lett. **80** (1998) 1742.
[11] S. Chakravarty et al., Phys. Rev. B **39** (1989) 2344.
[12] W. Shiramura et al., J. Phys. Soc. Jpn. **67** (1998) 1548. URL: http://jpsj.ipap.jp/link?JPSJ/67/1548/.
[13] M. Oshikawa et al., Phys. Rev. Lett. **78** (1997) 1984.
[14] M. Oshikawa et al., Phys. Rev. Lett. **84** (2000) 1535.

[15] M. B. Hastings, Phys. Rev. B. **69** (2004) 104431.
[16] T. Giamarchi and A. M. Tsvelik, Phys. Rev. B **59** (1999) 11398.
[17] T. Nikuni et al, Phys. Rev. Lett. **84** (2000) 5868.
[18] H. Kageyama et al., Phys. Rev. Lett. **82** (1999) 3168.
[19] B. S. Shasstsry and B. Sutherland, Physica B+C, **108** (1981) 1069.
http://www.sciencedirect.com/science/article/pii/037843638190838X.
[20] S. Miyahara and K. Ueda, Phys. Rev. Lett. **82** (1999) 3701.
[21] I. Affleck, J. Phys.: Condens. Matter **1** (1989) 3047.
http://stacks.iop.org/0953-8984/1/i=19/a=001.
[22] 川上則雄, 梁 成吉, 新物理学選書,「共形場理論と1次元量子系」(岩波書店, 1997).
[23] B. Lake et al., Nature Mat. **4** (2005) 329.
[24] A. Läuchli et al., Phys. Rev. B **67** (2003) 100409.
[25] T. Momoi et al., Phys. Rev. B **67** (2003) 174410.
[26] C. K. Majumdar, J. Phys. C **3** (1970) 911.
http://stacks.iop.org/0022-3719/3/i=4/a=019.
[27] F. D. M. Haldane, Phys. Rev. B **25** (1982) 4925.
[28] K. Okamoto and K. Nomura, Phys. Lett. A **169** (1992) 433.
[29] B.-J. Yang and Y. B. Kim, Phys. Rev. B **79** (2009) 224417.
[30] K. Matan et al., Nature Phys. **6** (2010) 865.
[31] N. Shannon et al., Phys. Rev. Lett. **96** (2006) 027213.
[32] P. W. Anderson, Science **235** (1987) 1196.
http://www.sciencemag.org/content/235/4793/1196.full.pdf,
http://www.sciencemag.org/content/235/4793/1196.abstract.
[33] R. Moessner and S. L. Sondhi, Phys. Rev. Lett. **86** (2001) 1881.
[34] G. Misguich et al., Phys. Rev. Lett. **89** (2002) 137202.
[35] A. Y. Kitaev, Ann. Phys. **303** (2003) 2.
http://www.sciencedirect.com/science/article/B6WB1-47HJX86-
1/2/45c94ccbbe3ebdfc944a7aa4ac9c932f.
[36] S. Yan et al., Science **332** (2011) 1173.
http://www.sciencemag.org/content/332/6034/1173.full.pdf,
http://www.sciencemag.org/content/332/6034/1173.abstract.
[37] Y. Shimizu et al., Phys. Rev. Lett. **91** (2003) 107001.
[38] T. Mizusaki and M. Imada, Phys. Rev. B **74** (2006) 014421.
[39] K. Ishida et al., Phys. Rev. Lett. **79** (1997) 3451.
[40] R. Masutomi et al., Phys. Rev. Lett. **92** (2004) 025301.
[41] G. Misguich et al., Phys. Rev. Lett. **81** (1998) 1098.
[42] T. Grover et al., Phys. Rev. B **81** (2010) 245121.

1.5.2 実　　験

a. はじめに

物質の示す磁性の起源は，それを構成する磁性原子の 3d や 4f 軌道に属する電子のスピンと軌道磁気モーメントがおもなものである．電子のスピンは量子力学で初めて理解される量なので，磁性はすべて量子現象といってもよい．「量子スピン系」についてのはっきりとした定義はないが，まず絶縁性の磁性体であることがあげられる．絶縁性の磁性体においては，磁性原子の位置に決まった大きさの磁気モーメント（以下「スピン」とよび，S で表す）が局在し，これらスピン間の相互作用は短距離にしか働

かない．このため，相互作用の空間的次元性 (1次元, 2次元, 3次元) や相互作用の形 (イジング, XY, ハイゼンベルク) が良い近似で決められる．1次元, 2次元磁性体でスピンのとりうる量子状態の少ないものを「量子スピン系」とよぶのが一般的である．

現実の磁性体はすべて3次元の結晶構造をもっている．しかしながら，うまい物質を見つけると，ある方向に磁気的相互作用が強く，それと垂直方向には相互作用が極端に弱い「擬1次元磁性体」が得られる．典型的な例では，1次元方向と垂直方向の相互作用の比が 10^4 程度である．同様に，ある面内で相互作用が強く，面間の相互作用が極端に弱い「擬2次元磁性体」が存在する．これら，擬1次元，擬2次元磁性体においても，理想的な1次元，2次元磁性体についての理論計算で予想される現象が観測される場合が多い．

b. 磁性体の幾何的構造

図 1.38 には，種々の1次元磁性体を模式的に示している．丸は磁性原子を現し，その間に引いた線はスピン間の相互作用を示す．図 1.38a はもっとも簡単な1次元磁性体で，最近接のスピン間のみに相互作用 J が働いている場合である．数字は磁性原子の位置を表している．この磁性体の拡張として，最近接に加えて次近接に (たとえば，1と3, 2と4) 相互作用が働くものが考えられる．図 1.38b は1次元方向に沿って，相互作用の大きさが J_1, J_2 と交互に変化するもので，ボンド交代鎖とよばれている．スピン間の相互作用は一般に，磁性原子間の距離に依存する．もし，磁性原子間の距離を縮めることにより磁気的なエネルギーが得となり，この得が格子を縮めることによる弾性エネルギーの損を上回るときには，磁性体は図 1.38c のように格子変形を起こす．1次元磁性体において，高温では格子変形がなく，ある温度以下で図 1.38c のような変形が起こる現象を「スピン・パイエルス転移」という．図 1.38d は2本の1次元磁性体が相互作用 $J_\perp$ で結合したもので，「梯子格子磁性体」あるいは「スピン梯子」とよばれている．1次元磁性体の数を $J_\perp$ 方向に沿って3本，4本，5本と増やしてゆくと2次元磁性体に近づく．

2次元磁性体には，スピン梯子の延長としての「正方格子磁性体」の他に，磁性原

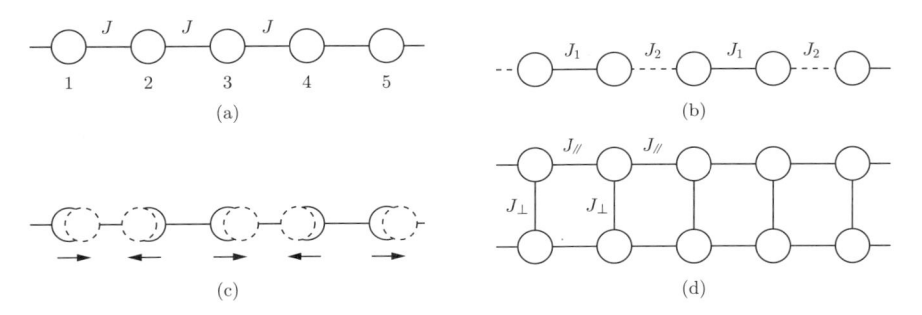

図 **1.38** (a)〜(c) 代表的な1次元磁性体の模式図．(d) 梯子磁性体の模式図．

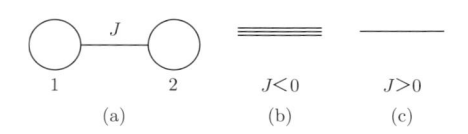

図 **1.39** スピン 1/2 のダイマーのエネルギー準位.

子が三角形の頂点に配置され，その三角形が無限につながった，「三角格子磁性体」や籠の編み目に磁性原子が配置されたと見なせる「かご目格子磁性体」などがある.

c. 簡単な量子スピン系

もっとも簡単な量子力学系として，それぞれの磁性原子に $S = 1/2$ が局在している磁性原子対 (図 1.39 参照，以下「ダイマー」とよぶ) を考えよう．スピン間に働く相互作用の大きさを J とすると，この系の磁気的ハミルトニアン H は

$$H = J\hat{S}_1 \cdot \hat{S}_2 \tag{1.143}$$

と表される．ここで，$\hat{S}_1$ は 1 番目，$\hat{S}_2$ は 2 番目の磁性原子に属するスピン演算子である．簡単ではあるが量子力学的な効果として，エネルギー準位は図 1.39 に示すような構造をもち，$J > 0$ の場合には基底状態は 1 重項で励起状態は 3 重項，$J < 0$ の場合には全体の順序が上下に入れ替わる．1 重項と 3 重項間のエネルギー差は $|J|$ で，量子スピン系において，このような基底 1 重項と第 1 励起状態間のエネルギーギャップを「スピンギャップ」とよぶことがある．1 重項状態ではスピンの期待値はゼロとなり磁性が消失する．この様子を図 1.40a に模式的に示している.

$J > 0$ の場合に，この基底 1 重項が存在することがダイマーの量子スピン系としての特徴である．古典スピン系と対比させて少し議論しよう．古典系は，式 (1.143) の $\hat{S}$ をベクトル $\boldsymbol{S}$ で置き換えることにより得られる．$J < 0$ では，原子 1 と 2 のベクトル $\boldsymbol{S}$ が互いに平行に並んだ状態 (強磁性状態) が，平行からずれた状態に比べてエネルギーが低い．$J > 0$ の場合には，図 1.40b, c に示す互いに反平行に並んだ状態

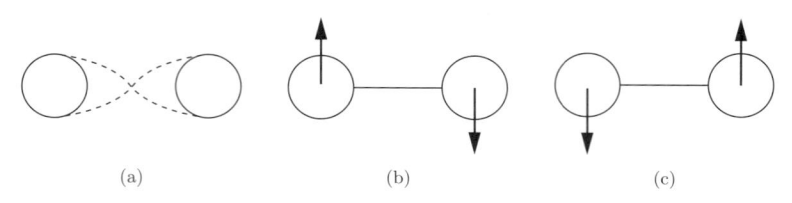

図 **1.40** ダイマーにおける，(a) 量子力学的 1 重項状態，(b), (c) 古典的反強磁性状態，の模式図.

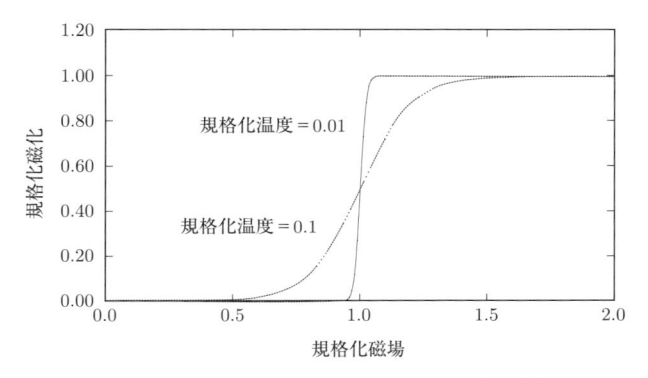

図 1.41 スピン 1/2 の反強磁性ダイマーの磁化過程.

(反強磁性状態) が,エネルギーがもっとも低い (ここで,矢印はスピンベクトルを表す). 図 1.40b と c の 2 つの状態は同じエネルギーをもち,さらにベクトルの反平行性を保ったまま全体を連続的に回転させてもエネルギーは変わらないので,古典的反強磁性状態は無限に縮退している. 量子スピン系では 1 重項状態はただ 1 つに決まり縮退していない.

試料中に反強磁性 ($J > 0$) ダイマーが $N/2$ 個 (したがって,磁性原子の数は N 個) ある場合の磁性について考えよう. ダイマー間に相互作用がないとすると,この試料の磁化 M, ゼロ磁場極限での磁化率 χ_0, 比熱 C などの物理量が,統計力学にしたがって正確に計算できる. その結果は,

$$M = \frac{Ng\mu_B}{2} \frac{e^{-(J-g\mu_B B)/kT} - e^{-(J+g\mu_B B)/kT}}{1 + e^{-(J-g\mu_B B)/kT} + e^{-J/kT} + e^{-(J+g\mu_B B)/kT}} \tag{1.144}$$

$$\chi_0 = \frac{(Ng^2\mu_B{}^2/kT)e^{-J/kT}}{1 + 3e^{-J/kT}} \tag{1.145}$$

$$C = \frac{(3NJ^2/2kT^2)e^{-J/kT}}{(1 + 3e^{-J/kT})^2} \tag{1.146}$$

ここで,g は g 値,μ_B はボーア磁子,k はボルツマン定数,T は温度,B は外部からかけられた磁場である.

図 1.41 に一定温度での磁化の磁場依存性を示している. ここで,磁化の大きさは飽和磁化 $Ng\mu_B/2$ で規格化し,磁場の大きさは $h \equiv g\mu_B B/J$ を,温度は $t \equiv kT/J$ を変数としている. 十分低温 ($t = 0.01 \ll 1$) のとき,十分低磁場では磁化はほとんどゼロで,試料が非磁性の状態にあることを示している. 磁化は $h = 1$ つまり磁場 $B = J/g\mu_B$ において急激に立ち上がり,磁場によって磁性が誘起されることがわかる. この現象を図 1.39 のエネルギー準位にもとづいて考えてみる. 今考えている反強磁性 ($J > 0$) の場合においては,励起状態は 3 重項,すなわち合成スピン 1 である. これに磁場をかけるとエネルギー準位のゼーマン分裂が起こり,1 つのエネルギー

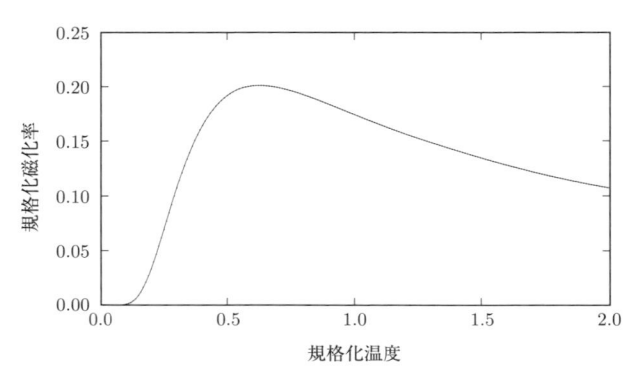

図 **1.42** スピン 1/2 の反強磁性ダイマーにおける磁化率の温度依存性.

準位が磁場とともに低くなり，やがて基底 1 重項と交差する．このとき磁化が発生することになる．スピンギャップが磁場で壊されるといっても良い．温度が高くなると ($t = 0.1$) 磁化の増加の仕方が緩やかになる．

図 1.42 には磁化率の温度依存性を示している．高温から温度を下げると，磁化率は増加し，$t \approx 0.62$ で極大をとり，さらに温度を下げると減少する．絶対零度に近づくと磁化率は 0 に近づく．これは，スピンギャップの存在のために系が非磁性の状態になることを意味している．

図 1.43 は比熱の温度依存性を示している．磁化率と同じように，温度を下げると増加し，$t \approx 0.35$ で極大を示す．その後，比熱は減少し，熱力学第三法則にしたがって，絶対零度でゼロになる．

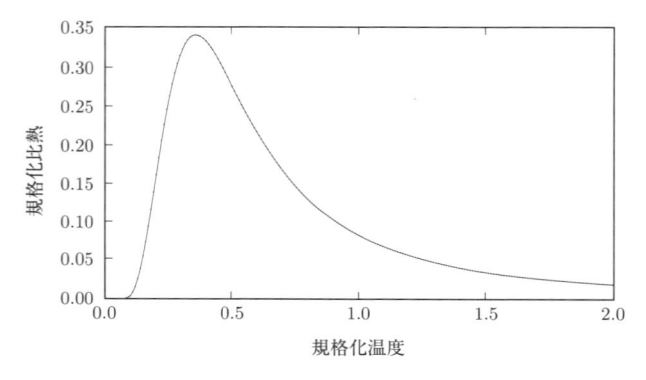

図 **1.43** スピン 1/2 の反強磁性ダイマーにおける比熱の温度依存性.

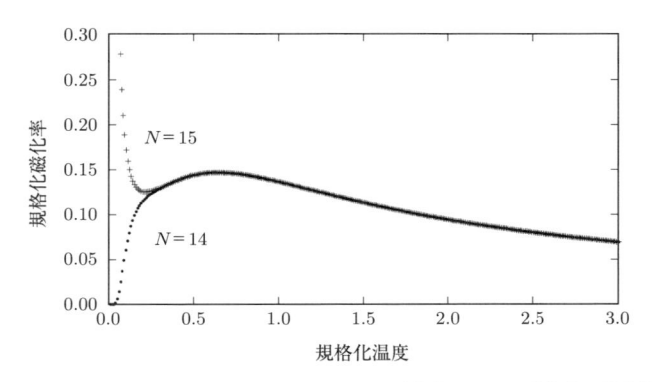

図 **1.44** スピン 1/2 の 1 次元ハイゼンベルク反強磁性体における磁化率の温度依存性の計算結果.

d. スピン 1/2 の 1 次元ハイゼンベルク反強磁性体の性質

図 1.38a に示す 1 次元磁性体で，磁性原子は $S = 1/2$ をもち，最近接にのみ反強磁性ハイゼンベルク相互作用が働く系の磁性を議論しよう．この系のハミルトニアンは，

$$H = J \sum_i \hat{S}_i \cdot \hat{S}_{i+1} \tag{1.147}$$

ここで，N を磁性原子数とすれば i は $1, 2, 3, \cdots, N-1$ の値をとる．$N = 2$ は 1.5.2 項 c で述べたダイマーの場合で，熱力学量の正確な計算ができる．N が 5 ぐらいまでなら，量子力学的な固有値を求め，手で計算することは可能であるが，それ以上は現実的ではない．コンピューターにこの計算をやらせようと考えたパイオニアが Bonner と Fisher である[1]．彼らは，$N = 11$ までの系について種々の熱力学量を計算した．以下では，われわれが $N = 15$ まで計算し直した結果を用いて説明する．Bonner–Fisher やわれわれの計算では周期的境界条件が課せられている．

図 1.44 には，磁化率の温度依存性の計算結果を示している．ここで，磁化率 χ は $J\chi/N(g\mu_B)^2$，温度は kT/J と規格化してある．温度を下げるにつれて磁化率は増加し，極大を示したあと，減少する．低温では N が偶数か奇数かによって異なるふるまいが見られる．$N \to \infty$ の磁化率が実験で得られる量に対応する．この磁化率の特徴は，絶対零度に外挿したときに有限の値になることである．これは，図 1.42 の反強磁性ダイマーの場合と対照的である．これらの結果から，スピン 1/2 の 1 次元ハイゼンベルク反強磁性体 (1dHAF) にはエネルギーギャップがないことが予想される．エネルギーギャップがないと，絶対零度付近でも磁気モーメントの期待値が残り，したがって磁化率は有限になる．$S = 1/2$ 1dHAF にエネルギーギャップがないことは理論・実験の両面から確かめられている．

図 1.45 には，$S = 1/2$ 1dHAF の比熱の温度依存性の計算結果を示している．比熱は kN で規格化してある．磁化率と同じように，温度低下とともに増加し，極大を示

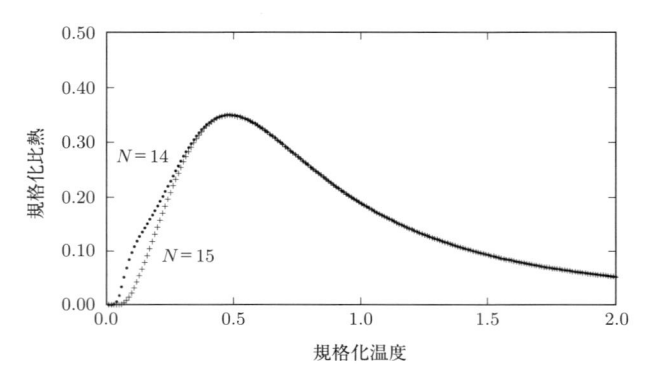

図 1.45 スピン 1/2 の 1 次元ハイゼンベルク反強磁性体における比熱の温度依存性の計算結果．

したあと，減少し，絶対零度でゼロになる．

$S = 1/2$ 1dHAF の代表例として，$CuCl_2 \cdot 2NC_5H_5$ があげられる．この物質では Cu^{2+} が磁性を担っており，9 個の 3d 電子がフント結合により合成スピン 1/2 の状態をとる．軌道の影響は小さいので，スピン間の相互作用はほぼ等方的と見なして良い．この物質の磁化率が測定され，$J/k = 13.6\,\mathrm{K}$, $g = 2.06$ として Bonner–Fisher 理論で良く再現されることが示された[2]．

e. スピン 1 の 1 次元ハイゼンベルク反強磁性体の性質

Haldane は 1dHAF の理論的研究を行い，そのエネルギースペクトルがスピン量子数によって定性的に異なるであろうと予想した[3]．すなわち，S が整数 $(1, 2, \cdots)$ のときは，基底状態は 1 重項で第 1 励起状態との間にエネルギーギャップをもつが，半奇数 $(1/2, 3/2, \cdots)$ の場合にはエネルギーギャップがない，というのである．これが

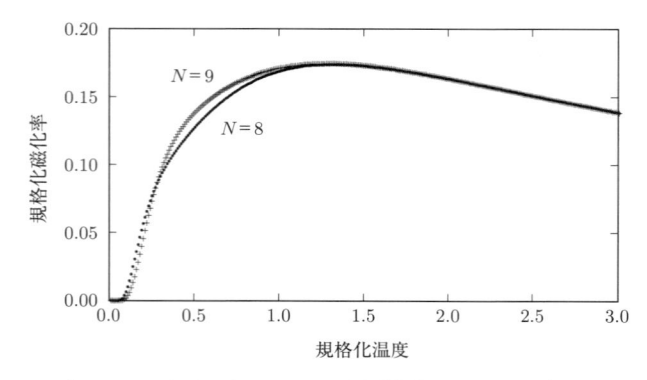

図 1.46 スピン 1 の 1 次元ハイゼンベルク反強磁性体における磁化率の温度依存性の計算結果．

本当なら，磁性体における新しい量子現象であると考えられ，多くの研究がなされた．1.5.2 項 d で述べたように，$S=1/2$ の場合にはエネルギーギャップがないことは確かなことである．

図 1.46 には，$S=1$ 1dHAF の磁化率の温度依存性の計算結果を示している．ここで，磁化率 χ は $J\chi/N(g\mu_B)^2$，温度は kT/J と規格化してある．図 1.44 の $S=1/2$ 1dHAF の場合とは異なり，極大を示した後，磁化率は急激に減少し，絶対零度に近づくにつれて 0 に近づく．このふるまいは，図 1.42 のダイマーの磁化率とよく似ている．このことから，$S=1$ 1dHAF の場合は確かにエネルギーギャップがありそうである．理論・実験の両面からの多くの研究により，$S=1$ の場合のエネルギーギャップ（ハルデイン・ギャップとよばれている）の存在が確かなものになっている[4]．

$S=1$ 1dHAF の代表物質は $Ni(C_2H_8N_2)_2NO_2(ClO_4)$（NENP と略称）である．磁性は Ni^{2+} イオンが担い，8 個の 3d 電子がフント結合により，合成スピン 1 の状態にある．立方対称の結晶場中では軌道縮退がないので，スピン間の相互作用は良い近似でハイゼンベルク型となる．図 1.47 に NENP の磁化測定の結果を示している[5]．低磁場では磁化がほとんどゼロで，基底状態が 1 重項の非磁性状態にあることを示している．ある磁場の値 (H_c) から磁化が急に出現し，その後は磁場とともに増加してゆく．図 1.41 との対応から，H_c でハルデイン・ギャップが壊れて系に磁性が復活したといえる．ダイマー系と違うところは Hc で磁化は飽和せず，磁場とともに増加していく点である．Ni^{2+} イオン 1 個あたりの磁気モーメントは約 $2.2\mu_B$ なので，飽和は 100 T (テスラ) 以上の磁場で起こる．

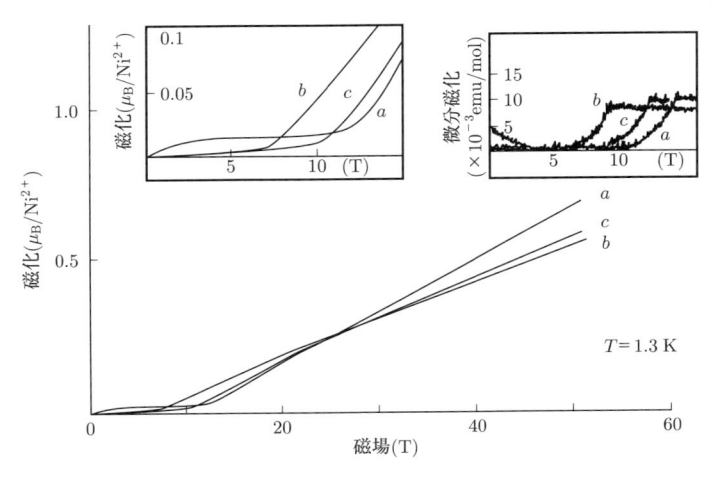

図 **1.47** スピン 1 の 1 次元ハイゼンベルク反強磁性体 $Ni(C_2H_8N_2)_2NO_2(ClO_4)$ における磁化過程の測定結果 (文献 [5] より転載)．a, b, c は結晶軸を表す．

f. スピン梯子の性質

図 1.38d に示すスピン梯子の磁性について説明する．スピン 1/2 梯子磁性体の性質は，脚の本数が奇数か偶数かによって定性的に異なることが理論的に指摘された[6]．それによると，奇数本反強磁性スピン梯子はスピンギャップをもたず，偶数本反強磁性スピン梯子はスピンギャップをもつ．スピン 1/2 の 2 本脚反強磁性スピン梯子について定性的な議論をしてみる．図 1.38d の $J_\perp$ が $J_\parallel$ に比べて十分大きいときには，系はほとんど独立な反強磁性ダイマーの集合と見なせる．1.5.2 項 c で説明したように，この場合基底状態は 1 重項で励起状態との間にほぼ $J_\perp$ のスピンギャップをもつ．$J_\perp$ を $J_\parallel$ に近づけていくとギャップは小さくなり，磁気励起は波のように結晶中を伝わるようになる．$J_\perp = J_\parallel$ のときのスピンギャップの大きさは $0.504 J_\perp$ と見積もられている．1.5.2 項 d で述べたように，$S = 1/2$ 1dHAF はエネルギーギャップをもたない．3 本脚のスピン梯子の場合には，2 本が非磁性の基底状態をつくり，余った 1 本が 1 次元反強磁性体としてふるまうと考えれば良いだろう．一般に，偶数本の梯子の場合はうまくダイマーを組んで基底 1 重項をつくり，励起状態との間にギャップをつくると考えられる．このギャップの大きさは脚の本数とともに小さくなる．奇数本梯子では上の 3 本脚梯子の類推から，ギャップがないことが予想される．

スピン梯子物質の代表例である，$SrCu_2O_3$ (2 本脚) と $Sr_2Cu_3O_5$ (3 本脚) についての磁化率測定から，前者では磁化率が低温で急激に減少するのに対し，後者では有限になることが示された．また，$SrCu_2O_3$ についての NMR 測定からスピンギャップの存在が確認されている[7]．

g. 磁化プラトー

磁化プラトーとは，量子スピン系の磁化過程において，ある磁場の範囲で磁化が磁場に依存せず平坦になる現象である．磁化プラトーは古典的なメタ磁性転移とは区別される．メタ磁性転移は一軸異方性の強い反強磁性体の磁化容易軸方向に磁場をかけ

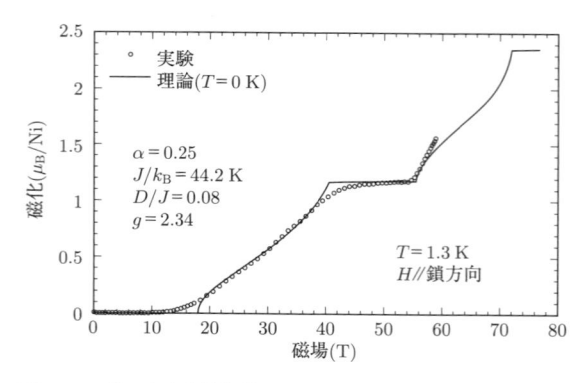

図 1.48 スピン 1 のボンド交代鎖物質 $Ni_2(Medpt)_2(\mu\text{-ox})(\mu\text{-}N_3)ClO_4 \cdot 0.5H_2O$ における磁化過程の測定結果 (文献 [9] より転載).

図 **1.49**　バレンス・ボンド固体 (VBS) の模式図.

たときに磁化がある磁場で急に立ち上がりその後平坦になるもので，$CoCl_2 \cdot 2H_2O$ に見られる 2 段階の転移[8]がその典型例である．

図 1.48 は $S=1$ ボンド交代鎖 (図 1.38b) 物質 $Ni_2(Medpt)_2(\mu\text{-ox})(\mu\text{-}N_3)ClO_4 \cdot 0.5H_2O$ について測定された磁化過程の結果[9]を示している．ここで，Medpt は methyl-bis (3-aminopropyl) amine の略称である．磁化は 15 T 以下でほぼゼロであり，17 T 付近から急に出現し，その後は磁場とともに増加する．これは 1.5.2 項 e で述べた NENP の磁化過程と同じふるまいである．この磁化過程の新しい点は，約 43 から 55 T の磁場領域で磁化が平坦になる「磁化プラトー」が出現することである．約 55 T から磁化はふたたび磁場とともに増加し始める．プラトー領域での磁化の大きさは飽和磁化の半分である．

なぜ量子スピン系でこのような磁化プラトーが出現するのかについて定性的に議論してみる．$S=1$ 1dHAF の基底状態を記述するモデルとして，VBS (Valence-Bond Solid) というものが提唱されている[10]．図 1.49 は VBS モデルを示し，大きい丸はスピン 1 をもつ磁性原子を表す．1 つの原子内で，スピン 1 を 2 つのスピン 1/2 自由度に分けて考え，隣り合うスピン 1/2 自由度と 1 重項状態をつくるとする．$S=1$ 1dHAF の基底状態において VBS 状態が実験的に観測されている[11]．$S=1$ ボンド交代鎖に磁場をかけたときにハルデイン・ギャップが壊れる臨界磁場 (H_c) は弱い方の相互作用 (J_1 とする) で決まる．H_c 以上では J_1 の 1 重項ボンドが磁場の増加とともにだんだんと切れて，やがて，各原子位置にスピン 1/2 自由度が出現する．さらに磁場を強くすると，強い方の相互作用 (J_2 とする) で決まる臨界磁場でギャップが壊れ，磁化が磁場とともにふたたび増加し飽和に至る．この考察から，プラトー状態での磁化の値は飽和磁化の半分になることがわかる．磁化プラトーはその後いくつかの物質で見つかり，ダイマーが結合した系とされている NH_4CuCl_3 では多段の磁化プラトーが[12]，また，2 次元面内でダイマーが直交する系 $SrCu_2(BO_3)_2$ において，飽和磁化の 1/8, 1/4, 1/3 の磁化をもつプラトーが観測されている[13]．

h. 2 次元量子スピン系

これまで述べてきたように，$S=1/2, S=1$ の 1 次元反強磁性体は古典的な考えでは説明できない新規な量子現象を示す．一方で，3 次元反強磁性体においては，基底状態は古典的なスピンベクトルが隣どうし互いに反平行に並んでいる (ネール秩序) という見方がよく成り立つ．3 次元反強磁性体における量子効果はこの古典的な配列からのずれとして考えてよく，たとえば隣どうし逆符号をつけて計算したスピンの期待値が古典的なネール状態での値よりも小さくなる (縮む) 効果として現れる．1 次元

と3次元の間に位置する2次元は量子効果の点では3次元に近い．2次元でもっとも量子効果が期待されるのは $S=1/2$ ハイゼンベルク系であるが，理論的な研究から，この系についても基底状態はネール秩序が支配的なようである．

i. 磁気測定とその解析

新しい量子スピン系の候補物質が得られたら，まず X 線によりその結晶構造を決定する必要がある．磁性原子が結晶中でどのような配列をしているかを見て，ダイマー系，1次元系，2次元系などを推測する．磁化の測定には，超伝導量子干渉素子 (SQUID) を用いた製品 (たとえば，米国 Quantum Design 社の MPMS) が市販されており，パソコンから温度や磁場の測定条件をセットすれば自動測定が可能である．磁化率は測定された磁化の値を測定磁場で割ることにより得られる．理論値はふつうゼロ磁場の極限で計算されているので，それと比較する場合はなるべく低磁場 (0.01 T 程度) で測定するのがよい．磁化率の温度依存性にブロードな山が観測されたら，そのピーク温度より十分高温で得られたデータをキュリー–ワイス則と，温度に依存しない項を含む次式でフィットする．

$$\chi = \frac{C}{T-\Theta} + \chi_{\text{const}} \tag{1.148}$$

ここで，C はキュリー定数，Θ はワイス温度でともに物質固有の定数である．χ_{const} は温度に依存しない磁化率で，試料や試料を入れる容器 (通常はプラスティック) の反磁性磁化率からくる．測定された磁化率から χ_{const} を差し引いたものが量子スピン系の示す本質的な磁化率である．ダイマー系や1次元系の計算結果 (図 1.42, 1.44, 1.46) と比較し，相互作用の大きさ J を決定する際には，ブロードなピークの出る温度が測定結果と一致するように J を決める．比熱の測定装置も市販されており，磁化率と同様にパソコンで自動測定が可能である．比熱のデータには磁気比熱とともに結晶格子

表 1.6 $S=1/2$ の1次元ハイゼンベルク反強磁性体の磁化率．表中の N は図 1.44 の N に対応．

温度	$N=14$	$N=15$	温度	$N=14$	$N=15$
0.0	0		1.6	0.1092	0.1092
0.1	0.05999	0.1720	1.7	0.1052	0.1052
0.2	0.1150	0.1254	1.8	0.1014	0.1014
0.3	0.1290	0.1300	1.9	0.09784	0.09784
0.4	0.1381	0.1382	2.0	0.09447	0.09447
0.5	0.1441	0.1441	2.1	0.09130	0.09130
0.6	0.1467	0.1467	2.2	0.08830	0.08830
0.7	0.1465	0.1465	2.3	0.08548	0.08548
0.8	0.1443	0.1443	2.4	0.08281	0.08281
0.9	0.1408	0.1408	2.5	0.08029	0.08029
1.0	0.1365	0.1365	2.6	0.07791	0.07791
1.1	0.1319	0.1319	2.7	0.07566	0.07566
1.2	0.1272	0.1272	2.8	0.07353	0.07353
1.3	0.1224	0.1224	2.9	0.07150	0.07150
1.4	0.1179	0.1179	3.0	0.06958	0.06958
1.5	0.1134	0.1134			

1.5 量子スピン系

表 1.7 $S=1/2$ の 1 次元ハイゼンベルク反強磁性体の比熱．表中の N は図 1.45 の N に対応．

温度	$N=14$	$N=15$	温度	$N=14$	$N=15$
0.0	0	0	1.6	0.08273	0.08273
0.1	0.09691	0.02265	1.7	0.07358	0.07358
0.2	0.1838	0.1441	1.8	0.06578	0.06578
0.3	0.2752	0.2649	1.9	0.05911	0.05911
0.4	0.3366	0.3346	2.0	0.05336	0.05336
0.5	0.3492	0.3489	2.1	0.04838	0.04838
0.6	0.3286	0.3285	2.2	0.04404	0.04404
0.7	0.2934	0.2934	2.3	0.04025	0.04025
0.8	0.2553	0.2553	2.4	0.03691	0.03691
0.9	0.2197	0.2197	2.5	0.03396	0.03396
1.0	0.1887	0.1887	2.6	0.03134	0.03134
1.1	0.1623	0.1623	2.7	0.02901	0.02901
1.2	0.1402	0.1402	2.8	0.02692	0.02692
1.3	0.1218	0.1218	2.9	0.02505	0.02505
1.4	0.1064	0.1064	3.0	0.02336	0.02336
1.5	0.09356	0.09356			

による比熱が含まれており，これを差し引く必要がある．同じ結晶構造をもつ非磁性物質 (磁性元素を Zn, Mg, La などで置き換えたもの) が得られれば，その比熱を測定し，格子比熱とする．対応する非磁性物質がない場合には，デバイの理論による比熱の T^3 則を仮定して差し引き，磁気比熱を見積もることになる．実験と比較するときのために，表 1.6～1.8 に磁化率と比熱の数値データを載せてある．

1.5.2 項 c で説明したように，ダイマーにおいては外部磁場が $g\mu_B B_c = J$ を満たすときに磁化が飽和する．これは，相互作用 J をマクロな飽和磁場で書いた表式である．他の系に対しても同様に，B_c と J との関係を示す表式が得られている．たとえ

表 1.8 $S=1$ の 1 次元ハイゼンベルク反強磁性体の磁化率．表中の N は図 1.46 の N に対応．

温度	$N=8$	$N=9$	温度	$N=8$	$N=9$
0.0	0		1.6	0.1719	0.1721
0.1	0.006558	0.002025	1.7	0.1703	0.1704
0.2	0.05668	0.04547	1.8	0.1684	0.1684
0.3	0.09152	0.09493	1.9	0.1662	0.1663
0.4	0.1121	0.1224	2.0	0.1639	0.1639
0.5	0.1276	0.1386	2.1	0.1615	0.1615
0.6	0.1404	0.1497	2.2	0.1590	0.1590
0.7	0.1508	0.1578	2.3	0.1565	0.1565
0.8	0.1589	0.1640	2.4	0.1539	0.1539
0.9	0.1650	0.1685	2.5	0.1513	0.1513
1.0	0.1693	0.1716	2.6	0.1488	0.1488
1.1	0.1721	0.1736	2.7	0.1463	0.1463
1.2	0.1736	0.1747	2.8	0.1438	0.1438
1.3	0.1742	0.1749	2.9	0.1413	0.1413
1.4	0.1740	0.1745	3.0	0.1389	0.1389
1.5	0.1732	0.1735			

ば，1次元ハイゼンベルク反強磁性体については，

$$g\mu_B B_c = 4JS \tag{1.149}$$

ハイゼンベルク反強磁性梯子格子については，

$$g\mu_B B_c = 2(2J_\parallel + J_\perp)S \tag{1.150}$$

ハイゼンベルク反強磁性三角格子の場合は，

$$g\mu_B B_c = 8JS \tag{1.151}$$

2次元ハイゼンベルク反強磁性正方格子については，

$$g\mu_B B_c = 8JS \tag{1.152}$$

この他の具体例とともに，規則格子上の一般の磁性体について B_c を J で表す厳密な表式が与えられている[14]．これらによって飽和磁場の測定から微視的な相互作用が決定できる．
[勝又紘一・南　和彦]

文　献

[1] J. C. Bonner and M. E. Fisher, Phys. Rev. **135** (1964) A640.
[2] K. Takeda et al., J. Phys. Soc. Jpn. **30** (1971) 1330.
[3] F. D. M. Haldane, Phys. Lett. **93A** (1983) 464; Phys. Rev. Lett. **50** (1983) 1153.
[4] 勝又紘一，田崎晴明，「物理学論文選集 VIII Haldane Gap–スピン系におけるマクロな量子現象」(日本物理学会，1997).
[5] K. Katsumata et al., Phys. Rev. Lett. **63** (1989) 86.
[6] E. Dagotto and T. M. Rice, Science **271** (1996) 618.
[7] M. Azuma et al., Phys. Rev. Lett. **73** (1994) 3463.
[8] H. Kobayashi and T. Haseda, J. Phys. Soc. Jpn. **19** (1964) 765.
[9] Y. Narumi et al., Physica B **246–247** (1998) 509.
[10] I. Affleck et al., Phys. Rev. Lett. **59** (1987) 799.
[11] M. Hagiwara et al., Phys. Rev. Lett. **65** (1990) 3181.
[12] H. Tanaka et al., Physica B **246–247** (1998) 230.
[13] K. Onizuka et al., J. Phys. Soc. Jpn. **69** (2000) 1016.
[14] K. Minami, J. Mag. Mag. Mat. **270** (2004) 104.

1.6　スピングラス

1.6.1　スピングラスとは何か

ある磁性体がスピングラス(磁性体)であるというとき，それはその磁性体がランダムネスとフラストレーションをもっていることを意味する．磁性体がランダムネス

(randomness あるいは disorder) をもつとは，系が局在スピン自由度以外に内部自由度をもっていて，問題となる温度領域で凍結しており (quenched-randomness)，空間的相関の短い確率分布関数で分布しているということである．フラストレーション (frustration) とは，普通の単語としての「ものごとがうまくいかない，あるいは欲求不満の状態」という意味からきている．たとえば，3個のイジング・スピンが互いに自分以外の2つと反強磁性的に結合しているような場合，3個のペアがすべてうまくいく (=互いに反対を向く) 配置はありえないが，このような状況をさす用語である．このような「フラストレート」した関係にあるスピンの組合せが無数に存在することが，ランダムネスと並んでスピングラス系を特徴付ける要件になっている．通常の強磁性体や反強磁性体も不純物や格子欠陥を考えると必ず何らかのランダムネスを含んでおり，離れたスピン間の相互作用まで考えるとフラストレーションをもたないものはないといっていい．そこで普通はランダムネスとフラストレーションがあって初めて生じる通常の磁性体とは異なるふるまいをスピングラス現象とよび，そういう現象を示す系をスピングラス系とよぶ．

1.6.2 スピングラス現象

スピングラス系の特徴や，スピングラス相への相転移は比熱や帯磁率などの通常の熱力学量の測定を通じて確認することができる．また，中性子散乱，メスバウアー効果，μSR実験など，微視的な状態を直接しらべるプローブを通じてより詳細な情報を得ることもできる．それらの観測や理論からわかることは，スピングラス系の本質的特徴がその動的な性質にとくに顕著に現れるということである．スピングラスにおいては，臨界点近傍のごく狭い温度領域だけでなく，比較的広い温度範囲で異常に遅い緩和現象がみられ，特徴的な時間依存現象や履歴現象が観測される．

初期の代表的な実験は AuFe[1] や CuMn など磁性金属と非磁性金属の合金に関するものでこれらはカノニカルスピングラスともよばれる．たとえば，微弱な交流磁場に対する応答の温度依存性がしらべられ，転移温度でカスプが観測された．すなわち，転移点で発散はしないが，温度による1階微分に不連続性のある形になる．弱磁場に対する応答がカスプ型になるのは通常の反強磁性体でも同じだが，スピングラスの特徴はカスプが磁場の強さに非常に敏感で，ごく小さい磁場で幅の広いピークに変わってしまう．また，このピークの位置や高さは周波数に依存性し，周波数の低下とともに位置は低温側にシフトし，ピーク自体は高くなる．スピングラス物質では数ヘルツ程度の低周波数でこの効果が見られる．高温側の帯磁率からは有効ボーア磁子を求めることができるが，これがボーア磁子の数倍になっていることもこの系の特徴である．

これに対して比熱は転移温度付近では幅の広いピークをもつだけで一見したところ異常性を示さない．転移温度以下ではほぼ温度に比例する．この実験事実に対する1つの解釈はゼロエネルギー極限で有限の状態密度をもつスピン波敵励起からの寄与である．また，エントロピーの温度依存性から，凍結温度より高温側ですでにスピン自由

度の大半が凍結していることがわかる．メスバウアー効果を応用した実験からも，転移温度とされるよりも高い温度から局所的磁場が誘起されていることがわかっており，有効ボーア磁子に関する観測結果を合わせると，ほぼ凍結した局所的スピン集団が転移温度に達する以前に形成されていることが推測される．

微弱磁場に対する磁化の応答を磁場について展開すると，3次の項の係数が後述のエドワーズ–アンダーソン (EA) 秩序変数のゆらぎに比例し，この量の負の発散がスピングラス転移の特徴の1つである[2]．これが実際に転移点で発散することは，実験的には交流磁場に対する3次の高調波の観測を通じて確認された[3]．

CuMn などに対する直流帯磁率の観測では非常に明確な履歴現象が観測されている[4]．すなわち，非常に弱い磁場をかけた状態で冷却したときと，ゼロ磁場で冷却したのち同じだけの磁場をかけた場合で，ある温度以下では系の応答にずれがみられる．ゼロ磁場冷却の帯磁率の方には測定時間依存性があり，時間がたつほど磁場中冷却の値に近づいていくがその変化は非常に遅い．ある温度を境にしてそれよりも低温側では系が真の平衡状態にはないことを意味している．この事情は μSR，中性子スピンエコー，交流帯磁率測定などを用いたさまざまな時間スケールでのスピン自己相関関数の観測結果にも反映されている．たとえば自己相関関数から相関時間の分布関数を求めると，臨界点より低温側においては長時間領域に長いテールを引く．

スピングラス状態にある物質は単に平衡状態にはないだけでなく，系統的な時間依存現象を示す．その代表例がエージング現象である．一般に平衡状態にない系を緩和時間よりも短い時間 t_w だけ一定の環境に放置すると，系の内部状態は t_w に依存して巨視的，統計的に異なったものになる．これが広い意味でのエージングであるが，実際にこれを観測するには摂動に対する応答を観測することになる．たとえば，十分に高温からゼロ磁場冷却によって転移温度以下のある温度まで急冷し，その状態で時間 t_w だけ放置する．その後磁場をかけてこれに対する磁化の時間変化をみると，磁化 m は $\log t$ (t は磁場をかけた時刻から測った時間) の関数として，$\log t \sim \log t_w$ の付近で変曲点をもつ様子が観測される[5]．すなわち，系の応答をしらべることで，それ以前にどのくらいの放置 (エージング) されていたかがわかる．

1.6.3 磁性体としてのスピングラス

スピングラス現象と後に命名される現象が最初に観測されたのは，磁性原子が不純物の形で非磁性金属中に含まれる合金においてであった．もっとも早くからしらべられた化合物は上述のように $Au_{1-x}Fe_x$ と $Cu_{1-x}Mn_x$ である[1,4]．これらの合金中では，非磁性原子 100% としたときの fcc 格子において，格子点のうち有限の割合 x が磁性原子で置き換えられたものになる．磁性原子の位置は試料作成時の条件で決定されていて，観測中に変化することはなく，確率分布として長距離相関はないと考えられている．すなわち quenched randomness の条件が少なくともよい近似で成り立っているとしてよい．

のちに研究されたアモルファス磁性体 (GdAl$_2$ など) においては，磁性原子は不純物としてでなく，通常の合金構成要素として含まれているが，これらの合金においては，結晶構造そのものが壊れている (アモルファス) 状態の系をつくり出すことができる．アモルファス状態ではすべての原子の配置がランダムとなり，結果として磁性原子の配置もランダムになる．この場合も原子配置は試料作成時に決定されて，それ以降，観測時に起こる変化は無視できると考えられる．

磁性不純物型にせよアモルファス型にせよ，ランダムネスの起源は磁性原子の位置の不均一性である．一方，スピングラス系のもう 1 つの要件であるフラストレーションには，互いに競合的な相互作用が存在することが必要である．三角格子のように 2 副格子に分割できない格子の場合には通常の反強磁性的直接交換相互作用だけでもフラストレーションが生じうるが，通常は相互作用の及ぶレンジが短く，磁性原子間距離が大きな場合には特徴的な結合強度が非常に小さなものになる．

金属的なスピングラス物質にとって重要なスピン間相互作用は，直接交換相互作用による反強磁性相互作用ではなく，より長いレンジをもつ RKKY 相互作用である．これは伝導電子を介した局在スピン間の間接相互作用であり，原子間距離 r に対して長距離で r^{-3} の依存性をもつ．またフェルミ波数 k_F の逆数程度のスケールで符号を変え，原子間距離によって強磁性的にも反強磁性的にもなりえるので，必然的にフラストレーションが発生する．

RKKY 相互作用の他に局在スピン間の相互作用を生じる仕組みとして，磁性原子どうしが両者の中間にある非磁性原子との電子のやりとりを通じて実効的に局在スピン間相互作用を獲得するメカニズムが存在する．これは超交換相互作用とよばれ，伝導電子を介した相互作用のない絶縁体的なスピングラスにおいて重要な相互作用である．

磁性不純物型あるいは希釈磁性体型のスピングラスでは，非磁性のホスト物質中の磁性原子のランダムな配置がスピングラスに必要なランダムネスの起源であった．これに対して，Fe$_{1-x}$Mn$_x$TiO$_3$ などの化合物では 2 種類の磁性原子をもち，仮にこれらを区別しなければ磁性原子の配置は規則的になっている．しかし実際には，2 つの最隣接磁性原子間の相互作用は原子の種類や配置によって異なるために結果として相互作用がランダムなものになる．

1.6.4 モデルとしてのスピングラス

Edwards と Anderson[6]はスピングラス相を特徴づける秩序変数を静的に定義するために，仮想的にまったく同じ結合定数配置をもつ 2 つの系 (レプリカ) を考え，それによって

$$q_\mathrm{EA} \equiv [\langle S_i^{(1)} S_i^{(2)} \rangle] \tag{1.153}$$

と定義した．ここで $S_i^{(\alpha)}$ は第 α 番目のレプリカの第 i 番目のスピン変数であり，$\langle \cdots \rangle$ は熱平均，$[\cdots]$ は結合定数配置に関する平均である．現実の物質としては 2 つのまっ

たく同一の系を用意することはできず，ましてそれらのあいだの相関をしらべることはできないが，この秩序変数のゆらぎは実験的にも観測可能な非線形帯磁率に比例する[2]．このため，非線形帯磁率の発散がスピングラス転移の直接的な証拠であるといえる．

この秩序変数に関する平均場近似を構築する際に具体的に考察の対象となったモデルはエドワーズ–アンダーソン (Edwards–Anderson: EA) モデルとよばれ，

$$H = -\sum_{(i,j)} J_{ij} S_i S_j \tag{1.154}$$

で定義される．ここで，和は相互作用のあるスピン対についての和で結合定数 J_{ij} は凍結された自由度であり，分配関数はイジング自由度 S_i だけに関する状態和として表される．したがって，分配関数は結合定数配置 $\{J_{ij}\}$ の関数となる．結合定数 J_{ij} はスピン対ごとに互いに統計的に独立で，個々に一定の確率分布関数にしたがう変数である．確率分布関数としてはガウス分布や 2 値分布 (この場合の EA モデルはとくに $\pm J$ モデルとよばれる) がよく用いられるが，有限温度における臨界現象や臨界点近傍でのふるまいは分布関数の形に左右されないと考えられている．このモデルは，分布の平均値，幅，および温度の値によって，常磁性相，強磁性相，スピングラス相をもつ．EA モデルはその後もスピングラスの理論的研究において基本的なモデルとみなされ，今日に至るまで数多くの研究がなされてきている．

このモデルに関する平均場近似では quenched randomness に関する平均を容易にするためこれを annealed randomness に置き換え，同時に n 個のレプリカからなる系を考える．annealed randomness では，結合定数の自由度は凍結しておらずスピン系と同じ温度における平衡分布にしたがう．そうして得られた自由エネルギーを n に関して展開したとき 1 次の項から quenched randomness に関する結果が得られる．この考え方はレプリカ法とよばれ，スピングラスに限らずランダムネスを含んだ問題に広く応用されている．この平均場近似により，EA モデルについて相転移の存在が示され，帯磁率の温度依存性が転移点でカスプになることも導かれた．

EA モデルと平均場近似の提案以降の理論の発展にとってとくに重要な意味をもつのはシェリングトン–カークパトリック (Sherington–Kirkpatrick: SK) モデルである[7]．これは EA モデルで次元が無限大の場合に相当しており，スピンがそれぞれ他のすべてのスピンと直接相互作用する無限レンジ相互作用モデルである．ただし，エネルギーが示量性になるように個々の結合定数の 2 乗平均値は全スピン数に逆比例するようにとられる．このモデルについては以下に述べるように厳密解が知られている．

レプリカの考え方をこのモデルに適用することによりレプリカの添字のついた秩序変数 $q^{\alpha\beta}$ に関する自己無撞着方程式が得られる．この秩序変数がレプリカの添字によらない，すなわち $q^{\alpha\beta} = q_{\mathrm{EA}}$ として得られるのが SK 解すなわちレプリカ対称解である．これにより，Edwards と Anderson によってすでに得られていた転移温度や帯磁

率のカスプの他，EA の計算では低温側で一定となっていた比熱について，温度に比例する結果が得られた．これは実験事実によく適合する．しかし，一方で比熱を積分することで得られるエントロピーが絶対零度で負になるという明らかな問題点があり，これはレプリカ対称解がある温度領域では正しい解になっていないことを示している．

SK モデルの厳密解は Parisi によって与えられた[8,9]．これによると高温側ではレプリカ対称解が正しいが，低温側では対称解は不安定で，安定な解はレプリカ空間が非自明な構造をもつようなものである．レプリカ非対称解により，エントロピーが負になるという不都合も解消された．レプリカ非対称解は，おおむね正しかった SK 解を単により正確にしただけでなく，スピングラス現象の本質に対する明確なイメージを与えるという点で画期的である．非対称解ではレプリカ空間に距離が導入され，秩序変数 $q^{\alpha\beta}$ はレプリカ間距離 $x_{\alpha\beta}$ の関数となる $[q^{\alpha\beta} = q(x_{\alpha\beta})]$．Paris らの解釈[9]によると，まず系の統計力学的分布関数は無限個の準安定状態 (純状態) の重み付き線形結合として表せ，q は 2 つの純状態間の同一性の度合い (オーバーラップ) に対応する．そして距離 x は熱力学的な重みにしたがって 2 つの純状態を選んだときそれらのオーバーラップが q 以下である確率に対応する．すなわち，2 つのレプリカ間のオーバーラップが q である確率密度は $P(q) \equiv dx/dq$ に等しい．もし純状態が有限個しかないなら $P(q)$ は有限個の δ 関数の和になるが，転移温度以下のレプリカ非対称解では，$P(q)$ が δ 関数と連続関数の和になっている．よって SK モデルでは無数の純状態が存在するとされる．SK モデルの厳密解から導かれるもうひとつの重要な帰結は，磁場中でもある温度でレプリカ対称解が不安定化して非対称解が安定になることである．ただし転移線はレプリカ非対称解が得られるよりも前に解の安定性の議論から de Almeida と Thouless によって求められており，デ・アルメイダ–サウレス線または AT 線とよばれる[10]．磁場中転移は実験でも観測されている．

スピングラス相とはなにか，という問いに対して，SK モデルは無数の純状態の存在に特徴づけられる描像を提供するが，これが実際の 3 次元スピングラス系で実現されていることまでは保障しない．平均場モデルによってもたらされる描像以外にも，スピングラス相に関していくつかの描像が提案されている．なかでも重要なものにドロップレット描像[11]がある．この描像では，平均場描像とは反対に，系の熱力学的性質はシステムサイズと無関係の個数の有限個の純状態によって支配されるものとされる．それぞれの純状態の性質を決定するのはドロップレット励起とよばれる低エネルギー励起で，これはスピン集団 (ドロップレット) の反転に対応する．ドロップレット描像のもうひとつの基本的仮定はスケール l のドロップレットの励起エネルギー ΔE_l の分布関数が $\Delta E_l \sim 0$ でも有限の値をもち，平均値 $\overline{\Delta E_l} \propto l^\theta$ でスケールされる連続関数になるということである．この描像から導かれるおもな結論の 1 つは，$P(q)$ が低温側でも δ 関数的になること，磁場中では相転移がないこと，などがあり，これらはともに平均場モデルのふるまいとは異なる．実験で観測される磁場中での転移は普通の意味の相転移ではなく，系の相関時間が実験での観測の時間スケールを超えるこ

とに起因する現象であるとするのがこの描像による解釈である.

スピングラス現象を説明するために提案されているいくつかの描像の中で,どのような描像が正しく3次元スピングラス物質を記述しているのかを決定するのは困難である.その理由のひとつは実験的観測の対象になっている物質が本当に理論で想定されているモデルに対応しているかがはっきりしないことである.また,平均場描像で重要な役割をはたす $P(q)$ が実験的には直接測定しがたい量であることも問題を難しくしている.これらの困難を解決する手段としてモンテカルロシミュレーションに代表される数値計算が有力であり,近年の計算機と計算手法の発展に伴って,さまざまな側面に焦点をあてた計算が行われるようになってきた.これまでの数値計算から3次元 EA モデルについて (1) 有限温度に相転移がある[12,13],(2) 高温側でもかなり広い温度領域,時間領域にわたって自己相関関数が単純な指数関数型減衰で表せない[12],(3) エイジング現象を示す[14],(4) 基底状態で系に相界面をつくるのに必要なエネルギーは系のサイズとともに増大する[15],などの事項が確認されている.

1.6.5 スピングラスと関連分野

スピングラス問題のもつ特徴は,この問題が単に磁性体の問題ではなく,世の中に広く存在するある種の問題のプロトタイプとしてとらえられることである.その結果,スピングラス問題に対して何かしら本質的に新しい知見が得られると,さまざまな問題に対する解,あるいは少なくともヒントが得られると期待されている.そのような関連問題,関連分野としては,神経回路,記憶・思考・言語の本質的メカニズム,一般の最適化問題,アルゴリズム論における P/NP 問題,情報 (とくに通信) 科学,などがある.

関連分野のなかでもっとも直接的な関連があるのは神経回路の研究であろう.生体内の神経回路を簡単化したモデルとして各細胞のとりうる値を 1(発火状態) または 0(非発火状態) の 2 つとし細胞間の相互作用を興奮性結合 (一方の発火が他方の発火を促進する) と抑制性結合 (一方の発火が他方の発火を抑制する) の 2 種類にすると,イジング模型に似たモデルが得られることは容易に想像できる.連想記憶のモデルであるホップフィールド (Hopfield) 模型[16]や,学習のモデルであるパーセプトロン[17]などはそのようなモデルである.スピングラスの場合は結合定数が単なるランダム変数であるのに対して,神経回路モデルの場合には学習則と学習課題がそれらの変数の分布を支配することになる.ホップフィールド模型では準安定状態におけるスピンのパターンが再現された記憶に相当するとされる.このモデルの解析にはスピングラスの平均場近似で用いられたのと同様の解析的手法を用いることができる.結果として,学習させたいパターンの個数に応じて,パターン数が少ない側で強磁性相に相当する相が,多い側でスピングラス相に相当する相が現れることがわかっている.これは,神経回路とスピングラスが単なるアナロジーを超えて関係づけられる可能性を示す例になっている.

スピングラス研究の計算論的な側面も他分野との興味深い接点である．数値計算は近年のスピングラス研究の主要な道具であるが，スピングラス相にある系の数値計算は，どのような方法を用いても非常に難しい．この計算上の困難は，計算量の理論にある程度関連付けることができる．多くの変数に依存するコスト関数が与えられたとき，これを最小にするような変数の組合せを求める問題を最適化問題とよぶが，スピングラスの基底状態におけるスピン配列を求める問題はそのひとつである．最適化問題で有名なものに巡回セールスマン問題があり，巡回セールスマン問題は計算量の理論でいう NP 完全のクラスに属する．スピングラスの基底状態を求める問題は NP 困難問題に分類されるが[18]，これはスピングラスの基底状態を求める問題を多項式時間で解決する方法が見つかれば，巡回セールスマン問題も含めてすべての NP 完全問題に対して解決法が見つかることを意味する．しかし，そのようなことはないと考えられているので，どのような計算方法を用いたとしても基底状態を求めるために必要な計算時間はシステムサイズの関数として指数関数的になることが推測される．近年では一般の最適化問題をスピングラス類似の問題に変換することで，その「熱力学的」性質を議論する試みもなされており，計算量の理論とスピングラス問題の関係に関する今後の研究が注目されている． [川島直輝]

文献

[1] V. Cannella and J. A. Mydosh, Phys. Rev. B **6** (1972) 4220.
[2] M. Suzuki, Prog. Theor. Phys. **58** (1977) 1151.
[3] S. Chikazawa et al., J. Phys. Soc. Jpn. **47** (1979) 335.
[4] S. Nagata et al., Phys. Rev. B **19** (1979) 1633.
[5] L. Sandlund et al., J. Appl. Phys., **64** (1988) 5616.
[6] S. F. Edwards and P. W. Anderson, J. Phys. **F5** (1975) 965.
[7] D. Sherrington and S. Kirkpatrick, Phys. Rev. Lett. **35** (1975) 1972.
[8] G. Parisi, Phys. Rev. Lett. **43** (1979) 1754.
[9] G. Parisi, Phys. Rev. Lett. **50** (1983) 1946.
[10] J. R. L. de Almeida and D. J. Thouless, J. Phys. A **11** (1978) 983.
[11] D. S. Fisher and D. A. Huse, Phys. Rev. Lett. **56** (1986) 1601.
[12] A. T. Ogielski, Phys. Rev. **B32** (1985) 7384.
[13] N. Kawashima and A. P. Young, Phys. Rev. B **53** (1996) R484.
[14] J. Kisker et al., Phys. Rev. B **53** (1996) 6418.
[15] W. L. McMillan, Phys. Rev. B **30** (1984) 476.
[16] J. J. Hopfield, "Neural Networks and Physical Systems with Emergent Collective Computational Abilities," Proceedings of the National Academy of Sciences of USA, **79** (1982) 2554.
[17] F. Rosenblatt, *Principles of Neurodynamics* (Spartan, 1962).
[18] F. Barahona, J. Phys. A: Math. Gen. **15** (1982) 3241.

1.7　スピントロニクス

1.7.1　巨大磁気抵抗効果
a.　磁気抵抗効果とスピントロニクス

　金属や半導体中の伝導電子はスピンの向きを保持したまま数 nm 以上の距離を伝搬することが可能である．このため，nm スケールの磁気構造が変化すると，伝導電子スピンと原子スピンの相互作用によって系全体の電気伝導特性も変化する．スピン偏極した伝導電子が引き起こす現象の代表例が磁気抵抗効果 (磁界を印加すると電気抵抗が変化する現象) である．このような固体中の電子の電荷とスピンの両方を利用した新しい電子工学の分野は「スピントロニクス」とよばれ，近年急速な発展を見せている[1,2]．本項では，スピントロニクスの中心課題である磁性金属多層膜の巨大磁気抵抗効果 (GMR 効果) と磁気トンネル接合のトンネル磁気抵抗効果 (TMR 効果) について解説する．なお，GMR 効果や TMR 効果以外にも下記のような種々の磁気抵抗効果が知られているが，これらの詳細については本項では割愛する．

　(i)　常磁性体の磁気抵抗効果　　常磁性の金属や半導体に磁界 H を印加すると伝導電子の運動がローレンツ力によって曲げられ，一般に電気抵抗が増加する．これは正常磁気抵抗とよばれる．キャリアー移動度が非常に高い物質に数テスラ (T) 以上の高磁界を印加すると電気抵抗が 1 桁以上増加することがあるが，応用上重要な低磁界 (通常 0.01 T 以下) では抵抗の変化率は小さい．

　(ii)　強磁性体の磁気抵抗効果　　強磁性金属では，自発磁化 M と電流 J の相対的な角度に依存して電気抵抗が変化する．これは異方性磁気抵抗効果 (AMR 効果) とよばれ，スピン–軌道相互作用に起因すると考えられている．通常，$M \parallel J$ のとき高抵抗，$M \perp J$ のとき低抵抗となり，その変化率は室温では数％以下である．

　(iii)　超巨大磁気抵抗 (CMR 効果)　　金属–絶縁体相転移 (第 4 章参照) を示す Mn ペロブスカイト酸化物に磁界を印加して相転移を誘起すると，それに伴って電気抵抗が大きく変化する[3]．これを超巨大磁気抵抗効果 (CMR 効果) という．強磁界を印加すると抵抗変化が数桁に達するが，応用上重要な低磁界では抵抗の変化率は小さい．

　これらの磁気抵抗効果では低磁界における磁気抵抗は小さい．これに対して，本項の主題である GMR 効果や TMR 効果では応用上重要な室温・低磁界において数 10％から数倍という大きな磁気抵抗が得られるため，スピントロニクス応用の観点から非常に重要である．また，GMR 効果や TMR 効果はメゾスコピック系のスピン依存伝導という観点からも興味深い現象である．

b.　巨大磁気抵抗効果 (GMR 効果)

　(i)　Fe/Cr 多層膜の GMR 効果　　1988 年に，厚さ数 nm 以下の強磁性金属層と非磁性金属層を交互に積層した磁性金属多層膜において巨大磁気抵抗効果 [Giant MagnetoResistance (GMR) 効果] が発見された．A. Fert ら[4]は Fe と Cr を nm 周期で積層した多層膜を作製し，磁界を印加すると電気抵抗が数 10％も変化することを

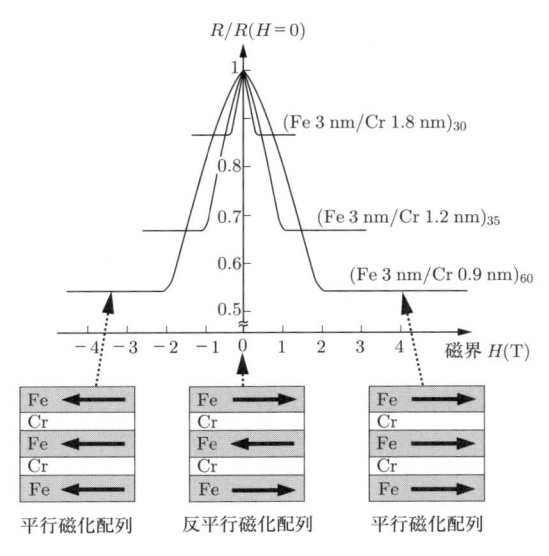

図 1.50 Fe/Cr 多層膜の GMR 効果[4].

観測した (図 1.50). 従来から知られていた強磁性金属の異方性磁気抵抗 (AMR) 効果に比べて 10 倍以上大きな磁気抵抗であったことから，巨大磁気抵抗効果と名付けられた．この現象は，磁性金属多層膜の磁気構造の変化に伴って起こる．Cr 層を特定の厚さにすると，Cr 層を介して隣接する Fe 層間に反強磁性的な交換相互作用 (層間交換相互作用という) が働き，零磁界では隣接する Fe 層の磁化が互いに反平行な向きに配列する (反平行磁化配列：図 1.50). これに十分強い外部磁界 H を印加すると，Fe 層の磁化はすべて H の方向にそろう (平行磁化配列：図 1.50). 反平行磁化と平行磁化の場合で伝導電子の散乱過程が変化することによって，系全体の電気抵抗が変化するのが GMR 効果の機構である．

次に，図 1.51 を用いて Fe/Cr 多層膜の GMR 効果についてもう少し詳しく説明する．Fe や Cr のような 3d 遷移金属では，おもに 3d 軌道と 4s, 4p 軌道の混成軌道が伝導バンドを形成している．Fe の下向き (↓) スピンバンド [少数スピン (minority spin) バンド] と Cr の伝導バンドは非常に似ているため，↓スピンの伝導電子は Fe/Cr 界面を横切る際にポテンシャル変化をほとんど感じない[5]．つまり，平行磁化のとき，↓スピン電子はほとんど散乱を受けずに多層膜内を自由に伝導することができる (図 1.51a). 一方，Fe の上向き (↑) スピンバンド [多数スピン (majority spin) バンド] は，Cr バンドよりも深いエネルギー準位にあるため，↑スピンの伝導電子にとっては Fe/Cr 界面にポテンシャルの段差が存在する[5]．このため，↑スピン電子は Cr 層から Fe 層に入るときに反射されやすい (図 1.51a). ここで重要な点は，伝導電子が界面で反射されると電気抵抗が生ずるということである．図 1.51c のように，現実の界面では原子置換

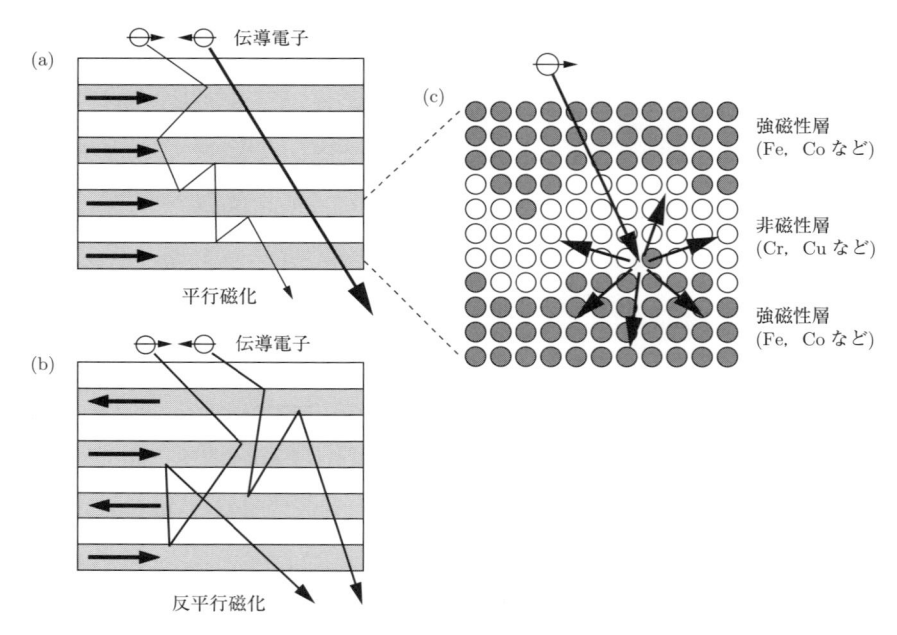

図 1.51 磁性金属多層膜の GMR 効果の概念図. (a) 平行磁化配列の場合, (b) 反平行磁化配列の場合, (c) 界面構造の乱れによる電子散乱.

型の不規則性が存在するため, 不純物原子の場合と類似した不規則ポテンシャルが生ずる. このため, 界面における電子反射は完全な鏡面反射 (specular reflection) ではなく, 界面反射に伴って電子が散乱され, その結果電気抵抗が増大する. 電子の伝導過程でスピンの向きが変わらないと仮定すると (2 流体モデル), ↑スピン電子の抵抗 $\rho_\uparrow$ と↓スピン電子の抵抗 $\rho_\downarrow$ の並列回路として考えることができる. 1 つの界面で↑(↓) スピン電子が受ける抵抗を $\rho_+(\rho_-)$ とすると, 平行磁化の場合 (図 1.51a), $\rho_\uparrow = N\rho_+$, $\rho_\downarrow = N\rho_-$ (N は界面の総数) である. 系全体の抵抗 ρ_P は $\rho_P = (1/\rho_+ + 1/\rho_-)^{-1}$ となる. 一方, 反平行磁化の場合 (図 1.51b), $\rho_\uparrow = \rho_\downarrow = N(\rho_+ + \rho_-)/2$ であるため, 系全体の抵抗 ρ_{AP} は $\rho_{AP} = N(\rho_+ + \rho_-)/4$ となる. したがって, 磁気抵抗比 [MR 比 $\equiv (\rho_{AP} - \rho_P)/\rho_P$] は次式のようになる.

$$\text{MR 比} = \frac{\rho_- - \rho_+}{4\rho_+\rho_-} = \frac{(\alpha-1)^2}{4\alpha} \tag{1.155}$$

ここで, $\alpha = \rho_-/\rho_+$ である. よって, $\alpha \ll 1$ または $\alpha \gg 1$ の場合に大きな MR 比が得られ, $\alpha = 0$ のときは MR 比 $= 0$ となる. 上述のように, Fe/Cr 多層膜では↑スピン電子が界面で散乱を受けやすいため, $\rho_+ \gg \rho_-$, つまり $\alpha \ll 1$ となり, 大きな MR 比が得られる.

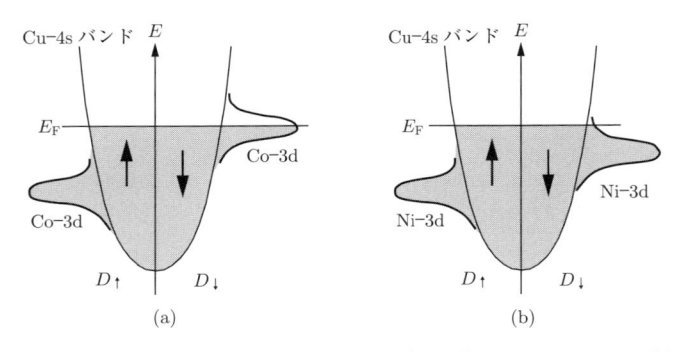

図 1.52 (a) Cu 中の Co 不純物原子がつくる仮想束縛状態. (b) Cu 中の Ni 不純物原子がつくる仮想束縛状態.

(ii) Co/Cu 多層膜の GMR 効果 強磁性金属/非磁性金属の多層膜構造において平行・反平行磁化配列を実現できれば，どのような物質を組み合わせても何らかの GMR 効果は発現するといってよい．しかし，すべての物質で大きな MR 比が得られるわけではない．Fe/Cr 多層膜と並んで大きな MR 比が得られる代表例として，Co/Cu 多層膜があげられる[6,7]．Co/Cu 多層膜の場合も Fe/Cr 多層膜と同様に，ρ_+ と ρ_- が大きく異なるため大きな MR 比が生ずる．しかし，Co/Cu 系が Fe/Cr 系と異なる点は，Cu のフェルミ準位 E_F には 4s バンドしか存在しないということである．したがって，伝導を担う s 電子が Co の磁気モーメント (主に 3d 電子) によって散乱されるというモデルで考えるのが適当である．界面で Cu 原子を不規則に置換した Co 原子は，Cu 中の不純物原子のように取り扱うことができる．Cu 中の Co 不純物原子は，図 1.52a のように仮想束縛状態 (virtual bound state) とよばれる幅の狭い d バンド (不純物準位) を形成する[8]．↑スピンの仮想束縛状態は E_F よりも下に潜り込んでいるため，↑スピンの伝導電子はほとんど散乱を受けない．これに対して↓スピンの仮想束縛状態はちょうど E_F 上に位置しているため，↓スピンの伝導電子は Co の d バンドと混成する結果，強い散乱を受ける．したがって，$\rho_- \gg \rho_+$，つまり $\alpha \gg 1$ となるため，式 (1.155) により大きな MR 比が理論的に説明される．

一方，Cu 中の Ni 不純物原子は図 1.52b のような状態を形成する．この場合，↑スピン，↓スピンともに仮想束縛状態が E_F よりも下に潜り込んでいるので伝導電子はスピン依存散乱をあまり受けないため，MR 比は小さいと理論的に予想される[8]．実験的にも Ni/Cu 多層膜では Co/Cu 多層膜よりも小さな MR 比が観測されている．

(iii) CIP-GMR，CPP-GMR，スピンバルブ構造 図 1.51 では電流が多層膜に対して斜め方向に流れている場合を描いたが，電流が膜面に対して平行あるいは垂直方向に流れる場合にも GMR 効果は出現する．電流を膜面に平行に流す場合を CIP (Current In Plane)，垂直に流す場合を CPP (Current Perpendicular to Plane) とよぶ (図 1.53a,b)．CIP の場合，一見 GMR 効果が起こらないように思えるかもしれ

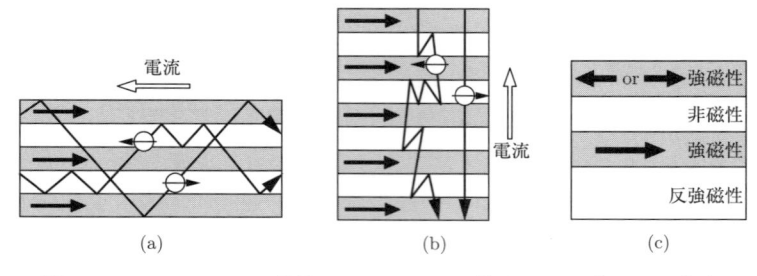

図 1.53　(a) CIP-GMR 効果, (b) CPP-GMR 効果, (c) スピンバルブ構造.

ない. しかし, 各層の厚さが数 nm 以下であるため電子は各層内だけを流れるわけではなく, 界面を何度も横切りながら伝導するため GMR 効果が生ずる (図 1.53a). CPP の方が CIP よりも界面を通過する頻度が多いので, 理論的には CPP-GMR の方が CIP-GMR よりも MR 比が大きくなると予想される[9]. 一方, 実験的に CPP-GMR を正確に測定することは容易ではない. たとえ多層膜を直径 100 nm の柱状構造に加工したとしても CPP 方向の電気抵抗は非常に小さいので, リード線の抵抗が直列に重なってしまい, 観測される MR 比は小さくなる. この問題に対して小野ら[10]は, 電流が界面に対して斜めに流れるような特殊な多層膜を作製して GMR 効果を測定し, CIP-GMR よりも大きな MR 比の観測に成功している.

図 1.50 に示した Fe/Cr 多層膜の磁気抵抗曲線では, 1 T 前後の高磁界を印加しないと磁気抵抗が飽和しない. 隣接した Fe 層間に反強磁性的な層間交換相互作用が働いているためである. これは交換結合型 GMR 効果とよばれるが, 低磁界における磁気抵抗効果が小さいため応用上は好ましくない. これに対して, 非磁性層の物質や厚さを変えることにより層間交換結合をゼロにすることが可能である. この場合でも, 平行/反平行磁化配列さえ実現できれば, 交換結合型の場合と同様に GMR 効果が観測される. これは非結合型 GMR 効果とよばれ, その中でも応用上重要な構造としてスピンバルブ (spin-valve) 構造がある (図 1.53c). スピンバルブ膜とは, 強磁性/非磁性/強磁性/反強磁性の構造をもつ GMR 薄膜である. 反強磁性と接した強磁性層は, 界面に働く交換バイアス磁界の影響で磁化の向きが一方向に固定されており, 固定層 (ピン層) とよばれる. 層間交換結合がないので, もう一方の強磁性層の磁化は自由に向きを変えることができるため, 自由層 (フリー層) とよばれる. フリー層にパーマロイなどの軟磁性材料を用いれば 0.001 T (10 G) 以下の低磁界の印加で平行・反平行磁化配列を切り換えることができるため, 低磁界域で大きな MR 比が得られる. このスピンバルブ素子は 1997 年に磁気センサー [ハードディスク (HDD) の読出し磁気ヘッド] として実用化され, その後の HDD 記録密度の飛躍的な増大 (年率 2 倍の伸び) を可能とした[1, 2].

c. トンネル磁気抵抗効果 (TMR 効果)

(i) 磁気トンネル接合 (MTJ) の TMR 効果 図 1.54 のような磁気トンネル接合[*1)]におけるトンネル磁気抵抗効果 [Tunneling MagnetoResistance (TMR) 効果] について解説する．GMR 効果では通常 CIP 方向に電流を流すが，TMR 効果では電流をトンネル障壁層に対して垂直，つまり CPP 方向に流さなければならない．したがって TMR 効果の実験では，トンネル障壁層を含む薄膜を柱状の形状 (トンネル接合面の大きさは約 100 nm〜数十 μm) に加工して，上下の電極層に電圧を印加して流れる電流を計測する．

TMR 効果の研究の歴史は実は GMR 効果のそれよりも古く，1970 年代に遡る．M. Julliere は Fe/Ge-O/Co トンネル接合を作製し，低温で 14% の磁気抵抗を観測した[11]．当時は室温では磁気抵抗が観測されなかったためこの結果はあまり注目されなかったが，次に述べるジュリエールの簡単な理論モデルは現在でも TMR 効果の説明に頻繁に用いられている．TMR 効果はスピンに依存したトンネル伝導に起因している．トンネル過程で電子のスピンの向きが変わらないと仮定すると (2 流体モデル)，両側の強磁性電極の磁化が平行なとき (図 1.54a)，片方の電極中の↑スピン (↓スピン) 電子は，他方の電極の↑スピン (↓スピン) バンドにトンネルする．一方，磁化が反平行なとき (図 1.54b)，↑スピン (↓スピン) 電子が，他方の電極の↓スピン (↑スピン) バンドにトンネルする．ここで，すべての電子についてトンネル確率が等しい

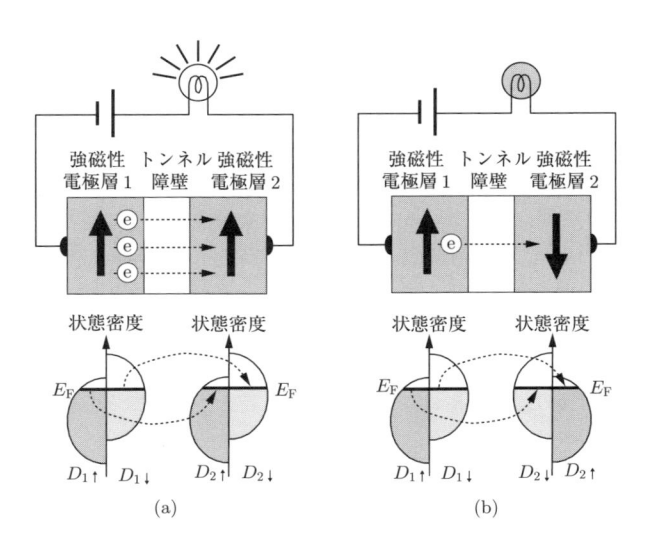

図 1.54　磁気トンネル接合 (MTJ) の TMR 効果の概念図．(a) 平行磁化配列の場合，(b) 反平行磁化配列の場合．

[*1)] 厚さ数 nm 以下の絶縁体層 (トンネル障壁層) を 2 枚の強磁性電極層で挟んだ接合素子．以下，Magnetic Tunnel Junction の頭文字を取って MTJ と記す．

と仮定すると，磁化が平行なときのトンネル抵抗 (R_P) と反平行なときのトンネル抵抗 (R_AP) の間の変化率 (磁気抵抗比：MR 比) は次のようになる．

$$\mathrm{MR\ 比} \equiv \frac{R_\mathrm{AP} - R_\mathrm{P}}{R_\mathrm{P}} = \frac{2P_1 P_2}{1 - P_1 P_2}$$

$$P_\alpha = \frac{D_{\alpha\uparrow}(E_\mathrm{F}) - D_{\alpha\downarrow}(E_\mathrm{F})}{D_{\alpha\uparrow}(E_\mathrm{F}) + D_{\alpha\downarrow}(E_\mathrm{F})} \qquad (\alpha = 1, 2) \tag{1.156}$$

ここで，P_α は電極 1, 2 の「スピン分極率」とよばれる量であり，電極のフェルミ準位 E_F における↑(↓) スピンバンドの状態密度 $D_\uparrow(E_\mathrm{F})$ ($D_\downarrow(E_\mathrm{F})$) によって定義される (非磁性体では $P = 0$). 通常，$R_\mathrm{P} < R_\mathrm{AP}$, つまり MR 比 > 0 である．

(ii) アモルファス酸化アルミニウム (Al–O) トンネル障壁　　1995 年に宮崎ら[12] と J. Moodera ら[13] は，アモルファス酸化アルミニウム (Al–O) のトンネル障壁と遷移金属強磁性体 (Fe など) の電極を組み合わせた MTJ において室温で 18% という，スピンバルブ膜の GMR 効果 ($\sim$10%) よりも大きな MR 比を観測し，TMR 効果が一躍脚光を浴びることとなった．その後，電極の強磁性合金組成の最適化 (CoFeB 合金など)，Al–O 障壁の作製法 (Al のプラズマ酸化など) や熱処理法の最適化などの研究が精力的に行われ，これまでに室温で 70% (低温で 100%) 程度の MR 比が実現されている[14]．

次に，TMR 効果の応用について簡単に述べたい．TMR 効果は GMR 効果と同様に磁気センサーとして利用できるほか，MTJ を記憶セルに用いた不揮発性の固体メモリ (MRAM) への応用が期待されている[1, 2]．ここで応用上重要な特性は，室温における MR 比と素子抵抗である．MR 比は高ければ高いほど応用上好ましい．一方，素子抵抗に関しては周辺回路との整合性 (インピーダンスマッチング) が重要となる．GMR スピンバルブ素子は磁気センサー (ハードディスク磁気ヘッド) 応用ではインピーダンスマッチングが良いが，MRAM 応用では素子抵抗が低すぎるという問題があった．これに対して MTJ の場合，トンネル抵抗がトンネル障壁の厚さに対して指数関数的に変化する性質を利用して，素子抵抗を低抵抗から高抵抗まで自由に制御することができる．単位接合面積あたりのトンネル抵抗 RA は，磁気ヘッド応用では $4\,\Omega\cdot\mu\mathrm{m}^2$ 以下，MRAM 応用では約 $50\,\Omega\cdot\mu\mathrm{m}^2 \sim 10\,\mathrm{k}\Omega\cdot\mu\mathrm{m}^2$ である必要があるが，これらの範囲の RA 値はすでに Al–O 障壁や MgO 障壁を用いた MTJ において実現されている．

次に，TMR 効果の物理機構についてもう少し詳しく考えてみたい．スピン分極率 P は強磁性/超伝導トンネル接合を用いて実験的に求めることができ[15]，通常の強磁性金属・合金では $0 < P < 0.6$ の範囲の値が得られている．このスピン分極率の実験値を式 (1.156) に代入すると，TMR 効果の実験値とほぼ一致する MR 比が得られる．しかし，強磁性金属のバンド計算からスピン分極率 P を求めると実験値とほとんど合わず，その符号すら一致しないことが多い．これはジュリエール模型の「すべての電子のトンネル確率が等しい」という仮定が正しくないためである．それでは，スピン分極率がどのようなファクターによって定まるかということが，TMR 効果の基礎

研究における最重要問題の1つであるが，この問題に答を出すことは容易ではなかった．そもそもTMR効果の実験は，種々の非本質的な要因に左右される．厚さわずか1〜2 nmのトンネル障壁層にナノスケールの孔(ピンホール)が1つでもあると正しいMR比は得られない．また，電極/トンネル障壁界面の過酸化やトンネル障壁のAlの未酸化があるとMR比は減少してしまい，正しいMR比は得られない．これらの技術的な問題は現在までにほぼ解決されており，次に述べるようにTMR効果の物理機構が次第に明らかになってきている．

通常のMTJでは，トンネル障壁がアモルファスAl–Oであり，強磁性電極が多結晶であるため，その電子状態を正確に記述するのは困難である．一方，電極層を高品質の単結晶にすることにより，電極の電子状態の異方性がTMR効果に与える影響をしらべることができる．図1.55aのような3種類の結晶面方位の単結晶Fe電極層[Fe(001), Fe(110), Fe(211)]とAl–Oトンネル障壁を組み合わせたMTJにおいて，TMR効果が電極の結晶面方位に大きく依存することが観測されている(図1.55b)[16]．トンネル過程で電子の運動量が保存する場合，トンネル障壁層に対して垂直な運動量ベクトル

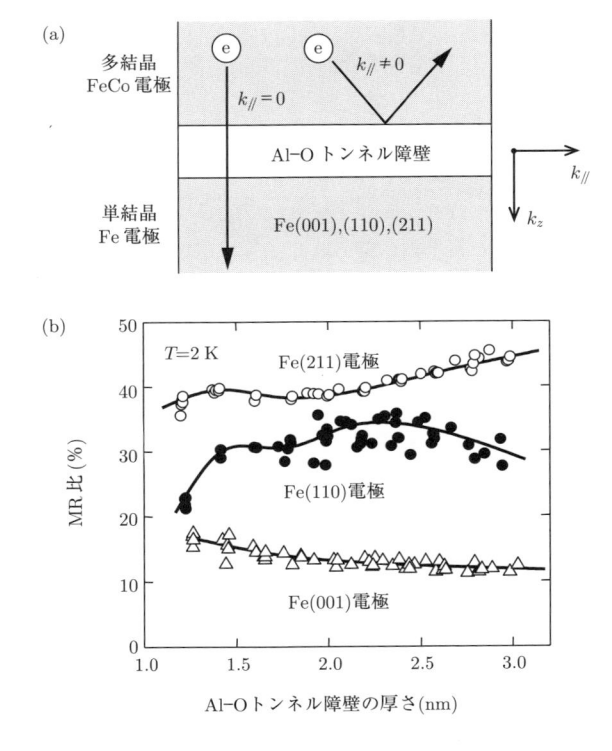

図 **1.55** (a) 3種類の結晶面方位の単結晶Fe電極をもつMTJの構造，(b) MR比のAl–Oトンネル障壁厚さ依存性およびFe結晶面方位依存性[16]．

をもつ電子のトンネル確率が相対的に非常に大きくなるので，このような電子が主にトンネル電流に寄与することとなる (図 1.55a)．この場合，スピン分極率は，通常の状態密度ではなく，トンネル障壁に垂直な方向 ($k_\parallel = 0$ 方向) に運動する電子の状態を積分して得られる角度分解状態密度 (angle-resolved DOS) で決定されるため，電子状態の結晶異方性を反映して MR 比が電極の結晶面方位に依存して変化したものと考えられる．しかし，たとえ角度分解状態密度を用いても，ジュリエール模型では TMR 効果の実験値は定量的には説明できない．電子のトンネル確率は，運動量ベクトルに依存するほか，波動関数の対称性にも大きく依存するからである．トンネル電子の波動関数の対称性まで含めて理論的に取り扱うことは，アモルファス Al–O 障壁では構造の乱れのために困難であるが，次に述べる単結晶の酸化マグネシウム (MgO) トンネル障壁を用いれば厳密な理論計算が可能となる．

(iii) 酸化マグネシウム (MgO) トンネル障壁 　結晶性の酸化マグネシウム (MgO) をトンネル障壁に用いた Fe(001)/MgO(001)/Fe(001) 構造のエピタキシャル MTJ に関する第一原理計算によると，1000% を超える巨大な MR 比が理論的に予測される[17,18]．これは，以下に述べるような電子のコヒーレントなトンネル伝導に起因したものである．そもそも電極中には種々の対称性をもつブロッホ電子状態が存在する．アモルファス Al–O 障壁の場合 (図 1.56a)，障壁中や界面に対称性がないため，種々の対称性を持った電極中のブロッホ状態 (↑, ↓ スピンの両方が多数存在する) がトンネル障壁中の浸み出し電子状態に有限確率で結合し，その結果トンネル電子のスピン分極率 P が低下してしまう (実験的には $0 < P < 0.6$)．一方，高対称 (4 回転対称) な結晶構造をもつエピタキシャル Fe/MgO/Fe トンネル接合の場合 (図 1.56b)，MgO のバンドギャップ中の $k_\parallel = 0$ 方向には，主に s 電子的な高対称性をもつ Δ_1, p 電子的な Δ_5, d 電子的な Δ_2 という 3 種類の浸み出し電子状態 (evanescent states)

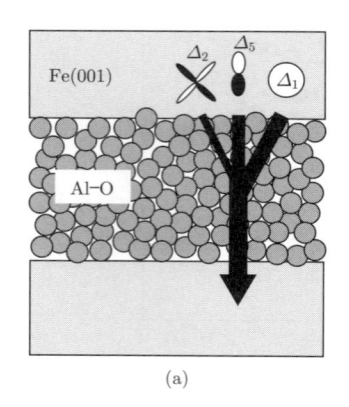

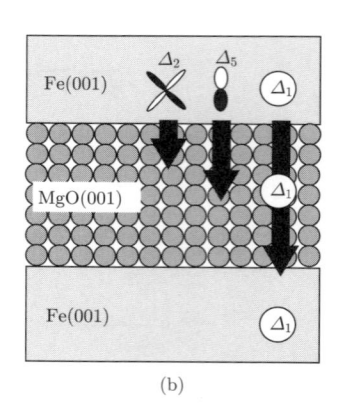

図 **1.56** 　(a) アモルファス Al–O トンネル障壁の場合のトンネル過程，(b) 結晶 MgO(001) トンネル障壁の場合のトンネル過程．

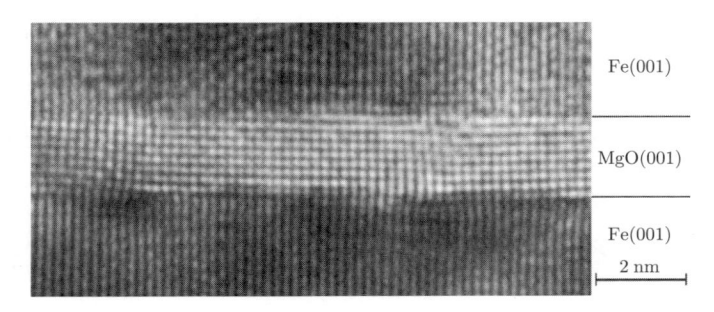

図 1.57 Fe(001)/MgO(001)/Fe(001) エピタキシャル MTJ の断面の透過電子顕微鏡 (TEM) 写真[21]. 単結晶 Fe 電極と単結晶 MgO トンネル障壁の格子像がはっきりと確認できる.

が存在する.その中でも MgO–Δ_1 状態は,その他の低対称な浸み出し状態に比べて,トンネル障壁中での状態密度の減衰距離が非常に長いため,MgO–Δ_1 状態を介したトンネル経路がトンネル電流を支配することになる[17].トンネル過程で波動関数のコヒーレンシーが保存される理想的な場合,Fe 電極中の高対称 Δ_1 ブロッホ状態のみが Mg–Δ_1 状態に結合することができる.Fe–Δ_1 ブロッホ状態はフェルミ準位で完全にスピン分極しているため $(P=1)$[19],巨大な MR 比が出現すると理論的に予想される.なお,このようなコヒーレントトンネルに起因した巨大な MR 比は,MgO ト

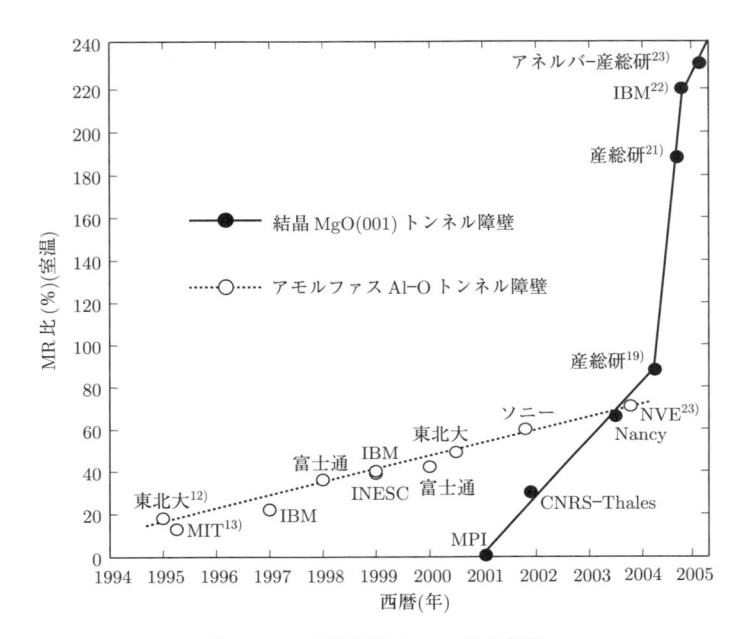

図 1.58 室温における MR 比の変遷.

ネル障壁だけでなく他の結晶トンネル障壁 (ZnSe など) でも理論的に予測されている[20]. ちなみに, 図 1.56a においてすべての電子状態のトンネル確率が等しいと仮定し, Al–O 中の浸み出し電子状態を自由電子と仮定したものが, ジュリエール模型である. しかし前述のように, スピン分極率の実測値は電極の (角度分解) 状態密度では定量的に説明できないことから,「すべての電子状態のトンネル確率が等しい」という仮定はアモルファス Al–O 障壁においても正しくはない. 実際の Al–O 障壁 MTJ のトンネル過程は, ジュリエール模型とコヒーレントトンネルの中間的なものであると考えられる.

実際に Fe(001)/MgO(001)/Fe(001) 構造の単結晶 MTJ (図 1.57) あるいは高配向多結晶 MgO 障壁 MTJ が作製され, 2004 年に湯浅ら[21]と S. Parkin ら[22]によって 200% を越える巨大な MR 比が実験的に実現された (図 1.58. その後, 電極材料に CoFeB 合金[23]や Co[24]を用いることによってさらに大きな MR 比が実現され, 現在までに室温で 350% (低温で 550%) を越える MR 比が実現されている[25]. このような MgO (001) トンネル障壁の TMR 効果は, 従来の TMR 効果と区別して「巨大 TMR 効果」(giant TMR effect) とよばれている. さらに MgO トンネル障壁において, トンネル障壁の厚さに対して MR 比が周期的に変動するという現象が観測されている[21]. このような MR 比の振動現象はアモルファス Al–O トンネル障壁ではまったく観測されなかった現象である. この振動現象はトンネル電子の波動関数の位相成分に起因していると考えられ, スピン偏極電子のコヒーレントトンネルが起こっていることを示す直接的な証拠であると考えられている[17, 21].

本項では, 応用上重要なアモルファス Al–O や結晶 MgO トンネル障壁と強磁性遷移金属・合金の電極を組み合わせた MTJ について解説した. これ以外にも, 強磁性半導体[26, 27]や, ハーフメタルとして期待される Mn ペロブスカイト酸化物[28]およびホイスラー合金[29]などを電極に用いた TMR 効果に関する興味深い研究成果が報告されており, 今後の進展が期待される. 　　　　　　　　　　　　　　　　　　　[湯 浅 新 治]

文　　献

[1] G. A. Prinz, Science **282** (1998) 1660.
[2] S. A. Wolf et al., Science **294** (2001) 1488.
[3] S. Jin et al., Science **264** (1994) 413.
[4] M. N. Baibich et al., Phys. Rev. Lett. **61** (1988) 2472.
[5] H. Itoh, J. Inoue and S. Maekawa, Phys. Rev. B **47** (1993) 5809.
[6] D. H. Mosca et al., J. Magn. Magn. Mater. **94** (1991) L1.
[7] S. S. P. Parkin et al., Phys. Rev. Lett. **66** (1991) 2152.
[8] H. Itoh et al., J. Magn. Magn. Mater. **136** (1993) L33.
[9] Y. Asano et al., Phys. Rev. B **48** (1993) 6192.
[10] T. Ono and T. Shinjo, J. Phys. Soc. Jpn. **64** (1995) 363.
[11] M. Julliere, Phys. Lett. **54A** (1975) 225.
[12] T. Miyazaki and N. Tezuka, J. Magn. Magn. Mater. **139** (1995) L231.

[13] J. S. Moodera et al., Phys. Rev. Lett. **74** (1995) 3273.
[14] D. Wang et al., IEEE Trans. Magn. **40** (2004) 2269.
[15] R. Meservy and P. M. Tedrow, Phys. Rep. **238** (1994) 173.
[16] S. Yuasa et al., Europhys. Lett. **52** (2000) 344.
[17] W. H. Butler et al., Phys. Rev. B **63** (2001) 054416.
[18] J. Mathon and A. Umerski, Phys. Rev. B **63** (2001) 220403R.
[19] S. Yuasa et al., Jpn. J. Appl. Phys. **43** (2004) L588.
[20] Ph. Mavropoulos et al., Phys. Rev. Lett. **85** (2000) 1088.
[21] S. Yuasa et al., Nature Matter. **3** (2004) 868.
[22] S. S. P. Parkin et al., Nature Matter. **3** (2004) 862.
[23] D. D. Djayaprawira et al., Appl. Phys. Lett. **86** (2005) 092502.
[24] S. Yuasa et al., Appl. Phys. Lett. **87** (2005) 222508.
[25] S. Ikeda et al., Jpn. J. Appl. Phys. **44** (2005) L1442.
[26] M. Tanaka and Y. Higo, Phys. Rev. Lett. **87** (2001) 026602.
[27] H. Saito et al., Phys. Rev. Lett. **95** (2005) 086604.
[28] M. Bowen et al., Appl. Phys. Lett. **82** (2003) 233.
[29] Y. Sakuraba et al., Jpn. J. Appl. Phys. **44** (2005) L1100.

1.7.2 磁性半導体

a. 磁性半導体とは

磁性半導体 (magnetic semiconductor) とは構成原子あるいはその一部に磁性元素 (遷移金属，希土類元素) を含む半導体の総称である．磁性元素の有する不完全殻のスピン–軌道磁気モーメントが揃い磁化すると，交換相互作用にもとづき半導体の電気的・磁気的諸性質が変化する点が通常の半導体と異なる．この性質のため基礎・応用の面から研究されている．キャリアー濃度などを変化させることによりその磁性を変えることが可能な場合もある．

磁性原子が周期的に配列した半導体を狭義の磁性半導体とよぶ．EuO や $CdCr_2Se_4$ が代表であり，強磁性を示す．1960 年代に始まる初期の研究はこれらの半導体を対象とした[1,2]．これに対し 1980 年代には，磁性原子を含まない CdTe や ZnSe などの非磁性 II–VI 族半導体 (compound semiconductors) の構成原子を一部磁性原子に置換した (Cd, Mn)Te や (Zn, Mn)Se が作成されるようになった[3]．これらを希薄磁性半導体 (diluted magnetic semiconductor) とよぶ．この場合，Mn の最外殻 $4s^2$ 電子はホスト結晶との結合に使われるため，Mn は 2 価 (Mn^{2+}) で取り込まれ，残る $3d^5$ 電子が局在磁気モーメントを担う．軌道磁気モーメントの寄与が無視できるスピン $S = 5/2$ が基底状態となる．Co が磁性原子の場合は $S = 3/2$ である．1989 年には，非磁性 III–V 族半導体に Mn などの磁性原子を高濃度ドープすることが可能となった．II–VI 族との違いは III 族を置換する Mn がアクセプタとなるため，局在磁気モーメントと同時にキャリアー (正孔) が導入される点である．正孔が存在するためキャリアー誘起強磁性 (carrier-induced ferromagnetism) が発現する場合がある[4]．本項では，主に希薄磁性半導体を取り上げる．広義の磁性半導体のうち強磁性を示すものを単に強磁性半導体 (ferromagnetic semiconductor) とよぶことがある．

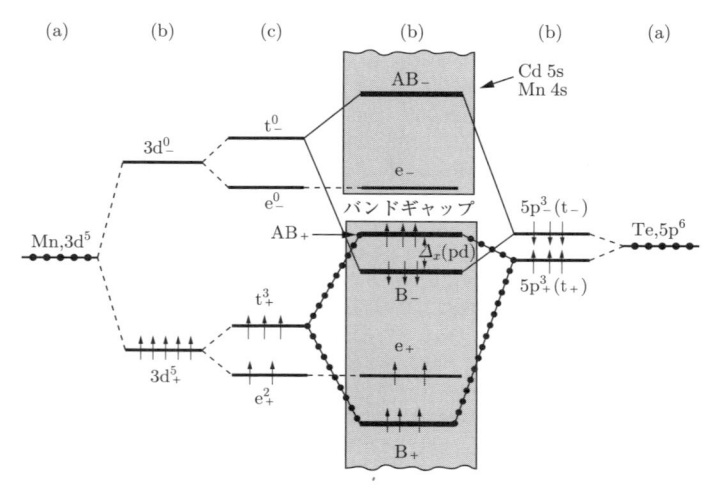

図 1.59 (Cd, Mn)Te 中の Mn の電子状態を示す概念図[5]．Mn 原子の 3d5 状態 (a) が交換分裂 (b) と結晶場分裂 (c) を経て Te5p 軌道と混成する (d)．

b. 電 子 状 態

図 1.59 は (Cd, Mn)Te 中の Mn の電子状態を示す概念図である[5]．原子の電子状態 (a) が交換分裂 (exchange splitting)(b) する．その状態が閃亜鉛鉱型の結晶中に置かれるため，Mn の電子状態には結晶場分裂 (crystal field splitting)(c) が加わる．結晶場分裂した一方の状態 (図中 t^3) が CdTe の Te 5p 軌道と混成するためさらに結合，反結合状態に分裂して CdTe のバンド中に位置することとなる (d)．これまで実験的にしらべられている希薄磁性半導体は，図のように交換分裂が結晶場分裂より大きく，d 軌道スピンがすべてそろう高スピン状態である．

c. 交換相互作用

(i) sp–d 交換相互作用 半導体に磁性原子 (遷移金属) を導入すると，ホスト半導体のバンド電子 (sp 電子) と磁性原子の局在電子 (d 電子) との間に交換相互作用が生じる．軌道磁気モーメントがゼロになる Mn などの原子の場合，この相互作用はモデルハミルトニアン $H_{ex} = -J(\bm{r}-\bm{R}_i)\bm{s}\cdot\bm{S}_i$ がよい近似を与える．ここで，$\bm{s}$ は電子，$\bm{S}_i$ は i サイトの磁性原子のスピンであり，J は相互作用定数である．II–VI 族や III–V 族半導体の場合，伝導帯は s 軌道より構成されており，p 軌道との混成が無視できる場合には J は常に正 (強磁性的) である．一方，軌道からなる価電子帯では，p 軌道が d 軌道と混成し，それらのエネルギー位置の関係で符号が決まる．多くの場合，J は負 (反強磁性的) となる．たとえば図 1.59 の価電子帯部分では Mn スピンと逆のスピンをもつホストの軌道が安定化されており，符号は負である．s–d, p–d 交換相互作用 (sp–d exchange interaction) の大きさを $N_0\alpha$, $N_0\beta$ と表すことが多い．ここで，$\alpha = \langle s|J|s\rangle$, $\beta = \langle p|J|p\rangle$, $|m\rangle$ は m 軌道 ($m =$ s, p) のブロッホ関数，N_0 は置換するサイトの密度

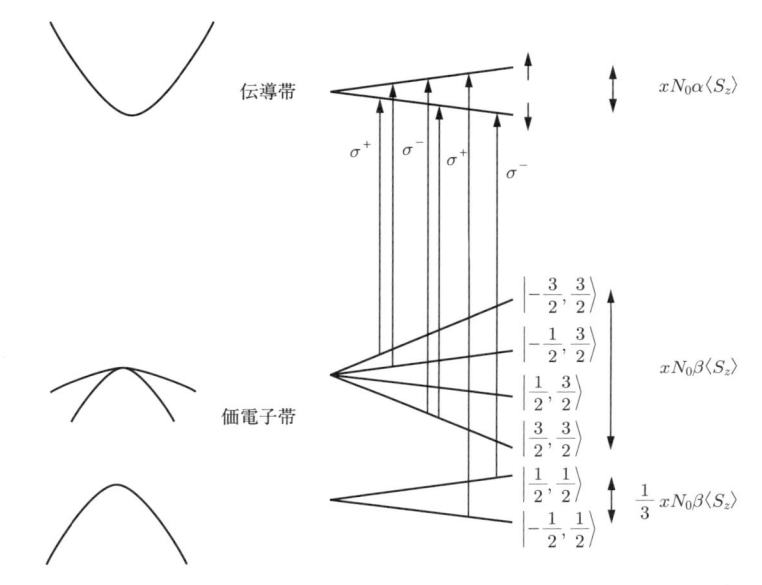

図 1.60 sp–d 交換相互作用により，磁化が発生すると ($\langle S_z \rangle \neq 0$) バンドが図のようにスピン分裂する．

である．$N_0\alpha$, $N_0\beta$ の値は，実験と理論を比較することで決定する．理論の概要は以下の通りである．まず，磁性原子の組成で平均した仮想的原子の項 ($x\boldsymbol{S}_n$) をすべての対応する格子点に置くことによりハミルトニアンに並進対称性をもたせ [仮想格子近似 (virtual crystal approximation)]．次に単位体積あたりの $x\boldsymbol{S}_n$ を局所磁化 $M(r)$ で表して $-M(r)/g\mu_B$ に置き換え [分子場近似 (molecular-filed approximation)]，その後局所磁化を全体の磁化 M で置き換える [平均場近似 (mean-field approximation)]．このとき $M = -xN_0g\mu_\mathrm{B}\langle S \rangle$ である ($\langle S \rangle$ はスピンの平均値)．これと伝導帯・価電子帯を取り込んだ 8×8 あるいは価電子帯を記述する 6×6 の $\boldsymbol{k} \cdot \boldsymbol{p}$ ハミルトニアンを組み合わせて，バンドのエネルギーを求める[3,6]．半導体に磁化 $\langle S \rangle$ が発生すると，sp–d 交換相互作用のためバンドにスピン分裂 (spin splitting) が生じる．その様子を図 1.60 に示す．狭い禁制帯幅を有する半導体の場合にはスピン分裂により禁制帯をゼロにすることもできる．図 1.60 には対応する光学遷移を σ^+ [右回り円偏光 (circularly polarized light)]，σ^- (左回り円偏光) で併せて示した．光学遷移のエネルギーと相対的強度を表 1.9 に示す[3]．このようにスピン分裂すると光学遷移に円偏光依存性が生じるので，磁気円二色性スペクトルや円偏光反射スペクトルの磁化依存性などと，理論で期待されるスピン分裂を比較して $N_0\alpha$, $N_0\beta$ を定めることができる．表 1.10 に II–VI, III–V 族における $N_0\alpha$, $N_0\beta$ をまとめた[3,6]．

表 1.9 スピン分裂した価電子帯, 伝導帯のバンドの相対的エネルギーと光学遷移[3]. ここで, $A = -\frac{1}{6}xN_0\alpha\langle S_z\rangle$, $B = -\frac{1}{6}xN_0\beta\langle S_z\rangle$ である ($\langle S_z\rangle < 0$ に注意).

バンド		バンドの	光学遷移	相対的
価電子帯	伝導帯	エネルギー	の偏光	強度
$\lvert\frac{3}{2} -\frac{3}{2}\rangle$	↓	$3B-3A$	σ^+	3
$\lvert\frac{3}{2} -\frac{1}{2}\rangle$	↑	$B+3A$	σ^+	1
$\lvert\frac{3}{2} -\frac{1}{2}\rangle$	↓	$B-3A$	π	2
$\lvert\frac{3}{2} \frac{1}{2}\rangle$	↑	$-B+3A$	π	2
$\lvert\frac{3}{2} \frac{1}{2}\rangle$	↓	$-B-3A$	σ^-	1
$\lvert\frac{3}{2} \frac{3}{2}\rangle$	↑	$-3B+3A$	σ^-	3
$\lvert\frac{1}{2} -\frac{1}{2}\rangle$	↑	$-B+3A$	σ^+	2
$\lvert\frac{1}{2} -\frac{1}{2}\rangle$	↓	$-B-3A$	π	1
$\lvert\frac{1}{2} \frac{1}{2}\rangle$	↑	$B+3A$	π	1
$\lvert\frac{1}{2} \frac{1}{2}\rangle$	↓	$B-3A$	σ^-	2

表 1.10 各種磁性半導体における $N_0\alpha$, $N_0\beta$ の値[6,8].

半導体	$N_0\alpha$ (eV)	$N_0\beta$ (eV)
II–VI		
(Zn,Mn)Se	0.26	-1.32
(Zn,Mn)Te	0.19	-1.09
(Cd,Mn)S	0.22	-1.8
(Cd,Mn)Se	0.26	-1.24
(Cd,Mn)Te	0.22	-0.88
(Zn,Fe)Se	0.22	-1.74
(Cd,Fe)Se	0.25	-1.45
(Cd,Co)Se	0.28	-1.87
III–V		
(Ga,Mn)As		-1.2
(In,Mn)As		-0.8

(ii) 超交換相互作用 キャリアーが存在しない希薄磁性半導体では磁性原子間に働く相互作用は主として超交換相互作用 (superexchange interaction) である. II–VI 族における Mn^{2+}, Fe^{2+}, Co^{2+} 間の超交換相互作用は反強磁性的であることが知られている. 一方, Cr^{2+} の場合は強磁性的になることが理論的に示されている[7]. III–V 族でもキャリアーが存在しない場合にはこの事情は変わらないが, 遷移金属原子がアクセプタとして働くので, キャリアーを媒介とする相互作用との競合となる. Mn ベースの II–VI 族希薄磁性半導体では, この反強磁性的超交換相互作用のため, Mn 濃度を増加させると常磁性相からスピングラス相へ移行する. キャリアーが存在しないため, 金属に比べてスピングラスの解析が容易である系としてしらべられている.

d. 磁性

(i) 常磁性 希薄磁性半導体の磁化は通常次の変形ブリユアン関数 (modified Brillouin function) にしたがう.

$$M = -x_{\text{eff}}N_0 g\mu_B S B_S\left(\frac{g\mu_B S B}{k_B(T+T_{\text{AF}})}\right) \tag{1.157}$$

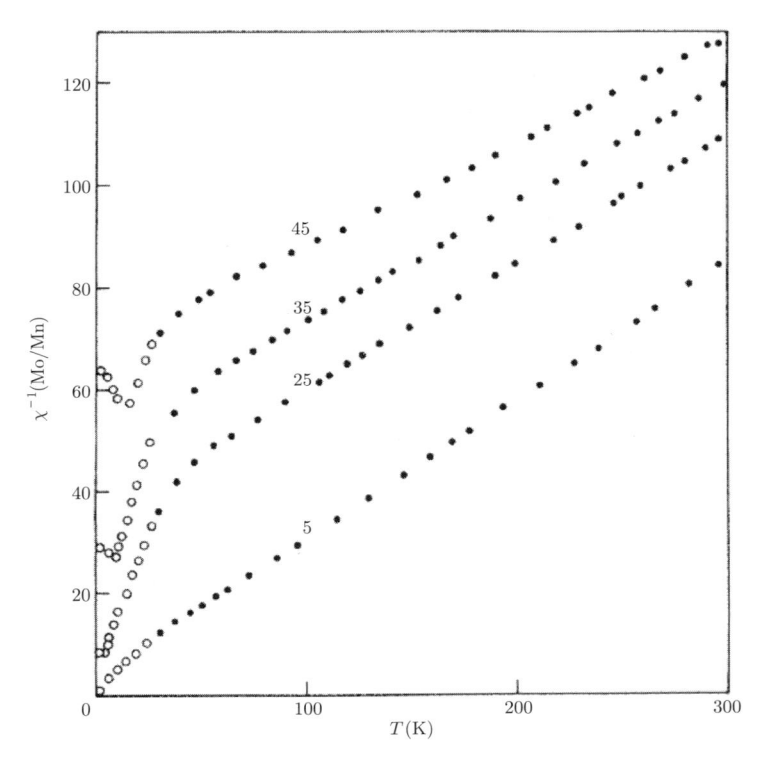

図 1.61 (Cd, Mn)Se における帯磁率の逆数と温度の関係. 40 K 以上では直線となりキュリー–ワイス型となっている. 図中の数字は Mn の濃度を％で表している[8]

ここで, x_{eff} は実効的組成である. 2 つの磁性原子がもっとも近接した位置に来るとその間の反強磁性相互作用により磁性スピンが対をなしたりして磁化に寄与しなくなるため, 実効的組成を用いる. T_{AF} は磁性スピン間の反強磁性相互作用を現象論的に表す項である. また, g は磁性原子の g 値, μ_{B} はボーア磁子, S は磁性スピン (Mn であれば $S = 5/2$), B は外部磁場, $B_S(x)$ はブリユアン関数

$$B_S(x) = \frac{2S+1}{2S}\coth\left(\frac{2S+1}{2S}x\right) - \frac{1}{2S}\coth\left(\frac{1}{2S}x\right)$$

である.

磁性相における帯磁率 (susceptibility) $\chi(T)$ は通常キュリー–ワイス型の温度依存性 $C/(T - \Theta)$ を示す. これを図 1.61 に示す[8]. ここで

$$C = xN_0(g\mu_{\text{B}})^2\frac{S(S+1)}{3k_{\text{B}}}$$

はキュリー定数, Θ は常磁性キュリー温度 (paramagnetic Curie temperature) であ

る．Θ から超交換相互作用の大きさを見積もることができる．Θ は，

$$\Theta = \frac{2S(S+1)x}{3k_{\mathrm{B}}} \sum_n z_n J_n$$

と表される．ここで n は第 n 近接，z_n はその数，J_n は交換相互作用の大きさである．最近接が最大の寄与をするのでそれ以外を無視することが多い．このようにして求めた $-J_1/k_{\mathrm{B}}$ は II–VI 族の場合 4～16 K である[3]．

なお，強磁場 ($>10\,\mathrm{T}$) を加えると対となったスピンがそろう磁化応答が観測される．

(ii) スピングラス　図 1.61 で見られる低温相は，帯磁率の温度依存性が最大値をとった後，低温で減少すること，低温での比熱が温度に線形に変化すること，中性子回折に長距離秩序が見られないことから，スピングラス (spin glass) として理解されている．磁性原子が占める面心立方格子において反強磁性相互作用が引き起こすフラストレーションと，磁性原子が希薄に (すべての格子点を占めない) 分布していることに起因する．

(iii) 磁気ポーラロン　ドナーやアクセプターに束縛されたキャリアーは，sp–d 交換相互作用により近傍の磁性スピンを偏極させて交換エネルギー分安定になる．これを束縛磁気ポーラロン，あるいは単に磁気ポーラロン (magnetic polaron) とよぶ[9]．交換積分 β が見かけ上組成に依存する，禁制帯幅が組成に対して線形に変化しないボーイングが存在する，など平均場近似の枠を超えた現象は磁気ポーラロンの存在を考えると説明できる．光学的にキャリアーを短時間で生成し，周辺の磁性スピンが偏極していくダイナミクスもしらべられている．

(iv) 強磁性　III–V 族ベースの (Ga,Mn)As, (In,Mn)As, II–VI 族ベースの (Zn,Mn)Te, (Cd,Mn)Te, IV–VI 族ベースの (Pb,Sn,Mn)Te などでは，p 型に高濃度ドープすると強磁性 (ferromagnetism) となる[10]．強磁性とその磁気異方性などの諸性質は p–d ツェナー模型 (p–d Zener model) で良く説明される[6]．sp–d 交換相互作用によりバンド分裂が生じ，キャリアーがバンドに再分配されてエネルギーの利得を生じる．これが磁化を生じさせるための自由エネルギーの増加と釣り合うとき強磁性が発現する．強磁性に転移するキュリー温度 (Curie temperature) T_{C} は，

$$T_{\mathrm{C}} = \frac{xN_0 S(S+1) A_{\mathrm{F}} \rho(E_{\mathrm{F}}) \beta^2}{12 k_{\mathrm{B}}}$$

と表される．ここで S は磁性原子のスピン (Mn の場合 $S=5/2$)，$\rho(E_{\mathrm{F}})$ はフェルミ・エネルギー E_{F} における状態密度で磁化方向依存性がある．A_{F} はキャリアー–キャリアー間の相互作用に起因する因子で 1.2 程度である．キャリアー濃度が十分に高い領域で磁化容易軸 (easy axis for magnetization) は，薄膜結晶が引張りひずみを受けているとき面に垂直，圧縮ひずみのとき面内を向く．この磁化容易軸のひずみ依存性も，キャリアー濃度依存性，温度依存性も併せて p–d ツェナー模型で半定量的に説明される．通常 β の方が α より 5 倍大きく，また状態密度も価電子帯の方が大きいので，強

磁性は p 型半導体で観測される．これらの物質では，キャリアー濃度を電界で制御することにより可逆的に強磁性–常磁性転移を引き起こすことができる[11]．(Ga,Mn)As では薄膜で $T_C = 173\,\mathrm{K}$[12]，ヘテロ構造で $250\,\mathrm{K}$[13]が報告されている．

高い T_C を示す材料系の探索が続いているが，室温を超える強磁性が報告されている希薄磁性半導体で，クラスタなどではない内因性の強磁性を示すものは多くない．内因性であることの実験的証明も容易ではない．通常，異常ホール効果や磁気円二色性スペクトルを測定しキャリアーやバンドが強磁性リンクしていることを見る．TiO_2 などをベースにした酸化物磁性半導体 (magnetic oxide semiconductors) でも強磁性が見られる[14]．この起源については明らかではない．

e. 電気的・光学的性質

(i) 光学的性質 希薄磁性半導体ではバンドのスピン分裂により顕著な磁気光学効果が現れる．磁化が発生すると sp–d 交換相互作用によって図 1.60 のようにバンドが分裂する．低温では励起子が生成されるため図 1.62 に示すように反射スペクトルにバンド分裂が顕著に現れる[15]．これから α, β を決めることができる．

交換相互作用にもとづくバンド分裂をゼーマン分裂の形式で表し実効的 g 因子 (effective g-factor) g_eff で表すことも多い．伝導帯，価電子帯の g_eff は，それぞれ次のようになる．

$$g_\mathrm{eff,e} = g_e + \frac{xN_0\alpha\langle S\rangle}{\mu_B B} = g_e - \frac{\alpha M}{g_{Mn}\mu_B{}^2 B}$$

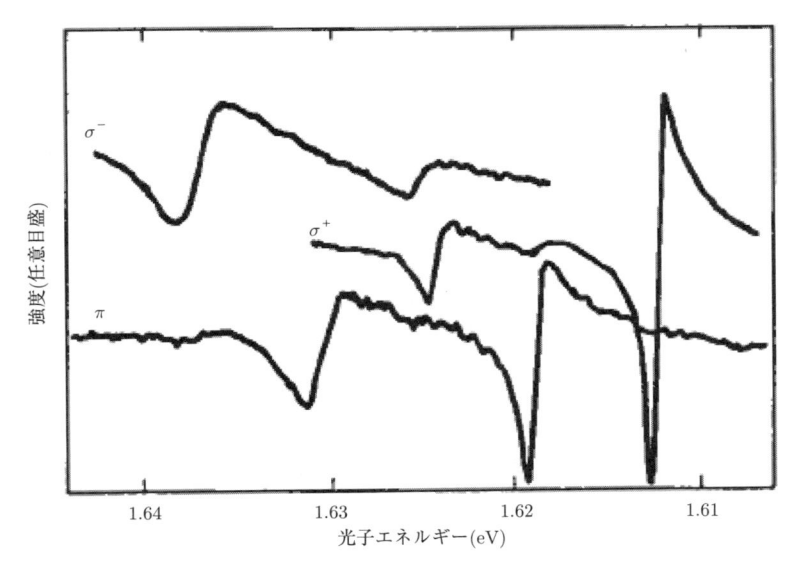

図 1.62 偏光反射スペクトルに現れたスピン分裂．(Cd, Mn)Te の例．磁場は $1.1\,\mathrm{T}$[15]．

$$g_{\text{eff,h}} = g_{\text{h}} + \frac{xN_0\beta\langle S\rangle}{\mu_B B} = g_{\text{h}} - \frac{\beta M}{g_{Mn}\mu_B{}^2 B}$$

$M = \chi H$ と表される領域では g_{eff} は定数となり，低温で 100 を超えることがある．このため，巨大なファラデー効果 (giant Faraday effect) が観測される[16]．

III–V 族希薄磁性半導体のように高濃度にドープされた系では，励起子が形成されずスペクトルがブロードである．このため，スピン分裂の大きさを II–VI 族の場合のように定めることはできず，光電子分光とモデリングを併用する[17] など別な手段で決める必要がある．しかし，sp–d 相互作用の存在や磁化測定には光学特性を測定することが有用であり，とくに σ^+ と σ^- の吸収差の磁気円二色性 (MCD: Magnetic Circular Dichroism) が良く用いられる．(Ga,Mn)As の MCD の一例を図 1.63 に示す[18]．

(ii)　超巨大磁気抵抗効果と臨界散乱　　磁場を印加することによって 6 桁を超える抵抗変化が強磁性半導体 $\text{Gd}_{3-x}\text{V}_x\text{S}_4$ で報告されている．これは磁気ポーラロンが

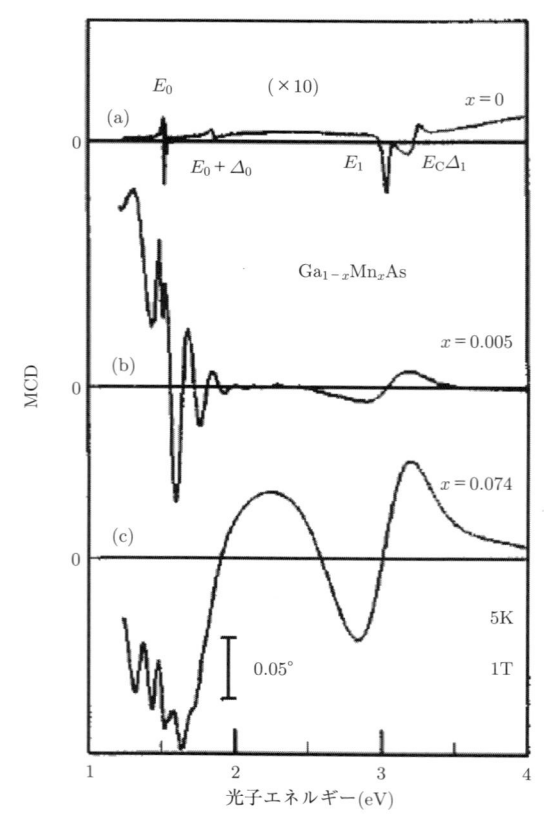

図 **1.63**　(Ga, Mn)As における磁気円二色性スペクトル．GaAs のバンドを特徴づけるピークがブロードになると同時に sp–d 交換相互作用のため増強されている[18]．

磁場によって崩壊していく過程を電気抵抗により観測していると解釈される．同時に金属–絶縁体転移 (metal–insulator transition) が生じることもある[19]．同程度の大きな磁気抵抗効果と金属-絶縁体転移が (Hg, Mn)Te や (Cd, Mn)Se でも観測されている[20]．

強磁性相転移に起因する臨界散乱 (critical scattering) も強磁性半導体 (Eu, Gd)S で測定されている[21]．常磁性領域の散乱頻度は局在スピンの帯磁率 $\chi(T)$ と温度の積に比例する．(Ga, Mn)As では強磁性転移温度付近で磁気抵抗に極大が見られる．それに付随して負の磁気抵抗効果が観測される[22]．

(iii) 異常ホール効果　磁化 M が生じるとそれに比例する異常ホール効果 (anomalous Hall effect) に起因したホール抵抗が現れる．ローレンツ力による通常ホール効果と併せて薄膜のホール抵抗 R_{Hall} は，

$$R_{\mathrm{Hall}} = \frac{R_0 B}{d} + \frac{R_S M}{d}$$

と表される．ここで R_0 はホール係数，R_S は異常ホール係数，M は試料に垂直方向の磁化，d は試料厚さである．輸送測定から相対的磁化を定めることができるので，微小領域の磁化測定に有用である．通常ホール効果から伝導型やキャリアー濃度を定めるには，異常ホール項が飽和する温度・磁場領域を選ぶなど測定に工夫を要する．

異常ホール効果はスピン–軌道相互作用により生じ，キャリアー散乱に起因する外因性のスキュー散乱 (skew scattering) 機構と，バンド構造により生じる内因性のサイドジャンプ散乱 (side jump scattering) 機構が知られている．前者は抵抗率に比例し，後者は抵抗率の2乗に比例する (ホール伝導率が電気伝導度と独立)．低温における (Ga, Mn)As の異常ホール効果はバンド構造で説明できることが示されている[23]．

[大野英男]

文　献

[1] T. Kasuya and A. Yanase, Rev. Mod. Phys. **40** (1968) 684.
[2] A. Mauger and C. Godart, Physics Reports, **141** (1986) 51.
[3] J. K. Furdyna and J. Kossut (eds.), Semiconductors and Semimetals, vol. 25, *Diluted Magnetic Semiconductors* (Academic Press, 1988).
[4] F. Matsukura et al., III–V Ferromagnetic Semiconductors, in *Handbook of Magnetic Materials*, Vol. 14, ed. by K. H. J. Buschow (North-Holland, 2002) p. 1.
[5] Su-Huai Wei and Alex Zunger, Phys. Rev. B **35** (1987) 2340.
[6] T. Dietl et al., Science **287** (2000) 1019; T. Dietl et al., Phys. Rev. B **63** (2001) 195205.
[7] J. Blinowski et al., Phys. Rev. B **53** (1996) 9524.
[8] S. B. Oseroff, Phys. Rev. B **25** (1982) 6584.
[9] T. Dietl, in Materials, Properties and Preparations, ed. by S. Mahajan, *Handbook on Semiconductors*, Vol. 3B, 2nd ed., ed. by T. C. Moss (North-Holland, 1994) p. 1251.
[10] T. Dietl, Semiconductor Science and Technology, **17** (2002) 377.
[11] H. Ohno et al., Nature **408** (2000) 944.

[12] K. Y. Wang et al., AIP Conf. Proc. No. 772 (2005) 333; cond-mat 0411475 (2004).
[13] A. M. Nazmul et al., Phys. Rev. Lett., **95** (2005) 01701.
[14] Y. Matsumoto et al., Science **291** (2001) 854.
[15] J. A. Gaj et al., Solid State Commun. **29** (1979) 435.
[16] D. V. Bartholomew et al., Phys. Rev. B **34** (1986) 6943.
[17] J. Okabayashi et al., Phys. Rev. B **58** (1998) R4211.
[18] K. Ando et al., J. Appl. Phys. **83** (1998) 6548.
[19] S. von Molnar and F. Holtzberg, AIP Conf. Proc. No. 18 (1974) 908; S. von Molnar et al., Phys. Rev. Lett. **51** (1983) 706.
[20] T. Wojtowicz et al., Phys. Rev. Lett. **56** (1986) 2419.
[21] S. von Molnar and T. Kasuya, Phys. Rev. Lett. **21** (1968) 1757.
[22] F. Matsukura et al., Phys. Rev. B **57** (1998) R2037.
[23] T. Jungwirth et al., Phys. Rev. Lett. **88** (2002) 207208.

2

超伝導・超流動

2.1 基礎概念と BCS 超伝導

2.1.1 基礎概念と BCS 超伝導

水銀の超伝導が Kamerlingh-Onnes によって発見されたのは 1911 年,また極低温での液体 ^{4}He の異常な性質を超流動と Kapitza が名付けたのは 1938 年のことである.超伝導体では,転移温度以下で文字通り電気抵抗が消失し,表面を流れる超伝導電流によって外部磁場が遮蔽されマイスナー (Meissner) 効果が生じる (図 2.1).超流動 He では,圧力差のない細管中を液体が流れ続ける.これらの流れが熱平衡状態で流れ続けているのが特徴である.その後 1972 年にフェルミ粒子系である液体 ^{3}He の超流動が 2 mK という低温で発見される一方,1986 年の銅酸化物高温超伝導体を始めとして種々の新しい超伝導体が発見され,さらにレーザー冷却で冷却された中性原子気体系でボース粒子系,フェルミ粒子系の双方で超流動状態の存在が報告されている.これらは,低温において量子効果が重要になって生じる現象であり,ボース粒子系で

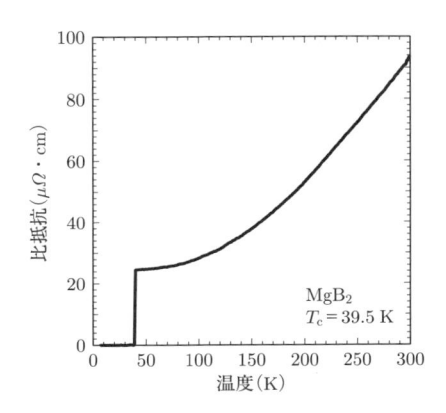

図 **2.1** 超伝導体 MgB_2 の電気抵抗の温度変化 (広島大学 浴野稔一氏提供).

はボース凝縮という同じ状態を巨視的な数の粒子が占める現象が本質的であると考えられている．一方，フェルミ粒子系では粒子間相互作用によってクーパー対が形成され，そのクーパー対がボース凝縮に似た凝縮状態を形成することによって超伝導，超流動状態が実現していると考えられている．

a. ボース凝縮と超流動

ボース粒子系である液体 ^{4}He は $T = 2.17\,\mathrm{K}$ 以下で超流動状態になる．一方，理想ボース気体は密度で決まる転移温度 T_c 以下でボース凝縮を起こし，最低のエネルギー $\varepsilon_0 = 0$ をもつ1粒子エネルギー状態を巨視的な数 N_0 の粒子が占めることになる．液体 ^{4}He の密度を用いて T_c を計算すると，$T_c = 3.13\,\mathrm{K}$ が得られ，超流動転移温度に近い結果が得られる．このことから，F. London は，液体 ^{4}He の超流動性の起源がボース凝縮に在るのではないかと提案した．現実の液体 ^{4}He は，相互作用が強く理想ボース気体とは程遠い系であり，$T = 0\,\mathrm{K}$ での N_0 も全粒子数 N の10%程度と見積もられている．しかし，ボース凝縮を起こした系が超流動性を示すことは以下のような考え方で説明できる．

(i) ボース凝縮系の秩序変数 いま N 粒子系の基底状態を $\Phi(N)$ とし，最低1粒子エネルギー状態の生成消滅演算子を $b_0^\dagger, b_0$ とすると，

$$N_0 = \langle \Phi(N)|b_0^\dagger b_0|\Phi(N)\rangle \tag{2.1}$$

$$= \sum_n \langle \Phi(N)|b_0^\dagger|\Phi_n(N-1)\rangle\langle \Phi_n(N-1)|b_0|\Phi(N)\rangle \tag{2.2}$$

$$= |\langle \Phi(N-1)|b_0|\Phi(N)\rangle|^2 + \sum_{n\neq 0}|\langle \Phi_n(N-1)|b_0|\Phi(N)\rangle|^2 \tag{2.3}$$

ここで，式 (2.2) の中間状態は $N-1$ 粒子系の完全系で，式 (2.3) では，中間状態からの寄与を基底状態からの第1項と励起状態からの寄与の第2項に分けた．第1項は，最低エネルギー状態の粒子を1個消したときに，系が $N-1$ 粒子系の基底状態に留まる確率を表し，第2項は励起状態に遷移する確率を与えている．ボース凝縮を起こしている場合は，最低エネルギー状態を巨視的な数の粒子が占めているので，そのうちの1個を消したとしても影響は小さく，系はほとんど $N-1$ 粒子系の基底状態に留まると考えられる．したがって式 (2.3) の第2項は無視することができ，

$$\langle \Phi(N-1)|b_0|\Phi(N)\rangle = \sqrt{N_0}, \quad \langle \Phi(N)|b_0^\dagger|\Phi(N-1)\rangle = \sqrt{N_0} \tag{2.4}$$

と書くことができる．

いま，全系のなかで巨視的ではあるが全体に比べれば小さい部分系に注目し，周囲の大きな系は部分系に対して化学ポテンシャル μ をもった粒子浴の働きをすると考える．ボース凝縮が起こっているので $\mu = \varepsilon_0$ と考えてよい．周囲を粒子浴と考えるグランドカノニカル分布の考え方では，部分系が N 粒子をもつときのエネルギーを $E(N)$ とすると，系のエネルギーは

$$E(N) - \mu N \tag{2.5}$$

であり，部分系がもつ平均粒子数 N^* は $T = 0\,\mathrm{K}$ では

$$\left.\frac{\partial}{\partial N}\left[E(N) - \mu N\right]\right|_{N=N^*} = 0 \tag{2.6}$$

で決まる．グランドカノニカル分布では，$\sqrt{N^*}$ 程度の粒子数のゆらぎが許されるが，N^* が巨視的な数の場合は $\sqrt{N^*} \ll N^*$ である．したがって式 (2.6) から，粒子数が $N^* + n$ の基底状態 $|\Phi(N^* + n)\rangle$ は，$|n| \leq \sqrt{N^*}$ の範囲では，エネルギー $E(N^* + n) - (N^* + n)\mu$ はほとんど変化せず，縮退していることがわかる．粒子が部分系と粒子浴の間を出入りする過程を表すハミルトニアンは n が 1 個異なる状態の間で行列要素をもつので，これを摂動とすれば，縮退が解け

$$|\Psi\rangle = \left(\frac{1}{2\sqrt{N^*}}\right)^{1/2} \sum_{|n|\leq\sqrt{N^*}} e^{in\phi}|\Phi(N^* + n)\rangle \tag{2.7}$$

のような状態が実現していると考えられる（この形は，1 次元の結晶で電子が両隣の格子点に移動できる場合のブロッホ波と同じ形をしている）．この状態で演算子 $b_0, b_0^\dagger$ の期待値を計算すると $\langle b_0 \rangle = \sqrt{N_0}e^{i\phi}$, $\langle b_0^\dagger \rangle = \sqrt{N_0}e^{-i\phi}$ となる．すなわちボース凝縮が起こっている場合は，演算子の交換関係 $[b_0, b_0^\dagger] = 1$ の右辺の 1 を無視してよいような状態が実現しているといってもよい．もちろん，このような状態が安定な状態であるかどうかは検討を要するが，粒子間に弱い斥力が働いている系では実現することが確かめられている．

状態 $|\Psi\rangle$ で，粒子の場の演算子

$$\psi(\boldsymbol{r}) = \frac{1}{\sqrt{V}} \sum_{\boldsymbol{p}} b_{\boldsymbol{p}} e^{i\boldsymbol{p}\cdot\boldsymbol{r}}$$

の期待値をとると

$$\langle\Psi|\psi(\boldsymbol{r})|\Psi\rangle = \sqrt{n_0}e^{i\phi}, \quad n_0 = \frac{N_0}{V} \tag{2.8}$$

となる．ここで V は部分系の体積で，n_0 はボース凝縮体の数密度である．

より一般的に全系が一様でない場合にも，局所的な部分系で式 (2.8) が成り立っているとし，

$$\langle\psi(\boldsymbol{r})\rangle = \sqrt{n_0(\boldsymbol{r})}e^{i\phi(\boldsymbol{r})} \tag{2.9}$$

が存在すると考え，これをボース凝縮系の秩序変数とよぶ．定義から秩序変数は 1 粒子波動関数の性格をもつ．巨視的な粒子が同じ状態を占めるために物質波が存在し，$\phi(\boldsymbol{r})$ はその位相を表していると考えてもよい．n_0 はボース凝縮温度 T_c 以下で存在し，T_c 以上では消える．

(ii) 超伝導電流と超流動速度　考えているボース粒子の質量を m とし，また仮想的に電荷 e^* をもつとしよう．ベクトルポテンシャル $\boldsymbol{A}$ が存在するときの電流演算子

$$\boldsymbol{j} = \frac{e^*\hbar}{2mi}[\psi^\dagger\boldsymbol{\nabla}\psi - (\boldsymbol{\nabla}\psi^\dagger)\psi] - \frac{e^{*2}}{m}\boldsymbol{A}\psi^\dagger\psi$$

の期待値を計算すると，超伝導電流の表式

$$\boldsymbol{j}_\text{s} = \frac{e^*}{m}n_0\left(\hbar\boldsymbol{\nabla}\phi - e^*\boldsymbol{A}\right) \tag{2.10}$$

が得られる．この計算では，式 (2.3) で第 2 項を無視したと同じ精神で $\langle\psi^\dagger\psi\rangle = \langle\psi\rangle^*\langle\psi\rangle$ と近似し，また n_0 の場所依存性は無視した．この結果をマクスウェルの方程式 $\boldsymbol{\nabla}\times\boldsymbol{B} = \mu_0\boldsymbol{j}_\text{s}$ と組み合わせると，

$$\Delta\boldsymbol{B} - \frac{1}{\lambda^2}\boldsymbol{B} = 0, \qquad \frac{1}{\lambda^2} = \mu_0\frac{e^{*2}}{m}n_0 \tag{2.11}$$

が得られる．これから系内では，磁束密度は λ 程度の距離で減衰することがわかり，λ はロンドンの磁場侵入長とよばれている．金属の超伝導状態では，電子のクーパー対がボース粒子の役割を果たし，$e^* = 2e$ とすればよいことがわかっている．電子の質量や密度を用いて λ を評価すると，$T = 0\,\text{K}$ で $\lambda \sim 10^{-7}\,\text{m}$ 程度になる．したがって巨視的には磁場は超伝導体からは排除される．温度の上昇とともに λ は長くなり，転移温度では無限大になる．これがマイスナー効果である．

次に中性粒子の場合の質量流 $\boldsymbol{j}$ を考えよう．上と同じ計算で

$$\boldsymbol{j} = \rho_\text{s}\boldsymbol{v}_\text{s}, \quad \rho_\text{s} = mn_0, \quad \boldsymbol{v}_\text{s} = \frac{\hbar}{m}\boldsymbol{\nabla}\phi \tag{2.12}$$

が得られ，ρ_s は超流動密度，$\boldsymbol{v}_\text{s}$ は超流動速度とよばれる．これに加え，有限温度では励起量子の運ぶ運動量密度 $\rho_n\boldsymbol{v}_n$ が質量流に寄与し，全質量流は $\boldsymbol{j} = \rho_\text{s}\boldsymbol{v}_\text{s} + \rho_n\boldsymbol{v}_n$ と書ける．これが 2 流体モデルの起源である．

(iii) 磁束の量子化と渦系の量子化　秩序変数 $\langle\psi\rangle$ は一価関数であることから，閉じた経路に沿った線積分 $\oint d\boldsymbol{s}\cdot\boldsymbol{\nabla}\phi$ は

$$\oint d\boldsymbol{s}\cdot\boldsymbol{\nabla}\phi = 2\pi n \quad (n\text{ は整数}) \tag{2.13}$$

を満たさなければならない．式 (2.10) を上に代入すると，荷電粒子系ではフラクソイドとよばれる量 $\varPhi'$ の量子化が生じる．

$$\varPhi' = \varPhi + \frac{m}{n_0 e^{*2}}\oint d\boldsymbol{s}\cdot\boldsymbol{j}_\text{s} = n\frac{2\pi\hbar}{e^*}, \quad \varPhi = \oint d\boldsymbol{s}\cdot\boldsymbol{A} \tag{2.14}$$

ここで，$\varPhi$ は経路を貫く磁束である．いま超伝導体からできたリングを考え，リングの太さは磁場侵入長よりは十分長いものを考える．積分経路をリングの内部にとれば

そこではマイスナー効果により $\boldsymbol{B} = \boldsymbol{j}_\mathrm{s} = 0$ なので，フラクソイドはリングを貫く磁束に一致し磁束の量子化が起こる．BCS 超伝導体では $e^* = 2e$ として良く，磁束は磁束量子 $\phi_0 = \pi\hbar/e$ の整数倍に限られることになる．

中性粒子の場合は超流動速度の循環の量子化が起こる．

$$\oint d\boldsymbol{s} \cdot \boldsymbol{v}_\mathrm{s} = \frac{2\pi\hbar}{m} n \tag{2.15}$$

実際超流動 ^{4}He では $n=1$ の渦糸が存在しており，流体力学的性質に大きな影響を与えている．

(iv) ゲージ対称性の破れ もともとの全系のハミルトニアンは全粒子数は保存しているので，第 1 種のゲージ変換 $e^{i\gamma\hat{N}}$ に関して不変である．一方，波動関数の方は $e^{i\gamma\hat{N}}\varPhi(N) = e^{i\gamma N}\varPhi(N)$ と変換される．その結果，式 (2.8) の秩序変数も

$$\langle\psi\rangle = \sqrt{n_0}e^{i\phi} \to \sqrt{n_0}e^{i(\phi+\gamma)} \tag{2.16}$$

のように変換される．したがって，特定の位相を持った秩序変数が存在しているということは，もとのハミルトニアンがもつ対称性が破れていることになる．常伝導 (流動) 状態はハミルトニアンのもつ対称性を保っているのに対し，超伝導 (流動) 状態ではゲージ不変性の破れた対称性の低い状態になっている．

b. 液体 ^{4}He と BCS 超伝導体

今まで述べてきたボース粒子系の超伝導・超流動の理論は，弱い相互作用をしているモデル系に基礎を置いたものである．したがってレーザー冷却されたボース気体系には適用でき，定量的な議論も盛んに行われている．しかし，液体 ^{4}He のような強い相互作用のある系では，そもそも一粒子状態さえ定義できるかどうか明らかではない．それにもかかわらず，量子化された渦糸の存在などから，液体 ^{4}He においても式 (2.9) の秩序変数が存在していると考えられている．

一方で，フェルミ粒子系では，次に述べる BCS 理論によってクーパー対が上に述べたボース粒子の役割を果たし，電磁気学的性質も $e^* = 2e$ と置くことによって説明されることが示されている．

2.1.2 BCS 理論

a. クーパーの不安定性

電子系や液体 ^{3}He などのスピン 1/2 のフェルミ粒子系の常伝導 (流動) 状態の基底状態は，すべての粒子がフェルミ・エネルギー E_F 以下の状態をパウリ原理にしたがって占有している状態である．Bardeen, Cooper, Schrieffer による BCS 理論に先立って，Cooper は，フェルミ面近傍で粒子間に負の相互作用が働く場合，フェルミ面上にある 2 粒子の束縛状態 (クーパー対) が生じ，そのエネルギーは E_F の 2 倍よりも低いことを明らかにした．したがって，フェルミ面上の粒子は次々とクーパー対をつ

くってエネルギーの低い状態に落ち込んでいくことになり,常伝導状態でのフェルミ面は不安定になる.BCS 理論は,超伝導 (流動) 状態がこのクーパー対の凝縮状態で説明されることを明らかにした.

b. BCS 理論と分子場近似

BCS 理論は,2 次相転移の分子場理論にしたがって説明するのがわかりやすい.話を簡単にするため,以下では一様で等方的な系を考え,球形のフェルミ面を想定して議論を進める.

相互作用するフェルミ粒子系のハミルトニアンは

$$\mathcal{H} = \sum_{p\alpha} \xi_p a^\dagger_{p\alpha} a_{p\alpha} + \frac{1}{2} \sum_{pp'q} \sum_{\alpha\beta} v(q) a^\dagger_{p+q\alpha} a^\dagger_{p'-q\beta} a_{p'\beta} a_{p\alpha} \qquad (2.17)$$

ここで,$a^\dagger_{p\alpha}, a_{p\alpha}$ は,フェルミ液体理論でいうところの運動量 p スピン α をもつ準粒子の生成 (消滅) 演算子である.以下では粒子数の確定していない状態を扱い,グランドカノニカル分布を扱うので,粒子のエネルギー $\varepsilon_p = p^2/2m$ のかわりに化学ポテンシャル μ を差し引いた $\xi_p = \varepsilon_p - \mu$ を用いている.$v(q)$ はフェルミ面近傍で準粒子間に働く相互作用のフーリエ成分である.

BCS 理論はグランドカノニカル分布で次の演算子の期待値が有限に残ることを要請する.

$$\langle a_{-p\beta} a_{p\alpha}\rangle, \qquad \langle a^\dagger_{p\alpha} a^\dagger_{-p\beta}\rangle \qquad (2.18)$$

これは,ボース粒子系の場合の式 (2.8) に対応している.分子場近似を用いて,式 (2.17) の相互作用項を $a^\dagger a^\dagger aa = \langle a^\dagger a^\dagger\rangle aa + a^\dagger a^\dagger \langle aa\rangle$ のように近似し,分子場 $\Delta_{\alpha\beta}$ を

$$\Delta_{\alpha\beta}(p) = \sum_{p'} v(p-p')\langle a_{-p'\beta} a_{p'\alpha}\rangle \qquad (2.19)$$

で導入する.$\Delta_{\alpha\beta}$ が BCS 理論における秩序変数の役割を果たす.相互作用項は

$$\mathcal{H}_{\mathrm{int}} = \frac{1}{2}\sum_{p\alpha\beta}\left(a^\dagger_{p\alpha}\Delta_{\alpha\beta}(p)a^\dagger_{-p\beta} + a_{-p\beta}\Delta^\dagger_{\beta\alpha}(p)a_{p\alpha}\right)$$

と書き表せる.また,式 (2.17) の第 1 項に関しては,正孔的な見方に,すなわち $\sum_{p\alpha}\xi_{-p}(1-a_{-p\alpha}a^\dagger_{-p\alpha})$ と書き直したものを加えて 2 で割っておく.その結果,分子場近似でのハミルトニアン $\mathcal{H}_0$ は,次のような $a^\dagger, a$ に関する双 1 次形式の形になる.

$$\mathcal{H}_0 = \frac{1}{2}\sum_p \Psi^\dagger_p \mathcal{E}_p \Psi_p + \mathrm{const.} \qquad (2.20)$$

$$\Psi^\dagger_p = \left(a^\dagger_{p\uparrow}, a^\dagger_{p\downarrow}, a_{-p\uparrow}, a_{-p\downarrow}\right), \qquad \Psi_p = \begin{pmatrix} a_{p\uparrow} \\ a_{p\downarrow} \\ a^\dagger_{-p\uparrow} \\ a^\dagger_{-p\downarrow} \end{pmatrix} \qquad (2.21)$$

$\Psi_{\boldsymbol{p}}$ は南部スピノルとよばれる. また $\mathcal{E}_{\boldsymbol{p}}$ は, 4 行 4 列の行列で, 2 行 2 列ごとにまとめると

$$\mathcal{E}_{\boldsymbol{p}} = \begin{pmatrix} \xi_{\boldsymbol{p}}\sigma_0 & \Delta(\boldsymbol{p}) \\ \Delta^{\dagger}(\boldsymbol{p}) & -\xi_{-\boldsymbol{p}}\sigma_0 \end{pmatrix}, \qquad \sigma_0 = \begin{pmatrix} 1 & 0 \\ 0 & 1 \end{pmatrix} \tag{2.22}$$

と書き表される. ここで σ_0 はスピン空間での単位行列である.

$\mathcal{E}_{\boldsymbol{p}}$ を対角化するユニタリ行列 $U_{\boldsymbol{p}}$

$$\mathcal{E}_{\boldsymbol{p}} = U_{\boldsymbol{p}} \begin{pmatrix} E_{\boldsymbol{p}1} & & & \\ & E_{\boldsymbol{p}2} & & \\ & & -E_{-\boldsymbol{p}1} & \\ & & & -E_{-\boldsymbol{p}2} \end{pmatrix} U_{\boldsymbol{p}}^{\dagger} \tag{2.23}$$

を用いて, ボゴリューボフ準粒子 (ボゴロン) とよばれる新しいフェルミ粒子の生成・消滅演算子 $\gamma_{\boldsymbol{p}i}^{\dagger}, \gamma_{\boldsymbol{p}i}$ $(i = 1, 2)$ を

$$U_{\boldsymbol{p}}^{\dagger} \Psi_{\boldsymbol{p}} = \begin{pmatrix} \gamma_{\boldsymbol{p}1} \\ \gamma_{\boldsymbol{p}2} \\ \gamma_{-\boldsymbol{p}1}^{\dagger} \\ \gamma_{-\boldsymbol{p}2}^{\dagger} \end{pmatrix} d \tag{2.24}$$

で定義すると, 式 (2.20) は

$$\mathcal{H}_0 = \frac{1}{2} \sum_{\boldsymbol{p}} \sum_i \left(E_{\boldsymbol{p}i} \gamma_{\boldsymbol{p}i}^{\dagger} \gamma_{\boldsymbol{p}i} - E_{-\boldsymbol{p}i} \gamma_{-\boldsymbol{p}i} \gamma_{-\boldsymbol{p}i}^{\dagger} \right) + \text{const.} \tag{2.25}$$

$$= \frac{1}{2} \sum_{\boldsymbol{p}} \sum_i \left(E_{\boldsymbol{p}i} \gamma_{\boldsymbol{p}i}^{\dagger} \gamma_{\boldsymbol{p}i} + E_{-\boldsymbol{p}i} \gamma_{-\boldsymbol{p}i}^{\dagger} \gamma_{-\boldsymbol{p}i} \right) - \frac{1}{2} \sum_{\boldsymbol{p}} \sum_{\alpha} E_{-\boldsymbol{p}\alpha} + \text{const.} \tag{2.26}$$

この結果, $\mathcal{H}_0$ は, エネルギー $E_{\boldsymbol{p}i}$ をもつボゴリューボフ準粒子の集まりと見なせることになる. したがって系の状態は, ボゴリューボフ準粒子の占有状態を指定することで記述されることがわかる. 式 (2.23), (2.24) のユニタリ変換はボゴリューボフ変換とよばれている. $\mathcal{E}_{\boldsymbol{p}}$ と $U_{\boldsymbol{p}}$ の構造からわかるように, 新しいボゴリューボフ準粒子は, もとの粒子の「粒子」状態と「正孔」状態を重ね合わせたものになっている. また, 一般的な秩序変数 $\Delta_{\alpha\beta}$ の場合はスピン状態も↑と↓の重ね合せになっている. 式 (2.24) でスピン状態を指定するのに $i = 1, 2$ を用いたのはこのためである.

c. 対相互作用と秩序変数 $\Delta_{\alpha\beta}(\boldsymbol{p})$ の対称性

等方的な系の場合は式 (2.19) に現れる対相互作用 $v(\boldsymbol{p} - \boldsymbol{p}')$ は, $p \sim p' \sim p_F$ のフェルミ面近傍では, $\boldsymbol{p}$ と $\boldsymbol{p}'$ の間の角度のみの関数になるので, 単位ベクトル $\hat{\boldsymbol{p}}$ とルジャンドルの多項式 P_l を用いて

$$v(\boldsymbol{p} - \boldsymbol{p}') = \sum_l -(2l+1) g_l P_l(\hat{\boldsymbol{p}} \cdot \hat{\boldsymbol{p}}') \tag{2.27}$$

と部分波に分解できる．BCS理論では，最大の $g_l > 0$ をもつ部分波が重要な働きをする．実際，系の温度を下げて最初に超伝導状態になる転移温度を決めるのはこの最大の $g_l > 0$ をもつ部分波成分である（より低温では他の部分波の混成も起こりうる）．

そこで，この部分波のみを取り出し，式 (2.19) を

$$\Delta_{\alpha\beta}(\hat{\boldsymbol{p}}) = -(2l+1)g_l \sum_{\boldsymbol{p}'}{}' P_l(\hat{\boldsymbol{p}} \cdot \hat{\boldsymbol{p}}') \langle a_{-\boldsymbol{p}'\beta} a_{\boldsymbol{p}'\alpha} \rangle \tag{2.28}$$

と書き直す．ここで，$\sum_{\boldsymbol{p}'}$ に付いているプライム (′) は，対相互作用が働いてるフェルミ面近傍での和を意味する．以下では，相互作用の働く範囲はエネルギーで見て $|\xi_{\boldsymbol{p}}| < \omega_D$ であるとする．この式から l によらず $\Delta_{\alpha\beta}(\hat{\boldsymbol{p}}) = -\Delta_{\beta\alpha}(-\hat{\boldsymbol{p}})$ が簡単に導かれる．さらに $P_l(-\hat{\boldsymbol{p}} \cdot \hat{\boldsymbol{p}}') = (-1)^l P_l(\hat{\boldsymbol{p}} \cdot \hat{\boldsymbol{p}}')$ から

$$\Delta_{\alpha\beta}(-\hat{\boldsymbol{p}}) = (-1)^l \Delta_{\alpha\beta}(\hat{\boldsymbol{p}}) \tag{2.29}$$

が導かれる．したがって，l が偶数のときは

$$\Delta_{\uparrow\uparrow}(\hat{\boldsymbol{p}}) = \Delta_{\downarrow\downarrow}(\hat{\boldsymbol{p}}) = 0, \qquad \Delta_{\uparrow\downarrow}(\hat{\boldsymbol{p}}) = -\Delta_{\downarrow\uparrow}(\hat{\boldsymbol{p}}) \tag{2.30}$$

となり，スピン1重項状態が実現することになり，一方，l が奇数の場合は

$$\Delta_{\uparrow\downarrow}(\hat{\boldsymbol{p}}) = \Delta_{\downarrow\uparrow}(\hat{\boldsymbol{p}}) \tag{2.31}$$

となって，スピン3重項状態が実現する．

d. s波1重項状態

従来の金属で実現している超伝導状態は $l = 0$ の1重項状態である．

(i) ボゴリューボフ準粒子　s波1重項状態の場合は，式 (2.28), (2.30) から，$\Delta_{\uparrow\downarrow}(\hat{\boldsymbol{p}}) = -\Delta_{\downarrow\uparrow}(\hat{\boldsymbol{p}}) = \Delta$ となって，フェルミ面上の位置によらない．また，$\mathcal{E}_{\boldsymbol{p}}$ の行列は，1行と4行を含む部分と，2行と3行を含む部分に分離し，かつそれぞれが $\mathcal{H}_0$ に同じ寄与を与える．したがって，1重項状態の場合は，2行2列の行列を考えればよくて

$$\mathcal{H}_0 = \sum_{\boldsymbol{p}} (a_{\boldsymbol{p}\uparrow}^\dagger, a_{-\boldsymbol{p}\downarrow}) \begin{pmatrix} \xi_{\boldsymbol{p}} & \Delta \\ \Delta^* & -\xi_{\boldsymbol{p}} \end{pmatrix} \begin{pmatrix} a_{\boldsymbol{p}\uparrow} \\ a_{-\boldsymbol{p}\downarrow}^\dagger \end{pmatrix} + \text{const.} \tag{2.32}$$

ここで，系の対称性から $\xi_{-\boldsymbol{p}} = \xi_{\boldsymbol{p}}$ とおいた．行列の固有値が $\pm E_{\boldsymbol{p}} = \pm\sqrt{\xi_{\boldsymbol{p}}^2 + |\Delta|^2}$ であることは簡単にわかる．さらにボゴリューボフ変換のユニタリ行列

$$U_{\boldsymbol{p}} = \begin{pmatrix} u_{\boldsymbol{p}} & -v_{\boldsymbol{p}} \\ v_{\boldsymbol{p}}^* & u_{\boldsymbol{p}}^* \end{pmatrix}, \qquad \begin{pmatrix} u_{\boldsymbol{p}} \\ v_{\boldsymbol{p}} \end{pmatrix} = \frac{1}{\sqrt{2E_{\boldsymbol{p}}(E_{\boldsymbol{p}} + \xi_{\boldsymbol{p}})}} \begin{pmatrix} E_{\boldsymbol{p}} + \xi_{\boldsymbol{p}} \\ \Delta \end{pmatrix} \tag{2.33}$$

を用いてボゴリューボフ準粒子の生成–消滅演算子を

$$U_{\boldsymbol{p}}^\dagger \begin{pmatrix} a_{\boldsymbol{p}\uparrow} \\ a_{-\boldsymbol{p}\downarrow}^\dagger \end{pmatrix} = \begin{pmatrix} \gamma_{\boldsymbol{p}\uparrow} \\ \gamma_{-\boldsymbol{p}\downarrow}^\dagger \end{pmatrix}, \qquad U_{\boldsymbol{p}} \begin{pmatrix} \gamma_{\boldsymbol{p}\uparrow} \\ \gamma_{-\boldsymbol{p}\downarrow}^\dagger \end{pmatrix} = \begin{pmatrix} a_{\boldsymbol{p}\uparrow} \\ a_{-\boldsymbol{p}\downarrow}^\dagger \end{pmatrix} \tag{2.34}$$

で定義すると，

$$\mathcal{H}_0 = \sum_{\bm{p}} E_{\bm{p}} \left(\gamma^{\dagger}_{\bm{p}\uparrow} \gamma_{\bm{p}\uparrow} - \gamma_{-\bm{p}\downarrow} \gamma^{\dagger}_{-\bm{p}\downarrow} \right) + \text{const.} \tag{2.35}$$

$$= \sum_{\bm{p}} E_{\bm{p}} \left(\gamma^{\dagger}_{\bm{p}\uparrow} \gamma_{\bm{p}\uparrow} + \gamma^{\dagger}_{-\bm{p}\downarrow} \gamma_{-\bm{p}\downarrow} - 1 \right) + \text{const.} \tag{2.36}$$

となる．このように，$\mathcal{H}_0$ は，エネルギー

$$E_{\bm{p}} = \sqrt{\xi_{\bm{p}}^2 + |\Delta|^2}$$

をもつボゴリューボフ準粒子の集まりで記述される．$\xi_{\bm{p}} = 0$ のフェルミ面上でも $E_{\bm{p}} = |\Delta|$ と有限の値が残るので，$|\Delta|$ をボゴリューボフ準粒子のエネルギーギャップとよぶ．

$\mathcal{H}_0$ の基底状態 $|\Phi_0\rangle$ は，ボゴリューボフ準粒子の真空状態であり，$\gamma_{\bm{p}\uparrow}|\Phi_0\rangle = \gamma_{-\bm{p}\downarrow}|\Phi_0\rangle = 0$ を満たす．Bardeen, Cooper, Schrieffer が提案した基底状態の波動関数

$$|\Phi_0\rangle = \Pi_{\bm{p}} \left(u_{\bm{p}} + v_{\bm{p}} a^{\dagger}_{\bm{p}\uparrow} a^{\dagger}_{-\bm{p}\downarrow} \right) |0\rangle \tag{2.37}$$

はこの条件を満たしている．ここで，

$$B^{\dagger} = \sum_{\bm{p}} \frac{v_{\bm{p}}}{u_{\bm{p}}} a^{\dagger}_{\bm{p}\uparrow} a^{\dagger}_{-\bm{p}\downarrow}$$

なる演算子を定義すると $|\Phi_0\rangle$ は

$$|\Phi_0\rangle = \Pi_{\bm{p}} u_{\bm{p}} \left(1 + \frac{v_{\bm{p}}}{u_{\bm{p}}} a^{\dagger}_{\bm{p}\uparrow} a^{\dagger}_{-\bm{p}\downarrow} \right) |0\rangle = (\Pi_{\bm{p}} u_{\bm{p}}) \exp \left[\sum_{\bm{p}} \frac{v_{\bm{p}}}{u_{\bm{p}}} a^{\dagger}_{\bm{p}\uparrow} a^{\dagger}_{-\bm{p}\downarrow} \right] |0\rangle$$

$$\propto \exp[B^{\dagger}]|0\rangle = \sum_{n=0}^{\infty} \frac{1}{n!} (B^{\dagger})^n |0\rangle \tag{2.38}$$

と書き直せる．演算子 $B^{\dagger}$ は，正確には $[B, B^{\dagger}] = 1$ を満たすボース演算子ではないが，クーパー対の生成演算子と見なすことができ，この波動関数はボース粒子系での式 (2.7) に対応している．

温度 T の熱平衡状態では，ボゴリューボフ準粒子が励起されており，その平均数はフェルミ分布関数

$$\langle \gamma^{\dagger}_{\bm{p}\uparrow} \gamma_{\bm{p}\uparrow} \rangle = \langle \gamma^{\dagger}_{-\bm{p}\downarrow} \gamma_{-\bm{p}\downarrow} \rangle = f(E_{\bm{p}}) = \frac{1}{e^{\beta E_{\bm{p}}} + 1} \quad (\beta = 1/k_{\rm B}T) \tag{2.39}$$

で与えられる．この結果と式 (2.34) のボゴリューボフ変換を使うと，もとの粒子に関する期待値も計算できる．たとえば

$$\langle a_{-\bm{p}\downarrow} a_{\bm{p}\uparrow} \rangle = \langle (v^*_{\bm{p}} \gamma^{\dagger}_{\bm{p}\uparrow} + u_{\bm{p}} \gamma_{-\bm{p}\downarrow})(u_{\bm{p}} \gamma_{\bm{p}\uparrow} - v^*_{\bm{p}} \gamma^{\dagger}_{-\bm{p}\downarrow}) \rangle$$

$$= \frac{\Delta}{2E_{\bm{p}}} (2f(E_{\bm{p}}) - 1) = -\frac{\Delta}{2E_{\bm{p}}} \tanh \frac{1}{2} \beta E_{\bm{p}} \tag{2.40}$$

(ii) ギャップ方程式 分子場 Δ の存在を仮定すれば，物理量の期待値が計算できることがわかったが，今度は Δ 自身を決める必要がある．そのために分子場の定義式 (2.28) の右辺を式 (2.40) を利用して計算する．

$$\Delta = -g_0 \sum_{\bm{p}'}{}' \langle a_{-\bm{p}'\downarrow} a_{\bm{p}'\uparrow} \rangle = g_0 \sum_{\bm{p}}{}' \frac{\Delta}{2E_{\bm{p}}} \tanh \frac{\beta E_{\bm{p}}}{2} \tag{2.41}$$

これがギャップ方程式である．$\Delta = 0$ という自明の解があるが，これは常伝導状態に対応する．そこで $\Delta \neq 0$ の解を探そう．はじめに仮定したように，対相互作用 g_0 は $|\xi_{\bm{p}}| \langle \omega_{\mathrm{D}}$ のフェルミ面の近傍で働いている．$E_{\bm{p}}$ が $\xi_{\bm{p}}$ のみの関数なので，$\bm{p}$ に関する和を $\xi_{\bm{p}}$ に関する積分に置き換える．その結果

$$1 = g_0 N(0) \int_{-\omega_{\mathrm{D}}}^{\omega_{\mathrm{D}}} d\xi_{\bm{p}} \frac{1}{2E_{\bm{p}}} \tanh \frac{\beta E_{\bm{p}}}{2} \tag{2.42}$$

が得られる．ここで $N(0)$ はフェルミ面での状態密度である．

$T = 0K$ の場合は，積分の結果

$$|\Delta(0)| = 2\omega_{\mathrm{D}} \exp\left[-\frac{1}{g_0 N(0)}\right] \tag{2.43}$$

が得られる．ただし $g_0 N(0) \ll 1$ すなわち $\omega_{\mathrm{D}} \gg |\Delta|$ を仮定した (弱結合理論)．次に有限の Δ の解が表れる温度，すなわち転移温度 (臨界温度) T_{C} を求めよう．それには，式 (2.42) で $\Delta = 0, T = T_{\mathrm{C}}$ とおけばよい．右辺の積分を部分積分し，$\omega_{\mathrm{D}} \gg |\Delta|$ を仮定すると，

$$1 = g_0 N(0) \int_0^{\omega_{\mathrm{D}}} \frac{d\xi}{\xi} \tanh \frac{\beta_{\mathrm{c}} \xi}{2} = g_0 N(0) \log\left(\frac{2\gamma \omega_{\mathrm{D}}}{\pi k_{\mathrm{B}} T_{\mathrm{c}}}\right) \tag{2.44}$$

となる．$\log \gamma$ はオイラーの定数 (~ 0.577) で，$\gamma \sim 1.78$ である．この結果 $T = 0$ のエネルギーギャップと転移温度を関連付ける式

$$2|\Delta(0)| = \frac{2\pi}{\gamma} k_{\mathrm{B}} T_{\mathrm{c}} \sim 3.53 k_{\mathrm{B}} T_{\mathrm{c}} \tag{2.45}$$

が得られる．一般の温度の場合の $|\Delta(T)|$ は，式 (2.42) を数値的に解いて，図 2.2 のように求められる．

式 (2.45) は，弱結合理論の結果で，T_{c} の低い超伝導金属では実験値もこれに近いが，最近発見された転移温度の高い物質ではこの値より大きな値をとるものが多い (強結合効果)．しかし，弱結合理論では個々の物質によらない普遍的な値が得られ，また種々の物理量を，T/T_{C} の関数として求めることができる利点があり，実験結果をまず弱結合理論と比較するということがよく行われる．

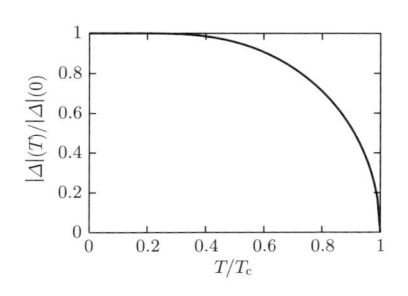

図 **2.2** エネルギーギャップ $|\Delta|$ の温度変化.

(iii) 自由エネルギーと熱力学的性質　ギャップ方程式が $\Delta \neq 0$ の解をもつことはわかったが，その状態が $\Delta = 0$ の常伝導状態に比べて低い自由エネルギーをもつ状態であるかどうかをしらべる必要がある．そのために，分子場近似を変分法を用いて再構成する．ハミルトニアン $\mathcal{H}$ の系の自由エネルギー $\Omega_{\mathcal{H}}$ は，任意に選んだハミルトニアン $\mathcal{H}_0$ の自由エネルギー $\Omega_{\mathcal{H}_0}$ に対し常に次の不等式を満足する．

$$\Omega_{\mathcal{H}} = -k_{\rm B}T \log {\rm Tr} e^{-\beta \mathcal{H}} \leq \Omega \equiv \Omega_{\mathcal{H}_0} + \langle \mathcal{H} - \mathcal{H}_0 \rangle_0 \tag{2.46}$$

$$\Omega_{\mathcal{H}_0} = -k_{\rm B}T \log {\rm Tr} e^{-\beta \mathcal{H}_0}, \quad \langle \cdots \rangle_0 = \frac{{\rm Tr} e^{-\beta \mathcal{H}_0} \cdots}{{\rm Tr} e^{-\beta \mathcal{H}_0}} \tag{2.47}$$

そこで，$\mathcal{H}_0$ として式 (2.32) を採用し，式 (2.46) の右辺の Ω が最小になるように Δ を選ぶ．$\Omega(\Delta)$ を計算すると

$$\Omega(\Delta) = \sum_{\bm p} \left[-2k_{\rm B}T \log(1 + e^{-\beta E_{\bm p}}) - E_{\bm p} \right] - g_0|d|^2 - (\Delta d^* + \Delta^* d) \tag{2.48}$$

$$d = \sum_{\bm p} \langle a_{-\bm p\downarrow} a_{\bm p\uparrow} \rangle = \sum_{\bm p} -\frac{\Delta}{2E_{\bm p}} \tanh \frac{1}{2}\beta E_{\bm p} \tag{2.49}$$

と求まり，変分条件 $\partial \Omega/\partial \Delta = 0$ から得られる $\Delta = -g_0 d$ は，ギャップ方程式 (2.41) と一致する．すなわち，ギャップ方程式を満たす Δ は $\Omega(\Delta)$ の極値 Ω_s を与えている．

$$\Omega_s = \sum_{\bm p} \left[-2k_{\rm B}T \log(1 + e^{-\beta E_{\bm p}}) - E_{\bm p} \right] + \frac{|\Delta|^2}{g_0} \tag{2.50}$$

$T = 0\,{\rm K}$ の場合に，Ω_s を常伝導状態の $\Omega_n = \Omega_s(\Delta = 0)$ と比較すると

$$\Omega_s - \Omega_n = -\frac{1}{2}N(0)|\Delta(0)|^2 \tag{2.51}$$

となり，たしかに $\Delta \neq 0$ の状態が低い自由エネルギーの状態であることがわかる．

エントロピーや比熱などは，熱力学関係式を用いて Ω_s から計算できる．比熱は

$$C = 2\sum_{\bm p} \left(\frac{1}{2}\frac{d|\Delta|^2}{dT} - \frac{E_{\bm p}^2}{T} \right) f'(E_{\bm p}) \tag{2.52}$$

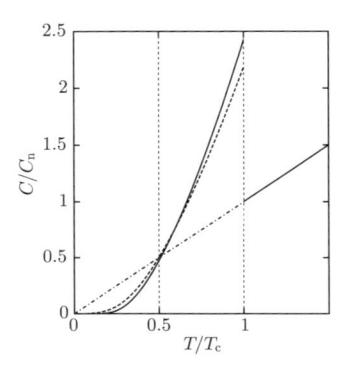

図 2.3 比熱の温度依存性．実線は s 波 1 重項状態および p 波 BW 状態，点線は p 波 ABM 状態，一点鎖線は常伝導 (流動) 状態．

から計算される．図 2.3 に見られるように s 波 1 重項状態の比熱は低温では指数関数 $e^{-\beta|\Delta(0)|}$ 的にゼロになる．

一方，転移温度近傍では Δ は小さい値をもつと予想されるので，式 (2.49) を Δ の 4 次まで展開すると，弱結合理論の範囲では

$$\Omega(\Delta) - \Omega_n = A\frac{T - T_c}{T_c}|\Delta|^2 + \frac{1}{2}B|\Delta|^4 \tag{2.53}$$

$$A = N(0), \qquad B = N(0)\frac{7\zeta(3)}{8(\pi k_B T_c)^2} \tag{2.54}$$

となる．$\zeta(3)$ は，リーマンのツェータ関数である．この式は自由エネルギーのギンツブルク–ランダウ展開とよばれている．$T \rangle T_c$ では，2 次の項の係数が正なので，$|\Delta| = 0$ すなわち常伝導状態が安定である．それに対し $T \langle T_c$ では

$$|\Delta| = \sqrt{\frac{A}{B}\frac{T_c - T}{T_c}} \tag{2.55}$$

のときに自由エネルギーが最小になり，その値は

$$\Omega_s - \Omega_n = -\frac{A^2}{2B}\left(\frac{T - T_c}{T_c}\right)^2 \tag{2.56}$$

となる．この結果，自由エネルギーや，エントロピーは $T = T_c$ で連続であるが比熱には跳び

$$\Delta C = \frac{A^2}{BT_c} = N(0)\frac{8\pi^2}{7\zeta(3)}k_B{}^2 T_c \tag{2.57}$$

が生じ，$T = T_c$ で 2 次の相転移が起こっていることを表している．この跳びを常伝導相での比熱 $C_n = (2/3)\pi^2 N(0) k_B{}^2 T_c$ と比較すると

$$\frac{\Delta C}{C_n} = \frac{12}{7\zeta(3)} = 1.43 \tag{2.58}$$

となり，弱結合理論ではここでも物質によらない結果が得られる．

e. p波3重項状態

p波3重項状態の典型例は液体 ^{3}He の超流動相であるが，UPt_3 や Sr_2RuO_4 などの超伝導相でも実現している可能性がある．

(i) d ベクトル　スピン3重項状態の場合は，式 (2.31) から $\Delta_{\uparrow\downarrow} = \Delta_{\downarrow\uparrow}$ なので

$$\Delta(\hat{\boldsymbol{p}}) = \begin{pmatrix} \Delta_{\uparrow\uparrow} & \Delta_{\uparrow\downarrow} \\ \Delta_{\downarrow\uparrow} & \Delta_{\downarrow\downarrow} \end{pmatrix} = \begin{pmatrix} -d_x + id_y & d_z \\ d_z & d_x + id_y \end{pmatrix} \tag{2.59}$$

のように書くことができる．$\boldsymbol{d} = (d_x, d_y, d_z)$ は，スピン空間の回転に関してベクトルとして変換されるという意味で $\boldsymbol{d}$ ベクトルとよばれている．p波状態のときは式 (2.28) から，

$$\Delta_{\alpha\beta} = -3g_1 {\sum_{\boldsymbol{p}'}}' P_1(\hat{\boldsymbol{p}}\cdot\hat{\boldsymbol{p}}')\langle a_{-\boldsymbol{p}'\beta}a_{\boldsymbol{p}'\alpha}\rangle = -3g_1 {\sum_{\boldsymbol{p}'}}' \hat{\boldsymbol{p}}\cdot\hat{\boldsymbol{p}}'\langle a_{-\boldsymbol{p}'\beta}a_{\boldsymbol{p}'\alpha}\rangle$$

なので，$\boldsymbol{d}$ ベクトルは $\hat{p}_i$ の1次関数になる．

$$d_i(\hat{\boldsymbol{p}}) = A_{ij}\hat{p}_j \tag{2.60}$$

A_{ij} は一般的に複素数なので，$2\times 3\times 3 = 18$ の自由度をもつ (これに対してs波1重項状態の場合は複素数 Δ を決めればよく自由度は2であった).

d_i あるいは A_{ij} は，与えられた外部条件下で自由エネルギーを最小にするように決めるべきものであるが，ユニタリ状態と非ユニタリ状態に大別される．行列 Δ と $\Delta^\dagger$ の積を計算すると

$$\Delta(\hat{\boldsymbol{p}})\Delta^\dagger(\hat{\boldsymbol{p}}) = |\boldsymbol{d}(\hat{\boldsymbol{p}})|^2\sigma_0 + i\boldsymbol{d}(\hat{\boldsymbol{p}})\times\boldsymbol{d}^*(\hat{\boldsymbol{p}})\cdot\boldsymbol{\sigma} \tag{2.61}$$

ここで，$\boldsymbol{d}\times\boldsymbol{d}^* = 0$ の場合は，$\Delta(\hat{\boldsymbol{p}})$ はユニタリ行列に比例することになるので，ユニタリ状態とよばれる．この場合，$\boldsymbol{d}$ は実数ベクトル×位相因子の形になるので，スピン空間内の方向を指定することができる．超流動 ^{3}He の A 相で実現している ABM (Anderson–Brinkmann–Morel) 状態

$$\Delta(\hat{\boldsymbol{p}}) = \Delta_{\mathrm{ABM}}\begin{pmatrix} \hat{p}_x + i\hat{p}_y & 0 \\ 0 & \hat{p}_x + i\hat{p}_y \end{pmatrix}, \qquad d_x = d_z = 0,\ id_y = \Delta_{\mathrm{ABM}}(\hat{p}_x + i\hat{p}_y) \tag{2.62}$$

や，B相の BW (Balian–Werthamer) 状態

$$\Delta(\hat{\boldsymbol{p}}) = \Delta_{\mathrm{BW}}\begin{pmatrix} -\hat{p}_x + i\hat{p}_y & \hat{p}_z \\ \hat{p}_z & \hat{p}_x + i\hat{p}_y \end{pmatrix}, \qquad d_i = \Delta_{\mathrm{BW}}\hat{p}_i \tag{2.63}$$

はユニタリ状態である．その他，planar 状態 ($d_x \propto \hat{p}_x, d_y \propto \hat{p}_y, d_z = 0$) や polar 状態 ($d_x = d_y = 0, d_z \propto \hat{p}_z$) などがあるが実験的には確認されていない．非ユニタリ状

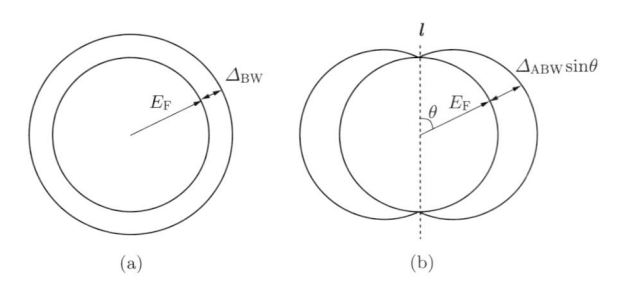

図 2.4 BW 状態 (a), ABM 状態 (b) のエネルギーギャップ. l ベクトルについては，136 ページ参照.

態の例としては，磁場下で常流動相と A 相の間に出現する A_1 相がある．磁場下ではゼーマン効果により↓のスピンのフェルミ球が大きくなり状態密度が増える．その結果，式 (2.44) からわかるように T_c が高くなり，↓スピン成分のみが超流動になっているのが A_1 相である．

$$\Delta(\hat{\boldsymbol{p}}) = \Delta_{A_1}\begin{pmatrix} 0 & 0 \\ 0 & \hat{p}_x + i\hat{p}_y \end{pmatrix}, \qquad d_z = 0, d_x = id_y = \Delta_{A_1}(\hat{p}_x + i\hat{p}_y) \quad (2.64)$$

(ii) エネルギーギャップ ユニタリ状態の場合は，$\mathcal{E}^2 = \xi_{\boldsymbol{p}}^2 + |\boldsymbol{d}(\hat{\boldsymbol{p}})|^2$ になるので，$\mathcal{E}$ の固有値は $\pm E_{\boldsymbol{p}} = \pm\sqrt{\xi_{\boldsymbol{p}}^2 + |\boldsymbol{d}(\hat{\boldsymbol{p}})|^2}$ になることがわかる．すなわちボゴリューボフ準粒子の励起エネルギーは $E_{\boldsymbol{p}}$ で与えられる．

上にあげた例のうち，BW 状態では $E_{\boldsymbol{p}} = \sqrt{\xi_{\boldsymbol{p}}^2 + \Delta_{\mathrm{BW}}^2}$ となり，エネルギーギャップは等方的である (図 2.4a)．それに対し，ABM 状態の場合は

$$E_{\boldsymbol{p}} = \sqrt{\xi_{\boldsymbol{p}}^2 + \Delta_{\mathrm{ABM}}^2(\hat{p}_x^2 + \hat{p}_y^2)} \quad (2.65)$$

となり，エネルギーギャップは異方的になる．これが異方的超伝導 (超流動) の名前の由来である．

ABM 状態では，エネルギーギャップはフェルミ球の北極と南極の点で消えている (図 2.4b) ので，ポイントノードをもつという．それに対し，上にあげた polar 状態では $\hat{p}_z = 0$ の赤道上でエネルギーギャップが消えているので，ラインノードをもつという．エネルギーギャップが消えるということは，低温でもボゴリューボフ準粒子が励起されるということであり，物性の低温でのふるまいに影響する．表 2.1 に示すよう

表 2.1 低温での比熱 C，スピン核磁気緩和率 $1/T_1$，超音波吸収係数 α の温度依存性．

	C	$1/T_1$	α
ポイントノード	T^3	T^5	T^2
ラインノード	T^2	T^3	T

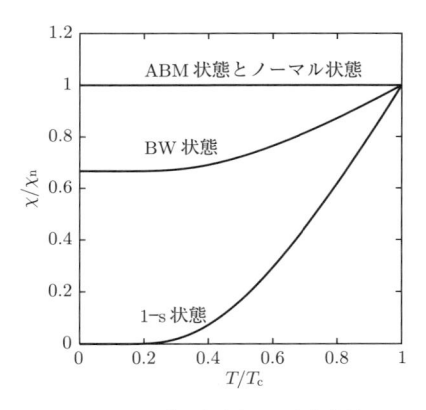

図 **2.5** スピン帯磁率の温度依存性.

に，比熱 C，スピン核磁気緩和率 $1/T_1$，超音波吸収係数 α などは温度 T のべき乗にしたがって変化する.

(iii) **スピン磁性** 上にあげた ABM 状態では，$\boldsymbol{d}$ ベクトルは $\hat{\boldsymbol{p}}$ によらず常に y 方向を向いており，↑↑ と ↓↓ の対ができている．このような状態を ESP (Equal Spin Pairing) 状態とよぶ．ESP 状態では，磁場をかけたとき，対状態を壊さずにスピン分極が可能でその結果，スピン帯磁率は常伝導 (流動) 状態の値に等しく温度変化しない．それに対して，BW 状態はスピン分極に寄与できない ↑↓ + ↓↑ の対を含むのでボゴリューボフ準粒子の励起がない低温ではスピン帯磁率が常伝導 (流動) 状態に比べて小さくなる．ちなみにスピン 1 重項状態の場合は ↑↓ − ↓↑ の対のみしかないので，$T=0\,\mathrm{K}$ ではスピン帯磁率は消失する．スピン帯磁率の温度依存性を図 2.5 に示す．電子系では，スピン帯磁率の情報はナイト・シフトから得られる．

(iv) **ギンツブルク–ランダウ自由エネルギー**　p 波 3 重項状態の場合も，対相互作用が式 (2.27) で与えられる場合は

$$1 = g_1 N(0) \int_0^{\omega_D} \frac{d\xi}{\xi} \tanh \frac{\beta_c \xi}{2} = g_1 N(0) \log\left(\frac{2\gamma \omega_D}{\pi k_B T_c}\right) \tag{2.66}$$

で転移温度が決まる．さらに，ユニタリ状態に限れば，弱結合理論の範囲 $[g_1 N(0) \ll 1]$ では自由エネルギーのギンツブルク–ランダウ展開は

$$\Omega - \Omega_n = A\frac{T-T_c}{T_c}\langle|\boldsymbol{d}|^2\rangle + \frac{1}{2}B\langle|\boldsymbol{d}|^4\rangle \tag{2.67}$$

で与えられる．ここで $\langle\cdots\rangle = \int d\Omega_{\hat{\boldsymbol{p}}}/4\pi \cdots$ はフェルミ面上での角度平均を表す．いま，$|\boldsymbol{d}|^2 = \Delta^2 |f(\hat{\boldsymbol{p}})|^2$ とおいて，$\langle|f(\hat{\boldsymbol{p}})|^2\rangle = 1$ になるように定める．そうすると，

$$\Omega - \Omega_n = A\frac{T-T_c}{T_c}\Delta^2 + \frac{1}{2}B\kappa\Delta^4, \qquad \kappa = \langle|f(\hat{\boldsymbol{p}})|^4\rangle \tag{2.68}$$

となり，$T \langle T_c$ での最小値は

$$\Omega_s - \Omega_n = -\frac{A^2}{2\kappa B}\left(\frac{T-T_c}{T_c}\right)^2 \tag{2.69}$$

となる．したがって，κ を最小にするような状態がもっとも自由エネルギーの低い状態になる．BW 状態では $\kappa = 1$，ABM 状態や planar 状態では $\kappa = 6/5$，polar 状態では $\kappa = 9/5$ になり，BW 状態がもっとも安定な状態であることがわかる．弱結合理論の範囲では，T_c 以下のすべての温度で BW 状態がもっとも低い自由エネルギーをもつことが証明される．高圧での超流動 ^{3}He の A 相では，ABM 状態が実現しているが，これは超流動状態になったことで対相互作用にフィードバック効果が生じ強結合効果が表れた結果と理解されている．

(v) 回転対称性の破れ 2.1.2 項 e(i) で，d ベクトルの例をあげたが，もともとの系が回転対称性をもつので，これらをスピン空間や運動量空間で回転したものも当然可能である．

たとえば BW 状態の一般的な d ベクトルは任意の回転行列 R を用いて

$$d_i = \Delta_{\text{BW}} R_{ij}\hat{p}_j \tag{2.70}$$

で与えられる．この形を式 (2.67) に代入しても自由エネルギーは R に依存せず縮退している．

また ABM 状態の一般的な形は

$$\bm{d} = \Delta_{\text{ABM}}\hat{\bm{d}}(\bm{m} + i\bm{n})\cdot\hat{\bm{p}} \tag{2.71}$$

と書ける．ここで $\hat{\bm{d}}$ はスピン空間の任意の単位ベクトル，また $\bm{m}, \bm{n}$ は運動量空間で互いに直交する任意の単位ベクトルである．$\bm{l} = \bm{m} \times \bm{n}$ は ABM 状態の $\bm{l}$ ベクトルとよばれ，ABM 状態の異方性を指定している．エネルギーギャップは，フェルミ球の $\bm{l}$ 方向の両端で消失している．

純粋に球対称な系では，これらの一般形のどれかが実現し，回転対称性が破れている．実際の系では，外部条件が存在し，その外部条件に適した状態が実現する．たとえば磁場下の ABM 状態では，磁場方向にスピン分極した方がエネルギー的に有利になるので，$\hat{\bm{d}}$ は磁場と垂直方向を向くことになる．

f. 結晶内の秩序変数の対称性

結晶内では，今まで仮定したような連続的な回転対称性はなく，対称性は制限される．一方で，分子場近似で存在を仮定した $\langle a_{-\bm{p}\beta}a_{\bm{p}\alpha}\rangle$ あるいは $\Delta_{\alpha\beta}(\hat{\bm{p}})$ は，2 粒子の相対座標の波動関数 (正確にはそのフーリエ変換) の性格をもっている．したがって，ハミルトニアンを不変に保つような変換に対して，2 粒子波動関数と同じように変換される．このことから，結晶内で可能な秩序変数は，ハミルトニアンを不変に保つ群の既約表現の基底に限られることがわかる．銅酸化物超伝導体では，CuO_2 面内で，d

波 1 重項状態が実現しているといわれているが,とりうる d 波状態は限られ,実際には $\Delta(\hat{\bm{p}}) \propto (\hat{p}_x^2 - \hat{p}_y^2)$ が,実現していると考えられている. [永井克彦]

2.2　金属元素・合金・化合物の超伝導

1911 年にはじめて Hg の超伝導が観測されて以来,数多くの元素,合金,化合物で超伝導が見つかっている.これらの超伝導物質の多くは 2.1 節で紹介された格子振動を媒介とした狭義の BCS 理論によって超伝導発現機構が説明されている.このような狭義の BCS 理論によって理解される物質は,次節で紹介される高温超伝導の発見以後,"酸化物"高温超伝導体と区別されて従来型超伝導体あるいは金属系超伝導体とよばれることが多い.

基礎物性の立場からもまた実用材料としても,超伝導体の特性を決める物理量は超伝導転移温度 T_c と臨界磁場 H_c である.さらに,材料としての重要な要素に臨界電流密度 J_c があるが,これは材料の加工や熱処理などのプロセスに依存する量で,物質本来の性質ではないのでここでは話題としない.2.1 節で詳述されたように,狭義の BCS 理論では超伝導転移温度は,

$$k_B T_c = \hbar \omega_D \exp\left(-\frac{1}{N(0)V}\right) \tag{2.72}$$

と書かれる.ただし,ω_D はデバイ温度,$N(0)$ はフェルミ準位における電子状態密度,V は電子間引力相互作用の強さである.

一方,超伝導体は,磁場に対する応答から,ある磁場 (臨界磁場 H_c) で超伝導が突然消失する第 1 種超伝導体と,下部臨界磁場 (H_{c1}) とよばれる磁場から磁場が量子化された磁束の形で進入し始め,上部臨界磁場 (H_{c2}) で超伝導が消失する第 2 種超伝導体に区分される.第 2 種超伝導体の存在は 1951 年に 2 次相転移の現象論にもとづいて Ginzburg と Landau によって予想されていた.しかし,第 2 種超伝導体のもつ重要性が理解されるのは 1957 年に Abrikosov によって第 2 種超伝導体の磁束構造が明らかにされるまで待たなければならなかった.これ以降,1950 年代後半から 1970 年代初めまで微視的描像にもとづいた第 2 種超伝導体の研究が活発に行われた.Ginzburg と Landau によれば上部臨界磁場はギンツブルク–ランダウ (GL) 方程式

$$-\frac{\hbar^2}{2m^*}\left(\nabla - \frac{ie^*}{\hbar}\right)\Psi(\bm{r}) + a\Psi(\bm{r}) + \beta|\Psi(\bm{r})|^2\Psi(\bm{r}) = 0 \tag{2.73}$$

が解をもつ最大の磁場として与えられ,T_c 近傍では

$$\mu_0 H_{c2} = \frac{\phi_0}{2\pi\xi^2} \tag{2.74}$$

と書かれる.α は温度に依存する量,β は定数である.ただし,$\Psi(\bm{r})$ は超伝導波動関数,ϕ_0 は磁束量子,ξ は GL コヒーレンス長とよばれる超伝導波動関数の広がりを表

す量で，

$$\xi = \frac{\hbar^2}{2m^*|\alpha|} \propto \left(\frac{1-T}{T_c}\right)^{-1/2}$$

である．第2種超伝導体における熱力学的臨界磁場 H_c と上部臨界磁場との間には $H_{c2} = \sqrt{2}\kappa H_c$ の関係があり，κ をギンツブルク–ランダウ・パラメター，あるいは GL パラメターとよぶ．κ が $1/\sqrt{2}$ より大きい場合に H_{c2} は H_c よりも大きくなり，第2種超伝導体となる．κ の値は磁場侵入長 λ とコヒーレンス長 ξ の比 λ/ξ で表される．一方，不純物を含むような超伝導体の有効コヒーレンス長は電子の散乱によって強く影響され，

$$\frac{1}{\xi} = \frac{1}{\xi_0} + \frac{1}{l}$$

の形で書かれる．ただし，ξ_0 は物質固有のコヒーレンス長，l は電子の平均自由行程である．この式を GL パラメターに焼き直し，実際に観測可能な物理量で表すと，

$$\kappa = \kappa_0 + \kappa_i = \frac{4.83 \times 10^{10} T_c}{\gamma^{1/2} v_F^2} + 1.65 \times 10^6 \rho_0 \lambda^{1/2} \tag{2.75}$$

と書かれる．第1項を電子散乱の効果を含まない真性項，第2項を不純物項とよぶ．ただし，γ は電子比熱係数 ($J/m^2 \cdot K^2$)，ρ は残留電気抵抗率 ($\Omega \cdot m$)，v_F はフェルミ速度 (m/s) である．$l \gg \xi_0$ の場合は第1項だけが寄与し，これを clean limit とよぶ．一方，$l \ll \xi_0$ の場合は第2項が寄与し，dirty limit とよぶ．

2.2.1 元素・合金の超伝導

a. 元　素

薄膜や非晶質物質，あるいは高圧などの特殊な条件下を含めると，図 2.6 のように元素の半数以上は超伝導を示す．このうち，標準的な状態で超伝導になる元素は，族番号 12 から 14 の典型金属と族番号 4〜9 の遷移金属の多くである．前者では伝導を担うキャリアは主として s, p 電子で空間的に広がっている．中でも超伝導転移温度が比較的高い元素は Pb ($T_c = 7.2$ K) である．一方，遷移金属では図からわかるように族番号 5 と 7 の元素が高い T_c を示している．とくに Nb は全元素中もっとも高い T_c ($= 9.2$ K) をもつ．遷移金属の場合，伝導を担うキャリアは d 電子である．バンド計算によると遷移金属の d バンドには 3 つの状態密度のピークがあり，原子あたりの価電子数が 3, 5, 7 個のときに，フェルミ・エネルギーがそれぞれのピーク付近に位置することが知られている．このため，遷移金属元素では価電子数が 5 個に相当する V, Nb, Ta の，また 7 個に相当する Tc, Re の T_c が高い．しかし，価電子数が 4, 6 個に相当する Ti, Zr, Hf および Mo, W などでは T_c が低い．この規則性を，経験的に求めた Matthias の名をとってマティアス則とよぶ．

磁場中の性質に関していえば，一般に純粋な元素の超伝導体の κ は小さく，Nb, Ta, V を除いてすべて第1種超伝導体に属する．通常，超伝導材料の応用には磁場を発生

2.2 金属元素・合金・化合物の超伝導

	1	2	3	4	5	6	7	8	9	10	11	12	13	14	15	16	17	18
1	H																	He
2	Li	Be 0.026											B	C	N	O	F	Ne
3	Na	Mg											Al 1.18	Si	P	S	Cl	Ar
4	K	Ca	Sc	Ti 0.40	V 5.40	Cr	Mn	Fe	Co	Ni	Cu	Zn 0.850	Ga 1.08	Ge	As	Se	Br	Kr
5	Rb	Sr	Y	Zr 0.61	Nb 9.25	Mo 0.915	Tc 7.8	Ru 0.49	Rh	Pd	Ag	Cd 0.517	In 3.41	Sn 3.72	Sb	Te	I	Xe
6	Cs	Ba	*	Hf 0.128	Ta 4.47	W 0.015	Re 1.70	Os 0.66	Ir 0.113	Pt	Au	Hg 4.15	Tl 2.38	Pb 7.20	Bi	Po	At	Rn
7	Fr	Ra	**	Rf	Db	Sg	Bh	Hs	Mt	Ds	Rg							

*ランタノイド	La 6.00	Ce	Pr	Nd	Pm	Sm	Eu	Gd	Tb	Dy	Ho	Er	Tm	Yb	Lu 0.1
**アクチノイド	Ac	Th 1.38	Pa 1.4	U	Np	Pu	Am 0.79	Cm	Bk	Cf	Es	Fm	Md	No	Lr

図 2.6 元素の超伝導．実践枠は常圧，通常の結晶系で超伝導になる元素．破線枠は高圧，特殊な状態で超伝導になる元素．数字は超伝導転移温度．

することが多いが，第 1 種超伝導体の臨界磁場はもっとも高いものでも 0.2 T を超えない．このため，元素そのものが実用超伝導材料として利用されることはほとんどない．

b. 合　　金

超伝導転移温度は，式 (2.72) で表されるようにフェルミ準位における状態密度 $N(0)$ の大きさに指数関数的に依存する．したがって，元素どうしが完全固溶し，結晶構造が大きく変わらない場合は，合金化することによって T_c を変えることが可能である．しかし，典型金属の場合には，超伝導を担う s, p 電子の状態密度がほとんど平坦であるために，合金化することによっても T_c が大きく変わることはない．一方，遷移金属では d 電子の状態密度に鋭いピークがあるために，合金化することで 1 原子あたりの平均価電子数を変えると T_c も強い影響を受ける．バンド計算からは 4d 遷移金属の状態密度のピークは価電子数が約 4.7 個と 6.7 個にあることがわかっている．したがって，価電子数 5 個の Nb の一部を Zr で置き換えることによって，あるいは価電子数 7 個の Tc を Mo で置き換えることによって T_c を上げることができる．実際，NbZr 合金では 11 K，TcMo 合金では 16 K まで上昇する[1, 2]．

元素で第 2 種超伝導体である Nb の 0 K における上部臨界磁場 $H_{c2}(0)$ は 0.4 T 程度であるが，合金化することによってこれを高めることができる．元素に不純物を加えて行くと抵抗が増加するため，式 (2.74) において 2 項目の不純物項が増大する．したがって，通常 2 種類の超伝導元素を合金化すると，互いの濃度が 50% 程度で $H_{c2}(0)$ が最大となる山型の濃度依存性を示す．この典型例として NbTi 合金が上げられる．NbTi 合金では，$Nb_{50}Ti_{50}$ の組成で $H_{c2}(0) \simeq 15$ T に達する．NbTi は完全固溶合金ではなく，非平衡 ω 相とよばれる微細な構造が析出する．この析出物によって電子の平均自由行程が制限され，ひいては $H_{c2}(0)$ の増加がもたらされていると考えられる．完全固溶する NbTa の場合には電子に対する散乱の効果が NbTi に比べて小さいために，最大の $H_{c2}(0)$ は $Nb_{40}Ta_{50}$ で 0.9 T 程度である．NbTi は銅との複合加工性も良く，熱処理手法の確立によって臨界電流密度の増大が図られ，現在合金系超伝導線材として唯一実用化されている．医療用の核磁気共鳴イメージング装置 (MRI) や超伝導磁気浮上列車などの 10 T 以下の比較的低磁場で利用される機器には，この NbTi が使用されている．

2.2.2　強結合超伝導体

代表的な元素超伝導体の超伝導エネルギーギャップ Δ_0 と超伝導転移に伴う比熱の跳び ΔC を T_c で規格化した量 $2\Delta_0/k_B T_c$，および $\Delta C/\gamma T_c$ を表 2.2 に示す．BCS 理論では，これらの値は一定値 3.52 および 1.43 となることが予測される．表の値を見ると，第 I 群に属する元素では $2\Delta_0/k_B T_c$ が 3.2〜3.6，$\Delta C/\gamma T_c$ が 1.4〜1.7 とほぼ BCS 値に近い値となっている．しかし，第 II 群に分類される Hg, Pb, Nb ではそれぞれ，3.8〜4.6, 1.9〜2.7 と BCS 値よりも大きい．この違いは，第 II 群に属する元素が BCS 理論では考慮されなかった要素を含むためである．BCS 理論では，電子

表 2.2　元素の超伝導パラメター.

元素	BCS 理論値	第 I 群					第 II 群		
		Al	In	Sn	Ta	V	Nb	Hg	Pb
$2\Delta_0/k_B T_c$	3.52	3.3	3.6	3.5	3.6	3.4	3.8	4.6	4.4
$\Delta C/\gamma T_c$	1.43	1.4	1.7	1.6	1.6	1.5	1.9	2.4	2.7

間の引力の起源として電子–フォノン相互作用を仮定しているが,議論を展開するにあたって簡単のために,式 (2.72) に現れる $N(0)V$ 対して $N(0)V \ll 1$ と仮定している.これは BCS 理論における弱結合近似とよばれる.

$N(0)V$ が大きい場合には BCS 近似では不十分で,電子間相互作用はフォノンを媒介とした引力相互作用 V_{ep} の外にクーロン相互作用 V_c の効果も考えなければならない.また,電子–フォノン相互作用が強い場合には,正常状態の電子の運動もフォノンの影響を無視できなくなる.このとき,電子とフォノンの結合の強さを表す量 λ によって,電子状態密度と電子の有効質量は $N(0) = N(0)(1 + \lambda)$, $m^* = m(1 + \lambda)$ のように補正される.λ は電子–フォノン相互作用の平均 α^2 とフォノン状態密度 $F(\omega)$ によって

$$\lambda = \int_0^\infty \frac{\alpha^2 F(\omega)}{\omega} d\omega$$

と与えられる.$\alpha^2 F(\omega)$ はトンネル分光の測定から求めることが可能である.このように電子–フォノン相互作用の強い超伝導体のことを強結合超伝導体とよぶ.強結合超伝導体に対する T_c と電子–フォノン相互作用 λ の関係式は,エリアッシュベルク (Eliashberg) 方程式の近似解として McMillan によって与えられた.

$$T_c = \frac{\theta_D}{1.45} \left[-\frac{1.04(1+\lambda)}{\lambda - \mu^*(1 + 0.62\lambda)} \right] \tag{2.76}$$

ここで,θ_D はデバイ温度,μ^* は有効クーロン相互作用係数である.この式から,λ が小さい場合には $\lambda - \mu^*$ が BCS 理論における $N(0)V$ に相当することがわかる.このマクミランの式は,その後 Allen と Dynes によってさらに改良が加えられ適用範囲が広げられている[3].

Pb や Hg では,低エネルギー領域に $\alpha^2 F(\omega)$ のピークがあり,これが原因で典型的な強結合超伝導体となっている.特異な電子–フォノン相互作用の効果によって T_c が上昇し,エネルギーギャップや比熱の跳びなどの熱力学量に BCS 値からの増大が起こっていると理解されている.

2.2.3　超伝導化合物

これまで数多くの超伝導化合物が発見されてきた.その中には,A15 型化合物のように実用上も基礎物性的にも重要なもの,従来型超伝導体としてもっとも高い H_{c2} をもつシェブレル相化合物,酸化物高温超伝導体のように超伝導の発現メカニズムが狭

表 2.3 A15 型化合物の物理特性.

物質	T_c (K)	$H_{c2}(0)$ (T)	λ (注 1)	$N(E_F)$ (注 2)	Z (注 3)
Nb_3Al	18.6	33.0	1.6	1.1	4.5
Nb_3Ga	20.3	34.0	1.7	1.18	4.5
Nb_3Ge	23.9	38.0	1.8	0.95	4.75
Nb_3Sn	18.0	29.0	1.3	2.2	4.75
V_3Ga	16.5	27.0	1.2	2.7	4.5
V_3Si	17.1	25.0	1.1	2.5	4.75
$Nb_3Al_{0.7}Ge_{0.3}$	20.7	43.5	—	—	—

(注 1) 電子–フォノン結合定数.
(注 2) 電子状態密度 (states/eV(atom)).
(注 3) 原子あたりの価電子数 (electrons/atom).

義の BCS 理論では理解できないもの,あるいは最近発見された従来型超伝導体と考えられる物質としては最高の T_c をもつ MgB_2 など多種多彩であるが,本項では BCS 超伝導の範疇で理解でき,実用上もっとも重要な A15 型化合物を取り上げる.

A15 型化合物は A_3B の形に表記され,A 原子として Ti, Zr, V, Wb, Ta, Cr, Mo などの遷移金属,また B 原子として族番号 13 と 14 の非遷移金属や族番号 7〜10 の遷移金属など,広い範囲の元素がこのタイプの化合物を形成する.その多くは超伝導を示し,中でも T_c が 15 K を越える A15 型化合物として Nb_3Al (18.6 K), Nb_3Ga (20.3 K), Nb_3Ge (23.9 K), Nb_3Sn (18.0 K), V_3Ga (16.5 K), V_3Si (17.1 K), Ta_3Au (16 K), Ta_3Pb (17 K) などがある[1].とくに,Nb_3Sn と V_3Si は平衡相にあり,良質な単結晶が作製され詳細な研究が行われた.代表的な A15 型化合物の超伝導特性を表 2.3 に示す.A15 化合物は,Nb_3Ge における高い T_c や Nb_3Al, Nb_3Ga, Nb_3Ge の 30 T を越える H_{c2},また優れた加工性から,高温超伝導体発見以後の現在でも材料としての開発が進められている.

結晶構造を図 2.7 に示す.この化合物は単位胞に 6 個の A 原子と 2 個の B 原子を含む.A 原子は立方格子の各平面内に 2 個の原子が並んだ 1 次元鎖を形成し,この 1

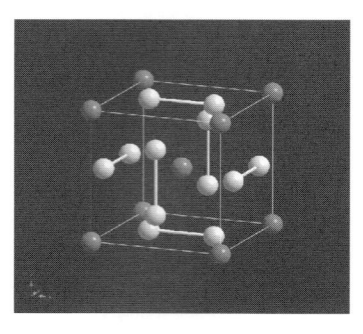

図 2.7 A15 型化合物 A3B の結晶構造.A 原子が面に,B 原子がコーナーに位置している.

次元鎖が互いに直交する方向に走っている．B原子は体心立方位置を占めている．この結晶構造，すなわち1次元鎖の存在と鎖間の相互作用がA15型化合物に特徴的な性質を与えている．立方晶 Nb_3Sn の電子状態密度はフェルミ面近くに2重に縮退した d 電子の鋭いピークを形成する．しかし，温度の低下とともに立方晶から正方晶への構造相転移が起こり，これに伴って d バンドのピークは2つに分裂して縮退が解ける．このため，フェルミ面付近の状態密度は減少し，電子系のエネルギーが低下する．もし，電子系のエネルギーの減少が格子ひずみに伴うエネルギーの増加を上回る場合には，構造相転移が起こり，正方晶に転移する．これをバンド・ヤーン–テラー効果という．一般に T_c の高いA15型化合物は T_c の1.5〜2倍程度の温度で構造相転移を起こす．

一方，表2.3に見られるように，これらのA15型化合物は電子–フォノン相互作用定数 λ が1.0〜2.0程度と大きく，強結合超伝導体に属する．これは，上記の構造相転移が T_c 近くで生じるために，格子 (フォノン) のソフト化によって格子振数の2乗平均 $\langle \omega^2 \rangle$ が減少し，λ が増大するためと考えられる．また，A15型化合物の T_c を原子あたりの価電子数について表示 (図2.8 および表2.3) すると価電子数が4.75の Nb_3Ge ($T_c = 23.5$ K) と6.5の Mo_3Os ($T_c = 12$ K) を中心とした2つのピークが現れ，この場合にも超伝導遷移金属元素において示したマティアス則が成立している[2]．このことは，A15型化合物も遷移金属に特有な d 電子の電子状態密度を反映していることを意味する．このように，A15型化合物の T_c が高い理由は，電子状態密度の大きさと格子不安定に伴う電子–フォノン相互作用の増大に起因するものと考えられている．

代表的な超伝導化合物であるA15型化合物，シェブレル相化合物 $PbMo_6S_8$，B1型

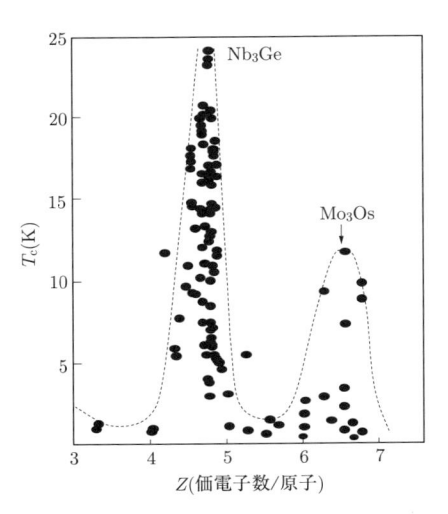

図 **2.8**　A15型化合物における T_c と価電子数 Z との関係．

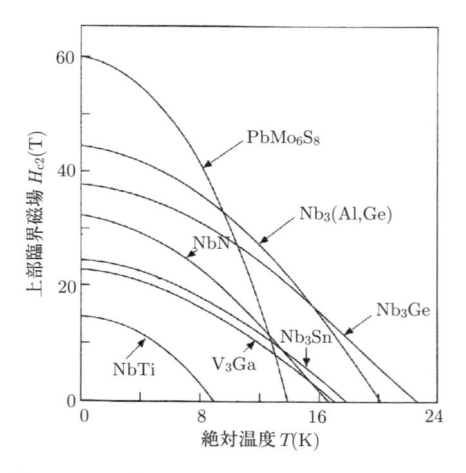

図 2.9　化合物における上部臨界磁場の温度依存性.

化合物 NbN および超伝導合金 NbTi の上部臨界磁場 H_{c2} の温度依存性を図 2.9 に示す．Nb_3Sn と Nb_3Ge の $H_{c2}(0)$ は，それぞれ 29 T および 38 T と高い．さらに，Nb_3(Al, Ge) では 44 T 程度まで増大する．A15 型超伝導体では，一般に物質固有の性質としてコヒーレンス長 ξ_0 が短いために高い $H_{c2}(0)$ を示すが，Nb_3(Al, Ge) ではさらに混晶化や格子欠陥によって電子の平均自由行程がきわめて短くなるため，$H_{c2}(0)$ が上昇すると考えられる．

現在，実用化されている超伝導線材は合金系の NbTi と化合物系の Nb_3Sn だけである．Nb_3Sn 線材については Ta や Ti などによる Nb の一部置換や加工プロセスの改善によって $H_{c2}(0)$ や高磁場における臨界電流密度の向上が図られ，最大磁場 20 T を越える超伝導マグネットが市販されるようになった．また最近では，強い電磁力に耐えられる Nb_3Sn 系材料を使った高強度線材や Nb_3Al，Nb_3Ge 線材の開発が進められている．これらの材料は研究用核融合炉や大型加速器などの分野で利用されようとしている．

2.2.4　層状超伝導化合物

これまで述べた超伝導元素や A15 型化合物の結晶構造は立方晶やそれに近いものであった．このような物質では電子間相互作用やフェルミ面の形は等方的である．しかし，酸化物高温超伝導体を始めとして，多くの超伝導体は層状の結晶構造をもつ．こういった超伝導体を層状超伝導体とよぶ．層状超伝導体では電子の運動は主として 2 次元面内で起こるが，層間の電子的結合の強さに依存して様々な興味深い現象が観測される．

とくに電子の軌道運動が関係する H_{c2} には異方性の効果が顕著に現れる．H_{c2} の異

方性の扱いには 2 つの考え方がある．一方は，異方性が弱い場合に対して 3 次元 GL 理論から出発する考え方で，有効質量モデルとよばれる．他方は層間がジョゼフソン (Josephson) 結合によって弱く結びついている場合で準 2 次元モデルとよぶ．

有効質量モデルでは，H_{c2} の角度依存性は磁場と層とのなす角を θ とすると，

$$H_{c2}(\theta) = \frac{\phi_0}{2\pi\xi_\parallel^2(\sin^2\theta + \gamma^{-2}\cos^2\theta)^{1/2}}$$
$$= \frac{H_{c2\perp}}{(\sin^2\theta + \gamma^2\cos^2\theta)^{1/2}} \tag{2.77}$$

と表される．ただし，$\xi_\parallel$ は層内の GL コヒーレンス長，$H_{c2\perp}$ は層に垂直に磁場をかけた場合の上部臨界磁場である．γ は異方性パラメーターとよばれる．層内を運動する電子の有効質量を m，層を横切って運動する電子の有効質量を M とすると $\gamma = \sqrt{M/m}$ である．

この結果から磁場が層に平行および垂直な上部臨界磁場は，

$$H_{c2\parallel}(T) = \frac{\phi_0}{2\pi\xi_\parallel(T)\xi_\perp(T)} = \sqrt{\frac{M}{m}} H_{c2\perp}(T) \tag{2.78}$$

$$H_{c2\perp}(T) = \frac{\phi_0}{2\pi\xi_\parallel^2}, \qquad \xi_\perp(T) = \sqrt{\frac{M}{m}}\xi_\parallel(T) \tag{2.79}$$

と表される．$\xi_\perp$ は層に垂直な方向の GL コヒーレンス長である．温度依存性に関しては 3 次元 GL 理論にもとづいて理解される．

一方，ジョゼフソン結合モデルでは，層に平行に磁場をかけた場合に，H_{c2} は低磁場および高磁場の極限で，それぞれ，

$$H_{c2\parallel}(T) = \sqrt{\frac{M}{m}} \frac{4\pi_0}{\pi^2\hbar D} k_B(T_c - T) \qquad (T \sim T_c) \tag{2.80}$$

$$H_{c2\parallel}(T) = \frac{m}{M}\frac{\pi_0}{4s\pi}\sqrt{\pi\hbar D}(T - T^*)^{-1/2} \qquad (T \sim T^*) \tag{2.81}$$

$$T^* = T_c\left(1 - \frac{\pi\gamma^*}{8}\right)$$

と表される[4]．ここで $D = v_F^2\pi/2$ は層内における拡散係数，s は超伝導層間の距離である．γ^* は層間の結合の強さを表し，

$$\gamma^* = \frac{2m\hbar D}{Ms^2 k_B T_c} \tag{2.82}$$

で与えられる．したがって，この場合には T_c から温度を低下させると，γ^* の値が $8/\pi$ よりも小さければ，$H_{c2\parallel}$ は $0 < T^* < T_c$ となる有限の温度 T^* で発散する．このことは，磁場が層に平行にかけられた場合に，渦系のコアが層間に閉じ込められて層内の超伝導がいつまでも残っていることを意味する．ただし，現実の超伝導体ではパウリ常磁性効果やスピン–軌道散乱などによって発散は抑えられる．

a. 遷移金属カルコゲナイド

遷移金属 T とカルコゲン元素 X が組み合わされたよく知られた超伝導体として，遷移金属ダイカルコゲナイド (TX_2) と遷移金属トリカルゲナイド (TX_3) とがある．それぞれ 2 次元および 1 次元的性格をもっている．ともに超伝導の発現と電荷密度波の形成によって注目され，詳しく研究された物質である．ここでは，超伝導に関してより広く研究された TX_2 について紹介する．

遷移金属ダイカルコゲナイドの基本構造は層状六方構造である．6 回対称をもつ遷移金属の層が同じく 6 回対称のカルコゲンの 2 枚の層によってサンドイッチされた構造が単位層となっている．この単位層がファン・デル・ワールス力で積層した構造をもつ．このため層間の結合は弱く，電気的に準 2 次元的性質を示す．単位層の遷移金属原子とカルコゲン原子の配位には 2 つの種類がある．図 2.10a に示すように金属原子を中心に上下のカルコゲン原子が $180°$ 回転した八面体構造をもつ場合と，図 2.10b のように 6 個のカルコゲン原子が三角プリズムの頂点に位置している場合とがある．これらの基本ユニットの組合せによって，遷移金属ダイカルコゲナイドには 1T, 2H, 3R, 4H, 6R[*1)] など多くのポリタイプが存在する[5]．

この物質群の伝導を担う主体は遷移金属の d 電子である．わずかにひずんだ八面体あるいは三角プリズムの配位子場の中で，d 電子はカルコゲンの p 軌道と結合して結合–反結合軌道をつくり，2 重に結退した準位と伝導体を形成する 3 つの準位とに分裂する．代表的な 1T と 2H タイプの TX_2 は，それぞれ電子と正孔の違いはあるが楕円

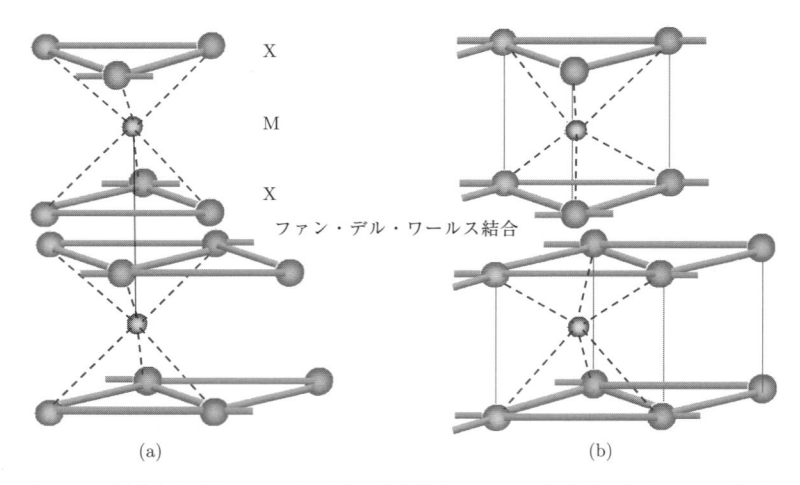

図 2.10 遷移金属ダイカルコゲナイドの結晶構造．(a) 八面体構造の積層によって構成される 1T ポリタイプ．(b) 三角プリズム構造の積層によって構成される 2H ポリタイプ．

---

*1) はじめの数字は層の繰返し周期を示し，後の記号は Triganal, Hexagonal, Rhombohedral の略で結晶の対称性を表す．

表 2.4 遷移金属ダイカルコゲナイド TX_2 の超伝導特性.

物　　質	T_c (K)	$H_{c2\parallel}/H_{c2\perp}$
2H-NbS$_2$	6.3	~ 8
2H-NbSe$_2$	7.2	~ 3
2H-TaS$_2$	~ 0.8	~ 7
2H-TaSe$_2$	0.13〜0.15	
4H-TaSe$_2$	~ 2.9	
2H-TaS$_2$(py)	3.5	~ 40

柱状のフェルミ面をもつ．このために，平行移動した際にフェルミ面の重なり（ネスティング）を起こしやすく，ネスティングベクトルの波数に担当する電荷密度波を形成することが知られている．1T タイプではネスティングの条件が広い領域で成立し，電荷密度波の形成によるフェルミ面の破壊の程度が大きい．そのため，電荷密度波形成温度での抵抗の増加や低温での電荷の局在化が顕著である．一方，2H の場合は複数のフェルミ面が伝導に関与し，電荷密度波を形成した後も多くの伝導電子が残り，これが低温で再配置し超伝導を起こす．ちなみに，遷移金属ダイカルコゲナイドの電荷密度波の観測は X 線や中性子散乱などによって行われたが，さらに近年低温走査トンネル顕微鏡を使った観測によって，密度波が実空間上でトンネル伝導度の濃淡として捉えられている[6]．

遷移金属ダイカルコゲナイドは結晶の異方性を反映して，H_{c2} などの超伝導特性も一軸対称の異方的性質を示す．2H-NbSe$_2$ はこの構造の物質のうちもっとも高い T_c をもつため詳しく研究された．Morris ら[7]によると，2H-NbSe$_2$ の H_{c2} は磁場を層に平行にかけたときにもっとも高く，層に直角にかけたときにもっとも低い．その角度依存性は先に述べた有効質量モデル (2.77) でよく説明できる．表 2.4 には代表的な遷移金属ダイカルコゲナイドの臨界温度と異方性の強さを示す．遷移金属ダイカルコゲナイではファン・デル・ワールス結合した層間に多くの金属元素や有機物を挿入することができる[8]．これをインターカレーション (intercalation) とよぶ．とくに 2H タイプの TaS$_2$ では有機物であるピクジンをインターカレーションすることによって T_c が 0.8 K 程度から 3.5 K にまで上昇し，H_{c2} の異方性の大きさも 40 程度まで増大する．また，磁場を層に平行にかけた場合は，H_{c2} の温度依存性は強い発散の傾向を示し，ジョゼフソン結合モデルにもとづいた式 (2.81) が適用できると考えられている．この結果は，2H-TaS$_2$ では層間に有機物をインターカレートすると層間の電子的結合が弱められて，磁束が層間に閉じ込められることを意味する．

b．ホウ素炭化物超伝導体

ホウ素炭化物超伝導体は酸化物高温超伝導体以後に発見された超伝導体である[9]．この化合物は A15 型化合物と並ぶ T_c をもつ金属間化合物として注目を浴びた．組成は LnT$_2$B$_2$C と書かれる．T は Ni, Pt, Pd などの遷移金属元素であるが，遷移金属元素の種類によって Ln は Y および一部の希土類元素をとりうる．結晶構造は B 原子

の層によって T 原子が挟まれた形の T_2B_2 層が LnC 層と交互に積層された層状構造を有する．

しかし，単一相の結晶を得ることが比較的難しく，詳しい超伝導特性が明らかにされている物質は YNi_2B_2C ($T_c = 15.6$ K) や $LuNi_2B_2C$ ($T_c = 16.6$ K) など少数である．この物質群の中でもっとも高い $T_c = 23$ K をもつ組合せが Y–Pd–B–C であることは，この物質の発見当時から知られていたが，実際に LnT_2B_2C と同型の結晶構造をもつことが確認されたのは発見から 5 年も過ぎてからであった[10]．Ln が磁気モーメントをもつ希土類元素の場合，希土類元素のスピンと超伝導は共存し，低温で磁気秩序を示す．このことは，希土類元素のスピンと超伝導電子の間の相関は弱く，超伝導は Ni の d 電子を主体として Ni_2B_2 層と炭素の間で起こっていることを示唆する．

超伝導特性や電気的物性には強い異方性は現れない．YNi_2B_2C の上部臨界磁場 $H_{c2}(0)$ は，磁場を Ni_2B_2 面に垂直にかけた場合は 8.1 T，平行にかけた場合は 11 T 程度と見積もられ，異方性の大きさはたかだか 1.5 倍程度である．また，この H_{c2} の値は A15 型化合物やシェブレル相化合物と比べて小さい．このことは，コヒーレンス長 ($\xi_\parallel \sim 6.0$ nm, $\xi_\perp \sim 4.5$ nm) が比較的長いことを意味する．一方，金属間化合物としては平均自由行程が 180 nm 程度と他の化合物に比べて長く，いわゆる clean limit にある超伝導体として理解される．

この化合物は従来型の s 波超伝導体と考えられるが，熱伝導[11]や比熱のふるまい[12]に異常が観測され，s 波以外の対称性の存在やきわめて大きな超伝導ギャップの異方性，あるいは複数のバンドの存在などの可能性が指摘されている．

c. 二ホウ化マグネシウム

二ホウ化マグネシウム (MgB_2) は金属系化合物超伝導体として最高の $T_c = 39$ K をもつ．MgB_2 の超伝導は 2001 年に青山学院大学の秋光らのグループによって報告され[13]，世界中の注目を集めた．この物質自体は古くから遷移金属を含む研究用試薬として市販され，類似の二ホウ化物に関する研究も古くから行われている．なぜ 2001 年まで超伝導が発見されなかったのかは，超伝導研究史の一テーマとして興味深い．

結晶構造は，二ホウ化物として良く知られている AlB_2 タイプとよばれる六方晶である．図 2.11 に示されるように，この物質は Mg 原子が層状の三角格子を形成し，B

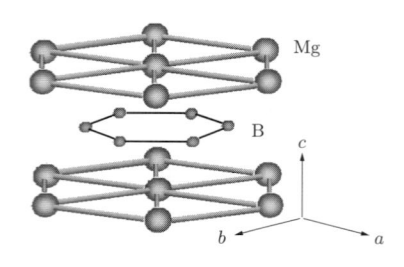

図 **2.11** MgB_2 の結晶構造.

原子はグラファイトと同様の蜂の巣状の格子を組み，それぞれの層が c 軸方向に交互に積層した層状構造をもつ．

バンド計算や放射光を使った X 線解析から，MgB_2 の Mg はほぼ +2 価にイオン化し，B 原子 1 個あたり 1 個の電子を供給していることが知られている．フェルミ準位近くの電子状態は面方向に広がった p 電子の σ バンドと面に垂直な方向に伸びた π バンドで構成されている．σ バンドは Γ 点を中心とした 2 次元的な円筒状の正孔のフェルミ面を形成し，π バンドは 3 次元的な電子のフェルミ面を形成する．

MgB_2 の超伝導の発見以来，多くの超伝導物性の測定が行われたが，トンネル効果，比熱，光電子分光などの測定から，この物質は上記の特異なフェルミ面を反映して，σ バンドに起因すると考えられる 7～9 meV の超伝導ギャップと π バンドに起因する約 2 meV の 2 種類の超伝導ギャップが観測されている[14]．また B^{11} に関する核磁気共鳴 (NMR) の実験からは T_c 直下に金属系超伝導体の特徴である核スピン格子緩和率の増大が見られ，この物質が s 波対称性をもつ BCS 超伝導体であることを示している[15]．これらの実験結果からは，MgB_2 がなぜ他の s 波 BCS 超伝導体に比べて高い T_c をもつか明確ではないが，大きな超伝導ギャップに関していえば，$2\Delta_0/k_B T_c \sim 5$ と強結合超伝導体的である．また，中性子非弾性散乱実験によるフォノン状態密度の測定から B 原子の振動に起因した電子–フォノン相互作用が強く，この物資の超伝導に関係していると推測されている[16]．

超伝導体の材料としての可能性は上部臨界磁場 H_{c2} に依存する．MgB_2 の H_{c2} はフェルミ面の異方性を反映し，磁場が層に平行の場合 $H_{c2\parallel}(0) \sim 15\,\mathrm{T}$，層に垂直の場合 $H_{c2\perp}(0) \sim 3\,\mathrm{T}$ である[17]．H_{c2} の異方性は GL 有効質量モデル (2.77) で表される．このときの異方性パラメータ γ の値は約 5 である．これらの値は物質本来の値であるが，材料特性としては不十分である．材料開発の立場から，H_{c2} や抵抗が現れ始める磁場 H_{irr} (不可逆磁場)，抵抗を 0 に保ったまま流しうる最大電流密度 J_c (臨界電流密度) を向上させるための努力が続けられている．たとえば，薄膜では上部臨界磁場が $H_{c2\parallel}(0) \sim 60\,\mathrm{T}$，$H_{c2\perp(0)} \sim 30\,\mathrm{T}$ 程度の材料が得られている． [小林典男]

文　献

[1] 伊原秀雄，戸叶一正，「超伝導材料」(東京大学出版会，1987)．
[2] E. M. Savitskii et al., *Superconducting Materials* (Plenum Press, 1973).
[3] 日本物理学会 編，「超伝導」(丸善，1979) p. 116.
[4] R. A. Klemm et al., Phys. Rev. B **12** (1975) 877.
[5] 日本化学会 編，「伝導性低次元物質の化学」(学会出版センター，1983) p. 134.
[6] Z. Dai et al., Phys. Rev. B **48** (1993) 14543.
[7] R. C. Morris et al., Phys. Rev. B **5** (1972) 895.
[8] C. P. Poole, Jr., *Handbook of Superconductivity* (Academic Press, 2000) p. 183.
[9] R. C. Cava et al., Nature **364** (1994) 252.
[10] L. M. Dezaneti et al., Physica C **334** (2000) 123.
[11] K. Izawa et al., Phys. Rev. Lett. **89** (2002) 137006.

[12] T. Park et al., Phys. Rev. Lett. **90** (2003) 177001.
[13] J. Nagamatsu et al., Nature **410** (2001) 63.
[14] T. Ekino et al., Physica C **426–431** (2005) 230.
[15] H. Kotegawa et al., Phys. Rev. Lett. **87** (2001) 127001.
[16] R. Osbron et al., Phys. Rev. Lett. **87** (2001) 017005.
[17] Z. X. Shi et al., Phys. Rev. **B68** (2003) 104513.

2.3 高温超伝導

2.3.1 実　　験

a. 高温超伝導の発見と物質概観

1986年IBMチューリッヒ研究所のJ. G. BednorzとK. A. MüllerによってLa–Ba–Cu–Oの多相物質で$T_c = 30\,\mathrm{K}$での超伝導の兆候が報告された[1]. ただちにこれが超伝導によるものであることが確認され[2], 超伝導体の正体が層状酸化物$\mathrm{La}_{2-x}\mathrm{Ba}_x\mathrm{CuO}_4$ ($T_c = 32\,\mathrm{K}$)[3]であることが明らかにされた. その後で, BaをSrで置き換えた, $\mathrm{La}_{2-x}\mathrm{Sr}_x\mathrm{CuO}_4$ ($T_c = 38\,\mathrm{K}$)[4], 最初の窒素温度超伝導体$\mathrm{REBa}_2\mathrm{Cu}_3\mathrm{O}_7$ (RE=Y, 希土類元素, 最高$T_c = 95\,\mathrm{K}$)[5], Bi系超伝導体$\mathrm{Bi}_2\mathrm{Sr}_2\mathrm{Ca}_{n-1}\mathrm{Cu}_n\mathrm{O}_{4+2n}$ (最高$T_c = 110\,\mathrm{K}$)[6], Tl系超伝導体$\mathrm{TlBa}_2\mathrm{Ca}_{n-1}\mathrm{Cu}_n\mathrm{O}_{4+2n}$ (最高$T_c = 124\,\mathrm{K}$)[7], Hg系超伝導体$\mathrm{HgBa}_2\mathrm{Ca}_{n-1}\mathrm{Cu}_n\mathrm{O}_{4+2n}$ (最高$T_c = 134\,\mathrm{K}$)[8]と次々と最高の転移温度を更新する超伝導体が発見された. 転移温度が液体窒素温度を超えたことは, 超伝導の実用化を加速するブレークスルーとして, 社会的にも大きなインパクトを与えた. 機構解明を考える上で重要な意味をもつ物質, たとえば電子ドープ型超伝導体$\mathrm{RE}_{2-x}\mathrm{Ce}_x\mathrm{CuO}_4$ (RE=Nd, Pr, Sm, 最高$T_c = 25\,\mathrm{K}$)[9]および$\mathrm{Sr}_{1-x}\mathrm{Nd}_x\mathrm{CuO}_2$ (最高$T_c = 40\,\mathrm{K}$)[10], 頂点塩素からなる$\mathrm{Ca}_{2-x}\mathrm{Na}_x\mathrm{CuO}_2\mathrm{Cl}_2$ (最高$T_c = 26\,\mathrm{K}$)[11], 梯子格子超伝導体$\mathrm{Sr}_{0.4}\mathrm{Ca}_{13.6}\mathrm{Cu}_{24}\mathrm{O}_{41.84}$ (最高$T_c = 12\,\mathrm{K}$)[12]なども多数発見されている. その数は定義によるが100に及ぶとされている.

銅酸化物高温超伝導体の研究は, 1987年以降, 世界的規模で展開され, 膨大な量のデータが蓄積されている. これを網羅的に解説することは不可能なので, ここでは超伝導の担い手である銅酸素2次元面(CuO_2面)に普遍的で, 超伝導機構解明の重要な鍵と考えられている事実を整理して述べることにする.

b. 結晶構造とキャリアドーピング

銅酸化物高温超伝導体は銅酸素2次元面(CuO_2面)とブロック層の交互の積層による層状構造をとる(図2.12). CuO_2面は, 銅原子が正方格子位置を占め, 銅原子を結ぶボンド上に酸素原子が位置する2次元シートである. $\mathrm{La}_{2-x}\mathrm{Sr}_x\mathrm{CuO}_4$ (図2.13a)では,

$$(\mathrm{LaO})(\mathrm{LaO})\mathrm{CuO}_2(\mathrm{LaO})(\mathrm{LaO})$$

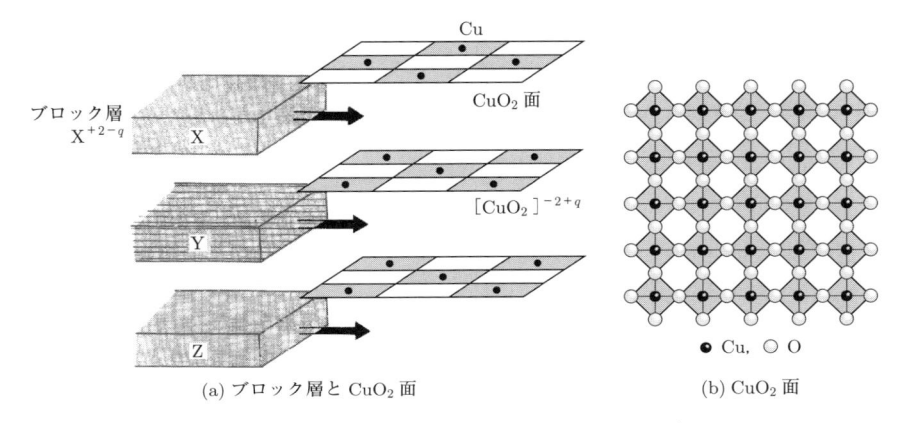

(a) ブロック層と CuO_2 面 (b) CuO_2 面

図 **2.12** 銅酸化物超伝導体におけるブロック層の概念.

Bi 系 (図 2.13d) では $n=1$ で

$$(BiO)(BiO)(SrO)CuO_2(SrO)(BiO)(BiO)$$

$n=2$ で

$$(BiO)(BiO)(SrO)CuO_2(Ca)CuO_2(SrO)(BiO)(BiO)$$

$n=3$ で

$$(BiO)(BiO)(SrO)CuO_2(Ca)CuO_2(Ca)CuO_2(SrO)(BiO)(BiO)$$

の積層パターンとして構造を表現することができる[13]. 括弧はブロック層を表している. ブロック層のうち (Ca) のように 1 原子層の薄いものは, 上下の CuO_2 面が近く, 比較的強く結合する. このため Bi 系の $n=2$ では 2 層, $n=3$ では CuO_2 面 3 層が組になっていると見なすことができる. 組になる層数は構造上の特徴を分類するのに, しばしば用いられる. (Ca) のような薄いブロック層として, ほかに (Y), (RE: 希土類) などがある. $(BaO)(CuO)(BaO)CuO_2(Y)CuO_2(BaO)(CuO)(BaO)$ と書ける $YBa_2Cu_3O_7$ (図 2.13d) は 2 層構造の超伝導体である. 銅酸素の 1 次元鎖からなる (CuO) はブロック層として機能する.

ブロック層のもっとも重要な役割は, CuO_2 2 次元面の電荷量を制御することである. たとえば $La_{2-x}Sr_xCuO_4$ では, La^{3+} を Sr^{2+} で置き換えることで, CuO_2 面から電子数を減らすことができる. 同じように $Nd_{2-x}Ce_xCuO_4$ では Nd^{3+} を Ce^{4+} で置き換えることにより, CuO_2 面の電子数を増やすことができる. この操作は半導体のドーピングになぞらえて, 正孔ドーピング, 電子ドーピングとよばれる.

高温超伝導は, 母体の反強磁性絶縁体にドーピングすることによって生じる. ただし, ここでいうドーピングはバンド絶縁体である半導体へのドーピングとは物理的な

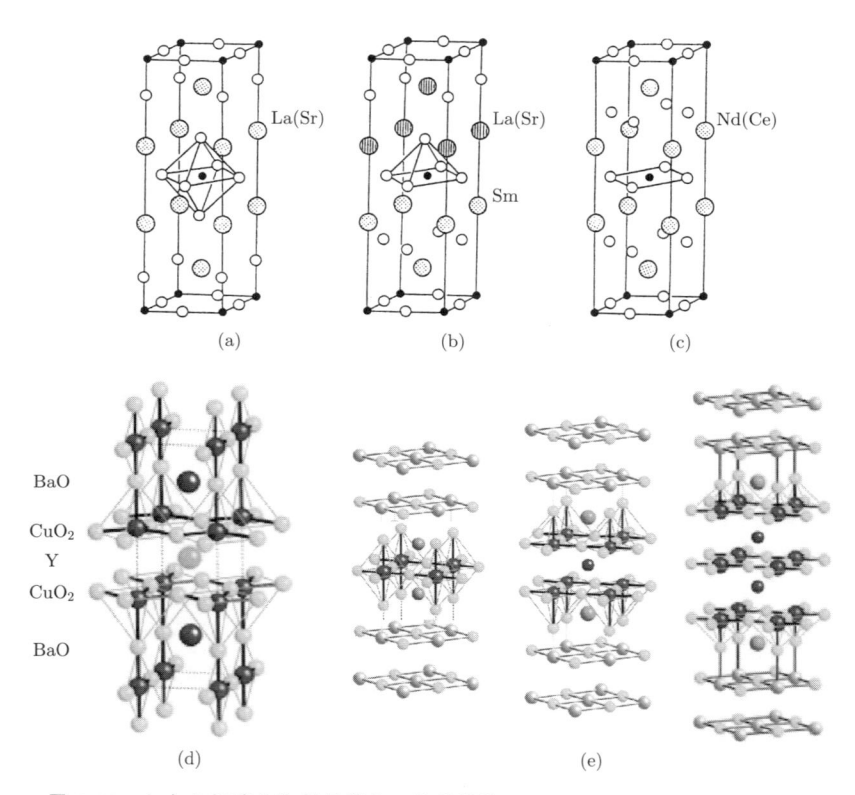

図 2.13 おもな銅酸化物超伝導体の結晶構造. (a) $La_{2-x}Sr_xCuO_4$ (T), (b) $La_{1-x}SmSr_xCuO_4$ (T^*), (c) $Nd_{2-x}Ce_xCuO_4$ (T'), (d) $YBa_2Cu_3O_7$, (e) $Bi_2Sr_2Ca_{n-1}Cu_nO_{4+2n}$ ($n = 1, 2, 3$).

意味が異なるので,明確に区別する必要がある.正孔ドーピングか電子ドーピングのどちらが実現するかは,CuO_2面の局所配位構造,とくに銅原子の直上に位置する酸素(頂点酸素とよばれる)の存在に強く依存する.酸素イオンの負電荷によるクーロン・ポテンシャルが正孔ドーピングを有利にするからである.ブロック層は頂点酸素の有無で分類することができる.CuO_2 2次元面の上下に頂点酸素が存在する場合は銅は八面体配位,上下どちらかだけ頂点酸素が存在する場合はピラミッド配位,どちらにもない場合は四角形配位をとる.経験的に,八面体配位とピラミッド配位では正孔ドーピングが実現し,四角形配位の場合のみに電子ドーピングが実現する.もっとも単純な層状構造である 214 型 RE_2CuO_4 (RE: 希土類) では,ブロック層である REO の局所構造に応じて,八面体配位が T 型 La_2CuO_4 (図 2.13a),ピラミッド配位が T* 型 $LaSmCuO_4$ (図 2.13b),四角形配位が T' 型 Nd_2CuO_4 (図 2.13c) で実現するが,T と T*が正孔ドーピング,T' は電子ドーピングである.

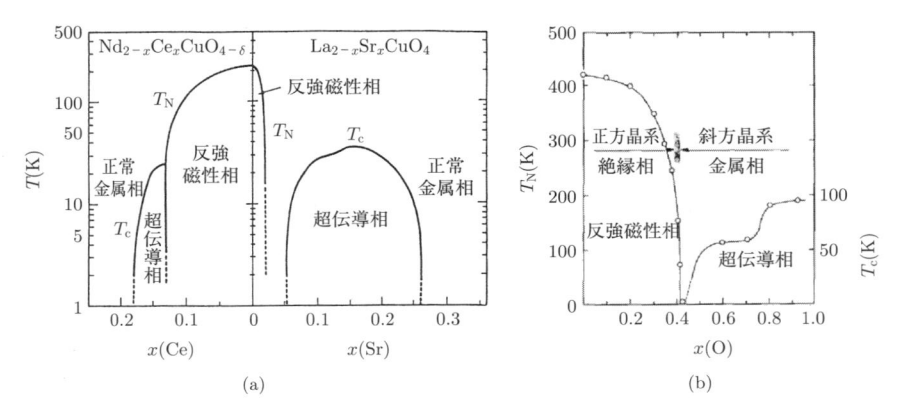

図 2.14 高温超伝導体の電子相図. (a) $La_{2-x}Sr_xCuO_4$ と $Nd_{2-x}Ce_xCuO_4$ の相図を合わせたもの[14]. (b) $YBa_2Cu_3O_{6+x}$ の相図.

なお，多くの物質において，CuO_2 面は理想的な正方格子構造をとらず，ブロック層との整合をとるために，ひずんでいる．たとえば，$La_{2-x}Sr_xCuO_4$ では (110) 方向に CuO_6 八面体が交互に傾く変形が起こり，低温では斜方晶になっている．$YBa_2Cu_3O_7$ や $Bi_2Sr_2Ca_{n-1}Cu_nO_{4+2n}$ でもブロック層が4回対称でないことを反映して，CuO_2 面はひずんでいる．

c. 電子相図概観

正孔ドーピングと電子ドーピングの関数として CuO_2 面にどのような状態が出現するのかを表現したのが図 2.14 に示す電子相図である[14]．出発点となる母体は反強磁性絶縁体であり，銅の価数がちょうど 2+ となっている．正孔ドーピング系である $La_{2-x}Sr_xCuO_4$ では La_2CuO_4，電子ドーピングの系である $Nd_{2-x}Ce_xCuO_4$ では Nd_2CuO_4 がこれにあたる．$YBa_2Cu_3O_7$ を含む $YBa_2Cu_3O_{6+x}$ では $YBa_2Cu_3O_6$ $[(Ba^{2+}O^{2-})(Cu^{1+}O^{2-})(Ba^{2+}O^{2-})Cu^{2+}O_2^{2-}(Y^{3+})]$ である．横軸は，Cu 原子1個あたりのドープされたキャリア数である．

正孔ドーピングとともに，長距離の反強磁性秩序が急速に抑制され，スピングラス的な乱れた磁性へと変化する．この領域では低温で電子局在が起き，系は絶縁体である．正孔ドープ量 $x = 0.07 \sim 0.08$ 程度で絶縁体–金属転移が生じ，同時に超伝導が出現する．転移温度 T_c はドーピングとともに上昇した後，$x = 0.15 \sim 0.2$ でピークを示し，減少に転ずる．0.3 程度ドーピングすると，100 mK 以下の測定限界まで超伝導は観測されず，常伝導金属が基底状態と考えられている[15]．電子ドーピングの場合も，反強磁性絶縁体から超伝導，常伝導金属という相変化は，正孔ドーピングと対称に起きる．一方で，反強磁性絶縁体相が広いドーピング領域にわたって安定であり，乱れた磁性の領域を経ずに直接超伝導領域に接しているように見える点が正孔ドーピングとは異なる．正孔ドーピング系の乱れた磁性の領域は，ドーパントや結晶の不完全性により

もたらされたランダムネスの効果との指摘もある[16]. なお, T_c が最高となるドーピング量を「最適」ドーピング (optimum doping) とよび, それ以下のドーピング量を不足ドーピング (under doping: UD), それ以上を過剰ドーピング (over doping: OD) とよぶ.

d. 銅酸化物高温超伝導体の電子状態概観 (高エネルギー)

高温超伝導体の母体となる反強磁性絶縁体は広い意味のモット絶縁体, 厳密にいうと電荷移動型絶縁体である. イメージをつかむための出発点としてイオン結晶として考えると, 銅の 3d 軌道には形式価数が 2+ なので 9 個の電子が存在する. 正八面体の中心位置, 立方対称の結晶場のもとで銅の 3d 軌道は, 2 重縮退の e_g 軌道と 3 重縮退の t_{2g} 軌道に分裂する[17]. さらに銅酸化物超伝導体では, 頂点酸素が CuO_2 面から遠ざかる, あるいは欠如しているので, e_g 軌道の縮退が解け, 面内の酸素方向を向

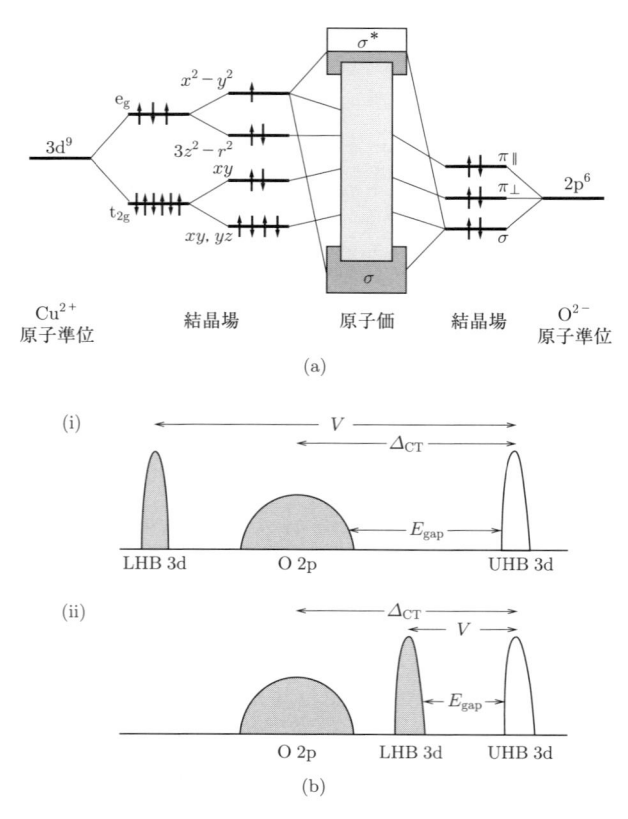

図 2.15 層状銅酸化物の母体の電子状態. (a) d 軌道の結晶場分裂[18]. (b) 母体の反強磁性絶縁体の電子状態の模式図. (i) 電荷移動型絶縁体, (ii) モット絶縁体 (比較). LHB3d は電子が 3d 軌道に 1 つ入った状態 (V だけエネルギーが高い) を表す.

く $d_{x^2-y^2}$ 軌道がもっともエネルギーの高い軌道となる．したがって，$d_{x^2-y^2}$ 軌道に1つだけ電子が入り，それ以外の軌道は完全に電子で満たされる (図 2.15a)．実際には酸素の 2p 軌道が銅の 3d 軌道とエネルギー的に近いので，その混成はきわめて大きく，$d_{x^2-y^2}$ が酸素 2p 軌道と混成してできた σ^* 軌道 (が構成するバンド) に電子が1つ入る，というのがより正確な記述である．

空間的に狭い軌道を反映して，$d_{x^2-y^2}$ 軌道に収容された電子間には $U \sim 10\,{\rm eV}$ 程度の強いクーロン反発が働く．このため，母体ではクーロン反発を避けるために電子が銅イオンに局在し，広い意味でのモット絶縁体状態が実現している．酸化物モット絶縁体は，一般に系の絶縁体性を決める最低エネルギー励起が，モット・ギャップに対応する d–d 励起なのか，酸素 2p から 3d への電荷移動に対応する励起なのかによって，2 種類に分類される (図 2.15b)．前者は狭い意味のモット絶縁体，後者は電荷移動型絶縁体 (charge transfer insulator) とよばれる[17,20]．3d 遷移金属元素は原子番号が大きくなるにつれて，核電荷の増加を反映して，3d 軌道がエネルギー的により安定となる．このため Fe, Co より重い元素では電荷移動型絶縁体が実現している．銅酸化物超伝導体の母体も例外ではなく，電荷移動ギャップ $\Delta_{\rm CT} \sim 2\,{\rm eV}$ の電荷移動型絶縁体である[21]．図 2.16 に示すように，母体の絶縁体の光学伝導度スペクトルには，2 eV 付近に電荷移動励起 (O2p → Cu3d) に対応する比較的強い吸収ピークが観測される[19,22]．

モット絶縁体である母体では，面内で局在 $S=1/2$ スピンが銅 d 軌道と酸素 2p 軌

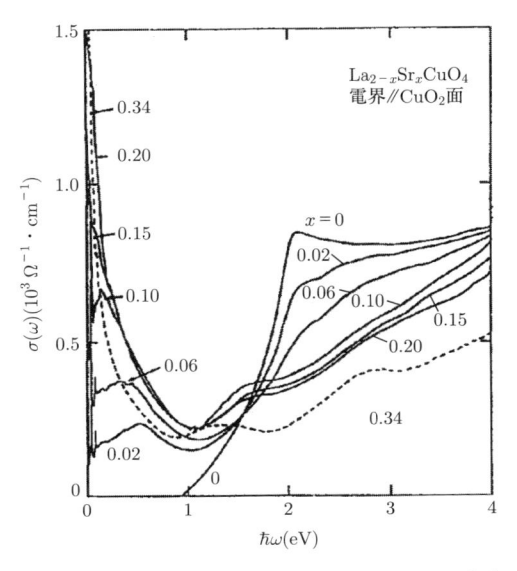

図 **2.16** $La_{2-x}Sr_xCuO_4$ の光学伝導度スペクトル[19]．

道の混成による超交換相互作用を通じて強く反強磁性的に結合し，2次元ハイゼンベルク反強磁性体を構成している[23]．反強磁性結合 J は温度換算で1500K程度ときわめて大きく，その大きなエネルギースケールが磁気的な超伝導機構の立場では高い転移温度 T_c を生み出すとされている．理想的な $S=1/2$ の2次元ハイゼンベルク反強磁性体では絶対零度でしか反強磁性秩序が生じないとされるが，実際の母体絶縁体では CuO_2 面間の弱い相互作用によって，室温前後で3次元的な反強磁性秩序が観測される．たとえば La_2CuO_4 は定比組成に近い試料では350K付近で反強磁性転移を示す．なお，反強磁性秩序転移温度よりもはるか上の温度まで，系が絶縁体挙動を示すことは，母体がクーロン反発によってギャップが生じるモット絶縁体状態が実現している証拠である．

ドーピングとともに，電荷移動型ギャップの内部にCu3dとO2pが強く混成した，ギャップ内状態 (in-gap state) が形成され，金属状態が出現する．その裏返しとして電荷移動励起はその強度を急激に失っていく．その様子は，2eVの吸収ピークから低エネルギー吸収へのスペクトル強度の急減の移動として，光伝導度スペクトル (図2.16)[19,22] あるいは酸素K端軟X線吸収[24]などに見ることができる．電荷移動励起の吸収を反映して，母体の絶縁体は金色である．ドーピングに伴い低エネルギーの吸収が出現すると黒色に変化する．低エネルギーに形成された状態は，銅と酸素の混成に伴う結合が面内でだけ大きいことを反映して，きわめて2次元的である．たとえば，面に垂直な電気抵抗は面内のそれと比べて100倍以上大きく，また面間の光学スペクトルはあたかも絶縁体であるかのような挙動を示す[22,25]．

e．　フェルミ面—角度分解光電子分光

2.3.1項dで述べたモット絶縁体へのドーピングによって生じた低エネルギー電子が構築するフェルミ面が角度分解光電子分光 (ARPES) を用いて，実験的に明らかにされている[26]．図2.17に示すのは $La_{2-x}Sr_xCuO_4$ の場合にフェルミ・エネルギー付近での光電子強度を2次元 k 空間でマッピングしたものであり，フェルミ面のイメージを与える．大雑把に眺めると，超伝導組成付近では，$(\pi/a, \pi/a)$ を中心とする正孔的フェルミ面になっているように見えるのに対して，ドーピングとともに過剰ドープ領域では Γ 点 $(0,0)$ を中心とする電子的フェルミ面へと移行しているように見える．Bi系の超伝導組成でも $(\pi/a, \pi/a)$ (a は最近接銅間距離) を中心として閉じた正孔的フェルミ面が観測されている．電子ドープ型NCCOの超伝導相も $(\pi/a, \pi/a)$ を中心として閉じた正孔的フェルミ面が見えている (図2.18)[28]．

これらの結果はバンド計算から予想されるものと一致している[18]．フェルミ準位付近にあるのは $Cu3d_{x^2-y^2}$ と酸素2pの混成軌道からなるバンドでCu原子あたり $1 \pm x$ 個の電子が入っている．タイトバインディング (tight-binding) モデルにもとづいて2次元 CuO_2 面のバンドを考えると，最近接の重なり積分だけ考えた場合，Cu原子あたり1個の電子が存在する母体では正方形のフェルミ面になり，正孔ドーピング側で Γ 点 $(0,0)$ を中心とする電子的フェルミ面が，電子ドーピングで $(\pi/a, \pi/a)$ を中

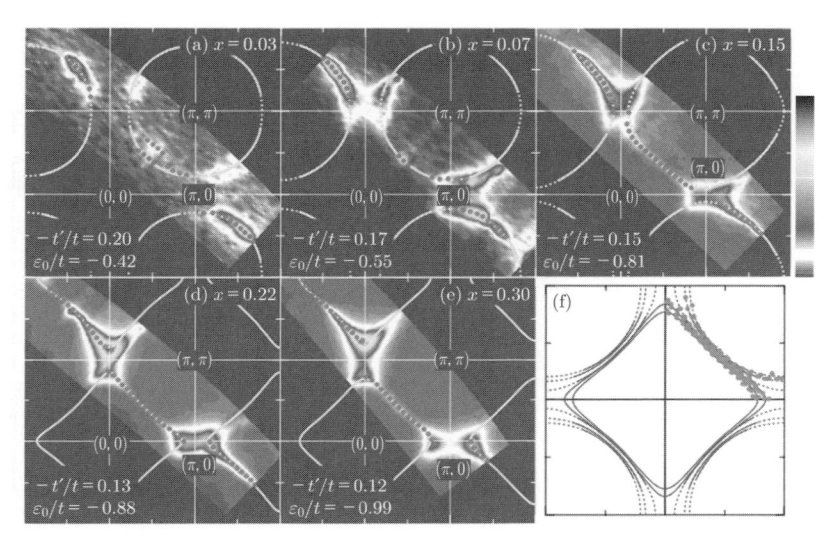

図 **2.17** 光電子分光 (ARPES) によって観測された $La_{2-x}Sr_xCuO_4$ のフェルミ面[27].

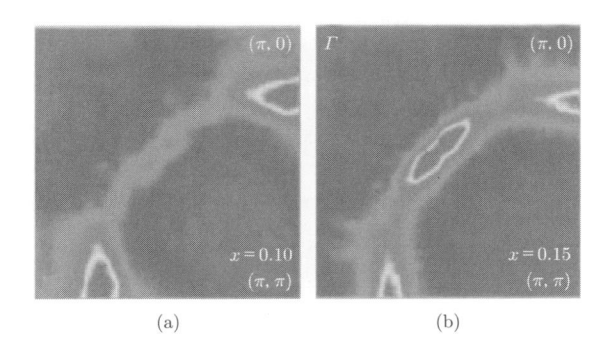

図 **2.18** 光電子分光 (ARPES) によって観測された $Nd_{2-x}Ce_xCuO_4$ のフェルミ面[28].

心とした正孔フェルミ面が観測される.実際には,正孔ドーピング側でも,ほとんどの領域で $(\pi/a, \pi/a)$ を中心とした閉じたフェルミ面が構築されるのは,最近接以外の波動関数の重なりの効果と解釈することができる.さらに,正孔ドーピングを進めて電子数を減らすと,Γ 点を中心とする電子フェルミ面に移行するはずである.これが $La_{2-x}Sr_xCuO_4$ の過剰ドーピング領域で観測されるフェルミ面のトポロジーの変化である.

f. 超伝導状態

銅酸化物高温超伝導体中で,通常の超伝導体と同じように「電子対」が形成されていることは,たとえばリトル–パークス (Little–Parks) 振動で $h/2e$ の振動が見えてい

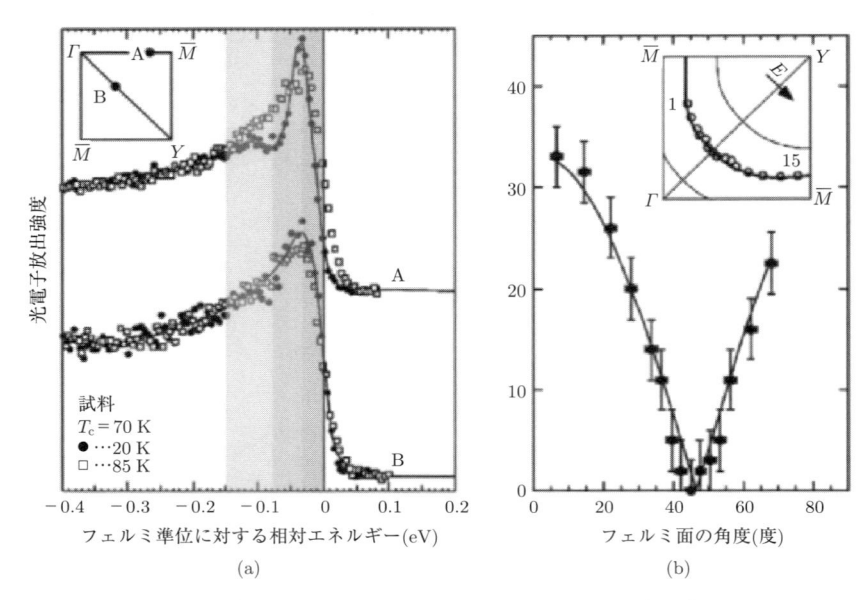

図 **2.19** 角度分解光電子分光で観測された $Bi_2Sr_2CaCu_2O_{8+\delta}$ の超伝導ギャップの異方性[33].

ることなどにより，実験的に検証されている[29]．電子対の対称性については，発見からしばらくは混乱があったが，現在では $(\pi/a, \pi/a)$ 方向にノード（ゼロギャップ）を有する $d_{x^2-y^2}$ の対称性であることが確立されている．異方的な超伝導が実現しているのは，電子相関がきわめて強い系であることの反映である．

スピン 1 重項超伝導が実現していることは，NMR のナイト・シフトに超伝導状態で減少がみられることから明らかである[30]．電子対密度を反映した磁場侵入長の 2 乗 $1/\lambda^2 \propto n_s/m^*$（$n_s$: 対密度，$m^*$: 有効質量）が低温で温度 T に比例して減少する，すなわち温度 T に比例して対破壊が起きることは，超伝導ギャップにノード（ゼロギャップ）が存在することを示し，s 波でなく d 波が実現することを強く示唆する[31]．角度分解光電子分光 (ARPES)[26] や走査型トンネル電子顕微鏡 (STM)[32] は $d_{x^2-y^2}$ の対称性を反映するギャップの異方性を捉えている．図 2.19 は，やや過剰ドーピングの $Bi_2Sr_2CaCu_2O_{8+\delta}$ の試料について，フェルミ面上の k 点に依存する超伝導ギャップを APRES によって測定した結果である．$(\pi/a, 0)$ 方向（アンチノード方向）では，ギャップが明瞭に観測されるのに対して，$(\pi/a, \pi/a)$ 方向では測定精度内でゼロになっている．詳細にしらべたギャップの大きさの方向依存性は $d_{x^2-y^2}$ 波に期待される $2\Delta = \Delta_0|\cos(k_x a) - \cos(k_y a)|$ にきわめて近い[34]．STM 測定においても，エネルギー依存の準粒子干渉パターンの解析から，超伝導状態での準粒子分散を決めることができる．図 2.20 に示す $Bi_2Sr_2CaCu_2O_{8+\delta}$ のやや過剰ドーピング

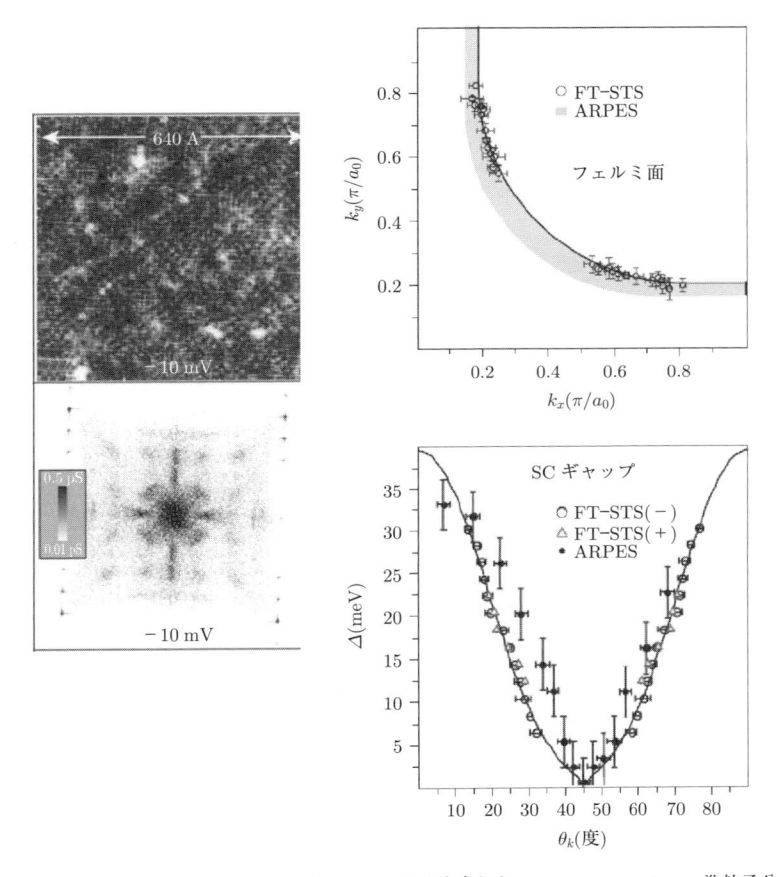

図 2.20 STM/STS の準粒子干渉パターンから決定した $Bi_2Sr_2CaCu_2O_{8+\delta}$ 準粒子分散[35]

の試料について決められたデータは ARPES の結果と符合する d 波分散を示している[35]. ギャップの最大値 $2\Delta_0$ は, $YBa_2Cu_3O_{7-\delta}$ や $Bi_2Sr2CaCu_2O_{8+\delta}$ の最適組成では $2\Delta_0 \sim 80\text{-}100\,\text{meV}$ 程度で, T_c に対して $\Delta_0 \sim 10\,k_B T_C$ 程度とされている. しかし, 後述の 2 つのギャップの考え方の登場以来, 超伝導を反映したギャップはもっと小さいとの説も有力である.

d 波を実験的に証明する上で, もっとも重要なポイントは超伝導秩序変数の位相 (符号) である. 図 2.21 に示すような結晶の方位がずれた接合を 3 つ含むリング試料 (tri-junction) では, リングを周回したときの d 波超伝導電子対の位相差がゼロにならないので, ゼロ磁場中でも自発的に磁束量子の半分に対応する磁場が生じる. 半磁束量子は $YBa_2Cu_3O_{7-\delta}$, $TlBa_2CuO_6$ などの正孔ドーピング系ばかりでなく, 電子ドーピング $Nd_{2-x}Ce_xCuO_4$ でも観測され, d 波超伝導のもっとも直接的な実験的証

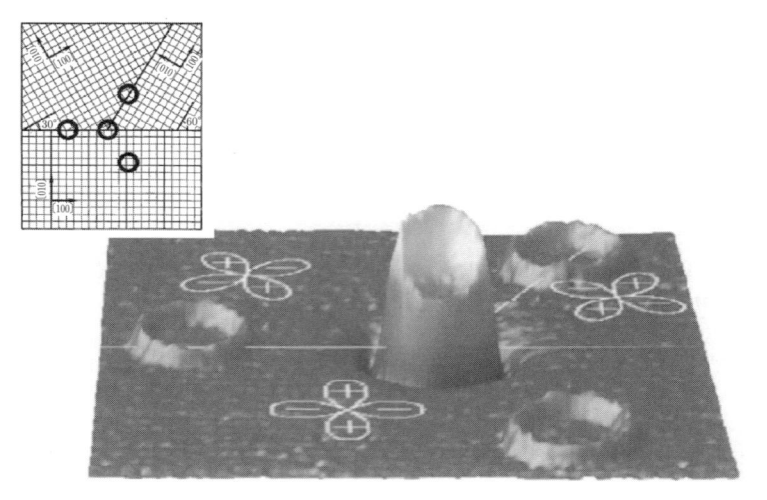

図 2.21　YBa$_2$Cu$_3$O$_{7-\delta}$ の tri-junction リングの実験で観測された自発磁化[36]．左上図はリングと結晶の方位を示す．図の配置の試料で観測される磁場の分布を示す．

拠を与えている[36]．

　銅酸化物超伝導体は第 II 種の超伝導体である．高い転移温度を反映して，上部臨界磁場 H_{c2} はきわめて高く，YBa$_2$Cu$_3$O$_{7-\delta}$ や Bi$_2$Sr$_2$CaCu$_2$O$_{8+\delta}$ などでは定義にもよるが H_{c2} は磁場が CuO$_2$ 面に垂直な場合で 100 T を超えるとされる．これを反映して，ゆらぎ伝導度などから推定される面内の超伝導コヒーレンス長 ξ_{ab} は 1.5〜3 nm 程度ときわめて短く，コヒーレンス長を半径とする円の中には 100 格子点しか存在しない．キャリア数の定義にもよるが，「ドーピング量」である $x = 0.2$ 程度をキャリア数とすると，コヒーレンス長の円の中に存在するクーパー対の数は 10 個程度である．このため粒子数と共役な位相のゆらぎがきわめて強い超伝導であると指摘されている[37]．

　層状構造を反映して，銅酸化物の超伝導は常伝導状態と同様 2 次元性がきわめて強く，上部臨界磁場 (H_{c2}) は磁場を CuO$_2$ 面に垂直に印加した場合と比べて，CuO$_2$ 面に平行な方がはるかに大きい．このため，層間のコヒーレンス長 ξ_c は面内よりさらに短く，比較的 3 次元性の強い La$_{2-x}$Sr$_x$CuO$_4$ や YBa$_2$Cu$_3$O$_{7-\delta}$ の最適ドーピングで 0.1 nm 程度，2 次元性の強い Bi$_2$Sr$_2$CaCu$_2$O$_{8+\delta}$ では 0.01 nm 程度とされる．これらはいずれも CuO$_2$ 面間距離より短く，銅酸化物超伝導体は多重ジョゼフソン接合系と見なすことができる．たとえば，10 層程度に薄くした Bi 系超伝導体の面間の I–V 特性には，連結ジョゼフソン接合的な特性が現れる[38]．バルク試料では，多重接合の集団励起モードである，ジョゼフソン共鳴が，層間の結合の強さ (2 次元性) に応じて，マイクロ波領域 (Bi$_2$Sr$_2$CaCu$_2$O$_{8+\delta}$) から遠赤外領域 (La$_{2-x}$Sr$_x$CuO$_4$，YBa$_2$Cu$_3$O$_{7-\delta}$)

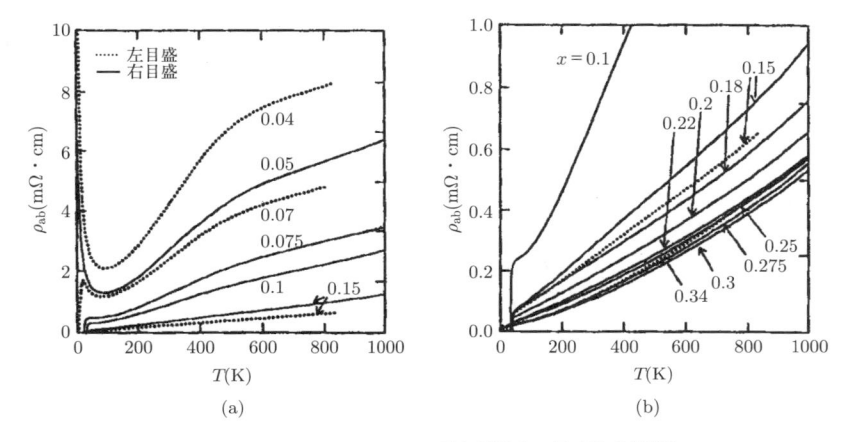

図 **2.22** $La_{2-x}Sr_xCuO_4$ の電気抵抗率の温度依存性[42].

に観測される[39].

コヒーレンス長が極端に短いため超伝導ボルテックスのピン止めはきわめて弱く，これが2次元性の効果と協奏して，磁場中では広い領域でボルテックス液体とよぶべき状態が出現する．ボルテックスマターの物理としてきわめて興味深い問題を供している[40].

同時に弱いピン止めと異方性は，とくに磁場中での臨界電流を抑制するために，線材として銅酸化物高温超伝導体を実用化する上での一番大きな課題とされた[41].

g. 常伝導状態の低エネルギー物性，非フェルミ液体挙動

超伝導が出現する舞台は，少量の正孔や電子がドープされたモット絶縁体である．図 2.14 からも明らかなように，$x \sim 0.15$–0.2 を中心とする比較的限られたドープ領域だけ超伝導が生じる．この領域では，すでに常伝導状態から，様々な異常が低エネルギー物性に観測される．しばしば「異常金属相」という名前でよばれることもある．図 2.22, 2.23 は正孔ドープ系の面内電気抵抗率，ホール係数，電子比熱係数をまとめたものである．そこには金属電子論の基本であるフェルミ液体では単純には理解できないふるまいを読み取ることができる．フェルミ液体の基本は非相互作用系との断熱接続であり，それは低エネルギーでエネエルギーの2乗 ω^2 にスケールする準粒子寿命とフェルミ面の体積の保存 (ラッティンジャー総和則) がある[43].

まずは超伝導最適組成である 0.15〜0.2 くらいのドーピング領域の電気抵抗率に注目してみると，低温から高温まで，比較的幅広い温度領域にわたり温度 T に比例した (T-linear) ふるまいを示す[42]．とくに低温側，T_c 直上の低温まで T に比例した抵抗が観測されることはきわめて異常である．磁場によって超伝導を抑制して常伝導状態の抵抗を測定する実験では，1 K 程度まで T-linear な抵抗が観測されている．遷移金属化合物のような電子相関の強い系では一般に低温の極限では T^2 の温度依存性が観測

される. T^2 に比例する抵抗はフェルミ液体の ω^2 にスケールする準粒子寿命の反映と見ることができる. 銅酸化物の最適ドーピング組成付近のふるまいはフェルミ液体として取り扱うことに問題を生じることを示唆している.

逆に高温側に目をやると $1\,\mathrm{m}\Omega\cdot\mathrm{cm}$ をはるかに超える抵抗に達しても T-linear なふるまいが観測されている. $k_\mathrm{F} l = 1$ (k_F: フェルミ波数, l: 平均自由行程) に対応するヨッフェ－レーゲル (Ioffe–Regel) 極限での 3 次元抵抗は, $\mathrm{La}_{2-x}\mathrm{Sr}_x\mathrm{CuO}_4$ の場合で $1.6\,\mathrm{m}\Omega\cdot\mathrm{cm}$ なので, すでにコヒーレントな輸送現象は期待できずにいるにもかかわらずである. この現象は, 強相関酸化物には広く観測され, bad metal 挙動としばしばよばれる. T-linear な抵抗の異常性が研究初期に強調されたために誤解されるケースがあるが, T-linear な抵抗がある温度領域で観測されることは, 金属では普通のことであり, 決して異常ではない. T-linear が低温極限まで観測されたり, ヨッフェ－レーゲル極限を超えて観測されることが異常なのだということに注意したい.

最適正孔ドーピング組成付近のホール効果は系によらず, 強く温度に依存する. 低温では符号は正で, 金属としてはかなり大きな $10^{-3}\,\mathrm{cm}^3/\mathrm{C}$ 程度の値を示す. バンド計算から予測されるホール効果は, 2.3.1 項 e で述べた正孔的フェルミ面のトポロジーを反映して正であるが, 大きさは実験と合わない. 食い違いはドーピング量を減らしていくとさらに顕著となり, ホール効果の値は, モット絶縁体に向けて増大する. ホール効果が単純にキャリア数の逆数だとすれば, この結果は単純にキャリア数が減少することによって, 金属が絶縁体へと変化していくことを意味する. 実際低温のホール効果から見積もった正孔濃度は x (銅あたり正孔ドーピング量) にきわめてよくスケールしている. 銅酸化物の金属状態では T-linear な抵抗のキャリア [銅あたり $(1-x)$ 個] が存在するはずで, ラッティンジャー総和則が破れてように見える. むしろ, 通常の半導体のドーピングに誘起された金属絶縁体転移であるかのようである (図 2.23)[44]. 上記の異常は, 他の低エネルギープローブにも反映されている. 低温での電子比熱係数 γ は, 絶縁体に向けてむしろ減少している. これと符合するように低温の磁化率も減少する. 単純なフェルミ液体の範疇で考えるならば, キャリア数は保存されて銅あたり約 1 個, モット転移は有効質量が発散的に増大することで起きると予想される. すなわち電子比熱係数 γ は発散的に増大する. フェルミ液体の範疇で単純に予想されるモット転移近傍の臨界挙動は $\mathrm{La}_{1-x}\mathrm{Sr}_x\mathrm{TiO}_3$[46], $\mathrm{NiS}_{2-x}\mathrm{Se}_x$[47] などで実験的に観測されている. 銅酸化物の不足ドーピング領域から最適組成にかけてのふるまいは, これと対照的である.

最適ドーピング組成から過剰ドーピング側に進んでいくと, 絶対値は $10^{-4}\,\mathrm{cm}^3/\mathrm{C}$ と通常の金属なみとなり, 超伝導が消失する組成付近で符号の反転が起こる. 符号の反転が起きる領域では, ホール効果はその符号, 絶対値とともに, バンド計算の予測と整合する. 符号の反転はフェルミ面のトポロジーの変化を反映している. このように正孔ドーピング系の場合, 過剰ドーピング領域では, 不足ドーピング領域から超伝

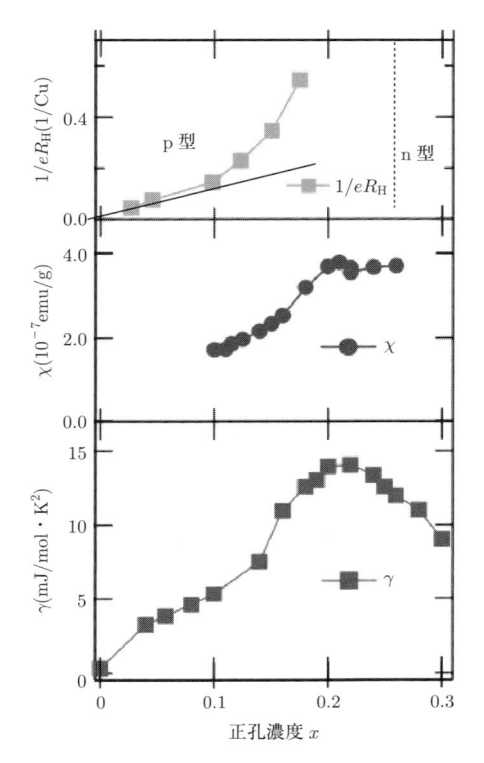

図 2.23　$La_{2-x}Sr_xCuO_4$ の常伝導・低温極限でのホール効果，磁化率 χ，電子比熱係数 γ の組成依存性[44,45].

導最適組成にかけて観測された異常は急速にその姿を消し，超伝導が消えるような組成では，バンド計算から予測される単純なふるまいが観測される．同時に電気抵抗の温度依存性もフェルミ液体的な T^2 の温度依存性を回復する．この領域では，$1-x$ 個の電子を含む大きなフェルミ面に対応する，量子振動 (シュブニコフ–ド・ハース効果) が観測されている[48] ので，よく定義された準粒子が存在するフェルミ液体状態の実現は疑いの余地がない．

h.　擬ギャップ

不足ドープ領域での電子比熱係数 $\gamma = C_e/T \rightarrow 0$ の減少は，フェルミ準位付近に何らかのエネルギーギャップ的な構造が生じることを示唆するように見える．図 2.24 から明らかなように，電子比熱 C_e/T の抑制はある特徴的温度 T^* 以下で現れる．温度スケール T^* は不足ドーピング側からドーピングとともに単調に減少し，最適ドーピング組成，あるいはそれより過剰ドーピング超伝導領域で，温度ゼロに達するように見える (図 2.25)[45].

特徴的な温度 T^* 以下での異常は，一様磁化率の減少，Cu 核 4 重極共鳴 (NQR) の

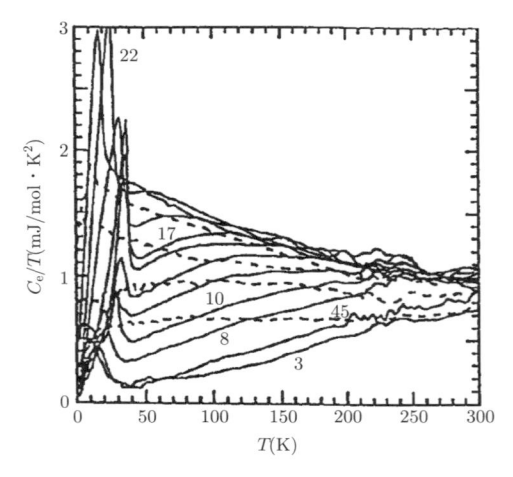

図 2.24 $\mathrm{La}_{2-x}\mathrm{Sr}_x\mathrm{CuO}_4$ における電子比熱 C_e/T の温度依存性[45].

緩和時間 $(T_1T)^{-1}$ の減少,ホール効果の増大,電気抵抗の温度依存性の急激な減少,などの形で,電荷,磁性を問わず多くのプローブに顔を出す.T^* はドーピングとともに減少するという点ではプローブによらないが,その絶対値はプローブに依存する.単にスケールの定義の問題なのか,複数の変化 (と付随する特徴的温度) が存在するの

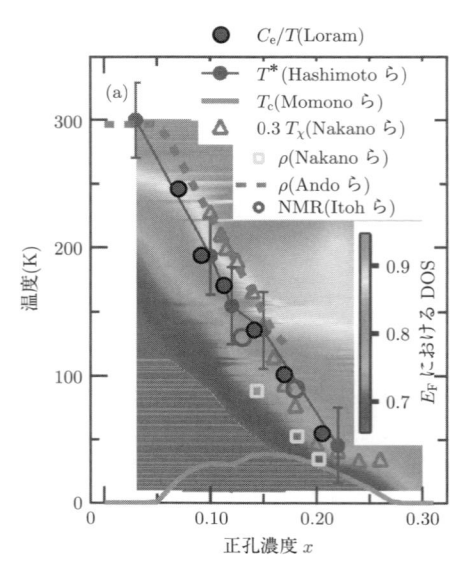

図 2.25 $\mathrm{La}_{2-x}\mathrm{Sr}_x\mathrm{CuO}_4$ において様々なプローブの示す擬ギャップ温度のドーピング依存性 (文献 [49] に加筆).

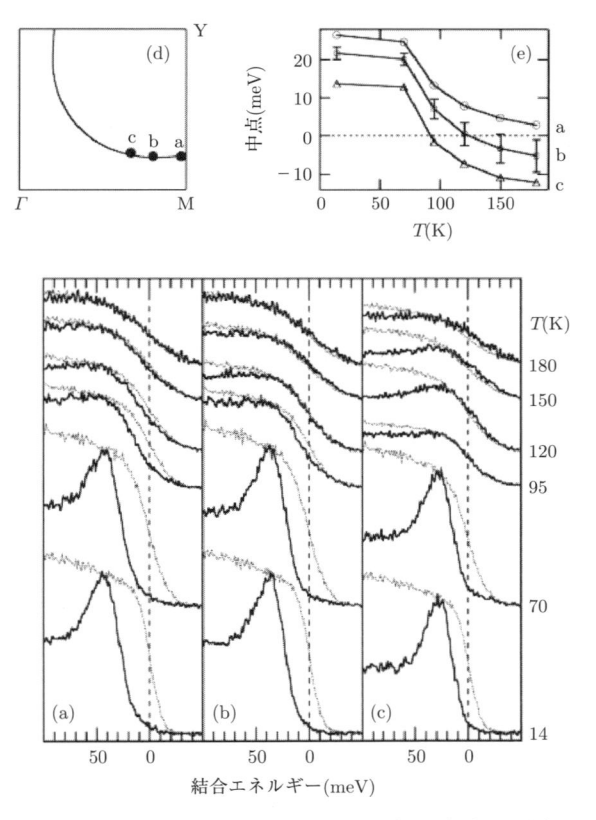

図 2.26 不足ドーピング領域の $Bi_2Sr_2CaCu_2O_{8+\delta}$ の角度分解光電子分光スペクトル.d 波的な対称性を有するギャップが超伝導転移温度以上で観測される.

かは意見の分かれるところである.

　ギャップの存在は角度光電子分光 (ARPES)[26] やトンネル分光[50] によって明確に捉えられている.図 2.26 に示すように,過剰ドーピング領域の試料では d 波ギャップが,ほぼ転移温度付近で消失するのに対して,不足ドーピング領域の試料では,ギャップ的なものが T_c よりもはるか上,比熱の減少が始まる温度 T^* 程度まで残っている (図 2.26).ギャップの大きさは,$(\pi, 0)$ 方向で大きく,d 波超伝導ギャップに近い異方性を示す.不足ドーピング領域では,絶縁体へ向けて T_c が減少するにもかかわらず,ギャップの最大値は増大し,特徴的温度 T^* と強い相関を示す.常伝導状態に出現するギャップ的な構造は擬ギャップとよばれている.擬ギャップの出現に伴い,正孔ドーピングの場合の不足ドーピング領域においてフェルミ面の位置を示す光電子強度が $(\pi/a, 0)$ 付近でほとんど消えてしまい,$(\pi/2a, \pi/2a)$ 付近にのみ弧状のフェルミ面構造 [フェルミ弧 (Fermi arc)] が観測される (図 2.27).その傾向はモット絶縁体に近

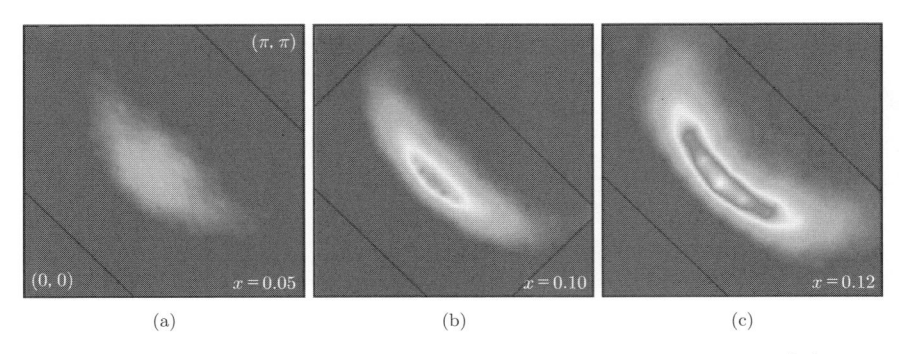

図 **2.27** $Ca_{2-x}Na_xCuO_2Cl_2$ におけるフェルミ準位での光電子強度の k 依存性[51].

づくと，より顕著になり，フェルミ弧が短くなっていくように見える．

不足ドープ領域の異常物性の背景にあると思われる擬ギャップ現象は，一見すると超伝導ギャップとつながっているように見えるために，巨大な超伝導ゆらぎの存在を示すようにも見える．一方で，詳細な温度依存性と運動量依存性をしらべると，ギャップ的なものの中には，$(\pi/a, 0)$ 付近に T^* 以下で発達する大きなギャップと超伝導転移温度 T_c で大きな変化を示す小さなギャップ [ノード方向 $(\pi/2a, \pi/2a)$ 付近で顕著である] の 2 種類の成分が存在するように見える．後者のエネルギースケールは T_c とスケールしているとされる[52,53]．これをイメージとして描いたものが図 2.28 である．このため，$(\pi, 0)$ 付近の擬ギャップは不足ドーピング領域に隠された電子秩序に起因するとの考え方（2 つのギャップ）も有力で，その物理的起源をめぐって議論が続いている．

i. 巨大超伝導ゆらぎ――ネルンスト効果

擬ギャップ領域が巨大超伝導ゆらぎに起因するとする説のもっとも重要な根拠とされているのは，ネルンスト効果の実験である．ネルンスト効果は試料に温度勾配を与

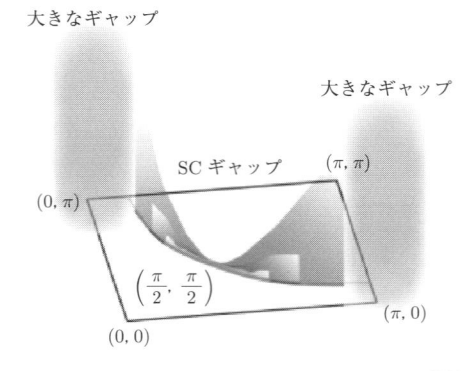

図 **2.28** k 空間での 2 つのギャップのイメージ図[52].

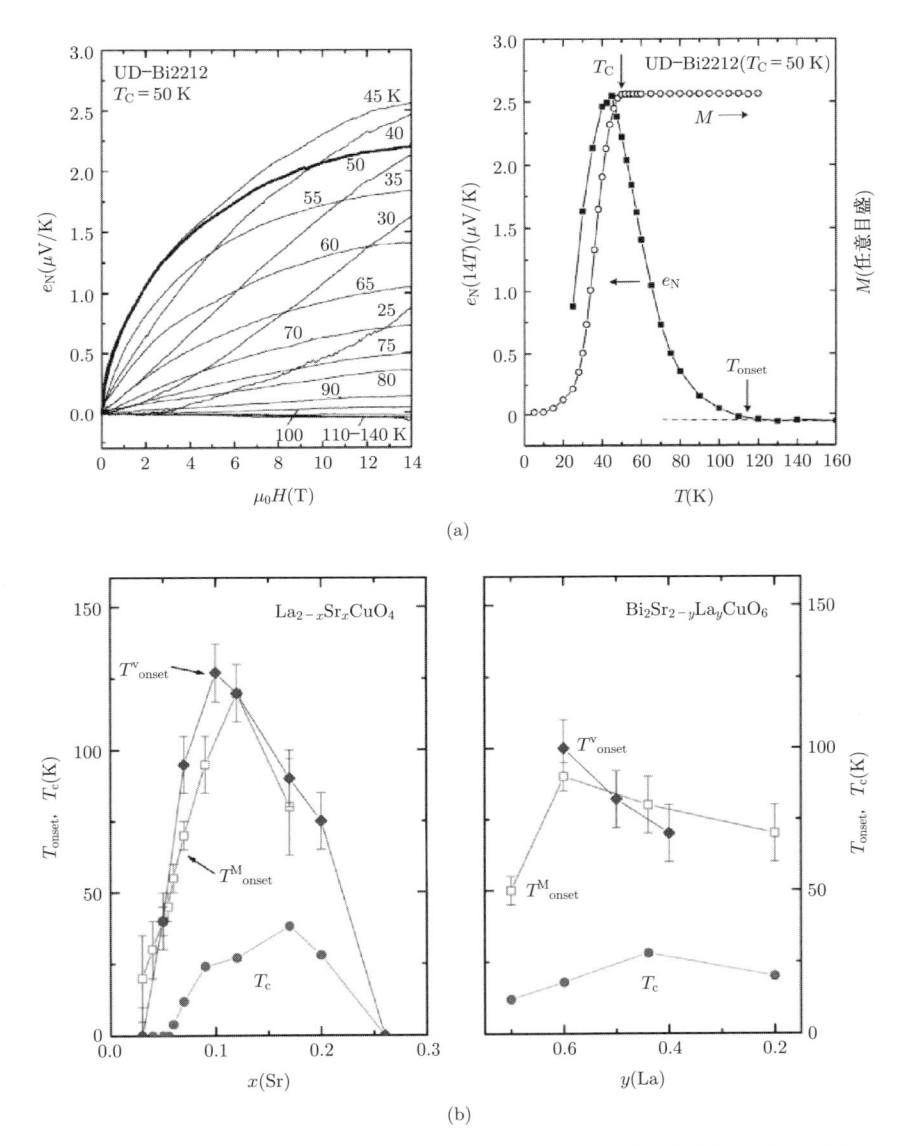

図 2.29 (a) 超伝導転移温度 T_c 以上での巨大ネルンスト効果の観測[54] と (b) その特徴的温度 T^* の組成依存性．反磁性磁化率出現温度との比較[55]．

え熱流を生じさせ，それに垂直に磁場をかけた場合，温度勾配，磁場いずれにも垂直な方向に生じる起電力の大きさを示す物理量である．超伝導状態では磁束の流れを反映して大きなネルンスト効果が観測される．不足ドーピング領域で，巨大なネルンス

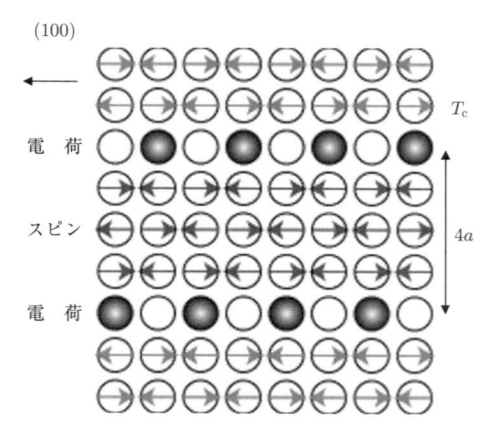

図 2.30 $La_{1.6-x}Nd_{0.4}Sr_xCuO_4$ で観測されたストライプ秩序[58].

ト効果が転移温度より高い T^* 程度の温度から観測され，ボルテックス励起，すなわち巨大な超伝導ゆらぎが存在すると解釈された[54]（図 2.29a）．同じ温度領域で，CuO_2 面に垂直方向に大きな異方的反磁性成分が磁化率に観測されており，これも巨大な超伝導ゆらぎを反映するものと主張されている[55]（図 2.29b）．

j. 隠れた秩序と擬ギャップ

擬ギャップが発達する不足ドーピング領域における電子秩序の存在を示す実験結果が，次々と得られている．巨大超伝導ゆらぎとともに，擬ギャップ形成機構を理解するための鍵と考えられている．不足ドーピング領域に存在する秩序として，その存在がもっともよく確立されているのは，ストライプ秩序である．最初は $La_{2-x}Ba_xCuO_4$ において $x = 1/8$ 付近で超伝導が抑制されて $T_c(x)$ が鋭い谷を示す，1/8 異常として認識された[56]．その後，La の一部を Nd や Eu に置き換えた $La_{2-x}Sr_xCuO_4$ でも，$La_{2-x}Ba_xCuO_4$ 同様 CuO_6 八面体が [100] 方向に交互に傾く格子変形，低温正方晶 (LTT) 構造，が実現すると $x = 1/8$ を中心に T_c 抑制が生じることが明らかとなった[57]．

T_c が抑制された試料では低温でストライプとよばれる 1 次元的な電荷とスピンの秩序が生じている．電子の自己組織化構造である．図 2.30 に示すように，電荷は面内で 4 格子おきに 1/4 充満 (0.5 個/Cu) の 1 次元鎖が整列し 4 倍の周期を有する[58]．スピンはその倍の 8 倍の周期で整列している．ストライプの向きは，上下に積層する CuO_2 面と直交する方向を向くので，結晶全体としての対称性は正方晶であることに注意したい．1/8 からずれた組成では，周期が 8 倍 (4 倍) からずれ，格子と非整合になる．また，静的な秩序が生じない場合でも，ストライプ秩序はかなり広い組成領域で動的なゆらぎとして存在すると考えられている．$La_{2-x}Sr_xCuO_4$ や $La_{2-x}Ba_xCuO_4$ 以外の物質でも，動的なゆらぎは存在するとされている．

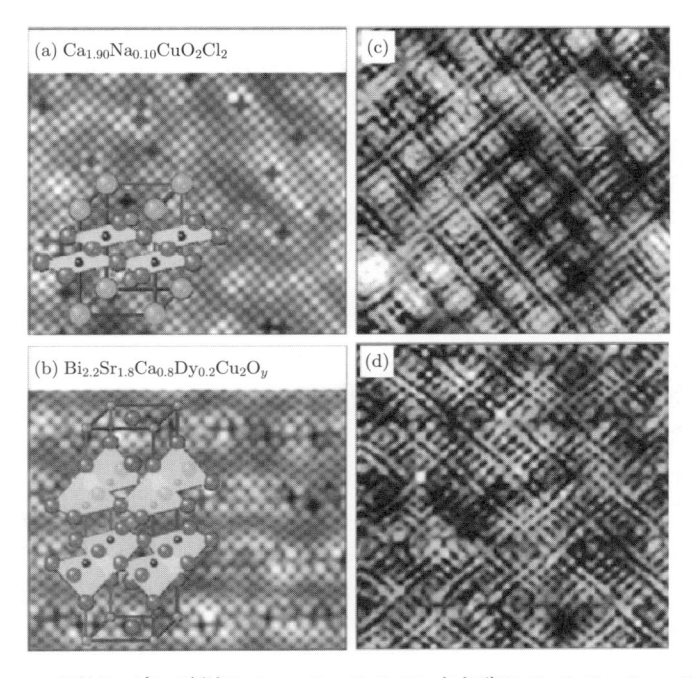

図 2.31 不足ドーピング領域の $Ca_{2-x}Na_xCuO_2Cl_2$ および $Bi_2Sr_2CaCu_2O_{8+\delta}$ で観測されたナノストライプの実空間イメージ．(a) は原子像．(b) は電子状態マッピング[60]．

超伝導とストライプ秩序の関係は重要である．静的なストライプ秩序は超伝導を抑制する．しかし，超伝導は完全には消失せず，ストライプ秩序と共存するとの指摘もある．ストライプ秩序（でかつ非超伝導）状態での角度分解光電子分光の実験結果は，d 波超伝導体のギャップと異方性，大きさなど見分けがつかないほど酷似したギャップの存在を示している[59]．この結果は d 波超伝導，擬ギャップとストライプ秩序との密接な関連を示唆する．

電子の自己組織化は不足ドーピング領域の $Ca_{2-x}Na_xCuO_2Cl_2$ や $Bi_2Sr_2CaCu_2O_{8+\delta}$ でも STM/STS によって観測されている（図 2.31）．100 meV 程度の高エネルギーでの局所状態密度分布（厳密には正負トンネル状態密度の比）には，上記のストライプを想起させる 4 格子間隔の幅を有する縞状のパターンが観測される[60]．縞の走る方向はナノスケールで乱れており，長距離の秩序はない．d 波超伝導の準粒子干渉パターンは低エネルギーすなわち $(\pi/2a, \pi/2a)$ 付近のノード領域に限って観測される．高エネルギーのアンチノード領域 $(\pi/a, 0)$ の準粒子干渉は観測されず，それに代わるかのように縞状の電子状態変調が現れる．

そのほかに，明確な秩序の存在を示す実験として中性子散乱による弱いモーメント

の存在と不足ドーピング領域における量子振動の観測をあげることができる.不足ドーピング領域の $YBa_2Cu_3O_{7-\delta}$, $HgBa_2CuO_6$ の単結晶試料において非常に弱い磁気回折ピークが,擬ギャップに特徴的な温度 T^* 以下で観測されている[61].また,$YBa_2Cu_3O_{7-\delta}$, $YBa_2Cu_4O_8$ において,過剰ドーピング領域とは対照的に銅あたり数% のキャリア数に対応する小さなフェルミ面の存在を示す量子振動が観測されている[62].小さなフェルミ面は何らかの電子秩序によって生じたものと考えられている.具体的にどのような秩序が生じているのか明らかでないが,擬ギャップ領域が相として定義されることを示す実験結果としてきわめて重要である.

これらの秩序は擬ギャップ,さらに不足から最適ドーピングにかけての異常物性を演出する起源として注目される.鉄系,重い電子系,有機伝導体などで議論される量子臨界点超伝導と同じようなシナリオが適用できるとするならば,その引金となる秩序の有力な候補である.

k. スピン励起――アワーグラス・中性子共鳴

超伝導発現に広い意味での磁性が関与していることをかなり多くの研究者が指摘する.実際超伝導が出現する金属領域でも,強い反強磁性スピンゆらぎが残っている.これを最初に明確に示したのは NQR の測定結果である[63].Cu の NQR の緩和時間 T_1 は,主に反強磁性帯磁率を強く反映する.通常の金属ではコリンハ則により $(T_1T)^{-1}$ が一定となるが,銅酸化物超伝導体,とくに不足ドープ領域ではでは $(T_1T)^{-1}$ が高温でキューリー的なふるまいを示し,きわめて強い反強磁性相関が金属となっても残っていることを意味する.さらに低温では,$(T_1T)^{-1}$ が低温に向けて減少するふるまい

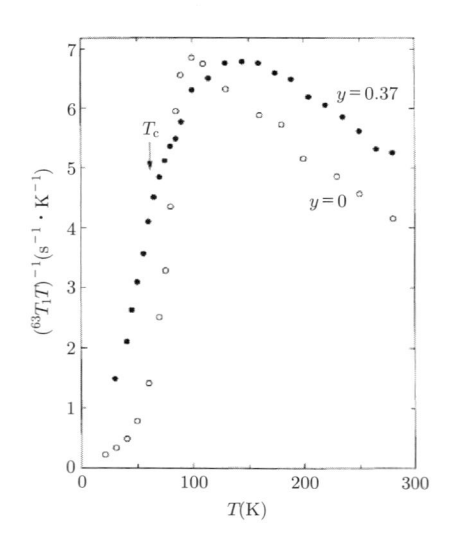

図 **2.32** $YBa_2Cu_3O_7$ と不足ドーピング領域 $YBa_2Cu_3O_{6.63}$ の Cu NQR における緩和時間の温度依存性[64].

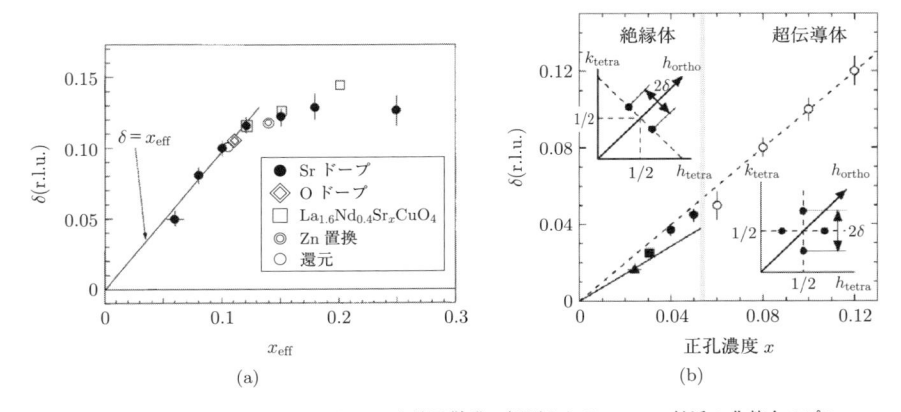

図 2.33 $La_{2-x}Sr_xCuO_4$ において中性子散乱で観測される $E = 0$ 付近の非整合スピン相関と変調 δ の正孔濃度依存性. (a) 幅広いドーピング領域[66]. (b) 低ドーピング領域. (b) には q 空間で散乱が観測される場所を示した.

が観測される (図 2.32). このふるまいは何らかのギャップの存在を暗示しており, 擬ギャップの概念が確立する上で重要な役割を果たした.

中性子散乱から見た動的なスピン励起は, 母体のモット絶縁体では $(\pi/2, \pi/2)$ を中心とする 2 次元的な反強磁性スピン波である. 正孔をドーピングしてもスピン励起は観測されるが, 低エネルギーの励起は遍歴的なキャリアとの相互作用を反映して大きく変わる. $E = 0$ 付近では, q 空間で $[(1 \pm \delta)\pi/a, \pi/a], (\pi/a, (1 \pm \delta)\pi/a]$ に対応するピークが現れ, スピン相関に $2/\delta a$ の長周期の変調が出現したことを意味する[65]. δ はドーピングとともに正孔ドープ量に比例して増大するが, $x = 0.12$ 程度から飽和する傾向にある. このスピン相関の変調は, 前に述べたストライプ秩序の動的なゆらぎを反映していると考えられている (図 2.33)[66]. なお $La_{2-x}Sr_xCuO_4$ では, 超伝導領域と長距離反強磁性秩序が観測される領域の間の領域で, スピン変調の方向が (100) 方向から (110) 方向へと 45° 回転するのが報告されている[67].

エネルギー E をあげていくと, 変調ピークは徐々に (π, π) に近づいていき, いったん (π, π) に収束した後, ふたたび (π, π) から離れていく. 高エネルギー側での挙動は母体の 2 次元ハイゼンベルク反強磁性体の分散にほぼ一致するとされる. q 空間で広がったものが, 一度収束し, ふたたび広がる形状が砂時計にいていることから, ドープされた銅酸化物の分散はアワーグラス (hour glass) 型とよばれており (図 2.34)[68], $La_{2-x}Sr_xCuO_4$ だけでなく, $YBa_2Cu_3O_{7-\delta}$, $Bi_2Sr_2CaCu_2O_{8+\delta}$, $HgBa_2CuO_4$ などで普遍的に観測されている[70].

なお $(\pi/a, \pi/a)$ でアワーグラス型分散が収束する位置では, $YBa_2Cu_3O_{7-\delta}$, $Bi_2Sr_2CaCu_2O_{8+\delta}$, $HgBa_2CuO_4$ など多くの物質で転移温度 T_c 以下できわめて鋭い共鳴ピークが出現する[71]. 超伝導転移を反映したこの現象はしばしば中性子共鳴とよ

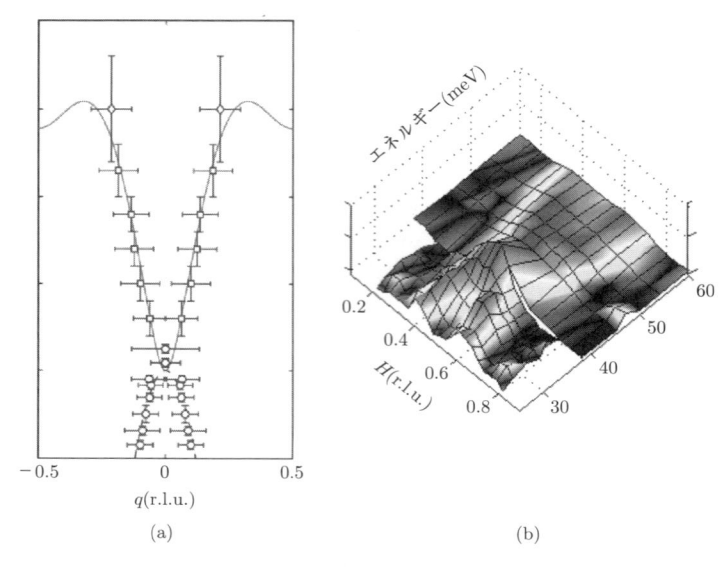

図 2.34 スピン励起のアワーグラス型分散と中性子共鳴 ($La_{1.875}Ba_{0.125}CuO_4$[68] と $YBa_2Cu_3O_{7-\delta}$ ($\delta \sim 0.5$)[69]. $YBa_2Cu_3O_{7-\delta}$ では分散が交わるところで強度が増大 (共鳴) しているのがわかる.

ばれる. このピークのエネルギーは, 幅広いドーピング領域にわたって T_c にきわめてよくスケールし ($E_{res} = 5\text{--}6k_BT_c$), 釣鐘型の組成依存性を示す[53]. $La_{2-x}Sr_xCuO_4$ でははっきりとした中性子共鳴は観測されない.

l. まとめと展望

これまでの20年以上にわたる研究の結果, 銅酸化物高温超伝導体の基本的な特徴はほぼ明らかになった. $S=1/2$ の2次元反強磁性絶縁体にキャリアドーピングした結果, 電荷とスピンが絡み合って生じた異常な金属相 (擬ギャップ状態) が生じ, それが消えようとするドーピング量付近で d 波の対称性を有する高温超伝導が発現する. 磁性が消えたところで生じる鉄系, 重い電子系, 有機伝導体などの超伝導と共通のシナリオで超伝導を理解できるのか, 擬ギャップ状態には他の系にはないユニークな超伝導の種が隠れていて, 他の超伝導体とは一線を画すのか, といったポイントが重要になる. たとえば, 擬ギャップ状態が消えるのは, 最適ドーピングなのか, むしろ超伝導が消失する組成なのか (図 2.35), によってその答は大きく変わってくる. ARPES で測定されたフェルミ準位近傍の電子の分散には「キンク」とよばれる, 電子と何らかの励起の強い結合を示唆する構造が観測されるが, 何らかの励起の正体が何なのか? 高温超伝導というジグソーパズルのピースはたくさん見つかった. 数個のピースはとてもうまくつながるが, 全体としてどんな絵が描けるのか, まだまだ見えない.

[髙木英典]

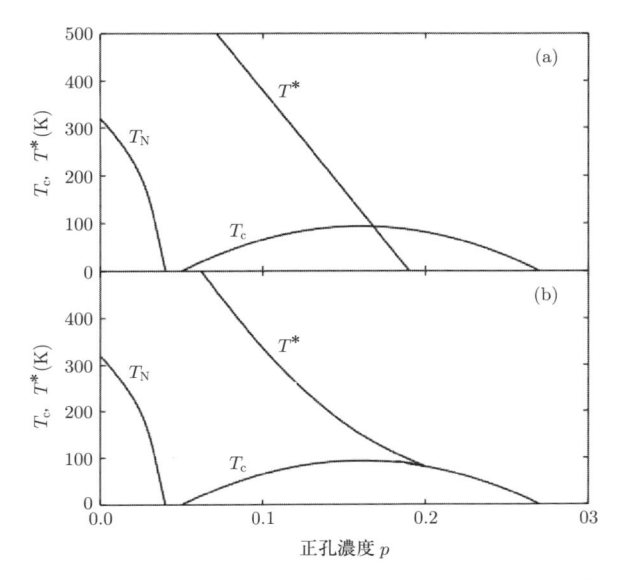

図 2.35 高温超伝導相図における擬ギャップ相の位置づけに関する 2 つの可能なシナリオ.

文　献

[1] J. G. Bednorz and K. A. Müller, Z. Phys. B **64** (1986) 189–193.
[2] S. Uchida et al., Jpn. J. Appl. Phys. **26** (1987) L1–L2.
[3] H. Takagi et al., Jpn. J. Appl. Phys. **26** (1987) L123–L124.
[4] K. Kishio et al., Chemistry Lett. (1987) 429–432.
[5] M. K. Wu et al., Phys. Rev. Lett. **58** (1987) 908–911.
[6] H. Maeda et al., Jpn. J. Appl. Phys. **27** (1988) L209–210.
[7] Z. Z. Shen and A. M. Herman, Nature **332** (1988) 138–139.
[8] S. N. Putilin et al., Nature **362** (1993) 226.
[9] Y. Tokura et al., Nature **337** (1989) 345–347.
[10] M. G. Smith, Nature **351** (1991) 549.
[11] Z. Hiroi et al., Nature **371** (1994) 139–141.
[12] M. Uehara et al., J. Phys. Soc. Jpn **65** (1996) 2764.
[13] Y. Tokura and T. Arima, Jpn. J. Appl. Phys., **29** (1990) 2388–2402.
[14] H. Takagi et al., Physica C **162** (1989) 1001–1002.
[15] J. B. Torrance et al., Phys. Rev. Lett. **61** (1988) 1127–1130; H. Takagi et al., Phys. Rev. B **40** (1989) 2254–2261.
[16] H. Mukuda et al., Phys. Rev. Lett. **96** (2006) 087001.
[17] 津田惟雄ほか,「電気伝導性酸化物」(裳華房, 1993).
[18] W. E. Picket, Rev. Mod. Phys. **61** (1989) 433–506.
[19] S. Uchida et al., Phys. Rev. B **43** (1990) 7942–7954.
[20] J. Zaanen et al., Phys. Rev. Lett. **55**, 418–421(1985).
[21] A. Fujimori et al., Phys. Rev. B **35** (1987) 8814–8817.
[22] D. N. Baov and T. Timusk, Rev. Mod. Phys. **77** (2005) 721–779.

[23] G. Shirane et al., Phys. Rev. Lett. **59** (1987) 1613–1616; D.C. Johnston, J. Mag. Mag. Mat. **100** (1991) 218–240.
[24] C. T. Chen, Phys. Rev. Lett. **66** (1991) 104–107.
[25] T. Ito et al., Nature **350** (1991) 596–598; K. Takenaka et al., Phys. Rev. B **50** (1994) 6534–6537.
[26] A. Damasceli et al., Rev. Mod. Phys. **75** (2003) 473–541;
[27] T. Yoshida et al., J. Phys.: Condens. Matter **19** (2007) 125209.
[28] N. P. Armitage et al., Phys. Rev. Lett. **88** (2002) 257001.
[29] P. Gammel, Phys. Rev. B **41** (1990) 2593–2596.
[30] M. Takigawa et al., Phys. Rev. B **39** (1989) 7371.
[31] W. N. Hardy et al., Phys. Rev. Lett. **70** (1993) 3999.
[32] Ø. Fischer et al., Rev. Mod. Phys. **79** (2007) 353–419.
[33] H. Ding et al., Phys. Rev. Lett. **76** (1996) 1533.
[34] H. Ding et al., Phys. Rev. B **54** (1996) R9678.
[35] K. McElroy et al., Nature **422** (2003) 592–596.
[36] C. C. Tsuei and J. R. Kirtley, Rev. Mod. Phys. **72** (2000) 969.
[37] V. J. Emery and S. A. Kivelson, Nature **374** (1995) 434–437.
[38] R. Kleiner et al., Phys. Rev. Lett. **68** (1992) 2394.
[39] O. K. C. Tsui et al., Phys. Rev. Lett. **73** (1994) 724.
[40] G. Blatter et al., Rev. Mod. Phys. **66** (1994) 1125–1388; J. R. Clem, Supercond. Sci. Techmol. **11** (1998) 908–914.
[41] D. Larbalestier et al., Nature **414** (2001) 368–377.
[42] H. Takagi et al., Phys. Rev. Lett. **69** (1992) 2975–2978.
[43] 山田耕作,「電子相関」(岩波書店, 2000).
[44] H. Takagi et al., Phys. Rev. B **40** (1989) 2254–2261.
[45] J. W. Loram et al., Phys. Rev. Lett. **71** (1993) 1740–1743.
[46] Y. Tokura et al., Phys. Rev. Lett. **70** (1993) 2126–2129.
[47] S. Miyasaka et al., J. Phys. Soc. Jpn. **69** (2000) 3166–3169.
[48] B. Vignolle et al., Nature **455** (2008) 952–955.
[49] M. Hashimoto et al., Phys. Rev. B **75** (2007) 140503.
[50] Ch. Renner et al., Phys. Rev. Lett. **80** (1997) 149–152.
[51] F. Ronning et al., Phys. Rev. B **67** (2003) 165101.
[52] K. Tanaka et al., Science **314** (2006) 1910–1913.
[53] S. Huffner et al., Rep. Prog. Phys. **71** (2008) 062501.
[54] Y. Wang et al., Phys. Rev. B **73** (2006) 024510.
[55] L. Li et al., Phys. Rev. B **81** (2010) 054510.
[56] A. R. Moodenbaugh et al., Phys. Rev. B **38** (1988) 4596–4600.
[57] M. K. Crawford et al., Phys. Rev. B **44** (1991) 7749–7752.
[58] J. Tranquada et al., Nature **375** (1995) 561–563.
[59] T. Valla et al., Science **314** (2006) 1914.
[60] Y. Kohsaka et al., Science **315** (2007) 1380–1385.
[61] B. Fauque et al., Phys. Rev. Lett. **96**, 197001 (2006); Y. Li, Nature **455** (2008) 372–375.
[62] N. Doiron-Leyraud et al., Nature **447** (2007) 565–568.
[63] C. Berthier et al., J. Phys. I. France, **6** (1996) 2205–2236.
[64] M. Takigawa et al., Phys. Rev. B **43** (1991) 247.
[65] S. W. Cheong et al., Phys. Rev. Lett. **67** (1991) 1791–1794.

[66] K. Yamada et al., Phys. Rev. B **57** (1998) 6165.
[67] S. Wakimoto et al., Phys. Rev. B **60** (1999) 769–772.
[68] J. Tranquada et al., Nature **429** (2004) 534–538.
[69] V. Hinkov et al., Phys. Rev. B (to be published.)
[70] S. Haydon et al., Nature **429** (2004) 531–534.
[71] J. Rossat-Mignod et al., Physica C **185**, 86–92 (1991); P. Bourge et al., Physica C **424** (2005) 45–49.

2.3.2 理　　論
a. 銅酸化物高温超伝導体に対する理論的モデル

(i) ハバード模型　　典型的な銅酸化物高温超伝導体である $La_{2-x}Sr_xCuO_4$ の相図 (図 2.36) を見ながら高温超伝導の現象がいかにすれば理解できるか，あるいはいかに理解すべきかを考えてみよう[1]．この相図でまず注目すべきことは，キャリアーをドープして超伝導が発現する前の母物質 La_2CuO_4 の基底状態が反強磁性絶縁体であることである．このことはイットリウム系など他の銅酸化物高温超伝導体でも共通である．

La は 3 価のイオン La^{3+} であるから，酸素が O^{2-} の閉殻構造をもつとすれば，銅イオンは Cu^{2+} の状態にある．したがって，3d 殻に 1 個正孔があることになるが，銅酸化物高温超伝導体では $d_{x^2-y^2}$ の軌道に正孔が入ると考えられている．これらのことから，La_2CuO_4 では Cu^{2+} の銅イオンは大きさ 1/2 のスピン自由度をもっていると考えられる．

前節でも議論されているように，銅酸化物高温超伝導体における超伝導の主たる舞台は CuO_2 のつくる 2 次元面 (図 2.37a) である．各 Cu サイトに局在しているスピンの間には酸素の p 軌道との混成を通じて交換相互作用が働く．これは超交換相互作用として良く知られているものである．各酸素サイトの 3 個の p 軌道のうち，実際の

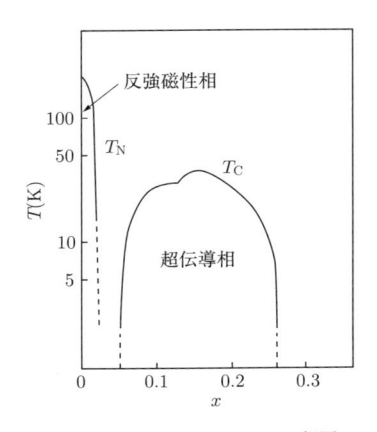

図 **2.36**　$La_{2-x}Sr_xCuO_4$ の相図．

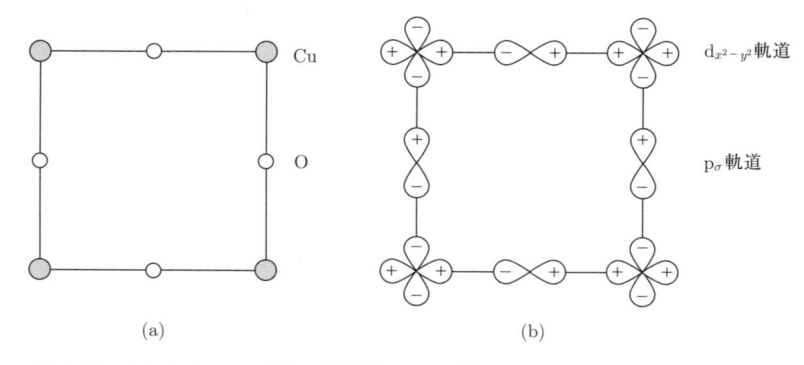

図 **2.37** (a) CuO_2 のつくる 2 次元面. (b) Cu^{2+} の $d_{x^2-y^2}$ 軌道と酸素の p_σ 軌道.

混成に関与するのは銅イオンの方向に伸びた波動関数をもつ軌道で，p_σ 軌道とよばれる (図 2.37b)．d 軌道と p_σ 軌道との遷移行列要素を t_{pd} とすると，超交換相互作用は t_{pd} に関する 4 次の過程である．

p_σ 軌道との混成の影響が一定であれば，その効果を繰り込んだ状態に d 軌道の基底をとり直すことにより，隣合った d 軌道の間の実効的な跳び移り積分 t を定義して超交換相互作用を考えることができる．この立場では，同じ d 軌道に電子が 2 個入った時のクーロン・エネルギーを U として実効的なハミルトニアンは

$$\mathcal{H} = \sum_{\langle i,j \rangle} \sum_\sigma t_{ij} d^\dagger_{i\sigma} d_{j\sigma} + U \sum_i n_{i\uparrow} n_{i\downarrow} \tag{2.83}$$

と書くことができる．$d_{i\sigma}$ はサイト i でスピン σ の電子を消す演算子であり，$n_{i\uparrow} = d^\dagger_{i\uparrow} d_{i\uparrow}$ は数演算子である．d 軌道の間の跳び移り積分としては，最近接対に限らず，一般のサイト対 i, j を考えた．この電子系のハミルトニアンはハバード模型として広く知られているものである．

いま，各サイトあたりの平均電子数が 1 で U が t よりも大きいときは電子は各サイトに局在することになる．これをモット絶縁体とよぶが，電子を局在させたとき残っているスピン自由度に関する縮退を解いてはじめて基底状態が定まる．このスピン自由度に関する有効ハミルトニアンは

$$\mathcal{H} = \sum_{\langle i,j \rangle} J_{ij} \bm{s}_i \cdot \bm{s}_j \tag{2.84}$$

とスピン 1/2 のハイゼンベルク模型で与えられる．t に関する 2 次摂動から超交換相互作用の結合定数が

$$J_{ij} = \frac{4 t_{ij}^2}{U} \tag{2.85}$$

で与えられることは，容易に示しうる．

以上の考察から，銅酸化物高温超伝導体の母物質である La_2CuO_4 に対する有効モデルは，ハバード模型の強相関極限に対応した正方格子ハイゼンベルク模型ということになる．簡単のため最近接スピン間にのみ相互作用がある場合を考える．これは古くから研究されている理論モデルであるが，それに対するわれわれの描像はスピン波近似に負うところが大きい．その要点は次の2点に要約される．

(1) 2次元であるので，有限温度では相転移を示さない [マーミン–ワグナー–ホーエンベルグ (Mermin–Wagner–Hohenberg) の定理].
(2) スピン波の零点振動によってモーメントの大きさは縮んでいるものの，基底状態では反強磁性長距離秩序が存在する．

いま，この描像が正しいとして，純粋の2次元の系で基底状態に長距離秩序があるとすれば，現実の2次元系では必ず3次元性や異方性があるので有限のネール温度をもつことは自然である．したがって，母物質 La_2CuO_4 の反強磁性秩序は，U が t に比べて適当な大きさをもつとすれば，ハバード模型の枠組みで理解可能ということになる．

図 2.36 の相図にしたがって母物質からさらに正孔をドープしたときを考えよう．十分大量に正孔がドープされ，サイトあたりの電子数が1に比べて十分小さな値になると，t に比べて大きいとしても有限の U に対してはクーロン斥力の効果は弱められ通常の金属としての性質を示すと考えられる．これは図 2.36 のオーバードープ領域に対応していると見ることができる．したがって，ハバード模型に即して考えれば，これら2つの極限の間に超伝導の相があり，そこで高温超伝導の特徴を記述できるか否かが理論的研究の焦点となる．

(ii)　t–J 模型　　前節の議論では，2次元正方格子ハイゼンベルク模型の基底状態に反強磁性長距離秩序があると仮定して銅酸化物高温超伝導を理解する簡明なモデルとしてハバード模型を考える可能性について考察した．これに対して，2次元正方格子ハイゼンベルク模型の基底状態に反強磁性長距離秩序がないとすれば，まったく別のシナリオが可能であることを指摘したのは P. W. Anderson である[2]．

反強磁性長距離秩序のない基底状態は電子対の1重項相関の成長した相であるはずで，Anderson はこの状態を共鳴共有結合 (resonating valence bond) 状態と名付けた．この状態に正孔をドープすれば，1重項相関をもった電子対が動き始め，いわばそのまま超伝導になると予想した．これは通常の BCS 型超伝導に対する理解とは異なる，高温超伝導に対する魅力的でまったく新しいシナリオである．こうした考え方にもとづくさまざまな理論は包括的に RVB 理論とよばれている．

モット絶縁体に正孔をドープするという描像に忠実なハミルトニアンとしては，ハバード模型の一般のフィリングに対して U を非摂動項とし t を摂動として扱って得られる

$$\mathcal{H} = \mathcal{P} \sum_{\langle i,j \rangle} \sum_{\sigma} t_{ij} d_{i\sigma}^{\dagger} d_{j\sigma} \mathcal{P} + \sum_{\langle i,j \rangle} J_{ij} \bm{s}_i \cdot \bm{s}_j \tag{2.86}$$

がある. ここで, $\mathcal{P}$ は1つのサイトに電子が2個いる配置を排除する射影演算子である. このハミルトニアンは t–J 模型とよばれる. ここでは t–J 模型をハバード模型から導いたが, その場合は t_{ij} と J_{ij} の間に式 (2.85) の関係がある. 次節で紹介する張–ライス1重項の考え方にもとづく有効ハミルトニアンとしての t–J 模型では, これらのパラメターにはもっと広い選択の余地がある.

RVB 理論に触発されて, 2次元正方格子ハイゼンベルク模型の基底状態が種々の方法によって再検討された. それによって基底状態に関するわれわれの知識は精緻なものとなったが, スピン波近似などによって培われた伝統的描像に本質的な変更を迫るものではなかった[3]. したがって, RVB 的な考え方によって高温超伝導の理解に到達するには, モット絶縁体に正孔をドープしたとき反強磁性長距離秩序が消失し, 超伝導が出現するという2段階のプロセスをともに記述する必要があることが明らかになった.

t–J 模型の長所は, クーロン相互作用を非摂動項としているため U という大きなエネルギースケールではなく, J_{ij} という高温超伝導の転移温度程度の小さなエネルギースケールをあらわなパラメターとしてもつハミルトニアンになっていることである. しかし, そのためにヒルベルト空間を制限しなければならないという非摂動的効果を最初から考慮する必要が生じ, そのことが t–J 模型の理論的取扱いを難しいものにしている.

(iii)　d–p 模型　銅酸化物高温超伝導体でドープされた正孔がどこに入るのかについては, 主として, 酸素の p 軌道に入ることが明らかになっている. こうした事情を忠実に記述しようとすれば, 銅サイトの $d_{x^2-y^2}$ 軌道と酸素サイトの p_σ 軌道の両者を考慮した d–p 模型を用いることになる (図 2.37b 参照). サイト $i+\delta$ の位置の酸素の p_σ 軌道にあるスピン σ の電子を消すオペレーターを $p_{i+\delta\sigma}$ と書くと, d–p 模型は次のように書ける.

$$\mathcal{H} = \sum_i \sum_\sigma \varepsilon_d d^\dagger_{i\sigma} d_{i\sigma} + U \sum_i n_{i\uparrow} n_{i\downarrow} + \sum_i \sum_\delta \sum_\sigma \varepsilon_p p^\dagger_{i+\delta\sigma} p_{i+\delta\sigma}$$
$$+ \sum_i \sum_\delta \sum_\sigma t_{pd} \mathrm{sgn}(\delta)(p^\dagger_{i+\delta\sigma} d_{i\sigma} + d^\dagger_{i\sigma} p_{i+\delta\sigma}) \tag{2.87}$$

ここで, i は銅イオンの位置ベクトルを表し, $\boldsymbol{\delta}$ は銅イオンと最近接酸素サイトを結ぶベクトルで, x 軸 (y 軸) 方向の単位ベクトルを $\boldsymbol{e}_x$ ($\boldsymbol{e}_y$) として, $\boldsymbol{\delta} = \pm \boldsymbol{e}_x/2, \pm \boldsymbol{e}_y/2$ で与えられる. このモデルでは, 単位胞あたり3個の軌道を考えることになる. $d_{x^2-y^2}$ 軌道と p_σ 軌道の間の重なり積分の位相は

$$\mathrm{sgn}(\delta) = \begin{cases} +1 & \delta = -\dfrac{e_x}{2} \quad \text{または} \quad +\dfrac{e_y}{2} \\ -1 & \delta = +\dfrac{e_x}{2} \quad \text{または} \quad -\dfrac{e_y}{2} \end{cases} \tag{2.88}$$

ととればよい.

$\varepsilon_\mathrm{d}(\varepsilon_\mathrm{p})$ は $\mathrm{d}_{x^2-y^2}$ 軌道 (p_σ 軌道) のエネルギーである.母物質 $\mathrm{La_2CuO_4}$ では,1 個の正孔が $\mathrm{d}_{x^2-y^2}$ 軌道に入っているのであるから,

$$\varepsilon_\mathrm{d} + U > \varepsilon_\mathrm{p} \tag{2.89}$$

でなくてはならない.この条件が十分満たされていれば,単位胞あたりの正孔が 1 個のときの基底状態は電子相関による絶縁体であり,広い意味でモット絶縁体ということができる.

いま 2 個目の正孔も $\mathrm{d}_{x^2-y^2}$ 軌道に入るとすれば,その条件は

$$\varepsilon_\mathrm{p} < \varepsilon_\mathrm{d} \tag{2.90}$$

で与えられるが,このときは p_σ 軌道はあまり重要でなく,実効的なモデルとしては先に議論した単一軌道ハバード模型に帰着される.これに対して銅酸化物高温超伝導体のように 2 個目の正孔が p_σ 軌道に入る場合は

$$\varepsilon_\mathrm{p} > \varepsilon_\mathrm{d} \tag{2.91}$$

である.この場合を前者と区別して電荷移動型モット絶縁体という[4].これに対して,単にモット絶縁体というときには前者の場合を指すのが普通である.

ある銅サイト i の周辺にドープされた正孔を考えよう.このとき p_σ 軌道の正孔はサイト i のまわりで対称化された軌道

$$\frac{1}{2} \sum_\delta \mathrm{sgn}(\delta)\, p^\dagger_{i+\delta\sigma} |0\rangle$$

に入り,i サイトのスピンと 1 重項状態を形成する.これを張–ライス (Zhang–Rice) 1 重項という[5].サイト i を中心とする張–ライス 1 重項と $i \pm e_x$ あるいは $i \pm e_y$ サイトを中心とする張–ライス 1 重項は典型的な非直交軌道であり,その重なり積分を通じて結晶中を運動する.この張–ライス 1 重項を t–J 模型における電子のいないサイトと見なせば,d–p 模型の強相関極限が t–J 模型にマップできることを意味している.ただし,この場合 t–J 模型のパラメターには式 (2.85) のような簡単な関係はない.

以上見てきたように,銅酸化物高温超伝導体に対する正統的なミクロスコピックな理論モデルは d–p 模型ということができるが,それは単位胞に 3 個の軌道をもつ複雑な多体系である.このため高温超伝導の理論的考察には単一軌道のハバード模型ないし t–J 模型が用いられることが多い.ハバード模型を銅酸化物高温超伝導体に対する有効模型と考えたときには,バンド幅とクーロン相互作用の大きさが同程度の中間結合領域にあると考えられる.したがって,弱相関結合から出発しても,強相関極限領域から出発しても到達することが容易でない領域にある.このため,摂動論的アプローチではハバード模型が,計算物理的手法を代表とする非摂動的アプローチでは t–J 模型が用いられることが多い.

b. 正常相の非フェルミ液体的性質

(i) 金属反強磁性のスピンのゆらぎの理論　反強磁性金属の常磁性相や反強磁性に近い金属を考えることにする．そのような系のスピンのゆらぎを表す動的磁化率 $\chi(\boldsymbol{q},\omega)$ は反強磁性ベクトル $\boldsymbol{Q}$ で最大値をとると考えられるから

$$\frac{1}{\chi(\boldsymbol{Q}+\boldsymbol{q},\omega)} = \frac{1}{\chi(\boldsymbol{Q})} + Aq^2 - \mathrm{i}C\omega \tag{2.92}$$

と展開することができる．虚部が ω に比例するのは反強磁性的金属の特徴である．強磁性的金属では $\boldsymbol{Q}=0$ の一様磁化が運動の恒量であることを反映して虚部は ω/q に比例することになる．

反強磁性金属の臨界点 (ネール温度) では $\chi(\boldsymbol{Q})$ が発散する．反強磁性金属に圧力を加えたり，キャリアーのドープ量を変化させたりして基底状態における反強磁性秩序が消失するところは量子臨界点とよばれるが，そこでは $T=0$ で $\chi(\boldsymbol{Q})$ が発散している．これら反強磁性金属の常磁性相，量子臨界点に近い常磁性金属では $\chi(\boldsymbol{Q})$ が臨界性を示して大きな値をとる．それに付随して $\chi(\boldsymbol{Q})$ の温度依存性も一般に大きく，それを決定することは重要な理論的課題である．このことに関して 1970 年代からわが国を中心にして発展してきたスピンのゆらぎの理論によれば，量子臨界点における $\chi(\boldsymbol{Q})$ の逆数の温度依存性は，3次元では $T^{3/2}$ となり，2次元では $-T/\ln T$ で与えられる．温度を上げるとこの臨界指数で特徴づけられる温度依存性からキュリー–ワイス則で特徴づけられる温度依存性に滑らかに移行していく (表 2.5)．$\chi(\boldsymbol{Q})$ に対して，A あるいは C は臨界性を示さず，その温度依存性も一般的には重要でなく，多くの場合物質によって定まる定数と見なしうる．

(ii) 量子臨界点近傍における非フェルミ液体的性質　$\chi(\boldsymbol{Q})$ の温度依存性は種々の物理量に反映される．もっとも簡単な例として，次の式で与えられる核磁気緩和率 $1/T_1$ を考えよう．

$$\frac{1}{T_1} = \frac{2\gamma_\mathrm{N}^2 T}{N_0} \sum_{\boldsymbol{q}} |A_{\boldsymbol{q}}|^2 \frac{\mathrm{Im}\,\chi(\boldsymbol{q},\omega_0)}{\omega_0} \tag{2.93}$$

ここで γ_N は核磁気回転比，N_0 は単位体積あたりの磁性イオンの数，$A_{\boldsymbol{q}}$ は超微細結合定数，そして ω_0 は核磁気共鳴周波数である．

ω_0 は電子系のエネルギースケールに比べて小さいので $\omega_0 \to 0$ の極限をとり，$A_{\boldsymbol{q}}$ の $\boldsymbol{q}$ 依存性を無視すると波数空間での積分を実行することができ，$1/T_1 T$ は3次元で

表 **2.5**　反強磁性量子臨界点近傍の特異性．

	3 次元	2 次元
$1/\chi_Q$	$T^{3/2} \to$ キュリー–ワイス則	$-T/\ln T \to$ キュリー–ワイス則
$1/T_1 T$	$\chi_Q^{1/2}$	χ_Q
R	$T^{3/2}$	T
比熱係数	定数 $-T^{1/2}$	$-\ln T$

は $\chi(\boldsymbol{Q})^{1/2}$ に比例し，2 次元では $\chi(\boldsymbol{Q})$ に比例することが示される．実際，多くの銅酸化物高温超伝導体は 2 次元的な性質が強く，$1/T_1T$ は $\chi(\boldsymbol{Q})$ に期待されるキュリー–ワイス則のような温度依存性を示している．正孔がキャリアーである高温超伝導体の低ドープ領域では，$1/T_1T$ がキュリー–ワイス的なふるまいからさらに抑制される現象が見られ，擬ギャップの形成とよばれている．

量子臨界点近傍の金属では，電気抵抗の温度依存性に対しても臨界ゆらぎが支配的な役割をすることが期待される．反強磁性臨界ゆらぎによる電気抵抗は 3 次元では $T^{3/2}$ に比例し，2 次元では T に比例する．これに対して，通常のフェルミ液体における多体効果による電気抵抗は T^2 に比例する．反強磁性量子臨界点に近づくにつれ，多体効果による散乱の中で反強磁性スピンゆらぎによるものが次第に支配的になり，電気抵抗も臨界性を示すことになる．銅酸化物高温超伝導体の電気抵抗は広い温度範囲で T に比例し，この性質は正常相における非フェルミ液体的性質の典型例として議論された経緯があるが，2 次元反強磁性量子臨界ゆらぎによるものとして自然に理解される．以上，$\chi(\boldsymbol{Q})$，$1/T_1T$，電気抵抗の例を取り上げたが，ホール係数なども含め銅酸化物高温超伝導体の非フェルミ液体的性質の多くは 2 次元反強磁性量子臨界点近傍の性質として大筋が理解される．

c. 高温超伝導の機構について

銅酸化物高温超伝導体の超伝導の性質については，その転移温度が際だって高いことを別とすれば，それまで知られていた超伝導体とあまり違わない，ということが発見の当初からいわれていた．とくに超伝導が 2 個の電子の対凝縮によって生じていることは比較的早い段階で実験的に確立された．通常の BCS 型の超伝導では，クーパー対を形成する 2 個の電子の相対角運動量は $l = 0$ の s 波であるが，高温超伝導体では $l = 2$ の d 波状態をとる．クーパー対の位相を敏感に反映する各種の実験により CuO_2 面の x 軸，y 軸方向で符合を変える $d_{x^2-y^2}$ 状態にあると考えられている[6]．s 波のクーパー対では，2 個の電子が同じ位置に来る振幅が有限であるのに対し，d 波状態ではその確率はゼロであってクーロン斥力 U によるエネルギー損失の小さな超伝導状態が実現している．

通常の BCS 型の超伝導では，電子間には格子振動 (フォノン) というボソンのやり取りを媒介とする引力が働き，それが電子間のクーロン斥力に打ち勝ってクーパー対が形成されている．銅酸化物高温超伝導体においてクーパー対形成の原因となっているのは電子のスピンに働く磁気的な力であると考えられている．それは t–J 模型のような強相関極限の有効ハミルトニアンに即していえば，式 (2.86) の第 2 項の交換相互作用に引力の起源を求めることになる．より基本的なハバード模型 (2.83) あるいは d–p 模型 (2.87) を出発点とする立場では，クーロン斥力 U によって電子系に誘起されるスピンのゆらぎというボソン的自由度を交換することによって d 波チャンネルに引力が生じると考えられる．実際，ハーフフィリングに近い CuO_2 のフェルミ面の近

傍の電子を考えたとき，反強磁性波数ベクトル $Q = (\pi/a, \pi/a)$ にピークをもつ反強磁スピンゆらぎを媒介として生じる超伝導のクーパー対は $d_{x^2-y^2}$ の状態にある．

以上見てきたように，高温超伝導体の正常相および超伝導相の特徴は反強磁性量子臨界点近傍にある2次元的金属として理解されるものが多い．これに対して低ドープ領域で見られる擬ギャップの現象はRVB理論の概念で素直に理解できる可能性のある現象であるが，その筋書きで定量的理解に到達しているとはいい難い状況にある．概念的にも，スピンのゆらぎの理論が弱相関領域で根拠づけられる枠組みであって，図2.36の相図のオーバードープ領域からのアプローチと見なすことができるのに対して，RVB理論は強相関極限を出発点とし低ドープ領域からのアプローチと考えることができる．これら両者のアプローチをさらに進展させ，高温超伝導の全体像を形成することは物性物理学におけるもっとも重要で基本的な問題として今後に残された課題である．

[上田和夫]

文　献

[1] この節全般にわたる総合報告として，T. Moriya and K. Ueda, Adv. Phys. **49** (2000) 555; T. Moriya and K. Ueda, Rep. Prog. Phys. **66** (2003) 1299.
[2] P. W. Anderson, Science **237** (1987) 1196.
[3] E. Manousakis, Rev. Mod. Phys. **63** (1991) 1.
[4] J. Zaanen et al., Phys. Rev. Lett. **55** (1985) 1196.
[5] F. C. Zhang and T. M. Rice, Phys. Rev. B **37** (1988) 3759.
[6] D. J. Van Harlingen, Rev. Mod. Phys. **67** (1995) 515.

2.4　エキゾチック超伝導

2.4.1　重い電子系の超伝導

a.　はじめに

4fランタノイド化合物と5fアクチノイド化合物において，高温では局在したf電子スピンによる磁気的なふるまいを示すにもかかわらず，低温で金属的なふるまいを示し，その伝導に関与する電子の有効質量が自由電子の10倍から1000倍近くまで重くなる，いわゆる，重い電子系(ヘビーフェルミオン)とよばれる物質群がある[1,2]．重い電子系化合物では，温度を下げるにつれ，高温で局在していたf電子が，混成の効果によって，その局在スピンとその他の伝導電子 (s, p, d 電子) のスピンが打ち消しあい，近藤効果のように全体としてスピン1重項，すなわち，フェルミ液体状態を形成する[3]．このとき，フェルミ準位近傍には局在性の強いf電子の特徴をもった幅の狭い準粒子バンドが形成され，f電子間の強いクーロン斥力の効果(電子相関)により，その有効質量は従来の金属よりも圧倒的に大きくなることができる．このような状態は，局在したf電子スピン間に働くRKKY相互作用に比べて，f電子と伝導電子の間の混成による運動エネルギーの利得が大きい場合に生じる[4]．したがって，混

成が小さいとその特徴的なエネルギーも小さくなる．高温での自由な f 電子スピンは，その自由度に応じた大きなエントロピーをもつが，それをある特徴的な温度で開放し始めて，基底状態ではゼロになる．混成が弱く，特徴的なエネルギーが小さくなると，エントロピーを開放し始める特徴的な温度も低くなり，低温でのエントロピーの傾き $dS/dT = C/T$，すなわち，電子比熱係数は非常に大きくなる．

1979 年に $CeCu_2Si_2$ において重い電子が超伝導転移を示すことが発見され[5]，その後主として Ce 系と U 系化合物において超伝導を示す化合物が数多く見つかってきた[6,7]．また最近では Pr[8]や超ウラン元素の Np,[9] Pu[10]系化合物においても重い電子の超伝導が発見された．従来型の超伝導体は s 波対称性をもっており，したがって電子対には常に引力がはたらき，同時に同じ場所を占有する確率がもっとも高い．しかしながら重い電子系超伝導体では強いクーロン斥力のもとで超伝導電子対が形成されるため，電子対が同時に同じ場所を占有することができない．このような場合電子対の軌道角運動量がゼロでない状態が安定となり，いわゆる異方的な超伝導状態が実現される[11,12]．このとき超伝導秩序変数がしばしばフェルミ面上で符号を変えることにより，ライン状かポイント状でゼロになるいわゆるノード構造が現れる．ノードの存在は超伝導発現機構が従来型の電子格子相互作用ではなく他の機構によるものであることを強く示唆する．

重い電子系化合物の超伝導発現機構を理解する上でもっとも重要なことは，異方的超伝導と磁性との競合と共存であろう．実際重い電子化合物では磁気的な不安定が現れる点，とくに反強磁性量子臨界点の近傍で超伝導が発現することが多く，また転移温度以上の正常状態でも強い反強磁性スピンゆらぎが観測されることが多いことからスピンゆらぎによる超伝導電子対形成が古くから議論されてきた[13]．たとえば重い電子系のいくつかの物質では常圧で反強磁性体であるが圧力をかけて行くと超伝導転移を起こし，反強磁性相と超伝導相が隣接したり共存領域が存在する[14]．図 2.38 に

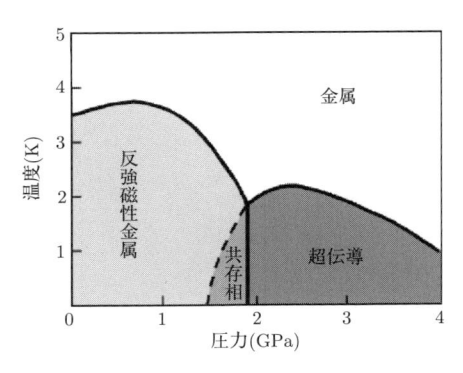

図 2.38　$CeRhIn_5$ の圧力–温度相図．1.9 GPa あたりを境界として反強磁性金属から超伝導体へ転移する．境界付近の金属状態では非フェルミ流体的なふるまいを示すのに対し離れたところではフェルミ流体的ふるまいを示す．

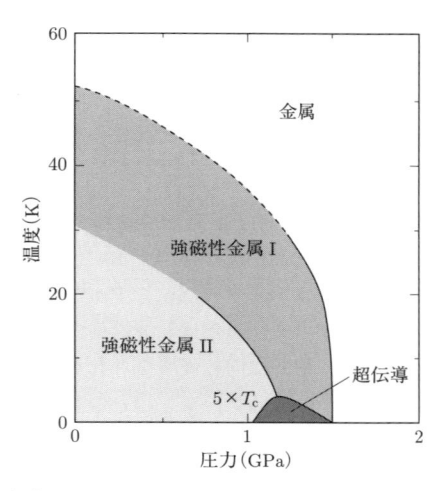

図 2.39 強磁性超伝導体 UGe_2 の圧力–温度相図．1 GPa 以上で超伝導が強磁性金属層の中に現れる．強磁性相には2つの相があることが知られている．実践は1次相転移，破線は2次相転移を示す．強磁性が消失する圧力の近くで超伝導も消失する．

$CeRhIn_5$ の温度–圧力相図を示す[15]．また量子臨界点近傍の強い反強磁性ゆらぎのため非フェルミ流体的なふるまいを示した後超伝導に転移する物質も見つかっている．最近では $PuCoGa_5$ において 18 K という重い電子系物質の中ではきわめて高い超伝導転移温度をもつ物質が発見され，そのスピンゆらぎの性質が銅酸化物高温超伝導体と類似していることから重い電子系と高温超伝導体を結ぶ架け橋となる物質として注目されている[10]．さらに UGe_2 では本来水と油の関係であった強磁性と超伝導が共存しており，強磁性ゆらぎにより超伝導が生じている可能性がある (図 2.39)[16]．また局在スピン，結晶場，多重極相互作用などの励起エネルギーと超伝導凝縮エネルギーが同程度の大きさであることも多く，電荷のゆらぎ，磁気励起子，多重極ゆらぎなどを媒介とした様々な電子対の形成機構の提案もされている．重い電子系超伝導の超伝導秩序変数も従来の超伝導体では観測されなかったバラエティーに富んだものとなり，盛んに研究が行われている．ここではこれまで発見されている化合物の個別の超伝導特性の各論ではなく非従来型の超伝導状態，具体的には

(1) 超伝導秩序変数のノード構造とパリティ
(2) 時間反転対称性と空間反転対称性の破れ
(3) 多重超伝導相
(4) 超伝導と他の秩序との共存

という観点から重い電子系超伝導体を概観する．

b. 非従来型の超伝導秩序変数

超伝導対波動関数は軌道角運動量 L とスピン角運動量 S がよい量子数の場合

$$\Psi_{\mathrm{pair}}^L = \psi^L(\boldsymbol{k})\,\chi_s(\boldsymbol{s}_1,\boldsymbol{s}_2)$$

のように2つの電子のスピンが軌道部分 $\psi^L(\boldsymbol{k})$ とスピン部分 $\chi(\boldsymbol{s}_1,\boldsymbol{s}_2)$ の積で書くことができる．軌道部分 $\psi^L(\boldsymbol{k})$ で L は電子対の軌道角運動量を表し，$L=0,1,2,3,4,\cdots$ は s, p, d, f, g, $\cdots$ 波を表す．従来型の s 波超伝導体では等方的な超伝導ギャップ (大きさ Δ) がフェルミ面に現れ，熱力学的物理量が活性化型 ($e^{-\Delta/k_\mathrm{B}T}$) の温度依存性を示す．これに対しノードが存在する場合，べき乗の温度依存性 (T^α) を示す．またノードが存在する場合，磁場中では結晶全体に広がった準粒子がエントロピーに寄与するため低磁場でも熱力学量が等方ギャップの場合と比べて大きく増大する．スピン部分 $\chi(\boldsymbol{s}_1,\boldsymbol{s}_2)$ で $\boldsymbol{S}=\boldsymbol{s}_1+\boldsymbol{s}_2$ とおき，$\boldsymbol{S}^2$ の固有値を $S(S+1)$ とすると $S=0$ の対状態はスピン1重項状態 ($\chi^{S=0}=|\uparrow\downarrow\rangle-|\downarrow\uparrow\rangle$) でありスピンの入れ替えに対して反対称である．このとき L が偶数となる s, d, g, $\cdots$ 波が許される．これに対し $S=1$ の対状態 ($\chi^{S=1}=|\uparrow\uparrow\rangle,|\uparrow\downarrow\rangle+|\downarrow\uparrow\rangle,|\downarrow\downarrow\rangle$) はスピン3重項状態であり，$L$ が奇数の p, f, $\cdots$ 波が許される．スピン3重項は超流動ヘリウム3 (p 波) が有名である．重い電子系超伝導体ではスピン軌道相互作用が強いため L と S ではなく，$\boldsymbol{J}=\boldsymbol{L}+\boldsymbol{S}$ がよい量子数になる．したがって軌道角運動量のために単純な電子対スピンだけの描像による分類はできない．しかしながら T_c 以上での結晶対称性が空間反転対称性をもつ場合には偶奇パリティによる分類が可能である．

(i) 超伝導ギャップ構造 重い電子系の超伝導体でのギャップ関数のノードの存在は比熱，磁場侵入長，核磁気共鳴 (NMR) 緩和時間，熱伝導度，トンネル効果，アンドレーエフ反射などの測定から決定されてきた．最近では磁場中で角度を変えて比熱や熱伝導度を測定することによりノード方向が決定されている[17,18]．その結果ほとんどすべての重い電子系超伝導体では超伝導ギャップにノードがあることがわかっている (表 2.6)．これまでの多くの実験により，大多数のものはラインノードをもっているようである[19,20]．ノードの位置に関しては $CeCoIn_5$ や $CeIrIn_5$ においてはラインノードが ab 面に垂直方向[17,21]に UPd_2Al_3 では水平方向に走っていることも明らかになっている[22]．また UPt_3 や URu_2Si_2 ではラインノードとポイントノードが共存しており[23,24]，また $PrOs_4Sb_{12}$ ではポイント状のノードをもつことが指摘されている[25]．

(ii) パリティ 核磁気共鳴やミュー中間子によるナイト・シフトはスピン磁化率に比例するため，これらの測定により偶奇パリティを決定できる．偶パリティの場合，超伝導電子対はスピン磁化率に寄与しないためナイト・シフトは超伝導状態で減少する．これに対しナイト・シフトが T_c 以下でも変化しない磁場方向がある場合は電子対もスピン磁化率に寄与していることを示しており，この場合は奇パリティである．また奇パリティの場合ゼーマン効果がスピン対にはたらかないため上部臨界磁場にパ

表 2.6 おもな重い電子系超伝導体の超伝導状態

	ノード構造	パリティ	その他
$CeCu_2Si_2$	ライン	偶	圧力により2つの超伝導相
$CeIn_3$	ライン	偶	反強磁性体, 圧力誘起超伝導
$CePd_2Si_2$	ライン	偶	反強磁性体, 圧力誘起超伝導
$CeRhIn_5$	ライン	偶	超伝導と反強磁性の共存
$CeCoIn_5$	ライン (垂直)	偶	FFLO 相, 強いパウリ常磁性効果
$CeIrIn_5$	ライン (垂直)	偶	圧力により2つの超伝導相
$CePt_3Si$	ライン	奇+偶	空間反転対称性の破れ
$CeRhSi_3$	ライン	奇+偶	空間反転対称性の破れ
$CeIrSi_3$	ライン	奇+偶	空間反転対称性の破れ
UPd_2Al_3	ライン (水平)	偶	超伝導と反強磁性の共存
UNi_2Al_3	ライン	奇 (NMR)	超伝導と SDW の共存
URu_2Si_2	ライン+ポイント	偶	超伝導と隠れた秩序の共存
UPt_3	ライン+ポイント	奇 (NMR)	多重超伝導
UBe_{13}	ライン	奇 (H_{c2})	多重超伝導 (Th 置換)
UGe_2	ライン	奇	強磁性超伝導体 (圧力下)
$URhGe$		奇	強磁性超伝導体 (常圧)
$UCoGe$	ライン	奇	強磁性超伝導体 (常圧)
UIr		奇+偶	強磁性超伝導体 (圧力下), 空間反転対称性の破れ
$PrOs_4Sb_{12}$	ポイント		多重超伝導, 時間反転対称性の破れ
$PuCoGa_5$	ライン	偶	重い電子系でもっとも高い転移温度
$NpPd_5Al_2$	ライン	偶	強いパウリ常磁性効果

ウリ常磁性効果は寄与しない.これまでの実験で UPt_3, UNi_2Al_3, $PrOs_4Sb_{12}$ においてナイト・シフトが超伝導状態で変化しない方向があることが報告され奇パリティの可能性が示唆されている[26,27].また強磁性超伝導体 UGe_2, $URhGe$, $UCoGe$ では奇パリティの可能性がある[28].さらに UBe_{13} ではパウリ常磁性効果よりもはるかに高い上部臨界磁場が観測されており奇パリティの可能性がある[29].これらに対し後述する空間反転対称性が破れた超伝導体では,偶パリティと奇パリティの混ざったものとなる.

c. 時間反転と空間反転対称性の破れ

(i) 時間反転対称性 超伝導対波動関数 Ψ_{pair} が時間反転した状態は複素共役をとった状態 Ψ_{pair}^* となる.Ψ_{pair}^* が Ψ_{pair} の整数倍であるとき,2つの状態は本質的に同じとなり,時間反転対称性を破っていないことになる.これに対し $\Psi_{\text{pair}} = \psi_1 + i\psi_2$ のように虚部をもった場合,時間反転対称性が破れたカイラル状態となることになる.ここで試料内の不純物ポテンシャルのまわりで準粒子がトラップされている状態を仮定する.回転対称性があるとすると軌道角運動量の固有状態は $|L, L_z\rangle$ となっている.時間反転対称が破れると $|L, L_z\rangle$ と $|L, -L_z\rangle$ の縮退が解け,L_z の期待値はゼロにならない.つまり不純物のまわりで自発的に磁気モーメントが発生する.このような磁気モーメントはミュー中間子により検出できるらしい.現在までのところ UPt_3 と $PrOs_4Sb_{12}$ において,超伝導転移温度以下での自発磁化の発生がミュー中間子の実験により報告されており,時間反転対称性が破れたカイラル状態の可能性が指摘されて

いる[30]．$PrOs_4Sb_{12}$ はスクッテルダイトとよばれる物質群に属し，Pr 系においてはじめて発見された重い電子系超伝導体である[8]．基底状態が 1 重項非磁性状態であり，Pr 原子の結晶場励起 3 重項の関与した 4 重極ゆらぎが重い電子とその超伝導に関与している可能性があるため，注目を集めている超伝導体の 1 つである[31]．また URu_2Si_2 においてもカイラル対称性が指摘されている[24]．

(ii) 空間反転対称性　ほとんどすべての重い電子系超伝導体では結晶が空間反転対称性をもっている．最近空間反転対称性が破れた結晶構造をもつ $CePt_3Si$,[32] $CeRhSi_3$,[33] UIr[34] などにおいて超伝導が発見された．一般にスピン−軌道相互作用が存在しても空間反転対称性の破れがなければスピンに関しては縮退はとけない．しかし破れがあるとスピンに関する縮退がとけるためにバンドが分裂し電子対状態も大きく影響を受ける．この場合，超伝導波動関数 Ψ_{pair} に関しては偶パリティと奇パリティの混ざったものとなる．とくに重い電子系超伝導体の場合，空間反転対称性の破れと強い電子相関の効果が相まって，たとえば超伝導電子に対する常磁性効果の抑制，新奇な渦糸状態などの様々な特異な現象が予測されている[35]．

d. 多重超伝導相

(i) 超伝導対称性の変化　ほとんどの超伝導体では，いったん超伝導転移を起こすと超伝導秩序変数の絶対値は変化するが，その対称性は変化しないとされている．これは一般に超伝導体では，結晶場や磁性などにより様々な超伝導状態の縮退が取り除かれているからだと考えられている．これに対し重い電子系超伝導体では磁場，温度，圧力により対称性を変化させるものが発見されている．このような対称性に関する相転移は，超流動液体ヘリウム 3 に類似しており，興味深い．とくに研究が進んでいるのは UPt_3 である．この物質の場合 A 相，B 相，C 相の 3 種類の異なる対称性をもつ超伝導相の存在が確認されている．図 2.40 に各相で提唱されている超伝導対称性を示す[23]．また最近では $PrOs_4Sb_{12}$ においても磁場と温度によってノードの数が変化する多重超伝導相の存在を示す実験結果もある[25]．さらに $CeCu_2Si_2$[36] と $CeIrIn_5$[37]

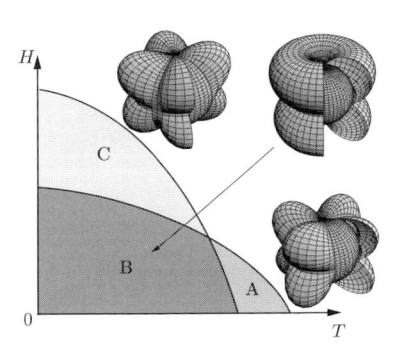

図 2.40　UPt_3 の温度−磁場相図．A 相，B 相，C 相と提唱されている超伝導秩序変数を示す．

では最近，圧力を変えてゆくと異なる2相の超伝導相が発見され，それぞれが異なる超伝導発現機構をもっている可能性が指摘されている[38]．

(ii) FFLO (Fulde–Ferrell–Larkin–Ovchinnikov) 状態　従来の偶パリティ超伝導はフェルミ面上で互いに逆方向の運動量と反平行のスピンをもった電子対 ($k\uparrow, -k\downarrow$) が形成されることにより起こる．これに対し強いパウリ常磁性効果が存在した場合，上部臨界磁場近傍で超伝導秩序変数が実空間で符号を変える新しい超伝導相が現れる可能性が，FFLOにより理論的に示されていた．このFFLO相では，磁場によるゼーマン効果によって分裂したフェルミ面の間で電子対形成が起き，有限の重心運動量 q をもった反平行スピンの電子対 ($k+q\uparrow, -k\downarrow$) の凝縮状態で超伝導が生じている．FFLO相では実空間で周期的にノードが現れて「空間的に不均一な超伝導状態」が実現し様々な興味ある現象が期待できる[39]．重い電子系超伝導体ではパウリ常磁性の効果が強いことからFFLO状態の探索がさかんに行われてきた[40]．これまでいくつかのFFLO状態の候補が見つかってきたが，その後の研究で否定されていた．最近の実験で準2次元的な電子構造をもつ重い電子系超伝導体 $CeCoIn_5$ において，上部臨界磁場近傍で新しい超伝導相の存在を示す実験結果が報告され，FFLO状態の候補として注目されている[41]．

e. 超伝導と他の秩序の共存

(i) 反強磁性秩序との共存　重い電子系化合物では，しばしば反強磁性秩序状態と超伝導が共存する．大事なことは伝導電子が局在するものと遍歴して超伝導になるものとの2つに分かれることである．このような局在性と遍歴性は双対性 (デュアリティ) モデルとして議論されている[6,42]．反強磁性との共存は UPd_2Al_3, UNi_2Al_3 (スピン密度波), $CePt_3Si$, $CeRhIn_5$, $CePd_2Si_2$, $CeIn_3$ などで報告されている．もっとも顕著な例は UPd_2Al_3 である[43]．この系では T_c よりも高い温度で，大きな局在磁性モーメント ($\mu=0.85\mu_B$) をもった反強磁性秩序ができた後に超伝導に転移する．この系ではトンネル効果と中性子散乱により超伝導準粒子と反強磁性スピン波 (磁気励起子) の強い結合が観測されており，超伝導発現機構が磁性と関係していることを直接的に示している[44,45]．

(ii) 強磁性との共存　強磁性と超伝導は両者が共存することはありえないと考えられていた．これを覆す結果が UGe_2,[16] $URhGe$,[46] $UCoGe$[47] において報告されている．これらの物質では温度下降とともに常磁性金属状態から遍歴性の強磁性金属状態に相転移した後に超伝導に転移する (UGe_2 では圧力中)．これらの系では強磁性状態では強磁性交換相互作用のため多数 (マジョリティ) バンドと少数 (マイノリティ) バンドに分裂しており2つのバンドでスピンの向きは異なっている．このときマジョリティバンドでのみ超伝導が生じるノンユニタリな超伝導秩序変数をもつ奇パリティの超伝導状態 ($\Delta_{\uparrow\uparrow} \neq \Delta_{\downarrow\downarrow}$) が，実現していると考えられている[28]．これらの物質では，ヘリウム3のような強磁性的なゆらぎや多数バンドにおけるCDWゆらぎなどによる超伝導が提唱されている．とくに UGe_2 では強磁性状態の中に別の相転移現象も

(iii) 隠れた秩序との共存 URu_2Si_2 は高温 (17.5 K) で 2 次相転移を起こし，秩序状態を形成した後に超伝導に転移 (1.4 K) する．この高温の秩序相は磁気秩序を伴わず「隠れた秩序」相とよばれる[49]．隠れた秩序とは何かという問題に対しては様々な提案がなされているが，いまだに解明されていない．隠れた秩序下で起こる超伝導状態の理解は最近大きく進展した．この系においては超伝導は隠れた秩序とは共存するが，圧力中の反強磁性相とは共存しないことなど他の重い電子系超伝導体とは異なっている[50]．さらにきわめて少数のキャリアーで超伝導が起こることや，超伝導ギャップ関数が電子バンドと正孔バンドで異なること，そして超伝導がカイラル対称性をもつ可能性も指摘されるなど，超伝導状態もかなり特異なものとなっている[24]．

表 2.6 にこれまでの実験で提唱されている結果のまとめを示す．現実問題として超伝導の対称性を実験的に決定するのはきわめて困難な仕事であり，なかなか決定的な証拠が出ないのが現状である．したがって今後変更を受けることも大いにありえる．このほか重い電子系超伝導体の渦糸状態の電子構造は，ほとんど理解されていない．また一般にこれらの化合物は複雑なバンド構造をもつため[51]，複数のバンドの効果は超伝導状態にどのような影響を及ぼしているのかなどはこれからの問題であろう．以上のように重い電子系化合物は異常な超伝導状態の宝庫であり，強相関電子系の重要な研究対象の 1 つとして盛んに研究されている． 　　[松田祐司]

文　献

[1] 上田和夫, 大貫惇睦, 「重い電子系の物理」(裳華房, 1998).
[2] 三宅和正, 岩波講座 物質科学入門 5「重い電子とは何か」(岩波書店, 2002).
[3] 山田耕作, 現代物理学叢書「電子相関」(岩波書店, 2000).
[4] S. Doniach, Physica **91B** (1977) 231.
[5] F. Steglich et al., Phys. Rev. Lett. **43** (1979) 1892.
[6] P. Thalmeier and G. Zwicknagl, in *Handbook on the Physics and Chemistry of Rare Earths*, Vol. 34 (North Holland, 2005).
[7] 最近のレビューとして "Frontiers of Novel Superconductivity in Heavy Fermion Compounds," J. Phys. Soc. Jpn. **76**, No. 5 (2007).
[8] E. D. Bauer et al., Phys. Rev. B **65** (2002) 100506(R).
[9] D. Aoki et al., J. Phys. Soc. Jpn **76** (2007) 063701.
[10] J. L. Sarrao et al., Nature **420** (2002) 297.
[11] M. Sigrist and K. Ueda, Rev. Mod. Phys. **63** (1991) 239.
[12] V. P. Mineev and K. V. Samokhin, in *Introduction to Unconventional Superconductivity* (Gordon and Breach Science Publishers, 1999).
[13] K. Miyake et al., Phys. Rev. B **34** (1986) 6554.
[14] N. D. Mathur et al., Nature **394** (1998) 39.
[15] T. Muramatsu et al., J. Phys. Soc. Jpn. **70** (2001) 3362.
[16] S. S. Saxena et al., Nature **406** (2000) 587.
[17] Y. Matsuda et al., J. Phys.: Condens. Matter **18** (2006) R705.
[18] T. Sakakibara et al., J. Phys. Soc. Jpn. **76** (2007) 051004.

[19] Y. Kitaoka et al., J. Phys. Soc. Jpn. **76** (2007) 051001.
[20] 朝山邦輔 (編集 鈴木平, 近角聡信, 中島貞雄), 物性科学選書「遍歴電子系の核磁気共鳴—金属磁性と超伝導」(裳華房, 2002).
[21] Y. Kasahara et al., Phys. Rev. Lett. **100** (2008) 207003.
[22] T. Watanabe et al., Phys. Rev. B **70** (2004) 184502.
[23] R. Joynt and L. Taillefer, Rev. Mod. Phys. **74** (2002) 235.
[24] Y. Kasahara et al., Phys. Rev. Lett. **99** (2007) 116402.
[25] K. Izawa et al., Phys. Rev. Lett. **90** (2003) 117001.
[26] H. Tou et al., J. Phys. Soc. Jpn. **74** (2005) 1245.
[27] H. Tou et al., unpublished.
[28] K. Machida and T. Ohmi, Phys. Rev. Lett. **86** (2001) 850.
[29] H. R. Ott et al., Phys. Rev. Lett. **52** (1984) 1915.
[30] Y. Aoki et al., Phys. Rev. Lett. **91** (2003) 067003.
[31] Y. Aoki et al., J. Phys. Soc. Jpn **76** (2007) 051006.
[32] E. Bauer et al., Phys. Rev. Lett **92** (2004) 027003.
[33] N. Kimura, Y. Muro, and H. Aoki, J. Phys. Soc. Jpn. **76** (2007) 051010.
[34] T. C. Kobayashi et al., J. Phys. Soc. Jpn. **76** (2007) 051007.
[35] S. Fujimoto, J. Phys. Soc. Jpn. **76** (2007) 051008.
[36] H. Q. Yuan et al., Sciece **302** (2003) 2104.
[37] S. Kawasaki et al., Phys. Rev. Lett. **94** (2005) 037007.
[38] A. T. Holmes et al., J. Phys. Soc. Jpn. **76** (2007) 051002.
[39] P. Fulde and R. A. Ferrell, Phys. Rev. A **135** (1964) 550; A. I. Larkin and Y. N. Ovchinnikov, Sov. Phys. JETP **20** (1965) 762.
[40] Y. Matsuda and H. Shimahara, J. Phys. Soc. Jpn. **76** (2007) 051005.
[41] H. A. Radovan et al., Nature **425** (2003) 51.
[42] Y. Kuramoto and K. Miyake, J. Phys. Soc. Jpn. **59** (1990) 2831.
[43] C. Geibel et al., Z. Phys. B **84** (1991) 1.
[44] N. K. Sato et al., Nature **410** (2001) 340.
[45] M. Jourdan et al., Nature **398** (1999) 47.
[46] D. Aoki et al., Nature **413** (2001) 613.
[47] N. T. Huy et al., Phys. Rev. Lett. **99** (2007) 067006.
[48] S. Watanabe and K. Miyake, J. Phys. Soc. Jpn. **71** (2002) 2489.
[49] T. T.M. Palstra et al., Phys. Rev. Lett. **55** (1985) 2727.
[50] H. Amitsuka et al., J. Mag. Mag. Mat. **310** (2007) 214.
[51] R. Settai et al., J. Phys. Soc. Jpn. **76** (2007) 051003.

2.4.2 有機物超伝導

1953年, わが国の研究者により有機物質で初めて伝導物質が開発された[1]. ペリレン分子の固体を臭素雰囲気中に置くことで, 高い電気伝導性が得られたのだった. この発見が, 後の有機物超伝導の研究の端緒であったといえる. しかし, すぐに超伝導が見出されたわけではなく, しばらくの間, 有機伝導体の開発が続き, 1974年にきわめて高い伝導度をもつ有機物質 TTF-TCNQ[2]が, そして 1980年についに有機超伝導体 $(TMTSF)_2PF_6$ が見いだされた[3]. その後の研究の進展は目覚しく, 様々な超伝導物質が合成され, 多彩な電子物性発現の宝庫となっている[4]. 以下では, これまでによく研究されてきた物質について, 超伝導とその周辺相との関連を解説する. 図 2.41 に有機超伝導体をつくる代表的な分子を示す. いずれも平面状の分子である.

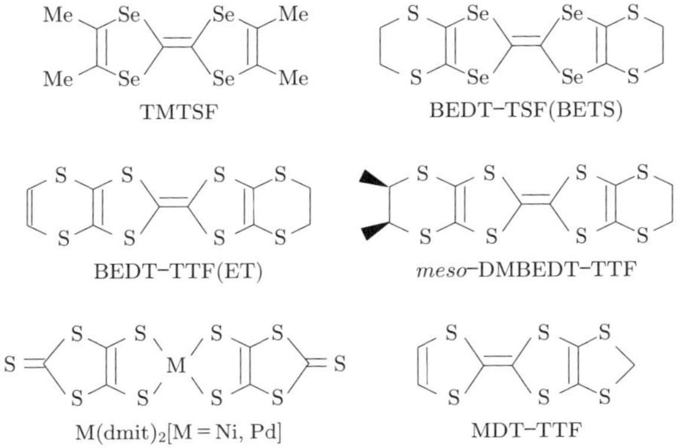

図 2.41 有機超伝導体を構成する様々な分子.

a. 擬1次元物質——スピン密度波相に隣接する超伝導

有機超伝導体の第1号が $(TMTSF)_2PF_6$ である[3].平面状の分子 TMTSF と球状の分子 PF6 が図 2.42a に示すような構造をとり,結晶を構成する.TMTSF 分子の最高占有分子軌道 (HOMO) のホールが電気伝導を担う.それに対し,アニオンである PF_6^{-1} は閉殻構造をとり,伝導バンドに寄与しない.TMTSF 分子が面と面を平行にして積み重なる方向 (カラム方向) に分子軌道の重なりが大きいので,この方向に高い電気伝導を示す擬1次元伝導体となっている.電子の移動積分は,a 軸,b 軸,c 軸方向の順に,おおよそ 100:10:1 である.高い1次元性を反映して,フェルミ面も開いた平面状のものになっている[4].この物質は,常圧では 12 K まで金属状態を保つが,それ以下の温度で絶縁体に転移する.これは1次元電子系の不安定性の1つであるスピン密度波 (SDW) 転移である.しかしながら,6 kbar 以上の圧力を印加することでこの絶縁体化が抑えられ,1.2 K で超伝導が現れる[3].PF_6 を様々なアニオン (ClO_4 など) に置換したり,TMTSF 内のセレンを硫黄に置換する (TMTTF 分子) ことが,実効的に圧力を印加する (化学圧力) と考えることで,一連の物質の電子状態が統一的に理解される (図 2.42b を参照).超伝導相より低圧側 (負圧側) に絶縁相が広がっているが,不整合 SDW 相,整合反強磁性相,非磁性スピン・パイエルス相,さらに再度整合反強磁性相と多彩なスピン状態が存在する[4].この起源については,カラム内の移動積分の変化に加え,カラム間の相互作用 (次元性とスピンフラストレーション) が重要であると考えられている.

超伝導相が,電子相関によって引き起こされる磁気秩序相に隣接していることから,その発現機構について電子的である可能性,とくにスピンゆらぎによる機構が議論されている[4,5].実験は,少なくとも弱磁場ではスピン1重項の異方的超伝導であることを示している[6-8].しかしながら,高磁場においては,スピン3重項超伝導あるいは,超伝導ギャップが空間的に変調される FFLO (Fulde–Ferrell–Larkin–Ovchinnikov) 状

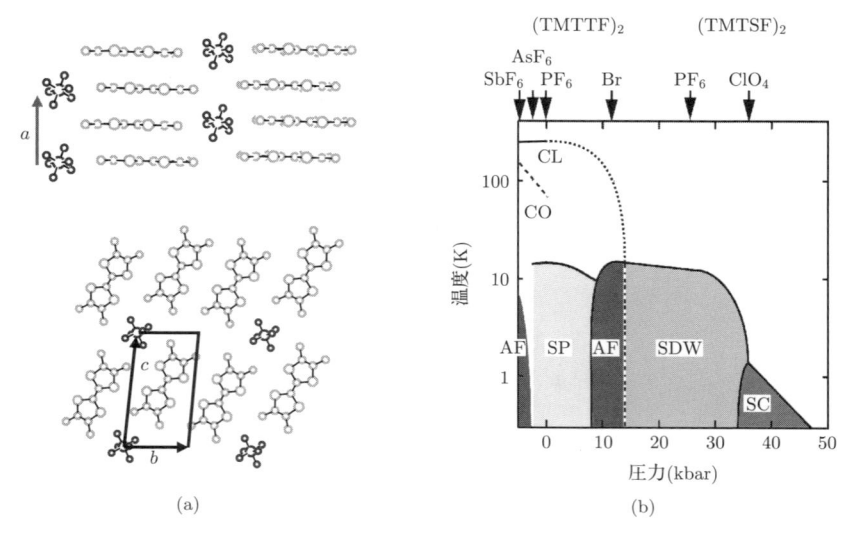

図 2.42 (a) (TMTSF)$_2$P$_F$6 の構造，(b) 様々なアニオン X に対する (TMTSF)$_2$X, (TMTTF)$_2$X の相図．SC：超伝導相，SDW：不整合スピン密度波相，AF：整合反強磁性相，SP：スピン・パイエルス (スピン 1 重項) 相，CL：1 次元鎖方向金属–非金属クロスオーバー，CO：電荷秩序転移線 (森 初果氏 提供[4]).

態の可能性も議論されている[4,8].

b. 擬 2 次元層状物質——モット絶縁体に隣接する超伝導

有機物の中で高い転移温度をもつ超伝導体は層状構造をもつ．BEDT-TTF 分子 (図 2.41 参照，ET と略称されることもある) が多くの擬 2 次元有機超伝導体を生んでいる．まず注目されたのは，転移温度が当初 1.5 K であったが特殊な温度–圧力処理により 8 K に上昇した β–(ET)$_2$I$_3$ で (ギリシャ文字は，伝導層における分子の配列の型を示す)[9], 初めて転移温度が 10 K を超えたのは κ–(ET)$_2$Cu(NCS)$_2$ であった[10]. その後続々と κ-(ET)$_2$X と記される物質が合成され，超伝導体としてもっともよく研究されている．図 2.43a に示すように，ET が並ぶ伝導層と X が並ぶ絶縁層から成る．X は，Cu(NCS)$_2$, Cu[N(CN)$_2$]Br, Cu[N(CN)$_2$]Cl, Cu$_2$(CN)$_3$ などの閉殻構造をとるアニオンである．伝導層内では，図 2.43b に示すように ET 分子が強い 2 量体 ET$_2$ を形成し，それが異方的三角格子を組む．このような配列を κ 型とよぶ．マイナス 1 価のアニオン X からホール 1 個がキャリアとして ET$_2$ に導入され，伝導バンドを形成する．バンド充填は 1/2 で，フェルミ面は，ブリルアン・ゾーンで切り取られてはいるが，2 次元性を反映した円筒状のものとなる[4]. 常圧では，X が Cu(NCS)$_2$ と Cu[N(CN)$_2$]Br の物質が超伝導 (転移温度はそれぞれ 10.5 K と 11.6 K) を示すのに対し，Cu[N(CN)$_2$]Cl と Cu$_2$(CN)$_3$ の場合はモット絶縁体となる．このふるまいは，X の置換により化学圧力が印加され，バンド幅が変化してモット転移が起こっているとし

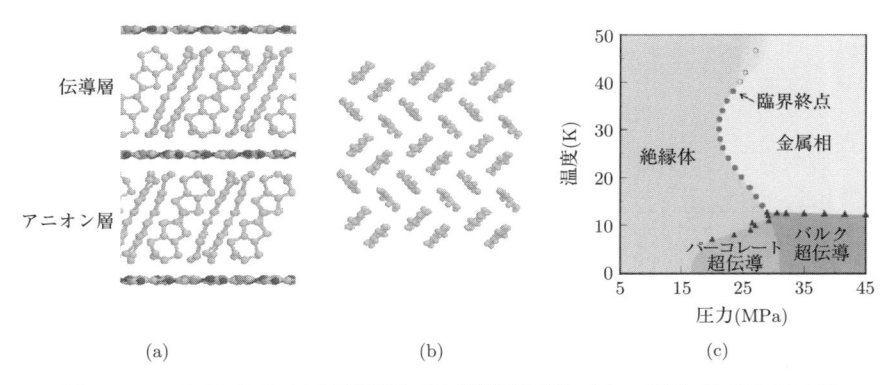

図 2.43 κ–(ET)$_2$X の (a) 層間構造と (b) 伝導層内構造. (c) κ–(ET)$_2$Cu[N(CN)$_2$]Cl の温度–圧力相図[11].

て理解されている. 実際に, X = Cu[N(CN)$_2$]Cl に物理圧力を印加して得られる温度–圧力相図が図 2.43c である. 1 次のモット転移境界線を挟んで, 絶縁相側にある反強磁性相と伝導相側にある超伝導相が隣接する. 超伝導転移温度は, モット転移境界臨界圧力付近で最大値 $T_c = 13.2$ K となる. X = Cu[N(CN)$_2$]Cl のモット絶縁相では反強磁性磁気秩序が起こるのに対し, ET$_2$ の配列がより三角格子に近い X = Cu$_2$(CN)$_3$ では, スピンが秩序化しない量子スピン液体となることが注目されている[4, 11]. 2009 年時点で有機超伝導体の T_c の最高値は, 同じく層状構造をとる β'–(ET)$_2$ICl$_2$ に 8.2 GPa の高圧を印加して達成された 14.2 K である[12]. この物質は, 伝導面内の分子配列が κ 型とは異なる β' 型というものであるが, 超伝導相がモット絶縁相に隣接しているという点は共通である.

これらの物質における超伝導は, 層状構造と大きな電気伝導度の異方性 (面内と面間の比が 10^3 程度) を反映して, 擬 2 次元ジョセフソン結合超伝導体であることが, ボルテックスのロックイン状態[13]やジョセフソン・プラズマ共鳴の観測[14]などで確認されている. 超伝導電子対の対称性については, 多くの実験がスピン 1 重項 d 波電子対を支持している[4]. この対形成の起源として, 電子スピンのゆらぎを媒介とする機構が提唱されている[5]. アンダードープの酸化物超伝導体で T_c 以上に見られる擬ギャップに類似の現象[11]や電子対形成のゆらぎを示唆するネルンスト効果[15]が, モット転移近傍に位置する κ–(ET)$_2$Cu[N(CN)$_2$]Br で観測されている. また, 伝導層に平行な強磁場下で FFLO 状態が実現しているとする実験報告がある[16].

c. π 電子と d 電子の混成系——磁場誘起超伝導

上記の物質群では, アニオン分子は閉殻構造を取っていたが, アニオンが磁性イオンを含むと, この局在スピンと伝導性 π 電子が相互作用し新しい電子相の出現が期待される. 局在スピンとして d 電子をもつ系が広く研究されていることから, これらの物質群は π–d 電子系とよばれている[4]. 最初の磁性有機超伝導体は, (BEDT-

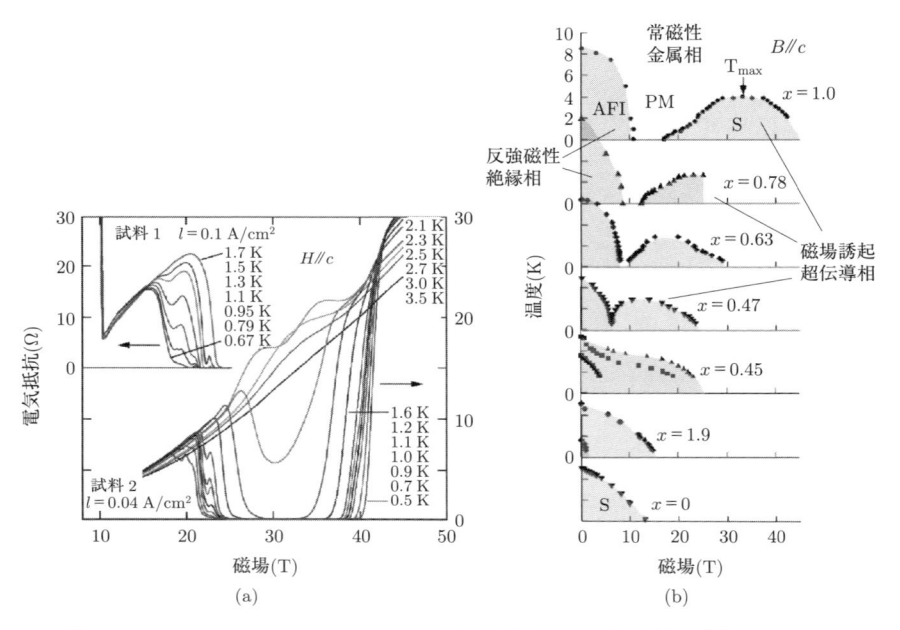

図 2.44 (a) λ-$(BETS)_2FeCl_4$ の平行磁場下の電気抵抗[19]. (b) λ-$(BETS)_2(Ga_{1-x}Fe_x)Cl_4$ における磁場誘起超伝導の温度-磁場相図[20]. AFI:反強磁性絶縁体, PM:常磁性絶縁体, S:磁場誘起超伝導相, T_{max}:超伝導転移温度の最大値.

$TTF)_4(H_3O)Fe(C_2O_4)_3·C_6H_5CN$ であるが[17], その中でも超伝導体としてとくに興味深い現象を示すのが, $(BEDT-TSF)_2FeX_4$ と称される一連の層状物質である[18]. X として Cl^- あるいは Br^- が $S = 5/2$ の Fe^{3+} イオンに正4面体配位している. BEDT–TSF 分子は BETS とも略称されその構造は図 2.41 に示されているように ET 分子の内側の4つの S が Se に置換されたものである. 図 2.44a に示したものは, BETS 分子が λ 型と称される配列をもつ物質 λ-$(BETS)_2FeCl_4$ の伝導層に平行に磁場を印加した際の電気抵抗である[19]. 低温において 30 T (テスラ) 付近で超伝導になる. このように強磁場を印加することによって発現する磁場誘起超伝導は以下に述べるジャッカリーノ–ピーター (Jaccarino–Peter) 効果で説明される[19]. 強磁場でほぼ磁場方向に分極した Fe のスピンは, π 電子スピンとの交換相互作用により π 電子に一様な交換磁場を与える. これが印加磁場と逆向きで大きさが数十テスラであれば, 印加磁場がこれとほぼ同じ大きさになると, π 電子スピンが感じる磁場が相殺されて低磁場で現れるべき超伝導がこのような強磁場で顔を出す. 印加磁場は超伝導電子対の軌道運動に対破壊効果としても作用するが, 幸いなことに, この超伝導体は擬 2 次元超伝導体なので, 伝導層に平行に磁場を印加すれば軌道運動によるエネルギー損を避けることができる. また, 図 2.44b にあるように, Fe を徐々に Ga に置換して Fe ス

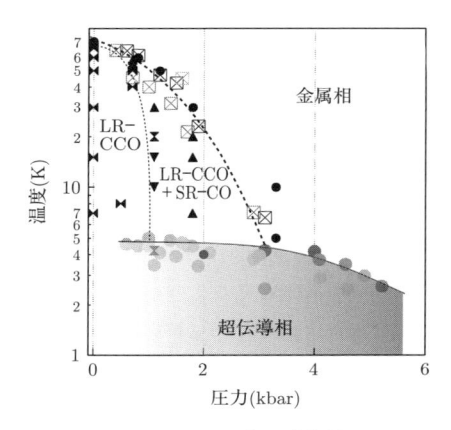

図 2.45　β–(meso BMDT–TTF)$_2$PF$_6$ の温度–圧力相図．LR–CCO：長距離電荷秩序相，LR–CCO+SR–CO：長距離/短距離電荷秩序混合相[23]．

ピンを ($x=1.0$ から $x=0$ に) 希釈していくと，超伝導が現れる磁場が徐々に下がってくる[20]．スピンを希釈することが，π 電子に対してはあたかも交換磁場を一様に下げるように作用している．同様な現象は分子配列の異なる κ–(BETS)$_2$FeBr$_4$ でも見いだされている[21]．ほかに，π–d 系の超伝導体としては，β–(BDA-TTP)$_2$FeBr$_4$ があげられる[22]．

d. その他の超伝導体

上述のように，有機物質における超伝導はスピンの秩序相に隣接して現れることが多いが，電荷秩序相に隣接して現れる超伝導もいくつかの物質で報告されている．層状物質 β–($meso$-BMDT-TTF)$_2$PF$_6$ は，常圧では約 70 K で金属から絶縁体へと転移する[4,23]．低温の絶縁体では，特異な電荷配列をもつ電荷秩序が形成される．この物質の温度–圧力相図が図 2.45 に示されている．加圧により電荷秩序が短距離あるいは不均一となり，やがて金属相となるが，低温において超伝導 (0.6 kbar の圧力で $T_c=4.6$ K) が現れる．ほかにも，β''–(DODHT)$_2$PF$_6$[24] や α–(BEDT-TTF)$_2$I$_3$[25] でも電荷秩序相の近傍 (加圧下) で超伝導の発現が報告されている．

これまで述べた物質のバンド充填は 1/2 あるいは 1/4 である．この整合充填のために，電子相関によって系が絶縁体化しやすくなっている．酸化物で功を奏したバンド充填制御による超伝導体化は，有機物質では今のところ成功していない．しかし，例外的に，ドナーとアニオンの不定比錯体で，天然のドープ系ともいうべき超伝導体がいくつか合成されている．κ–(BEDT-TTF)$_4$X (X = Hg$_{2.89}$Br$_8$, Hg$_{2.78}$Cl$_8$)[26] では，Hg の組成が 3 ならばバンド充填は 1/2 となるので，3 からの欠損分がキャリアドープを与える．X = Hg$_{2.89}$Br$_8$ で約 10%，X = Hg$_{2.78}$Cl$_8$ で約 20% のホールがドープされていることになる．前者は常圧 4.3 K で超伝導になるが，後者は加圧して超伝導が現れる (1.2 GPa で $T_c=1.8$ K)．また，MDT-TTF 分子 (図 2.41) の中のイオウを選

択的にセレンに置き換えた分子をドナーとした不定比化合物,(MDT–TSF)(I_3)$_{0.422}$,(MDT–TSF)(AuI_2)$_{0.436}$,(MDT–ST)(I_3)$_{0.417}$,(MDT–TS)(AuI_2)$_{0.441}$ では,アニオン (AuI_2, I_3) 組成の 0.5 からのわずかな欠損分がバンド充填 1/4 に電子をドープしていることに対応する[27,28]. これらの物質の不定比性は,ドナー格子とアニオン格子の不整合に起因する物質固有のものなので,残念ながらドープ量を変えることはできない.

ほとんどの有機超伝導体は,ホール型超伝導体である.しかし,金属ジチオレン錯体は,アクセプター分子が伝導を担い閉殻構造をもつカチオンと塩を形成する電子型超伝導体である.最初の超伝導体は Ni を金属とし TTF をカチオンとする TTF[Ni(dmit)$_2$]$_2$ で T_c は 1.6 K であった[29]. その後の研究により,とくに,Pd(dmit)$_2$ が,Me_4Z^+,$EtMe_3Z^+$, $Et_2Me_2Z^+$ (Z = N, P, As, Sb) などの 4 面体型カチオンと 2:1 の組成で層状伝導体を形成し,常圧下で多彩なモット絶縁体 (電荷秩序相,反強磁性相,スピン液体相,スピン 1 重項秩序相) となることが注目されている[4,30]. Pd(dmit)$_2$ の 2 量体がつくる擬似的な三角格子によるスピンフラストレーションと,Pd(dmit)$_2$ 分子内での HOMO (最高占有分子軌道) と LUMO (最低非占有分子軌道) の軌道準位が近接していることが基底状態の多様性を生んでいると考えられている.超伝導は加圧下で現れる (たとえば,スピン 1 重項絶縁体 $EtMe_3P$[Pd(dmit)$_2$]$_2$ では,4.5 kbar の圧力で T_c = 5 K となる).

最後に,直近 (2010 年) のニュースとして,有機物質の超伝導転移温度の記録を更新する物質が報告された[31]. 6 員環がジグザグに 5 個平面状に連なった分子ピセンの固体に,カリウムなどのアルカリ金属イオンがドープされ,ピセン分子あたり約 3 個のカリウムがドープされたときに,転移温度が 18 K と 7 K の 2 つの超伝導相が現れると報告されている.構造の同定など,物質の基礎的データが待たれるところである.

[鹿野田一司]

文献

[1] H. Akamatu, H. Inokuchi and Y. Matsunaga, Nature **173** (1954) 168.
[2] L. B. Coleman et al., Solid State Commun. **12** (1973) 1125.
[3] D. Jerome et al., J. Phys. Lett. (France) **41** (1980) L95.
[4] *The Physics of Organic superconductors and conductors*, edited by A. L. Lebed (Springer, 2008); 超伝導ハンドブック,福山秀敏,秋光 純 編 (朝倉書店,2009) p. 30–p. 57.
[5] K. Kuroki, J. Phys. Soc. Jpn. **75** (2006) 051013.
[6] M. Takigawa, H. Yasuoka, and G. Saito: J. Phys. Soc. Jpn. **56** (1987) 873.
[7] Y. Hasegawa and H. Fukuyama : J. Phys. Soc. Jpn. **56** (1987) 877.
[8] J. Shinagawa et al., Phys. Rev. Lett. **98** (2007) 147002.
[9] K. Murata et al., J. Phys. Soc. Jpn. **54** (1985) 2084 ; V. N. Laukhin et al., JETP Lett. **41** (1985) 81 ; F. Creuzet et al., J. Phys. Lett. **46** (1988) L-1079.
[10] H. Urayama et al., Chem. Lett. (1988) 55.
[11] K. Kanoda, J. Phys. Soc. Jpn. **75** (2006) 051007.

[12] H. Taniguchi et al., J. Phys. Soc. Jpn. **72** (2003) 468.
[13] P. A. Mansky et al., Phys. Rev. B **50** (1994)15929.
[14] T. Shibauchi etal., Phys. Rev. B **55** (1997) R11977.
[15] M.-S. Nam et al., Nature **449** (2007) 584.
[16] R. Lortz et al., Phys. Rev. Lett. **99** (2007) 187002; S. Uji et al., Phys. Rev. Lett. **97** (2006) 157001.
[17] M. Kurmoo et al., J. Am. Chem. Soc. **117** (1995) 1220.
[18] H. Kobayashiet al., J. Am. Chem. Soc. **118** (1996) 368; Chem. Rev. **104** (2004) 5265.
[19] S. Uji et al. : Nature **410** (2000) 908; Phys. Rev. Lett. **97** (2006) 157001.
[20] S. Uji et al., J. Phys. Soc. Jpn. **72** (2003) 369.
[21] T. Konoike et al., Phys. Rev. B **70** (2004) 094514.
[22] J. Yamada, J. Physique IV France **114** (2004) 439.
[23] H. Mori et al., J. Phys. Soc. Jpn. **75** (2006) 051003.
[24] H. Nishikawaet al., Phys. Rev. B **67** (2005) 52510.
[25] N. Tajima et al., J. Phys. Soc. Jpn. **71** (2002) 1832.
[26] R. N. Lyubovskayaet al., JETP Lett. **42** (1985) 468; JETP Lett. **45** (1987) 530.
[27] K. Takimiya et al., Angew. Chem. Int. Ed. **40** (2001) 1122; Chem. Mat. **15** (2003) 3250.
[28] T. Kawamoto et al., Phys. Rev. B **65** (2002) 140508; Phys. Rev. B **67** (2003) 020508; **71** (2005) 052501.
[29] L. Brossard et al., C. R. Acad. Sci. Ser. II **302** (1986) 205.
[30] R. Kato, Chem. Rev., **104** (2004) 5319; K. Kanoda and R. Kato, Ann. Rev. Condens. Matter Phys. **2** (2011) 167.
[31] R. Mitsuhashi et al., Nature **464** (2010) 76.

2.4.3 スピン3重項の超伝導

a. はじめに——スピン3重項の超伝導

1911年における Kamerlingh-Onnes らによる超伝導の発見以来，これまでに知られているほとんどすべての超伝導体は，電子対の合成スピンが $S=0$ のスピン1重項 (シングレット) 超伝導である．銅酸化物の高温超伝導体[1]も例外ではなく，また鉄ニクタイド超伝導体[2]もおそらく例外ではない．一方，合成スピン $S=1$ のスピン3重項 (トリプレット) 超伝導体として，重い電子系の UPt_3[3] と層状酸化物 Sr_2RuO_4[4] はこれまでにその強い実験的証拠が蓄積している．また重い電子系では UNi_2Al_3[5] や強磁性と超伝導が共存する UGe_2[6]，$URhGe$[7]，$UCoGe$[8]などでもスピン3重項超伝導が実現していると考えられている．(UPt_3 をはじめ重い電子系物質では強いスピン軌道相互作用のためにスピンがよい量子数ではないため，スピンの3重項ではなく「擬スピンの3重項超伝導」あるいは軌道波動関数の対称性から「奇パリティの超伝導」とよばれることが多い[9]．)

超流動ヘリウム3は，原子核スピンの3重項クーパー対になる原子の超流体として真に確立している．これに対してスピン3重項超伝導体の完璧な証明は容易には得られていない．これはマイスナー効果によってスピンの磁性が直接観測しにくい事情などによる．UPt_3 をはじめとして多くのスピン3重項超伝導体の候補である重い電

子系超伝導体については本書に別の解説があるので，ここでは重い電子系以外の物質を中心に解説する．まずスピン3重項超伝導状態を記述する秩序変数「d ベクトル」を導入した後[10]，ルテニウム酸化物の例に即して，クーパー対のスピン状態の3重項性，そして軌道状態の波動関数の奇パリティ性ついて解説する．さらに，結晶構造が空間反転対称性を破る超伝導体や，スピン1重項超伝導体と強磁性体との超伝導接合におけるスピン3重項超伝導の出現についてもふれる．

b. スピン3重項超伝導状態の秩序変数

この節ではスピン3重項超伝導状態の秩序変数を表す d ベクトルについて述べる[10]．超伝導の秩序変数(ギャップ関数)は，クーパー対を構成する電子のスピン状態に対応して一般には 2×2 の行列 $\hat{\Delta}(\boldsymbol{k})$ で表せるが，スピン1重項では1つの複素関数 Δ_s を用いてその状態ベクトルは

$$|\Psi\rangle = \Delta_\mathrm{s}(|\uparrow\downarrow\rangle - |\downarrow\uparrow\rangle) \tag{2.94}$$

と書ける $(\Delta_{\uparrow\downarrow} = -\Delta_{\downarrow\uparrow} = \Delta_\mathrm{s})$．これに対してスピン3重項では可能な3種類のスピン状態に対応して，それぞれギャップ関数が存在するのでその状態は

$$|\Psi\rangle = \Delta_{\uparrow\uparrow}|\uparrow\uparrow\rangle + \Delta_{\downarrow\downarrow}|\downarrow\downarrow\rangle + \Delta_0^{(|\uparrow\downarrow\rangle+|\downarrow\uparrow\rangle)} \tag{2.95}$$

となる $(\Delta_{\uparrow\downarrow} = \Delta_{\downarrow\uparrow} = \Delta_0)$．$|\uparrow\downarrow\rangle - |\downarrow\uparrow\rangle$ などで表されるスピンの部分は，電子対を構成する電子の交換に対して，1重項では反対称，スピン3重項では対称となっている．したがって全状態ベクトル $|\Psi\rangle$ がフェルミ粒子である電子の反交換関係を満たすには，$\Delta_\mathrm{s}(\boldsymbol{k})$ などで表される軌道部分はそれぞれ偶，奇のパリティをもつ．このため，電子対内部の相互運動に対応する軌道角運動量はスピン1重項では $L=0$ (s 波)，2 (d 波) など，またスピン3重項では $L=1$ (p 波)，3 (f 波) などとなる．

スピン3重項の場合，スピン空間での回転に対して3次元ベクトルとして表せるようにスピン状態の新しい基底として

$$\begin{aligned}\boldsymbol{z} &= |S_z = 0\rangle = \frac{1}{\sqrt{2}}(|\uparrow\downarrow\rangle + |\downarrow\uparrow\rangle) \\ \boldsymbol{x} &= |S_x = 0\rangle = \frac{1}{\sqrt{2}}(-|\uparrow\uparrow\rangle + |\downarrow\downarrow\rangle) \\ \boldsymbol{y} &= |S_y = 0\rangle = \frac{i}{\sqrt{2}}(|\uparrow\uparrow\rangle + |\downarrow\downarrow\rangle)\end{aligned} \tag{2.96}$$

を導入する．つまりスピン波動関数 $\boldsymbol{z}$ は z 方向を量子化軸にとったとき平行スピンの成分がゼロの状態 $S_z = 0$ を表す．同様に $\boldsymbol{x}(\boldsymbol{y})$ は $S_x = 0$ $(S_y = 0)$ の状態で，$x(y)$ 方向に量子化軸をとったとき，その方向に対して $\uparrow\downarrow$ と $\downarrow\uparrow$ の対のみから状態ができているということである．したがって，それらに垂直な z 方向に量子化軸をとった表示では式 (2.96) のとおり $\uparrow\uparrow$ と $\downarrow\downarrow$ の対からできていると見なせる．これらの基底を用

いると,
$$|\Psi\rangle = \sqrt{2}\boldsymbol{d} = \sqrt{2}(d_x\boldsymbol{x} + d_y\boldsymbol{y} + d_z\boldsymbol{z}) \tag{2.97}$$

と書ける. ここで導入したベクトル $\boldsymbol{d}(\boldsymbol{k}) = (d_x(\boldsymbol{k}), d_y(\boldsymbol{k}), d_z(\boldsymbol{k}))$ はスピン空間での回転に対して3次元ベクトルとして変換される便利な関数で, $\boldsymbol{d}$ ベクトルと名づけられている[11].

2×2 の行列 $\hat{\Delta}(k)$ と $\boldsymbol{d}(\boldsymbol{k}) = (d_x(\boldsymbol{k}), d_y(\boldsymbol{k}), d_z(\boldsymbol{k}))$ との関係はパウリのスピン行列を用いて,
$$\hat{\Delta} = i(\boldsymbol{d}(\boldsymbol{k}) \cdot \boldsymbol{\sigma})\sigma_y \tag{2.98}$$

すなわち
$$\begin{pmatrix} \Delta_{\uparrow\uparrow}(\boldsymbol{k}) & \Delta_{\uparrow\downarrow}(\boldsymbol{k}) \\ \Delta_{\downarrow\uparrow}(\boldsymbol{k}) & \Delta_{\downarrow\downarrow}(\boldsymbol{k}) \end{pmatrix} = \begin{pmatrix} -d_x(\boldsymbol{k}) + id_y(\boldsymbol{k}) & d_z(\boldsymbol{k}) \\ d_x(\boldsymbol{k}) & d_x(\boldsymbol{k}) + id_y(\boldsymbol{k}) \end{pmatrix} \tag{2.99}$$

と書ける. 超伝導ギャップの大きさは
$$|\Delta(\boldsymbol{k})| = (\boldsymbol{d} \cdot \boldsymbol{d}^* \pm |\boldsymbol{d} \times \boldsymbol{d}^*|)^{1/2} \tag{2.100}$$

と表されるが, ならユニタリ状態 (非ユニタリ状態) である[10]. 時間反転対称性が破れる場合, それが軌道波動関数のみによる場合はカイラル状態とよばれ, クーパー対が正味の軌道角運動量をもった状態である. それがスピン部分にも由来する場合が非ユニタリ状態で, クーパー対が正味のスピン角運動量をもった状態である. 超伝導体の場合は結晶の対称性によって, 実現可能な $\boldsymbol{d}$ ベクトルに対する制約が決まる[12]. 次に $\boldsymbol{d}$ ベクトルの具体的な例を次にあげる.

(i) ^{3}He スピン3重項原子対による量子凝縮状態が確立しているヘリウム3では, 温度, 圧力, 磁場に応じて3つの異なる超流動相が現れる. それらの $\boldsymbol{d}$ ベクトルは以下のとおりである (ただし $k_x{}^2 + k_y{}^2 + k_z{}^2 = 1$).

$$\begin{aligned} &^3\text{He--A 相}: \boldsymbol{d} = \Delta_\text{A} \boldsymbol{z}(k_x \pm ik_y) \\ &^3\text{He--A}_1 \text{ 相}: \boldsymbol{d} = \frac{1}{2}\Delta_\text{A}(\boldsymbol{x} + i\boldsymbol{y})(k_x \pm ik_y) \\ &^3\text{He--B 相}: \boldsymbol{d} = \Delta_\text{B}(\boldsymbol{x}k_x + \boldsymbol{y}k_y + \boldsymbol{z}k_z) \end{aligned} \tag{2.101}$$

A 相 (ABM 状態) はカイラル状態で球状のフェルミ面の北極・南極 ($k_z = \pm 1$) でエネルギーギャップに点状ノードが生じる. 磁場中で A 相 (A_2 相) の高温側に生じる A_1 相は非ユニタリ状態で, たとえば $|\uparrow\uparrow\rangle$ のみ A 相のエネルギーギャップをもち, 逆向きスピンの準粒子は対を形成していない ($\Delta_{\downarrow\downarrow} = 0$). 低温で安定な B 相 (BW 状態) は等方的なギャップをもつ.

(ii) UPt$_3$　重い電子系超伝導体の UPt$_3$ では磁場と温度によって 3 つの超伝導相が出現するが，それらについて以下の $\boldsymbol{d}$ ベクトルが有力視されている[13]．いずれも奇パリティ f 波超伝導状態である．

$$\begin{aligned}
\text{A 相}:\ & \boldsymbol{d}(\boldsymbol{k}) = \boldsymbol{b}\Delta_{\mathrm{b}} k_z (k_x{}^2 - k_y{}^2) \\
\text{B 相}:\ & \boldsymbol{d}(\boldsymbol{k}) = \boldsymbol{b}\Delta_{\mathrm{b}} k_z (k_x{}^2 - k_y{}^2) + \boldsymbol{c}\Delta_{\mathrm{c}}(\boldsymbol{k}) 2i k_x k_y k_z \\
\text{C 相}:\ & \boldsymbol{d}(\boldsymbol{k}) = \boldsymbol{c}\Delta_{\mathrm{c}}(\boldsymbol{k}) 2 k_x k_y k_z
\end{aligned} \qquad (2.102)$$

$\boldsymbol{d}$ ベクトルの方向が $\boldsymbol{b} = \boldsymbol{c} = \boldsymbol{z} \parallel c$ 軸の場合，B 相はカイラル状態である[13]．しかしスピン状態が 3 相とも $\boldsymbol{z}$ であるのかどうかには異論もある．$\boldsymbol{b} \parallel b$ 軸が反強磁性秩序の容易軸方向で $\boldsymbol{c} = \boldsymbol{z} \parallel c$ 軸の場合，B 相は非ユニタリ状態である[14]．その場合は外部磁場 $\boldsymbol{H}$ によって $\boldsymbol{d} \perp \boldsymbol{H}$ となるように $\boldsymbol{d}$ ベクトルが容易に回転するという解釈がなされている．

c. ルテニウム酸化物 Sr$_2$RuO$_4$ の超伝導

この節では重い電子系 UPt$_3$ と並んでスピン 3 重項超伝導の研究が深化しているルテニウム酸化物 Sr$_2$RuO$_4$ について解説する[15-18]．その結晶構造は図 2.46 に示すように銅酸化物高温超伝導体 La$_{2-x}$Ba$_x$CuO$_4$ と同様の層状ペロブスカイト構造で，低温まで正方晶が保たれる．超伝導転移温度は $T_{\mathrm{c}} = 1.50\,\mathrm{K}$，RuO$_2$ 面内のコヒーレンス長は $\xi_{\mathrm{ab}} = 66\,\mathrm{nm}$ である．まず有力視されている秩序変数 $\boldsymbol{d}$ ベクトルを説明し，それに続いて実験的根拠，超伝導メカニズム，スピン 3 重項特有の超伝導現象などについて述べる．

(i) $\boldsymbol{d}$ ベクトル　以下で述べるように Sr$_2$RuO$_4$ の超伝導状態について現在，もっとも可能性が高いと考えられているのは，スピン 3 重項 p 波のカイラル状態である．

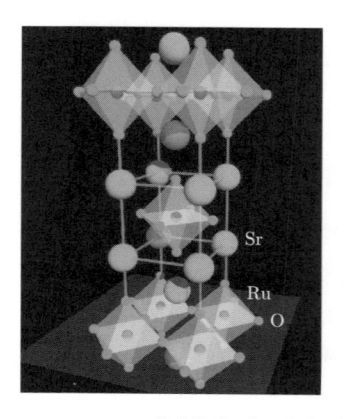

図 2.46　Sr$_2$RuO$_4$ の結晶構造 (出口和彦氏提供)．

2.4 エキゾチック超伝導

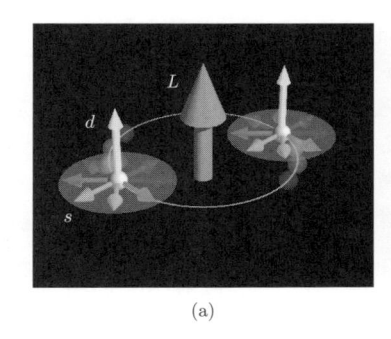

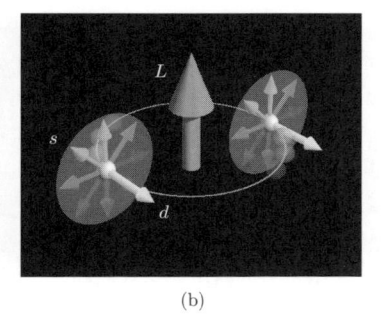

(a)　　　　　　　　　(b)

図 2.47 準 2 次元面に平行なスピン 3 重項超伝導の秩序変数 $\boldsymbol{d}$ ベクトル．(a) ゼロ磁場での状態，(b) c 軸に平行に磁場を印加した場合 (橘高俊一郎氏提供).

スピン波動関数は z 成分のみからなる

$$\boldsymbol{d} = \boldsymbol{z}\Delta_0(k_x \pm ik_y) \tag{2.103}$$

で $(d_z(\boldsymbol{k}) = \Delta_0(k_x \pm ik_y),\ \Delta_0 > 0)$，式 (2.101) の ^{3}He–A 相と同じ式で表される．図 2.47a はこの $\boldsymbol{d}$ ベクトルを模式的に表現したものである．超伝導ギャップは

$$|\Delta(\boldsymbol{k})| = (d \cdot d^*)^{1/2} = \Delta_0(k_x{}^2 + k_y{}^2)^{1/2} \tag{2.104}$$

であるから，観測されている 2 次元的なフェルミ面上ではその波数依存性は等方的で，^{3}He–A のような点状のノードは存在しない．実際の物質ではこの対称性のもとでの異方的な大きさのギャップが現れる．いずれにせよ $\mathrm{Sr_2RuO_4}$ に対する状態は ^{3}He–A 相の 2 次元版といえよう[19]．スピン部分 $\boldsymbol{z}$ が結晶の軸方向に対してどの向きが安定かはスピン–軌道相互作用や双極子相互作用を考慮する必要がある．図 2.47 では $\boldsymbol{z}$ は結晶の c 軸方向で，したがって $S = 1$ の電子対のスピンは 2 次元面 (ab 面) 内に張り付いた $S_z = 0$ の状態のみからなり，面内の任意の方向に対して $\uparrow\uparrow$ と $\downarrow\downarrow$ の量子状態が等しい重みで存在する状態を表す．同一の小さな矢印は平行スピン対を表現しており，面内のあらゆる方向に対する平行スピン対の重ね合せ状態である．

一方，軌道部分は角運動量 1 の状態であるから波動関数は球面調和関数で表され，

$$Y_1^{\pm 1} = \left(\frac{3}{8\pi}\right)^{1/2} \sin\theta e^{\pm i\phi} = \left(\frac{3}{8\pi}\right)^{1/2} (k_x \pm ik_y) \tag{2.105}$$

ゆえ式 (2.103) は $L_z = \pm 1$ の状態を表す．すなわち，クーパー対の電子は面内で上から見て反時計回り，もしくは時計回りの相対軌道運動をしている．1 つの超伝導ドメイン内での向きがいずれかに限られるため，時間反転対称性が破れている．図 2.47 で大きな矢印で示したのが $L_z = +1$ の状態で，角運動量ベクトルは c 軸方向の上向きである．このように軌道部分の波動関数が時間反転対称性を破るのがカイラル超伝導状態である．

(ii) スピン状態 超伝導対称性に関しては超伝導発見[4]から程なく，Rice と Sigrist[19] によってスピン 3 重項の可能性が理論的に予言され，超流動ヘリウム ^{3}He–A 相の 2 次元版として可能なベクトル秩序変数が議論された．スピン状態の決定には核磁気共鳴 (NMR) のナイト・シフトによるスピン磁化率が有効である．まず ^{17}O 置換の単結晶について，RuO_2 面に平行な磁場のもと，超伝導転移温度の上下でスピン磁化率が変化しないことが明らかになった[20]．これはスピン 3 重項超伝導で，なおかつ電子対スピンが RuO_2 面内にあることを示唆する (d ベクトルが磁場と垂直方向)．その後，^{99}Ru の NMR からも同様の結果が得られた (図 2.48)[21]．NMR を用いた Sr_2RuO_4 の超伝導状態の最近までの研究成果については石田らよってまとめられている[17]．

なお NMR 以外に，偏極中性子散乱を用いた Shull–Wedgwood の実験からも原子核まわりの磁化率が減少しない超伝導状態の実現が明らかになり，スピン 3 重項超伝導を検証する結果が得られている[22]．

磁場中での d ベクトルの方向はどうなっているだろうか．^{101}Ru の核四重極共鳴 (NQR) を利用した 0.02〜0.04 T の弱磁場中での NMR ナイト・シフト測定[23]からは，磁場方向によらず電子対スピンが偏極しており，d ベクトルは印加磁場に垂直であることが示唆される．これを説明するには，d ベクトルが基底状態では c 軸に平行 ($d \sim z$) であるが，c 軸方向の外部磁場のもとでは 0.02〜0.03 T 程度で図 2.47b に示すように RuO_2 面内へと回転する可能性 ($d \sim x$) が考えられる[23]．実験結果と整合する別のモデルとして，図 2.47b の d ベクトルが基底状態でも RuO_2 面内にあり，外部磁場に垂直になるように RuO_2 面内で方位を変える可能性 ($d = x\Delta(k_x + ik_y)$; ここで x は RuO_2 面に平行で，なおかつ磁場に垂直な方向) も議論されている[24,25]．

スピン 3 重項を反映したクーパー対の集団励起運動を観測しようとする研究も進め

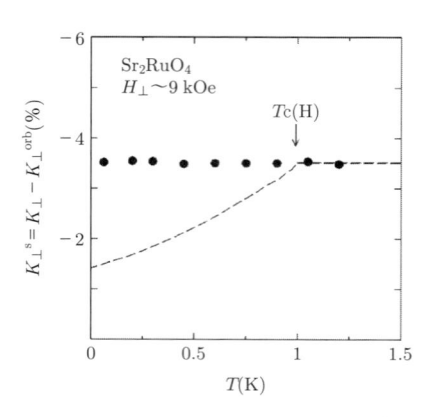

図 2.48 Sr_2RuO_4 に対する ^{99}Ru の NMR ナイト・シフト[21]．破線は 1 重項 d 波の場合．

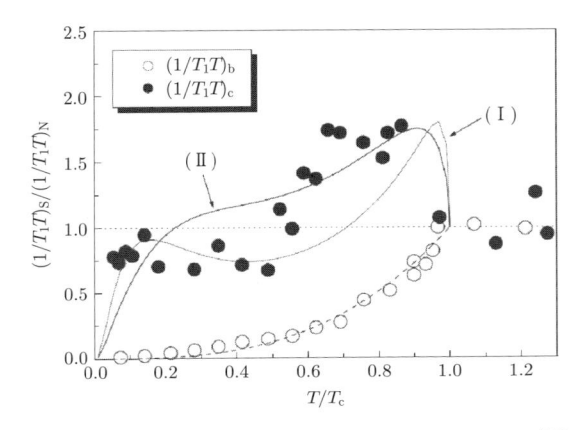

図 2.49 ゼロ磁場中での核磁気共鳴 (NQR) で観測された異方的な吸収[29]と，それを説明するクーパー対の集団励起よる理論曲線[30]．

られている[26–28]．椁田らのNQRの実験からはT_c以下でc軸方向のスピンゆらぎによるエネルギー吸収が見られる[29]．ゼロ磁場中の実験であるので磁束の運動による吸収とは考えにくく，電子対の内部自由度にもとづく集団励起運動による可能性が議論されている (図 2.49)[30]．

(iii) 軌道波動関数の対称性

奇パリティ　　電子対の軌道部分の波動関数の対称性については，Sr_2RuO_4とPbとの近接接合素子の臨界電流の測定によりs波超伝導と干渉する超伝導位相をもつことが明らかになった[31,32]．またSr_2RuO_4とAuInで構成された超伝導量子干渉素子 (SQUID) で外部磁場がゼロのときに臨界電流が最小となるπ接合生成が確認され，奇パリティの超伝導状態が検証されている[33]．

時間反転対称性の破れ　　ミュオン・スピン回転からは，超伝導状態で自発的内部磁場の発生が検出され，時間反転対称性を破る超伝導状態が示唆された[34]．また，磁気光学カー効果の実験からは，超伝導状態で時間反転対称性が破れることがより直接的に明らかになった[35]．これらの結果はクーパー対の軌道状態が$L_z = +1$または-1のいずれかの超伝導カイラルドメインの存在による時間反転対称性の破れ，そしてその軌道磁気モーメントに伴う磁場の発生のためとして解釈されている．カイラルドメインの大きさやそのエッジ電流に伴う磁場を観測しようとする研究も行われている．[36]

超伝導ギャップ構造　　超伝導ギャップ構造を反映した準粒子励起については，比熱の低温までの温度依存性および磁場方位–磁場強度依存性[37]，磁場中での熱伝導率[38,39]，超音波減衰[40]の温度依存性などの情報が得られている．とくに方位制御された磁場中での比熱や熱伝導率の測定は，ギャップ構造決定に有力な手段である[41]．これらの実験と矛盾のないギャップ構造は図 2.50 に示すように，バンドを構成する電子軌道が異なるフェルミ面ごとに異なる大きさと異方性をもつもので，$\boldsymbol{d} = \boldsymbol{z}\Delta(k_x + ik_y)$の対

(a)　　　　　　　　(b)　　　　　　　　(c)

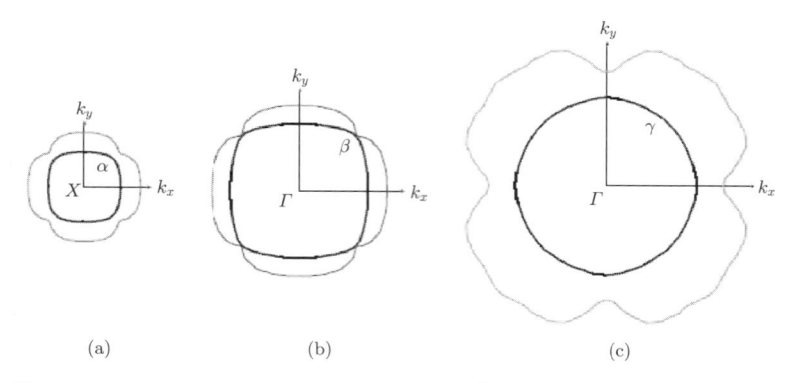

図 2.50　Sr_2RuO_4 のバンドごとの超伝導ギャップ[42]．ハバード・モデルを用いた，クーロン斥力による超伝導メカニズムの理論計算の結果である．

称性を基本としている[42]．バンドごとに超伝導ギャップの大きさが顕著に異なる原因は，電子対形成に主導的となる γ フェルミ面とその他のフェルミ面との軌道対称性の違いによるもので，Agterberg らの理論[43]で軌道依存型超伝導 (Orbital Dependent Superconductivity: ODS) と名づけられた．このようなマルチバンド超伝導現象は MgB_2 や鉄ニクタイドの超伝導でも重要となる[44,45]．

(iv)　超伝導メカニズム　超伝導の微視的機構については，フェルミ面の実際の形状を取り入れた 3 バンド・ハバード・モデルによる摂動展開の理論が野村・山田らによって展開されている[42]．このモデルでは電子相関を生むクーロン斥力が引力の起源となり，Sr_2RuO_4 に対応する大きなドープ量では p 波が安定となる．その理論によると，対形成に重要なのはスピンゆらぎを記述する 2 次摂動の項ではなく，3 次摂動の項で，ボソンの交換による引力よりも準粒子の始状態・終状態両方の波数に依存するメカニズムが重要となっている．図 2.50 のギャップ構造について，γ フェルミ面の Γ–M 方向にギャップ最小が生じることは奇パリティ性とフェルミ面がブリルアン・ゾーン境界に近接するためとして理論的にも理解できる．また α, β フェルミ面で Γ–X 方向にギャップがほぼゼロになることは，その方向に生じるネスティングによる反強磁性スピンゆらぎが超伝導と競合するためとして理解できる．

同様の方法でスピン軌道相互作用を取り入れて d ベクトルが c 軸方向であることを導いた柳瀬・小形らの理論[46]，オンサイトだけでなく Ru と酸素の隣接サイト間のクーロン斥力も重視した黒木らの理論[47] なども展開されている．また，酸素サイトの 2p 電子の自由度も無視できないことから，三宅らは酸素サイトでのクーロン斥力から生じる短距離の強磁性スピンゆらぎを重視した理論を展開し，ギャップ異方性や酸素同位体効果の説明を行っている[48]．

(v)　スピン 3 重項特有の超伝導現象

半磁束量子：スピン 3 重項超伝導状態ではスピンの自由度があるために，量子磁束

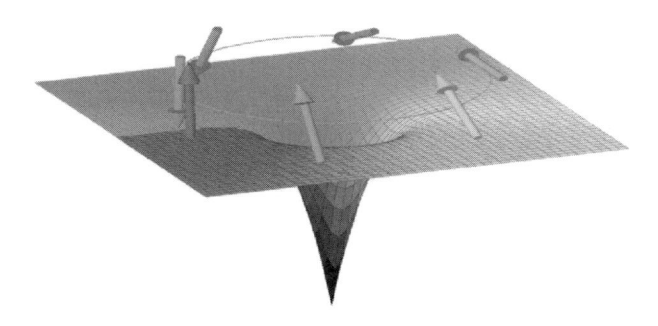

図 2.51 半磁束量子の模式図. 渦芯まわりに状態ベクトルの軌道波動関数の位相は濃淡変化で示すように π だけ変化して半整数磁束と結合する. 一方, スピン部分の位相も矢印 (d ベクトル) で示すように π 変化する (米澤進吾氏提供).

の半奇数倍の磁束が存在する可能性がある[49]. 渦芯を 1 周したときの状態ベクトルの一価性を保つのに, 図 2.51 に示すように軌道波動関数の位相とスピン状態の位相とがそれぞれ π 変化することでも, 位相まで一致した同一の物理状態が得られる. 超流動ヘリウム 3 の A 相や Sr_2RuO_4 ではそのような状態も可能とされるが, これまでは観測されていなかった. 半磁束量子に伴うスピン流のエネルギー損を抑制するには微

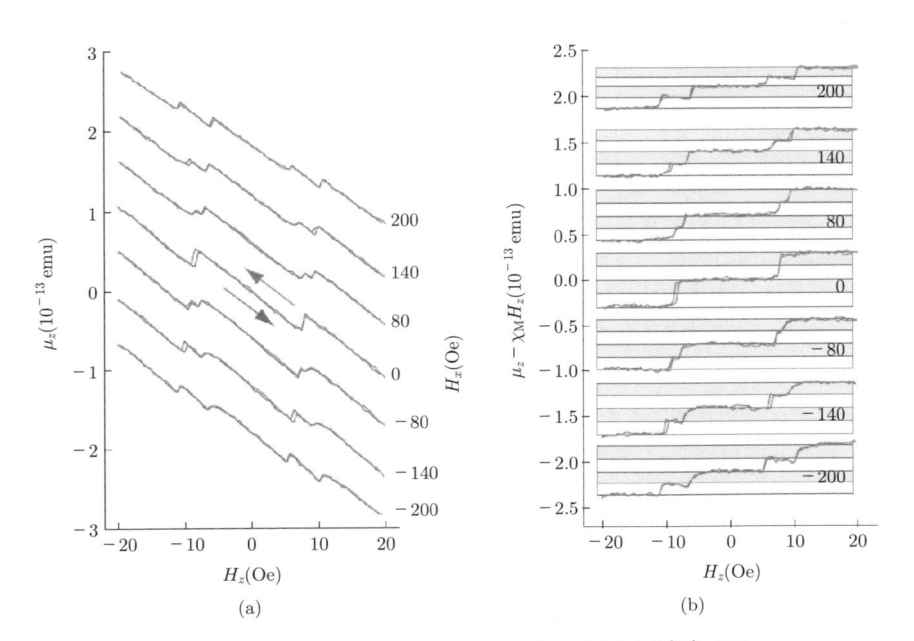

図 2.52 Sr_2RuO_4 の微細単結晶リングを貫く磁化の外部磁場依存性[50]. 通常のフラクソイドの量子化による磁化ステップに加えて, 横磁場付加の場合は半整数フラクソイドステップが観測される.

小試料での実験が必要となる．1 μm 程度の大きさの Sr_2RuO_4 微小単結晶に孔をあけたリング状試料のフラクソイド量子化の実験で，リング面に垂直な磁場に加えて横磁場も印加することで，図 2.52 に示すように半磁束量子に密接に関係した磁化のステップが観測された[50]．横磁場印加が必要性になる理由については，半磁束量子状態のみに有効なスピン偏極効果による説明が試みられている[51]．

新奇な近接効果： Sr_2RuO_4 を用いた接合素子では様々な新奇超伝導現象の観測が期待できる．拡散伝導領域にある常伝導金属の界面領域では s 波超伝導成分のみが残るが，スピン 3 重項のクーパー対による近接効果の場合，それは奇周波数の超伝導状態の存在を意味する[52]．この効果を利用したスピン 3 重項状態の決定的な検証を目指して，浅野・田仲らは Sr_2RuO_4 と常伝導金属との「T 型接合」による近接効果から，奇周波数ペアリングに伴う常伝導金属側の状態密度の増大を検出する実験を提案している[53]．このほか，スピン 3 重項超伝導に伴うスピン流の効果についての理論研究も展開されている[54]．

単結晶育成の過程で Ru 金属薄片が空間的に規則性をもって析出する Sr_2RuO_4–Ru 共晶結晶では，両相の界面で超伝導転移温度 T_c が 3 K 程度まで倍増することが知られており，3-K 相ともよばれる[55]．共晶界面は原子配列のそろった清浄表面となっている[56]．界面のごく近傍では過剰なひずみや格子欠陥もあってそこでは T_c は低下，あるいは消失している可能性が高いものの，T_c の増大は界面付近における異方的なひずみの効果と考えられる[57]．この共晶界面を利用した Sr_2RuO_4 の近接接合素子での研究も行われており[32]，Sr_2RuO_4 のカイラル超伝導の性質を引き出すのに有望視されている[58]．

(vi) スピン 3 重項状態確定に向けての課題　以上述べてきたように，ベクトル秩序変数 $d = z\Delta(k_x + ik_y)$ で記述される超伝導状態でほとんどの実験結果が説明できているが，いくつかのふるまいにはまだ十分な説明が与えられていない．

上部臨界磁場の抑制： まず RuO_2 面内方向の上部臨界磁場 $\mu_0 H_{c2}(T=0) = 1.50$ T は T_c 付近での勾配 dH_{c2}/dT から予想される軌道対破壊効果の値，約 2.7 T（s 波でも p 波でも理論値は定量的にほぼ同じ[60]）よりも顕著に抑制されている．NMR ナイト・シフトの結果からはこの磁場・温度領域でも磁場中でスピン偏極は起こっているので，1 重項超伝導体のようなスピン対破壊効果[61]によるものとは考えにくい．磁場方位を精密に制御した交流磁化率の実験結果からも，H_{c2} 抑制効果は面平行磁場でのみ顕著に起こるなど，スピン対破壊効果とは定性的に異なる[62]．

多重超伝導相： 面平行磁場中では低温，H_{c2} 近傍で超伝導転移が 2 段になって現れる[63,64]．カイラル超伝導状態では，面平行磁場中で超伝導 2 段転移が予想される[65]が，観測された 2 段転移の相図はその予想とはかなり異なる．スピン状態の変化も取り入れた理論[66]を検証するような十分な実験はまだなされていない．

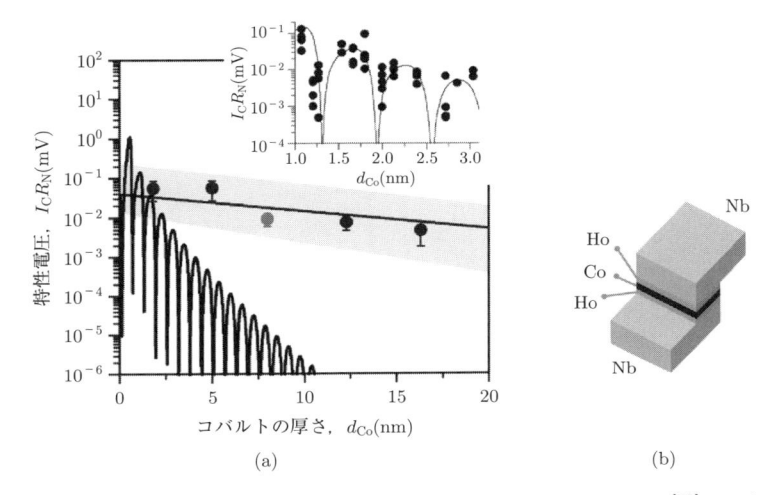

図 2.53 積層構造の超伝導体・強磁性体接合における臨界電流の厚み依存性[70]. スピン 1 重項の場合より顕著に長距離の近接効果が観測される.

d. 超伝導体・強磁性体接合でのスピン 3 重項超伝導

超伝導体と常伝導金属からなる接合では，超伝導近接効果によって，常伝導金属に対振幅が浸みだすことがよく知られている．接合に用いる常伝導体が強磁性でスピン偏極度の高い金属の場合は，電子の散乱のもとで，浸み出す電子対としてスピン 3 重項でかつ s 波成分が支配的になると考えられている[52]．このような状態は「奇周波数超伝導状態」とよばれている．強磁性偏極した CrO_2 の上にわずかな間隙をあけて蒸着されたスピン 1 重項 s 波超伝導体の 2 つの電極間には CrO_2 に近接効果で誘起された超伝導電流が流れることが報告されており，スピン 3 重項電子対によるものと解釈されている[67,68].

弱い強磁性金属をはさんだ積層構造では，強磁性体中の交換相互作用場のためにスピン 1 重項 s 波超伝導の位相が空間的に振動し，FFLO (Fulde–Ferrel–Larkin–Ovchinikov) 状態と同様の状態が生じる．実際，強磁性膜の厚みによっては，両端の s 波超伝導体の位相が互いに 180° ずれる，いわゆる π 接合ができることが知られている[69]．これに対して，強磁性層でスピン偏極度が高く，またスピンが回転するような物質の組合せを用いると，FFLO 状の状態の場合の臨界電流の減衰に比べて，明らかに長距離の近接効果が観測され，これについてもスピン 3 重項 s 波状態，すなわち奇周波数超伝導による説明がなされている (図 2.53)[70,71].

e. 空間反転対称性の破れた系でのスピン 3 重項超伝導

重い電子系化合物 $CePt_3Si$ で $T_c = 0.75\,{\rm K}$ に対して $H_{c2}(0) = 5\,{\rm T}$ というかなり大きな上部臨界磁場をもつ超伝導が発見され[72]，空間反転対称性が破れた結晶構造に起因する図 2.54a に示すようなフェルミ面スピン分裂の効果が注目されるようになっ

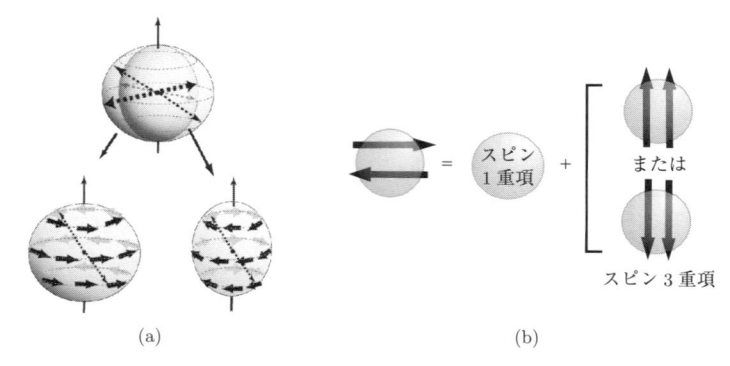

図 2.54 (a) 反転対称性が破れた系でのスピン–軌道相互作用に起因するフェルミ面の分裂[74].矢印は電子スピンを表す.(b) 分裂したフェルミ面上で電子対形成が起こる場合の,スピン 1 重項–3 重項混成の模式図.

た[73, 74].反転対称性が破れた超伝導体 (Non-CentroSymmetric SuperConductors: NCS-SC) では超伝導対波動関数に関する偶パリティと奇パリティの混成から,図 2.54b に模式的に示すように,スピン 1 重項と 3 重項の混成が起こりうる.$CePt_3Si$ については $d(k) = xk_y - yk_x$ の d ベクトルをもつスピン 3 重項超伝導が有力視されている[73].とくに重い電子系超伝導体の場合は,スピン–軌道相互作用が大きく電子有効質量も大きいことから,空間反転対称性の破れと強い電子相関の効果が相まって,超伝導電子に対する常磁性対破壊効果の抑制に起因する大きな H_{c2} や,新奇な渦糸状態,

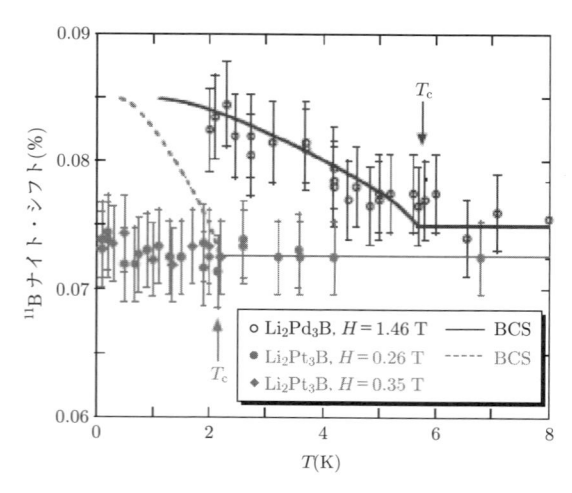

図 2.55 反転対称性の破れた超伝導体 $Li_2(Pd, Pt)_3B$ の核磁気共鳴ナイト・シフト[77].4d 電子系元素 Pd の系では通常の超伝導体のスピン磁化率減少が見られるが,5d 電子系 Pt の系ではスピン磁化率が変化しない特異なふるまいが起こる.

特異な電磁効果などが予測されている[74].

ここでは重い電子系以外の反転対称性が破れた超伝導体の中で，特異な超伝導性が観測されている数少ない例である $Li_2(Pd, Pt)_3B$ を取り上げる．原子番号 46 の Pd から同 78 の Pt への置換に伴って，スピン–軌道相互作用の増大とそれに起因するフェルミ面スピン分裂の増大が予測される．超伝導転移温度は緩やかに減少し，H_{c2} には目立った特異性は見られない[75]．しかし磁場侵入長から推定されるギャップ構造[76]や，NMR のスピン格子緩和時間とナイト・シフト[77]からは，Li_2Pd_3B での通常の BCS 的な超伝導が，Li_2Pt_3B ではギャップにノードをもつスピン 3 重項が支配的な超伝導状態へ変化したと解釈できる顕著な変化がみられる (図 2.55)．これら反転対称性破れの超伝導体でのスピン 3 重項状態の確証に向けては，活発な研究が進行中である．

f. まとめ

スピン 3 重項 (擬スピン 3 重項) の電子対が担う超伝導については，重い電子系を含めて多くの有力な候補物質が挙がっている．スピン 3 重項超伝導の物理は，現代の超伝導研究の一角を担うまでに成長したといえよう．しかしながらその直接的検証には，個々の超伝導体でのスピン 3 重項状態の詳細の理解が重要である．

その中で Sr_2RuO_4 は UPt_3 と並んでスピン 3 重項超伝導の確証にとってとくに重要な物質である．その電子構造は比較的単純で，フェルミ面の全部について定量化できており，常伝導状態はフェルミ液体状態としてよく理解できている．またスピンがよい量子数となる d 電子系の物質であり，純良な大型単結晶が育成でき，さらに実際の物質の電子構造をベースにして電子相関を取り入れた超伝導メカニズムの理論まで構築されている．この物質の超伝導状態の徹底的な理解と，スピン 3 重項ならではの新奇な量子現象の観測について，本稿で解説したような進展が見られる．

また接合系における奇周波数電子対や，反転対称性の破れた系におけるパリティの混ざった超伝導など，スピン 3 重項超伝導の新しい舞台も次々に開拓・実証されつつある．

[前野悦輝]

文献

[1] J. G. Bednorz and K. A. Müller, Z. Phys. B **64** (1986) 189.
[2] Y. Kamihara et al., J. Am. Chem. Soc. **130** (2008) 3296.
[3] G. R. Stewart et al., Phys. Rev. Lett. **52** (1984) 679.
[4] Y. Maeno et al., Nature **372** (1994) 532.
[5] C. Geibel et al., Z. Phys. B **84** (1991) 1.
[6] S. S. Saxena et al., Nature **406** (2000) 587.
[7] D. Aoki et al., Nature **413** (2001) 613.
[8] N. T. Huy et al., Phys. Rev. Lett. **99** (2007) 067006.
[9] A. J. Leggett, *Quantum Liquids* (Oxford University Press, 2006) Chap. 8.
[10] 山田一雄, 大見哲巨, "スピン 3 重項対形成と d ベクトルのわかりやすい記述は：" 超流動 (培風館, 1995) 第 11 章.
[11] R. Balian and N. R. Werthamer, Phys. Rev. **191** (1963) 1553.

[12] M. Sigrist and K. Ueda, Rev. Mod. Phys. **63** (1991) 239.
[13] J. D. Strand et al., Science **328** (2010) 1368.
[14] H. Tou et al., Phys. Rev. Lett. **80** (1998) 3129.
[15] 前野悦輝, 出口和彦, 日本物理学会誌 **56** (2001) 817.
[16] A. P. Mackenzie and Y. Maeno, Rev. Mod. Phys. **75** (2003) 657 および引用の文献.
[17] K. Ishida et al., J. Phys. Chem. Solids **69** (2008) 3108.
[18] Y. Maeno et al., submitted to J. Phys. Soc. Jpn. (2011).
[19] T. M. Rice and M. Sigrist, J. Phys.: Condens. Matter **7** (1995) L643.
[20] K. Ishida et al., Nature **396** (1998) 658.
[21] K. Ishida et al., Phys. Rev. B **63** (2001) 060507 (R).
[22] J. A. Duffy et al., Phys. Rev. Lett. **85** (2000) 5412.
[23] H. Murakawa et al., Phys. Rev. Lett. **93** (2004) 167004; H. Murakawa et al., J. Phys. Soc. Jpn. **76** (2007) 024716.
[24] R. P. Kaur et al., Phys. Rev. B **72** (2006) 144528.
[25] Y. Yoshioka and K. Miyake, J. Phys. Soc. Jpn. **78** (2009) 074701.
[26] L. Tewordt, Phys. Rev. Lett. **83** (1999) 1007.
[27] H. Y. Kee et al., Phys. Rev. B **61** (2000) 3584.
[28] D. S. Hirashima, J. Phys. Soc. Jpn. **76** (2007) 034701; T. Nomura et al., J. Phys. Chem. Solids **69**, 3352 (2008).
[29] H. Mukuda et al., J. Phys. Soc. Jpn. **67** (1998) 3945.
[30] K. Miyake, J. Phys. Soc. Jpn. **79** (2010) 024714.
[31] R. Jin et al., Phys. Rev. B **59** (1999) 4433.
[32] T. Nakamura et al., Phys. Rev. B **84** (2011) 060512(R).
[33] K. D. Nelson et al., Science **306** (2004) 1151.
[34] G. M. Luke et al., Nature **394** (1998) 558.
[35] J. Xia et al., Phys. Rev. Lett. **97** (2006) 167002.
[36] C. Kallin and A. J. Berlinsky, J. Phys.: Condens. Matter **21** (2009) 164210.
[37] K. Deguchi et al., J. Phys. Soc. Jpn. **73** (2004) 1313.
[38] M. A. Tanatar et al., Phys. Rev. Lett. **86** (2001) 2649.
[39] K. Izawa et al., Phys. Rev. Lett. **86** (2001) 2653.
[40] C. Lupien et al., Phys. Rev. Lett. **86** (2001) 5986.
[41] Y. Matsuda and H. Shimahara, J. Phys. Soc. Jpn. **76** (2007) 051005.
[42] T. Nomura and K. Yamada, J. Phys. Soc. Jpn. **71** (2001) 404; ibid. **71** (2002) 1993; Y. Yanase et al., Phys. Rep. **387** (2003) 1.
[43] D. F. Agterberg et al., Phys. Rev. Lett. **78** (1997) 3374.
[44] たとえば S. Souma et al., Nature **423** (2003) 65.
[45] たとえば K. Kuroki et al., Phys. Rev. Lett. **101** (2008) 087004.
[46] Y. Yanase and M. Ogata, J. Phys. Soc. Jpn. **72** (2003) 673.
[47] K. Kuroki et al., Phys. Rev. B **63** (2001) 060506(R).
[48] K. Miyake and O. Narikiyo, Phys. Rev. Lett. **83** (1999) 1423; K. Hoshihara and K. Miyake, J. Phys. Soc. Jpn. **74** (2005) 2679.
[49] S. B. Chung et al., Phys. Rev. Lett. **99** (2007) 197002.
[50] J. Jang et al., Science **331** (2011) 186.
[51] V. Vakaryuk and A. J. Leggett, Phys. Rev. Lett. **103** (2009) 057003.
[52] Y. Tanaka and A. A. Golubov, Phys. Rev. Lett. **98** (2007) 037003.
[53] Y. Asano et al., Phys. Rev. Lett. **99** (2007) 067005.
[54] Y. Asano et al., Phys. Rev. Lett. **96** (2006) 097007.

[55] Y. Maeno et al., Phys. Rev. Lett. **81** (1998) 3765; T. Ando et al., J. Phys. Soc. Jpn. **68** (1998) 1651.
[56] Y. A. Ying et al., Phys. Rev. Lett. **103** (2009) 247004.
[57] S. Kittaka et al., Phys. Rev. B **81** (2010) 180510 (R); S. Kittaka et al., J. Phys. Soc. Jpn. **78** (2009) 103705.
[58] H. Kambara et al., Phys. Rev. Lett. **101** (2008) 267003.
[59] H. Kaneyasu and M. Sigrist, J. Phys. Soc. Jpn. **79** (2010) 053706.
[60] A. Lebed and N. Hayashi, Physica C **341**–**348** (2000) 1677.
[61] K. Machida and M. Ichioka, Phys. Rev. B **77** (2008) 184515.
[62] S. Kittaka et al., Phys. Rev. B **80** (2009) 174514.
[63] K. Deguchi et al., J. Phys. Soc. Jpn. **71** (2002) 2839.
[64] K. Tenya et al., J. Phys. Soc. Jpn. **75** (2006) 023702.
[65] D. F. Agterberg, Phys. Rev. Lett. **80** (1998) 5184.
[66] M. Udagawa et al., J. Phys. Soc .Jpn. **74** (2005) 2905.
[67] R. S. Keizer et al., Nature **439** (2006) 825.
[68] M. S. Anwar et al., Phys. Rev. B **82** (2010) 100501(R).
[69] V. V. Ryazanov et al., Phys. Rev. Lett. **86** (2001) 2427.
[70] J. W. A. Robinson et al., Science **329**, 59 (2010).
[71] T. S. Khaire et al., Phys. Rev. Lett. **104** (2010) 137002.
[72] E. Bauer et al., Phys. Rev. Lett. **92** (2004) 027003.
[73] P. A. Frigeri et al., Phys. Rev. Lett. **92** (2004) 97001.
[74] S. Fujimoto, J. Phys. Soc. Jpn. **76** (2007) 051008.
[75] P. Badica et al., J. Phys. Soc. Jpn. **74** (2005) 1014.
[76] H. Q. Yuan et al., Phys. Rev. Lett. **97** (2006) 017006.
[77] M. Nishiyama et al., Phys. Rev. Lett. **98** (2007) 047002.

2.4.4 超高圧誘起単体元素超伝導

a. はじめに

一般に超伝導は限られた物質においてかつ低温下で発現するまれな現象と考えられているが，果たしてそうであろうか．いまや多くの化合物で超伝導が観測され 200 K に迫る転移温度を示す高温超伝導物質も発見されている．大胆な仮説であるが，超伝導現象はすべての物質に共通する普遍的な現象であり，その発現機構に豊富なバラエティーがあると考えられないか．このような観点から様々な物質で起こる超伝導現象を眺め，新しい機構の超伝導を探る立場に立てば，物質の状態を大きく変えることのできる圧力を使った超伝導探索は手っ取り早い方法といえる．この仮説の上で，研究対象をありふれた単体元素に求めた超伝導研究について記述する．

b. 圧力発生技術と超伝導の検出

1 K (ケルビン) 以下の極低温用に開発された小型の非磁性 DAC (ダイヤモンド・アンビル・セル) によって試料を加圧した後，その DAC を希釈冷凍機に取り付け冷却する．これによっておよそ 200 GPa (ギガパスカル) までの超高圧力と 30 mK (ミリケルビン) の極低温の条件が同時に達成できる．図 2.56 に DAC の例を示す．図中の樹脂リング (s) は低温での DAC の熱収縮による発生圧力の変化を抑える働きをもつ．

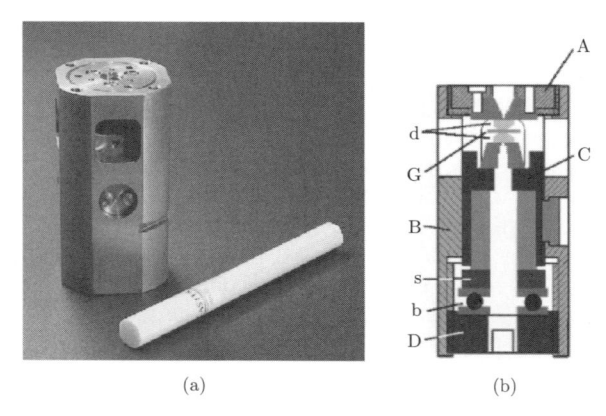

図 2.56　DAC (ダイヤモンド・アンビル・セル) の写真 (a) とその構造模式図 (b). A：上部ダイヤモンドホルダ, B：本体シリンダ, C：下部ダイヤモンド付ピストン, D：加圧ナット, G：ガスケット, b：セラミックベアリング, d：ダイヤモンド, s：樹脂製リング.

超高圧実験では試料は極微量 (およそ 1 千万～1 億分の 1 cc) になることと, 圧力の等方性と均一性が低くなることが避けられないが, 超伝導の検出は試料サイズに合わせて準備された微細な電極を用いて, 主に電気抵抗の測定 (零抵抗の検出) によって行うことができる. 加圧対象になった元素の形態 (たとえば固体, 液体, 気体) に合わせて, または要求される圧力条件 (たとえば静水圧性, 圧力値など) に合わせて, DAC 中の電気抵抗測定用の電極はセッティングされる (図 2.57).

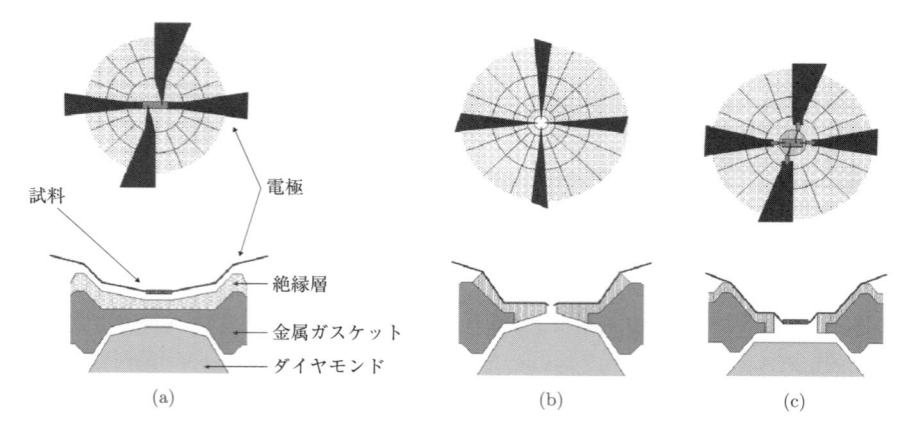

図 2.57　電気抵抗測定用 DAC のダイヤモンド周辺のセッティングの概略図. (a) 固体試料用, 低静水圧性, 簡便な方法；(b) 液体試料用；(c) 固体試料, 準静水圧性.

c. 元素の超伝導の探索実験

図 2.58 に超伝導を示すことがわかった元素を色分けした周期表を示す．常圧力下で超伝導を示す元素は薄い灰色を塗ってある．圧力下ではじめて超伝導になる元素には濃い灰色が塗ってある．点線で囲まれている元素は 1992 年以降に筆者のグループで圧力下超伝導を示すことが発見された元素であり，濃い灰色を塗るべきものであるがここでは塗っていない．色が塗られていない元素はいまだ超伝導の発見されていない元素である．これを見ると多くの元素が (圧力下という条件を含めると) 超伝導を示すことがわかり，元素においては超伝導は一般的なものと考えることができる．超伝導を示していない元素はどのようなものであろうか．色が塗ってない元素はおおよそ 4 つのグループに分けることができるように見える．右から非金属元素，貴金属元素，磁性金属元素，アルカリ金属元素のグループである．この中で貴金属元素の超伝導は転移温度がきわめて低くて観測されていないと考えられているので，元素の超伝導の普遍性を主張するには残りの 3 つのグループの超伝導が示されないといけない．図中に点線で囲んだ元素は各グループの代表元素であり，これらの超伝導の発見により元素の超伝導の普遍性がよりいっそう明らかになってきた．以下にこれらの例を示すが詳細な実験結果は文献 [1] を参照されたい．

(i) 非金属元素の超伝導——酸素・硫黄・臭素・ヨウ素　常温常圧下で非金属であっても低温高圧下で超伝導は起こる．すべての物質は超高圧力状態では金属になると考えられている．これは物質を構成する原子や分子の距離が狭まることによっておのおのの原子に属する電子状態の重なりが生じるというシナリオで理解できる．常圧力下では酸素は分子性結晶をつくり，酸素の電子はその分子の共有結合に携わるため電気伝導性はない．しかし超高圧状態では上に示したシナリオで金属になる．それは図 2.57b のセッティングに試料として液化酸素を封入して行った実験で明らかになった．電気抵抗の温度依存性を示した曲線は半導体的なふるまい (温度依存性が負) から圧力を上げるにしたがって金属的 (温度依存性が正) になり，金属化と同時に超伝導が発現する[2]．

もっとも単純な元素である水素は分子であるが，超高圧下では金属化して超伝導を示すことが理論予測されている．酸素を分子をなす元素の代表と見れば，分子をなす元素すべてにおいて上記のシナリオが成り立つように見える．硫黄[3]，ヨウ素[4]や臭素[5]では成り立っている．さらに水素にも，と期待がかかるが，水素の金属化は 450 GPa を超える超高圧力が必要とされいまだ到達できていない．

(ii) 磁性金属の超伝導——鉄　磁性と超伝導は相いれないものと考えられてきたが，最近では，磁性と超伝導が共存または協力するとされる物質も発見され，新たな超伝導発現の場との関心が寄せられている．常圧力下では磁性を示し超伝導にならない元素でも，その原因を取り除けば (非磁性化すれば) 超伝導が現れることができるのでは，との考えから鉄の高圧力下非磁性相において超伝導が探索された．高純度に精製された鉄試料を用い，図 2.57c のように印加圧力の静水圧性を考慮したセッティン

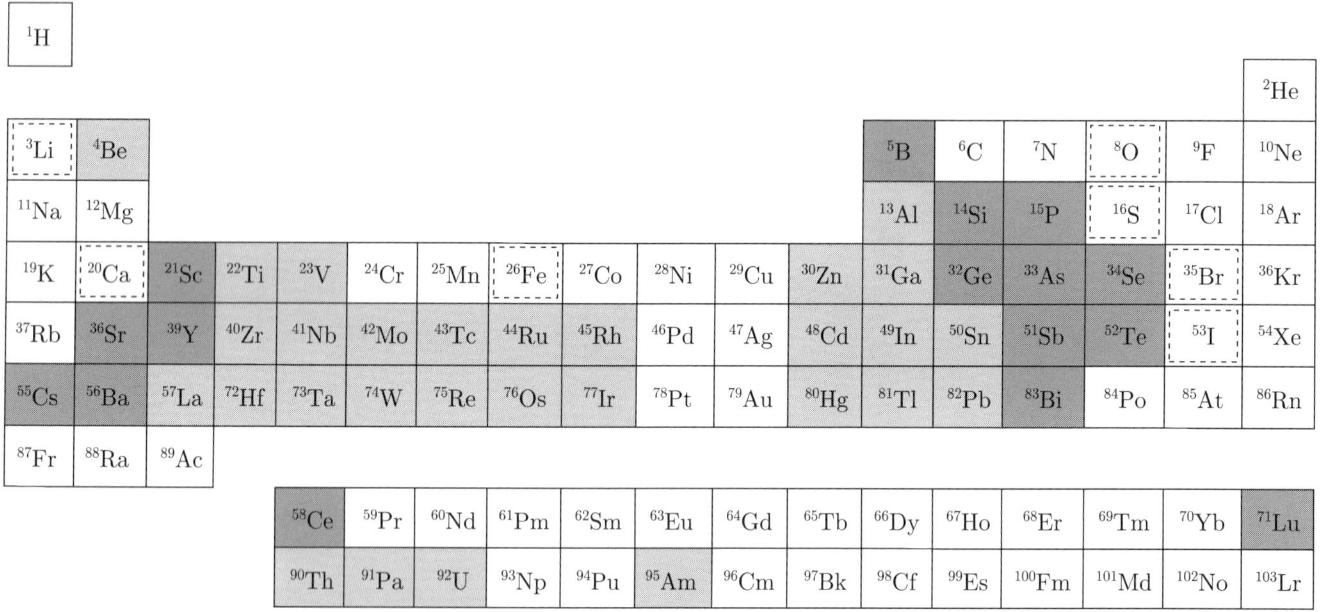

図 2.58 超伝導を示す元素．薄い灰色:常圧力下で超伝導を示す．濃い灰色：圧力下で超伝導．破線：筆者のグループで圧力下超伝導を発見．

グで実験が行われ，その結果超伝導が発見されたが[6]，低圧強磁性相の残留の解決や試料に印加する圧力の質などが実験的に重要な鍵であった．

　鉄の超伝導は単なる非磁性金属の超伝導ではなく，磁性がその発現にかかわっているのではとの意見もある．超伝導の共存・競合に関してさらに例を探索すべく，コバルト，ニッケルそしてマンガンなど他の磁性金属についても超伝導性探索が行われている．

(iii)　アルカリ金属の超伝導——リチウム　リチウムは常温常圧下の金属の中でもっとも低密度でもっとも軽い金属である．金属の代表格と思われるアルカリ金属に常圧力下で超伝導性が見られないのはなぜであろうか．また，上述した金属水素が実現したとすれば，アルカリ金属と類似した性質をもつであろうという，金属水素のモデルとしての期待がこのリチウムの超伝導探索には込められていた．しかしリチウムはとても厄介な試料である．化学反応性が高くDACのダイヤモンドとも反応して加圧の途中でダイヤモンドが破損することが多い．図2.57bのように液体用のセッティングが採用され，反応性を抑制するため10Kの低温下で圧力を変化できるガス圧力駆動式のDACで実験は行われた．約30GPa以上の圧力で超伝導が測定され[7]，48GPaでは20Kに達して元素中で当時もっとも高い超伝導転移温度を示した．軽元素が高い超伝導を示すという傾向を示して，金属水素の高温超伝導を示唆したことになる．しかし転移温度は50GPa以上では徐々に低下している．常圧力下では超伝導を示さない金属も圧力下では超伝導になる可能性があることを示した例である．

d．ま　と　め

　超伝導になる元素が約半数あることがわかった．物質の究極の姿を求め，その中に潜んでいる普遍性または仕組みを見出すことこそが物理研究の本質であろう．超高圧誘起超伝導というと，その環境だけがエキゾチックと思われがちであるが，ありふれた単体元素を舞台に起こる超伝導現象には，その発生原理にこそ様々な仕組みがあり，超伝導現象の機構解明にせまる鍵が隠されているように思われる．　　　［清　水　克　哉］

文　　献

[1] K. Shimizu et al., J. Phys. Soc. Jpn. **74** (2005) 13454.
[2] K. Shimizu et al., Nature **393** (1998) 767.
[3] S. Kometani et al., J. Phys. Soc. Jpn. **66** (1997) 2564.
[4] K. Shimizu et al., J. Phys. Soc. Jpn. **61** (1992) 3853.
[5] K. Shimizu et al., Proc. Joint XV AIRAPT and XXXIII EHPRG Int'l. Conf. (Warsaw 1995) p. 498.
[6] K. Shimizu et al., Nature **412** (2001) 316.
[7] K. Shimizu et al., Nature **419** (2002) 597.

2.5 超伝導工学

超伝導の応用はエネルギー，交通，エレクトロニクス，医療，環境など多岐にわたっている．超伝導応用には，大きく分けて，超伝導磁石および超伝導線材を代表とする電力応用と，電子回路やセンサーを代表とするデバイス応用がある．超伝導工学は，これら応用を推進するうえで発展してきた分野であり，線材加工技術，薄膜作製技術，微細加工技術，冷凍技術など多くの派生技術が生まれている．

2.5.1 超伝導電力応用の基礎

a. 第2種超伝導体

超伝導を発見した Kammerlingh-Onnes[1] は，それを単に興味ある物理現象として捉えただけでなく，その工業的な利用方法を何とか見つけようと考えた．それが超伝導磁石である．しかし，超伝導体が弱い磁場で壊れることがわかり，超伝導磁石の実現は長い間不可能と思われていた．ところが，1960年代に入って大きな転機が訪れる．第2種超伝導体の発見である[2]．超伝導状態では，電気抵抗がゼロになるだけでなく，外部磁場を完全に排除するマイスナー効果を示す．しかし，磁場を排除するためには，余分なエネルギーを必要とする．常伝導では，このエネルギー上昇がないので，磁場の印加とともに超伝導状態だけが不安定となる．その結果，ある限界の磁場，すなわち臨界磁場 (H_c) に到達した時点で常伝導に転移してしまうのである．これが第1種超伝導体である．

一方，第2種超伝導体では，低磁場ではマイスナー効果を示すが，ある磁場 (H_{c1}) 以上では，外部磁場が超伝導体内部へ侵入することができる．この現象は第1種超伝導体では超伝導/常伝導界面エネルギーが正であるのに対し，第2種では負であるためである．この結果，非常に高い磁場 (H_{c2}) まで超伝導を維持でき，高磁場応用が可能となった．このとき，超伝導体に侵入した磁場は量子化され，その最小単位，つまり，磁束量子のかたちで分布する．この状態では，超伝導と常伝導が混在しているので，混合状態とよばれる．

b. ピン止め効果

混合状態にある超伝導体に電流を流すと，超伝導部分を電流が流れる．よって，本質的には抵抗がゼロであるが，磁束量子にローレンツ力が働くため，電流を流したとたん磁束が動き出す．これにより電気抵抗が発生するのである．つまり，混合状態では本質的に磁束の運動による電気抵抗が生じる．

この問題を解決するために図られたのが，組織制御によるピン止めセンターの導入である．純粋な第2種超伝導体では，磁場の存在下では電気抵抗をゼロにすることはできない．これに対し，超伝導体内に不均質部 (たとえば常伝導粒子) が存在すると，磁束は超伝導部よりも，不均質部に位置した方がエネルギーが低くなる．このため，磁束は常伝導部に固定されることになる．これをピン止め効果とよんでいる[3]．この結

果，磁束の運動が抑制され，混合状態でも電気抵抗ゼロで電流を流すことができるようになる．

しかし，ピン止めセンターの導入といっても，そう簡単ではない．超伝導の電力応用が実現した背景には，有効なピン止め効果を有する材料系が存在したという幸運による．その材料がNbTiである．NbTiは合金であるが，組成を制御したうえで，熱処理を施すと，非常に微細なTi粒子が超伝導であるNbTiマトリックスの内部に微細に分散する．Ti粒子は0.4 K以下で超伝導になるが，液体ヘリウム温度では常伝導であるため，ピン止めセンターとして作用する．このおかげで，大きな臨界電流が得られたのである．

このほかにも，現在，実用化されている材料としてNb_3Snがある[4]．この材料は金属間化合物であり，機械特性に劣るが，NbTiよりもT_c, H_{c2}が高いため，高磁場磁石用材料として利用される．

c. 極細多芯線

第2種超伝導体の登場および組成制御によるピン止めセンターの導入により，強磁場中でも電気抵抗ゼロで大電流を流せる超伝導材料の開発が可能となった．ところが，そのような線材でコイルをつくると，励磁中に超伝導が突然壊れるクエンチという現象が頻繁に見られるようになった．場合によっては，クエンチで超伝導材料そのものがダメージを受け，使いものにならなくなる．

この問題を解決するために導入された技術が極細多芯化である．これは，超伝導線のまわりを熱伝導性の高い銅やアルミなどでくるむという手法である．つくり方としては，金属に複数の孔をあけ，中に超伝導材料を挿入し，線引き加工を行う．ある程度線径が細くなったら，また金属の中に仕込んで，線引き加工を繰り返すという手法により，図2.59の模式図に示すように線径が数μm程度の超伝導線が導体の中に多数入った複合線材ができあがる．このような構造であれば，発熱が起きても，すぐにま

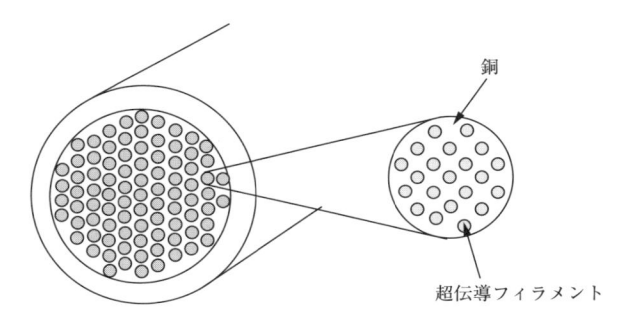

図 **2.59** 極細多芯線の模式図．導電性および熱伝導率の高い銅やアルミニウムなどの金属に孔を設け，超伝導線を挿入して線引き加工する．この加工を繰り返す，金属導体の中に線径の細い超伝導フィラメントが分散した複合線材を作製することができる．

わりの導体が熱をうばってくれるため，クエンチが生じない．この手法によって，はじめて安定な超伝導磁石が完成したのである．

d. 高温超伝導物質

金属系の超伝導体を，磁石材料として使えるようにするためには，(1) 組織制御によるピン止めセンターの導入，(2) 極細多芯化による低温安定性の向上という2段階のプロセスが必要である．高温超伝導は臨界温度が高いという利点を有するものの，臨界電流の向上と安定化の向上は，クリアすべき問題である．さらに応用上問題となるのは，高温超伝導体が機械的性質に劣るセラミックス材料という点である．

実は，高温超伝導の電力応用に関しては，主に2つの方向で開発が進められている．1つは，従来の金属系と同様に長い線材をつくり，超伝導磁石あるいは送電ケーブルに供するというものであり，もう1つは，高温超伝導体の熱容量が大きいことを利用して，線材ではなくバルク体で超伝導磁石をつくるというものである．

e. 高温超伝導線材

高温超伝導物質が発見された当初は，その応用開発に過剰な期待が寄せられたが，一方で，セラミックス材料であること，多元物質であることなどから，その安定性への疑問も投げかけられた．脆い材料をいかに長い線材に加工するかということも課題の1つであったが，幸いなことに，金属シースの中に原料粉末を挿入して線引き加工する方法 (粉末チューブ法) が確立されていたために，同様の手法で合成すればよいと楽観視されていた．

しかし，高温超伝導物質はほとんどの金属シース材と反応することが明らかとなり，シース材としては，工業材料としては高価である銀のみが有効であることが明らかとなった．また，Y–Ba–Cu–O，Bi–Sr–Ca–Cu–O，Tl–Ba–Ca–Cu–O などの材料の線材化が試みられたが，結局，粉末冶金的な手法によって配向性の高い組織の得られる Bi–Sr–Ca–Cu–O のみが生き残った．これは，高温超伝導物質の異方性が大きく，$Cu–O_2$ 面に沿ってのみ超伝導電流が流れるため，この方向に線材の長尺方向がそろう必要があるが，Bi–Sr–Ca–Cu–O 系のみが，この条件を満足したからである．

ところで，すでに紹介したように，磁場中で高い臨界電流を得るためには，ピン止めセンターの導入が不可欠である．残念ながら，Bi–Sr–Ca–Cu–O 系では有効なピン止めセンターが見つかっておらず，臨界温度が 110 K と高いにもかかわらず，磁石として機能させるためには 20 K 程度まで温度を下げる必要がある．この温度では 7 T という磁石が製造されている[5]．しかし，高温超伝導の魅力は，より高温で動作する点にある．また，銀をシースに使うということもコストという点から問題になり，次世代線材とよばれる Y–Ba–Cu–O 系の線材開発が進められている[6]．Y–Ba–Cu–O 系では 77 K においても有効にピン止め効果が作用することが認められている．

ただし，Y–Ba–Cu–O 系では粉末チューブ法で作製した場合，配向性の高い素材が得られない．また，銀をシース材として使うのでは，もとのもくあみである．そこで，ニッケルなどの銀以外の金属テープの上に，蒸着させる手法の開発が進んでいる．た

だし，金属テープの上に直接超伝導層を載せたのでは，金属基板と反応するため，中間層とよばれる反応を抑制する層が必要となる．超伝導層の堆積手法としてはスパッタリング法などの真空プロセスと，化学気相法などの非真空プロセスがある．

現在，数多くの手法が試験的に試行されており，世界各国で開発が進められている．また，堆積させる超伝導相に関しても，Y サイトを RE(希土類元素) で置換すると，高磁場特性に優れることから，新しい系に関する開発も進められている．

f. 超伝導バルク材

極低温でしか機能しない金属系超伝導体は，熱容量が低いために熱的に不安定である．この対策として極細多芯構造が必要であった．しかし，高温超伝導体は高温で動作することから，熱的安定性が非常に高い．このため，低温超伝導体では不可能であったバルク形状での応用が可能となったのである．たとえば，図 2.60 に示すように，Y–Ba–Cu–O 大型バルク体を利用して磁石を安定に浮上させることができる．

現在，バルク体として実用化されているものには，Bi–Sr–Ca–Cu–O 系と RE–Ba–Cu–O 系 (RE は希土類元素) がある．Bi–Sr–Ca–Cu–O 系は棒状のものを焼結法により作製し，低温用超伝導磁石に電流を供給する電流リードとして利用されている．常伝導リードに比べて発熱が少ないため，それまでは不可能であった冷凍機冷却による超伝導磁石の運転が可能になった．ただし，Bi–Sr–Ca–Cu–O 系では有効なピン止めセンターを導入する組織制御が行われていないため，磁場中の臨界電流特性に劣るので，しだいに RE–Ba–Cu–O 系に置き換わりつつある．

RE–Ba–Cu–O 系では通常の固相反応では配向した試料をつくるのが難しい．このため，種結晶を利用して，半溶融状態から温度勾配下で凝固させる種結晶溶融法が一般に用いられている[7]．ちょうど，半導体材料であるシリコン単結晶の合成方法に似ている．この方法で 10 cm 程度の直径の大きさまでの結晶が合成されている．この方法では，種結晶として合成する $REBa_2Cu_3O_y$ (RE123) 系材料と同じ結晶構造を有し，より融点の高い RE123 結晶を種として用いる．

図 **2.60** Y–Ba–Cu–O 超伝導体による磁気浮上．液体窒素で冷却された直径 6 cm の Y–Ba–Cu–O 超伝導バルク体の上に Fe–Nd–B 永久磁石が浮上している．

RE–Ba–Cu–O 系では，Bi–Sr–Ca–Cu–O 系と異なり，高温で有効なピン止めセンターの導入が可能であり，臨界温度そのものは $Bi_2Sr_2Ca_2Cu_3O_{10}$ 系の 110 K に比して 90〜95 K と低いものの，液体窒素温度においてはるかに大きな臨界電流を有する．RE 系においては，RE_2BaCuO_5 (RE211) という構成元素は RE123 と同じで，組成比が異なる常伝導相が存在する．仕込みの段階で，RE123 と RE211 粉末を混合すると，最終組織において RE123 マトリックス中に RE211 相が分散した組織ができる．RE211 相は常伝導であるので，有効なピン止めセンターとして作用する．

このようなバルク体では電磁誘導により 77 K で 4 T の磁場を捕捉する磁石が開発されている．また，機械特性と低温安定性を向上する手法の開発で 29 K で 17 T という磁石開発[8]も行われ，各種応用製品も登場している．

2.5.2 超伝導電力応用

a. 磁石応用

超伝導の電力応用でもっとも進んでいるのが，超伝導磁石である．超伝導では臨界電流 I_c 以下の電流では電気抵抗がゼロであるため，I_c の大きな超伝導材料を使えば，コンパクトに強磁場を発生できる．電力機器の出力は (出力) = (磁場) × (電流) で与えられるため，強磁場を発生できる超伝導磁石があれば，電力機器の出力を大きくできるうえ，同じ出力を発生するために必要なエネルギー消費 (電流量) も少なくてすむという利点がある．このため，超伝導モーターが開発されている．また，超伝導モーターの特徴を利用して，低回転で高出力 (高トルク) の要求される船舶推進用モーターへの適用が考えられている．ただし，超伝導では冷却が必要となるため，冷却設備およびそれにともなうコスト増という欠点がある．よって，すでに低温環境である液体水素中での応用なども検討されている．

現在，商業的な磁石応用がもっとも進んでいる分野は，図 2.61 に示した医療診断用

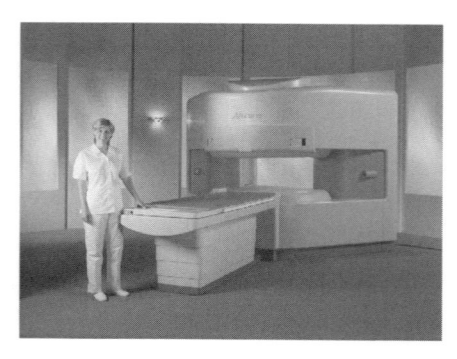

図 **2.61** 医療診断用の MRI 装置．超伝導磁石の強い磁場を使うことで，感度に優れた断層撮影像が得られる (株式会社 日立メディコ提供)．

図 2.62 時速 580 km を記録した最新の磁気浮上列車．超伝導磁石と地上側コイルによる電磁誘導で浮上して走行する (財団法人 鉄道総合技術研究所提供)．

の MRI (Magnetic Resonance Imager) である．MRI とは，水に含まれる水素の核磁気共鳴を利用した画像解析手法である．この画像の解析度は，磁場が強いほど良好となるため，超伝導磁石を使うメリットが大きい．

また，現在，実用化の段階にあるのが図 2.62 の磁気浮上列車である．これは超伝導磁石の強い磁場を利用して，電磁誘導により列車を浮上させるシステムで，580 km/h の速度が達成されている．

b. ケーブル応用

超伝導状態では，電気抵抗がゼロであるため，無損失で電力を送ることができる．このため，超伝導送電に関する研究が古くから行われている．しかし，低温超伝導体の場合，冷却コストおよび冷却設備のために，実用化には至らなかった．

高温超伝導の発見によって冷却の問題が軽減されたため，最近では超伝導ケーブルの試験が世界規模で行われている．ただし，その応用は，都市近傍において，従来敷設されている地下の管路を利用して，大電流を送電するというものである．都市部における電力需要の増大により，従来の送電能力が飽和しつつある．この問題に対処するため，同じ断面積で常伝導よりもはるかに大きな電流を流すことができる超伝導ケーブルの採用が検討されているのである[9]．現在では，長尺線材が得られている Bi–Sr–Ca–Cu–O の銀シース線材をケーブルに加工して，各所で通電試験が行われている．

2.5.3 デバイス応用

超伝導工学という観点では，デバイス応用も重要である．ただし，材料という観点では，必要とされる技術が電力応用とはまったく異なることに注意する必要がある．

電力応用では磁束の運動を阻止するピン止めセンターの導入が必要であったが，デバイス応用では，そのような欠陥の存在は，むしろノイズの原因になるため，できるだけ欠陥のない材料が必要となる．このため，合金ではなくNbなどの単体金属が応用に供され，適当な基板の上に超伝導体薄膜を蒸着させるという方法で作製されている．ただし，単体金属からなる超伝導体では，液体ヘリウム冷却が必要となる．冷却設備や冷却コストの問題があるため，高温超伝導物質の応用も検討されている．高温超伝導物質は，多元素からなる複合酸化物であり，欠陥のない薄膜を合成するのは難しい．さらに，蒸着には真空が必要であるが，酸素がないと超伝導相が得られないという問題もある．当初は困難と思われていた高性能薄膜であるが，反応性共蒸着法，パルスレーザー蒸着法，スパッタリング法などの薄膜合成法の進展により，良質かつ大型のY123超伝導薄膜が合成できるようになっている．

a. 磁場センサー

超伝導では超伝導電子波の位相がそろっているため，マクロな量子効果が観察される．その効果の1つが，超伝導体内に侵入した磁場の量子化である．この量子化磁束の大きさは $\phi_0 = 2.068 \times 10^{-15}$ Wb程度であり，原理的には，この大きさを最小単位として，その整数倍の磁場の大きさを検出できることになる．

実際には，検出回路などの問題で，この感度は得られていないが，他の技術に比べてはるかに高性能の磁場検出器を作製することができる．それが超伝導量子干渉磁束計 (SQUID) である．その原理を図2.63に示す．

現在，高感度SQUIDは，低温超伝導体のNbを使用しており，液体ヘリウム冷却が必要となる．冷却設備や冷却コストの問題があるため，比較的高価でも需要の高い医療分野で，脳磁計や心磁計などへの応用が検討されてきた．とくに脳磁波の強度が弱いため，その検出にはSQUIDが必要となる．

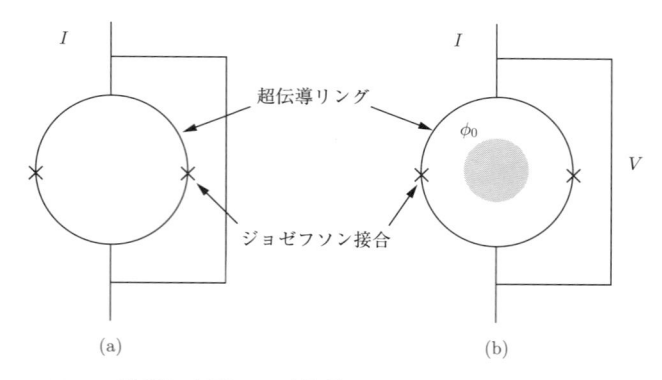

図 **2.63** SQUID磁束計の原理．(a) 超伝導リングにジョゼフソン接合 (弱結合) を2箇所設ける．(b) 外部磁場が増加すると，ジョゼフソン接合を通って磁束がリング内に侵入するが，このとき磁束量子 (ϕ_0) を単位として出入りするので，この整数倍の磁場を検出できる．

最近では，脳の検査だけではなく，脳の働きを研究する手法としても利用されている．心磁波は，脳磁波よりも大きいが，磁場を非接触で検出できるため，胎児の心臓の検査も可能となるため，注目されている．そして，心磁計では脳磁計ほどの感度を必要としないので，高温超伝導 SQUID を利用したシステムも開発されている．

また，SQUID は物性研究用の高感度磁場測定装置として，数多くの販売実績をほこっている．さらに，非破壊検査などの工業応用をめざした SQUID 顕微鏡の開発も始まっている．

b. 通信応用

通信用のアンテナには銅などの金属が利用される．しかし，金属では電気抵抗があるため，信号の減衰が生じる．超伝導では，この問題が大きく軽減されるが，冷却設備が必要となり，高コストとなることが問題であった．高温超伝導の登場によって，冷却の問題が大きく軽減されたため，通信分野への超伝導応用が本格的に検討されるようになっている．

超伝導材料の特徴は，表面抵抗が非常に低く，位相速度，群速度の周波数分散が小さい点にある．携帯電話などの移動体通信には，準マイクロ波からミリ波の周波数領域が利用される．この領域での高温超伝導の Y–Ba–Cu–O 薄膜の 77 K における表面抵抗は，銅よりも 1/100 以下であるため，高効率の受動デバイスを実現することが可能である．

また，最近の携帯電話の急速な普及により，無線通信用の基地局の建設が進められている．しかし，通信に利用される周波数帯が飽和状態にある．この通信に超伝導を利用すると，低い表面抵抗のおかげで信号の通信周波数の選択性が良好となる．このため，携帯電話の通信基地局のフィルターに超伝導を利用しようという動きがあり，米国では実際に基地局に数多くの超伝導フィルターが導入されている[11]．

c. デジタル回路

超伝導では磁場が量子化される．超伝導体でリングを形成し，リング内に単一量子磁束 (SFQ) がある状態とない状態を，1 および 0 に対応させるとコンピュータの基本回路をつくることができる[12]．これが超伝導デジタル回路である．このとき，SFQ がリングに出入りするための通路がジョゼフソン接合とよばれる弱結合である．ジョゼフソン接合は，超伝導/常伝導/超伝導の構造からなり，トンネル効果によって弱く超伝導結合している．当初は，この接合の電圧状態と超伝導状態をデジタル回路の 1 と 0 として回路を構成する研究開発が行われたが，現在では SFQ 回路が主流となっている．

超伝導では冷却が必要とされるため，冷却の必要がない半導体デジタル回路よりも，はるかに高速度の動作が要求される．現在，高速化および高集積化が進んでいるが，実用化までには，まだ研究が必要となっている．

[村上 雅人]

文　献

[1] H. K. Onnes, Leiden Communication **120b** (1911) 3.
[2] A. A. Abrikosov, Soviet Phys, JETP **5** (1957) 1174.
[3] A. M. Campbell and J. E. Evetts, *Critical Currents in Superconductors* (Taylor & Francis, 1972) p. 105.
[4] J. E. Kuznler, Phys. Rev. Lett. **6** (1961) 89.
[5] T. Kato et al., *Advances in Superconductivity*, X (Springer-Verlag, 1998) p. 877.
[6] D. P. Norton et al., Science **274** (1996) 755.
[7] M. Murakami, *Melt Processed High Temperature Superconductors* (World Scientific, 1992) p. 21.
[8] M. Tomita and M. Murakami, Nature **421** (2003) 517.
[9] C. Gellings and K. Yeager, Physics Today No. 12 (2004) 45.
[10] J. Clarke, IEEE Trans. Magn. **19** (1983) 288.
[11] E. R. Soarers et al., IEEE Trans. Appl. Supercond. **9** (1999) 4022.
[12] K. K. Likharev and V. K. Semenov, IEEE Trans. Appl. Supercond. **1** (1991) 3.

2.6　超　流　動

2.6.1　ヘリウム 4

超流動は，超伝導と並ぶ，低温物理を代表する現象である．超流動は 1930 年代に液体ヘリウム 4 で初めて観測され，現在に至るまで膨大な研究が積み上げられてきた[1,2]．超流動は，ミクロな統治則である量子力学が統計力学を介してマクロなスケールで現れた，巨視的量子現象である．液体ヘリウムは，量子効果が顕著に現れる液体という意味で，量子液体とよばれる．ヘリウム 4 の物理は，1972 年に発見された液体ヘリウム 3 の異方的超流動，1995 年に実現した中性原子気体のボース–アインシュタイン凝縮の研究の基礎を与えるものでもある．本節ではこのようなヘリウム 4 の物理について概説する．

a.　基本的な実験事実

ヘリウムはもっとも液化しにくい物質である．1 気圧のもとでのヘリウム 4 の沸点は 4.2 K であり，絶対零度まで冷却しても液体である．これはヘリウム原子の比較的大きな零点振動のためである．液体ヘリウム 4 は，λ 温度 2.172 K で，比熱，密度，音波の速度や減衰係数に異常を示す．λ 温度より高温側の液体をヘリウム I，低温側をヘリウム II とよび，ヘリウム I からヘリウム II への転移を λ 転移という．

ヘリウム I は粘性流体であるが，ヘリウム II が，いわゆる超流動液体ヘリウム 4 である．超流動とは，非粘性の流れが安定に存在する状態を意味する．具体的には，1930 年代の後半，以下のような現象が観測された．(1) ヘリウム II は非常に細い間隙 (たとえば，ミクロン程度の孔) も抵抗なく流れることができる (このような流路をスーパーリークという)．流れが速くなければ，この流れは減衰しない．(2) 実際にヘリウム II の粘性が測定された．毛細管を流れる流体の流量から測定すると完全に非粘性であっ

た．ところが，円板を重ねたものを吊るしてヘリウム II 中に浸し，そのねじれ振動の減衰から粘性を求めると，有限の粘性が観測された．この粘性は温度に依存し，絶対零度でゼロになる．普通の流体では，このように測定方法によって粘性が異なるということはない．(3) 同じ温度，圧力のヘリウム II を入れた容器が毛細管でつながれているとする．一方を加圧すると，流体は高圧側から定圧側へ毛細管を通って流れるが，このとき 2 つの容器の間で，圧力差に比例した温度差が生じる (機械熱効果)．また，一方を加熱することで流体を駆動することもできる (熱機械効果，これをより劇的にしたものが噴水効果)．(4) ヘリウム II は熱の伝導が非常によい．ヘリウム I に比べて有効熱伝導は 10^6 倍程度にもなる．

b. ボース–アインシュタイン凝縮 (2.1.1 項参照)

ヘリウム 4 原子はボース粒子である．液体ヘリウム 4 の λ 転移は，ボース–アインシュタイン凝縮によって生じる．量子統計力学によれば，体積 V 中に閉じ込められた，質量 m，N 個のボース粒子からなる 3 次元理想ボース気体は，

$$T_{\rm B} = \frac{2\pi\hbar^2}{mk_{\rm B}} \left(\frac{N}{2.612V}\right)^{2/3} \tag{2.106}$$

で与えられる温度 $T_{\rm B}$ でボース–アインシュタイン凝縮を起こす．$T_{\rm B}$ 以下の温度では，全粒子数 N に匹敵する巨視的個数の粒子が一粒子の最低エネルギー準位に凝縮する．励起状態を占める粒子数 $N'(T)$，最低エネルギー準位を占める粒子数 $N_0(T)$ は，

$$N'(T) = N\left(\frac{T}{T_{\rm B}}\right)^{3/2}, \qquad N_0(T) = N\left[1 - \left(\frac{T}{T_{\rm B}}\right)^{3/2}\right] \tag{2.107}$$

となる．このようにボース凝縮により最低エネルギー状態に落ち込んだ粒子集団を凝縮体 (condensate) という．

この転移温度を与える式に液体ヘリウム 4 の値を入れると 3.1 K となり，λ 温度 2.17 K に近い．こうした考察から，London は，液体ヘリウム 4 の λ 転移はボース凝縮によるものであるという考えを提案した．しかし，このアイデアは当初厳しい批判を受けた．批判の論拠は，液体ヘリウム 4 は理想ボース気体ではない，ということである．ヘリウムは不活性原子で，その原子間相互作用は比較的弱いとはいうものの，無視はできない．次の 2.6.1 項 c で述べる，現象論的な 2 流体モデルでは，ボース凝縮という考え方を使っていない．

液体ヘリウム 4 の λ 転移がボース凝縮によるということは，1980 年代になって非弾性中性子散乱実験により示された．凝縮体の粒子数は，λ 温度以下で立ち上がり，低温になるに連れ増大し，絶対零度で全粒子数の約 10% に達すると結論付けられている．これは，原子間相互作用により凝縮体は抑圧されているものの，やはりボース凝縮は起こり，凝縮体が形成されていることを示している．

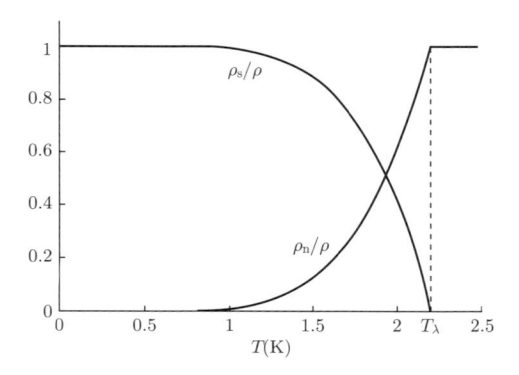

図 **2.64** 超流動成分および常流動成分の温度変化.

c. 2流体モデルと様々な音波

2.6.1項aで述べた実験事実は，2流体モデルによりよく理解される．2流体モデルでは，系は，超流体と常流体が混合したものとして記述される．密度 ρ_s，速度場 $\boldsymbol{v}_\mathrm{s}$ の超流体は粘性をもたず，エントロピーにも寄与しない完全流体であるが，密度 ρ_n，速度場 $\boldsymbol{v}_\mathrm{n}$ の常流体は粘性流体であり，エントロピーにも寄与する．流体の全密度は $\rho = \rho_\mathrm{s} + \rho_\mathrm{n}$，全運動量密度は $\boldsymbol{j} = \rho_\mathrm{s}\boldsymbol{v}_\mathrm{s} + \rho_\mathrm{n}\boldsymbol{v}_\mathrm{n}$ である．2流体の混合比の温度依存性は，ねじれ振り子の実験などで観測されている．図 2.64 に示すように，λ 温度ではすべて常流体だが，温度が下がるに連れて常流体成分が減少，かつ超流体成分が増加し，絶対零度ではすべて超流体となる．2流体の運動方程式は次のようになる．

$$\rho_\mathrm{s}\left[\frac{\partial \boldsymbol{v}_\mathrm{s}}{\partial t} + (\boldsymbol{v}_\mathrm{s}\cdot\nabla)\boldsymbol{v}_\mathrm{s}\right] = -\frac{\rho_\mathrm{s}}{\rho}\nabla P + \rho_\mathrm{s}\sigma\nabla T \tag{2.108a}$$

$$\rho_\mathrm{n}\left[\frac{\partial \boldsymbol{v}_\mathrm{n}}{\partial t} + (\boldsymbol{v}_\mathrm{n}\cdot\nabla)\boldsymbol{v}_\mathrm{n}\right] = -\frac{\rho_\mathrm{n}}{\rho}\nabla P - \rho_\mathrm{s}\sigma\nabla T + \eta_\mathrm{n}\nabla^2\boldsymbol{v}_\mathrm{n} \tag{2.108b}$$

ここで，σ は単位質量あたりのエントロピー，η_n は常流体の粘性係数である．超流体，常流体に対し，圧力勾配は $\rho_\mathrm{s}:\rho_\mathrm{n}$ の比で同方向に働くが，温度勾配は同じ力が逆方向に働く．すなわち，超流体は低温領域から高温領域に駆動されるのに対し，常流体は逆方向に駆動される．2流体の相対速度が十分小さいとき，両者は独立に運動する．しかし流速が大きくなると，超流体の渦である量子渦が成長し，それを介して相互摩擦 (mutual friction) が働いて2流体は独立でなくなる．

このような2流体モデルは，2.6.1項aで述べた実験的事実を良く説明できる．(1) は超流体のみの流れである．常流体は粘性のため，細い間隙を流れることはできない．(2) で毛細管の流量から測定されるのは超流体の粘性である．一方，振動円板の減衰から測られるのは，常流体の粘性である．(3) では，毛細管内を流れるのは超流体で，それが流れ込んだ側の温度が下がり，流れ出した側の温度が上昇して温度差が生じるのである．上の超流体の運動方程式から，定常状態では $\nabla P = \rho\sigma\nabla T$ となることがわ

かる．このように温度勾配と圧力勾配が関係することが機械熱効果の本質であり，また2流体力学の重要な特徴でもある．(4) も2流体の運動が原因である．普通の流体中に微小な温度差がある場合，熱は分子の熱運動として連鎖的に伝わり，巨視的な流体運動 (流れ) は生じない．ところがヘリウム II では微小な温度差に対しても，後述の熱カウンター流が駆動され，それが熱輸送を著しく増大させる．

このような2流体の特性を生かして，超流動の永久流も観測されている[3]．トーラス容器内に微細粒子を詰めて多孔性物質をつくり，それに液体ヘリウムを満たす．最初ヘリウム I の状態でトーラス容器を回し，その後 λ 温度以下に冷却してヘリウム II とし，容器の回転を止める．このとき常流体は粘性のため流れず，超流体の永久回転流が実現していることが，流体の角運動量の測定から確認されている．

2流体モデルは，もともと Tisza および Landau により現象論的に提案されたが，量子統計力学により基礎づけられる．常流体は，後述する素励起からなる．超流体は凝縮体の動的応答を表したものである．ボース凝縮は系の静的な統計力学的性質を表すのに対し，超流動は，系の動的応答を意味する別の概念であることに注意する必要がある．

ヘリウム II では2流体が存在するために，様々な音波が現れる．1つは，圧力勾配を復元力とし，超流体と常流体が同位相で伝播する密度波である．これは通常流体でも存在する波で，第1音波とよばれる．他方，温度勾配を復元力として，超流体と常流体が逆位相で伝播するエントロピー波が存在し，第2音波とよばれる．第2音波は2流体力学に特有の波である．通常流体ではエントロピーは熱拡散を行うだけで，このように波として伝播することはない．第3音波，第4音波，第5音波はいずれも常流体が流れない状況での波である．固体の基盤上に乗った液体ヘリウムの薄膜では，常流体は粘性のため動くことができず，超流体のみが流れる．この薄膜の表面波が第3音波である．第4音波はスーパーリーク中を伝わる超流体の波である．第5音波はスーパーリーク中の温度波である．

d. 素励起とランダウ理論

Landau は，実験で観測された比熱の温度変化を説明するために，ヘリウム II 中では，図 2.65 のような運動量 $p\,(=\hbar k)$，エネルギー $\mathcal{E}$ のスペクトルをもち，ボース統計にしたがう素励起が存在すると仮定した．このスペクトルは，後に，中性子の非弾性散乱実験により検証された．p の小さい領域の素励起はフォノンとよばれ，そのスペクトルは $\mathcal{E} = cp, c = 238\,\mathrm{m/s}$ という線形関係で表される．運動量が大きくなると，スペクトルは，マクソンとよばれる極大値付近の素励起を経て，極小値付近のロトンへとつながる．この極小値付近のスペクトルは近似的に

$$\mathcal{E} = \Delta + \frac{(p-p_0)^2}{2\mu}, \quad \frac{\Delta}{k_\mathrm{B}} = 8.6\,\mathrm{K}, \quad \frac{p_0}{\hbar} = 1.9\,\mathrm{Å}, \quad \mu = 0.15\,m$$

と表される．ここで，m はヘリウム4原子の質量である．このランダウ・スペクトルにより，低温でのヘリウム II の比熱は定量的に理解できる．常流体は熱的に励起され

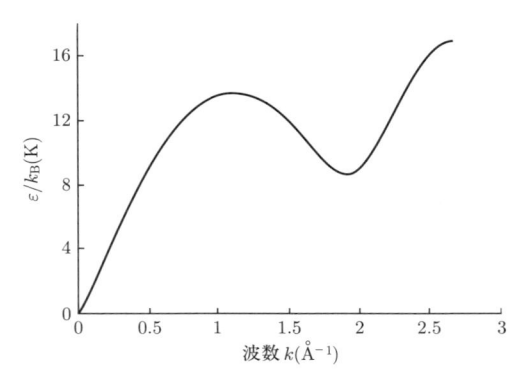

図 2.65 ヘリウム II 中の素励起のスペクトル.

た素励起の気体であるとし，流れ場に対する線形応答を考えて常流体密度 $\rho_n(T)$ を求めることができる．とくに低温での実験結果との一致はきわめてよい．

ランダウ・スペクトルは超流体が安定に流れるための条件を与える．超流体が速度 $\boldsymbol{v}_s$ で流れているとする．ランダウ・スペクトルのガリレイ変換を考えると，実験室系でのスペクトルは $\mathcal{E}' = \mathcal{E} + \boldsymbol{p} \cdot \boldsymbol{v}_s$ となることがわかる．これよりランダウの臨界速度 $v_c = \min[\mathcal{E}(p)/p]$ が得られる．超流動流れは，その流れが臨界速度より小さければ安定だが，それを超えると素励起の生成に対して不安定になる．臨界速度はロトンにより与えられ，$v_c = \Delta/p_0 \approx 60\,\mathrm{m/s}$ となる．この臨界速度は，実際にヘリウム II 中のイオンの運動をしらべた実験で観測されている．理想ボース気体は，臨界速度がゼロとなり，超流動にはならない．このように，ボース粒子系が超流動になるためには，粒子間相互作用が不可欠である．

e. 巨視的波動関数とグロス–ピタエフスキー方程式

ボース凝縮を起こした系では，個々の原子の物質波がコヒーレントに重なって全系におよび，秩序変数として巨視的波動関数 $\Psi(\boldsymbol{r},t) = \sqrt{n_0(\boldsymbol{r},t)} \exp[i\phi(\boldsymbol{r},t)]$ [式 (2.9)] が形成される．これは場所および時間に依存する複素関数であり，その振幅は凝縮体密度 n_0 を与え，ϕ はコヒーレントな位相である．系のグランドカノニカルなハミルトニアンから出発し，粒子間相互作用を $V(\boldsymbol{r}) = g\delta(\boldsymbol{r})$ とデルタ関数で近似すると，平均場である Ψ の運動方程式

$$i\hbar \frac{\partial \Psi}{\partial t} = -\left(\frac{\hbar}{2m}\nabla^2 + \mu\right)\Psi + g|\Psi|^2 \Psi \tag{2.109}$$

が得られる．ここで μ は化学ポテンシャルである．これはグロス–ピタエフスキー (Gross–Pitaevskii) 方程式 (以下，GP 方程式と略す) とよばれる非線形シュレディンガー方程式である．

GP 方程式に $\Psi = \sqrt{n_0}\exp(i\phi)$ を代入することで，超流動流体力学を構築するこ

とができる．超流動速度場は $v_\mathrm{s} = (\hbar/m)\nabla\phi$ [式 (2.12)] と定義される．v_s の運動と，全運動量の保存則を考えることで，前に示した 2 流体の運動方程式 (2.108) を得る．

なお，GP 方程式は弱く相互作用する希薄ボース気体をモデル化したものであり，超流動ヘリウム 4 の定量的な記述には必ずしも適さない．たとえば，GP 方程式の素励起はロトンを含まない．GP 方程式は，むしろ中性原子気体ボース凝縮体のよいモデルになっている．

f. 量子渦と超流動乱流 (量子乱流)

ボース凝縮による巨視的波動関数 Ψ の出現は，超流動流れの循環の量子化を生じる．超流動速度場は，Ψ の位相 ϕ をポテンシャルとするポテンシャル流れ (渦なし流れ) である．そのため，流体中の単連結領域では $\mathrm{rot}\, v_\mathrm{s} = 0$ となり，超流動流の渦は存在しない．しかし，超流体が存在しない領域を囲む多重連結領域では事情が異なる．流体中の閉曲線 C に沿った v_s の循環 $\oint_C v_\mathrm{s}\cdot dr$ は，巨視的波動関数が空間座標の一価関数であるという要請から，循環量子 $\kappa = h/m$ を単位として量子化される．もし C が，針金や渦芯などのように超流体が排除された領域を囲むなら，このように量子化された循環をもつ回転流れが生じうる．循環量子化は Onsager によって導入され，Feynman が量子渦糸の可能性を論じた[4]．循環の量子化は Vinen によって観測された[5]．

このような量子渦の物理[6]は，ヘリウム II の管内流れ，とくに超流動乱流の研究とともに発展してきた．現実のヘリウム II の管内流れでは，ランダウの臨界速度よりはるかに低い流速で超流動が壊れる (粘性が生じる) ことが知られていた．歴史的に，超流動ヘリウムの流れの実験でもっともよく研究されてきたのは，熱カウンター流である．液体ヘリウム槽に端の閉じた円管をつなぎ，その端部にヒーターから熱を注入する．すると，前述の 2 流体の運動方程式 (2.108) からわかるように，常流体は高温側 (ヒーター) から低温側 (ヘリウム槽) へ，超流体はその逆方向へ流れ，ネットな運動量密度 $j = \rho_\mathrm{s} v_\mathrm{s} + \rho_\mathrm{n} v_\mathrm{n}$ がゼロの内部対流が生じる．注入した熱は常流体によりヘリウム槽へ運び去られる．これを熱カウンター流という．超流体と常流体の相対速度は，単位時間あたりの注入熱量に比例する．この状況でヒーター近傍とヘリウム槽の間の温度差 ΔT を測定する．相対速度が十分低いときは，常流動流れは層流 (ポアズイユ流) であり，超流動流れは一様流である．しかし，相対速度が増すと，層流に起因する温度差に，さらに余分の温度差が加わる．この余分の温度差は Gorter と Mellink により観測され，後に Hall と Vinen により超流体と常流体の間に働く相互摩擦に起因することが明らかにされた．

超流体の回転的流れがあるなら，それはすべて量子渦によって担われる．量子渦は，量子化された循環をもつ超流体の渦 (位相欠陥) で，その渦芯は原子サイズと非常に細い．超流体の渦度 $\mathrm{rot}\, v_\mathrm{s}$ は渦芯部分に局所的に集中している．ヘリウム II を管内で流すと，ある流速以上で，量子渦が伸長し 3 次元的に複雑に絡み合った渦タングルを構成する．有限温度では，量子渦と常流体の相互作用により相互摩擦がはたらき，それ

が先に述べた超流動の破壊を生じる.このように,量子渦タングルが発達することにより超流動速度場が乱れた状態を,超流動乱流 (量子乱流) という.

このような描像を決定的にしたのは,Schwarzによって行われた量子渦糸の3次元ダイナミクスの直接数値計算であった[7].渦糸という概念は,古典流体力学では理想化されたモデルに過ぎないが,量子渦の場合は,上記の特質のために現実的なモデルとなる.量子渦糸は,その周囲にビオ-サヴァール則にもとづく超流動速度場をつくり,その局所的な速度場に乗って動く.有限温度では,常流動速度場との相互摩擦を考慮する.Schwarzは,このようなダイナミクスにもとづく量子渦糸の数値計算を行い,カウンター流と相互摩擦の拮抗によって生じる渦タングルの統計的定常状態を求め,さらに動的スケーリングの考え方と組み合わせることで,余分の温度差 ΔT を求めた.数値計算から得られた温度差は,典型的な実験結果と定量的によい一致を与え,ここに超流動乱流が量子渦タングルから成るという描像が確立した.

熱カウンター流は古典流体力学との対応がなく,超流動乱流と古典乱流との関係は長く不明であった.近年,超流動乱流の研究は,熱カウンター流から離れ,古典乱流との共通点および相違点に関心が集まっている[8].古典乱流のもっとも重要な統計則であるコルモゴロフの $-5/3$ 則が超流動乱流においても成り立つことが,実験および数値計算[9]で示され,大きな関心が寄せられている.

g. 回転超流動と量子渦格子

超流動ヘリウムは,回転に対して独特の応答を行う.2流体モデルが提唱された直後に,一定の角速度 Ω で回転する円筒容器中のヘリウム II で何が起こるかという問題が考えられた.当初,常流体は容器と同じ角速度で剛体回転を行うのに対し,非粘性で渦なし流れの超流体は静止していると思われたが,実験は超流体・常流体ともに剛体回転を行う事を示した.当初これは不思議に思われたが,現在,この系では,回転軸に平行な複数の量子渦が三角格子を組み,各渦はそのまわりに自身の超流動流を伴いながら,格子全体は角速度 Ω で剛体回転を行うことがわかっている.回転軸に垂直な面内での,渦の本数の面密度は $n = 2\Omega/\kappa$ となる.この場合,渦芯近傍を除いた平均的な超流動速度場は $\boldsymbol{v}_s \simeq \boldsymbol{\Omega} \times \boldsymbol{r}$ となり,超流体の剛体回転を生む.ある角速度に対してどのような渦格子ができるかを直接可視化した実験[10]も行われており,その結果は2次元渦糸系の自由エネルギーの理論解析により理解できる.回転超流動における量子渦格子形成は,磁場下の第2種超伝導体の混合状態における磁束格子の形成に対応する現象である.また,この物理は中性原子気体ボース凝縮体にも応用され,回転下の量子渦格子の観測が系の超流動性を示す重要な証拠となった.

h. 低次元系および制限された空間中の超流動

バルクの3次元超流動と並んで活発に研究されている問題に,薄膜などの低次元系,および狭い孔など制限された空間に閉じ込められた系の超流動がある.低次元系を考える場合にまず認識すべきは,3次元系に比べて,長波長の熱ゆらぎが重要となることである.そのため,3次元では対称性の破れにともない長距離秩序を形成して相転

移を起こす系が，次元を下げると長距離秩序を生じなくなる．

　このようなシナリオが超流動ヘリウムの2次元薄膜で実現したものがコスタリッツ–サウレス (Kosterlitz–Thouless) 転移 (略してKT転移) である．低温で十分に秩序変数の振幅が発達していても，低次元での大きな位相ゆらぎが長距離秩序の形成を妨げるのである．KT理論[11]の骨子は，高温では量子渦が自由に励起されるのに対し，低温では符号の相反する2個の渦から成る渦対のみが励起されることにある．十分遠方では二個の渦がつくる流れ場が打ち消し合うため，渦対が系の中を移動しても系全体の超流動性には影響しない．高温になり渦対が解離して単独渦が励起されて，超流動は影響を受けるようになる．KT理論は，この渦対の効果を取り込んだ統計力学を繰込み群の方法を用いて取り扱い，このような描像が正しいことを示した．渦対の解離が起こる温度を T_{KT} とすると，$T > T_{\mathrm{KT}}$ では超流動密度 ρ_{s} は0だが，温度を下げると $T = T_{\mathrm{KT}}$ で ρ_{s} に有限の跳び

$$\frac{\rho_{\mathrm{s}}(T_{\mathrm{KT}})}{T_{\mathrm{KT}}} = \frac{8\pi k_{\mathrm{B}}}{\kappa^2} = \frac{2k_{\mathrm{B}} m^2}{\pi \hbar^2} \tag{2.110}$$

が現れる．この右辺は系に依存しない普遍量である．平らな基盤上の液体ヘリウム4の薄膜において，ねじれ振子や第3音波により超流動密度の温度変化を測定すると，確かに上式のような有限の跳びが観測され，KT転移が実証された[12]．

　液体ヘリウムを制限された空間に閉じ込めた場合に，超流動転移がどう現れるかということも重要な問題である[13]．制限された空間として古くから使われてきたものに粉体があるが，これは隙間の孔径が一様でないという難点がある．近年は，より制御された制限空間として，バイコールガラスなどの多孔体およびエアロジェルが用いられている．

　バイコールガラスは，孔径分布が数十Å (オングストローム) に鋭いピークをもつ孔の3次元ネットワークを有する．孔を液体ヘリウムが完全に満たした場合は，比熱，および超流動密度とその臨界指数の測定から，転移温度はλ点から下がるものの，3次元的な超流動転移が起こっていることがわかる．この場合，液体ヘリウムは確かに狭い孔に閉じ込められてはいるが，その通路が3次元的に広がり，つながっているために長距離秩序が形成されたと考えられている．この系では，媒体からのランダムネスの影響でボース凝縮体が局在した「ボースグラス」が実現すると考えられている[14]が，観測はされていない．最近はナノサイズの孔に閉じ込められたヘリウム4の研究が行われており，孔径18Åの1次元孔中でのボース流体[15]や，孔径25Å中，圧力下での超流動–非超流動の量子相転移[16]が観測されている．

　近年，注目されている媒体にエアロジェルがある．エアロジェルは，シリコンと酸素からなる鎖状の高分子が網目のようにフラクタル的なネットワークをつくっている物質で，空孔率は99%に達するものが合成されている．エアロジェルを液体ヘリウムが満たした場合，バルクの液体に比べて，転移温度はあまり変化しないが，超流動密度の臨界指数は上昇する．

[坪田　誠]

文　献

[1] D. R. Tilley and J. Tilley, *Superfluidity and Superconductivity*, 3rd ed. (Institute of Physics Publishing, 1990).
[2] 山田一雄，大見哲巨,「超流動」(培風館，1995).
[3] J. S. Langer and J. D. Reppy, *Progress in Low Temperature Physics*, Vol. VI (North Holland, 1970) p. 1.
[4] R. P. Feynman, *Progress in Low Temperature Physics*, Vol. I (North Holland, 1955) p. 17.
[5] W. F. Vinen, Proc. Roy. Soc. A **260** (1961) 218.
[6] R. J. Donnelly, *Quantized Vortices in Helium II* (Cambridge University Press, 1990).
[7] K. W. Schwarz, Phys. Rev. B **38** (1988) 2398.
[8] W. P. Halperin and M. Tsubota (eds.), *Progress in Low Temperature Phisics*, Vol. XVI (Elsevier, 2009).
[9] M. Kobayashi and M. Tsubota, Phys. Rev. Lett. **94** (2005) 065302.
[10] E. J. Yarmchuck and R. E. Packard, J. Low Temp. Phys. **46** (1982) 479.
[11] J. M. Kosterlitz and D. J. Thouless, J. Phys. C **6** (1973) 1181.
[12] D. J. Bishop and J. D. Reppy, Phys. Rev. Lett. **40** (1978) 1727.
[13] J. D. Reppy, J. Low Temp. Phys. **87** (1992) 205.
[14] M. P. A. Fisher et al., Phys. Rev. B **40** (1989) 546.
[15] N. Wada et al., Phys. Rev. Lett. **86** (2001) 4322.
[16] K. Yamamoto et al., Phys. Rev. Lett. **93** (2004) 074302.

2.6.2　ヘリウム3

a.　秩序変数と巨視的波動関数

ヘリウム3の超流動状態を特徴づける秩序変数として，2.1.2項の式 (2.18) で与えられる「対の振幅」$\langle a_{-\boldsymbol{p}\beta} a_{\boldsymbol{p}\alpha}\rangle = -\langle a_{\boldsymbol{p}\alpha} a_{-\boldsymbol{p}\beta}\rangle \equiv -\Psi_{\alpha\beta}(\boldsymbol{p})$，あるいは式 (2.19) で定義されるエネルギーギャップ関数 $\Delta_{\alpha\beta}(\boldsymbol{p})$ を用いる．また，巨視的波動関数を

$$\Psi_{\alpha\beta}(\hat{\boldsymbol{p}}) = \sum_{|\boldsymbol{p}|}{}' \Psi_{\alpha\beta}(\boldsymbol{p}) = N(0)\int_{-\omega_{\mathrm{D}}}^{\omega_{\mathrm{D}}} d\xi_{\boldsymbol{p}} \Psi_{\alpha\beta}(\boldsymbol{p}) \tag{2.111}$$

のように定義して，これを秩序変数とすることもある．ここで $\boldsymbol{p}$ は運動量，$\hat{\boldsymbol{p}} = \boldsymbol{p}/|\boldsymbol{p}|$，$\alpha\beta$ はスピン変数である．また，$N(0)$ はフェルミ面での状態密度 $N(0) = m^* \boldsymbol{p}_{\mathrm{F}}/2\pi^2 \hbar^3$ (m^*, $\boldsymbol{p}_{\mathrm{F}}$ はヘリウム3準粒子の有効質量とフェルミ運動量)，$\xi_{\boldsymbol{p}}$ はフェルミ・エネルギーから測った準粒子の運動エネルギー，さらに対相互作用は $|\xi_{\boldsymbol{p}}| < \omega_{\mathrm{D}}$ のフェルミ面近傍でのみ働くとする．この巨視的波動関数はスピン1/2の同種フェルミ粒子の2体波動関数の性質をもつ．超流動 ^{3}He が，合成スピン角運動 $S = 1$，軌道角運動量 $L = 1$ のp波スピン3重項 (^{3}P) 状態であることはすでに2.1.2項で述べられた．対相互作用 $v(\boldsymbol{p} - \boldsymbol{p}')$ が $\boldsymbol{p}$ と $\boldsymbol{p}'$ との間の角度だけに依存する場合には，2.1.2項の式 (2.28) で $l = 1$ として，

$$\Delta_{\alpha\beta}(\hat{\boldsymbol{p}}) = 3g_1 \int \frac{d\Omega}{4\pi} P_1(\hat{\boldsymbol{p}}\cdot\hat{\boldsymbol{p}}')\Psi_{\alpha\beta}(\hat{\boldsymbol{p}}') \tag{2.112}$$

と表せる. $\Psi_{\alpha\beta}(\hat{\boldsymbol{p}})$ は, 1 次の球関数, $Y_1^0(\hat{\boldsymbol{p}}) = \hat{p}_z$, $Y_1^{\pm}(\hat{\boldsymbol{p}}) = (1/\sqrt{2})(\hat{p}_x \pm i\hat{p}_y)$ の線形結合であるので, 式 (2.112) は (球関数の積分定理より)

$$\Delta_{\alpha\beta}(\hat{\boldsymbol{p}}) = g_1 \Psi_{\alpha\beta}(\hat{\boldsymbol{p}}) \tag{2.113}$$

となり, $\Delta_{\alpha\beta}(\hat{\boldsymbol{p}}')$ と $\Psi_{\alpha\beta}(\hat{\boldsymbol{p}})$ は等価である.

^{3}P 状態の波動関数はスピン部分と軌道部分の基底関数の積の線形結合として表される. 軌道部分の基底は $Y_1^{\pm}(\hat{\boldsymbol{p}})$, $Y_1^0(\hat{\boldsymbol{p}})$ である. 同様に, σ_i をパウリ行列として, $\boldsymbol{\sigma} = (\sigma_1, \sigma_2, \sigma_3)$, $g = i\sigma_2$ とすれば[*2], $\chi_{\pm} = (\sqrt{1/2})(\sigma_1 g \pm i\sigma_2 g)$, $\chi_0 = \sigma_3 g$ はそれぞれ $\pm 1, 0$ を固有値とする, $\hat{S}_z$ の固有関数である. ただし, 軌道角運動量演算子 $\hat{\boldsymbol{L}}$ およびスピン角運動量演算子 $\hat{\boldsymbol{S}}$ は,

$$\hat{\boldsymbol{L}} \Delta_{\alpha\beta}(\hat{\boldsymbol{p}}) = -i\hat{\boldsymbol{p}} \times \frac{\partial}{\partial \hat{\boldsymbol{p}}} \Delta_{\alpha\beta}(\hat{\boldsymbol{p}}) \tag{2.114}$$

$$\hat{\boldsymbol{S}} \Delta(\hat{\boldsymbol{p}}) = \frac{1}{2} (\boldsymbol{\sigma} \Delta(\hat{\boldsymbol{p}}) + \Delta(\hat{\boldsymbol{p}}) \boldsymbol{\sigma}^{\mathrm{t}}) \tag{2.115}$$

と作用する. ここで, $\boldsymbol{\sigma}^{\mathrm{t}}$ はパウリ行列の転置行列を成分とするベクトル, $\Delta(\hat{\boldsymbol{p}})$ は, 式 (2.112) の $\Delta_{\alpha\beta}(\hat{\boldsymbol{p}})$ を成分とする 2×2 の対称行列である. $\hat{\boldsymbol{p}}$ と $\boldsymbol{\sigma} g$ は回転操作に対して, ベクトルとして変換するので, これらを基底にとれば, 超流動 ^{3}He の秩序変数の表式は 3×3 の行列 A_{ij} を用いて

$$\Delta_{\alpha\beta}(\hat{\boldsymbol{p}}) = \sum_{i,j} A_{ij} (\sigma_i g)_{\alpha\beta} \hat{p}_j \tag{2.116}$$

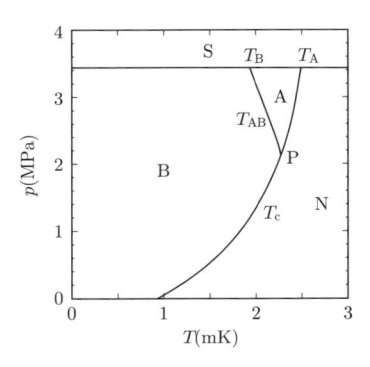

図 2.66 ゼロ磁場下の超流動 ^{3}He の相図. A: 超流動 ^{3}He–A 相, B: 超流動 ^{3}He–B 相. N: 常流動相, S: 固体相. 常流動相と超流動相の境界 $T_c(p)$ は $T_c(0) = 0.92$,mK に始まり, 多重臨界点 (P), $T_P = 2.273$ mK, $p_P = 2.122$ MPa を経て, $T_A = 2.491$ mK, $p_A = 3.4338$ MPa で融解曲線に至る. A–B 転移は多重臨界点 (P) に始まり, $T_B = 1.932$ mK, $p_B = 3.4358$ MPa で融解曲線に至る.

[*2] $\sigma_1 = \begin{pmatrix} 0 & 1 \\ 1 & 0 \end{pmatrix}$, $\sigma_2 = \begin{pmatrix} 0 & -i \\ i & 0 \end{pmatrix}$, $\sigma_3 = \begin{pmatrix} 1 & 0 \\ 0 & -1 \end{pmatrix}$, $g = \begin{pmatrix} 0 & 1 \\ -1 & 0 \end{pmatrix}$. さらに $\sigma_0 = \begin{pmatrix} 1 & 0 \\ 0 & 1 \end{pmatrix}$ とする.

のように書くことができる．A_{ij} も秩序変数である．図 2.66 は外部磁場がない場合の超流動 ^{3}He の相図である．A, B の 2 つの相があり，それぞれ，ABM 状態，BW 状態に対応する．

b. B 相の秩序変数

B 相の秩序変数は

$$\Delta_{\mathrm{B}}(\hat{\boldsymbol{p}}) = \Delta_{\mathrm{B}}\hat{\boldsymbol{p}} \cdot \boldsymbol{\sigma}g$$
$$= \Delta_{\mathrm{B}} \begin{pmatrix} -\hat{p}_x + i\hat{p}_y & \hat{p}_z \\ \hat{p}_z & \hat{p}_x + i\hat{p}_y \end{pmatrix} \tag{2.117}$$

のように $\hat{\boldsymbol{p}}$ と $\boldsymbol{\sigma}g$ の内積で与えられる．ここで，Δ_{B} はスカラー定数である．ベクトルの内積は，軌道空間とスピン空間の相対的角度を一定に保ったまま全体を回転しても不変に保たれる．したがって，B 相の秩序変数は全角運動量演算子 $\hat{\boldsymbol{J}} = \hat{\boldsymbol{L}} + \hat{\boldsymbol{S}}$ に対して，

$$\hat{\boldsymbol{J}}\,\Delta_{\mathrm{B}}(\hat{\boldsymbol{p}}) = 0 \tag{2.118}$$

を満たす．すなわち，$\Delta_{\mathrm{B}}(\hat{\boldsymbol{p}})$ は $J = 0$ の，等方性の高い状態である．群論の記法では，SO_3^J の回転に対して $\Delta_{\mathrm{B}}(\hat{\boldsymbol{p}})$ は不変であるということになる．

秩序変数は超流動 ^{3}He が相転移にともなって発現する対称性の破れと密接に関連している．式 (2.117) で与えられる B 相の秩序変数は

$$H(B) = SO_3^J \times T \times PU_{\pi/2} \tag{2.119}$$

という群の変換に対して不変である．ここで，T は時間反転，P は空間反転を意味し，

$$\hat{T}\Delta(\hat{\boldsymbol{p}}) = g\Delta^\dagger(\hat{\boldsymbol{p}})g, \qquad \hat{P}\Delta(\hat{\boldsymbol{p}}) = \Delta(-\hat{\boldsymbol{p}}) \tag{2.120}$$

である．$U_{\pi/2}$ は，2.1 節で述べられた第 1 種ゲージ変換 $U(1)$ で，位相角を $\pi/2$ だけ回転させることを意味する．位相角を θ 回転させるゲージ変換の演算子を $\hat{U}_\theta$，$\hat{N}$ を粒子数演算子として，ゲージ変換は $\hat{U}_\theta a_{\boldsymbol{p}\alpha} = e^{-i\theta\hat{N}} a_{\boldsymbol{p}\alpha} e^{i\theta\hat{N}} = e^{i\theta} a_{\boldsymbol{p}\alpha}$ で与えられ，巨視的波動関数に対しては $\hat{U}_\theta \Delta(\hat{\boldsymbol{p}}) = e^{2i\theta}\Delta(\hat{\boldsymbol{p}})$，$\hat{U}_\theta \Delta^\dagger(\hat{\boldsymbol{p}}) = e^{-2i\theta}\Delta^\dagger(\hat{\boldsymbol{p}})$ と作用する．

c. 秩序変数の対称性

相転移によって現れる秩序相の性質はその秩序変数の対称性によって特徴づけられ，B 相の秩序変数の対称性を規定するのが $H(B)$ という群である．$H(B)$ は，対相互作用を不変に保つ変換群

$$G = SO_3^L \times SO_3^S \times P \times (T \times U(1)) \tag{2.121}$$

の極大部分群*3) の 1 つである．ここで，SO_3^L は軌道空間の 3 次元回転，SO_3^S はスピン空間の 3 次元回転を表し，括弧の内側は互いに交換しない．実際に実現される秩序変数を知るためには，秩序変数の汎関数であるギンツブルク-ランダウ (GL) 自由エネルギー $F\{\Delta(\hat{\bm{p}}), T\}$ の最小値を探さなければならない．F は G の変換に対して不変に保たれるが，その G の極大部分群を H とするとき，H の変換に対して不変に保たれる秩序変数において，GL 自由エネルギーは極値をもつ．したがって，まず G の極大部分群を見つけ，その変換に対して不変に保たれる秩序変数を求め，それらの中から F を最小にする秩序変数を探せばよいことになる．

超流動 ^{3}He の秩序変数にとって有効な G の極大部分群が $U(1)$ を含まないことは自明である．$U(1)$ が残ると超流動にならないからである．また，SO_3^L と SO_3^S がそのままの形で含まれると，巨視的波動関数は $L=0$ あるいは $S=0$ の固有関数となってしまい，^{3}P 状態であるということと矛盾するから，これらも含まれない．このような制約のなかで，p 波スピン 3 重項超流動として可能な秩序変数に対応する G の極大部分群は 8 個存在することが知られている．それらは，A, B, polar, β, A_1, planar と，離散回転対称性に対応する，bipolar, α とよばれる相である．これらの相は不活性相 (inert phase) とよばれ，超流動 ^{3}He では，A 相と B 相の 2 つが実験的に確認されている*4)．

d. A 相の秩序変数

A 相の秩序変数は

$$H(A) = (O_z^S \times O_{x,\pi}^S U_{\pi/2}) \times (O_z^{L-(1/2)N} \times O_{x,\pi}^L T) \times P U_{\pi/2} \quad (2.122)$$

という群の変換に対して不変である．$H(A)$ も G の極大部分群の 1 つである．ここで，O_z は z 軸まわりの連続回転，$O_{x,\pi}$ は x 軸を回転軸とする π の回転であり，$O_z^{L-(1/2)N}$ は z 軸のまわりに軌道空間を θ だけ回転させるのと同時に波動関数の位相を $-\theta/2$ だけゲージ回転させる，2 つの回転を組み合わせた結合回転変換である．この結合回転の生成演算子は，$\hat{Q} = \hat{L}_z - \frac{1}{2}\hat{N}$ である．A 相の秩序変数 $\Delta_A(\hat{\bm{p}})$ は $\hat{S}_z \Delta_A(\hat{\bm{p}}) = 0$ を満たし，また，$\hat{N}\Delta(\hat{\bm{p}}) = 2$ から $(\hat{L}_z - 1)\Delta_A(\hat{\bm{p}}) = 0$ を満たす．したがって，$H(A)$ の変換に対して不変に保たれる A 相の秩序変数は，$S_z = 0, L_z = 1$ に対応し，

$$\begin{aligned}\Delta_A(\hat{\bm{p}}) &= \Delta_A \, \sigma_3 g\,(\hat{p}_x + i\hat{p}_y) \\ &= \Delta_A \begin{pmatrix} 0 & \hat{p}_x + i\hat{p}_y \\ \hat{p}_x + i\hat{p}_y & 0 \end{pmatrix}\end{aligned} \quad (2.123)$$

---

*3) 極大部分群 H は G の部分群で，H に含まれない G のもとを H に加えると G になるような部分群．

*4) 高磁場下で A_1 相が超流動転移点近傍の限られた温度領域に存在するが，磁場がある場合には，G の対称性がもともと下がっており，ゼロ磁場の議論をそのまま適用することはできない．A_1 相については後で別に議論する．

表 **2.7** B, A, polar, β, A_1, planar の六つの不活性相の対称性, 秩序変数とその状態 (とくに T_C 近傍). U: ユニタリ, NU: 非ユニタリ.

名 称	対 称 性	秩 序 変 数	状 態
B	$SO_3^J \times T \times PU_{\pi/2}$	$(\hat{p}_x\sigma_1 + \hat{p}_y\sigma_2 + \hat{p}_z\sigma_3)g$	$J = 0$, U
A	$(O_z^S \times O_{x,\pi}^S U_{\pi/2}) \times$ $(O_z^{L-(1/2)N} \times O_{x,\pi}^L T) \times PU_{\pi/2}$	$\sigma_3 g (\hat{p}_x + i\hat{p}_y)$	$S_z = 0, L_z = 1$, U
polar	$(O_z^S \times O_{x,\pi}^S U_{\pi/2}) \times (O_z^L \times O_{x,\pi}^L U_{\pi/2}) \times T \times PU_{\pi/2}$	$\sigma_3 g \hat{p}_z$	$S_z = 0, L_z = 0$, U
β	$(O_z^L \times O_{x,\pi}^L U_{\pi/2}) \times$ $(O_z^{S-(1/2)N} \times O_{x,\pi}^S T) \times PU_{\pi/2}$	$\hat{p}_z(\sigma_1 + i\sigma_2)g$	$S_z = 1, L_z = 0$, NU
A_1	$(O_z^{L-(1/2)N} \times O_z^{S-(1/2)N} \times O_{x,\pi}^J T) \times PU_{\pi/2}$	$(\sigma_1 + i\sigma_2)g(\hat{p}_x + i\hat{p}_y)$	$S_z = 1, L_z = 1$, NU
planar	$(O_z^J \times O_{x,\pi}^J) \times O_{z,\pi}^L U_{\pi/2} \times T \times PU_{\pi/2}$	$(\hat{p}_x\sigma_1 + \hat{p}_y\sigma_2)g$	$J_z = 0$, U

となることが示される．A 相では時間反転対称性が破れている．式 (2.122) からわかるように，時間反転操作単独では A 相の秩序変数は不変に保てない．

表 2.7 に自由エネルギーの極小となる不活性相の対称性，秩序変数の形および状態をまとめた．極大部分群の定義から，不活性相間の相転移は不連続な転移となることが予想され，実際に A 相と B 相の間の転移 (A–B 転移) は不連続な転移である．

e. エネルギーギャップ

2×2 の行列で与えられた秩序変数 $\Delta(\hat{p})$ は ^{3}P 状態の波動関数の性質を反映して対称行列である．$\Delta(\hat{p})\Delta^\dagger(\hat{p})$ はエルミート的であり，スピン量子化軸を適当に選ぶことで，対角化することができる．$\Delta(\hat{p})$ を用いて，

$$\hat{E}_{\boldsymbol{p}} = +\sqrt{\xi_{\boldsymbol{p}}^2 + \Delta(\hat{p})\Delta^\dagger(\hat{p})} \qquad (2.124)$$

のように 2×2 の行列 $\hat{E}_{\boldsymbol{p}}$ を定義すれば，$\hat{E}_{\boldsymbol{p}}$ もエルミート的である．$\hat{E}_{\boldsymbol{p}}$ はボゴリューボフ準粒子のエネルギーを ^{3}P に拡張したものである．2.1.2 項の s 波に対する BCS 理論に現れたギャップ方程式などの表式において，$E_{\boldsymbol{p}}$ をこの $\hat{E}_{\boldsymbol{p}}$ に置き換えることで，p 波超流動に拡張することができる．

式 (2.111) で $\xi_{\boldsymbol{p}} = 0$ とすると，ボゴリューボフ準粒子の励起に必要なエネルギーギャップになるが，2×2 の行列の対角成分として一般には 2 つのエネルギーギャップが現れる．式 (2.123) と (2.117) で与えられた，A 相と B 相のエネルギーギャップを用いて $\Delta(\hat{p})\Delta^\dagger(\hat{p})$ を計算すると，それぞれ，$|\Delta_A|^2 \sin^2\theta\sigma_0$, $|\Delta_B|^2 \sigma_0$ となり，ともに 2×2 の単位行列 σ_0 に比例する．$\Delta(\hat{p})\Delta^\dagger(\hat{p})$ が単位行列に比例するとき，行列 $\Delta(\hat{p})$ はユニタリ的であり，このような秩序変数で特徴づけられる相をユニタリ相という．

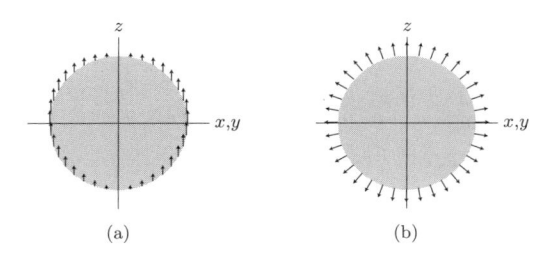

図 2.67 d ベクトルの概念図. d ベクトルの長さはエネルギーギャップの大きさに比例する. (a) A 相の d ベクトルは一様な方向を向き, その方向がスピンの量子化軸の向きである. (b) B 相の d ベクトルはフェルミ面の法線方向を向く. 等方的なエネルギーギャップに対応して長さは一様である.

f. 秩序変数のベクトル表示

$S = 1$ のスピン 3 重項の固有関数はベクトルの形に表すことができる. $\Delta(\hat{p})$ と d ベクトルの関係は,

$$d = -\frac{1}{2}\mathrm{Tr}\,(g\boldsymbol{\sigma})\,\Delta(\hat{p}) \tag{2.125}$$

によって, また逆の関係は

$$\Delta(\hat{p}) = \sum_{i=1}^{3}(\sigma_i g)\,d_i \tag{2.126}$$

によって与えられる. この関係は 2.1.2 項の式 (2.59) と等価である. ユニタリ状態では, d が位相因子を別にして, 実数ベクトルとなり, スピン空間の特別な方向を指すことが, 2.1.2 項で指摘された. 式 (2.123) に対応する A 相のベクトル表示 d_A は,

$$d_\mathrm{A} = \Delta_\mathrm{A}(0,\,0,\,\hat{p}_x + i\hat{p}_y) \tag{2.127}$$

となり, 式 (2.117) に対応する B 相の d_B は,

$$d_\mathrm{B} = \Delta_\mathrm{B}(\hat{p}_x,\,\hat{p}_y,\,\hat{p}_z) \tag{2.128}$$

となる. 2.1.2 項の式 (2.61) によれば, ユニタリ相では $d \times d^* = 0$ となるので, d ベクトルの長さはエネルギーギャップの大きさを与える. 式 (2.116) と (2.125) とから, $d_i(\hat{p}) = \sum_j A_{ij}\hat{p}$ である. 図 2.67 に A 相と B 相の d ベクトルを模式的に示す.

g. ギンツブルク–ランダウ自由エネルギー

ギンツブルク–ランダウ (GL) 自由エネルギーは秩序変数の汎関数である. 秩序変数が 2×2 の行列で与えられる p 波 3 重項に対する GL 自由エネルギーは

$$F\{\Delta(\hat{p}), T\} = A\frac{T - T_\mathrm{c}}{T_\mathrm{c}}\int\frac{d\Omega}{4\pi}\frac{1}{2}\mathrm{Tr}\,\Delta(\hat{p})\Delta^\dagger(\hat{p}) + \frac{1}{2}B\int\frac{d\Omega}{4\pi}\frac{1}{2}\mathrm{Tr}\left[\Delta(\hat{p})\Delta^\dagger(\hat{p})\right]^2 \tag{2.129}$$

で与えられる[*5]．弱結合理論では，2.1.2 項の式 (2.54) で与えられたように，

$$A = N(0), \qquad B = N(0)\frac{7\zeta(3)}{8(\pi k_B T_c)^2} \tag{2.130}$$

である．さらに，秩序変数が

$$\Delta(\hat{\boldsymbol{p}}) = \Delta(T)\hat{f}(\hat{\boldsymbol{p}}), \qquad \int \frac{d\Omega}{4\pi}\frac{1}{2}\mathrm{Tr}\left[\hat{f}(\hat{\boldsymbol{p}})\hat{f}^\dagger(\hat{\boldsymbol{p}})\right] = 1 \tag{2.131}$$

のように温度依存性と方向依存性に分離できるとすると，

$$\kappa \equiv \int \frac{d\Omega}{4\pi}\frac{1}{2}\mathrm{Tr}\left[\hat{f}(\hat{\boldsymbol{p}})\hat{f}^\dagger(\hat{\boldsymbol{p}})\right]^2 \tag{2.132}$$

として，

$$F = A\frac{T-T_c}{T_c}|\Delta(T)|^2 + \frac{1}{2}\kappa B|\Delta(T)|^4 \tag{2.133}$$

となる．B 相 (BW 状態) では $\kappa = 1$，A 相 (ABM 状態) では $\kappa = 6/5$ である．$\hat{f}(\hat{\boldsymbol{p}})$ のベクトル表現を $\hat{\boldsymbol{d}}$ とすれば，$\boldsymbol{d} = \Delta(T)\hat{\boldsymbol{d}}$ となり，ユニタリ相では 2.1.2 項の式 (2.67)，(2.68) が得られる[*6]．

ここまでは空間的に一様な超流動状態の話だったが，流れがある場合など，秩序変数が緩やかに空間変化する場合にも興味がある．秩序変数がスカラー量の場合には，空間変化による GL 自由エネルギーの変化，いわゆるグラジェント項は，

$$\Delta F_{\mathrm{grad}} = \gamma|\nabla \Delta(\boldsymbol{r})|^2 \tag{2.134}$$

と表せる．いま，一様な超流動の流れ $\boldsymbol{v}_s$ が存在する場合を考えると，秩序変数には $\Delta(\boldsymbol{r}) \sim \Delta \exp(2im\boldsymbol{v}_s \cdot \boldsymbol{r}/\hbar)$ のような位相因子が付加される．この $\Delta(\boldsymbol{r})$ を式 (2.134) に代入して，それが $(1/2)\rho_s v_s^2$ に等しいとおくと，

$$\gamma = \frac{\rho_s \hbar^2}{8m^2 \Delta^2(T)} \tag{2.135}$$

という関係が得られ，$T \approx T_c$ で得られる弱結合理論の結果，

$$\rho_s = \frac{7\zeta(3)}{6}\frac{m^2 N(0) v_F^2 \Delta^2(T)}{\pi^2 k_B^2 T_c^2} \tag{2.136}$$

を用いると，

$$\gamma = \frac{7\zeta(3)}{48}\frac{N(0)\hbar^2 v_F^2}{\pi^2 k_B^2 T_c^2} \equiv 5\gamma_0 \tag{2.137}$$

[*5] 2×2 の行列秩序変数の関数から自由エネルギーのようなスカラー量を求めるには，$\boldsymbol{p}$ に対する和を取るとともに，$(1/2)\mathrm{Tr}$ を行う．

[*6] ユニタリでない場合には，$(1/2)\mathrm{Tr}(\hat{f}\hat{f}^\dagger)^2 = |\hat{\boldsymbol{d}}|^4 - (\boldsymbol{d} \times \boldsymbol{d}^*)^2$ となる．$\boldsymbol{d} \times \boldsymbol{d}^*$ は純虚数ベクトル．

となる．ただし，$v_{\rm F}$ はフェルミ速度である．

以上の結果を p 波超流動の場合に拡張して，式 (2.129) に加えた結果は，

$$F = \alpha \frac{T-T_{\rm c}}{T_{\rm c}} {\rm Tr}(AA^\dagger) + \beta_1 \left|{\rm Tr} AA^{\rm t}\right|^2 + \beta_2 \left[{\rm Tr}(AA^\dagger)\right]^2$$
$$+ \beta_3 {\rm Tr}\left[(AA^{\rm t})(AA^{\rm t})^*\right] + \beta_4 {\rm Tr}\left[(AA^\dagger)^2\right] + \beta_5 {\rm Tr}\left[(AA^\dagger)(AA^\dagger)^*\right]$$
$$+ \gamma_1 \sum_{klm} \partial_k A^*_{lm} \partial_k A_{lm} + \gamma_2 \sum_{klm} \partial_k A^*_{lk} \partial_m A_{lm} + \gamma_3 \sum_{klm} \partial_k A^*_{lm} \partial_m A_{lk} \quad (2.138)$$

と表せる．ここで，式 (2.116) の A_{ij} を成分とする 3×3 の行列を単に A と記した．弱結合理論では，

$$\alpha = \frac{1}{3} N(0)$$
$$-2\beta_1 = \beta_2 = \beta_3 = \beta_4 = -\beta_5 = \frac{7\zeta(3)N(0)}{120\pi^2 (k_{\rm B} T_{\rm c})^2}$$
$$\gamma_1 = \gamma_2 = \gamma_3 = \gamma_0 = \frac{7\zeta(3)N(0)\hbar^2 v_{\rm F}^2}{240\pi^2 (k_{\rm B} T_{\rm c})^2} \quad (2.139)$$

となる．式 (2.138) の右辺第 1 項の係数とグラジェント項の係数 γ_0 の比から導かれる長さの次元をもつ量

$$\xi(T) = \sqrt{\frac{\gamma_0}{\alpha(T_{\rm c}-T)/T_{\rm c}}} = \xi_0 \left(1 - \frac{T}{T_{\rm c}}\right)^{-1/2}, \quad \xi_0 = \sqrt{\frac{7\zeta(3)}{40}} \frac{\hbar v_{\rm F}}{\pi k_{\rm B} T_{\rm c}} \quad (弱結合) \quad (2.140)$$

は，一様な秩序変数に加えた空間的な変化が回復する距離で，コヒーレンス長という．ξ_0 は飽和蒸気圧のもとで 50 nm，融解曲線上で 10 nm 程度である．

h. A 相および B 相の物理的性質

弱結合理論の範囲では B 相が安定で，A 相が現れることはない．このように弱結合理論の範囲を外れる効果が，いわゆる強結合効果であり，ここでは結果のみを必要に応じて採り入れることにする．

(i) エネルギーギャップ　式 (2.117), (2.123) の $\Delta_{\rm B}$, $\Delta_{\rm A}$ と，式 (2.121) の GL 自由エネルギーの $\Delta(T)$ を区別して，後者を $\Delta^{\rm GL}(T)$ と表すことにする．B 相では $|\Delta_{\rm B}| = |\Delta_{\rm B}^{\rm GL}|$ であるが，A 相では $|\Delta_{\rm A}| = \sqrt{3/2}|\Delta_{\rm A}^{\rm GL}|$ である．GL 自由エネルギーの極小条件から，

$$|\Delta^{\rm GL}(T)| = \pi k_{\rm B} T_{\rm c} \sqrt{\frac{8}{7\zeta(3)\kappa}} \sqrt{\frac{T_{\rm c}-T}{T_{\rm c}}} \approx 3.06 k_{\rm B} T_{\rm c} \sqrt{\frac{1}{\kappa}} \sqrt{\frac{T_{\rm c}-T}{T_{\rm c}}} \quad (2.141)$$

となるので，$|\Delta_{\rm A}^{\rm GL}| = \sqrt{5/6}|\Delta_{\rm B}^{\rm GL}|$，あるいは $|\Delta_{\rm A}| = \sqrt{5/4}|\Delta_{\rm B}|$ という関係が得られる．$|\Delta_{\rm A}|$ は A 相の異方的なエネルギーギャップのフェルミ面上での最大値である．これらの関係は $T_{\rm c}$ 近傍でよいと考えられる．一方，$T \approx 0$ では，B 相に対して，

表 2.8 液体 $^3\mathrm{He}$ のモル体積[3],フェルミ速度[2],有効質量[2],磁気温度,ランダウ・パラメター (F_0^a)[2],超流動転移温度[3],AB 転移温度[3],エネルギーギャップ[2],比熱の跳び[3] を圧力の関数として示す.参考文献のフィッティング関数から求めた値.ただし,T^* の係数は $a_0 = 3.591 \times 10^{-1}$, $a_1 = -2.468 \times 10^{-2}$, $a_2 = 2.953 \times 10^{-3}$, $a_3 = -2.514 \times 10^{-4}$, $a_4 = 1.191 \times 10^{-5}$, $a_5 = -2.813 \times 10^{-7}$, $a_6 = 2.584 \times 10^{-9}$ を使用.

P [MPa]	v [cc/mol]	v_F [m/s]	m^*/m	T^* [K]	F_0^a	T_c [mK]	T_AB [mK]	$\Delta(0)/T_\mathrm{c}$	$\Delta C/C$
0	36.84	59.03	2.80	0.359	−0.701	0.929	—	1.774	1.459
0.3	33.95	53.82	3.16	0.306	−0.718	1.290	—	1.794	1.556
0.6	32.03	49.77	3.48	0.276	−0.731	1.560	—	1.809	1.630
0.9	30.71	46.58	3.77	0.256	−0.741	1.769	—	1.820	1.687
1.2	29.71	44.00	4.03	0.238	−0.749	1.934	—	1.828	1.732
1.5	28.89	41.83	4.28	0.224	−0.754	2.067	—	1.835	1.772
1.8	28.18	39.92	4.53	0.212	−0.757	2.177	—	1.840	1.809
2.122	27.51	38.05	4.79	0.203	−0.758	2.273	2.273	1.846	1.845
2.4	27.01	36.53	5.02	0.198	−0.757	2.339	2.217	1.851	1.873
2.7	26.56	35.00	5.26	0.191	−0.755	2.395	2.137	1.857	1.900
3	26.17	33.63	5.50	0.184	−0.752	2.438	2.056	1.862	1.923
3.3	25.75	32.52	5.74	0.179	−0.748	2.474	1.969	1.865	1.949
3.4338	25.51	32.14	5.84	0.180	−0.746	2.49 1	1.933	1.867	1.964

$C \approx 0.5772$ をオイラーの定数として,$\Delta_\mathrm{B}(0) = (\pi/e^C)k_\mathrm{B}T_\mathrm{c} \approx 1.764 k_\mathrm{B} T_\mathrm{c}$ となり,A 相では,$\Delta_\mathrm{A}(0) = (\pi e^{5/6}/2e^C)k_\mathrm{B}T_\mathrm{c} \approx 2.029 k_\mathrm{B} T_\mathrm{c}$ と求められている[8].

GL 自由エネルギーから比熱の跳びを求めると,

$$\frac{\Delta C}{C_n} = \frac{12}{7\zeta(3)\kappa} \approx \frac{1.426}{\kappa} \tag{2.142}$$

となる.$\Delta C/C_n$ には圧力依存性があり (表 2.8),強結合効果と考えられている.B 相の比熱の跳びは,経験的にモル体積 $v(\mathrm{cm}^3/\mathrm{mol})$ の関数として $\Delta C/C_v = 41.9/v + 0.322$ と表される[3].2.1 節で述べたように,弱結合理論の範囲では,エネルギーギャップの温度依存性はギャップ方程式を数値的に解いて求めることができるが,温度依存性を内挿する経験的な表式として,

$$|\Delta(T)| = \Delta(0) \tanh\left[\frac{\pi k_\mathrm{B} T_\mathrm{c}}{\Delta(0)}\sqrt{\left(\frac{T_\mathrm{c}-T}{T}\right)\frac{2}{3}\frac{\Delta C_\mathrm{B}}{C_n}}\right] \tag{2.143}$$

を用いることができる[2].表 2.8 にある $\Delta(0)$ と $\Delta C/C_n$ を使うと,強結合効果が顕著になる領域でも比熱の測定と矛盾しない B 相のエネルギーギャップの値を与える.A 相に対しては,式 (2.143) を $\sqrt{3/2}$ 倍した,

$$|\Delta_\mathrm{A}(T)| = \Delta_\mathrm{A}(0) \tanh\left[\frac{\pi k_\mathrm{B} T_\mathrm{c}}{\Delta_\mathrm{A}(0)}\sqrt{\left(\frac{T_\mathrm{c}-T}{T}\right)\frac{\Delta C_\mathrm{A}}{C_n}}\right] \tag{2.144}$$

という表式が提案されている.弱結合理論の範囲では,式 (2.142) で $\kappa = 6/5$ であることに注意し,$\Delta_\mathrm{A}(0) = 2.029 k_\mathrm{B} T_\mathrm{c}$ を用いる.B 相のエネルギーギャップ $|\Delta_\mathrm{B}(T)|$ は

等方的であり方向依存性を持たないが，A 相では $|\Delta_\mathrm{A}(T)|\sin\theta$ となり，軌道角運動量の量子化軸の方向 $(\theta = 0, \pi)$ にノードをもつ．

(ii) $\boldsymbol{d}$ ベクトル ユニタリ状態の $\boldsymbol{d}$ ベクトルは，$\boldsymbol{d}\times\boldsymbol{d}^* = 0$ を満たし，実数ベクトル × 位相因子の形になる．$\boldsymbol{d}$ が実数ベクトルのときには，式 (2.115) を用いて $\boldsymbol{d}\cdot\hat{\boldsymbol{S}}\Delta(\hat{\boldsymbol{p}}) = 0$ であることが示される．したがって，ユニタリ相では $\boldsymbol{d}$ ベクトルの方向へのスピンの射影は 0 である．

B 相の $\boldsymbol{d}$ ベクトルは，スピン空間と軌道空間の座標系を相対的に回転させる自由度があることを考慮すると，R を 3 次元の回転行列として，

$$\hat{\boldsymbol{d}}_\mathrm{B}(\hat{\boldsymbol{p}}) = R\hat{\boldsymbol{p}} \tag{2.145}$$

のように書くことができる．

A 相ではエネルギーギャップのノードを結ぶ方向が軌道角運動量の量子化軸の方向で，それを $\boldsymbol{l}$ という単位ベクトルで表す．$\boldsymbol{l}$ と直交し，かつ互いに直交するベクトルを $\boldsymbol{m}, \boldsymbol{n}$ として，直交座標系 $(\boldsymbol{l}, \boldsymbol{m}, \boldsymbol{n})$ を定義し，また $\hat{\boldsymbol{d}}_0$ を単位ベクトルとすると，

$$\hat{\boldsymbol{d}}_\mathrm{A}(\hat{\boldsymbol{p}}) = \sqrt{3/2}\,\hat{\boldsymbol{d}}_0(\boldsymbol{m}\cdot\hat{\boldsymbol{p}} + i\boldsymbol{n}\cdot\hat{\boldsymbol{p}}) \tag{2.146}$$

のように書くことができる．$\hat{\boldsymbol{d}}_0$ は，$\hat{\boldsymbol{p}}$ に依存しない定数ベクトルで，実空間でも特別な方向を指す．そのために A 相では磁気的異方性が顕著に現れる．

(iii) スピン帯磁率 A 相に磁場 $\boldsymbol{H}$ を，$\boldsymbol{H} \parallel \hat{\boldsymbol{d}}_0$ のように加えると，$\hat{\boldsymbol{d}}_0$ へのスピンの射影は 0 であるから，s 波 1 重項の場合と同様に，$T = 0$ で帯磁率は 0 になる．$\boldsymbol{H} \perp \hat{\boldsymbol{d}}_0$ の場合，常流動状態の帯磁率 $\chi_n = (1/2)\gamma^2\hbar^2 N(0)/(1+F_0^a)$ と等しい帯磁率が現れることは，2.1.2 項でふれられた．ここで，$\gamma \approx 2.0378\times 10^4\,\mathrm{G}^{-1}\cdot\mathrm{s}^{-1}$ は ${}^3\mathrm{He}$ の磁気回転比，F_0^a はランダウ・パラメーターの 1 つである (表 2.8)．したがって，A 相のスピン帯磁率はテンソルとなり，フェルミ液体効果を F_0^a まで考慮した弱結合理論では

$$\frac{\chi_{ij}}{\chi_n} = \delta_{ij} - \hat{d}_{0i}\hat{d}_{0j} + \hat{d}_{0i}\hat{d}_{0j}\frac{(1+F_0^a)\,Y(T)}{1+F_0^a\,Y(T)} \tag{2.147}$$

のように与えられる．ここで，$Y(T)$ は異方的なエネルギーギャップに一般化された芳田 (Yosida) 関数で，

$$Y(T) = \int\frac{d\Omega}{4\pi}\,Y(\hat{\boldsymbol{p}}, T)$$
$$Y(\hat{\boldsymbol{p}}, T) = \int_0^\infty d\xi_{\boldsymbol{p}}\,\frac{1}{2}\beta\,\mathrm{sech}^2\frac{1}{2}\beta\sqrt{\xi_{\boldsymbol{p}}^2 + |\Delta(\hat{\boldsymbol{p}})|^2} \tag{2.148}$$

である．$Y(T)$ は温度 T の単調増加関数で，$Y(0) = 0, Y(T_\mathrm{c}) = 1$ であり，$T \approx T_\mathrm{c}$ では，

$$1 - Y(T) \approx \frac{7\zeta(3)}{4}\frac{\Delta^2(T)}{\pi^2 k_\mathrm{B}^2 T_\mathrm{c}^2} \tag{2.149}$$

と表される.

この磁気異方性に起因する自由エネルギーは

$$\Delta F_{\mathrm{mag}}^{\mathrm{A}} = \frac{\chi_n}{2} \frac{1-Y(T)}{1+F_0^a Y(T)} (\hat{\bm{d}}_0 \cdot \bm{H})^2 \qquad (2.150)$$

のように表される.磁場以外に $\hat{\bm{d}}_0$ を配向させる要因がなければ,$\bm{H} \perp \hat{\bm{d}}_0$ となるように $\hat{\bm{d}}_0$ が配向する.

B 相の帯磁率は等方的で,

$$\frac{\chi_{\mathrm{B}}}{\chi_n} = \frac{(1+F_0^a)[2+Y(T)]}{3+F_0^a[2+Y(T)]} \qquad (2.151)$$

となる.なお,χ_n の値は表 2.8 のモル体積 v と磁気有効温度 T^* を用いて,

$$\chi_n = \frac{1.362 \times 10^{-8}}{T^*} \frac{37.0}{v} \qquad (2.152)$$

で求められる[1].

(iv) 双極子相互作用　　双極子相互作用による GL 自由エネルギーの増分 ΔF_{dip} は

$$\Delta F_{\mathrm{dip}} = g_{\mathrm{D}}(T) \int \frac{d\Omega}{4\pi} 3 |\hat{\bm{p}} \cdot \hat{\bm{d}}(\hat{\bm{p}})|^2 \qquad (2.153)$$

で与えられる.ここで,$g_{\mathrm{D}}(T)$ は双極子相互作用の大きさを与える定数で,

$$g_{\mathrm{D}}(T) = \frac{1}{2}\pi\gamma^2\hbar^2\Psi^2(T) = \frac{\pi\gamma^2\hbar^2\Delta^2(T)}{2g_1} \qquad (2.154)$$

である.さて,アボガドロ数 N_{A} をモル体積 v で割算すると,$n = N_{\mathrm{A}}/v$ は ^{3}He 原子の数密度である.この逆数を $a^3 = 1/n$ とすると,a は平均の原子間距離となる.$n = (4/3)N(0)k_{\mathrm{B}}T_{\mathrm{F}}$ の関係を使うと,$T \approx T_{\mathrm{c}}$ では,

$$g_{\mathrm{D}}(T) \approx \frac{9}{32}\frac{\pi\gamma^2\hbar^2}{a^3} \times \left(\frac{3.06T_{\mathrm{c}}}{\kappa T_{\mathrm{F}}}\sqrt{1-\frac{T}{T_{\mathrm{c}}}}\right)^2 \times n \times \frac{1}{(N(0)g_1)^2} \qquad (2.155)$$

となる.式 (2.155) の右辺の最初の項は,係数を別にして,近接する 2 つの ^{3}He 原子の核磁気モーメントによる双極子相互作用の大きさであり,次の項はその 2 つの原子がクーパー対を形成している確率,それに数密度 n を掛けたものは単位体積あたりの双極子相互作用の大きさと理解することができる.$1/(N(0)g_1)$ は BCS 理論に特徴的な量であり,低圧領域で 5 程度,高圧領域で 3 程度と見積もられる[7].

A 相では,式 (2.146) を用いて式 (2.153) を計算すると,定数を除いて,

$$\Delta F_{\mathrm{dip}}^{\mathrm{A}} = -\frac{3}{5}g_{\mathrm{D}}^{\mathrm{A}}(T)(\hat{\bm{d}} \cdot \bm{l})^2 \qquad (2.156)$$

となる.$\hat{\bm{d}}$ と $\bm{l}$ が平行のときに最小となる.

B相では，式 (2.145) の回転行列 R を用いて，

$$\Delta F_{\text{dip}}^{\text{B}} = \frac{1}{5} g_{\text{D}}^{\text{B}}(T) \left[(\text{Tr}\, R)^2 + \text{Tr}(R^2) \right] \tag{2.157}$$

と表される．いま，R が $\hat{\boldsymbol{n}}$ を軸とする角度 θ の回転とすると，

$$\text{Tr}\, R = 1 + 2\cos\theta, \qquad \text{Tr}\, R^2 = 1 + 2\cos 2\theta$$

という関係があるので，やはり定数を除いて，

$$\Delta F_{\text{dip}}^{\text{B}} = \frac{8}{5} g_{\text{D}}^{\text{B}}(T) \left(\cos\theta + \frac{1}{4} \right)^2 \tag{2.158}$$

となる．したがって，$\cos\theta = -1/4$，すなわち $\theta_{\text{L}} = \cos^{-1}(-1/4) \approx 104°$ のときに $\Delta F_{\text{dip}}^{\text{B}}$ が最小となる．この角度をレゲット (Leggett) 角とよぶ．

ここまでの考察では回転軸 $\hat{\boldsymbol{n}}$ の向きは定まらない．たとえば，B相に磁場がかかっている場合，磁場方向の $\hat{\boldsymbol{d}}$ ベクトル成分は，磁場と直角方向に比べて抑制されると考えられる．なぜならば，$\hat{\boldsymbol{d}}$ ベクトルはその方向へのスピンの射影が 0 となる成分，すなわち (↑↓) 対の大きな向きであるので，s 波超伝導の場合と同様に磁場で抑制されると考えられるからである．したがって，それと直交する面内で，式 (2.153) の $|\hat{\boldsymbol{p}} \cdot \hat{\boldsymbol{d}}|$ を小さくした方が自由エネルギーの得が大きく，したがって回転軸 $\hat{\boldsymbol{n}}$ は磁場と平行である方が有利である．B相では，双極子相互作用を通して，

$$\Delta F_{\text{mag}}^{\text{B}} = -g_{\text{D}}^{\text{B}}(T) \left(\frac{\gamma \hbar}{2\Delta(T)} \right)^2 (\hat{\boldsymbol{n}} \cdot \boldsymbol{H})^2 \tag{2.159}$$

程度の磁気異方性が生じることがわかる．ここで，$[\gamma\hbar H/2\Delta(T)]^2$ は対破壊の程度を表す．

(v) 核磁気共鳴 静的な外部磁場 $\boldsymbol{H}_0$ が $\boldsymbol{H}_0 \parallel \hat{\boldsymbol{z}}$ のように加えられているとする．A相では，式 (2.150) がもっとも小さくなるように，$\boldsymbol{H}_0 \perp \hat{\boldsymbol{d}}_0$ が実現される．さらに，式 (2.156) によって，$\hat{\boldsymbol{d}}_0 \parallel \boldsymbol{l}$ となるので，$\hat{\boldsymbol{d}}_0 \parallel \boldsymbol{l} \parallel \hat{\boldsymbol{x}}$ とする．一方，B相では，式 (2.159) によって $\hat{\boldsymbol{n}} \parallel \boldsymbol{H}_0 \parallel \hat{\boldsymbol{z}}$ となることが期待される．

系の全スピン角運動量を $\boldsymbol{S}$ とすると，$\boldsymbol{S}$ は古典的な量と見なせる．$\boldsymbol{S}$ がスピン空間の無限小回転の演算子であることを思い出せば，$\boldsymbol{S}$ に正準共役な量はスピン空間の回転ベクトル $\boldsymbol{\theta}$ である．これらの静的な外部磁場 $\boldsymbol{H}_0$ のもとでの運動方程式は

$$\frac{d\boldsymbol{S}}{dt} = \gamma \boldsymbol{S} \times \boldsymbol{H}_0 - \frac{\partial \Delta F_{\text{dip}}}{\partial \boldsymbol{\theta}} \tag{2.160}$$

$$\frac{d\boldsymbol{\theta}}{dt} = -\gamma \left(\boldsymbol{H}_0 - \frac{\gamma}{\chi} \boldsymbol{S} \right) \tag{2.161}$$

となる．$\boldsymbol{S}$ を消去すれば，$\boldsymbol{\theta}$ に対する運動方程式として

$$\frac{d^2\boldsymbol{\theta}}{dt^2} - \gamma \frac{d\boldsymbol{\theta}}{dt} \times \boldsymbol{H}_0 + \frac{\gamma^2}{\chi} \frac{\partial \Delta F_{\text{dip}}}{\partial \boldsymbol{\theta}} = 0 \tag{2.162}$$

が得らる.

A 相の双極子相互作用は式 (2.156) で与えられ,平衡状態では $l \parallel \hat{d} \parallel \hat{x}$ であるので,x 軸のまわりにスピンを回転しても双極子相互作用は変化しない.それに対し,y 軸と z 軸のまわりに θ_y, θ_z だけスピン空間を回転させると,l が慣性によって動けないので,d の変化に即座に追随できないとすると,θ_y, θ_z に対して,同じエネルギー増加が発生する.このエネルギーの増加分は,$\theta_y, \theta_z \ll 1$ のとき,

$$\Delta F_{\text{dip}}^{\text{A}} \approx \text{const.} + \frac{1}{2}\frac{\chi_{\text{A}}}{\gamma^2}\Omega_{\text{A}}^2(\theta_y{}^2 + \theta_z{}^2) \tag{2.163}$$

$$\Omega_{\text{A}}{}^2 = -\frac{\gamma^2}{\chi_{\text{A}}}\frac{3}{5}g_{\text{D}}^{\text{A}}(T)\left.\frac{\partial^2 \cos^2\theta}{\partial \theta^2}\right|_{\theta=0} = \frac{6}{5}\frac{\gamma^2}{\chi_{\text{A}}}g_{\text{D}}^{\text{A}}(T) \tag{2.164}$$

と近似できる.この双極子相互作用を用いると,式 (2.162) において θ_z は θ_x, θ_y と独立となり,磁場によらない固有周波数 Ω_{A} の調和振動となる.この共鳴は,磁場がなくても起きる現象である.θ_z の微小振動は,S_z の振動でもあり,静磁場方向の磁化の変動である.それゆえ縦共鳴とよばれ,通常の核磁気共鳴とは異なる,超流動 ^{3}He に特有のモードである.一方,θ_x, θ_y の運動からは通常の磁気共鳴が得られるが,共鳴周波数が $\sqrt{\omega_{\text{L}}{}^2 + \Omega_{\text{A}}{}^2}$ となり,ラーモア周波数 $\omega_{\text{L}} = \gamma H_0$ から高周波数側にずれる.周波数のずれは $|\Delta(T)|^2$ に比例する.

これに対して B 相では,$\hat{n}$ が式 (2.159) によって,H_0 と平行になるが,この拘束力は弱いので,x 軸あるいは y 軸のまわりにスピン空間を微小回転させても復元力は働かない.それに対して,z 軸のまわりにスピン空間を回すと,式 (2.158) による復元力が,A 相の場合と同じ程度の大きさで働く.A 相の場合と同様に

$$\Delta F_{\text{dip}}^{\text{B}} \approx \text{const.} + \frac{1}{2}\frac{\chi_{\text{B}}}{\gamma^2}\Omega_{\text{B}}{}^2\theta_z{}^2 \tag{2.165}$$

$$\Omega_{\text{B}}{}^2 = -\frac{\gamma^2}{\chi_{\text{B}}}\frac{8}{5}g_{\text{D}}^{\text{B}}(T)\left.\frac{\partial^2}{\partial \theta^2}\left(\cos\theta + \frac{1}{4}\right)^2\right|_{\cos\theta = -1/4} = 3\frac{\gamma^2}{\chi_{\text{B}}}g_{\text{D}}^{\text{B}}(T) \tag{2.166}$$

として得られる $\Omega_{\text{B}}{}^2$ は S_z 成分の縦共鳴にのみ現れ,核磁気共鳴の周波数のシフトには現れない.

i. A_1 相

磁場がある場合には式 (2.121) の変換のうち,SO_3^S はもはや成り立たない.磁場の存在によって,1軸性の異方性が持ち込まれたためである.磁場が z 軸方向にかかっているとすると,スピン空間の回転に対して

$$SO_3^S \to O_z^S \times O_{x,\pi}^S \tag{2.167}$$

のように G の対称性が低下する.式 (2.119) の $H(B)$ にある SO_3^J という連続的な3次元回転は式 (2.167) とは整合しないので,B 相は不活性相として生き延びることが

できない．実際，1T程度の磁場によってB相は相図から完全に排除される．それに対して，A相は磁場がある場合でも安定である．式 (2.122) の $H(A)$ では $S_z = 0$ となるようにスピン量子化軸が選ばれているが，z 軸方向に磁場がかかっている場合には，帯磁率の異方性によって，この状態はエネルギー的に損であり，磁場に直交する方向に量子化軸を取り直す必要がある．いま x 軸をその方向として，式 (2.122) のスピンに関係する部分を $O_z^S \times O_{x,\pi}^S U_{\pi/2}$ から，$O_x^S \times O_{z,\pi}^S U_{\pi/2}$ としたあと，$O_x^S \to O_{x,\pi}^S$ のように，余分な対称性を除くことで，式 (2.167) と整合させることができる．磁場中の A 相の対称性を表す群は

$$H(A_2) = O_{x,\pi}^S \times O_{z,\pi}^S U_{\pi/2} \times (O_z^{L-(1/2)N} \times O_{x,\pi}^L T) \times PU_{\pi/2} \tag{2.168}$$

である．$H(A_2)$ で規定される相をとくに A_2 相とよぶが，A 相に良く似た性質をもつ．

磁場中の A 相で，$\hat{\boldsymbol{d}}_0 \perp \boldsymbol{H}$ という配置になっていると，式 (2.150) から明らかなように，GL 自由エネルギーに磁場依存性が現れないので，A 相は常に安定であるように見える．しかし，粒子と正孔のわずかな非対称性に起因する，磁場の 1 乗に比例する項が (T_c/T_F) の高次の項として現れることが知られている．T_c 近傍では，GL 自由エネルギー (2.129) の第 1 項の係数が $1 - T/T_c$ に比例して小さくなるので，どこかでこの磁場の 1 乗に比例する項が支配的となる．このような状況では，秩序変数のスピン部分は

$$O_z^S \times O_{x,\pi}^S T \tag{2.169}$$

に整合するものでなくてはならない．表 2.7 にある，A_1 相の対称性

$$H(A_1) = (O_z^{L-(1/2)N} \times O_z^{S-(1/2)N} \times O_{x,\pi}^J T) \times PU_{\pi/2} \tag{2.170}$$

が，整合していることがわかる．A_1 相は $L_z = 1, S_z = 1$ の状態であり，T_c 近傍の狭い温度範囲に現れる．この $H(A_1)$ と $H(A_2)$ を見比べると $H(A_1)$ の z 軸まわりの連続なスピン-ゲージ結合回転から不要な要素を除き，$O_{z,\pi}^S U_{\pi/2}$ を残すように対称性を下げることで A_2 状態に移ることがわかる．ランダウの相転移理論によれば，$H(A_1) \supset H(A_2)$ のように対称性を下げる相転移は連続な相転移になることが可能であり，実際に A_1 から A_2 への転移は連続転移であることが実験的に確かめられている．

[河野公俊]

文　献

[1] J. C. Wheatley, Rev. Mod. Phys. **47** (1975) 415.
[2] W. P. Halperin and E. Varoquaux, *Helium Three* (North-Holland, 1990) p. 353.
[3] D. S. Graywall, Phys. Rev. B **33** (1986) 7520.
[4] A. J. Leggett, Rev. Mod. Phys. **47** (1975) 331.
[5] 恒藤敏彦,「超伝導・超流動」(岩波書店, 1993).
[6] G. E. Volovik, *Helium Three* (North Holland, 1990) p. 27.

[7] D. Vollhardt and P. Wölfle, *The Superfluid Phases of Helium 3* (Taylor & Francus, Reprinted 2002) p.177.

[8] R. Combescot, J. Low Temp. Phys. **18** (1975) 537.

2.7 原子気体のボース–アインシュタイン凝縮

2.7.1 実　　験

a. ボース凝縮体とは

　ボース統計を示す原子の気体を絶対零度近くまで冷却することによって得られるのが原子気体のボース–アインシュタイン凝縮体 (Bose–Einstein Condensate: BEC) である．凝縮体においては，巨視的な数の原子が，系の最低エネルギーの波動関数を共有する．その結果，凝縮体は巨大な物質波としてふるまい，また超流動性を示す．原子気体のボース–アインシュタイン凝縮は 1995 年に Eric Cornell と Carl Wieman らが米国コロラド大学と国立標準技術研究所 (NIST) の共同研究機関である JILA において，また Wolfgang Ketterle らが米国マサチューセッツ工科大学 (MIT) において，初めて実現した[1,2]．彼らは，常温の原子気体をレーザー冷却によって数百 μK（マイクロケルビン）まで冷却したあと，さらに磁場トラップ内での蒸発冷却によって数百 nK（ナノケルビン）まで冷却することでボース凝縮を達成した（図 2.68）．使われた原子種は ^{87}Rb や ^{23}Na といったボソンのアルカリ原子，凝縮体中の原子数は 10^4 個から 10^6 個，凝縮体中の原子数密度は $10^{12}\,\text{cm}^{-3}$ から $10^{14}\,\text{cm}^{-3}$ であった．なお，上記の 3 氏は，「アルカリ原子気体でのボース凝縮の達成と，その基礎的性質の研究に対し」2001 年のノーベル物理学賞を授与されている．

　1995 年の達成から 10 年余りの間に実験技術は進歩し，われわれの冷却原子に対す

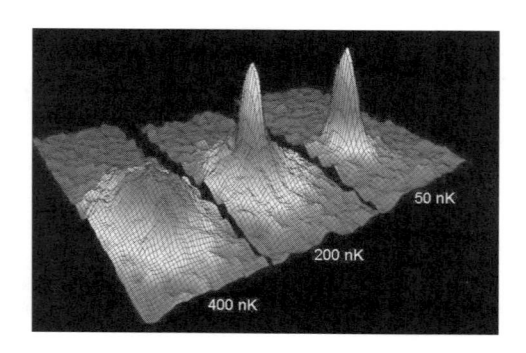

図 **2.68**　JILA で観測された ^{87}Rb のボース凝縮体．一定飛行時間後の吸収イメージングにより，気体原子の運動量分布が測定された．400 nK（ナノケルビン）では気体の運動量は熱分布を示している．200 nK と 50 nK の像に現れているゼロ運動量の鋭いピークがボース凝縮を示している．(JILA ホームページ http://jilawww.colorado.edu/bec/ より).

る理解も進んだ．特筆すべきは非共鳴光により凝縮体をトラップする技術，静磁場や光により原子間相互作用を制御する技術(フェッシュバッハ共鳴)，そして協同冷却により複数の原子種を同時に量子縮退に導く技術，などが確立したことである．これらの技術によって，当初，凝縮の難しかった ^{85}Rb[3], Cs[4], Yb[5], Cr[6] といった原子種がいずれも凝縮に導かれた．以下に，このようなボース凝縮体についてしらべられたこと，そしてボース凝縮体を用いて実証されたことを列挙してみたい．

b. ボース凝縮体についてしらべられたこと，成されたこと

(i) **ボース凝縮体の安定性** ボース凝縮した多数の原子は，1つの波動関数を共有するが，その波動関数はトラップ内の1粒子の基底状態の波動関数とは異なる．ボース凝縮体のトラップはほとんどの場合，調和ポテンシャルで非常によく近似できるが，1粒子の基底状態の波動関数のサイズが $1\,\mu m$ 程度のはずなのに，ボース凝縮体のサイズは $10\,\mu m$ 程度，ということはよくある．これは，ボース凝縮体の空間的大きさが，原子間の斥力相互作用によってふくらんでいることによるもので，実際，調和ポテンシャルの中ではボース凝縮体は原子数が多いほど，空間的にも大きくなる．原子間の斥力相互作用は平均場近似で非常によく記述され，原子1個あたりの相互作用エネルギーは散乱長と原子数密度に比例する．したがって，正の散乱長をもつ原子では，ポテンシャルエネルギーと相互作用エネルギーがつりあう大きさが存在し，大きな原子数のボース凝縮体が安定に存在する．一方，負の散乱長をもつ原子では，サイズが小さくなればなるほど，ポテンシャルエネルギーも相互作用エネルギーも低下するので，結果として大きな原子数のボース凝縮体は高密度化が止まらず，最終的には高密度部分での分子生成によって崩壊してしまう．したがって，負の散乱長をもつ原子を極低温まで冷却すると，ボース凝縮体が成長と崩壊を繰り返す．この繰り返しの様子が非破壊イメージングの手法を用いて観測されている[7]．

(ii) **3体の非弾性散乱と3原子相関** 数百 nK という極低温でのアルカリ原子の真の基底状態はあくまで固体である．ボース凝縮体の実験が可能なのは，トラップ中での原子気体の寿命が長い(1秒〜数分)からにほかならない．気体が固体になるプロセスの第1段階は衝突による分子生成であり，具体的には3個の原子が衝突して1個の分子と1個の原子ができる3体衝突のプロセスである．このプロセスがトラップ中で起こった場合，分子と原子は大きな運動エネルギーを得てトラップから失われる．したがって，トラップ中の原子の寿命を解析することで3体衝突の頻度を定めることができる．では3体衝突の頻度は原子気体がボース凝縮しているか熱分布しているかで異なるであろうか？量子力学における同種粒子の状態の数え方にしたがうと，3体衝突の頻度に関して重要な結果が得られる．ボース凝縮体においては，3体衝突は密度から期待された頻度で起こるが，熱分布する気体においては，その6倍の頻度で生じる．実際，ボース凝縮体中の原子の3体衝突の頻度と，熱分布する原子のそれが比較され，6倍違うことが実証された[8]．

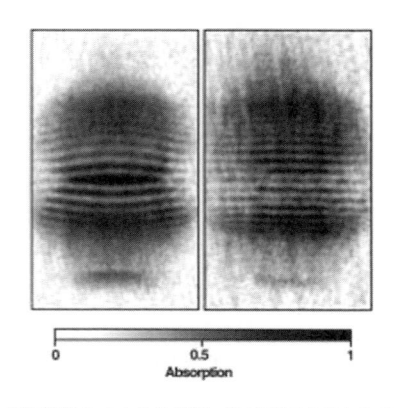

図 2.69　2つのボース凝縮体のつくる干渉縞．物質波によるヤングの2重スリットの実験に該当する．2つのボース凝縮体の重なり部分に原子波の干渉が確認できる[9]．

(iii) 原子波レーザー　ボース凝縮体から連続的に原子波を取り出すことが可能である (原子波レーザー)．ボース凝縮体の原子波としての性質を確認するためには，ヤングの2重スリットの実験を行えばよい．光の実験では，2重スリットで波面を2箇所切り出した後，スクリーンで重ねると，光の強度の干渉縞を生じる．ボース凝縮体に対して行われた実験は，一連の作業を空間軸ではなく時間軸に置き直したものである．具体的には，細長い磁気トラップ中にボース凝縮体をつくった後，その中央部分にレーザー光を集光してボース凝縮体を「切断」し，2個のボース凝縮体が得られた．次に，磁場と光を両方オフにすると，ボース凝縮体中の原子は自由空間を飛散する．時間とともに，それぞれの凝縮体から飛散した原子の分布は重なりあってくるので，その重なり部分の原子密度分布を見るとはっきりとした干渉縞が観測され，そのコントラストはほぼ100%であった (図 2.69)[9]．これは，取り出された原子波のコヒーレンスがよく，理想的な物質波としてふるまうことを示す．さらに原子波の位相を制御して，ソリトンや量子渦を励起することも可能である．

(iv) フェッシュバッハ共鳴　冷却原子間の相互作用は原子どうしのs波散乱の振幅 (散乱長) で記述される．散乱長は凝縮体の性質を決定する．たとえば，^{87}Rbの凝縮体が安定なのは，^{87}Rbの散乱長が正 (斥力) で大きい (約100ボーア半径) からである．散乱長は原子間相互作用ポテンシャルで決定され，本来は原子種によって固有の値である．しかし外場，たとえばバイアス磁場を加えることによって，特定の磁場のまわりで散乱長を共鳴的に変化させることが可能であることが理論的に予想され，実験でも実証された[10]．これは原子核の分野で最初に提唱された概念で，提唱者の名前をとってフェッシュバッハ共鳴 (Feshbach resonance) とよぶ．フェッシュバッハ共鳴による散乱長の制御を用いて，不安定なボース凝縮体の安定化や引力相互作用による凝縮体の崩壊のダイナミクス，ソリトンの制御の研究，などが行われた．

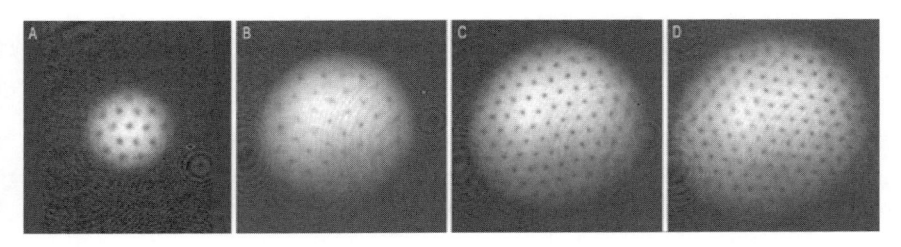

図 2.70 回転するポテンシャル中のボース凝縮体に発生した量子渦[12]．ボース凝縮体を回転させると，その角運動量に対応して量子渦を生じる．渦の中心の分布を吸収イメージングで観測することができ，平衡状態においては三角格子を組んでいることがわかる．回転の角速度をトラップ周波数に近づけるとボース凝縮体は遠心力で横にふくらみ，量子渦の数も増える (B,C,D)．

(v) **超流動性** 渦の量子化を用いて，ボース凝縮体の超流動性を実証できる．磁気トラップ中で凝縮体をつくった後，非共鳴光を集光したスポットを音響光学素子 (AOM) で回転させることで，ボース凝縮体を回転させることが可能である．ボース凝縮体はその超流動性のために，循環 (速度場の線積分) が量子化されており，任意の回転速度で回転することができない．そのもっとも簡単な観測法は，その回転周波数に応じて凝縮体中に生じる量子渦の観測である[11]．生じた量子渦の中心はアブリコソフの三角格子 (Abrikosov lattice) を組んでおり，飛行時間法と吸収イメージングを用いて直接観測することができる (図 2.70)[12]．トーラス状の閉じ込めポテンシャルの中では量子渦がピン止めされて凝縮体が半永久的に回転すること (永久流) や，超流動体における散逸を特徴づける「ランダウの臨界速度」(critical velocity) の存在も実験的に確認されている．

(vi) **ダイナミクス** 通常用いられる吸収イメージング法は破壊測定である．したがって，同じ凝縮体の写真を複数回撮って，凝縮体の時間発展を追うことは不可能である．しかし非共鳴光を用いた位相コントラストイメージング法は異なる．位相コントラストイメージング法は，原子気体での光の位相シフトを読み出すだけなので，非破壊的にイメージをとり続けることが可能であり，ダイナミクスを観測することが可能である．これは，波動関数の時間発展を撮影していることになり，非常に意義深い．この「その場観察」によって，ボース凝縮体の成長が解析され，斥力相互作用では誘導効果によって加速度的に成長することや，引力相互作用では成長と崩壊を繰り返すことが確認された．励起の時間発展を追うことも可能であり，ボース凝縮体中の音波の伝播や，3 次元ソリトンが渦輪 (vortex ring) に変わっていく様子が観測された[13]．

(vii) **超放射** 凝縮体の物質波としてのコヒーレンスの良さは，気体の光学的性質にも影響を与える．単純なレーリー散乱においても，散乱の最中に物質波による誘導効果が顕著になり，コヒーレントな (超放射的な) 散乱が起こる[14]．この超放射的な光散乱を用いて，物質波の増幅を行うことも可能である．

(viii) スピンの自由度が示す様々な空間構造 光トラップされた凝縮体はスピンの自由度をもち，スピンどうしは衝突を介して相互作用する．散乱長のスピン依存性によって，その相互作用が強磁性的であるか，反強磁性的であるかが定まる．強磁性的な場合，最低エネルギー状態に凝縮が起こると考えると，凝縮体中のすべてのスピンが一斉に一方向を向くように思えるが，通常はそうはならない．これは，固体と異なり，トラップ中の気体原子は角運動量の保存則の制限を受けるためである．したがって，凝縮体中のスピンは角運動量を保存しながら相互作用エネルギーを最小化しようとし，その過程で量子渦を含む複雑なドメイン構造をつくりだす．このドメイン構造が成長する様子を非破壊測定で直接追跡することも可能である[15]．

(ix) 光格子中の凝縮体 周期的ポテンシャルにボース凝縮体を閉じ込めるとどうなるであろうか．対向したレーザー光を3組用意することで x, y, z すべての方向に定在波をつくり，その3次元周期的ポテンシャルの中に凝縮体を閉じ込めることが可能である．定在波ポテンシャルの高さが低いときは，最低エネルギーの状態が運動量ゼロの状態から結晶運動量ゼロの状態に変わっただけで，超流動的ふるまいに違いはない．周期的ポテンシャルを突然オフにして飛行時間法 (time-of-flight) により吸収イメージングを撮ると，運動量ゼロと逆格子ベクトルだけ各方向にシフトした運動量にピークを生じる．これに対し，定在波を高くすると突然，気体の性質が変化する．系のふるまいを決める上で，相対的に相互作用エネルギーが重要になるが，相互作用エネルギーを最小化するには各サイトの粒子数ゆらぎが抑制する必要があるため，各サイトにちょうど整数個の原子が閉じ込められた状態 (モット絶縁体) が実現される．モット絶縁体においては各サイトの原子間のコヒーレンスが消失し，運動量空間で特

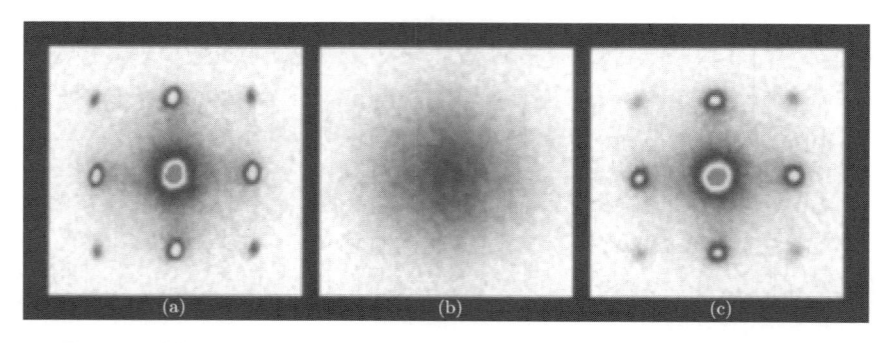

図 **2.71** 光格子ポテンシャルに閉じ込めたボース凝縮体を用いて観測された超流動–モット絶縁体転移．示されているのは飛行時間法後の吸収イメージング像で，運動量空間での密度分布を示す．実験は左側から進行しており，周期的ポテンシャルが弱いと系は超流動相を示し，気体は特定の結晶運動量に凝縮している (a)．ここで周期的ポテンシャルを強くすると波動関数の長距離秩序が破壊され，モット絶縁体状態に転移する (b)．特定の運動量には凝縮していない．再度，周期的ポテンシャルを弱くすると超流動状態に復帰する (c)．(マインツ大学 極低温量子気体グループホームページ http://www.quantum.physik.uni-mainz.de/en/bec/ より)

定の運動量への凝縮が見られなくなる．図 2.71 に超流動–モット絶縁体転移で見られるボース凝縮体の飛行時間法の写真を紹介した[16]．

(x) 低次元の凝縮体　3 次元光格子を「ゼロ次元量子気体」と考えれば，ビームの数を減らすことで 1 次元や 2 次元の量子気体を作成することが可能である．そして量子気体の性質は次元によって大きく異なると考えられている．たとえば，1 次元量子気体において，運動エネルギーよりも相互作用エネルギーが支配的な領域では，ボソンが斥力相互作用のために同一地点に存在することができず，あたかもフェルミオンであるかのようにふるまうことが知られている．この「トンクス気体」(Tonks–Girardeau gas) は Rb のボース凝縮体を 2 次元光格子に導入することで初めて実験的に実現された[17]．また 2 次元量子気体も独特である．純粋な 2 次元系ではボース凝縮体は存在しない．これは有限温度の 2 次元の量子気体においては，渦–反渦対 (vortex–antivortex pair) の励起によって凝縮体の特徴である長距離秩序の生成が阻まれてしまうからである．しかし，それでもなお量子縮退近くでは，べき級数的に減衰する擬長距離秩序を構成することが可能であり，これをコスタリッツ–サウレス転移 (Kosterlitz–Thouless transition) とよぶ．コスタリッツ–サウレス転移の詳細も物質波干渉を用いて冷却原子で観察されている[18]．

(xi) フェッシュバッハ分子　フェッシュバッハ共鳴を用いて，極低温の原子対を断熱的に分子に変換することも可能である．これはフェッシュバッハ共鳴の裏には非常にゆるく束縛された分子の存在があるからである．原子のボース凝縮体を分子のボース凝縮体に変換することも可能である．実際，この手法はとくに非弾性散乱の少ないフェルミオンで大きな成果を収めた．このとき作成された分子はもっとも浅い振動準位にあり，束縛エネルギーが数 10 kHz 程度から数 MHz 程度ときわめて小さく，核間距離は約 100 ボーア半径程度と非常に大きく，「フェッシュバッハ分子」とよばれる．とくにフェルミオン原子からなるフェッシュバッハ分子は衝突に対して比較的安定である．ただし，2 原子間で電荷の移動が無視できるため，異核 2 原子分子でも電気双極子は非常に小さい．

(xii) フェルミオン　中性原子気体の実験においては，フェルミオンも同様に冷却してフェルミ縮退を達成することが可能である．最初のフェルミ縮退した中性原子気体は米国 JILA の Jin らによって 1999 年に達成された[19]．使われた冷却方法はレーザー冷却と蒸発冷却の組合せであり，基本的にはボース凝縮の実験で培われた技術を基礎としている．量子フェルミ気体の実験の特徴としては，パウリの排他律から生じる相互作用への制限がある．同じ内部状態にある極低温フェルミ原子は相互作用できない．そこで，Jin らの実験では使用するフェルミオンである ^{40}K の原子気体を 2 つの内部状態に分けることで，蒸発冷却に必要な弾性散乱を確保していた．この「相互作用するフェルミ縮退した量子気体」は，使われた 2 つの内部状態をそれぞれ電子におけるスピン上向き，下向きと同一視すると固体中の電子気体とのアナロジーを確立することができるため，広く興味をもたれた．

(xiii) BCS型超伝導と分子のBEC 極低温フェルミオンの実験を,フェッシュバッハ共鳴と組み合わせると「大きな引力相互作用をするフェルミ縮退気体」を実現することができる.これはまさにBCS理論の舞台であり,BCS理論の検証に理想的な実験セットアップを与える.とくに,フェッシュバッハ共鳴において大きな引力にこだわらず,磁場を掃引して相互作用を断熱的に大きな引力から大きな斥力まで変化させたときを考えると,BCSの超伝導状態からスタートして断熱的に分子の凝縮体まで変化させうることが考えられる.これをBCS–BECクロスオーバーとよぶ.このクロスオーバーにおける超伝導の再現は近年の冷却原子を用いた,実験のハイライトの1つである[20].

c. 実験のセットアップ

ナノケルビン (nK) での実験と聞くと,何重もの断熱構造をもった大きな冷却装置を考えがちであるが,真空装置自体はコンパクトである.輻射による加熱は無視できるため,超高真空 ($< 10^{-11}$ Torr) にした真空槽やガラスセルで十分必要な断熱が達成できる.誤解をおそれずにボース凝縮体を使った実験の手順を簡略化すると

(i) レーザー冷却で約 10^9 個の原子を集める.このとき,原子の温度は $100\,\mu$K 程度である.
(ii) 光で内部状態を整えてから,原子を磁場トラップや光トラップに移す.
(iii) 数秒から数十秒かけて蒸発冷却で原子を「捨てながら冷やす」.原子数が約 1/1000 になったあたりで温度も約 1/1000 になり,ボース凝縮が達成される.
(iv) ボース凝縮体に対して所望の実験を行う.
(v) トラップから凝縮体を解放し,約 10 ms 後に共鳴光を当てて吸収される様子をカメラで捉える.捕らえた画像から原子の運動量分布を解析する.

おもに必要な電磁場としては,

- 磁気光学トラップ用の数百 mW 程度,線幅 1 MHz 程度の共鳴光,
- 磁場閉込め用の 100 G/cm 程度の磁場勾配,
- スピン制御のための 1 W 程度のラジオ波,
- 光トラップ用の数 W の非共鳴光,
- 相互作用制御用の数百 G の磁場

などがあげられる.また,画像処理用のカメラには量子効率と取込み速度が求められる.

カメラのデータ処理の時間を含めた典型的な実験のサイクルタイムは 1〜2 分程度である.すべての光,磁場,ラジオ波などのタイミングは PC からデジタルボード,アナログボードを介して制御される.扱いに慎重を要するのは主に超高真空 (10^{-11} Torr) の実現,わずかな共鳴光による原子の加熱,磁場トラップ中心における磁場のゆらぎ(約 10 mG 程度),周囲のラジオ周波数のノイズ,光学機器の機械的振動,などであるが,どれも標準的な手法で対処可能である.実験の鍵を握るのは,いかに原子気体を

途中で加熱してしまうことなしにすべての冷却プロセスを遂行できるかであり，実験家にはすべての冷却プロセスの詳細な理解と制御が求められる．

装置全体をもっとコンパクトにしようという努力もなされている．真空槽の外に大きな電磁石を置くのではなく，真空槽の中に導線を配置し，導線のすぐ近くの磁場で原子をトラップする方法も実現している．とくに，基盤にエッチングした導線に数アンペアの電流を流してトラップをつくることも可能（「アトムチップ」）で，応用の面からも非常に注目されている．しかし現在のところ，導線の端面のギザギザからくる微小なポテンシャルのゆらぎによる凝縮体の励起の影響が大きく，波面を崩さずに原子波を輸送する手段としては限界がある．

d. 現在の課題とこれから期待される進展

ボース凝縮体を中心とした極低温原子気体の実験技術の進展は非常に速いが，依然，克服すべき課題も多い．

(i) 原子数の改良 水素の実験を除き，ボース凝縮に含まれる原子数は最大でも10^7個程度である．これをボース凝縮体の生成にかかる時間で割り算すると10^5 (1/s)程度となる．この値は単位時間あたりに得られる原子数——フラックス (flux) としては非常に小さく，精密実験において原子波レーザーがオーブンからの原子線に見劣りのする1つの大きな理由になっている．アルカリ気体のボース凝縮の生成手順においてもレーザー冷却をヘリウムガスによる協同冷却などと置き換えるか，もしくは連続的にボース凝縮を生成して実質的な生成時間を大幅に短縮すればフラックスの2桁増も可能と思われる．

(ii) 光格子中のフェルミオン 周期的ポテンシャル中のフェルミオンの基底状態の相互作用依存性は物性物理学における重要な興味の対象である．とくに，極低温原子系を用いて反強磁性相を再現しようとする試みは大きな興味を集めている．ただし，その実現のためには格子中での原子の冷却の実現，各サイトのイメージングの実現，調和ポテンシャルによる不均一性の克服，など考慮すべき問題も多い．

(iii) 極性分子への拡張 冷却原子気体の相互作用は衝突による等方的な相互作用に限られる．Crのように大きな磁気双極子-双極子相互作用を示すものもあるが，極性分子の示す電気双極子-双極子相互作用に比べれば，2桁以上小さい．したがって，冷却原子のかわりに極性分子を用いてボース凝縮や光格子の実験を行うことができれば，長距離で異方性のある相互作用によるさまざまな相（超流動，超固体，チェッカーボード相など）を実現できる．幸い，協同冷却により複数の原子種を同時にボース凝縮させることが可能なので，冷却原子を断熱的につないで分子にする方法が確立すれば，極低温極性分子を用いた実験も可能である．フェッシュバッハ共鳴と誘導ラマン断熱遷移を用いた「つなぐ」方法がもっとも有力であり，量子縮退にむけて実験が進みつつある．

［井上　慎］

文　献

[1] M. H. Anderson et al., Science **269** (1995) 198.
[2] K. B. Davis et al., Phys. Rev. Lett. **75** (1995) 3969.
[3] S. L. Cornish et al., Phys. Rev. Lett. **85** (2000) 1795.
[4] T. Weber et al., Science **299** (2003) 232.
[5] Y. Takasu et al., Phys. Rev. Lett. **91** (2003) 040404.
[6] A. Griesmaier et al., Phys. Rev. Lett. **94** (2005) 160401.
[7] J. M. Gerton et al., Nature **408** (2000) 692.
[8] E. A. Burt et al., Phys. Rev. Lett. **79** (1997) 337.
[9] M. R. Andrews et al., Science **275** (1997) 637.
[10] S. Inouye et al., Nature **392** (1998) 151.
[11] K. W. Madison et al., Phys. Rev. Lett. **84** (2000) 806.
[12] J. R. Abo-Shaeer et al., Science **292** (2001) 476.
[13] B. P. Anderson et al., Phys. Rev. Lett. **86** (2001) 2926.
[14] S. Inouye et al., Science **285** (1999) 571.
[15] L. E. Sadler et al., Nature **443** (2006) 312.
[16] M. Greiner et al., Nature **415** (2002) 39.
[17] T. Kinoshita et al., Science **305** (2004) 1125.
[18] Z. Hadzibabic et al., Nature **441** (2006) 1118.
[19] B. DeMarco and D. S. Jin, Science **285** (1999) 1703.
[20] C. A. Regal et al., Phys. Rev. Lett. **92**, (2004) 040403; M. W. Zwierlein et al., Phys. Rev. Lett. **92** (2004) 120403.

2.7.2　理　　論

a.　磁気トラップと光学トラップ

原子気体のボース-アインシュタイン凝縮は 1995 年 Cornell と Wieman ら[1] により ^{87}Rb を用い，Ketterle ら[2] により ^{23}Na を用いて実現された．凝縮状態への転移温度はだいたい μK, またその密度は 10^{19}m^{-3} 程度であった．μK という超低温を実現するには気体を容器入れてた状態で冷やすことはできない．外部との熱接触を断つために高真空中で，容器の壁から十分離れた領域に気体を閉じ込めて冷やさなければならない．低温の気体を真空中で閉じ込めるポテンシャルをつくる方法として，(i) 磁気トラップ，(ii) 光学トラップの2つの方法があるが，初期の頃，ボース-アインシュタイン凝縮の実験は磁気トラップを用いて行われた．

(i) 磁気トラップ　　μK 近くまで冷やされたアルカリ原子はその速度が毎秒数 cm ほどと非常にゆっくりしている．そのため磁場の方向が場所によって変化する空間を原子が運動するとき，原子と一緒に運動する系に乗って感じる磁場の変化も十分ゆっくりしている．このような場合，原子がもつスピンの運動について断熱定理が適用され，磁場と平行方向を向いたスピンは常に平行のままであり，また反対方向を向いたスピンは反対のままである．原子のもつ磁気モーメントの方向が磁場と反対方向の状態のことを弱磁場シーキング状態といい，この状態の原子では磁場の大きさの小さい所がポテンシャルが極小になる．このようなポテンシャルを用いて原子をトラップする方法を磁気トラップという．

(ii) 光学トラップ[3]　　レーザー光を用いると，原子のもつスピンがトラップ磁場により完全に決められている磁気トラップと違って，スピンがどの方向を向いていても原子をトラップできる．例として，基底状態にある原子を考え，光学トラップの原理を説明する．基底状態の原子において，中間状態を電子がレーザー光の光子を吸った励起状態とする 2 次の摂動を考えてみよう．基底状態と励起状態のエネルギー差がレーザー光の振動数がより大きい場合，中間状態のエネルギーが初期状態のエネルギー (基底状態 +1 光子) より大きくなり，このような場合には摂動により原子のエネルギーは下がる．レーザー光の強度が強い所ほど摂動によるエネルギーの下がりは大きく，ポテンシャルは深くなり，引力ポテンシャルができる．レーザー光の電場によってつくられるこのトラップポテンシャルは原子のもつスピンに依存しないので，光学的方法でトラップされたボース–アインシュタイン凝縮体はスピンの自由度をもち，スピン状態を自由に変えることができる．

b. 超微細状態

アルカリ原子の基底状態が最外殻に 1 個の s 電子をもった状態にあることを考慮すれば，電子に伴う角運動量は 1/2 のスピン角運動量のみ考えればよいことがわかる．一方，核スピン I は原子および同位元素により異なり，^{87}Rb や ^{23}Na では 3/2 であり，^{85}Rb では 5/2 である．電子スピンと核スピンは超微細相互作用により結合している．通常では小さいとされる超微細相互作用係数もボース–アインシュタイン凝縮が起こる μK というという温度と比較すると非常に大きな値である．図 2.72 に $I = 3/2$

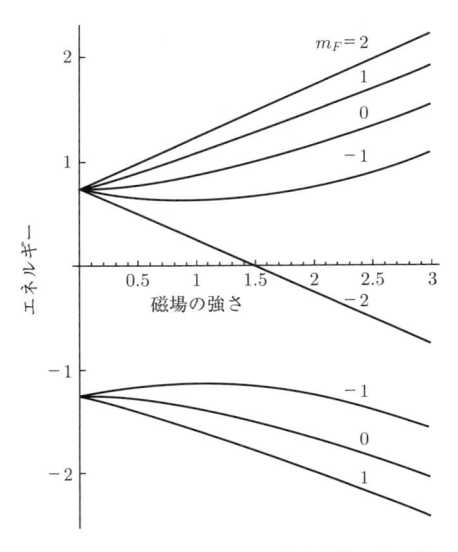

図 **2.72**　$I = 3/2$ のアルカリ原子における超微細構造準位エネルギーの磁場変化．縦軸および横軸の単位は超微細結合を $A(\boldsymbol{I} \cdot \boldsymbol{S})$ と書いたとき $(A > 0)$，それぞれ A および $A/2\mu_B$ である．また μ_B はボーア磁子である．

の場合の超微細状態のエネルギーの磁場変化を示す．まず，磁場 $B \to 0$ では超微細相互作用のみで状態が決まり，$F = S + I$ で定義されるスピン F の大きさで指定される縮退状態になる．$I = 3/2$ では F の大きさは 1 または 2 であり，それぞれ 3 重と 5 重に縮退している．次に，磁場 B がかかると B の大きさに比例するゼーマン・エネルギーの項が現れ，縮退が解け F と F の磁場方向の成分 m_F で指定される 8 つの状態に分裂する．磁気トラップはこのような弱磁場での超微細構造状態を用いて行われており，磁気モーメントは電子スピンからの寄与がおもであることも考慮すると，8 つの状態のうち，$F = 1, m_F = -1$，$F = 2, m_F = 2$ と $F = 2, m_F = 1$ が弱磁場シーキング状態である．さらに磁場が強くなると B の 2 乗以上の非線形項が無視できなくなる．その目安はゼーマン・エネルギーと超微細エネルギーが等しくなる 100 G (10^{-2}T) 程度である．そこまで考慮すると $F = 2, m_F = 0$ も弱磁場シーキング状態になる．

c. 理想気体でのボース–アインシュタイン凝縮

磁気トラップおよび光学トラップでのボース–アインシュタイン凝縮を考えるに際して，原子間の相互作用を無視して，理想気体の場合を考えてみよう．トラップポテンシャルが存在しない系において，温度 0 K ですべての粒子が波数 $k = 0$ の状態を占め，ボース–アインシュタイン凝縮を起こすことはよく知られている．トラップされた原子の系でも同様でトラップポテンシャル中での基底状態にすべての原子が落ち込んでボース–アインシュタイン凝縮を起こす．また，有限温度でも，ボース–アインシュタイン凝縮が起きる十分低温では低エネルギー準位への熱励起のみ考えれば十分である．このような低エネルギー状態ではトラップポテンシャルは調和ポテンシャルで近似でき，円筒座標を (r, φ, z) とすると

$$U = \frac{1}{2}m\omega_r^2 r^2 + \frac{1}{2}\omega_z^2 z^2 \tag{2.171}$$

のように与えられる．ここで，磁気トラップおよび光学トラップとも多くの場合がそうであるように，ポテンシャルは円筒対称であると仮定しており，ω_r は r 方向の，ω_z は z 方向の角振動数である．また，m は原子の質量である．このようにして得られた調和ポテンシャルを用いて，ボース–アインシュタイン凝縮への転移温度を計算すると，系の全粒子数を N として

$$k_B T_c = C\hbar\omega N^{1/3} \tag{2.172}$$

が得られる．ここで C は $C \simeq 0.94$ で与えられる定数，$\omega = (\omega_r^2 \omega_z)^{1/3}$ である．式 (2.172) で注目されるのは一様な場合と違って，全粒子数 N が直接転移温度を決めていることである．実験が行われている数値 $\omega \sim 2\pi \times 100$ Hz，$N \sim 10^4$–10^7 を代入すると T_c はだいたい μK のオーダーになる．

d. グロス–ピタエフスキー方程式

粒子間の相互作用が考慮した場合のボース–アインシュタイン凝縮を考える．相互作用しているボース粒子の凝縮状態を記述するとき，秩序変数として，粒子が凝縮している1体の量子状態の波動関数を用いると便利である．すでに述べたように原子を磁気トラップした場合，スピン F は磁気トラップの磁場により完全に決められている．このような場合には内部自由度のない超流動 ^{4}He と同じように凝縮状態は1成分の秩序変数で記述できる．超流動 ^{4}He においては Gross[4] と Pitaevskii[5] が，相互作用は仮想的に非常に弱いとして，分子場近似をすることで，秩序変数 Ψ のしたがう運動方程式を導いている．

$$i\frac{\partial}{\partial t}\Psi(x) = \left(-\frac{\hbar^2}{2m}\nabla^2 + U(x)\right)\Psi(x) + \frac{4\pi\hbar^2 a}{m}|\Psi(x)|^2\Psi(x) \qquad (2.173)$$

この運動方程式はグロス–ピタエフスキー方程式 (GP 方程式) とよばれる．ここで U は磁気トラップによるポテンシャルエネルギーである．また，式 (2.173) は非線形シュレディンガー方程式ともよばれるように，特徴は非線形項が存在することである．強結合系である超流動 ^{4}He では簡単化したモデルということで用いられてきた GP 方程式が，散乱長 a を比べて原子間距離が十分長いアルカリ原子気体では，相互作用は弱く，また δ 関数を用いて $(4\pi\hbar^2 a/m)\delta(x_1 - x_2)$ と表されることから，分子場近似は非常によい近似として成立し，式 (2.173) での非線形項が導かれる．実際，運動方程式 (2.173) 用いて，秩序変数の変化をその時間発展まで含めて定量的にも正確に計算することができる．なお，光トラップした場合などスピンなどの自由度を考えた多成分系への GP 方程式の拡張も成されている[6]．

e. 回転系

回転系というのは超流動 ^{4}He, ^{3}He の渦糸状態のことであり，第2種超伝導では磁束状態に対応する．アルカリ原子気体でのボース–アインシュタイン凝縮達成以来，秩序変数が GP 方程式にしたがうことからも明らかなように，理論上凝縮系が液体ヘリウムなどと同じように，コヒーレントな性質をもち，超流動性を示すことは予想されていた．それを，実際に示すのが実験の課題であった．回転系の実験により量子渦糸の存在を示せば，その問題に端的に答えることができる．GP 方程式 (2.173) を用いて，超流動 ^{4}He の場合 ($U=0$) に，円筒対称な渦糸の構造が Pitaevskii[5] によって解かれている．それは円筒座標を (r, φ) で与えると $\Psi \propto e^{i\varphi}$ であり，$r \to 0$ で $\Psi \to 0$ となる構造をしている．すなわち，中心軸上で秩序変数がゼロになり，そのまわりを1周すると位相は 2π 変化する．位相の勾配が超流動速度を与えることから，確かにこの構造は超流動流が中心軸のまわりを回っている渦糸である．超流動 ^{4}He を容器に入れて容器を回転させると，このような渦糸が回転軸に平行に回転速度に比例して生成され，それが格子を組み，超流動体全体が剛体回転に近い回転をする．

上に述べた目的をもって，磁気トラップされたボース–アインシュタイン凝縮体で渦を生成する試みがなされたが初めはなかなかうまくいかなかった．そのなかで凝縮体

の位相まで制御するという巧妙な方法により，その生成に最初に成功したのは Cornell ら[7]のグループであった．Cornell らの方法はこの凝縮体の特徴を巧みに捉えた，見事な方法ではあるが，多数の渦糸を簡単に生成する方法としては適さない．その後，超流動 ^{4}He で容器を回転させるのと同じような方法で，多数の渦糸を生成し，渦格子がつくられるようになった．その方法の 1 つが磁気トラップした凝縮体に，その中心をずらしてレーザービームを当て，非円筒対称なポテンシャルをつくり，そのレーザービームを中心軸のまわりに回転させるという方法で，スプーンを入れてかき回すのに似ているということから光スプーン法[8]とよばれる方法である．渦をつくるのに最初は手間取ったが，いったん成功してしまうと非常に簡単に渦がつくられるようになった．光スプーンによる方法は強力でこの方法により 100 本を超える渦糸が生成され，その渦糸が規則正しく並んだ渦格子が観測されている[9]．

f. フェッシュバッハ共鳴

フェッシュバッハ共鳴[10]を用いると原子間相互作用の符号およびその強さを自由に変えることができる．理論家は相互作用の強さを自由に変化させた系を勝手に考えるが，現実の系で他の条件は変えないで相互作用のみ変化させるのは相当に困難である．しかし，フェッシュバッハ共鳴を用いるとその夢が実現できる．フェッシュバッハ共鳴とは次のような現象である．

話を具体的にするために $I = 3/2$ レーザートラップに一様な磁場がかかっている場合を考えよう．この系での超微細順位のエネルギーは図 2.72 で与えられた．図 2.72 における適当なエネルギーの低い超微細状態を占めている 2 個の相互作用をしている原子 (オープンチャネルとよぶ) を考える．次に，図 2.73 のように最初考えた原子よりエネルギーが高い超微細状態にある 2 個の原子 (クローズドチャネルとよぶ) を考える．ここで，もしクローズドチャネルの束縛状態のエネルギーがオープンチャネルでの散乱状態のエネルギーの近傍にくると共鳴現象が起こる．オープンチャネル

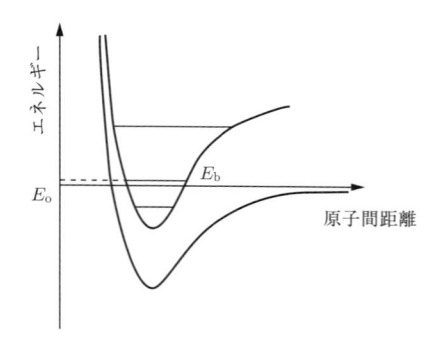

図 **2.73** フェッシュバッハ共鳴を起こす，2 つのチャネルのポテンシャルエネルギー曲線．E_o はオープンチャネルのエネルギー，また E_b はクローズドチャネルでの束縛状態のエネルギーである．

のエネルギー E_o よりクローズドチャネルの束縛状態のエネルギー E_b の方が大きい ($E_\mathrm{o} < E_\mathrm{b}$) とき 2 次の摂動によりオープンチャネルのエネルギーが下がることからわかるように,この場合には原子間に引力が働いていると考えられる.一方,$E_\mathrm{o} > E_\mathrm{b}$ ではオープンチャネルのエネルギーは上がり,この場合は斥力が働く.また,引力,斥力ともに共鳴点 ($E_\mathrm{o} = E_\mathrm{b}$) に近づくにつれてその強さは強くなる.フェッシュバッハ共鳴はボソン系だけでなくフェルミオン系でも起こる.最近行われているフェッシュバッハ共鳴を用いた研究の主流はフェルミオン系のものである.

g. フェルミ粒子

アルカリ原子のなかに ^{6}Li と ^{40}K など数は少ないがフェルミ統計にしたがう原子がある.フェルミ原子の系でもフェッシュバッハ共鳴が起こり,その近傍で BCS–BEC クロスオーバーという理論的にも注目される現象が観測されている.ここで BEC とはこれまで述べてきたボース–アインシュタイン凝縮 (Bose–Einstein Condensation) のことであり,BCS とは超伝導での BCS 状態のことである.また,BCS–BEC クロスオーバーとは「フェルミ粒子間の引力の強さを弱結合から強結合へ変化させると,どのようなことが起こるか」という理論的興味から Leggett[11] および Nozieres と Schmitt-Rink ら[12] によってしらべられ,予言された現象である.現実のアルカリ原子の系で実現されている現象は Leggett らの考えられていたものと少し異なり以下のようなものである.まず,オープンチャネルに対応する 2 原子の状態を 2 原子の内部状態が異なるとして,大きさ 1/2 の擬スピンで表す.次に,クローズドチャネルでの束縛状態にあたる分子を考えると,分子は明らかにボース統計にしたがう.このような系を表すハミルトニアンは s 波の原子対を想定して

$$H = \int d\boldsymbol{r} \bigg\{ \psi_\sigma^+(\boldsymbol{r}) \left(-\frac{\hbar^2}{2m} - \mu \right) \psi_\sigma(\boldsymbol{r}) + \varphi^+(\boldsymbol{r}) \left(-\frac{\hbar^2}{4m}\nabla^2 + 2\nu - 2\mu \right) \varphi(\boldsymbol{r})$$
$$+ g \left[\varphi^+(\boldsymbol{r}) \psi_\downarrow(\boldsymbol{r}) \psi_\uparrow(\boldsymbol{r}) + \varphi(\boldsymbol{r}) \psi_\uparrow^+ \psi_\downarrow^+(\boldsymbol{r}) \right] \bigg\} \quad (2.174)$$

ように与えられる.ここで $\psi_\sigma(\boldsymbol{r})$ および $\varphi(\boldsymbol{r})$ はフェルミ粒子およびボース粒子の場の演算子,g は 2 個のフェルミ原子を消して 1 個のボース分子をつくる,また,その逆のプロセスを表す相互作用の結合定数である.また,μ はフェルミ粒子の化学ポテンシャル,2ν は共鳴点からの距離を表す.すなわち,$\nu > 0$ ではフェルミ面上の原子より分子状態の方がエネルギーが高く,フェルミ粒子間には引力が誘起され,その引力が弱い $\nu \gg 0$ では超伝導での弱結合近似である BCS 理論が適用される領域になる.一方,$\nu < 0$ の場合,とくに $\nu \ll 0$ ではほとんどの原子は分子を形成し,低温では分子の BEC が実現される.この 2 つの状態の間を ν,すなわち磁場の強さを変えるだけで連続的に変化させることができる.フェッシュバッハ共鳴によるフェルミ気体の超流動の実現は最初 ^{40}K で成功し[13],すぐ引き続いて ^{6}Li でも観測された[14].

h. いくつかのトピックスと今後の展望

原子気体の BEC は超流動系として考えても，すでに存在したヘリウムの超流動とは多くの点で異なった性質をもつ物質系である．これまで述べてきたように，その実現から 10 年以上経って様々な方面へと発展し，また，今後の発展も期待できる．そのすべてについて述べることはできないが，これまでに紹介できなかったいくつかの話題と今後の展望にふれておく．

(i) ボース系での引力相互作用 引力相互作用をしているボース粒子は不安定である[15]．実際，GP 方程式 (2.173) を参考にして $a<0$ の場合を考えると次のようになる．まず，ポテンシャル U の異方性を無視して $\omega_r = \omega_z = \omega$ とすると凝縮粒子，すなわち，秩序変数は球対称に広がる．そのおおよその半径を R 程度とすると，右辺第 1 項の運動エネルギーは 1 粒子あたり $\hbar^2/2mR^2$ 程度であり，またポテンシャルエネルギーは $m\omega^2 R^2/2$ 程度である．この 2 つのエネルギーがだいたい等しくなるという条件から波動関数の広がりである $a_{\rm HO} = (\hbar/m\omega)^{1/2}$, すなわち 調和振動子を特徴づける長さが得られる．次に $|\Psi|^2 \sim N/R^3$ を考慮すると，非線形項から相互作用のエネルギーは 1 粒子あたり $4\pi\hbar^2 aN/mR^3$ であることがわかる．したがって，$R \to 0$ ではエネルギーは $-\infty$ と発散するが，$R \sim a_{\rm osc}$ あたりでは全粒子数 N が小さいとすれば，相互作用エネルギーを無視することができ，その近傍に準安定な状態が存在する．粒子数の増加とともに準安定のエネルギーの底は浅くなり，臨界点 N_C で準安定状態はなくなる．N_C は $R \sim a_{\rm HO}$ として運動エネルギーが相互作用エネルギー等しくなるという条件から $N_C \approx a_{\rm HO}/|a|$ と求められる．

実際のアルカリ原子の中に ^{7}Li など引力相互作用するものがいくつかあり，引力崩壊することが確かめられている．フェッシュバッハの共鳴を応用することでこの実験をきれいに行うことができる．まず，$a>0$ の安定な BEC 状態を用意する．次に磁場の強さを急激に変化させ，フェッシュバッハの共鳴点を通過させ，$a<0$ の系に移って崩壊させる．このような方法で理想に近い形で引力崩壊について実験[15]が行われた．

(ii) 多成分超流動 すでに述べたように光学トラップされた BEC ではトラップポテンシャルはスピンの方向によらない．たとえば Na 原子および ^{87}Rb でのの状態では $m_F = 1, 0, -1$ の 3 成分の自由度をもった BEC が実現する．すなわち，秩序変数は

$$[\Psi_1, \Psi_0, \Psi_{-1}] \tag{2.175}$$

で与えられる．この BEC では式 (2.173) で与えられたグロス–ピタエフスキー方程式での凝縮体の密度による相互作用でけでなく，スピン–スピン相互作用[6]

$$-J\langle \boldsymbol{F} \rangle \cdot \langle \boldsymbol{F} \rangle \tag{2.176}$$

が存在する．ここで $\langle \cdots \rangle$ は状態 (2.175) での期待値，$\boldsymbol{F}$ は $F=1$ の角運動量のマトリックスである．昇降演算子が

$$S_{\pm} = \frac{1}{\sqrt{2}}(F_x \pm iF_y)$$

であることを考慮すると，3 成分の密度による相互作用に加えて

$$|m_F = 1\rangle + |m_F = -1\rangle \Longleftrightarrow |m_F = 0\rangle + |m_F = 0\rangle \tag{2.177}$$

のような $m_F=1$ と $m_F=-1$ の原子が $m_F=0$ の 2 個の原子に替わる過程，そしてその逆の過程が存在することがわかる．また，この系の特徴として注意する必要があるのは双極子相互作用は非常に弱く，スピンの緩和時間は系の寿命より長いため，系のもつ全スピン角運動量は保存するということである．

スピンの自由度が存在するこの系では基底状態を考えるだけでも相当に複雑である．$J>0$ か $J<0$，すなわち強磁性的か反強磁性的か，磁場の強さがどのくらいで非線形項の影響が無視できるかどうか，また，系に磁場勾配をかけたときその勾配の値がどのくらいかなどにより，3 成分が存在することもあれば，2 成分のみで安定なこともある．また，それらが相分離したりしなかったりする．

たとえば，磁場が弱く無視できる場合を考えると，$J<0$ の場合には $m_F=1$ と $m_F=-1$ の 2 成分が共存しているが (正確には量子化軸方向の全スピン角運動量がゼロでない場合)，$J>0$ では $m_F=1$ または $m_F=-1$ の状態が単独で存在した方がエネルギーが低いので，$m_F=1$ と $m_F=-1$ の領域に相分離する．

一方，磁場が強くなると非線形項が効きだす．非線形項は $m_F=0$ の成分が有利になるように働き，$m_F=0$ 成分が無視できる弱磁場の場合に比べて，全スピン角運動量が一定という条件のもとで，過程 (2.177) により $m_F=0$ の成分の占める割合が多くなる．非線形項，磁場勾配を考慮した基底状態につては文献 [16] で詳しく議論されているので参考にして欲しい．

(iii) 双極子相互作用をするボース–アインシュタイン凝縮体 すでに 8 種類の原子気体でボース–アインシュタイン凝縮が実現されている．それは Li から Cs までのアルカリ原子 5 個，それに H と励起状態の He，そして Yb である．それらに加えて，最近 Cr 原子気体をボース–アインシュタイン凝縮させることに成功した[17]．^{52}Cr 原子の基底状態では 6 個の外殻電子のスピン平行にそろった $^7S_3$ 状態であり，また，核スピンは 0 なので，ボーア磁子を μ_B で表すと $6\mu_B$ の磁気モーメントをもっている．したがって，これまでのアルカリ原子ではその影響が無視できた双極子相互作用は 36 倍の大きさなり，重要な役割を果たすようになる．双極子相互作用は異方的で長距離の相互作用である．そのような相互作用をする気体については理論的にも興味がもたれており，すでにいくつかの研究がなされていた．最近の理論研究では双極子相互作用単独ではなく，すでに述べたデルタ関数タイプの短距離相互作用と共存したと

き，その大きさをフェッシュバッハ効果を用いて変化させて，基底状態がどうなるか，その不安定性の研究，また，新しいタイプの相転移の可能性を論じたものがある．

(iv) 光学格子における相転移 レーザーを使って光学的に3次元周期ポテンシャルをつくることができる．反対に進行する進行波は干渉して定常波をつくるが，お互いに直交する3方向の定常波を重ね合わせると3次元格子ができる．このような格子のことを光学格子という．すでに述べたように，ポテンシャルはレーザーの強度に比例して変化する．したがって，レーザーの強度を調節することで簡単にポテンシャルの強さが変えられ，原子間のポテンシャルの障壁を高くすれば原子を格子サイトに局在させることもできる．このボース粒子系を記述するモデルハミルトニアンは固体電子系でのハバード・ハミルトニアンに因んでボース–ハバード・ハミルトニアンといい

$$H = -t\sum a_i^+ a_j + U\sum n_i(n_i - 1) \qquad (2.178)$$

と与えられる．ここで右辺第1項は原子の最近接隣サイトへのホッピングを表し，a_i^+, a_j は i および j サイトでの生成，消滅演算子である．また t はホッピングパラメター，U は相互作用の強さを表し，$n_i = a_i^+ a_i$ である．このなかでホッピングパラメター t は周期ポテンシャルで決まり，レーザーの強度により調節できる．

以下では簡単のために $U > 0$，またすべてのサイトを1個のボース粒子が占めている場合を考えよう．いま $U \gg t$ であるとする．この状態で，原子がホップして隣のサイトに入り，1つのサイトを2個の粒子が占めると，U だけエネルギーを損する．したがって，この状況では粒子はサイトに局在して動けない状態になっていると考えられる．この状態をモット絶縁体 (Mott insulator) という．一方，$U \ll t$ のリミットでは t によってできたブロッホ状態でのエネルギーの一番低い状態にボース凝縮したBEC状態になっている．レーザーの強度を調節し，t の大きさを変化させると絶縁体からBECの超流動状態へ相転移が起こることが実験で観測された[18]．分子場近似による計算では z を最近接サイトの数として相転移は $U/t = 5.8z$ で起こり，実験結果とも矛盾しない．

なお，レーザー強度を変化させるだけで孤立系から相互作用をする原子の系に簡単に変えられるこの系は「量子計算機」への応用の面からも注目されている．

(v) p波超流動 すでに2.7.2項gでフェルミ気体 ^{40}K, ^{6}Li の超流動について解説したが，そこで取り上げた超流動は原子対の対称性がスピン状態は1重項，軌道はs波の状態のものであった．これに対して，超流動 ^{3}He がそうであるような3重項p波超流動がアルカリ気体で実現できるかは興味ある．p波超流動実現に必要なp波のフェッシュバッハ共鳴はすでに ^{40}K[19] と ^{6}Li[20] で観測されている．ただし，アルカリ原子系では ^He の場合と違って，磁場の存在は3重項の縮退を解き，フェッシュバッハ共鳴にスピンの3状態に対応する3個の共鳴が現れる．したがって，共鳴点近傍で磁場を変化させれば，そのスピン対状態に対応する原子間相互作用を変化させることができ，BCS–BECクロスオーバーが起こると期待される．ただし，現時点では

BEC 側で比較的寿命の長い p 波の分子は観測されたが[21], とくに BCS 側ではクーパー対の寿命が短くなるということもあって, 超流動状態は観測されていない.

[大見哲巨]

文　献

[1] M. H. Anderson et al., Science, **269** (1995) 198.
[2] K. B. Davis et al., Phys. Rev. Lett. **75** (1995) 3969.
[3] D. M. Stamper-Kurn et al., Phys. Rev. Lett. **80** (1998) 2027.
[4] E. P. Gross, Nuovo Cimento **20** (1961) 454.
[5] L. P. Pitaevskii, Sov. Phys. JETP **13** (1961) 451.
[6] T. Ohmi and K. Machida, J. Phys. Soc Jpn. **67** (1998) 1822; T.-L. Ho, Phys. Rev. Lett. **81** (1998)742.
[7] M. R. Matthews et al., Phys. Rev. Lett. **83** (1999) 2498.
[8] K. W. Madison et al., Phys. Rev. Lett. **84** (2000) 806.
[9] J. R. Abo-Shaeer et al., Science **292** (2001) 476.
[10] S. Inouye et al., Nature **392** (1998) 151.
[11] A. J. Leggett, *Modern Trend in the Theory of Condensated Matter*, ed. by A. Pekalski et al. (Springer-Verlag, 1980) p. 14.
[12] P. Nozieres and S. Schmitt-Rink, J. Low. Temp. Phys. **59** (1985) 195.
[13] C. A. Regal et al., Phys. Rev. Lett. **92** (2004) 040403.
[14] M. Bartenstein et al., Phys. Rev. Lett. **92** (2004) 120401; M. W. Zwierlein et al., Phys. Rev. Lett. **92** (2004)120403.
[15] P. A. Ruprecht et al., Phys. Rev. **A51** (1995) 4704; E. A. Donley et al., Nature **412** (2001) 295.
[16] J. Stenger et al., Nature **396** (1998) 345.
[17] A. Griesmaier et al., Phys. Rev. Lett. **94** (2005) 160401.
[18] M. Greiner et al., Nature **415** (2002) 39.
[19] C. A. Regal et al., Phys. Rev. Lett. **90** (2003) 053201.
[20] C. H. Schunck et al., Phys. Rev. A **71** (2005) 045601.
[21] Y. Inada et al., Phys. Rev. Lett. **101** (2008) 100401.

3

量子ホール効果

3.1 整数量子ホール効果

3.1.1 整数量子ホール効果とは何か

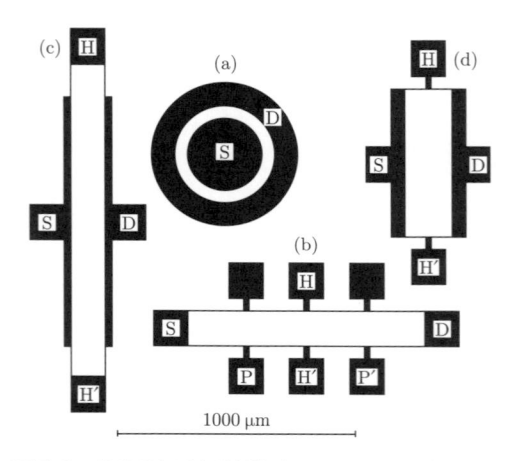

Si-MOSFET, GaAs/AlGaAs ヘテロ接合界面の伝導電子のような 2 次元電子系の長方形ホール・バー試料 (図 3.1) の伝導面に垂直に磁場を加え,長さ方向に電流 I を流し,それと直交する試料端間 (図 3.1b, H と H′ の間) に現れるホール電圧 V_H を測定する.このとき,磁場が十分に強くてランダウ準位が形成され,フェルミ面のぼけがランダウ準位間隔に比べて十分に小さい低温度でフェルミ準位がランダウ準位端に近い局在準位内にあるとき,ホール抵抗は $R_H(i) = V_H/I = h/ie^2$ (i は整数) と量子

図 3.1 2 次元電子系の輸送現象測定試料構造.コルビーノ円板 (a) により対角伝導率 σ_{xx} が測定される.ホール・バー (b) により対角抵抗率 ρ_{xx} とホール抵抗 $R_H = V_H/I = \rho_{xy}$ が測定される.ホール電流法試料 (c) ではソース–ドレイン間電流 I_{SD} と短絡した H–H′ 間を流れるホール電流 I_H を測定し,ソース–ドレイン間電圧 V_{SD} と合わせて σ_{xx} と σ_{xy} を求める.

化される.この現象を整数量子ホール効果とよぶ.ホール・バー試料の長さが十分に長ければ,長さ方向の電圧降下はゼロとなり,対角抵抗率 ρ_{xx} は 0 であることがわかる.この状態をコルビーノ円板 (図 3.1a) で測定すると,ソース–ドレイン電圧 V_{SD} に対してソース–ドレイン電流 I_{SD} は 0 となり,対角伝導率 σ_{xx} は 0 となっている.また,ホール電流法試料でホール電極 H と H' とを短絡してホール電流 I_H を測定すると,$I_H = I_{SD} = (ie^2/2h)V_{SD}$ のようにホール・コンダクタンスは量子化されている.

この現象は,短距離散乱体を含む 2 次元電子系の強磁場下のホール効果の理論的研究にもとづいて,1974 年,安藤により予言された[1].1980 年,電子局在によるホール伝導率の量子化現象は川路と若林により実験で示された (図 3.2a)[2].Klaus von Klitzing らは量子化ホール抵抗の高精度測定を行い,基礎物理定数との関係 $R_H(i) = V_H/I = h/ie^2$ を 4 ppm の精度で確かめ (図 3.2b),量子化ホール抵抗の測定は微細構造定数 $\alpha = \mu_0 c e^2/2h$ (μ_0 は真空の透磁率,c は光速度) を測定する新方法となると提案した[3].この功績により 1985 年,von Klitzing はノーベル賞を受賞した.$R_K \equiv i \times R_H(i)$ はフォン・クリッツィング定数 (von Klitzing constant) とよばれ,1990 年から量子化ホール抵抗は国際電気抵抗標準に採用されている.量子化ホール抵

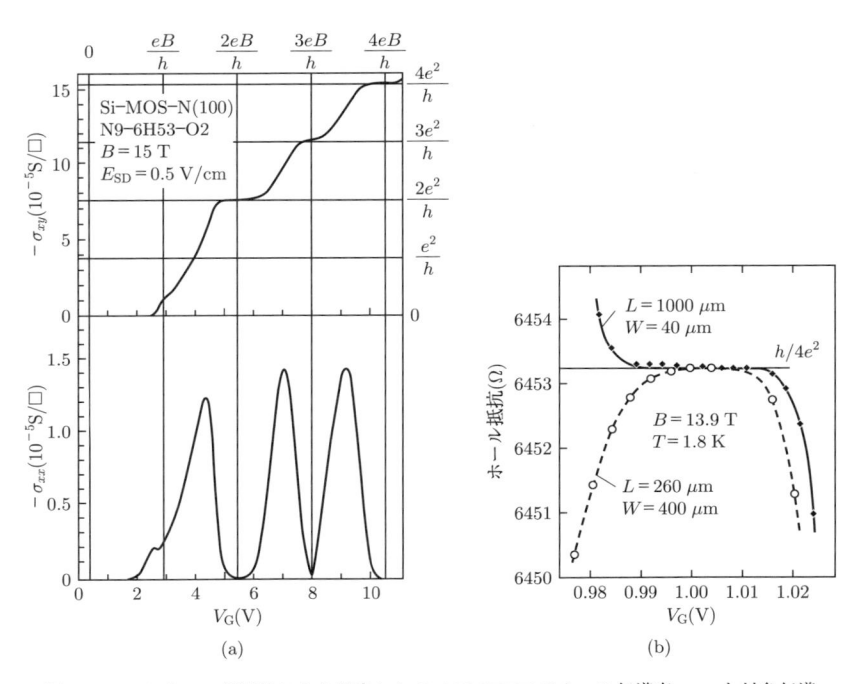

図 **3.2** (a) ホール電流法により測定した Si-MOSFET のホール伝導率 σ_{xy} と対角伝導率 σ_{xx} のゲート電圧 V_G による変化[2].本図は文献 [2] の Fig.1 中の 1.5 K における測定結果を示す.(b) von Klitzing らによる Si-MOSFET の量子化ホール抵抗の高精度測定結果[3].

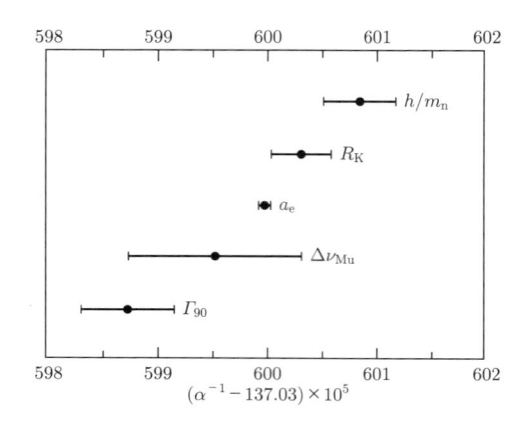

図 3.3 微細構造定数の逆数 α^{-1} の異なる方法による測定値[4].

抗値 $R_H(i) \times i$ が，(1) 物質によらないこと，(2) 量子数 i によらないこと，(3) ホール電場がある値以下ならば，ホール・バー試料に流す電流値によらないこと，(4) 試料の幅によらないこと，などが，4×10^{-10} 以下の不確かさで成立することが知られている．これらの高精度測定は主として GaAs/AlGaAs ヘテロ接合界面 2 次元電子系を用いた長さ $2200\,\mu\mathrm{m}$，幅 $400\,\mu\mathrm{m}$ のホール・バーに約 $50\,\mu\mathrm{A}$ の電流を流して測定されている．

R_K は微細構造定数 α と次式で結ばれる．

$$R_K = \frac{h}{e^2} = \frac{\mu_0 c}{2\alpha} \approx 25813\,\Omega \tag{3.1}$$

ここで，$\mu_0 = 4\pi \times 10^{-7}\mathrm{N \cdot A^{-2}}$ と $c = 299792458\,\mathrm{m \cdot s^{-1}}$ は，それぞれ定義値である．異なる方法で測定された微細構造定数の逆数を図 3.3 に示す[4]．R_K の測定から導いた α^{-1} の不確かさは，電子の異常磁気モーメント α_e の測定から導いた α^{-1} の不確かさの約 1 桁大きい 2×10^{-8} である．この不確かさはクロスキャパシターによる標準抵抗器の値付けの不確かさによる．

3.1.2 2 次元電子気体のランダウ準位

伝導面に垂直に磁束密度 B の強磁場を加える．電子は静止していないから，速度ベクトルに垂直に働くローレンツ力が求心力となる円運動をする．電子の有効質量を m として，そのサイクロトロン半径は $r_c = mv/eB$，サイクロトロン角振動数は $\omega_c = eB/m$ である．温度を T，電子の散乱緩和時間を τ として，強磁場中では $\omega_c \tau \gg 1$，$\hbar\omega_c \gg k_B T$ である．円運動の運動エネルギーは，$E = m(r_c\omega_c)^2(\sin^2\omega_c t + \cos^2\omega_c t)/2$ と書くと，1 次元調和振動子のエネルギーと同形式であるから，強磁場中の 2 次元自由電子の運

表 3.1 強磁場中の Si(001) MOS 界面と GaAs/AlGaAs ヘテロ接合界面の 2 次元電子系の諸量. エネルギーの単位は温度 K. 電子の有効質量と g 因子は $m(\text{Si}) = 0.19m_0$, $g(\text{Si}) = 2$, $m(\text{GaAs}) = 0.068m_0$, $g(\text{GaAs}) = 0.52$. Γ はランダウ準位幅 (図 3.7). Γ_{SCBA} はセルフコンシステントなボルン近似 (self-consistent Born approximation) によるランダウ準位幅, μ は電子移動度, $l = \sqrt{\hbar/eB}$ は基底ランダウ軌道半径.

諸量	Si(001)	GaAs
$\hbar\omega_c(\text{K})/B(\text{T})$	7.070	19.75
$\Gamma_{\text{SCBA}}(\text{K}) \times [\mu(\text{m}^2 \cdot \text{V}^{-1} \cdot \text{s}^{-1})/B(\text{T})]^{1/2}$	5.642	15.76
$\Gamma(\text{K}) \times \mu(\text{m}^2 \cdot \text{V}^{-1} \cdot \text{s})$	3.536	9.880
$g\mu_B B(\text{K})/B(\text{T})$	1.344	0.349
$l(\text{Å}) \times B(\text{T})$	256.6	
$eB/h(\text{m}^{-2})/B(\text{T})$	2.418×10^{14}	

動エネルギーは

$$E_N = \left(N + \frac{1}{2}\right)\hbar\omega_c \qquad (N = 0, 1, 2, \cdots) \tag{3.2}$$

と量子化されることがわかる. このエネルギー準位はランダウ準位とよばれる.

2 次元自由電子気体の状態密度は, スピン縮重が解けているとき,

$$D_2^* = \frac{m}{2\pi\hbar^2} \tag{3.3}$$

であるから, 強磁場中で量子化された $N = 0, 1, 2, \cdots$ のそれぞれのランダウ準位内に含まれている状態数, すなわち 1 つのランダウ準位の縮重度 n_L は

$$n_L = \hbar\omega_c \times D_2^* = \frac{eB}{2\pi\hbar} \tag{3.4}$$

である.

強磁場中の Si(001)MOS 界面と GaAs/Al$_{0.3}$Ga$_{0.7}$As ヘテロ接合界面の 2 次元電子系の諸量の数値を表 3.1 に示す.

3.1.3 2 次元電子気体の電流磁気効果

磁場がないときの電気伝導率 $\sigma_0 = n_s e^2 \tau / m$ (n_s は単位面積あたりの電子数) を用い, 電気伝導率テンソル成分は次式で表される.

$$\sigma_{xx} = \sigma_{yy} = \frac{\sigma_0}{1 + (\omega_c\tau)^2} \tag{3.5}$$

$$\sigma_{xy} = -\sigma_{yx} = -\frac{\sigma_0 \omega_c \tau}{1 + (\omega_c\tau)^2} \tag{3.6}$$

また, ホール伝導率は次式のように書くことができる.

$$\sigma_{xy} = -\sigma_{yx} = -\frac{n_s e}{B} + \frac{\sigma_{xx}}{\omega_c \tau} \tag{3.7}$$

電気伝導率テンソルと電気抵抗率テンソルの間には，互いに逆行列の関係

$$\sigma_{xx} = \frac{\rho_{xx}}{\rho_{xx}{}^2 + \rho_{xy}{}^2}, \qquad \sigma_{xy} = \frac{-\rho_{xy}}{\rho_{xx}{}^2 + \rho_{xy}{}^2} \tag{3.8}$$

$$\rho_{xx} = \frac{\sigma_{xx}}{\sigma_{xx}{}^2 + \sigma_{xy}{}^2}, \qquad \rho_{xy} = \frac{-\sigma_{xy}}{\sigma_{xx}{}^2 + \sigma_{xy}{}^2} \tag{3.9}$$

がある．

電気抵抗率テンソル成分は

$$\rho_{xx} = \rho_{yy} = \frac{1}{\sigma_0} \tag{3.10}$$

$$\rho_{xy} = -\rho_{yx} = \frac{B}{n_s e} \tag{3.11}$$

と単純に表される．

低温度で 2 次元電子系にランダウ準位が形成されて，下から i 番目のランダウ準位までが電子で満たされ，$(i+1)$ 番目以上のランダウ準位が空のとき，単位面積あたりの電子数は $n_s = ieB/2\pi\hbar$ (i は整数) である．このとき，ランダウ準位間隔 $\hbar\omega_c$ が十分大きいと電子は散乱されないから，$1/\tau = 0$ と考えて，式 (3.9) と (3.10)，(3.11) から

$$\sigma_{xy} = -\sigma_{yx} = -\frac{ie^2}{h} \tag{3.12}$$

$$\sigma_{xx} = \sigma_{yy} = 0 \tag{3.13}$$

となる．また，式 (3.9) と (3.10)，(3.11) から

$$\rho_{xy} = -\rho_{yx} = \frac{h}{ie^2} \tag{3.14}$$

$$\rho_{xx} = \rho_{yy} = 0 \tag{3.15}$$

となる．

こうして，整数個のランダウ準位が満たされて，電子の散乱がないとき，ホール伝導率とホール抵抗率はそれぞれ量子化される．このとき対角抵抗率と対角伝導率はゼロとなる．この電子系は 2 次元系であるから，ホール抵抗率はホール・バー試料のホール抵抗 $R_H = V_H/I$ に等しく，精度は別にして，容易に測定できる物理量である．

現実の量子ホール効果において量子化されたホール抵抗値を高精度で測定することができるのは，整数個のランダウ準位が精度よく満たされていなくても，電子数の有限範囲内でホール抵抗率が量子化されることによる．それを可能にするのは，ランダウ準位端の近傍の電子状態が局在状態をつくることによる．すなわち，量子ホール効果とは，フェルミ準位が i 番目のランダウ準位の上端近くと $(i+1)$ 番目のランダウ準位の下端の近くの局在状態内にあるとき，ホール抵抗が量子化される現象である．このとき，ある範囲の磁束密度の変化または電子濃度の変化に対してホール・コンダクタンスまたはホール抵抗が一定値を示すホール・プラトー領域が現れる．

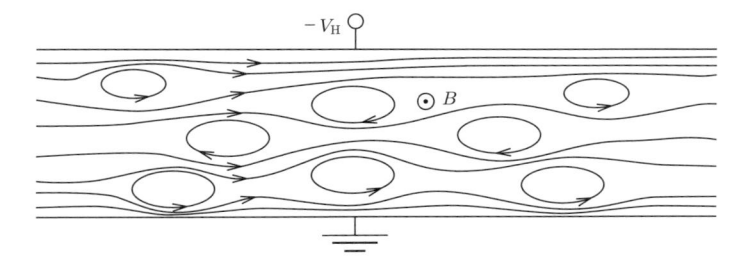

図 3.4 長距離乱雑ポテンシャルによる量子化ホール・プラトーの説明.

3.1.4 長距離乱雑ポテンシャルによる局在と量子ホール効果

ここで，理解を容易にするために，図 3.4 に示すように，ポテンシャルが変化する領域の有効距離が電子のランダウ軌道半径 $l_N = l\sqrt{2N+1}$ ($l = \sqrt{\hbar/eB}$) に比べて十分に大きい場合を考えよう．

強磁場中でランダウ準位が形成されている電子に y 方向に電場 F_y を加えると，散乱を受けなければ電子のランダウ軌道の中心は速度 $v_x = F_y/B$ で等速運動をする．$n_s = ieB/2\pi\hbar$ であるならば，x 方向の電流密度は $J_x = -ie^2 F_y/h$ であり，ホール伝導率は $\sigma_{xy} = -ie^2/h$ と量子化される．いま，不純物による滑らかなポテンシャルの山や谷があり，それらのポテンシャルの広がり，すなわち有効距離がランダウ軌道半径に比べて十分大きい場合には，電子のランダウ軌道の中心座標は電場に直交する等ポテンシャル線に沿って周回運動をする閉じた軌道に捕獲される．このようにランダウ準位の上端と下端近くにできる長距離ポテンシャルのゆらぎによる電子の局在準位の中にフェルミ準位があるときは，ホール電流は非局在状態の電子によって運ばれる．このモデルでは，局在状態と非局在状態は試料内でマクロに分離されて，局在状態のへりは等ポテンシャル線 (等電位線) となる．ほぼ i 個のランダウ準位が満たされているとき，フェルミ準位は局在準位の中にあり，非局在状態の電子は散乱されることなく $\sigma_{xy} = -ie^2/h$ でホール電流を運び，対角伝導率はゼロである．ホール・バー試料で，非局在状態中の電位差の総和は両端に現れるホール電位差となる．

位置 x で試料を横切って x 方向に流れる全電流 I と試料幅両端間のホール電位差 V_H は次のように考えてよい．位置 y_l における非局在状態の y 方向の広がりを Δy_l，電場を $F_y(\text{extended}; x, y_l)$ とすると全電流は

$$I = \sum_l F_y(\text{extended}; x, y_l) \frac{ie^2}{h} \Delta y_l \tag{3.16}$$

となる．このとき，試料幅両端間のホール電位差は

$$V_H = \sum_l F_y(\text{extended}; x, y_l) \Delta y_l \tag{3.17}$$

である．したがって，ほぼ i 個のランダウ準位が電子で満たされている試料のホール抵抗は，電流 I とホール電位差 V_H の比として

$$R_\mathrm{H}(i) = \frac{h}{ie^2} \tag{3.18}$$

となる．また，ホール・コンダクタンスは

$$G_\mathrm{H}(i) = \frac{ie^2}{h} \tag{3.19}$$

となる．このとき，対角抵抗と対角コンダクタンスはゼロである．このように，電子数または磁束密度が変化しても，フェルミ準位が局在準位内にあるならば量子ホール効果状態が観測される．すなわち，電子数または磁束密度の変化に対してホール・コンダクタンスまたはホール抵抗が変化せず，対角コンダクタンスと対角抵抗はゼロのまま変化しない電子数領域または磁束密度領域 (ホール・プラトー) がある．これが量子ホール効果である．

3.1.5 2次元自由電子系のホール電流の基本的性質

x 方向の長さ L，y 方向の幅 W の長方形ホール・バーの2次元自由電子気体が面に垂直な磁場 $\bm{B}(0,0,B)$ と y 方向の電場 $\bm{F}(0,F,0)$ を加えられている場合を考える (図 3.5)．磁場を導くベクトルポテンシャルを，A_1 を任意定数として，$\bm{A}(-By+A_1,0,0)$ ととると，電子のハミルトニアンは

$$H = \frac{1}{2m}[(p+eA)^2 - eFy] \tag{3.20}$$

と書くことができる．x 方向に周期的境界条件を用いると，ランダウ量子数 N をもつ電子の固有関数 $\psi_{N,Y}(x,y)$ とエネルギー固有値 $E_{N,Y}$ は

$$\psi_{N,Y}(x,y) = \frac{1}{\sqrt{L}}e^{ikx}\phi_N(y-Y) \tag{3.21}$$

$$k = \frac{Y}{l^2} + \frac{mF}{\hbar B} - \frac{eA_1}{\hbar} \tag{3.22}$$

および

$$E_{N,Y} = \left(N+\frac{1}{2}\right)\hbar\omega_\mathrm{c} + \frac{m}{2}\left(\frac{F}{B}\right)^2 + eFY \tag{3.23}$$

となる．ここで $\phi_N(y-Y)$ は Y を中心とする1次元調和振動子の固有関数である．調和振動子の中心座標 Y と x 方向の平面波の波数 k との間には，式 (3.22) の関係がある．波数 k は次の周期的境界条件を満たす．

$$k = \frac{2\pi}{L}q \quad (q=1,2,3,\cdots,q_M) \tag{3.24}$$

ここで，$q_M = LW/2\pi l^2$ は1個のランダウ準位を満たす電子数である．

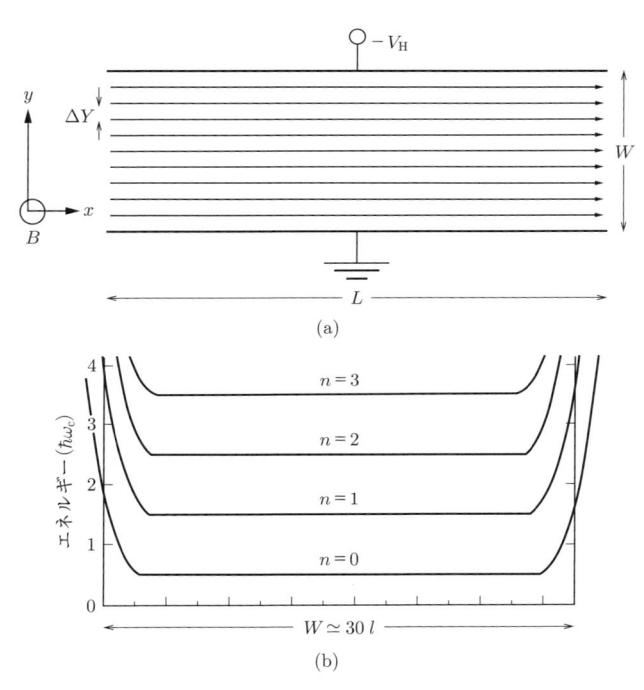

図 3.5 (a) x 方向に十分長く,長さ L で周期的境界条件を満たし,y 方向の幅が W のホール・バー試料の面に垂直 (z 方向) に強磁場 B を加える.y 方向に一様な電場があると,電子は y 方向に角振動数 ω_c で振動しながら x 方向に波数 k で進行する平面波となる.x 方向の進行波の中心座標 Y の間隔は $\Delta Y = 2\pi l^2/L$ である.(b) 試料端 $y \sim 0$ および $y \sim W$ ではランダウ準位に端状態が現れる.

x 方向の速度演算子は

$$v_x = \frac{p_x}{m} + \frac{eA}{m} \tag{3.25}$$

であり,固有関数 $\psi_{N,Y}(x,y)$ に対する期待値は

$$\langle v_x(N,Y) \rangle = \frac{F}{B} \tag{3.26}$$

である.i 個のランダウ準位がちょうど満たされていると,全電流は $I_x = (-ieLW/2\pi l^2) \times (F/B)/L$ である.ここで,ホール電圧は $V_\mathrm{H} = FW$ であるから,ホール電圧に対して全電流は

$$I_x = -i\frac{e^2}{h}V_\mathrm{H} \tag{3.27}$$

であり,ホール・コンダクタンスの量子化すなわちホール伝導率の量子化

$$G_\mathrm{H} = \sigma_{xy} = -i\frac{e^2}{h} \tag{3.28}$$

が導かれる.

3.1.6 ラフリンの思考実験

速度演算子を

$$\hat{v}_x = \frac{1}{e}\frac{\partial H}{\partial A_1} \tag{3.29}$$

と表すと,その期待値

$$\langle v_x(N,Y)\rangle = \frac{1}{e}\frac{\partial E_{N,Y}}{\partial A_1} \tag{3.30}$$

は式 (3.26) を与えることに注目する.1個の満ちたランダウ準位 (量子数 N) によって運ばれる電流は, $U(N) = \sum_Y E_{N,Y}$ として

$$I_{x,N} = \sum_Y \frac{-ev_x(N,Y)}{L} = -\frac{1}{L}\frac{\partial U(N)}{\partial A_1} \tag{3.31}$$

と表される.周期的境界条件 (3.24) と (3.22) から,調和振動子の中心座標 Y の変化の単位は

$$\Delta Y = \frac{2\pi l^2}{L} \tag{3.32}$$

である.この単位変化に対応する A_1 の変化の単位は

$$\Delta A_1 = \frac{h}{Le} \tag{3.33}$$

である.

Laughlin は 2 次元平面のホール・バー試料を,それぞれの位置における垂直磁場を保ったままで,丸めてリボンをつくる (図 3.6).そこで,リボンの中心に入れた長いソレノイドに電流を流して磁束 ϕ を導入し,磁場 B に影響を与えないで,リボンの表面のベクトルポテンシャル A_1 を変化させる.磁束 ϕ をゆっくり変えて A_1 をゆっくりと変化させると,それぞれの電子は位相の条件 (3.22) と (3.24) を保ちながら,その中心座標 Y をゆっくりと変化させる.磁束が磁束量子 $\phi_0 = h/e$ だけ変化して,ベクトルポテンシャルが $\Delta A_1 = h/Le$ だけ変化すると,それぞれの電子の中心座標は $\Delta Y = 2\pi l^2$ ずつ移動して,電子系全体はもとに戻る.このとき,$Y = W$ にある電

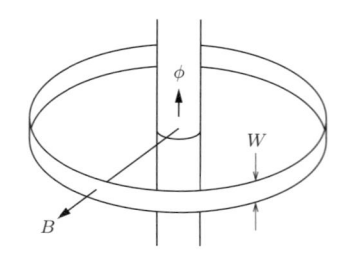

図 3.6 ラフリンの思考実験.ホール・バーを長さ方向に丸めてリボンをつくる.このとき,試料の面に垂直な磁場は保たれているとする.

子 1 個が電位 $-V_\mathrm{H}$ の試料端からホール電極に追い出され,接地されている電位ゼロのホール電極から電子 1 個が $Y = 0$ の試料端に補給されている.したがって,1 個のランダウ準位のエネルギーの変化は eV_H である.i 個のランダウ準位が満ちていると,単位磁束の変化に対応する電子系のエネルギーの変化は ieV_H である.したがって,$I_x = -ieV_\mathrm{H}/(h/e) = -i(e^2/h)V_\mathrm{H}$ となって,式 (3.27) と同じ電流とホール電圧の関係が導かれる.

この電子系に不純物ポテンシャルが導入されると局在状態が生まれ,ランダウ準位の上下端に局在準位ができる.局在状態に取り込まれない電子状態 (非局在状態) の波動関数は長さ L の方向に広がって閉じたループをつくるであろう.フェルミ準位が下から i 個目のランダウ準位の上端の非局在準位と $(i+1)$ 個目のランダウ準位の下端の非局在準位の間にあるとき,十分に低温で 2 次元電子系試料ループに磁束 ϕ を導入する.このとき,局在状態の波動関数は $\psi \to \psi \exp(i 2\pi \phi/\phi_0)$ のように位相因子が変化するだけで,そのエネルギーギャップを超えることはできないが,非局在状態は不純物ポテンシャルがない自由電子系の場合と同様に非局在状態の間を滑らかに移動する.非局在状態の波動関数が周期的境界条件を満たすならば,磁束が ϕ_0 の変化をすると,1 個のランダウ準位の中で試料下端から上端に 1 個の電子が移動して,エネルギー変化は eV_H となる.こうして,有限の電子数の範囲内でフェルミ準位が i 個目のランダウ準位の上端近くの局在準位と $(i+1)$ 個目のランダウ準位の下端近くの局在準位の中にあるときには,$I_x = -ieV_\mathrm{H}/(h/e) = -i(e^2/h)V_\mathrm{H}$ となって,ホール・コンダクタンスは量子化される.

3.1.7 強磁場中の 2 次元電子系の局在

乱雑ポテンシャルの有効距離がランダウ軌道半径に比べて大きい場合の電子局在のモデル (図 3.4) により量子ホール効果を理解した.けれども,δ 関数型のポテンシャルのように有効距離がランダウ半径に比べて小さい場合にも局在状態はできるのがアンダーソン局在である.図 3.7 に強磁場中の 2 次元電子系のアンダーソン局在の様子を,電子のエネルギーに対する状態密度 $D(E)$ と局在長 $\xi(E)$ の関係により,大まかに示す.乱雑ポテンシャルによる散乱により幅 $\varGamma$ をもつランダウ準位の中心付近に非局在状態があり,エネルギー E_c と $-E_\mathrm{c}$ を境にして,ランダウ準位の上と下の裾に局在状態をもつ.E_c と $-E_\mathrm{c}$ を移動度端とよぶ.フェルミ面の電子は乱雑ポテンシャルにより局在する長さ (局在長) ξ をもつ.試料サイズが ξ より長ければ電流は流れない.その逆に,試料サイズが ξ より短ければ電気伝導が現れる.図 3.7 は乱雑ポテンシャルの有効距離がランダウ軌道半径に比べて大きい場合の局在についても用いることができる.この場合には,マクロなポテンシャルのゆらぎによりランダウ軌道中心のエネルギーが変化するから,ランダウ準位は幅をもつと考えられる.マクロなポテンシャルのゆらぎの中心近く,すなわちランダウ準位の中心近くのエネルギーをもつ電子は,ポテンシャルの高低の間をすり抜けて試料中を移動する (図 3.4).このよう

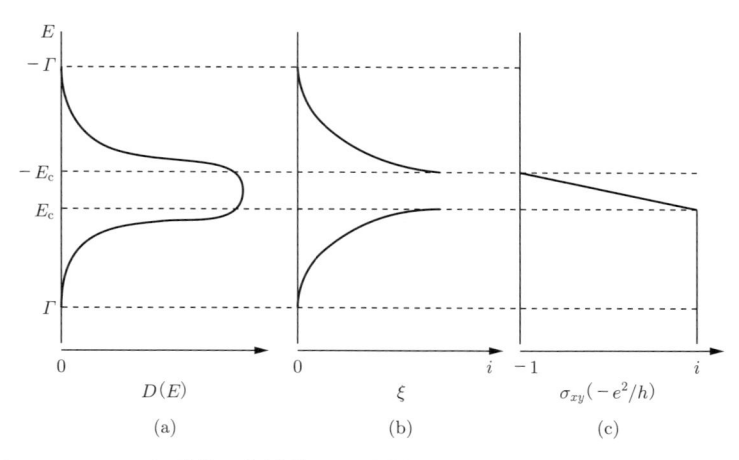

図 3.7 (a) ランダウ準位の電子状態はその中心部 ($-E_c < E < E_c$) を除き，局在している．(b) 電子の局在長 ξ はランダウ準位の中心から離れるほど短く，移動度端で発散する．(c) 電子が局在状態にあるとき (フェルミ準位が移動度端の外にあるとき)，ホール伝導率は量子化される．

な流れをパーコレーション (percolation) とよぶ．電子がマクロなポテンシャルの山と谷に捉えられるか，それともその間をすり抜けることができるかを分けるエネルギー閾値 (percolation threshold) がこの場合の E_c である．

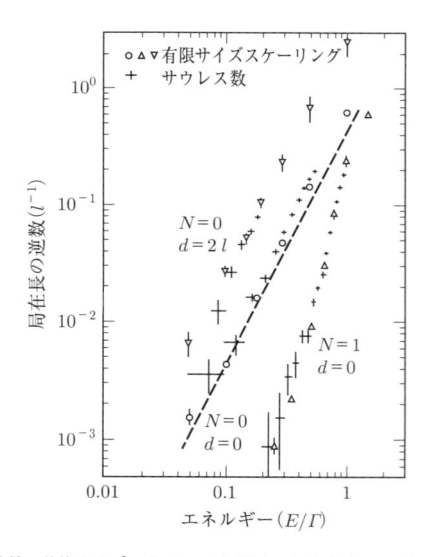

図 3.8 局在長の逆数 (単位は l^{-1}) をランダウ準位の中心からのエネルギー [単位は SCBA (セルフコンシステントなボルン近似) 法による幅 Γ] に対して示す．d は乱雑ポテンシャルの広がり．$d = 2l$ は長距離乱雑ポテンシャル[5]．

計算機による絶対零度で試料サイズを変えて伝導率をしらべた結果によると[5], 図 3.8 に示すように, 局在長の逆数はエネルギーの関数であり, ランダウ準位の中心に向かってゼロになる. 局在長をエネルギーの関数として

$$\xi(E) \propto |E|^{-s} \tag{3.34}$$

と表し, s を臨界指数とよぶ.

有限温度で行われる実験の結果は次のように理解される. 有限温度では, 主として非弾性散乱により電子波の位相が変化するので, 電子は局在状態から解放される. 非弾性散乱の緩和時間を τ_ϵ として, 非弾性散乱で決まる系の有効な大きさを L_ϵ とする. 平均エネルギー間隔 (約 $\varGamma l^2/L_\epsilon^2$) が非弾性散乱によるそれぞれの準位幅 h/τ_ϵ にほぼ等しくなる L_ϵ を考えると, $\varGamma\tau \sim \hbar$ として,

$$L_\epsilon \sim \left(\frac{\tau_\epsilon}{\tau}\right)^{1/2} l \tag{3.35}$$

となる. 非弾性散乱時間 τ_ϵ は T^{-p} に比例するから, $\xi(E_\epsilon) \sim L_\epsilon$ として有効移動度端 E_ϵ を定義すると

$$E_\epsilon \sim T^q, \qquad q = \frac{p}{2s} \tag{3.36}$$

の温度依存性が導かれる.

強磁場中の Si-MOSFET, InGaAs/InP, AlGaAs/GaAs の 2 次元電子系について局在の測定が行われている. 現在, 理論の結果と比較するには試料の条件は十分に整っていないように見える. [川路紳治]

文　献

[1] 川路紳治, 応用物理 **58** (1989) 500.
[2] S. Kawaji and J. Wakabayashi, *Physics in High Magnetic Fields* (Proc. Oji Int., Seminar, Hakone, Japan, 1980), ed. by S. Chikazumi and N. Miura (Springer-Verlag, 1981) p. 284.
[3] K. von Klitzing, G. Dorda, and M. Pepper, Phys. Rev. Lett. **45**, 494 (1980).
[4] P. Mohr and N. B. Taylor, Rev. Mod. Phys. **72** (2000) 351.
[5] T. Ando and H. Aoki, J. Phys Soc. Jpn. **54** (1985) 2238.

3.2　分数量子ホール効果

3.2.1　舞　台

磁場中の古典 2 次元電子は角振動数 $\omega_c = |e|B/m_e$ のサイクロトロン運動を行う. ここで, e は電子の電荷, B は 2 次元面に垂直にかけられた磁場の強さ, m_e は電子の有効質量である. これに対応して量子力学では 3.2.4 項で詳しく記すように, 1 電子

状態はランダウ準位とよばれる離散的なエネルギー準位

$$E_N = \left(N + \frac{1}{2}\right)\hbar\omega_c \qquad (N = 0, 1, 2, \cdots) \tag{3.37}$$

を形成することになる．ここで，非負の整数 N はランダウ量子数である．各ランダウ準位は電子スピンによりゼーマン分離するが，ゼーマン分離した各準位は，系の面積を S とすると，$|e|BS/h$ 重に縮重している．この縮重はサイクロトロン運動の中心座標の位置の自由度と解釈することができる．BS は系を貫く全磁束，$h/|e| \equiv \phi_0$ は磁束量子であるので，縮重度は系を貫く磁束量子の本数に等しい．

多電子状態を考える場合に，第 0 近似として電子間の相互作用を無視すると，絶対零度において電子はこのランダウ準位を下から順に占有してゆくが，占有の様子を記述するためにランダウ準位の占有率 ν を定義する．電子密度を n として，$\nu = nh/|e|B$ と定義すると，ν が整数 I の場合にはスピン分離したランダウ準位が I 本だけ占有されることなる．占有率は系内の電子数 N_e と磁束量子の本数 N_ϕ の比として，$\nu = N_e/N_\phi$ と表すこともできる．ν が整数の場合にはフェルミ準位にギャップが存在するので，磁場が十分に強く，電子間の相互作用や不純物の効果があってもこのギャップが消えなければ，3.1 節に記述された整数量子ホール効果が観測されることとなる．

一方，占有率が整数でない場合には，相互作用がないときの多電子状態は巨視的な縮重をもつこととなる．すなわち，磁場が十分に強く，$\nu = N_e/N_\phi \leq 1$ の場合には，最低ランダウ準位の N_ϕ 個の 1 電子状態に N_e 個の電子を収容させる仕方が $_{N_\phi}C_{N_e}$ 通りあり，それらがすべて同じエネルギー $N_e\hbar\omega_c/2$ をもつのである．この巨視的な縮重は電子間の相互作用によって解け，特別な占有率の場合にはフェルミ準位にギャップができる．この場合に起こる現象が分数量子ホール効果である．なお，2 層系の場合や，スピンによるゼーマン分離が相互作用に比べて小さい場合などでは，占有率が整数の場合でもフェルミ準位のエネルギーギャップを相互作用によるものと考えなければならない場合がある．この場合には占有率が整数であっても分数量子ホール効果と考えるのが適当である[1]．

3.2.2　実　　　験

占有率は磁場または電子密度を変化させることにより連続的に変化させることができる．低温で占有率を変化させたときに，特定の占有率の近傍で，ホール抵抗が一定値を保ち，同時に対角抵抗がゼロになるという現象が観測される．これが，量子ホール効果であり，原因が相互作用によるフェルミ準位のエネルギーギャップにある場合に分数量子ホール効果とよばれる[2]．基本となる単一層の 2 次元系の場合，この現象は占有率が奇数分母の簡単な分数値 $\nu = p/q$ の場合に起こり，この前後の占有率でホール抵抗は $(q/p)(h/e^2)$ に保たれる．1982 年に分数量子ホール効果が発見されたときには分数値は 1/3 と 2/3 のみであったが，その後の試料の良質化と，より低温 ($T \simeq 10\,\mathrm{mK}$)

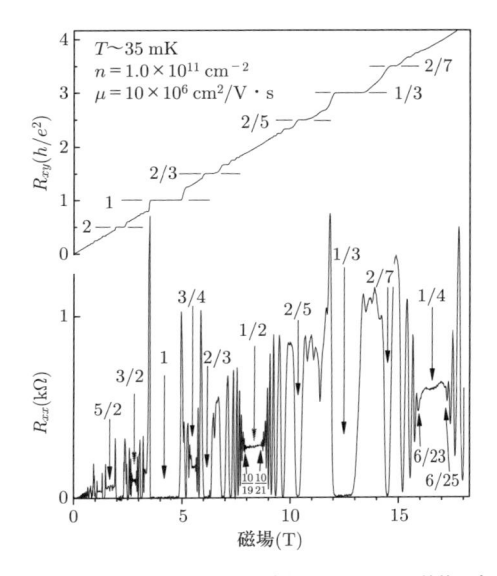

図 3.9 対角抵抗 R_{xx} とホール抵抗 R_{xy} の測定値. R_{xx} での分数値は占有率を表す. R_{xy} での分数は h/e^2 を単位とした R_{xy} の値の逆数を示す.

での実験が可能となったことに伴い，より多くの分数値でこの現象が観測されるようになった．実験の一例を図 3.9 に示す[3]．対角抵抗 R_{xx} の図中の分数値は占有率である．$\nu = 1$ のほか，$\nu = 2/3, 2/5, 1/3, 2/7$ の周辺で $R_{xx} = 0$ となり，R_{xy} に平坦部が現れているが，これが分数量子ホール効果である．このほか，$\nu = p/(2p \pm 1)$ $(p = 1, 2, \cdots, 10)$, $\nu = p/(4p \pm 1)$ $(p = 1, 2, \cdots, 6)$ などで R_{xx} は極小を示すが，これも分数量子ホール効果の兆候である．$1 \leq \nu \leq 2$ の領域ではスピン分離した最低ランダウ準位はすべて占有され，スピンが逆向きの最低ランダウ準位が部分的に $\nu - 1$ の割合で占有されている．この場合，完全に占有された最低ランダウ準位はいわば閉殻として不活性になるので，$0 \leq \nu \leq 1$ での状況が再現されている．$2 \leq \nu \leq 4$ の領域は図ではわかりにくいが，いくつかの分数値で分数量子ホール効果が観測されている．$\nu < 2$ の場合と異なり，ここでは偶数分母である $\nu = 5/2, 7/2$ においても分数量子ホール効果が見られるのが最大の特徴である．$\nu \geq 4$ では 3 番目以上のランダウ準位が部分的に占有されるようになるが，ここでは分数量子ホール効果は観測されていない．かわりにここでは空間的に電子密度が変調されたウィグナー結晶状態，2 電子の塊がウィグナー結晶となるバブル状態，電気伝導が異方性をもつストライプ状態などが観測されている．これらの状態はフェルミ準位にエネルギーギャップをもつことはなく，分数量子ホール効果は示さない．

3.2.3 エネルギーギャップと分数量子ホール効果

フェルミ準位にエネルギーギャップがあれば，分数量子ホール効果が期待できる．ここでは，その理由を説明しよう．まず，2次元面の凹凸や不純物などによるランダムなポテンシャルがない場合を考えよう．2次元面を xy 平面とし，磁場は z 方向にかかっているとする．さらに，電場 E が x 方向にかかっている場合の N_e 電子系のハミルトニアンは次のように書ける．

$$H = \sum_{i=1}^{N_\mathrm{e}} \frac{1}{2m_\mathrm{e}} [\boldsymbol{p}_i - e\boldsymbol{A}(\boldsymbol{r}_i)]^2 + \frac{1}{2}\sum_{i\neq j}^{N_\mathrm{e}}\sum_{j}^{N_\mathrm{e}} V(\boldsymbol{r}_i - \boldsymbol{r}_j) - \sum_{i=1}^{N_\mathrm{e}} eEx_i \tag{3.38}$$

ここで，$\boldsymbol{p}_i$ は i 番目の電子の正準運動量演算子，$\boldsymbol{r}_i = (x_i, y_i)$ は i 番目の電子の xy 座標，$\boldsymbol{A}$ は磁場 $\boldsymbol{B}$ に対するベクトルポテンシャル，第2項は電子間の相互作用，第3項は電場による項である．このハミルトニアンを重心座標 $\boldsymbol{R} = (X, Y) \equiv \sum_{i=1}^{N_\mathrm{e}} \boldsymbol{r}_i/N_\mathrm{e}$ とそこからの変位 $\boldsymbol{r}_i' \equiv \boldsymbol{r}_i - \boldsymbol{R}$ を用いて書き直し，重心座標を含む部分のみを書くと次のようになる．

$$H_\mathrm{CM} = \frac{1}{2N_\mathrm{e}m_\mathrm{e}}[\boldsymbol{P} - N_\mathrm{e}e\boldsymbol{A}(\boldsymbol{R})]^2 - N_\mathrm{e}eEX \tag{3.39}$$

ここで $\boldsymbol{P}$ は重心の正準運動量演算子である．古典力学ではこのハミルトニアンは質量 $N_\mathrm{e}m_\mathrm{e}$，電荷 $N_\mathrm{e}e$ の粒子の磁場 B と電場 E 中での運動を表していて，粒子はサイクロトロン運動をしながら，サイクロトロン運動の中心が速度 $(0, -E/B)$ で運動する解を与える．量子力学でも結果は同様である．ランダウ・ゲージ $\boldsymbol{A} = (0, Bx)$ を用いると，このハミルトニアンの固有状態は容易に求めることができるが，そのようにして得られる任意の固有状態において重心の速度演算子 $\boldsymbol{V}$ の期待値は $\langle \boldsymbol{V} \rangle = (0, -E/B)$ であることを示すことができる．したがって，電子間相互作用にかかわらずに重心は電場と磁場に垂直な方向に速さ E/B で運動する．この結果は，電子密度 $n = N_\mathrm{e}/S$ の系の電場 $\boldsymbol{E} = (E, 0)$ のもとでの電流密度が $\boldsymbol{i} = (0, -neE/B)$ となることを示しており，伝導度テンソルは対角伝導度 $\sigma_{xx} = 0$，ホール伝導度 $\sigma_{xy} = ne/B = -\nu e^2/h$，抵抗率テンソルは $\rho_{xx} = \sigma_{xx}/(\sigma_{xx}^2 + \sigma_{xy}^2) = 0$，ホール抵抗率は $\rho_{yx} = \sigma_{xy}/(\sigma_{xx}^2 + \sigma_{xy}^2) = -h/\nu e^2$ となることを示している．

ここに不純物の効果が加わる場合，ある占有率 $\nu = p/q$ においてフェルミ準位にギャップができていれば，不純物効果が弱い領域では，不純物は系の電子状態を変えることはできず，この抵抗率テンソルは不変に保たれる．また，ギャップをつくるような何らかの秩序状態ができているはずであり，この占有率からの変化は局所的な励起である準粒子として実現することが期待される．整数量子ホール効果がランダウ準位に導入された電子，または正孔が局在することによって実現するのと同様に，この準粒子が不純物によって局在することにより，抵抗率テンソルは $\nu = p/q$ での値に保たれる．この結果，ギャップができる占有率の近傍で分数量子ホール効果が観測されること

になる．したがって，分数量子ホール効果の本質を追求することは，エネルギーギャップの起源を明らかにすることにほかならず，分数量子ホール効果に対する理論的な研究は主にこの点について行われてきた．以下では，この点に絞って説明を行ってゆく．

3.2.4　1電子状態の波動関数

エネルギーギャップの起源を理解するには，まず磁場中の1電子状態を理解しなければならない．ハミルトニアンは

$$H = \frac{1}{2m_\mathrm{e}}(\bm{p}-e\bm{A})^2 \tag{3.40}$$

ベクトルポテンシャルとして対称ゲージを用いて $\bm{A}=(-By/2, Bx/2)$ とすると，エネルギー固有状態を角運動量演算子 L_z との同時固有状態として求めることができる．とくに，最低ランダウ準位での波動関数は2次元座標 (x,y) から複素座標 z を $z=x+\mathrm{i}y$ として導入すると

$$\psi_m(\bm{r}) = z^m \exp\left(-\frac{|z|^2}{4l^2}\right) \tag{3.41}$$

と書き表すことができる．ただし，ここで磁気長 $l \equiv \sqrt{\hbar/|e|B}$ を導入した．この波動関数は角運動量 $m\hbar$ をもち，原点のまわりで半径 $\sqrt{2m}l$ の円周上の幅の領域に振幅が集中している．半径方向の幅は古典的なサイクロトロン運動の半径に対応しており，古典力学での運動エネルギーが半径の2乗に比例することを反映して，高次のランダウ準位ではこの波動関数の幅は広がってゆくことになる．

ここで，半径が R の円形の系を考えると，この系に収容できる1電子状態は波動関数の半径 $\sqrt{2m}l$ が R 以下のものであり，m に対する条件 $0 \leq m \leq \pi R^2/2\pi l^2 = |e|BS/h = N_\phi$ が得られる．これは3.2.1項で述べたランダウ準位の縮重度にほかならない．この N_ϕ 縮重した状態の任意の線形結合もハミルトニアンの固有状態になるから，N_ϕ 次の z の多項式に $\exp(-|z|^2/4l^2)$ を掛けたものはやはりハミルトニアンの最低固有状態である．

3.2.5　ラフリンの波動関数

前項での1電子状態の特徴にもとづき，Laughlin は占有率 $\nu=1/q$ (q は奇数) では特別な波動関数が相互作用のある電子系の基底状態の候補として存在することを見出した[4]．やはり半径 R の円形の系を考え，そこに N_e 個の電子がある場合を考える．この場合，各電子が最低ランダウ準位のみに存在するとすれば，一般的な波動関数は複素数化した各電子の座標 z_i による多項式 $f(z_1, z_2, \cdots, z_{N_\mathrm{e}})$ を用いて，

$$\Psi(\bm{r}_1, \bm{r}_2, \cdots, \bm{r}_{N_\mathrm{e}}) = f(z_1, z_2, \cdots, z_{N_\mathrm{e}}) \exp\left(-\sum_i \frac{|z_i|^2}{4l^2}\right) \tag{3.42}$$

と書けるはずである．ここで，電子系の全角運動量との同時固有状態を求めることにし，全角運動量を $M\hbar$ としよう．多項式を展開した各項の M は各電子座標のべきの

和になるから，f は斉次の多項式でなければならない．また，電子はフェルミオンなので，f は完全反対称の多項式でなければならない．ここまではすべての波動関数に対する条件であるが，さらに波動関数がジャストロー (Jastrow) 型であり，f は 2 電子の座標の差のみの関数であると仮定すると，f はただ 1 つのパラメーターである奇数 q のみを含む形で以下のように確定してしまう．

$$f(z_1, z_2, \cdots, z_{N_e}) = \prod_{i \neq j}(z_i - z_j)^q \tag{3.43}$$

このとき各 z_i の最大べきは $(N_e - 1)q$ である．すべての電子が $0 \leq m \leq N_\phi$ の 1 電子状態に収容されるために $(N_e - 1)q = N_\phi$ とおけば，$\nu = N_e/N_\phi \simeq 1/q$ となる．したがって，この波動関数は $\nu = 1/q$ での特殊な基底状態を表すものになる．たとえば，$q = 3$ では，2 つの電子が接近する場合に波動関数は相対距離の 3 乗で減少するので，この状態は近距離に強い斥力をもつクーロン相互作用での低エネルギー状態になることが期待される．この予想は少数系の厳密対角化で確認された．$\nu = 1/3$ と $1/5$ においてはクーロン相互作用系での基底状態は非常に良くラフリンの波動関数で近似される．

3.2.6 厳密なハミルトニアン

最低ランダウ準位中の 2 つの電子が等方的な相互作用のもとで運動するときの固有状態は相対角運動量の固有状態でもある．相対角運動量が $m\hbar$ のときの相互作用の期待値を V_m としよう．多電子系のハミルトニアンを第 2 量子化したときの相互作用部分は，V_m を用いて書き直すことができる．すなわち，相互作用の違いはすべて V_m のセットの違いとして記述されることになる．この意味で V_m を用いる場合，これらはハルデイン (Haldane) の擬ポテンシャルとよばれる[5]．

$\nu = 1/3$ のラフリンの波動関数では電子対の相対角運動量はすべて 3 以上であるから，$m = 1$ の擬ポテンシャルのみが正の有限値をとるモデルにおいては，ラフリンの波動関数はエネルギーゼロの厳密な基底状態となる．$\nu = 1/3$ のこれ以外のすべての状態は相対角運動量 1 の電子対を含むので，有限なエネルギーをもち，励起状態となる．すなわち，ラフリンの波動関数を基底状態の解とする厳密なハミルトニアンは V_1 のみを有限とするものである．したがって，現実のクーロン相互作用を擬ポテンシャルで表した場合に V_1 のみが大きく，V_3 以上が十分に小さければ，ラフリンの波動関数がよい基底状態であることが期待できる．実際にクーロン相互作用では $V_1 : V_3 : V_5 : V_7 = 0.4431 : 0.2769 : 0.2181 : 0.1856$ であり，$\nu = 1/3, 1/5$ でラフリンの波動関数が基底状態のよい基底状態であることが理解できる．高次のランダウ準位中での相互作用も擬ポテンシャルを用いて第 2 量子化表示できるが，この場合，波動関数の広がりを反映して小さい相対角運動量の V_m は小さくなり，厳密なハミルトニアンからの乖離が増してゆく．このことにより $\nu > 4$ では分数量子ホール効果が生

じないことが理解できる.

3.2.7 零点と準粒子

$q=1$ のラフリン波動関数は $\nu=1$ での唯一の状態である. (z_i-z_j) の因子はパウリ原理のために必ず存在しなければならない. $q=3$ のラフリン波動関数にはこのほかに $\prod_{i\neq j}(z_i-z_j)^2$ の因子がかかっている. したがって, 波動関数を z_i の関数として見るときに, 他の電子の位置は三重の零点となっている. すなわち, ラフリンの関数は電子と零点の束縛状態と見ることができる. 電子が系の外周に沿って 1 周すると, 内部には磁束 $N_\phi\phi_0$ があるので, アハラノフ–ボーム効果のために, 波動関数の位相は $2\pi N_\phi$ 変化する. 位相の変化は零点のまわりのみで可能であり, 一重の零点のまわりでの変化は 2π だから, 系内には N_ϕ 個の零点があることになる. それらがすべてほかの電子の位置に束縛されるのがラフリンの波動関数であり, このために近距離の斥力をもっとも効率よく避ける波動関数となっている.

占有率が 1/3 からずれる場合にはこのようにすべての零点を同じ数だけ電子に割り当てることはできない. この場合, 余った零点や, 不足した零点は準粒子として系に入ることになる. この準粒子は電荷 $\pm e/3$ をもち, フェルミ統計でもボース統計でもない分数統計にしたがう[6]. ここで分数統計というのは 2 次元系に特有の統計である. 統計は 2 粒子を交換したときの波動関数の位相の変化を表すものである. 2 回の交換で波動関数はもとに戻るので, 1 回の交換での波動関数の変化は ± 1 倍に限られるというのが, フェルミ統計とボース統計のみが許される理由である. 2 粒子の交換を粒子の位置を連続的に変化させて実行してみよう. 2 回続けて交換することは, 粒子の 1 つがほかの粒子のまわりを 1 周することと等しい. 3 次元系ではこの粒子の経路は連続的に縮めることができ, 粒子が動かない状態につなげることができるから, 波動関数は 2 回の交換で位相も含めてもとに戻らなければならない. しかし, 2 次元系では 2 粒子の $(2+1)$ 次元時空での世界線は絡まり, ほどけないので, 交換のときに任意の位相がついてもよいのである. たとえば, 電荷 e のボース粒子に仮想的に磁束 ϕ を束縛させた複合粒子を考えると, この粒子 2 個を入れ替えたときには磁束によるアハラノフ–ボーム効果により, 波動関数に位相 $e\phi/2\hbar$ が生じるが, この位相は ϕ とともに連続的に変えられる. このようにフェルミ統計でもボース統計でもない任意の統計が 2 次元では可能だが, これを分数統計とよぶ. $\nu=1/3$ の近傍での準粒子では入替えでの位相の変化は $\pm\pi/3$ である.

3.2.8 複合粒子理論

電子に仮想的に磁束 ϕ をつけた粒子の統計は, $\phi=\phi_0$ でボース統計となり, $\phi=2\phi_0$ でフェルミ統計に戻る. そこで, 電子に仮想的に 3 本の磁束量子を束縛させた複合粒子を考えよう. 磁束の向きは外部磁場の方向とする. この粒子はボース統計にしたが

うので，複合ボソンとよぶことにする．逆に電子は複合ボソンに逆向きの磁束量子を3本つけたものと考えることもできる．占有率 $\nu = 1/3$ で電子をこの逆向き磁束付の複合ボソンで置き換えてみよう．各複合ボソンはもともとの磁場による磁束と，複合ボソンについた磁束を感じることになるが，これらは平均すればちょうど打ち消しあう．したがって，平均場近似では，複合ボソンは零磁場中の2次元ボース系としてふるまい，相互の斥力により，基底状態は超流動状態となることが期待される．複合ボソンの電流がある場合，超流動なので電流方向の電場は存在しない．したがって，対角抵抗はゼロである．一方，電流は磁束の流れを伴うので，電流に垂直な方向には電磁誘導により有限の電場が生じる．これがホール電圧を与えるが，大きさは当然分数量子ホール効果で期待されるものに一致する．超流動状態はマイスナー効果を示すので，この系で磁場を変化させた場合には有限のエネルギーをもつ磁束量子として磁場は導入されることになる．これがフェルミ準位でのエネルギーギャップを与え，導入された磁束量子は準粒子にほかならない．超流動状態は非対角長距離秩序をもつが，この2次元系では長距離秩序は代数的な減少を示すことが明らかにされている[7]．

各電子に3本の磁束量子をつけるのではなく，2本だけ付けて複合フェルミオンにすることも可能である．電子の占有率が $\nu = 1/3$ のとき，複合フェルミオンに対しては，各粒子あたり1本の磁束量子が残るので，占有率は1となる．すなわち，分数量子ホール状態は複合フェルミオンの整数量子ホール効果状態に写像される．逆に，占有率 p の複合フェルミオンの整数量子ホール効果状態を考えてみよう．この場合複合フェルミオンあたり $1/p$ 本の磁束量子が系内に存在する．この状況を本来の電子に戻して考えよう．2本の磁束の向きには2通りの可能性があるから，電子にとっては磁束量子の本数は $(1/p) \pm 2$ 本である．したがって占有率は $\nu = \pm p/(2p \pm 1)$ となる．具体的には $\nu = 2/3, 2/5, 3/7$ などとなり，これは実験で観測されている分数量子ホール効果のかなりの部分を含んでいる[8]．複合フェルミオンを電子に戻すときに，波動関数には因子 $(z_i - z_j)^2$ が掛かるので，電子間の斥力による相関が取り込まれている．このために複合フェルミオン理論により $1/3$ 以外の分数量子ホール効果が理解できるのである．

ところで，$1/3$ 以外の分数量子ホール効果の理解には別の方法もある．すなわち，分数量子ホール効果状態に導入される準粒子がある程度の密度になったときに次の段階の分数量子ホール効果状態が形成され，さらにそこでの準粒子が分数量子ホール効果状態をつくるといった階層構造を考えることにより，任意の奇数分母の分数量子ホール効果を理解することができる．この場合には，準粒子間の相互作用が分数量子ホール効果状態をつくるのに必要な短距離型になっているかどうか，前の階層で分数量子ホール効果状態ができているかどうかなどをしらべることにより，実際に分数量子ホール状態が実現するかどうかをしらべることが可能である．これに対して，複合フェルミオン理論では，電子系を相互作用が本質的でない複合フェルミオンの整数量子ホール効果状態として理解するので，相互作用についての情報は考慮されず，複合フェル

ミオンの整数量子ホール効果状態がすべて電子の分数量子ホール効果状態になるかは保証の限りではない．このことは，3番目以上のランダウ準位では分数量子ホール効果状態は実現しないことからも明らかである．複合粒子理論は強相関状態である分数量子ホール状態のわかりやすい見方を与えるが，盲信するべきではない．

3.2.9 偶数分母状態

最低ランダウ準位では複合フェルミオン理論は有効であると考えてよいであろう．この理論で $p \to \infty$ の状態は，複合フェルミオンでは零磁場の状態で，電子では $\nu = 1/2$ の状態に対応する．すなわち，$\nu = 1/2$ では複合フェルミオンは零磁場中のフェルミ液体状態であり，$\nu = 1/2$ の近傍は，弱磁場中のフェルミ液体状態と見なしてよいだろう．弱磁場中の電子の電気伝導はシュブニコフ振動を示すが，複合フェルミオンのシュブニコフ振動は分数量子ホール効果での対角抵抗の振動に対応する．また，弱磁場中の電子の電場による運動はフェルミ面付近の電子による波束の運動で理解でき，この波束は大きな軌道半径のサイクロトロン運動を行う．その様子は磁気収束の実験などで確認されているが，複合フェルミオンに対しても，フェルミ面付近の複合フェルミオンがサイクロトロン軌道に沿った運動をすることが確かめられている．

フェルミ面がある場合，相互作用によってフェルミ準位にギャップをもつ秩序状態への相転移がありうる．たとえば，普通の金属での超伝導転移や，電荷密度波状態への転移である．複合フェルミオンのフェルミ面は丸いので，一番ありうる秩序状態は超伝導状態であり，スピン偏極している複合フェルミオンではスピン3重項のp波状態が可能である[9]．この状態ではフェルミ面にギャップが生じるので，分数量子ホール効果状態となる．実際に占有率 $\nu = 5/2$ と $7/2$ では偶数分母にもかかわらず分数量子ホール効果状態が観測されており，対角化による研究でもこの状態が複合フェルミオンの超伝導状態であると考えられている．

3.2.10 スピン自由度

2次元電子系が実現している GaAs–AlGaAs 系では電子の g 因子は小さく，0.44 程度である．一方，ランダウ準位の間隔を与えるサイクロトロン振動数は有効質量に反比例し，これは真空中の電子質量を m_0 として $m_e \simeq 0.068 m_0$ 程度なので，スピンによるゼーマン分離の大きさ $g\mu_B B$ はランダウ準位間隔に比較してかなり小さくなっている．このため，比較的磁場が弱い場合にはゼーマン分離の大きさは電子間相互作用の大きさに比べて小さくなり，$\nu < 1$ でもすべてのスピンが磁場方向にそろっているとは限らない．このため，スピンの反転を含む現象がいくつか観測されている．

まず占有率 $\nu = 2/3$ での分数量子ホール効果であるが，強磁場の場合にはこの効果を示す基底状態は $\nu = 1/3$ の分数量子ホール効果状態の電子–正孔対称状態と見ることができる．この場合には電子のスピンはすべてそろっている[10]．しかし，ゼーマン分離が無視できれば，基底状態は上向きスピンの 1/3 状態と下向きスピンの 1/3 状

態が独立に実現している状態である．電子密度を変化させると同時に磁場を変化させ，占有率を $\nu = 2/3$ に保つことを考えよう．この場合，電子間相互作用の強さ $e^2/4\pi\varepsilon l$ は磁場の平方根に比例して増大するが，ゼーマン分離の大きさは磁場に比例する．このため，弱磁場領域での，ゼーマン分離が小さく，半分の電子がスピン反転した基底状態と強磁場領域での，すべての電子スピンがそろった基底状態の間の相転移が起こる．相転移点の近傍では電子スピンと核スピンが強く相互作用し，磁場をゆっくり変化させたときには電気抵抗に鋭いピークが現れることが観測されている[11]．

分数量子ホール効果と直接の関係はないが，占有率が1の近傍でも相互作用によるスピン反転が生じることが明らかにされている．占有率1の状態に電子を導入する場合，相互作用がなければ，導入した電子は単に反対スピンの状態に入るだけである．ところが，相互作用の効果で，実際には反対スピンの電子のまわりの電子もスピン反転し，スカーミオンという状態になることがわかった．電子−正孔対称性により，占有率1から電子を1つ取り去り，正孔を導入する場合も，正孔のまわりの電子のスピンが反転し，スカーミオン状態が形成される．スピン反転する電子数は磁場の強さに依存するが，導入した電子または正孔1個につき数個程度である．

3.2.11 2層系

2枚の2次元電子系を近接して作成することができ，このような系を2層系とよぶ．1層系では基底状態は占有率と擬ポテンシャルの様子により決まる．擬ポテンシャルはランダウ準位ごとに異なるが，1つのランダウ準位では電子系の厚さを変えて多少動かせるだけで，可変なパラメーターはほとんどない．一方，2層系ではより多くの自由度がある．層間の距離 d により層内と層間の相互作用の強さを変えることができるし，層間の障壁の高さを変えれば層間のトンネリングの強さ t を変えることができる．さらに2つの層のポテンシャルを変えることにより，各層での占有率を独立に選ぶことができる．また，各層別々に電極を付けることができ，それぞれの層での電気伝導の様子や，層間の電流を測定することができる．電子がどちらの層にいるかを擬スピンの上向き，下向きで区別すると，この2層系はスピン自由度のある系と類似で，より豊かな内容をもつものであることがわかる．

2層系の研究の一例として2層合わせての占有率が1の場合について記そう．層間隔 $d = 0$ の場合には層内と層間の相互作用は等しい．このときの基底状態の波動関数は上向き擬スピンの複素座標を $z_1, z_2, \cdots, z_{N_\uparrow}$，下向き擬スピンの複素座標を $\xi_1, \xi_2, \cdots, \xi_{N_\downarrow}$ として

$$\Psi = \prod_{i \neq j}(z_i - z_j)\prod_{i \neq j}(\xi_i - \xi_j)\prod_i\prod_j(z_i - \xi_j) \tag{3.44}$$

の形になることが予想される．ただし，指数関数の部分は省略してある．この波動関数はハルペリン (Halperin) の111状態とよばれている．すべての座標の交換に対して

反対称であるから，擬スピンはすべてそろった強磁性状態である．擬スピンがすべて上向きまたは下向きならば全電子が一方の層のみに存在する状態，擬スピンが真横を向いていれば，各層半々に電子が存在する状態である．層間距離が小さい場合 ($d < l$) でもこの状態がよい基底状態であり続けると思われるが，静電エネルギーのために擬スピンは横を向く．この状態では違う層の間でも同じ2次元座標の場所に電子が来ることはないので，一方の層では電子のかわりに正孔で考えることにすれば，層間で電子と正孔が束縛状態をつくった励起子状態と見なすこともできる．この励起子状態はたとえ層間のトンネリングがなくても，擬スピンの向きが系全体でそろっているため，層間の電子状態に位相の長距離秩序があり，位相に共役な各層での電子数が不定の状態でもある．

この状態の特徴は2種類の実験によって明らかにされてきた．1つの実験は層間の伝導度の測定である．層間のトンネリングが小さく，零磁場ではほとんど層間の伝導がない試料を強磁場下で占有率1の状態にすると，層間距離が小さく，$d < 1.5l$ の場合には非常に大きい伝導度が層間の電位差がゼロの場合に観測される．これはほとんどdc ジョゼフソン効果と見なせるような伝導で，111 状態が実現している証拠となっている．もう1つの実験は対向電流の実験とよばれるが，2つの層で逆向きに同じ大きさの電流を流した場合の対角抵抗と，ホール電圧の測定である．層間でできた励起子の超流動が起これば，各層で逆向きの電流が流れる．このとき対角抵抗はゼロとなり，ホール電圧も励起子という中性粒子の流れなのでゼロとなるはずである．この様子が実際に実験で確認され，d が小さい領域での励起子状態実現の証拠となっている[12]．なお，d が大きな領域 ($d > 1.8l$) では伝導度のピークや，ホール電圧の消失は観測されず，2層が独立してそれぞれで $\nu = 1/2$ 状態が実現していると考えられている．

以上分数量子ホール効果研究の現状を概観したが，1層系でも任意の占有率での基底状態が明らかにされているわけではなく，たとえば占有率 $\nu = 4/11$ での分数量子ホール効果の原因は現在不明であるし，2層系では占有率や，層間距離の違いにより多様な基底状態が実現し，全容が解明されているわけではない．今後さらに研究が続けられ，奇妙な現象が見出され，理解されることが期待される．　　　　[吉岡大二郎]

文　　献

[1] 量子ホール効果全般についてより詳しくは，吉岡大二郎，新物理学選書「量子ホール効果」(岩波書店，1998).
[2] D. C. Tsui et al., Phys. Rev. Lett. **48** (1982) 1559.
[3] Wei Pan, 私信.
[4] R. B. Laughlin, Phys. Rev. Lett. **50** (1983) 1395.
[5] F. D. M. Haldane, Phys. Rev. Lett. **51** (1983) 605.
[6] J. M. Leinaas and J. Myrheim, Nuovo Cimento B **37** (1977) 1.
[7] S. C. Zhang, Int. J. Mod. Phys. B **6** (1992) 25.
[8] J. K. Jain, Phys. Rev. Lett. **63** (1989) 199.
[9] G. Moore and N. Read, Nucl. Phys. B **360** (1991) 362.

[10] B. I. Halperin et al., Phys. Rev. B **47** (1993) 7312.
[11] S. Kronmüller et a., Phys. Rev. Lett. **81** (1998) 2526.
[12] J. P. Eisenstein and A. H. MacDonald, Nature **432** (2004) 691.

4

金属–絶縁体転移

4.1 パイエルス転移

4.1.1 パイエルス転移とは

　固体結晶中の電子状態は，電子が結晶を形成するイオンによる周期ポテンシャルを感じているため，ブロッホ状態として記述される．ポテンシャルは存在するが散乱がコヒーレントであるためブロッホ状態にある電子はほとんど自由電子のように (あたかも散乱がないかのように) ふるまう．しかし，イオンの方も静止しているわけではなく，平衡点のまわりに微小な振動をしている．この振動を量子化したものはフォノンとよばれ，電子とフォノンの相互作用は固体物性を決める上で重要な役割を果たしている．

　金属状態にある電子系はフェルミ準位に有限の状態密度をもっているが，とくに1次元の場合，フェルミ準位にある2つの状態 (すなわちフェルミ波数を k_F とするとき，波数 $+k_\mathrm{F}$ と $-k_\mathrm{F}$ の状態) は縮退しており，その縮退した状態が，波数 $2k_\mathrm{F}$ の空間変調をもつ摂動があれば強く結合し，摂動論でよく知られているように，縮退が解ける．この結果，電子エネルギー帯構造にはフェルミ準位におけるエネルギーギャップが現れる．このような一般的議論から，1次元電子–フォノン系においては，波数 $2k_\mathrm{F}$ の格子ひずみとフェルミ準位におけるエネルギーギャップが自発的に形成され (図4.1)，伝導性の面からは金属–絶縁体転移が起こる．これをパイエルス転移という[1]．絶縁体になるのはフェルミ準位における状態密度が消失するからである．

　一般に格子ひずみは格子系のエネルギーを上昇させるが，電子系のエネルギーはフェルミ準位に発現するエネルギーギャップ (有限のエネルギー幅で状態密度の消失が起こっているエネルギー領域) によってエネルギーの減少が起こる．後者がまさる場合に転移が起こるのであるが，これは低次元系で起こりやすい．ひずみの大きさやギャップの大きさは，この2つのエネルギー効果の釣り合いによって決まる．また，高温では格子ひずみが固まっているよりは，熱振動している方がエントロピーが稼げるため，格子ひずみやギャップのない金属状態が熱力学的に安定になる．温度を下げていくと，

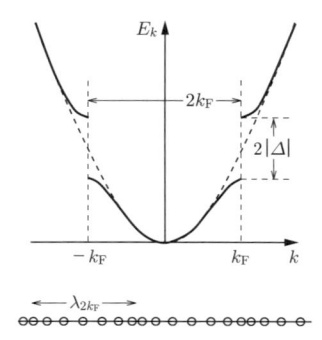

図 **4.1** 電子系のエネルギーギャップと波長 λ_{2k_F} ($=2\pi/2k_\mathrm{F}$) の周期的格子ひずみ (概略図). Δ については, 4.1.4 項参照.

エントロピーによる得が少なくなって, ある温度でひずみが発生し始める. この温度をパイエルス転移温度とよぶ. 特殊な場合を除き, この転移はひずみが 0 から連続的に成長していく 2 次相転移となる. また, この転移によって生ずるひずみは, 結晶格子の結合長に周期的な変調を与えるためボンド秩序波 (Bond Order Wave: BOW) とよばれる. それに伴い, 多くの場合電荷密度にも変調が起こり, その状態は電荷密度波 (Charge Density Wave: CDW) とよばれる.

4.1.2 密度応答関数とパイエルス不安定性

$2k_\mathrm{F}$ のひずみが自発的に生じる物理的原因は, 電子系が $2k_\mathrm{F}$ の変調ポテンシャルに対し不安定性をもつことにある. この不安定性は電子系の密度応答関数の異常という形で現れる. 密度応答関数は, 系に摂動 $V_0 e^{i(\boldsymbol{q}\cdot\boldsymbol{r}-\omega t)}$ が加わったとき, 系の密度が V_0 の 1 次の範囲でどのように応答するかを記述するもので, 局所的な密度の非摂動状態におけるものからのずれを, $\delta\rho(\boldsymbol{r}) = \chi(\boldsymbol{q},\omega) V_0 e^{i(\boldsymbol{q}\cdot\boldsymbol{r}-\omega t)}$ のように表したときの $\chi(\boldsymbol{q},\omega)$ によって定義される. 具体的な計算方法は久保の線形応答理論[2]によって与えられる. 波数 k をもつ電子状態のエネルギーを ε_k で表すとき $\chi(\boldsymbol{q},\omega)$ は以下のように計算される.

$$\chi(\boldsymbol{q},\omega) = \frac{1}{\Omega} \sum_{\boldsymbol{k},\sigma} \frac{f(\varepsilon_{\boldsymbol{k}+\boldsymbol{q}}) - f(\varepsilon_{\boldsymbol{k}})}{\varepsilon_{\boldsymbol{k}+\boldsymbol{q}} - \varepsilon_{\boldsymbol{k}} - \hbar\omega - i\epsilon} \tag{4.1}$$

Ω は系の体積であり, $f(\varepsilon)$ は温度 T ($\beta=1/k_\mathrm{B}T$, k_B はボルツマン定数) および化学ポテンシャル μ をパラメーターとして含むフェルミ分布関数 $f(\varepsilon) = 1/[e^{\beta(\varepsilon-\mu)}+1]$ である. 分母の $i\epsilon$ (ϵ は正の微小数) は線形応答理論に現れる断熱因子から来るもので, 計算上は分母の極の拾い方を指定している (物理的には因果律の反映と考えることもできる). 和は状態を特定する波数 $\boldsymbol{k}$ とスピン σ に関するもので, この場合, スピンに関する和は単に 2 倍するだけでよい. よく知られているように, $\boldsymbol{k}$ に関する和は十分大きな系では積分に置き換えることができる. 1 次元自由電子の場合はこの積分が

ある程度解析的に実行できる．とくに，$T=0$，$\omega=0$ のときは，電子の質量を m，フェルミ波数を k_F とすれば，

$$\chi(q,0) = \frac{2m}{\pi\hbar^2 q} \ln\left|\frac{2k_\mathrm{F}-q}{2k_\mathrm{F}+q}\right| \tag{4.2}$$

となり，$q=\pm 2k_\mathrm{F}$ で対数発散を示す．これは系が，$\pm 2k_\mathrm{F}$ の波数で空間変化する摂動に対し不安定であることに対応している．有限温度における $q=2k_\mathrm{F}$ に対する静的な密度応答関数 $\chi(2k_\mathrm{F},0)$ は，フェルミエネルギー ε_F に比べて温度が十分低ければ，すなわち $k_\mathrm{B}T \ll \varepsilon_\mathrm{F}$ ならば，次のように計算される．

$$\chi(2k_\mathrm{F},0) = -\frac{1}{\pi\hbar v_\mathrm{F}} \ln\left(\frac{4\gamma\varepsilon_\mathrm{F}}{\pi k_\mathrm{B}T}\right) \tag{4.3}$$

ここで $\ln\gamma = C \simeq 0.577$ はオイラー定数であり，また v_F はフェルミ速度 $v_\mathrm{F} = \hbar k_\mathrm{F}/m$ である．この結果は，$q=2k_\mathrm{F}$ における密度応答関数の異常が有限温度効果によって抑えられ，$T\to 0$ での対数異常に置き換わったことを意味する．有限温度にするかわりに，絶対零度で有限の周波数にしても，$q=\pm 2k_\mathrm{F}$ における発散は抑えることができる．実際 $T=0$，$\hbar\omega \ll \varepsilon_\mathrm{F}$ の場合，

$$\mathrm{Re}[\chi(2k_\mathrm{F},\omega)] = \frac{1}{\pi\hbar v_\mathrm{F}} \ln\frac{\hbar\omega}{8\varepsilon_\mathrm{F}} \tag{4.4}$$

となり，$\omega \to 0$ で対数発散する形になる．

4.1.3 フォノンのソフト化

前述の電子系の不安定性は，電子と格子振動 (フォノン) の間に相互作用がある場合，フォノンモードのソフト化 (固有周波数が 0 に近づく現象) として現れる．このソフト化のふるまいを見るために，具体的な電子–フォノン系のモデルを考えよう．1 次元電子–フォノン系の標準的なモデルは，第 2 量子化された波数表示で次のように表される．

$$H = \sum_{k,\sigma} \varepsilon_k c^\dagger_{k,\sigma} c_{k,\sigma} + \sum_{k,\sigma}\sum_q g(b_q + b^\dagger_{-q}) c^\dagger_{k+q,\sigma} c_{k,\sigma} + \sum_q \hbar\omega_q b^\dagger_q b_q \tag{4.5}$$

ここで，$c^\dagger_{k,\sigma}$, $c_{k,\sigma}$ は波数 k，スピン σ の電子を生成・消滅させる演算子，$b^\dagger_q$, b_q は波数 q，周波数 ω_q のフォノンを生成・消滅させる演算子であり，g は電子–フォノン結合定数である[*1]．右辺第 1 項は電子系のエネルギー，第 2 項は電子–フォノン相互作用，第 3 項は自由フォノンのエネルギーを表す (零点振動の部分は省略されている)．

フォノンの分散関係 (波数と周波数の関係) は電子–フォノン相互作用の影響で，自由フォノンの場合 (すなわち，ω_q で与えられるもの) とは異なる．相互作用の効果を

---

*1) 一般には，この結合定数は電子，フォノンの波数 k,q に依存するが，パイエルス転移では，基本的に $k=k_\mathrm{F}$，$q=2k_\mathrm{F}$ の近傍部分だけが関連しているため，定数としておいても問題とならない場合が多い．

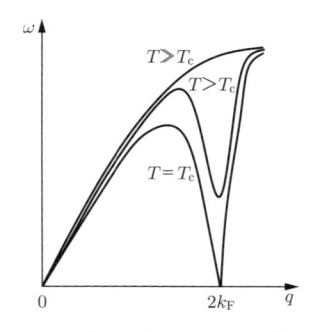

図 **4.2** 1次元電子-フォノン系におけるフォノン分散関係の温度変化 (概略図).

取り入れたフォノンの分散関係はたとえば，フォノンのグリーン関数を計算しその分母の実数部が0になる条件から決めることができる[3]．詳細は省略するが，この場合，電子-フォノン相互作用の影響はフォノンのグリーン関数の自己エネルギーの中に取り入れることができる．同様の分散関係は，線形モード解析の方法によっても求めることができる．これは，格子変位の運動方程式を変位に関して線形の範囲内で書き下し，振動数に対する固有値問題に帰着させる方法で，通常は電子系を断熱近似で扱うことで問題を簡単化する．断熱近似とは，電子系と格子系の時間変化の違いに着目して，電子状態を決める際には，各時刻における格子変位を静的なものと見なし，電子系のエネルギーを格子変位の関数として計算するものである．これによって，電子系のエネルギーは格子系に対するポテンシャル (ボルン-オッペンハイマー・ポテンシャル，あるいは断熱ポテンシャルとよばれる) として働き，それを格子変位で微分し，負号をつけたものが力となる．こうして得られた運動方程式を，変位に関して線形化することによって，フォノンモードに対する固有値問題が導かれる．具体的な計算は省くが，どちらの方法でも温度の効果は，電子系のエネルギー分布を通して入ってくる．いろいろな温度でフォノン分散関係を求めると，おおむね図 4.2 のようになる．

$q=0$ で周波数が 0 となるのは，一様な格子変位では系内に物理的に意味のある変化は生じないからである．ある臨界温度 T_c で $q=2k_F$ の周波数が 0 になるのは，その温度以下で，$2k_F$ の格子変位をエネルギーの損失なしに生じさせることを表し，低温側で波数 $2k_F$ の静的な格子変位が成長することを意味する．$2k_F$ モードのフォノンがソフト化する温度 T_c はパイエルス転移温度とよばれる．式 (4.5) のハミルトニアンの場合には，上で説明した方法によって，

$$T_c = \frac{4\gamma\varepsilon_F}{k_B} \exp\left(-\frac{\pi\hbar^2 v_F \omega_{2k_F}}{2|g|^2}\right) \tag{4.6}$$

となることが知られている[3]．v_F はフェルミ速度 $v_F = \partial\varepsilon_k/\partial k|_{k=k_F}$ である．この T_c を求める計算では，温度領域がフェルミ温度 ($=\varepsilon_F/k_B$) に比べて十分低いことが仮定されている．この表式で重要なことは，指数関数の中身が負で，電子-フォノン結

合定数の絶対値の 2 乗に反比例する点である．このような結合定数依存性は，モデルの詳細にはよらず，転移温度を電子–フォノン結合定数に関する単純な摂動展開では計算できないことを意味する．

4.1.4 ギャップとひずみの温度依存性

前項で述べたように，高温側から温度を下げていくと，$2k_F$ のフォノンモードが不安定になり，転移温度以下では，波数 $2k_F$ で空間変調をする格子ひずみを伴うパイエルス相が安定になる．このような周期的空間変調の結果，電子系はあらたな周期ポテンシャルを感じることになり，フェルミ準位の位置にギャップをもつようになる．格子ひずみや電子系のエネルギーギャップのふるまいを考察するのにも，系を記述する具体的モデルを扱うのが便利である．ここでも，前節で導入したモデル (4.5) にもとづいて説明する．静的なひずみはマクロな数のフォノンが凝縮したものと考えることもできる．数学的には，フォノンの生成消滅演算子単体の期待値が有限の値をもつというように表すことができる．そこで，$\Delta = g\langle b_{2k_F}\rangle$ を導入すると，波数 $\pm 2k_F$ の静的ひずみが存在する場合のハミルトニアンは次のように表される．

$$H = \sum_{k,\sigma} \varepsilon_k c^{\dagger}_{k,\sigma} c_{k,\sigma} + \sum_{k,\sigma} [2\Delta c^{\dagger}_{k+2k_F,\sigma} c_{k,\sigma} + 2\Delta^* c^{\dagger}_{k-2k_F,\sigma} c_{k,\sigma}] + \frac{2\hbar\omega_{2k_F}}{g^2} |\Delta|^2 \quad (4.7)$$

ここで，静的ひずみのまわりの格子ゆらぎ (フォノン振動) は簡単のため無視してある．電子系については本質的に一体問題であるので，固有エネルギーを求めることができる．実際，フェルミ準位近傍の状態だけで固有状態が形成されるとすれば，電子系の分散関係は $\pm\sqrt{\varepsilon_k^2 + |\Delta|^2}$ となって，フェルミ準位 (ここではエネルギーの原点に取ってある) を挟んで，$-|\Delta|$ 以下と $|\Delta|$ 以上の 2 つのバンドに分かれる．したがって，ギャップの大きさは $2|\Delta|$ となる．$|\Delta|$ はギャップパラメターとよばれる．この系の自由エネルギーを求め，$|\Delta|$ について最小になるようにする条件から，$|\Delta|$ の大きさを決めることができる．計算の詳細は省くが，$|\Delta|$ の温度依存性の概略は図 4.3 のようになる．

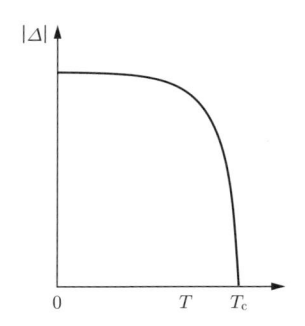

図 4.3　パイエルス相におけるギャップパラメター $|\Delta|$ の温度変化 (概略図)．

Δ はパイエルス状態の秩序変数とよばれる．Δ の位相は自由エネルギーに影響を与えないので決められない．この自由度が，後に述べるフェイゾンの分散関係に反映される．

4.1.5 高次元系のパイエルスひずみ (フェルミ面のネスティング)

2次元以上の系でも，フェルミ面上の2つの電子状態を結びつける波数ベクトルは必ず存在する．しかし，一般にそれらの波数ベクトルは，フェルミ面上に無数に存在している電子状態のうち1対の状態を結びつけるにすぎず，したがって，そのような波数の摂動が加わったとしても，影響を強く受けるのは，その1対の状態の極近傍の状態だけであり，電子系全体のエネルギーをマクロな意味で下げることができない．このため，2次元以上の系では，一般にパイエルス転移は起こりにくい．しかし，系に異方性があって，フェルミ面の形状が特殊な場合には，1つの波数ベクトルが，フェルミ面上にある多くの電子状態の対を結びつけることが可能になることがある．具体的に考えるために，立方格子の強束縛電子モデルを取り上げよう．格子定数 a はどの方向も一定であるが，遷移積分が異方的であるとすると，電子のエネルギー分散 (波数 k とエネルギー ε の関係) は

$$\varepsilon_{\boldsymbol{k}} = -2t_x \cos(2k_x a) - 2t_y \cos(2k_y a) - 2t_z \cos(2k_z a) \tag{4.8}$$

となる．たとえば，t_x, t_y, t_z がすべて正で，$t_x \gg t_y, t_z$ が満たされているとすると，エネルギーはほとんど k_x だけで決められてしまい，k_y, k_z はわずかの変動を与えるだけである．さらに簡単化して，2次元的な場合，すなわち $t_z = 0$ で $t_x \gg t_y$ が満たされている場合を考え，フェルミ・エネルギーが $\varepsilon_F = 0$ で与えられるとしよう (これは，第1ブリユアン帯域の半分が占有されている，すなわち半充填の場合に相当する)．この場合の，フェルミ面 (2次元なのでフェルミ線とよんでもよい) は図 4.4 の実線のようになる．

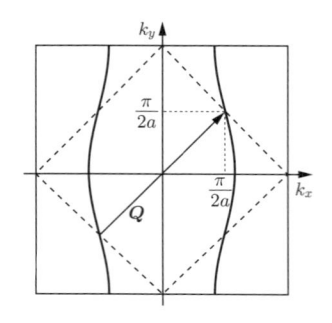

図 4.4 2次元半充填バンドにおけるフェルミ面のネスティング．実線は異方的な場合 ($t_x > t_y$)，破線は等方的な場合 ($t_x = t_y$)．

図からもわかるように，左側のフェルミ面 (実線) は，波数 $Q = (\pi/a, \pi/a)$ ずらすことで，右側のフェルミ面 (実線) に完全に重なる．このように，フェルミ面の一部が平行移動によって他の部分に重なることをネスティングといい，平行移動に対応する波数ベクトルをネスティングベクトルとよぶ．ネスティングベクトルが存在すれば，電子–フォノン相互作用によって，その波数をもつ格子ひずみと電子が強く結合してパイエルス転移が起こる．ある波数の格子ひずみによってフェルミ面上のほとんどの部分が影響を受け，フェルミ面上にギャップが形成されることになれば，電子系のエネルギー利得が格子系のエネルギー損失を上回って，1次元系と同様に，自発的なひずみの発生を実現できることになるわけである．半充填だけでなく，$\frac{1}{3}$ 充填などの場合にもネスティングベクトルが存在することが知られている[3]．

等方的な場合でも，2次元正方格子半充填系の場合にはフェルミ面が図 4.4 の破線で示すような正方形になり，やはり Q がネスティングベクトルになっている．この系は特殊な系であり，最近の研究では，波数 Q だけでなく，それに平行な波数のひずみが多数関与するマルチモード型のパイエルス転移が実現する場合もあることが指摘されている[4]．

4.1.6 スピン・パイエルス系

準1次元物質で電子間クーロン相互作用が強い場合には，スピン密度が空間的に波打つスピン密度波 (Spin Density Wave: SDW) 状態が実現する．電子–フォノン相互作用に起因するパイエルスひずみ，CDW と電子間相互作用が原因で生じる SDW が共存する可能性も指摘されているが，現実に共存が起こるかどうかはまだ明確になっていない．

電子間相互作用と電子–フォノン相互作用の両方を取り入れたモデルとしてよく用いられるのは，以下のようなもので，パイエルス–ハバード・モデルとよばれる．

$$H = -\sum_{i,\sigma}[t_0 - \alpha(u_{i+1} - u_i)](c_{i+1,\sigma}^\dagger c_{i,\sigma} + c_{i,\sigma}^\dagger c_{i+1,\sigma})$$
$$+ U \sum_i c_{i,\uparrow}^\dagger c_{i,\uparrow} c_{i,\downarrow}^\dagger c_{i,\downarrow} + \frac{K}{2} \sum_i (u_{i+1} - u_i)^2 \tag{4.9}$$

第1項は強束縛モデルの遷移積分がサイト間距離の変化 (格子変位 u_i が非一様に生じることによる格子ひずみ) によって変化する効果を含む電子の運動を表す項である．第2項はオンサイト電子間斥力相互作用の項であり，第3項は格子系のエネルギーを表す．電子バンドが半充填で，電子間相互作用パラメータ U が t_0 に比べて十分大きい場合には，このモデルをスピンの大きさ $\frac{1}{2}$ のハイゼンベルク・モデルに書き換えることが可能であり，その場合のスピン間交換相互作用は，基本的に反強磁性的で，格子ひずみの影響で空間変化をするものとなる．このようなモデルはスピン・パイエルスハミルトニアンとよばれ，スピン系と格子系の相互作用によって，自発的格子ひずみ

が形成されるスピン・パイエルス状態を記述する．スピン・パイエルス相は，電子バンド半充填の場合に対応し，電子間相互作用がない場合のパイエルス相と同様に，長・短の結合交代が発生する (この現象は 2 量体化とよばれる)．このひずみによって，格子系のエネルギーは増加するが，短いボンドで結ばれたスピン対が強く結合して，合成スピンの大きさが 0 となるスピン 1 重項状態を形成することによって，スピン系のエネルギーが減少するため，全系のエネルギーはひずみのない場合に比べて減少すると考えられている[5]．この状態では，見かけ上スピンが消滅することになるため，磁化率は大幅に減少する．

いくつかの準 1 次元構造をもつ有機固体において，スピン・パイエルス相は実現していると考えられており，電気伝導度や磁化率などの測定を通してしらべられている[6]．

4.1.7　整合–不整合転移

電子は，もともと結晶格子の周期ポテンシャルを感じているため，パイエルスひずみが発生して，別の周期のポテンシャルが加わる場合に，後者の周期に対応する波長が，格子定数の整数倍になっているときと，そうでないときとでは影響に差が出る．整数倍になるのは電子バンドの充填度が $\frac{1}{2}$, $\frac{1}{3}$, $\frac{1}{4}$ などのきりのよい値の場合で，このときは整合相とよばれるパイエルス状態が実現する．この場合，結晶格子とパイエルスひずみが相乗的に働くため，電子系はより安定になりやすい．一方，充填度がきりのよい値から大きくずれているとき，そのような相乗効果はないので，電子系の安定性は整合パイエルス状態に比べて小さくなる．このようなパイエルス状態は，不整合相とよばれる．電子の充填度をきりのよい値からわずかにずらした程度では，整合相の安定性の方が勝り，すぐに不整合相に移るわけではない．とくに，転移温度付近では整合相の安定性が大きく，温度を下げていくとき，ひずみのない状態から，まず整合相に移行し，さらに温度を下げていくと不整合相に転移することになる．後者の転移は整合–不整合転移とよばれる．

4.1.8　パイエルス相における励起–位相モードと振幅モード

上で述べたように，パイエルス状態では，電子のエネルギースペクトルにギャップが存在し，絶対零度ではギャップの下方 (荷電子帯) がすべて占有され，上方 (伝導帯) がすべてあいている状態が基底状態となる．この状態からの励起としては，ギャップを跳び越えて荷電子帯の電子が伝導帯に上がる「個別励起」と，電子系および格子系が集団として関与する「集団励起」がある．集団励起については，P. A. Lee, T. M. Rice, P. W. Anderson によって最初に議論され[7]，励起は CDW の振幅と位相の振動に対応していることが示された．とくに，位相の振動 (位相モード，フェイゾン) は低エネルギーなので，低温における物性に関与することが知られている．集団励起のふるまいをしらべるには，パイエルス状態の秩序変数である Δ を時間・空間に依存するように拡張し，時間・空間に依存する部分が十分小さいと考えて線形化する．系のハ

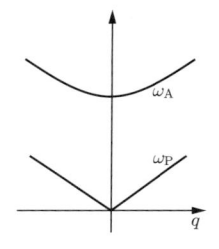

図 4.5 位相モード (フェイゾン, ω_P) と振幅モード (ω_A) の分散関係 (概略図).

ミルトニアンにもとづいて，秩序変数の運動方程式を導き，空間に関してはフーリエ変換した後，振動数に対する固有値問題を解くことによって，分散関係を求めることができる．集団励起の波数を q，角振動数を ω_A (振幅モード), ω_P (位相モード) で表すことにすれば，分散関係は図 4.5 のようになる．位相モードの角振動数 ω_P は，音響フォノンと同様に，$q=0$ で 0 となり，小さい波数の領域で q に比例する．このふるまいは，秩序変数が一様・一定の場合，振幅だけが全系のエネルギーに寄与することと関連している．

位相モードが励起されている場合には，秩序変数の位相が時間・空間に依存することとなり，位相の空間微分が局所的な電荷密度に，また時間微分が局所的な電流密度を与えることが導かれる．

[小野嘉之]

文　献

[1] R. E. Peierls, *Quantum Theory of Solids* (Clarendon Press, 1955).
[2] R. Kubo, J. Phys. Soc. Jpn. **12** (1957) 570.
[3] 小野嘉之,「金属絶縁体転移」(朝倉書店, 2002).
[4] Y. Ono and T. Hamano, J. Phys. Soc. Jpn. **69** (2000) 1769.
[5] M. C. Cross and D. S. Fisher, Phys. Rev. B **19** (1979) 402.
[6] 鹿児島誠一 編著,「低次元導体 (改訂改題)」(裳華房, 2000).
[7] P. A. Lee et al., Solid State Commun. **14** (1974) 703.

4.2　アンダーソン転移

4.2.1　はじめに

多くの原子・分子は固体になると規則的な格子を組み，固体中の電子はブロッホ (Bloch) の定理からわかるように固体全体に広がっている．金属中の不純物や格子欠陥を増し，格子の周期性を壊していくと，あるところで金属が絶縁体に転移する．すなわち，フェルミ準位での波動関数 $\psi(\boldsymbol{x})$ が平面波的に広がった状態から

$$\psi(\boldsymbol{x}) \sim \exp\left(-\frac{|\boldsymbol{x} - \boldsymbol{x_0}|}{\xi}\right) \tag{4.10}$$

という, 中心が x_0, 局在長が ξ の局在状態になる. この可能性は半世紀前に Anderson が指摘し[1], アンダーソン転移とよばれるようになった. またこのように系の不規則性により波動関数が局在する現象をアンダーソン局在とよぶ.

温度を変えることで熱的ゆらぎが変化し, その結果生じる古典的な熱的相転移と異なり, この転移は電子密度や磁場などのパラメターを変えることで量子ゆらぎが変化して生じる, いわゆる量子相転移である. その後, モット (Mott) の移動度端, 最小電気伝導度の概念などでアンダーソン転移の定性的な理解が進んだ[2]. これより, アンダーソン転移は弾性散乱長 l が不規則性によって短くなり, フェルミ波長 λ_F と同程度になる, いわゆるヨッフェ-レーゲル (Ioffe–Regel) の条件

$$\lambda_F \approx l \tag{4.11}$$

が満たされたとき, 起こることがわかってきた. この議論をより精密にするため, Wegner は 2 次相転移の理論の類推から, アンダーソン転移を相転移の理論の枠組みから捉えた[3].

最近, 大規模数値計算によりこの転移の様子が高精度で議論されている. 一方, 金属–絶縁体転移一般に対する興味の高まりとともに, アンダーソン転移が実験的にも精力的に研究されつつある[4].

4.2.2 スケーリング理論

アンダーソン転移の理論, 数値データ, 実験データの解析において, 中心的な役割を果たしたのはスケーリング理論である. 電気伝導度 σ は, 電流 I と電位差 V より

$$\sigma = \frac{I}{V} \times \frac{L}{S} = GL^{2-d} \tag{4.12}$$

となる. L は電流方向の長さ, S は断面積, d は系の次元で, 最後の式では系が立方体形状だと仮定した. G はコンダクタンスで $G = I/V$ で与えられる. G は普遍定数 e^2/h の次元をもつので, 無次元コンダクタンス,

$$g = G\frac{h}{e^2} \tag{4.13}$$

を議論する. この無次元コンダクタンス g は, システムサイズ L と臨界点 (今の場合, 金属–絶縁体転移点) からどれだけ離れているかの目安 ϕ の関数と考える. たとえば電子濃度 n を変化させて n_c で転移が起こるとした場合, $\phi = (n - n_c)/n_c$ と考えればよい (正確には $n - n_c$ の高次の項も ϕ には含まれる). こうして

$$g = f(\phi, L) \tag{4.14}$$

を仮定する.

このコンダクタンスのサイズ依存性を有限サイズスケーリングで解析する．まず，系のスケールを b 倍し，システムサイズを $L' = L/b$ と変換する．一方，スケール変換により系を特徴づけるパラメーターも変化する．転移点では長さのスケールが発散しており，パラメーターは普遍だと考えられる．つまり $\phi = 0$ はスケール変換後も成り立つ．よって $\phi \to h(b)\phi$ と変換されると仮定しよう．さらにスケール変換を2回行った場合，$h(b_1 b_2) = h(b_1)h(b_2)$ が要請される．よって h は b のべき関数でなければならない．そこで $\phi \to b^{1/\nu}\phi$ という変換を ϕ は受けると考える．g は無次元量なので，スケール変換の前後で不変である．よって

$$g = f\left(b^{1/\nu}\phi, \frac{L}{b}\right) \tag{4.15}$$

を得る．ある長さ L から始めて，この繰込み変換を n 回繰り返し

$$L_0 = \frac{L}{b^n} \tag{4.16}$$

となった場合，

$$g = f\left(\left(\frac{L}{L_0}\right)^{1/\nu}\phi, L_0\right) \tag{4.17}$$

となる．結局，

$$g = F\left(L^{1/\nu}\phi\right) \tag{4.18}$$

を得る．これが1変数スケーリング則である[5,6]．これはあくまで仮定であり，確認しなければならない．解析的には摂動計算や非線形シグマモデルで示唆されており[7]，数値計算[8,10]でも確認されていることからこの仮定は正しいとし今後の議論を進める．

一般性を欠くことなく金属領域では $\phi > 0$ とし，金属領域では $\xi = \phi^{-\nu}$，絶縁体領域では $\xi = (-\phi)^{-\nu}$ とすると，

$$g = F_1(L/\xi) \tag{4.19}$$

と書ける．ν はこの長さのスケール ξ (絶縁体領域では局在長と解釈できる) の発散を記述する臨界指数である．図4.6は様々なサイズ，ランダムネスの強さに対して数値的にコンダクタンスを計算し，L/ξ の関数として示したものである．多様なデータが金属側，絶縁体側それぞれ1つの曲線にのることがわかるであろう．すなわち，系を特徴づけるいろいろなパラメーターの情報はすべて ξ のなかに押し込められ，コンダクタンスはサイズと ξ の比 L/ξ のみで決まるのである．

式 (4.18) でサイズの大きな極限を考える．電気伝導度は G/L^{d-2} であり，これは金属的な極限ではサイズに依存しない．よって $g \sim (L^{1/\nu}\phi)^{(d-2)\nu}$ である必要がある．これより

$$\sigma \sim \phi^{(d-2)\nu} \tag{4.20}$$

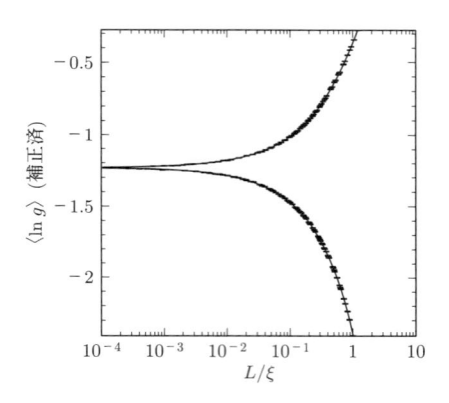

図 4.6 コンダクタンスの対数平均のスケーリングプロット．様々なサイズのデータが金属側，絶縁体側で同じ曲線にのっている．小さいスケーリングへの補正を取り除いている[11]．

という関係式が導かれる．これより実験で測定される電気伝導度臨界指数 μ と局在長の発散を特徴づける臨界指数 ν を関係づけるヴェグナーの関係式

$$\mu = (d-2)\nu \tag{4.21}$$

が導かれる．数値計算などでは絶縁体領域における局在長のふるまいがよりしらべやすい．一方，実験的には金属領域での伝導度の測定が行いやすい．ヴェグナーの関係式はこれらを関係づける有用な式である．

コンダクタンスの 1 変数形式 (4.17) からベータ関数

$$\beta = \frac{d\ln g}{d\ln L} \tag{4.22}$$

を用いたスケーリング理論が構築できる[5]．(g は統計量であり，個々の試料では g は L の関数として決してスムーズではない．これは普遍的なコンダクタンスのゆらぎ (UCF) として知られている．ベータ関数を考えるときの g は統計平均したものと捉えるべきである[11])．金属領域では伝導度が一定なので $g \sim L^{d-2}$ と考えられる．一方，絶縁体領域では波動関数が局在長 ξ 程度に局在しており，a を 1 程度の量として，$g \sim \exp(-aL/\xi)$ ($g \ll 1$) と考えられる．よってベータ関数は

$$\beta = \begin{cases} d-2 & (g \gg 1) \\ \ln g & (g \ll 1) \end{cases} \tag{4.23}$$

となる．この間をスムーズに内挿すると図 4.7 のようになる．2 次元の場合，ベータ関数はいつも負であり，コンダクタンスは絶えず減少し，最終的にはコンダクタンスはゼロに吸い込まれてしまう．一方，3 次元の場合，ベータ関数が正と負の領域に分

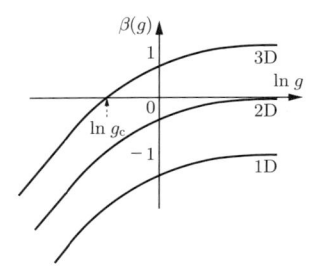

図 4.7 ベータ関数の概念図. 3 次元 (3D) では $\ln g_c$ でアンダーソン転移が起こる.

かれ，正の領域ではコンダクタンスは増加していき，最終的には $L^{d-2} = L$ に比例する，つまり電気伝導度が一定となる場合もありえることがわかる．これより

(1) 2 次元ではすべての系は絶縁体となる
(2) 3 次元では金属–絶縁体転移が存在する

ことがわかる．ベータ関数が 0 をきる値は，臨界コンダクタンス g_c とよばれる．あるサイズでのコンダクタンスがこの値よりも大きいと，サイズを大きくした極限で系は金属になり，逆に小さいと絶縁体となる．なお，ベータ関数の臨界コンダクタンスにおける $\log g$ に関する微分が臨界指数と関係づけられる[6].

$$\left. \frac{d\beta(\ln g)}{d \ln g} \right|_{\ln g = \ln g_c} = \frac{1}{\nu} \tag{4.24}$$

4.2.3 対称性と普遍クラス

ランダム系の対称性を議論する際には，空間対称性は系のランダムネスのため存在しないので，時間やスピンに関する対称性だけを論じればよい．こうして

(1) 時間反転対称性もスピン回転対称性も存在する直交 (orthogonal) 対称性
(2) 時間反転対称性は存在するが，スピン軌道相互作用により，スピン回転対称性が破れているシンプレクティック (symplectic) 対称性
(3) 時間反転対称性が磁場や磁性不純物などにより破れているユニタリ (unitary) 対称性

という普遍クラスへの分類が考えられる[12]．これは不規則電子系の問題を非線形シグマ模型にマップすることで提案された分類であり，ランダム行列理論[13]と深いかかわりがある．

対称性がどのように電気伝導度に影響を及ぼすか，電気伝導度の大きな状態から摂動展開でしらべることが可能である．いわゆる弱局在理論である．弱局在理論は，古

表 4.1 弱局在補正. $l_B = \sqrt{\hbar/eB}$ は磁気長 (B は磁束密度), L_{SO} はスピン軌道散乱長である.

$\Delta\sigma/(e^2/2\pi^2\hbar)$	適用領域
$-2\log(L/l)$	$l_B, L_{\text{SO}} \gg L$
$\log(L/l) - 3\log(L_{\text{SO}}/l)$	$l_B \gg L \gg L_{\text{SO}}$
$-2\log(l_B/l)$	$L_{\text{SO}} \gg L \gg l_B$
$\log(l_B/l) - 3\log(L_{\text{SO}}/l)$	$L \gg l_B \gg L_{\text{SO}}$
$-2\log(l_B/l)$	$L \gg L_{\text{SO}} \gg l_B$

典的なボルツマン (Boltzmann) 伝導度 σ_{B} に対する量子補正項 $\Delta\sigma$ を計算する.

$$\sigma = \sigma_{\text{B}} + \Delta\sigma \tag{4.25}$$

表 4.1 に 2 次元の場合の絶対零度における弱局在量子補正をまとめる. 量子補正の係数が e^2/h のみを含んでおり, ボルツマン伝導度には依存しないこと, この依存性は系の対称性により異なることに注目されたい. なお, 有限温度では電子の位相がコヒーレントに保たれる長さ (位相緩和長 L_φ) が有限となる. $L_\varphi < L$ の場合, 弱局在の表式における L はこの L_φ で置き換えられる. L_φ は低温で温度のべき関数 ($L_\varphi \propto T^{-p}$, p は 1 程度の値) で発散する. よって弱局在による電気伝導度の温度依存性は $\log T$ であり, その係数はボルツマン伝導度によらず, e^2/h 程度である. 温度を上げる, 磁場をかけるなどすると弱局在領域では伝導度が大きくなる. これは温度, 磁場が局在を壊すことに起因する.

なお, シンプレクティック対称性をもった系の場合, 電気伝導度の補正は系が大きくなると伝導度が増大することを示唆する. この場合ベータ関数は単調でなく, 2 次元系でもアンダーソン転移が存在する[12,14].

弱局在理論によりベータ関数を実際に計算してみる. 次元を拡張して $\epsilon = d - 2$ を連続変数のように扱うと, 弱局在理論では, $g = L^\epsilon(g_0 - A\ln L)$ となる. A は 1 程度の量で g_0 はボルツマン伝導度に対応する. こうしてベータ関数は

$$\beta = \epsilon - \frac{A}{g} \tag{4.26}$$

となり, 臨界コンダクタンス g_c は A/ϵ で与えられる. 式 (4.24) より ν は

$$\nu = \frac{1}{\epsilon} \tag{4.27}$$

であり, 式 (4.20) より

$$\mu = \epsilon\nu = 1 \tag{4.28}$$

である. 磁場中では $\log(L/l)$ 項は存在せず, ベータ関数は $1/g^2$ から始まる.

$$\beta = \epsilon - \frac{A'}{g^2} \tag{4.29}$$

これより

$$\nu = \frac{1}{2\epsilon}, \qquad \mu = \frac{1}{2} \qquad (4.30)$$

となる．実際は $1/g$ の高次の項が存在するので[15,16]，この値は補正を受ける．とくに磁場がかかった場合の 1/2 は，ランダム系の臨界指数が満たすと思われているチャイーズ (Chayes) らの不等式[17]，

$$\nu \geq \frac{2}{d} \qquad (4.31)$$

を破っているので，正しいと思われてはいない．

4.2.4 ユニバーサリティの確認

前述のように，アンダーソン局在の模様は系の普遍クラスに依存する．2 次元の弱局在で現れる摂動項は普遍であったが，臨界指数も同じく普遍であると考えられる．しかしながらこのマッピングの過程ではいくつもの近似を行っており，その一部はアンダーソン転移が生じると思われる式 (4.11) のような条件下では正当化できないものもあるので，数値計算で実際，確かめてみる必要がある．

数値計算でユニバーサリティを確かめるためには，以下の点を明らかにしなければならない．すなわち

(1) モデルを変えても同じ臨界指数が得られるか？
(2) 対称性を変えると臨界指数は異なるか？

である．そのためには，高精度の数値計算が必要となるが，現在の計算機の能力の範囲内では比較的小さな系での計算に限られてしまう．1 変数スケーリングは元来十分大きな系でのみ成立するので，小さな系だとその補正を正しく扱う必要が生じる[10]．こうした事情により，アンダーソン転移の臨界指数が高精度で評価されたのはごく最近のことである．表 4.2 に各普遍クラスで知られている臨界指数を示す．

表 4.2 数値計算で求めた臨界指数 ν．エラーバーは標準偏差である．2 次元のユニタリは量子ホール転移のもの．2 次元のシンプレクティッククラスは文献 [14]，3 次元の値は文献 [9,10,19] による．2 次元の直交クラスは転移が存在しないと思われている．

	直 交	ユニタリ	シンプレティック
2 次元	—	2.35 ± 0.03[18]	2.75 ± 0.02[14]
3 次元	1.58 ± 0.01[10]	1.43 ± 0.02[9]	1.37 ± 0.01[19]

4.2.5 実験の状況

アンダーソン転移を実験で厳密に検証することは容易ではない．冒頭に述べたとおり，特定の格子を組む結晶を用意し，そこに系統的に乱れを導入することで絶対零度における電気伝導度が変化する様子をしらべることが要求される．しかし，実験では

(1) 絶対零度が得られないこと
(2) 伝導電子間の相互作用 (電子相関) がゼロにできないこと

が明白であり，純粋なアンダーソン転移を実験で実現することは不可能である．にもかかわらず，アンダーソン転移の存在は様々な実験で明らかにされている．そのさきがけとなったのが，1980 年に発表された米国ベル研究所グループのリン (P) が添加されたシリコン (Si) 単結晶 (以下，Si:P と表現する) を用いた実験結果である．彼らは，有限温度 ($T > 0$K) で測定された電気伝導を絶対零度に外挿することにより絶対零度電気伝導度 $\sigma_e(0)$ を見積もり，電子相関のみを考慮して得られたモットの最小電気伝導度より小さい絶対零度電気伝導度の存在を示した[20]．さらに，$\sigma_e(0)$ のリン不純物濃度 (n) 依存性をしらべると，ある臨界濃度 (n_c) を境に，$n < n_c$ では $\sigma_e(0) = 0$ の絶縁体，$n > n_c$ では $\sigma_e(0) > 0$ の金属となる絶対零度における量子相転移の存在が示唆された[21]．ここでは金属側の電気伝導度が

$$\sigma_e(0) \sim \phi^\mu \tag{4.32}$$

で表すことができ，電気伝導度臨界指数 $\mu = 0.55$ が Si:P に対して得られた．(4.21) によれば $\mu = (d-2)\nu$ であるから，3 次元では $\mu \approx \nu \approx 0.55$ となり，表 4.2 にリストされた $1.58 \pm 0.01, 1.43 \pm 0.02, 1.37 \pm 0.01$ より大幅に小さいことがわかる．さらに $0.55 < 2/3$ であるため，(4.31) の関係も満たしていない．(4.31) はランダム系一般に有効な式とされるが，この理論予想と実験結果の乖離は，実験系における電子相関の存在以外には考えにくい．$\mu \approx 0.5$ はすべてのリン不純物が電子を一個ずつ束縛している "補償のない半導体" に特有な値で，その他の様々な系でも観測されるという普遍的な実験結果である[22]．補償がない系は，ハーフフィルド (half-filled) のハバード系であり，不純物の位置がランダムであったとしても電子相関が強く働くため，この $\mu \approx 0.5$ はモット転移的な場合の臨界指数ではないかと推測はできる．しかし，その絶対的な根拠はなく，補償のない半導体の結果を理論的に理解することが乱れに影響されたモット転移 (アンダーソン–モット転移) の謎を解くための鍵だと考えられている．

"補償のない半導体" に対して，意図的に不純物に束縛された電子を奪いとり，結果として乱れの寄与を大きくしたのが "補償された半導体" である．補償された半導体に対しては，様々な 3 次元半導体において $\mu \approx \nu \approx 1$ が普遍的に実験で得られている[22, 23]．この $\mu \approx \nu \approx 1$ は，低次の摂動理論 (4.28) の予想と一致するために "純粋なアンダーソン転移の観測" と誤解されることがあるが，大規模計算の発達によって得られた表 4.2 が純粋なアンダーソン転移の臨界指数であることを忘れてはならない．よって，$\mu \approx \nu \approx 1$ は純粋なアンダーソン転移ではないが，補償がない系で得られた 0.5 より 2 倍ほど大きく，電子相関に対する乱れの影響が相対的に強くなったために，よりアンダーソン転移的な状態に近づいたと考えられている．補償された半導体がア

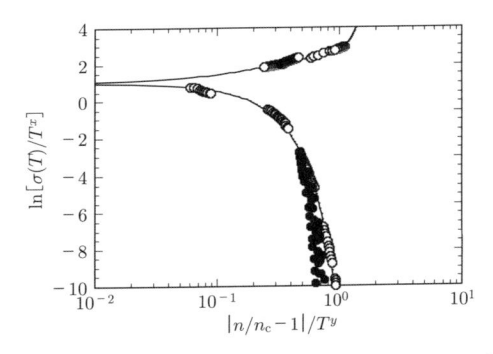

図 4.8 意図的に補償された試料に対する 2 変数スケーリング結果. 2 種類の実験グループによる結果 (● と ○) の間にわずかな違いがあるが, グループごとに n を決定した際に生じたわずかな誤差が原因である. 実線は多項式を用いた ○ に対するフィッティング結果で, $x = 0.332$, $y = 0.333$ より, $\mu = x/y \approx 1$ が得られた[22].

ンダーソン転移的だと信じられる理由はいくつかある. スケーリング理論は, 絶縁体側から転移点に接近するにつれて, 誘電率が臨界指数 s で発散し, このときの s の値が局在長 (相関長) ξ の臨界指数 ν の 2 倍であることを予想し[6], この関係が補償された半導体では満たされていることが実験で示された[22, 24]. $\nu \approx \mu$ も実験により確認されたうえ[22], 理論の図 4.6 に対応する図 4.8 のスケーリングも行える. ここで図 4.8 は温度 T と濃度 n を用いた 2 変数スケーリング

$$\sigma(n,T) \sim T^x f[|\phi|/T^y] \tag{4.33}$$

であり, 実験によって測定される電気伝導度 $\sigma(n,T)$ が統一的な関数 f で表されるとすれば, $\mu = x/y$ の関係から電気伝導度臨界指数が決定できる. 図 4.8 の実線は絶縁体 (実験値の下の枝) と金属 (実験値の上の枝) を統一的に表す関数であり, すべての実験値が実線とよい一致を示すために, この補償された半導体の絶対零度における転移が, スケーリングできることを示している. よって, 補償された半導体のふるまいはきわめてアンダーソン転移的なのであるが, その臨界指数の絶対値だけがアンダーソン転移の予想と一致しないという問題が残っている. ここでも電子相関の影響が重要だと考えられている.

もう 1 つの実験事実は, 補償のない半導体の $\mu \approx 0.5$ と補償がある半導体の $\mu \approx 1$ が普遍的で, たとえば補償の度合いによって 0.5 から 1 に連続的に変化するという現象が見受けられないことである. そのような連続的な変化は過去には報告されたが, 現在では, 補償のない半導体でも, 臨界点近傍のみで $\mu \approx 1$, それより離れた領域では $\mu \approx 0.5$ と変化することが多くの系に対して報告された普遍的な事実である[22]. しかも, 補償の度合いによって臨界点近傍の $\mu \approx 1$ 領域の広さが変化することがわかってきた. なぜ, 0.5 と 1 という 2 種類の特徴的な値しか観測されないのかは明らかになっていない.

さらに，補償があろうとなかろうと，磁場中では $\mu \approx 1$ となることがわかっている．磁場は時間反転対称性を破るために，量子干渉としての電子局在を壊す働きがある．それがいわゆる負の磁気抵抗効果であり，1965年の佐々木の実験で観測されている[25]．当然，磁場なしと磁場ありでは系の普遍クラスが変化することが予想され，このことは $z = 1/y\nu$ で与えられる動的臨界指数の変化に現れる．たとえば，同じ $\mu \approx 1$ を示す場合でも，磁場なしの補償による $\mu \approx 1$ では $z \approx 3$，磁場ありの場合は $z = 2$ と異なることが実験的に明らかにされた．しかし，磁場でも 0.5 と 1 の間で連続的な変化はなく，ある臨界磁場以下では $\mu \approx 0.5$ (すなわち磁場の影響がない)，臨界磁場以上では $\mu \approx 1$ と不連続に変化することが実験で確認された[22]．0.5 と 1 はマジックナンバーである．いずれにせよ，これらの値はアンダーソン転移の予想より小さく，実験で用いられる系の普遍クラスも厳密には明らかでないことがほとんである．

上述の実験結果は不純物半導体の系によらない普遍的な実験結果であり，それがゆえにアンダーソン–モット転移の理論の進展に期待されている．また，普遍性という観点から着目すべき実験データが強相関系に対して最近発表されるようになった．これまで，強相関系に対して絶対零度における金属–絶縁体量子相転移のスケーリングが可能な例はほとんどなかったが，最近，YH_x と $Ni(S,Se)_2$ では式 (4.33) にもとづく解析が可能なことが示され，結果として補償された半導体と同じ $\mu \approx 1$ が YH_x[26] と $Ni(S,Se)_2$[27] で得られた．強相関系に乱れが混じった場合の相転移であり，相関に対する乱れの効果が増えた結果，$\mu \approx 1$ というマジックナンバーが得られたのであろう．今後も半導体と強相関系の接点を探索することが量子相転移の普遍性を理解するために重要である．一方，普遍性を抽出することが量子相転移実験の目的であるにもかかわらず，研究者の興味が散逸して材料特有の普遍的でない現象を臨界現象と混同して発表する例も目立つ．半導体の種類や結晶性によって変化する現象を議論することは物性という観点からは重要であるが，量子相転移という観点からはあえて無視するべきデータが多いことに注意するべきである．

以上は 3 次元の系に対する議論であったが，2 次元系も盛んに研究されている．理論では，シンプレクティック対称性をもつ 2 次元系は金属になりうるが，その他の 2 次元系は絶対零度では常に絶縁体であり量子相転移が存在しない．実験で観測された有名な 2 次元アンダーソン局在の例は，量子ホール効果である．ここではランダウバンドの中心以外では，状態は局在している (第 3 章「量子ホール効果」参照)．また，ゼロ磁場での 2 次元金属–絶縁体転移を探索する実験も盛んである．その詳細は解説論文に譲るが[28]，実験で観測されたとされる 2 次元金属–絶縁体転移の解釈には様々な長さ (試料サイズ，局在長，磁場長など) や有限温度の影響を取り入れることが重要であり，それが本当に絶対零度における量子相転移の観測に相当しているかは議論が分かれる傾向にある[29]．この問題を解決するためには更なる実験と理論の発展が必要であろう．

4.2.6 まとめ

本稿ではアンダーソン転移の理論と実験の最新事情を紹介した．半世紀前のアンダーソンの論文以来，多くの研究者がアンダーソン転移に関する研究に着手し，目覚しい進歩が得られてきた．理論は数値計算技術の発展により，普遍クラスごとの臨界指数を正確に計算するまでに発展し，アンダーソン転移そのものの研究は一区切りといえるかもしれない．実験ではアンダーソン転移自体を純粋にしらべることは困難であるが，電波・光・音波・磁気物性・ボース–アインシュタイン凝縮気体の様々な局面において乱れによる局在効果の重要性が明らかになっている．よって，アンダーソン転移の効果を他の効果と合わせて理解することがきわめて重要となっている．成熟をしたアンダーソン転移の理論の成果を実験解析に応用し，とくに電子相関と乱れの関係を理解する方向性が今後は必要だと考えられる． 　　　　　　[大槻東巳・伊藤公平]

文　　献

[1] P. W. Anderson, Phys. Rev. **109** (1958) 1492.
[2] N. Mott, *Metal–Insulator Transitions* (Taylor & Francis, 1990)[小野嘉之，大槻東巳 訳,「モット 金属と非金属の物理」(丸善，1996)].
[3] F. Wegner: Z. Phys. B **25** (1976) 327.
[4] 和文によるおもな解説書として，福山秀敏，物理学最前線 2「アンダーソン局在」(共立出版, 1982) pp. 59–130; 川畑有郷，物理学最前線 13「アンダーソン局在のスケーリング理論」(共立出版, 1985) pp. 69–130; 大槻東巳，現代物理学最前線 2「不規則電子系の金属–絶縁体転移」(共立出版, 2000) pp. 75–142; 小野嘉之,「金属絶縁体転移」(朝倉書店, 2002); 伊藤公平，現代物理学最前線 7「モット–アンダーソン転移の臨界指数」(共立出版, 2002) pp. 63–103 などがあげられる．
[5] E. Abrahams et al., Phys. Rev. Lett. **42** (1979) 673.
[6] A. Kawabata, Prog. Theor. Phys. Suppl. **84** (1985) 16.
[7] 非線形シグマ模型についてはたとえば K. B. Efetov, *Supersymmetry in Disorder and Chaos* (Cambridge University Press, 1997).
[8] 数値計算の総合解説として，B. Kramer and A. MacKinnon, Rep. Prog. Phys. **56** (1993) 1469 があげられる．
[9] K. Slevin and T. Ohtsuki, Phys. Rev. Lett. **78** (1997) 4083.
[10] K. Slevin and T. Ohtsuki, Phys. Rev. Lett. **82** (1999) 669.
[11] K. Slevin, P. Markos, T. Ohtsuki, Phys. Rev. Lett. **86** (2001) 3594.
[12] S. Hikami et al., Prog. Theor. Phys. **63** (1980) 707; S. Hikami, Phys. Rev. B **24** (1981) 2671.
[13] M. L. Metha, *Random Matrices*, 3rd ed. (Elsevier, 2004).
[14] Y. Asada, et al., Phys. Rev. Lett. **89** (2002) 256601; Phys. Rev. B **70** (2004) 035115.
[15] W. Bernreeuther and F. Wegner, Phys. Rev. Lett. **57** (1986) 1383.
[16] S. Hikami, Physica A **167** (1990) 149.
[17] J. T. Chayes et al., Phys. Rev. Lett. **57** (1986) 2999.
[18] B. Huckestein, Rev. Mod. Phys. **67** (1995) 357. 最近，$\nu = 2.35 \pm 0.03$ というエラーバーは小さすぎると指摘されている [K. Selvin and T. Ohtuski, Phys. Rev. B **80** (2009) 041304(R)].
[19] Y. Asada et al., J. Phys. Soc. Jpn. Suppl. **74** (2005) 238.
[20] T. F. Rosenbaum, et al., Phys. Rev. Lett. **45** (1980) 1723.

[21] R. F. Milligan et al., *Electron-electron Interactions in Disordered Systems*, ed. by A. L. Efros and M. Pollak (North-Holland, 1985) p. 231.
[22] K. M. Itoh, et al., J. Phys. Soc. Jpn., **73** (2004) 173.
[23] S. Katsumoto, et al., J. Phys. Soc. Jpn. **56** (1987) 2259.
[24] S. Katsumoto, in *Localization and Confinement of Electrons in Semiconductors*, ed. by F. Kuchar et al. (Springer-Verlag, 1990) p. 117.
[25] W. Sasaki, J. Phys. Soc. Jpn. **20** (1965) 825.
[26] A. F. Th. Hoekstra, et al., J. Phys.: Condens. Matter **15** (2003) 1405.
[27] A. Husmann et al., Phys. Rev. Lett. **84** (2000) 2465.
[28] E. Abrahams et al., Rev. Mod. Phys. **73** (2001) 251.
[29] A. R. Hamilton et al., Physica B **296** (2001) 21.

4.3 モット転移

電子間のクーロン斥力によって引き起こされる絶縁体状態をモット絶縁体という．外部パラメター (たとえば，圧力) の変化によってモット絶縁体状態が金属状態に移り変わること (あるいは，その逆の過程) をモット転移 (Mott transition) という．モット転移は電子間のクーロン相互作用が決定的な役割を演じている現象で，バンド理論の範囲では説明できない現象であるという点で物性物理学の中で特別な位置を占めている．

4.3.1 バンド理論による金属と絶縁体の区別

固体電子のバンド理論を適用すると，金属と絶縁体の違いは電子のエネルギー帯から次のように説明される．

結晶固体は周期的な構造をもっているので，その中の電子のエネルギーはバンドの順番を示す整数 n と波数ベクトル $\boldsymbol{k}$ の関数として $\varepsilon_n(\boldsymbol{k})$ と表せる．$\boldsymbol{k}$ は結晶構造によって決まるブリュアン帯域の内部の値をとる．一般に，ブリュアン帯域内での $\boldsymbol{k}$ のとりうる点の総数は結晶の単位胞の総数に等しい．この事とパウリの排他原理を結びつけると，ある n に対応する1つのバンドの中に収容しうる電子数は単位胞総数の2倍に等しいことになる．固体電子の基底状態は，エネルギー $\varepsilon_n(\boldsymbol{k})$ の低い状態から順に，パウリの排他原理にしたがって各 $\boldsymbol{k}$ の状態にスピンの2つの向きに対応して2ずつ詰めることによって得られる．固体の電子の総数は単位胞内の電子数に単位胞の総数を掛けたものに等しいことに注意すると，電子系の基底状態としては2通りの可能性がある．

(1) あるバンド以下のすべてのバンドが電子によって完全に占有され，それから有限のエネルギーで隔てられた上のバンドはまったく空いているケースがある．これは絶縁体である．

(2) エネルギーの低い状態から電子を詰めていくときに1つあるいは複数のバンドが部分的に詰まった状態が実現するケースがある．それは金属である．

(1) の場合が実現するのは単位胞内の電子総数が偶数の場合に限られる (もちろん, たとえ偶数でも, バンドが重なっているときにはそれらが部分的に満たされ, 金属になるケースも可能である). もし単位胞内の電子総数が奇数であれば, 必然的に (2) の場合の金属になる. 上の結論は「バンド理論が適用できるならば, 絶縁体は単位胞内の電子総数が偶数の場合だけに可能である. もし単位胞内の電子総数が奇数ならば, 必ず金属になる」という規則にまとめられる. この規則は, 確かに, 多くの場合に成り立っている. たとえば, Cu, Ag, Au, Al などの結晶は単位胞内に奇数個の電子をもち, 金属である. また, NaCl, 希ガス固体, Si はすべて単位胞に偶数の電子をもち, 絶縁体 (あるいは, エネルギーギャップの小さい絶縁体である半導体) である. なお, 単位胞に偶数の電子をもつときに絶縁体になるかどうかはバンドの詳細, すなわち, $\varepsilon_n(\boldsymbol{k})$ の $\boldsymbol{k}$ 依存性による.

4.3.2 電子間のクーロン相互作用とモット絶縁体

1937 年, de Boer と Verwey は NiO をはじめとする一群の遷移金属酸化物の絶縁性の起源は上記のバンド理論では理解できないことを指摘した[1]. これに対する答えはただちに Mott と Peierls により与えられ, バンド理論で正しく考慮されていない電子間のクーロン相互作用の重要な役割が指摘された[2]. これがモット絶縁体が物性物理学に登場した発端である.

a. 簡単なモデルによる考察

モット絶縁体という概念は次の理想化されたモデルを考えると明瞭になる[3]. 電子を 1 個もつ仮想的な "水素原子" から成る固体があるとしよう (図 4.9). 簡単のため, この "水素原子" は唯一の電子軌道をもつとする. また, 結晶は, たとえば単純立方格子のような, 単位胞の中には 1 個の "水素原子" しか存在しない構造をもつとし, その格子定数 d は自由に変えられると仮定する[*2]. 隣り合う "水素原子" の電子軌道にはわずかに重なりがあり, 電子の飛び移り (飛び移り積分を t とする) がある. t の大きさは d の関数で, d が大きくなると $|t|$ は小さくなると期待される. バンド理論にしたがえば, 単位胞内には奇数個の電子があるこの系は, 前節で述べたように, d の

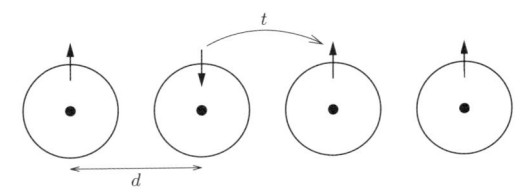

図 4.9 仮想的な水素原子固体. 単位胞の中に 1 個の水素原子がある. 格子定数 d を変えると, 電子の飛び移り積分 t が変化する.

[*2] 現実の物質では d を変えると結晶構造が変わることがあり, 問題が複雑になるが, ここでは結晶構造は不変と仮定している.

値によらず，金属である．しかし，d が十分大きいときを考えると，この結論は不合理である．なぜなら，d が十分大きいときには系は電子1個をもつ，ほとんど孤立した"中性の水素原子"（その軌道上の電子数 n が1である）の集合体になると期待されるからである．電子を隣りの原子に動かすと，陽イオン状態 ($n=0$) と陰イオン状態 ($n=2$) ができるが，陰イオン状態では軌道上に↑スピンと↓スピンの2つの電子があるから，電子間のクーロン相互作用によるエネルギーの増加（それを U とする）があるはずである．一方，電子が結晶中を自由に動くことによる運動エネルギーの利得は $z|t|$（z は最近接格子点の数で単純立方格子では $z=6$ である）程度であるから（ここに $z|t|$ が登場するが，$U=0$ のときの電子のバンドの全幅は $2z|t|$ である），これが U に打ち勝つ場合，すなわち，

$$z|t| > U \tag{4.34}$$

でなければ金属は実現しない．しかし，d が十分大きくなると $|t|$ は十分小さくなるので，上の不等式は満たされなくなる．言い換えれば，$z|t| < U$ のとき絶縁体になると推測される．したがって，t あるいは U を変えて，この不等式の関係を逆転させれば，金属-絶縁体転移が起こると期待される．これを**モット転移**とよぶ．式 (4.34) の条件は厳密なものではなく，U と $z|t|$ の大小関係がモット転移を決めているということを表現しているのである．重要なことは，モット絶縁体が実現するのは U が大きい（正確にいえば，電子のホッピングの大きさ $z|t|$ に比べて大きい）場合だということである．

上に述べた金属と絶縁体の区別は次のように言い換えることもできる．各"水素原子"に1個ずつ電子が孤立している状態から出発して，1つの電子を隣りの原子に動かし，それによって十分遠い原子まで動かすのに要する最小のエネルギー ΔE は，クーロン・エネルギーの増加 U と運動による利得（$|t|$ に比例）を考慮すると，

$$\Delta E = U - \alpha|t| \tag{4.35}$$

で与えられる．α は z 程度の数である[4]．この ΔE は「電荷励起のギャップ」に対応する．$\Delta E > 0$ であれば絶対零度での電気伝導度はゼロである．$\Delta E = 0$ となるところで絶縁体から金属に転移する．すなわち，「電荷励起に有限のギャップがあるのが絶縁体である」ともいえる．絶縁体と金属の間の転移を実験室で実現する1つの方法は圧力をかけることである．圧力をかけると通常は $|t|$ が増大し，金属への傾向が強まるはずだからである．

モット絶縁体の議論では，原子あたりの平均電子数が1であるという条件が付いていることに注意してほしい．平均電子数が1からわずかにずれている場合には，系が並進対称性を有する限り，1からのずれに相当する電子あるいは正孔は系を自由に動けるから必ず金属になる*3)．これをもう少し一般化すると，モット絶縁体というのは，

---

*3) 現実の物質では系に乱れがあり，平均電子数が1からずれていても，余分の電子あるいは正孔は乱れに伴うポテンシャルによって動けなくなって絶縁体になっている可能性がある．

平均電子数 (単位胞あたりの電子数) が有理数の場合に起こる現象である．実際，後に述べるように，有機固体では平均電子数が 1/2 でモット転移が起こっている例がある．

上の議論では，本質だけを残した簡単なケースを考えてきた．現実の物質，たとえば遷移金属酸化物の場合には，議論の拡張，精密化が必要になる．3d 遷移金属イオンでは 5 つある 3d 軌道に電子が部分的に詰まっている．さらに，正の遷移金属イオンは負の酸素イオンに囲まれ，3d 電子の移動は間に介在する酸素イオンを経由しなければならないので，電子の移動 $|t|$ が小さくなるという事情がある．

さらに，これに関係して，次のような問題がある．具体的に，MO(M=Cu, Ni, Co, Fe, Mn) という遷移金属酸化物を考えよう．O は O^{2-} になっていると予想されるから，$M^{2+}O^{2-}$ から出発して，M^{2+} の 3d 電子を動かすとすると，その方法は 2 通りある．1 つはある M^{2+} から近くの別の M^{2+} へ電子を直接移して，M^{1+} と M^{3+} をつくる可能性である．

$$2M^{2+} \to M^{1+} + M^{3+} \tag{4.36}$$

このとき，電子間のクーロン相互作用エネルギーの増加は，3d 軌道上の電子間クーロン相互作用を $U(n-1)n/2$ (n は 3d 電子数) とすると，U である．一方，M^{1+} と M^{3+} が動くことによる運動エネルギーの低下がある．この事情は前の簡単なモデルによる考察と同様に，クーロン・エネルギーの増大と運動エネルギーの得の大小関係によって，金属になるか，絶縁体になるかが決まる．このような機構で起こるモット絶縁体を**モット–ハバード型絶縁体**という．もう 1 つの可能性は O^{2-} から電子を M^{2+} へ移し，O^{1-} と M^{1+} を形成することである．このときには，酸素準位と遷移金属の 3d 準位のエネルギー差のために，電荷移動に伴うエネルギーの増大 (それを Δ とする) がある．一方，O^{1-} と M^{1+} の運動に伴う運動エネルギーの得がある．Δ と運動エネルギーの得との大小関係によって，金属になるか，絶縁体になるかが決まる．この第 2 のタイプのモット絶縁体を**電荷移動型絶縁体**という．U と Δ の大小関係によるモット–ハバード型絶縁体，電荷移動型絶縁体，金属の区別はしばしばザーネン–サワツキー–アレンのダイアグラムを用いて議論される[5,6]．

b. モット絶縁体の基底状態

上に述べたように，モット絶縁体では電子間のクーロン相互作用のため電子は 1 つの原子に局在していて動けない．その状態では各原子に局在した電子のスピンの向きはまったく自由であるから，系にはスピンの自由度に由来する大きい縮退が残る．しかし，原子に局在した電子の波動関数が近くの原子にわずかでもしみ出していれば飛び移り積分 t が 0 ではないので，t の 2 次摂動効果によって，隣り合う原子上の電子スピン間に有効相互作用が生ずる．電子の関与する軌道が 1 つの場合には，隣り合う原子 i, j 間の有効相互作用は反強磁性的な交換相互作用

$$J\left(\boldsymbol{S}_i \cdot \boldsymbol{S}_j - \frac{1}{4}\right) \tag{4.37}$$

にまとめることができる ($J \sim 4|t|^2/U > 0$). ここで $\boldsymbol{S}_i$ は原子 i 上の大きさ $1/2$ のスピンである. 式 (4.37) の $1/4$ という因子は 2 つのスピン $\boldsymbol{S}_i$ と $\boldsymbol{S}_j$ が平行であるときにはこのような 2 次のプロセスがパウリの排他原理のために禁じられていることを表す因子であるが, この項はスピンによらない定数なので無視してもよい. この交換相互作用は隣り合う原子上のスピンを互いに反対方向に (すなわち, 反強磁性的に) そろえようとする. したがって, U が $z|t|$ より十分大きいときには, 基底状態は反強磁性的な絶縁体である. 実際, 現実の絶縁性の磁性体はほとんど反強磁性体であることが知られている[7]. ここでは磁性に関与する電子の軌道は 1 つしかないもっとも簡単な場合を考えた. 典型的な磁性イオンの 3d 軌道は 5 つあり, 特別な条件が満たされるときには原子内のフント結合のために強磁性的な相互作用が磁性イオン間に働き, スピンが互いに平行になることもある. モット絶縁体の交換相互作用の符号に関しては金森–グッドイナフ則がある[8].

例外的なケースとして, 結晶構造が三角形がつながった格子である場合には, 基底状態で反強磁性的相互作用が働いても反強磁性的磁気秩序を実現するのが困難になることがある. このような磁気的にフラストレートした格子の場合には, ある種の "スピン液体状態"(スピンの長距離秩序はなく, 短距離秩序のみが存在する状態) の絶縁体になる可能性もある.

4.3.3 モット転移の理論

上に述べた問題をより詳しく理論的にしらべるためのもっとも簡単なモデルはハバード・モデル

$$\mathcal{H} = \sum_{i,j,\sigma} t_{ij} c_{i\sigma}^\dagger c_{j\sigma} + U \sum_i n_{i\uparrow} n_{i\downarrow} \tag{4.38}$$

である. ここで第 1 項は電子の原子間ホッピングを表し, 第 2 項は同一原子上の 2 つの電子間のクーロン相互作用を表している. $c_{i\sigma}$ は i 番目の格子点にある原子上のスピン σ の電子の消滅演算子, $c_{i\sigma}^\dagger$ は対応する生成演算子, $n_{i\sigma} \equiv c_{i\sigma}^\dagger c_{i\sigma}$ は i 番目の格子点にある原子上のスピン σ の電子数の演算子である.

このハバード・モデルにもとづくモット転移ついては多くの研究があり, かなりのことがわかっている. 初期のものとしては Brinkman と Rice によるグッツヴィラーの変分理論にもとづく研究がある[4]. ここではより新しい「動的平均場理論」による研究を紹介する[9]. この動的平均場理論では, 電子間のクーロン相互作用の効果のうちの単一原子上での多体効果を完全に取り入れた理論になっているところに特徴があり, 格子の次元が ∞ の極限で厳密になる理論である. 現実の物質は 3 次元であるから, それに対しては近似理論になるが, それでも真実になかり近いと期待される.

図 4.10 に示すのはハバード・モデルで U の大きさを増加したときの $T=0$ での状態密度の変化の様子である. U が臨界値 U_c を超えると状態密度は 2 つに分裂し, フェルミ準位上には状態が存在しない絶縁体が実現する. 2 つのバンドは, $\omega > 0$ のバンド

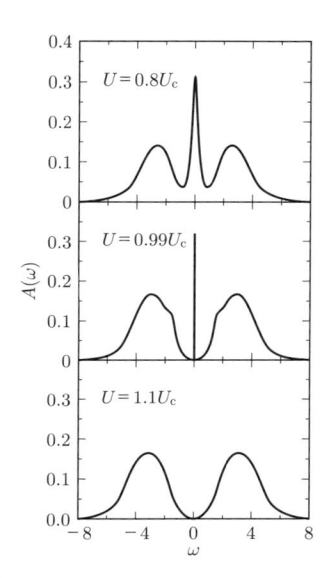

図 4.10 動的平均場理論によるハバード・モデルの $T=0$ での状態密度 $A(\omega)$ の U 依存性．U_c は金属と絶縁体を分ける臨界値である．各原子は 1 つの軌道をもち，原子あたりの電子数は 1 であることを仮定している[10]．

が上部ハバード・バンド，$\omega<0$ のバンドが下部ハバード・バンドとよばれる．なお，この計算では基底状態はスピン 1 重項であると仮定している．興味深い点は金属から絶縁体に移るときの状態密度の変化である．U が小さいときにはフェルミ準位 ($\omega=0$ に対応) での状態密度は有限であるが，U が増大するとフェルミ準位のピークの幅が狭くなり，ある臨界値を境にピークが消失し絶縁体になる．フェルミ準位のピークは物理的には近藤効果による「近藤ピーク」と同じものであることがわかっている．この理論の詳しい計算によれば，U を変えて起こる金属–絶縁体転移は弱い 1 次転移であるといわれている[10]．

ここに示したのは，絶縁体状態においてスピンの長距離秩序がないことを仮定した場合の結果である．前節で述べたように，通常は反強磁性が実現すると予想される．また，金属側では低温で超伝導あるいは遍歴的な磁気秩序状態が実現するはずである．したがって，モット転移は低温においては 1 次転移であるのが普通である．さらに，後の具体例で出てくるが，モット転移に伴って体積変化が起こる可能性が十分あり，これも金属–絶縁体転移を 1 次転移にする原因の 1 つである．

4.3.4 モット転移の具体例

次にモット転移の例をあげよう[11]．

モット転移の例として詳細に研究された最初の物質は V 酸化物 V_2O_3 である[12, 13]．

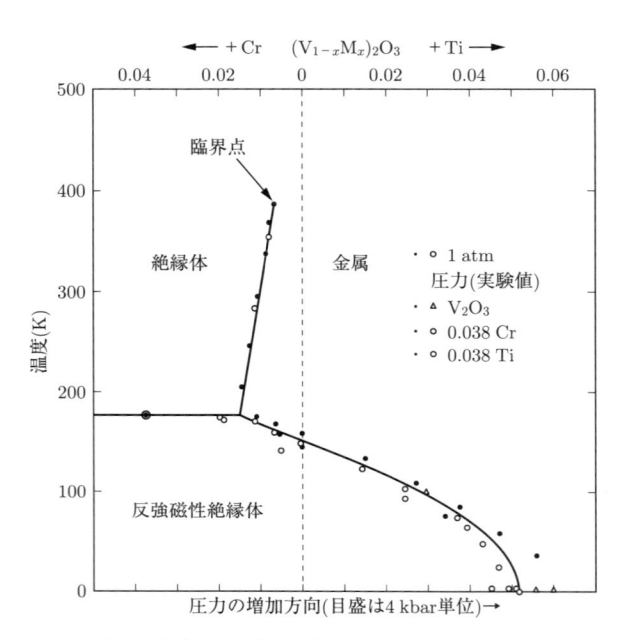

図 4.11 V_2O_3 の相図. 白抜きの記号は圧力, あるいは, 温度を下げたときの測定値. 黒い記号は圧力, 温度を上昇させたときの値である[12]. 圧力がゼロの点は上部に示すように移動する.

V_2O_3 は常圧では絶縁体であるが, 圧力をかけると金属になる. また, V を Cr あるいは Ti で置換し, それに圧力をかけたときの絶縁体から金属への転移をしらべると, 1 つの普遍的な相図ができ上がる (図 4.11). ここには 3 つの相があり, 低温には反強磁性の絶縁体相, 高温に常磁性の絶縁体相があり, 高圧側に金属相がある. すべての相境界は, 図 4.12 に示すように, 体積変化を伴う 1 次相転移である. 常磁性絶縁体相と常磁性金属相の 1 次相転移は高温側で臨界点で終わる. 圧力をかけると体積が小さくなり, 電子のバンド幅が広がるが, クーロン相互作用の大きさには影響が小さいと推測され, そのように考えれば図 4.12 は自然に理解できる. しかし, 図 4.12 の金属相が絶対零度まで常磁性状態に留まるというのは考えにくい. 十分低温には磁気秩序あるいは超伝導のような秩序相が存在すると思われる. 実際, 低温に反強磁性秩序を伴う金属相が存在するとの報告がある[14].

モット転移は有機固体でも起こる. 有機固体は軟らかく, 圧力に対して敏感であるので, 無機固体よりも例は豊富であると期待される. 典型例として $\kappa\text{-(BEDT-TTF)}_2X$ と総称される物質群がある[15]. X は $Cu[N(CN)_2]Cl$, $Cu[N(CN)_2]Br$, $Cu(CNS)_2$ などのイオンを表している.

この系の圧力–温度相図を図 4.13 に示す[16]. $X = Cu[N(CN)_2]Cl$ の場合, 低圧では絶縁体であり, 圧力をかけると金属になる. X を別の分子に換えた場合の相図は

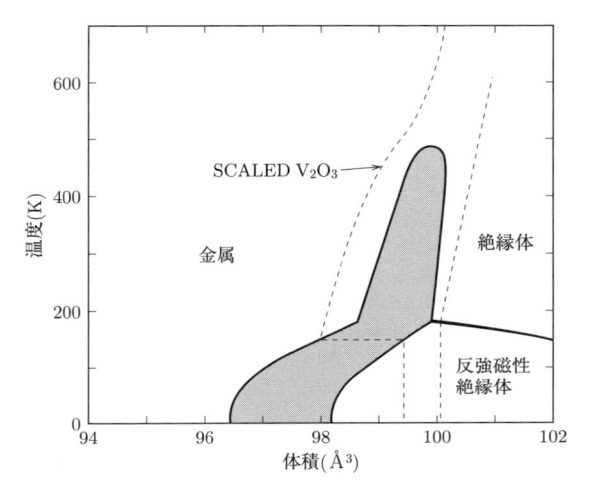

図 4.12 $(V_{0.96}Cr_{0.04})_2O_3$ の温度–体積相図. 影の部分は実現しない領域である[13].

X = Cu[N(CN)$_2$]Cl の相図を圧力の高い側にシフトすることに対応する例がある. 常磁性金属と常磁性絶縁体の相境界は 1 次相転移であり, この相境界は臨界点 (p_c = 23.2MPa, T_c = 38.1K) で終わっている[17]. この相図でもっとも興味ある点は金属–絶縁体転移の境界近傍の低温の金属領域で超伝導が起こっていることである. その超伝導の性格は BCS 理論では完全に説明できないところがある. また, 超伝導転移温度は T_{sc} = 13 K で有機固体としてはかなり高い. このモット絶縁体近くの金属状態に

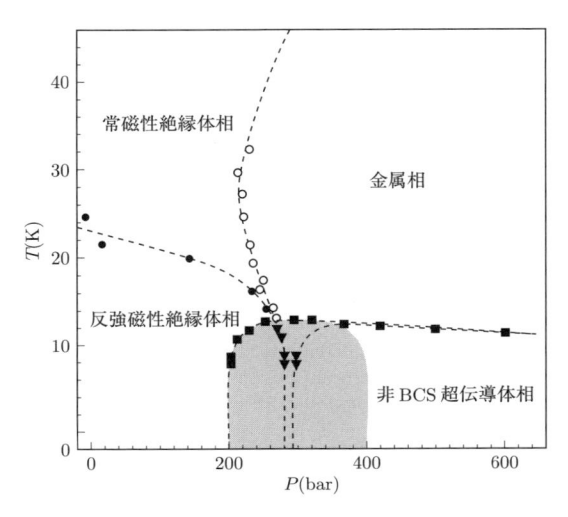

図 4.13 κ-(BEDT-TTF)$_2$X の温度–圧力相図. 影の部は不均一な 2 相共存領域を表す[16].

おける超伝導の出現は銅酸化物における高温超伝導の出現を思い出させ，両者には密接な関係があると推測される．このような超伝導では電子間のクーロン相互作用が重要な役割を果たしていると思われる． [斯波弘行]

文　　献

[1] J. H. de Boer and E. J. W. Verwey, Proc. Phys. Soc. London **49** (1937) 59.
[2] N. F. Mott and R. Peierls, Proc. Phys. Soc. London **49** (1937) 72.
[3] N. F. Mott, Proc. Phys. Soc. London Ser. A **62** (1949) 416; N. F. Mott, *Metal-Insulator Transitions* (Taylor & Francis, 1974).
[4] W. F. Brinkman and T. M. Rice, Phys. Rev. B **2** (1970) 4302.
[5] J. Zaanen et al., Phys. Rev. Lett. **55** (1985) 418.
[6] 津田惟雄，那須奎一郎，藤森　淳，白鳥紀一,「電気伝導性酸化物」改訂版 (裳華房, 1993).
[7] P. W. Anderson, *Solid State Physics*, Vol. 14, ed. by F. Seitz and D. Turnbull (1963) p. 99.
[8] J. Kanamori, J. Phys. Chem. Solids **39** (1959) 87.
[9] A. Georges et al., Rev. Mod. Phys. **68** (1996) 13.
[10] R. Bulla, Phys. Rev. Lett. **83** (1999) 136.
[11] M. Imada et al., Rev. Mod. Phys. **70** (1998) 1039.
[12] D. B. McWhan et al., Phys. Rev. B **7** (1973) 1920.
[13] D. B. McWhan and J. P. Remeika, Phys. Rev. B **2** (1970) 3734.
[14] S. A. Carter et al., Phys. Rev. Lett. **67** (1991) 3440.
[15] 鹿野田一司,「有機固体物理の新しい展開」固体物理特集号 (1995) p. 84; K. Miyagawa et al., Chem. Rev. **104** (2004) 5635.
[16] S. Lefebvre et al., Phys. Rev. Lett. **85** (2000) 5420.
[17] F. Kagawa et al., Phys. Rev. B **69** (2004) 064511.

5

メゾスコピック系

5.1 バリスティック伝導・量子干渉

5.1.1 拡散伝導とバリスティック伝導

　メゾスコピック，すなわち，原子レベルのミクロスコピックなサイズと人間が直接感知できるマクロスコピックなサイズの中間的な空間サイズをもつ系での金属中の電気伝導の様子は，電荷移動の媒体である電子がどのように散乱されるか，その散乱間の平均移動距離 (散乱長) と系のサイズとの大小関係によって大きく変化する．散乱にも，様々な性質のものがあり，何の散乱長かによって伝導に与える影響も様々である．

　金属中の電子を眺めるときの基底として，空間的に一様な平面波 (ブロッホ) 状態をとると，状態は結晶波数ベクトル k と，スピン s によって指定される．スピン-軌道相互作用や局在スピンとの相互作用は摂動として考えることにし，無摂動運動エネルギー E_k は k で指定されるとする．この見方では，電子の散乱とはある (k,s) 状態から (k',s') 状態への遷移である．$k = k'(E_k = E_{k'})$ であるような散乱を弾性散乱，そうでないものを非弾性散乱とよぶ．ポテンシャル散乱は弾性散乱であり，したがってスピンをもたない不純物による散乱は一般に弾性散乱である．それに対して電子-フォノン散乱や電子-電子散乱は運動エネルギーの移動を伴うので非弾性散乱に分類される．

　絶対零度の状況では，非弾性散乱確率はゼロになると考えられるので，弾性散乱のみ考えればよい．このとき，弾性散乱長よりも系のサイズがずっと小さいとき，電子

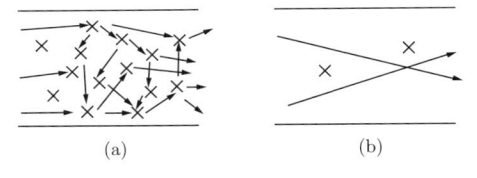

図 **5.1**　散乱中心の平均間隔と試料サイズの大小による伝導タイプの違いを模式的に描いたもの．(a) 拡散的伝導，(b) バリスティック伝導．

はほとんど1度も散乱されることなく試料の端から端まで達する．このような伝導を**バリスティック (弾道的) 伝導**という (図 5.1b)．逆に弾性散乱長よりも系のサイズがずっと大きい場合，電子は系を伝播する間に多数回の散乱を繰り返す．運動は酔歩的となり，電子の移動は拡散方程式によって記述される．このような伝導を**拡散伝導**とよぶ (図 5.1a)．

実験的には，半導体ヘテロ接合2次元電子系のように移動度が高く電子の平均自由行程 (弾性散乱長) l_m が $10\,\mu m$ を超えるような系では，比較的容易にバリスティック伝導をしらべることができる．これに対して，金属系では通常平均自由行程はきわめて短くメゾスコピックサイズの試料では伝導は拡散的である．ただし，ナノコンタクトのような場合には試料サイズがきわめて小さいため，金属系でもバリスティックな伝導が観測される．また，純粋な結晶金属などでは弾性散乱長が非常に長くなるため，探針を接近させておくことでバリスティック伝導を観測できる場合がある．

5.1.2　様々な「長さ」

メゾスコピック系の物理の特徴の1つは，様々な空間的「長さ」の競演にある．物理を分類する際にしばしばエネルギーによる階層が用いられるが，メゾスコピック系においてはこれらが現象に特徴的な空間的長さによって行われる．5.1.1項ではすでに l_m が登場したが，ここではとくによく現れるその他の長さについて列挙解説する．

量子力学的電子にとってまず重要な長さはフェルミ波長 λ_F である．ただし，系はフェルミ縮退していると仮定している．λ_F に比べて系が非常に大きい場合は，通常は系の空間形状は量子輸送には影響しない．

メゾスコピック系での量子効果にとっては，弾性/非弾性の区別以上に重要なのが空間運動の量子コヒーレンスを保つか破るか，である．量子コヒーレンスの破れ，デコヒーレンスは，次のように起こると考えるのがわかりやすい (8.5節参照)．

いま，図 5.2 のようなヤングの2重スリットの実験を電子に対して行ったとする．A, B の2つのスリットを通る過程に対応する波動関数をそれぞれ ψ_1, ψ_2 と置くと，

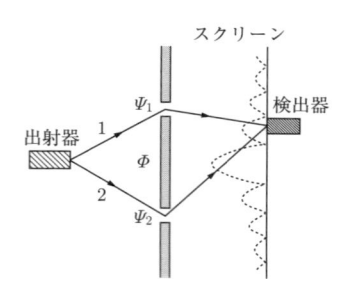

図 **5.2**　2重スリットでの干渉実験の模式図．Φ は経路 1, 2 に囲まれる領域を貫く磁束 (後出)．

スクリーン上での波動関数は $\psi = \psi_1 + \psi_2$ であるから，その確率振幅は

$$|\psi|^2 = |\psi_1|^2 + |\psi_2|^2 + 2|\psi_1||\psi_2|\cos\theta_{12} \tag{5.1}$$

となる．θ_{12} は ψ_1, ψ_2 の行路差による位相差であり，右辺第3項が量子干渉効果を表している．

式 (5.1) では，コヒーレンスは完全に保たれている．ここで，「環境」の波動関数 $\chi_{1,2}$ を考える．電子はスリットを通過中も外界にある様々な自由度と相互作用をしている．「環境」とはこのように非常に大きな自由度をもつ外界一般を表すものである．2重スリット実験においては電子がどちらのスリットを通ったかを検出すれば干渉は消え，検出測定を行わなければ干渉が残る．これは次のように記述できる．

環境 χ_1 を ψ_1 に，χ_2 を ψ_2 にそれぞれ対応させる．すると，

$$\psi = \psi_1 \otimes \chi_1 + \psi_2 \otimes \chi_2 \tag{5.2}$$

であるから，式 (5.1) の量子干渉項は，

$$(\text{干渉項}) = 2|\psi_1||\psi_2|\cos\theta_{12} \int d\xi \chi_1^*(\xi)\chi_2(\xi) \tag{5.3}$$

となる．ξ は環境の自由度すべてを代表する変数である．したがって，スクリーン上で χ_1 と χ_2 の内積が 1 であればコヒーレンスが完全に保たれ，0 であれば完全なデコヒーレンスが起こる．内積が 1 ということは，χ_1 と χ_2 が区別できないことを意味し，これが「電子がどちらを通ったかを検出していない」ことの数学的表現であり，内積が 0，すなわち 2 つが直交しているということは環境というマクロな自由度に電子が足跡を残していて，それを完全に区別できることを意味している．

式 (5.2) は，電子の空間自由度と環境自由度との**量子もつれ** (絡み合い) 状態であり，このようにミクロ自由度とマクロ自由度との量子もつれをつくることが「観測」の数学的表現の 1 つの方法である．多くの場合，非弾性散乱はデコヒーレンスを生じるが，以上から，非弾性散乱であっても必ずしもデコヒーレンスを生じない場合があることがわかる．すなわち，電子-フォノン相互作用によって電子がエネルギーを失っても，放出したフォノンを再吸収して干渉をする際には「環境」がもとに戻るような状況を考えるとデコヒーレンスは起こらない．これに対して放出したフォノンがさらに他の自由度と相互作用してもつれの程度が増加すると，もとに戻ることはなくなる．格子ひずみを伴う電子の伝導などにおける電子-フォノン相互作用は前者に属するが，多くの伝播するフォノンによる散乱は後者である．

以上のようにデコヒーレンスを起こす散乱，起こさない散乱を区別する．デコヒーレンスを生じる散乱の間に電子が伝播する平均の距離を**コヒーレンス長**とよぶ．デコヒーレンス散乱の平均時間間隔を τ_d とすると，コヒーレンス長 l_c は

$$l_c = \begin{cases} \sqrt{D\tau_d} & (\text{拡散伝導}) \\ v_F \tau_d & (\text{バリスティック伝導}) \end{cases} \tag{5.4}$$

と見積もることができる．D は拡散係数，v_F はフェルミ速度である．

電気伝導において量子干渉効果が顕在化するためにもう1つ重要なことは，電子の単色性である．絶対零度における電圧ゼロ極限の伝導では，伝導電子の波長はフェルミ波長で完全に単色であるが，有限温度では温度分の幅をもっているため伝播する距離によっては非単色性によって干渉効果が平均の伝導からは消えてしまう．この非単色性を時間スケールで表すと h/k_BT であるから，式 (5.4) の τ_d をこれで置き換えることで

$$l_{th} = \begin{cases} \sqrt{\hbar D k_B T} & (\text{拡散伝導}) \\ \hbar v_F / k_B T & (\text{バリスティック伝導}) \end{cases} \tag{5.5}$$

が得られる．l_{th} を**熱長** (thermal length, 拡散伝導の場合はとくに**熱拡散長**) とよぶ．

量子干渉効果が電気伝導に現れるためには，試料の長さがこの2つの長さの調和平均

$$l_{ph} = (l_c^{-1} + l_{th}^{-1})^{-1} \tag{5.6}$$

よりも短い必要がある．l_{ph} を**位相緩和長** (phase relaxation length) とよぶ．この l_{ph} をコヒーレンス長とよぶ場合もある．

図 5.2 の系に垂直磁場をかけることを考える．磁場をベクトルポテンシャル $\boldsymbol{A}$ で表すと，磁場が電子に与える影響は，運動量 $\hbar \boldsymbol{k}$ に対するシフト $e\boldsymbol{A}$ として現れる．点 a,b を結ぶ経路 a→b を考え，ここをこの電子が伝播する際の位相変化を考えると，

$$\Delta\theta = \int_a^b \boldsymbol{k} \cdot d\boldsymbol{s} + \frac{e}{\hbar} \int_a^b \boldsymbol{A} \cdot d\boldsymbol{s} \tag{5.7}$$

と，磁場による位相変化が現れる．図に示した干渉経路 C が囲む領域を貫く磁束を Φ と置くと，式 (5.1) の θ_{12} に，

$$\theta_{AB} = \frac{e}{\hbar} \int_C \boldsymbol{A} \cdot d\boldsymbol{s} = 2\pi \frac{\Phi}{\phi_0}, \qquad \phi_0 \equiv \frac{h}{e} \tag{5.8}$$

が加わる．これを**アハラノフ–ボーム** (Aharonov–Bohm: AB) **位相**とよぶ．すなわち，磁場により，位相差を変化させることができる．ϕ_0 は**磁束量子**とよばれる．1周積分にゲージ変換の効果は吸収され，θ_{AB} はゲージ不変量である．

ここで，ある磁場 B がかかっているときに ϕ_0 だけの磁束が貫いている円を考え，その半径を l_B とすると，

$$l_B = \sqrt{\frac{\hbar}{eB}} \tag{5.9}$$

である．これを**磁気長**とよぶ．定義からわかるように，電子が磁気長分の距離を円状に進むとその分位相がずれるので，量子干渉を考える際に重要となる．

式 (5.9) は物質によらない普遍的な形式をしているが，磁場により導入されるもう1つの重要な長さがサイクロトロン半径 r_c であり，

$$r_c = \frac{mv_F}{eB} \tag{5.10}$$

と表される．サイクロトロン運動自身は古典的な効果であるが，r_c が平均自由行程と同程度以下になると，円運動による量子干渉が重要になり，ランダウ量子化 (第3章参照) が生じる．量子化されると，最低の量子化条件 (零点振動) が生じ，l_B はこの準位に相当するため，最小サイクロトロン半径ともよばれる．

5.1.3 量子ポイントコンタクト・ランダウアーの公式

バリスティック伝導は，始めは試料長のきわめて短いものにのみ現れると考えられ，原子層オーダーの超薄膜を通した伝導がしらべられていたが，ヘテロ接合2次元電子系 (two-dimensional electron system: 2DES) に対するスプリットゲート技術の開発により，メゾスコピック系でも観測されるようになった．その代表例が，量子ポイントコンタクト (Quantum Point Contact: QPC) の伝導である．

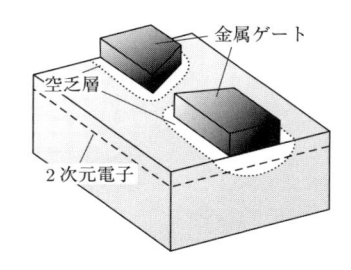

図 **5.3** スプリットゲートを用いた微細系の作製法の概念図．

スプリットゲートとは，図 5.3 のように，2DEG の上に微細加工した金属 (ゲート) を配置してショットキー障壁をつくることにより，ゲート下から電子を排除し，さらにその排除領域 (空乏層) をゲート電圧で制御するものである．

これを次のようにモデル化しよう．系は，xy 平面にある2次元電子系とし，x 方向に図 5.4 上のような QPC が配置されている．QPC の幅 W は x の関数であり，y 方向の運動を無限に高く急峻な壁で閉じ込める．$W(x)$ はフェルミ波長に対して十分ゆっくりと変化するため，電子の波束は断熱的に QPC 中を進行する．y 方向の運動は，幅 $W(x)$ の共振器で量子化されているので，ハミルトニアンとして，

$$\mathcal{H} = \frac{\hbar^2}{2m}\left[-\frac{d^2}{dx^2} + \left(\frac{n\pi}{W(x)}\right)^2\right] = -\frac{\hbar^2}{2m}\frac{d^2}{dx^2} + V_{\text{eff}}(n,x) \tag{5.11}$$

と書ける．すなわち，2次元の自由度の内，y 方向が量子化されたために，x 方向の1次元の自由度が残った．したがって，QPC を通した電気伝導を考えるには散乱のない1次元系でどのような伝導が起こるかを見る必要がある．

図 5.4 のような簡単なモデルで考えよう．散乱のない単一のバンドをもつ1次元伝導体の左右に，それぞれ μ_L，μ_R の化学ポテンシャルをもつ電子溜め $R_{L,R}$ があり，散乱のない導線 $L_{L,R}$ で試料につながっている．これらについて次のように仮定する．

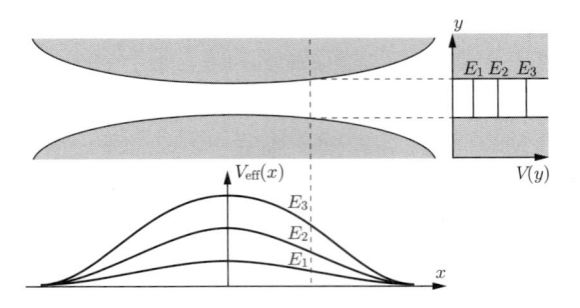

図 5.4 量子ポイントコンタクト (QPC) の簡単なモデル. 上図は実空間で斜線部分からは電子が排除され, 空白部分に 1 次元的に閉じ込められているとする. 右図は, 破線で示した断面での閉じ込めポテンシャル. 離散化固有エネルギー $E_{1,2,3}$ は, 下図の 3 つの有効ポテンシャルに対応. 下図は式 (5.11) に入る x 方向の運動にとっての有効ポテンシャル $V_{\text{eff}}(x)$ を模式的に書いたもの.

(1) 2 つの導線と試料の中では, μ_R 以下の状態はすべて占有されている.
(2) L_L の中ではさらに, 速度が右向きでエネルギー μ_L 以下の状態はすべて占有されている.
(3) 電子溜めは十分大きく, ここで考えている電流では熱平衡を乱されない. また, 電子溜めに到達した電子はすべて溜めに取り込まれる.

速度右向きの電子は一定の割合で導線から出て行くので, (2) は R_L から L_L へ電子がこれに対して十分供給されていることを意味する. まず, 導線と試料との間では反射がない (透過率 $T=1$) とする.

伝導体の分散関係を $E(k)$ と書くと波数 k の状態が運ぶ電流 $j(k)$ は

$$j(k) = \frac{e}{L}v_g = \frac{e}{\hbar L}\frac{dE(k)}{dk} \tag{5.12}$$

となる. L は, 波動関数の規格化の長さである. $E(k)$ が μ_R と μ_L との間にある状態が電流に寄与するので, 全電流 J は

$$J = \int_{k_R}^{k_L} j(k) L \frac{dk}{2\pi} = \frac{e}{h}\int_{\mu_R}^{\mu_L} dE = \frac{e}{h}(\mu_L - \mu_R) = \frac{e^2}{h}V \tag{5.13}$$

となる. ここで, $V = (\mu_L - \mu_R)/e$ は左右の溜め間にかかっている電圧である. 以上より系の伝導度 G は

$$G = \frac{e^2}{h} \equiv G_q \equiv R_q^{-1} \tag{5.14}$$

となる. 式 (5.14) がもっとも簡単な無反射単バンドの場合の伝導度で, 2 端子ランダウアー (Landauer) 公式とよばれる. G_q は**量子伝導度**, R_q は**量子抵抗**とよばれる. 式 (5.14) の特徴は, 1 次元バンドの個性にまったくよらない点である. そこで, 伝導に寄与する 1 次元バンドを**伝導チャネル**とよぶ.

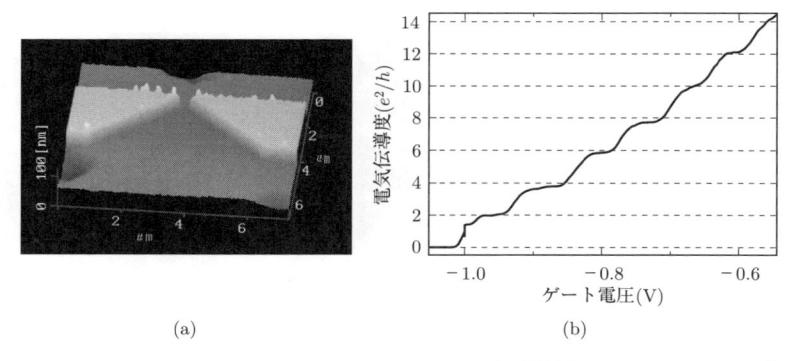

図 5.5 (a) 電子線描画により作製した QPC の原子間力顕微鏡像. (b) (a) の QPC の伝導度をゲート電圧の関数としてプロットしたもの.

QPC に戻ると, x 方向の有効ポテンシャル $V_{\mathrm{eff}}(n,x)$ は図 5.4 下のように描けるので, QPC がもっとも狭まったところの有効ポテンシャル $V_{\mathrm{eff,c}}(n)$ とフェルミ面位置との大小によって, 伝導チャネルの数が決まる. これを n_{ch} とし, チャネル間の相互作用を考えなければ, QPC の伝導度 G_{QPC} は式 (5.14) より, スピン縮重による係数 2 を考慮し,

$$G_{\mathrm{QPC}} = 2\sum_{j=1}^{n_{\mathrm{ch}}} \frac{e^2}{h} = 2n_{\mathrm{ch}} G_q \tag{5.15}$$

となる. n_{ch} はゲートによってどれだけ W が閉じられているかによって変化するので, 結局 G_{QPC} はゲート電圧の関数として階段状に変化する. 図 5.5 が実験結果であり, 実際に伝導度が G_q の偶数倍に量子化されていることが確認される. QPC における伝導度の量子化は, バリスティック伝導が実際に起こっていること, QPC の垂直方向の運動が, 干渉効果により量子化していること, そして, ランダウアーの 2 端子公式を立証している.

QPC において量子化された伝導が生じているとき, y 方向には定在波が立ち, x 方向には波が進行している. そこで, 波動関数の様子を, 実部のスナップショットという形で示すと, 図 5.6a のようになるはずである. これを実際に観測する実験が, 原子間力顕微鏡を用いて行われた. 図 5.6b がその結果を示している.

導線と試料との間の反射およびチャネル間での散乱を考慮するために, 試料の入り口の導線のチャネル i と出口のチャネル j との間の透過係数 T_{ij} を考えると, より一般化されたランダウアーの 2 端子公式

$$G = 2\sum_{i,j} T_{ij} G_q \tag{5.16}$$

が得られる.

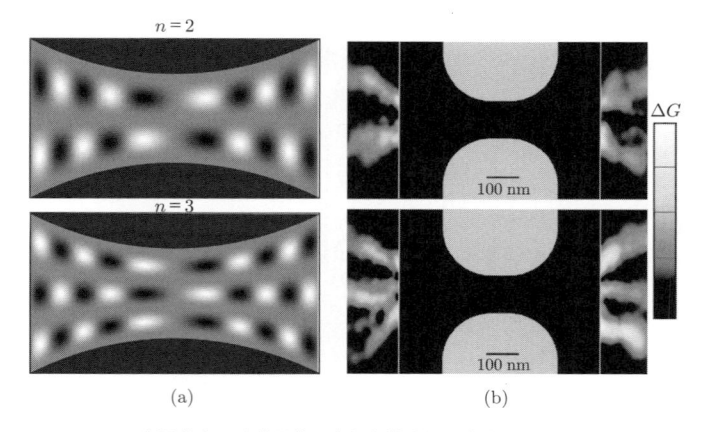

図 5.6 (a) QPC を通過する波動関数の実部を模式的に濃淡プロットしたもの．$n = 2, 3$ に相当する部分をそれぞれ上下に示した．それぞれの図の上下にある黒い部分は閉込めポテンシャルを表している．(b) 原子間力顕微鏡 (AFM) を使って実際に波動関数の様子をしらべたもの．実際に行っていることは，AFM の針の先端を QPC 付近の試料表面に近づけ，そのときの QPC の伝導度の変化をしらべている．グレースケールは $\Delta G = 0$ (黒) から $-1.4 G_q$ (白) まで．上は $n_{ch} = 2$ の伝導度プラトー，下は $n_{ch} = 3$ でのものである．たとえば $n_{ch} = 3$ のときは，$n = 1, 2, 3$ の波動関数がオーバーラップしているはずであるが，伝導度が AFM によるポテンシャル攪乱に敏感なのはもっとも上のバンドであるため，もっとも n の大きな波動関数のみが観測される[6]．

式 (5.16) は 2 端子間に電圧を与えたときにどれだけ速く 1 次元系に電子を詰め込めるか，という設問に対する答であるため，まったく散乱のない状態であってもチャネルあたりの伝導度は最大で G_q である．これに対して，1 次元系に電流が流れているとき，そこにどれだけ電圧が立つか，という命題を立てると，異なる答が得られる．「流れのある 1 次元系」は熱平衡にないので，化学ポテンシャル μ を定義する際に困難が生じる．これを解消するため，通常，μ の定義可能な粒子溜めを用意し，これを 1 次元系に横から接続したとき，粒子溜めと 1 次元系との間に流れが生じないという条件により局所的な μ を定義する．したがって，この命題に解答するには，電流を流すための粒子溜め 2 個と，μ を定義 (測定) するための粒子溜め 2 個が必要となり，系は必然的に **4** 端子となる．このような 4 端子系に対するランダウアー公式は簡単な考察により得ることができ，たとえば，単チャネルの場合には

$$G = G_q \frac{T}{1-T} \tag{5.17}$$

となり，透過率 T が 1 に近づけばこのようにして定義された伝導度が発散する．

1 次元系の伝導については，量子細線の項でさらに詳しく解説する．以下，1 次元系と 2 次元系を組み合わせた系に起こる様々なバリスティック伝導効果について見ていく．

5.1.4 バリスティック伝導の古典的効果

電子の運動を制限するポテンシャル障壁の空間的間隔が電子のド・ブロイ波長に比べて十分に広いときは，電子を古典的な粒子とみなす近似が比較的よく成立する．このような場合，弾道的な伝導では，真空中の電子において観察されるような古典的な系の形状効果を様々な形で見ることができる．

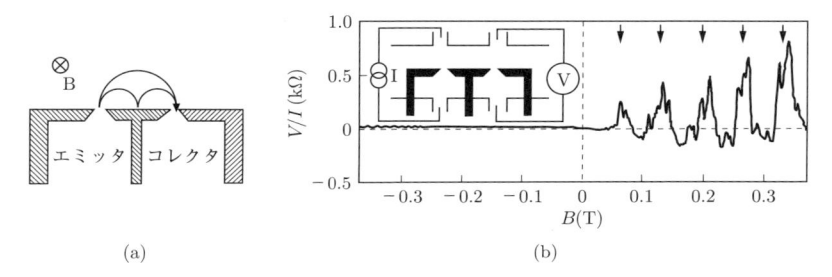

図 5.7　2 次元電子系での磁気フォーカシング効果．(a) は概念図．磁場 B によるサイクロトロン半径 r_c が，2 つの QPC 間の距離の偶数分の 1 になる (フォーカス条件) とコレクタ (ここでは電流ではなく電子を主体として命名) に飛び込みやすくなり，端子間の有効な伝導度に影響を与える．(b) は，測定例で，矢印はフォーカス条件位置を表す．挿入図は実験のセットアップを示す[7]．

図 5.7a は**磁気フォーカシング**とよばれる効果で，電子を放出するエミッタと収集するコレクタには QPC が使われており量子効果が働くが，2 次元の自由空間では電子は粒子的にふるまい，2 次元系に対する垂直磁場によりその軌道は曲げられてサイクロトロン運動を行う．ポテンシャル障壁では鏡面反射が起こってスキップ軌道を描く．これらの弾道的な軌道は，2 つの QPC の間隔がサイクロトロン軌道直径の整数倍のときにちょうどコレクタに吸収されるものになるため，電極 AB 間の伝導度を磁場の関数として測定すると，このような条件を満たす磁場でピーク構造を示す．実験例を図 5.7b に示した．なおこのような実験は，バルクの金属でも行われている．

図 5.8a は十字路伝導における負の抵抗の例である．電極となっている細線によって電子の運動量方向が絞られているため，十字路領域に入っても直進傾向が生じる．このため，電極 1-2 間に電流を流していても，電子はまず電極 3 に飛び込み電極 3 に電荷が溜まって負電圧となり電子を反発する条件になって初めて 1 へ流れ込むようになる．このとき，電流は 1→2 と流れているにもかかわらず，電圧は 3 が負になって，3-4 を電圧端子として 4 端子抵抗を測定すると，負の抵抗が生じる．また，ここに垂直磁場を加えると，サイクロトロン運動によりこの負抵抗状態が解消し正抵抗状態へ変化する磁気抵抗が生じる．測定例を図 5.8b に示す．

図 5.9 は**ワイス (Weiss) 振動**とよばれる磁気抵抗振動である．この効果を見るためには，様々な方法で 2 次元電子系の閉込めポテンシャルに変調をかけ，図 5.9 挿入図のような洗濯板状の 1 次元ポテンシャルを生じさせる．実験的には，櫛状のゲートを

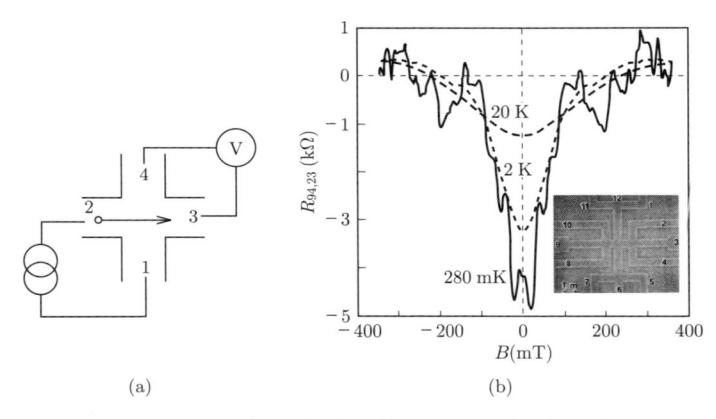

図 5.8 (a) バリスティック伝導を示す十字路試料における 4 端子負性抵抗が生じる機構の模式図. (b) 2 次元電子系の十字路において生じた負性抵抗と磁場によるその解消の様子. 挿入図は, 試料の電子顕微鏡写真[8].

つける, 干渉縞をもつ光照射によって電子濃度に変調をつける, 櫛状の絶縁体を貼り付けることで格子ひずみを周期的につける, など様々な方法がある.

垂直磁場 B により電子はサイクロトロン運動を始め, その半径 R_c は, フェルミ波数を k_F, 有効質量を m として $\hbar k_F/eB$ である. R_c が洗濯板ポテンシャル周期 a よりもある程度大きいとき, 電子は円運動をしながらポテンシャルの山谷を乗り越えることになるが, これによる速度変調により局所的なサイクロトロン半径に変調がかかり, 円が閉じなくなって, 洗濯板の筋の方向に沿ったドリフト速度が生じる. このドリフト速度は $2R_c = (n-1/4)a$ (n は整数) のとき消失するため, このとき筋に垂直な方向の抵抗が極小値をとる. この**磁気ワイス振動**も古典効果であるため, 高磁場で見えているシュブニコフ–ド・ハース振動よりも高温まで観測可能である.

以上以外にも, 様々な古典的バリスティック伝導の効果が報告されている.

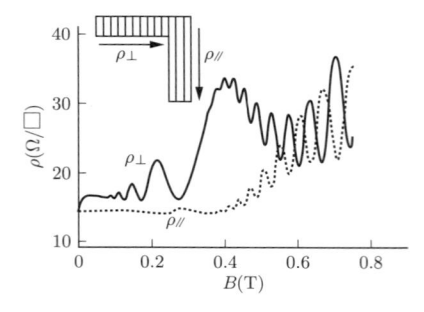

図 5.9 2 次元電子系に干渉縞をもつレーザー光を照射し, 挿入図のようなポテンシャル変調を与えてワイス振動 (低磁場側) を観測したもの. $\rho_\perp$ にのみ振動が現れる. 高磁場側の振動はシュブニコフ–ド・ハース振動[9].

5.1.5 量子干渉計

系の空間サイズが平均自由行程 l_m および位相緩和長 l_{ph} よりも十分小さい場合，電子を完全に波動として考え，量子干渉を様々な形で行わせる，量子干渉計を形成することができる．代表例は，2重障壁ダイオードとよばれ，エネルギー障壁を形成するバンドギャップの大きな物質の薄膜で小さな物質を挟むサンドイッチ構造をしている (図 5.10a)．これはファブリ–ペロー型の干渉計に相当し，2つのエネルギー障壁で繰り返し反射された電子波が干渉し，障壁に垂直な運動エネルギーのみに注目すると，共鳴を起こす波長 (エネルギー) で透過率がピークを示す．現実のデバイスでは膜面に平行な運動の自由度があるため，事情はやや複雑になるが，電流–電圧特性にこの透過率ピークを反映した電流ピークが生じる (平行運動の自由度により，実際の電流ピークの電圧位置を電子エネルギーに換算したものは透過率ピークの位置とは異なる)．次元を落として1次元の量子細線を2つの障壁で区切る構造とすると，これは量子ドットとなる．

類似の干渉計で非常に簡単な形状をもつものとして，図 5.11a に示した T 字型のものがあり，形状的にはマイケルソン型の干渉計に近いものである．これは，量子細線の横に短い枝 (スタブ) が突き出た形状をしており，細線の伝導はこの枝の部分での共鳴/反共鳴に大きく影響されることから，スタブ型共鳴器ともよばれる．スタブ共鳴器の例では，電流は直接共鳴器を流れるわけではないが，波動関数の非局所性により電気伝導に影響が現れる．これをとくに量子輸送の非局所効果とよぶことがある．

メゾスコピック系では量子干渉計でもっともよく知られているのが図 5.2 ですでに示した AB 型の干渉計である．これを実現する際によく使われるのが図 5.11c のようなリング構造であり，AB リングとよばれる．

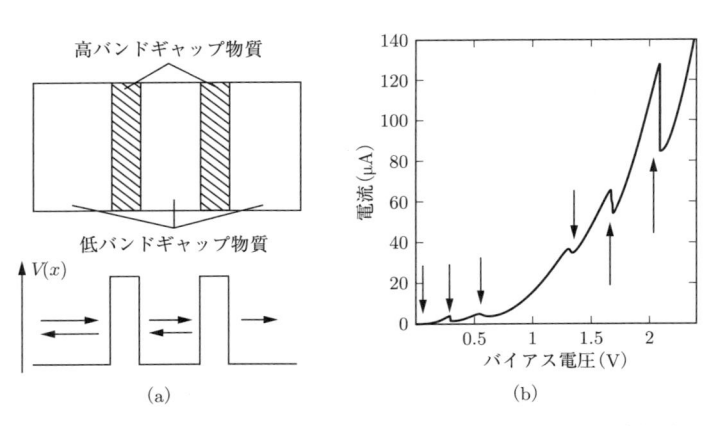

図 5.10 (a) 2 重障壁ダイオードの概念図．上図は構造の模式図，下図は電子にとっての有効ポテンシャル $V(x)$ を模式的に描いたもの．(b) GaAs と $Al_{0.5}Ga_{0.5}As$ を積層した 2 重障壁ダイオードの電流–電圧特性．矢印は，構造から期待される電流ピーク位置．

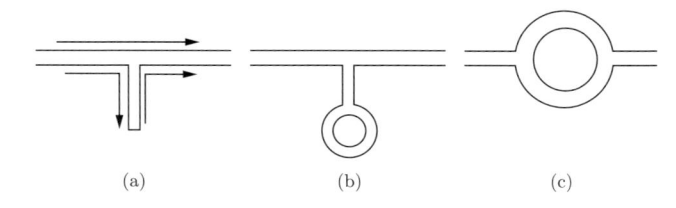

図 **5.11** (a) スタブ型共鳴器．矢印のような経路どうしで干渉効果が生じる．(b) スタブ型共鳴器の先端にリングを付けたもの．リングを貫く磁束によって干渉効果が変化する．非局所効果のデモによく使用される．(c) アハラノフ–ボーム (AB) リング．

ただし，AB リングと図 5.2 の 2 重スリット型の干渉計とでは重要な相違がある．2 重スリットではスクリーンに当たった波はすべて吸収され，信号には寄与しないと仮定している．すなわち，信号源を出た波は 1 度干渉効果を起こした後，大部分は問題としている検出器に検出されることなく失われる．逆にいうと，これらをすべて無駄なく検出するためにはスクリーン上に多数の検出器を並べる必要がある．これに対して AB リングの場合は，いったんリングに入った波はリング内で反射を繰り返し，最終的には検出器に入るか反射するかの 2 通りである．このとき，「検出器に入らなかった」ということは，反射されたということであり，すなわち 1 個の検出器で完全な情報を得ることができる．この後者の「問題としている量子干渉計から電子が決して逃げ出さない」という性質を系の「ユニタリティ」とよぶ．

ユニタリティを端的に表現しているのが 2 端子素子で，AB リングもその一例である．とくに電気伝導の磁場応答 (磁気伝導度) にこのことは大きな影響を及ぼす．すなわち，磁場を含むシュレーディンガー方程式の対称性から，2 端子素子の磁気伝導度は，磁場の正負に対して対称

$$G(B) = G(-B) \tag{5.18}$$

となる．式 (5.18) はオンサガー (Onsager) の**相反性**の一例である．したがって，AB リングでは式 (5.1) で θ_{12} を，これに AB 位相を加えて $\theta_{12} + \theta_{AB}$ としたものに入れ替えた式が透過率に比例すると考えてはならない．θ_{12} は行路差で連続変化するため，このままでは式 (5.18) を容易に破る．すなわち，2 端子の AB リングでは，磁場に対する伝導度の振動成分を $G_i \cos(\phi/\phi_0 + \alpha)$ とすると α は 0 または π でなければならない．これはユニタリティの帰結であり「AB 振動位相の固定」とよばれる．ただし，現実の素子では，リングに幅があり理想的な 1 次元の周回構造にはなっていないため，式 (5.18) は破られることはないが，干渉項の余弦波形状からのずれにより見かけ上位相が固定されない場合もある．

このような 2 端子系の干渉計に対し，ユニタリティを破ることで位相固定の問題を回避し，問題とする系の位相シフトを干渉効果により直接測定しようという試みも行われている．

5.1.6 ランダウアー–ビュティカーの公式

多チャネル,多端子の場合のコヒーレント伝導の取扱いは,やや複雑である.この場合,すべての端子を等価に扱うランダウアー–ビュティカーの公式を用いる.図 5.12 のように端子に p, q などのラベルをつけ,式 (5.16) で $\sum_{ij} T_{ij}$ と書いた透過率の足し上げを端子 p から q に向かうチャネルについて行ったものを $T_{q \leftarrow p}$ あるいは矢印を省略して T_{qp} と書くと,定義より

$$J_p = \frac{2e}{h} \sum_q [T_{q \leftarrow p} \mu_p - T_{p \leftarrow q} \mu_q] \tag{5.19}$$

$$\equiv \sum_q [g_{qp} V_p - g_{pq} V_q] \tag{5.20}$$

である.これに以下の制限条件がつく.

電流保存 $\qquad \sum_q J_q = 0 \tag{5.21}$

全端子同電位時電流はゼロ $\qquad \sum_q [g_{qp} - g_{pq}] = 0 \tag{5.22}$

オンサガーの相反定理 $\qquad g_{qp}(B) = g_{pq}(-B) \tag{5.23}$

通常の 4 端子問題に適用して,たとえば 13: 電流端子,24: 電圧端子,とすると,

$$R_{13,24} = \frac{V_2 - V_4}{J_1} = \frac{\alpha_{21}}{\alpha_{11}\alpha_{22} - \alpha_{12}\alpha_{21}} \tag{5.24}$$

である.ただし,

$$\alpha_{11} = G_q[(1 - r_{11} - S^{-1}(T_{14} + T_{12})(T_{41} + T_{21})] \tag{5.25}$$

$$\alpha_{12} = G_q S^{-1}(T_{12}T_{34} - T_{14}T_{32}) \tag{5.26}$$

$$\alpha_{21} = G_q S^{-1}(T_{21}T_{43} - T_{23}T_{41}) \tag{5.27}$$

$$\alpha_{22} = G_q[(1 - r_{22} - S^{-1}(T_{21} - T_{23})(T_{32} + T_{12})] \tag{5.28}$$

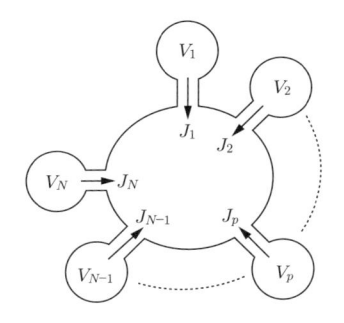

図 5.12 ランダウアー–ビュティカーの公式を導く際に使用するモデル.端子をすべて平等に扱い,境界条件として系のセットアップを取り入れる.

$$S = T_{12} + T_{14} + T_{32} + T_{34} = T_{21} + T_{41} + T_{23} + T_{43} \tag{5.29}$$

である．r_{jj} は端子 j での反射係数を表す．

　以上は，ユニタリティが保たれ，コヒーレントな伝導の場合に成立する理論形式であるが，様々な変更を加えることでユニタリティが破れている場合や，デコヒーレンスがある場合を扱うように拡張することができる．

5.1.7 永久電流

　メゾスコピック系の電気伝導においては「電極」の取り扱いが重要であることを見てきた．これは，電極と系との結合という観点から分類すると，強結合の系を扱ってきたためである．結合を弱めてトンネル結合領域になると，電極の影響が弱まると同時に単電子の帯電効果が重要となる．これについては次項の「単電子帯電効果」で取り扱う．本項では電極を完全に切り離した孤立したリングについて考える．

　一般に固体に磁場をかけると，この磁場を打ち消す向きに反磁性電流が流れるが，メゾスコピックサイズのリングをつくると反磁性電流はリングを周回する電流となる．磁場による加速度は常に電子の運動に垂直方向であり，散乱によって減衰することはなく一種の永久電流である．大きな固体中の反磁性電流と異なるのは磁場によって電流の向きが反転することである．バリスティック伝導の場合，この振動する永久電流の振幅は，リングの周長を L として

$$J_0 = \frac{ev_{\mathrm{F}}}{L} \tag{5.30}$$

と見積もられる．すなわち，1 個の電子が v_{F} の速さで試料を回っている場合の電流である．これに対して，拡散的な伝導の場合は，もっとも単純には

$$J_0 \approx \frac{eD}{L} \tag{5.31}$$

と見積もられる．ただし，バリスティックな場合が比較的実験と理論の一致がよいのに対し，拡散伝導の場合は実験で測定される J_0 の値が上の見積りよりも桁違いに大きく，現在でも解答が得られていない謎となっている．

5.1.8 拡散伝導における量子干渉効果

　拡散伝導領域でも，バリスティック領域と類似の量子干渉効果が生じる．ただし，非常に多数の経路があり，経路間の散乱も頻発するため，これらを統計的に処理することが必要となり，量子効果は量子ゆらぎと同時に統計ゆらぎの側面をもって現れる．ランダウアー公式，ランダウアー–ビュティカー公式は，久保公式と並んで拡散的な伝導においても有力な道具である．

　バリスティック領域で AB リングに現れた AB 振動は，拡散伝導においても現れる．いま，リング試料中に経路 1–1′ と 2–2′ という 2 組の経路があり，出口で干渉するとす

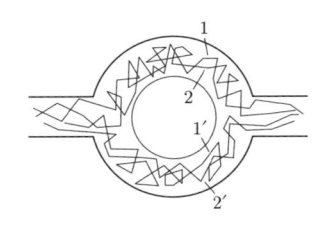

図 **5.13** 拡散的伝導の場合の AB リングでの干渉効果. 2 組のループ 1–1′ と 2–2′ ではループ面積, ゼロ磁場での行路差が異なる.

る (図 5.13). 1 回周回する経路のみ考えることにすると, 1–2 で強め合う干渉をするか, 反対かはランダムである. また, AB 振動の磁場周期もリングの経路の幅によって広い分布をもつ. このため, AB 振動振幅の全体の伝導度に対する割合はバリスティック伝導に比べてきわめて小さくなる.

ただし, ゼロ磁場付近で特異な振動が現れる. これはアンダーソン局在の項でふれた, 同じ経路を時間反転させた経路間の干渉によるものである. この経路の干渉は, 時間反転対称性のあるスピン–軌道相互作用のない系ではゼロ磁場で必ず原点で強め合うので, リングを反対側まで周回する確率を減少させ, 結局ゼロ磁場で負の磁気抵抗を生じる. スピン–軌道相互作用の強い系では正に転じる点も同じである. ただし, 干渉経路がリングにより制限されているため, 磁気抵抗はリングを貫通する磁束で $h/2e$ 周期の振動となる. AB 振動の一種と考えることもできるが, とくに時間反転対称対の干渉を取り出したものをアルトシュラー–アロノフ–スピバック (Altshuler–Aronov–Spivak: AAS) 振動とよぶ.

AAS 振動は, 上記からわかるようにゼロ磁場ではすべての干渉経路で振動位相がそろっているため大きな振幅をもつが, 磁場が高くなるにつれてリングの幅による位相のばらけによって振幅が小さくなる. これに対し, h/e の周期の振動は, すでに平均化の後であるため, 磁場による振幅の変化は単調ではなく, 高磁場まで振幅が持続するため, 一般に高磁場で相対振幅は逆転する.

その他, 非局所伝導などは, 拡散伝導においても現れる. たとえば, 古典的な電流経路とは離れたところに AB リングを形成し, 磁気抵抗を測定すると, 伝導度に AB 振動が現れることが観測されている. 一方, 共鳴効果の類は, 経路の数が非常に多いこと, 散乱が多くて閉回路を形成しにくいこと, などから現れにくい.

5.1.9 普遍的伝導度ゆらぎ・量子カオス

メゾスコピック領域の試料の電気伝導を測定すると, 単調でない多数の周波数の振動を含む磁気抵抗が現れる. これは, とくに拡散伝導領域で顕著であり, これは図 5.14a に模式的に示したように, 伝導経路が囲む様々なループを貫く磁束の変化による, 非常に多くの周波数の一種の AB 振動の重ね合せによって生じている. 拡散伝導領域で

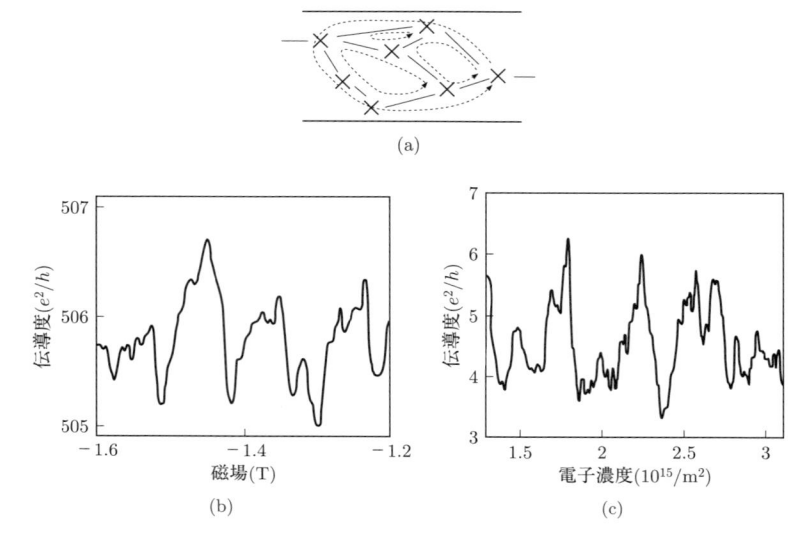

図 5.14 (a) 拡散的伝導の場合.試料中の伝導経路には,非常に多数・多種類の干渉ループが含まれている.(b) 金細線 (200 nm 幅) の伝導に現れた UCF.拡散伝導の場合[10].(c) GaAlAs/GaAs2 次元電子系の 600 nm サイズの開放型量子ドットに現れた UCF.パラメターはゲートで調整した電子濃度[11].

の AB リングの磁気抵抗は,伝導経路に幾何学的な制限を加えることでこのような伝導度ゆらぎの中から特定の周波数のものを選別したものと考えることができる.

伝導体中の電子の散乱中心は試料ごとに異なっているから,このような磁気抵抗のパターンは試料ごとに異なる.このため,このパターンを「磁気指紋」とよぶこともある.さらには,ゼロ磁場の磁気抵抗も試料ごとにゆらいでいるはずであり,「試料を交換する」操作と「磁場を変える」操作は量子干渉効果という視点では同値である.この伝導度ゆらぎの分布幅は,位相緩和長が試料より十分長い条件の下では普遍的な値,$2G_q$ になることが,理論的,また実験的にも知られており,このゆらぎを**普遍的伝導度ゆらぎ** (Universal Conductance Fluctuation: UCF) とよぶ.金属細線での UCF の例を図 5.14b に示した.

以上は拡散的伝導領域での議論であるが,UCF に類似の現象は,バリスティック領域でも生じる.系のサイズがフェルミ波長と同じかやや大きい程度であると干渉効果は,試料形状からある程度予想できるものとなる.サイズが弾性散乱長や位相緩和長よりも小さいがフェルミ波長よりも十分に大きな領域で,試料壁面からの多数回の散乱によって様々な面積を囲むループ状の軌道が発生し,UCF 的な磁気抵抗が生じる.「試料を取り換える」という視点からは,パラメターは磁場ばかりでなく電子濃度などでも同様のゆらぎが生じる.図 5.14c に実験例を示した.

バリスティック領域の場合,この磁気抵抗のゆらぎに,試料形状が質的な違いを与え,

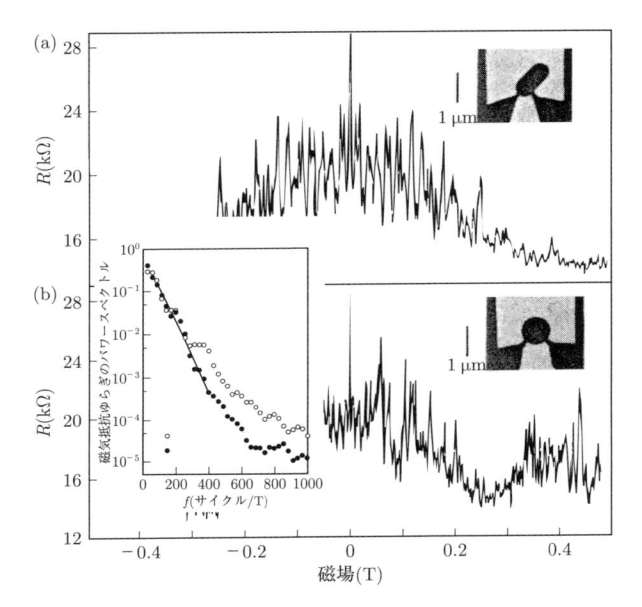

図 5.15 開放型の量子ドットの伝導に現れた磁気抵抗ゆらぎ．(a) スタジアム型量子ドット，(b) 円型量子ドット．左の挿入図は，自己相関関数から求めたゆらぎのパワースペクトル[12]．

これが古典軌道がカオス的であるかそうでないかを敏感に反映する．カオス軌道を生じるスタジアム型の試料とそうでない円形の試料とで磁気抵抗を測定すると，図 5.15 のように UCF 的なゆらぎを反映したパターンが現れる．スタジアム型の方が，鋭く尖った高い周波数を多く含むパターンになっているが，これは，カオス的な場合，軌道が閉じにくく広い面積の干渉ループが生じることに対応している．磁気抵抗パターンの自己相関関数にはさらに明瞭な違いが現れ，カオス的な場合，自己相似的な磁気抵抗パターンも報告されている．これらは，古典軌道のまわりに量子ゆらぎを考える量子ビリヤードモデルでよく説明することができる．その他，このような，電極へ開放された大きな量子ドットは，量子カオスを研究するための貴重な実験場となっている．

[勝 本 信 吾]

文　献

[1] Y. Imry, *Introduction to Mesoscopic Physics*, 2nd Ed. (Oxford University Press, 2001).
[2] 勝本信吾,「メゾスコピック系」(朝倉書店, 2002).
[3] 川畑有郷,「メゾスコピック系の物理学」(培風館, 1998).
[4] S. Datta, *Electronic Transport in Mesoscopic Systems* (Cambridge University Press, 1997).
[5] 原山卓久, 中村勝弘,「量子カオス」(培風館, 2000).

[6] M. A. Topinka et al., Science **289** (2000) 2323.
[7] H. van Houten et al., Phys. Rev. B **39** (1989) 8556
[8] G. Timp, in *Mesoscopic Phenomena in Solids* ed. by B. L. Altshuler et al. (North-Holland, 1991).
[9] R. R. Gerhardts et al., Phys. Rev. Lett. **62** (1989) 1173.
[10] R. A. Webb and S. Washburn, Phys. Today **41** (1988) 46.
[11] M. W. Keller et al., Surf. Sci. **305** (1994) 501.
[12] C. Marcus et al., Phys. Rev. Lett. **69** (1992) 506.

5.2 単電子帯電効果

本節では，メゾスコピック系における，電子1つ1つの粒子性が現れる物理現象について解説する．

5.2.1 微小トンネル接合[1, 2]

非常に小さなトンネル接合を金属で作製する場合を考える (図 5.16a)．たとえば Al の量子細線を薄い酸化膜 (Al_2O_3) のトンネル障壁を隔ててつなげる．絶縁体を隔てた金属の接合界面は小さなコンデンサとみなすことができる．その電気容量 C は，界面の面積が $S = (100\,\mathrm{nm})^2$，障壁の厚さが $d = 10\,\mathrm{Å}$，障壁の誘電率が $\varepsilon/\varepsilon_0 \approx 10$ の場合，$C = \varepsilon S/d \approx 10^{-15}\mathrm{F}= 1\,\mathrm{pF}$ である．この接合を1個の電子がトンネルすると，一方の界面は電荷 $+e\,(e>0)$ を帯び，他方の界面は電荷 $-e$ を帯びる．そのときの帯電エネルギーは $E_\mathrm{C} = e^2/2C \approx 10^{-4}\mathrm{eV}$ であり，これは熱エネルギー $k_\mathrm{B}T$ に換算すると $T = 1\,\mathrm{K}$ に相当する．$k_\mathrm{B}T \ll E_\mathrm{C}$ の低温では，1個の電子のトンネルがそれに伴う帯電エネルギーの増加のために抑制される．これをクーロン閉塞とよぶ．

クーロン閉塞を実験で観測するためには，微小トンネル接合を回路に接続する必要がある．このとき，次の2つのケースが考えられる．

a. 定電圧測定

まずトンネル接合に定電圧 V をかけ，電子のトンネルによる電流 I を測定する場合を図 5.17a に示す．$Q = CV$ とすると，界面には電荷 $\pm Q$ が溜まる．Q は電子と正電荷の相対的な分布で決まるものであって，e の整数倍になるとは限らないことに注

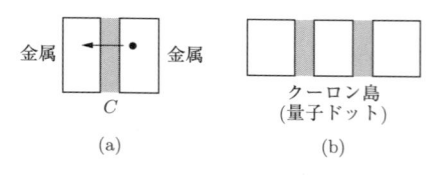

図 **5.16** (a) 2つの金属を薄い絶縁体を挟んで接続したトンネル接合の概念図．(b) 2つの微小なトンネル接合を直列につないでつくるクーロン島の概念図．半導体で作製したクーロン島では，量子準位の離散性が重要となり，しばしば量子ドットとよばれる．

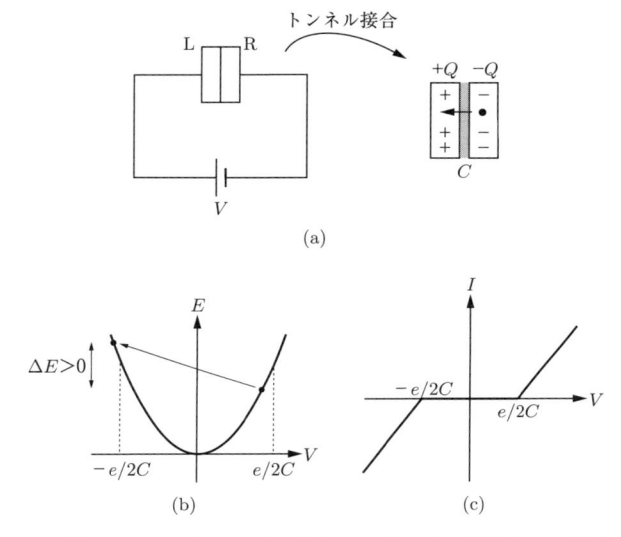

図 5.17 (a) 微小なトンネル接合に定電圧源をつなげた場合の回路図. (b) 帯電エネルギー E の電圧 V 依存性. $|V| < e/2C$ のとき, 1 個の電子がトンネルすると必ず E は増加する. (c) I–V 特性の概念図 (温度 $T = 0$ の場合). $|V| < e/2C$ ではクーロン閉塞によって電流 I が抑制される.

意されたい. 1 個の電子が図の R から L に (L から R に) トンネルした直後, 界面の電荷は $Q \mp e$ となる. このときの帯電エネルギーの変化量は

$$\Delta E = \frac{1}{2C}\left[(Q \mp e)^2 - Q^2\right] = E_\mathrm{C}\left(1 \mp \frac{2C}{e}V\right)$$

$V < e/2C$ のとき, どちらの向きにトンネルしても $\Delta E > 0$ となってエネルギーが増加する (図 5.17b). I–V 特性をグラフにすると $-e/2C < V < e/2C$ で, クーロン閉塞による電流抑制が観測される (図 5.17c).

b. 定電流測定

次にトンネル接合に定電流源の回路を結合した場合を図 5.18a に示す. トンネル接合に溜まる電荷は時間とともに $\Delta Q = I\Delta t$ で増加する. 電圧は $\Delta V = \Delta Q/C = (I/C)\Delta t$ にしたがって, 時間に対して線形に増加する. $V < e/2C$ の間は電子のトンネルによる帯電エネルギーの増加のために電流は流れないが, V が $e/2C$ を超えるとトンネルが可能となる. 1 個の電子のトンネルが生じると, 電圧は e/C だけ急激に変化するため, V は時間の関数として図 5.18b のような鋸刃状の振動を示す. これを SET (Single Electron Tunneling) 振動とよぶ. SET 振動の平均周波数は $f = I/e$ であるが, $V > e/C$ でのトンネル現象は確率過程で生じるため, 振動は完全には周期的にならない.

クーロン閉塞が観測される必要条件として $k_\mathrm{B}T \ll E_\mathrm{C}$ をあげたが, これだけでは

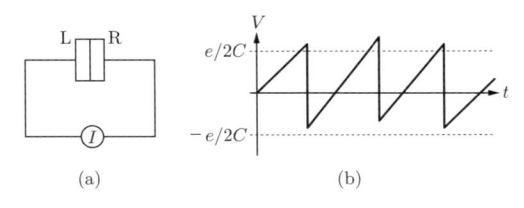

図 5.18 (a) 微小なトンネル接合に定電流源をつなげた場合の回路図. (b) 電圧 V の時間 t 依存性の概念図. 電子がトンネルするごとに鋸刃上の SET 振動が生じる.

十分でない. 1個の電子のトンネル後, 界面の電荷が $Q \mp e$ に変化してエネルギーが $\Delta E \sim E_C$ だけ増加するが, それは有限の時間で緩和する. その時間は, トンネル接合の外側の回路の時定数 RC で与えられる. $RC < h/E_C$ (h はプランク定数) の場合は, 量子力学の不確定性原理から, エネルギーの高い状態を中間状態として経る過程が許され, クーロン閉塞は生じない. すなわち, クーロン閉塞が見られる条件として, $RC \gg h/E_C$, すなわち $R \gg h/e^2 \equiv R_Q$ が必要となる. $R_Q \approx 25.8\,\mathrm{k\Omega}$ を量子化抵抗とよぶ (トンネル接合での抵抗は, 外部回路の抵抗 R よりもさらに大きいことを仮定している). また, 実際の実験で小さなトンネル接合をつくっても, まわりの回路の浮遊容量が大きいと, 実効的な帯電エネルギーは小さくなってしまう. したがって, クーロン閉塞を実現するためには, 外部回路に R_Q よりも大きな抵抗を挿入してトンネル接合面の電荷の緩和時間を十分長くし, 同時に浮遊容量を小さくする工夫が必要とされる.

5.2.2 クーロン島 (量子ドット)[3]

単一のトンネル接合でのクーロン閉塞の測定には実験上の工夫が必要とされるが, 図 5.16b のように 2 個のトンネル接合を直列に並べ, 小さな「島」をつくると, それが比較的容易となる. 一方の接合でのトンネルの際に, 他方の接合が R_Q より大きい抵抗の役割をするため, 島の中の電子数 (電気的に中性の場合を基準とした余剰の電子数) が十分に確定するためである. 金属でつくった小さな島をクーロン島, 半導体でつくった島を量子ドットとよぶ (量子ドットでは, 量子準位の離散性も重要になる. 8.2 節を参照). 以下では, 離散準位構造が無視できるクーロン島において, 単電子メモリと単電子トランジスタについて解説する.

a. 単電子メモリ

2 個のトンネル接合のうち, 片方のトンネルが無視でき, 静電的な結合のみ存在する場合を考える (図 5.19a). 2 つの接合の静電容量をそれぞれ C_J, C_G とし, 電圧を V_G で表す (添字の G はゲート電極を示す). クーロン島の余剰電子数を N, 接合表面の電荷を q_J, q_G とすると

$$-eN = -q_J - q_G, \qquad V_G = -\frac{1}{C_J}q_J + \frac{1}{C_G}q_G$$

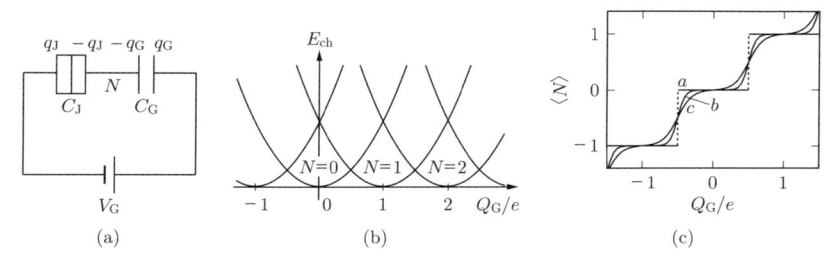

図 5.19 (a) クーロン島を用いた単電子メモリの回路図. (b) 帯電エネルギー $E_{\text{ch}}(N)$ の Q_G 依存性 ($N = 0, 1, 2$; $Q_G = C_G V_G$). (c) クーロン島の余剰電子数 N の平均値. $k_B T/E_C = 0$ (a), 0.1 (b), 0.2 (c).

これから q_J, q_G を求め, 帯電エネルギー (正確にはエンタルピー) の表式に代入すると

$$E_{\text{ch}}(N) = \frac{1}{2C_J}{q_J}^2 + \frac{1}{2C_G}{q_G}^2 - q_G V_G = \frac{1}{2C}(eN - Q_G)^2 - \frac{C_G}{2}{V_G}^2$$

ここで, $C = C_J + C_G$ はクーロン島の全電気容量, また $Q_G = C_G V_G$ である. 電圧 V_G が一定のときの電荷分布を知りたいので, エネルギーから電池のした仕事 $q_G V_G$ を引いたエンタルピーを計算している. 図 5.19b に, $E_{\text{ch}}(N)$ を Q_G の関数として図示した (第 2 項は N によらないので無視している). $-e/2 < Q_G < e/2$ で $N = 0$, $e/2 < Q_G < 3e/2$ で $N = 1$, $\cdots$ が基底状態となることがわかる. $E_C = e^2/(2C)$ とすると, $k_B T \ll E_C$ のとき, ゲート電圧 V_G によってクーロン島の電子数 N を 1 つずつ制御することができる (図 5.19c; 単電子メモリ).

b. 単電子トランジスタ

2 つのトンネル接合ともにトンネルが可能であり, さらにクーロン島に静電的な結合でゲート電極 (水門) をつなげた系を考える (図 5.20a). ソース電極 L (水源) からドレイン電極 R (排水) に電子が流れる状況は電界効果トランジスタの構造に対応する. 5.2.2 項 a と同様に, クーロン島の余剰電子数を N とし, 3 つの接合の表面電荷を q_L, q_R, q_G とおくと

$$-eN = -q_L - q_R - q_G, \quad V_L - \frac{q_L}{C_L} = V_R - \frac{q_R}{C_R} = V_G - \frac{q_G}{C_G}$$

帯電エネルギー (エンタルピー) は

$$E_{\text{ch}}(N) = \frac{1}{2C_L}{q_L}^2 + \frac{1}{2C_R}{q_R}^2 + \frac{1}{2C_G}{q_G}^2 - (q_G V_G + q_L V_L + q_R V_R)$$
$$= \frac{1}{2C}(eN - Q_G)^2 - \frac{1}{2}(C_G {V_G}^2 + C_L {V_L}^2 + C_R {V_R}^2)$$

となる. ここで, $C = C_L + C_R + C_G$ は全静電容量, $Q_G = C_G V_G + C_L V_L + C_R V_R$ は (V_L, V_R が一定のときに) V_G で調節される量である. N 番目の電子をクーロン島

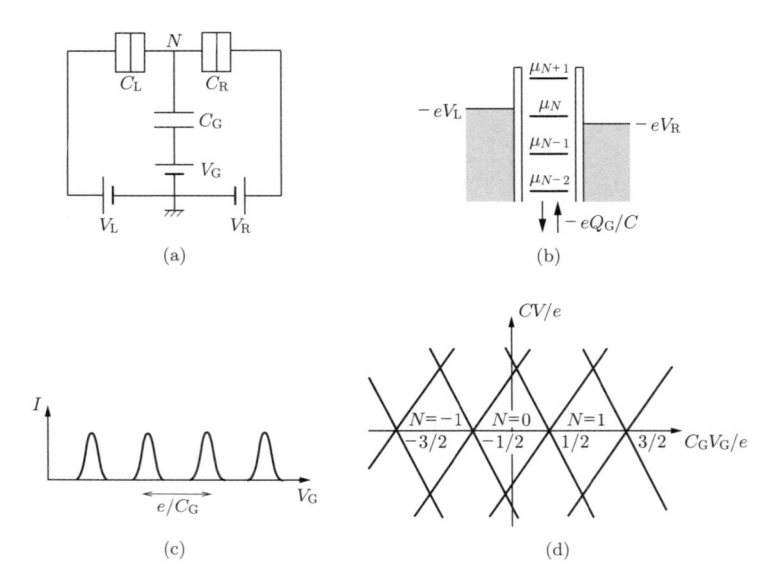

図 5.20 (a) クーロン島を用いた単電子トランジスタの回路図. (b) クーロン島の N 番目の電子の電気化学ポテンシャルが $-eV_\mathrm{L}$ と $-eV_\mathrm{R}$ の間にあると電流が流れる. (c) クーロン島を流れる電流 I のゲート電圧 V_G 依存性 (クーロン振動). (d) V_G-V 平面でのクーロン・ダイアモンドの概念図 ($-V_\mathrm{L} = V_\mathrm{R} = V/2$). 菱形の領域でクーロン閉塞が生じ,クーロン島の余剰電子数 N が確定する.

に付け加える電気化学ポテンシャルは

$$\mu_N = E_\mathrm{ch}(N) - E_\mathrm{ch}(N-1) = \frac{e^2}{C}\left(N - \frac{1}{2} - \frac{Q_\mathrm{G}}{e}\right)$$

である. ソース電極, ドレイン電極の電気化学ポテンシャル $-eV_\mathrm{L}$, $-eV_\mathrm{R}$ の間に μ_N があるとき, N 番目の電子の出入りによって電流が流れる. そうでないときにはクーロン閉塞によって電流が抑制される (図 5.20b). V_G を増やすと μ_N が下がるので, 電流は V_G の関数として周期的なピーク構造を示す. これをクーロン振動という (図 5.20c). クーロン振動のピークとピークの間のクーロン閉塞領域では, クーロン島の電子数 N が確定する. ピークが現れるたびに N は 1 つずつ増加する.

次に V_L, V_R も変化させたときのクーロン閉塞の条件を求める. クーロン島の余剰電子数が N であるための条件は

$$\mu_N < -eV_\mathrm{L} < \mu_{N+1}, \qquad \mu_N < -eV_\mathrm{R} < \mu_{N+1}$$

したがって

$$e\left(N - \frac{1}{2}\right) < Q_\mathrm{G} - CV_\mathrm{L} < e\left(N + \frac{1}{2}\right)$$

$$e\left(N - \frac{1}{2}\right) < Q_\mathrm{G} - CV_\mathrm{R} < e\left(N + \frac{1}{2}\right)$$

この条件から，ゲート電圧 V_G とバイアス電圧 V $(-V_L = V_R = V/2)$ の平面上に菱形の領域がつくられる (図 5.20d). これをクーロン・ダイアモンドとよぶ.

5.2.3 コトンネリングと近藤効果

単電子トランジスタのクーロン閉塞領域における電気伝導特性を考えよう. クーロン島の余剰電子数を N とする. ソース電極からクーロン島，クーロン島からドレイン電極へ順々にトンネルする輸送過程は，低温で禁止される. しかし，量子力学を用いて，トンネル結合の 2 次の摂動を考えると，次の 2 つが可能となる.

(1) ソースからクーロン島に 1 個の電子がトンネルして入り，電子数 $N+1$ の中間状態を経た後，クーロン島からドレインに 1 個の電子がトンネルして出る過程.
(2) クーロン島からドレインに 1 個の電子が出て，電子数 $N-1$ の中間状態を経た後，ソースからクーロン島に 1 個の電子が入る過程.

このような，2 個の電子がトンネル伝導に関与する過程をコトンネリングとよび，クーロン閉塞領域での電気伝導において支配的になる[4].

コトンネリングは，単電子トランジスタの動作においては深刻な漏れ電流の原因になるが，物理的には興味深いコヒーレントな伝導過程である. とくに半導体でつくる量子ドット中に電子スピンが局在する場合，近藤効果によってコトンネリングが異常に増大する[5]. 以下ではこの近藤効果を説明する.

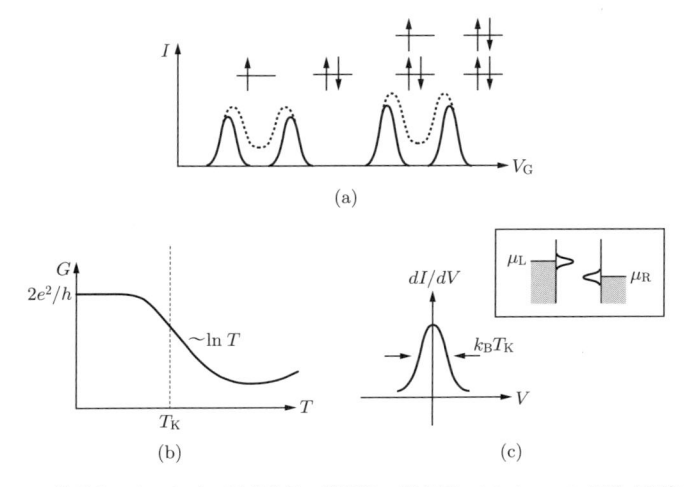

図 5.21 量子ドットにおける近藤効果の諸現象の概念図. (a) クーロン振動 (実線) と電子配置の概念図. 電子数が奇数の場合，低温で近藤効果によって電気伝導が増大する (点線). (b) 近藤効果による電気伝導度 G の温度依存性. T_K は近藤温度. (c) $T < T_K$ における微分伝導度 dI/dV のバイアス電圧 V 依存性. 挿入図は，有限バイアス下で 2 つの近藤共鳴準位が互いに離れる様子を示す.

量子ドットにおけるクーロン閉塞はクーロン島のそれとほぼ同様に理解できる．異なるのは，N 番目の電子の電気化学ポテンシャル μ_N を求める際，離散的な量子準位と電子間相互作用を取り入れて内部の電子状態を考慮する必要がある点である．離散準位間隔が十分大きい場合は簡単である．量子ドット中の電子数を増加させると，電子は離散準位を下から順に占有していく（図 5.21a）．電子数 N が偶数の場合は量子ドット中の電子スピンは $S=0$ に，奇数の場合は $S=1/2$ になる[*1]．この結果，N が奇数の領域でのみ近藤効果がはたらく．

量子ドット中のスピンが $S=1/2$ の場合，電子状態は↑ $(S_z=1/2)$ か↓ $(S_z=-1/2)$ かの内部自由度をもつ．最初量子ドットの状態が↑だったとする．コトンネリングの過程で，量子ドット中のスピン↑の電子が出て，電極からスピン↓の電子が入ると，量子ドットの状態は↓に変化する．このように，2次のトンネル過程を通じて，量子ドット中の局在スピンと電極中の伝導電子間に反強磁性的な結合が生まれる．これは金属中の磁性不純物の場合とまったく同様である（1.4 節参照）．この反強磁性結合の結果，局在スピン $S=1/2$ と伝導電子のフェルミの海から「近藤1重項状態」が形成される．その束縛エネルギーが近藤温度 T_K（に k_B を掛けたもの）に相当する．温度が $T \ll T_\mathrm{K}$ のとき，この近藤1重項が量子ドットのまわりに局所的に形成され，ドット中のスピンは完全に遮蔽される．一方，伝導電子は近藤1重項状態を共鳴的に通って伝導できるようになり，電気伝導度は $2e^2/h$ 程度に増大する．

ここで，量子ドットにおける近藤効果と，金属中の磁性不純物による近藤効果との見かけ上の違いを述べる．後者の場合，伝導電子は不純物のスピンによって散乱を受け，電気抵抗の原因になる．T_K より低い温度になると，磁性不純物のまわりで近藤1重項状態が形成され，それによって伝導電子は共鳴的に散乱を受ける．その結果，散乱確率が増して電気抵抗が増加する．高温でのフォノンによる電気抵抗と合わせると，抵抗は温度の関数として T_K 付近で極小を示す．量子ドットの場合，高温ではクーロン閉塞によって，温度の減少とともに伝導電子の透過が抑制される．T_K 以下では近藤1重項状態が形成され，伝導電子はその多体状態を共鳴的に通ってドットを透過するために電気伝導が増大する．その結果，電気伝導度が温度の関数として T_K 付近で極小を示す．

量子ドットの実験では，様々な形で近藤効果が観測されている[5]．

(1) クーロン振動では電子数が偶数の谷と奇数の谷が交互に現れる．近藤効果はふつう，奇数電子の谷でのみはたらき，低温で電気伝導を増加させる（図 5.21a の破線）．
(2) 奇数電子の谷での電気伝導度 G の温度依存性は，$T=T_\mathrm{K}$ の近傍で対数依存性を示す（図 5.21b）．T の減少とともに G は増加し，$T \ll T_\mathrm{K}$ で $2e^2/h$ に収束する（2つのトンネル接合が対称な場合．非対称な場合は $2e^2/h$ に 1 より小さい数因

[*1] 縮退した準位に 2 個の電子が占有する場合はフント則で $S=1$ になる，などの例外も観測されている．8.2 節参照．

子がかかる). これはユニタリ極限とよばれ, フェルミ準位に形成される近藤状態を通っての共鳴トンネルとして理解される [$G = 2e^2/h$ は, ランダウアーの公式 (5.1節) より透過率 $T = 1$ を意味する].
(3) 近藤共鳴準位は $k_B T_K$ 程度の共鳴幅をもつ. 2つの電極間に有限バイアス V をかけると, それぞれのフェルミ準位で形成された共鳴準位が互いに離れるために, 微分伝導度 dI/dV は V とともに減少する. その結果, dI/dV はゼロバイアスを中心とし, 幅 $e\Delta V \sim k_B T_K$ をもったピークを示す (図 5.21c).
(4) 磁場 B をかけると, ゼーマン効果によってスピン↑, ↓のエネルギーが分裂する ($\pm g\mu_B B/2$; g は g 因子, μ_B はボーア磁子). そのためにゼロバイアスでの近藤効果は弱められるが, バイアス電圧が共鳴条件 $|eV| = g\mu_B B$ を満たすと近藤効果が強められる. その結果, dI/dV のゼロバイアスピークは $eV = \pm g\mu_B B$ の2つのピークに分裂する.

量子ドットの実験では, 離散準位の間隔を人為的に制御することが可能である (8.2節参照). 複数の準位を縮退させたときのスピンと軌道自由度の絡んだ近藤効果, 偶数電子での異なるスピン状態 ($S = 0$ と $S = 1$) の縮退近傍での近藤効果, など量子ドット系特有の近藤効果も報告されている[6].

[江藤幹雄]

文　献

[1] H. Grabert and M. H. Devoret (ed.), NATO ASI Series B, Vol. 294, *Single Charge Tunneling* (Plenum Press, 1992).
[2] 勝本信吾,「メゾスコピック系」(朝倉書店, 2003).
[3] L. Y. Sohn, et al. (ed.), NATO ASI Series E, Vol. 345, *Mesoscopic Electron Transport*, (Kluwer, 1997).
[4] D. V. Averin and Yu. V. Nazarov, 文献 [1] の p. 217.
[5] 量子ドットにおける近藤効果の実験の例として, W. G. van der Wiel et al., Science **289** (2000) 2105.
[6] S. Sasaki and S. Tarucha, J. Phys. Soc. Jpn. **74** (2005) 88; M. Eto, ibid., 95.

5.3　メゾスコピック超伝導

メゾスコピック超伝導の物理とは, 超伝導状態が含まれている電子系の空間的な境界条件を人工的につくり出すことで期待される物理である. 超伝導体を微細加工した系では, 超伝導の特徴的な長さである磁場の侵入長あるいはコヒーレンス長と超伝導体のサイズが同程度になったものが考えられる. また超伝導体と常伝導体との接合系においては, 常伝導体のサイズは電子の位相緩和長よりも短い場合を考える. 微小超伝導接合系などでは電子の帯電効果が期待される.

5.3.1 超伝導を微細加工した系[1]

超伝導状態は2つの電子がクーパー対を形成してボーズ凝縮している状態として，電気抵抗がゼロの状態として理解されている．このような状態においては，ボーズ凝縮の結果，多数のクーパー対がただ1つの振幅と位相をもったマクロな波動関数を形成する．いま，この波動関数を Ψ と書くことにする．ギンツブルク−ランダウ (GL) 理論にもとづけば，

$$\frac{1}{4m}(i\hbar\nabla + 2e\boldsymbol{A})^2 \Psi = a\Psi - b|\Psi|^2\Psi$$

$$\boldsymbol{j}_\mathrm{S} = \frac{en_\mathrm{s}}{2m}(\hbar\nabla\theta - 2e\boldsymbol{A})$$

の2式が得られる．ここで a, b は定数，n_s は超伝導電子密度，θ は Ψ の位相である．$\boldsymbol{A}$ はベクトルポテンシャルである．超伝導転移温度 T_C 近傍で $|\Psi|$ が十分に小さいとして非線形項を無視すると

$$\frac{1}{4m}(i\hbar\nabla + 2e\boldsymbol{A})^2 \Psi = a\Psi$$

となる．また a は $(1 - T/T_\mathrm{C})$ に比例する量である．GL理論はメゾスコピック超伝導系をしらべるときに使われる1つの理論となっている．

a. フラクソイド

図5.22に示すような超伝導のリングを考える．超伝導電流は表面から磁場侵入長 λ 程度の距離の場所を流れる．リングの厚さが λ よりも十分に太い場合は，Ψ が1価の関数であるという要請から，超伝導リングを貫く磁束は $n\Phi_0/2$ であることが知られている．$\Phi_0 = h/e$ で与えられ h はプランク定数である．逆に λ よりも細いリングの場合は以下の関係式で与えられるフラクソイド Φ_F が量子化する．

$$\Phi_\mathrm{F} = \Phi + \frac{m}{n_\mathrm{s}e^2}\int \boldsymbol{j}_\mathrm{s}\cdot d\boldsymbol{s}$$

フラクソイドの量子化は Little と Parks の実験により示されている[2]．侵入長よりも薄い超伝導体のシリンダーに孔の方向に磁場をかけて転移温度が磁場の関数として $\Phi_0/2$ の周期で振動をする．

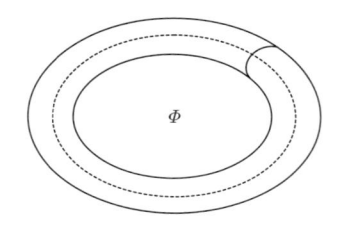

図 **5.22** 超伝導リングとフラクソイド．

b. 様々な形状の超伝導

第2種超伝導体では $\Phi_0/2$ の大きさをもつ磁束が超伝導体に侵入して渦糸という形で存在することが知られている．大きさ $\Phi_0/2$ の渦糸はフラクソイド量子数1の状態であるという．磁場が同じ向きの渦糸には通常斥力が働くので，2次元面内では互いに距離を保ち渦糸は格子状にならぶ．ここで，微小な超伝導のディスクを考える．微小な超伝導体は，超伝導波動関数を量子ドットと同じように閉じ込められるのではないかと考えられる．そのような場合磁場侵入のふるまいもバルクの第2種超伝導体とは異なる．ディスクの大きさがコヒーレンス長に比べて十分に大きければ，フラクソイド量子数1の渦糸が形成される．しかしディスクのサイズが小さくなり，渦糸の密度が高くなった場合に，角運動量の増加による回転運動エネルギーの損があっても斥力相互作用をなくす方が有利な状況が生じうる．このような場合，巨大渦糸 (フラクソイド量子数の高い状態) を形成することが期待される．これはまた実験でも観測されている[3]．

超伝導細線で構成されたネットワーク構造の研究も盛んに行われている．超伝導細線に垂直に磁場をかけると，磁場の関数として，リトルパークス振動と同じように転移温度の振動現象が見られる．理論的には，線形化した GL 理論を用いて転移温度の振動が理解されている．線形化された GL 方程式がシュレディンガー方程式と同型であるために，振動の周期の中に現れる微細構造と2次元正方格子上の電子系に磁場をかけたときのエネルギースペクトルは密接な関係があることが知られている[4]．

5.3.2 超伝導・常伝導体界面

常伝導体の電気伝導の主役が電子というフェルミオンであるのに対して，超伝導体ではクーパー対というボーズ粒子である．このように伝導機構が非常に異なる超伝導体と常伝導体の間にいかに電流が流れるのかは古くからの問題であった．1964年 Andreev は，超伝導体界面においては特別な反射過程が存在することを指摘した[5]．入射した電子が正孔となって反射する過程で，正孔は，入射電子とは反対の符号の電荷，有効質量，そして反対の速度ベクトルの符号をもつ．そのために有効質量は負となる．今日この反射過程は，アンドレーエフ反射とよばれている．一方，常伝導体・超伝導体接合系では，クーパー対が常伝導領域へ侵入する近接効果が知られている[6]．1990年代にはいってから，常伝導体として半導体ヘテロ構造の系が用いた実験が盛んになり，電子の位相緩和長よりも短い系が実現されるようになった．その結果，近接効果はアンドレーエフ反射と表裏一体をなすものであることが明らかになった．今日アンドレーエフ反射に関する物理は様々な方向に発展している．以下アンドレーエフ反射のもつ基本的な性質と物理現象について議論する．

a. 弾道的伝導領域と過剰電流[6]

まず図 5.23 にあるように常伝導体・超伝導体の界面で N (常伝導体) 側から電子が入射する場合を考えたい．

この電子は，もう 1 つ N 側の電子を取り去ることによりクーパー対になって超伝導体に侵入する．そのために，あたかも正孔が入射電子と反対方向に戻っていくようにみなせる．このアンドレーエフ反射のもっとも大事な性質として電荷の反転から現れる過剰電流がある．N 側から入射した電子のもつエネルギーがフェルミ・エネルギー E_F を基準として超伝導体のエネルギーギャップ（ペアポテンシャルの大きさ）Δ_0 よりも小さいならば，電子は超伝導体の奥深くにははいっていくことができず，波動関数は超伝導体中で指数関数的に減少する．そのかわりに超伝導体中にはクーパー対，常伝導体中にはアンドレーエフ反射した正孔が形成される．アンドレーエフ反射においては 1 個の電子が入射して 1 個のクーパー対すなわち 2 個の電子が出て行くのであるから，電流は 2 倍になり，接合部分の抵抗は半分になる．これを過剰電流とよぶ．実際には，入射電子が電子として反射される通常反射も存在して，過剰電流は抑制され，接合の透過率が 1 の場合のみ抵抗は半分になる．常伝導体・超伝導体の接合の議論する際，BdG (Bogoliubov–de Gennes) 方程式を用いる．定常状態の BdG 方程式は

$$Eu(\boldsymbol{r}) = \left[-\frac{\hbar^2}{2m} + U(\boldsymbol{r}) - E_\mathrm{F}\right]u(\boldsymbol{r}) + \Delta(\boldsymbol{r})v(\boldsymbol{r})$$

$$Ev(\boldsymbol{r}) = -\left[-\frac{\hbar^2}{2m} + U(\boldsymbol{r}) - E_\mathrm{F}\right]v(\boldsymbol{r}) + \Delta^*(\boldsymbol{r})u(\boldsymbol{r})$$

と与えられる．$u(\boldsymbol{r})$, $v(\boldsymbol{r})$ は電子的な準粒子および正孔的な準粒子にしたがう波動関数である．$U(\boldsymbol{r})$, E_F は電子の感じるポテンシャルおよびフェルミ・エネルギーで E がフェルミ・エネルギーから測ったエネルギーである．常伝導体は $x<0$ の領域に存在し，超伝導体は $x>0$ の領域に存在するという 1 次元モデルに BdG 方程式を適応して，反射係数を議論する．常伝導体は不純物を含まず，電子の運動は弾道的であるとする．$\Delta(\boldsymbol{r}) = \Delta(x)$ は $x<0$ で U, $x>0$ で $\Delta_0\exp(i\theta)$ とする．電子と正孔の 2

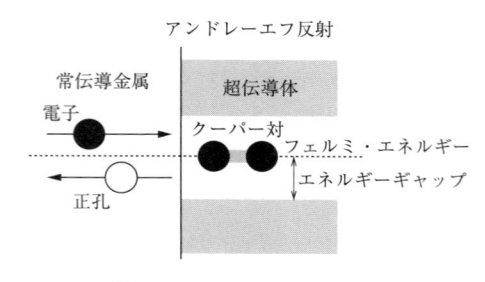

図 **5.23** アンドレーエフ反射．

成分の波動関数 $\Psi(x)$ は,

$$\Psi(x) = \begin{cases} \exp(ik_+x)\begin{pmatrix}1\\0\end{pmatrix} + a(E)\exp(ik_-x)\begin{pmatrix}0\\1\end{pmatrix} \\ \quad + b(E)\exp(-ik_+x)\begin{pmatrix}1\\0\end{pmatrix} & (x<0) \\ c(E)\exp(iq_+x)\begin{pmatrix}u\\v\exp(-i\theta))\end{pmatrix} \\ \quad + d(E)\exp(iq_-x)\begin{pmatrix}v\\u\exp(-i\theta)\end{pmatrix} & (x>0) \end{cases}$$

と書ける.ここで $a(E)$ は正孔として反射されるアンドレーエフ反射の係数,$b(E)$ は電子として反射される通常反射の反射係数,$c(E)$ は電子的準粒子 (ELQ) として超伝導側に通り抜ける透過係数,$d(E)$ は,正孔的準粒子 (HLQ) として超伝導側に通り抜ける透過係数である.反射,透過に際して正孔的な準粒子が現れることが,超伝導を含む接合系のもつ性質である.また

$$\hbar k_\pm = \sqrt{2m(E_\mathrm{F} \pm E)}, \qquad \hbar q_\pm = \sqrt{2m(E_\mathrm{F} \pm \Omega)}$$
$$u = \sqrt{\frac{E+\Omega}{2E}}, \qquad v = \sqrt{\frac{E-\Omega}{2E}}, \qquad \Omega = \sqrt{E^2 - \Delta_0{}^2}$$

で与えられる.ここで θ は超伝導がもつ巨視的な位相である.いま常伝導体と超伝導体界面に存在する絶縁体障壁は高さ H のデルタ関数型ポテンシャルで表す.境界条件は

$$\Psi(x)|_{x=0_+} = \Psi(x)|_{x=0_-}, \quad \frac{d}{dx}\Psi(x)|_{x=0_+} - \frac{d}{dx}\Psi(x)|_{x=0_-} = \frac{2mH}{\hbar^2}\Psi(x)|_{x=0_-}$$

で与えられる.BdG 方程式の解を用いてを常伝導金属・超伝導体の接合系に用いて電気伝導特性を議論したのが Blonder–Tinkham–Klapwijk の理論である[7].アンドレーエフ反射の確率振幅 $|a(E)|^2$ と通常反射の確率振幅 $|b(E)|^2$ を,入射角度ごとに計算することで実効電流を求められるというのが彼らの理論の特徴である.アンドレーエフ反射は正孔の流れであるために実効電流を増加させるのに対して,通常反射は減少させる特徴がある.十分低温の微分コンダクタンスは 1 モードあたり

$$G_\mathrm{NS} = \frac{2e^2}{h}[1+|a(E)|^2 - |b(E)|^2] \tag{5.32}$$

で与えられる.ここで,$E=eV$ で V は接合にかけられたバイアス電圧である.実際の計算では無次元のパラメター $Z = mH/\hbar^2 k_\mathrm{F}$ を用いて計算を行った.k_F は超伝導,

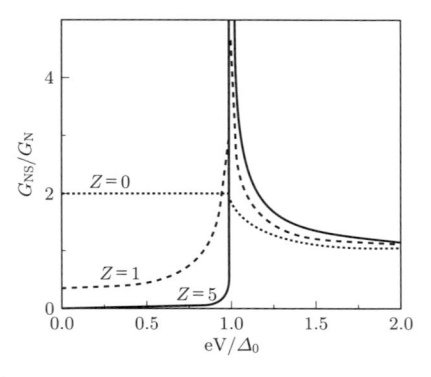

図 5.24 常伝導体・超伝導体接合の微分コンダクタンス G_{NS} を対応する常伝導状態の値 G_N で規格化して電圧の関数としてプロットしたもの.

常伝導領域のフェルミ波数である．図 5.24 に示されるように，界面での透過率が 1 の場合 ($Z=0$)，規格化されたコンダクタンスは常伝導状態の値の 2 倍となる．一方，透過率が低い接合では，得られたコンダクタンスは超伝導体のバルクの状態密度に近づく．この理論は従来型超伝導体のトンネル分光の基礎を与えるものである．

b. アンドレーエフ反射の遡及性[6]

常伝導体に不純物散乱が存在すると接合系全体の全抵抗は，クーパー対の近接効果の影響を強く受ける．ここではゼロ電圧における抵抗を考える．近接効果が存在するときは全抵抗は常伝導体の抵抗 R_D と界面がつくる抵抗の単純な和にはならない．一般に常伝導体・超伝導体の接合では界面の抵抗は，超伝導体にギャップが存在するために常伝導状態のものよりも大きくなる．接合界面での透過率が十分に低いとき，全抵抗を R_D の関数として書いたのが図 5.25 である．R_B は常伝導状態における界面での抵抗で接合の透過率で書かれるものである．R_D が 0 から大きくなると，全抵抗は一度極小値をもち，ふたたび増加する．この一度極小値をもつ効果は近接効果が存在

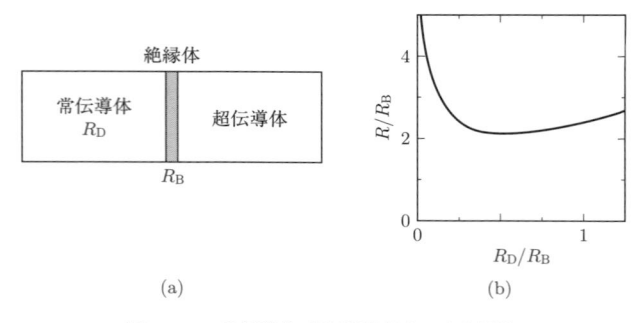

図 5.25 常伝導体–超伝導体接合の合成抵抗.

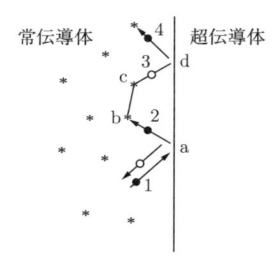

図 5.26 不純物散乱があるときのアンドレーエフ反射の様子.

することによって生じる.直観的に理解するためにアンドレーエフ反射が不純物が存在場合にどうなるかを考えてみる.アンドレーエフ反射された正孔は入射電子と同じ道をたどるという特別な性質がある.これは図 5.26 のように不純物散乱体がある場合に顕著になる.電極から出た電子 1 が点 a でアンドレーエフ反射と通常反射を受けたとする.散乱体 b や c が古典的と見なせるなら,つまり散乱体への入射波と反射波の間の角度が決定されるならばアンドレーエフ反射を受けた正孔 3 は同じ道筋をたどり点 a に帰ってくる.この性質を遡及性という.その結果,正孔 1 と 3 の間の位相干渉効果が起こる.この干渉によって正孔の波動関数は強め合い,結果としてアンドレーエフ反射確率が増加する.アンドレーエフ反射のもつ遡及性が抵抗を小さくするはたらきをして合成抵抗の特異な R_D 依存性の原因となる.

一方,上記の電子と正孔の干渉効果が持続する時間は,電子あるいは正孔が考えている領域に滞在する時間 τ_{dwell} である.この時間を用いるとフェルミ面から測って $E_{\mathrm{Th}} = \hbar/\tau_{\mathrm{dwell}}$ の範囲にある電子 (正孔) がこの干渉効果に関与する.別の言い方をすれば,このエネルギーの範囲において,近接効果が顕著になるといえる.E_{Th} をサウレス・エネルギーとよぶ.系が拡散的な伝導領域にあるなら $E_{\mathrm{Th}} = \hbar D/L^2$ で与えられる.有限電圧の元での微分コンダクタンスを考える.界面の透過率が 1 に比べ十分に小さく,および E_{Th} も Δ_0 よりも十分に小さい場合,微分コンダクタンスはゼロ電圧ピークをもつことが知られている.

c. 位相の伝達[6]

アンドレーエフ反射においては位相の伝達という性質がある.超伝導体の中のすべてのクーパー対は巨視的な位相 θ をもっている.アンドレーエフ反射の際に反射される正孔はこの位相を感じることになる.また同様に入射正孔が電子として反射される際にも位相を感じる.超伝導体・常伝導体・超伝導体接合を考えてみる.ここで,常伝導体の長さは平均自由行程よりも十分に短いと仮定する.電子の運動は弾道的になる.超伝導クーパー対はペアポテンシャルとよばれるポテンシャルを形成するために,常伝導領域において電子は束縛される.いまフェルミ・エネルギーをエネルギーの原

点に選ぶと，$E \ll \Delta_0$ ではエネルギー固有値は，

$$E_n^{\pm} = \frac{\hbar v_{\rm F}}{2L}[2\pi(n+1) \pm \theta]$$

で与えられ，2つの超伝導体の位相の差に依存した準位が現れる．このような束縛状態をアンドレーエフ束縛状態とよぶ．一方，超伝導体・超伝導体の接合においては電圧ゼロで流れるジョゼフソン電流が存在することが知られている[9]．ジョゼフソン電流がアンドレーエフ束縛状態を介した超伝導電流という立場から統一的に理解できることが古崎，塚田らによって行われた[8]．この理論によれば，ジョゼフソン電流は，アンドレーエフ反射係数 $a(\theta, i\omega_n)$ を用いて

$$I = \frac{e\Delta_0 k_{\rm B} T}{\hbar} \sum_{\omega_n} \frac{1}{\Omega_n} {\rm Tr}[a(\theta, i\omega_n) - a(-\theta, i\omega_n)]$$

で与えられる．Tr は伝導チャンネルに関する和で $\omega_n = \pi k_{\rm B} T(2n+1)$，で与えられる．この理論は超伝導量子ポイントコンタクトにおける超伝導電流の計算などにも用いられ，異方的超伝導接合などにも応用されている[10]．

d. 異方的超伝導とアンドレーエフ反射

銅酸化物超伝導体等の電子間相互作用の強い強相関電子系では電子間の強い斥力を避けるために，クーパー対の波動関数の広がりが異方性をもつ異方的超伝導状態が実現される．異方的超伝導状態では超伝導体中の励起準粒子の感じるペアポテンシャルの符号(位相)が準粒子の運動方向に依存して符号変化する．この符号変化は，異方的超伝導体接合の界面において，フェルミ面直上に零エネルギーのアンドレーエフ共鳴状態をつくり出すことが知られている．この共鳴状態は異方的超伝導体のトンネル効果でゼロバイアスコンダクタンスピークとして観測される．ゼロバイアスコンダクタンスピークは様々な銅酸化物高温超伝導体，Sr_2RuO_4，重い電子系の超伝導体などで観測されている．またアンドレーエフ共鳴状態が存在する場合，ジョゼフソン電流は，従来型超伝導体では予想されない，特異な温度依存性，位相差依存性を示す[10]．

5.3.3 超伝導と単電子帯電効果[1]

超伝導体・超伝導体接合は接合のサイズが小さくなると帯電効果が現れる．帯電効果は以下にみるようにジョゼフソン効果とは競合関係になる．2つの超伝導体の位相差を θ とすると，ジョゼフソン電流は

$$J = J_{\rm C} \sin\theta$$

と書かれることが知られている[9] (ただし，透過率が高い場合や，異方的超伝導体界面のように共鳴状態が形成されると電流の位相差依存性には高調波の成分が加わる)．そのときジョゼフソンの結合エネルギーは $-E_{\rm J}\cos\theta$，$E_{\rm J} = \hbar J_{\rm C}/2e$ で与えられる．

電気的中性状態から n 個のクーパー対がトンネルした状態を考えて，帯電効果とジョゼフソン効果を加えると接合系のエネルギーは

$$E = 4E_\mathrm{C} n^2 - E_\mathrm{J} \cos\theta$$

となる．$E_\mathrm{C} = e^2/2C$ で C は接合系のキャパシタンスである．2つの変数 θ と n は粒子の運動量と座標の関係とほぼ同様に，相補的な関係にあり，量子化して演算子として考えると交換関係すなわち不確定性関係が成り立つ．θ 表示で示すと

$$E = -4E_\mathrm{C}\frac{d^2}{d\theta^2} - E_\mathrm{J}\cos\theta$$

と書くことができる．これは θ 空間内の 1 次元周期的なポテンシャルの問題と同様にみなせる．超伝導微小接合において，定電流電源で駆動させた場合を考える．電圧ゼロの状態から電流を流していくと単電子トンネル，ブロッホ・トンネル，ツェナー・トンネル過程が現れることが知られている．　　　　　　　　　　　　　　　[田仲由喜夫]

文　　献

[1] 勝本信吾,「メゾスコピック系」(朝倉書店，2003) 8 章.
[2] W. A. Little and R. D. Parks, Phys. Rev. Lett. **99** (1962).
[3] A. Kanda et al., Phys. Rev. Lett. **93** (2004) 257002.
[4] 家　泰弘,「超伝導」(朝倉書店，2005) 7 章.
[5] A. F. Andreev, Sov. Phys. JETP **19** (1964) 1228.
[6] 高柳英明，物理学最前線 3,「超伝導と常伝導の謎の境界」(共立出版，2000)；高柳英明，固体物理特集号「超伝導接合の物理」(2005).
[7] G. E. Blonder et al., Phys. Rev. B **25** (1982) 4315.
[8] A. Furusaki and M. Tsukada, Solid State Commun. **78** (1991) 299.
[9] B. D. Josephson, Phys. Lett. **1** (1962) 251; Adv. Phys. **14** (1965) 419.
[10] S. Kashiwaya and Y. Tanaka, Rep. Prog. Phys. **63** (2000) 1641；柏谷　聡，井口家成，固体物理特集号「超伝導接合の物理」(2005)；田仲由喜夫，浅野泰寛，固体物理特集号「超伝導接合の物理」(2005).

6

光 物 性

6.1 歴史・配位座標モデル・励起子・光非線形・高密度励起

6.1.1 光物性研究の歴史

光と物質のかかわりは量子力学の形成に重要な役割を演じた．物質と熱平衡下の放射場の研究による Planck の作用量子の発見，Einstein の光量子モデルによる光電効果の説明，水素原子のスペクトル線とボーア (Bohr) 模型，de Broglie による電磁波と物質波の類推とその発展としてのシュレーディンガー (Schrödinger) 方程式の発見，などなど枚挙に暇がない．

量子力学確立後，原子・分子分光学の拡大・発展として，マクロな凝縮系内のミクロな運動の分光学的探求が始まり，その研究分野を日本では「光物性」[1]とよぶようになったが，その意味・包含する所は以後大きく深化・発展してゆく．

電磁波は通常，物質と弱く相互作用するため，マクロな物質中に入ってもその状態にあまり影響を与えることなく内部へ深く透過できるので，バルクの物性を探索する強力な手段となる．粒子の運動という時間的側面を探る分光学と，粒子の配列という空間的側面を探る X 線回折など構造解析学が物性研究手法の両輪として大きな発展を遂げたのはこの事情による．

本章では分光学的側面を扱うが，上記相互作用の摂動展開の最低次で登場する線形応答係数すなわち感受率・誘電率の分散 (振動数依存性) は，フォノン，励起子 (6.1.3 項) など物質内素励起と直接関係付けられ，また強い電磁波に対する非線形誘電率とそれを用いた非線形光学現象 (6.1.6, 6.1.7 項) の研究・探索は，高密度励起 (6.1.8 項) など新状態の現出やレーザーなど新光源の創出に導く．応用上も重要な強い光学的非線形性をもつ物質の探索には，素励起間相互作用という物性論的視点が不可欠である．光から物質へ，物質から光へと双方向に探求と創出を進めるスパイラル的な発展が進行している．

光物性研究は，凝縮系の分光学的研究という側面に加えて，凝縮機構自体を探索するという新たな役割も担うことになった．凝縮系の基底状態は，各原子が周辺から受

ける力がバランスを保ち各電子も所を得た静寂の世界であり，その低エネルギー近傍だけを探索しても，バランスの背後に隠された粒子間の激しい力の葛藤など知る由もない．しかしひとたび光を照射して原子の最外殻にある価電子を励起すると電荷分布や結合状態が (とくに非金属では) 著しく変わるため，各原子は新たな平衡位置を求めて移動しようとする (6.1.2 項)．この格子緩和のダイナミクスを何よりも雄弁に物語ってくれるのは，励起の吸収スペクトル，緩和後の発光スペクトル (6.1.3 項 a, d)，あるいは両者を結び付ける 2 次光学スペクトル (6.1.4 項) である．基底状態での原子間力の本性は，そのバランスが失われた励起状態での新たな原子配置によって初めて明るみに出される (6.1.2 項)．さて電子状態と原子配置とが互いを規定することによって実現したこの 2 つの電子–格子状態 [基底状態と緩和 (後の) 励起状態] は，まかり間違ってもし後者がより低いエネルギーをもっていればそれが真の基底状態であったはずである，という相互関係にある (6.1.2 項)．光による電子励起と格子緩和の研究は，いくつかの可能な電子–格子状態の中からなぜ現実に私達の目の前にある物質存在様式が選ばれたのかを教えてくれる．励起状態の研究が基底状態のより深い理解に導く所以である．

6.1.2 局在電子と配位座標モデル

幾種類かの原子またはイオンが併進対称的に配列したマクロな結晶の中に，真空中の孤立原子や分子に似た点的な存在を求めるとすれば，母体原子とは異なる不純物原子や格子欠陥 (空格子点) などの局在中心であろう．アルカリハライド結晶の負イオン空位 (実効的に正電荷をもつ) に電子が捕らえられた色中心は，母体結晶では透明な可視波長域に強い光吸収帯をもち，結晶全体に特有の色を呈させることによって早くから注目されていた．さらに光照射によりそれが結晶内で離合・集散する光化学過程までを含め，Pohl の率いるゲッチンゲン (Göttingen) グループを中心として詳細な分光学的な研究[2]が進められ，その詳細とモデル的考察が Mott–Gurney の教科書[3]に記載されている．またアルカリハライド結晶のアルカリイオンに置換した不純物タリウムイオンは高効率の蛍燐光中心として知られており[4]，Seitz によりその電子論的考察が行われた[5]．

アルカリハライド内の 1 つの負イオン空位 (実効的に電荷 $+e$ をもつ) に電子が 1 つ捕らえられた F 中心 (色中心のもっとも簡単なもの) は，舞台となる結晶を連続電媒質と見なす連続体モデル[3,6]や，中心付近のいくつかのイオン層までを取り入れた有限格子を扱う準分子モデル[7]で理論的取扱いがなされている．いずれにせよボルン–オッペンハイマー近似にもとづき，第 1 段階では電子–格子系の断熱ポテンシャルを原子群の位置の関数として，すなわち多次元配位座標空間で求める．第 2 段階ではこの断熱ポテンシャルの下での格子の運動を量子論的に求めるのであるが，その前段階のフランク–コンドン原理によれば光吸収は基底電子状態 (F 中心の連続体モデルでは水素原子の 1s 状態に対応) の断熱ポテンシャルから (配位座標を固定したまま) 垂直上

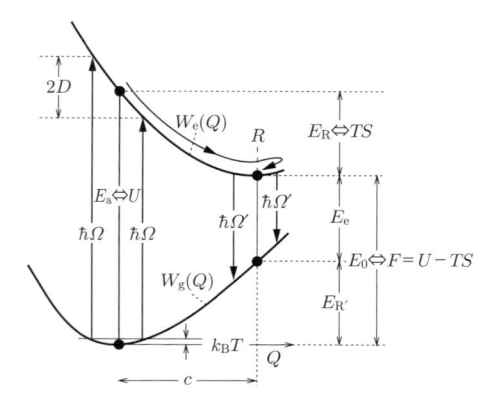

図 6.1 局在中心の配位座標モデル．横軸は配位座標，縦軸はエネルギー．太い実曲線は断熱ポテンシャル，上 (下) 向き矢印は光吸収 (光放出) を示す．

方にある，励起状態 (F 吸収の場合水素原子の 2p 状態に対応) の断熱ポテンシャルへの遷移に相当する (図 6.1 の上向き矢印)[8]．励起直後から配位座標は断熱ポテンシャルのより低い方に向かって緩和し始め，やがて (格子緩和時間 τ_R の後)，最低点 R すなわち緩和励起状態に落ち着く (曲線矢印)．さらにその状態の自然寿命 (τ_{rl}) 内に光子を自発放出して垂直下方，基底状態の断熱ポテンシャルに遷移し (下向き矢印)，最後にその最低点に向かって緩和する．このような半古典的描像が許されるのは，遷移にかかわる光の角振動数 Ω, Ω' (その逆数は光学的遷移に要する時間の下限) $\gg$ 格子の角振動数 ω_{lv} ($\sim \tau_R^{-1}$) $\gg$ 光の自発放出レート τ_{nl}^{-1} という条件の下にである．F 中心で代表される局在電子の場合，これらの量は典型的には $10^{16} \mathrm{s}^{-1}$, $10^{13} \mathrm{s}^{-1}$, $10^6 \sim 10^7 \mathrm{s}^{-1}$ 程度で条件は十分満たされている．

さて光励起された局在電子は近傍原子群の変位によって格子緩和エネルギー E_R を失うが，これは局在電子と格子との相互作用の強さをエネルギーの次元で表すのに便利な量である[*1]．このエネルギーは，図 6.1 の横軸 Q が表す局在モード以外の，結晶全体に広がる多数の格子振動モードに引き渡されて熱エネルギーになる．熱力学的にいえば，局在電子が光吸収によって得た平均的内部エネルギー $U \Leftrightarrow E_a$ から熱エネルギー $TS \Leftrightarrow E_R$ (T は温度，S はエントロピー) が散逸して処分可能な自由エネルギーが $F = U - TS \Leftrightarrow E_0$ になったと考えることができる．このうち E_e が光の自発放出で失われ，残りの E_R' が最終的な格子緩和で熱エネルギーとして散逸して始状態に戻る．光吸収エネルギーのピーク値と発光エネルギーのピーク値 E_e との差 ($= E_R + E_R'$) をストークス・シフトとよぶ．

[*1) より厳密には，イオン化状態における格子緩和エネルギーの方が，伝導電子の局在化による格子緩和エネルギー，したがって局在電子と格子との相互作用エネルギーを表すのにふさわしい量であるが，実際の局在電子の光吸収スペクトルではイオン化準位はほとんど観測されないほど微弱なので，光イオン化準位に実際上は近いと思われる，光励起準位における格子緩和エネルギーをもって代用するのが，観測量と結び付けられるという意味で，より実際的と思われる．

図 6.1 の横軸 Q は，局在中心を含む結晶の基準格子振動座標 (少数の局在基準振動以外は結晶全体に広がるモード) を，局在電子との相互作用係数で 1 次結合したもので，相互作用モード[9]とよばれる．これは当然ながら局在電子の広がる領域内の原子のみが振動する局在モードであり，連続的振動スペクトルをもつ基準振動の 1 次結合であるため，光励起後の $Q(t)$ は R に向かって減衰振動しながら (図 6.1) 緩和してゆくのである．相互作用モード以外の大多数のモードは結晶全体に広がっていて上記の熱浴の役割を担うが，いずれももはや基準座標ではないための非直交性を通して相互作用モードからエネルギー E_R を受け取るのである．配位座標モデルで漠然と直感的に用いられる横座標 Q の意味とその緩和 $Q(t)$ の由来は，実はこのような非直交系による記述なのである．

配位座標モデルは光化学反応の記述にも用いられるが，この場合の横軸は反応座標とよばれるものである．たとえば希ガス中のある原子を光励起すると，その励起エネルギーが他原子に共鳴伝達することにより両者の間に引力が生じて一時的に励起分子を形成し，これが基底状態に戻るとき出す発光が希ガスレーザー発振のもととなる．この場合の配位座標の横軸としては 2 原子間の距離の逆数を取るのがわかりやすい．この緩和励起状態の垂直下方の基底状態には状態分布がない (希ガス原子は基底状態では分子を形成しない) ため分布の逆転が生じ，レーザー発振が起こるのである．励起状態が基底状態と準位交差後に緩和状態に到達する場合 (図 6.1 とは異なる) にはこの緩和励起状態が，もはや発光を伴わない安定な反応生成物となるのである．この場合配位座標モデルの縦座標は自由エネルギーよりも化学エネルギーとよぶ方が適切であり，たとえば植物の光合成を理解するのに便利である[10]．

さて固体内の局在電子に戻り，簡単な配位座標モデルとして，基底および励起両状態の断熱ポテンシャルは曲率 $\omega_{lv}{}^2$ が等しい放物線で最低点が $OR = c$ だけずれている (c の次元は長さでない) 場合を考えると，緩和エネルギーは

$$E_R = E_R{}' = \frac{\omega_{lv}{}^2 c^2}{2}$$

で与えられ，基底状態での熱振動による Q の分散

$$\omega_{lv}{}^2 \langle Q^2 \rangle = k_B T \quad (古典統計)$$

を反映した光吸収エネルギーの分散は簡単な幾何学的考察から

$$D^2 \equiv \langle (\hbar\Omega - E_a)^2 \rangle = \langle (\omega_{lv}{}^2 cQ)^2 \rangle = 2E_R k_B T$$

で，光吸収スペクトルは近似的に幅が $\sqrt{T}$ に比例するガウス分布曲線 $\exp[-(\hbar\Omega - E_a)^2/2D^2]$ で与えられる．実際，F 吸収スペクトルの形状と温度依存性はこれに近い[11]．

以上では格子振動を古典的に取り扱ったが，その量子論的取扱い（ボルン–オッペンハイマーの第2段階）について述べる．まず図 6.1 の横軸が図そのままの1次元座標の場合，上記の放物線型断熱ポテンシャルの調和振動子の固有解を反映して多フォノン同時放出による等間隔の吸収スペクトル線が現れ，絶対零度における規格化した形状はポアソン分布

$$F_{\rm a}(\Omega) = \sum_{n=0}^{\infty} \exp(-S)(n!)^{-1} \left[S^n \delta \left(\frac{E_0}{\hbar} + n\omega_{\rm lv} - \Omega \right) \right]$$

で与えられる[11,12]．ただし $S \equiv E_{\rm R}/\hbar\omega_{\rm lv}$ は無次元の電子–格子相互作用強度である[なお発光スペクトルは吸収スペクトルをゼロフォノン線 ($n=0$ の項) の反対側へ鏡映したものである]．この分布の最高点 $S \sim s - 1/2$ は当然ながら，量子力学的フランク–コンドン状態が古典力学的転換点 (turning point) すなわち速度ゼロ，滞在時間最長の点に合致する場合である．

実際には格子振動数は連続スペクトルをもつので，これを考慮したフォノンサイドバンドのスペクトル

$$s(\omega) = \sum_{lv} s_{lv} \delta(\omega_{lv} - \omega)$$

ただし，

$$S = \sum_{lv} s_{lv} = \int d\omega s(\omega)$$

を用いると，上式の [ ] は $S(\omega)$ の n 次の畳込みを用いて書き換えられる．$n=0$ の項だけが線スペクトルを与えるが，その相対強度は $\exp(-S)$ である．

F中心やTl型不純物のように，基底状態での電子軌道半径が格子定数と同程度の場合，$S \gg 1$ であるため，このゼロフォノン線は弱くてほとんど観測されず，高次のフォノンサイドバンドが重なり合って吸収スペクトルを形成する．

有限温度ではフォノンの同時吸収も起こり，電子–格子相互作用強度 $S(T)$ は温度の増加関数となる．$S(T) \gg 1$ の極限での多フォノン構造吸収スペクトルが前記の滑らかなガウス型吸収曲線にほかならないのである．なおTl型不純物では励起状態での電子軌道半径も格子定数と同程度のため，その状態の縮重に起因する強いヤーン–テラー効果によりガウス状吸収曲線が分裂することもある[13]．この場合の相互作用モードは低い対称性のものも含む多次元のものとなり，配位座標モデルはこの分裂構造を半古典近似で直感的に論じるのに強力な武器となる．

バンドギャップが狭く誘電率の大きい Si, Ge などの半導体に原子価が1だけ高い (低い) 不純物原子を入れたときにできるドナー (アクセプター) の電子 (正孔) は軌道半径が格子定数よりはるかに大きいため，有効質量近似でその電子状態を精密に扱うことができる[14]．他方，絶縁体中の遷移金属不純物の不完全殻電子は格子定数より小さい軌道半径をもつため，結晶場理論でその電子遷移を詳細に論じることができる[15]．こ

れらの場合はともに，電子と格子とのミスマッチのため，相互作用強度は小さく，たかだか1フォノンサイドバンドが観測されることを除き，配位座標モデルを用いる必要性はほとんどない．

6.1.3 励 起 子
a. 励起子の移動と自己束縛
完全結晶中の1原子を励起すると，これは他のどの原子を励起した場合とも同等だから，この励起エネルギーは，量子力学的共鳴効果によって次から次へと原子間を移動するであろう．このように移動する励起エネルギーを粒子に見立てて励起子という．移動を仲介する隣接原子間相互作用を t とすると，2原子分子の場合には励起エネルギーが共鳴により $E_a \pm t$ に分裂するだけだが，単純立方格子の場合，励起子は

$$E(\boldsymbol{k}) = E_a + t \sum_{x,y,z} \cos(k_x a)$$

で与えられるバンド構造にしたがって移動することになる．ただし a は隣接原子間距離 ($-\pi < k_x a < +\pi$ など) である．バンドの底のエネルギーは $E_a - 3|t|$ だから，励起子は自由に動き回ることによってバンドの半幅 $B \equiv 3|t|$ だけ，局在しているときよりエネルギーが低くなる．

さて局在励起子は，6.1.2項の励起局在電子と同様に，まわりの格子をひずませて E_R だけエネルギーを低くすることができる[*2]．励起子が結晶格子上を共鳴により遍歴するか (自由励起子)，結晶格子をひずませて局在 (自己束縛励起子) するかは，B と E_R のどちらが大きいかで決まる．いったん自己束縛してしまうと，それが隣の格子点に移るには共鳴エネルギーがなまの原子間相互作用 t でなく $t\exp(-S)$ になる (最初の格子点のまわりの格子ひずみを消すのに $\exp(-S/2)$，次の格子点のまわりの格子ひずみをつくるのに $\exp(-S/2)$ の重なり積分が掛かる) ため，$S \gg 1$ の場合，共鳴効果はほとんどなく，事実上動けないのと同じである．励起子の自由遍歴状態と自己束縛状態とは，配位座標空間内の断熱ポテンシャル上のバリアーで隔てられているのである．このような状況はアルカリハライドや固体希ガスに見られ，光励起でいったんつくられた自由励起子がより安定な自己束縛状態に落ち着くまでに障壁を越えなければならないことが実験的に示されている．ただし以上のような二者択一の状況は B も E_R も $\hbar\omega_{lv}$ よりはるかに大きい断熱的条件の下でのみ起こることに注意しておく．

b. 励起子移動の機構
前項で想定した，励起子移動の原因となる原子間相互作用 t の物理的内容について述べる．まずエネルギー移動という立場から考えると，第1の原子が励起状態 φ_e から基底状態 φ_g に戻るとき得られるエネルギーを，第2の原子を基底状態から励起状態へ揚げるためのエネルギーとして活用する仕組みとして，両原子の電子間に働くクーロ

[*2] 350ページの脚注参照．

ン相互作用がある．この相互作用の，始状態から終状態への遷移の行列要素をとって

$$t = \iint d\bm{r}_1 \bm{r}_2 \varphi_{\mathrm{g}}(\bm{r}_1) \varphi_{\mathrm{e}}(\bm{r}_2) \frac{e^2}{4\pi\varepsilon_0 |\bm{r_1}-\bm{r_2}|} \varphi_{\mathrm{e}}(\bm{r}_1) \varphi_{\mathrm{g}}(\bm{r}_2)$$

とおくのである．ここで原子間距離が原子サイズより大きいとして多極子展開の第1項である双極子間相互作用

$$t = D(\bm{R}_{12}) \equiv \frac{1}{4\pi\varepsilon_0} \left[\frac{\mu^2}{R_{12}{}^3} - \frac{3(\bm{\mu}\cdot\bm{R}_{12})^2}{R_{12}{}^5} \right]$$

をとる[16]．ただし

$$\bm{\mu} \equiv \int d\bm{r} \varphi_{\mathrm{e}}(\bm{r}) e\bm{r} \varphi_{\mathrm{g}}(\bm{r})$$

は遷移双極子モーメントである．双極子相互作用は長距離にまで及ぶから，それによる励起子のバンド構造を求めるときにはすべての原子について和をとらねばならない．

$$E_{\bm{K}} = E_{\mathrm{a}} + \sum_{n\neq 0} D_{0n} \exp(-i\bm{K}\cdot\bm{R}_{0n})$$

長波長近似 $K \ll a^{-1}$ (a は隣接原子間距離) でこの和を積分に置き換えると

$$D_{\bm{K}} = -\frac{N_0}{3\varepsilon_0} \left[\mu^2 - 3\left(\frac{\bm{\mu}\cdot\bm{K}}{\bm{R}_{0n}}\right)^2 \right]$$

となり，相互作用の長距離性を反映して $\bm{K}$ が0に近づくときその方向に依存する特異性を示す．

球対称の原子が3次元立方格子を組んでいるとき，原子の基底および励起状態をそれぞれ s-like, p-like とすると，後者の3重縮重を反映して $\bm{\mu}$ は3方向をとるので双極子相互作用は3行3列の行列となる．

$$(D_{\bm{K}})_{ij} = -\frac{N_0 \mu^2}{3\varepsilon} \left(\delta_{ij} - \frac{3K_i K_j}{K^2} \right)$$

これを対角化するには $j=3$ の座標軸を $\bm{K}$ 方向に選べばよく，1つの縦波

$$(\bm{\mu} \parallel \bm{K}) : (D_{\bm{K}})_{23} = \frac{2}{3}\frac{N_0\mu^2}{\varepsilon_0}$$

と2つの横波

$$(\bm{\mu} \perp \bm{K}) : (D_{\bm{K}})_{11} = -\frac{1}{3}\frac{N_0\mu^2}{\varepsilon_0}$$

が固有状態として得られる．横波である光で励起可能なのは横波励起子だけで，縦波励起子はスペクトルには現れない．この縦横分裂は上記 $\bm{K}=0$ での特異性の現れであって，光学型格子振動の場合とも共通の機構である．

6.1 歴史・配位座標モデル・励起子・光非線形・高密度励起

励起子の移動の原因となる第2の相互作用として原子間の電子波動関数の重なりがあり，これはエネルギーよりも電子という物質粒子が実際に移動するという描像に対応する．1電子近似によれば，絶縁体の電子励起状態は，価電子バンドの最高点から伝導バンドの最低点に電子を上げるためにバンド・ギャップのエネルギーを最低限必要とする．しかし価電子バンドの正孔と伝導バンドの電子との間には終状態相互作用としてクーロン引力が働くため，それを取り入れた近似ではその束縛エネルギー

$$Ry_{\text{ex}} = \frac{m_{\text{r}}}{m}\frac{\varepsilon_0}{\varepsilon}Ry$$

だけ低いところに最低励起状態があり，その軌道半径は

$$a_{\text{ex}} = \frac{m}{m_{\text{r}}}\frac{\varepsilon}{\varepsilon_0}a_{\text{H}}$$

で与えられる[17]．ここで $Ry = 13.6\,\text{eV}$ と $a_{\text{H}} = 0.053\,\text{nm}$ とは水素原子のリュードベリ (Rydberg) 定数と軌道半径，ε はこの物質の誘電率，$m_{\text{r}} \equiv (m_{\text{e}}^{-1} + m_{\text{H}}^{-1})^{-1}$ は電子と正孔との換算質量である．このような有効質量近似が成り立つためには，a_{ex} が格子定数に比して大きいという条件が必要だが，これは比誘電率 $\varepsilon/\varepsilon_0$ が1に比して大きい物質が多いので満たされる場合が多い．このような複合粒子としての励起子のエネルギーは，電子–正孔の相対運動の主量子数を $n\,(=1,2,\cdots)$，重心運動の波数を $\boldsymbol{K}$ として，

$$E_n(\boldsymbol{K}) = \varepsilon_{\text{g}} - \frac{Ry_{\text{ex}}}{n^2} + \frac{\hbar^2 k^2}{2M}$$

で与えられる．ただし $M = m_{\text{e}} + n_{\text{h}}$ は励起子の重心質量である．通常の絶縁体の励起子エネルギーは可視から紫外領域にあり，その光の波数は格子定数の逆数に比べて無視できるから，光吸収の際の波数保存則により，吸収スペクトルは

$$E_n(0) = \varepsilon_{\text{g}} - \frac{ry_{\text{ex}}}{n^2} \qquad (n = 1, 2, \cdots)$$

の線スペクトル ε_{g} と上述の連続スペクトル (バンド間遷移) からなる．

ただし以上は伝導バンドの最低点と価電子バンドの最高点が $\boldsymbol{k}$ 空間で一致する直接型半導体 (または絶縁体) の場合であって，$\boldsymbol{k}$ だけずれた間接型半導体では吸収スペクトルはフォノン吸収または放出を伴い，バンド端電子状態密度を反映した

$$\sum_{s,\pm} A_s \left(n_{s,k} + \frac{1}{2} \mp \frac{1}{2}\right)\sqrt{\hbar\Omega - (\varepsilon_{\text{g}} \mp \hbar\omega_{s,k})}$$

型の立ち上がりを示す．ただし，s, ω, n はそれぞれフォノンのモード，角振動数，(熱平衡における) 個数である．

励起子をエネルギー移動と捉える場合はフレンケル励起子，複合粒子と考える場合はワニエ励起子という．現実の物質の励起子はもちろん，この両側面を併せもっているが，後者の相対運動軌道半径が小さい極限が前者であり，逆に半径が大きくなると縦横分裂はその3乗に逆比例して小さくなる．

c. 交換相互作用とスピン–軌道相互作用[18]

電子のスピンも考慮すると励起子状態に多重項構造が現れる．ただ，スピンについての重要なことは，電子スピン s_e と正孔スピン s_h (抜け出した電子のそれと逆向き) が逆向きの 1 重項状態 ($S \equiv s_e + s_h = 0$) と同じ向きの 3 重項状態 ($S = 1$) とがあり，光吸収には前者のみが現れる．後者は電子–正孔交換エネルギーだけ低い位置にある．フレンケル励起子では電子と正孔が近いので交換相互作用が大きい．芳香族アントラセン結晶では 3 重項励起子が 1 重項励起子のほぼ半分のエネルギーをもち，2 つの 3 重項励起子が融合して 1 つの 1 重項励起子になったり，またその逆過程の分裂が起こることが，磁場下の蛍光スペクトルを通して観測されている．バンドモデルにもとづく準粒子である電子–正孔の複合粒子として励起子を捉える立場から見れば，融合と分裂とはおのおの，1 対の電子–正孔の消滅と発生とを意味し，それを強調するためにこのような核反応用語が用いられているのである[19]．対発生–消滅では電子エネルギーのわずか (上記) の差額が少数フォノンのエネルギーでまかなわれるのである．

重い元素を含む無機結晶では，一方でスピン–軌道相互作用が重要になり，他方でとくに大きいワニエ型励起子では交換相互作用は小さいので，正孔 (または電子) の合成角運動量 $j_h = l_h + s_h$ (l は軌道角運動量) を基底にした j_e–j_h 結合スキーム (coupling scheme) (j_e, j_h および $J = j_e + j_h$ がよい量子数) で励起子内部構造が決まり，L–S 結合スキーム ($L = l_e + l_h, S$ および $J = L + S$ がよい量子数) は脇役になることが多い．CuCl と CuBr の混晶の実験[20]によると，スピン–軌道相互作用が組成とともに連続的に変化してあるところで符号が逆になり，$J = 1, 3$ の 2 つの励起子線がまさに反交差するその付近で i–j → L–S → i–j と結合スキームが連続的に変化してゆく状況が，2 本のスペクトル線の強度比と間隔の変化から読み取れる．

d. 励起子–フォノン相互作用と吸収スペクトル形状[21]

光吸収でつくられた瞬間の励起子は (後で自己束縛が起こるか否かには関係なく) 遍歴状態にあり，フォノン放出や吸収で散乱されるため，そのエネルギーの不確定性原理によるぼけ (に散乱レートを掛けたもの) が吸収スペクトル線の幅として観測され，それは当然，温度とともに大きくなる．半幅より外側のスペクトルの尾部はフォノン放出・吸収を伴う $K \neq 0$ の励起子状態への間接遷移に対応すると考えるのが自然である．この両方の考え方を統一的につなぐためには，後者すなわち間接遷移 (2 次摂動過程) のエネルギー分母の中で，中間状態である $K = 0$ 状態の励起子のエネルギー値に散乱寿命幅 Γ とシフト Δ を虚部・実部として付加えるという繰込み理論[22]を援用すればよい．結果として得られる吸収スペクトルの一般式を再度分解すると，各吸収ピーク (直接遷移) は，他のピークの裾野 (間接遷移) と干渉するファノ (Fano) 効果によって，片側に切れ込み，他側に隆起のある非対称ローレンツ曲線になる．その典型例は Cu_2O で観測されている[23]．

本節で述べた励起子吸収のスペクトル幅 Γ は，6.1.2 項で述べた局在電子の吸収ス

ペクトル幅 D が運動による尖鋭化を受けた結果であるといえる．局所に留まって幅 D を感知するのに要する最低時間 $\hbar/D$ より短い $\hbar/B$ の間に励起子は隣のサイトに移動するため，有効時間比 $(\hbar/B)/(\hbar/D)$ を D に掛けたものが励起子吸収線幅になっている，という不確定性原理にもとづく論理であって，実際これが Γ になっていることを示すことができる．

以上の考察とは別に，多くの絶縁体の最低励起子吸収ピークの低エネルギー側尾部の形状が $\exp[-\sigma(E_0'-E)/k_\mathrm{B}T]$ にしたがうという経験則が古くから知られており，発見者名に因んでアーバック則 (Urbach rule) とよばれてきた[24]．ここで $E = \hbar\Omega$ は光子のエネルギー，E_0' は吸収ピークに近いあるエネルギー値，σ はスティープネス因子 (steepness coefficient) とよばれる物質定数で 1 前後の値である．この法則の単純さと普遍性にもかかわらず，その説明までには年月を要した．この指数関数型尾部は，励起子が各サイトで受けるポテンシャルゆらぎの下で励起子バンドの底より下に現れる瞬間的局在状態によることは間違いない．6.1.3 項 a のモデルにしたがい，最近接サイト間の励起子移動エネルギーを t とし，したがって励起子バンド半幅を $B = 3|t|$ とおく．各サイトでのポテンシャルゆらぎとしては 6.1.2 項の局在電子のモデルを援用して $V_n = -\omega_\mathrm{lv}^2 c Q_n$ とおく．ただし $\omega_\mathrm{lv}^2 \langle Q_n^2 \rangle = k_\mathrm{B}T$ である．このモデルから上記指数関数型法則が導出できるとすると，登場するエネルギー諸量の次元解析から $\sigma = s g^{-1}$ と表されるべきことがわかる．ただし $g \equiv E_\mathrm{R}/B$ は励起子-格子相互作用強度というべき量で，これが 1 より大か小かで励起子が自己束縛するか遍歴するかが決まることは 6.1.3 項 a で述べた通りである．上記のゆらぎモデルを実際の数値計算で解いて吸収曲線を求めると，数桁にわたって上記の指数関数型のものが得られ，無次元数 s は 1.5 となる．こうして，σ が s より小さいか大きいかという吸収スペクトルの情報が，その物質で励起子が自己束縛するか遍歴するかという緩和状態での情報 (励起子の発光スペクトルの形状から明確に区別できる) と結び付けられるはずである，という理論的結論が得られるが，これは多数の物質での実験事実と符合する[25]．また指数関数型尾部での状態密度の計算から，1 状態あたりの振動子強度が得られるが，これも局在励起子の特性 (励起子の振動子強度は $\boldsymbol{K}=0$ に集中しているため，局在励起子のそれは浅いほど大きい，つまり巨大振動子強度) と合致し，瞬間的局在励起子モデルが正しいことを示す．

e. 内殻励起子[26, 27]

価電子バンドよりさらに深い原子内殻準位によるバンドから伝導バンドに電子を励起することに対応する内殻励起子もある．この場合，価電子バンドを含むより浅いバンドから 1 電子が内殻正孔に落ち，もう 1 電子が伝導バンドに上げられるオージェ過程や，内殻正孔に他の電子が光子を放出して落ち込む過程により，内殻励起子吸収にはフォノン放出・吸収によるよりも大きな寿命幅が生じること，また内殻バンドが狭いため内殻励起子はほとんど遍歴性をもたないことに注意しておく．金属の内殻励起は伝導バンドのフェルミ準位への励起から始まる連続スペクトルをつくるが，その際，

フェルミ面近傍の伝導電子が多数同時励起 (終状態相互作用. 金属ではクーロン力が遮蔽されることとパウリの排除原理により励起子は存在しない) することによって, 吸収スペクトルの立上がりには異常なカスプ (cusp) が生じることもある. 内殻励起の分光学は内殻準位自体をしらべる光電子分光とともに, シンクロトロン放射など高エネルギー領域の新光源開発により急速に進展しつつある.

6.1.4 共鳴 2 次光学過程[28]

光吸収で到達した励起状態は早晩光を自発放出して基底状態に戻るので, 光吸収と光放出とは本来, 一続きの共鳴 2 次光学過程, すなわち光散乱として考察しなければならないが, 詳しい事情は当然, 物質系に依存する. 原子の場合は励起状態は自発放出による自然寿命幅 γ をもつが, これより広いスペクトル幅をもつ光で励起したときは, それがいったん原子に吸収され, 励起状態の原子はあらためて自然寿命幅の光を自然放出する. 吸収と放出とが別個の 1 次過程として起こっていると考えてよい. このことは γ^{-1} より短い時間幅のパルス光をあてたとき, それより長い時間 γ^{-1} だけ経ってから自発放出光が出てくる事実からも確かめられる. しかし γ より狭いスペクトル幅の単色光を照射したときは 2 次光学過程としてレイリー散乱光が放出され, その散乱の断面積が入射光エネルギーの関数として γ 幅の吸収 (放出) スペクトルと同形をもっている[29].

このように 2 段の相次ぐ 1 次過程と考えるべきか 1 段の 2 次光学過程と考えるべきかは, 入射光のパルス幅やスペクトル幅に依存するが, 固体内の局在電子による吸収や励起子吸収の場合は自然放出以外の緩和過程も存在するので事情はもう少し複雑で, 理論的[30]にも実験的にも多くの研究が行われてきた. 励起子吸収のようにゆらぎ幅が運動による尖鋭化を起こしている (rapid modulation) スペクトル幅 Γ の場合, 入射単色光に対しレイリー散乱光のほかに, 2 段目 1 次過程として励起子の自発放出光もあり, その強度比は $\gamma : \Gamma$ で与えられる. これに対し, 局在電子のようにゆらぎ幅がそのままスペクトル幅である (slow modulation) 場合は, レイリー散乱のほかに, 1 フォノン, 2 フォノン, ⋯ 放出によるラマン散乱が全体としてホットルミネッセンスを形成しながら通常の (緩和状態からの) ルミネッセンスに収束してゆく. ホットルミネッセンスは時間分解分光により, 配位座標モデルの励起状態で相互作用モードが減衰振動して緩和励起状態に近づいてゆく状況としても観測される.

そのほかに励起子吸収の高エネルギー側での光照射によりつくられた間接励起子では, 光学型フォノン逐次放出によるラマン散乱も観測され, その多フォノン放出後のエネルギーがちょうどの励起子のそれに一致するような入射光に対して顕著に放出光が強くなる (終状態共鳴効果) ことなども見出されており[31], 共鳴 2 次光学過程の世界はまことに多彩である.

6.1.5 励起子分子

陽子と電子から成る水素原子が 2 つ結合して水素分子をつくるように，価電子バンド正孔と伝導バンド電子から成る励起子も 2 つ結合して励起子分子をつくることが CuCl などで見出されている．電子–正孔間交換エネルギーやスピン–軌道相互作用を無視し，質量 m_e, m_h，電荷 $-e, +e$ の電子–正孔 2 対の最低結合状態のエネルギーを $E(2e, 2h)$，1 対のそれを $E(e, h) \equiv -Ry_{ex}$ とすると，励起子分子の結合エネルギーは

$$B(X_2) \equiv 2E(e, h) - E(2e, 2H)$$

で定義される．最新の変分計算[32]によれば励起子分子の結合エネルギーは質量比 $\sigma \equiv m_e/m_h$ の全領域で正であり，$B(X_2)/Ry_{ex}$ は $\sigma = 0$ における 0.348 (水素分子の場合) から $\sigma = 1$ における 0.032 (ポジトロニウムの場合) まで単調に減少する．しかし電子–正孔間の交換エネルギーを考慮すると，たとえば Cu_2O の場合のように励起子分子が形成されない場合も出てくる．

後述のように励起子分子は結晶の基底状態からの 2 光子吸収により高効率につくられるが，それが 1 つの励起子に転換するときに放出する光子エネルギーが

$$\hbar\Omega = \left(E(X_2) + \frac{\hbar^2 \boldsymbol{K}}{4m_{ex}}\right) - \left(E(X) + \frac{\hbar^2 \boldsymbol{K}^2}{2m_{ex}}\right) = E(X) - B(X_2) - \frac{\hbar^2 \boldsymbol{K}^2}{4m_{ex}}$$

で与えられる逆マクスウェル分布 (最右辺最終項の符号が負であること) をすることからも励起子分子の存在が CuCl の場合に確かめられている[33]．

6.1.6 光非線形性[34]

レーザーの出現によって強い光が容易に得られるようになり，光非線形効果も現実のものとなった．電磁波–物質相互作用の高次摂動により，複数の入射光

$$\sum_i \{\boldsymbol{E}_i \exp[i(\boldsymbol{k}_i \cdot \boldsymbol{r} - \Omega t)] + \text{c.c.}\}$$

から種々の組合せの分極波が誘起される．たとえば 2 次摂動項からは 2 次の分極率を通して，和・差周波 ($\boldsymbol{k}_1 \pm \boldsymbol{k}_2, \Omega_1 \pm \Omega_2$) や 2 倍高調波 ($2\boldsymbol{k}_1, \Omega_1$) の分極がつくられるが，これが源となって和・差周波，高調波の電磁波が放出される．同方向の和周波では，$\boldsymbol{k} = \boldsymbol{k}_1 + \boldsymbol{k}_2$ と $\Omega = \Omega_1 + \Omega_2$ とを両立させる整合条件

$$n(\Omega_1)\Omega_1 + n(\Omega_2)\Omega_2 = n(\Omega)\Omega \qquad (n \text{ は屈折率})$$

を満たすためには，異方性結晶の正常光と異常光を組み合わせるなどの工夫を必要とする．和周波発生の逆過程として，$\Omega_3 = \Omega_1 + \Omega_2$ のポンプ光から信号波 Ω_1 とアイドラー波 Ω_2 が発信される光パラメトリック発信がある．

偶数次の分極率は反転対称性のない結晶でのみ現れるので，最低次の非線形性としてはそのような制約のない 3 次の分極率のほうがより一般に広く利用される．3 次の

光非線形現象としては和差周波, 3 倍高調波発生のほかに, 物質内素励起を観測する強力な手法である CARS (Coherent Anti-Stokes–Raman Scattering), 位相共役波 (時間反転した波) 発生, 光双安定性 (入射光強度に対し透過光強度が履歴現象を示す) など多彩な現象と多面的な応用があることを強調しておきたい. また可視光領域で開発されたレーザー光を赤外や紫外, X 線領域へと広げる手段としても重要である.

6.1.7　2 光子吸収による励起子分子創成の巨大断面積

高次光非線形性の一環として多光子吸収がある. n 光子吸収では光の偏極方向に $(n-1)$ 個の相対的自由度があるため, 等方性結晶でも複異方性があり, それを利用して励起状態の対称性を詳しくしらべることができ, それは 1 光子吸収とは相補的な知見を与える[35].

また 1 光子吸収でつくられる励起子を, 2 光子吸収で 2 つ同時につくることができるのであるが, この場合終状態では相互作用により励起子分子 (6.1.5 項) が形成されるため, 通常は 1 光子吸収よりはるかに小さい 2 光子吸収のレートが, 以下に述べる 2 重の効果によって, 巨大断面積とよばれる異常に大きな値をもつことが指摘された[36]. 第 1 に, 終状態である励起子分子のエネルギーが励起子 2 つのエネルギーより結合エネルギー $B(X_2)$ だけ低いため, 2 光子吸収の中間状態 (光子を 1 つ吸収して励起子が 1 つだけつくられた状態) のエネルギー分母が $B(X_2)/2$ で, 励起子エネルギーに比しはるかに小さいことである. 第 2 に, 第 1 の励起子の周辺に束縛された第 2 の励起子をつくるときには, その束縛エネルギーの小ささを反映した巨大振動子強度 (6.1.3 項 d の末尾参照) が遷移行列要素に現れるからである. このために 2 光子吸収による励起子分子創成は比較的早い時期に確認されており, さらにそれを利用して高密度励起子状態を実現する試みが活発に行われた.

上記の 2 重の効果は, 一般には小さい高次の非線形感受率を大きくするためのいくつかのヒント (高次摂動のエネルギー分母を小さくすること, 分子にある遷移行列要素を大きくすることなど) を与える.

6.1.8　高密度励起状態

電子–正孔という 2 つのフェルミ粒子の複合粒子である励起子をボース粒子と見なせば, 強光励起下の十分高密度の励起子は, 低温で液体ヘリウムと同様のボース–アインシュタイン凝縮 (BEC と略記) を起こすのではないか, という期待が多くの研究者を駆り立て, 様々な理論的・実験的探索が行われてきた. 理想的 (相互作用のない) ボース・ガスは

$$k_B T_c = 3.313 \left(\frac{\hbar^2}{m}\right) n^{2/3}$$

で与えられる転移温度以下で BEC を起こす. ヘリウムの場合, その質量 m, 数密度 n を入れると転移温度は 3.13 K と計算され, これが液体ヘリウムの λ 転移温度 2.17 K

に近いことから転移は BEC によるものと考えられている．したがって状態縮重度 g, 温度 T の励起子ガスは

$$n_c = 0.166g \left(\frac{mk_B T}{\hbar^2}\right)^{3/2}$$

以上の密度で BEC を起こすであろう．励起子の有効質量は電子と同程度，He 原子よりはるかに軽いから，$T = 2$ K でも $n_c \sim 10^{16}$ cm^{-3} で，通常のレーザー励起でも容易に実現できる密度である．しかし複合粒子である励起子をボース・ガスと見なせるのは，以下に述べるモット転移の $(1/8\pi)$ 倍よりはるかに小さい密度であるという議論[37]もあり，ボース凝縮が期待できる密度・温度範囲はそれほど広くない．

BEC では励起子バンドの底の $\boldsymbol{K} = 0$ の状態にマクロな数の励起子が入るので，それによる鋭い発光によって BEC が確認できる，という期待のもとに分光学的研究が行われてきたが，その多くの場合，観測されたのは実は束縛励起子による発光であることが判明した．励起子は中性のため，不純物による束縛エネルギーが(電子や正孔より) ずっと小さく，バンドの底から近いエネルギーをもち，空間的に広がっているため格子振動との相互作用も弱くて，強く (6.1.3 項 d 末の「巨大振動子強度」) 鋭い発光を示す事が誤認の原因であった．しかし BEC も束縛励起子もともにバンドの底の状態を多く含んでいるので，共通起源の状態を見ていることになる．束縛されずに残っている大部分の励起子がボース凝縮体 (Bose condensate) を形成できるためには，不純物濃度が文献 [36] で述べられた濃度よりはるかに低いことが必要と思われる．

他方，励起子密度が励起子体積の逆数程度のある値を越えると，電子–正孔間クーロン引力の自己遮蔽によるモット転移を起して金属相である電子–正孔液体になる．これは 1 次相転移であって，これより低濃度側の広い領域で液相 (電子–正孔液滴) と気相 (励起子ガス) が共存する[38]．実際このような電子–正孔液滴は励起子半径が大きい Ge や Si で観測されている[39]．これらの間接型半導体では伝導バンドが $k \neq 0$ に複数同等の極小点をもつ多谷構造のため，縮退電子はそれらに分配されて運動エネルギーを下げることも幸いしている．

直接型半導体でしかも励起子半径が小さなものでは，強光励起でも励起子ガスのままでいることが多いが，これは励起子の自発発光による強い消滅チャネルが $\boldsymbol{K} = 0$ にあるためでもある．CuCl では強光励起下で励起子と励起子分子とが共存し，後者は自発発光で前者に転換し，これが消滅チャネルから消失するため，BEC を起すために必要な熱平衡状態が実現しにくい．他方，Cu$_2$O の励起子は前述 (6.1.5 項) のように分子を形成しない上に，最低励起子は光学的消滅チャネルのないスピン 3 重項パラ励起子 (para-exciton) であり，そのすぐ上にあるオルト励起子 (ortho-exciton) は電気四重極遷移のみで発光消失するので，励起子ガスを熱平衡に近い状態で溜め込むためにはきわめて有利であり，励起子ガスの BEC を実現するには最適の物質とされている[40]．しかしそれを観測した事を実証するためには種々の実験的困難が立ちはだかっていて，観測したという報告は他物質も含めてまだない[41]．また電子–正孔からなる

複合粒子である励起子をボース粒子と見なすことには理論的にも再検討すべきであるという指摘[42]もあって，励起子ガスの最低状態がどのようなものであるかの理論的・実験的解答はいまだ得られていないのが現状である．　　　　　　　　　　　　[豊沢　豊]

文　献

[1] 1957年日本物理学会年会固体分光学シンポジウムでの有志懇談の結果，この分野の名称を「光物性」とすることが決まった．内田洋一，固体物理 **23** (1988) 70 参照．
[2] R. W. Pohl, Proc. Phys. Soc. **49** extra part (1937) 3.
[3] N. F. Mott and R. W. Gurney, *Electronic Processes in Ionic Crystals* (Oxford University Press, 1940) chap. 4.
[4] R. Hilsch, Proc. Phys. Soc. **49** (extra part, 1937), 40.
[5] F. Seitz, J. Chem. Phys. **6** (1938) 150.
[6] R. Kubo, J. Phys. Soc. Jpn. **3** (1948) 254; ibid. **4** (1949) 322, 326.
[7] T. Inui and Y. Uemura, Prog. Theor. Phys. **5** (1950) 252, 8 (1952) 355.
[8] Y. Toyozawa, *Optical Processes in Solids* (Cambridge University Press, 2003).
[9] Y. Toyozawa, ibid., sec. 4.4.
[10] Y. Toyozawa, ibid., chap. 14.
[11] Y. Toyozawa, ibid., sec. 4.5
[12] D. B. Fitchen, *Zero-Phonon Transition, in Color Centers*, ed. by W. B. Fowler (Academic Press 1968) p. 294.
[13] Y. Toyozawa, op. cit., sec. 4.7.
[14] W. Kohn, "Shallow Impurity States in Germanium and Silicon," in *Solid State Physics*, Vol. 5, ed. by F. Seitz and D. Turnbull(Academic Press, 1957).
[15] Y. Tanabe and S. Sugano, J. Phys. Soc. Jpn. **9** (1954) 766.
[16] Y. Toyozawa, op. cit., sec. 8.1
[17] Y. Toyozawa, op. cit., sec. 8.2
[18] Y. Onodera and Y. Toyozawa, J. Phys. Soc. Jpn. **22** (1967) 833.
[19] R. P. Groff et al., Phys. Rev. B **1** (1980) 815.
[20] Y. Kato et al., J. Phys. Soc. Jpn. **28** (1970) 104.
[21] Y. Toyozawa, op. cit., chap. 10.
[22] Y. Toyozawa, op. cit., sec. 10.2.
[23] S. Nikitine, J. B. Grun and M. Sieskind, J. Phys. Chem. Solids **17** (1960) 292.
[24] Y. Toyozawa, op. cit., sec. 10.6
[25] Y. Toyozawa, op. cit., sec. 10.6.5
[26] Y. Toyozawa, op. cit., chap. 12
[27] A. Kotani and Y. Toyozawa, *Theoretical Aspects of Inner Level Spectroscopy, in Synchrotron Radiation*, ed. by C. Kunz (Springer-Verlag, 1979) chap. 4.
[28] Y. Toyozawa, op. cit., sec. 11.5.
[29] W. Heitler, *The Quantum Theory of Radiation*, 3rd edn. Clarendon Press, Oxford, 1954.
[30] T. Takagahara, E. Hanamura and R. Kubo, J. Phys. Soc. Jpn. **43** (1977) 802, 811, 1522; ibid. **44** (1978) 728, 742.
[31] T. Goto et al., J. Phys. Soc. Jpn. **24** (1968) 314.
[32] J. Usukura et al., Phys. Rev. B **59** (1999) 5652.
[33] H. Souma et al., J. Phys. Soc. Jpn. **29** (1970) 697.
[34] 花村榮一,「量子光学」(岩波書店，1991).

[35] Y. Toyozawa, op. cit., sec. 11.2.
[36] E. Hanamura, Solid State Commun. **12** (1973) 951; A. L. Ivanov et al., Phys. Rev. B **52** (1995) 11017.
[37] A. L. Fetter and J. D. Wlecka, *Quantum Theory of Many Prticle Systems*(McGraw-Hill, 1971).
[38] T. M. Rice, Semiconductor-Metal Transitions, in *Physics of Highly Excited States in Solids*, ed. by M. Ueta and Y. Nishina (Springer-Verlag, 1976) p. 144.
[39] J. R. Haynes, Phys. Rev. Lett. **17** (1966) 860. なお総合解説として，大塚顕三，「半導体における電子・正孔液滴」固体物理 **14** (1979) 135, 203, 267, 325, 391,457 か，それらを含めた単行本「半導体ものがたり」(アグネ技術センター，2005) を参照.
[40] N. Naka and N. Nagasawa, Phys. Rev. B **65** (2004) 245203–1.
[41] C. Klingshirn, *Semiconductor Optics*, 2nd ed. (Springer-Verlag, 2005).
[42] M. Combescot, O. Betbeder-Matibet, Solid State Commun. **134** (2005) 11.

6.2 低次元系・光誘起相転移

6.2.1 最近の光物性物理学の特徴

光物性物理学における光と物質の立場関係を顧みよう．従来の光物性物理学では，研究対象はあくまでも物質であり，その主役の諸性質を知るために，光をプローブ (探針) として用いてきた．この立場での，低次元系の光物性研究を 6.2.2 項で述べる．近年，物質の諸性質を光で制御し，光照射によって新たな物質相を創成し，物質の状態と光の状態を混成させるような，物質に対するより積極的な役割を光に担わせる立場が進展しつつある．これは，今までの主役であった物質を光で変化・変貌・変身させようとする立場であり，物質の状態をコントロールする光も対等の主役である．この立場での光物性物理学の興味深い研究トピックスとして，光誘起相転移現象を 6.2.3 項で紹介する．

6.2.2 低次元系の光物性

3 次元系で起こっている現象を簡単化して理解するための方便だった低次元系が現実の物質として作製されるようになり，その物性が実験で測定されるようになって久しい．3 次元系では見られなかった新しい現象が発見され，低次元系に固有の新概念が提唱され，「低次元系の物性物理学」という学問分野が確立している．これらの物性研究は物質に即して各論的に進める必要がある．しかし他方，その特定の物質だけに限らない一般的な低次元系の物理の側面も顔を出している．そこで本節では，個々の物質の属性にあまり依らない普遍的特徴に着目し，低次元系 (とくに擬 1 次元と擬 2 次元半導体) に固有の光学的性質を紹介する[1, 2].

光物性物理学が対象とする物質は，非常に多様である．物質中の電子状態を一体近似で取り扱うバンド計算が適用できる絶縁体 (バンド絶縁体) もあれば，電子間クーロン相互作用が本質的に重要で一体近似が適用できない絶縁体 (たとえばモット絶縁体やモット–ハバード絶縁体) もある．また，研究対象は絶縁体や半導体に限るわけではな

く，金属(伝導体)や半金属も研究対象である．しかし，ここでは，従来の光物性物理学分野で精緻に研究されてきたバンド絶縁体(半導体)を念頭に置き，その低次元構造に焦点を絞る．ここで，低次元電子系の普遍的性質を述べておく．空間次元が低くなると，一般的に以下のような特徴が顕著になる．

(1) 電子–格子相互作用が相対的に強くなり，格子ひずみや格子ゆらぎの影響を受けやすくなる．よって，自己束縛状態やポーラロンが形成されやすくなる．低次元系特有のソリトン励起も存在する．1次元縮退系ではフェルミ面ネスティングも効いて，パイエルス不安定性が生じる．(2) 低温では，量子ゆらぎの効果が重要になる．長距離秩序は壊れやすくなり，平均場近似が役に立たなくなる．(3) 運動エネルギーに比べて相互作用エネルギーが重要になるため，電子相関効果が顕著になる．(4) 不純物や欠陥などのランダムネスの影響を受け，電子状態は空間的に局在しやすくなる．2次元では，「弱局在」とよばれる臨界的局在現象が生じうる．

a. 天然低次元系と人工低次元系

古くは，1次元系といえば，有機半導体鎖や有機合成金属であった．しかし半導体結晶成長技術や微細加工技術の長足の進歩に伴い，無機化合物半導体の1次元構造も登場した．これらは，前者の**天然量子細線** (natural quantum wire) に対して，**人工量子細線** (artificial quantum wire) と総称される．天然量子細線は，低次元性がその物質を構成する分子構造自体に備わっているもので，柔らかく異方的な分子が構成要素となっている場合が多い．例として，共役 π 電子系高分子鎖，非局在 σ 電子系高分子鎖，ハロゲン架橋混合原子価金属錯体，電荷移動錯体などがある．ここでは，1次元構造不安定性に由来するゆらぎの大きな柔らかな舞台の上を(準)粒子が運動している．他方，人工量子細線では，剛体球的な原子が構成要素であり，ひずみの少ない固い完全結晶が舞台となっている．とくに，IV 族の Si や III–V 族の GaAs などで作成され，不純物や界面の粗さを制御する技術により，太さが数ナノメーターの高品質量子細線が作成できるようになっている．これらの系は，低次元光物性の対象物質であると同時に，メゾスコピック電子輸送現象や電子トンネル現象の舞台でもある．電子–格子相互作用が比較的弱いためにクーロン相互作用などの粒子間相関効果があらわに浮き立ち，低次元系での電子励起状態固有の性質が研究されている．最近では，グラフェンシートを筒状に丸めたカーボンナノチューブのような構造トポロジーにも特徴がある量子細線も作製されている．

b. ワニエ励起子の次元依存性と1光子吸収遷移確率

無機化合物半導体のバンドギャップエネルギー近傍の励起状態を特徴付ける素励起は，**励起子** (exciton) である．励起子は，バンド間遷移によって励起された価電子帯の正孔と伝導帯の電子との束縛状態で，典型的には，ワニエ型とフレンケル型の2つのタイプが存在する(他にも電荷移動型などが存在する)．低次元系での励起子の光学応答特性は，重心運動の空間的閉じ込めよりも相対運動の閉じ込めに大きく影響を受ける．一般的に，**ワニエ励起子** (Wannier exciton) の電子–正孔間距離はフレンケル

励起子 (Frenkel exciton) のそれよりも大きいため，ワニエ励起子の方が空間的閉じ込め効果をより敏感に感じる．そこで，低次元 (擬 2 次元と擬 1 次元) 構造に閉じ込められたワニエ励起子にかかわる問題に議論を絞る．なお，励起子は一般にはボース統計にほぼしたがう電荷中性粒子としてふるまうために電気伝導には寄与しないが，発光や光吸収などの光学的性質には大きく関与する．このような励起子描像が有効なのは，励起子の束縛エネルギーが十分に大きくて，熱励起などによる励起子の解離 (イオン化) が無視できる低温で，励起子モット転移 (6.2.3 項 d 参照) が生じないような低密度の場合である．

ワニエ励起子は，電子–正孔重心運動，電子–正孔相対運動，スピン配置の 3 つの自由度をもっている．d 次元 ($d = 1, 2, 3$) の完全結晶中では，重心運動は d 次元波数ベクトル $\boldsymbol{K}$ によって規定される平面波で記述される．重心運動に関しては，$\boldsymbol{K} \sim 0$ 近傍しか光学応答に寄与しないので，低次元励起子の光学応答は，相対運動波動関数と閉じ込めによるサブバンド (サブレベル) 構造とによってほぼ決まるといえる．以下では，双極子遷移許容の直接遷移バンドギャップ $E_{\mathrm{gap}}^{(d)}$ (サブバンド形成によるエネルギー上昇分も含めたもの) をもつ，擬 2 次元 ($d = 2$) および擬 1 次元 ($d = 1$) 半導体を想定する．

励起子系あるいは電子–正孔系を特徴づける長さのスケールとしては，ブロッホ電子ド・ブロイ波長 $\lambda_{\mathrm{e}}, \lambda_{\mathrm{h}}$，3 次元励起子の有効ボーア半径 a_{B}^{*}，高密度縮退電子–正孔系でのフェルミ波長 $2\pi/k_{\mathrm{F}}$，不完全結晶中での励起子重心運動の局在長やコヒーレンス長などがある．励起子系の次元性は，これらの長さスケールと幾何学的閉じ込め長 $L_\perp$ との比によって決まる．よって，次元性を考える際は，どのような自由度・物理量の次元性かを念頭に置いておく必要がある．たとえば，伝導帯電子の次元性は比 $L_\perp/\lambda_{\mathrm{e}}$ によって，少数励起子系の次元性は比 $L_\perp/a_{\mathrm{B}}^{*}$ によって，縮退電子–正孔系の次元性は比 $k_{\mathrm{F}} L_\perp$ によってほぼ決まる．

励起子の次元依存性を概観しておこう．励起子は電子と正孔の 2 体状態であるので，相対運動と重心運動に分離することができる．励起子の次元性は，一般には相対運動波動関数の次元性を指すことが多い．3 次元結晶のワニエ励起子の最低エネルギー準位では，電子と正孔とが適当な距離 (励起子有効ボーア半径という) だけ離れてお互いに周回しながら球状に広がって存在している．2 次元系では，その球状周回軌道が押し潰されてホットケーキ状になり，1 次元系ではさらに潰されて棒状 (葉巻状) になる．後述のように，とくに 1 次元励起子では，電子と正孔との距離を適当に保つための空間的余裕がないために，2 次元や 3 次元中の励起子と性質が大きく変わる．また，0 次元の粒状結晶では，結晶サイズが励起子有効ボーア半径よりも大きければ，電子と正孔は狭い空間に閉じ込められた励起子として存在するが，より小さな粒径では励起子は安定に存在せず，電子と正孔がばらばらに運動するようになる．

結晶中の最低エネルギー伝導帯と最高エネルギー価電子帯は非縮退で，双極子遷移許容であるとする．Γ 点に極値をもち (直接ギャップ)，交換相互作用やスピン軌道相

互作用を無視できる場合に，有効質量近似を用いてワニエ励起子の次元依存性をしらべる．低次元構造の閉じ込め方向の長さを $L_\perp$，擬 d 次元励起子の相対運動波動関数の空間的広がり長さスケールを $a_B^{(d)}$ とすると，$L_\perp < a_B^{(d)}$ の場合に，この低次元構造に閉じ込められた励起子は擬 d 次元励起子としてふるまう．d 次元系でのワニエ励起子の全エネルギーは，電子と正孔の重心運動のエネルギー $E_K^{(d)} = \hbar^2 K^2/2M$ (ここで $K = |\boldsymbol{K}|$, $M = m_e^* + m_h^*$ は重心質量) と相対運動のエネルギー $E_\nu^{(d)}$ との和で与えられる．後者は，相対運動の包絡関数 $\Phi_\nu^{(d)}$ がしたがう d 次元固有方程式

$$\left[\frac{\hbar^2}{2\mu}\Delta^{(d)} + V^{(d)}(\boldsymbol{r})\right]\Phi_\nu^{(d)}(\boldsymbol{r}) = E_\nu^{(d)}\Phi_\nu^{(d)}(\boldsymbol{r}) \tag{6.1}$$

の固有値 $E_\nu^{(d)}$ で，ν がその量子数である．ここで，μ は換算質量，$\boldsymbol{r}$ は電子–正孔相対座標，$\Delta^{(d)}$ は相対座標に対する d 次元ラプラス演算子，電子と正孔間のクーロン・ポテンシャルは $V^{(d)}(\boldsymbol{r}) = -(e^2/\epsilon)|\boldsymbol{r}|^{-1}$ で，物質の誘電率は ϵ である．このとき，励起子有効ボーア半径は $a_B^* \equiv \epsilon/\mu e^2$，有効リュードベリ・エネルギーは $E_R^* \equiv \mu e^4/2\epsilon^2$ となる．典型的な値としては，GaAs で $a_B^* = 12.0$ nm, $E_R^* = 4.6$ meV である．電子や正孔の存在する空間次元が小さくなっても，クーロンポテンシャルの形は $V^{(d)}(\boldsymbol{r}) = -(e^2/\epsilon)|\boldsymbol{r}|^{-1}$ のままである．ただし，電子–正孔相対座標 $\boldsymbol{r}$ は，3 次元では $\boldsymbol{r} = (x_e - x_h, y_e - y_h, z_e - z_h)$，2 次元では $\boldsymbol{r} = (x_e - x_h, y_e - y_h)$，1 次元では $r = x_e - x_h$ となる [クーロン・ポテンシャルの次元性は，電子と正孔の空間閉じ込めによる次元性ではなく，誘電率の違う物質を組み合わせて電気力線の空間分布を制御することにより可能である．これを**誘電閉じ込め効果** (dielectric confinement effect) という]．

まず，量子細線中の 1 次元励起子の特徴を述べる．細線方向を x 軸とする．1 次元の理想的極限，すなわち細線の断面積が無限小かつ閉じ込めかつ完全の場合，「裸の」クーロン・ポテンシャル $V^{(1)}(x) = -(e^2/\epsilon)x^{-1}$ を用いて 1 次元シュレーディンガー方程式を解くと，束縛状態のエネルギー固有値は $E_\nu^{(1)} = -E_R^*/(n-1)^2$ となる．ここで，$n = 1, 2, 3, \cdots$ なので，最低エネルギー励起子の束縛エネルギー $|E_\nu^{(1)}|$ は発散することになる[3]．これに呼応して，振動子強度 $|\Phi_{n=1}^{(1)}(x=0)|^2$ も発散する．この発散の困難を避けるために，カットオフパラメター $x_0 \geq 0$ を含むクーロン・ポテンシャル $\tilde{V}^{(1)}(x; x_0) = -(e^2/\epsilon)(|x| + x_0)^{-1}$ を導入する．このポテンシャル $\tilde{V}^{(1)}(x; x_0)$ は，有限断面積 (太さ) をもつ半導体量子細線中のクーロン相互作用をよく近似している．すなわち，細線の閉じ込め方向の電子および正孔の存在確率 (サブバンド包絡関数の絶対値の 2 乗) を重率として，3 次元の裸のクーロン・ポテンシャル $V^{(3)}(x_e, y_e, z_e, x_h, y_h, z_h)$ を y_e, z_e, y_h, z_h の 4 変数 (細線の断面方向の自由度) について平均して得られる有効 1 次元ポテンシャルと $\tilde{V}^{(1)}(x_e - x_h; x_0)$ とが非常によく一致する[4]．サブバンドの量子数にも若干は依存するが，通常は電子も正孔も最低準位のサブバンドを考えればよい．ただし，この平均操作は，細線の太さが励起子ボーア半径程度以下でないと意味を失

う.よって,カットオフ x_0 は,細線の断面サイズと関係する形状パラメターと考えることができ,断面積が $L_\perp^2$ の細線の場合(長方形断面でも円形断面でも大差はない),$x_0 \simeq 0.2L_\perp$ 程度であることが数値計算からわかっている.

ポテンシャル $\tilde{V}^{(1)}(x;x_0)$ のもとでは,エネルギーが $E_\nu^{(1)} = -E_R^*/\nu^2$ の束縛状態の相対運動波動関数は,

$$\Phi_\nu^{(1)}(x) = N_\nu \tilde{x} \exp(-\tilde{x}/2) \Gamma(1+\nu)[F(1-\nu,2;\tilde{x}) - G(1-\nu,2;\tilde{x})] \tag{6.2}$$

となる.ここで,$\tilde{x} = 2(|x|+x_0)/(\nu a_B^*)$,$N_\nu$ は規格化定数,$F(\alpha,\gamma;x)$ と $G(\alpha,\gamma;x)$ は合流型超幾何微分方程式の基本解である.固有エネルギー $E_\nu^{(1)}$ は,奇パリティと偶パリティの固有状態についてそれぞれ,$\Phi_\nu^{(1)}(\tilde{x} = 2x_0/\nu a_B^*) = 0$,$(d/d\tilde{x})\Phi_\nu^{(1)}(\tilde{x} = 2x_0/\nu a_B^*) = 0$ を満たす ν から決まる.なお,$x_0 \to 0$ では,最低エネルギー固有値 $E_{\nu \to 0}^{(1)}$ のみが $-\infty$ に発散し,他の束縛状態は 2 重縮退して,固有値 $-E_R^*/n^2$ をとる(ここで $n = 1, 2, 3, \cdots$).

量子細線の閉じ込め方向 (y と z 方向) に形成されているサブバンドの包絡関数を $\phi_{\alpha_y}(y_e), \phi_{\alpha_z}(z_e), \phi_{\beta_y}(y_h), \phi_{\beta_z}(z_h)$ とする.α_i と β_i はサブバンド準位を表す量子数である.擬 1 次元励起子による **1 光子吸収** (one-photon absorption, OPA) の遷移確率 $W_{\mathrm{OPA}}^{(d=1)}$ は,

$$|(c|\hat{\epsilon}\cdot\boldsymbol{p}|v)^{(1)}|^2 \sum_{\alpha_y,\alpha_z,\beta_y,\beta_z} |\langle \phi_{\alpha_i}|\phi_{\beta_i}\rangle|^2 \sum_\nu |\Phi_{\nu;\alpha_i,\beta_i}^{(1)}(x=0)|^2 \tag{6.3}$$

に比例し,3つの項からなっている.最初の項 $|(c|\hat{\epsilon}\cdot\boldsymbol{p}|v)^{(1)}|^2$ は,バンド間双極子遷移行列要素の 2 乗で,$\hat{\epsilon}$ が入射光の偏光単位ベクトル,$\boldsymbol{p}$ は運動量演算子,$|c)$ と $|v)^{(d)}$ は伝導帯と d 次元価電子帯のブロッホ関数である.第 2 の項 $\sum_{\alpha_y,\alpha_z,\beta_y,\beta_z} |\langle \phi_{\alpha_i}|\phi_{\beta_i}\rangle|^2$ はサブバンド包絡関数の重なり積分で,これからサブバンド選択則が決まる.伝導帯・価電子帯それぞれの最低サブバンド間の遷移がもっとも大きい重なり積分をもつ.最後の項 $\sum_\nu |\Phi_{\nu;\alpha_i,\beta_i}^{(1)}(x=0)|^2$ は,電子と正孔とが同じ位置に生成される確率である.これから,励起子束縛状態への遷移確率は,励起子相対運動の波動関数が偶パリティの状態に対してのみ有限となることがわかる.$|\Phi_{\nu;\alpha_i,\beta_i}^{(1)}(x=0)|^2$ は簡単な形には書き表せないが,最低エネルギー励起子 (1s に相当) の吸収がもっとも強いのは,3 次元や 2 次元系と同じである.ただし,$|\Phi_{\nu;\alpha_i,\beta_i}^{(1)}(x=0)|^2$ のカットオフ x_0 依存性が擬 1 次元励起子では特殊で,$x_0 \to 0$ につれて,最低エネルギー励起子準位についての $|\Phi_{\nu;\alpha_i,\beta_i}^{(1)}(x=0)|^2$ は ∞ に発散すると同時に,他のすべての束縛準位の $|\Phi_{\nu;\alpha_i,\beta_i}^{(1)}(x=0)|^2$ は 0 となる.実際の系では,x_0 は小さな有限の値をもつはずなので,擬 1 次元励起子系では,最低エネルギー励起子準位の光吸収が他の励起子準位に比べて異常に大きいことになる.

他方,3 次元励起子の光吸収確率は $|(c|\hat{\epsilon}\cdot\boldsymbol{p}|v)^{(3)}|^2 \sum_\nu |\Phi_n^{(3)}(r=0)|^2$,2 次元励起子では $|(c|\hat{\epsilon}\cdot\boldsymbol{p}|v)^{(2)}|^2 \sum_{\alpha,\beta} |\langle \phi_\alpha|\phi_\beta\rangle|^2 \sum_n |\Phi_{n,m=0}^{(2)}(\boldsymbol{r}_\parallel=0)|^2$ に比例する.ここで,$\boldsymbol{r}_\parallel$ は 2 次元面

内の相対座標である．吸収がゼロでないのは，s 軌道や d 軌道などの相対運動波動関数が偶関数の励起子準位のみで，その値は，3次元では $|\Phi_n^{(3)}(\boldsymbol{r}=0)|^2 = [\pi(a_B^*)^3 n^3]^{-1}$[5]，2次元では $|\Phi_{n,m=0}^{(2)}(\boldsymbol{r}_\parallel=0)|^2 = [\pi(a_B^*)^2(n-1/2)^2]^{-1}$[6] となり，1s 励起子の吸収がもっとも強い．ちなみに3次元系のワニエ励起子のエネルギー固有値は，$E_\nu^{(3)} = -E_R^*/n^2$，2次元系で $E_\nu^{(2)} = -E_R^*/(n-1/2)^2$ (ここで n は主量子数に相当し，$n=1,2,3,\cdots$) となる．励起子束縛エネルギーは，3次元では E_R^*，2次元では $4E_R^*$ となり，いずれも有限である．2次元の励起子は3次元に比べて束縛エネルギーが4倍になっている．

1次元系の散乱状態のバンド間光吸収スペクトルは，クーロン引力を考慮しない自由キャリア近似では，$|(c|\hat{\epsilon}\cdot\boldsymbol{p}|v)^{(1)}|^2 \Theta(\hbar\omega - E_{\text{gap}}^{(1)})(\hbar\omega - E_{\text{gap}}^{(1)})^{-1/2}$ に比例し，$E_{\text{gap}}^{(1)}$ 近傍で発散ピークをもつ1次元結合状態密度に比例する形になる．しかし，1次元励起子効果を考慮に入れると，バンド間吸収強度は上記の自由キャリア近似での値の

$$S^{(1)}(\omega) = \frac{e^{\pi\alpha}}{8}\frac{|D_0^{(2)}W_0^{(1)} - D_0^{(1)}W_0^{(2)}|^2}{|D_0^{(1)}|^2 + |D_0^{(2)}|^2}$$

倍になる．ここで，$\hbar\omega > E_{\text{gap}}^{(1)}$，$\alpha \equiv [2\mu(a_B^*)^2(\hbar\omega - E_{\text{gap}}^{(1)})]^{-1/2}$ である．$W_0^{(j)} \equiv W^{(j)}(\tilde{x}=2ikx_0)$，$D_0^{(j)} \equiv dW^{(j)}(\tilde{x})/d\tilde{x}|_{\tilde{x}=2ikx_0}$ で，$W^{(j)}(x) \equiv \tilde{x}\exp(-\tilde{x}/2)\Gamma(1\pm i\alpha)[F(1+i\alpha,2;\tilde{x}) \pm G(1+i\alpha,2;\tilde{x})]$ である．この因子 $S^{(1)}(\omega)$ をゾンマーフェルト因子 (Sommerfeld factor) という．1次元系のバンド間吸収の特徴は，$0 < S^{(1)}(\omega) < 1$ であること，すなわち，1次元系では，電子–正孔間クーロン相互作用は，許容遷移のバンド間光吸収を抑圧する．$S^{(1)}(\omega = E_{\text{gap}}^{(1)}/\hbar) = 0$ であり，1次元結合状態密度のバンド端での発散 (逆べきピーク) は吸収スペクトルには反映されない．この1次元励起子の性質は，ポリシラン鎖や GaAs 量子細線での実験で確認されている[7]．また，$x_0 \to 0$ の極限では，$\hbar\omega > E_{\text{gap}}^{(1)}$ のすべての ω でバンド間吸収は生じなくなる．

一方，3次元系でのゾンマーフェルト因子は，$S^{(3)}(\omega) = \pi\alpha\exp(\pi\alpha)/\sinh(\pi\alpha)$，2次元系では $S^{(2)}(\omega) = \exp(\pi\alpha)/\cosh(\pi\alpha)$ となる．ここで，$\alpha \equiv [2\mu(a_B^*)^2(\hbar\omega - E_{\text{gap}}^{(d)})]^{-1/2}$ である．$S^{(3)}(\omega) > 1$，$S^{(2)}(\omega) > 1$ なので，3次元でも2次元でもバンド間吸収は増加する．よって，3次元励起子効果によって，バンド吸収端 $\hbar\omega = E_{\text{gap}}^{(3)}$ 直上でも有限の吸収を生じるし，2次元励起子効果によって，バンド吸収端 $\hbar\omega = E_{\text{gap}}^{(2)}$ 直上での光吸収はちょうど2倍に増大する．励起子効果によって，バンド端近傍のバンド間吸収強度が大きくなるのが3次元と2次元励起子系の特徴である．

c. ワニエ励起子の 2 光子吸収遷移確率

上述の線形吸収 (1 光子吸収) 過程では，その偏光方向依存性はバンド間行列要素 $|\langle c|\hat{\epsilon}\cdot\boldsymbol{p}|v\rangle|$ を通じてのみしか現れない．すなわち，1 光子吸収の偏光異方性は，バンドの異方性を反映しているのみであって，低次元励起子の波動関数の異方性 (潰れ具合) の情報は反映されない．励起子の相対運動波動関数の異方性は，2 光子吸収スペクトルの偏光方向依存性に反映される．(重心運動波動関数の次元クロスオーバーも，**2 光子吸収** (Two-Photon Absorption, TPA) で観測することができる[8]．)

6.2 低次元系・光誘起相転移

照射する 2 つの光子の周波数を ω_1 および ω_2 とするとき,$\omega_1+\omega_2 \simeq E_{\rm gap}^{(d)}$ となるような 2 光子吸収過程を考える.ここでは簡単のため,縮退 2 光子吸収 ($\omega 1 = \omega_2 \simeq \frac{1}{2}E_{\rm gap}^{(d)}$) を考えよう [ミッドギャップ **2 光子吸収過程** (mid-gap two-photon absorption)].2 つの光子の偏光方向ベクトル $\hat{\epsilon}$ は同じとする.このミッドギャップ 2 光子吸収の遷移確率は,

$$W_{\rm TPA} \propto \left| \sum_f \sum_n \left[\frac{\langle f|\hat{V}_2|n\rangle\langle n|\hat{V}_1|i\rangle}{E_n - \omega_1} + (1 \leftrightarrow 2) \right] \right|^2 \tag{6.4}$$

に比例する.ここで,$|i\rangle$ ($|f\rangle$) は励起子の始状態 (終状態) で,$\tilde{V}_j$ ($j=1,2$) は,j 番目の光子と物質系との間の双極子相互作用,E_n は,n 番目の中間状態 $|n\rangle$ のエネルギーである.

低次元系では,入射光の偏光ベクトル $\hat{\epsilon}$ の方向に依存して 2 光子吸収遷移確率の表式が変わる.擬 1 次元励起子の場合,偏光方向 $\hat{\epsilon}$ が非閉じ込め方向 x に平行のとき,2 光子吸収確率 $W_{\rm TPA}^{(1)}(\omega_1+\omega_2; \hat{\epsilon} \| \hat{x})$ は,

$$G^{(1)}(\hat{\epsilon}\|\hat{x}) = \sum_{i=y,z}\sum_{\alpha_i,\beta_i} |\langle \phi_{\alpha_i}|\phi_{\beta_i}\rangle|^2 \sum_\nu \left| \frac{\partial}{\partial x}\Phi^{(1)}_{\nu;\{\alpha,\beta\}}(x)\right|^2_{x=0} \delta(\omega_1+\omega_2-E_{\rm gap}^{(1)}-E_\nu^{(1)}) \tag{6.5}$$

に比例する.ここで,$G^{(1)}$ は 2 光子吸収確率の包絡関数部分とよばれる.サブバンド選択則は,$i=y$ または z に対して,$\alpha_i - \beta_i = $ 偶数 $\simeq 0$ となる.励起子の相対運動波動関数が奇関数の状態のみ許容である.

また,偏光方向が閉じ込め方向 z に平行な場合の包絡関数部分は,

$$G^{(1)}(\hat{\epsilon}\|\hat{x}_\zeta) = \sum_{\alpha_\zeta,\beta_\zeta} \left| \left\langle \phi_{\alpha_\zeta} \left| \frac{\partial}{\partial x_\zeta}\right| \phi_{\beta_\zeta} \right\rangle \right|^2 \sum_{\alpha_{\zeta'},\beta_{\zeta'}} |\langle \phi_{\alpha_{\zeta'}}|\phi_{\beta_{\zeta'}}\rangle|^2$$
$$\times \sum_\nu |\Phi^{(1)}_{\nu;\{\alpha,\beta\}}(x=0)|^2 \delta(\omega_1+\omega_2-E_{\rm gap}^{(1)}-E_\nu^{(1)}) \tag{6.6}$$

となる.μ_ζ は,閉じ込め方向に沿った電子–正孔換算質量である.サブバンド選択則は,偏光方向のサブバンドに関しては $\alpha_\zeta - \beta_\zeta = $ 奇数 $\simeq \pm 1$,偏光方向と直交する閉じ込め方向のサブバンドに関しては,$\alpha_{\zeta'} - \beta_{\zeta'} = $ 偶数 $\simeq 0$ となる.相対運動波動関数が偶関数の励起子状態のみ許容となる.

2 次元励起子系の場合の包絡関数部分は,$\hat{\epsilon}$ が非閉じ込め方向の x あるいは y 方向と平行の場合,

$$G^{(2)}(\hat{\epsilon}\|\hat{x}_\xi) = \sum_{\alpha\beta} |\langle \phi_\alpha|\phi_\beta\rangle|^2 \sum_\nu \left| \frac{\partial}{\partial x_\xi}\Phi^{(2)}_{\nu;\alpha\beta}(x,y)\right|^2_{x=y=0} \delta(\omega_1+\omega_2-E_{\rm gap}^{(2)}-E_\nu^{(2)}) \tag{6.7}$$

で与えられる.μ_ξ は非閉じ込め方向の電子–正孔換算質量.サブバンド選択則は,$\alpha - \beta = $ 偶数 $\simeq 0$ である.$m=\pm 1$ の励起子状態 (いわゆる p 系列) が,この偏光方向の 2 光

子吸収で許容となる．一方，$\hat{\epsilon}$ が閉じ込め方向 z と平行の場合は，

$$G^{(2)}(\hat{\epsilon}\|\hat{z}) = \sum_{\alpha\beta}\left|\langle\phi_\alpha\left|\frac{\partial}{\partial z}\right|\phi_\beta\rangle\right|^2 \sum_\nu |\Phi^{(2)}_{\nu;\alpha\beta}(x=y=0)|^2 \delta(\omega_1 + \omega_2 - E^{(2)}_{\text{gap}} - E^{(2)}_\nu) \quad (6.8)$$

である．ここで μ_z は閉じ込め方向に沿った電子–正孔換算質量で，サブバンド選択則は，$\alpha - \beta =$ 奇数 $\simeq \pm 1$ となる．この偏光方向の 2 光子吸収では，$m = 0$ の励起子状態 (s 状態) が許容となる．

低次元励起子の 2 光子吸収スペクトルの偏光方向依存性 (異方性) の起源をまとめよう[9]．異方性は，(a) サブバンド選択則の異方性，(b) 励起子相対運動波動関数の異方性 (次元性)，(c) バンド間双極子遷移行列要素の異方性の 3 つから生じている．1 光子吸収の異方性は (c) にしか依らない．サブバンド選択則による異方性 (a) では，1 光子吸収のサブバンド選択則は偏光方向には依存しないが，2 光子吸収では依存して 1 光子吸収では禁制だったサブバンド間の励起子遷移を観測することができる．励起子波動関数のパリティ(b) に関しては，2 光子吸収では，偏光方向を 90 度変えるだけで，s 型対称性の励起子準位 (1 光子吸収許容) も p 型対称性の励起子準位 (1 光子吸収禁制) も観測できる．これは，励起子相対運動波動関数の低次元性を直接反映していることにほかならない．TPA 吸収端近傍に関しては，非閉じ込め方向 (閉じ込め方向) に平行な偏光によるミッドギャップ TPA スペクトルは，禁制ギャップ (許容ギャップ) 半導体の OPA スペクトルと類似している．

d. 1 次元系での励起子分子

励起子が 2 個存在するような励起状態は，**励起子分子** (biexciton, excitonic molecule) の問題として古くから興味の対象であった．伝導帯に 2 つの電子，価電子帯に 2 つの正孔が励起された場合の 4 フェルミ粒子系を考えよう．1 つの電子と 1 つの正孔とが 1 組になって励起子束縛状態をつくり，それらが 2 組存在すると考えると，水素分子形成の類推から励起子分子とよばれる束縛状態ができることが予想される．実際，実験的にもその存在は確認されている．3 次元系での励起子分子に関しては，常に束縛エネルギーが正であり，安定に存在しうることが変分計算からわかっている．

擬 1 次元系での (最低エネルギー) 励起子分子を 2 つのワニエ励起子の束縛状態として捉え，その束縛エネルギーを計算した研究がある[10]．1 次元系を連続体近似してハイトラー–ロンドン (Heitler–London) 法を用いると，一方の励起子によって他方の励起子波動関数がひずむ効果 (分極効果) は入らないので，励起子分子問題は励起子間すなわち正孔間相対運動の問題に帰着する．数値計算結果によると，擬 1 次元系での励起子分子束縛エネルギー $E^{(1)}_{\text{EM}}$ は，3 次元 GaAs 系の場合の $E^{(3)}_{\text{EM}} \simeq 0.04 E^*_{\text{R}}$ に比べて 5 倍以上大きくなる．よって，励起子の場合と同様に，励起子分子は低次元系でより安定に存在し，クーロン相関効果が有効に働いていることがわかる．

低次元系 (とくに 1 次元系) では，クーロン相互作用の短距離部分も重要になり，格子定数程度の長さスケールが問題になる．そこで，2 つのワニエ励起子が存在するとい

う仮定を用いず，4つのフェルミ粒子 (2つの電子と2つの正孔) が存在するという一般的状況から出発して，1次元離散格子上で励起子分子形成をしらべた研究もある[11]．有限1次元鎖に周期境界条件を適用し，厳密数値対角化法により励起子分子束縛エネルギーを評価すると，上記のハイトラー–ロンドン法で得た励起子分子束縛エネルギーのさらに2倍程度の大きさの値が得られた．この数値的手法では，ワニエ励起子が2つ存在する弱結合領域だけでなく，フレンケル励起子が2つ存在する強結合領域まで適用でき，両極限間のクロスオーバーも議論された．

ある種の擬1次元物質では，n個の電子とn個の正孔 (nは小さな自然数) とが，**励起子nストリング状態** (excitone n-string state)[12] とよばれる束縛状態を安定につくりうることが知られており，実験的にもその存在が確認されている．ただし，一般には$n > 2$の「ポリ励起子」状態は不安定である．また，電子2個 + 正孔1個あるいは電子1個 + 正孔2個の束縛状態である**荷電励起子状態 (トリオン)** (charged exciton, trion) の存在も知られている．

e. 量子細線の光学利得スペクトル

半導体でのレーザー発振には反転分布状態が必要で，その状態は高密度の電子と正孔とが共存する系にほかならない．従来，粒子間のクーロン相互作用を無視した自由キャリア理論にもとづいた先駆的考察によって，1次元結合状態密度の形状に起因して，半導体量子細線レーザは高次元半導体レーザよりも高い性能があると予測されてきた．しかし，低次元系ではクーロン相互作用がより重要であり，キャリア間クーロン相互作用を取り入れて量子細線の**光学利得** (optical gain) 特性を解析しなければならない．このような電子および正孔間の多体クーロン作用が効くような状況での半導体光学応答理論が1990年代以降進展し，とくに**半導体ブロッホ方程式** (semiconductor Bloch equations) とよばれる理論的枠組みによって非線形光学応答などが理解されてきた．

電子 (e) と正孔 (h) が最低エネルギーサブバンドに存在するとして，**遮蔽はしご近似** (screened ladder approximation) の範囲内の半導体ブロッホ方程式を用いて，光学利得と光吸収スペクトルを計算した研究がある[13]．光学利得・光吸収スペクトルは，物質の空間次元だけでなく，電子–正孔数密度およびクーロン相互作用の強さや到達距離によって大きく変形する．バンド端は，バンドギャップ繰り込み効果 (Band-Gap Renormalization: BGR) によって，低エネルギー側にシフトする．ある周波数で光吸収がゼロとなり光学利得 (負の光吸収) が発生し始める状況での粒子数密度を「透明密度」と称するが，それは温度に敏感に依存するが緩和定数にはあまり依存しない．透明密度領域近傍では，ピーク利得はクーロン相互作用によって増大する．しかし粒子数密度を増大させるとこの増大効果は急激に減少し，高密度領域ではピーク利得を抑圧する効果に転じる．この光学利得のピーク値が飽和し減少する現象は，実際に実験的にも観測されている．平均場近似以上のクーロン相関効果を取り入れた計算や，利得スペクトルの幅や形状の解明は，残された課題である．

f. 金属量子細線の線形光学応答

　低次元金属あるいは低次元半導体に変調ドーピングを施したものは，一般に低温でフェルミ面が存在する金属としてふるまう．[ただし，低次元で電子-格子相互作用が強いと，ネスティングによるパイエルス転移を起こしてフェルミ面直上にエネルギーギャップが開くので，その場合はパイエルス絶縁体 (Peierls insulator) としてふるまう.] 金属のフェルミ面効果が光学応答に現れる現象の1つとしてフェルミ端特異性 (Fermi Edge Singularity: FES) がある．これは，バンド間遷移光学吸収スペクトル W_{OPA} や発光スペクトル W_{PL} の吸収端 (発光端) E_{F} (フェルミ端とよばれる) 近傍のふるまいが，$W_{\mathrm{OPA}}(\omega) \sim (\omega - E_{\mathrm{F}})^{\beta} \Theta(\omega - E_{\mathrm{F}})$ [$W_{\mathrm{PL}}(\omega) \sim (E_{\mathrm{F}} - \omega)^{\beta} \Theta(E_{\mathrm{F}} - \omega)$] となる現象で，スペクトルにべき依存性が生じる特異な現象である．このべき指数 β を FES 指数とよび，$\beta < 0$ の場合を発散端 (divergent edge)，$\beta > 0$ の場合を収束端 (convergent edge) という．バルクのアルカリ金属の X 線分光における発散端の FES に関して，1967 年に Mahan が一種の励起子効果として考察したのを口火として[14]，近藤問題とも密接な関連があることから多くの理論家を巻き込む問題となった．1次元金属や変調ドーピングした半導体量子細線および半導体量子井戸でも FES は観測されている．フェルミ縮退した N 個の電子を考慮に入れた $(N+1)$ 電子-1 正孔系の量子多体効果が本質で，1次元金属に関しては，フェルミ面近傍の電子状態を朝永–ラッティンジャー・ボソン (Tomonaga–Luttinger boson) として取り扱った理論がある[15, 16]．この理論の骨子は，相互作用する1次元フェルミオン場は，適当な条件下で独立なボソンの集団と等価であることである．フェルミ粒子 (たとえば電子) 間に相互作用が存在すると，粒子数密度のゆらぎが生じ，粒子はフェルミ面を挟んで詰まった準位から空の準位へと励起され，1対の粒子と空孔とが生じる．この1対は，両者のエネルギーがともにフェルミ準位に近い場合 (長波長励起)，ボソンとして記述できる．短距離相互作用の場合，このボソンは音波型の線形分散を示す．

　光吸収において FES が生じるための重要な物理過程は，光吸収の際に突然生じる価電子帯正孔の正電荷を遮蔽しようとする縮退伝導電子の時間応答，すなわち，多くの長波長電子–空孔対 (朝永–ラッティンジャーボソン) の同時励起と**赤外発散** (infrared divergence) 効果である．縮退したフェルミ面が存在すると，フェルミ面を構成する電子は，無限小のエネルギーで励起状態に励起されうる．この赤外発散に起因してアンダーソンの直交定理 (Anderson's orthogonality theorem) が成り立ち，価電子帯正孔が存在する場合と存在しない場合のフェルミ面の多体電子波動関数が直交する．この直交定理は，光吸収確率を小さくする方向に働く [**直交破局効果** (orthogonality catastrophe) とよぶ]．他方，$(N+1)$ 個の伝導電子と価電子帯正孔の (遮蔽された) 引力に起因する励起子相関効果 (多体励起子) も存在し，これは光吸収確率を大きくする方向に働く．この2つの効果の競合によって，フェルミ端での光吸収スペクトルのふるまい (FES 指数の正負) が決まっている．

　1次元電子系を朝永–ラッティンジャー・モデルで表すためにフェルミ面付近のバン

ド分散を線形化し，前方散乱相互作用 (運動量移乗が小さな相互作用) を表す相互作用パラメター $g_2^{\mathrm{eh}}, g_2^{\mathrm{e}}, g_4^{\mathrm{e}}$ を導入する．絶対零度では FES 指数の解析的表示が得られる．FES 指数は，$\beta = \beta^{\mathrm{ex}} + \beta^{\mathrm{oc}}$ のように 2 つの部分の和からなる．それぞれは，多体励起子部分 (ex) と直交破局部分 (oc) で，後者は正孔グリーン関数の指数でもある．これらは，

$$\beta^{\mathrm{ex}} = \frac{1}{2}(1 - \bar{g}_2^{\mathrm{eh}})[1 - (\bar{g}_2^{\mathrm{e}})^2]^{-1/2} - \frac{1}{2} \tag{6.9}$$

$$\beta^{\mathrm{oc}} = \frac{1}{4}(\bar{g}_2^{\mathrm{eh}})^2 (1 - \bar{g}_2^{\mathrm{e}})^{-1/2} (1 + \bar{g}_2^{\mathrm{e}})^{-3/2} \tag{6.10}$$

である．ここで $\bar{g} \equiv g/(v_\mathrm{F} + g_4^{\mathrm{e}})$ である．通常の場合，$\beta^{\mathrm{ex}} < 0$ で $\beta^{\mathrm{oc}} > 0$ であり，これらの 2 つの項の大小で，発散端になるか収束端になるかが決まる．正孔ポテンシャルによる束縛状態が存在する場合は，低密度極限で荷電励起子 (トリオン) が終状態となる遷移がもっとも重要である[17]．電子フェルミ面の存在下での正孔やミューオンの運動も古くから議論されており，ボソン熱浴やフェルミオン熱浴の効果が，荷電粒子の運動エネルギーにどのように影響するかは，局在/非局在の問題として興味深い．

6.2.3 光誘起相転移
a. 光誘起相転移現象とその分類

相転移とは，広い意味では，外部パラメターを少し変化させただけで，物質の巨視的性質 (色などの光学的性質，電気伝導などの輸送現象，磁性，誘電性，結晶構造など) が劇的な変化を示す協力現象である．その劇的変化を引き起こす「きっかけ」が，温度変化や圧力変化ではなく光照射であるような相転移現象が光誘起相転移 (PhotoInduced Phase Transition: PIPT) である[18]．光誘起相転移には，(i) 光励起状態を経由した相転移と (ii) 光励起状態での相転移の二種類のタイプに大別される．(i) には，ポリジアセチレン結晶や 2 価鉄ピコリルアミン (スピンクロスオーバー) 錯体，有機電荷移動錯体などの系で観測されている構造相転移が多い．(ii) は，光で強励起した無機化合物半導体，アルカリ (銅) ハライド結晶などで観測される電子相転移が多く，励起状態のキャリア (電子と正孔) や励起子がお互いにクーロン相互作用しながら，金属-絶縁体転移や相分離のような相転移ダイナミクスを示す．

b. 光誘起相転移の特徴

光誘起相転移には，従来の平衡相転移現象にはない特徴が多くある．(1) 光誘起相転移は，励起状態や非平衡状態で生じる (広義の) 相転移であり，従来の熱平衡状態での相転移とは異なる．ここでの「相」は熱平衡相ではないが，大域的で巨視的な物質状態を意味する．ほんの少数の分子の構造や状態が光照射で変化する現象は，光誘起相転移の範疇には入らない．(2) 光誘起相転移は，協力現象の一種である．光誘起相転移では，電子相関や電子–格子相互作用などを通じた要素間相互作用が本質的である．それゆえ，光照射によって引き起こされたほんの少数の局所的変化が，多数の大域的

なものへと(自発的に)成長する巨大非線形応答が発現しうる.(3)光誘起相転移を示す物質には,ある物質パラメーターを変化させた際の多重安定性が内在している.(4)転移が生じている過程の時空間ダイナミクスも重要である.とくに,光励起状態を経由した相転移では,結晶構造変化・電子構造変化・スピン(磁性)状態変化を伴う局所微視的な光励起領域(光励起ドメイン)が光で生成された後,励起状態での電子相関や電子(スピン)–格子相互作用などを通した協力現象と緩和過程によって,それらが物質全体に広がった大域巨視的な領域に移り変わっていく過程の動態が興味深い.(5)光誘起相転移に関与する光励起状態のエネルギーは,温度エネルギーよりも高い場合が面白い.すなわち,温度上昇では決して到達できない高いエネルギーの光励起状態が選択的に関与する相転移なので,熱的相転移では生じ得ない終期相にも到達可能となる.なお,光照射による温度上昇に起因する相転移は,光誘起相転移ではない.(6)光誘起相転移現象には,一般に,非常に異なるタイムスケールやエネルギースケールが混在している「マルチスケール性」に依拠している.これは,局所的変化から大域的変化までの様々な長さスケールが関与していることに起因する.換言すると,微視的な量子力学的変化から巨視的な古典力学的変化までが時間とともにクロスオーバーしている.(7)励起状態が関与するので,エネルギー緩和や位相緩和などの散逸やデコヒーレンス過程が必ず付随する.よって,光誘起相転移は,一般に,環境や熱浴の性質に敏感である.(8)光照射は遠隔操作であるので,光誘起相転移は,物質状態の遠隔制御といえる.

c. 光励起状態を経由した構造相転移

光励起状態を経由した構造相転移には,(a)準安定相から絶対安定相へ,(b)絶対安定相から準安定相への2通りの方向がある.前者(a)は,パルス的な光励起をきっかけとして,エネルギー的に高い準安定状態から,エネルギーを散逸しながら,より低いエネルギーの絶対安定状態へ遷移するエネルギー散逸型過程である.後者(b)は,外界から連続的に光エネルギーを注入されながら,準安定相を過渡的に生成するエネルギー注入型過程である.(a)の素過程の1つが,**光誘起ドミノ倒し過程**(photoinduced domino process)である.これは,光照射によって結晶中の1つの分子(あるいはユニットセル)の局所変化を引き起こすだけで,結晶全体にその効果がドミノ倒しのように伝播拡大していく過程である.これは,光誘起構造相転移の初期過程の普遍的ダイナミクスである.

光誘起ドミノ倒し過程を考察するミニマルモデルは,1次元局在電子-格子系である.各サイトでは2準位局在電子準位と調和型格子とが相互作用し,2つの安定な局所構造をもっているとする.あるサイトの調和型格子が隣接サイトの格子と弾性的相互作用する1次元鎖モデルを,**断熱近似**(adiabatic approximation)の下で数値的に解き,電子遷移と自然放出を伴う光誘起核成長ダイナミクスの時空間発展シミュレーションが行われた[19, 20].1箇所のサイト(0番目のサイトとする)のみをパルス光で励起した後,その励起がどのように系を伝搬していくかが注目の的であるが,サイト間の弾

表 **6.1** 0番目のサイトのみを光励起した後のドミノ倒し過程の特徴を，断熱極限と透熱極限とで比較した．t は，1サイト内の2つの局在電子状態間の重なり積分，S は格子運動の古典性を表す Huang–Rhys 因子，N は全サイト数である．

	断熱極限	透熱極限
条件	$t \gg S^{-1/2}$	$t \ll S^{-1/2}$
0番目のサイトでの自然放出	生じる	生じない
0番目以外のサイトでの自然放出	生じない	生じる
自然放出される全光子数	1	$N-1$
ドミノ倒しダイナミクス	決定論的	確率的
ドミノ倒し運動の時間スケール	格子振動周期程度 (速い)	自然放出寿命程度 (遅い)

性的相互作用の大きさ k によって，3種類の応答が存在する．

- 領域 I (弱い相互作用): 0番目のサイトだけが自然放出後に新しい構造に転移する (凍結した局所ひずみ)
- 領域 II (中間的な相互作用): すべてのサイトが新しい構造に転移する (光誘起ドミノ倒し)
- 領域 III (強い相互作用): すべてのサイトがもとの構造に戻ってしまう (復元).

サイト間相互作用が弱い場合は，各サイトはほぼ独立にふるまうため，光子を吸収して励起された0番目のサイトだけが元の構造から新しい構造に転移する (凍結した局所ひずみ)．一方，相互作用が強い極限では，光子を吸収したサイトでさえも，弾性エネルギーの損のために (まわりのサイトに引っ張り戻されて) 新しい構造に移り変わることができない (復元)．光誘起ドミノ倒しは，中間的な相互作用強さのみで発現する．この領域では，大域的な構造転移が，たった1つのサイトによる光子の吸収によって引き起こされるため，きわめて大きな非線形性を示すことになる．2つの構造間のドメイン境界壁はほぼ一定速度で運動する，すなわち，ドミノは等速で倒れていくので，**決定論的ドミノ倒し過程** (deterministic domino process) とよばれている．

一方，断熱近似とは逆の**透熱極限** (diabatic limit) でも，中間的な相互作用強さでのみ光誘起ドミノ倒しが生じる．決定論的ドミノ倒し過程と異なるのは，各サイトが新しい構造に移る際に，必ず光子の自然放出を伴う点である．自然放出は確率過程なので，ドミノが倒れるのに要する時間が確率的になり一定ではなくなる．よって，絶対零度であっても，ドメイン境界壁の運動は確率過程となり不規則な速度で進行するため，**確率的ドミノ倒し過程** (stochastic domino process) とよばれる[21]．両者の比較を表 6.1 にまとめた．

最近では，モンテカルロ法による大規模な数値計算[22]も行われているが，未解決の問題も残っている．物質によっては電子相関効果も取り入れた考察が必要で，パイエルス–ハバード模型を基にした数値計算が報告されている[18]．一般に，電子相関を担う非局所的クーロン相互作用と格子変形間の局所的弾性相互作用とは競合し，電子の遍

歴性もあいまって，ドミノ倒しを明確に定義できない状況になってしまう場合が多い．

d. 光励起状態での電子相転移

バンドギャップ程度のエネルギーの光を半導体(絶縁体)に当てて価電子帯の電子を伝導帯にバンド間励起して創られた電子–正孔系を考える．電子と正孔の個数は，照射する光の強度によってほぼ自在に制御することができる．電子と正孔間のクーロン相互作用が重要であり，(a) 励起状態での量子秩序形成を量子多体理論を用いて探求する研究，(b) 物質と光との結合系の動的応答を解明する研究，(c) 系から発せられる光の量子力学的特徴を追求する研究，(d) 散逸・緩和のある物質系や光子系の量子凝縮ダイナミクスを理解する研究などが進められている．有限寿命での再結合緩和は一般には避けられないが，パルス励起された電子や正孔のバンド内緩和がバンド間電子–正孔再結合よりも十分に早く起きる物質の場合は，電子–正孔系はいったん準熱平衡的状況になるだろう．そのような準静的状況での理論研究が先行している．実際には，連続光を照射し続けた状況での非平衡定常状態や，緩和ダイナミクスそのもの[23]も重要である．

照射光強度が非常に弱い極限では，電子と正孔とが1つずつ生成され，励起子[1,24]が形成される．粒子数があまり大きくない場合(すなわち照射光強度が弱い場合)は，すべての電子と正孔の組(ペア)が励起子を形成し，系は複数の励起子がほぼ独立に(ほとんど相互作用せずに)漂っている状態になる．これを**励起子気体** (exciton gas) という．また，このうちのいくつかは，励起子分子をつくっている．励起子や励起子分子はフェルミ粒子である電子と正孔との複合粒子なので，全体としてボース粒子のようにふるまう．よって，励起子気体状態や励起子分子気体状態は擬ボース気体の状態である．よって低温では，ボース–アインシュタイン凝縮 (Bose–Einstein Condensation: BEC) が生じると予測され，多くの実験や理論的研究が進められている．(電子–正孔系は光励起状態なのだから熱平衡ではないので，温度は厳密には定義できない．しかし，バンド内緩和が早い場合は，電子–正孔系は準熱平衡にあると見なすことができ，有効温度を近似的に定義できる．この温度は，フォノン系などの電子–正孔系の環境の温度でほぼ決まっている．)

さて，電子–正孔数を大きくしていくと(すなわち照射光強度を強くしていくと)，今まで励起子を形成していた電子と正孔間のクーロン引力は，他の電子や正孔に遮蔽をされて弱められる．パウリ排他律の効果も同様に効き，ある程度の高密度になると，電子と正孔はもはや束縛状態をつくることができなくなり，励起子は電子と正孔とに乖離せざるを得なくなる．つまり，ある濃度以上では，励起子や励起子分子は形成されず，電子と正孔とがばらばらに存在する状況(しかし相互作用はしている)になり，これは**電子–正孔プラズマ (気体)** (electron-hole plasma, electron-hole gas) とよばれている．これは2成分フェルミ気体で，励起子や励起子分子のボース粒子性は失われ，電子と正孔のフェルミ粒子性が前面に出てくる．また別の見方をすれば，励起子気体や励起子分子気体は電荷を運べない絶縁体状態であるが，電子–正孔プラズマ状態は，

電荷をもつ電子と正孔とが別々に存在するので，伝導体(金属)状態である．すなわち，「励起子(励起子分子)→ 電子 + 正孔」の変化は，「絶縁体 → 金属」転移といえるので，この相転移を**励起子モット転移** (exciton Mott transition) とよぶ．この転移は，固体中の「ボソン系 → フェルミオン系」転移でもある．この励起子モット転移が，相転移として観測しうるのか，クロスオーバーなのか，どのような観測可能物理量で特徴付けるのがもっとも明確か，などの研究が進められている．

なお，物質によっては電子–正孔プラズマ(気体)は**電子–正孔液体** (electron–hole liquid) や **電子–正孔液滴** (electron–hole droplet) にもなり，核形成やスピノーダル分解過程を通して気体状態と液体状態が共存する気液相分離現象が生じる．これも相転移の一種で，熱平衡系でスピノーダル分解とよばれる現象と同等の相分離現象が，固体中の光励起状態でも生じている．とくに，バンド構造に縮退する谷が複数存在する場合に生じやすい．非平衡光励起状態での相転移・相分離を議論するために，励起子のような寿命を伴う粒子のスピノーダル分解ダイナミクスを追跡する準古典理論が構築されている[25]．スピノーダル分解特有の「オンセット時間」と寿命との間にはユニバーサルなスケーリング則が存在する．励起子の「量子性」をも考慮したスピノーダル分解理論は，まだ存在しない．

電子–正孔液体状態の温度を下げると，量子力学的な凝縮[電子–正孔 BCS 状態 (electron–hole BCS state) とよばれる]が生じることも予測されている．低温高密度相の電子–正孔 BCS 状態と低温低密度相の励起子 BEC 状態とはクロスオーバーでつながっており，**BCS–BEC クロスオーバー** (BCS–BEC crossover) とよばれる．電子数と正孔数とが異なる場合の量子凝縮も興味深い．**FFLO 状態** (FFLO state) と称される特殊な超伝導状態(クーパー対の密度波状態のようなもの)に相当する電子–正孔凝縮相が予測されている[26]．これらの量子凝縮相は，電子–正孔系に限らず，超伝導系，冷却原子系やハドロン系でも類似の研究が進められている．

電子–正孔系に関しては，古くは電子ガス理論を敷衍した連続模型から，近年のボソン格子模型や多バンドフェルミオン格子模型まで，様々な手法を用いた理論が展開されている．最近，**動的平均場理論** (dynamical mean field theory) と厳密対角化法とを併用して，3次元系の励起子モット転移の研究が進んだ[27]．この動的平均場理論は，ハートリー–フォック (Hartree–Fock) 近似よりもよい近似で通常のモット転移を系統的に記述することができ，さらに高次元極限では厳密解を得ることができる．この理論計算によって，励起子モット転移の温度と粒子間相互作用(引力と斥力)依存性が明らかになり，絶縁体相には，励起子が支配的な相と励起子分子が支配的な相の2種類が存在することがわかった．また，金属相と励起子絶縁体相との間は1次相転移であることが明らかになった．また，温度がある臨界温度よりも高くなると，この共存相は消滅して励起子モット転移はぼやけ，伝導性のよい金属相と伝導性の悪い(励起子相関が強く残っている)金属相("bad metal"とよばれる)との間のクロスオーバーに置き換わる．また，励起子絶縁体相と bad metal との間も熱的なクロスオーバーで

ある.なお,電子と正孔の対凝縮(励起子ボース–アインシュタイン凝縮と電子–正孔 BCS 状態)も自己無撞着 T 行列近似でしらべられているが[28],励起子モット転移と併せて 1 つの枠組みで統一的記述に成功した理論はまだない.

電子–正孔系での相転移は,系の次元にも強く依存する.とくに,1 次元電子–正孔系は特殊である.2 バンド朝永–ラッティンジャー・モデルを用いた解析によると,粒子間相互作用が短距離的だとすると,励起子 BEC と正孔の電荷密度波およびスピン密度波とが競合し,それらの間で量子相転移が起こる.クーロン相互作用の長距離性や電子–正孔後方散乱効果を考慮すると,励起子分子を形成しようとする傾向が強くなり,クリーンな 1 次元電子–正孔系では,多数の励起子分子が規則的に並ぶ(絶縁体的な)**励起子分子結晶** (biexciton crystal) が形成されやすくなる[29].絶対零度の 1 次元電子–正孔系では,どんなに高密度であっても励起子モット転移は起こらず,系は常に絶縁体的にふるまう.なお,励起子モット転移に緩和寿命がどのような影響を及ぼすのかは,未解明である.

e. 動的電子相関光科学の展開

物質への光照射は,物質の「見かけの基底状態」をいったん壊すことにより「真の基底状態」を探索し,それによって物質の現存在様式の由来を明らかにする,というメタ立場からの物性研究を可能とする.また,電子–正孔系は「実験可能な複合粒子多体系」の典型例であるため,その研究によって広い自然界の物質の起源の解明にまで直接踏み込むことができる.電子–正孔系の光誘起電子相転移は,冷却原子系での BEC-BCS クロスオーバーや高温超伝導体での反強磁性–超伝導の競合,共振器ポラリトン系のボース–アインシュタイン凝縮や超流動[30],ハドロン多体系でのクォーク–グルオンプラズマ転移やカラー超伝導などと似通っており,何桁も異なるエネルギースケールにわたって,物理現象の共通性や階層性が潜んでいることが示唆される.

電子–正孔物理学を演ずる電子と正孔とクーロン相互作用だけでなく,その舞台設定や脇役も重要である.自己束縛励起子状態形成における励起子-格子相互作用,励起子弱局在におけるランダムネス,励起子スクイジングにおける励起子–光子相互作用など,次元性と関連が未解明の問題も多い.

照射光によって制御・生成された物質の秩序状態から発せられる光の量子性にも強い関心が寄せられている.キャリア間相互作用を通して形成された物質コヒーレンスを光コヒーレンスとしてどのように外部に取り出すかは,新しい量子半導体レーザーおよび単一光子状態や量子もつれ光子状態の発生光源の設計指針としても解明が待たれている.

[小川哲生]

文　献

[1] T. Ogawa and Y. Kanemitsu (eds.), *Optical Properties of Low-Dimensional Materials* (World Scientific, 1995); Vol. 2 (World Scientific, 1998).
[2] 小川哲生,応用物理 **68** (1999) 122.

[3] R. Loudon, Am. J. Phys. **27** (1959) 649; R. J. Elliott and R. Loudon, J. Phys. Chem. Solids **8** (1959) 382; **15** (1960) 196.
[4] T. Ogawa and T. Takagahara, Phys. Rev. B **44** (1991) 8138.
[5] R. J. Elliott, Phys. Rev. **108** (1957) 1384.
[6] M. Shinada and S. Sugano, J. Phys. Soc. Jpn. **21** (1966) 1936.
[7] Y. Takahashi et al., Appl. Phys. Lett. **86** (2005) 243101.
[8] T. Ogawa and A. Shimizu, Phys. Rev. B **48** (1993) 4910.
[9] A. Shimizu et al., Phys. Rev. B **45** (1992) 11338.
[10] L. Bányai et al., Phys. Rev. B **36** (1987) 6099.
[11] K. Ishida et al., Phys. Rev. B **52** (1995) 8980.
[12] M. Kuwata-Gonokami et al., Nature **367** (1994) 47.
[13] P. Huai et al., Jpn. J. Appl. Phys. **46** (2007) L1071.
[14] G. D. Mahan, Phys. Rev. **153** (1967) 882.
[15] T. Ogawa et al., Phys. Rev. Lett. **68** (1992) 3638.
[16] 小川哲生,日本物理学会誌 **47** (1992) 570.
[17] T. Ogawa and M. Takagiwa, Nonlinear Optics **29** (2002) 465.
[18] K. Nasu (ed.), *Photoinduced Phase Transitions* (World Scientific, 2004).
[19] T. Ogawa, Phase Transitions **74** (2001) 93.
[20] 小川哲生,越野和樹,表面科学 **23** (2002) 695.
[21] K. Koshino and T. Ogawa, J. Phys. Chem. Solids **60** (1999) 1915.
[22] O. Sakai et al., J. Phys. Soc. Jpn. **71** (2002) 978; **71** (2002) 2052.
[23] A. Ishikawa and T. Ogawa, J. Phys. Soc. Jpn. **79** (2010) 014706.
[24] T. Ogawa, J. Phys.: Cond. Matter **16** (2004) S3567.
[25] A. Ishikawa and T. Ogawa, Phys. Rev. E **65** (2002) 026131.
[26] K. Yamashita et al., J. Phys. Soc. Jpn. **79** (2010) 033001.
[27] Y. Tomio and T. Ogawa, J. Lumin. **112** (2005) 220.
[28] T. Ogawa et al., J. Phys.: Cond. Matter **19** (2007) 295205.
[29] K. Asano and T. Ogawa, J. Lumin. **112** (2005) 200.
[30] K. Kamide and T. Ogawa, Phys. Rev. Lett. **105** (2010) 056401.

6.3 量子光学

　光の科学は幅広い分野を含むが，その中で光を量子化して扱う現象を対象とするのが量子光学である．ただし光を量子化しなければまったく説明できない現象だけに限定するわけではない．光を量子化した方が見通しが良かったり現実に近いと思われる場合は，量子光学の対象となる．また量子光学は光だけを扱うのでなく，光と物質の相互作用を含む．物質がなければ量子的な光を発生することも，光と光を相互作用させることも，検出することもできないからである．分野としては量子エレクトロニクスとオーバーラップがある．量子光学はレーザーの出現に端を発する程度の歴史と伝統があるが，最近では量子情報処理や量子レベルの計測など，現象説明理論を越えた有用なツールとして出番も多くなっている．量子光学の標準的教科書としては[1-3]を，さまざまな場面における量子光学を基礎から応用までまとめた最近の書物として[4]をあげる．

6.3.1 光の量子論の歴史

19世紀の終わり頃，黒体輻射の総エネルギーUは温度Tの4乗に比例することが1879年にStefanとBoltzmannによって電磁場の熱力学から導かれた．一方黒体輻射の光の振動数スペクトルとして，低振動数極限で実験とよく合うレイリー–ジーンズ(Rayleigh–Jeans)則 (1900年) と高振動数極限でよく合うウィーン(Wien)則 (1893〜96年) が提唱された．いずれも振動数で積分した総エネルギーはシュテファン–ボルツマン (Stefan–Boltzmann) 則に一致しない．実験で得られるスペクトルは低振動数のレイリー–ジーンズ則と高振動数のウィーン則をつないだものとなる．そこでPlanckが1900年に試行的なスペクトルとして

$$\rho(\omega) = \frac{\hbar\omega^3}{\pi^2 c^3} \frac{1}{\exp(\hbar\omega/k_B T) - 1} \tag{6.11}$$

を導入した．ここで$\hbar$はプランク定数を2πで割ったもの，ωは光の角振動数，cは光速度，k_Bはボルツマン定数である．式 (6.11) は低振動数極限および高振動数極限でそれぞれでレイリー–ジーンズ則およびウィーン則を導くのみならず，実験とよく一致し，かつωで積分した総エネルギーUがTの4乗に比例することも導いた．式 (6.11) 自身は，黒体を形成する物質と光が$\hbar\omega$を単位としてエネルギーのやりとりをしていると仮定すると導かれる．これは角振動数ωの光のエネルギーは連続的でなく$\hbar\omega$を単位とする粒子の集まりであることを示唆している．

同じく19世紀の終わり頃，物質に光を当てると表面から電子を放出する現象がHertzにより発見された (1887年)．これは光電効果として知られ，当てる光の振動数が金属ごとに特徴的なある値以上でしか起こらず，それ以下の振動数では光強度を強くしても起こらない．これは，1905年アインシュタインの光量子仮説によって説明される．

1923年Comptonは電子によるX線の散乱実験において，散乱されるX線の波長の変化が$\lambda_C(1-\cos\theta)$となることを発見した．ここでλ_Cは電子のコンプトン波長，θは散乱角である．この現象はコンプトン散乱として知られ，光がエネルギー$\hbar\omega$，運動量$\hbar\vec{k}$の粒子の集まりであると考えると説明がつく．$\vec{k}$は大きさがω/cの波数ベクトルである

歴史的に黒体輻射，光電効果，コンプトン散乱は光が粒子であること示す現象の典型といわれて来た．しかし光を量子力学的扱い (第2量子化) が不可欠な現象かというと，実はそうでもなく，半古典論で説明できる[5]．半古典論とは，光はあくまでマクスウェル (Maxwell) 方程式で扱う波動とみなし，物質側の性質としてエネルギーは$\hbar\omega$の単位で，運動量は$\hbar\vec{k}$の単位で光とエネルギーや運動量をやりとりすると仮定する理論である．これらの現象も光を量子化して扱う方が自然で見通しがよいが，光を量子化しないとどうにも説明できないのは以下からあげる現象である．

物質が基底状態でなく励起状態にあるとき，物質ごとに特徴的な緩和時間で基底状態に戻り，そのエネルギー差ΔEに相当する角振動数$\omega = \Delta E/\hbar$の光子を放出する．

放出する方向は全方位等しくランダムである．これを自然放出とよぶ．この現象は光を量子化して現れる零点振動 (真空場) によって説明できる．自然放出係数自体はプランクの黒体輻射と熱平衡にある物質を考察することにより，現象論的に導かれる (アインシュタインの A 係数と B 係数の関係[1,3]) ことを指摘しておく．

　空間的に十分離れた観測者の一方が十分短い時間内に行う操作や観測はもう一方の観測者に影響しない，ということを局所性という．また，観測値は観測者が見るか見ないかにかかわらず決まっているということを実在性という．局所性と実在性の両方とも正しいとする考えを局所実在論とよぶが，これを仮定するだけで，空間的に離れた観測で得られる観測値のある統計式が満たされなければならない不等式が導かれる．これをベル (Bell) の不等式とよぶ (1964年) が，一連の実験によりベルの不等式は破れていると認識されるようになった (とくに 1981 年のアスペの実験)．量子力学によればこの破れは説明できる．どんな場合も破れているわけではなく，2地点に配られた物体または光がエンタングルメント (量子もつれ) を有することが必要条件となる．このエンタングルメントは，光にせよ物体にせよ粒子論または波動論のどちらか一方では説明できず，完全な量子力学的扱いが必要となる．ベルの不等式を最大限破る 2つの光子 (粒子) をベル・ペアまたは EPR ペアとよぶ．EPR とは，本来は量子力学に疑義を唱える目的でエンタングルメントについて記述された論文 (1935年) の著者である Einstein, Podoldky, Rosen の頭文字に因んでいる．ベル不等式については文献[2,6,7] を参照されたい.

　光をホモダイン検波またはヘテロダイン検波のような位相敏感検出を行ったときに現れる雑音を，通信あるいは電気の分野ではショット雑音とよぶ．量子光学ではこれは「零点振動」の検波成分と解釈されるが，それによると位相 0° の成分 (cos 成分) と 90° の成分 (sin 成分) 間に不確定性原理があり，片方の雑音の増大という犠牲を払えば，もう片方の雑音はショット雑音より小さくできる[8]．このように一方の信号に雑音を押し出すことをスクイジングとよぶが，これは実験的にも確認された[9]．スクイジングは最近では量子情報への展開もなされている[10]．ホモダイン検波で最小不確定関係を保つスクイジングだけに限ると，光を量子化せず「原因不明の不可避な古典的雑音」として説明することも可能である．しかし光子数と位相の間のスクイジングやシュレーディンガーの猫状態など，まったく一般の状態に拡張しようと思うと，光を量子化することが不可欠である．

　量子状態における不確定性のスクイジングとは別に，量子測定において付加される不確定性にも「片方に押しつける」ことが可能である．これは量子非破壊測定とよばれるが，光においてはたとえば光子数の量子非破壊測定[11] (この場合，位相角に付加される雑音には目をつぶる) や位相成分の量子非破壊測定 (この場合，たとえば位相 0 成分に付加される雑音に目をつぶり位相 90° の成分を測定する) がある．量子非破壊測定を光で行う場合も光を量子化しなければ記述できない．

　近年研究が盛んに行われている量子情報処理の中で量子コンピューティングは，光

以外に超伝導素子・イオントラップ・中性原子トラップ・分子の核スピン・半導体量子ドットなどさまざまな素材が提案されているが，光の制御性の良さと環境との分離性から光回路で行う提案も一大ジャンルとなっている．また量子暗号は光通信で行う以外は考えられない．これらの量子情報処理は波動性だけを使っても実現できず，粒子性だけを使っても実現できない．したがって光を使う量子情報処理[4,10,12]は真に光の量子化が必要な分野である．

6.3.2 量子化された光

光を量子化するためには，まず適当な空間的境界条件を設け，その空間モードで電場やベクトルポテンシャル (電場や磁場でもよい) を展開し，展開係数の時間発展を見る．境界条件としてよく用いられるのは完全導体壁面と周期的境界条件であるが，ここでは後者を考える．すなわち x, y, z 方向にそれぞれ長さ (L_x, L_y, L_z) で周期的な空間モード関数

$$\left.\begin{array}{ll} u_x(x,y,z,t) = \dfrac{1}{\sqrt{V}} e^{i(k_x x + k_y y + k_z z + \theta_x)} & (k_x \equiv 2\pi n_x / L_x) \\ u_y(x,y,z,t) = \dfrac{1}{\sqrt{V}} e^{i(k_x x + k_y y + k_z z + \theta_y)} & (k_y \equiv 2\pi n_y / L_y) \\ u_z(x,y,z,t) = \dfrac{1}{\sqrt{V}} e^{i(k_x x + k_y y + k_z z + \theta_z)} & (k_z \equiv 2\pi n_z / L_z) \end{array}\right\} \quad (6.12)$$

を考える．$V \equiv L_x L_y L_z$ は量子化体積である．ここでモード関数として定数関数を除外するため，モード番号を表す整数 n_x, n_y, n_z のうち少なくとも1つは0でないとする．3つの整数の組 n_x, n_y, n_z をまとめて m と書き，それぞれの空間モード m に2つある偏光のモードを表す添字を s として，電場の量子場 $\hat{E}$ およびベクトルポテンシャルの量子場 $\hat{A}$ を展開すると

$$\hat{E} = i \sum_{m,s} \sqrt{\frac{\hbar \omega_{m,s}}{2\varepsilon_0 V}} \, \hat{a}_{m,s}(t) \, \vec{u}_{m,s}(x,y,z) + \text{h.c.} \quad (6.13)$$

$$\hat{A} = \sum_{m,s} \sqrt{\frac{\hbar}{2\varepsilon_0 \omega_{m,s} V}} \, \hat{a}_{m,s}(t) \, \vec{u}_{m,s}(x,y,z) + \text{h.c.} \quad (6.14)$$

場の量子性は展開係数 $\hat{a}_{m,s}$ に押しやられる．光の量子状態の変化を見るには $\hat{a}_{m,s}$ の変化を追うことになる．

特定のモードに限定して添字 m, s を省くと，$\hat{a}$ はそのモードの光子の消滅演算子，それと共役な $\hat{a}^\dagger$ は生成演算子とよばれ，基本式

$$\hat{a}|n\rangle = \sqrt{n}|n-1\rangle, \quad \hat{a}^\dagger|n\rangle = \sqrt{n+1}|n\rangle \quad (6.15)$$

から $\hat{a}$ と $\hat{a}^\dagger$ のすべての計算が導かれる．ここで $|n\rangle$ はそのモードの光子数が n 個の光子数状態 (number state) である．$\hat{a}$ と $\hat{a}^\dagger$ の交換関係

$$[\hat{a}, \hat{a}^\dagger] = 1 \quad (6.16)$$

は式 (6.15) と整合する．生成演算子および消滅演算子はエルミート演算子でないので，観測可能な物理量に対応していない．しかし光子数演算子 $\hat{n} \equiv \hat{a}^\dagger \hat{a}$ は観測可能であり，その名の通り $\hat{n}|n\rangle = n|n\rangle$ を満たす．

当該モードの光のハミルトニアンは $\hat{H}_0 = \hbar\omega \left(\hat{n} + \frac{1}{2}\right)$ となり，

$$\hat{H}_0|n\rangle = \hbar\omega \left(n + \frac{1}{2}\right)|n\rangle \tag{6.17}$$

を満たす．すなわち光子数状態 $|n\rangle$ はエネルギー固有状態でそのエネルギーは $E_n = \hbar\omega \left(n + \frac{1}{2}\right)$ である．とくに $E_0 = \hbar\omega/2$ は零点エネルギーまたは真空場のエネルギーとよばれる．生成消滅演算子で表される任意の物理量 $\hat{X}$ に対しハイゼンベルクの運動方程式は

$$i\hbar \frac{d\hat{X}}{dt} = [\hat{X}, \hat{H}_0] \tag{6.18}$$

となるが，$\hat{X}$ も $\hat{H}_0$ も生成消滅演算子で書かれるので，生成消滅演算子の微分方程式として解くことができる．

多モードでは，簡単のため空間モードと偏光モードを併せて m と表示し，モード m の光子数状態を $|n_m\rangle$ とすると，生成消滅演算子の交換関係は

$$[\hat{a}_m, \hat{a}_{m'}^\dagger] = \delta_{mm'} \tag{6.19}$$

光子数演算子は $\hat{n}_m \equiv \hat{a}_m^\dagger \hat{a}_m$，ハミルトニアン $\hat{H}_0 = \sum_m \hbar\omega_m \left(\hat{n}_m + \frac{1}{2}\right)$ の固有値方程式は，エネルギー固有値を $E_{m,n_m} = \hbar\omega_m \left(n_m + \frac{1}{2}\right)$ として

$$\hat{H}_0|n_1\rangle|n_2\rangle \cdots |n_m\rangle \cdots = \sum_m \sum_{n_m} E_{m,n_m}|n_1\rangle|n_2\rangle \cdots |n_m\rangle \cdots \tag{6.20}$$

となる．

物質中で光どうしの線形または非線形相互作用がある場合は，古典的相互作用ハミルトニアンを電場やベクトルポテンシャルで表し，それに式 (6.13) や式 (6.14) を代入して量子力学のハミルトニアン $\hat{H} = \hat{H}_0 + \hat{H}_{\text{int}}$ を生成消滅演算子で表し，運動方程式 $i\hbar(d\hat{a}_m/dt) = [\hat{a}_m, \hat{H}]$ を解いて光の量子状態の変化を追跡する．具体例は後に示す．

6.3.3 光の量子状態

古典的光はモードすなわち振動数と進行方向と偏光を決めれば，後は強度と位相だけで振動状態が決まる．ところが量子力学的には光子数 (= 強度) と位相を同時に決定することができないため，両者の不確定関係に様々な様相が現れる．たとえば，(1) 光子数状態 (位相はまったく不確定となる)，(2) コヒーレント状態 (どの位相成分の不確定量も等しく最小量)，(3) スクイズド状態 (特定の位相成分の不確定量が小さく，それと直交する位相成分の不確定量は大きい)，(4) 黒体輻射状態 (光子数はボルツマン

分布，位相はまったく不確定) などである．以下それぞれの状態について，定義，性質，統計性について述べる．統計性は (a) 光子数の統計性と (b) 直交位相成分の統計性がある．光子数は理想的フォトンカウンターにより計測され，直交位相成分は理想的ホモダイン検波により計測される．直交位相成分とは $\hat{a}_1 \equiv (\hat{a}e^{i\omega t} + \hat{a}^{\dagger}e^{-i\omega t})/2$ および $\hat{a}_2 \equiv (\hat{a}e^{i\omega t} - \hat{a}^{\dagger}e^{-i\omega t})/2i$ のことであり，それぞれホモダイン検波の「0°位相成分」またはコサイン成分および「90°位相成分」またはサイン成分などとよばれる．

a. 光子数状態

光子数状態はナンバーステート (number state)，光子数確定状態とよばれ，ケットベクトルでは $|n\rangle$ と表記される．ここで n は光子数である．

(1) 定義：光子数演算子 $\hat{n}$ ($\equiv \hat{a}^{\dagger}\hat{a}$) の固有状態
(2) 性質：

- 直交性がある．すなわち $\langle n|m\rangle = \delta_{nm}$．
- 完備系である．かつ冗長性のない，過不足ない完備性 $\sum_n |n\rangle\langle n| = \hat{1}$ を示す．したがって光の量子状態を表す任意の波動関数 $|\psi\rangle$ および密度演算子 $\hat{\rho}$ を

$$|\psi\rangle = \sum_{n=0}^{\infty} C_n |n\rangle \quad および \quad \hat{\rho} = \sum_{n=0}^{\infty}\sum_{m=0}^{\infty} \rho_{nm}|n\rangle\langle m| \qquad (6.21)$$

のように展開することができ，この展開は一意的である．すなわち $|n\rangle$ ($n = 0, 1, 2, \cdots$) は正規直交基底を成す．

(3) 統計性

(a) 光子統計

$$光子数の平均値：\langle \hat{n} \rangle = n, \quad k(\geq 2) 次の分散：\langle (\Delta\hat{n})^k \rangle = 0 \qquad (6.22)$$

ただし $\langle (\Delta\hat{n})^k \rangle \equiv \langle (\hat{n} - \langle\hat{n}\rangle)^k \rangle$ である．$n = 0$ のとき「真空状態」あるいは「真空場」とよばれる．

(b) 直交位相成分

$$\langle \hat{a}_1 \rangle = \langle \hat{a}_2 \rangle = 0, \quad \langle (\Delta\hat{a}_1)^2 \rangle = \langle (\Delta\hat{a}_2)^2 \rangle = \frac{1}{2}\left(n + \frac{1}{2}\right) \qquad (6.23)$$

とくに $n = 0$ では

$$\langle (\Delta\hat{a}_1)^2 \rangle = \langle (\Delta\hat{a}_2)^2 \rangle = \frac{1}{4} \qquad (6.24)$$

となる．すなわち真空状態での電場や磁場の平均値は 0 であるが，不確定性はゼロでない．これを真空場の雑音あるいは零点振動とよぶ．

b. コヒーレント状態

コヒーレント状態は振幅と位相が確定した古典的概念の光にもっとも近い量子状態である．もちろん振幅と位相は確定してはいないが，その平均値を表す複素数 α を用いて $|\alpha\rangle$ と表記される．

(1) 定義：

(a) 消滅演算子 $\hat{a}$ の固有状態．または

(b) $\langle(\Delta\hat{a}_1)^2\rangle \cdot \langle(\Delta\hat{a}_2)^2\rangle$ が最小，かつ $\langle(\Delta\hat{a}_1)^2\rangle = \langle(\Delta\hat{a}_2)^2\rangle$ となる状態．

定義 (a) と (b) は同等であり，どちらからどちらへも数式的に導かれる．定義 (a) で話を進めると，消滅演算子 $\hat{a}$ の固有状態は連続無限個存在し，その固有値はあらゆる複素数値をとる．したがって α を固有値とする固有状態を名付けるのに α 自体を使うことができ，それが $|\alpha\rangle$ である．すなわち $\hat{a}|\alpha\rangle = \alpha|\alpha\rangle$ である．また，コヒーレント状態と光子数状態の内積は

$$\langle n|\alpha\rangle = \exp\left(-\frac{|\alpha|^2}{2}\right)\frac{\alpha^n}{\sqrt{n!}} \tag{6.25}$$

であることが導かれる．すなわちコヒーレント状態を光子数状態で展開すると

$$\exp\left(-\frac{|\alpha|^2}{2}\right)\sum_n \frac{\alpha^n}{\sqrt{n!}}|n\rangle \tag{6.26}$$

となる．とくに $\alpha = 0$ の場合は光子数ゼロの光子数状態に一致する．真空状態は，光子数状態でもありコヒーレント状態でもある唯一の状態である．

(2) 性質：

- 非直交である．式 (6.26) より，2 つのコヒーレント状態 $|\alpha\rangle$ と $|\beta\rangle$ の内積は

$$\langle\alpha|\beta\rangle = \exp\left[-\frac{1}{2}\left(|\alpha|^2 + |\beta|^2\right) + \beta^*\alpha\right] \tag{6.27}$$

となって，直交しない．

- 完備系であるが，過完備である．任意の密度演算子 $\hat{\rho}$ に対し式 (6.21) と似て

$$\hat{\rho} = \int d^2\alpha R(\alpha, \beta)|\alpha\rangle\langle\beta| \tag{6.28}$$

なる展開が可能である．すなわち完備である．ここで $\int d^2\alpha$ は α が複素数であることから面積分の意味でこのように表記される．一方，式 (6.26) より

$$\int d^2\alpha\, |\alpha\rangle\langle\alpha| = \pi \tag{6.29}$$

が導かれる．非直交性から来る冗長性を反映して右辺が 1 より大きな π となっているが，このため展開式 (6.28) は一意に定まらない．すなわち過完備である．

逆にこの冗長性があるため，式 (6.28) のような α と β の 2 重積分でなく，α のみの展開が可能となる．これは 2005 年にノーベル賞が与えられた Glauber 理論 (1963 年) の根幹を成す．

- 変位演算子との関係

$$\hat{D}(\alpha) \equiv \exp\left(\alpha \hat{a}^\dagger - \alpha^* \hat{a}\right) \tag{6.30}$$

を変位演算子 (displacement operator) とよぶが，その呼称の由来はコヒーレント状態に関する次の性質

$$\hat{D}(\alpha)|\beta\rangle = e^{\alpha\beta^* - \alpha^*\beta}|\alpha + \beta\rangle \quad \text{とくに} \quad \hat{D}(\alpha)|0\rangle = |\alpha\rangle \tag{6.31}$$

から明らかであろう．$e^{\alpha\beta^* - \alpha^*\beta}$ は絶対値 1 の位相因子であるから，式 (6.31) は基本的に光の量子状態を振幅 α だけずらす演算子であることを意味する．この演算子の作用を物理的に実現するには，絶対値が十分大きな振幅 α_0 の光を振幅反射率 r の十分小さな (したがってほぼ筒抜けの) 半透鏡に当て，$\alpha_0 r = \alpha$ の関係を保つようにすればよい．

(3) 平均値，不確定性

(a) 光子統計：式 (6.25) より，コヒーレント状態 $|\alpha\rangle$ において光子数を測定したとき n 個とカウントされる確率は

$$p_n = |\langle n|\alpha\rangle^2| = \exp\left(-|\alpha|^2\right) \frac{|\alpha|^{2n}}{n!} \tag{6.32}$$

となる．すなわち光子数はポアソン分布を示し，

$$\langle \hat{n}\rangle = |\alpha|^2, \quad \langle (\Delta \hat{n})^2\rangle = |\alpha|^2 \tag{6.33}$$

となる．平均値と分散が一致するのはポアソン分布の特徴である．

(b) 直交位相成分：

$$\langle \hat{a}_1\rangle = \text{Re}(\alpha), \quad \langle \hat{a}_2\rangle = \text{Im}(\alpha), \quad \langle (\Delta \hat{a}_1)^2\rangle = \langle (\Delta \hat{a}_2)^2\rangle = \frac{1}{4} \tag{6.34}$$

であることもすぐわかる．定義 (2) の中に条件 $\langle (\Delta \hat{a}_1)^2\rangle = \langle (\Delta \hat{a}_2)^2\rangle$ があったが，実はこの値は α によらず常に 1/4 である．すなわちコヒーレント状態を用いてホモダイン検波を行ったとき，その直交位相成分は位相角がなんであっても，決まった大きさの雑音を示す．これをホモダイン検波におけるショット雑音とよぶ．

c. スクイズド状態

コヒーレント状態の定義 (2) を少しもじって，$\langle (\Delta \hat{a}_1)^2\rangle \cdot \langle (\Delta \hat{a}_2)^2\rangle$ は最小，しかし $\langle (\Delta \hat{a}_1)^2\rangle \neq \langle (\Delta \hat{a}_2)^2\rangle$，となる状態を考えることができる．これは直交位相成分の片

方に雑音を押しやり (すなわちスクイーズし), もう片方の雑音を小さくした状態であり, もともと通信や計測においてショット雑音限界を打ち破るために考えられた. 直交位相成分のどの位相角でどのくらいの大きさでスクイーズするかを表す複素数を ζ とすると, スクイーズされるコヒーレント状態を表す α とともに, そのスクイズド状態を特徴づけることになる. このためスクイズド状態は $|\zeta, \alpha\rangle$ と表記される.

(1) 定義:
 (a) コヒーレント状態 $|\alpha\rangle$ にスクイーズ演算子 $\hat{S}(\zeta) \equiv \exp\left[\zeta^* \hat{a}^2 - \zeta \left(\hat{a}^\dagger\right)^2\right]$ を作用させた状態. すなわち $|\zeta, \alpha\rangle \equiv \hat{S}(\zeta)\hat{D}(\alpha)|0\rangle$.
 (b) 真空スクイズド状態 $e^{\zeta^* \hat{a}^2 - \zeta(\hat{a}^\dagger)^2}|0\rangle$ に変位演算子を作用させた状態. すなわち $\hat{D}(\alpha)\hat{S}(\zeta)|0\rangle$.
  定義 (a) と (b) は同等ではなく振幅の平均値が異なるが, 直交位相成分の片方に雑音を押しやり, もう片方の雑音を小さくしたという点では変わりはない. 論文で異なる定義を採用している場合があるため注意を要する. ここでは定義 (a) の状態を $|\zeta, \alpha\rangle$ と表記する.

(2) 性質: 上記定義からわかる通りスクイズド状態はコヒーレント状態の親戚であり, 直交性や完備性の性質は同じである. すなわち,
 - 非直交である.
 - 過完備である.

(3) 統計性: 直交位相成分の制御を目的として考えられた量子状態なので, 先に直交位相成分について記す.
 (a) 直交位相成分: 定義から少々の計算ののち, 平均値は
$$\alpha \cosh r - \alpha^* e^{i\phi} \sinh r \tag{6.35}$$
の実部成分が $\langle \hat{a}_1 \rangle$, 虚部成分が $\langle \hat{a}_2 \rangle$ となる. ただし r や ϕ は $\zeta = re^{i\phi}$ と書いたときの振幅 r と位相 ϕ である. 分散については, 応用上とくに重要なのは同相成分と直交成分であるから, 一般性を失うことなく $\phi = 0$ と $\phi = \pi/2$ として,
$$\left. \begin{array}{l} \phi = 0 \to \langle (\Delta \hat{a}_1)^2 \rangle = \dfrac{e^{-r}}{4}, \quad \langle (\Delta \hat{a}_2)^2 \rangle = \dfrac{e^{r}}{4} \\ \phi = \dfrac{\pi}{2} \to \langle (\Delta \hat{a}_1)^2 \rangle = \dfrac{e^{r}}{4}, \quad \langle (\Delta \hat{a}_2)^2 \rangle = \dfrac{e^{-r}}{4} \end{array} \right\} \tag{6.36}$$
となる. ただし両位相成分の積をとると常に $\langle (\Delta \hat{a}_1)^2 \rangle \cdot \langle (\Delta \hat{a}_2)^2 \rangle = \frac{1}{16}$ の最小不確定状態にある.

 (b) 光子統計: 直交位相成分 $\hat{a}_1$ および $\hat{a}_2$ の定義から $\hat{a} = e^{-i\omega t}(\hat{a}_1 + i\hat{a}_2)$ となるが, これを光子数演算子 $\hat{n} \equiv \hat{a}^\dagger \hat{a}$ に代入して, かつ $\hat{a}_i = \alpha_i + \Delta \hat{a}_i$ ($i = 1, 2$) を使うと,
$$\hat{n} = \alpha_1^2 + \alpha_2^2 + \alpha_1 \Delta \hat{a}_1 + \alpha_2 \Delta \hat{a}_2 + (\Delta \hat{a}_1 と \Delta \hat{a}_2 の 2 次の項) \tag{6.37}$$

となる．いま α が実数であるような位相基準をとると $\alpha_1 = \alpha$, $\alpha_2 = 0$ となるので，さらに 2 次の項を無視できる場合—スクイジングの程度 r が大きすぎない場合—には $\hat{n} = \alpha^2 + \alpha \Delta \hat{a}_1$ と書ける．したがって

$$\langle \hat{n} \rangle = \alpha^2, \quad \langle (\Delta \hat{n})^2 \rangle = \langle \hat{n} \rangle \frac{e^{-r}}{4} \tag{6.38}$$

となる．ただしここでスクイジングの方向は $\phi = 0$ にとった．式 (6.38) の第 2 式は，光子数の分散がポアソン分布より小さいことを意味する．そのような分布をサブポアソン分布と称する．

d. 黒体輻射状態

熱平衡状態にある黒体が放射する光の状態であり，本解説では単一モードの話をしているので，そのような黒体放射光から単一モードを切り出したときの状態である．光子数はボルツマン分布すなわち指数分布となり，各光子数状態の間の位相関係は何もない．すなわち純粋状態として波動関数では表記できず，混合状態として密度演算子 ρ で表記される．

(1) 定義：温度 T の黒体から放出される光の状態．密度演算子は

$$\rho(T) = \left(\frac{1}{\langle n \rangle + 1} \right) \sum_n \left(\frac{\langle n \rangle}{\langle n \rangle + 1} \right)^n |n\rangle \langle n| \quad \text{ただし} \quad \langle n \rangle \equiv \frac{1}{e^{\hbar \omega / k_B T} - 1} \tag{6.39}$$

で表される．

(2) 性質：直交性 (異なる T の間の) もなければ完備でもない．
(3) 統計性：スクイズド状態と逆に直交位相成分が重要となる場面はほとんどないので，光子統計のみ記すと，

$$\langle \hat{n} \rangle = \frac{1}{e^{\hbar \omega / k_B T} - 1}, \quad \langle (\Delta \hat{n})^2 \rangle = \langle \hat{n} \rangle (\langle \hat{n} \rangle + 1) \tag{6.40}$$

となって，コヒーレント状態やスクイズド状態が基本的に n に比例する分散であったところが，黒体輻射状態では n^2 に比例する大きなゆらぎを有する．直交位相成分のゆらぎもコヒーレント状態やスクイズド状態に比べ大きい．

6.3.4 量子光学の応用

光の量子論といった量子物理の内部にあったものから「量子光学」という一分野ができ始めたのはレーザーの発明以降で，歴史的書物としては文献 [13] の後半にレーザー物理の一部として，また日本でもかなり早い文献 [14] では 1 つの章を独立に当てて記述された．当時はまだ応用を考えるというより理学であったが，徐々に通信・計測・情報処理への応用が考えられるようになった．それはテクノロジーの進歩とともに理論的予想の実験的実現が可能になってきたからである．一方，実験的手段が充実してく

ると，逆に理学的実験へのフィードバックも行われるようになってきた．以下では通信・計測・量子情報・基礎科学についてごく簡単に述べるが，これらに共通する素子や物性の研究も盛んになっており，量子光学とデバイス物性を結ぶ研究となっている．これらのどの分野も日本は遅れをとっておらず，世界の最先端に位置している．詳しい内容については，現時点では文献 [4] および [15] がまとまっている．

a. 通　　信

通信への応用は早い時期から考えられており，Helstrom が 1967 年頃始めた信号検出の量子論あたりが発端となっている．一方，検出でなく光の量子状態の発生の側からは，6.3.1 項で述べたように sin 成分の量子雑音を cos 成分に押しつけて無雑音の sin 成分のみ通信に使うこと (またはその逆) すなわち光のスクイジングの研究が始まった．1985 年にスクイズド状態の発生実験が行われた頃には，しかし，光ファイバーや空間伝搬光ビームの損失に伴う量子雑音の混入が避けられないことがネックとなって，通信容量の拡大を目指す研究はいったん停滞した．

ところがその後量子情報処理の分野が立ち上がり，通信容量の拡大というより秘匿性や高機能性を目指した量子通信の研究が行われるようになった．また通信容量そのものについても，単なるスクイジングとホモダイン検波の組合せでなく，より高度な量子的変調および復調の方法が研究されるようになって来ている．

b. 計　　測

計測も，量子光学がスタートしてから前半は分光学における「自然幅分解能限界の打破」や「ショットノイズによる感度限界の打破」など，直接的応用が考えられた．自然幅限界の方はそれなりに結果があったが，ショットノイズ限界以下の (すなわちスクイズド光を用いた) 分光は実用に供するには至っていない．

最近の傾向としてはまず時間計測あるいは周波数計測の超高精度化の研究があげられる．また多光子干渉を用いた干渉感度の向上の研究もなされるようになっている．

c. 量子情報処理

これは量子コンピューター，量子暗号，量子通信に大きく分けられる．

量子コンピューターは一番実用化は遅くなると目されるが，それは量子演算回路，量子メモリー，量子情報転送，量子アルゴリズム，量子エラー訂正など研究課題が多岐にわたっており，かつどれも現時点では量子ビット数としては 1 桁程度の小規模な実験しかなされていないからである．しかし着実に進歩しており，その絶大な潜在能力から将来的には大きな期待が寄せられる．ここで回路・メモリー・転送を担うものとして何を用いるかが問題である．光は保持できないのでメモリーには不向きだが，制御性と配布性の良さから回路と転送には使われるであろう．現在簡単な回路や量子情報転送の実験研究が行われている．またクラスター状態を用いた新たな量子計算方式の基礎実験も光を用いて行われている．

量子暗号は量子通信の一種なので，光が用いられることは確実である．これについては基礎研究から 100 km オーダーのフィールド実験まで盛んに研究が行われている．

日本でも 2010 年, Tokyo QKD Network のデモンストレーションが行われたことは記憶に新しい. 量子暗号はもっとも実用に近く, 同時に基礎研究としてもテーマが尽きなく, 活気を見せ続けるであろう.

量子通信における容量拡大については 6.3.4 項 a「通信」で述べたので繰り返さないが, 容量拡大と量子暗号以外にも遠隔選挙やオークションなど, 量子力学を利用した未来の通信も考えられている.

d. 基礎科学

量子光学が基礎科学の実験に最初に応用されたおもなものはベル不等式の検証実験であろう.「局所実在論」という自然な仮定から導かれるベル不等式が破れているとすれば, その自然な直感を捨てなければならないという重要さのために繰り返し検証実験がされている. 1981 年のアスペ (Aspect) の実験は一区切りだが, さらに完全な実験や, 局所実在論を変更して導かれる不等式の検証実験へと進んでいる.

最近は量子光学の実験技術を量子弱測定や量子シミュレーションへなどの基礎科学に用いることもなされるようになって来た. 10 年ほど前であれば仮想実験の域を出なかったこれらの基礎科学の実験ができるようになったのも, 量子光学という分野の理論および実験の両輪が確実に回っていることの証左であり恩恵である. [井元信之]

文　献

[1] R. ラウドン (小島忠宣, 小島和子 共訳)「光の量子論」, 第 2 版 (内田老鶴圃, 1994).
[2] 松岡正浩,「量子光学」(東京大学出版会, 1996).
[3] 松岡正浩,「量子光学」(裳華房, 2000).
[4] 応用物理学会 監修, 松岡正浩ほか 編「基礎からの量子光学」(オプトロニクス社, 2009).
[5] 霜田光一,「光の粒子性の証拠」パリティ, **8**, No. 8 (1993) pp. 75–77.
[6] 松岡正浩, "もつれた状態の生成と EPR パラドックスの実験", 櫛田孝司 編「レーザー測定 (丸善, 2000) pp. 255–263.
[7] 井元信之, "隠れた変数—ベル不等式など", 数理科学, **49**, No. 7 (特集:「隠れた」物理法則), (2011) 40–45.
[8] H. Takahashi, *Advances in Communication Systems*, ed. by A. V. Balakrishnan (Academic Press, 1965); D. Stoler, Phys. Rev. D **1** (1970) 3217, ibid. **4** (1971) 1925; H. P. Yuen, Phys. Rev. A **13** (1976) 2226.
[9] R. E. Slusher et al., Phys. Rev. Lett. **55** (1985) 2409; Ling-An Wu et al., Phys. Rev. Lett. **57** (1986) 2520.
[10] A. Furusawa and P. van Loock, *Quantum Teleportation and Entanglement* (Wiley-VCH, 2011).
[11] N. Imoto et al., Phys. Rev. A **32** (1985) 2287; ibid. **39** (1989) 675; 井元信之, "量子非破壊測定",「レーザー測定」, 櫛田孝司 編 (丸善, 2000) pp. 245–255.
[12] 井元信之, "量子情報"「現代数理科学事典」, 広中平祐 編 (丸善, 2009) pp. 137–145.
[13] M. Sargent III et al., *Laser Physics* (Addison-Wesley, 1974) [霜田光一, 岩澤 宏, 神谷武志 訳「レーザー物理」(丸善, 1978)(絶版).
[14] 霜田光一, 矢島達夫 編,「量子エレクトロニクス (上巻)」(裳華房, 1972) pp. 373–441(絶版).
[15] 佐々木雅英, 松岡正浩 編,「量子情報通信」(オプトロニクス社, 2006).

7

低次元系の物理

7.1 1次元系の物理

われわれがふだん接している物質は3次元的な広がりをもつが，近似的に物質の次元が下がっていくと，その中の電子の動きは空間的に強く制限される．このような極限として，電子が一方向のみに動くとみなされる系が1次元電子系である．これまで1次元電子系は数理的な研究対象と思われがちであったが，近年これに関する物性研究が大きく進展している．その理由の1つに，超微細加工技術の急速な進歩に伴って，このような系を半導体の量子細線で容易に実現し，制御できるようになったことがあげられる (5.1, 8.1 節)．また，工業的な応用が期待されているカーボンナノチューブも (8.4 節) 理想的な1次元電子系となっている．さらに，有機導体 (11.4 節)，遷移金属酸化物 (1.5, 4.3 節)，量子ホール効果のエッジ状態 (第3章) なども，1次元電子系の格好の研究対象となっている．1次元電子系は，その特徴的な構造を反映した興味深い性質を示す．とくに，電子間の相互作用がある1次元金属では，その性質は通常の3次元金属のフェルミ液体とは大きく異なり，朝永–ラッティンジャー液体とよばれる魅力的な研究舞台を提供している．そこでは通常の金属には現れないような電子の面白い側面が観測される．以下では主に1次元電子系について説明を行う．1次元量子スピン系の話題も豊富であるが詳細は1.5節を参照のこと．

7.1.1 自由電子の性質

まず，相互作用のない1次元電子系の性質を復習する．図7.1に示したようなエネルギー分散をもつ自由電子において，電子がフェルミ面まで詰まった絶対零度のフェルミ真空を考える．1次元電子系では，2次元，3次元系と異なり，フェルミ面が左右の点となることが大きな特徴となっている．電子系の低エネルギー励起はフェルミ準位付近の性質を反映するので，フェルミ面が点になっていることが1次元特有の多彩な物性を生み出す源となっている．ここで，基底状態からの低エネルギー励起を考えてみる．まず，電子数を固定した場合の一番簡単な励起は，左右のフェルミ点付近での

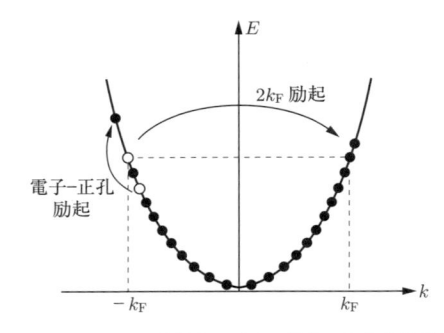

図 7.1 次元自由電子系．フェルミ波数まで電子の詰まった基底状態 (フェルミ真空) からの低エネルギー励起を示してある．

電子–正孔の対励起である．この励起は大きな運動量変化を伴わない．他の重要な励起は左のフェルミ点から右のフェルミ点への電子の移動である．これは $2\hbar k_F$ の運動量変化を伴う．これに対応して，$2k_F$ の波数をもつ電荷密度波あるいはスピン密度波が生み出される．同様に 2 個の電子が移動すれば $4k_F$ の密度波が発生する．このほかにも，電子を付けたり取り去ったりする励起も低エネルギー励起として存在する．この励起は光電子放出の実験に関係するものである．

重要なことは，上記の励起が金属相ではギャップレスとなっており，励起に必要なエネルギーが無限小であるということである．これは一般にフェルミ面の不安定性の引き金となるもので，フェルミ面が点となっている 1 次元ではこの効果がとくに著しい．たとえば，$2k_F$ のスピン密度励起 (電荷密度励起) を考えてみる．この励起がギャップレスであることを反映して，スピン密度 (電荷密度) 応答関数は $2k_F$ の波数で発散するという異常を示す．したがって，$2k_F$ の波数で波打つ外乱に対して 1 次元電子系は不安定となる．4.1 節で述べたように，これはパイエルス不安定性として知られているものである．たとえば，1 次元電子系が格子系と結合すると，$2k_F$ の格子ゆがみをともなった電荷密度波が安定化し系は絶縁体となる．このとき，フォノンのスペクトルを観測すると，対応する波数でエネルギーの低下 (ソフト化) が生じ，いわゆるコーン異常とよばれる現象が現れる．以上の特性は電子間の相互作用を無視した議論にもとづいているが，このような簡略化にもかかわらず多彩な現象が現れることがわかる．

7.1.2 朝永–ラッティンジャー液体

さて，電子間の相互作用がある場合を考えてみる．電子系の低エネルギー領域の性質を記述するフェルミ液体では，相互作用がある場合でも電子は基本的に「繰り込まれた自由電子」のようにふるまう．この場合，相互作用の効果で電子は動きにくくなるので，この分だけ有効質量が重くなった準粒子を形成するとみなされる．このフェルミ液体論は 3 次元金属に対して提出された考え方である．一方，1 次元金属では低

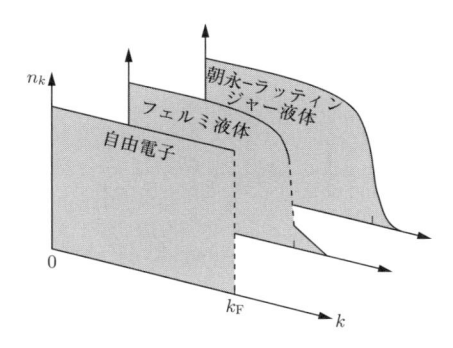

図 **7.2** 運動量分布関数 n_k.

次元特有の大きな量子ゆらぎのためフェルミ液体の考え方は破綻し，これにかわって朝永–ラッティンジャー液体[1]とよばれる概念が必要となる．朝永–ラッティンジャー液体は，3次元フェルミ液体とは異なる特徴的なふるまいを示す．このことを明確に表す物理量として図 7.2 に示した各エネルギー準位の電子の占有率を表す関数 (運動量分布関数とよばれる) を考えてみる．上にもふれたように，絶対零度の自由電子系ではエネルギー準位が下から順に占有され，エネルギーの一番高いフェルミ波数 k_F で占有数が 1 から 0 に急に落ちる (自由電子，フェルミ分布関数)．フェルミ液体では，この不連続性は相互作用が強くなっても依然として残り，繰り込まれた電子が存在することの証とされている (フェルミ液体)．一方，1 次元電子系ではこの不連続性が消失し，繰り込まれた電子の考えは成り立たなくなる．これに伴って，運動量分布関数は $|k - k_F|^\alpha$ タイプの「べき依存性」を示すようになる (朝永–ラッティンジャー液体)．すなわち，連続ではあるが微係数が発散する異常である．注意すべき点は，フェルミ準位付近の異常を支配する臨界指数 α が相互作用や電子密度に依存して連続的に変化することである．このようなべき依存型の異常なふるまいは，種々の応答関数 (コンダクタンス，NMR 緩和率，光電子放出スペクトル，中性子散乱など) の温度依存性，磁場依存性，電圧依存性などに現れる．このような特徴は個々の模型には依らない普遍的な性質であり，1 次元系の朝永–ラッティンジャー液体を特徴づけるものである[2]．

a. スピンと電荷の分離

上に述べたふるまいは，1 次元電子系に特有の 2 つの現象に起因している．いわゆるスピンと電荷の分離と，それに伴う量子臨界現象である．もともと電子は電荷とスピン内部自由度からなる粒子であるが，これらが単独の電子で分離するようなことは起きない．しかし，たくさんの電子が存在する金属中では，あたかも電子がスピンと電荷に分かれたように見える．このようにフェルミ液体の準粒子の考え方が成立せずスピンと電荷が分離することは，1 次元の強い量子ゆらぎによるものである．ここで，スピンと電荷の分離を直感的に把握するため，電子間の反発が非常に強い極限にある 1 次

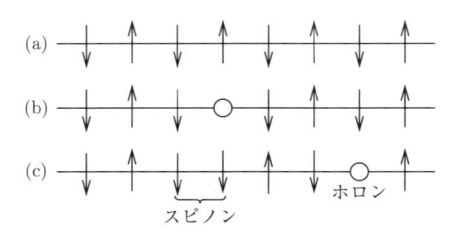

図 **7.3** スピンと電荷の分離の概念図.

元格子上の電子系を考えてみる (図 7.3). パウリの排他律のため, 同じスピンの電子は同一格子点を占有できない. ここで反平行スピンをもつ電子が同じ格子点に来たとき, 強いクーロン斥力が働くと仮定すると, 各格子点にはたかだか 1 個の電子しか収容できないことになる. このような強い相関の下で, 格子点あたり 1 個ずつ電子を配置すると, 電子は動くことができず電流を運べないモット絶縁体となる (4.3 節). 1.5 節で述べたように, 格子上で隣合う電子にはスピンを互いに逆向きにしようとする反強磁性相互作用が働くので, この電子系はスピンが交互に反転した配位を好む (図 7.3a). ただし, 短距離相互作用をもつ 1 次元系では, 量子ゆらぎの効果が強いため長距離にわたってこのような配位は実現しない. このような配位は, ある時刻において 1 次元格子上で局所的に実現していると考えなければならない. さて電子が動くことのできる金属相を考えるため, 図 7.3a の配位から下向き電子を 1 個取り去ってみる. 取り去った格子点には正孔ができ (図 7.3b), この正孔は格子上を移動し電流を運ぶ. この移動の過程でスピンの向きは変化しないので, 正孔がいくつかの格子点を飛び跳ねた後の配位は図 7.3c のようになる. 正孔は上向きスピンの電子と下向きスピンの電子にはさまれている. また, 正孔から離れたところでは, 互いにスピンの向きが揃った電子がいる. さらにスピンの交換相互作用が働くと, この並行スピン対の位置がずれる. このようなプロセスを経た状態では初期状態 (図 7.3b) と異なり, 正孔は互いに逆向きのスピンで囲まれている (しばしばホロンとよばれる). また反強磁性的なスピン配置の中で, 1 箇所だけ上向きスピンの対ができている. これは, もとの反強磁性的な配位に比べると余分にスピン 1/2 をもっているキンク (構造的な欠陥) で, これがスピノンとよばれる励起である. 結局, 絶縁体から電子を 1 つ取り除いた初期状態から, いくつかのプロセスの後にホロンとスピノンの対ができ, 電荷とスピンが分離したようにみえる. 以上の描像は強相関の極限で正しい. 弱相関になると, 低エネルギー領域の密度励起にスピンと電荷の分離が現れることになる. いずれにせよ, スピノンとホロンに象徴されるスピンと電荷の分離は, 朝永–ラッティンジャー液体を特徴づける現象である.

b. 量子臨界現象

朝永–ラッティンジャー液体のべき異常を理解するには，スピンと電荷の分離に加えて量子臨界現象を正しく考慮する必要がある．まず，有限温度における1次元電子系を思い浮かべ，ある点にいる電子のふるまいがそこから離れた別の点にいる電子のふるまいにどの程度影響を及ぼすのか考えてみよう．互いに影響を及ぼし合える距離が相関距離である．有限温度では熱的な乱雑さのため相関距離は有限となっている．ところが，温度が下がってくると熱ゆらぎが徐々に抑えられるので相関距離は長くなり，絶対零度で無限大になる．このような相関距離が無限大になった状況では長さのスケールを与えるものがなくなり，どんなスケールを用いて眺めても物理現象の本質は変わらなくなる「スケール不変性」が現れる．このスケール不変性で特徴づけられる臨界現象が朝永–ラッティンジャー液体のもう1つの重要な性質であり，これが相関関数のべき異常となって種々の物理現象に顔を出す．運動量分布関数に現れるフェルミ準位付近のべき依存性もこの例である．実験的には，量子細線やカーボンナノチューブなどのコンダクタンスの温度変化に，朝永–ラッティンジャー液体に特有のべき依存性がきれいに観測されている．

7.1.3 共形場の理論

以上見たように，1次元電子系では低エネルギー領域においてスピンと電荷の分離が起こり，それぞれのモードが臨界的なふるまいを示す．この臨界現象を無限次元の対称性にもとづき定式化する枠組みが共形場理論である[3]．共形場の理論は，もともと超弦理論の基礎を与えるものとして1980年代に素粒子分野で研究が進展した．素粒子を「ひも」とみなす弦理論においては，1次元的な広がりをもつ弦が時間発展すると2次元の世界面を描く．この2次元平面上での弦の物理は，座標の選び方に依存してはならない．これが共形不変性であり，この対称性をもつ場の理論が共形場の理論である．一方で，物性物理においても共形不変性が現れることがしばしばある．その典型例が2次相転移における臨界現象である．ちょうど相が変わる臨界点においては，相関距離が無限大になり（一様な）スケール不変性が現れる．臨界点においては，さらに「局所的に」スケールを変えても物理は同じである．これが共形不変性にほかならない．上に述べたように，1次元電子系の場合は絶対零度において臨界点が実現され，弦理論と同様に時空からなる2次元平面に共形不変性が現れる．したがって，朝永–ラッティンジャー液体では絶対零度付近の性質が共形場の理論で記述されることになる[2]．

時空2次元における共形不変性は無限次元の対称性となっている．簡単のため，2次元の座標 (x, y) を，複素座標 $z = x + iy$ で表そう．まず一番簡単な共形変換は並進であり，これは $z \to z + \epsilon_0$ である．またスケールを変えることは $z \to z + \epsilon_1 z$ で与えられる．これをさらに拡張した $z + \epsilon_2 z^2$ や $z + \epsilon_3 z^3$ などの高次の変換すべてが共形変換の要素であるので，これが無限個あることは容易に想像できる．ここで無限小の

共形変換 ($z \to z + \epsilon_{n+1} z^{n+1}$) を生成する演算子を L_n ($n = 0, \pm 1, \pm 2, \cdots$) と書くことにする.これら生成子の交換関係はビラソロ代数とよばれる無限次元のリー代数[3]

$$[L_m, L_n] = (m-n)L_{m+n} + \frac{c}{12}(m^3 - m)\delta_{m+n,0} \tag{7.1}$$

を構成する (n, m は整数).右辺の第2項は量子異常項であり,その係数 c はセントラルチャージとよばれる c 数である.この c の意味あいは簡単でないが,おおまかには素励起の有効的なモード数に対応している.ここで大切なことは,c の値によって臨界現象のクラスが完全に分類されることである.たとえば,朝永–ラッティンジャー液体は $c=1$ の共形場の理論に属する.

物理量を記述する「場」には多種多様なものが混在している.たとえば,電子–正孔励起の場,$2k_F$ 電荷 (スピン) 励起の場,$4k_F$ 電荷励起の場などである.共形場の理論では,このような場は「共形次元」とよばれる量 Δ_0 でラベルづけされる.重要なことは,この共形次元が場の相関関数

$$\langle \phi(z)\phi(z') \rangle = (z-z')^{-2\Delta_0} \tag{7.2}$$

に現れる臨界指数を決定することである.相関関数のべき的なふるまい (7.2) は2次相転移点での次元によらない共通の特徴であるが,朝永–ラッティンジャー液体のような時空2次元では共形不変性が無限の対称性であるため,さらに著しい現象が現れる.すなわち,2次元共形場の理論には,プライマリー場とよばれる代表的な場 ϕ が存在し,プライマリー場以外の場 ϕ_m ($m = 1, 2, \cdots$,セカンダリー場) は,それぞれのプライマリー場のもとできちんと整理される.たとえば,共形次元 Δ_0 をもつプライマリー場の次にくるセカンダリー場の共形次元は $\Delta_0 + 1$,その次は $\Delta_0 + 2$ という具合に整数間隔で規則正しく分類される.この著しい性質は,朝永–ラッティジャー液体に現れる無限個の場の集合がビラソロ代数のもとに統制されていることを意味している.もう少し具体的には,電子–正孔励起,$2k_F$ 励起などの種々の低エネルギー励起の状態がビラソロ代数の下で完全に分類されることに対応している.共形場の理論は1次元量子系の臨界現象の研究に著しい成果を生み出してきた.[2]

7.1.4 ボソン化法

朝永により導入された方法は[1],1次元電子系の低エネルギー励起を調和振動子の集まりとして定式化するものである.この調和振動子はボソンで記述されるので,このような方法はボソン化法とよばれる.1次元電子系では電荷とスピンの集団励起が2種類のボソンで記述される.まず,簡単な1次元格子振動を例にとって集団励起を連続的なボソン場で表してみよう.1次元格子の集団運動を原子間の相互作用を線形のばねで近似した模型を考えてみる.原子の質量を m,ばね定数を κ,個々の原子の

運動量を p_n, 平衡位置からのずれを q_n とすれば, この系のハミルトニアンは

$$\mathcal{H} = \frac{1}{2m}\sum_n p_n{}^2 + \frac{\kappa}{2}\sum_n (q_n - q_{n+1})^2 \tag{7.3}$$

となる. ここで平衡位置からの低エネルギー励起に注目すると, 原子のずれは空間的にゆっくりと変化する. このような長波長領域では, 原子間の距離は重要ではなくなるので, その平均距離 a を 0 にもっていく極限を考える ($\kappa a =$ 一定とする). 原子の質量密度を ρ とするとハミルトニアンは

$$\mathcal{H} = \int dx \left[\frac{1}{2\rho}\Pi(x)^2 + \frac{g}{2}\left(\frac{\partial q(x)}{\partial x}\right)^2 \right] \tag{7.4}$$

となる. ここで有効相互作用は $g = \kappa a$ であり, 連続極限での運動量密度 $\Pi(x)$ は座標 $q(x)$ に正準共役な量である. ここまでの古典的な取扱いを量子化するため, 座標と運動量の間に, ボース粒子としての正準交換関係 $[q(x), \Pi(x')] = i\delta(x-x')$ を導入する. 結果として, 格子振動の低エネルギー励起を連続場のボソンで記述することができる.

一方, ここで考えている電子系では, フェルミ面付近の低エネルギー励起の密度演算子がボソンとして定式化される. とくに, 電荷とスピンの内部自由度があるので, 電荷密度とスピン密度の 2 種類の素励起が量子化され, 連続場のボソンで記述される. 上記の格子振動の場合に倣って, それぞれのモードに対してボソン場を導入する. それらは $[\varphi_\nu(x), \Pi_\nu(y)] = i\delta(x-y)$ の交換関係を満たす正準共役な場である ($\nu = s, c$ はスピン, 電荷を区別する添字). これらのボソン場を用いると, 1 次元電子系の低エネルギーのハミルトニアンは

$$\mathcal{H} = \sum_{\nu=c,s}\int dx \left[\frac{\pi v_\nu K_\nu}{2}\Pi_\nu(x)^2 + \frac{v_\nu}{2\pi K_\nu}\left(\frac{\partial \varphi_\nu(x)}{\partial x}\right)^2 \right] \tag{7.5}$$

のようにスピンと電荷が分離した形に書かれる. ここでハミルトニアンに現れるパラメターを速度 v_ν と臨界指数 K_ν を用いて記述している. 式 (7.5) は電子系の朝永-ラッティンジャー液体に共通の表式である. 電子間の相互作用が変化すると, 速度 v_c, v_s と臨界指数 K_c, K_s が繰込みを受ける. 一般に, 帯磁率や比熱などのバルク物理量は速度 v_c, v_s で決定されるのに対して, 相関関数の臨界指数は K_c, K_s で決定される. このように, 朝永により導入されたボソン化法は 1 次元電子系の低エネルギー素励起を「繰り込まれた調和振動子」の集まりとして記述するものである. これは, $c=1$ 共形場理論の雛型を与える実践的な計算方法となっている[2].

7.1.5 可積分系とソリトン物理

a. ベーテ仮説による厳密解

1 次元系といえども相互作用のある多電子問題を正確に扱うことは, ほとんどの場合不可能である. しかしながら, ある種の系では固有状態と固有スペクトルを厳密に

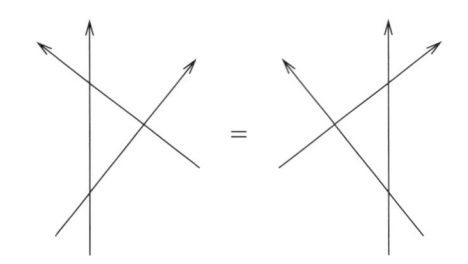

図 **7.4** ヤン–バクスター関係式．図の下から上に向かって時間が発展し，交点で散乱が生じるものとする．散乱の順序によらず最終的に同一の散乱状態が得られる．

求めることができる．可積分とよばれている系である[4]．このような可積分系の厳密解を求める方法は，その創始者の名前に因んでベーテ仮説の方法とよばれる．ベーテ仮説法は 1 次元ハイゼンベルク模型，ハバード模型，超対称 t–J 模型，近藤模型，不純物アンダーソン模型など，電子相関分野で基礎的かつ重要な問題の厳密解を求めるのに用いられてきた．以下に，このベーテ仮説法のエッセンスを簡単に説明する．いま，1 次元上で粒子の 2 体散乱をしらべ，その散乱行列が S_{lj} の形に求められたとする．多粒子系にベーテ仮説が適用できるための条件は，N 粒子の散乱が 2 粒子散乱の積に矛盾なく因子化できることであり，これはヤン–バクスター関係式

$$S_{jl}S_{il}S_{ij} = S_{ij}S_{il}S_{jl}$$

で表される (図 7.4)．この式の意味するところは，粒子の散乱順序が異なっても最終的に同じ散乱状態が得られるというものである．いま，この条件が満足されていると仮定し，1 つの粒子を系の端から端まで長さ L だけ移動してみる．この際，波動関数の位相変化には平面波による $e^{ik_j L}$ と 2 体散乱からの因子 S_{lj} が寄与する．周期境界条件のもとでは，これらの位相変化がちょうどキャンセルし

$$e^{ik_j L} = \prod_{l \neq j} S_{lj} \qquad (j = 1, 2, \cdots, N)$$

のベーテ方程式が得られる．ただし，電子系の場合にはスピンと電荷の自由度に対応して 2 種類のベーテ方程式が現れる．上式の対数をとると相互作用を繰り込んだ運動量 k_j に関する代数方程式が得られ，この解を系統的に分類することで基底エネルギーや有限温度での自由エネルギーが計算できる．また，ベーテ仮説法ではエネルギー固有値が正確に求められるので，上に述べた共形場の理論を援用することで相関関数の臨界指数なども厳密に求めることができる．現在では，ヤン–バクスター関係式にもとづく量子逆散乱法によって代数的にベーテ状態やそのエネルギー固有値を求めることが可能となっている[4]．

b. ソリトン

以上の可積分性はソリトン理論と密接に関連していることが知られている．ソリトンとは，非線形波動方程式が特殊な関係式を満足するとき現れる孤立波である．もともと浅瀬を伝わる非線形波動を記述する KdV 方程式の解に，空間的に孤立し，かつ形を崩さずに伝播する安定解が発見されことが始まりである[5]．孤立波 (solitary wave) からソリトンという名前がつけられた．通常，波を重ね合わせてできた孤立波は，伝播するにつれて分散性のため次第に崩れていく．しかしながら，この分散の効果と非線形性による波の突っ立ちの効果がちょうどつりあうとき，孤立波は形を変えずに空間を伝わることができる．このようなソリトンの大きな特徴として，散乱があたかも粒子のように起こり，散乱後も孤立波は形を崩さず伝播していくことがあげられる．

ソリトンの数理的な側面は種々の方法でしらべられ，その理解が大きく進展した．とくに，ソリトン系が可積分系であることは，逆散乱法とよばれる方法を用いて証明されている．ソリトンが形を変えずに伝播すること，さらに互いの衝突に関して安定であるということは，非線形方程式が高い対称性をもつことに起因しており，このことが系に可積分性をもたらしているわけである．ここで主に対象としている 1 次元電子系などの量子系に対しては，逆散乱法の量子バージョンである量子逆散乱法による系統的な研究によって，ベーテ仮説法，散乱の因子化，可積分性とソリトン理論の関係が明らかにされている[4]．

実験的には，非線形効果によって近似的に孤立波と見なせるような場合もソリトンとして扱われることが多い[6]．たとえば，1 次元磁性体の磁壁などもソリトンとして扱われることがある．1 次元電子系のソリトンとして有名な例は，ポリアセチレンや有機導体における磁壁の運動である (4.1 節)．ポリアセチレンでは炭素原子が 1 次元格子を組んでおり，低温で電子格子結合によりパイエルス転移が生じ，ボンド交代 (炭素間の結合の強さが 1 つおきに変化) を伴った電荷密度波が安定化する．このボンド交代には 2 種類のものが考えられるが，ちょうどこの 2 種類の相が接した磁壁は構造的欠陥と見なされ，これがソリトンとしてふるまう．磁壁の構成がソリトンと逆になっているものは反ソリトンとよばれる．また，正，負の電荷を持った荷電ソリトンや電荷をもたない中性ソリトンなどがある．1 次元の有機導体や高分子系の示す電荷密度波状態はソリトンの宝庫となっており，非線形波動に関する格好の研究舞台を提供している．

ソリトンの概念は，流体力学，物性物理学を始めとしプラズマ物理学，非線形光学，生物物理学，天体物理学にいたるまで，ほとんどすべての物理学分野に関連しており，「ソリトン物理学」という一大研究分野を形成するに至っている[4]．　　　　[川上則雄]

文　献

[1] Tomonaga, Prog. Theor. Phys. **5** (1950) 544.
[2] 川上則雄，梁 成吉，「共形場理論と 1 次元量子系」(岩波書店, 1997).

[3] A.A. Belavin et al., Nucl. Phys. B **241** (1984) 333.
[4] 和達三樹,「非線形波動」(岩波書店, 1992).
[5] N. J. Zabusky and M. D. Kruskal, Phys. Rev. Lett. **15** (1965) 240.
[6] 鹿児島誠一 編,「一次元電気伝導体」(裳華房, 1982).

7.2　2次元系の物理

7.2.1　2次元系の特徴

　2次元という空間次元は物理学において特別の意味をもっている．あらゆる物質は表面をもつがそれは2次元系と見なせるし，異なる物質間の界面もそうである．ガリウム砒素のヘテロ構造の界面に束縛された2次元電子系を舞台とした量子ホール効果[1]は80年代の物理学を飾った問題であるし，高温超伝導体もその結晶構造から近似的に2次元と考えることができる[2]．このことから2次元の量子スピン系，強相関電子系に対する研究が大きく進展した．反強磁性秩序を示さない，量子スピン液体(共鳴原子価状態—RVB状態)の提唱があり，そこからトポロジカル秩序という考え方が生まれてきた[3]．また，1次元量子系は時間を余分の次元と考えることで，(1+1)次元の古典系にマップできるのである．その事情は7.1節で詳しく論ぜられている．このように2次元は，特殊な次元というよりもむしろ物理学の主役といえるほど重要な次元なのである．

　それでは，2次元はなぜそのように特別の意味をもつのであろうか．定性的にいえばいろいろな意味で2次元は「境界」の次元になっているからである．まず簡単な例としてd次元でスピンの長さがSの古典ハイゼンベルク模型を考えよう．基底状態はすべてのスピンがそろった強磁性状態であるが，基底状態でスピンがz軸にそろっているとして，そこからの微小なずれを

$$\delta \boldsymbol{S}_i = \left(\delta S_i^x, \delta S_i^y, -\frac{1}{2S}[(\delta S_i^x)^2 + (\delta S_i^y)^2]\right)$$

とする．z成分はスピンの長さがSに保たれるという条件から出てくる．ずれに関して2次までのエネルギーを求めると

$$\delta E = -\sum_{ij} J_{ij} \left(\delta S_i^x \delta S_j^x + \delta S_i^y \delta S_j^y + \frac{1}{2}[(\delta S_i^x)^2 + (\delta S_i^y)^2 + (\delta S_j^x)^2 + (\delta S_j^y)^2]\right) \tag{7.6}$$

となる．ここでフーリエ変換

$$S_i^a = \frac{1}{\sqrt{N}} \sum_q e^{iqR_i} S^a(q) \tag{7.7}$$

(およびJ_{ij}に対する同様の式)を導入すると式(7.6)は

$$\delta E = \sum_{q, a=x, y} [J(0) - J(q)] \delta S^a(q) \delta S^a(-q) \tag{7.8}$$

となる.これよりスピン波励起エネルギーは波数ベクトルを q として $|q|$ が小さいときには $J(0) - J(q) \propto \alpha q^2$ のエネルギー分散をもつ.それで有限温度のエネルギー等配則によって

$$\langle \delta S^a(q) \delta S^a(-q) \rangle \propto \frac{T}{J(0) - J(q)} \propto \frac{T}{q^2} \tag{7.9}$$

を得る.さて,この近似のもとで,「磁化の縮み」δS^z を計算してみよう.

$$\delta S^z = -\frac{1}{2S} \langle [(\delta S_i^x)^2 + (\delta S_i^y)^2] \rangle \propto \int d^d q \frac{T}{q^2} \tag{7.10}$$

であり,最後に現れる積分は $d > 2$ では収束するが,$d = 2$ で対数発散し,それ以下の次元では常に発散することになる.このゆらぎが発散することは,そもそもの出発点である強磁性秩序が不安定であることを意味している.対数発散は発散のうちでもっとも弱いものであり,2次元は強磁性秩序が安定な次元と不安定な次元を分かつ「境界」の次元であることがわかる.統計力学の言葉では,これを下部臨界次元とよび,2次元以上の次元を $2 + \varepsilon$ として ε について展開することが行われる[4].その基本的アイディアは,対数発散項を足し合わせることで,べき関数を求めるというものである.象徴的に書くと

$$1 + \alpha \log x + \frac{1}{2}(\alpha \log x)^2 + \cdots = e^{\alpha \log x} = x^\alpha \tag{7.11}$$

という級数で「臨界指数」α を「2次元からの」摂動展開によって求めようという方法である.この方法は,乱れによる電子波の局在現象を扱う理論にも有用である[5].電子系の伝導度を不純物ポテンシャルに関する摂動展開で求めようとすると,散乱波の間の干渉効果を表す一連のダイアグラムが2次元で対数発散を含むことがわかる.この効果は,電子の波が局在化する傾向をもつことを示しており,2次元以下ではわずかな乱れでも電子状態は局在してしまうことになる.一方,2次元以上では,有限の乱れの大きさがないと,電子波は局在しない.このように,電子波の局在問題でも2次元は"境界"次元となっているのである.

2次元のもう1つの特殊性は,その位相幾何学的な性質である.例として,2次元系におけるトポロジカルな励起(渦糸)について述べよう.これは「巻きつき」という日常的にも親しみの深い現象と結びついている.いま,平面上を運動する粒子を考える.粒子は原点を通過できないとする.いま,この粒子をある点Pから出発して平面上の軌跡に沿って運動させ,出発点Pに戻って来させよう.すると粒子が原点を何回回ったかという回数,つまり粒子の軌跡が原点に何回巻きついたかという「巻きつき数」は位相幾何学的な整数であり,軌跡を連続的に変化させても不変に保たれる量である.これをもう少し数学的に表現しよう.粒子の位置を

$$\boldsymbol{r}(t) = (x(t), y(t)) = (r(t) \cos \theta(t), r(t) \sin \theta(t))$$

と書くと，この巻きつき N 数は

$$N = \int_0^T \frac{dt}{2\pi} \frac{d\theta(t)}{dt} = \int_0^T \frac{dt}{2\pi} \frac{\dot{x}(t)y(t) - x(t)\dot{y}(t)}{x(t)^2 + y(t)^2} \tag{7.12}$$

と書ける．つまり，局座標表示の位相 θ の多価性が巻きつき数に対応しているのである．この「巻きつき」にとって，2次元性つまり粒子が平面に拘束されていることが重要であることは3次元の場合を考えれば明らかである．このときには，原点の上を粒子の軌跡を通過させることで，「巻きつき」を変化させることができるので，「巻きつき数」はもはやよく定義できなくなる．この巻きつき数により特徴づけられる励起は，たとえば超伝導状態のように複素数の秩序変数 $\Delta(\boldsymbol{r}) = |\Delta(\boldsymbol{r})|e^{i\varphi(\boldsymbol{r})}$ によって記述される場合に現れる．つまり，超伝導体に外部磁場を印加すると，秩序変数の位相因子が回転して，そこに量子化された磁束が貫くという構造 (磁束量子) が生じる．磁束量子の中心が原点にあるとすると，芯の近傍を除いて，

$$\Delta(x, y) = \Delta_0 e^{\pm i\theta} \tag{7.13}$$

と書ける．ここで，θ は先ほど導入した2次元の極座標であり，超伝導秩序変数の位相 φ と混同しないように注意していただきたい．ここで，渦の中心では秩序変数の絶対値がゼロとなることに注意して欲しい．もし仮に，どこでも絶対値がゼロにならないとすると，位相が特異性をもってしまうからである．もう少し数学的にいえば，$|\Delta(r)|$ が一定だとすると自由エネルギー

$$\delta F = \int d^2 r \frac{1}{2} |\nabla \Delta(r)|^2 \tag{7.14}$$

が原点近傍からの寄与で発散してしまうことになる．これを防ぐためには $r \to 0$ で $|\Delta(r)| \to 0$ となる必要がある．このように，渦糸のような位相のトポロジー的欠陥の存在には振幅の自由度が一役買っていることに注意されたい．また，位相が連続体ではなく格子上で定義されている場合にも渦糸が定義できる．(後述の XY 模型参照) この渦糸の古典統計力学を考えると，トポロジーによって引き起こされるユニークな相転移であるベレジンスキー–コステリッツ–サウレス転移[6]という現象が現れる．

この「巻きつき」という概念は，2次元における粒子の量子統計性とも密接に関わっている[7]．量子力学における多粒子系は本質的に区別できないという不思議な性質をもつが，その統計性は2粒子を交換したときに波動関数に掛かる位相因子によって特徴づけられる．これを $e^{i\theta}$ とすると，$\theta = 2\pi n$ はボソンに，$\theta = (2n+1)\pi$ はフェルミオンに対応する．この「粒子交換」を「巻きつき」に関係付けるのは容易である．1つの粒子を固定して，もう一方の粒子をその回りに半回転すると，ちょうど「粒子交換」に対応する．つまり「粒子交換」は「巻きつき」の半分であるといえる．このアイデアを押し進めると，フェルミオンでもボソンでもない「エニオン」とよばれる中途半端な量子統計性を持った粒子，つまり $\theta \neq n\pi$ に対応する粒子の存在を許し，これ

が分数量子ホール状態における準粒子を記述することはよく知られている．また，先に述べた量子スピン液体のひとつとして，時間反転対称性を破った"カイラル"スピン液体というものが考えられるが，その(ドープされたときの)準粒子状態として，エニオンが出現する．このエニオンの集合体の基底状態は超伝導状態であるとされている．このことは，フェルミオンが粒子間の排他的斥力(パウリの排他律)の極限だとし，ボソンを凝縮を起こす実効的な引力の系だと見做すと，エニオンはフェルミオンを基準に考えたときに実効的にフェルミオン間に引力が働いたようなものであるから，ペアリングを起こして超伝導状態になると理解することができる．

2次元という空間次元が特殊な意味をもつ，もうひとつの理由として，(少なくとも通常の意味での) 物理系として実現できる 1, 2, 3 次元の中で，唯一の偶数次元であることがあげられる．これは，"量子異常"を考える際に，重要な意味をもつ[8]．つまり，ディラックのガンマ行列のうち γ_5 が $(2+1)$ 次元では定義できないのである [ここで $(2+1)$ の中の 1 は時間に対応する次元である]．その結果，通常の意味での量子異常は $(2+1)$ 次元では起こらない．ところが，2次元では「量子異常」とは異なる「パリティ異常」という現象が起こることになる[3,7]．以下では，これら 2 次元特有の物理に関し古典系を中心に，さらに詳しく見てゆく．

7.2.2 ベレジンスキー−コステリッツ−サウレス転移

2次元における古典系が示すユニークな相転移としてベレジンスキー−コステリッツ−サウレス転移とよばれるものがある[6]．これは 7.2.1 項で述べた 2 次元における対数発散とトポロジー的な性質が組み合わさって起こる現象であるが，統計力学，場の理論に基本的で重要な影響を及ぼし続けている．

例として 2 次元の XY スピン模型を考える．スピンは XY 面内に束縛されているとし，$\boldsymbol{S}_j = S(\cos\varphi_j, \sin\varphi_j)$ と書く．このときハミルトニアンは

$$H = -J \sum_{\langle ij \rangle} \boldsymbol{S}_i \cdot \boldsymbol{S}_j = -JS^2 \sum_{\langle ij \rangle} \cos(\varphi_i - \varphi_j) \tag{7.15}$$

で与えられる．ここで 2 次元正方格子を考え，その最近接対を $\langle ij \rangle$ で示した．ここで注意したいのは，格子点の上で φ_i が定義されているので，必ずしも隣り合った φ_i と φ_j が近い値をとるとは限らないこと，また φ_i に関して 2π の周期性があることである．このことから，渦糸とよばれる励起が可能になる (図 7.5)．つまり，その中心 (芯ともよばれる) のまわりにスピンが 1 回転するような配置である．この渦糸励起の励起エネルギーを評価してみよう．連続体近似で式 (7.15) は

$$E = \frac{JS^2}{2} \int d^2r [\nabla\varphi(r)]^2 \tag{7.16}$$

と書けるので，これに

$$\nabla\varphi(r) = \frac{\boldsymbol{e}_\theta}{r} \tag{7.17}$$

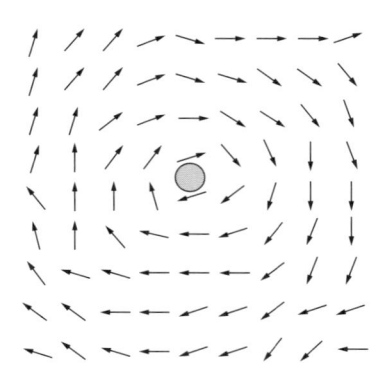

図 7.5　XY 模型における渦糸励起. 矢印はスピンの向きを表す.

(e_θ は 2 次元平面での角度方向の単位ベクトル) を代入すると,

$$E = \frac{JS^2}{2}\int_a^R 2\pi r dr \frac{1}{r^2} = \pi JS^2 \log\left(\frac{R}{a}\right) \tag{7.18}$$

となる. ここで, 格子間隔 a と, サンプルの半径 R をそれぞれカットオフとして, 積分の下端と上端に入れた. この励起エネルギーはサンプルサイズ R が無限大の極限で対数発散するので, この極限ではまったく励起できないように思われるかもしれない. しかし, 次の考察によるとそうではないことがわかる. (1) まず, 孤立した 1 つの渦糸のエネルギーは発散するが, もう 1 本の逆向きの回転をもつ渦糸を考え, 渦糸のペアを考えると, その励起エネルギーは $R \to \infty$ でも有限になる. この場合は R のかわりに, 渦糸間の距離 r がエネルギーの表式に入ってくる. (2) 1 本の渦糸だけでも, 有限温度での励起を考えると, 自由エネルギー $F = E - TS$ (S はエントロピー) を考える必要がある. エントロピーはおよそ, 面積 πR^2 を格子間隔に対応する面積 πa^2 で分割したときの, セルの個数 N_R を用いて, $S = k_B \log N_R = 2k_B \log(R/a)$ (k_B はボルツマン定数であり以下 1 とおく) となる. したがって,

$$F = E - TS = (\pi JS^2 - 2T) \log\left(\frac{R}{a}\right) \tag{7.19}$$

となり, $T > \pi JS^2/2$ であるとむしろ渦糸をつくった方が自由エネルギーが低下することになる. もっとも実際は多くの渦糸が励起されるとその間の相互作用を考慮する必要がある.

そこで, "誘電率" を用いた定式化で, 渦糸間の相互作用を扱うことにしよう. そのために, クーロン・ガス模型と今の渦糸系の模型が等価であることをまず述べる. $\nabla\theta$ を 90° 回転させて, $\hat{z} \times \nabla\theta$ ($\hat{z}$ は z 方向の単位ベクトル) をつくり, これを "電場" E と考えると, それは渦糸の回転の向きに応じて, その中心から放射状に出ているか, 入っている配置をとる. つまり, 渦糸は, 電場をつくり出す電荷の働きをし, その間

の相互作用は 2 次元では距離に対して対数依存性をもつのである．より，定量的に述べると $\kappa_0 = 2\pi J S^2 = 1/(\pi\varepsilon_0)$ とすると，渦糸間の相互作用は，「真空誘電率」を ε_0 としたときの，単位電荷 ± 1 の間のクーロン相互作用と見なせる．そこでまず，すべての渦糸つまり電荷が，正負のペアー (双極子) をつくっていて，自由電荷がない絶縁状態であると考える．するとこの系の誘電率 ε は有限であり，双極子の感受率 χ を用いて，$\varepsilon = \varepsilon_0 + 4\pi\chi$ と書けるであろう．距離 R にある正負のペアの密度関数を $p(R)$ とすると，$R+dR$ と R の間にあるペアーの数は $2\pi R p(R)dR$ で与えられる．いま，このクーロン・ガスの中で，距離 R にある 2 つの電荷を考え，その間に働く実効的な相互作用を，他の電荷からの遮蔽効果を考慮して導くことにする．この遮蔽効果は，上のバルクの誘電率を一般化した距離に依存する $\varepsilon(R)$ によって記述される．すると $\varepsilon(R+dR)$ と $\varepsilon(R)$ の差は，互いの距離が R と $R+dR$ の間にある電荷のペアによる双極子がもつ感受率 $4\pi\chi(R)dR$ に等しい．

$$\varepsilon(R+dR) - \varepsilon(R) = 4\pi\chi(R)dR = 4\pi\frac{R^2}{2T}2\pi R p(R)dR \tag{7.20}$$

となる．ここで，距離 R にある 2 次元の双極子 1 つの感受率が $R^2/2T$ であることを使った．一方，$p(R+dR)$ と $p(R)$ は，ペアを R から $R+dR$ まで引き離すために必要なエネルギー $dE = 2dR/(R\varepsilon(R))$ を用いて

$$p(R+dR) = p(R)\exp\left(-\frac{dE}{T}\right) = p(R)\exp\left[-\frac{2dR}{TR\varepsilon(R)}\right] \tag{7.21}$$

となり，式 (7.20) と合わせて $\varepsilon(R)$ と $p(R)$ に対する連立の繰込み群の方程式が得られた．この方程式の「初期条件」は渦糸の芯のサイズを a として

$$\varepsilon(a) = \varepsilon_0, \qquad p(a) = \frac{y_0{}^2}{a^4} \tag{7.22}$$

となる．ここで y_0 は渦糸の密度と関係したフガシティーとよばれる無次元の量である．この方程式を解いて得られる繰り込まれた $\varepsilon_R = \varepsilon(R \to \infty)$ が発散すれば系は「金属状態」にあり，自由電荷が存在して電荷を遮蔽することになる．つまりペアを組まない渦糸が存在する状態である．一方，ε_R が有限にとどまるならば，系は「絶縁体」としてふるまい，すべての渦糸はペアを組むことになる．変数

$$l = \ln\left(\frac{R}{a}\right), \quad y(l) = R^2\sqrt{p(R)}|_{R=ae^l}, \quad \tilde{K}(l) = \frac{1}{\pi T \varepsilon(R)|_{R=ae^l}} \tag{7.23}$$

を導入し，さらに

$$x = \frac{2}{\pi \tilde{K}(l)} \tag{7.24}$$

を定義すると，繰込み群の方程式は

$$\frac{dx}{dl} = 8\pi^2 y^2, \qquad \frac{dy}{dl} = 2xy \tag{7.25}$$

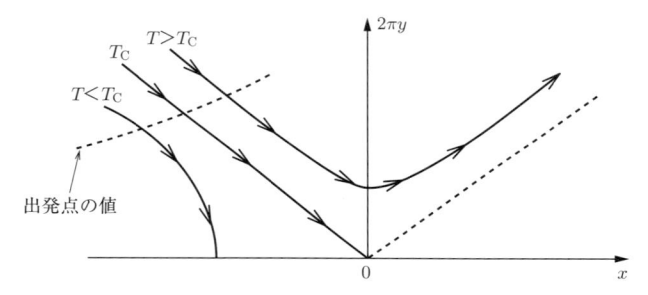

図 7.6 繰込み群の方程式 式の解の挙動. 長さのスケールを大きくしてゆくとともに, 矢印の方向にパラメターが変化する.

ときれいに書ける. 図 7.6 はこの方程式の解を図示したもので, 繰込み群の流れ図とよばれるものである. まず, $x^2 - 4\pi^2 y^2$ は不変量であり, この量および x の符号に応じて解のふるまいが大きく異なる. $x < 0$ かつ $x^2 - 4\pi^2 y^2 > 0$, つまり $T < T_c$ のときは, $l \to \infty$ の長距離の極限で $y \to 0$ へと収束し, 絶縁体状態に対応することがわかる. $x > 0, y = 0$ を除くそれ以外の場合, つまり $T > T_c$ のときは, $l \to \infty$ で y が大きくなって行き, 金属状態に対応する. この転移において比熱などの物理量が示す臨界現象はいわゆる真性特異点 (essential singularity) とよばれ,

$$\sim \exp\left[-\frac{\text{const}}{\sqrt{|T - T_c|}}\right] \tag{7.26}$$

の関数形で支配されている. この関数は何回微分しても $T \to T_c$ でゼロとなる滑らかな関数である. このベレジンスキー–コステリッツ–サウレス転移は現実の物理系としては, 2 次元超伝導薄膜や超流動薄膜で観測される. その際観測される物理量は超流動密度 ρ_s であり, これは比熱などとは異なり, 転移点で跳びを示す.

$$\lim_{T \to T_c - 0} \frac{mk_B T}{\hbar^2 \rho_s} = \frac{\pi}{2} \tag{7.27}$$

上式右辺は物質によらない普遍的な数であり, この跳びは普遍的な跳び (universal jump) とよばれている. この関係式は式 (7.19) で対数関数の係数がゼロとなるときに"繰り込まれた" JS^2 が $\pi \hbar^2 \rho_s / m$ に対応することから理解できる. この他に, 2 次元固体の融解現象の議論でもベレジンスキー–コステリッツ–サウレス転移は中心的な役割を果している. 詳細は文献 [9] を参照されたい.

7.2.3 スキルミオンとメロン

前節では XY 模型を考察した. そこではスピンが平面内に拘束されて z 方向の自由度を持たず, このことが渦糸という励起のトポロジカルな安定性を保証していた. それでは, スピンの z 成分が使えるようになると何が起こるであろうか. それをしらべ

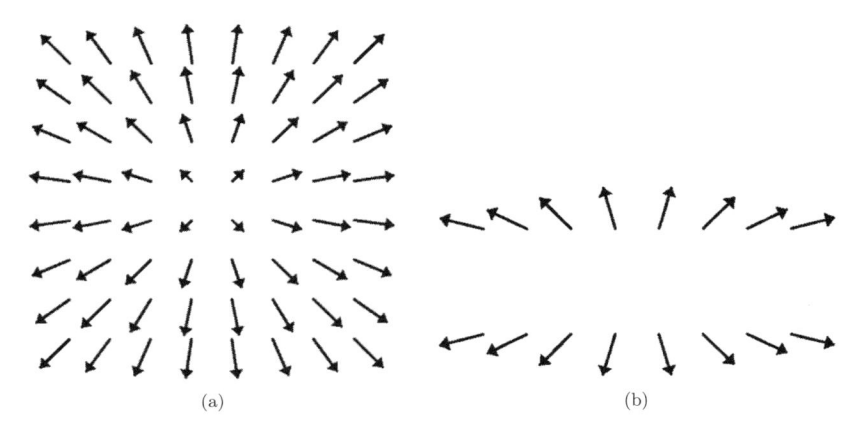

図 **7.7** 容易面異方的古典ハイゼンベルク模型おけるメロン励起. (a) は上から, (b) は横から見た様子を示す. メロンには 2 種類ある (b).

るために，まず容易面を XY 平面とする異方的古典ハイゼンベルク模型を考えよう．前節と同様の渦糸を考えると無限遠でスピンは

$$s^x \to \cos\theta, \qquad s^y \to \sin\theta \tag{7.28}$$

という方向を向く．原点 (つまり渦糸の中心) 付近では格子の離散性，あるいは連続関数の特異性を用いなくともスピンの向きを $+z$ または $-z$ 方向に避けることでつじつまを合せることができる．これが XY 模型との大きな違いである．そこで以降，スピンは連続体上で定義されているとし，その向きは座標の連続関数である単位ベクトル $\bm{n}(\bm{r})$ で表すことにする．図 7.7 にそのふるまいを示したが，これらの配置はメロンとよばれている．この 2 つの配置は有限のエネルギー障壁によって隔てられているので，たとえば量子力学を考えると，トンネル効果により互いに移り変わることができる．この効果は虚時間軸を導入し (2+1) 次元空間を考えて，そこでのインスタントンという配置を考察することで記述される[10].

次に，2 次元の等方的古典ハイゼンベルク模型を考えよう．このときにはトポロジカルな励起としてスキルミオンといわれる構造が知られている．考えるハミルトニアンは連続体近似で

$$H = \alpha \int d^2\bm{r}\, (\nabla \bm{n}(\bm{r}))^2 \tag{7.29}$$

で与えられる．$L \times L$ の 2 次元領域を考え，その境界 (あるいは $L \to \infty$ のときは無限遠) ですべて $\bm{n}(\bm{r})$ は同じ向きを向いているとする (これが上述のメロンと違う点である)．すると，この 2 次元領域を，単位球面上 S^2 と同型と見なすことができる．したがって，$\bm{n}(\bm{r})$ は S^2 から S^2 への写像を与えることになる．このとき，この写像が

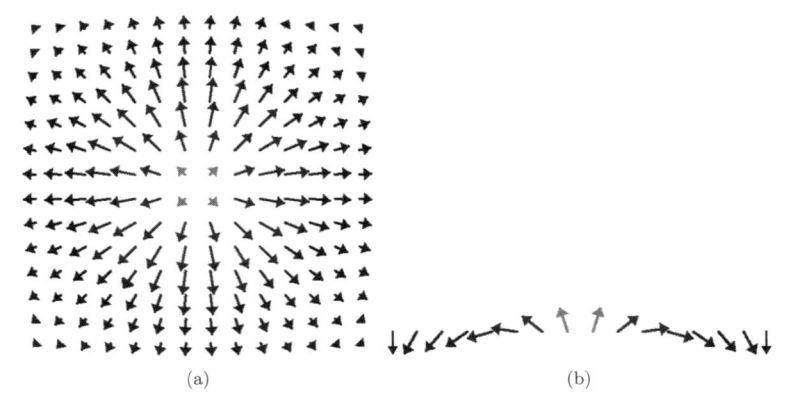

図 7.8　等方的古典ハイゼンベルク模型おけるスキルミオン励起．(a) は上から，(b) は横から見た様子を示す．

何回単位球面を包み込むことになるかという回数 Q が次のように定義できる[10]．

$$Q = \int d^2\boldsymbol{r}\, q(\boldsymbol{r}) = \frac{1}{4\pi} \int d^2\boldsymbol{r}\, \boldsymbol{n} \cdot \partial_x \boldsymbol{n} \times \partial_y \boldsymbol{n} \tag{7.30}$$

つまり写像された先の単位球面上の面積を 4π で割ったものは整数となるのである．この整数を有限とするようなスピン配置として具体的に

$$n^x(\boldsymbol{r}) = \frac{4\lambda x}{r^2 + 4\lambda^2}, \qquad n^y(\boldsymbol{r}) = \frac{4\lambda y}{r^2 + 4\lambda^2}, \qquad n^z(\boldsymbol{r}) = \frac{-r^2 + 4\lambda^2}{r^2 + 4\lambda^2} \tag{7.31}$$

という形がエネルギーの停留解として存在する．スピン配置を図 7.8 に図示した．この配置に対するスキルミオン密度 $q(\boldsymbol{r})$ は

$$q(\boldsymbol{r}) = \frac{1}{\pi} \frac{4\lambda^2}{(r^2 + 4\lambda^2)^2} \tag{7.32}$$

となり，$Q = 1$ をもつトポロジカルな励起であること，λ がスキルミオンの半径を与えることがわかる．しかし，そのエネルギーは λ に依存せずに

$$E = 8\pi\alpha \tag{7.33}$$

となる．これはハミルトニアン式 (7.29) が長さのスケールを含まないことの帰結である．

このスキルミオンと上述のメロンとは実は関係していることを図 7.7 と図 7.8 を比較することで理解できる．つまり，スキルミオンは原点と無限遠を中心とする 2 つのメロンを合せたものであり，そのことはメロンに対して $Q = 1/2$ となることとも符合している．

スキルミオンやメロンといった励起は現実の物理系としては，たとえば量子ホール系におけるスピン自由度で見出される．充填率 $\nu=1$ の量子ホール系ではスピンは強磁性的にそろっているが，それは磁場によるゼーマン効果よりも主として電子間の斥力に起因することが知られている[11]．その場合，電荷を持った最低エネルギーの励起はスキルミオンであることが示され，NMR 実験でもそれが確かめられている．このときの半径 λ はクーロン相互作用とゼーマン・エネルギーの比で決まる有限の値をもつ．また，最近の量子スピン流体の理論においてスキルミオンやメロン，インスタントンは重要な役割りを担っているが，その詳細は文献 [12] を参照されたい．

[永 長 直 人]

文　　献

[1] R. E. Prange and S. M. Girvin, *The Quantum Hall Effect* (Springer-Verlag, 1987).
[2] 立木 昌，藤田敏三 編,「高温超伝導の科学」(裳華房，1999).
[3] Xiao-Gang Wen, *Quantum Field Theory of Many-Body Systems* (Oxford University Press, 2004).
[4] D. J. Amit, *Field Theory, the Renormalization Group, and Critical Phenomena* (World Scientific, 1984).
[5] P. A. Lee and T. V. Ramakrishnan, Rev. Mod. Phys. **57** (1985) 287.
[6] J. M. Kosterlitz and D. J. Thouless, J. Phys. C **6** (1973) 1181.
[7] E. Fradkin, *Field Theories of Condensed Matter Systems* (Addison-Wesley, 1991).
[8] S. B. Treiman et al., *Current Algbebra and Anomalies* (Princeton University Press, 1985).
[9] K. J. Strandburg, Rev. Mod. Phys. **60** (1988) 161.
[10] R. Rajaraman, *Solitons and Instantons* (North-Holland, 1987).
[11] たとえば K. Moon et al., Phys. Rev. B **51** (1995) 5138 およびその中の引用文献を参照．
[12] T. Senthil et al., Science **303** (2004) 1490.

8

ナノサイエンス

8.1 量子細線・ナノコンタクト

8.1.1 作製法

量子細線とは，電子を様々な方法で空間的に 1 次元に閉じ込めたものである．閉じ込め方向の運動エネルギーは量子化され，細線に沿った方向にのみ電子は自由に運動することができる．原子を 1 次元的に並べてつくる 1 次元系は，パイエルス転移を起こして絶縁体となる．また，格子を無視した場合も，無限長の 1 次元系を考えると，ポテンシャル乱れによる空間的な局在効果はきわめて強い．以上のような事情にもか

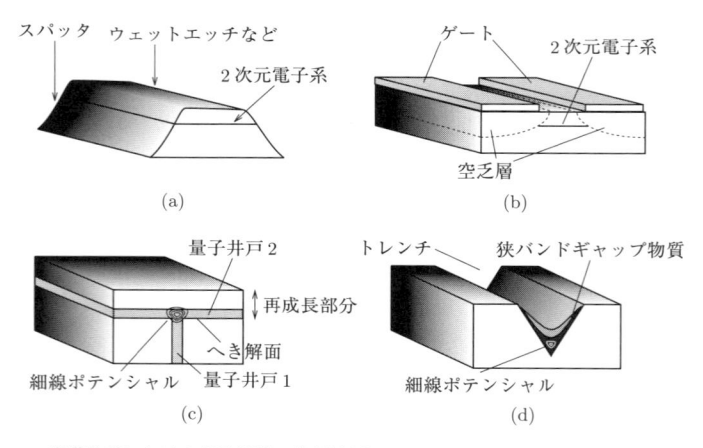

図 8.1 半導体系における量子細線の作製法例．(a) は，2 次元的に閉じ込めた系を，物理的に細線に切り出す直接的な方法．(b) は微細加工した金属ゲートから広がる空乏層を使って 1 次元的な閉じ込めポテンシャルをつくり出す方法を示している．(c) は 2 次元的な量子井戸を作製した基板を真空中でへき開し，清浄側面に量子井戸をエピタキシャル成長することで 2 つの井戸の交差する線に量子細線を得る方法である．(d) は，基板にあらかじめ微細加工で三角形の断面をもつトレンチをつくり，その上に量子井戸を成長する．半導体の種類による成長の異方性を利用してトレンチ断面の頂点付近に量子細線ができる．

かわらず，物性物理学が対象とする「1次元系」は様々なレベルで存在し，1次元的な伝導も多くの物理系において観測され，物理学の対象となっている．

1次元系の作製方法も多彩である．1つは，電子素子作製に用いる微細加工技術を使うもので，一般に半導体は金属に比べてフェルミ波長が長いため，比較的太い細線で1次元的な効果を見ることができる．図8.1に加工法のごく一部を示した．とくに(b)のスプリットゲート法は広く用いられ，様々な量子系の作製に用いられる．代表例は，5.1節で述べた量子ポイントコンタクト(QPC)である．

金属の場合は，原子スケールまで細くすることで1次元的な細線を得られることが報告されている．作製法としては，走査トンネル顕微鏡(STM)などの原子プローブを使用するもの，清浄表面の原子層ステップに原子が吸着する現象を利用するものなど様々であるが，多くは表面物理の技術を利用する．そうでない方法として，金属を物理的に打ち合わせて引き剥がして離れる瞬間に伝導を測定したり，折れて乖離するぎりぎりのところで止めたりするものがあるが，これらの場合多くは細線というよりは，ナノコンタクトとよぶべきである．このような金属系の細線・ナノコンタクトの作製法の一部を図8.2に紹介した．

このほかに，有機物，ナノチューブなど本来結晶が1次元的な方向に強い結合をもっていたり，ウィスカーなど自然に1次元的に結晶が成長するものがある(それぞれ，11.4.1，8.4.1項，9.4節を参照).

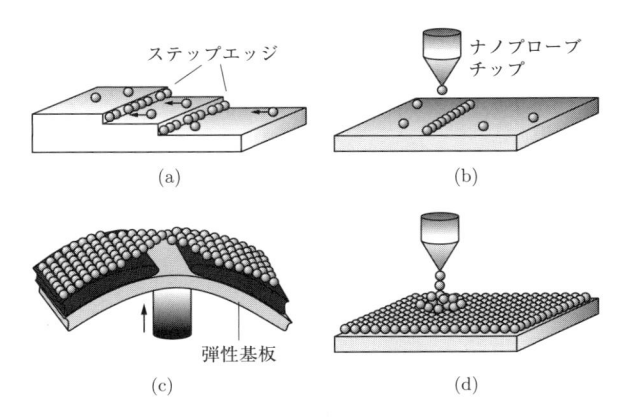

図 **8.2** 金属系における量子細線・ナノコンタクトの作製法例．(a) 清浄表面には原子層程度のステップが生じ，表面にばらまかれた原子は表面上を運動してここに集積する傾向がある．これを利用してエッジに1次元系をつくる．(b) ナノプローブのチップのバイアス条件を変化させることで，表面上の原子をチップ先端に吸着したり表面に戻したりすることができる．これを用いて原子を1個ずつ並べて1次元系をつくる．(c) 破壊接点(break junction)法．弾性のある基板の上にあらかじめ細く加工した試料を乗せ，弾性基板を機械的に曲げることで細線部分を破断し破断直前の伝導度をしらべる．(d) ナノプローブを用いた破壊接点法．8.4.2項を参照．

8.1.2　1次元電子系と電気伝導

もっとも簡単に，3次元空間の自由度のうち，2つの方向に閉じ込めポテンシャルが立ち運動エネルギーが E_n $(n = 1, 2, \cdots)$ と離散化されているとすると，この量子細線の状態密度は

$$g(E) = 2\left(\frac{m}{2\hbar^2\pi^2}\right)\sum_{n=1}\frac{H(E-E_n)}{\sqrt{|E-E_n|}} \tag{8.1}$$

と書くことができる．H はヘビサイド関数である．$g(E)$ の様子を図 8.3 に示した．サブバンドがそれぞれ伝導チャネルに対応する．

量子細線がフェルミエネルギー E_F をもつ電子溜めに接続されているモデルで考えると，伝導の起こるチャネルの数 n_ch は，$E_n \leq E_\mathrm{F}$ である最大の n であり，ランダウアーの公式 (5.1節「バリスティック伝導・量子干渉」参照) より反射が無視できれば電気伝導度 G は量子化伝導度 $G_q \equiv e^2/h$ の整数倍 (スピンによる縮重を考えると偶数倍) に量子化される．これは，1次元系のバリスティックな伝導に伴い生じるもので，伝導度が，伝導に使用可能な1次元サブバンドの1次元のフェルミ系に粒子を詰め込む限界によって生じる

量子細線の幅を W として，E_n はもっとも単純には $(nh/2W)^2/2m$ であるから，たとえば，ゲート電圧で W を変化させられる系であれば W によって n_ch が変化し，伝導度がゲート電圧の関数として階段状に変化する．金属系での線の打合わせや，STM のティップが離れる瞬間の伝導度の測定は，機械的な方法で同様のことを行っていることに相当する．

金属の場合は，フェルミ波長が短いことから n_ch が小さくなるのは接触部分が 1 から数原子程度のサイズになった場合である．したがって，接触部分は非常に小さな原子クラスタと見ることもでき，エネルギー的に安定な配置の数も限られる．接触部分の波動関数は，もはや単純な1次元バンドで記述されるようなものではないので，ランダウアー流でいうと反射係数が有限になり，すべての原子配置に関して必ずしも $2G_q$ の整数倍に量子化されるわけではない．むしろ，図 8.4b のようなヒストグラム実験を行うと，できやすい原子配置に対応して，$2nG_q$ からずれたところにピークが生じる

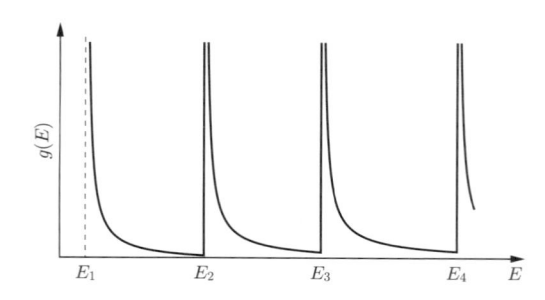

図 **8.3**　1次元系の状態密度 (式 (8.1)) を模式的に描いたもの．

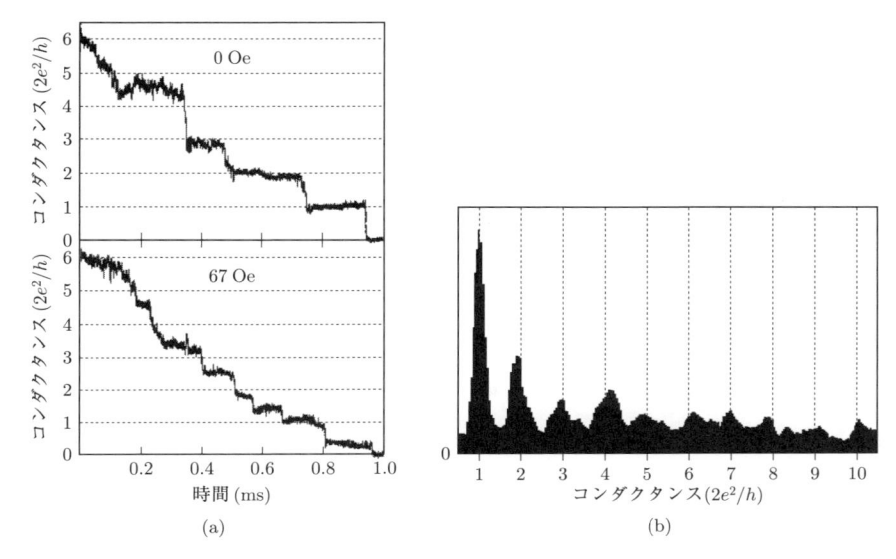

図 8.4 金属が引き離される瞬間に伝導度の測定を行うと，(a) のように時間に対してプラトー形状になる所が生じる．測定を繰り返してプラトー位置の統計をとって (b) のようなヒストグラムが得られる．(a) は物質はニッケル (Ni) で，弱い磁場によってプラトーが e^2/h の整数倍へと分裂する[1]．金属により個性があるが，(b) の金 (Au) の場合[2]は，$2e^2/h$ の整数倍位置にピークが出やすい．

傾向がある．これは金属種に依存し，金 (Au) の場合は特例的に $2G_q$ への量子化が再現性よく生じる．

このような実験が一筋縄ではいかない例として，強磁性体 Ni での実験 (図 8.4a) があげられる．キュリー点の上下では強磁性転移によりスピンサブバンド構造が変化し，強磁性下では 1 次元バンドのスピン縮重が解けて，G_q の偶数倍から整数倍へという変化が生じると期待される．ところが，実際には強磁性状態でもプラトーの分裂は起こらず，弱い磁場をかけると急に分裂が生じることが観測された．図 8.4a の分裂は，スピン分裂に関係していると考えられるものの，原子オーダーの接合では，バルク金属の直感が通用しないことを示している．

やや制御性の高いナノコンタクトの作製法として図 8.2c に示した破壊接点法がある．その実験例を図 8.5 に示した．この実験では試料にアルミニウム (Al) の薄膜を使用し，モーターで基板を曲げることで接合の結合強度をゆっくりと変化させている．Al が超伝導状態になっているため，接合を通した伝導は準粒子によって支配され，有限なバイアス電圧 V に対する応答 (I–V 特性) には，Δ を超伝導ギャップとして $V = 2\Delta/ne$ の位置に異常が現れる．$n = 1$ はギャップをバイアスにより直接超える伝導に対応し，$n \geq 2$ は，多重アンドレーエフ反射 (5.4 節参照) に対応するサブギャップ伝導である．

この I–V 特性の解析から，伝導チャネル数および各チャネルの透過係数を求めるこ

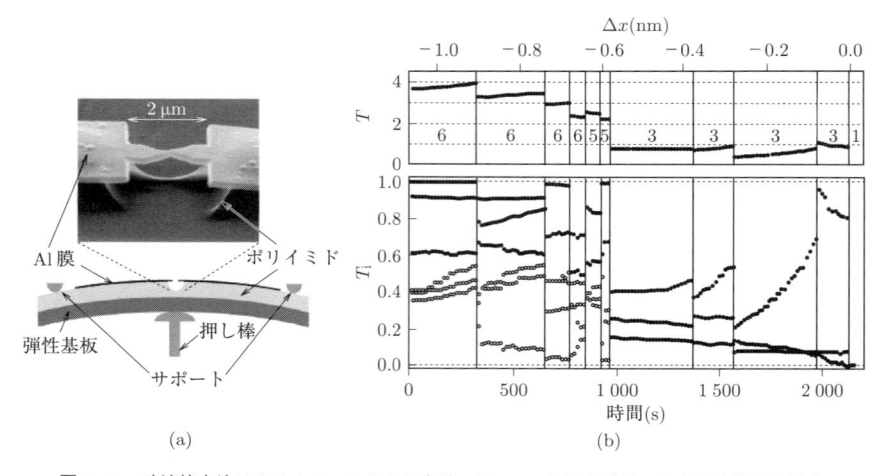

図 8.5 破壊接点法によるナノコンタクト実験の例. (a) 上図は試料の走査電子顕微鏡写真. 中央の細い部分に破壊接点がある. 下図は側面の模式図. (b) 上図は試料の全体のサブギャップ透過率 T. 伝導度 G が $(2e^2/h)T$ となる, として定義されているため, もっとも単純には伝導チャネル数になる. 図中の数字は, I–V 特性から特定された伝導チャネルの数を表しており, T とは一致しない. 横軸は, 下に示したように時間であるが, 押した距離 Δx と比例関係にある. 下図は各チャネルの伝導度 T_i. 黒点はフィットから, 白点は全体の伝導度からの差分も考慮して求められており, 黒点のデータの方が精度が高い[3].

とができ, その時間変化が図 8.5b である. 不連続なとびは接合部分の原子配置の形状変化によるもの, 連続変化は弾性的な変化によるものである. この実験結果も, 原子オーダーの接合では, 配置の変化による急激な伝導度の変化が必ずしも伝導チャネル数の変化を意味せず, 応力環境により透過係数も様々に変化することを示しており, 金属ティップの着脱実験の解釈の難しさを示唆している. 破壊接点法は, トンネル接合の形成が困難な物質 (酸化物超伝導体や MgB_2 など) でのトンネル分光を行う際にも有力な方法である.

さらに, 金属が離れる際の原子配列を高分解能透過電子顕微鏡で観察する実験も行われている. 8.4.2 項を参照のこと.

8.1.3 電子間相互作用

金属中の電子間相互作用は, フェルミ液体として扱える条件下では電子系の性質に大きな影響は及ぼさないが, 1 次元系では定性的にも変化を生じる. また, 相互作用が一定の条件を満たせば, 多体問題を 1 体問題に帰着させて正確に解くことができる. このような状態を**朝永–ラッティンジャー液体**とよぶ. 詳細は 7.1 節で述べるが, 波束の運動に関しても, スピン密度と電荷密度の分離など通常の金属とはかなり異なる様相が予言されている.

これらは様々な物理量のふるまいに影響を与えると考えられているにもかかわらず,

電気伝導に関しては，1次元系の中にポテンシャル散乱がある場合に，伝導度の量子化値が，G_q よりも小さくなることが予言されているに過ぎない．これは実験的にも観測されているが[4]，系の長さが有限であると，さらにその効果が小さくなるため検出はたいへん難しい．ポテンシャル散乱がない場合は，電気伝導には影響が現れない[5]．これは，結局電子間相互作用が完全な電子系の内力となり，全体としての電荷移動には影響しないためと考えられる．

8.1.4　0.7 異常問題

QPC あるいは量子細線の伝導で重要な未解決問題として **0.7 異常問題**がある．これは，半導体のスプリットゲートで作製した QPC で，$2G_q$ の伝導度プラトーのすぐ下，0.7 倍のところに再現性よく小さなプラトーが生じることである．これは，最初の QPC の伝導度量子化の報告にもすでに現れており，素性のまったく異なる試料での再現性や，中間的な温度域で明瞭になり，低温でむしろ不明瞭になるなどの特異な温度依存性から，細線の端での反射による可能性も否定されている．細線の形成法や普遍性から，破壊接点法などに見られた原子配置などの特別な事情によるものでないことも確かである．

0.7 プラトーに磁場を加えていくと，スピン分裂によって生じる G_q すなわち 0.5 のプラトーに連続的に変化する (図 8.6) ことから，ゼロ磁場において何らかの自然なスピン分裂が生じているのではないか，という説が有力であり，実際それにもとづく現象論的な説明は成功を収めている．また，細線中に何らかの原因でスピンをもった局在状態が発生し，これによる近藤効果が生じているとする説も，特異な温度依存の説明には成功している．しかし，現象全体を十分に納得できる形で説明できる理論は現在のところ提出されていない．

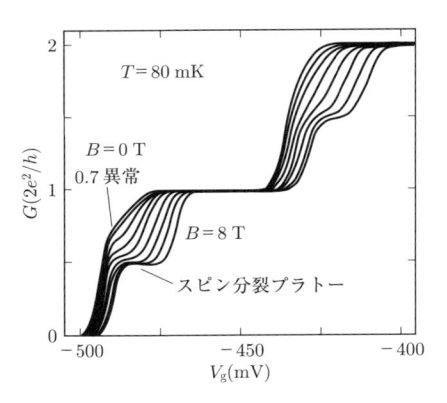

図 **8.6**　2 次元電子を使った QPC に現れた 0.7 異常プラトー．磁場が強くなるに従い，スピン分裂の 0.5 プラトー位置に連続的に変化する[6]．

8.1.5 量子細線の光応答

図 8.3 に示した 1 次元系に特有な状態密度は,光学応答に対して大きな影響を及ぼす.すなわち,共鳴準位付近で発散的な状態密度となるため,この付近で振動子強度が非常に大きくなる.この効果を見るためには,閉じ込めが十分強く,また閉じ込め幅の一様性が高い量子細線が必要で,その作製は容易ではない.図 8.1c のへき解面再成長法によって実際に光吸収が非常に強くなることが確認された[7].

量子細線をレーザーに用いると,通常のバルクのレーザー,さらには量子井戸レーザーに比べても特性が大幅に改善されることが期待されている[8].これは,基本的には図 8.3 のように状態密度が鋭く点的に集中するためである.状態密度の先鋭化によって利得スペクトルが狭くなってキャリアーの利得への効率が高くなり,これによって閾値電流が小さくなる.また,温度変化に対しても,先鋭化した状態密度のためにキャリアーのエネルギー分布の変化が小さく,温度係数も小さくなり,励起強度に対するスペクトル変化も小さくなる.

レーザーに使用できる品質の 1 次元系を作製するのは容易ではないため,強磁場を用いた原理的な実験が長く行われていたが,やはりへき解面再成長法により高品質の量子細線が得られるようになりレーザー発振にも成功している.ただし,製造上の困難があることなどから,閉じ込めをさらに強くした量子ドットを用いたレーザーが応用面ではより有望と考えられている.

[勝本信吾]

文　献

[1] T. Ono et al., Appl. Phys. Lett. **75** (1999) 1622.
[2] J. M. Costa-Kramer et al., Surf. Sci. **342** (1995) L1144.
[3] E. Scheer et al., Phys. Rev. Lett. **78** (1997) 3535.
[4] S. Tarucha et al., Solid State Commun. **94** (1995) 413.
[5] A. Kawabata, J. Phys. Soc. Jpn. **65** (1996) 30.
[6] S. M. Cronenwett et al., Phys. Rev. Lett. **88** (2002) 226805.
[7] Y. Takahashi et al., Appl. Phys. Lett. **86** (2005) 243101.
[8] Y. Arakawa and H. Sakaki, Appl. Phys. Lett. **40** (1982) 939.

8.2　量子ドット・量子閉じ込め

近年,様々な量子閉じ込めを施すことによって,量子ドット中の電子のもつ自由度 (軌道,スピン,電荷など) を精度よく検出,操作できるようになってきた.これを利用して,電子の量子としてのコヒーレンスや相互作用などの本質的な問題を探求し,さらには,積極的に応用する「量子情報」などの研究が進んでいる.本節では,単一量子ドット,結合 2 重量子ドットに閉じ込められた電子系の基本的性質,および,最新の研究動向として量子情報への応用について説明する.

8.2.1 単一量子ドット

a. 構　成

電子を波長程度の大きさに3次元的に閉じ込めた系を**量子ドット**とよぶ．量子ドットは，通常，量子抵抗より大きなトンネル抵抗で外界とつながっており，十分低温では内部の電子数がクーロン閉塞 (ブロッケード) によって確定する (5.5.2 項参照)．このようなドットを用いて，数多くの興味深い量子現象が観測されている[1]．最近では，研究目的に応じて様々なタイプの量子ドットが作成されている．GaAs 系量子ドットに関しては，2 重障壁共鳴トンネル構造を円柱状に削り出すことによって作成される縦型量子ドット (図 8.7a) と箱型量子井戸または単一ヘテロ界面に形成される 2 次元電子を表面ゲート電極を用いて面内に閉じ込める横型量子ドット (図 8.7b) がその代表例である．縦型量子ドット中の電子は，その波動関数が，試料形状を反映して高い回転対称性をもつ．このため，特徴として電子のエネルギースペクトルは原子に類似の規則性を示すことが知られている (後述)．一方，横型量子ドットは，配置や構造の自由度が高いことを特徴としていて，量子ドットを含んだ複合系の研究でもよく用いられる．このほか，格子定数の違いに由来する結晶のひずみを利用して作成される自己形成型量子ドット (たとえば，GaAs 基板上の InAs ドット)，InAs や InP のナノ細線 (細い棒状に結晶成長されたもの) 中につくられる量子ドットなどが知られている．いずれも，急峻な閉じ込めポテンシャルをもつこと，スピン軌道作用が強いことが特徴である．これらの量子ドットには金属電極が直接取り付けられることから，超伝導体や磁性体との接合系を用いたスピン伝導や電子相関の研究対象として注目されてい

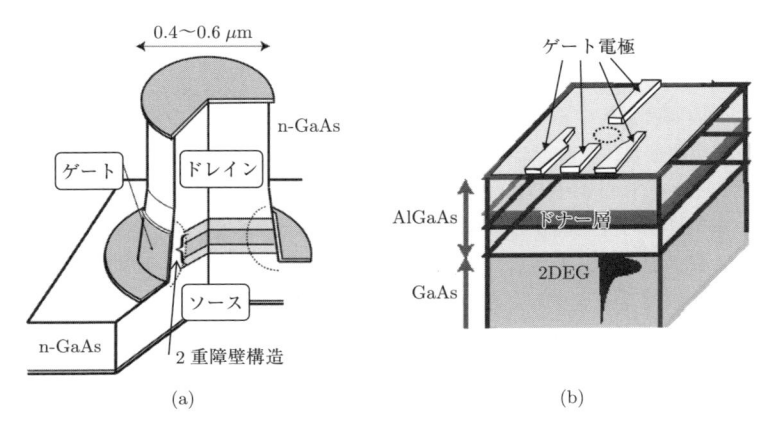

図 **8.7**　縦型量子ドット (a) と横型量子ドット (b) の模式図．(a) は 2 つの障壁 (AlGaAs) と 1 つの井戸 (InGaAs) からなる 2 重障壁共鳴トンネルダイオード構造を円柱状に削り出し，その周囲にゲート電極を付けてある．電気伝導測定では円盤状のドットを貫いて垂直方向に流れる電流を測る．(b) では，n-AlGaAs/GaAs のヘテロ界面の 2 次元電子ガスが，表面に付けたゲート電極で面内に閉じ込められている．電気伝導測定ではこのドットを貫いて面内方向に流れる電流を測る．

る．また，炭素系の量子ドットとして，カーボンナノチューブやグラフェンを利用した量子ドットがある．これらの材料は，核スピンが少なく，スピン軌道相互作用も弱いことから，電子スピンのコヒーレンスが非常に高いと予測されている．

b. 電子状態

図8.7のような量子ドットでは，ゲート電極で囲まれた系の幾何学的寸法(縦型量子ドットの場合には円柱の直径)に比べて，中に閉じ込められた電子の波動関数の広がりが小さい．これは，電子が内側に向かって伸びる静電ポテンシャルで閉じ込められているためである．その閉じ込めポテンシャルの形状は，多くの場合2次元調和型(閉じ込めエネルギー$\hbar\omega_0$)で近似される．このとき，固有エネルギーは，動径方向の量子数$n(=0,1,2,\cdots)$，角運動量量子数$l(=0,\pm1,\pm2,\cdots)$を使って，$E_{nl} = E_0 + (2n + |l| + 1)\hbar\omega$ (E_0はz方向の2次元準位のエネルギー)と書ける．E_{nl}は下位から，$E_{00} = E_0 + \hbar\omega_0$，$E_{01} = E_{0-1} = E_0 + 2\hbar\omega_0$，$E_{02} = E_{0-2} = E_{10} = E_0 + 3\hbar\omega_0,\cdots$となる．したがって，スピンを含めると，この準位分布は縮退による殻構造をもち，$i(i=1,2,\cdots)$番目の殻は$2i$重に縮退している．

E_{nl}は単一粒子に対するもので，複数個の電子からなる系のエネルギースペクトルではクーロン相互作用の寄与が重要になる(5.5.2項参照)．たとえば，簡単のためにドットの静電容量をCとすると，電子1個をドットに追加するには，相互作用の寄与としてe^2/C(帯電エネルギー)だけ余分にエネルギーを補償する必要がある．一般にN個目の電子をドットに追加するのに必要なエネルギー，すなわち，電気化学ポテンシャルを$\mu(N)$とすると，$\mu(N)$と$\mu(N-1)$の差は$\Delta(N) = E_N - E_{N-1} + e^2/C$ ($E_N - E_{N-1}$はエネルギー準位の差)で与えられる．このようにドットの静電容量をCとして相互作用の効果を取り込むことによって電子のエネルギースペクトルを取り扱う模型を**コンスタント相互作用模型**とよぶ．

c. 人工原子

クーロン閉塞は電荷の量子化を意味するが，ドットが小さくなるにつれて，エネルギーの量子化が重要になる．このため，上記の電気化学ポテンシャル差$\Delta(N)$は，ドット中に閉じ込められた電子の軌道やスピンを反映して変化する．このようなドットは原子との類似性から**人工原子**とよばれる．実際，原子の電子配置に関する基本則として知られる殻構造やフント則は，人工原子でも同様に存在する．このことは，回転対称性に優れた縦型量子ドットにおいて初めて確認された[2]．図8.8はその実験結果であり，トンネル電子伝導の測定(クーロン振動測定：5.2節参照)から求めた$\Delta(N)$と電子数Nの関係を示す．$\Delta(N)$が$N=2,6,12$で大きいのは第1,2,3閉殻による電子系の安定化，$N=4,9$でやや大きいのは第2,3半閉殻で起こるフント第一則による安定化を示す．

d. スピン効果

ゼーマン分裂と交換相互作用は典型的なスピン効果として知られている．ゼーマン分裂はスピンの磁気モーメントと磁場の相互作用エネルギーに相当する．しかし，電

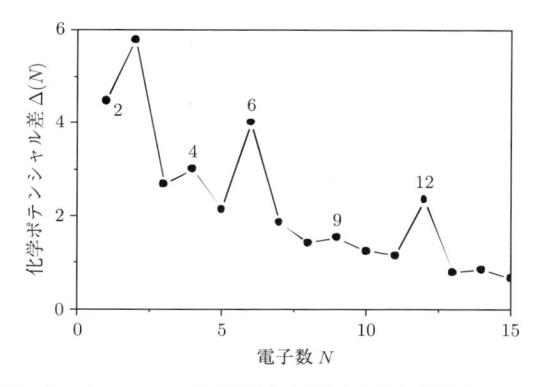

図 **8.8** 縦型量子ドットのクーロン振動測定から得られた電気化学ポテンシャルの差 $\Delta(N)$ と電子数 N の関係[2]. $N = 2, 6, 12$ は閉殻構造に対応し,$N = 4, 9$ は縮退した軌道に同じ向きのスピンが入っている半閉殻構造に対応する.

子スピンの磁気モーメントはきわめて小さいので,通常,ゼーマン分裂は小さく,したがって,その影響は電気伝導にはほとんど見られない.量子ドットでは,準位が完全に量子化されているので,バルク結晶に比べて,ゼーマン分裂の影響が見やすいが,それでも g 因子が零に近い GaAs 系量子ドット ($g = -0.23 \sim -0.4$) では,低磁場におけるゼーマン分裂の影響は無視できる.これに対して,InAs や InSb などのバンドギャップが小さい材料でできている量子ドットでは,スピン–軌道相互作用の影響で g 因子が負に大きい.このため,電気伝導測定や光学測定によって明瞭なゼーマン分裂が観測されている.

交換相互作用は,いわばフェルミ統計に起因するスピン効果の増大現象であり,パウリ効果はその代表例である.2 つの平行スピンはお互いに近づけず,クーロン・エネルギーはその分低下する.前述のフント (第一) 則はこれを反映したもので,半閉殻のとき平行スピンの数が最大となり,エネルギーが低下する.

同様なスピン効果は,人工原子の面に垂直に磁場を加えたとき様々な現象として観測されている.一般に,電子の準位縮退は低磁場で解消し,頻繁な準位交差の後,ランダウ準位への集束が起る.このエネルギー準位の磁場変化は,クーロン振動ピークの磁場依存性の実験によって確認されており,コンスタント相互作用模型から予測される性質と傾向が一致する.しかし,交換相互作用の影響も重要で,これにより,低磁場ではスピンに関係する状態遷移が起こる.この遷移は電子数の奇偶に依存していて,奇数の場合には,スピン 1/2 が優先するのに対して,偶数の場合には,フント則の影響でスピン 1 重項と 3 重項が交互に現れる.高磁場になると,ランダウ集束に合わせて,2 次元電子の量子ホール効果と同様なスピン偏極が起こる.これは,量子ドットではトポロジカルな安定性を伴って現れる.ドット中のスピン偏極は,磁場とともに増大し,やがて,偏極率が最大でしかも空間的にもっともコンパクトな分布をもつ安

定状態 (最大密度電子液滴) に移行する. さらに高磁場領域では, 軌道角運動量が関与した安定状態 (魔法数状態) などの強い相関状態が現れることも知られている.

8.2.2 結合量子ドット

a. 構　成

量子ドットを 2 個近接させたものは結合 2 重量子ドットとよばれる. そのうち, 2 個のドットの並びが電極に対して直列であるものを直列 2 重量子ドット, 並列なものを並列 2 重量子ドットとよぶ. このような結合ドットの電子状態は種々の結合エネルギー (トンネル結合, 静電結合, 交換結合など) に依存する. たとえば, トンネル結合が強い場合には共有結合的, 静電結合が強い場合にはイオン結合的な電子状態ができる[3].

b. 電子状態

2 つのドット L, R が面内で結合している 2 重量子ドットを考えよう (図 8.7b 参照). 電子状態の特徴は図 8.9 のような電荷状態図に見ることができる. まず簡単のために, 結合が静電的である場合を考える. ドット L, R の静電ポテンシャルをそれぞれゲート電圧の関数として変えると, 全電子数が 1 ずつ増減するほか, ドット間の電子数の配分も変化する. 実線で囲まれた各 6 角形内には 2 つのドットの電子数 N_L, N_R で決まる電荷状態 (基底状態) ができている. とくに, 3 つの境界線が集まる点は 3 重点と

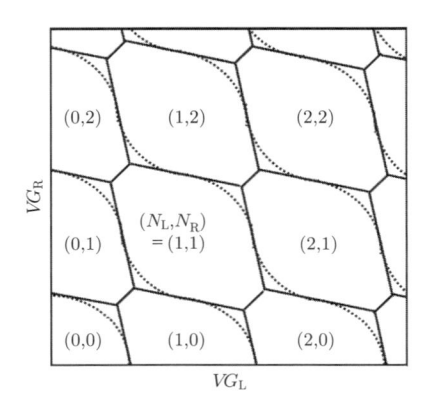

図 8.9　結合 2 量子ドットの電荷状態 (ドット L, R のゲート電圧 VG_L, VG_R の関数): 静電結合 (実線) とトンネル結合 (点線) の場合. 縦 (横) 方向の実線を右 (上) に横切るたびにドット L(R) の電子数 N_L (N_R) が 1 だけ増加する. 隣り合う実線の間隔は各ドットのクーロン・エネルギー U_L (U_R) と準位間隔の和に対応する (8.2.1 項 b 参照). 静電結合の場合, 相対する 3 重点を結ぶ境界線では, 全電子数は一定でドットの電子配分が変わる. この境界線の長さはドット間の静電結合エネルギー V_{LR} に対応する. トンネル結合 t がある場合, 3 重点の近傍で境界線の反交差が起こる. その大きさは, 静電結合とトンネル結合の和 ($V_{LR} + 2t$) に相当する. なお, 図中左下から右上へ向かう対角線は 2 重ドットの静電ポテンシャルを均等に上昇, それに垂直な対角線は 2 つのドットのポテンシャルに差を付けることを意味する.

よばれ，相対する3重点を結ぶ線の両側では電子数の配分だけが変わる．なお，3重点では2つのドットの準位と外部電極の間で電子の共鳴的なトンネルが起こる．一方，ドット間にトンネル結合がある場合には電荷状態図は点線のようになる．3重点を結ぶ線は不明瞭になり，その両端の境界線は反交差する．これはトンネル結合による対称–反対称軌道状態の形成を意味する．

通常，結合ドットの電子状態をしらべるには，外部電極を取り付けて電気伝導を測定する．直列結合の場合には，共鳴トンネルのために3重点近傍で高い伝導度，その稜線では非弾性のコトンネルによる小さい伝導度が観測される．これに対して並列結合では共鳴トンネルの制約がないので，すべての境界線に沿って高い伝導度が観測される．なお，直列ドットの場合でも電荷計 (8.2.3項参照) を使うと，電子数の変化を伴う稜線がすべて観測される．

c. トンネル結合と交換結合

1電子状態のエネルギースペクトルはドット間のトンネル結合 t とポテンシャル差 δ の関数であり，基底の対称軌道状態と励起の反対称軌道状態のエネルギー差は $\sqrt{4t^2+\delta^2}$ で与えられる．しかし，電子が複数になると相互作用のためにエネルギースペクトルは複雑になる．ここでは，もっとも単純な例として2電子系を例にとろう．2電子状態はフェルミ粒子の性質からスピン1重項，あるいは3重項になることが知られている．結合ドットが対称で磁場がない場合には，基底状態は常にスピン1重項であり，交換結合エネルギー J だけ離れてスピン3重項の励起状態が存在する (図8.10)．図8.10では，1重項として各ドット単一占有の $S(1,1)$ と片方2重占有の $S(0,2)$，3重項には単一占有の $T(1,1)$ を仮定している．δ が大きくなると $T(1,1)$ の励起エネルギー J は緩やかに，そして1重項の共鳴点に近づくと急激に増大する．このようなエネルギースペクトルは並列2重ドットを使って観測されている．

d. パウリ効果

パウリ則は電気伝導に関わる基本則であるが，実際にその影響が見られることはほとんどない．これは，通常の導体には連続状態が存在し，個々の電子準位の占有確率が1より十分小さいためである．しかし，エネルギー準位が完全に離散的な量子ドットでは，パウリ効果によって伝導が支配される場合がある．ここでは，その例として直列2重量子ドットの2電子系を考えよう (図8.10)．このような系で電子輸送が起こるためには，電荷状態図8.9において $(1,1) \to (0,2) \to (0,1) \to (1,1)$ の遷移が起こらなければならない．スピンを無視すれば，ドット間のポテンシャル差 δ を大きくしてクーロン・エネルギーの増大分を補償すると $(1,1)$ から $(0,2)$ への遷移が起こる．ここでスピンを考え，しかも，励起状態の3重項 $T(1,1)$ が占有されているとすると，1重項である $(0,2)$ への遷移はパウリ則によって禁止される．つまり，1重項へのスピン緩和が起こらない限りドット間の電子輸送は止まる (パウリ・スピン閉塞)．このような状況は外部電極に有限のバイアス電圧を加えたときに起こり，パウリ効果による電流抑制が現れる．

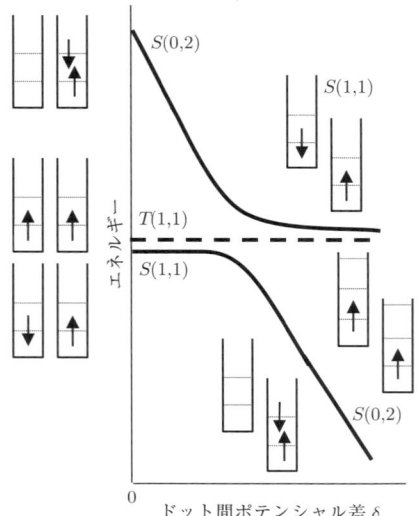

図 8.10　2 電子状態のエネルギースペクトル. 2 個のドットのポテンシャル差 δ が δ = 0 のとき結合ドットは対称で, スピン 1 重項 $S(1,1)$ が基底状態, 第一励起状態が 3 重項 $T(1,1)$, 第二励起状態が 2 重占有の 1 重項 $S(0,2)$ である. δ が大きくなると, $S(0,2)$ のエネルギーが低下し, $S(1,1)$ と共鳴する. δ ≈ 0 のとき, $T(1,1)$ の励起エネルギー (= 交換結合エネルギー J) は $J = 4t^2/(U - V_{LR})$ で与えられる. δ が大きくなって 1 重項の共鳴点に近づくと, 軌道混成によって基底状態のエネルギーが下がるので, その分 J が増大する.

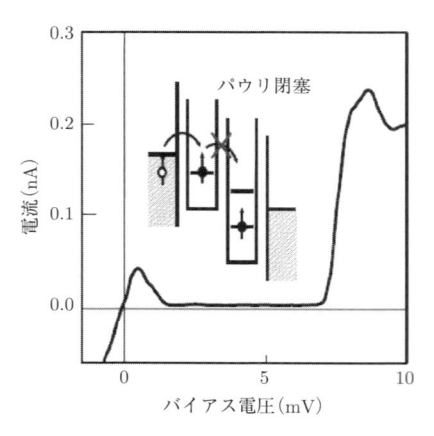

図 8.11　縦型直列 2 重量子ドットで観測されたパウリ・スピン閉塞[4]. 有限バイアス電圧下でスピン 3 重項が占有されると, トンネル電流が急激に抑制される (電圧 1～6 mV の領域). これより高電圧側では, 2 重占有の 3 重項 $T(0,2)$ のエネルギーが低下して $T(1,1)$ と共鳴するようになり, パウリ・スピン閉塞が解消する.

図8.11は直列2重ドットを使ってパウリ効果を観測した例で，有限のバイアス電圧で電流が著しく抑制されている[4]．同様な現象は，最近では様々な量子ドット系で観測されている．このことはまた，ドット中の電子スピンが緩和し難いことを意味している (8.2.4項参照)．なお，図8.11のようなパウリ・スピン閉塞は片方のドットのスピンが反転すると途端に解消することから，スピン現象の高感度な検出器として利用されている (8.2.4項参照)．

8.2.3　単一電荷検出

a.　電荷検出

量子ドットの電子状態の測定では，通常の電気伝導測定 (ドットを介して流れる電流の測定) の他に，最近，電荷計による測定がよく行われている．この方法では，量子ドットの電荷状態を静電的に検出する．量子ドットに近接して量子ポイントコンタクト (QPC，あるいは量子ドット) があるような系を考えよう．量子ドット中の電子数が1個でも増減すると，静電的に結合したQPCの静電ポテンシャルが変化するので，それに合わせてQPCの伝導度が変化する．したがって，そのQPC伝導度の変化を検出すれば，ドットの電子の出入りを高感度に検出することができる[6]．この検出法は素電荷の1/10程度の分解能でドット中の電荷数の変化を識別できることから，最近，様々な用途に使われている．

図8.12は，QPC電荷検出法により，横型単一ドット (図8.7) の電子の出入りを実時間で測定した結果を示す．QPCは周囲の静電ポテンシャル変化に対して，感度がもっとも高くなる第1量子化伝導度ステップ (5.1節参照) の中央に調節されている．ドット中の電子が1個減少 (増加) すると，QPC電流がステップ的に増加 (減少) する．図では，ドットに対する電子のトンネルレートが大きくなるにつれてステップの回数 (電子の出入りの回数) が増える様子がわかる．なお，この測定ではQPC電荷計の応答速度はkHz程度であるが，低温アンプや高周波反射計を用いることによって，応答速度を1MHz以上に上げられることが報告されている．また，この電荷検出法を使えば，ドット電流が測定できない少数電子領域でも，正確に電子数を特定することができる．これは，とくに横型直列結合2重量子ドットの電荷状態をしらべるときに有用である (8.2.2項b参照)．なお，縦型量子ドットでも類似の方法により電子数が零個に至るまでの電荷検出が実現されている．

b.　スピン検出

電子1個あたりのスピン磁気モーメントはきわめて小さいが，スピン上向き，下向きの情報を，電荷情報，つまりドット中の電子数変化に変換することができれば，電子1個のスピンを正確に判定することができる．この考え方にもとづいて，単一電子スピンの計測法が提案，実証されている[6]．

その1つがゼーマン分裂を利用する方法である．図8.13にその原理を示す．外部磁場を印加することにより，ゼーマン効果によって2つのスピン状態がエネルギー的

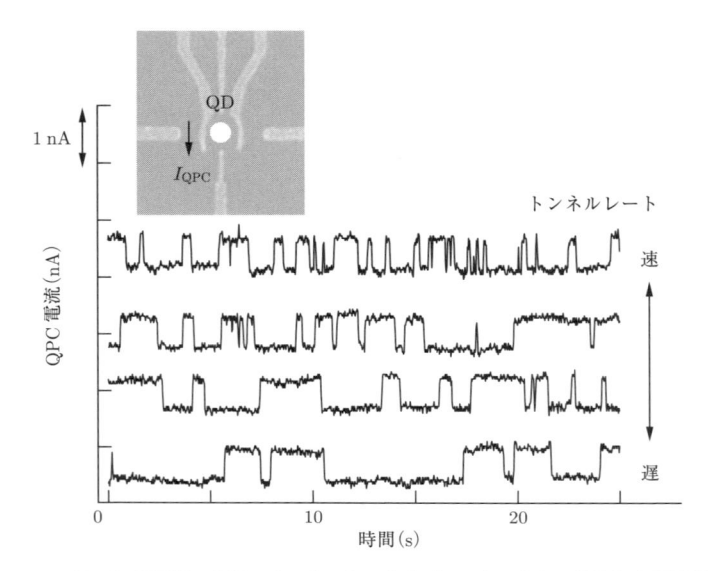

図 8.12　ドット–電極間の電子のトンネルレートをパラメーターとして測定した量子ポイントコンタクト電流 ($I_{\rm QPC}$) の時間変化．図中の上のデータほどトンネルレートが大きい．各電流データはドット中の電子 1 個の増減に対応して 2 値をとる．電流の上から下へのステップに合わせて電子 1 個がドットに入り，その逆のとき電子 1 個が出る．挿入図は実験に用いた横型量子ドットの電子顕微鏡写真．

に分離する．ここでテスト電子 1 個を非断熱的にドットに加え，そのスピンの向きを判定する．あらかじめ外部電極のフェルミ・エネルギーがゼーマン分裂したスピンのエネルギーの中間に来るように調整しておくと，テスト電子のスピンが上向きの場合，電子はドットから出ることができない．一方，下向きの場合は，電子はいったん電極に出て，その後，電極から上向きスピンの電子のみがドットに入る．したがって，後者の場合にのみ，ドット中の余剰電子数 ΔN が $\Delta N = 1 \rightarrow 0 \rightarrow 1$ と変化する．こ

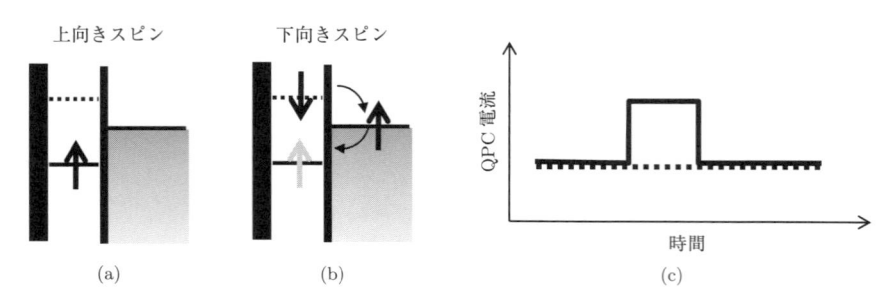

図 8.13　ゼーマン分裂状態を利用した単一電子スピン検出の概念図．テスト電子が下向きスピン状態 (b) の場合，1 回だけ電子がドットを出入りするが，上向きスピン状態 (a) の場合には出入りしない．これを反映して，テスト電子のスピンが下向きの場合にのみ QPC 電流に変化 (矩形パルス) が現れる [(c) の実線]．

の電子数変化の有無を電荷計で実時間測定(単一ショット測定)すればテスト電子のスピンの向きを判定することができる．このようなスピン判定法は，横型単一ドットと QPC 電荷計を用いて実現されている[7]．このほか，上向きスピンと下向きスピンの場合でドットと電極間のトンネルレートが大きく異なることを利用した検出法も知られている．とくに 2 重量子ドットでは，前述のパウリ・スピン閉塞と QPC 電荷検出(または 2 重ドットの電気伝導測定)を組み合わせたスピン計測がきわめて有効であり，電子スピン量子ビット操作や核スピン検出などの精密な実験で用いられている．最近では，2 重量子ドット間の光子介在トンネルと微小磁石によるスピン選択性を組み合わせ，スピンに依存したドット間トンネルの有無を QPC 電荷計で検出するという方法により，2 重ドット内のスピン状態の非破壊読出しが提案，原理確認されている．

8.2.4 緩和問題

a. 軌道自由度とスピン自由度

固体中の電子は周囲の環境と様々な相互作用を介して熱平衡状態に落ち着く(「緩和」する)．電子の軌道成分はフォノンやフォトンと強く結合し，急速に緩和する．しかし，スピンについては，スピン–軌道相互作用や核スピン結合などの散乱要因があるものの，いずれも弱い．とくに，量子ドットの場合，電子は並進運動しないので，スピン–軌道相互作用はきわめて弱く，また，核スピン結合についてもエネルギーの離散性のために小さい．

一般に，緩和現象は縦緩和時間 T_1 (エネルギーや軌道成分が変化する時間)と横緩和時間 T_2 (位相コヒーレンスが破れる時間)で定量化される．軌道の T_1 は，以前から発光の時間分解測定でしらべられており，GaAs 系量子ドットの場合，低温で数 100 ピコ秒から 1 ナノ秒とされている．一方，スピンの T_1 は，円偏光寿命の測定により，軌道の T_1 より 1 桁以上長いことが報告されている．しかし，通常，このような光学測定は，多数の量子ドット，あるいは多数回の光励起による，いわば集合測定になっている．最近になって，電気的手法により純粋に単一量子ドット中の単一電子の緩和が測定できるようになった．

この手法では，電子を非断熱的に励起状態に上げ(ポンプ)，ある待ち時間の後に，まだ基底状態へ緩和せずに残っている励起状態の占有確率(<1)をトンネル電流として測定する(プローブ)．これを GaAs 系量子ドットに適用して求められた T_1 は 1 ミリ秒程度であり，軌道の T_1 より 6 桁も長い(図 8.14)[8]．さらに最近では，単一ショット測定(8.2.3 項参照)を利用して，1 秒に及ぶ T_1 も測定されている．一方，T_2 は実験の難しさから長らく正確に求められていなかったが，最近になってようやく，単一電子のコヒーレント振動を利用した実験が行われるようになった(8.2.5 項参照)．それによれば，軌道については 2 つの量子ドット間でのトンネル結合，スピン状態については単一量子ドットの電子スピン共鳴を利用した実験により，それぞれ，$T_1 \approx$ ナノ秒，数十ナノ秒という値が報告されている．軌道の T_2 が T_1 と同程度であるのに対し

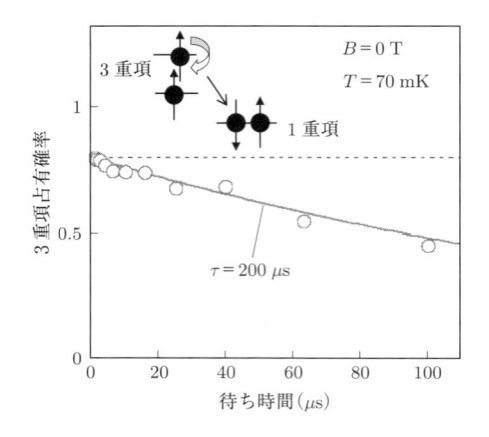

図 8.14 電気的ポンプ&プローブ法による単一スピンの縦緩和時間測定[8]．単一量子ドットのスピン3重項状態（第一励起状態）を非断熱的に励起し，一定の待ち時間のあとスピン1重項状態（基底状態）に緩和しないで残っている確率を測定する．測定では，外部電極のフェルミ・エネルギーを調節して，3重項に残っている場合にのみ電流として取り出せるようにしてある．3重項占有の確率は待ち時間に対して指数関数的に減少する．ここで求められた時定数 ($\tau = 200\,\mu s$) は，測定限界によるもので，実際のスピン緩和時間 T_1 の下限値を与える．

て，スピンの T_2 は T_1 よりはるかに小さい．その理由は以下で説明する．

b. 緩和要因：フォノン散乱とスピン散乱

半導体結晶中の伝導電子は，通常フォノンの環境と強く相互作用している．簡単に2準位間のエネルギー遷移による緩和を考えると，その主要因は緩和エネルギーの大きさに依存して変わる．化合物半導体の場合，エネルギーの小さい方から順に，エネルギー的に音響フォノン，光学フォノン，フォトンが重要になるが，通常の量子ドットでは，音響フォノン散乱が支配的になる．前述の軌道 T_1 は遷移エネルギーが大きくなると次第に短くなるが，その依存性は音響フォノンの変形ポテンシャル散乱に由来する．また，実験で求められた軌道の T_2 はほぼ T_1 に等しい．これは軌道自由度を乱す環境が散逸の大きいフォノンからできているためで，理論的に $T_2 = 2T_1$ の関係が成り立つ．

スピン T_1 の実験は，スピン反転を伴う2準位間（スピン3重項から1重項，ゼーマン分離したスピン間）の遷移について行われている．この遷移エネルギーは磁場の関数で変えられる．1～10テスラの磁場を用いた実験では，T_1 が磁場の5乗に反比例して減少する様子が観測されており，その依存性はスピン軌道相互作用と変形ポテンシャル散乱で説明されている[7]．T_2 に関しては，スピン歳差運動の位相を乱すような散乱が重要で，その要因として核スピンとの結合が考えられている（スピン–軌道相互作用も一因ではあるが，その場合 T_2 は T_1 と同程度になるので実験と矛盾する）．GaAs系量子ドットでは，構成元素が核スピン（^{69}Ga, ^{71}Ga, ^{75}As のスピン $I = 3/2$）をもつので，電子スピンとの間に超微細相互作用が働く．とくに最近では，核スピンのつく

る磁場の統計的なゆらぎのために電子スピンのゼーマン・エネルギー，すなわちスピン歳差運動の周波数がゆらぎ，これが横緩和時間に 10 ナノ秒程度の不均一な広がりを与えることが指摘されている[9].

8.2.5 量子情報への応用

a. スピンの重ね合せと量子ビット

電子スピンは上向き $|\uparrow\rangle$ と下向き $|\downarrow\rangle$ の自然な量子 2 準位系であり，その重ね合せ ($= a|\uparrow\rangle + b|\downarrow\rangle$, $|a|^2 + |b|^2 = 1$) によって量子情報の単位である量子ビットを構成することができる．このようなスピン量子ビットは，D. Loss と D. DiVincenzo[10] による提案以後，精力的に研究されている．最近では 2 量子ビットが実現され，それを用いたユニバーサルな論理演算も視野に入ってきた．

b. 量子ビットの原理

スピン量子ビットの原理は電子スピン共鳴 (ESR) を利用して $|\uparrow\rangle$ と $|\downarrow\rangle$ の重ね合せをつくることに相当する．静磁場 B_0 を z 方向に加えると，電子スピンは z 軸のまわりで歳差運動をする．ここで，ゼーマン・エネルギー E_Z ($= g_d \mu_B B_0$) (g_d はドットの g 因子，μ_B はボーア磁子) に等しい周波数の交流磁場 $B_1 \cos \omega_0 t$ ($\hbar \omega_0 = E_Z$) を垂直に加えると，スピンは面内軸のまわりでも回転運動を始める (ラビ振動)．このラビ振動の時間発展を制御すれば，$|\uparrow\rangle$ と $|\downarrow\rangle$ を北極，南極とする球 (ブロッホ球) の上でスピンを任意に回転する ($= |\uparrow\rangle$ と $|\downarrow\rangle$ の任意の重ね合せをつくる) ことができる．

通常，ESR はバルク材料中の電子の集合系に適用するが，量子ビットの場合には 1 個の電子に適用する必要がある．たとえば，一様な静磁場中に置かれた電子 1 個の量子ドットを考え，このドットに局所的に交流磁場を加えれば電子 1 個の ESR が可能になる．その方法としては，ドットのまわりに配置した微小コイルへの交流電流注入があり，実際に単一電子の ESR とラビ振動が観測されている[11]．しかし，コイル法は電流駆動なので相当なジュール熱の発生が避けられず，また，コイル配置の幾何学的制限も大きい．これに替わって，より集積化に適した手法として電圧駆動法が提案，実現されている．この方法は局所的な交流電場を交流磁場に変換するもので，スピン-軌道相互作用を利用する方法[12]と傾斜磁場を利用する方法が提案されている[13]．前者では，外部から加えた交流電場と静磁場 B_0 の積に比例して交流磁場 B_1 が発生する．後者では，微小磁石の洩れ磁場がつくる磁場勾配の中で電子を振動させることによって，電子のみが感じる交流磁場をつくる．この交流磁場 B_1 は磁場勾配と交流電場の積に比例する．

図 8.15 は傾斜磁場法の原理を示す[13]．横型量子ドット (図 8.7) の真上に配置した帯状の微小磁石を，面内方向 (z 方向) の外部磁場で磁化し，ドット位置に 2 つの静磁場成分 $B_\perp$, $B_\parallel$ をつくる．$B_\perp$ はドット中心から面内方向に測った座標に対して線形に変わる (勾配〜T/μm)．ここで，高周波電圧を外部から印加してドットの電子を面内で振動させると，この電子のみが交流磁場を感じる．図 8.16a はその実験結果を示

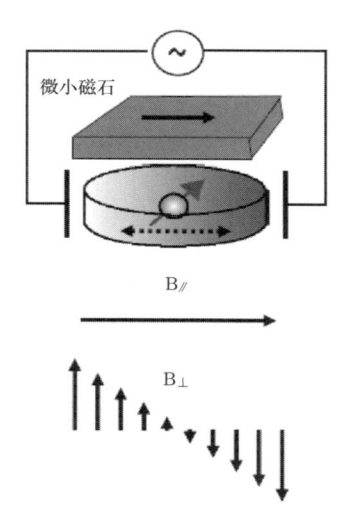

図 8.15 微小磁石と電子振動を利用したスピン量子ビットの原理[13]. 矢印の向きに外部磁場を加えて微小磁石を磁化すると, 直下にあるドットには, 外部磁場に垂直 (平行) 方向に洩れ磁場 $B_\perp$ ($B_\parallel$) ができる. $B_\perp$ は図のような線形の勾配をもつ. $B_\parallel$ は余剰成分として外部磁場に付け加えられる. ドットに外部から高周波電圧 (マイクロ波) を加えると, $B_\perp$ 勾配の中でドット中の伝導電子は面内方向に振動する. これに合わせて, 電子は垂直方向に振動する交流磁場を感じる. この振動磁場は外部磁場と垂直であり, その周波数が外部磁場によるゼーマン・エネルギーが等しいとき, ESR の条件が満たされる.

したもので, 高周波電圧の周波数 f をパラメーターとして外部磁場を掃引すると, 特定の磁場で共鳴的に ESR 信号のピークが現れる. この ESR 信号をポンプ&プローブ法で時間分解すると図 8.16b のように周期的に振動する. これがラビ振動で, スピンがブロッホ球面を回転しながら上下に動いていることを示す. 現在, 同実験を拡張して, 2 スピン量子ビットが実現されている[14].

量子ビットを用いてユニバーサルな論理演算を行うには, 2 ビットの入出力による制御 NOT が必要になる. 制御 NOT では, 2 入力のうち, 1 つを制御ビット, 他方を標的ビットとして, 制御ビットが "1" の場合に限り, 標的ビットを反転させて出力 (第 2 出力ビット) する (第 1 出力は制御ビットと同じ). 電子スピンの場合, 制御 NOT はスピンの回転とスピン間の交換結合のオン・オフを組み合わせて行うことができる. 具体的な例として, 2 重結合ドットの 2 電子状態 (各ドットのスピン S_1, S_2) を考えよう. 2 個のスピンの間には, 電子の飛び移りに起因してハイゼンベルク型のハミルトニアン $H_{\rm int} = J S_1 S_2$ で表せる反強磁性的な相互作用が働く. この J はドット間のトンネル結合 t とポテンシャル差 δ の関数であり, それをパルス的に操作して $J = J_0$ が $J_0 \tau_s = \hbar \pi$ を満たす時間 τ_s だけ働かせると, 互いのスピンが入れ替わる (SWAP ゲート)[9]. この SWAP 時間の半分だけ J_0 を働かせる操作は√SWAP ゲートとよばれ, このとスピン回転を組み合わせて制御 NOT を行うことができる[10]. 現在, この制御 NOT

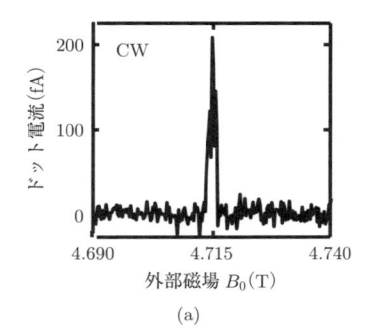

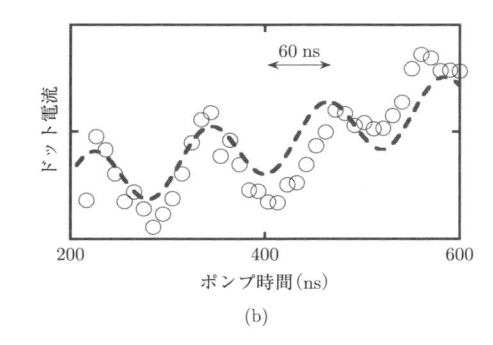

図 **8.16** 傾斜磁場法で観測された (a) 単一電子スピンの共鳴ピーク (CW 測定) と (b) ラビ振動 (時間分解測定)[14]．試料は直列 2 重量子ドットで各ドットに 1 個ずつの電子が存在する．結合ドットがパウリ・スピン閉塞状態にあるとき，片方のドットに傾斜磁場法を適用してスピン回転を起こすと，閉塞が解消してドットに電流が流れる．(a) では電子振動を起こすために CW のマイクロ波を印加する．マイクロ波の周波数を固定して，外部磁場を掃引すると，ESR 条件を満たしたとき共鳴的に電流が流れる．(b) ではマイクロ波をパルス的に加えた直後に (a) と同様な測定を行っている．マイクロ波パルスの時間とともにスピンの回転角が大きくなる．それに合わせて閉塞が解消する程度が変わる．電流振動はこのスピン回転を反映するもので，電子スピンが上向きと下向きの間でコヒーレントに振動していることを示す (ラビ振動)．

の実現へ向けて研究が行われている． [樽茶清悟]

文　　献

[1] J. Bird (ed.), *Electron Transport in Quantum Dots* (Kluwer Academic Publishers, 2003).
[2] S. Tarucha et al., Phys. Rev. Lett. **77** (1996) 3613.
[3] W. G. van der Wiel et al., Rev. Mod. Phys. **75** (2003) 1.
[4] K. Ono et al., Science **297** (2002) 1313.
[5] M. Field et al., Phys. Rev. Lett. **70** (1993) 1311.
[6] R. Hanson et al., Rev. Mod. Phys. **79** (2007) 1455.
[7] J. M. Elzerman et al., Nature **430** (2004) 431.
[8] T. Fujisawa et al., Nature **419** (2002) 278.
[9] J. R. Petta et al., Science **309** (2005) 2180.
[10] D. Loss and D. P. DiVincenzo, Phys. Rev. A **57**, 120 (1998).
[11] F. H. L. Koppens et al., Nature **442** (2006) 766.
[12] K. C. Nowack et al., Science **318** (2007) 1430.
[13] M. Pioro-Ladriere et al., Nature Physics **4** (2008) 776.
[14] T. Obata et al., Phys. Rev. B **81** (2010) 085317.

8.3 微粒子・クラスター・ナノ結晶

8.3.1 電気伝導・熱伝導・磁性

a. クラスター・微粒子・ナノ結晶の構造と物性

通常の結晶の電気伝導 (常伝導および超伝導)・熱伝導・磁性は，ブロッホ周期性を基礎とした固体の電子論で比較的よく記述される (第 1, 2 章などを参照). 物質を対象とした物性研究において，物質のナノ領域の構造に着目して，発現する物質の物性を詳細に研究しようという動向は，1980 年代に活発化してきている. 本項では，このような研究の進展を基礎にして，ナノクラスター，微粒子，ナノ結晶物質の構造と伝導 (電気伝導と熱伝導) ならびに磁性に関して最近の進展を含めて解説する.

1970 年初め頃から，新しいナノ物質から生み出される多様な物性を解明するために，多くの学問分野が発展してきた. 物性研究においては，新しいナノ領域の新物質を人工的に生み出すことにより発現する新規な現象を探索し続ける努力が払われてきた. ナノクラスター材料およびナノサイズを有する微粒子などの物質は，微小サイズの領域に位置づけられる物質として，いま大いに注目され始めている. このようなナノ物性科学の歴史は，1962 年に刊行された久保の論文[1]が先駆けとなった一連の活発な物性物理分野の研究から始まっていると思われる. 規則正しい結晶構造が繰り返し続いている，無限の広い空間を有する金属内に存在している電子は，電子のエネルギー準位がつくる連続的なバンドに一様に広がった波のようにふるまう. しかしこのような状況は，物質のサイズが徐々に小さくなり電子のド・ブロイ波長程度の大きさになると，電子のエネルギー準位が離散的になり，その離散的程度が温度エネルギーの大きさ k_B 程度にまでなると，そのような影響による物性変化が観測される. 離散的なエネルギー準位をもつようになった電子の影響で，その金属の比熱や帯磁性には，通常の固体では観測されない性質 (比熱が温度変化しなくなったり，磁化が急激に増えたりする) が現れてくるようになる.

久保は金属微粒子では，低温でこのような離散的な影響が発現するであろうことに気づき，初期の段階でその理論的研究を行った. 物質のサイズ変化にともなうエネルギー準位の離散化を原因として発現する特異物性の発現を，最近では久保効果とよぶ. 実験において，実際に微粒子に関するこのような現象に関連する初期の研究は，名古屋大学の上田グループなどにより，さまざまな微粒子を種々の方法で作製してその構造を電子顕微鏡を駆使して観測することにより行われた[2]. この研究の後，ナノサイズ物質の研究が活発に推進されてきた. 1970 年代後半からナノ微粒子をターゲットとして，世界的に活発な研究がなされる分野となった.

一方，R. Feynman は「新しい物理への招待」(An Invitation to Enter a New Field of Physics: There's Plenty of Room at the Bottom) と題する講演の中で[3]，従来の人工的な微細加工を適用した物質の作製方法をトップダウン手法とよび，それに対して自己組織的な固体構築方法をボトムアップ手法と称し，近年の物性研究分野におけ

るナノ科学の発展を予測した．その後，湿式法としてラングミュア–ブロジェット (LB) 法による固体構築法ならびに乾式法である分子線ビームエピキシャル法などが活発に研究されるようになり，人工的なナノ構造体の研究が半導体エレクトロニクス分野の進展とともの発展してきている．1990 年に入ると IV 族ナノ多面体クラスターにおいて炭素系物質を中心として急激な発展があり[4-6]，この報告を契機として人工組織化を基礎とするボトムアップ形式の物質科学は，著しく発展することとなった．

b. クラスター・微粒子・ナノ結晶

　物質を表現する場合に用いられる，微粒子，クラスター，ナノ結晶という用語の使い分けは，必ずしも明確ではない．そこで，これらの用語をまず明確にしておきたい．

　クラスターという言葉の語源は房や小規模の集合を表す．学術用語としては，天文分野においては宇宙塵などの特殊な集合状態を表すことがあり，情報科学分野においては，何台かの小規模のパーソナルコンピュータ (PC) を並列結合させた中規模の計算機システムを表現する．物性分野においては，この言葉は物質に対して，数個から数十個の原子が集合して，通常の結晶構造とは異なる構造の物質を形成した状態に対する表現として用いられる．このような物質の特殊な構造状態をクラスター状態，またそのような特徴を有する物質をクラスター物質と総称する．一般にはこのような状態は，ナノメートル (nm) 領域で生じることが知られている．

　これに対して，微粒子という言葉の定義は少々曖昧である．物質は大きく分類する場合，結晶と不定形物質とに大分類される．結晶でも非常に小さな微結晶が数多く集まったものが多結晶として分類される．しかし，微結晶よりさらに小さなサイズに着目して物質を眺めた場合に，単結晶とは異なる構造が存在する場合がある．そのような領域の物質を微粒子とよぶ．しかし，その定義は，それほど明確とはいえない．微細な物質として，バルク状態の結晶とは異なる構造的あるいは物性的特徴を有する状態あるいは領域の物質がある場合に，そのような領域の物質全体を逆に微粒子とよぶというのが正直なところであろう．したがって，微細サイズの様々な物質を微粒子と総称しているのが現状である．

　結晶を成長させる場合，様々な理由があり，その結晶が十分な大きさ[*1)]に成長しない場合がある．そのような結晶を微結晶あるいは多結晶と称している．しかし構造・物性評価技術の向上にともない，小さな粒径の物質でも単結晶構造ならびに物性測定が可能となり，単結晶という言葉の定義は，どんどんと小さなサイズ領域の方向へ移行してきている．このような状況の中にあり，物性科学分野における研究の進展とともに，研究者が意図的に微細加工技術を利用して構造体を構築して，周期性を人工的につくり込むことができるようになってきた．このようにして，大きさがナノ領域のサイズに加工してできたナノ構造体や，特別な物質創製法を適用してナノ領域において結晶の構造を制御して創成した結晶を，ナノ結晶と総称している．

---

*1) 従来は粒径が数百 μm〜数 mm 程度の大きさを有する単一粒径の物質を単結晶，それ以下のサイズの結晶粒径の集まりの物質を多結晶と慣習的に総称していた．

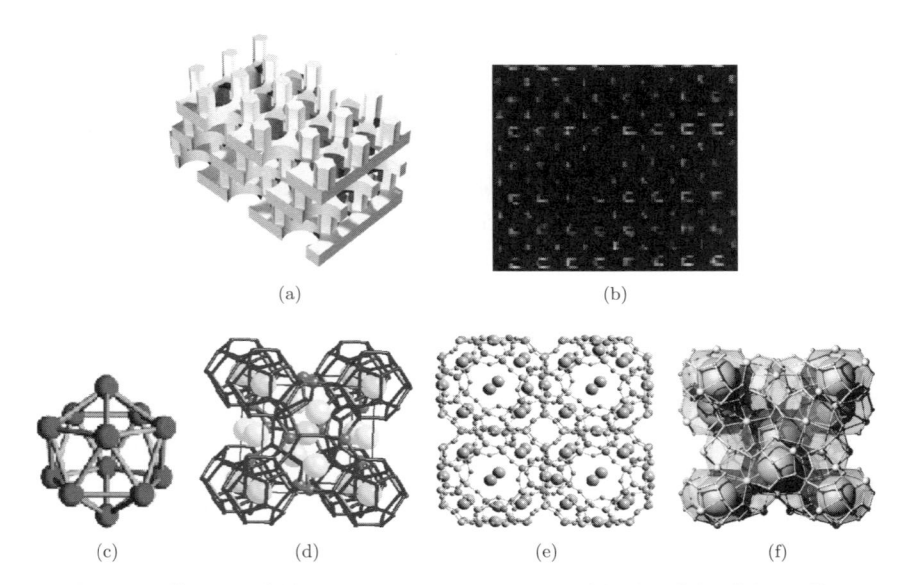

図 8.17 種々のナノ物質．(a) ホトニック結晶，(b) 電子線微細加工技術で作製した種々の幾何相互作用を組み込んだ2次元アレイ，(c) ボロン階層構造クラスター，(d) クラスレート物質，(e) ゼオライト物質，(f) エレクトライド物質．

 ナノ結晶の中で，周期性が光と同じ程度の波長であるものがホトニッククリスタル (図 8.17a) であり，光量子領域において電子バンド (フェルミ粒子バンド) と類似したホトニックバンド (ボソン粒子バンド) が形成される．さらに，最近では X 線加工技術や電子線微細加工技術を駆使して，nm 領域の周期構造体の構築も可能となっていて，人工格子結晶とよぶべきものものも出現している．このような構造体の中では，人工的に磁性体の形状や配列を制御して人工的に磁気相互作用を制御する試みがなされている．

 人工的手法の流れとはまったく異なり，自然で観測される自己組織化現象を利用して，ナノ物質の創製を行う研究が最近著しく進展してきている．このような研究は，1980 年代後半に発見された炭素系クラスター物質の発見により，関連研究活動は近年急速に活発化している．このような，自己組織化を適用したナノクラスター結晶なども，広義の意味では，ナノ結晶の中に含まれる．以下歴史的流れに沿って，本節において言葉の定義をしてきたいくつかナノクラスター固体に関して，例を紹介して構造と物性を議論する．

 (i) クラスレート物質 ナノクラスター固体に関する研究が急速に進展したのは，1990 年代のフラーレンナノチューブの発見を契機としてである．フラーレンナノチューブに関しては，本書の他の項目に詳しく記載されているので，そちらを参照されたい．シリコン原子から構成される炭素クラスターと類似したナノクラスターを有

する物質の発見は，歴史的には炭素物質よりもさらに早く，1965 年にフランス CNRS の Cros らにより発見されている[7]．当時は，物性的に興味のある特性が見出されなかったが，1995 年に山中が，このクラスレート系物質の内部空間に Ba を内包させた場合に，純粋な Si-sp3 ネットワークが超伝導を示すことを初めて発見し[8]，大きなインパクトを与え，クラスレート研究がふたたび世界的な脚光を浴びる発端となった．これらの物質は，近年クラスレート系物質として注目され，研究が活発化している．また一方，シリコンにおいては，イオントラップ法という新しい装置を適用して，シリコン系多面体クラスターを人工的に合成することに成功して[9]，新しいシリコンクラスター物質を創製する研究が，半導体材料の研究として行われている．

(ii) ナノ空間ゼオライト・エレクトライドおよびシリカ系メソポーラス物質　クラスター系物質に新しい局面が注目された研究は，バンドギャップが 1.1 eV で間接遷移型の半導体シリコンから予想することのできない可視発光が生じるという，1990 年のイギリス防衛研究所によるニュースであった．その後，関連研究は現在種々の多孔質系ナノシリコンの研究へと展開されている．

物質のナノ空間の重要性が初めて明白になったのは，クラウンエーテルの発見であろう．クラウンエーテルは 1960 年，デュポン社の一研究員であった C. Pedersen によって発見され，ノーベル化学賞の対象となった物質である．その後 1970 年には，米国 J. L. Dye により，アルカリ金属元素とクラウンエーテルとの化合物で，エレクトライド結晶が発見された[10]．この内部空間に関する新しい発見は，その後細野グループにより透明電導性エレクトライド物質として発展され，次世代材料として注目を集めている[11]．

ゼオライトはシリコン・アルミニウム・酸素から構成されるナノ物質の 1 つである．この物質は，スウェーデンの鉱物学者 Cronstedt が，アイスランドの火山で発見した天然の鉱石に含まれていたことで知られる．ゼオライト物質の内部空間に着目して，アルカリ金属を閉じ込めた場合に強磁性が発現することが，野末らにより報告された[12]．この現象は，ナノ空間に閉じ込められたアルカリ金属の s 電子の量子閉じ込め効果にもとづくものであり，新しい物性研究として着目される．

(iii) III 族配列ナノ空間物質　自己組織的な物質形成と関連して，IV 族元素である C および Si 以外にも同様な物質は存在する．III 族元素である B や Al から形成される構造ネットワークは，階層性を有する籠構造として同様の多面体ナノ空間ネットワーク構造を示すことで知られている[13]．III 族 B および Al を中心とするこのような物質は，最近キャリアー注入による金属化ならびに構造制御による結合 (共有結合-イオン結合) 転換の観点から活発に進められている．

(iv) ナノグラファイト・ナノダイヤモンド系物質　グラファイトおよびダイヤモンドは，従来から代表的な炭素系結晶固体として知られている．しかし，そのサイズが小さくなった場合には，ナノグラファイトおよびナノダイヤモンドと称される物質系は，現在でもその物性は完全には理解されているとは言えない．最近，電界効果

型トランジスタ構造を適用して，ナノグラファイトに物理的にキャリアーを導入してその電導をしらべる研究が報告され，量子ホール効果などの興味深い物性が報告され注目を集めている．また，ダイヤモンドにボロンなどを高濃度に注入していくと超電導が発現することが報告された．その後シリコン結晶においても同様の報告がなされている．このような報告を考えると，発現する現象とナノ領域の構造との関係は，その理解が現状で必ずしも十分であるとは決していえない．とくに，グラファイトの場合には，そのサイズが小さくなった場合，幾何学的な端の影響が固体バンドのフェルミ面に現れることが理論的にも実験的にも認識されている．

c. クラスター・微粒子・ナノ結晶における伝導と磁性

通常の微粒子およびナノ結晶における伝導と磁性は，すでに記載したように，バンドを形成する軌道準位が離散的になっていく過程で発現する久保効果として一般には理解される．しかし，ナノクラスター構造を有する一連の多面体クラスターを構成単位として階層的に形成されるクラスター固体の場合には，このような離散的準位による理解とは別の観点から伝導ならびに磁性を理解する必要がある．そのような代表的な例として，共有結合のネットワークとして形成する物質として，本章で取り上げたクラスレート，ゼオライトおよびエレクトライドなどがある．これらの物質を取り上げることで，ナノクラスター固体で発現する伝導と磁性を少し詳しく考える．

クラスレート固体 (図 8.17) は，正 20 面体クラスターを構成単位とする結晶である．結合ネットワークだけを考えると，IV 元素 (Si および Ge) の sp^3 結合を基本とした完全結晶であるので，フェルミ準位でギャップが開いたバンド絶縁体である．クラスレート物質の特徴は，多面体が有するナノサイズの内部空間にある．この内部空間には，イオン化ポテンシャル I_P が低いアルカリ金属原子およびアルカリ土類原子を，1つの内部空間当たり 1つの内包原子として導入することができる．このような内包充填クラスレート物質においては，内包原子から電子が 1 個あるいは 2 個まわりを取り囲む籠ネットワーク骨格へ移動することにより，伝導帯が電子で部分的に満たされる金属となる．しかし，内包原子の導入量が少ない状態では，半導体状態となり金属とはならない．この理由は，低濃度の状態では結晶の内部空間に無秩序に内包原子が導入されるために，結晶構造の乱れが生じてアンダーソン局在が生じるためであると考えられている．この意味では，低濃度キャリアーの領域では，通常の IV 族半導体の場合と同様の現象が観測されているといえる．

結晶の骨格構造の完全性および乱れがクラスレート物質の電気伝導に多大な影響を及ぼす例として，図 8.18 に骨格構造の欠陥が電気伝導ならびに帯磁率の及ぼす影響の実験結果を掲載した．Ba_8Ge_{43} 物質では，Ge 原子 3 個がネットワーク骨格から欠如するために，電子が遍歴系から局在系へと変化することが理解される[14]．このようにナノクラスター固体では，遍歴系と局在系の微妙なバランスにより，電子状態が達成されている．一方，高キャリアー領域では，よい電気伝導性を示す金属となり，同時に比較的温度の高い臨界温度 T_c を有する超伝導が発現する．この理由は，ナノクラス

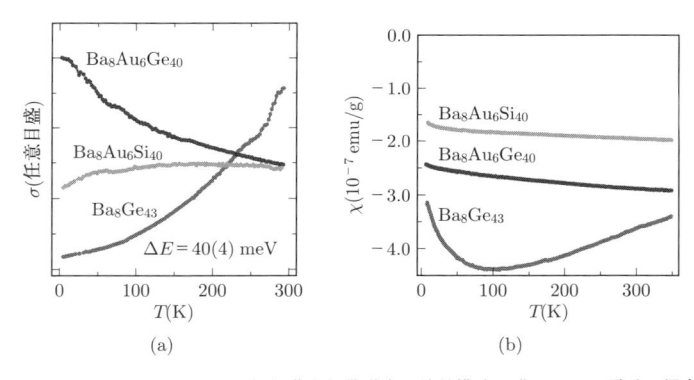

図 **8.18** クラスレート物質の電気伝導度と帯磁率．結晶構造の乱れによる電子の局在化が生じる．

ター固体の高い対称性に起因して，フェルミ準位の状態密度が高いことが，その大きな要因の1つである．ナノクラスター系の超伝導体は，ファン・デル・ワールス固体であるフラーレンも共有結合固体であるクラスレートもフォノンを媒介としたs波のBCS超伝導体であることが谷垣らにより確認されている[15,16]．

ナノクラスター固体のもう1つの特徴にフォノンがある．通常の固体ではフォノンは，格子フォノン (クラスター間フォノン) が代表的なデバイフォノンとして議論される．しかし，ナノクラスター固体では，さらにこの種のフォノン以外にクラスター振動にもとづくアインシュタイン・フォノンとしてクラスターフォノン (クラスター内フォノン) および閉じ込められた内包原子の異常振動にもとづく時間的空間的に変動するフォノン (近年ラットリングフォノンと総称される) など多種類のフォノンが階層構造をとり，存在する．ナノクラスター固体では，電子は結晶全体に広がるブロッホ描像で比較的よく記述されるのに対して，熱伝導は原子状フォノンにより大きく影響を受け，ガラス状態として低い値に抑えられることを表現する PGEC (Phono Glass Electron Crystal) を基本概念として，理解すべきであることが最近の研究により提唱されている[17]．物性論として現在，非常に興味ある関心事は，時間的空間的に変動するフォノンとブロッホ的な電子との相互作用がどのような新しい電子相を創出するかということである．とくに，このような新しいフォノンと関係した電子–格子相互作用と超伝導臨界温度 T_c との関係は，今後の興味ある研究課題である[18,19]．

エレクトライドとゼオライトは，どちらもIII族元素 Al と VI 元素である酸素を基本としたネットワーク構造を有するナノクラスター固体である．ゼオライトは基本ネットワーク骨格の電荷バランスが負に帯電しているのに対して，エレクトライドはII族元素である Ca が骨格元素として組み込まれているために，電荷バランスが正に帯電している．したがってゼオライトでは，アルカリ金属など I_P が小さい元素をネットワーク骨格の籠の内部に取り込んで電荷の中性を保っている．全体の電荷バランスが

とれた後，さらに強制的にアルカリ金属を内部に充填することができる．この際，内包されたアルカリ金属はクラスター状態となりクラスターから放出された電子は，ゼオライト骨格の中に閉じ込められる．ゼオライトに内部空間につくられる電子占有軌道準位は量子閉じ込め効果により量子化される．このためにp軌道準位を電子が占有する状態において，強磁性が発現することが報告されて，最近理論計算においても裏付けられている．

一方，エレクトライドでは，電荷のバランスを保つために，酸素原子がナノネットワーク骨格の内部に取り込まれている．エレクトライドではTiなどの遷移金属とエレクトライドを表面接触させることにより，電子を放出させることができる．放出された電子は再度籠の内部空間に補足されて局在することなくナノネットワーク構造全体を遍歴して電気伝導性を発現することが実験で示されている．すなわち，アルカリ金属を内部空間に導入して電子を閉じ込めたゼオライトは，オンサイト・クーロン反撥エネルギーUが軌道間電子遷移エネルギーtよりも相対的に大きいモット絶縁体であり，エレクトライドは逆にtがUよりも大きく遍歴電子系で金属という分類ができる．興味あることは，ナノクラスター固体の対称性を反映した軌道縮退効果がこの2つの物質系でどのように働いているかということである．今後の研究課題であろう．

多面体を基本とするフラーレンクラスター固体ならびに炭素ナノチューブに関しては，本書の項目で記載されているので，本節では共有結合を基本とした多面体構造ナノ固体で発現する伝導と磁性に限定して記載したことを明記しておく．

d. クラスター・微粒子・ナノ結晶の展望

これまで，クラスター・微粒子・ナノ結晶に関する研究が着実に40年近く続けられ，様々な新しい物性が出現することが期待されるようになってきた．研究の初期では，小さな数のクラスターに関する基本的な研究がだけがなされていたが，現在では結晶にまで結びつく大きなサイズのクラスター固体をつくり出すことができるようになり，物性研究が大きく進展しようとしている．グラファイトおよびダイヤモンドなど従来の固体から，量子ホール効果や予想を超えた高い臨界温度を示す超伝導など，新しく発現する現象とナノ構造との関係が注目されている．このように，ナノ領域と関係した物質および物性は絶えず発展を続けている．クラスター・微粒子・ナノ結晶を対象とする物性研究は，従来の物質の概念を大きく変貌させる可能性を秘めている．

[谷垣勝己]

文　　献

[1] R. Kubo, J. Phys. Soc. Jpn. **17** (1962) 975–986.
[2] R. Ueda, Prog. Mater. Sci. **35** (1991) 1–96.
[3] http://www.zyvex.com/nanotech/feynman.html The classic talk given by Richard Feynman on December 29th 1959 at the annual meeting of the American Physical Society at the California Institute of Technology (Caltech).
[4] H. W. Kroto et al., Nature **318** (1985) 162.

- [5] W. Krätschmer et al., Nature **347** (1990) 354–358.
- [6] S. Iijima, Nature **354** (1991) 56–58.
- [7] J. S. Kasper et al., Science **150** (1965) 1713.
- [8] H. Kawaji et al., Phys. Rev. Lett. **74** (1995) 1427.
- [9] H. Hiura et al., Phys. Rev. Lett. **86** (2001) 1733.
- [10] J. L. Dye and M. G. Degacker, Ann. Rev. Phys. Chem. **38** (1987) 271–301.
- [11] K. Hayashi et al., Nature **419** (2002) 462–465.
- [12] Y. Nozue et al., Phys. Rev. Lett. **68** (1992) 3789.
- [13] K. Kihara et al., Phys. Rev. Lett., **85** (2000) 3468–3471.
- [14] R. F. W. Herrmann et al., Phys. Rev. B **60** (1999) 13245.
- [15] K. Tanigaki et al., Nature Materials **2** (2003) 653–655.
- [16] V. H. Crepsi et al., Nature Materials **2** (2003) 650–651.
- [17] B. C. Sales et al., Phys. Rev. B **63** (2001) 245113.
- [18] S. Paschen et al., Phys. Rev. B **64** (2001) 214404.
- [19] T. Rachi et al., Phys. Rev. B **72** (2005) 144504.

8.3.2 光学的性質

数 nm サイズ ($1\,\mathrm{nm} = 10^{-9}\mathrm{m}$) の半導体微粒子 (ナノ結晶) は $10^3 \sim 10^6$ 個程度の原子から構成され，バルク結晶と分子や数個の分子から構成されるクラスターの中間にある．ナノ結晶中に電子–正孔や励起子が3次元方向に閉じ込められる結果，それらのエネルギー状態は離散的となり，サイズに依存してエネルギーシフトする (量子サイズ効果) ため，ナノ結晶は量子ドットともよばれる．離散的なエネルギー状態はあたかも原子のエネルギー準位のように見えることから，人工原子とよばれることもある．また，ナノ結晶は半導体レーザー，発光素子，光非線形スイッチ，メモリー，単光子発生素子，量子コンピューター素子などへの応用が考えられている．半導体ナノ結晶はIV族，III-V族，II-VI族，I-VII族のほとんどあらゆる材料を用いて様々な方法で作成され，光学的に研究されている[1–12]．作成法を分類すると，結晶基板上にひずみを利用して自己形成させるエピタクシー成長法[5–7]，場所を指定して選択エピタクシー成長させる方法，量子井戸に局所的に1原子層厚みやひずみを導入する方法，固体中に原子やイオンを凝集させ微結晶を析出させる方法[3,4]，コロイドとして溶液中に結晶成長させる方法[9]，バルク結晶から陽極化成により作成する方法[10]，低いガス圧の希ガスのもとで原料を加熱して蒸発させる方法 (ガス中蒸発法) などがある．

a. 量子サイズ効果

半導体ナノ結晶中の電子–正孔や励起子は，ナノ結晶とマトリックスがつくる深いポテンシャルによって3次元的に閉じ込められる．このとき電子の波動が狭い空間に閉じ込められ，波長が特定のものに制限されるので運動エネルギーは離散的な値をもつようになる．したがって，電子–正孔や励起子の最低エネルギー状態はバルク結晶のバンドギャップエネルギーよりナノ結晶のサイズに依存して高くなる．ナノ結晶のサイズが数 nm から数十 nm のときに起こるこれらの現象は量子サイズ効果とよばれる．

量子閉じ込めエネルギーがもっとも簡単に求まるナノ結晶形状が球状の場合と立方体の場合を例にとって量子閉じ込めエネルギーを説明する．半導体結晶中の電子や正孔の波動関数 $\Psi_{nk}(\boldsymbol{r})$ は，ブロッホの定理により，結晶の格子定数の整数倍を周期とする周期関数 $u_{nk}(\boldsymbol{r})$ と波数 $\boldsymbol{k}$ をもつ平面波 $\exp(i\boldsymbol{kr})$ の積で

$$\Psi_{nk}(\boldsymbol{r}) = u_{nk}(\boldsymbol{r})\exp(i\boldsymbol{kr}) \tag{8.2}$$

と与えられる．ここで，電子は $n=c$ (伝導帯)，正孔は $n=v$ (価電子帯) とする．有効質量近似を用いれば電子，正孔のエネルギーはそれぞれ，

$$E^c(k) = \frac{\hbar^2\boldsymbol{k}^2}{2m_\mathrm{e}} + E_\mathrm{g}, \qquad E^v(k) = \frac{\hbar^2\boldsymbol{k}^2}{2m_\mathrm{h}} \tag{8.3}$$

で与えられる．ナノ結晶のサイズは格子定数よりはずっと大きいので，こうした有効質量近似が成立するとして，ナノ結晶中に閉じ込められた電子，正孔の波動関数をブロッホ関数 (8.2) の線形結合

$$\Psi_{\mathrm{e,h}}(\boldsymbol{r}) = \sum_k c_{nk}\Psi_{nk}(\boldsymbol{r}) = \sum_k c_{nk}u_{nk}(\boldsymbol{r})\exp(i\boldsymbol{kr}) \tag{8.4}$$

と表し，ナノ結晶の表面 (界面) が波動関数に要請する境界条件を満たすよう係数 c_{nk} を決めるとする．ここで強束縛近似 (tight-binding approximation) を使うと，$u_{nk}(\boldsymbol{r})$ は波数依存性のない原子軌道関数の重ね合せ

$$u_{nk}(\boldsymbol{r}) = u_{n0}(\boldsymbol{r}) = \sum_i C_{ni}\varphi_n(\boldsymbol{r}-\boldsymbol{r}_i) \tag{8.5}$$

と表されるので，式 (8.4) は

$$\Psi_{\mathrm{e,h}}(\boldsymbol{r}) = \sum_k c_{nk}u_{nk}(\boldsymbol{r})\exp(i\boldsymbol{kr}) = u_{n0}(\boldsymbol{r})\sum_k c_{nk}\exp(i\boldsymbol{kr}) \tag{8.6}$$

となり，ナノ結晶中に閉じ込められた電子，正孔の波動関数を求めることはそれぞれの包絡関数

$$\Phi_{\mathrm{e,h}}(\boldsymbol{r}) = \sum_k c_{nk}\exp(i\boldsymbol{kr})$$

をナノ結晶の表面 (界面) が波動関数に要請する境界条件を課して解く問題に帰結する．
ナノ結晶が半径 a の球状の場合，まわりが無限に高いポテンシャルで囲まれているときには，包絡関数を求める問題は量子力学の中心対称場中のポテンシャル問題に帰着し，ナノ結晶中に閉じ込められた質量 m の粒子の満たすシュレーディンガー方程式はナノ結晶の中心を原点にした球座標を用いて記述するのが便利である．ナノ結晶中に閉じ込められた粒子の波動関数は球対称性から，

$$\Phi_{n,l,m}(r,\theta,\varphi) = \frac{u_{n,l}(r)}{r}Y_{lm}(\theta,\varphi) \tag{8.7}$$

と動径成分と角度成分に分けた変数分離形で書ける．ここで，$Y_{lm}(\theta,\varphi)$ は球面調和関数である．ポテンシャルエネルギーを $U(r)$ で表すと，$u(r)$ は次の動径部分のシュレーディンガー方程式を満足する．

$$-\frac{\hbar^2}{2m}\frac{d^2 u}{dr^2} + \left[U(r) + \frac{\hbar^2}{2mr^2}l(l+1)\right]u = Eu \tag{8.8}$$

したがって，ナノ結晶が球状の場合，ナノ結晶中に閉じ込められた粒子を記述するシュレーディンガー方程式を解くことは，結局，動径部分の 1 次元シュレーディンガー方程式を解くことに帰着する．

このことから固有関数，固有値は主量子数 n，軌道角運動量量子数 l，磁気角運動量量子数 m の 3 つの量子数で規定されることになる．軌道角運動量 L は

$$L^2 = \hbar^2 l(l+1) \qquad (l = 0, 1, 2, 3, \cdots) \tag{8.9}$$

で与えられる．また磁気角運動量は軌道角運動量の z 成分 L_z で与えられる．

$$L_z = \hbar m \qquad (m = 0, \pm 1, \pm 2, \cdots, \pm l) \tag{8.10}$$

軌道角運動量量子数 l をもつ量子状態は磁気角運動量量子数がもつ値の自由度の数 $2l+1$ だけの縮重度をもつ．軌道角運動量量子数 l の値により，s 状態 ($l=0$)，p 状態 ($l=1$)，d 状態 ($l=2$)，f 状態 ($l=3$)，g 状態 ($l=4$) とよばれる．ナノ結晶のまわりは無限に高いポテンシャルで囲まれているので

$$U(r) = \begin{cases} 0 & (r \leq a) \\ \infty & (r > a) \end{cases} \tag{8.11}$$

と書ける．このとき動径部分の 1 次元シュレーディンガー方程式を解いて，

$$E_{nl} = \frac{\hbar^2 \xi_{nl}^2}{2ma^2} \tag{8.12}$$

がエネルギー固有値として得られる．ここで，ξ_{nl} は l 次の球ベッセル関数の n 番目の根である．とくに $l=0$ のときには $\xi_{n0} = n\pi$ となり，固有関数，エネルギー固有値とも 1 次元のポテンシャル井戸の場合と一致する．

エネルギー固有値を図 8.19 に示す．このようにナノ結晶のエネルギースペクトルは原子のように離散的になり，角運動量をもつようになる．また，半径によりエネルギーを変えられる．量子ドット・人工原子とよばれるゆえんである．

次に，ナノ結晶が一辺 a の立方体の場合を考えてみよう．やはりナノ結晶のまわりが無限に高いポテンシャルで囲まれているときには，ナノ結晶中に閉じ込められた質量 m の粒子の満たすシュレーディンガー方程式を立方体の各辺に平行なデカルト座標

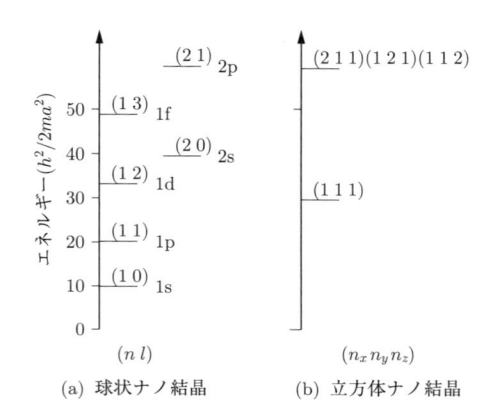

図 8.19 半径 a の球状のナノ結晶と一辺 a の立方体ナノ結晶中の量子準位．球状のナノ結晶中の量子準位は，主量子数 n と角運動量量子数 l を使って量子数 (nl) で表し，立方体ナノ結晶中の量子準位は x, y, z 方向の量子数 n_x, n_y, n_z を使って量子数 $(n_x n_y n_z)$ で表す．縦軸は共通のエネルギー $\hbar^2/2ma^2$ で規格化されている．

(x, y, z) を用いて書くと便利である．このとき，ポテンシャルエネルギーは

$$U(x, y, z) = \begin{cases} 0 & (0 \leq x, y, z \leq a) \\ \infty & (x,\ y,\ \text{または}\ z > a) \end{cases} \tag{8.13}$$

と書け，固有関数を変数分離形

$$u_x(x) u_y(y) u_z(z) \tag{8.14}$$

に書くと，シュレーディンガー方程式は x, y, z 方向の 3 つの独立な 1 次元シュレーディンガー方程式

$$-\frac{\hbar^2}{2m}\frac{d^2 u_x}{dx^2} = E_{n_x} u_x, \quad -\frac{\hbar^2}{2m}\frac{d^2 u_y}{dy^2} = E_{n_y} u_y, \quad -\frac{\hbar^2}{2m}\frac{d^2 u_z}{dz^2} = E_{n_z} u_z \tag{8.15}$$

に帰結し，全エネルギーは x, y, z 方向の 3 つの独立な 1 次元シュレーディンガー方程式の固有エネルギーの和

$$E = E_{n_x} + E_{n_y} + E_{n_z} = \frac{\pi^2 \hbar^2 n_x^2}{2ma^2} + \frac{\pi^2 \hbar^2 n_y^2}{2ma^2} + \frac{\pi^2 \hbar^2 n_z^2}{2ma^2} \tag{8.16}$$

となる．ここで，$n_x, n_y, n_z = 1, 2, 3, \cdots$ はそれぞれ x, y, z 方向の 1 次元シュレーディンガー方程式の固有関数を規定する量子数である．

図 8.19 には，立方体のナノ結晶の離散的なエネルギースペクトルも示す．球状のナノ結晶のエネルギースペクトルと比較すると異なるエネルギースペクトルをもつことになる．

半導体ナノ結晶における光学遷移を考えると，光学遷移の確率は e を光の偏光ベクトル，p を電子の運動量演算子として遷移双極子の行列要素

$$|\langle \Psi_e(r)|ep|\Psi_h(r)\rangle|^2$$

で表される．包絡関数は位置についてゆっくり変わる関数なので，運動量演算子の演算からはずし，

$$|\langle \Psi_e(r)|ep|\Psi_h(r)\rangle|^2 = |\langle u_{e0}(r)|ep|u_{h0}(r)\rangle|^2 |\langle \Phi_e|\Phi_h\rangle|^2 \tag{8.17}$$

となるので，球状のナノ結晶の場合は

$$|\langle \Psi_e(r)|ep|\Psi_h(r)\rangle|^2 = |\langle u_{e0}(r)|ep|u_{h0}(r)\rangle|^2 |\langle \Phi_e|\Phi_h\rangle|^2$$
$$= |\langle u_{e0}(r)|ep|u_{h0}(r)\rangle|^2 \delta_{n_e,n_h} \delta_{l_e,l_h}$$

となり，選択則 $n_e = n_h$ および $l_e = l_h$ が得られる．同様に，立方体のナノ結晶の場合には，

$$|\langle \Psi_e(r)|ep|\Psi_h(r)\rangle|^2 = |\langle u_{e0}(r)|ep|u_{h0}(r)\rangle|^2 |\langle \Phi_e|\Phi_h\rangle|^2$$
$$= |\langle u_{e0}(r)|ep|u_{h0}(r)\rangle|^2 \delta_{n_{ex},n_{hy}} \delta_{n_{ey},n_{hy}} \delta_{n_{ez},n_{hz}}$$

となるので，選択則 $n_{ex} = n_{hx}, n_{ey} = n_{hy}$ および $n_{ez} = n_{hz}$ が得られる．

b. 励起子効果

半導体ナノ結晶中の電子–正孔はそれぞれ有効質量をもち，また電子と正孔の間に働くクーロン相互作用のため励起子を構成する．ナノ結晶中に閉じ込められた電子–正孔はそれぞれ量子閉じ込めを受け，さらに，閉じ込めにより電子と正孔の間に働くクーロン相互作用も強く影響を受ける．電子と正孔が無限に深い閉じ込めポテンシャル中に存在するときのハミルトニアンは，有効質量近似により，

$$H = -\frac{\hbar^2}{2m_e^*}\nabla_e^2 - \frac{\hbar^2}{2m_h^*}\nabla_h^2 - \frac{e^2}{\varepsilon|r_e - r_h|} + V(r_e) + V(r_h) \tag{8.18}$$

と表される．ここで，m_e^* (m_h^*) は電子 (正孔) の有効質量，r_e (r_h) は電子 (正孔) の原点からの位置，ε は半導体ナノ結晶の誘電率を表す．式 (8.18) の右辺の第 1, 2 項はそれぞれ電子，正孔の運動エネルギーを表し，第 3 項は電子と正孔の間に働くクーロン・エネルギーを表す．3 次元の閉じ込めは，ナノ結晶の半径 R と励起子のボーア半径 a_B との大小関係により，次のような 3 つのモデルに分けて考えることができる[1,8,13–15]．実際，これらの分類は実際の実験で観測されるエネルギーシフトをよく説明する (図 8.20)[16]．

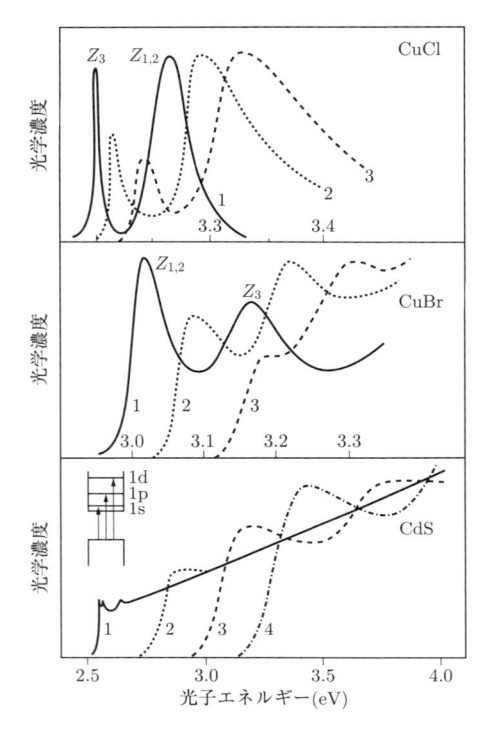

図 8.20 CuCl, CuBr, CdS ナノ結晶の吸収スペクトル (4.2 K). 量子サイズ効果により,サイズの減少とともに吸収スペクトルが高エネルギーシフトする. CuCl ナノ結晶では, 1, 2, 3 の吸収スペクトルはそれぞれ $R = 31\,\mathrm{nm}$, 2.9 nm, 2.0 nm, CuBr ナノ結晶では, 1, 2, 3 の吸収スペクトルはそれぞれ $R = 24\,\mathrm{nm}$, 3.6 nm, 2.3 nm, CdS ナノ結晶では, 1, 2, 3, 4 の吸収スペクトルはそれぞれ $R = 33\,\mathrm{nm}$, 2.3 nm, 1.5 nm, 1.2 nm の試料に対応している[13].

(i) $R \gg a_\mathrm{B}$ (弱い閉じ込め) この領域では励起子が狭い空間に閉じ込められ,励起子の並進運動が量子化されるので励起子閉じ込めともいわれる. この場合の励起子の最低エネルギー状態は,

$$E = E_\mathrm{g} + \frac{\hbar^2 \pi^2}{2M(R - \eta a_\mathrm{B})^2} - E_\mathrm{R} \qquad (8.19)$$

と表される. ここで, E_g はバルク結晶のバンドギャップエネルギー, E_R は励起子のリュードベリ・エネルギーを表す. 右辺の第 2 項の分母は, 励起子の重心が $R - \eta a_\mathrm{B}$ の半径中に閉じ込められることによる励起子の有限サイズの補正をしたもので, $\eta = 0.5$ がよく用いられる[17]. このモデルの典型例としては励起子のボーア半径が 0.68 nm の CuCl ナノ結晶があげられる (図 8.20).

(ii) $R \ll a_\mathrm{B}$ (強い閉じ込め) この領域では, 電子と正孔がナノ結晶中に別々に閉じ込められ量子化されるので電子–正孔個別閉じ込めともいわれる. この場合, 電

子–正孔間のクーロン・エネルギーに比べて電子と正孔の運動エネルギーが支配的になる．このときの励起子の最低エネルギー状態は，

$$E = E_\mathrm{g} + \frac{\hbar^2 \pi^2}{2\mu R^2} - \frac{1.786 e^2}{\varepsilon R} - 0.248 E_\mathrm{R} \tag{8.20}$$

$$\frac{1}{\mu} = \frac{1}{m_\mathrm{e}^*} + \frac{1}{m_\mathrm{h}^*} \tag{8.21}$$

と表される．ここで，式 (8.20) の右辺の第 3 項は閉じ込めにより電子–正孔間の距離が近づくことによって生じるクーロン・エネルギー，第 4 項は相関エネルギーである．R が小さくなると，ほかに比べて第 2 項が大きく変化するので，バルク結晶のバンドギャップからのエネルギーシフトは R^2 にほぼ逆比例する．このモデルの典型例として，励起子のボーア半径が 4.4 nm の CdSe ナノ結晶があげられる (図 8.20)．

(iii) $R \sim a_\mathrm{B}$ **(中間的閉じ込め)** 励起子の構成する電子–正孔のうち，外側を回っている軽い方 (通常は電子) の運動が制限を受け，他方はそれがつくるポテンシャルに閉じ込められる．このモデルの例として，励起子のボーア半径が 1.25 nm の CuBr ナノ結晶があげられる (図 8.20)．

c. 励起状態

多くの III–V 族，II–VI 族，I–VII 族半導体では，伝導帯の電子のブロッホ関数 (原子軌道関数) がもつ軌道角運動量は $l = 0$ (s 状態)，価電子帯の正孔のブロッホ関数 (原子軌道関数) がもつ軌道角運動量は $l = 1$ (p 状態) であるので，スピン角運動量 $s = 1/2$ と合成した角運動量は，それぞれ $j_\mathrm{e} = 1/2, j_\mathrm{h} = 3/2, 1/2$ で与えられる．スピン軌道相互作用で互いに分裂した $j_\mathrm{h} = 3/2$ と $j_\mathrm{h} = 1/2$ をもつ価電子帯は，$j_\mathrm{h} = 3/2$ が価電子帯の最上位に位置することになるが，ナノ結晶では $j_\mathrm{h} = 3/2$ の価電子帯を構成する $j_\mathrm{hm} = 3/2$ の重い正孔と，$j_\mathrm{hm} = 1/2$ の軽い正孔は，異なる有効質量に反比例した閉じ込めエネルギーをもつから分裂する．重い有効質量の方が閉じ込めエネルギーが小さいから，重い正孔の基底量子状態から電子の基底量子状態への遷移がもっとも低い励起エネルギーとなる．

ナノ結晶の量子準位は 1 量子準位あたり上下のスピンの電子 2 個あるいは正孔 2 個で一杯になるから (state filling とよぶ)，励起強度を上げていくと低いエネルギー準位から順番に電子–正孔が占有するようになり，発光スペクトルに励起状態からの発光が出現してくる．こうした励起状態からの発光は，マクロな発光に観測されるが，単一量子ドット発光によれば，励起強度を上げていくと励起状態が明確に観測される．InP ナノ結晶では，図 8.21 に例示されるように，励起強度を上げていくと包絡関数の s, p, d の殻構造が観測される[18]．

球状の半導体ナノ結晶中の電子と正孔はそれぞれ，上述の包絡関数に対する角運動量 L が加わって全角運動量 $F = j + L$ が決まることとなる．式 (8.17) から，選択則 $n_\mathrm{e} = n_\mathrm{h}$ および $l_\mathrm{e} = l_\mathrm{h}$ が得られるので，光学遷移は低いエネルギーから順番に，$1S(\mathrm{e})$–$1S_{3/2}(\mathrm{h})$, $1S(\mathrm{e})$–$2S_{3/2}(\mathrm{h})$, $1P(\mathrm{e})$–$1P_{3/2}(\mathrm{h})$ が現れる．図 8.22 は CdSe ナ

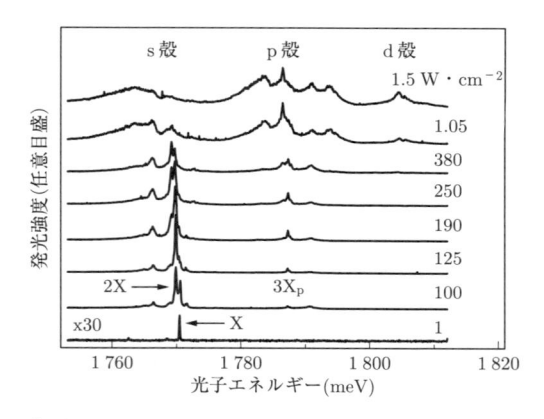

図 8.21 InP 単一量子ドットからの 10 K での顕微発光スペクトルの励起強度依存性. 下から上に行くにしたがって, 励起強度が上昇している. X, 2X は, それぞれ, ナノ結晶に閉じ込められた励起子, および励起子分子からの発光である. $3X_p$ で示された構造は 3 励起子状態を構成する p 殻にある電子–正孔からの発光である. 3 励起子状態を構成する s 殻にある電子–正孔からの発光 $3X_s$ は 2X の低エネルギー側に $3X_p$ の出現と同時に観測される[18].

ノ結晶の発光の励起スペクトル中のピークや構造から励起状態を見いだし発光を観測するエネルギーの関数としてプロットしたデータである[19]. ナノ結晶のサイズを変えながら最低エネルギーの量子状態と励起量子状態のエネルギー差を計測することとなっている. 図中の (1) は $1S(e)$–$1S_{3/2}(h)$, (2) は $1S(e)$–$2S_{3/2}(h)$, (3) は $1S(e)$–$1S_{1/2}(h)$, (4) は $1P(e)$–$1P_{3/2}(h)$, (5) は $1S(e)$–$2S_{1/2}(h)$, (6) は $1P(e)$–$1P_{1/2}(h)$ または $1P(e)$–$1P_{5/2}(h)$, (7) は $1S(e)$–$3S_{1/2}(h)$ というように同定されている. (8), (9), (10) などの高次の励起状態を含む遷移は, 重い正孔, 軽い正孔, スピン–軌道相互作用による分裂帯による量子状態が密集して同定が難しい.

弱い閉じ込めに属する立方体のナノ結晶の例として, NaCl 結晶中の CuCl ナノ結晶がある. CuCl ナノ結晶の励起子吸収スペクトル中に振動構造を示すことがあり, この振動構造は立方体形状のナノ結晶中に励起子が閉じ込められるとして説明される[20]. 励起状態の寿命よりも長時間のスペクトルホールが形成される永続的ホールバーニング現象を利用して, 粒径分布のため不均一に広がったナノ結晶の吸収スペクトルの一部を選択的 (波長選択 = 粒径選択) に励起することによってスペクトルホールをつくり, ナノ結晶中の励起子の量子状態のサイズ依存性をしらべることができる. 低温において, スペクトル幅の狭いレーザー光で励起子吸収帯内を励起すると, 共鳴エネルギー位置にシャープな永続的ホールバーニングが観測されるほか, 立方体のナノ結晶に閉じ込められた励起子の包絡関数に対する量子数を n_x, n_y, n_z と表すと, 励起子準位 $(n_x n_y n_z) = (2 1 1), (2 2 1), (3 1 1)$ または $(2 2 2)$ で光吸収を起こし, $(1 1 1)$ の状態に緩和した励起子が永続的ホールバーニングになる様子が観測される (図 8.23)[21]. 立方体のナノ結晶に閉じ込められた高次量子数の状態が観測された例である.

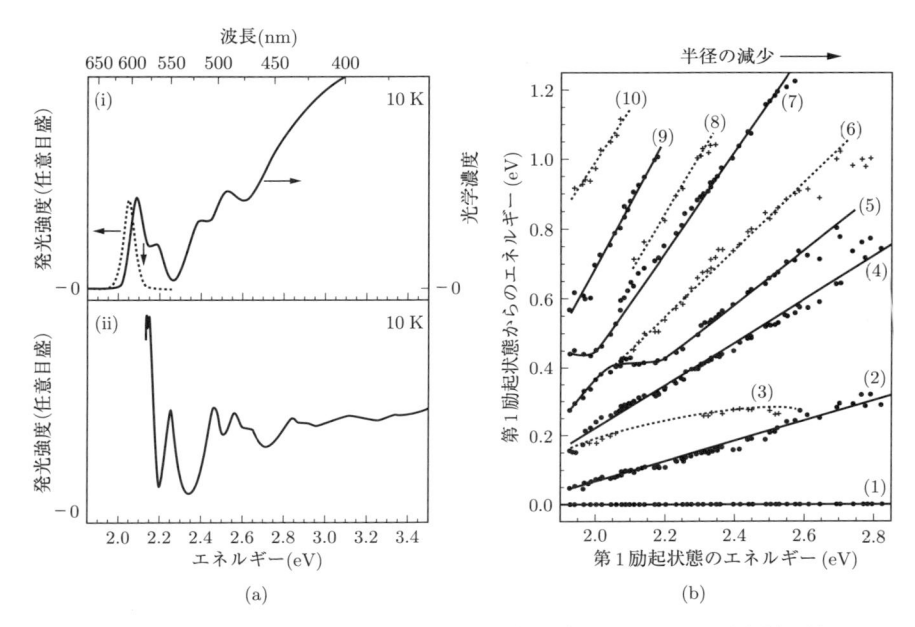

図 8.22 (a) CdSe ナノ結晶の発光スペクトルと発光の励起スペクトル．(b) 発光を観測するエネルギーを変えながら，発光の励起スペクトル中のピークを観測し，ナノ結晶のサイズを変えながら最低エネルギーの量子状態と励起量子状態のエネルギー差をプロット．(1) は $1S(e)$–$1S_{3/2}(h)$，(2) は $1S(e)$–$2S_{3/2}(h)$，(3) は $1S(e)$–$1S_{1/2}(h)$，(4) は $1P(e)$–$1P_{3/2}(h)$，(5) は $1S(e)$–$2S_{1/2}(h)$，(6) は $1P(e)$–$1P_{1/2}(h)$ または $1P(e)$–$1P_{5/2}(h)$，(7) は $1S(e)$–$3S_{1/2}(h)$，(8) は $1D(e)$–$1S_{1/2}(h)$ または $2S(e)$–$2S_{3/2}(h)$ または $2S(e)$–$1S_{3/2}(h)$ または $1D(e)$–$2S_{3/2}(h)$ または $1D(e)$–$1D_{5/2}(h)$ または $1P(e)$–$4P_{3/2}(h)$，(9) は $2S(e)$–$4S_{3/2}(h)$ または $2S(e)$–$1S_{1/2}(h)$ または $1P(e)$–$1P_{1/2}(h{:}so)$，(10) は $2P(e)$–$2P_{1/2}(h)$ または $3S(e)$–$3S_{3/2}(h)$ または $2P(e)$–$2P_{3/2}(h)$ または $2P(e)$–$4P_{3/2}(h)$ または $2P(e)$–$2P_{5/2}(h)$ または $2P(e)$–$4P_{5/2}(h)$ または $2D(e)$–$3S_{3/2}(h)$[19]．

d． 小数電子–正孔系の相互作用

ナノ結晶という狭い空間に閉じ込められた少数電子–正孔系として，励起子，励起子分子，3励起子やイオン化励起子がある．狭い空間に閉じ込められているため，少数電子–正孔間の相互作用は大きくなり，バルク結晶では見られない以下のような少数電子–正孔系が実現する．これらの特徴を図 8.24 に模式的に示し，以下に個別に説明する．

(1) ナノ結晶の異方性を反映した励起子の微細構造が出現する[22–26]．ナノ結晶の構造はしばしば異方的であり，これが電子と正孔の間の交換相互作用エネルギーの異方性をもたらす．言い換えれば，ナノ結晶の構造の異方性は，電子と正孔の間の空間的な配置に影響し，偏光に依存して励起子のエネルギーがわずかにシフトする．ナノ結晶を取り巻く母体の異方性がナノ結晶の光学的異方性になるケースもある[24, 25]．

(2) 励起子分子の束縛エネルギーが高くなる．反結合励起子分子 (2励起子状態) が

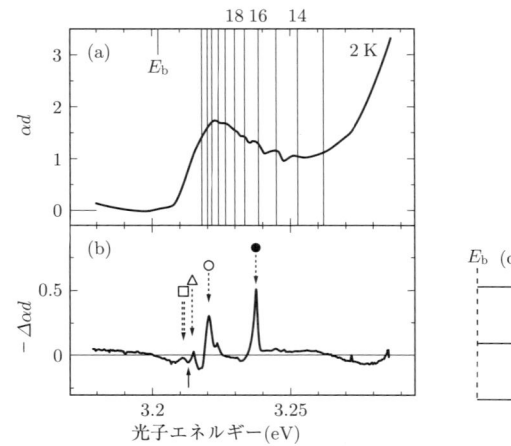

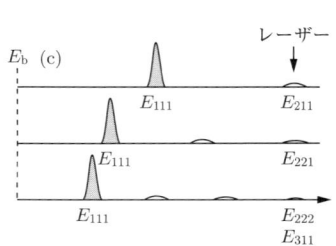

図 8.23 (a) NaCl 結晶中の立方体形状の CuCl ナノ結晶の吸収スペクトル．縦線は立方体形状を仮定して励起子閉じ込めモデルにより計算された量子準位を表す．(b) 黒丸の位置を色素レーザーで照射後の吸収スペクトルの変化．照射位置に永続的ホールバーニングによる共鳴ホールと，低エネルギー側に，$E = E_b + (E_l - E_b)/i$ の位置にサイドバンドホールが開く．ただし，i は 2(○), 3(△), 3.67 または 4(□) で，E_l は色素レーザーのエネルギー，E_b はバルク結晶のエネルギーである．(c) 永続的ホールバーニングスペクトルは量子箱中で励起子の運動量が量子化された励起状態 $E_{211}, E_{221}, E_{222}, E_{311}$ で光吸収が起こり，E_{111} に緩和して永続的ホールが開くとすると解釈できる[21]．

現れる[2,3,7,8]．ナノ結晶中の励起子分子の束縛エネルギーは変分法やハミルトニアン行列の対角化法により理論的に計算されているが，R/a_B の大きさに依存して，それぞれの近似の適用範囲に限りがある[27-29]．弱い閉じ込めの典型例 CuCl ナノ結晶において，サイト選択励起下で観測される誘導吸収や発光スペクトルをとおして励起子分子の束縛エネルギーがサイズ減少に伴って高くなることが確かめられる[30]．図 8.25 には，CuCl ナノ結晶において，誘導吸収をとおして求められた励起子分子の束縛エネルギーのサイズ依存性を示し，サイズが小さくなると励起子分子束縛エネルギーはバルク結晶の励起子分子束縛エネルギーの約 3～4 倍にまでなる．多くの III–V 族自己形成ナノ結晶では，単一量子ドット発光スペクトル中に，励起子分子が励起子の低エネルギー側にピークとして現れる．InP ナノ結晶では，励起子分子の束縛エネルギーがナノ結晶ごとに異なり，平均値 3 meV はバルク InP 結晶中の束縛エネルギーの約 3 倍である[31]．

反結合 2 励起子状態はナノ結晶に特有の状態であり，ナノ結晶の光学非線形性に重要な寄与があると考えられている[32]．弱い閉じ込めの CuCl ナノ結晶において，ピコ秒サイト選択励起下で観測される誘導吸収に，反結合 2 励起子状態が観測されている[33]．強い閉じ込め領域に属する CdS ナノ結晶においても，2 種類の電子–正孔ペア状態が見出されている[28]．

(a) 異方的励起子: X_1, X_2

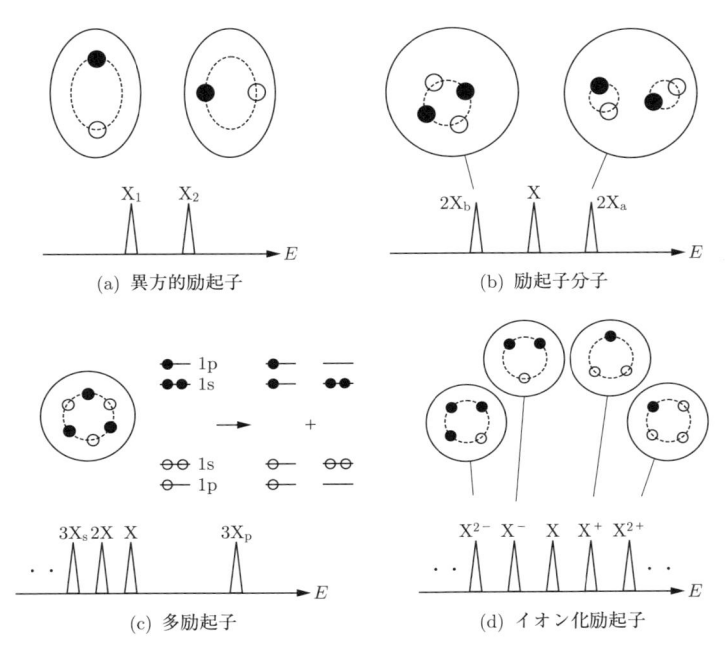

(b) 励起子分子: $2X_b$, X, $2X_a$

(c) 多励起子: $3X_s$, $2X$, X, $3X_p$

(d) イオン化励起子: X^{2-}, X^-, X, X^+, X^{2+}

図 **8.24** 異方的励起子，励起子分子，多励起子，イオン化励起子の模式図と発光または吸収スペクトル．

(3) 3 励起子を含む多励起子状態が現れる[32,34]．弱い閉じ込めの CuCl ナノ結晶において，ピコ秒サイト選択励起下で観測される誘導吸収に，3 励起子状態が観測され

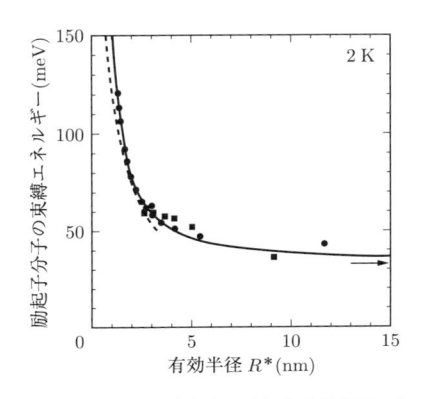

図 **8.25** CuCl ナノ結晶の有効半径に依存する励起子分子束縛エネルギー．有効半径は励起子の重心が $R^* = R - a_B/2$ の半径中に閉じ込められることによる励起子の有限サイズの補正をしたものである．実線のフィットは $A/R^{*2} + B/R^* + 33\,\text{meV}$ による現象論的フィットで破線は理論計算[29]による[30]．

ている[33]. 多くの III-V 族自己形成ナノ結晶では，単一量子ドット分光により，励起子，励起子分子より低エネルギー側に 3 励起子を含む多励起子状態が発光ピークとして現れる[31].

(4) 電子と励起子や正孔と励起子の状態が現れる. 弱い閉じ込めの CuCl ナノ結晶において，光励起の後に電子または正孔のみが残されて光イオン化したナノ結晶中には，次の光励起により生成された電子-正孔からなる 3 体の励起が生成される. この 3 体の励起は，量子サイズ効果を受けた 2 個の電子と 1 個の正孔からなるイオン化励起子や 1 個の電子と 2 個の正孔からなるイオン化励起子として，発光スペクトル中にレーザー励起エネルギーに対応する鋭いホールの低エネルギー側に 2 つのホールとして現れる (ルミネッセンスホールバーニング)[35].

III-V 族自己形成ナノ結晶では，単一量子ドット分光により，2 個の電子と 1 個の正孔のイオン化励起子，3 個の電子と 1 個の正孔のイオン化励起子，多数個の電子と 1 個の正孔のイオン化励起子が励起子より低エネルギー側に現れる[36-39]. 一方，1 個の電子と 2 個の正孔のイオン化励起子，1 個の電子と 3 個の正孔のイオン化励起子，1 個の電子と多数個の正孔のイオン化励起子が励起子より高エネルギー側に現れる. 正と負のイオン化励起子で発光エネルギーが高エネルギー側，低エネルギー側になるのは，正孔が電子よりも局在性が高いことによる. 2 個の電子と 1 個の正孔のイオン化励起子の励起状態は電子と正孔のスピン配置で分裂し，発光の量子ビートとして時間的な振動としても現れる[40].

e. 狭い均一幅・長時間コヒーレンス・コヒーレント制御

半導体ナノ結晶中の励起子の光スペクトルは，その原子様の量子化エネルギー準位の性質を反映して δ 関数状の狭いスペクトルを示すが，ナノ結晶の集合はサイズや形状の分布，ひずみ，界面の様子だけでなくマトリックスの影響のために不均一広がりによる広い光スペクトルを示す. このような不均一幅の原因をすべて取り除いた光学スペクトルの幅を均一幅とよび，励起子の位相緩和による有限な幅をもつ. 励起子の位相緩和時間は，輻射寿命，不純物や欠陥による散乱時間，ナノ結晶の表面や界面での散乱時間，フォノンによる散乱時間，励起子相互間や励起子と電子や正孔との間の散乱時間によって決められる. 応用的にも，ナノ結晶の光スペクトルの均一幅は逆数に比例して光非線形性の増大をもたらし，長時間位相緩和を意味するので，光スイッチや量子計算に必要なコヒーレント制御を可能にする重要な情報である.

ナノ結晶の光スペクトルの均一幅を求める手法には，ホールバーニング[41,42]や共鳴発光[43]などのサイト選択分光，単一量子ドット分光[44,45]，時間領域からナノ結晶の位相緩和時間を測定するフォトンエコー[46-49]や単一ナノ結晶からの発光の干渉測定[50]に代表されるコヒーレント分光がある. 均一幅の狭い例が多数報告されており，狭い例では 1 μeV (コヒーレンス時間として 1.3 ns)[47]が報告されており，発光寿命までコヒーレントなナノ結晶の例[46,48]も報告がある. ナノ結晶中の励起子は分極-双極

子としてふるまうので励起子のコヒーレンス時間より短い強い共鳴光パルスを与えると, 1 qubit 動作に対応するラビ振動, 自己誘導透過という双極子の量子論的ふるまいが現れてくる[51-53]. この際, ナノ結晶中の励起子分極–双極子の大きな振動子にもとづく数十 Debye の大きな双極子モーメントがコヒーレント光とのコヒーレント相互作用を大きくしている.

f. その他のトピックス・キーワード

フォノンボトルネック効果[6-8] ナノ結晶のもつエネルギースペクトルの離散性はフォノンの吸収や放出を伴う電子–正孔や励起子のエネルギー緩和を遅くするという予測がフォノンボトルネック効果である[54-56]. エネルギー緩和の速度はレーザーや超高速光素子への応用上重要な意味をもっている. 実測によると遅い音響型フォノンを含むエネルギー緩和でも数十 ps (ピコ秒) の時間で起こることから, 実用上の問題点とはならないと考えられる[57-59].

フォノン閉じ込め ナノ結晶では, 音響型フォノンがサイズ量子化され, サイズに反比例して音響型フォノンのエネルギーが増加する現象が永続的ホールバーニング分光により観測される[60,61]. また, 電子励起により励起状態にあるとき, 光学型フォノンのエネルギーが低くなるフォノンソフトニングも起こる[62]. ナノ結晶のフォノンによる位相緩和は, 均一幅の温度依存性を与える. フォノンもサイズ量子化されるので, 電子–フォノン, 励起子–フォノン相互作用は特異なものとなる[47].

光非線形性[2-4,7,8] ナノ結晶は, 1 個の量子状態にはスピン自由度まで入れて 2 個の電子しか入らないので, 強い光非線形性を示す. また, 1 個のナノ結晶中に励起された複数の電子–正孔対は狭い空間内に閉じ込められきわめて強く相互作用する結果, 2 対の電子–正孔対のエネルギースペクトルは 1 対の電子–正孔対のエネルギースペクトルから変化し強い光非線形性を示す.

永続的ホールバーニング・明滅現象[7-9] ナノ結晶では, 表面や界面を構成する原子数は全体の数% から数十% にも達するため, ナノ結晶中の電子状態は, 界面や周囲の状況にきわめて敏感に影響される. たとえば, ナノ結晶では表面状態により発光効率が変わる[9] ほか, 光を吸収してナノ結晶のエネルギーが変わり, 吸収スペクトルが消失する現象や間欠的に発光する現象が観測されている. 前者は, 永続的ホールバーニングとして吸収スペクトル中に穴が開き, これが長時間保持される現象[63] として, 後者は発光がランダムにオンとオフになるテレグラムノイズのようなふるまい[64-71] として現れる.

量子ドットレーザー[5-9] ナノ結晶, 量子ドットでは, 状態密度が量子準位に集中し, キャリアーが空間的に閉じ込められる結果, 光学利得がバルク結晶や量子井戸より有利と考えられ, 実用研究が行われている.

光る Si・Ge ナノ結晶[10,11] バルク結晶は赤外域に間接遷移ギャップをもつにもかかわらず, ポーラス Si を含めて様々な手法で形成される Si ナノ結晶や Ge ナノ結晶は可視域で発光する. この現象は量子サイズ効果とナノ結晶と表面酸化膜との間の界

面発光の複合効果として説明されている[72, 73].

希土類元素を含むナノ結晶 Mn^{2+} をドープされた CdS ナノ結晶や ZnS ナノ結晶が強く光り,温度消光に強い蛍光体と注目され研究されている[74, 75].ナノ結晶に閉じ込められた電子–正孔の波動関数が希土類イオンに重なり高効率にエネルギー移動をして光ることが期待されている.

単光子発生 単一のナノ結晶を励起したときには,励起子発光は同時に2個の光子を発生することはなく,単光子しか発生しない[76].この単光子を量子通信に利用する試みがある[77].電流駆動,室温,通信波長帯の単光子発生源が待望されている.

スピンメモリー 長距離量子通信において量子情報の載った光子を半導体の電子スピンに保存するスピンメモリーが模索されている.ナノ結晶中の電子スピンは狭い空間に閉じ込められているのでミリ秒領域までスピンの偏極が保たれる例が見出されており,長時間保存できるスピンメモリーとして期待されている[78, 79]. [舛本泰章]

文献

[1] A. D. Yoffe, Adv. Phys. **42** (1993) 173; ibid. **50** (2001) 1; ibid. **51** (2002) 799. [ナノ結晶の光学的性質の総説]

[2] L. Bányai and S. W. Koch, *Semiconductor Quantum Dots* (World Scientific, 1993). [ナノ結晶の非線形光学]

[3] U. Woggon, *Optical Properties of Semiconductor Quantum Dots* (Springer-Verlag, 1997). [ナノ結晶の光学的性質,非線形光学]

[4] S. V. Gaponenko, *Optical Properties of Semiconductor Nanocrystals* (Cambridge University Press, 1998). [ナノ結晶の光学的性質,非線形光学]

[5] D. Bimberg, M. Grundmann and N. N. Ledentsov, *Quantum Dot Heterostructers* (John Wiley & Sons, 1999). [自己形成量子ドットの成長,光学的性質とその応用]

[6] M. Sugawara (ed.), *Self-Assembled InGaAs/GaAs Quantum Dots, Semiconductors and Semimetals*, vol.60 (Academic Press, 1999). [自己形成量子ドットの成長,光学的性質とその応用]

[7] Y. Masumoto and T. Takagahara (ed.), *Semiconductor Quantum Dots — Physics, Spectroscopy and Applications* (Springer-Verlag, 2002). [自己形成量子ドットの成長,光学的性質とその応用]

[8] 舛本泰章,現代物理最前線 6「人工原子,量子ドットとは何か」(共立出版, 2002). [ナノ結晶の成長,光学的性質とその応用]

[9] V. I. Klimov (ed.), *Semiconductor and Metal Nanocrystals, Synthesis and Electronic and Optical Properties* (Marcel Dekker, 2004). [化学的手法によるナノ結晶の成長,光学的性質とその応用]

[10] D. Lockwood (ed.), *Light Emissions in Silicon: From Physics to Devices, Semiconductors and Semimetals*, vol. 49 (Academic Press, 1997). [IV 族ナノ結晶の成長,光学的性質とその応用]

[11] L. Pavesi, S. Gaponenko and L. Dal Negro (ed.), *Towards the First Silicon Laser* (Kluwer, 2003). [IV 族ナノ結晶の成長,光学的性質とその応用]

[12] H. Haug and C. Klingshirn (ed.), *Landolt-Börnstein: Numerical Data and Functional Relationships in Science and Technology — New Series III/34, Semiconductor Quantum Structures, Optical Properties*, Subvolume C1 (Springer-Verlag, 2001); ibid., C2 (Springer-Verlag, 2004). [半導体量子構造のデータ集]

[13] A. I. Ekimov, Al. L. Efros and A. A. Onushchenko, Solid State Commun. **56** (1985) 921.

[14] Y. Kayanuma, Phys. Rev. B **38** (1988) 9797.
[15] 枝松圭一，伊藤 正，日本物理学会誌 **53** (1998) 412.
[16] A. I. Ekimov, Physica Scripta T **39** (1991) 217.
[17] T. Itoh, Y. Iwabuchi, and M. Kataoka, Phys. Stat. Solidi (b) **145** (1988) 567.
[18] Y. Masumoto, K. Mizuochi, K. Bando and Y. Karasuyama, J. Lumin. **122/123** (2007) 424.
[19] D. J. Norris and M. G. Bawendi, Phys. Rev. B **53** (1996) 16338.
[20] T. Itoh, et al., J. Lumin. **60/61** (1994) 396.
[21] N. Sakakura and Y. Masumoto, Phys. Rev. B **56** (1997) 4051.
[22] D. Gammon, et al., Phys, Rev. Lett. **76** (1996) 3005.
[23] M. Bayer et al., Phys. Rev. Lett. **82** (1999) 1748.
[24] M. Sugisaki et al., Phys. Rev. B **59** (1999) R5300.
[25] M. Sugisaki et al., Solid State Commun. **117** (2001) 679.
[26] V. D. Kulakovskii et al., Phys. Rev. Lett. **82** (1999) 1780.
[27] T. Takagahara, Phys. Rev. B **39** (1989) 10206.
[28] Y.Z. Hu et al., Phys. Rev. Lett. **64** (1990) 1805.
[29] Y. Z. Hu et al., Phys. Rev. B **42** (1990) 1713.
[30] Y. Masumoto et al., Phys. Rev. B **50** (1994) 18658.
[31] M. Sugisaki et al., Solid State Commun. **117** (2001) 435.
[32] S. Nair and T. Takagahara, Phys. Rev. B **55** (1997) 5153.
[33] M. Ikezawa et al., Phys. Rev. Lett. **79** (1997) 3522.
[34] E. Dekel et al., Phys. Rev. Lett. **80** (1998) 4991.
[35] T. Kawazoe and Y. Masumoto, Phys. Rev. Lett. **77** (1996) 4942.
[36] L. Landin et al., Science **280** (1998) 262.
[37] R. J. Warburton et al., Nature **405** (2000) 926.
[38] A. Hartmann et a., Phys. Rev. Lett. **84** (2000) 5648.
[39] B. Urbaszek et al., Phys. Rev. Lett. **90** (2003) 247403-1.
[40] I. E. Kozin et al., Phys. Rev. B **65** (2002) 241312-1.
[41] T. Wamura et al., Appl. Phys. Lett. **59** (1991) 1758.
[42] P. Palinginis et al., Appl. Phys. Lett. **78** (2001) 1541.
[43] T. Itoh et al., J. Lumin. **48/49** (1991) 704.
[44] T.-Y. Marzin et al., Phys. Rev. Lett. **73** (1994) 716.
[45] S. A. Empedocles et al., Phys. Rev. Lett. **77** (1996) 3873.
[46] P. Borri et al., Phys. Rev. Lett. **87** (2001) 157401.
[47] M. Ikezawa and Y. Masumoto, Phys. Rev. B **61** (2000) 12662.
[48] R. Kuribayashi et al., Phys. Rev. B **57** (1998) R15084.
[49] Y. Masumoto et al., Phys. Status Solidi (b) **224** (2001) 613.
[50] N. H. Bonadeo et al., Science **282** (1998) 1473.
[51] H. Kamada et al., Phys. Rev. Lett. **87** (2001) 246401.
[52] T. H. Stievater et al., Phys. Rev. Lett. **87** (2001) 133603.
[53] H. Htoon et al., Phys. Rev. Lett. **88** (2002) 87401.
[54] U. Bockelmann and G. Bastard, Phys. Rev. B **42** (1990) 8947.
[55] H. Benisty et al., Phys. Rev. B **44** (1991) 10945.
[56] T. Inoshita and H. Sakaki, Phys. Rev. B **46** (1992) 7260.
[57] I. V. Ignatiev et al., Phys. Rev. B **61** (2000) 15633.
[58] Y. Masumoto et al., Jpn. J. Appl. Phys. **40** (2001) 1947.
[59] I. V. Ignatiev et al., Phys. Rev. B **63** (2001) 75316.

[60] S. Okamoto and Y. Masumoto, J. Lumin. **64** (1995) 253.
[61] J. Zhao and Y. Masumoto, Phys. Rev. B **60** (1999) 4481.
[62] L. G. Zimin et al., Phys. Rev. Lett. **80** (1998) 3105.
[63] Y. Masumoto, J. Lumin. **70** (1996) 386; Y. Masumoto, Jpn. J. Appl. Phys. **38** (1999) 570; 舛本泰章, 日本物理学会誌 **54** (1999) 431.
[64] M. Nirmal et al., Nature **383** (1996) 802.
[65] S. A. Empedocles and M.G. Bawendi, Science **278** (1997) 2114.
[66] S. A. Blanton et al., Appl. Phys. Lett. **69** (1996) 3905.
[67] P. Castrillo et al., Jpn. J. Appl. Phys. **36** (1997) 4188.
[68] M.-E. Pistol et al., Phys. Rev. B **59** (1999) 10725.
[69] M. Sugisaki et al., J. Lumin. **87/89** (2000) 40.
[70] M. Sugisaki et al., Phys. Rev. Lett. **86** (2001) 4883.
[71] 杉崎 満ほか, 固体物理 **35** (2000) 335.
[72] Y. Kanemitsu, Phys. Rep. **263** (1995) 1.
[73] 金光義彦ほか, 日本物理学会誌 **49** (1994) 979.
[74] R. N. Bhargava et al., Phys. Rev. Lett. **72** (1994) 416.
[75] M. Tanaka and Y. Masumoto, Chem. Phys. Lett. **324** (2000) 249.
[76] P. Michler et al., Nature **406** (2000) 968.
[77] C. Santori et al., Nature **419** (2002) 594.
[78] M. Kroutvar et al., Nature **432** (2004) 81.
[79] M. Ikezawa et al., Phys. Rev. B **72** (2005) 153302.

8.3.3　金属クラスター

物質を細かく分割すると，その物性は固体の性質から変化し，原子や分子の示す性質に近づくものと容易に想像される．半径が数 nm で原子数が $10^3 \sim 10^5$ の超微粒子では，量子化されたエネルギー準位の間隔が熱エネルギーと同程度になり，物性が著しく変化する．これを久保効果[1]といい，日本における低温物理の発展の嚆矢となった(超微粒子の生成と電子顕微鏡による観察が，上田スクールによって先駆的になされていた[2])．物質をさらに分割して原子数を 10^3 以下にすると，固体のもつ特性から外挿したものとは著しく異なった物性を示すようになる．このような超微小物質を，マイクロクラスターあるいは単にクラスターとよぶ．クラスターの特性は，その形による境界条件と，そこに含まれる原子数(クラスターサイズあるいは単にサイズ)によって決まる．構成原子数が少ないため，サイズが1つ違っただけでも，その性質が著しく変化する．とくに，サイズが奇数のクラスターと偶数のクラスターとでは，性質の違いが顕著である．また，当然なことながら，クラスターを構成する原子の種類によって原子間の結合様式が異なり，その物性も大きく異なる．とくに，構造相転移，電子伝導，磁性などの協力現象がサイズの増加とともにどのように出現するか，などの基本的問題は興味深い．クラスターの物理は，物性物理，統計物理のみならず，原子核物理，天体物理，化学物理など多くの分野とかかわっている．

a.　マジック数

真空容器中に孤立した気相クラスターでは，特定のサイズのクラスターが生成されやすい．これは，そのサイズのクラスターが他のサイズよりも安定であることを示し

ている.このようなサイズをマジック数(魔法数)とよぶ.閉殻電子構造をもつ Ar や Xe など希ガス原子のファン・デル・ワールス・クラスターでは,クラスターの幾何学構造によって安定性が決定され,マジック数も決まる.この場合は,対称性のよい充填構造である正20面体構造(対称性は群 Ih)がもっとも安定な構造であり,マジック数は

$$1, 13, 55, 147, 309, 561, 923, 1415, \cdots, \left(\frac{10}{3}i^3 - 5i^2 + \frac{11}{3}i - 1\right)$$

(ただし,$i = 1, 2, 3, \cdots$) になる.

b. シェル模型

Na や K などのアルカリ金属クラスターの安定性は,幾何学構造よりはむしろ電子構造によって決まる.よく知られているように,金属結晶中では,価電子は結晶全体をほぼ自由に動き回っていて,その電子構造はジェリウム模型を用いて記述できる.すなわち,イオンコアは正の電荷をもった連続的背景とみなし,そのポテンシャルの中を電子が運動していると考える.とくにアルカリ金属クラスターでは,3次元の井戸型ポテンシャルによってその電子構造をうまく説明することができる.つまり,クラスターの価電子の電子構造は,離散的な縮退した一電子準位から構成されており,その電子準位に価電子を詰めていくことによってクラスターの電子状態が決まる.したがって,一群の縮退した一電子準位(シェルあるいは殻という)が充満されるごとに安定構造が現れる.これをシェル模型という.

井戸型球対称ポテンシャルの固有状態の一電子エネルギー準位は,下から 1s, 1p, 1d, 2s, 1f, 2p, 1g, 2d, 1h, 3s, $\cdots$ となる[*2].アルカリ金属原子の価電子数は 1 原子あたり 1 個だから,2 量体で 1s 準位が充満され,8 量体で 1s, 1p 準位が充満されて,マジック数は 2, 8, 18, 20, 34, 40, 58, 68, 92, $\cdots$ となる.その結果,これらのサイズのアルカリ金属クラスターは安定になる.実際,Knight ら[5]の実験で観測された Na クラスターの安定性は,このようなシェル模型によって説明される.すなわち,Na クラスターの質量スペクトルと,一電子エネルギー準位から求めたエネルギー差とクラスターサイズとの関係を比較すると,1p, 1d, 2s, $\cdots$ の各準位が充満するサイズにおいてその前後のサイズとのエネルギー差が大きく,したがって,質量スペクトルにマジック数が現れることがわかる.この Knight らの論文は,クラスター研究のその後の発展に大きなインパクトを与えた.このシェル模型はもともと原子核の安定性を記述するのに成功したものである[6].原子核のように強く結合した核子の運動を,この

[*2] よく知られているように,水素原子型ポテンシャルの固有状態は,主量子数 n,方位量子数 l を用いて nl で指定され,エネルギーの低い順に 1s, [2s, 2p], [3s, 3p, 3d], $\cdots$ となる.[ ] で示した縮退(縮重)したエネルギー準位は,現実のポテンシャルがクーロン場から少しでも異なれば縮退がとける.一方,3次元の等方的調和振動子ポテンシャルの固有状態は,水素原子型の主量子数に対応する量子数はなくて,同じ軌道角運動量 l をもつ準位についてはエネルギーの低い順に番号をつけて,1s, 1p, [1d, 2s], [1f, 2p], [1g, 2d, 3s], $\cdots$ となる[3].われわれの 3 次元等方的井戸型ポテンシャルの固有状態は,調和振動子のエネルギー準位の縮退がとけて,やはり,同じ軌道角運動量 l をもつ準位についてはエネルギーの低い順に番号をつけて,このようになる[4].

ような独立粒子運動で記述できるとは信じ難いようにも思われるが，マジック数の存在，閉殻付近の原子核の諸性質を説明できる．

金属クラスターの電子構造は，密度汎関数法などを用いて計算される．実際，ジェリウム模型を用いて計算した Na クラスターの有効ポテンシャル，一電子準位および電子密度を求めると，有効ポテンシャルはおおむね井戸型であること，電子密度は固体表面で見られるフリーデル振動をクラスター全体で示すことがわかる (開殻電子配置をもつクラスターについては，スピン偏極や多重度の効果も考慮に入れなければならない)．

一方，サイズが数 100 の大きな金属クラスターでは，このようなシェル構造のほかに，電子軌道間の干渉効果によってスーパーシェル構造が現れることが理論的に示され[7]，実際，いくつかの金属クラスターの質量スペクトルにそのような構造が観測されている．さらに，サイズが数 1000 の金属クラスターでは，電子構造のシェル構造にかわって，原子の幾何学的な配置のシェル構造を反映したマジック数 (前出の正 20 面体対称 Ih の 1415, 2057, 2869, 3871, 5083, ⋯ に近い数や，立方対称 Oh のもの) が出現する (幾何学的シェル構造)．しかも，温度による Ih ⇌ Oh の構造相転移も観察される[8]．

c. Hg クラスターの金属–絶縁体転移

Hg クラスターの示すふるまいは興味深い．Hg 原子は閉殻電子配置 ($4f^{14}5d^{10}6s^2$) をもつので，サイズが小さな Hg クラスターでは Hg 原子どうしはファン・デル・ワールス力で結合している．一方，マクロな Hg は常温で液体金属である．金属クラスターの物性は，サイズが大きくなれば金属自身の物性に近づくはずである．このことは，小さなクラスターでは電子が原子に局在して絶縁体的であるが，大きなクラスターではそれが非局在化して金属的になることを意味している．サイズによるこの変化の様相は，イオン化ポテンシャルのサイズ依存性に現れる．すなわち，クラスターが金属球であると仮定すると，イオン化ポテンシャル I_P は，金属の仕事関数 W，クラスターの半径 R を用いて

$$I_P = W + \frac{e^2}{2R} \tag{8.22}$$

で与えられるが，実験[9]によると，小さなサイズでは式 (8.22) の理論値よりもはるかに大きな値であるのに対して，サイズが大きくなるにしたがって式 (8.22) の理論値に近づく．こうして，小さなクラスターでは価電子が原子に局在して絶縁体的であるのに対して，サイズが 20 付近から価電子の非局在化が始まり，70 以上では金属的になることがわかる．

このことは物理的には次のように解釈できる．上述のように Hg 原子は 6s 準位まで電子が詰まった閉殻電子配置をもつ．Hg 原子が集合してクラスターが形成されると，原子間相互作用によって，6s 占有準位もそのすぐ上の 6p 空準位も幅が広がる．サイズがさらに大きくなると，詰まった 6s バンドと空いた 6p バンドが重なり，価電子が

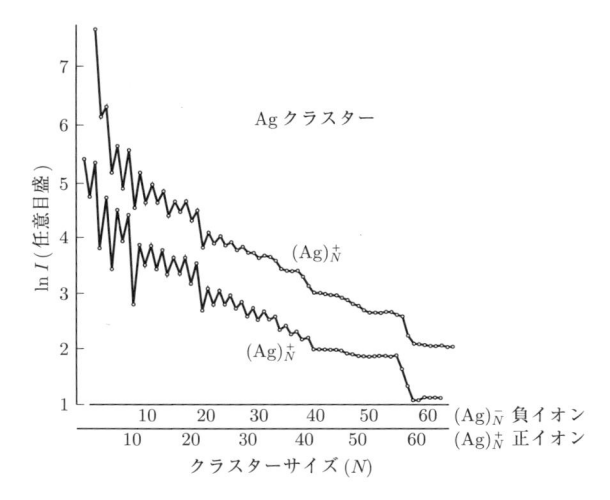

図 8.26　2 次イオン質量分析法 (SIMS) で得られた Ag クラスター正イオンおよび負イオンの質量スペクトル[10]

非局在化される．こうして，Hg クラスターの原子間結合の性質は，そのサイズによって，ファン・デル・ワールス結合，共有結合から，さらには金属結合へと変化する．

d.　貴金属クラスター価電子状態のシェル構造

Au, Ag, Cu の貴金属原子は，アルカリ金属原子と同じく 1 個の価電子をもつ．それでは，貴金属クラスターのマジック数はどうなるだろうか．交久瀬ら[10]が高速の希ガスイオンを銀表面に照射 (スパッタ) して得た Ag クラスターイオンの質量スペクトルを 図 8.26 に示す．横軸の正負イオンサイズは 2 だけずれていることに注意されたい．したがって，クラスターイオンの強度は，クラスターの原子数ではなく，価電子数によって決まる．また，サイズの偶奇による強度変化と，マジック数を与える階段構造が現れている．価電子数が偶数のものが奇数のものより安定であり，各シェルが閉殻になるごとに階段状になる．これらのマジック数はアルカリ金属クラスターのものと同じである．さらに，Ag だけでなく，Au や Cu についても同じような結果が得られている[10]．こうして，貴金属クラスターの電子構造にもシェル模型が当てはまる．

貴金属のバンド理論によると，広い s, p 価電子バンドの中に狭い分散をもつ 3d 電子軌道が横たわっているため，4s, 3d 価電子を単純には自由電子とみなし難い．この意味において，交久瀬らの貴金属クラスターにおいてシェル模型がなぜ成立するのか，という問題は興味深い．Cu クラスターの密度汎関数計算[11]によると，図 8.27a に示すように，3d 準位と 4s 準位はあまり混成せず，3d バンド上下の離散的な準位は 4s 成分が主成分であり，シェル模型で近似できる．フェルミ準位は 4s 準位上にあり，この準位が充満されれば安定になる．サイズが大きくなると，4s 準位によるシェル間の間隔が狭くなり，破線矢印で示したように 3d バンドを飛び越えて，順次 3d バンドの

下に現れる．サイズとともに 3d 準位の幅は広くなり，3d–4s の混成はしだいに大きくなるが，サイズが 200 程度までは，このような 3d バンドおよび 4s シェルという描像が成り立つ．こうして，d 電子を価電子としてもつ貴金属クラスターのマジック数も，シェル模型に起因する．すなわち，4s 電子は空間的にはクラスター全体に広がり，電子状態は縮退した離散的なシェル構造を形成する．一方，3d 電子は空間的には各原子近傍に局在し，エネルギー的には狭い幅の中に密に分布する．Au や Ag クラスターの電子構造のサイズ依存性も，Cu クラスターと同様である（最近では，第一原理分子動力学計算により構造最適化が行われ，より精密な解析もなされている）．

電子構造のこのような特徴は，たとえば Cu クラスター負イオンの光電子スペクトル[12]によく現れる．すなわち，光電子スペクトルはフェルミ準位付近の 4s 電子によるピークと，より深い位置にある 3d 電子による大きなピークから構成される．4s 電子に起因するピークのエネルギー位置はクラスターのサイズや形によって大きく変化し，シェル構造にもとづいたものを再現する．3d 電子に起因するピークのエネルギー位置はクラスターのサイズと形にはあまり依存せず，3d 電子が各原子に局在していることがわかる．一方，アルカリ金属クラスターについても光電子スペクトルが得られており，サイズによる電子構造の変化の様相はシェル模型によって説明される．

e. 遷移金属クラスターの磁性

遷移金属クラスターの特徴は，その磁性にもっとも顕著に現れる．3d 電子スピン間の結合様式はその電子構造に反映されるため，光電子スペクトルや光学吸収スペクトルからも，磁性に関する知見がある程度得られる．磁気的性質をより直接的にしらべるには磁化率などを測定する必要があるが，現在のところシュテルン–ゲルラッハ (Stern–Gerlach) 型の測定がおもに行われている[13]．

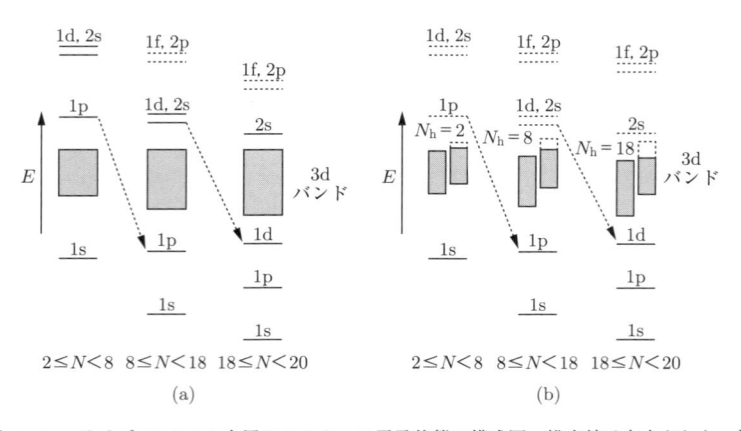

図 8.27 サイズ N の 3d 金属クラスターの電子状態の模式図．横実線は占有された，横破線は空いた 4s シェルのエネルギー準位を示し，矩形は 3d バンドを示す．(a) Cu_N，(b) Ni_N．(b) の左側および右側の矩形は上向きおよび下向きスピンの 3d バンドである[11]．

遷移金属クラスターのシェル構造は，磁気モーメントのマジック数を与える[11]．NiやCoクラスターの電子構造も，Cuクラスターと同様に，図8.27bのようなバンド状の3d準位と離散的な4s準位から成る．しかしながら，遷移金属クラスターではフェルミ準位が3dバンド内にあるため，シェル構造によるマジック数がクラスターの安定性に寄与することはない．マジック数すなわち3dバンド上端の正孔数は，遷移金属クラスターの磁性に反映される．零磁場および絶対零度においては，上向きスピンの3dバンドは完全に満たされ，下向きスピンバンドにのみ正孔が存在する．サイズNのクラスターにおける1原子あたりの正孔数n_hは

$$n_h = (10 - N_a) + \frac{N_h}{N} \tag{8.23}$$

である．ここでN_aは1原子あたりの(4s, 3d)価電子数であり，$(10 - N_a)$はサイズによらない一定の正孔数である．たとえばNi, Co, Feクラスターでは，それぞれ，$(10 - N_a) = 0, 1, 2$となる．N_hは3dバンドの下に存在する4s準位の状態数(4s電子数)すなわち，クラスターの3d正孔数である．たとえば図8.27bのNiクラスターの場合は，$2 \leq N < 8$, $8 \leq N < 18$, $18 \leq N < 20$で，それぞれ，2, 8, 18である．サイズ$N = 8, 18$で，シェルを形成する1p, 1dの4s準位が3dバンドを飛び越えてその下に現れると，そこで3d正孔数N_hがそのシェルの状態数(6, 10)だけ階段的に増える．N_hはスピン磁気モーメントの大きさに対応するので，クラスター全体の磁気モーメントがそこで階段的に増加する．また，4s準位の飛び越えが起こらないサイズ($N = 3〜7$, $9〜17$)ではN_hは一定であり，1原子あたりの磁気モーメントμは式(8.23)により$1/N$のサイズ依存性をもつ[14]．すなわち，縦軸にモーメントμ，横軸にサイズNをとって図示すると，全体として$1/N$の右下がりで，マジック数のサイズで段差のある，のこぎりの刃状のグラフになる．

3d電子スピン間の結合は強磁性的だから，遷移金属クラスターは強磁性を示すはずである．サイズNが数100のクラスターの直径は1 nm以下であり，バルク結晶の磁壁の幅(15 nm程度)に比べて十分小さいので，クラスター内の磁気構造は単磁区であるとみなされる．また，磁気異方性はクラスター表面で大きいものの，異方性エネルギーは体積積分で決まるので，クラスター全体としての異方性エネルギーは小さい．熱擾乱のエネルギーがこの異方性エネルギーに比べて大きい温度では，クラスター内のスピンは向きをそろえたまま観測時間の間に任意の方向に向きを変えることができるので，クラスターの集合は超常磁性を示す．よく知られているように，磁場B中および有限温度Tでの超常磁性モーメントμ_{eff}は

$$\mu_{eff} = \mu \left[\coth\left(\frac{N\mu B}{kT}\right) - \frac{kT}{N\mu B} \right] \tag{8.24}$$

で与えられる．実際，シュテルン–ゲルラッハ型の実験[13]によると，Coクラスターの

磁化は式 (8.24) に従い，μ は $N = 65 \sim 115$ でほぼ一定の値をとる[*3]．強磁性超微粒子の超常磁性については，最近，超常磁性モーメントを微小な永久磁石になぞらえる描像がよいことが明らかになった[15]．　　　　　　　　　　　　　　　　　　　　　[山口　豪]

文　献

- [1] R. Kubo, J. Phys. Soc. Jpn. **17** (1962) 975. 久保亮五，川畑有郷，日本物理学会誌 **23** (1968) 718.
- [2] R. Ueda, Proc. Phys.-Math. Soc. Jpn. **24** (1942) 809.
- [3] 山内恭彦ほか，「大学演習 量子物理学」(裳華房，1974) p. 15.
- [4] 岡崎 誠，藤原毅夫，「演習 量子力学」(サイエンス社，1983) p. 154.
- [5] W. D. Knight et al., Phys. Rev. Lett. **52** (1984) 2141.
- [6] M. G. Mayer and J. H. Jensen, *Elementary Theory of Nuclear Shell Structure* (John Wiley & Sons, 1955).
- [7] H. Nishioka et al., Phys. Rev. B **42** (1990) 9377.
- [8] S. Iijima, Springer Series in Material Science, vol. 4, *Microclusters*, ed. by S. Sugano et al. (Springer-Verlag, 1987) p. 186.
- [9] K. Rademann et al., Phys. Rev. Lett. **59** (1987) 2319.
- [10] I. Katakuse et al., Int. J. Mass Spectrom. Ion Processes **67** (1985) 229.
- [11] 藤間信久，山口 豪，「新しいクラスターの科学―ナノサイエンスの基礎」菅野 暁ほか 編 (講談社サイエンティフィク，2002) p. 155; N. Fujima and T. Yamaguchi, J. Phys. Soc. Jpn. **58** (1989) 1334; N. Fujima and T. Yamaguchi, J. Phys. Soc. Jpn. **58** (1989) 3290.
- [12] O. Cheshnovsky et al., Phys. Rev. Lett. **64** (1990) 1785; J. Ho et al., J. Chem. Phys. **93** (1990) 6987.
- [13] J. P. Bucher et al., Phys. Rev. Lett. **66** (1991) 3052; S. N. Khanna and S. Linderoth, Phys. Rev. Lett. **67** (1991) 742; D. C. Douglass et al., Phys. Rev. B **47** (1993) 12874; S. E. Aspel et al., Phys. Rev. Lett. **76** (1996) 1441.
- [14] N. Fujima and T. Yamaguchi, Phys. Rev. B **54** (1996) 26.
- [15] 間宮広明ほか，日本物理学会誌 **60** (2005) 547.

8.4　カーボンナノチューブ・ナノワイヤーほか

8.4.1　カーボンナノチューブ・グラフェン

グラフェンは炭素の六員環が蜂の巣のように配列している 2 次元のグラファイトシート (図 8.28a) であり，カーボンナノチューブ (以下ナノチューブとする) は，グラフェンを円筒状に丸めた構造をしている (図 8.28b)．一般に，ナノチューブの六員環は軸に対してらせん状に配置されている．その構造は図 8.28a に示されたカイラルベクトル $\boldsymbol{L} = n_a \boldsymbol{a} + n_b \boldsymbol{b} = (n_a, n_b)$ で表すことができる．ここで，$\boldsymbol{a}$ と $\boldsymbol{b}$ は基本並進ベクトル ($|\boldsymbol{a}| = |\boldsymbol{b}| = 2.46$Å)，$n_a$ と n_b は整数である．(n_a, n_b) のナノチューブの構造は

[*3] クラスターの物理量のうちで，その定義と測定が重要でかつ困難なものは "温度" であるが，Co など超常磁性を示す遷移金属クラスターでは，磁気モーメントを測定して式 (8.24) から温度を決定できる．Nb や W など耐熱性金属クラスターでは，クラスターからの熱電子放出を利用して，あるいは黒体輻射を測定して，温度が測定される．通常は，クラスター全体の運動エネルギーから等分配則によって温度を推定する．

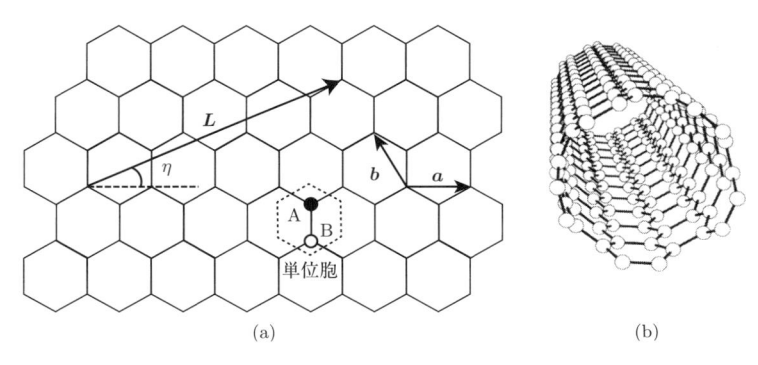

図 **8.28** (a) グラフェンの結晶構造とナノチューブのカイラルベクトル L. (b) ナノチューブの結晶構造[28].

$(0,0)$ と (n_a, n_b) にある炭素原子を重ねて円筒にすることで得られる. ナノチューブの直径は 0.5～数十 nm, 長さは 1 μm を超えるため, 擬 1 次元的な物質といえる. また, ナノチューブはその構造に依存して金属的な性質のものと半導体的な性質のものが存在する. 一方, グラフェンは 2 次元の金属である. グラフェンとナノチューブは局所的な原子配列が同じであるものの大局的な構造が異なるため, それぞれ独自の物性を示す.

a. ナノチューブの作製法と分離法

ナノチューブは 1991 年に飯島澄男により発見され[1], 電子顕微鏡によりその構造が決定された (同様の繊維状炭素は遠藤守信らも報告している[2]). 発見された当初のナノチューブは複数の円筒が同心円状の入れ子になった多層ナノチューブであった. 現在ではグラファイトシート 1 枚からなる単層ナノチューブも作製できる. 代表的なナノチューブの作製方法には, アーク放電法, レーザー蒸発法, 化学気相成長法がある. アーク放電法では, 黒鉛の電極間にアーク放電を起こし, 昇華した黒鉛からナノチューブが作製される. 一般には多層ナノチューブが生じるが, 金属微粒子の触媒を使うと単層ナノチューブを作製することもできる. 最初に発見されたナノチューブはこの方法により作製されたものである. レーザー蒸発法では, 金属触媒を混合した黒鉛にレーザーパルスを照射し, 昇華した黒鉛から単層ナノチューブが作製される. 化学気相成長法では, 触媒 (金属微粒子) 中で炭化水素を熱分解することで, 多層ナノチューブや単層ナノチューブが作製される. ごく微量の水を添加した化学気相成長を行うと, 超高純度で配向性のきわめて高い単層ナノチューブを超高効率に成長させることができる (スーパーグロース法)[3]. 現在のところ金属型と半導体型のナノチューブを選択的に作製する手法は確立していないが, 作製後のナノチューブを様々な方法 (密度勾配遠心分離法, ゲル電気泳動法など) で, 金属と半導体に分離 (半金分離) する手法が開発されてきた. ゲルカラムクロマトグラフィー法では半金分離だけでなく, カイラルベクトルが異なるナノチューブの分離も可能である[4].

b. グラフェンの作製法

グラフェンは 2004 年に A. Geim と K. S. Novoselov らにより初めて作製された[5]．作製方法は，グラファイトからグラフェンをスコッチテープで剥離し，酸化シリコン基板に付着させる，というものである．グラフェンの代表的な作製方法として，上記の剥離法のほか，化学気相成長法，熱分解法などがある．化学気相成長法では，炭素源ガスを用いて金属基板上にグラフェンを成長させる．この方法により作製されたグラフェンを電子デバイスとして利用する場合は，金属基板を除去する必要がある．熱分解法では，SiC 基盤を高温に加熱して Si 原子を選択的に離脱させる．このとき，表面に残った C 原子はエピタキシャル成長してグラフェンとなる．SiC 基盤はワイドギャップ半導体なので，そのまま電子デバイスとして利用できる可能性がある．化学気相成長法と熱分解法はともにグラフェンの量産に向いているが，複数層のグラフェンが分布しているため，層数の制御が課題として残されている．最近では基板と接触していない架橋したグラフェンが作製できるようになった[6]．架橋グラフェンは基板上のグラフェンよりもキャリア移動度が非常に大きく，分数量子ホール効果が観測されている[7,8]．

c. グラフェンの電子状態

グラフェンのバンドには面に垂直な $2p_z$ 軌道からなる π バンドと，面内方向の sp^2 混成軌道からなる σ バンドがある．このうち，電子輸送特性や光学応答，軌道磁性などはフェルミ準位 (ε_F) 近傍の π バンドで決まる．グラフェンの π バンドのエネルギー分散を図 8.29a に示す ($\varepsilon_F = 0$)．拡大図で示されているように，円錐状 (ディラック・コーンとよばれる) の伝導帯と価電子帯が接触している ($\varepsilon = 0$ の接触点はディラック点とよばれる)．このようなバンドは逆格子空間における K 点と K' 点でみられ，有効質量近似 ($\boldsymbol{k} \cdot \boldsymbol{p}$ 近似) により記述することができる．エネルギーの原点を ε_F とする

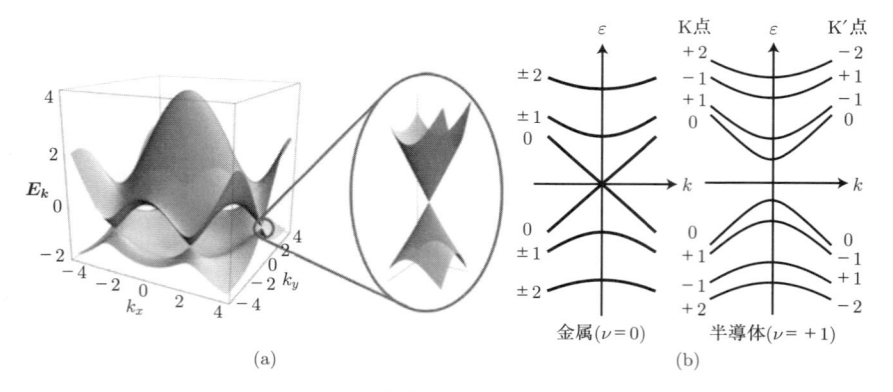

図 8.29 (a) グラフェンの π バンド[29]．(b) フェルミ・エネルギー近傍のナノチューブのエネルギーバンド．

と，K 点の ε_F 近傍の電子状態は

$$\gamma(\sigma_x \hat{k}_x + \sigma_y \hat{k}_y)\boldsymbol{F}(\boldsymbol{r}) = \gamma\boldsymbol{\sigma}\cdot\hat{\boldsymbol{k}}\boldsymbol{F}(\boldsymbol{r}) = \varepsilon\boldsymbol{F}(\boldsymbol{r}) \tag{8.25}$$

で記述される．ここで，γ はバンドパラメター，$\boldsymbol{\sigma} = (\sigma_x, \sigma_y)$ はパウリのスピン行列，$\hat{\boldsymbol{k}}$ は波数ベクトルの原点を K 点または K' 点とした波数演算子，$\boldsymbol{F}(\boldsymbol{r})$ の 2 成分はそれぞれ A サイトと B サイト (図 8.28a) の副格子点における包絡関数である．この有効質量方程式は，ニュートリノがしたがうワイル方程式 (質量のないディラック方程式) と同じ形である．式 (8.25) の固有関数は $\boldsymbol{F}_{\boldsymbol{k}}(\boldsymbol{r}) \propto \exp(i\boldsymbol{k}\cdot\boldsymbol{r})\boldsymbol{F}_{\boldsymbol{k}}$ なので，ε_F 近傍における電子のエネルギーは

$$\varepsilon^{(\pm)}(\boldsymbol{k}) = \pm\gamma|\boldsymbol{k}| \tag{8.26}$$

であり，ディラック・コーンの分散が導かれる．フェルミ準位近傍の電子は波数によらず $v = \gamma/\hbar$ の速度 (光速の約 1/300) で運動している．グラフェンの状態密度は $|\varepsilon - \varepsilon_\mathrm{F}|$ に比例し，ε_F において 0 となる．このため，グラフェンはゼロギャップ半導体とよばれることが多いが，実は金属である (8.4.1 項 g 参照)．

d. ナノチューブの電子状態

ナノチューブの電子状態は，曲率の効果を無視すると，グラフェンの電子状態に円周方向の周期境界条件を付加することで求めることができる．軸方向の波数 k は連続的であるが，円周方向の波数は周期境界条件により離散的な値

$$\kappa_\nu(n) = \frac{2\pi}{L}\left(n - \frac{\nu}{3}\right) \tag{8.27}$$

をとる (K 点近傍の場合)．ここで，n は整数，ν はカイラルベクトル (n_a, n_b) により $n_a + n_b = 3N + \nu$ (N は整数) から決定される整数で 0, ± 1 のいずれかの値をとる．したがって，ナノチューブは軸方向の波数に対して 1 次元的なバンドになり，$\kappa_\nu(n)$ の n はバンドインデックスを与える．式 (8.26) にこれらの波数を代入すると，エネルギーは

$$\varepsilon_\nu^{(\pm)} = \pm\gamma\sqrt{\kappa_\nu(n)^2 + k^2} \tag{8.28}$$

で与えられる．K' 点近傍の状態は K 点近傍の波数 k を $-k$, ν を $-\nu$ とすれば得られ，K 点近傍の状態と縮退している．図 8.29b にナノチューブのバンドとバンドインデックス n を示している．$\nu = 0$ の場合は金属的なバンドで，$\nu = \pm 1$ の場合は半導体的なバンドになる．半導体のバンドインデックスは $\nu = +1$ の場合で与えていて，K 点と K' 点で異なる．$\nu = -1$ の場合は符号を逆にすればよい．バンドギャップは直径に反比例し，細いナノチューブではその大きさは 1 eV を超える．直径が 1 nm を切るような非常に細いナノチューブでは，曲率の効果により π 軌道と σ 軌道が重なり，必ずしも ν で金属と半導体が分類できるわけではない．また，有効質量近似の高次の効果として π バンドの 3 回対称のゆがみが重要になってくる．

ナノチューブの軸方向に磁束 ϕ をかけた場合，電子が円周方向に 1 周すると位相 $\exp(2\pi i\phi/\phi_0)$ ($\phi_0 = h/e$ は磁束量子) が付加される．そのため周期境界条件が変化し，円周方向の波数は

$$\kappa_\nu(n) = \frac{2\pi}{L}\left(n - \frac{\nu}{3} + \frac{\phi}{\phi_0}\right) \tag{8.29}$$

となる．式 (8.28) からわかるように，磁束によりバンドギャップが変化して金属から半導体，半導体から金属へと変化する．これは，ナノチューブにおけるアハラノフ–ボーム効果である[9]．この効果により励起状態のピークが分裂するが，その様子は光吸収スペクトルや発光で観測されている[10]．

e. ベリーの位相とトポロジカル特異点

K 点と K′ 点の近傍におけるグラフェンとナノチューブのハミルトニアン (8.25) は，波数を磁場に置き換えると，磁場中のスピンのハミルトニアンと同等の形になる．つまり，2 成分の波動関数 $\boldsymbol{F_k}$ はスピンが波数方向あるいは反対方向を向いたスピノールで与えられ，擬スピンとよばれる．擬スピンの波動関数は，波数空間で K 点または K′ 点 (つまり $k = 0$) を囲む閉曲線に沿って断熱的に 1 周してももとには戻らず，π だけ位相因子がかかる (波動関数の符号が変わる)．この位相をベリーの位相といい，K 点と K′ 点はトポロジカル特異点である．閉曲線が K 点または K′ 点を囲まない場合はベリーの位相はゼロになる．

ベリーの位相やトポロジカル特異点は，金属的なナノチューブの完全伝導，グラフェンの電気伝導におけるゼロモード異常，グラフェンの $\varepsilon_F = 0$ における反磁性帯磁率のデルタ関数的特異性など，様々な物性に特異性をもたらす．

8.4.1 項 c～e についての詳細は文献 [11] を参照のこと．

f. ナノチューブの電気伝導とデバイス応用

電子の運動は不純物などの弾性散乱によりその進行方向が変わる．ナノチューブは 1 次元的なので，その後方散乱は進行方向が右回りあるいは左回りに 180°変化することを意味する．後方散乱の散乱振幅は右回りと左回りの和になるが，ベリーの位相により右回りと左回りの回転で波動関数の符号が反対になるので，相殺してゼロになる[12]．つまり，抵抗のない完全導性が実現する．ただし，不純物ポテンシャルの到達距離が格子定数よりも小さい場合や，フォノンとの相互作用による非弾性散乱がある場合にはこの議論は成立しない．しかし，電気伝導度や空間的なイメージングの測定により，金属的なナノチューブの平均自由行程が半導体的なナノチューブよりも十分長いことが確認されている．

ナノチューブなどの微小構造に対する電気伝導度測定では，電極との接触が重要である．接触抵抗が量子抵抗 ($R_K = h/e^2 \sim 26\,\mathrm{k}\Omega$) 以上になる高抵抗接触では，電極間に挟まれたナノチューブの電子状態は軸方向にも量子化され，量子ドットとみなすことができる．ナノチューブでは接触抵抗を小さくすることが容易ではなく，電気伝導測定はたいていこの領域にある．高抵抗接触領域ではクーロン・ブロッケード効果

が観測され，単電子トランジスタも作製された．また，トンネル接合を介したコンダクタンスがバイアス電圧や温度の関数としてべき乗に変化することが実験的に示された．この特徴は，一次元電子系に特有な朝永–ラッティンジャー流体として説明されている．一方，低抵抗接触の場合はクーロン・ブロッケードは起こらず，接触界面による電子波の反射に起因するファブリ–ペロ (Fabry–Perot) 干渉がコンダクタンスのバイアス電圧，ゲート電圧特性に現れる．接触抵抗がほとんどない場合に観測できるコンダクタンスの量子化も報告されている．

ナノチューブ中の電子は散乱を受けにくく移動度が非常に大きいので，各種デバイス応用への研究も行われている．その代表的な例は，電界効果トランジスタ (FET) である．通常の MOS 型 (金属・酸化物・半導体の層状構造) FET は，ゲート電圧で伝導キャリアのチャネル密度を変化させてソース–ドレイン間の電流を制御する．一方，ナノチューブ FET の場合は，電極との接触部分に現れるショットキー障壁の厚さをゲート電圧で変化させて電流を制御する．この制御が可能になるのは，接合付近に溜まった電荷による遮蔽効果が 1 次元性のために小さく，ポテンシャルの変化をゲート電圧で制御できるからである．

ソース電極ととドレイン電極の近傍にそれぞれゲート (スプリットゲート) を配置すると，その近傍にあるナノチューブを p 型と n 型にドープすることができる．また，スプリットゲートを配置しなくてもゲート電圧を適当に選べば，ソース電極とドレイン電極から電子と正孔を同時に注入することができる．実験により，ナノチューブによる p–n 接合デバイスの整流作用が確認された．さらに，電子と正孔が対消滅して光を出す発光ダイオードが作製された．ナノチューブの発光ダイオードは明確な p–n 接合面が存在しないため，ゲート電圧により発光位置が変化する．最近，ナノチューブを流れる電子が急激なポテンシャル変化 (束縛電荷やナノチューブの下の基板に掘った溝など) により衝突イオン化 (電子から電子–正孔対が生成される) し，より強く発光する (p–n 接合ナノチューブによる発光の約 1000 倍) ことが観測された．発光ダイオードの逆過程として，光伝導現象も観測されている．

この節についての詳細は文献 [13,14] を参照のこと．

g. グラフェンの電気伝導とデバイス応用

グラフェンの状態密度はディラック点でゼロになることから，ゼロギャップ半導体とよばれることが多い．しかし，実際には金属である．散乱体のポテンシャルが短距離型の場合，電子の緩和時間は散乱後の終状態数 (状態密度) に反比例する．拡散係数は緩和時間に比例するので状態密度に反比例する．アインシュタインの関係式により，電気伝導度は拡散係数と状態密度に比例する．したがって，伝導度は状態密度に依存しない．ただし，フェルミ・エネルギーが $\varepsilon_F = 0$ の場合は状態密度がゼロとなるので，上の議論では 0/0 の特異性が現れる (ゼロモード異常)．このような特異性は，散乱でエネルギー準位がぼやける効果により取り除くことができる．セルフコンシステント・ボルン近似を用いた計算によれば，伝導度は $\varepsilon = 0$ で急激に減少するが，散乱

体の強度に依存しない有限の値 $\sigma = g_v g_s (e^2/2\pi^2\hbar)$ ($g_s = 2$ はスピン縮重度, $g_v = 2$ は K 点と K′ 点に対応した谷縮重度) になる[15]. つまり, グラフェンは金属的といえる. $\varepsilon = 0$ における伝導度の極小とその値の普遍性は実験的に観測されている[16].

グラフェンの電気伝導の実験的研究として, 最初に電界効果が測定された[5]. Geim と Novoselov はこの功績により 2010 年にノーベル物理学賞を受賞した. グラフェン上の電子と正孔のキャリア密度はゲート電圧により $10^{13}/\mathrm{cm}^2$ 程度にまで変化させることができる. これは, シリコン表面反転層と同程度である. グラフェンの電子と正孔のサイクロトロン質量はキャリア密度の平方根で変化する. このことから, グラフェンのエネルギー分散は線形であることが確認された[5]. さらに, 整数量子ホール効果が観測された[16,17]. グラフェンのホール伝導度 σ_{xy} をキャリア密度の関数として測定 (磁場は固定) すると, 明瞭な平坦構造を見ることができる. ただし, 平坦構造におけるホール伝導度は通常の $\sigma_{xy} = (4e^2/h)N$ (N は整数) ではなく, $\sigma_{xy} = (4e^2/h)(N + 1/2)$ となる. このため, グラフェンの整数量子ホール効果は半整数量子ホール効果とよばれている. 半整数になるのは, $\varepsilon = 0$ のランダウ準位に電子的な状態と正孔的な状態が共存するためで, 線形な分散をもつ質量のないディラック粒子に特徴的な性質である. 2 層グラフェンでは, 層間の相互作用のため, フェルミ・エネルギー近傍の分散が放物型になる. このとき, $\varepsilon = 0$ には 2 つのランダウ準位が現れ, それぞれに電子的な状態と正孔的な状態が共存する. その結果, 平坦構造におけるホール伝導度は通常の $\sigma_{xy} = (4e^2/h)N$ となる.

グラフェンはゲート電圧によるキャリア密度の変調により電界効果トランジスタ (FET) として動作させることができる. また, キャリアの移動度が非常に大きいので, 高周波の動作が期待された. 実際, ギガヘルツ帯で動作する FET の報告がある[18]. しかし, 単層のグラフェンにはバンドギャップが存在しないため, 通常のトランジスタで見られるような電流のオフが困難である (オン・オフ比は 5 程度). グラフェンにバンドギャップを導入する方法として, 2 層グラフェンに垂直方向の電界を印加する方法が提案されている. 2 層グラフェンは電界により $100\,\mathrm{meV}$ 以上のギャップを生じさせることができる. その結果, 2 層グラフェンで作製した FET のオン・オフ比は室温において約 100 になったという報告がある[19].

h. ナノチューブの励起子と光学的性質

ナノチューブの光学応答は, 偏光がその軸に平行な場合と垂直な場合でまったく異なる. まず, バンド間許容遷移について考えよう. 軸に平行な偏光の場合, バンドインデックスが同じ価電子帯と伝導帯の間でのみ遷移は許容になる. ただし, 金属のナノチューブにおいて最高価電子帯と最低伝導帯 (バンドインデックスがともに 0) のバンド間では遷移は禁制である. 一方, 軸に垂直な偏光の場合, バンドインデックスが ± 1 だけ異なるバンド間でのみ遷移が許容となる[20].

半導体に入射した光により電子と正孔が励起されると, それらの間のクーロン引力

により束縛状態が形成される．この束縛状態を励起子という．ナノチューブはその一次元性を反映して電子間相互作用が強いので，励起子の束縛エネルギーも大きい．実際に，通常の半導体の励起子の束縛エネルギーは数 meV から数十 meV (GaAs で 1～2 meV，ZnO で約 60 meV) 程度であるが，ナノチューブの励起子は束縛エネルギーが数百 meV にも達するため，室温でも十分安定に存在する．束縛エネルギーが大きいため，振動子強度も非常に大きい．ただし，垂直な偏光の場合の振動子強度は平行な偏光に比べて約 1/10 程度に小さくなる．これは，励起子による誘導分極電荷が入射光電場と反対方向に電場を生じさせるためである (反電場効果)[20, 21]．

ナノチューブの励起子は最初，吸収スペクトルにより観測され，その後，発光スペクトルでも観測されるようになった．通常の試料ではナノチューブがバンドルを形成しているため発光しないが，界面活性剤でミセル化して孤立化させると発光が観測できる．また，ピラーや溝を形成した基板上でナノチューブを合成すると，架橋した孤立ナノチューブを作製することができ，発光を観測することができる．この場合は，ナノチューブのまわりに界面活性剤や溶媒がないため，ナノチューブ本来の光学特性をしらべるのに適している．現在では，単一のナノチューブの発光も測定できるようになった．

ナノチューブはその構造に依存して吸収や発光のエネルギーピーク位置が異なる．このことを利用して，光学スペクトルからナノチューブの構造 (カイラルベクトル) を同定することができる．構造の同定として最も信頼できる方法に，フォトルミネッセンス励起分光 (PLE) がある．PLE は励起波長を変化させながら発光スペクトルを測定する分光法で，励起波長が励起子準位と一致する条件で発光強度が最大になる．したがって，1 つの構造に対して励起と発光の 2 つの励起子準位を知ることができる．

一般に，励起子の束縛エネルギーが大きい場合は励起子分子の束縛エネルギーも大きくなり，励起子分子の観測が容易になる．しかし，ナノチューブの励起子分子はまだ観測されていない．ただし，正孔をドープしたナノチューブで 1 個の電子と 2 個の正孔からなる荷電励起子 (トリオン) は室温で観測されている[22]．

ナノチューブのラマン散乱スペクトルには，主に，ラジアルブリージングモード (radial breathing mode: RBM)，G モード，D モードの 3 種類のピークが現れる．RBM は低周波数域 ($100\sim400\,\mathrm{cm}^{-1}$) にあり，炭素原子が動径方向に伸縮するナノチューブ固有の振動モードである．この振動数はナノチューブの直径に反比例するため，ナノチューブの直径分布をしらべることができる．また，共鳴顕微ラマン分光により，孤立ナノチューブの構造 (カイラルベクトル) を決定することができる．G バンドはグラファイトのラマン活性モードと同種の振動モードで $1580\,\mathrm{cm}^{-1}$ 付近に複数のピークとして現れる．金属ナノチューブの場合には非対称なファノ (Fano) 型のスペクトルを示すので，ナノチューブが金属か半導体かを見分けることができる．D バンドはもともとラマン不活性だった振動モードが欠陥由来の運動量保存則の破れにより観測されるもので，$1300\sim1400\,\mathrm{cm}^{-1}$ 付近に現れる．G バンドと D バンドのスペク

トル強度比はナノチューブの純度を表す指標にすることができる．

この節についての詳細は文献 [11, 14] を参照のこと．

i. グラフェンの磁性

グラファイトは非常に大きな反磁性を示すことが知られている．その近似としてグラフェンのランダウ準位と絶対零度におけるデルタ関数的な反磁性 ($\varepsilon_F = 0$ で帯磁率が発散) が理論的に示された[23]．一様な磁場 B を面に垂直方向にかけたとき，放物型のエネルギー分散をもつ通常の 2 次元電子系のエネルギー (ランダウ準位) は

$$\varepsilon_n = \hbar\omega_c\left(n + \frac{1}{2}\right) \qquad (n = 0, 1, 2, \cdots) \tag{8.30}$$

となる．ここで $\omega_c = eB/m$ はサイクロトロン振動数である．ランダウ準位は磁場に比例して等間隔に現れる．一方，グラフェンのランダウ準位は

$$\varepsilon_n = \mathrm{sgn}(n)\sqrt{|n|}\hbar\omega_B \qquad (n = 0, \pm 1, \pm 2, \cdots) \tag{8.31}$$

となる．ここで，$\mathrm{sgn}(n)$ は n の符号を表し，$\hbar\omega_B = \gamma\sqrt{2eB/\hbar}$ である．通常の 2 次元電子系と異なり，ランダウ準位は等間隔ではなく $\sqrt{n}$ と $\sqrt{B}$ に比例する．さらに特徴的な点は，磁場の大きさに関係なく $\varepsilon = 0$ にランダウ準位が存在することである．このため，磁場をかけると $\varepsilon = 0$ 近傍の価電子 ($\varepsilon \leq 0$) は $\varepsilon = 0$ のランダウ準位に移り，エネルギーが増加する．エネルギーの増加はランダウ準位のエネルギー間隔 ($\sqrt{B}$ に比例) と縮重度 (B に比例) の積に比例する．よって磁化は $M = -dU/dB \propto \sqrt{B}$ で，磁化率 $\chi = \lim_{B \to 0}(M/B)$ は負の無限大となり，発散的な反磁性を示す．

j. ナノチューブの磁性

軸に垂直方向の磁場をかけた場合，ナノチューブの面における磁場の法線成分がサイン関数で変化する．したがって，弱磁場ではグラフェンのような平らなランダウ準位は現れない．ただし，サイクロトロン半径がナノチューブの直径程度の超強磁場になると，K 点や K′ 点近傍に平らなランダウ準位が現れるようになる[9]．この方向の磁場に対しては，金属か半導体かによらず，ナノチューブはグラフェンと同様の大きな反磁性を示す．一方，軸に平行方向の磁場をかけると，8.4.1 項 d で述べたアハラノフ–ボーム効果によりバンドがシフトする．このとき，半導体ナノチューブは反磁性を示す (軸に垂直な場合よりも小さな反磁性) が，金属ナノチューブは絶対零度で発散的な常磁性を示す[24]．有限温度で測定したナノチューブの軌道磁性は，理論値と非常に良く一致している[25]．このような強い磁気的な異方性のために，ナノチューブ (特に金属の場合) は磁場の向きにそろう傾向がある．実際，光吸収と発光でアハラノフ–ボーム効果を観測した最初の実験[10]では，この性質を利用して溶媒中でナノチューブを配向させている．

k. ナノグラフェン

ナノサイズのグラフェンでは端の効果が重要になる．グラフェンの端の形状には，図 8.28a の $\eta = 30°$ で切断したときの形状 (アームチェア端) と $\eta = 0°$ で切断したと

きの形状 (ジグザグ端) がある．端の効果をみるため，リボン状のグラフェン格子 (グラフェンリボン) に着目しよう．端に現れるダングリングボンドは水素で終端されているとして強束縛近似で電子状態を計算すると，グラフェンリボンの両端がアームチェア端の場合は $N = 3m - 1$ $(m = 1, 2, \cdots)$ (Na はリボンの幅，ただし a は格子定数) のときは金属的，それ以外は半導体的である．一方，ジグザグリボンでは，平坦なバンドがフェルミ準位に現れて金属となる[26]．この平坦なバンドはジグザグ端に局在したエッジ状態によるものである．第一原理計算によれば，アームチェアリボンもジグザグリボンも半導体になる[27]．ジグザグリボンの基底状態は局在したエッジ状態で，両端でスピンが逆向きに偏極している．この局在したエッジ状態は走査型トンネル顕微鏡や角度分解光光電子分光の実験で観測されている． [安食博志]

文　献

[1] S. Iijima, Nature **354** (1991) 56.
[2] A. Oberlin et al., J. Crys. Grow. **32** (1976) 335.
[3] K. Hata et al., Science **306** (2004) 1362.
[4] H. Liu et al., Nature Commun. **2** (2011) 309.
[5] K. S. Novoselov et al., Science **306** (2004) 666.
[6] K. I. Bolotin et al., Solid State Commun. **146** (2008) 351.
[7] Xu Du et al., Nature **462** (2009) 192.
[8] K. I. Bolotin et al., Nature **462** (2009) 196.
[9] H. Ajiki and T. Ando, J. Phys. Soc. Jpn. **62** (1993) 1255.
[10] S. Zaric et al., Science **304** (2004) 1129.
[11] T. Ando, J. Phys. Soc. Jpn. **74** (2005) 777.
[12] T. Ando et al., J. Phys. Soc. Jpn. **67** (1998) 2857.
[13] P. Avouris et al., Nature Nanotech. **2** (2007) 605.
[14] A. Jorio et al. (eds.), *Carbon Nanotubes* (Springer-Verlag, 2008).
[15] N. H. Shon and T. Ando, J. Phys. Soc. Jpn. **67** (1998) 2421.
[16] K. S. Novoselov et al., Nature **438** (2005) 197.
[17] Y. Zhang et al., Nature **438** (2005) 201.
[18] Y.-M. Lin et al., Science **327** (2010) 662.
[19] F. Xia et al., Nano Lett. **10** (2010) 715.
[20] H. Ajiki and T. Ando, Physica B **201** (1994) 349.
[21] S. Uryu and T. Ando, Phys. Rev. B **74** (2006) 155411.
[22] R. Matsunaga et al., Phys. Rev. Lett. **106** (2011) 037404.
[23] J. W. McClure, Phys. Rev. **104** (1956) 666.
[24] H. Ajiki and T. Ando, J. Phys. Soc. Jpn. **62** (1993) 2470.
[25] T. A. Searles et al., Phys. Rev. Lett. **105** (2010) 017403.
[26] M. Fujita et al., J. Phys. Soc. Jpn. **65** (1996) 1920.
[27] Y.-W. Son et al., Phys. Rev. Lett. **97** (2006) 216803.
[28] J. W. Mintmire et al., Phys. Rev. Lett. **68** (1992) 631.
[29] A. H. Castro Neto et al., Rev. Mod. Phys. **81** (2009) 109.

8.4.2 金属ナノチューブ・ナノワイヤー

a. はじめに

金属ナノワイヤーの電気伝導の研究は，半導体の量子ポイントコンタクトの研究開始[1]から5年ほどたった1993年から本格的なスタートを切った[2,3]．金属ナノワイヤー研究の口火を切ったのはSTM探針を使った金属ナノワイヤーの実験であった．原子レベルのSTM分解能が1982年に実現し，STM探針と基板表面とのトンネル現象を研究していく中から芽生えた．この章では，電気伝導の量子化，特異構造，機械的性質などについての研究を紹介する．

b. ナノワイヤーの形成

電極間に橋渡しされたナノワイヤーは，STM法[2]かMCBJ法[3]で作成されている(図8.30a,b)．一般に，電磁スイッチの接点など，金属と金属が接触して離れるプロセスにおいては，常に両金属の間に金属ナノワイヤーが形成されて切断される過程が起きている(図8.30c)．この切断過程では，ナノワイヤーが段階的に細くなっていくので，金属間のバイアス電圧を印加して電流計測を行えば，コンダクタンス計測(2端子法)ができる．STM法では，探針と基板を電極がわりに使用して，金属探針と金属基板を接触させて離す操作によってナノワイヤーを作成している[4]．MCBJは，細い導線にくびれをつけておいて，導線の両端を引っ張ってくびれ箇所を切断して電極をつくる．切断後，ふたたび電極を接触させてナノワイヤーを作成する[5,6]．この方法は，ナノワイヤーを一定の太さと長さに長時間保持することができ，低温実験もできる．これらの方法では，作成されたナノワイヤーや電極形状，接点の様子を見ること

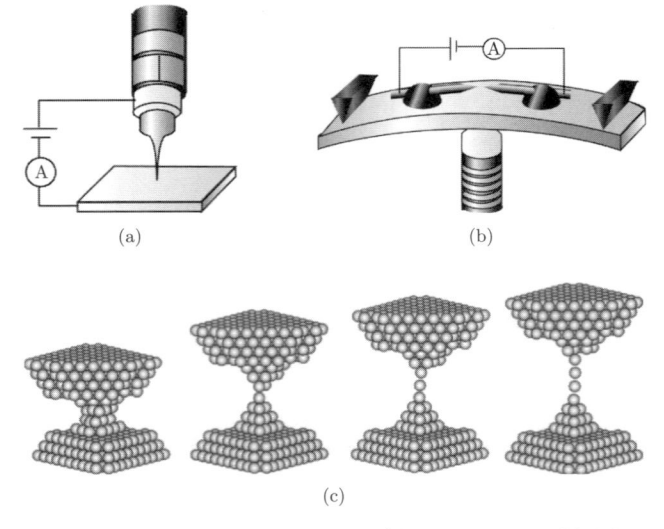

図 **8.30** (a) STM．(b) MCBJ．(c) 金属ナノワイヤーの形成過程．

ができない.そこで,電子顕微鏡と STM あるいは MCBJ を組み合わせて,ナノワイヤーの構造と電気伝導を計測する研究が進められている[7].同じように,電子顕微鏡と AFM を組み合わせて,構造と力の同時計測をする研究も進められている.

c. 金属ナノワイヤーのコンダクタンス量子化

電極間のコンダクタンス G は,ランダウアー公式

$$G = \frac{G_0}{2}\left(\sum T_j^{(+)} + \sum T_j^{(-)}\right) \tag{8.32}$$

にもとづいて議論がされている[8,9].ここに,$G_0 = 2e^2/h$ はコンダクタンス量子,$T_j^{(+)}$,$T_j^{(-)}$ はそれぞれスピンアップとダウン状態の透過率である.スピン縮退した系では,$T_j^{(+)} = T_j^{(-)} = T_j$ となる.一定太さのメゾスコピックなナノワイヤーでは,透過率 100% であるとすると,コンダクタスは

$$G = G_0 \sum \int \delta(E_j - E_\mathrm{F})dE \tag{8.33}$$

で与えられる[10].ここに,E_j はナノワイヤーの断面内の波動関数 $\psi(j)$ の固有状態[電子のエネルギー E は $E = E_j + (h^2/2m)k^2$],E_F は金属のフェルミエネルギーである (図 8.31).デルタ関数 $\delta(E_j - E_\mathrm{F})$ を $0 < E < E_\mathrm{F}$ の範囲で積分し,すべての j 状態について合算した G 値は,結局,フェルミ・エネルギー以下の E_j をもつ固有状態 $\psi^{(j)}$ の数に等しい.したがって,コンダクタンスは G_0 の整数倍で与えられる.2 次元のメゾスコピック系では $g = G/G_0$ はすべての整数値をとりうるが,3 次元ナノワイヤーでは選択則が現れる.たとえば,半径 R の円筒ナノワイヤーでは,$\psi^{(j)}$ は 0 次のベッセル関数で与えられるので,$g = 1, 3, 5, 6, 8, \cdots$ のように 2 つ跳びの選択則が現れる[11].選択則は断面の対称性に依存する.メゾスコピックな系での T_j についての詳細は他章を参照されたい.金属ナノワイヤーでは,金属のフェルミ準位が 5 eV

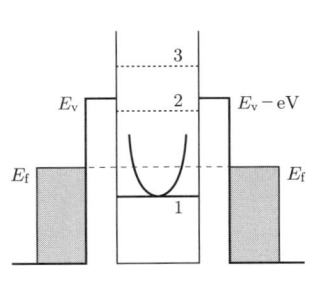

図 8.31 電極間の挟まれた金属ナノワイヤーのエネルギーダイアグラム.

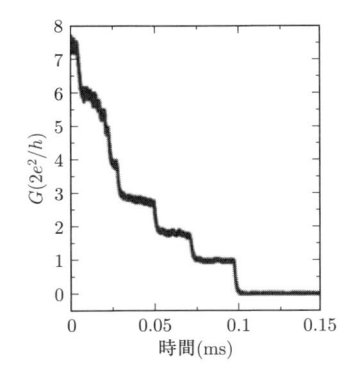

図 8.32 金電極接点を引き離したときに観察されるコンダクタンス変化.

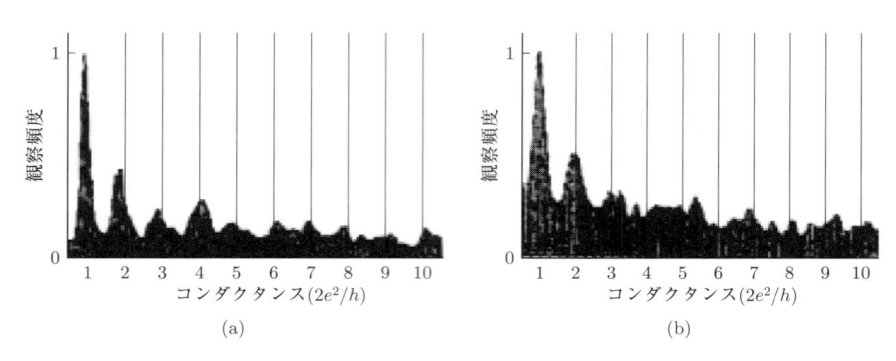

図 8.33 コンダクタンスヒストグラム. (a) 金接点, (b) 白金接点.

程度, フェルミ波長が 5Å 程度なので, メゾスコピック理論には限界がある. もっぱら, アトミックレベルの第一原理計算による理論が適用されている[12,13].

金属ナノワイヤーのコンダクタンス量子化の証拠としてはじめに提示された実験結果は, STM 法を用いた実験である. 切断される直前の金ナノワイヤーのコンダクタンスが G_0 程度の値をもつことが示された.「金原子鎖のコンダクタンスが G_0 に量子化される」ことが示唆されたことにより, アトミックな系の量子化伝導の研究がブレークした. 現在では, (1) 電極を牽引したときにナノワイヤーが次第に細くなっていく過程で得られるコンダクタンス変化 (図 8.32) と, (2) コンダクタンスヒストグラム (図 8.33) と, (3) 同様な過程を観察した電子顕微鏡写真 (図 8.34) で示されるように,

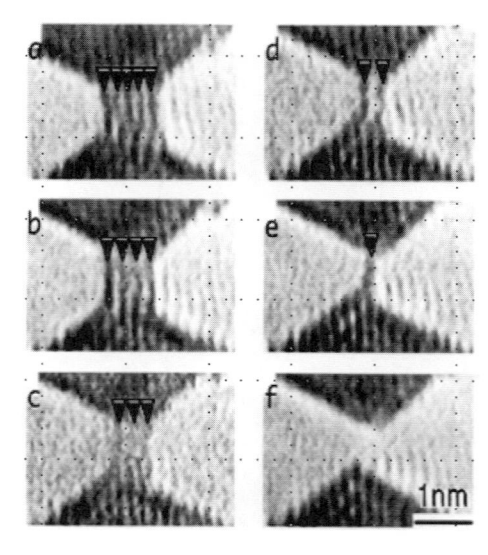

図 8.34 金接点に形成されたナノワイヤーと原子鎖の TEM-STM 観察[6].

金ナノワイヤーのコンダクタンス量子化が明らかとされている．コンダクタンスと牽引時間のグラフにみられる階段状のコンダクタンス変化と顕微鏡写真は，ナノワイヤーの太さが不連続に細くなると同時にコンダクタンス変化が起こることを示している．しかも，電極を牽引してナノワイヤーを引き伸ばしているにもかかわらずコンダクタンスが一定値を保っていることも示されている．ヒストグラムからはコンダクタンスが量子化単位 G_0 の整数倍の値をもつことがわかる．

コンダクタンスヒストグラムは，貴金属 (Au, Ag, Cu)[14]，アルカリ金属[11,15]，Al[16]，Pb[17,18]，Bi[19,20]，遷移金属 (Ti, Fe, Ni, Co)[21]，Pt, Pd, Nb, Rh や W で観察されている．整数値コンダクタンス量子化は，貴金属とアルカリ金属を除いては明確には観察されていない．強磁性体では，スピン波量子化[22]や MR (磁気抵抗) 効果が報告されている[23]．磁場印加の有無でコンダクタンスの増減が観察され，MR 比で数千から数万の値も得られている．スピン縮退が解けているので，コンダクタンス量子単位は $G_0/2$ となる．

d. コンダクタンスと張力

実験結果にもとづくと，コンダクタンスの階段状変化と断面構造の不連続変化は 1 対 1 に対応する．切断過程を AFM と STM 法で同時観察した結果にも[24]，この対応

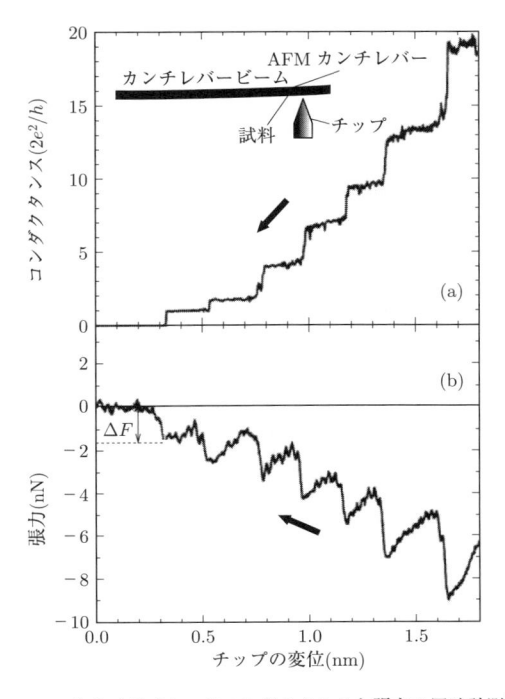

図 **8.35** 金ナノワイヤーのコンダクタンスと張力の同時計測[6]．

が示されている (図 8.35). AFM で測られたナノワイヤーの張力は鋸歯状の不連続変化を示していて，計測した力とコンダクタンスの不連続点が一致する．この鋸歯状変化は，ナノワイヤーが伸張する際にフックの法則で張力が増加する過程と，応力降伏して細くなる際に張力が急減する過程が交互に繰り返されることを示している．この解釈の正しさは，原子レベルのシミュレーションならびに最近の顕微鏡観察から裏づけられている．

コンダクタンスヒストグラムなど統計的実験結果によると，特定のコンダクタンスと断面構造だけが現れている．しかも，顕微鏡観察によると，同じ電極であれば何度でも同じナノワイヤーが再現されることがわかっている．このような事実から，細線化の過程は転位や積層欠陥などの導入によるが，その後ただちに，ナノワイヤーは再構成されて安定な断面構造となっていると考えられる．多くの実験は室温で行われているので，金属原子の拡散 (毎秒数百Å) は，再構成に十分である．このような考えから，金属ナノワイヤーの実験では，安定あるいは準安定な構造がつくられているのだと考えられている．

コンダクタンスの階段状変化と力の鋸歯状変化の対応はジェリウム模型で理論的に説明されている[25]．まず，N 個の電子が長さ L，半径 R の円柱ナノワイヤーを形成するとする．その固有状態 $\psi^{(j)}$ と固有エネルギー E_j からコンダクタンス G を得る．$\psi^{(j)}$ や E_j は電子状態密度 $\rho(E)$ を定めるので，ナノワイヤーの体積エネルギー Ω を求めてから張力 $F = -\partial\Omega/\partial L$ を得る．ナノワイヤーの構成電子数 (原子数) $N(E)$ を一定とすれば，F と G との関係が $\psi^{(j)}$ と E_j を通じて具体的に得られる．なお，温度が T のときの一般式は，

$$G = -G_0 \int dE \left(\frac{df(E)}{dE}\right) \text{Tr}\,[S_{\alpha\beta}^+(E)S_{\alpha\beta}(E)] \tag{8.34}$$

$$\Omega = -\beta^{-1}\int dE \rho(E) \ln\left[1 + \exp[-\beta(E-\mu)]\right] \tag{8.35}$$

$$\rho(E) = -(2\pi i)^{-1}\sum_{\alpha\beta}\text{Tr}\left[S_{\alpha\beta}^+\left(\frac{\partial S_{\alpha\beta}}{\partial E}\right) - S_{\alpha\beta}\left(\frac{\partial S_{\alpha\beta}^+}{\partial E}\right)\right] \tag{8.36}$$

で与えられる[26-29]．ここに，$S_{\alpha\beta}(E)$ は α 電極から β 電極への散乱行列成分，μ は電極の化学ポテンシャル，$f(E)$ は電子のフェルミ分布関数，$\beta = 1/k_BT$ である．

e. 原子点接触と原子鎖

原子点接触は，図 8.36a に示したように，2つの電極が，原子1個で接続している場合である．一方，原子鎖は図 8.36b に示したように，原子が1列につながった鎖が電極間を架橋している場合である．両者では差異がある．メゾスコピック系でたとえれば，それぞれ，くびれた接点と一定太さのナノワイヤー接点に対応する．一定太さの長いナノワイヤーでは，量子状態が well-defined であるため，コンダクタンスは量子単位の整数倍をとる．一方，くびれ接点では，整数値からはずれた値もとる[10]．

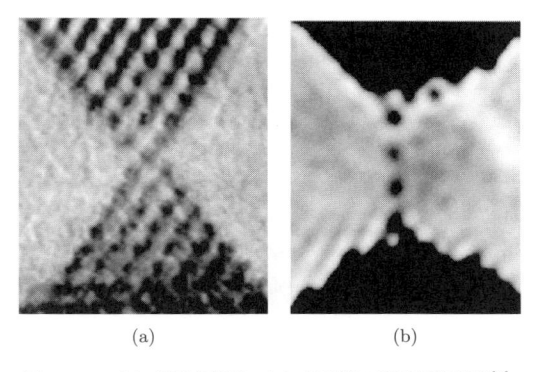

図 8.36 (a) 原子点接触, (b) 原子鎖の電子顕微鏡像[7].

　原子点接触や原子鎖の量子化コンダクタンスは, 多価金属か s 電子金属 (s 軌道電子だけが伝導に寄与する) かが鍵になる. Al や Pb のような多価金属では, 複数のコンダクタンスチャンネルが電気伝導に関与していて, コンダクタンスは構造敏感である. Al 原子鎖の場合[30,31], 1 列に並んだ原子の間隔が広がって切断直前になるとコンダクタンスの増加が起こることや, 直線配置からずれるとコンダクタンスの減少が起こることが第一計算で示されている[30]. 複数個あるコンダクタンスチャンネルの透過率が構造変化に対して異なった増減をするため, 構造敏感となる. 多価金属では, また, "見かけ"のコンダクタンス量子化が起こると指摘されている. Al 点接触の低温実験は特筆される[32]. Al が超伝導金属であるために, ランダウアー理論でいうコンダクタンスチャンネル j の透過率 T_j を決めることができる. Al 電極の超伝導ギャップ内に E_j が入ると, 伝導電子は電極部でアンドレーエフ反射を受ける. バイアス電圧を変えていくと E_j がギャップの外に出てきて, コンダクタンスチャンネルが順次チャンネル状態に入っていく. それによる透過率の変化が見事に示された. その結果, 多価金属では各コンダクタンスチャンネルの透過率は 100% ではないが, それらを合算すると量子化単位 G_0 の整数倍に近い値となる "見かけ" の量子化が現れる. Pt など d 電子がコンダクタンスに寄与する場合にも "見かけ" の量子化がみられる. 4 価金属である鉛の接点でも, 外殻の s 軌道と p 軌道電子がコンダクタンスチャンネル (4 個) を形成して, おのおのの透過確率の合算が全コンダクタンスを決定している.

　アルカリ金属 (Li, Na, K) の原子鎖では s 電子がもっぱら伝導に寄与して, 細いナノワイヤーでは整数コンダクタンスが観察されている[15]. Au 原子鎖の場合にも, コンダクタンスは G_0 であることが理論ならびに実験で示されている[2,7]. その際, 伝導に寄与するのは s 電子の金属結合である. 理論と実験結果は, 多くの研究でよく一致しているように報告されている. 一方, 原子鎖の原子間隔が広がるとパイエルス転移による金属–絶縁体転移が起こると期待されるが[33], 実験では一定値 G_0 に保たれている[34]. Au 原子鎖については議論が続いている[35,36]. Pd 原子鎖については, スー

パーパラマグネティックの性質をもつことが理論的に予言されていて，今後の実証が待たれている[37]．電子顕微鏡による原子鎖の観察も進展している[38]．

f. 金属ナノチューブ・ナノワイヤー

特殊なナノワイヤー構造は，Au，Ag，Cu，Si などで提案されている．5回対称性や，らせん対称をもつ奇妙な構造が見出されている[39–48]．金ナノワイヤーは実験，理論で詳しくしらべられている．Au や Pt では，カーボンナノチューブ (CNT) のようにナノチューブが見出されている[42–44]．単層チューブや多層チューブがある．各チューブは，図 8.37 に示すように，最密構造 (原子間距離 d) の原子面を円筒に丸めた構造をもっている．CNT にアームチェア型とジグザグ型があるように，金属ナノチューブにもカイラリティーがある．六方格子の単位胞ベクトル a, b を b 軸が最密原子列に平行になるようにとると (図 8.37a)，チューブはカイラルベクトル (n,m) で定義できる[43,44]．ここに，n は a 軸に沿った原子の数，あるいは最密原子列の数で，m は b 軸に沿った原子数である．見つけられているナノチューブは，1つの例外を除いて n が奇数であるので，チューブ軸と b 軸は必ず傾いている．そのため，最密原子列はらせん状に巻く．Au や Pt は $n=5$ の単層ヘリカルチューブ構造 (Pt では $n=5,6$) が見出されている[43]．多層チューブでは，n と n' の単層チューブで構成される2重チューブを n–n'HMS (helical multi-shell sturucture：ヘリカル多層構造) と呼称すると，7–1，9–2，11–4，12–5，13–6，14–7–1，15–8–1 の HMS が見出されている (図 8.38)．これらの多層の金 HMS では，各層すべてカイラリティーが決まっていて，CNT のようなカイラリティーの多様性はない．いま，n–n' HMS の内外チューブの直径差を見積もると，約 $1.93d\,[\sqrt{3/2}\pi)(n-n')d]$ となる．すなわち，内外チューブは最密原子間距離ほど離れていて互いに入れ子になっている．観察されている HMS のらせん周期から詳しくカイラリティーが明らかになっている．最密原子面にひずみ (a と b のなす角度が変化するすれひずみ) があって，そのひずみ自由度 (a, b の伸縮を含めて) によってカイラリティーが調整され，ナノワイヤーが安定になっている[49]．原子レベルの理論計算で HMS ナノワイヤーの自由エネルギー Ω を求めて，張力 $F=-\partial\Omega/\partial L$ の

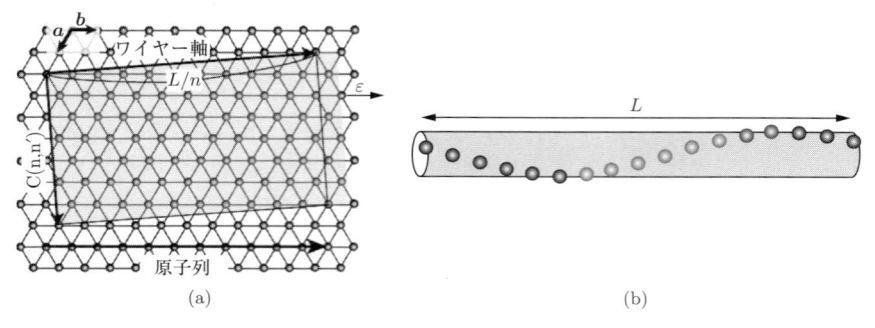

図 **8.37** (a) 金属ナノチューブを形成する原子シート，(b) カイラルな金属ナノチューブ[42]．

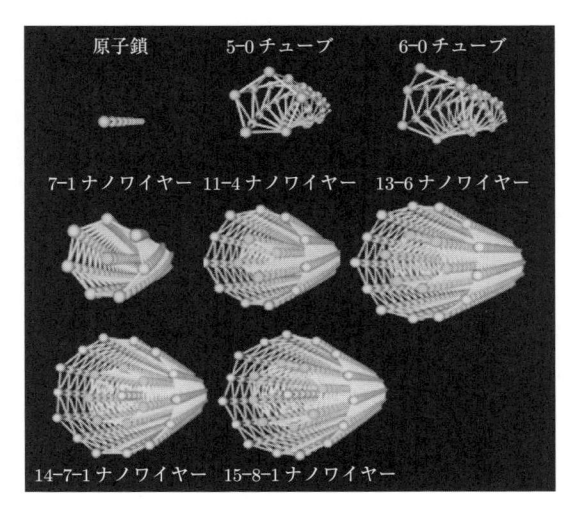

図 8.38　金のヘリカル多層ナノワイヤー (HMS) 構造モデル.

極小条件を求めると，実験で見出された 7–1HMS の構造が安定であることが示された[43,49].

　金属チューブの電気抵抗も，最近，理論と実験が進んでいる[44–48]．コンダクタンスは量子化単位の整数倍とは一致していない．理論で示されたコンダクタンスチャンネルは，らせん原子列の数とは一致していない[13]．さらに，らせん原子列に沿ったものだけでなく，原子列間にも存在している．バリスティック伝導を妨げているのは，チューブと接続している電極 (面心立方格子) との対称性不一致による電子散乱効果と思われる．金属チューブの原子列あたりのコンダクタンス g/N は，太くなると減少して $1/2$ に近づいていくことが実験で示された[49]．この結果は，$1/2$ は太いメゾスコピックワイヤーの理論値であること，HMS が太くなるとらせんが解けて固体金属の構造に近づくことと符合している．

　アルカリ金属のコンダクタンス値には $G = 1, 3, 5, 6, \cdots$ だけが現れ，選択則が見られる[15]．選択則を解析することによって，サブバンドが閉じる電子数をもつ状態が安定になるとするシェル模型が提唱されている[15]．ところが，太いナノワイヤーでは固体と同じ体心立方構造をもち，表面エネルギーに左右される構造になると断じている[50]．一方，金ナノワイヤーも数 nm の太さになると，らせん構造は消え，面心立方構造のナノワイヤーとなることが明らかとなっている[51,52]．コンダクタンスと構造との関係は未解決で，今後の研究が必要とされている．

g. まとめ

　金属の量子点接触やナノワイヤー，ナノチューブについて研究状況を概観した．原子鎖や点接触では，金属の価数がコンダクタンスに大きな影響をもつ．コンダクタン

スの量子化は総じて見られる．アルカリ金属や貴金属 (1価金属) ではバリスティックな伝導が起こり，量子単位の整数倍コンダクタンスが得られる．一方，多価金属では，電気伝導に寄与する複数のコンダクタンスチャンネルの透過率に依存して，全コンダクタンスは量子単位の整数倍とは一致しない．遷移金属や磁性金属では，スピン縮退の問題が未解決で残されている．ナノチューブやナノワイヤーについての詳細は原著論文や関連の総報[53]を参照いただきたい． [髙柳邦夫]

文　　献

[1] B. J. van Wees et al., Phys. Rev. Lett. **60** (1988) 848.
[2] J. I. Pascual, Phys Rev. Lett. **71** (1993) 1852.
[3] C. J. Muller et al., Phys. Rev. Lett., **69** (1992) 140.
[4] A. I. Yanson et al., Nature **395** (1998) 783.
[5] B. Ludph et al., Phys. Rev. Lett. **82** (1999) 1530.
[6] G. Rubio et al., Phys. Rev. Lett. **76** (1996) 2302.
[7] H. Ohnishi et al., Nature **395** (1998) 780.
[8] R. Landauer, IBM J. Res.Dev. **1** (1957) 223; Phil. Mag. **21** (1970) 863.
[9] M. Buttiker et al., Phys. Rev. B **31** (1985) 6207.
[10] J. A. Torres et al., Phys. Rev. B **49** (1994) 16581.
[11] J. M. Krans et al. Nature **375** (1995) 767.
[12] N. D. Lang, Phys. Rev. B **52** (1995) 5335.
[13] K. Hirose and M.Tsukada, Phys.Rev. B **51** (1995) 5278.
[14] J. L. Costa-Kraemer, Phys. Rev. B **55** (1997) R4875.
[15] A. I. Yanson et al., Nature **400** (1999) 144.
[16] E. Scher et al., Phys. Rev. Lett. **78** (1997) 3535.
[17] E. Scher et al., Nature **394** (1998) 154.
[18] Z. Gai et al., Phys. Rev. B **58** (1998) 2185.
[19] J. L. Costa-Kraemer et al., Phys. Rev. Lett. **78** (1997) 4990.
[20] J. G. Rodrigo et al., Phys. Rev. Lett. **88** (2002) 246801.
[21] H. Oshima and K. Miyano, Appl. Phys. Lett. **73** (1998) 2203.
[22] A. K. Wang et al., Phys. Rev. Lett. **89** (2002) 027201.
[23] S. H. Chung et al., Phys. Rev. Lett. **89** (2002) 287203.
[24] G. Rubio et al., Phys. Rev. Lett. **76** (1996) 2302.
[25] F. Kassubek et al., Phys.Rev. B **59** (1999) 7560.
[26] C. A. Stafford, Phys. Stat. Sol., **230** (2002) 481.
[27] M. Buttiker, in *Nanostructured Systems*, ed. by M. Reed (Academic Press, 1992) p. 191.
[28] E. Akkermans et al., Phys. Rev. Lett. **66** (1991) 76.
[29] V. Gasparian et al., Phys. Rev. A **54** (1996) 4022.
[30] N. Kobayashi et al., Phys. Rev. B **62** (2000) 8430.
[31] K. S. Thygesen and K. W. Jacobsen, Phys. Rev. Lett. **91** (2003) 146801.
[32] E. Scheer et al., Phys. Rev. Lett. **78** (1997) 3535.
[33] M. Okamoto and K. Takayanagi, Phys. Rev. B **60** (1999) 7808.
[34] G. Rubio-Bollinger et al., Phys. Rev. Lett. **87** (2001) 026101.
[35] D. Kruger et al., Phys. Rev. Lett. **89** (2002) 186402.
[36] E. Z. da Silva et al., Phys. Rev. Lett. **87** (2001) 256102.

[37] A. Delin et al., Phys. Rev. Lett. **92** (2004) 057201.
[38] J. C. Gonzalez et al., Phys. Rev. Lett. **93** (2004) 126103.
[39] O. Gulseren et al., Phys. Rev. Lett. **80** (1998) 3775.
[40] P. Sen et al., Phys. Rev. B **65** (2002) 235433.
[41] B. Wang et al., Phys. Rev. Lett. **86** (2001) 2046.
[42] Y. Kondo and K. Takayanagi, Science **289** (2000) 606.
[43] E. Tosatti et al., Science **291** (2001) 288.
[44] Y. Ohshima et al., Phys. Rev. Lett. **91** (2003) 205503.
[45] M. Okamoto et al., Phys. Rev. B **64** (2001) 033303.
[46] C. Yang, Appl. Phys. Lett. **85** (2004) 2923.
[47] R. T. Senger et al., Phys. Rev. Lett. **93** (2004) 196807.
[48] T. Ono and K. Hirose, Phys. Rev. Lett. **94** (2005) 206806.
[49] Y. Oshima et al., J. Phys. Soc. Jpn. **75** (2006) 053705.
[50] A. I. Yanson et al., Phys. Rev. Lett. **87** (2001) 216805.
[51] E. Medina et al., Phys. Rev. Lett. **91** (2003) 026802.
[52] Y. Kondo and K. Takayanagi, Phys. Rev. Lett. **79** (1997) 3455.
[53] N. Agrait et al., Phys. Rep. **377** (2003) 81.

9

表面・界面物理学

9.1 表面・界面構造

9.1.1 表面と界面

　有限な物質には必ず表面が存在する．ここで，表面とは真空と物質との境界面としてとくに定義し，真空以外の，気体，液体，固体と物質との間の境界面，すなわち，気体と固体，気体と液体，液体と固体，固体と固体などなどの境界面を界面とよぶ．すなわち，われわれが日常見ている物質の表面は，実は空気と物質の界面である．なぜこのように厳密に区別するかというと，真空との境界面である表面と，その他の界面では，その性質が異なるためである．この差異はとくに固体の表面・界面で著しい．そこで，ここでは固体表面・界面の構造について述べることにする．

　固体表面は，それを真空中で切断することによって得られる．切断によって，それまでの結合が切れて，表面に結合の相手のいない電子軌道による不対結合枝が現れる．図 9.1a はシリコン結晶を例として，(001) 面で切断した直後にできる不対結合枝を示している．この状態では，表面のエネルギーは非常に大きくなり，表面は非常に不安定である．したがって，図 9.1b のように隣の原子と結合することによって，表面エネルギーを下げ，安定な表面となる．これが後に述べる表面再構成である．

　一方，気体中や液体中で固体を切断すると，それによって生じた電子軌道は，まわりの気体あるいは液体の原子・分子との結合によって占有され，吸着層を含む界面が形成される．また真空中で切断した表面を，再構成によって安定化した後，その表面を

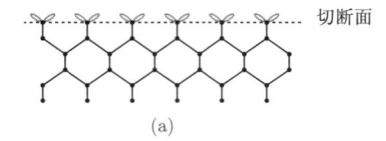

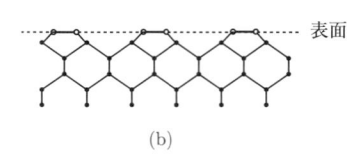

図 9.1　Si (001) 表面の (a) 切断面と (b) 再構成表面．

気体あるいは液体中に曝露すると，表面構造は吸着により安定した構造をとることがある．このときの構造は気体，液体中で切断した構造とは異なることが多い．また異なる組成の固体 (結晶) 間の界面は主に真空蒸着や電着，塗布，圧着などの手法によって形成される．表面・界面の構造は後に述べるように，それが形成される温度によって異なる．また形成後の加熱によって構造が変化することがある．

9.1.2 表面・界面の再構成構造とその表現

真空中における結晶の切断や加熱，気体との接触による吸着などにより，結晶表面の周期構造はバルクのそれと異なることが多い．結晶の表面・界面の原子構造は2次元的な周期構造をもっており，それによる2次元格子の単位格子 (単位メッシュとよぶ) はバルクの結晶格子の単位格子の切断面と異なることが多い．例として面心立方格子 (fcc) 結晶を (001) 面で切断した表面を図 9.2 に示す．fcc 結晶の単位格子に対する単位メッシュは図の点線のような，面心の単位メッシュとなるが，この面の格子配列を良く見ると，むしろ図中実線で示した正方格子の単位メッシュにとるほうが便利である．

結晶表面・界面の原子配列は2次元格子を基本にして数学的に表現することができる．もっとも単純な原子配列は，2次元格子上に原子が配列する場合である．図 9.3 に示すように，独立な格子ベクトル $\boldsymbol{a}$, $\boldsymbol{b}$ を用いて，格子点の位置座標 (m,n) によって

$$\boldsymbol{R}_{mn} = m\boldsymbol{a} + n\boldsymbol{b}$$

で表すことができる．また単位メッシュ内の位置ベクトル $\boldsymbol{u}$ で示される位置にある原子は図 9.3 に示すように

$$\boldsymbol{R}_{mn}' = m\boldsymbol{a} + n\boldsymbol{b} + \boldsymbol{u}$$

で表すことができる．

再構成表面の表現は，この基本格子の格子ベクトルを用いて表すことができる．図 9.4 は再構成表面の単位メッシュに対する基本格子ベクトル $\boldsymbol{a}'$, $\boldsymbol{b}'$ をバルク切断表面の基

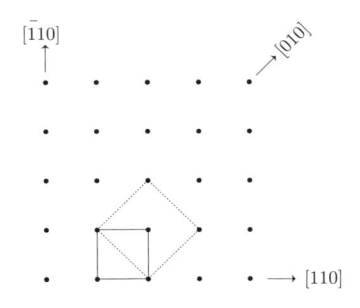

図 **9.2** fcc(001) 表面の単位メッシュ．点線は fcc 単位胞の切口，実線は正方格子の単位メッシュ．

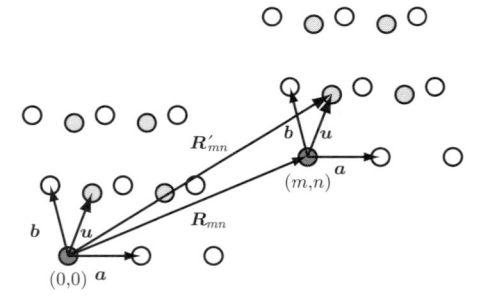

図 9.3 格子ベクトル．白丸は基本格子点．グレーの丸は単位メッシュ内の格子点．

本格子ベクトルとともに示したものである．再構成格子点の位置座標を (x_a, y_a) および (x_b, y_b) とすると，再構成表面の基本格子ベクトルは

$$\boldsymbol{a}' = x_a \boldsymbol{a} + y_a \boldsymbol{b}$$
$$\boldsymbol{b}' = x_b \boldsymbol{a} + y_b \boldsymbol{b}$$

となる．これを行列表示にすると

$$\begin{pmatrix} \boldsymbol{a}' \\ \boldsymbol{b}' \end{pmatrix} = \begin{pmatrix} x_a & y_a \\ x_b & y_b \end{pmatrix} \begin{pmatrix} \boldsymbol{a} \\ \boldsymbol{b} \end{pmatrix}$$

となり，再構成表面は行列表示

$$\begin{pmatrix} x_a & y_a \\ x_b & y_b \end{pmatrix}$$

で表すことができる．x_a, y_a, x_b, y_b は任意の数値でよいが，通常の再構成では，これらの値は整数値をとることが多い．たとえば Si(111) 表面など，表面の格子が六方格

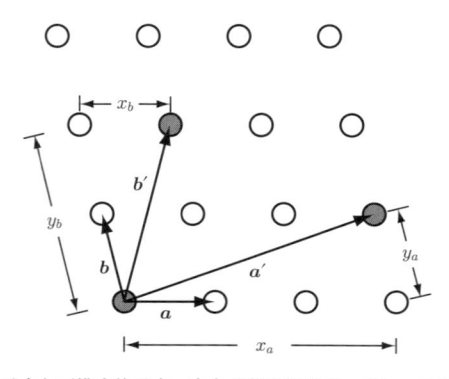

図 9.4 基本格子点と再構成格子点．白丸が基本格子点．グレーの丸は再構成格子点．

図 9.5 六方格子点と $\sqrt{3} \times \sqrt{3}$ 再構成格子点. 白丸は基本格子点. グレーの丸は再構成格子点.

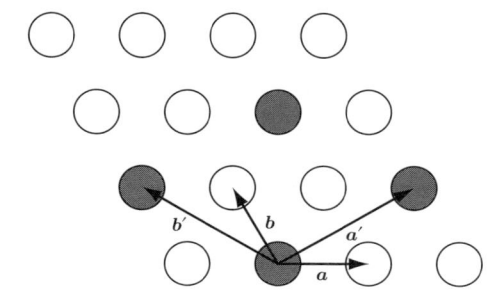

子の場合,図 9.5 に示すようなグレーの格子点で示した再構成格子となることが多い.この場合,再構成表面の基本格子ベクトルは

$$\boldsymbol{a}' = 2\boldsymbol{a} + \boldsymbol{b}, \qquad \boldsymbol{b}' = -\boldsymbol{a} + \boldsymbol{b}$$

となり,行列表現は

$$\begin{pmatrix} 2 & 1 \\ -1 & 1 \end{pmatrix}$$

となる.この再構成格子では $|\boldsymbol{a}'| = |\boldsymbol{b}'| = \sqrt{3}|\boldsymbol{a}| = \sqrt{3}|\boldsymbol{b}|$ であり,$\boldsymbol{a}', \boldsymbol{b}'$ のベクトルはそれぞれ $\boldsymbol{a}, \boldsymbol{b}$ から $30°$ 回転している.したがって,行列表現よりも簡単に $(\sqrt{3} \times \sqrt{3})$–R30° という表現を用いることが多い.これをウッド (Wood) の表記法といい,通常,簡単な再構成表面に対しては,この表記法を使うことが多い.Si(111) 表面に銀が吸着した場合,この構造をとることが多いが,その場合の表記法は Si(111)$(\sqrt{3} \times \sqrt{3})$–Ag–R30°(あるいは Si(111)$(\sqrt{3} \times \sqrt{3})$–Ag のようにすることが多い.図 9.6a にグレーの格子点で示した再構成格子では,行列表記法は

$$\begin{pmatrix} 1 & 1 \\ -1 & 1 \end{pmatrix}$$

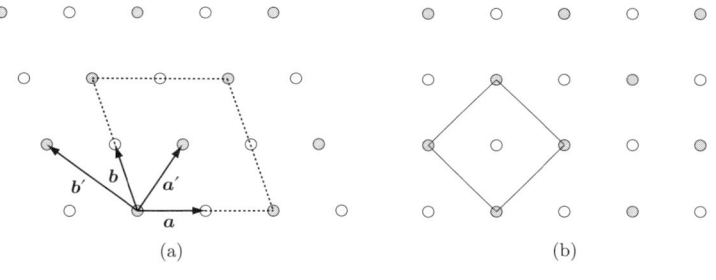

図 9.6 $c(2 \times 2)$ 格子点. (a) 一般格子点. (b) 正方格子の $\sqrt{2} \times \sqrt{2}$ 再構成格子.

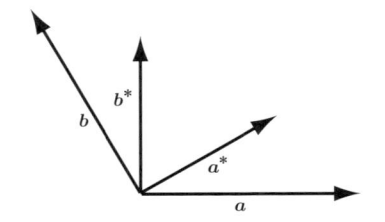

図 **9.7** 実格子ベクトルと逆格子ベクトル.

であるが，ウッドの表記法では図中点線で示した面心格子を用いて，$c(2\times 2)$ となる．とくに正方格子の場合，図 9.6b のように，面心格子の表記のほかに実線で示した $(\sqrt{2}\times\sqrt{2})$-R45° の表記も可能になる．行列表記法では上式のように一義的になり，普遍的であるが，ウッドの表記法は直感的で理解しやすいため，通常，一般的に用いられている．

表面・界面の物性を記述するには，表面・界面の 2 次元格子の逆格子が必要となる．基本格子ベクトル a, b に対する逆格子ベクトル a^*, b^* は

$$aa^* = bb^* = 1, \qquad ab^* = ba^* = 0$$

という性質がある．したがって，a^* は b に垂直，b^* は a に垂直である．ベクトル a, b に垂直な表面・界面の法線ベクトル (単位ベクトル) n を用いると，$a^* \propto b \times n$ なので，$aa^* = 1$ を使って，

$$a^* = \frac{b \times n}{a(b \times n)}$$

同様に

$$b^* = \frac{a \times n}{b(a \times n)}$$

である．この分母は基本ベクトル a と b でつくられる単位格子の面積である．逆格子ベクトル a^*, b^* は正方格子ではそれぞれ a, b に平行になるのに対して，六方格子では図 9.7 のように異なる方向になる．

再構成表面に対しては，逆格子ベクトル a'^*, b'^* は

$$a'^* = x_a^* a^* + y_a^* b^* \qquad b'^* = x_b^* a^* + y_b^* b^*$$

と表すことができて，

$$x_a^* = \frac{y_b}{x_a y_b - x_b y_a}, \qquad y_a^* = -\frac{x_b}{x_a y_b - x_b y_a}$$
$$x_b^* = -\frac{y_a}{x_a y_b - x_b y_a}, \qquad y_b^* = \frac{x_a}{x_a y_b - x_b y_a}$$

となる．$\sqrt{3}\times\sqrt{3}$ 格子では $x_a = 2, y_a = 1, x_b = -1, y_b = 1$ なので，$x_a^* = 1/3$，$y_a^* = 1/3, x_b^* = -1/3, y_b^* = 2/3$ であり，図 9.8 のような分数次の逆格子ができる．

9.1 表面・界面構造

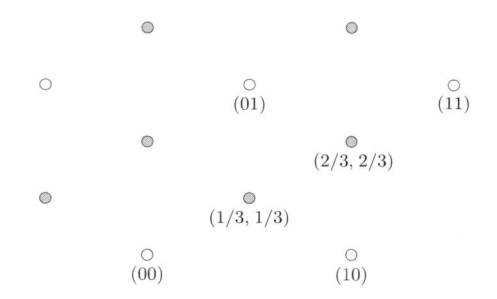

```
              ●              ●
         ○         ○              ○
                 (01)           (11)
                        ●
                     (2/3, 2/3)
              ●         ●
         ○              ○
                     (1/3, 1/3)
                 ○              ○
                (00)           (10)
```

図 **9.8** $\sqrt{3} \times \sqrt{3}$ 再構成格子点の逆格子とロッド指数.

9.1.3 表面再構成構造

ここでは代表的な表面再構成構造の例を示す．とくに半導体表面は多くの複雑な構造をとることが多く，よく研究されている．表面再構成構造の原子配列については，文献 [1] に詳しく載っているのでそれを参照されたい．また界面については文献 [2] に詳しく紹介されている．

a. シリコン (001) 表面

Si (001) 表面は半導体基板表面として，もっとも多く用いられている．図 9.9 は Si (001) 表面からの走査トンネル顕微鏡像である．図 9.1 で示したように，シリコンの (001) 表面を真空中で切断すると表面の原子の不対結合枝は互いに隣どうし結合して，2 量体結合を構成する．図 9.9 の明るい繭状の点はその結合した 2 つの原子に対応する．低速電子線回折 (LEED) および反射高速電子回折 (RHEED) の結果[3,4]から，この 1 対の原子は図 9.10a に示すように，表面垂直方向に上下に傾いていると考えられている．さらに，低温では，$c(4 \times 2)$ を示す．このことから，高温における (2×1) 構造は，図 9.10b に示すような原子の表面垂直方向のフリップフロップ運動による無秩序状態によると考えられている．

図 **9.9** Si (001)(2×1) 表面の走査トンネル顕微鏡像.

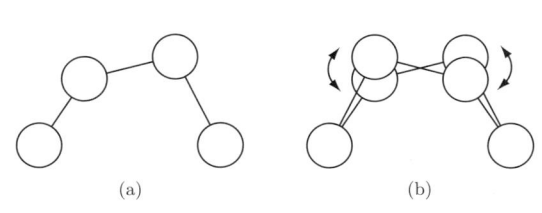

図 **9.10** Si (001)(2×1) 表面の非対称 2 量体 (a) および非対称 2 量体のフリップフロップ (b).

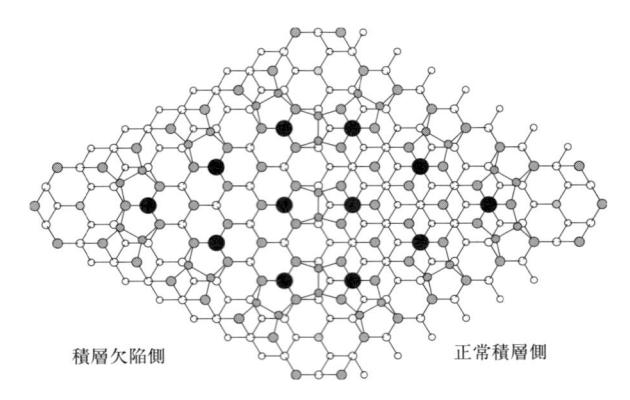

図 9.11　Si (111)(7 × 7) 表面の 2 量体–付着原子–積層欠陥構造．黒丸は付着原子．

b. シリコン (111) 表面

Si (111) 表面は吸着などにより多くの再構成構造を示す興味深い表面である．シリコン結晶を真空中でへき開すると (111) 表面が現れ，その表面構造は (2 × 1) 構造を示す．しかし，この表面は加熱によって (7 × 7) 構造に変化する．加熱によって得られた (7 × 7) 構造は安定で，低温にしても，(2 × 1) 構造に相転移することはない．したがって，へき開で得られた (2 × 1) 構造は安定ではなく，準安定構造と考えられている．

Si (111)(7 × 7) 構造は発見されて以来，長い間その原子構造がわからなかったが，Binnig らによる STM 観察像[5]と高柳らによる透過電子回折法による解析によって，図 9.11 に示す 2 量体–付着原子–積層欠陥 (Dimer–Adatom–Stacking fault: DAS) 構造[6]が提案され，現在この構造が広く支持されている．この構造はひし形の単位メッシュのコーナーに孔 (コーナーホール) をもち，2 つの三角形の領域におのおの 6 個ずつの付着原子をもっている．図 9.12 は Si (111)(7 × 7) 表面の STM 像であり，コー

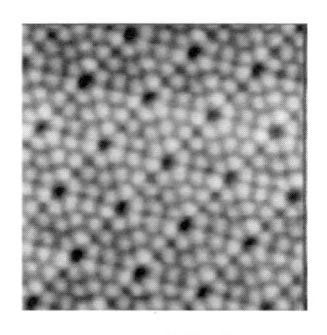

図 9.12　Si (111)(7 × 7) 表面の走査トンネル顕微鏡像

ナーホールと 12 個の付着原子が明瞭に見えている．また，積層欠陥側の三角形領域の付着原子の像が，もう一方の領域のそれらよりも少し持ち上がって見えているが，この差は，これらの領域の電子状態によっている．

以上のように再構成表面は Si (001)(2×1) 表面のように比較的単純な構造をとる場合と Si (111)(7×7) のように非常に複雑な構造をとる場合など，基板表面の対称性によって様々である．一般に，半導体の (001) 表面は，2 量体結合を構成することが多い．一方，(111) 表面は付着原子構造によることが多いと思われる． [一宮 彪彦]

文　献

[1] J. M. Maclaren et al., *Surface Crystallographic Information Service: A Handbook of Surface Structures* (Springer-Verlag, 1987) p. 1.
[2] J. M. Howe, *Interface in Materials: Atomic Structure, Thermodynamics and Kinetics of Solid-Vapor, Solid-Liquid and Solid-Solid Interfaces* (Wiley-Interscience, 1997) p. 1.
[3] S. Mizuno et al., Phys. Rev. B **69** (2004) 241306.
[4] T. Makita et al., Surf. Sci. **242** (1991) 65.
[5] G. Binnig et al., Phys. Rev. Lett. **50** (1983) 120.
[6] K. Takayanagi et al., Surf. Sci. **164** (1985) 367.

9.2　2 次元電子系

これまでに実現されている代表的な 2 次元電子系には，シリコン MOS (Metal-Oxide-Semiconductor) 構造の反転層，GaAs/$Al_xGa_{1-x}As$ 単一ヘテロ界面の反転層，GaAs ヘテロ構造の単一量子井戸層，および液体ヘリウム面上の電子系があげられる．はじめの 3 つの場合は，半導体と絶縁体または他の半導体との界面に 2 次元電子系が形成される[1]．液体ヘリウム面上の電子の場合は，液面上の電子に鏡像電荷 (鏡像ポテンシャル) による引力が働くと同時に液面が電子に対して約 1 eV のポテンシャル障壁となるために，電子が液体表面にトラップされて 2 次元電子系が形成される[2,3]．ここでは，半導体界面に形成される 2 次元電子系について述べる．

9.2.1　シリコン MOS 反転層

金属 (metal) と半導体 (semiconductor) の間に絶縁体 (insulator) をはさんだ 3 層構造を MIS 構造といい，半導体素子の基本構造になっている．半導体にシリコンを用いる場合，その酸化物である SiO_2 が優れた絶縁体であるので，シリコンの表面を高温で酸化して SiO_2 膜をつくり，その上に真空蒸着などにより金属膜を積層すると MIS 構造を実現することができる．これを MOS (Metal-Oxide-Semiconductor) 構造という．図 9.13 に半導体に p 型シリコンを用いた場合の MOS 構造を示す．半導体側が負，金属側 (ゲート電極とよぶ) が正になるように電圧 V_G (ゲート電圧とよぶ)

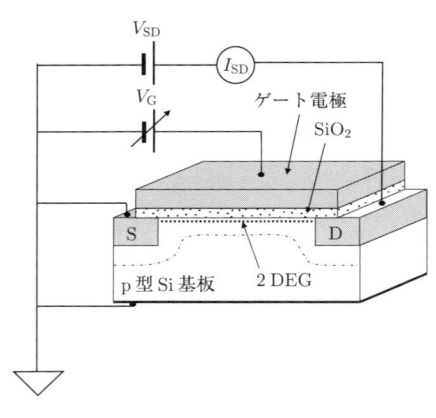

図 9.13 n チャネルシリコン MOSFET の模式図. p 型シリコン基板と酸化膜 (SiO₂) および金属膜 (ゲート電極) からなるコンデンサー構造に,電流用電極 (S：ソース電極,D：ドレイン電極) がある.

を印加すると,SiO₂ との界面近傍のシリコン表面に電子が誘導される.電子層,すなわち n 型の層 (チャネルとよぶ) が p 型半導体表面に形成されるので,これを表面反転層または単に反転層という.このとき,反転層とシリコン基板との間には空間電荷層 (または空乏層) が形成され互いに電気的に隔離される.したがって,シリコン表面に強い n 型にドープした電極 [それぞれ,ソース電極 (S),ドレイン電極 (D) とよぶ] を作製しておくと,反転層の電気伝導を測定することができる.すなわち,ソース電極,ドレイン電極間を流れる電流をゲート電圧により制御することができる.これが,MOS 型電界効果トランジスタすなわち MOSFET (MOS Field Effect Transistor) である.MOSFET は超 LSI (Large Scale Integrated circuit) などの集積回路の基本素子になっている.

図 9.14a に,p 型シリコンを用いた場合の,ゲート電圧がゼロのときの MOS 構造の SiO₂ 膜近傍のエネルギーバンド構造を示す.簡単化のため半導体と金属の仕事関数は等しいとし,また Si–SiO₂ 界面の界面準位などの影響は無視できるとしている.このとき,正のゲート電圧を印加すると,図 9.14b のように金属の界面近傍に正の電荷が誘起されると同時に,半導体の界面近傍の正孔は半導体内部に押しやられ,界面近傍に負に帯電したアクセプターイオンの層が残る.これが空間電荷層 (空乏層) である.さらに正のゲート電圧を増加させると,図 9.14c のように半導体表面近傍で伝導帯の底がフェルミ準位 E_F と交差して,伝導帯に電子が分布して反転層が形成される.(温度が高い場合には,フェルミ準位が交差する前に表面近傍の伝導帯に電子が分布し始める.) 反転層の電子濃度を n_s とすると,ゲート電圧 V_G との間に

$$n_s = \frac{C_{ox}}{e}(V_G - V_{th}) \tag{9.1}$$

の関係がある.ここで,e は電気素量,C_{ox} は SiO₂ 膜の単位面積あたりのキャパシ

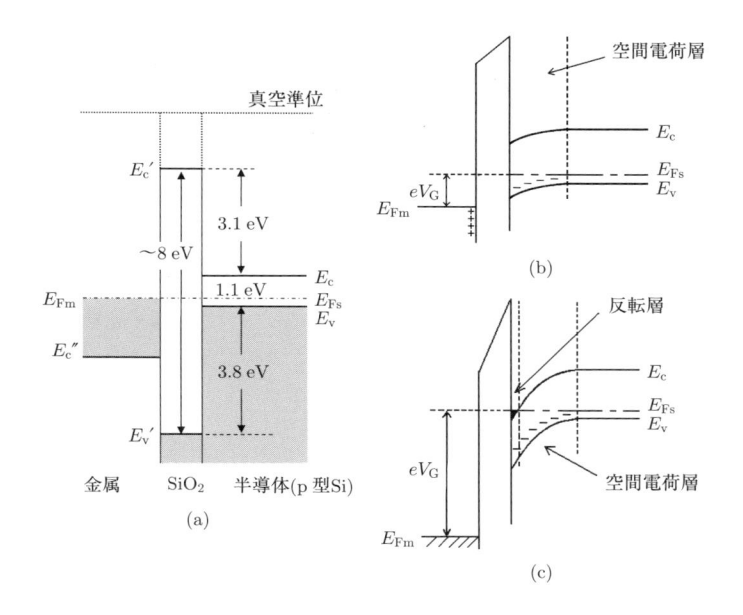

図 **9.14** (a) ゲート電圧がゼロで金属と半導体の仕事関数が等しい場合のエネルギーバンド図．実際には仕事関数差や界面準位のために，ゲート電圧がゼロでも半導体表面近傍にバンドの曲がりが生ずる．(b) 正のゲート電圧 V_G を印加すると，金属の界面近傍に正の電荷が誘起されると同時に，バンドが曲がりシリコンの界面近傍に負に帯電したアクセプターイオンの層（空間電荷層，または空乏層）ができる．(真空準位と価電子帯の低エネルギー側は省略してある．) (c) さらに正のゲート電圧 V_G を増大させると，バンドの曲がりが大きくなり，伝導帯がフェルミ準位と交差して半導体表面に反転層が形成される．この電子系は低温では 2 次元電子ガス (2DEG) となっている．横軸のスケールは，酸化膜の厚さ：数 nm–数十 nm，反転層の厚さ：数 nm–10 nm，空間電荷層の厚さ：1 μm．

タンス，V_{th} は閾値電圧，すなわち反転層に電子が分布し始めるときのゲート電圧である．

　反転層の電子は，図 9.14c のように Si–SiO_2 界面の SiO_2 の高い伝導帯のポテンシャル障壁と，界面近傍のシリコンの伝導帯の強いポテンシャル勾配とからできる三角ポテンシャルにより，界面垂直方向の狭い領域に閉じ込められる．このとき，界面垂直方向の波動関数の広がりが電子の波長程度になるので，垂直方向の運動エネルギーは量子数 n で指定される離散的なエネルギー準位 E_n に量子化される．その結果，反転層の電子は界面平行方向の運動のみが自由な 2 次元電子系となる．この電子系を 2DEG (Two Dimensional Electron Gas) と略記することもある．シリコン MOS 反転層の 2DEG は，2 次元電子系の物性物理学の基礎となり，この系で量子ホール効果が発見された[4]．

　界面に平行な面内に x–y 軸を，垂直な方向に z 軸をとると，電子の全エネルギー ε_n

は,
$$\varepsilon_n = E_n + \frac{\hbar^2}{2m^*}(k_x{}^2 + k_y{}^2) \tag{9.2}$$

と表される. m^* は面内運動の有効質量, k_x, k_y は面内の波数ベクトルの x, y 成分である. 2次元自由電子の状態密度 $D_2(\varepsilon)$ はエネルギーによらず, スピン縮重を含めると,

$$D_2(\varepsilon) = \frac{m^*}{\pi \hbar^2} \tag{9.3}$$

である. したがって, 反転層の電子の状態密度は図 9.15a に示すような階段状になる. このようなエネルギースペクトルをサブバンド構造といい, 各量子化準位に付随するエネルギースペクトルを2次元サブバンドという. とくに基底サブバンドのみに電子が分布しているとき, 電子系は理想的な2次元電子系となり, これを2次元量子極限 (あるいは量子限界) という.

エネルギー準位 E_n の波動関数は

$$\Psi_n(x,y,z) = \xi_n(z) \exp[i(k_x x + k_y y)] \tag{9.4}$$

と変数分離することができ, その固有状態の波動関数 $\xi_n(z)$ の満たすべきシュレーディンガー方程式は,

$$\left[-\frac{\hbar^2}{2m_z} \frac{d^2}{dz^2} + V(z) \right] \xi_n(z) = E_n \xi_n(z) \tag{9.5}$$

となる. ここで,

$$V(z) = -e\phi(z) \tag{9.6}$$

で, $\phi(z)$ は SiO_2 とシリコンの伝導帯の底がつくる閉じ込めポテンシャルである. また, m_z は界面垂直方向の運動の有効質量で, シリコンの場合用いる表面の結晶面指数によって異なる[5].

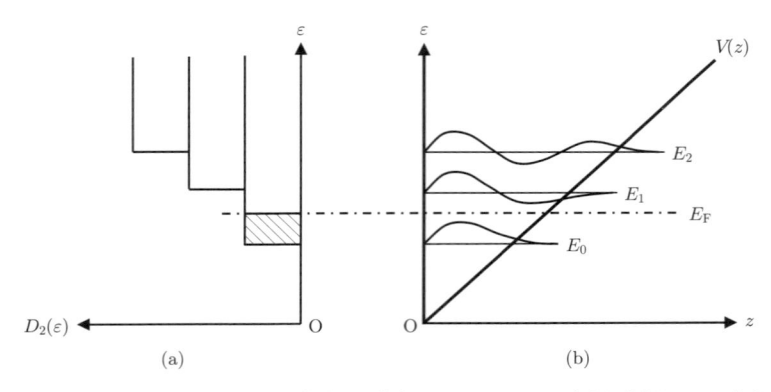

図 9.15 (a) 反転層の電子系の状態密度. 基底サブバンドのみに電子が分布しているとき, 理想的な2次元電子系となる. (b) 反転層の三角ポテンシャル近似. SiO_2 界面のポテンシャル障壁と垂直 (z 軸) 方向の伝導帯の強い電場で電子が閉じ込められて量子化が起こる.

MOS 反転層の場合,シリコンと SiO_2 の伝導帯のエネルギー差が約 $3.1\,eV$ と大きいので,z 軸の原点を Si–SiO_2 界面にとって,図 9.15b のように $V(z)$ を

$$V(z) = \infty \quad (z \leq 0) \atop V(z) = -eF_s z \quad (z > 0) \Bigg\} \tag{9.7}$$

と近似して,シュレーディンガー方程式を $\xi_n(0) = 0$,$\xi_n(\infty) = 0$ の境界条件の下で解くと,$\xi_n(z)$ は,

$$\xi_n(z) = Ai\left[\left(\frac{2m_3 eF_s}{\hbar^2}\right)^{1/3}\left(z - \frac{E_n}{eF_s}\right)\right] \tag{9.8}$$

と得られる.$Ai(x)$ はエアリー関数である.基底状態,第1励起状態,および第2励起状態の $\xi_n(z)$ の概形を図 9.15b に示す.厳密には,ポテンシャル $\phi(z)$ に反転層の電子自身の垂直方向の電荷密度分布 $\rho(z)$ の効果を取り込まれなければならない.すなわち,ポアソン方程式

$$\frac{d^2}{dz^2}\phi'(z) = -\frac{\rho(z)}{\kappa_s \epsilon_0} \tag{9.9}$$

で決まるポテンシャル $\phi'(z)$ を $\phi(z)$ に取り込まなければならない.ここで,κ_s はシリコンの比誘電率,ϵ_0 は真空の誘電率である.また $\rho(z)$ は,各量子化された準位に分布する電子の電荷密度分布 $\rho_n(z)$ の和である.この $\phi'(z)$ を含む $\phi(z)$ と $\xi_n(z)$,E_n をつじつまが合うよう (自己無撞着) に解かなければならない[6].

9.2.2 GaAs ヘテロ構造の2次元電子系

分子線エピタキシー法 (MBE 法) や有機金属気相成長法 (MOCVD 法) などの結晶成長技術の発展により,1 原子層程度の範囲で急激な組成変化を示す半導体薄膜の積層構造がつくられるようになった[7].一般に,性質の異なる半導体の界面をヘテロ界面といい,その薄膜の積層構造を加工したものを半導体ヘテロ構造という.このとき,半導体材料として用いられるのが GaAs を中心とする III–V 族化合物半導体と2種類以上の化合物半導体を混ぜて混晶化した III–V 族混晶半導体である.とくに GaAs と AlAs を混ぜた $Al_xGa_{1-x}As$ は組成比 x を広い範囲で変えても格子定数が GaAs とほぼ同じため,GaAs と理想的なヘテロ界面を形成することができる.GaAs のエネルギーギャップ E_g は約 $1.4\,eV$ である.一方,$Al_xGa_{1-x}As$ のエネルギーギャップは組成比 x を変えることにより,目的に応じて約 $1.4\,eV$ から,AlAs のエネルギーギャップである約 $2.2\,eV$ の範囲で変えることができる.GaAs と $Al_{0.3}Ga_{0.7}As$ ($E_g = 1.8\,eV$) では伝導帯の底のエネルギーに約 $0.3\,eV$,価電子帯の頂上のエネルギーに約 $0.1\,eV$ の差がある.この2種類の半導体薄膜を周期的に積み重ねると,界面垂直方向に図 9.16 のように伝導帯と価電子帯に周期的ポテンシャルが形成される.このように長周期構造をもたせたものを超格子という.江崎ら[8]によって,MBE 法を用いて最初につくられた半導体ヘテロ構造がこの超格子構造である[9].

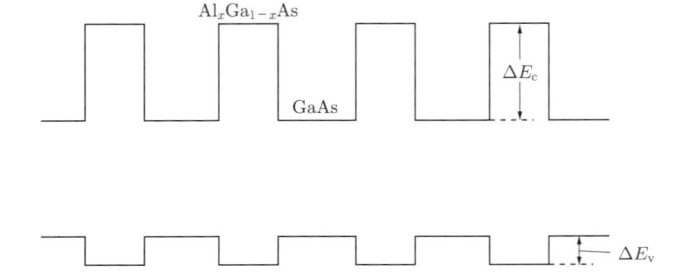

図 9.16 GaAs/Al$_x$Ga$_{1-x}$As 超格子構造のエネルギーバンド．GaAs と Al$_x$Ga$_{1-x}$As を交互に積層すると，伝導帯と価電子帯のエネルギー差のために，界面垂直方向に周期的ポテンシャルができる．$\Delta E_C \simeq 0.3\,\mathrm{eV}$, $\Delta E_V \simeq 0.1\,\mathrm{eV}$.

a. 単一量子井戸

GaAs と Al$_x$Ga$_{1-x}$As の積層構造において，単一の GaAs 層を十分厚い Al$_x$Ga$_{1-x}$As 層で挟むと図 9.17 のように伝導帯に井戸型ポテンシャルが形成される．伝導帯の電子は，エネルギーの低い GaAs 層に蓄積し，エネルギーの高い Al$_x$Ga$_{1-x}$As 層が障壁層となって，井戸に閉じ込められる．このとき，GaAs 層の厚さ L_W が電子の波長程度の厚さになると，電子の界面垂直方向の運動エネルギーは離散的なエネルギー準位 E_n に量子化される．このように粒子を量子力学的に閉じ込める井戸を量子井戸という．このとき，GaAs 層の電子は，界面平行方向にのみ自由な運動が許される 2 次元電子系となる．井戸の深さ V_0 が十分深い近似 ($V_0 \to \infty$) では，エネルギー準位 E_n は，

$$E_n = \frac{\hbar^2}{2m^*}\left(\frac{n\pi}{L_\mathrm{W}}\right)^2 \tag{9.10}$$

で与えられ，電子の全エネルギーはシリコン MOS 反転層の電子と同じように，式 (9.2) のようなサブバンド構造をとる．エネルギー準位 E_n に対応する固有状態の波動関数

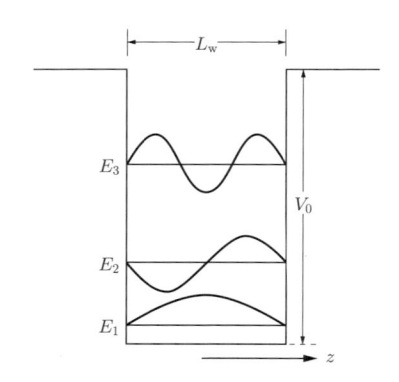

図 9.17 単一量子井戸ポテンシャル．エネルギー準位と波動関数は，$V_0 \to \infty$ と近似したときのもの．

$\psi_n(z)$ は,

$$\psi_n(z) = \sqrt{\frac{2}{L_\mathrm{W}}} \sin \frac{n\pi}{L_\mathrm{W}} \left(z + \frac{1}{2} L_\mathrm{W} \right) \tag{9.11}$$

で与えられる．図 9.17 に $n = 1, 2, 3$ に対応する $\psi_n(z)$ 示す．

　半導体では，ドーピングによりキャリアー (電子，正孔) を生成する．超格子構造や量子井戸構造のドーピングでは，不純物を GaAs 層，$\mathrm{Al}_x\mathrm{Ga}_{1-x}\mathrm{As}$ 層に一様にドープする一様ドーピングと，$\mathrm{Al}_x\mathrm{Ga}_{1-x}\mathrm{As}$ 層のみにドープする変調ドーピング (選択ドーピングともいう) とがある．一様ドーピングでは，イオン化不純物が伝導層である GaAs 層にも生じるので，電子はとくに低温で強い不純物散乱を受けることになる．一方，変調ドーピングではイオン化不純物が伝導層にはないので，不純物散乱の影響が少なく高移動度を実現することができる．さらに，GaAs 層をドーピングしていない $\mathrm{Al}_x\mathrm{Ga}_{1-x}\mathrm{As}$ 層 (スペーサー層という) で挟むことにより，イオン化不純物の影響を極限にまで減少させると電子の移動度が飛躍的に増大する．このように，単一量子井戸は，次に述べる単一ヘテロ接合とともに，高移動度 2 次元電子系の物性物理学発展の舞台となっている．

b. 単一ヘテロ接合

　図 9.18 は，変調ドーピングをした単一ヘテロ接合の模式図である．半絶縁性の GaAs 基板上に MBE で成長させた高純度の GaAs 層 (通常は自然に弱い p 型になる)，ノンドープの $\mathrm{Al}_x\mathrm{Ga}_{1-x}\mathrm{As}$ スペーサー層，Si をドープした $\mathrm{Al}_x\mathrm{Ga}_{1-x}\mathrm{As}$ 層からなっている．

　図 9.19 は，ヘテロ界面付近のエネルギーバンド構造である．$\mathrm{Al}_x\mathrm{Ga}_{1-x}\mathrm{As}$ 層のドナー不純物からでた電子は伝導帯のエネルギーの低い GaAs 側に移り，同時に生じたイオン化ドナーの分布がポテンシャルに曲がりを生じさせる．その結果，ヘテロ界面付近の GaAs 側の伝導帯の底が曲げられて界面近傍に垂直に強い電場が発生する．この電場は，MOSFET の反転層と同様に閉じ込めポテンシャルとなってヘテロ界面の GaAs 側に反転層を形成する．この反転層の 2 次元電子系は，ほぼ理想的なヘテロ界面により表面散乱が減少し，また，スペーサー層によりイオン化不純物の影響が減少し

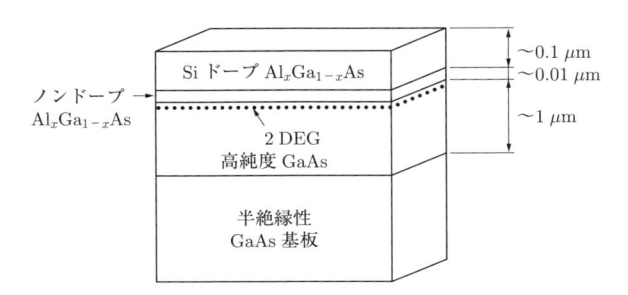

図 **9.18**　変調ドープ $\mathrm{GaAs}/\mathrm{Al}_x\mathrm{Ga}_{1-x}\mathrm{As}$ 単一ヘテロ接合の模式図．

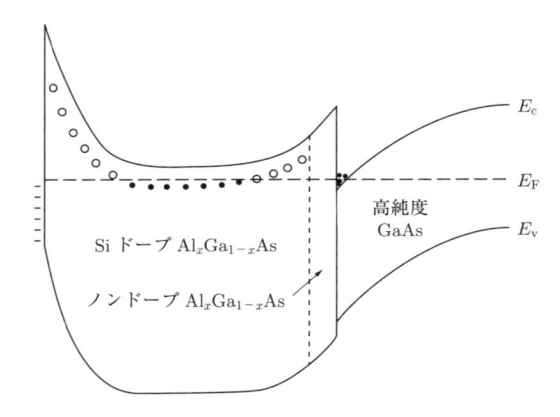

図 9.19 変調ドープ GaAs/Al$_x$Ga$_{1-x}$As 単一ヘテロ接合のエネルギーバンド図. ドープした Al$_x$Ga$_{1-x}$As から供給された電子は, 伝導帯のエネルギーの低い GaAs 側に移動して界面に蓄積し, 反転層を形成する. 電子の一部は Al$_x$Ga$_{1-x}$As の表面準位にトラップされる.

て, きわめて高移動度の 2 次元電子系を形成する. とくにイオン化不純物散乱の影響の減少は低温で顕著になり, 分数量子ホール効果[10]など, 高移動度 2 次元電子系の研究の舞台として重要な役割を果たしている. 図 9.20 は, 変調ドープ GaAs/Al$_x$Ga$_{1-x}$As 界面 2 次元電子系で実現された移動度の温度依存性の年による変遷を示す[11].

GaAs/Al$_x$Ga$_{1-x}$As ヘテロ界面のポテンシャル障壁の高さは約 0.3 eV と低いため,

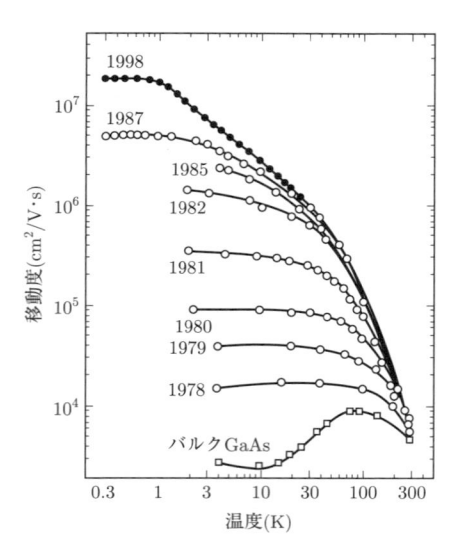

図 9.20 変調ドープ GaAs/Al$_x$Ga$_{1-x}$As 界面 2 次元電子系で実現された移動度の変遷. バルク GaAs の代表的なデータも比較のためにプロットされている[11].

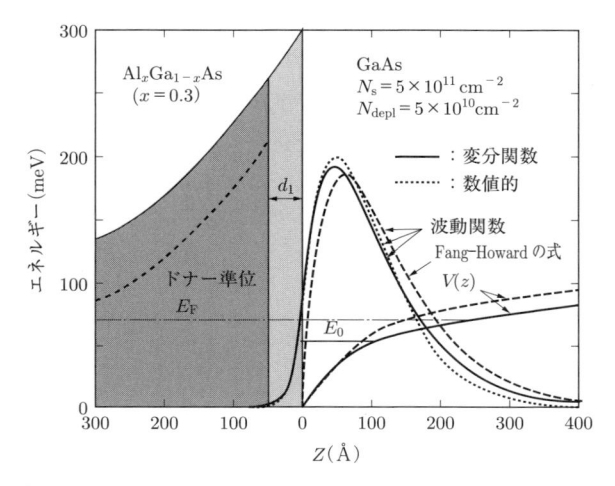

図 9.21 変調ドープ GaAs/Al$_x$Ga$_{1-x}$As 単一ヘテロ界面における，変分関数と数値的に得た波動関数，ポテンシャル，および基底準位の比較例．スペーサー層の厚さは 5 nm，ドナー準位の束縛エネルギーは 50 meV として，自己無撞着に解いている[12]．

シリコン MOS 反転層の場合のような無限大のポテンシャル障壁は良い近似にならない．図 9.21 は，このことを考慮して，変調ドープ GaAs/Al$_x$Ga$_{1-x}$As 単一ヘテロ界面近傍のポテンシャル井戸，波動関数，エネルギー準位を自己無撞着に計算したものである[12]．波動関数のしみ出し効果がみられ，2 次元電子系の電気伝導がヘテロ界面の構造やドナー不純物に影響されやすいことがわかる．また，スペーサー層の効果が大きいことも見て取れる．

単一ヘテロ接合構造に，MOSFET の場合と同じように，表面から 2 次元電子系に達するドレイン-ソース電極対を作製すると，ヘテロ界面 2 次元電子系の電気伝導を測

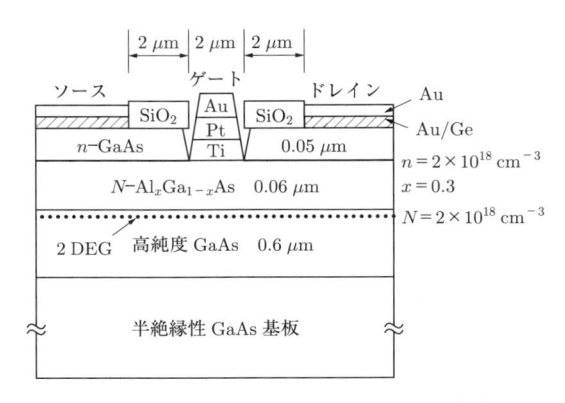

図 9.22 短ゲート長 HEMT 構造の断面図[14]．

定することができる.さらにドープした$Al_xGa_{1-x}As$層の上に,金属薄膜を積層し,これをゲート電極として,MOSFETと同じようにトランジスタ動作をさせることができる.これが,高移動度トランジスタ,すなわちHEMT (High Electron Mobility Transistor) である[13]. ただし,金属薄膜は通常$Al_xGa_{1-x}As$とショットキー接合を形成するので,大きな正のゲート電圧はかけることはできず,電子濃度の可変範囲はMOSFETに比べて1桁ほど狭くなる.図9.22に,実用的な短ゲート長のHEMT構造の例を示す[14].

[若林淳一]

文　献

[1] T. Ando et al., Rev. Mod. Phys. **54** (1982) 437. (シリコンMOS反転層の話が中心であるが,2次元電子系の基礎的文献である.)
[2] 河野公俊,日本物理学会誌 **53** (1998) 737.
[3] E. Andrei (ed.), *Two-dimensional Electron Systems on Helium and Other Cryogenic Substrates* (Kluwer Academic Publishers, Netherlands, 1997).
[4] K. von Klitzing et al., Phys. Rev. Lett. **45** (1980) 449. 参考文献として,吉岡大二郎,「量子ホール効果」(岩波書店,1998).
[5] F. Stern and W. E. Howard, Phys. Rev. **163** (1967) 816.
[6] F. Stern, Phys. Rev. **135** (1972) 4891.
[7] 曽根純一 編,「ナノ構造作製技術の基礎」(丸善,2000).
[8] L. L. Chang et al., J. Vac. Sci. Technol. **10** (1973) 11.
[9] 日本物理学会 編,「半導体超格子の物理と応用」(培風館,1984).
[10] D. C. et al., Phys. Rev. Lett. **22** (1982) 1559. 参考文献として,中島龍也,青木秀夫,「分数量子ホール効果」(東京大学出版会,1999).
[11] H. L. Stomer, Rev. Mod. Phys. **71** (1999) 875.
[12] T. Ando, J. Phys. Soc. Jpn. **51** (1982) 3900.
[13] T. Mimura et al., Jpn. J. Appl. Phys. **19** (1980) L225.
[14] T. Mimura et al., Jpn. J. Appl. Phys. **20** (1981) L317.

9.3 吸　着

気体分子の固体表面への吸着現象は,化学吸着と物理吸着とに分類される.また,固体表面の性状に着目すると,研究の対象は不均質表面への吸着と均質表面への吸着とに分類できる[1].不均質表面への吸着の研究は,真空技術あるいは多孔質物質の表面積測定などと関連して実用的な観点から重要であり,対象となる吸着下地表面(吸着媒)はガラス,金属,活性炭などの実在表面,すなわち,表面状態を特定するのが困難な不均質な表面である.

物理吸着の研究の土台は1950年代にde Boer[2]によりつくられた.その後,種々の系で行われた吸着の実験結果を,1960年代にYoungとCrowell[3],RossとOlivier[4],高石[5]らが整理し,理論を発展させた.超高真空技術が一般的になり,電子線・分子線の回折,電子分光等の手段により表面状態の明確な系における実験結果が得られるようになると,その結果にもとづいた理論の発展が1970年代にあった.それらは,

Steel[6], Dash[7]によりまとめられている.とくに,2次元相としての物理吸着分子系に対する研究はたいへんにさかんとなった[8,9]. 1980年代にはこの分野の研究がさらに進展し,均質表面上の多層の物理吸着層における構造相転移などの新しい話題が現われた.それらは,Masel[10]およびBruch, Cole, とZaremba[11]の著作にまとめられている.均質表面上で得られた知見をもとに,その複合した系である不均質表面での物理吸着の平衡式を解釈する試みも昔から行われているが,まだ解決には至っていない.近年の理論的な面からの取組みはRuzinski[12]によりまとめられている.

化学吸着の研究は,Langmuir以来の長い歴史をもっている.始まりは,真空工業,電子管工業,触媒を利用する化学工業などの産業からの要請に応えるものであった.必然的に対象は実用表面であり,まだ経験科学的な面が強く残っていたともいえる.化学吸着の研究の飛躍的な発展は,やはり,化学組成や結晶構造など,素性のはっきりとした表面 (well-defined surface) を舞台とした研究が可能となってからであった.気体と表面の化学反応性,すなわち化学吸着するか否かは,古くから種々の気体と表面の組

表 9.1 種々の気体と表面との反応性 (文献 [10] の p.114)

固体表面	気 体 分 子									
	H_2	O_2	N_2	CO	C_2H_2	C_2H_4	CH_4	C_2H_6	CH_3OH	H_2O
a 群	2 or 3	3	2	3	3	3	?	?	?	3
b 群	3	3	3	3	3	3	2	2	3	?
c 群	3	3	2	3	3	3	?	?	3	1
d 群	3	3	2	3	3	3	2	2	3	1
e 群	0	3	0	0	3	0	?	?	?	3
Cu	2	3	2	1	1 or 3	1 or 3	0	0	1	1
Ag	0	2 or 3	0	0	1	1	0	0	1	1
Au	0	0	0	3	3	3	0	0	1	1
Al	0	d-3	0	3	2	2	?	?	3	3
Si, Ge	0 or 2	3	0	0	3	3	2	2	3	3
InP	0	3	0	0	?	?	?	?	?	?
f 群	0, d-3	1, d-3	?	1	3	?	0, 1(50K)	1, d-2	3	3
g 群	0, d-2	1, d-3	1	1	?	?	0(100K)	0(100K)	3	3
h 群	0	?	1	0(100K) 1(40K)	1	1	0(100K) 1(45K)	0(100K) 1(45K)	0	3

a 群 Ca, Sr, Ba
b 群 Si, Ti, V, Y, Zr, Nb, Mo, La, Hf, Ta, W
c 群 Cr, Mn, Fe, Tc, Re
d 群 Ru, Rh, Pd, Os, Ir, Pt, Co, Ni
e 群 K, Na, Li
f 群 NiO, ZnO
g 群 MgO, Al_2O_3, SiO_2
h 群 NaCl, LiF
0 超高真空中,100 K でも 300 K でも吸着せず.
1 温度 100 K, 超高真空中で吸着が検知できるが, 300 K では吸着しない.
2 温度 300〜500 K, 圧力 10^{-4} Torr でゆっくりと,おそらく活性化過程を経て吸着.
3 温度 300 K, 圧力 10^{-4} Torr で速やかに吸着.
d 金属や酸素原子の空孔などの欠陥のある表面での結果.
? 超高真空中でのデータなし.

合せに対してデータが蓄積され，その一覧がまとめられてきた．たとえば，Bond,[13] 文献 [14] の p. 30, Trapnell と Hayward[15]によるものがある．後者をもとに，新しいデータを加えたものが表 9.1 (文献 [10] の p. 114) である．化学吸着に関する話題は，単に吸着するか否かだけでなく，解離するか否か，活性化障壁の有無，結晶面による違い，ステップや欠陥の役割など多岐にわたっている．それらを概観するには，Masel[10] の著書が参考になる．

9.3.1　吸着の熱・統計力学
a.　吸着エネルギー

原子あるいは分子の間の結合エネルギーの成因は，分散力，誘起静電モーメント，永久静電モーメント，化学結合 (原子価エネルギー) の 4 つである．物理吸着は前三者だけが関与する吸着である．その結合エネルギーは吸着気体自身の凝縮エネルギーと同程度から十倍ほどの範囲にあり，気体の種類により 1 meV から 0.3 eV 程度の広い範囲にわたっている．化学吸着では，通常数 eV に達する原子価エネルギーが結合エネルギーのほとんどを占める．

2 分子間の分散力 (ファン・デル・ワールス力) の主となるものは誘起双極子間の相互作用で，その引力ポテンシャルは，分子間距離を r とすると r^{-6} に比例する (文献 [16] の pp. 1–35，文献 [6] の pp. 23–32，文献 [17] の pp. 34–45)．分子が近づいて電子の波動関数が重なるほどになると強い斥力が生ずる．球対称な希ガス分子の間の相互作用は異方性を持たないので，距離だけの関数として表すことができる．2 分子間の相互作用ポテンシャルを解析的に表現する式の代表的なものは，次のレナードジョーンズ (Lennard-Jones) の 6–12 ポテンシャルである．

$$u(r) = 4\varepsilon \left[\left(\frac{r_0}{r}\right)^{12} - \left(\frac{r_0}{r}\right)^6 \right] \tag{9.12}$$

ここで，r_0 は $u=0$ となる距離，ε はポテンシャルの深さである．角括弧内の第 1 項は斥力項で，そのべきには，式 (9.12) のように，通常は 12 という値が用いられる．分散力はおおむね加算的に扱えるので，1 つの気体分子と固体表面の間のポテンシャルは，表面内側の半無限空間の全原子との 2 体間ポテンシャルの和をとることにより，

$$u(d) = 4\pi\varepsilon n r_0{}^3 \left[\frac{1}{45}\left(\frac{r_0}{d}\right)^9 - \frac{1}{6}\left(\frac{r_0}{d}\right)^3 \right] \tag{9.13}$$

となる．ここで，n は固体内の原子密度，d は気体分子と表面の距離である．多層の物理吸着を考えるときには，引力ポテンシャルが d^{-3} に比例することが重要である．

分散力は物質の間に普遍的に存在するが，すべての物理吸着系で吸着エネルギーの主要な部分を占めているというわけではない．分散力に起因する吸着エネルギーが主となるのは，吸着媒が希ガス固体，グラファイトなどの分子性固体の表面，吸着質が希ガス，窒素などの非極性分子よりなる系である．イオン性固体，金属などの表面で

は，表面に局所的に存在する電場 F により，吸着分子が分極される．そのエネルギー E_{ind} は，

$$E_{\mathrm{ind}} = -\frac{1}{2}\alpha F^2 \qquad (9.14)$$

となる．α は吸着分子の分極率である．金属表面上では，鏡像力による寄与がさらに加わる．永久電気双極子をもつ分子の吸着は，水分子の吸着に関連して重要な問題である．

一般的に吸着エネルギーは吸着量依存性を示す．この原因は，吸着媒表面の不均一性と吸着分子間の相互作用の 2 つである．不均一性の効果は吸着量が少ないところで顕著に現れ，そこで見られる大きな吸着エネルギー (初期吸着熱) は，固体表面上の構造欠陥，結晶表面のステップ，あるいは不純物の存在などによる．吸着量が増加すると，吸着分子間の相互作用が引力であるか斥力であるかによって，異なる吸着量依存性が見られる．実際の系ではこれら 2 つの要素が重なるので複雑な依存性が現れる．

b. 平均滞在時間

吸着している分子の脱離過程が純粋に熱的・確率的であれば，その脱離速度 (単位時間に単位面積から脱離する分子数) は，気体分子が表面に吸着している平均の時間 (平均滞在時間) τ と吸着密度 σ により，σ/τ と表せる．一方，気相から表面への入射頻度 Γ は，気体分子密度 n と平均速度 $\langle v \rangle$ を使って，さらに圧力と温度を使って表すと，

$$\Gamma = \frac{1}{4}n\langle v \rangle = \frac{p}{\sqrt{2\pi m k T}} \qquad (9.15)$$

であるので，気相と吸着相が平衡にあるときは，$\Gamma = \sigma/\tau$ (入射した気体分子の吸着確率は 1 としている) より，

$$\sigma = \Gamma \tau = \frac{p}{\sqrt{2\pi m k T}}\tau \qquad (9.16)$$

となる．

平均滞在時間 τ は次のような統計力学的考察から導かれる．体積 V，内表面積 A の閉じた空間の中に気体が閉じ込められていて，気相の分子数を N_{g}，吸着相の分子数を N_{a} とする．温度を T，吸着エネルギーを E_{a} とすると，気相と吸着相が平衡状態にあるときは，

$$\frac{N_{\mathrm{g}}}{N_{\mathrm{a}}} = \frac{\zeta_{\mathrm{g}}}{\zeta_{\mathrm{a}}} \exp\left(-\frac{E_{\mathrm{a}}}{kT}\right) \qquad (9.17)$$

となる．ここで，ζ_{g} と ζ_{a} はそれぞれ気相と吸着相の分子の 1 粒子分配関数であり，並進 (tr)，回転 (rot)，振動 (vib) の運動の自由度 f の積で表せる．

$$\zeta_{\mathrm{g}} = f_{\mathrm{g \cdot tr}} \cdot f_{\mathrm{g \cdot rot}} \cdot f_{\mathrm{g \cdot vib}} \qquad (9.18)$$

$$\zeta_{\mathrm{a}} = f_{\mathrm{a \cdot tr}} \cdot f_{\mathrm{a \cdot rot}} \cdot f_{\mathrm{a \cdot vib}} \qquad (9.19)$$

気相の分子 (3次元の自由気体) の並進の自由度は,

$$f_{\text{g·tr}} = \left(\frac{\sqrt{2\pi mkT}}{h}\right)^3 V \tag{9.20}$$

であり, 吸着相の分子が2次元の自由気体であれば, その自由度 $f_{\text{a·free·tr}}$ は,

$$f_{\text{a·free·tr}} = \left(\frac{\sqrt{2\pi mkT}}{h}\right)^2 A \tag{9.21}$$

である. これらを式 (9.17) に代入して, 左辺に気相, 右辺に吸着相を整理すると,

$$\left(\frac{\sqrt{2\pi mkT}}{h}\right)^3 \frac{V}{N_{\text{g}}} f_{\text{g·rot}} \cdot f_{\text{g·vib}} = \left(\frac{\sqrt{2\pi mkT}}{h}\right)^2 \frac{A}{N_{\text{a}}} \frac{f_{\text{a·tr}}}{f_{\text{a·free·tr}}} f_{\text{a·rot}} \cdot f_{\text{a·vib}} \exp\left(\frac{E_{\text{a}}}{kT}\right) \tag{9.22}$$

となる. 右辺では, 吸着相の分子の並進運動の「不自由さ」を比 $f_{\text{a·tr}}/f_{\text{a·free·tr}}$ で表している. また, 吸着によって分子の構造は変わらず, 分子内振動も孤立分子と同じとすれば, 分子と固体表面の間の結合に付随する振動モード f_z が新たに加わるだけなので,

$$f_{\text{a·vib}} = f_{\text{g·vib}} \cdot f_z \tag{9.23}$$

である. 吸着密度は $\sigma = N_{\text{a}}/A$ であり, 気相を理想気体とすれば, $pV = N_{\text{g}} kT$ であるので, これらを使って整理すると, 吸着密度 σ は気相の圧力 p の関数として,

$$\sigma = \frac{p}{\sqrt{2\pi mkT}} \frac{h}{kT} \frac{f_{\text{a·tr}}}{f_{\text{a·free·tr}}} \frac{f_{\text{a·rot}}}{f_{\text{g·rot}}} f_z \exp\left(\frac{E_{\text{a}}}{kT}\right) \tag{9.24}$$

と書ける. 式 (9.16) と式 (9.24) を比較すれば,

$$\tau = \frac{h}{kT} \frac{f_{\text{a·tr}}}{f_{\text{a·free·tr}}} \frac{f_{\text{a·rot}}}{f_{\text{g·rot}}} f_z \exp\left(\frac{E_{\text{a}}}{kT}\right) \tag{9.25}$$

が得られる. さらに

$$\tau = \tau_0 \exp\left(\frac{E_{\text{a}}}{kT}\right) \tag{9.26}$$

と書けば,

$$\tau_0 = \frac{h}{kT} \frac{f_{\text{a·tr}}}{f_{\text{a·free·tr}}} \frac{f_{\text{a·rot}}}{f_{\text{g·rot}}} f_z \tag{9.27}$$

となり, τ_0 は分子の吸着状態 (並進, 回転, 振動) で決まる時定数であることがわかる.

たとえば, 2次元の自由気体 ($f_{\text{a·tr}} = f_{\text{a·free·tr}}$) で, 回転運動は気相と同じ ($f_{\text{a·rot}} = f_{\text{g·rot}}$) で, かつ表面と吸着分子間に結合に伴う振動が存在する系を考える. この系を振動数 ν_z の調和振動子とすると,

$$f_z = \sum_n \exp\left[-\frac{\left(n + \frac{1}{2}\right) h\nu_z}{kT}\right] \tag{9.28}$$

である．$kT \gg h\nu_z$，すなわち，振動が励起されるほどに温度が高ければ，

$$f_z \approx \frac{kT}{h\nu_z} \tag{9.29}$$

となり，式 (9.27) は結局，

$$\tau_0 = \frac{1}{\nu_z} \tag{9.30}$$

となる．すなわち，τ_0 は吸着分子の振動周期に相当し，おおむね 10^{-14}s から 10^{-12}s の範囲である．

一方，表面と吸着分子間の振動が励起されない吸着状態では，$f_{\text{a·vib}} = f_{\text{g·vib}}$ なので，

$$\tau_0 = \frac{h}{kT} \tag{9.31}$$

となり，$T = 300\,\text{K}$ であれば，$\tau_0 = 1.6 \times 10^{-13}$s となる．現実の系で τ_0 の正確な値を求めるのは困難である．また τ の値は，式 (9.26) の指数項に強く依存するので，τ_0 には 10^{-13}s 程度の値を用いて解析を進めることが多い．

9.3.2 吸着平衡

平衡状態での吸着密度 σ は，気相の圧力 p_{eq} と温度 T に依存する．その関数関係を理論的に扱う上で基本となるのは，均一表面を想定して得られるヘンリー (Henry) 則とラングミュア (Langmuir) 吸着式である．前者は吸着分子間にまったく相互作用がない系，後者は完全に排他的な相互作用をもつ系に相当する．

金属，ガラスなどの一般的な構造材料の表面，活性炭や分子ふるい (molecular sieve) などの多孔質吸着剤の表面への物理吸着，触媒やゲッター剤表面への化学吸着など種々の吸着質・吸着媒の組合せについて，吸着平衡のデータが集積されている[18]．このような表面での気体の吸着平衡は，ヘンリー則やラングミュア式では表せない．吸着媒表面の不均一性と吸着質分子間の相互作用が加わって複雑になる．とくに吸着席，結合手が特定されない物理吸着では，前者の影響が大きく現れる．

不均質表面上の吸着平衡式は，理論的には，吸着エネルギー E_{a} の分布関数 $f(E_{\text{a}})$ とその吸着エネルギーでの局所的な吸着平衡式 $\sigma'(E_{\text{a}}, p, T)$ の重ね合せ，

$$\sigma(p, T) = \int_0^\infty \sigma'(E_{\text{a}}, p, T) f(E_{\text{a}}) dE_{\text{a}} \tag{9.32}$$

で表せるはずである．しかし，現実の系について，ア・プリオリ (*a priori*) に導かれた例はまだない．その原因は主として，$f(E_{\text{a}})$ と $\sigma'(E_{\text{a}}, p, T)$ のどちらもが明確に与えられないことによる．

適当な吸着モデルを用いて，実測される p_{eq}, s, T_{s} の関係を表現できる理論的な吸着平衡式 $p_{\text{eq}} = p_{\text{eq}}(\sigma, T)$ を導く試みが行われてきた．しかし，普遍的に適用できる式はなく，吸着媒と吸着質の組合せ，吸着量と圧力の領域に応じて使い分けられている．Freundlich,

Temkin, Brunauer–Emmett–Teller (BET), Dubinin–Radushkevich (DR) などの吸着式が知られている．中でも BET 式と DR 式は，種々の系の実測値を比較的広い圧力領域でうまく整理できることが経験的に知られている．また，吸着媒となる試料の真表面積の測定に応用されるなど利用価値は高い．しかし，これらの吸着平衡式が適用される現実の系は，式を導く際に想定したモデル吸着系とは異なっており，むしろ経験式として再解釈が行われるべきである．

a. ヘンリー則

吸着分子間の相互作用がなく，しかも入射分子が吸着する確率と吸着エネルギーが吸着密度に依存しなければ，前項で考察した平均滞在時間 τ は，一定の温度のもとでは，吸着密度によらず定数となる．このとき，平衡状態での吸着密度は気相の圧力に比例し，これをヘンリー則とよぶ．吸着確率を c とすれば，その比例関係は，

$$\sigma = \frac{c\tau_0}{\sqrt{2\pi mkT}} p \exp\left(\frac{E_a}{kT}\right) \tag{9.33}$$

となる．吸着分子間の相互作用がないという条件は，現実の吸着系では吸着密度の小さい状態で実現すると考えられる．したがって，どのような系でも被覆率の小さい領域ではヘンリー則が現れると期待できる．しかし，いくつかの系で $\theta \approx 10^{-5}$ 程度の被覆率まで測定されているものの，この領域でも明確なヘンリー則は確認できていない．この原因の1つは，低被覆率では表面の不均一性により吸着エネルギーが被覆率に強く依存するためと考えられている．

b. ラングミュア吸着等温式

化学吸着のように「吸着席が決まっていて，かつ吸着席が1分子で占有されるとそこには別の分子は吸着しない」というモデルに対する理論式である．ここでも隣接する吸着分子間の相互作用は考えない．すでに占有されている吸着席に気相から入射した分子は吸着しないとし，空席に入射した分子の吸着確率を c とすると，吸着平衡の条件は吸着密度に依存して，

$$\frac{\sigma_0 - \sigma}{\sigma_0} c \frac{p}{\sqrt{2\pi mkT}} = \frac{\sigma}{\tau} = \frac{\sigma}{\tau_0} \exp\left(-\frac{E_a}{kT}\right) \tag{9.34}$$

となる．ここで σ_0 は飽和吸着密度である．整理すると，ラングミュアの吸着等温式，

$$\theta = \frac{\sigma}{\sigma_0} = \frac{s\alpha p}{\sigma_0 + s\alpha p} \tag{9.35}$$

が得られる．ここで，θ は被覆率，定数 α は

$$\alpha = \frac{\tau_0}{\sqrt{2\pi mkT}} \exp\left(\frac{E_a}{kT}\right) \tag{9.36}$$

である．ラングミュアの吸着式に従う吸着等温線は，$p \to \infty$ で $\theta = 1$ となって吸着が飽和し，p の小さいところ，すなわち θ の小さいところではヘンリー則に一致する．

c. BET の吸着平衡式

化学吸着では，結合手の存在に起因する吸着席の占有，すなわち他分子の吸着の排除が起こり，必然的にラングミュア吸着式に表現されるように単分子層の形成で吸着は飽和する．物理吸着では吸着質層の上への吸着，すなわち多層の吸着が起こることが大きな違いであり，最終的には吸着質の飽和蒸気圧に達すると無限層の厚さの吸着層，すなわちバルク相が形成される．BET (Brunauer–Emmett–Teller) の吸着等温式は，均質表面上の多層吸着を考慮して導かれた理論式である．対象とするモデルでは，吸着質第 1 層の吸着エネルギーが吸着媒–吸着質分子間の相互作用に起因するのに対し，第 2 層以上では吸着質分子同志の間の相互作用によるという違いを考慮している．また吸着媒表面自体は平坦かつ均質で，それぞれの吸着エネルギーには吸着量依存性もないと仮定している．BET 吸着式は，

$$\theta = \frac{\sigma}{\sigma_0} = \frac{\gamma x}{(1-x)(1-x+\gamma x)} \tag{9.37}$$

と表せる．ここで，x は飽和蒸気圧 p_0 に対する相対圧，

$$x = \frac{p}{p_0} \tag{9.38}$$

γ は第 1 層での吸着エネルギー E_a と第 2 層以上での吸着エネルギー E_0 との差で決まる定数で，

$$\gamma = \exp\left(\frac{E_\mathrm{a} - E_0}{kT}\right) \tag{9.39}$$

である．BET の式は，$x \to 1$，すなわち気相の圧力がその温度での吸着質の飽和蒸気圧になれば $\sigma \to \infty$ となって，吸着媒表面上にバルクの凝縮が起こることを示している．この式もラングミュアの吸着式同様，p が小さいところでヘンリー則に一致する．

グラフォン，硫酸バリウム，シリカ，および水の上の n–ペンタンの吸着等温線を図 9.23 に示す (文献 [6] の p.229)．これら 4 種の特徴的な曲線は，式 (9.37) のパラメータ γ をそれぞれ 100, 50, 5, 1 程度にとることによってよく再現される．前述のように，BET 式は均質表面上の多層の物理吸着をモデルとして導かれた理論式であるが，実際には，不均一表面と見られる実在表面や多孔質吸着媒上での物理吸着を，相対圧が $0.05 < p/p_0 < 0.35$ の範囲で定量的にもうまく整理できることが経験的に知られている．BET 式は吸着現象を利用して吸着媒の実表面積を測定する手法に応用されている．

d. ドゥビニン–ラドシケビッチの吸着式

ドゥビニン–ラドシケビッチ (Dubinin–Radushkevich: DR) 式では p, σ, T の関係は次式で表される．

$$\ln \sigma = \ln \sigma_0 - B\left[kT \ln\left(\frac{p}{p_0}\right)\right]^2 \tag{9.40}$$

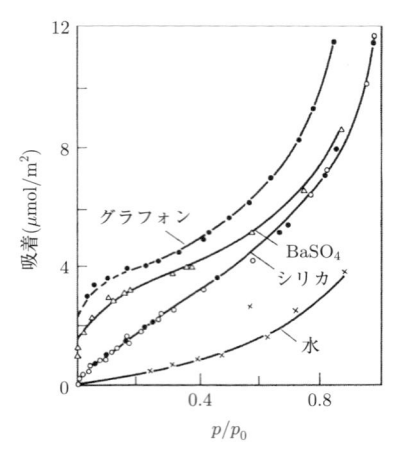

図 9.23 4種の吸着媒上の n-ペンテンの吸着等温線 (文献 [6] の p.229).

ここで，B は対象とする吸着系ごとに実験的に得られる定数であり，吸着エネルギー分布を反映していると考えられている．DR 式は，変数として温度を含んだ形で表現されており，$[kT\ln(p/p_0)]^2$ に対して $\ln\sigma$ をプロット (DR プロットとよぶ) すれば，測定点は温度によらず，傾き $-B$ の 1 つの直線上にのることになる．DR 式が有効な範囲内では，この直線から任意の温度での σ と p の関係を得ることができる．DR 式は，元来は多孔質吸着媒への凝縮を伴う物理吸着をモデルとして導かれた理論式であ

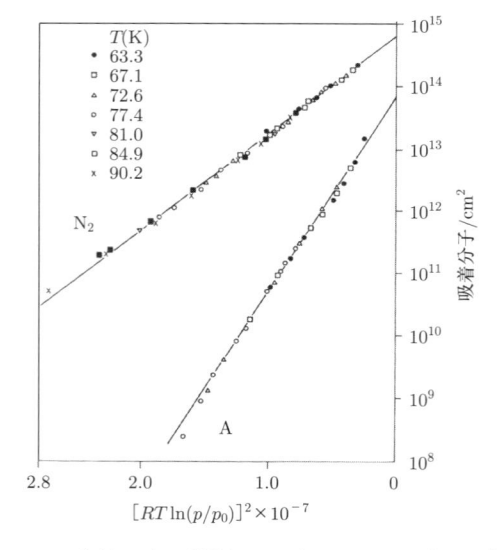

図 9.24 パイレックス表面上の Ar と N_2 の DR プロット[19].

る．しかし，実際にはガラスや金属蒸着膜などの不均質実在表面上の物理吸着系が，上記の式の形でうまく整理できることが実験で確認された．パイレックス (Pyrex) ガラス上の Ar と N_2 の吸着等温線の DR プロットを図 9.24 に示す[19]．DR プロットが直線上に乗る範囲は，相対圧にして $10^{-13} < p/p_0 < 10^{-3}$ とたいへん広い．種々の吸着系で，この下限は圧力測定の限界まで達しているが，この領域でも先に述べたヘンリー則は見られず，DR 式が良い一致を示している．DR 式も吸着媒の実表面積を測定する手法に応用できる．

9.3.3 均質表面上の吸着

固体の単結晶表面のような均質な表面上の物理吸着相は擬 2 次元的な分子系の特徴を示す．吸着した分子の集団の結晶構造，相転移，下地の周期性の影響，多層成長の様子，濡れなどが研究対象となる．

a． 2 次元分子系としての物理吸着層

吸着した分子の運動が表面上に束縛されているということから 2 次元系という表現が使われる．しかし，この系は 2 次元の中の閉じた系ではない．吸着相は吸着・脱離によって，3 次元の気相と分子の交換を行なっている．3 次元の気相は 2 次元相の化学ポテンシャルを決める粒子源・熱浴と見ることができる．

2 次元に束縛された分子の集団は，分子間の相互作用が無視できれば，2 次元の理想気体のようにふるまうであろう．しかし，われわれが観測する物理吸着系は，多くの場合,「温度が低いこと」と「分子密度が高いこと」の 2 つの理由から，理想気体とは扱えない状態にある．実際に多くの物理吸着系で凝縮現象が観測されている．

物理吸着系における 2 次元凝縮は，3 次元相における気相–液相間の凝縮現象を表現するファン・デル・ワールス・モデルを適用することによって同じように記述できる[2]．2 次元系のファン・デル・ワールス状態方程式も，3 次元のそれと同じ形に書ける．

$$\left(f + \frac{a_2}{s^2}\right)(s - b_2) = kT \tag{9.41}$$

ただし，ここで f は 2 次元の圧力，s は気体 1 分子が表面上で占有する面積，すなわち表面分子密度 σ の逆数であり，a_2 と b_2 は 3 次元系と同様，それぞれ分子間の 2 次元面内の引力相互作用と分子の大きさ (断面積) により決まる定数である．2 次元凝縮の臨界温度 T_{C2} は，3 次元と同様に，

$$T_{C2} = \frac{8a_2}{27kb_2} \tag{9.42}$$

と表せる．3 次元のファン・デル・ワールス状態方程式の定数，a と b はそれぞれ，引力ポテンシャルの空間積分と分子の体積に相当するので，引力相互作用としてファン・デル・ワールス力を想定すれば，ここから，3 次元の臨界温度と 2 次元の臨界温度の比を導くことができる．その結果は，

$$\frac{T_{C2}}{T_C} = \frac{a_2 b}{b_2 a} = \frac{1}{2} \tag{9.43}$$

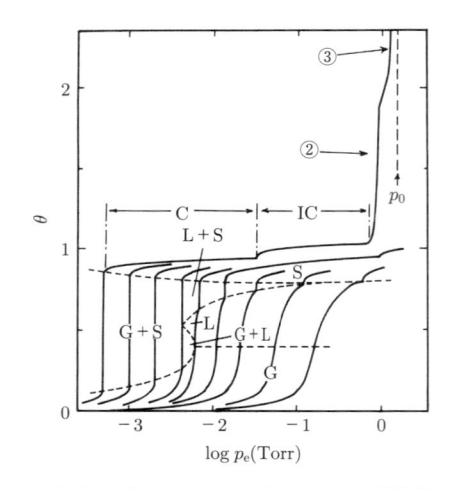

図 9.25 グラファイト表面に吸着した 1〜3 分子層の Kr の吸着等温線[20–22]. 横軸は平衡圧力, 縦軸は被覆率, 測定温度は 77.3 K から 102.6 K である. p_0 は温度 77.3 K での Kr の飽和蒸気圧である.

という簡単な関係となる. グラファイト, 層状ハロゲン化物表面上に吸着した希ガス系の T_{C2}/T_C の実測値は 0.3〜0.5 程度の範囲にある[7].

グラファイト表面上の Kr の吸着等温線[20,21]を模式的に表したのが図 9.25 である[22]. 前述のファン・デル・ワールス的な 2 次元凝縮では記述できない複雑な相の存在がこれらの等温線の測定から明らかにされた. すなわち, 3 次元の気–液–固に相当するような 3 相 (G–L–S) が存在し, また吸着固相 (2 次元結晶) と下地の周期性とのかかわりから, 整合相 (C: commensurate phase) と不整合相 (IC: incommensurate phase) が存在することなどである.

b. 多層吸着と濡れ

物理吸着系では, 気相の圧力が増加すれば多層の吸着が起こり, その温度での吸着質気体の飽和蒸気圧に達するとバルクの液体, 固体となって凝縮する. 前述の 2 次元凝縮は, 複数層目の吸着でも, 吸着分子の間の引力相互作用により, その層内での凝縮現象, すなわち 2 次元的な気相から, 液相あるいは固相への相転移が起こりうる. そのような系では, 各層での凝縮を示す階段状の吸着等温線が現れる[23].

吸着層が厚くなってバルクの固体に移る過程は, 層状成長を繰り返してバルクの状態に至る過程だけではない. グラファイト上のエチレンの吸着等温線を図 9.26 に示す. 吸着等温線 (3) は層状成長を繰り返して, 漸近的にバルクの飽和蒸気圧に近づいているが, (1) と (2) は, それぞれ 2 層目と 3 層目が完成する前にバルクの飽和蒸気圧に達している. これは, 吸着層が平坦な層状ではなく, バルクの性質を示す微結晶などの集まりに転移したことを示唆している. 光の反射の測定[24]もこの転移に伴う表面の非平坦化を示している. 層状の吸着質で吸着媒が均一に覆われている状態を「濡

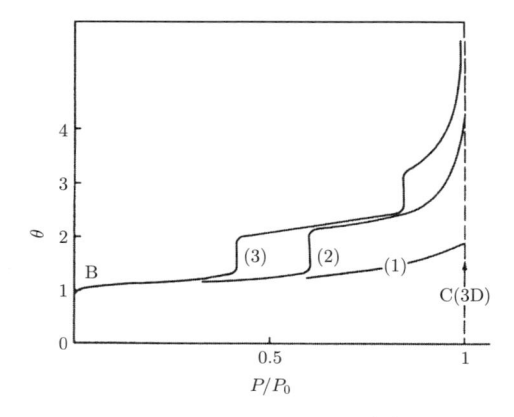

図 **9.26** グラファイトに吸着したエチレンの吸着等温線[26]. 横軸は相対圧で表した平衡圧力,縦軸は被覆率. 測定温度は,(1) 77.3 K, (2) 90.0 K, (3) 105.8 K.

れている」(wetting),濡らしていない状態を "nonwetting" と称する. 濡れるか否かは,吸着媒と吸着質の組合せと温度による.

図 9.26 に示したエチレンの系で特徴的な現象は,温度によって層の成長形態が異なることである. この現象は wetting 転移とよばれている. エチレンのバルクの三重点 ($T_{tr} = 104$ K) を境にして,高温側では無限の厚さ,すなわちバルクの形成まで wetting 状態が続く complete wetting,低温側では有限の厚さで wetting 状態から外れる incomplete wetting の 2 つの形態が見られる. もっとも単純な解釈は,エチレンが液体の状態では下地のグラファイトを濡らし,固体では濡らさないというものである. しかし,曲線 (2) は三重点以下の温度であるものの 2 層までは層状成長を示している. これは,薄い層では三重点より低い温度でも液体の状態を保つため,wetting の状態が維持され絶え入るためと解釈されている.

すべての吸着質についてその三重点温度以上で wetting が起きるというわけではない. 三重点以下よりはるかに低い温度,すなわち吸着質が固体と考えられる状態でも,濡れの状態にある系も見つかっている. 今までに観察されている吸着系はほとんどが,グラファイト,層状ハロゲン化合物などを吸着媒とし,希ガス,炭化水素を吸着質とする系である. 吸着質-吸着質と吸着質-吸着媒の引力相互作用の比,それぞれの結晶の格子定数の比などで,濡れるか否かの整理が試みられ,理論的な解釈が進められている[25]. これらの濡れ現象の実験的な研究による系統的整理とその解釈の理論的な裏付けはまだ決着がついていない.

[荒川一郎]

文 献

[1] 板倉明子, 荒川一郎, 表面科学 **13**, No. 8 (1992) 448–455.
[2] J. H. de Boer, *The dynamic Character of Adsorption* (Clarendon Press, 1953).

[3] D. M. Young and A. D. Crowell, *Physical Adsorption of Gases* (Butterworths, 1962).
[4] S. Ross and J. P. Olivier, *On Physical Adsorption* (John Wiley & Sons, 1964).
[5] 高石哲夫, 真空 **9** (1966) 175, 228, 274, 310.
[6] W. A. Steel, *The Interaction of Gases with Solid Surfaces* (Pergamon Press, 1974).
[7] J. G. Dash, *Films on Solid Surfaces* (Academic Press, 1975).
[8] J. G. Dash and J. Ruvalds (eds.), *Phase Transitions in Surface Films* (Plenum Press, 1980).
[9] K. Sinha (ed.), *Ordering in Two Dimensions* (North-Holland, 1980).
[10] R. I. Masel, *Principles of Adsorption and Reaction on Solid Surfaces* (John Wiley & Sons, 1996).
[11] L. W. Bruch et al., *Physical Adsorption: Forces and Phenomena* (Clarendon Press, 1997).
[12] W. Ruzinski et al. (eds.), *Equilibria and Dynamics of Gas Adsorption on Heterogeneous Solid Surfaces* (Elsevier, 1997).
[13] G. C. Bond, *Catalysis by Metals* (Academic Press, 1962).
[14] P. A. Redhead et al. (富永五郎, 辻 泰 訳),「超高真空の物理」(岩波書店, 1977).
[15] B. M. W. trapnell and D. O. Hayward, *Chemisorption* (Butterworths, 1966).
[16] J. O. Hirschfelder et al., *Molecular Theory of Gases and Liquids* (John Wiley & Sons, 1954).
[17] 木原太郎,「分子間力」(岩波書店, 1976).
[18] D. P. Valenzuela and A. L. Myers, *Adsorption Equilibrium Data Handbook* (Prentice-Hall, 1989).
[19] J. Hobson and R. Armstrong, J. Phys. Chem. **67** (1964) 2000.
[20] A. Thomy and X. Duval, J. Chim. Phys. **67** (1970) 1101.
[21] A. Thomy et al., Surf. Sci. Rep. **1** (1981) 1–38.
[22] 荒川一郎, フィジクス **7**, No. 8 (1986) 497.
[23] 佐藤 博, 荒川一郎, 真空 **32**, No. 3 (1989) 176–179.
[24] M. Drir et al., Phys. Rev. B **33**, No. 7 (1986) 5145–5148.
[25] R. Muirhead et al., Phys. Rev. B **29**, No. 9 (1984) 5074–5080.
[26] J. Menaucourt et al., J. Phys. (Paris) **10** (1977) C4–195.

9.4 結晶成長

9.4.1 平坦面と荒れた面

結晶の表面には特定の方位にファセットとよばれる平坦面が現れる. これは結晶の表面の方位 $\hat{n}$ によって表面自由エネルギー密度 $\alpha(\hat{n})$ が異なるからで, 平衡状態の結晶は表面自由エネルギーの低い面に囲まれた形になる. 多面体結晶の場合には $h(\hat{n}_i)$ をある面 i と結晶の中心との距離 (つまりこの面上で $r \cdot \hat{n}_i = h$) とすると

$$\frac{\alpha(\hat{n}_i)}{h(\hat{n}_i)} = \text{const} \tag{9.44}$$

の関係がある (図 9.27). これをウルフ (Wulff) の平衡形とよぶ. 結晶の表面に丸みを帯びた部分があるときは, 式 (9.44) と同等な関係

$$\frac{1}{n_\text{s}} \left(\frac{\tilde{\alpha}_1}{R_1} + \frac{\tilde{\alpha}_2}{R_2} \right) = \Delta \mu \tag{9.45}$$

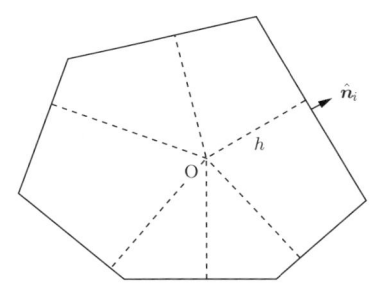

図 9.27　多面体結晶の平衡形.

が成り立つ．ここで R_1, R_2 は面上の各点での2つの主曲率半径で，$\alpha(\hat{\boldsymbol{n}})$ とその角度での2階微分の和

$$\tilde{\alpha}_i \equiv \alpha + \frac{\partial^2 \alpha}{\partial \theta_i{}^2} \tag{9.46}$$

はその方向のスティフネスとよばれ，表面の湾曲しにくさを表す．n_s は結晶の原子数密度，$\Delta\mu$ は環境相と固相の化学ポテンシャルの差である．式 (9.45) はヘリング (Herring) の関係式とよばれ，液体の表面張力によるラプラス (Laplace) の関係の一般化になっている．現実の結晶ではごく微細なものを除いて結晶形の緩和時間が長いので平衡形は実現されない．

　一般に結晶表面にはファセットと丸みを帯びた面の両方が現れる．ファセットは結晶格子の特定の原子面からなり，原子レベルで多少の凹凸はあっても面上の離れた位置でも同一の原子面にある．この平らな原子面上にできる段差がステップであり，ステップの折曲がったところがキンクである．温度が低ければファセットは完全な平面だが，温度が高くなると，熱ゆらぎの結果ステップで囲まれた小さな島や穴が出現する．さらに温度が上昇すると，ラフニング転移とよばれる表面構造の相転移が起き，表面上にいくらでも大きな島や穴が多層に出現し，結晶表面は荒れた状態になる．この相転移は2次元系固有のベレジンスキー–コスタリッツ–サウレス転移 (BKT 転移または KT 転移) の1つである．ラフニング転移の理論によると，転移の起きるラフニング温度は，その面のスティフネス $\tilde{\alpha}(\hat{\boldsymbol{n}}_i)$，その面に垂直な方向の格子間隔 a_z を使って

$$k_B T_R \equiv \frac{2}{\pi} a_z{}^2 \tilde{\alpha}(\hat{\boldsymbol{n}}_i, T_R) \tag{9.47}$$

と表される．ヘリウム結晶などでこの関係が実験的に確かめられている[1]．荒れた状態では2点間の距離が離れると，液体の表面と同じように高さの相関関数が対数的に発散する．荒れた面は結晶表面で丸みを帯びた部分となって現れる．

9.4.2 結晶成長機構

荒れた面とファセットとでは結晶成長の機構が異なる[2]. 荒れた面では, いたるところにステップやキンクが存在し, 気体や液体中の原子はその場で固化することが可能である. このとき固化する速さ (界面の前進速度) V は液相 (気相) と固相との化学ポテンシャルの差 $\Delta\mu = \mu_{\text{liq}} - \mu_{\text{sol}}$ から表面張力の効果を引いた有効化学ポテンシャル差 [式 (9.45) の右辺と左辺の差] に比例する.

$$V = K\Delta\mu_{\text{eff}} \tag{9.48}$$

この場合は垂直成長 (結晶表面の進む方向は面に垂直なので), 付着成長などともよばれる. 比例係数 K がカイネティク係数 (成長係数) である.

これに対しファセットで原子が結晶に組み込まれるためには, キンクのあるステップまで到達しなければならない. ステップがファセット面に沿って前進することで結晶成長が進み, 沿面成長, 層成長などとよばれる. 沿面成長では結晶成長の駆動力 $\Delta\mu$ と成長速度 V の関係が非線形になる. 欠陥のない完全なファセットの上には成長するためのステップがないので 2 次元的な島の核生成が必要である. このときのファセットの成長速度は, 格子定数を a, 原子運動の特徴的な振動数 (たとえばデバイ振動数) を ν, 原子の占める面積を Ω_2, ステップの前進速度を $v_{\text{s}} = K_{\text{s}}\Delta\mu$, ステップの自由エネルギー線密度を β として

$$V \sim a\left(\frac{\nu}{\Omega_2}\right)^{1/3}(K_{\text{s}}\Delta\mu)^{2/3}e^{-\pi\Omega_2\beta^2/3\Delta\mu k_{\text{B}}T} \tag{9.49}$$

と表される. 指数関数の肩にある量は 2 次元臨界核の形成自由エネルギー ΔG_{c} である. もし結晶表面にらせん転位が露出していれば, ここからステップが延びている. 過飽和状態になると, このステップが, らせん転位の端で固定されながら渦を巻いて前進し, 平たい円錐状の小丘をつくって成長する. この渦巻成長の成長速度は

$$V \approx \frac{1}{19}K_{\text{s}}\frac{a}{\Omega_2\beta}(\Delta\mu)^2 \tag{9.50}$$

となる. この式の数係数 1/19 はステップに異方性があると異なった値をとる. ファセットからわずかに傾いてステップが等間隔に並んだ面は微斜面とよばれ, その成長速度は, ステップ間隔を l とすれば

$$V = \frac{a}{l}v_{\text{s}} = \frac{a}{l}K_{\text{s}}\Delta\mu \tag{9.51}$$

である. 図 9.28 に結晶化の駆動力 $\Delta\mu$ と成長速度 V の関係を示す.

結晶成長では, 物質や熱が結晶化の起きる場所までどのようにして輸送されるかが問題となるので, 成長速度は表面の状態だけではなく, 母相の状態にも依存する. 気

9.4 結晶成長

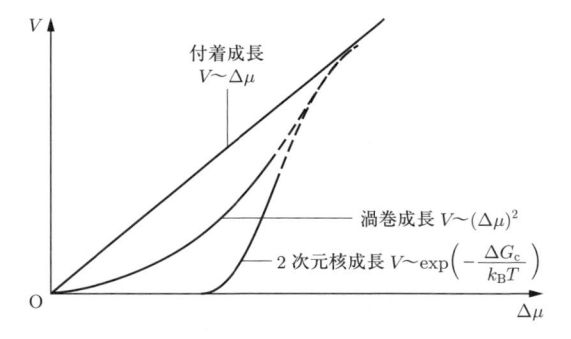

図 9.28 結晶化の駆動力 $\Delta\mu$ と成長速度 V の関係.

グラフ中のラベル:
- 付着成長 $V \sim \Delta\mu$
- 渦巻成長 $V \sim (\Delta\mu)^2$
- 2次元核成長 $V \sim \exp\left(-\dfrac{\Delta G_\mathrm{c}}{k_\mathrm{B}T}\right)$

相からの成長では,結晶表面が荒れた状態にあれば,入射した原子がそのまま固化するとみなせるので,成長速度は気相から原子が入射する頻度に比例し

$$V = \frac{1}{\sqrt{2\pi m k_\mathrm{B} T}} \frac{P - P_\mathrm{eq}(T)}{n_\mathrm{s}} \tag{9.52}$$

と書くことができる.P は気相の蒸気圧,$P_\mathrm{eq}(T)$ は平衡蒸気圧である.ここで化学ポテンシャルと蒸気圧の間には

$$\Delta\mu = k_\mathrm{B} T \ln \frac{P}{P_\mathrm{eq}(T)} \tag{9.53}$$

の関係がある.結晶表面がファセットや微斜面であれば,気相から入射した原子は結晶表面に吸着するが,そのままではまた蒸発してしまう.単位面積,単位時間あたりの入射頻度を f,蒸発までの寿命を τ とするとステップから離れた表面上の点での吸着原子密度は $c_\infty = f\tau$ である.このとき吸着原子は表面拡散によっておよそ $x_\mathrm{s} = \sqrt{D_\mathrm{s}\tau}$ の距離を移動する.D_s は表面拡散係数で,x_s は表面拡散長とよばれる.結晶表面が微斜面であって,間隔 l でステップが並んでいるとすれば,$l \ll x_\mathrm{s}$ ならばステップの前進速度は

$$v_\mathrm{s} \approx 2\Omega_2 D_\mathrm{s}(c_\infty - c_\mathrm{eq}^0)\frac{l}{2x_\mathrm{s}^2} = \Omega_2(f - f_\mathrm{eq})l \tag{9.54}$$

となり,ステップは平衡蒸気圧での入射頻度 f_eq を越えた分の原子を幅 l の領域から集めて前進する.逆にステップ間隔 l が拡散長 x_s より十分大きければ

$$v_\mathrm{s} \approx 2\Omega_2 D_\mathrm{s} \frac{c_\infty - c_\mathrm{eq}^0}{x_\mathrm{s}} = 2\Omega_2(f - f_\mathrm{eq})x_\mathrm{s} \tag{9.55}$$

で,ステップの両側 x_s の範囲に降った原子を集めて前進する.$f < f_\mathrm{eq}$ ならばステップは後退する (昇華).

これに対し融液からの成長では,成長速度は

$$V \approx \frac{a\nu}{k_\mathrm{B} T} e^{-\Delta s/k_\mathrm{B}} e^{-E_\mathrm{b}/k_\mathrm{B} T} \Delta\mu \tag{9.56}$$

と書くことができる．ここで E_b は液体中からの原子が固化するときのエネルギー障壁の大きさであり（これは液体中の原子拡散のエネルギー障壁の大きさと同程度），Δs は分子の形が複雑なときに，結晶での配置と液体内での配置の状態数の違いによるエントロピー差である．この式からわかるようにカイネティク係数は液体の拡散係数や粘性係数と関係がある．また，結晶中での分子配置が限定されているときにはその分だけ成長が遅くなる．ただし，結晶化は必ずしも個々の原子や分子の運動だけでは決まらず，液体の結晶化では界面で固体的な秩序が集団運動によって形成されることがあり，その場合は一般に成長が速い．

9.4.3　エピタキシャル成長

表面物理学の研究でよく使われ，表面微細加工の技術としても重要な結晶成長の方法はエピタキシャル成長である[3]．はじめに結晶成長の土台となる基板結晶を用意し，これに制御された条件で結晶を成長させる．基板結晶と成長させる結晶が同一物質の場合はホモエピタキシャル成長，違う物質の場合はヘテロエピタキシャル成長とよばれる．ホモエピタキシャル成長は普通の結晶成長の継続に過ぎないが，ヘテロエピタキシャル成長では両方の物質の結晶構造や格子定数などが異なるため，図 9.29 の 3 つの成長様式が区別される．下地の上にはエネルギー的にもっとも低い状態の吸着物質の薄い結晶層が形成される．結晶は下地との整合性のよい特定の面が特定の方位をとる．もし結晶のひずみエネルギーが無視できれば，液滴の完全な濡れと部分的な濡れに対応して，界面エネルギーによってフランク–ファン・デル・メルヴェ (Frank–van der Merwe: FM) 様式かフォルマー–ウェーバー (Volmer–Weber: VW) 様式のどちらかが実現する．ところが下地と吸着物との格子定数の差が大きいと，FM 様式では膜厚の増加とともにひずみエネルギーが増加してしまう．ひずみエネルギーの解消の仕方は 2 つある．ひとつはミスフィット転位とよばれる転位を界面に導入して格子定数の違いを打ち消すようにすることであり，もうひとつは VW 様式のように 3 次元的な島をつくって界面から離れたところでの格子定数を自然な値に近づけることである．格子不整合度があまり大きくないときには，最初は FM 様式で層成長し，途中から格子歪みを緩和する 3 次元的な島形成が起きるストランスキー–クラスタノフ (Stranski–Krastanov: SK) 様式が実現する．図 9.30 に，格子不整合度 $f = (b-a)/a$ (b が吸着物結晶の自

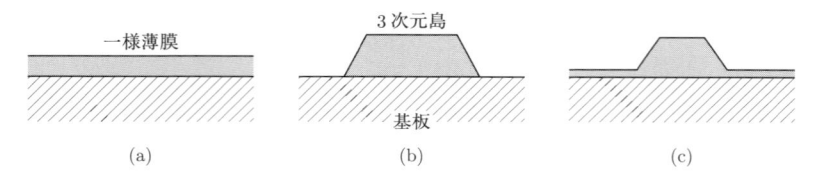

図 **9.29**　エピタキシャル成長の 3 つの代表的な成長様式．(a) FM 様式，(b) VW 様式，(c) SK 様式．

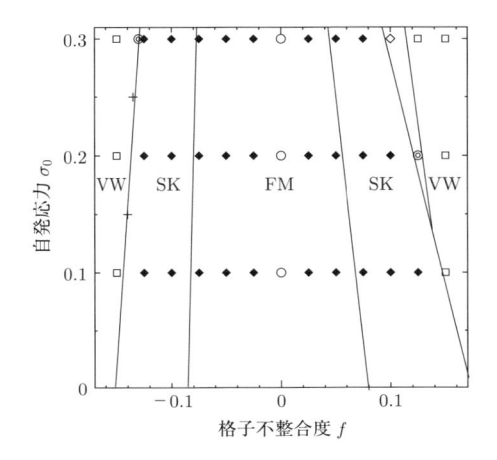

図 9.30　2 次元正方格子での格子不整合度と自発応力による成長様式の変化[4].

然な格子定数) と自発応力 (ステップなどで表面が平らでなくなったときそこにかかる力の大きさ) σ_0 による成長様式の変化の計算例を示す．この例では表面エネルギーだけを考えれば FM 様式なのだが，格子不整合や自発応力が大きいと SK 様式や VW 様式が実現する．

　結晶表面に 3 次元島が出現すると，下地結晶の弾性ひずみによってこれらの島が反発力を及ぼしあうため，同じ大きさの島が等間隔に配列することがある．Si 基板上の SiGe の結晶が SK 成長によって大きさと間隔のそろった 3 次元島をつくることがよく知られている．これらは量子ドットとしての応用が期待されている．

9.4.4　表面構造の緩和

　平衡状態での結晶の表面形状は自由エネルギー $\alpha(\hat{n})$ のみで決まる．結晶をある面で切断したとき，それがウルフの平衡形に現れない面であったなら，その面は不安定であり (準安定な場合もあるが)，原子移動が可能な場合には安定な方位の面に分裂する．この現象は一種の 2 相分離だが，一般に原子移動は遅い過程なので 2 相分離は空間的に小さなスケールでしか起こらない．

　安定な方位では結晶表面に凹凸があれば，平衡状態の平らな表面に緩和していく．このときの緩和時間は物質輸送の機構によって決定される．凹凸の空間スケールを R とすれば界面を平坦化する力はスティフネスによる表面張力 $\tilde{\alpha}/R$ であり，この力に比例して表面形状が緩和すれば $dR/dt \approx K\tilde{\alpha}/n_\mathrm{s} R$ より，緩和時間 τ は

$$\frac{1}{\tau} \approx \frac{K}{n_\mathrm{s}} \frac{\tilde{\alpha}}{R^2} \tag{9.57}$$

である．物質の輸送が律速になると，溶液中の結晶など拡散によって物質が運ばれる

場合には拡散係数を D として

$$\frac{1}{\tau} \approx \frac{D}{n_\mathrm{s}} \frac{n_\mathrm{eq}}{k_\mathrm{B} T} \frac{\tilde{\alpha}}{R^3} \tag{9.58}$$

と拡散係数 D と平衡密度 n_eq により定まり，また R の指数が 3 に変わる．物質が結晶表面上の拡散によって運ばれる場合には

$$\frac{1}{\tau} \approx \frac{D_\mathrm{s}}{n_\mathrm{s}{}^2} \frac{c_\mathrm{eq}}{k_\mathrm{B} T} \frac{\tilde{\alpha}}{R^4} \tag{9.59}$$

となる．ここで c_eq と D_s は表面での吸着原子密度と表面拡散係数である．これらの関係から，凹凸のスケール R が大きくなると緩和時間が急速に増大し，表面拡散では実質的に緩和が起こらなくなることがわかる．バルクの拡散も大きなスケールでは効かない．このように結晶が平衡状態になるのはごく小さなスケールにおいてのみである．

9.4.5 成長時の安定性

結晶が成長するときには，さまざまな非一様構造を表面につくり出す．気相成長の場合この原因として重要なのが，ステップを越えた拡散が平らなテラス上の拡散に較べて起こりにくいというアーリック–シュウェーベル (Ehrlich–Schwoebel: ES) 障壁とよばれる効果である．はじめに完全に平らなファセットを用意し，その上でエピタキシャル成長を行うと，表面に 2 次元島が形成される．入射した原子は先にできた島に拡散によって集まり，島が大きくなっていく．ES 障壁があるために，2 次元島の上に吸着した原子はその島の上で核生成を起こす．こうしてはじめにできた 2 次元核がそれぞれ 3 次元的な島に成長し，ファセットは小丘 (マウンド，mound) の集合体に変わる．この小丘は成長とともにゆっくりと粗大化することが知られている[5]．

結晶の微斜面では直線状のステップが等間隔に並び，ステップ間には到達距離の長い弾性的ひずみによる反発力が働く．したがって，等間隔にステップが配置された面は安定である．しかし，いったん結晶の成長や融解 (昇華) が始まると，この配置が不安定化することがしばしば見られる．ステップ間隔が等間隔でなくなって粗密ができたり，ステップの対や束ができることをステップバンチングとよぶ．これに対し，ステップ間隔をそろえたままステップが位相をそろえて波打つことをステップの蛇行，ステップワンダリングなどとよぶ[6]．

ステップバンチングは，ステップの前進速度が前後のテラス幅の関数であって，ES 効果のために前後の対称性が破れているために起きる．たとえば昇華の際にはステップは後退するが，後退速度は ES 効果が強ければ下段側のテラス幅に比例する．この場合，ステップの後退速度にゆらぎが生じると，速く後退したステップは下段側テラスが広く後退速度も速くなるので，ゆらぎが増幅されステップ対が形成される．ステップ間の斥力があれば対形成が起こりにくく，かわりにステップ密度のゆらぎが不安定になり，特定波長の安定した密度波が出現する (図 9.31)．ES 効果がなくてもシリコ

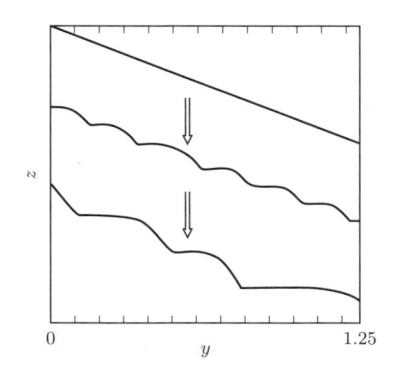

図 **9.31** 昇華中の微斜面でのステップバンチングによる表面形状の時間変化 (シミュレーション[7]). 図は断面で，ステップの高さが誇張されている．

ン (ケイ素)Si (111) 微斜面を通電加熱したときのように外場によって前後の対称性が破られている場合や，表面に 2 種の表面構造が共存する場合などにもバンチングが起きることが知られている．蒸発が無視できる場合には，ステップ対が形成され，その対がさらに大きな対をつくるという風に対形成が繰り返されて大きな束ができる．この場合，時間の経過とともに束は粗大化し束の成長は $L \sim t^\beta$ のべき則に従う．この指数はシミュレーションによればステップ間の相互作用によらず，$\beta \approx 1/2$ の場合が多い．しかし，バンチングの起きる機構によっては斥力相互作用ポテンシャルのべきと関係している場合も知られている．

ステップの蛇行も，いくつかのメカニズムによって起きる．もっとも代表的なものは，拡散場中の成長での不安定化としてよく知られたマリンズ–セカーカ (Mullins–Sekerka: MS) 不安定性とよばれるものである．直線上のステップが ES 効果のため下段テラスから吸着原子を取り込んで成長しているときに，その形状にゆらぎが生じると前に出た部分は表面拡散によってさらに原子を集めやすくなり，後ろに残った部分が取り残

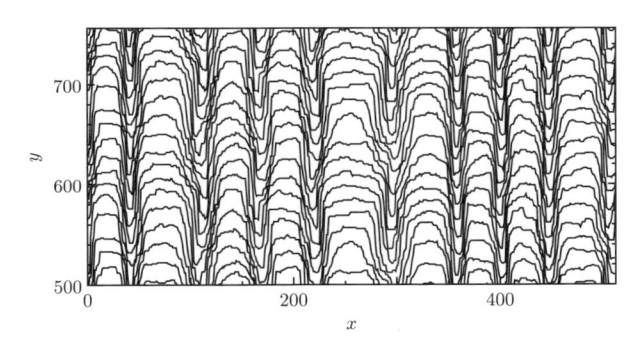

図 **9.32** 成長中の微斜面での位相をそろえたステップの蛇行 (シミュレーション[7]).

される.この不安定化はステップのスティフネスによる安定化と競合し,前進速度が速いときに不安定になる.不安定化したステップは不規則に波打ち,カオス的な様相を示す.蒸発が無視できるような条件では長波長のゆらぎは必ず不安定になる.このとき微斜面では並んだステップが位相をそろえて蛇行を起こし,蛇行パターンは周期的な安定したものに変わる(図 9.32).この周期パターンはステップ間の反発力の効果で,波の振幅が大きくなると同時に波長も大きくなり,パターンは粗大化する.

[上 羽 牧 夫]

文　献

[1] S. Balibar et al., Rev. Mod. Phys. **77** (2005) 317.
[2] 上羽牧夫,「結晶成長のしくみを探る―その物理的基礎」(共立出版, 2002).
[3] 中嶋一雄 編,結晶成長のダイナミクス 3 「エピタキシャル成長のメカニズム」(共立出版, 2002);中嶋一雄 編,結晶成長のダイナミクス 4 「エピタキシャル成長のフロンティア」(共立出版, 2002).
[4] H. Katsuno et al., J. Cryst. Growth **275** (2005) e283.
[5] T. Michely and J. Krug, *Islands, Mounds and Atoms* (Springer-Verlag, 2004).
[6] K. Yagi et al., Surf. Sci. Rep. **43** (2001) 45.
[7] M. Uwaha, in *Fundamentals and Applications of Crystal Growth Research and Technology*, ed. by K. Sato et al. (Elsevier, 2001) p. 78.

10

誘 電 体

10.1 誘電体とは[1]

10.1.1 常誘電体と強誘電体

電気伝導性がない固体に外部電場を加えると，内部の正負の粒子間が相対変位して電気双極子 p_i を形成する．そのミクロな双極子モーメント p_i を積分したものがマクロな電気分極 $P\,(=\sum p_i)$ となる．双極子が形成される機構によって，慣習として電気分極を (a) 電子分極, (b) イオン分極, (c) 配向分極に分類し，模式的に描けば図 10.1 のようになる．

典型的なイオン結合の結晶構造を図 10.2 に示す．塩化ナトリウム (NaCl) はよく知られており，Na^+ と Cl^- はそれぞれ部分格子である．このタイプの結晶はあまり温度変化のない誘電特性を示し，誘電分散は赤外線領域で起きる．たとえば，NaCl ではイオン分極と電子分極による誘電率は 5.9 であり，そのうち電子分極は 2.25 である．

2 つの金属イオンと酸素イオンで形成されるペロブスカイト型結晶 (図 10.2b) では 5 つの部分格子で成り立っており，強誘電的転移を起こすことがよくあり，これを変位型強誘電性とよぶ (10.1.2 項と 10.1.3 項 b 参照)．

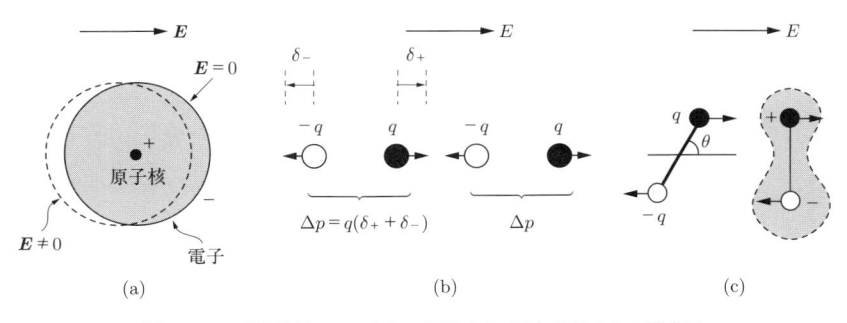

図 **10.1** 電子分極 (a)，イオン分極 (b)，配向分極 (c) の模式図．

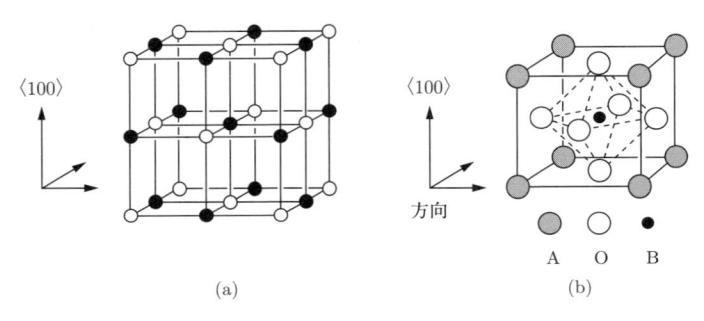

図 10.2 イオン結合の結晶構造. (a) NaCl 型 (白丸は Na$^+$ イオン, 黒丸は Cl$^-$ イオン), (b) ペロブスカイト型 (ABO$_3$).

結晶の中にもともと永久双極子が存在し,それらが不整列から整列するために強誘電性を示す物質もいろいろあり,整列・不整列型とよぶ (10.1.3 項 a 参照).

強誘電体の現象論的理論は,結晶の熱力学的な自由エネルギー F を簡単のため 1 次元の分極 P のみの関数としてしらべることにしよう.

$$F = \frac{1}{2}\alpha P^2 + \frac{1}{4}\beta P^4 + \frac{1}{6}\gamma P^6 + \cdots \tag{10.1}$$

ここで,P^2 の係数 α だけが温度に敏感であって,

$$\alpha = \alpha_0(T - T_0) \qquad (\alpha_0 > 0) \tag{10.2}$$

のように温度変化をし,β と γ は正の定数とする.

熱平衡下では自由エネルギーは P に関して極小値をとるから,式 (10.1) に関する

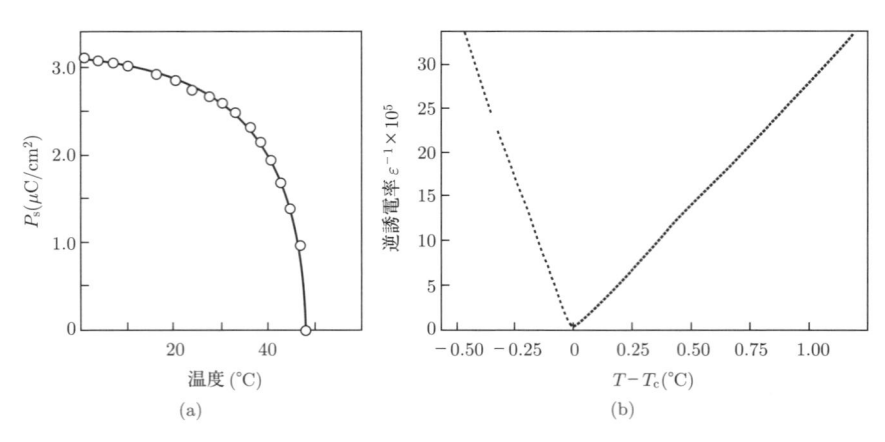

図 10.3 TGS [硫酸グリシン (NH$_2$CH$_2$COOH)$_3$H$_2$SO$_4$] の自発分極 (a) と誘電率の温度特性 (b).

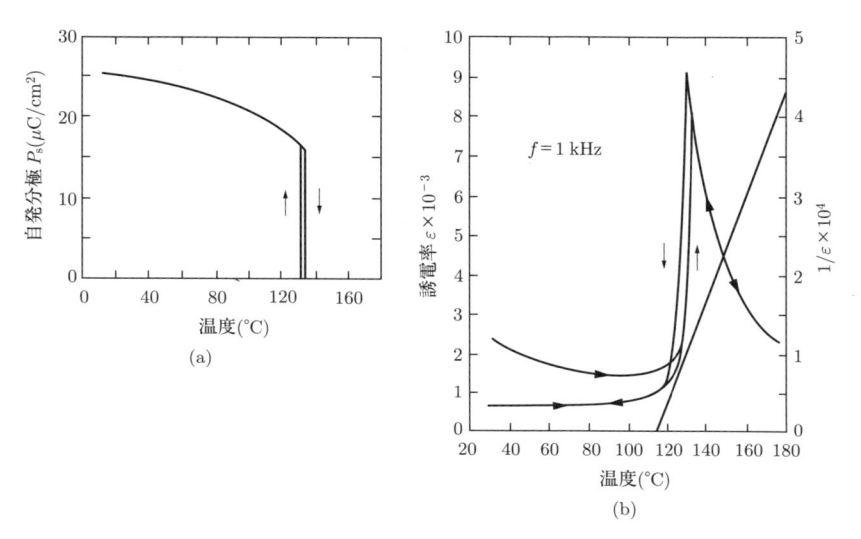

図 **10.4** BaTiO$_3$ 結晶の自発分極 (a) と誘電率, 逆誘電率の温度特性 (b).

微分を 0 とおくと,

$$P_s \begin{cases} \simeq (\alpha_0/\beta_0)^{1/2}(T_0 - T)^{1/2} & (T < T_0) \\ = 0 & (T > T_0) \end{cases} \tag{10.3}$$

$$\chi \simeq \varepsilon/4\pi = \begin{cases} \alpha_0^{-1}(T - T_0)^{-1} & (T > T_0) \\ (2\alpha_0)^{-1}(T - T_0)^{-1} & (T < T_0) \end{cases} \tag{10.4}$$

となる. たとえば図 10.3 は TGS の実験データであり, 相転移温度 T_C と T_0 は一致している (2 次転移).

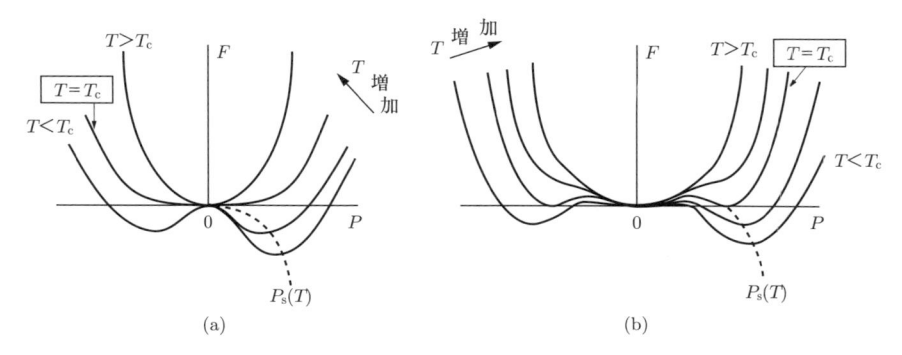

図 **10.5** 自由エネルギー F 対電気分極 P_s. (a) 2 次転移, (b) 1 次転移.

多くの強誘電体では，図 10.4 の BaTiO$_3$ の場合のように，T_C で P_s と ε に不連続が現れる 1 次転移となる．

これを理解するためには，式 (10.1) の P^4 の係数 β を負，γ を正の定数として解くと導かれる[1]．

電気分極 P 対自由エネルギー F の関係を T_C 温度近傍で求めると図 10.5 のようになる．1 次転移の場合には，$T \approx T_C$ で $P_s(T)$ に不連続が起こることが理解される．

自発分極 P_s は結晶格子の内部ひずみであるから，強誘電相では格子の自発ひずみが発生する．これは強磁性相転移とは対照的である．また，光学特性については，P_s に比例する屈折率の異方性が発生する．

10.1.2　BaTiO$_3$ と PbTiO$_3$

ペロブスカイト型強誘電体は，第 2 次世界大戦中に BaTiO$_3$ が米，ソ連，日本で独立に発見されたのが最初である．この ABO$_3$ 型結晶を改めてしらべると，図 10.6 のように頂点を共有する酸素八面体がネットワークを形成し，その八面体の中心 (B サイト) にイオン半径の小さい Ti^{4+} があり，八面体の外側に 12 個の O^{2-} に囲まれた位置にイオン半径の大きい Ba^{2+} が収容されている．3 つのイオン半径 (r_A, r_B, r_O) について寛容係数 (tolerance factor) として

$$t \equiv \frac{r_A + r_O}{\sqrt{2}(r_B + r_O)} \tag{10.5}$$

を定義しておく．3 つのイオンが互いにちょうど接触しあっているのは，$t = 1$ の場合である．r_{Ba}, r_{Ti}, r_O はそれぞれ 1.60, 0.61, 1.40 Å であるから，$t\,(\mathrm{BaTiO_3}) = 1.055$ で 1.0 より大きい．

BaTiO$_3$ の強誘電性のミクロ的理論は J. Slater によって提唱された．完全なイオン結晶という立場に立って構成イオンはそれぞれ独自のイオン分極と電子分極をもち，

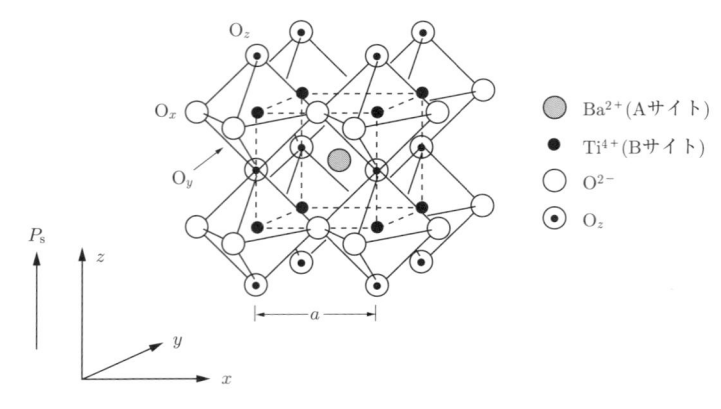

図 **10.6**　BaTiO$_3$ の結晶構造と 5 つの副格子．

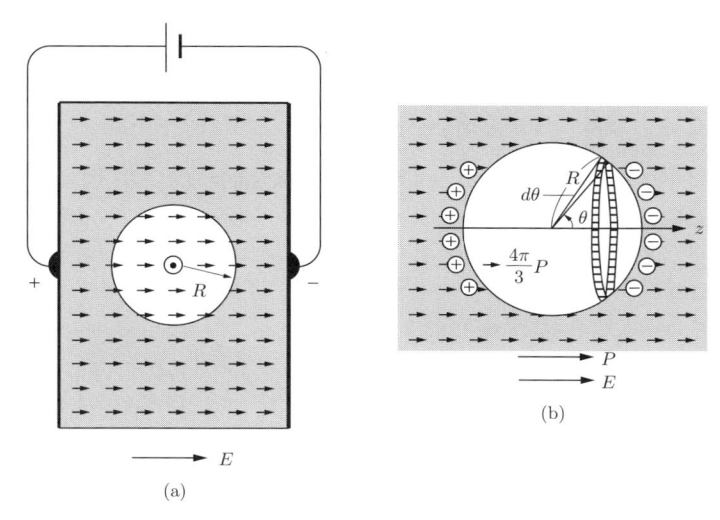

図 **10.7** (a) コンデンサー中の一様分極した誘電体．(b) 球状の空洞を考えて局所電場を計算する．

それらが相互作用を及ぼし合うとした．寛容係数 $t > 1$ であり，すなわち Ti^{4+} は酸素八面体のかごの中で余裕があるから，イオン分極がとくに大きく，電子分極は体積の大きい O^{2-} が著しいと想定した．

結晶のような凝縮系では各イオンの感じる局所電場 E_{loc} はもはや外部電場 E_{ext} だけでなく，誘起された電気双極子が図 10.7a に描いたように，⊙ 点に及ぼしている．図 10.7b に描いたような状況で球表面に生じた電荷が球中心に及ぼす電場 E_s を計算すると，

$$E_s = \frac{4\pi}{3} P \tag{10.6}$$

のようになる．双極子が単純立方格子の配置をしており，中心もその格子点の1つであるとすると，球面全体の和はゼロになる[1]．したがって局所電場 $E_{loc} = E_{ext} + (4\pi/3)P$ となる．一般に格子点でない場所の局所電場は $[(4\pi/3) + S_z(u,v,w)]P$ となる．この S_z をローレンツ補正という．O_z 副格子と Ti 副格子は互いに $(0,0,1/2)$ の位置にあるから，ローレンツ補正の寄与は大きく，$S_z = (0,0,1/2) = 30.08$ となり，通常 $(4\pi/3)P$ であった局所場は $(30.08 + 4\pi/3)P$ と 8.2 倍も増大する．このことと寛容係数による Ti^{4+} の大きいイオン分極の両方の効果で，$BaTiO_3$ は誘電的相互作用が効果的になり，図 10.4 に示したように $T_C \approx 130°C$ の強誘電相の出現が理解される．

温度に依存する相転移現象を理解するために，Slater は変位の大きい Ti^{4+} イオンが感じるポテンシャル $\phi(\boldsymbol{r})$ は

$$\phi(\boldsymbol{r}) = a(x^2 + \cdots) + b_1(x^4 + \cdots) + 2b_2(x^2 y^2 + \cdots) \tag{10.7}$$

の形の非調和項を考え，Ti^{4+} イオン分極率の熱平均値 $\langle A \rangle$ を計算して，次の表式を導いた．

$$\langle A \rangle = \frac{q^2}{2a}\left[1 - \frac{k_\mathrm{B}T}{a^2}(3b_1 + 2b_2)\right] \tag{10.8}$$

これにより，温度が上昇すると $\langle A \rangle$ が低下し，臨界温度 T_c において強誘電性が消失することになる．

A サイトにイオン半径の小さいイオンを導入すると，寛容係数 t が減少し，強誘電性が抑圧される．たとえば，Sr^{2+} のイオン半径は $1.44\,\text{Å}$ であり，$t(SrTiO_2) = 0.999$ で強誘電性は辛うじて発生する (10.1.3 項参照)．

チタン酸鉛 ($PbTiO_3$) は同じペロブスカイト構造であり，Pb^{2+} のイオン半径は $1.49\,\text{Å}$ であり，$t(PbTiO_3) = 1.0168$ である．したがって，$PbTiO_3$ は $SrTiO_3$ の場合のように $BaTiO_3$ の強誘電性が相当抑圧されていると予想もできるが，実際には正反対に $T_\mathrm{c} \approx 490°C$ で $P_\mathrm{s} \approx 60\,\mu\mathrm{C/cm}^2$ (室温) であり，自発格子ひずみ $(c-a)/a$ も $BaTiO_3$ の 1% に比べて 6% と大きい．構造解析によって観測された自発イオン変位のパターンは，図 10.8 のようになっている．$BaTiO_3$ では酸素八面体の中心の Ti^{4+} イオンの変位が主であるが，$PbTiO_3$ ではそのほかに Pb^{2+} イオンの変位も大きいことを注目されたい．

近年，$BaTiO_3$ と $PbTiO_3$ の電子構造について APW 法にもとづく理論計算が実行された[3]．原子変位の関数としてのエネルギー特性が格子容積および格子ひずみとの結合の影響も取り入れて評価され，$T \approx 0$ における Ti 原子のポテンシャルが第 1 原理から求められた．

$PbTiO_3$ について述べると，$PbTiO_3$ の強誘電性が大きいのは Pb の 6s 軌道と O の 2p 軌道が混成し，共有結合性が著しいためであることがわかった．また，一般に酸素八面体中の Ti の役割は Slater のイオン結晶モデルだけでなく，Ti の空の 3d 軌道と O の 2p 軌道の共有結合も重要であることがわかった．$BaTiO_3$ では，$T_\mathrm{c} \approx 120°C$

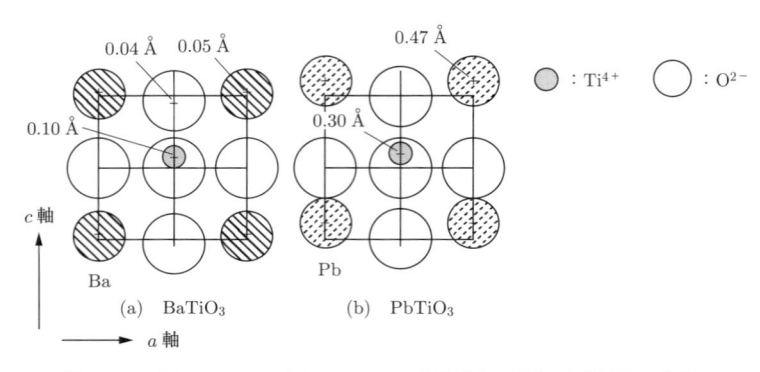

図 10.8　(a) $BaTiO_3$，(b) $PbTiO_3$ の自発イオン変位 (白根元らによる)．

で $P_s \parallel [100]$ の正方相から斜方相を経て最低温では $P_s \parallel \langle 111 \rangle$ の菱面相へ逐次相転移を起こすことが知られているが,理論的にもそれが裏づけられている.

最近,わが国においても第 3 世代の放射光実験施設における高エネルギー X 線を利用して精密な電子密度分布を得ることが可能になった.MEM/Rietveld 法により $PbTiO_3$ の Pb が正方相で O と共有結合している様子が実験的に明らかになった.第 1 原理計算の結果が実験的に確認されたわけである[4].

10.1.3 様々な誘電的相転移

a. 整列・不整列型強誘電体

整列・不整列型のカテゴリーに属する強誘電体は昔からさまざまなタイプのものが発見されていた.ここでは典型的ないくつかの結晶を取り上げて述べる.

亜硝酸ナトリウム ($NaNO_2$) は図 10.9 に描いたような結晶構造をもつ.Na^+ と NO_2^- はそれぞれ bcc 格子をつくり,NO_2^- 基は 0,4 D (デバイ) 単位の永久双極子モーメントをもっている.強誘電相では NO_2^- 基は図 10.9a のように b 方向に向きをそろえて配列している.$T > T_C (= 163.3°C)$ では,その配列がランダムになり,P_s は 0 になり,常誘電相に移行する.整列・不整列と変位型の違いは,誘電分散特性に現れる.図 10.10 は誘電分散の実験結果であり,50 MHz 付近から誘電緩和を起こし始める.各温度においてコール–コールの円弧則でよくフィットされ,それにより緩和周波数 f_r をプロットすると,図 10.10b のようになる[5].緩和時間 τ は,

$$\tau \propto \frac{1}{T - T_c} \tag{10.9}$$

のように温度変化する.これを臨界緩和とよぶ.

TGS (硫酸グリシン) は複雑な結晶構造をもつ水溶性結晶である.この結晶は図 10.3

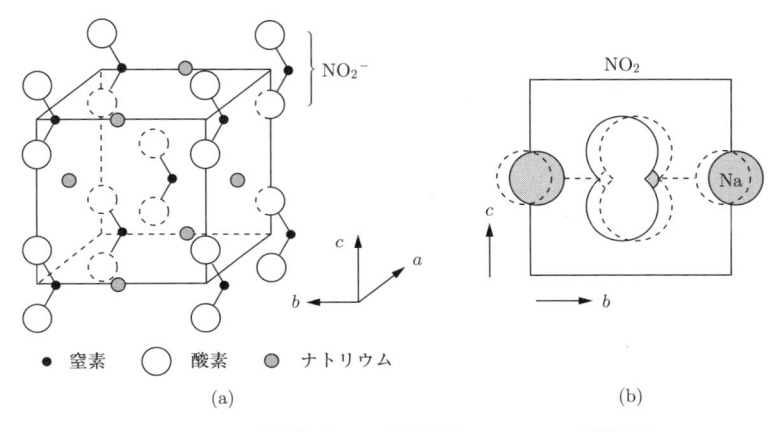

図 **10.9** $NaNO_2$ の結晶構造.(a) 強誘電相 (C_{2v}).(b) 常誘電相 (D_{2h}).

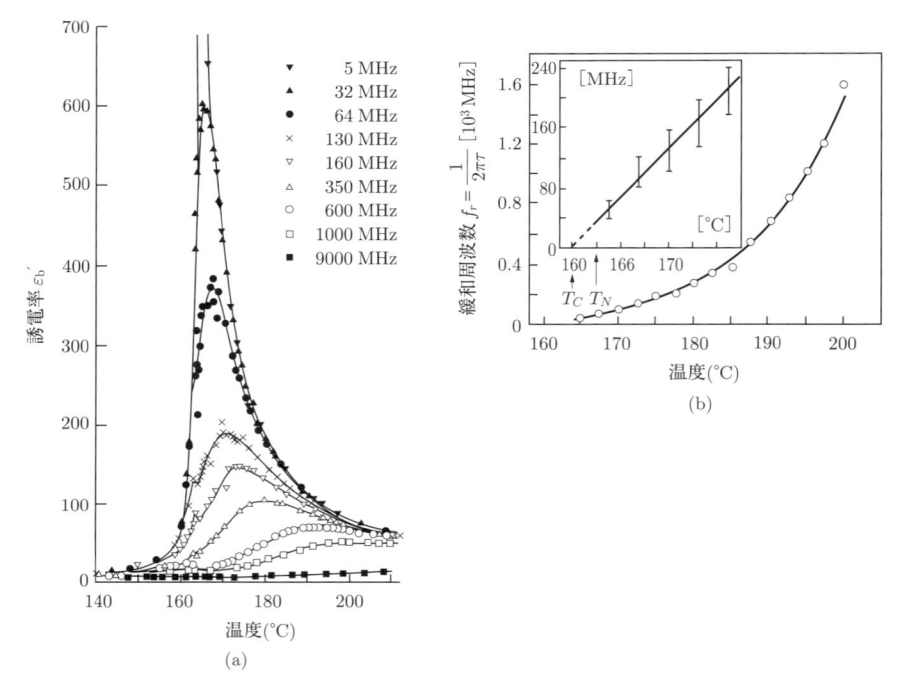

図 10.10 $NaNO_2$ の誘電分散. (a) $\varepsilon_b'(T)$ の周波数依存性, (b) 緩和周波数 f_r の温度特性.

に示すように理想的な 2 次相転移の特性を示す. P_s は $(T_c - T)^{1/2}$ によく比例し, 誘電率は T_c のごく近傍までキュリー–ワイス則が完全に成り立っている.

KH_2PO_4 (リン酸カリ, KDP と略称) はもっとも初期に発見された強誘電結晶であり, 水素結合をもつことや高温相がすでに圧電性があるという特徴をもつ. その結晶構造は図 10.11 のように, $(PO_4)^{-3}$ 基の四面体が水素結合で結ばれて 3 次元ネットワークをつくっている.

水素結合ボンドの H^+ は結合線上に 2 つの安定位置があり, PO_4 四面体には H^+ は 2 個だけが接近できる条件のため相関が生じる. 圧電性の高温相のために, 誘電特性と弾性特性が相互に影響し合う. KH_2PO_4 の H を D (重水素) で置換すると T_c が著しく増加する [$T_c(KH_2PO_4) \approx 150°C$, $T_c(KD_2PO_4) \approx -60°C$]. この現象の解釈は長年論議されているが, いまだ決着していない問題である[6].

b. ソフトモード相転移

昔, W. Cochran が LST (Lyddane–Sachs–Teller) 関係にもとづいて, $T \to T_c$ において $\varepsilon \to \infty$ になることから, 赤外活性の横波フォノンが

$$\omega_{TO}{}^2 \propto (T - T_c)$$

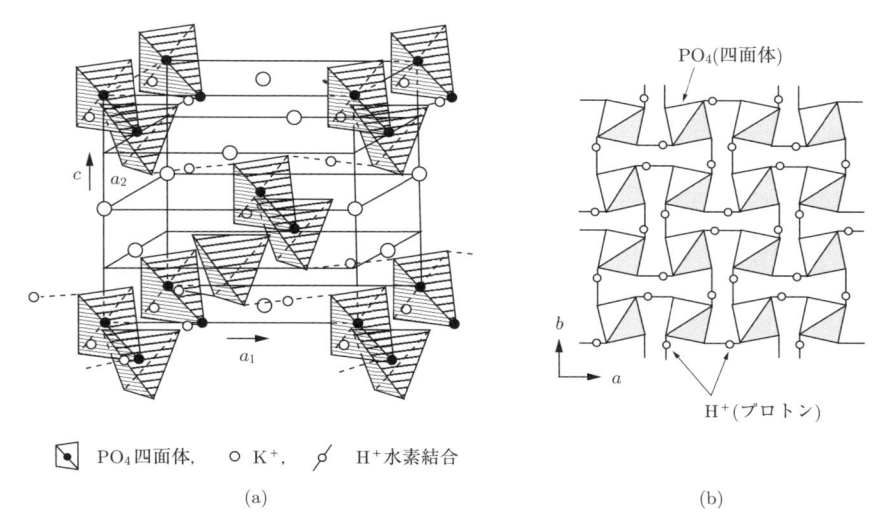

図 10.11 KH$_2$PO$_4$ の結晶構造. (a) 立体図. (b) (001) 面投影図 ($P_\mathrm{s} \parallel [001]$).

となることが変位型強誘電体の本質であると考えた[7].

この強誘電的ソフトモードの予言は PbTiO$_3$ やいろいろな強誘電体で確認されたが,BaTiO$_3$ や KNbO$_3$ などではそのソフトモードが著しく過減衰になっているという予想外の知見も得られた.

SrTiO$_3$ では低温領域では格子振動で零点振動が支配的になり,この量子効果のために強誘電相転移を起こさないまま,高誘電率を保つ量子常誘電性になる (図 10.12, 10.2.2 項参照). この状態では,温度はもはや誘電的秩序化を制御する有効性を失う

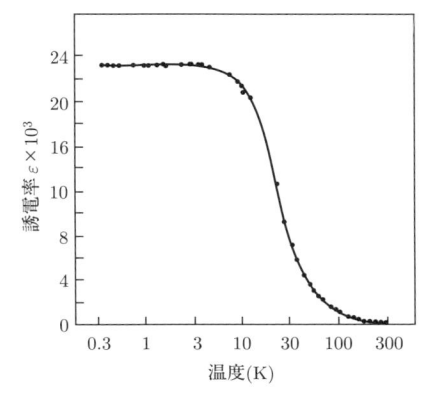

図 10.12 SrTiO$_3$ の極低温における ε–T 特性[8].

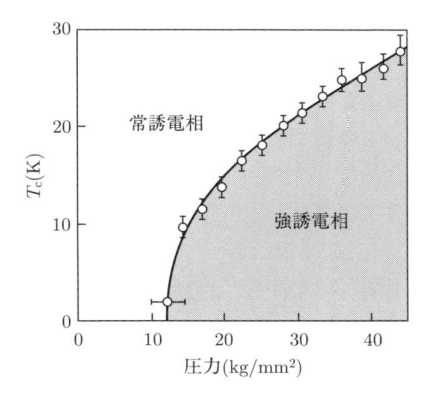

図 10.13 SiTiO$_3$ の T_c の [100] 圧力依存性[9].

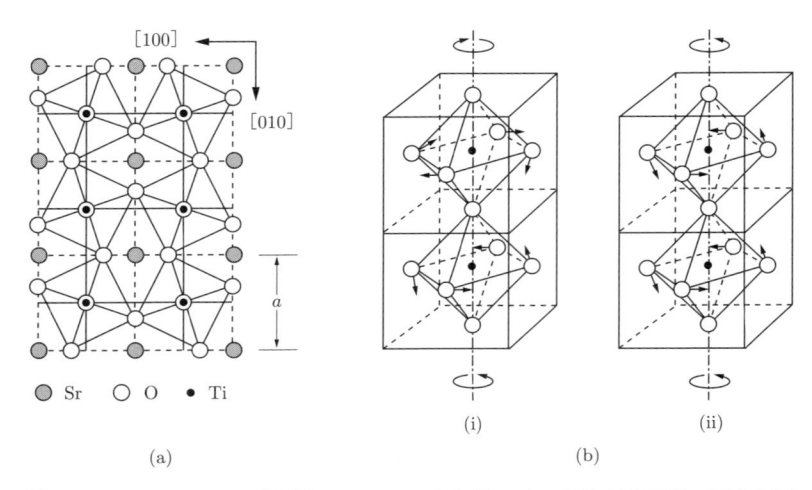

図 10.14 (a) $SrTiO_3$ の低温相 ($T < T_a$) の自発変位の [001] 面への投影図. (b) 回転変位の 2 つのタイプ. (i) は R_{25} モード, (ii) は M_3 モードに対応.

が, 他の手段で双極子相互作用を強化し, 強誘電相転移を起こさせることができる. $SrTiO_3$ に適当な一軸性圧力を印加して, 強誘電相転移を誘起できることが誘電測定やラマン観測などから見出された (図 10.13 参照)[9].

量子常誘電体をベースとした混晶系でも, このような量子強誘電性を発生させることもできた.

ペロブスカイト型結晶では, 誘電体異常を伴わない構造相転移が広範に存在している. これらは結晶中の酸素八面体の回転変位にもとづくことが明らかになった.

$SrTiO_3$ は $T_a \approx 105\,K$ 以下で図 10.14a のように酸素八面体の交互ねじれ変位が起きる[10]. 図 10.14b に示すように交互ねじれが [001] 方向で反対になれば, ブリユアン帯境界の R 点, $\boldsymbol{K} = (\pi/a)(1, 1, 1)$ の R_{25} モード, 同じになれば M 点, $\boldsymbol{K} = (\pi/a)(1, 1, 0)$ の M_3 モードに対応し, 空間並進対称性は超格子構造をとる. この構造相転移のソフトフォノンのモード周波数の温度変化は, 図 10.15 に示すようにラマン散乱や中性子非弾性散乱によって観測された[11,12].

八面体の回転変位にもとづく相転移は, 酸化物だけでなくハロゲン化合物のペロブスカイト型結晶 $CsPbCl_3$ などにも広く存在する. 相転移温度 T_a は結晶により様々である. もっとも高い値は, $CaTiO_3$ (鉱物名はペロブスカイト) の $T_a = 1530\,K$ である.

特異な例として, モリブデン酸希土類 $[R_2(MoO_4)_3;\,R:\,Gd,\,Tb$ など$]$ がある. これらの結晶は $T_a \approx 160°C$ で高温相 (D_{2d}) のゾーン境界 M 点でソフトモード相転移を起こし, 低温相 (C_{2v}) へ移る. この高温相が圧電性であるため, 圧電係数 a_{36} によって自発格子ひずみ $(x_6)_s$ が誘電分極 P_3 と $a_{36}P_3x_6$ の形の双 1 次結合を起こし, その結果として見かけ上の自発分極 P_3 が発生する. この見かけの自発分極は外部磁場や圧

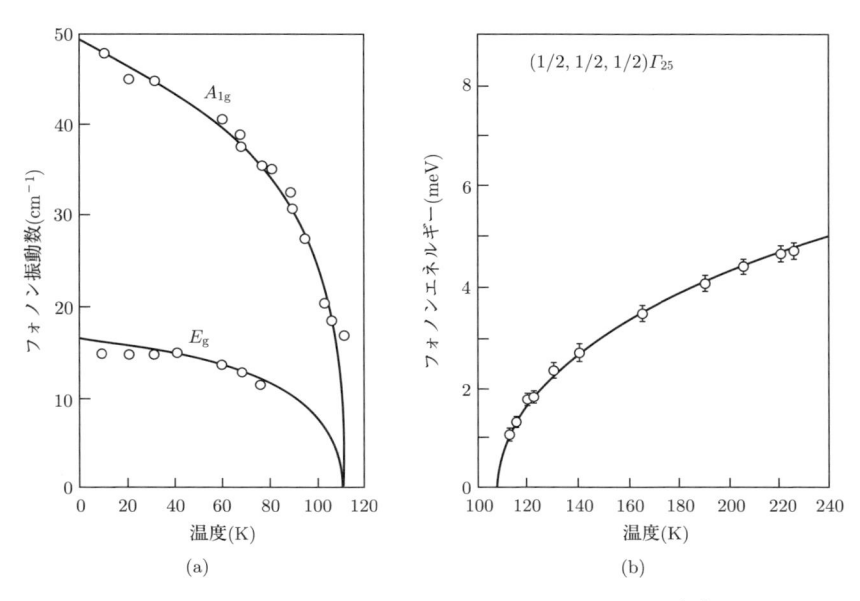

図 10.15 (a) SrTiO$_3$ の低温相におけるソフトモードのラマン・シフト[11], (b) 中性子非弾性散乱による高温相の R_{25} モードのフォノンエネルギー[12].

力で分極反転するが,本来の強誘電性でない証拠に,図 10.16 に示すように $T > T_a$ の領域で ε のキュリー–ワイス的発散が現れないで,低温相側で弾性異常が起こる.この現象は間接型強誘電性ともよばれる.

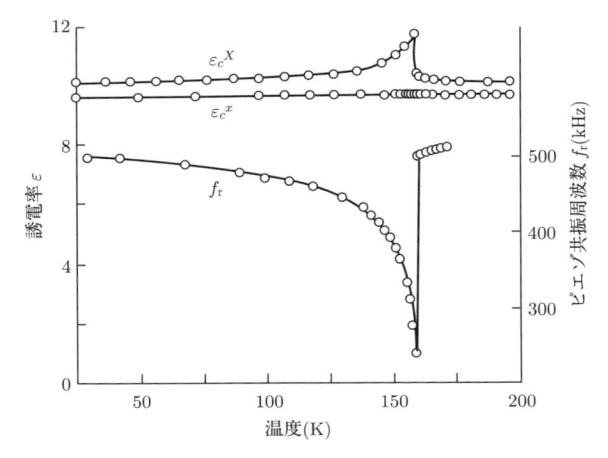

図 10.16 Gd$_2$(MoO$_4$)$_3$ の c 方向束縛誘電率 ε_c^x,同方向の自由誘電率 ε_c^X およびピエゾ共振周波数 f_r (L. E. Cross による).

ジルコン酸鉛 (PbZrO$_3$) では低温相で副格子自発分極が反平行になる反強誘電性 ($P_s \approx 0$) であるが,ある臨界値以上の外部電場を加えると平行になり,強誘電相へと電場誘起相転移を起こす[1].

高 T_c の変位型強誘電物質の LiNbO$_3$ ($T_c \approx 1210°$C) と LiTaO$_3$ ($T_c \approx 665°$C) については参考書[13] を参照されたい.　　　　　　　　　　　　　　　　[作道恒太郎]

文　献

[1] 作道恒太郎,「固体物理—講師振動・誘電体」(裳華房,2002).
[2] J. C. Slater, Phys. Rev. **78** (1950) 748.
[3] R. E. Cohen and H. Krakauer, Phys. Rev. **B42** (1990) 6416; R. E. Cohen, Nature **358** (1992) 136.
[4] Y. Kuroiwa et al., Phys. Rev. Lett. **87** (2001) 21760
[5] I. Hatta, J. Phys. Soc. Jpn. **24** (1968) 1043.
[6] 徳永正晴,「誘電体」(培風館,1993).
[7] W. Cochran, Phys. Rev. Lett. **9** (1962) 159.
[8] K. A. Müller and H. Burkard, Phys. Rev. B **19** (1979) 3593.
[9] H. Fujii et al., J. Phys. Soc. Jpn. **56** (1987) 1940.
[10] H. Unoki et al., J. Phys. Soc. Jpn. **23** (1967) 546.
[11] P. A. Fleury et al., Phys. Rev. Lett. **21** (1968) 16.
[12] G. Shirane and Y. Yamada, Phys. Rev. **177** (1969) 858.
[13] M. E. Lines and A. M. Glass, *Principle and Applications of Ferroelectrics and Related Materials* (Clarendon Press, 1977).

10.2　本質的不均一系としての誘電体

10.2.1　リラクサー

a.　リラクサーとは

リラクサーの研究は 1950 年代にロシアの Smolensky のグループが始めた複合ペロブスカイトが示す散漫な相転移の研究に端を発する[1].これらの結晶は誘電率が幅広い温度にわたって数千から数万と大きく,しかもピークを示すことから散漫相転移とよばれていたが,特徴的な誘電緩和 (dielectric relaxation) に名をとって 1970 年代後半からリラクサー (relaxor) という名前が使われ始め,今はこれが定着している.電気–機械結合係数 (電気的エネルギーから機械的エネルギーへの変換効率) が圧電結晶の中でもっとも大きく,超音波素子あるいはアクチュエーター素材として優れた特性をもっていること,またエレクトロニクス素子の小型化に対するニーズから,大容量積層コンデンサーへの応用研究が進められている[2].一方,基礎としてはメソスコピックな不均一系としてスピングラスと類似した特徴的な現象が見つかり関心を引き付けている.後述するように,リラクサーの特徴は,非極性マトリックス中に現れる極性ナノクラスターのふるまいに起因する.このような物質の階層性に起因する不均一構

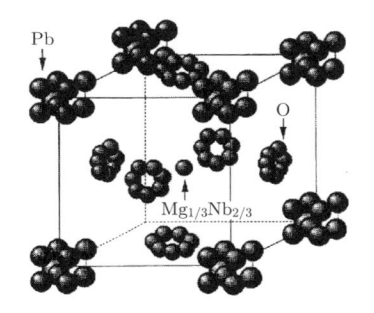

図 10.17 リラクサー PMN の結晶構造．鉛イオンと酸素イオンは等価な位置を占有する不規則構造をとっている．

造「ゆらぎ」はしばしば巨大な応答特性をもたらし，様々な物質に見出されているが，リラクサーはその代表的な物質であるといえる[3]．

b. リラクサーの組成と構造

リラクサー特有の性質を示すのは，ペロブスカイト酸化物の B サイトを，価数，イオン半径の異なる 2 種類の原子で置き換えた，複合ペロブスカイト群 $A(B'B'')O_3$ に多い．A サイトには +2 価のイオン (とくに鉛) が入るので，B サイトイオンの平均価数は +4 であればよい．したがって，(B'^{+2}, B''^{+5}) の組合せの場合は B′ と B″ は 1：2 の比率で入り (I 型)，(B'^{+3}, B''^{+5}) または (B'^{+2}, B''^{+6}) の組合せの場合には 1：1 で入る (II 型)．もっとも典型的なリラクサーは I 型のマグネシウムニオブ酸鉛 (PMN) である．この他に I 型の亜鉛ニオブ酸鉛 (PZN)，II 型のスカンジウムニオブ酸鉛 (PSN) およびそれらとチタン酸鉛との混晶系などがある．A，B 両サイトに 2 種類のイオンをもつペロブスカイト酸化物やタングステンブロンズ構造をもつ複合酸化物もリラクサー特性を示すことが報告されている．

プロトタイプリラクサーである PMN の結晶構造を図 10.17 に示す．鉛は A サイトから約 0.3Å (格子定数 4Å の約 1/10 と大きい) 変位してほぼ球状に分布する．一方，酸素は $\{100\}$ 平面の上下にリング上に分布する．B サイトのマグネシウムとニオブには不規則配列は見られない．このような不規則構造は，他のリラクサーにも共通して見られる．

PMN は誘電率がピークを示すにもかかわらず極低温まで平均構造は立方晶 (空間群 $Pm\bar{3}m$) のままである．しかしある温度 (T_d) 以下では極性をもった三方晶相 ($3m$) が発達する．後で述べるようにこの極性相のサイズは数ナノと予想され，T_d は誘電率のピーク温度よりはるかに高温である．

c. リラクサーの誘電特性

リラクサーには，長距離秩序が極低温まで発達しないタイプと，ある転移温度以下で長距離秩序が発達して，強誘電体あるいは反強誘電体となるタイプとがある．長距離秩序の発達しないタイプのもっとも典型的なものが，PMN である．PMN の誘電

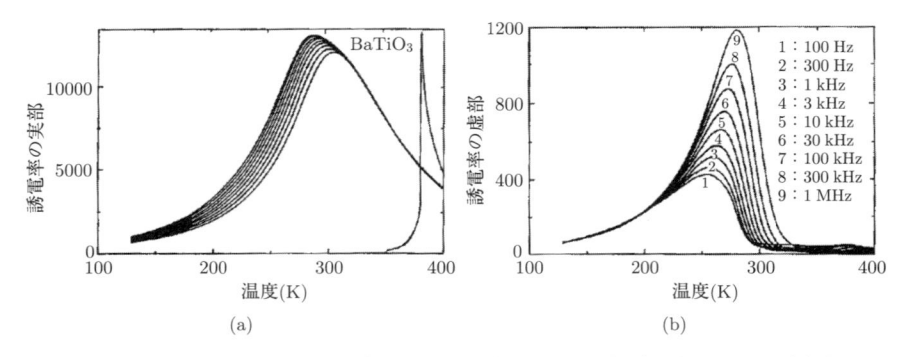

図 10.18 リラクサー PMN の誘電率の温度依存性. (a) は誘電率の実部, (b) は虚部を種々の周波数で測定した結果を示す.

率のふるまいを図 10.18 に示す[4]. 誘電率の実部 ε' (図 10.18a) は広範囲の温度にわたって数万の大きな値を示す. 低周波領域で大きな分散を示し, 周波数が高くなるとピークの位置は高温側にシフトして, ピーク値は減少する. つまり誘電率のピーク温度は転移温度ではないことがわかるが, 実際, 電場がゼロのもとでは長距離秩序が発生しない. 一方, 誘電率の虚部 ε'' も周波数が増加するとピーク温度は上昇するが, ピーク値は逆に増加する (図 10.18b). 実部が大きな値をとるにもかかわらず, 誘電損 ($\tan\delta = \varepsilon'/\varepsilon''$) は数%と小さい. 図 10.18a には比較のために, 強誘電体 $BaTiO_3$ の実部誘電率の温度依存性を示す. 誘電率はキュリー–ワイス (Curie–Weiss) 則に従い, 転移点 $T_c = 393$ K で発散する傾向を見せ大きくなる. 変化はシャープであり, リラクサーの誘電率のふるまいが $BaTiO_3$ のような通常の強誘電体とは異なることがわかる. 誘電分散の結果から, ガラス転移に特有なフォーゲル–フルチャー (Vogel–Fulcher) 則が成立し, これより双極子のダイナミックな動きが凍結する温度 (T_f) が決定される. この法則に従うかどうかも物質がリラクサーかどうかを判定する条件の 1 つといえる.

低温で長距離秩序が発達して強誘電体となる例として, PSN があげられる. 誘電率は PMN と同じような周波数分散を示し, 誘電率が最大となる温度は転移温度とは異なる.

リラクサーは特徴的な非線形誘電応答を示す. 電気分極 P を電場 E で展開すると

$$P = \varepsilon_0\{\chi_s E + \chi^{(2)} E^2 + \chi^{(3)} E^3 + \cdots\} \tag{10.10}$$

と表される. ここで $\chi_s, \chi^{(2)}, \chi^{(3)}$ はそれぞれ, 1 次, 2 次, 3 次の電気感受率を表している. PMN の場合, 平均構造は中心対称性をもつので 2 次の感受率は存在しない. ここで 3 次非線形誘電定数を $a = \chi^{(3)}/\chi_s^4$ と定義し, この温度依存性を図 10.19 に示す[5]. a は温度下降とともに減少し, 最小値をとった後単調に増加する. 分極が凍結する温度 T_f は特異点ではなく, 周波数分散もほとんど示さない.

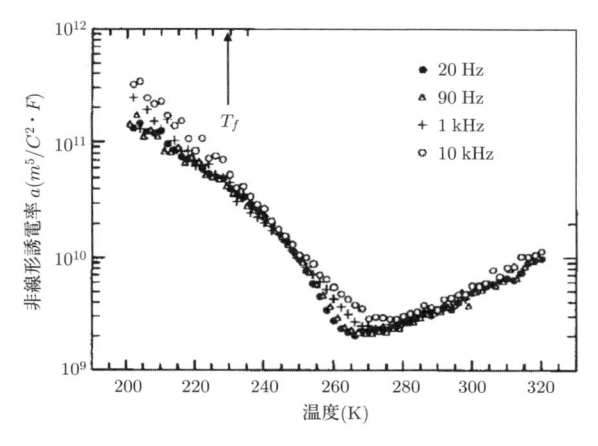

図 10.19 リラクサー PMN の 3 次の非線形誘電定数の温度依存性. T_f ($= 230\,\mathrm{K}$) は分極の凍結温度.

d. リラクサーの秩序変数の非エルゴード的挙動

長距離秩序が極低温まで発達しない PMN も,電場を加えると低温で強誘電相になる.しかし電場を印加しないで温度を下げるか (ZFC),ZFC の後電場を加えて温度を上昇させるか (FH/ZFC),電場を加えて温度を下げるか (FC),FC のあと電場を加えて温度を上昇させるか (FH/FC),によって,分極は異なった経路をたどる.図 10.20 には,PMN の複屈折 Δn の実験結果を示す[6].Δn は電気分極の 2 乗に比例するので,この結果は秩序変数のふるまいを示している.ZFC では誘電率のピーク温度 (T_m)

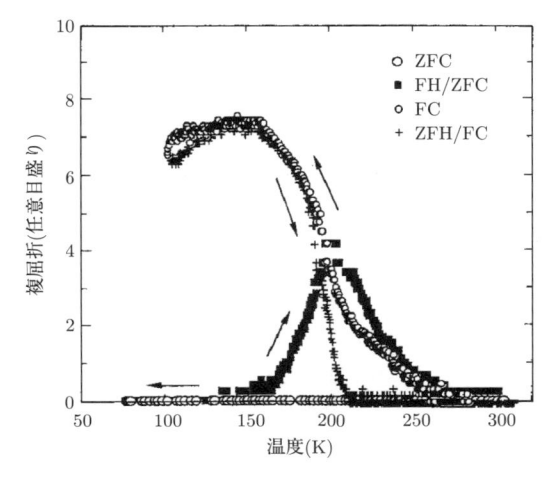

図 10.20 リラクサー PMN の複屈折の履歴依存性.電場をどの温度で印加するかによって異なる経路をたどる.

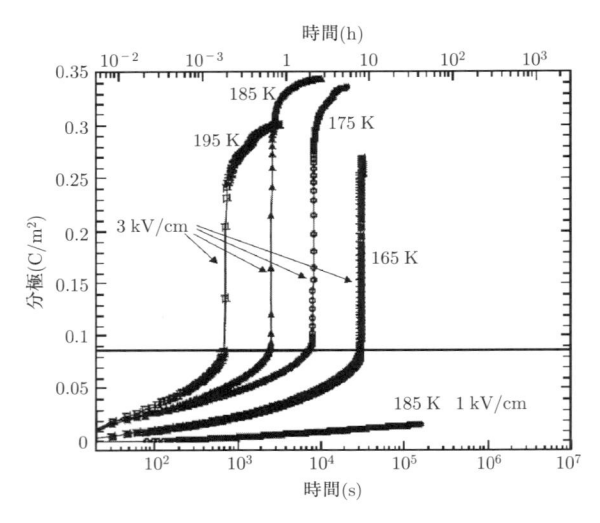

図 10.21 リラクサー PMN の電場のもとでの長距離秩序 (分極) の発達.

以下でも自発分極は生じない．しかし FH/ZFC 過程では，ある温度以上では電場で誘起された分極が生じ，ピークを示した後減少してゼロとなる．FC では分極は通常の強誘電体のような挙動を示す．これらの挙動はスピングラスで観測される経歴依存性とよく似ていることがわかる．ZFC の後，温度を一定に保ち電場を印加すると，長距離秩序の発達がある待ち時間ののちに加速される．この待ち時間は温度に依存し，たどりつく先は高温では FC 過程の値となっているが，非常に低い温度では無限の時間がかかる．すなわち，非エルゴード性を示す．図 10.21 には電場によって誘起された分極の時間発展の実測結果を示す．長距離秩序が長い待ち時間のあとに急速に発達する様子が示されている[7]．

e．リラクサーのモデル

(i) スーパー常誘電体モデル　Burns らは PMN の屈折率の温度依存性を詳しく測定し，誘電率のピーク温度より 300 K も上から，屈折率が線形関係からずれることを見出した[8]．この結果は単位胞数個のサイズをもった極性ナノクラスターがこの温度 T_d (バーンズ温度) から発生するためとした．個々のクラスターの分極の向きは 8 個の ⟨111⟩ 方位を同じ確率で向くので，マクロな分極は発生しない．しかし分極の 2 乗平均はゼロではないので，2 次の電気光学効果を通して屈折率は変化する．Cross は極性ナノ領域にランダウの現象論 (10.1.1 項参照) を適応した．すなわちクラスターの自由エネルギーは 2 極小ポテンシャルをもち，2 極小ポテンシャル間を分極は熱的にゆらいでいる．磁性体との類似性から，このモデルはスーパー常誘電体モデルとよばれている[9]．2 極小ポテンシャル間の障壁はクラスターサイズに依存し，またサイズの分散に温度依存性があると仮定すればブロードな誘電率と特徴的な周波数分散に

ついての定性的な説明が可能である．しかしこの理論では，リラクサーによってなぜ秩序変数の発達が局所的にとどまるかを直接説明することはできない．このためにはランダム場を導入することが必要となる．

(ii) ランダムボンド–ランダム場モデル　　前節で述べたように PMN では低温で双極子の向きが凍結した相が現れ，高温で電場を加えるとある閾値以上で強誘電相が誘起される．この閾値は温度に依存するが，このような相図を説明するには極性ナノクラスター間に相互作用を考えなければならず，スーパー常誘電体モデルで説明できない．一方，電気双極子が互いに力を及ぼし合うと，その結果双極子の方位が凍結したガラス相へと転移することが示される．ガラス相では各サイトの双極子の大きさは一定であり，方位だけが変わる．このモデル (ダイポールガラスモデル) では非線形感受率がガラス転移点でピークを示すことが知られているので，図 10.19 の実験結果を説明しない．

各サイトの原子に不規則に働く力 (ランダム場) が存在すると，秩序変数の発達は局所的に留まり，長距離秩序は発達しない，すなわち相転移は起こらないことが古くから知られていた．リラクサーは B サイトに 2 種類のイオンが入る系であり，B–O ボンドが単位胞ごとに異なる不規則なボンドをもつ．これにより他の原子にはランダムな場が働く．このようにリラクサー現象を説明するために，ランダムボンドとランダム場の両方を取り入れることが重要であることが現在共通の認識になっている[10]．いま，S_i を i 番目の極性クラスターの電気双極子，h_i, E_i をそれぞれ S_i に働くランダム場，外部電場，g を電場と双極子の結合の強さを表す定数とすると，ハミルトニアン H は次式となる[11]．

$$H = -\frac{1}{2}\sum_{ij} J_{ij} \boldsymbol{S}_i \cdot \boldsymbol{S}_j - \sum_i \boldsymbol{h}_i \cdot \boldsymbol{S}_i - g \sum_i \boldsymbol{E}_i \cdot \boldsymbol{S}_i \qquad (10.11)$$

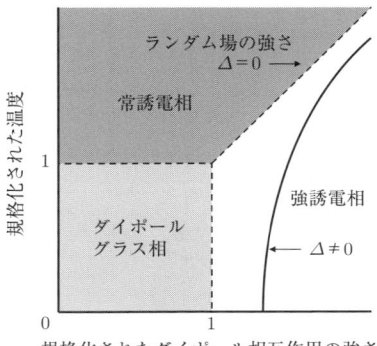

図 10.22　ランダムボンド–ランダム場モデルから得られたリラクサー PMN の相図．縦軸は温度，横軸は双極子間の相互作用の強さを表している．Δ はランダム場の強さで，式 (10.11) の h_i に比例する量である．

ここでランダムボンドの概念は J に含まれている．このモデルによって，図 10.22 に示す相図が得られ，実験結果をほぼ説明する．しかしながら，このモデルで非線形誘電率の挙動を説明しようとすると双極子相互作用の係数 J に特別な電場依存性を考えなければならず，この正しさに関しては議論が続いている．

f. ソフトフォノンと極性ナノクラスターの実体

ペロブスカイト構造をもつ強誘電体 (たとえば $BaTiO_3$ や $PbTiO_3$) では強誘電転移点に近づくと，もっとも低周波の光学縦波フォノンの振動数が 0 に向かって減少する．振動数が 0 に近づくと格子は不安定となり，+ イオンと − イオンが相対的に変位して双極子モーメントを生じ強誘電相となる．このような格子振動のモードをソフトフォノンとよんでいる (10.1.3 項参照)．PMN についての中性子非弾性散乱実験から 0K に向かうソフトフォノンがバーンズ温度 T_d 上の温度領域で観測された (図 10.23)[12]．しかし，T_d に近づくとソフトフォノンは過減衰となり，減衰係数が発散的に増大して，TO フォノンは見えなくなる．また T_d で散漫散乱が発生し，温度下降とともにその強度が増大する．この散漫散乱は散乱ベクトルの縦方向より横方向に広がり，このことは強誘電モードと関係していることを意味している．しかし散漫散乱を与える原子シフトはソフトフォノンの原子変位とは一致しないことから，観測されたソフトフォノンは強誘電ソフトフォノンではないという指摘がなされた．この矛盾は次のような位相シフトモードを考えれば解決できることが示された[13]．すなわち，極性ナノクラスターの中では，ソフトフォノンの原子変位 (これは酸素八面体を変形させないで，A サイト，あるいは B サイトのイオンを相対的に分極軸方向に変位させるモード) の他に，すべての原子が非極性のマトリックスに対して一様にシフトするモード (位相シフトモード) が存在する．

さらに興味深いことは，T_d 近傍でフォノンのエネルギーと波数の関係を観察すると，

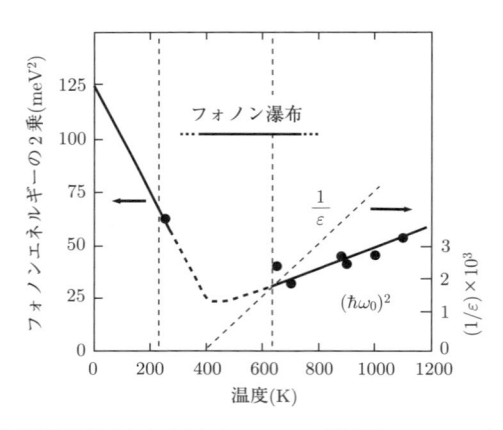

図 10.23 中性子非弾性散乱から得られた PMN の光学縦波フォノンエネルギーの 2 乗と，減衰係数の温度依存性．比較のために誘電率の逆数の温度依存性を示す．

ソフトフォノンの振動数がある波数で急激に低下する現象が観測された．この現象はフォノン瀑布 (waterfall) と名付けられ，後に光学フォノンと音響フォノンとの結合によって説明できることが明らかにされた．このように 2 つのモード間に結合があると，逆格子点でのフォノンプロファイルの相違も説明される．このとき音響フォノンは光学フォノンからエネルギーを受け取りその強度は増大する．また光学フォノンには音響フォノン成分も含むことになる．誘電率とソフトモード周波数の間には，LST (Lyddane–Sacks–Teller) の関係式として知られた関係がある．すなわち，誘電率の逆数はソフトフォノン振動数の自乗に比例する．PMN の場合，高温側の誘電率はキュリー–ワイス (Curie–Weiss) 則が成立し，誘電率の逆数は $T = 400\,\mathrm{K}$ に向かって減少する (図 10.23)．この温度とソフトフォノンの行き着く先の 0 K とは大きな差がある．一方，強誘電ソフトモードは観測されたモードではなく，よりエネルギーの低いソフトフォノンが存在するとし，このモードと観測された縦波光学モードとを結合させると，この結合モードは T_d で最小をとり，誘電率のふるまいと矛盾しないという指摘もある．これについてはこれからの研究にまたなければならない本質的な問題である．

g. モルフォトロピック相境界における巨大圧電効果

リラクサーと強誘電体チタン酸鉛 PT を固溶させると，PT の組成比が小さいときは三方晶，多いときは正方晶となる．その組成比が 2 つの相の境界となるような領域 (モルフォトロピック相境界 MPB) で非常に大きな圧電効果が生じることが知られてい

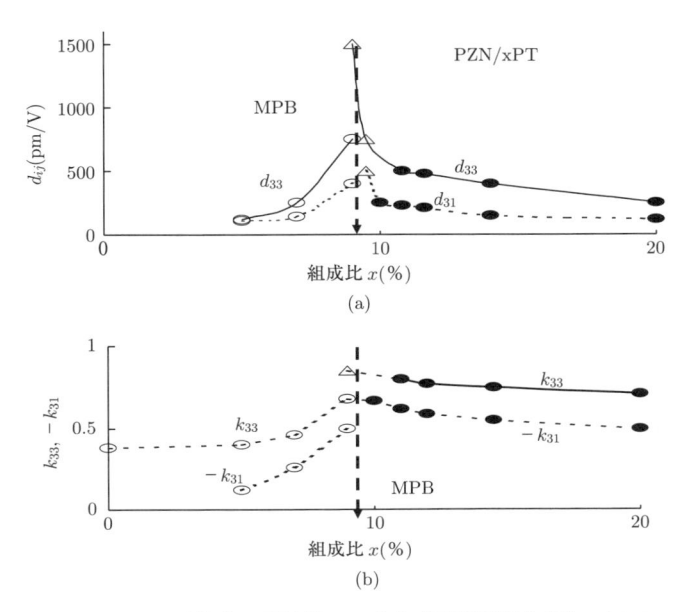

図 10.24 PZN/PT 固溶体系の圧電定数 d(a) および電気機械結合定数 k (b) の $PbTiO_3$ 組成比 x 依存性．この系の場合，MPB は $x = 9\%$ 近傍にある．

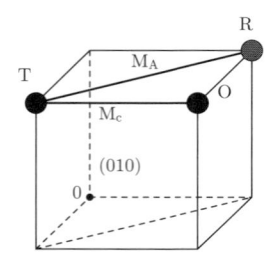

図 10.25 MPB 近傍における分極回転を表す図．原点 O から引いたベクトルの終点でその方向を示す．T は正方晶，R は三方晶，O は斜方晶を表す．M_A および M_C は単斜晶となる．

る (図 10.24)[14]．圧電素子として用いられてきたジルコンチタン酸鉛 (PZT) に比較して圧電定数は 4 倍大きく，電気機械結合定数は 90% を越す．複合ペロブスカイト酸化物の MPB でなぜ大きな圧電効果が発生するかについて，次のようなことがわかってきた．MPB では対称性が，両サイドの対称性より低下し，単斜晶になっている[15]．したがって電場のもとでは分極軸は自由に回転できる．いま図 10.25 のように原点 O から分極軸方向に引いたベクトルの終点で相を表すと，分極が [001] 方向を向いた正方晶は点 T で，[111] 方向を向いた三方晶は点 R で，[101] 方向を向いた斜方晶は点 O でそれぞれ表される．新しく見出された単斜晶の分極軸は，$(1\bar{1}0)$ 平面内にあって [001] と [111] 方向の間にあるので，T と R を結ぶ線 M_A で表される．この単斜晶の空間群は Cm (C_s^3) で，これは正方晶 $P4mm$ と三方晶 $R3m$ 両相の部分群となっている．自発分極が [111] 方向 (点 R) から [001](点 T) へと回転すると，格子定数は大きく変化する．たとえば R→T に変化すると 1% 近い大きな格子ひずみを誘起することが可能である．通常，この 2 つの状態間には高いポテンシャル障壁があるので，これを実現するのは困難である．しかし三方晶と正方晶の間に単斜晶相が存在すると，分極回転はスムースに行われる．これが MPB での大きな圧電効果の起因である．自発分極は $(1\bar{1}0)$ 面内ではなく，(010) 面内にある場合もある．PZN/0.9PT の場合がそのケースである．自活分極の向きは O と T を結ぶ M_C 上にある．この場合の空間群は Pm となる．

第 1 原理計算によっても MPB における著しい圧電効果が研究され，分極回転が本質的な貢献をしていると指摘されている[16]．また原子の有効電荷が大きく (イオン結合よりも共有結合性が強い)，またひずみに対して大きく変位する原子 (たとえばニオブ) を含むことが重要である．

h. 電気的不均一構造による見かけの巨大誘電緩和現象

大きな誘電率をもち，著しい誘電緩和を示す物質群が最近見出されるようになった．その代表例がチタン酸カルシウム銅 $CaCu_3Ti_4O_{12}$(CCTO) である[17]．高温側では数万に達する大きな誘電率をもち，温度に対してはまったくフラットであるが，低温で

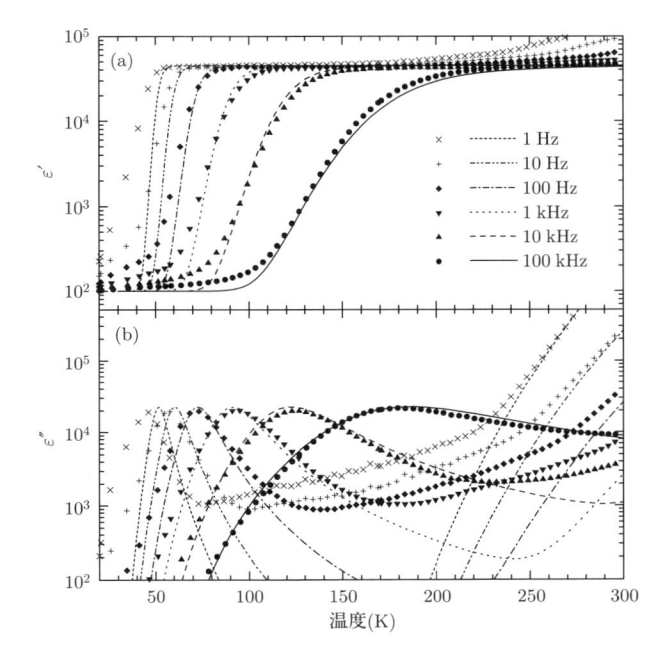

図 10.26 CCTO の誘電率の温度依存性．(a) は実部，(b) は虚部をいくつかの異なる周波数で測定した結果を示す．線はマクスウェル–ワグナー型の電気二重層モデルでフィットさせた計算値．

は大きな周波数分散を示して小さくなる (図 10.26)．特徴的なことはこれらの物質が相転移を伴わないことである．一見リラクサー的な挙動を示すが，この現象は電気的不均一構造を記述するマクスウェル–ワグナー (Maxwell–Wagner) 型のモデルで説明でき，極性マイクロクラスターという本質的な構造の不均一性に起因するリラクサーとは区別しなくてはならない．このモデルのもっとも簡単な等価回路を図 10.27 に示す．2 つの RC 並列回路を直列に結合したものである．それぞれ厚いが電気伝導率が

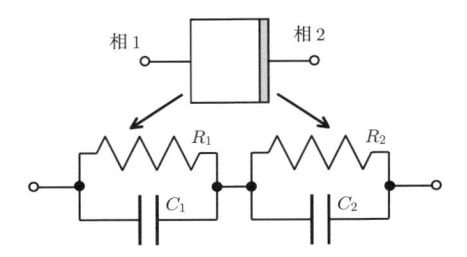

図 10.27 電気的不均一構造を表す等価回路．相 1 は厚く電気伝導率の大きな相，相 2 は薄く電気伝導率の小さな相を表す．

大きいため R が小さい相 1 と，それよりずっと薄いが電気伝導率が小さいため R が大きい相 2 を表している．たとえばセラミックス内の粒界と界面，バルクと電極層などに対応するが，CCTO の場合にはその実体はまだ不明である．電気伝導率がアレニウス型の温度依存性をすると考えれば巨大な誘電緩和現象を説明できる（図 10.26 の線）．ここで大きな誘電率は，物質本来の誘電率ではなく電気伝導率の熱ゆらぎに起因することに注意しなくてはならない． ［上江洲由晃］

文　献

[1] G. A. Smolensky and V. A. Isupov, Dokl. Akad. Nauk SSSR **97** (1954) 653.
[2] N. Setter (ed.), *Piezoelectric Materials in Devices* (Setter, Lausanne, 2002).
[3] 上江洲由晃, 固体物理 **33** (1998) 498.
[4] E. V. Colla et al., J. Phys: Condens. Matter **4** (1992) 3671.
[5] A. E. Glazounov and A. K. Tagantsev, Phys. Rev. Lett. **85** (2000) 2192.
[6] K. Fujishiro et al., J. Phys. Soc. Jpn. **69** (2000) 2331.
[7] B. Dkhil and J. M. Kiat, J. Appl. Phys. **90** (2001) 4676.
[8] G. Burns and F. H. Dasol, Solid State Commun. **48** (1983) 853.
[9] L. E. Cross, Ferroelectrics **76** (1987) 241.
[10] W. Kleemann, J. Non-Cryst. Solids **307–310** (2002) 66.
[11] R. Blinc et al., Phys. Rev. Lett. **83** (1999) 424.
[12] S. Wakimoto et al., Phys. Rev. B **65** (2002) 172105.
[13] K. Hirota et al., Phys. Rev. B **65** (2002) 104105.
[14] B. Noheda et al., Appl. Phys. Lett. **74** (1999) 2059.
[15] J. Kuwata et al., Ferroelectrics **37** (1981) 579.
[16] H. Fu and R. E. Cohen, Nature **403** (2000) 281.
[17] C. C. Homes et al., Science **293** (2001) 673.

10.2.2　量子常誘電体 $SrTiO_3$，酸素同位体効果，量子常誘電体が示す巨大物性

a.　量子常誘電体

(i)　$CaTiO_3$, $SrTiO_3$, $BaTiO_3$, $KTaO_3$ の誘電性　図 10.28 は A サイトにアルカリ土類金属を含むチタン酸ペロブスカイトの誘電率と $KTaO_3$ 温度依存性を示す．強誘電体として実用化されている $BaTiO_3$ は 200 K 以下ではドメインの動きが温度低下とともに凍結し，誘電率は絶対零度に向かって低下する．これに反して $CaTiO_3$，$SrTiO_3$，$KTaO_3$ の誘電率は温度低下とともに増加し，その後一定の値を示すようになる．$SrTiO_3$ と $KTaO_3$ の 200 K 以上の誘電率はキュリー–ワイス則に従い，$1/\varepsilon'$ と T の関係から推定される強誘電転移温度はそれぞれ 35 K と 10 K となる．$CaTiO_3$ も同様に低温で誘電率が一定となる[1]．高温側の誘電率から見積もったキュリー温度 T_0 は -180 K 程度となる．$SrTiO_3$ と $KTaO_3$ が潜在的強誘電体であるのに反して，$CaTiO_3$ は潜在的反強誘電体とはいい切れない．いずれにしても $SrTiO_3$ は Ca 置換で反強誘電体化すること，反強誘電体と強誘電体の自由エネルギー差がそれほど大きく

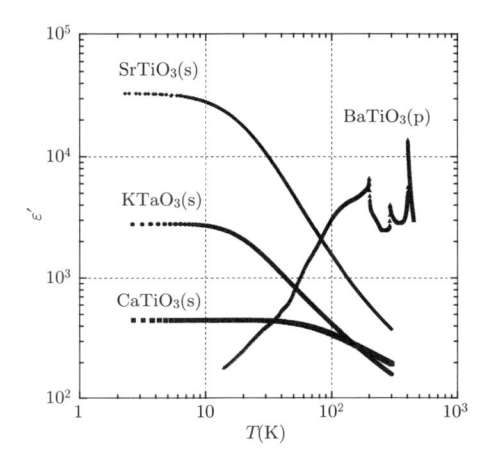

図 10.28　ATiO$_3$ (A=Ca, Sr, Ba) と KTaO$_3$ の誘電率の温度依存性.

ないことを考えると，広い意味での量子常誘電体の範疇に入ると考えている．同様な傾向は，他のいくつかのチタン酸ペロブスカイト (Ln, Na) TiO$_3$ (Ln=La～Lu)[2-4]，EuTiO$_3$[5] などで報告されている．

(ii) 量子常誘電体とその強誘電体化　量子常誘電性については，これまでにいくつかの説明が与えられている[6,7]．結晶格子のポテンシャルエネルギーを基準振動の変位 Q_i でべき展開すると

$$U = \sum_i \frac{1}{2}\mu\omega_{0i}^2 Q_i^2 + \sum_{ij} V_{ij} Q_i^2 Q_j^2 + \cdots \tag{10.12}$$

となる．μ は換算質量，ω_{0i} は裸のフォノンの周波数である．再規格化されたフォノン周波数 $\overline{\omega_{0i}}$ は次のようになる．

$$\overline{\omega_{0i}^2} \propto \varepsilon^{-1}(0) \propto -T_0 \tag{10.13}$$

高温近似では，$\langle Q_i^2 \rangle$ は熱力学の等分配則により $k_\mathrm{B}T$ に比例して増大するため，この式が導かれる．

しかし，低温度領域では等分配則でなく

$$\langle Q_i^2 \rangle \propto \frac{\hbar}{\omega_j}[1 + 2n(\omega_j, T)] \tag{10.14}$$

となる．ここで $n(\omega_j, T)$ は Q モードの占有数である．したがって，強誘電ソフトモードの場合は

$$\varepsilon = \frac{A}{\frac{1}{2}T_1 \coth\left(\frac{T_1}{2T}\right) - T_0} \tag{10.15}$$

となる．ここで T_0 は高温近似のキュリー温度，$T_1 = \hbar\omega_j/k_B$，A は定数である．

量子常誘電性発現の起源に関しては，いくつかの考え方が提示されている．井上ら[8]はハイパー・ラマンの結果から，$SrTiO_3$ の 105 K でのゾーン境界相転移に伴うひずみが，$SrTiO_3$ に 35 K での相転移をもたらさない原因であると考えている．量子ゆらぎが相転移を抑制する程度の双極子間相互作用であると考えると，わずかな異方的外力により強誘電相転移が現れるようになる．作道らは，1 軸圧力下で $SrTiO_3$ を強誘電体化している[9]．Schneider ら[10]によれば，相互作用のパラメター S に対して次のような関係式が成り立つ．

$$T_c \propto (S - S_c)^{1/2} \tag{10.16}$$

$$P_s \propto (S - S_c)^{1/2} \tag{10.17}$$

$$\varepsilon^{-1}(S \approx S_c) \propto T^2 \tag{10.18}$$

式 (10.16) の成立は，1 軸圧力下での光高調波の実験により確かめられている[9]．

(iii)　その他化合物の誘電性　量子常誘電体的挙動は，前記のペロブスカイト系酸化物のみならず，他の化合物でも観測される．代表的なものは，KDP であり，遠藤ら[11]により静水圧下で強誘電体から量子常誘電体へと変化する挙動が報告されている．

b.　酸素同位体効果

(i)　量子常誘電性の制御　式 (10.12) から明らかなように量子ゆらぎと対抗するのは双極子間相互作用であり，量子常誘電体を強誘電体化するには双極子間相互作用を強化するか量子ゆらぎを抑えるしか方法はない．逆に強誘電体を量子常誘電体化するには，双極子の整列を妨げる無秩序場を導入するか，静水圧を印加する．量子常誘電体の強誘電体化には，$SrTiO_3$ における，(1) 1 軸性圧力印加[9]，(2) A サイトオフセンター双極子導入による Ti の変位の促進 (Ca 置換[12])，$KTaO_3$ における K→Li[13]，Na 置換[14]，Ta→Nb 置換[15]があげられる．いずれの強誘電体化プロセスでも構造解析によりイオンの変位を伴う相変化は観測されておらず，強誘電相転移に伴うイオンの変化はきわめて小さい．

(ii)　酸素同位体効果　酸素の同位体には質量数 16, 17, 18 があり，^{17}O は核スピン 5/2 をもち，^{16}O と ^{18}O はもたない．図 10.29 に示すようなスレーター・モードが強誘電性ソフトモードであると仮定すると，$^{16}O \to {}^{18}O$ 置換でこのモードの振動数は 3%程度減少する．つまり，この同位体置換で見かけ上，スレーター・モードのソフト化は促進される．また，量子ゆらぎを抑制することにより，潜在的強誘電体 (incipient ferroelectrics) を真の強誘電体化 (量子強誘電体化) することができる．酸素重同位体置換は量子ゆらぎの振幅 $\sqrt{\langle \delta z \rangle^2}$ を抑制し，強誘電性が出現する[16]．この臨界組成が 31～33% の $^{16}O \to {}^{18}O$ 置換組成に相当する[17]．図 10.30 は誘電率の温度変化の同位体組成による変化を示している[18]．これらの結果をまとめて図 10.31 には T_c と酸素の平均質量との関係を示している．図 10.30 と 10.31 には同位体 ^{17}O を含む試料の

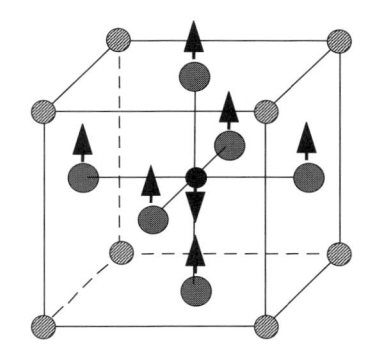

図 **10.29** 強誘電体におけるソフトモードの例 (スレーター・モード).

$T_{\rm c}$ もプロットしてあり，この結果から ^{16}O, ^{17}O, ^{18}O の種類に関係なく一定の関係式

$$T_{\rm c} = 29.7(m_{\rm O} - 16.6)^{1/2} \tag{10.19}$$

で変化することがわかる．ここで $m_{\rm O}$ は酸素の平均質量である．この結果は強誘電性転移温度は同位体の局所的な分布様式や化学結合性の差には依存しないことを示唆している．

(iii) 圧力効果

静水圧依存性：強誘電体に対する圧力効果は明解である．静水圧印加の場合は，純粋な体積効果であり，B サイトイオンの BO$_6$ 八面体中でのラットリング (rattling) モー

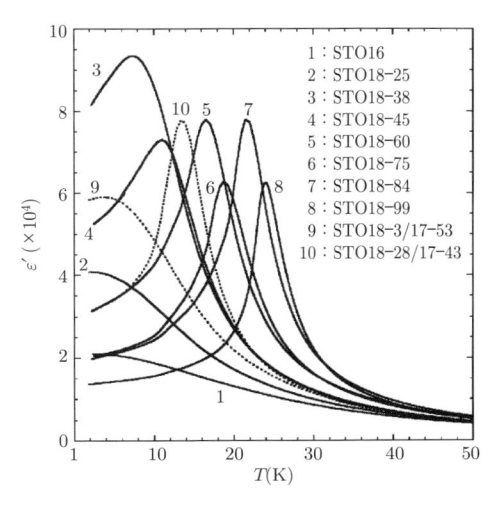

図 **10.30** 誘電率の温度依存性と酸素同位体組成の関係．STO18–xx は酸素 16 と 18 の系で xx%^{18}O で置換した系，STO18–xx/17–yy は xx%の ^{18}O と yy%の ^{17}O を含む系を示す．

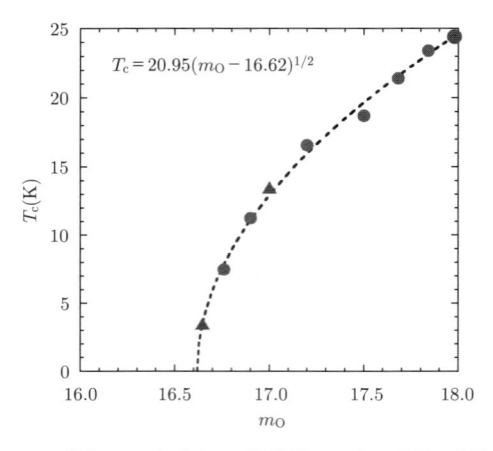

図 10.31 SrTiO$_3$ の酸素の T_c と酸素の平均質量 m_O との関係．破線はフィッティング結果を示す．

ドがソフトモードと考えられているペロブスカイトではその効果は直感的に理解しやすい．Samara の説明[19]によると，明確な誘電相転移 (強誘電体，反強誘電体) の転移点 T_c, T_N の圧力依存性は $T_{c,N} \to 0\,\mathrm{K}$ で $dT_{c,N}/dP \to -\infty$ となり，いわゆる準安定状態が凍結されるガラス的挙動を示す物質が誘電率のピーク温度 T_m が $T_m \to 0\,\mathrm{K}$ で $dT_m/dP \to$ 有限値 となることと明確に区別される．

これは現象論的には次のように説明される．熱力学の第 3 法則では，平衡している 2 相のエントロピー差は，$T \to 0\,\mathrm{K}$ でゼロとなる．これは，クラウジウス–クラペイロンの式 (1 次転移)

$$\frac{dT_c}{dP} = \frac{\Delta V}{\Delta S} \tag{10.20}$$

(ΔV は 2 相の体積差)，あるいはエーレンフェストの式 (2 次転移)

$$\frac{dT_c}{dP} = \frac{VT\Delta\beta}{\Delta C_p} \tag{10.21}$$

($\Delta\beta$ と ΔC_p はそれぞれ 2 相の体膨張率差と比熱の差) を使うことで定性的に理解できる．$T \to 0\,\mathrm{K}$ で比熱 ($= T(\partial S/\partial T)) \to 0$ ということを思い出せば，平衡な相転移に対して $T \to 0\,\mathrm{K}$ では転移温度の圧力依存は無限の傾きをもつようになることが理解される．これとは対照的に，非平衡状態が 0 K まで持ちきたされる場合は，$T_m \to 0\,\mathrm{K}$ で が有限の傾きをもつことが理解される．図 10.32 は強いフラストレーションが入った Sr$_{0.993}$Ca$_{0.007}$TiO$_3$ と強誘電体 SrTi^{18}O$_3$ の $T_c(T_m)$ の圧力依存性を示している[20]．図 10.32 を見ると，相転移に如実な違いが現れる．明らかに Sr$_{0.993}$Ca$_{0.007}$TiO$_3$ と SrTi^{18}O$_3$ の圧力依存性は異なっており，これは前者が Ca^{2+} という Sr^{2+} に対して相対的に小さなイオンをペロブスカイトの A サイトに導入したことで Ca^{2+} が正規の格子点からずれ，かなり高温でその分布がランダムに凍結されることによるランダム

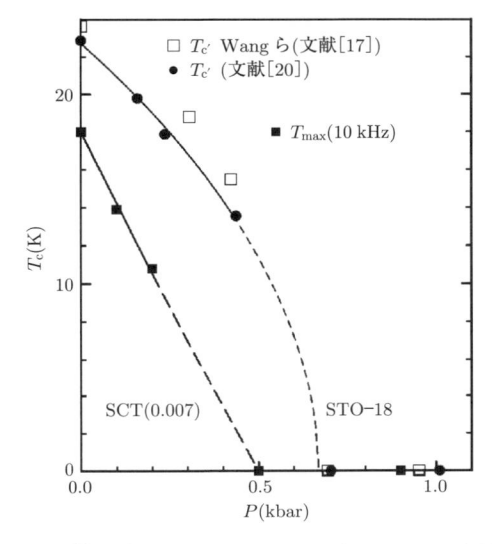

図 10.32 $SrTi^{18}O_3$ と $Sr_{0.993}Ca_{0.007}TiO_3$ との T_c (T_m) と圧力の関係.

場に原因がある．ランダム場は低温で熱ゆらぎに比べて相対的に強くなるため，電気双極子が協同的に向きをそろえて長距離秩序を形成することが妨げられて，一種のリラクサー的挙動を示す．図 10.32 の結果は，たとえ 0.7% といえども，大きさ (もちろん化学結合性) の異なるイオンを置換するというごく普通の化学プロセスが極低温では予期する効果以外の影響を与えていることになる (つまり，元素置換は平均として格子の大きさを変化させるばかりでなく局所的に強い場をつくる)．磁性体に比べて相互作用が長距離である電気双極子にはこのようなわずかな格子のひずみも物性に影響することになる．また静水圧下では圧力増加とともに，図 10.32 のように徐々に T_c は低下する．臨界圧力 p_c 以上では，同位体置換しない $SrTiO_3$ と同様な量子常誘電体的挙動に戻る．なお，量子強誘電体に関する圧力効果の理論に関しては，ごく最近 Bussmann-Holter により報告が行われている[21]．

なお，$Sr_{1-x}Ca_xTiO_3$ 系に対しては，Müller と Bednorz の研究[12,22]，それに続く Kleemann の研究[23]でかなりその素性が明らかになった．しかし，なぜ $Sr_{1-x}Ca_xTiO_3$ 系が XY タイプの強誘電体なのか？ドメイン壁の電場応答が重要なのかが明確でなかったことを考えると，$SrTi^{18}O_3$ が果たした役割は明確である．

(iv) 強誘電体化された $SrTiO_3$ の本質 同位体置換された $SrTiO_3$ の強誘電相転移に関しては，発見当初から，その存在に関して議論が噴出した．これは次のような実験事実による．(1) T_c (25 K) で明確な誘電率の発散がない．(2) 比熱測定では測定誤差以上の明確な熱異常がない．(3) 単結晶 X 線，中性子線構造回折で明瞭な構造変化が観測されないこと．これに反して，光測定ではソフトモードも含めて相転移の

存在を示す結果が報告されている．たとえば，(4) 光散乱でソフトモードの存在が確認された[24]．(5) 光複屈折で相転移に対応する明瞭な値の変化が観測されること[25,26]．このような見掛け上の食い違いは，本系が外因的な擾乱で局所的あるいはマクロなランダム場が形成されることによる．

これは主に 105 K の相転移で導入される双晶境界における強いランダムフィールドと，結晶成長の際に自然に導入される結晶欠陥 (Sr と Ti 空孔，酸素空孔，転位，など) による局所的な双極子によると考えられている．これらのランダム場は相転移における誘電率の発散を抑制して幅広い転移へと変化させ，T_c よりも低温においてドメインの長距離での秩序化を妨げる．これは測定電場 (電圧) によって誘電率の値が変化することや，図 10.30 に示した誘電率が絶対零度に向かってゼロとならず，有限値をもつことからも明らかである．

しかし，たぶん域化を極力抑制して測定した誘電率の方向依存性は，立方晶の $[1\bar{1}0]$ 方向に一番大きな値をもち，この方向に分極軸方向がそろっていることを示唆している．本系の他の強誘電体系と大きく異なるのは，強誘電相転移温度 (25 K) よりもはるかに上の温度から，PNR (Polar Nano Region) が存在することである．これは Uwe らにより，$SrTiO_3$ と $KTaO_3$ でも報告されている[27]．PNR はおそらく何らかの格子欠陥を核として生成すると考えられる．格子欠陥に付随する双極子は，電場により方向が固着し，まわりを分極させるため，電場を印加するとPNR は成長する．図 10.33 に示すように T_c の $+1$ K，-2 K で 20 kV/m 程度の電場を印可して 2 K まで冷却して焦電性を測定すると，25 K での強誘電性転移に伴う分極に加えて T_c よりもはるかに上の 200 K 程度まで残存する分極成分がある[28]．これはまさに格子欠陥に起因する成分であり，$SrTiO_3$ に低温で強くない電場 (たとえば 10 V/m) を印加すると誘起さ

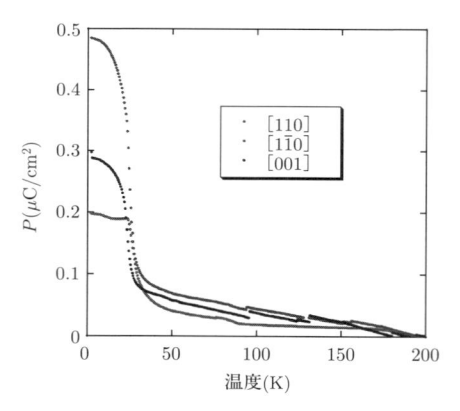

図 **10.33** $T_c - 2 \leq T(K) \leq T_c + 1$ ($T_c = 25$ K) の範囲で ± 10 kV/m の電場をかけた後冷却後測定した $SrTi^{18}O_3$ の分極の温度依存性．単結晶の 3 つの方向 (立方晶) を示す．

れた分極が高温まで残存するため，電場を印加する実験では毎回高温(室温)まで昇温してアニールしなければ再現性あるデータがとれないという実験事実に対応する．このような現象はまさに格子欠陥に起因する現象であると考えることができる．

なお，前述の PNR に関して最近 Blinc らのグループは，NMR により対称性に関してより詳細な結果を報告している．$SrTiO_3$ の ^{87}Sr と ^{46}Ti, ^{48}Ti の NMR スペクトルの角度依存性から $SrTiO_3$ と $SrTi^{18}O_3$ の両方の系で PNR が出現することが確認された[29]．ただし，$SrTi^{18}O_3$ では 70 K 程度からこの PNR が出現し (NMR 信号が S/N 比以上になる)，徐々にその大きさを増加させる．25 K 以下では，その対称性を低下させて強誘電体相へと変化する．ただし ^{46}Ti, ^{48}Ti の NMR 信号は，同位体置換の有無にかかわらず室温付近から Ti の多位置非対称的分布が生じ，局所的にはすでに正方晶ひずみをもった領域が存在し，この領域は，$SrTi^{18}O_3$ においては T_c 前後でもほとんど変化していないことを示している[30]．この対称性が破れた，局所領域の出現は $BaTiO_3$ の T_c (410 K) よりも上の温度でも同様に観測されている[31]．つまり $BaTiO_3$ と $SrTiO_3$ では共通に秩序–無秩序的な成分が存在することを示しており，これが相転移挙動を複雑にする要因であると考えられる．

なお，NMR から見積もった $SrTi^{18}O_3$ の強誘電相転移に伴う構造変化は Sr–O の距離で 0.02 Å 程度であると見積もられ[30]，この程度の原子変位は通常の回析法では誤差範囲に入るため，明確な相転移が観測されなかったと考えられる．

またごく最近の ^{17}O の NMR の結果により，酸素の枠組は 25 K の強誘電相転移において，酸素複格子の変形はないことが明らかになった[32]．つまり $SrTi^{18}O_3$ の強誘電相転移では，Sr あるいは Ti が 0.02 Å 程度立方晶の $\langle 111 \rangle$ 方向にシフトする微細な構造変化を生じるのみである．

なお，最近の武貞らによるラマン散乱の結果は $SrTi^{18}O_3$ の強誘電性ソフトモードが T_c で周波数ゼロに向かってソフト化することを示しており，$SrTi^{18}O_3$ が過減衰のない強誘電相転移をするきわめてまれな物質であることを確認している[33]．このような現象はおそらく他の物質で観測されていない．

最後に残された問題として，強誘電相の対称性の問題がある．NMR と SHG で決めた対称性は，三斜晶系であることを示唆している．この点については，光散乱から推定される対称性とは食い違っており[34]，今後に残された問題となっている．

c. 量子常誘電体が示す巨大物性

(i) $SrTiO_3$ と $SrTi^{18}O_3$ の光に対する応答 最近，武貞ら[35]および長谷川ら[36]は，$SrTiO_3$, $KTaO_3$, $CaTiO_3$ のいわゆる量子常誘電体(的)挙動を示す物質が，低温で巨大な誘電応答を示すことを報告している．電極をつけた状態で電極間に紫外光を照射すると，電極間の誘電率は見かけ上，数桁増大する．この現象については現在，様々な議論がなされている．これは後述の結晶欠陥と光誘起で導入された伝導電子の間の特殊な状況が関係していると考えられる．$SrTiO_3$ や $KTaO_3$ で問題の解析を非常に難しくしているのはこれらの化合物に含まれる格子欠陥も一因であるからであ

る．今後は欠陥濃度を極端に減らした結晶でも各種物性を測定する必要がある．なお，この格子欠陥の存在に関連して誘電率測定の結果について若干のコメントを与える．$SrTiO_3$ および $SrTi^{18}O_3$ では誘電率の虚部に周波数分散を伴う緩和ピークが 10 K および 80 K で観測される[37]．これらのピークは強誘電性の出現に関係なく存在する．ただし 10 K のピークは，$SrTi^{18}O_3$ では顕著に強度が増加する．しかし，同位体置換量に関係なくほぼ独立に存在するため，これは何らかの格子欠陥のまわりに形成されるダイポールに起因すると考えられる．$SrTiO_3$ の 80 K のピークも同様である．また $KTaO_3$ では同様なピークが 45 K で観測される[38]．

残された問題としてミクロな不均一，たとえば金属的伝導を示す領域と絶縁体相の混合とパーコレーションの問題が重要であり，これらの界面を含めて定量的に評価する必要がある．いずれにしても，最近話題となっているペロブスカイト関連化合物における巨大誘電率は，電子が関与した系特有の現象と考えられ，いわゆる等価回路を含めて検討する必要がある．

図 10.34 は六方晶 $BaTiO_3$ (h–$BaTiO_3$) から酸素をわずかに抜いて見掛け上キャリアーが導入された単結晶の誘電率の周波数依存性を示す[39]．この系は，酸素欠損量に依存して見掛け上室温で誘電率が数万から数十万を示す．図 10.35 に示すように，本系の等価回路は R と C の並列が 3 つ直列でつながった回路で現れる．この試料では結晶本来のキャパシタンスは 1 pF 程度であるが，電極層 1 nF，および結晶内部の相境界層の 1.4 nF 程度である．これは，h–$BaTiO_3$ 単結晶に導入された結晶欠陥 (転移，陽イオン，酸素欠損) が規則的に配列して，電気的には抵抗が高い領域 (絶縁体) と比較的抵抗が低い領域の 2 相混合状態を形成していることに起因している．h–$BaTiO_3$

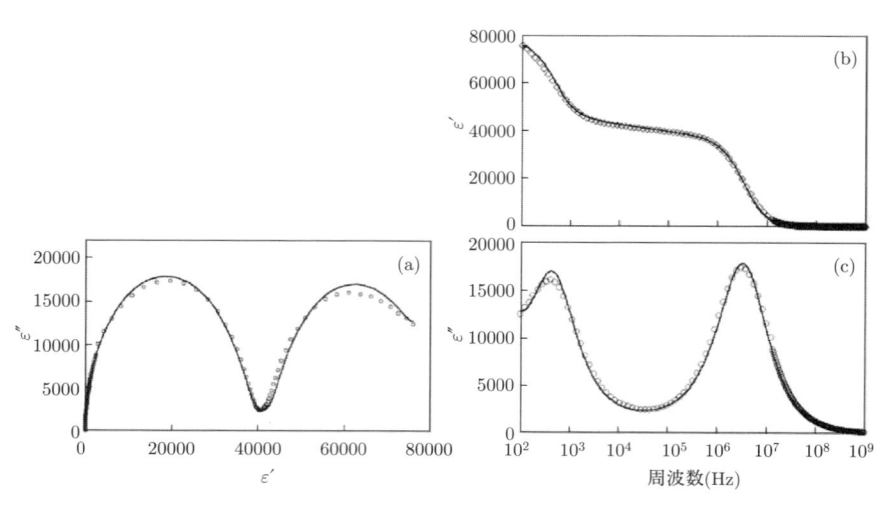

図 **10.34** h–$BaTiO_3$ の複素誘電率 (a)，誘電率の実部 (b) および虚部 (c) の周波数依存性

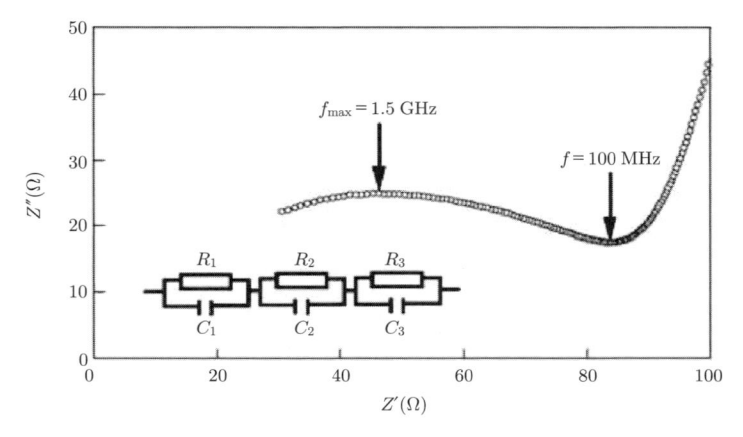

図 **10.35** h–BaTiO$_3$ の複素インピーダンス．挿入図は等価回路を示す．

で観測されるこのような見かけ上の大きな誘電率は本系が 70 K 以上で常誘電体であることにその重要性が指摘される．つまり，最近，発表されている常誘電体相で巨大な誘電率を示す系，たとえば CaCu$_3$Ti$_4$O$_{12}$[40]と原因が共通するものと考えられる．

[伊 藤　　満]

文　　献

[1] I-S. Kim et al., J. Solid State Chem. **101** (1992) 77.
[2] Y. Inaguma et al., J. Phys. Soc. Jpn. **61** (1992) 3831.
[3] Y. Inaguma et al., J. Phys. Chem. Solids **58** (1997) 843.
[4] Y-J. Shan et al., Solid State Ionics **108** (1998) 123.
[5] T. Katsufuji and H. Takagi, Phys. Rev. B **64** (2001) 054415.
[6] J. H. Barrett, Phys. Rev. **86** (1952) 118.
[7] 作道恒太郎，「固体物理—格子振動・誘電体」(修訂版) (裳華房, 1996) p. 148.
[8] A. Yamanaka et al., Europhys. Lett. **50** (2000) 688.
[9] Y. Fujii et al., J. Phys. Soc. Jpn. **56** (1987) 1940.
[10] T. Schneider et al., Phys. Rev. B **13** (1976) 1123.
[11] S. Endo et al., Phys. Rev. Lett. **88** (2002) 035503.
[12] J. G. Bednorz and K. A. Müller, Phys. Rev. Lett. **52** (1984) 2289.
[13] U. T. Hochli and M. Maglione, J. Phys.: Condens. Matter **1** (1989) 2241.
[14] D. Rytz et al., Phys. Rev. B **22** (1980) 359.
[15] G. A. Samara, Physica B **19** (2000) 3593.
[16] M. Itoh et al., Phys. Rev. Lett. **82** (1999) 3540.
[17] R. Wang and M. Itoh, Phys. Rev. B **62** (2000) R731.
[18] M. Itoh and R. Wang, J. Phys. Soc. Jpn. **72** (2003) 1310.
[19] G. A. Samara, Solid State Physics **56** (2001) 239.
[20] E. L. Venturini et al., Phys. Rev. B **69** (2004) 184105.
[21] A. Bussmann-Holter, Phys. Rev. B **70** (2004) 024104.
[22] J. Dec et al., Europhys. Lett. **29** (1995) 31.

[23] W. Kleemann et al., Phys, Rev. B **58** (1998) 8985; W. Kleemann et al., J. Phys. Chem. Solids **61** (2000) 167; U. Bianchi et al., J. Phys.: Condens. Matter **6** (1994) 1229; Y. G. Wang et al., Europhys. Lett. **42** (1998) 173.
[24] H. Taniguchi et al., J. Phys. Soc. Jpn. **73** (2004) 3262; H. Taniguchi et al., Phys. Rev. B **72** (2005) 064111.
[25] T. Azuma et al., Ferroelectrics **304** (2004) 77.
[26] M. Itoh et al., J. Phys. Soc. Jpn. **73** (2004) 1377.
[27] H. Uwe et al., Phys. Rev. B **33** (1986) 6436; H. Uwe et al., Ferroelectrics **96** (1989) 123.
[28] M. Itoh, unpublished data.
[29] B. Zalar et al., Phys. Rev. B **71** (2005) 064107.
[30] R. Blinc et al., Phys. Rev. Lett. **94** (2005) 147601.
[31] B. Zalar et al., Phys. Rev. Lett. **90** (2003) 037601.
[32] R. Blinc, unpublished.
[33] M. Takesada, unpublished.
[34] T. Shigenari et al., Ferroelectrics **285** (2003) 41.
[35] M. Takesada et al., J. Phys. Soc. Jpn. **72** (2003) 37.
[36] T. Hasegawa et al., J. Phys. Soc. Jpn. **72** (2003) 41.
[37] R. Wang and M. Itoh, Ferroelectrics **262** (2001)125.
[38] B. Salce et al., J. Phys.: Condens. Matter **6** (1994) 4077.
[39] J-D. Yu et al., Appl. Phys. Lett., accepted.
[40] M. A. Subramanian et al., J. Solid State Chem. **151** (2000) 323.

10.3　ドメインと分極反転

10.3.1　分域壁

強誘電体は通常，分極が結晶対称性から見て等価ではあるが，異なる特定の方向を向いているいくつかの領域に分かれている．このような領域をドメイン (分域)，ドメインの境界を分域壁 (domain wall) とよぶ．各ドメインの中では，分極の方向は一定であるが，その組合せによって分域壁の方位は，結晶対称性から決まる[1]．もっともよく知られている例は，ペロブスカイト型強誘電体における 180°壁と 90°壁である (図 10.36)．前者では分極の方位は正と負であり，分域壁は分極の方位と平行であるが，後者では分域壁と分極は互いに 45°をなしている．強誘電体の応用の観点から重要なのは前者であるので，その基本的描像を以下に示す．

180°壁の場合，通常は分極の値は，分域壁をはさんで正の値から負の値へ緩やかに変化している (図 10.37)．分極が変化している領域を分域壁と考える．したがって，分域壁は結晶とその方位特有の厚さをもつ．

この状況を，分極の空間変化が緩やかな場合に成り立つ連続体近似を用いて解析してみよう．まず分域壁を含む系の自由エネルギーを

$$F = \int_{-\infty}^{\infty} [f(x) - f_0]dx \qquad (10.22)$$

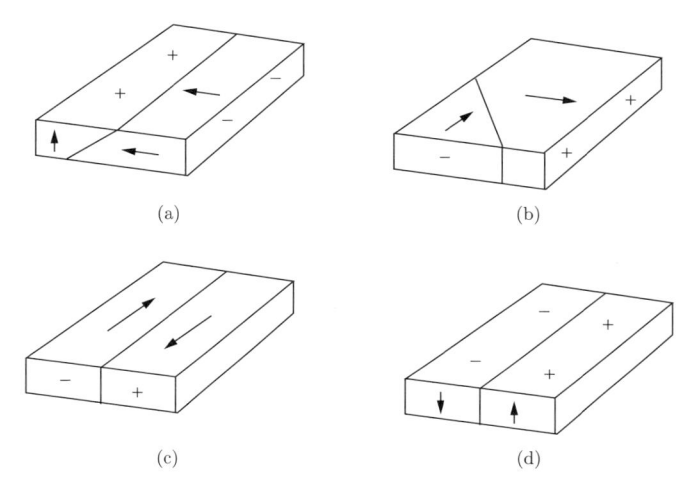

図 **10.36**　90° 分域壁 [(a), (b)] と 180° 分域壁 [(c), (d)].

と書く．ここで，$f(x)$ は x における自由エネルギー密度であり，分極 p を使って

$$f(x) = \frac{\alpha}{2}p^2 + \frac{\beta}{4}p^4 + \frac{\kappa}{2}\left(\frac{dp}{dx}\right)^2 \tag{10.23}$$

と書かれる．ただし，$\alpha < 0, \beta > 0, \kappa > 0$ である．κ 項は p の空間的不均一性によるエネルギー密度の増分を意味する．さらに，f_0 は分極が一様な場所 (ドメインの内部) での自由エネルギーで

$$f_0 = -\frac{\alpha^2}{4\beta} \tag{10.24}$$

である．したがって式 (10.22) は分域壁が存在することによる自由エネルギーの増分を表す．

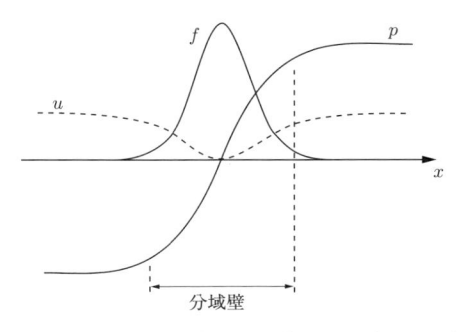

図 **10.37**　180° 分域壁近傍における分極 p，ひずみ u，エネルギー密度 f の空間変化．

式 (10.22), (10.23) から全エネルギー F を最小にするような分極の x 依存性として

$$p = p_0 \tanh Kx \tag{10.25}$$

が得られる (図 10.37). ただし, p_0 は自発分極

$$p_0 = \sqrt{-\frac{\alpha}{\beta}} \tag{10.26}$$

であり, K は分域壁の厚さ (の逆数) を表す目安で,

$$K = \sqrt{-\frac{\alpha}{2\kappa}} \tag{10.27}$$

で与えられる. $|\alpha|$ は局所的なポテンシャルミニマムを表す目安, κ は近接双極子間の相互作用の強さを表すので, $|\alpha|$ が大きいほど各双極子の独立性が強くなり, 分域壁が薄く (近隣の様子に影響されない), 反対に κ が大きいほど双極子は近隣と同じようにふるまう (付和雷同的) ので, 分域壁が厚くなる.

なお, 式の展開からもわかるように, ドメインの発生も分域壁の出現も, 非線形項 [式 (10.23) における p の 4 次項] があってはじめて可能であり, 非線形系特有の現象である.

さて, 式 (10.25) を式 (10.22) に代入すると, 分域壁が存在することによるエネルギー密度の増分として

$$f(x) - f_0 = \kappa p_0^2 K^2 \operatorname{sech}^4 Kx \tag{10.28}$$

が得られる (図 10.37). したがって, 分域壁が存在することによるエネルギーの増分, すなわち分域壁エネルギーとして, 式 (10.28) を式 (10.22) に代入して

$$F = \frac{4}{3}\kappa K p_0^2 \tag{10.29}$$

を得る.

なお, 強誘電体では自発分極の 2 乗に比例するひずみ u (たとえば, 単位胞の伸縮) が発生するので, 図 10.37 にはそれも合わせて示した.

さて, 式 (10.25) の分極プロファイルのかわりに

$$p = p_0 \tanh K(x - x_0) \tag{10.30}$$

を式 (10.22) に代入しても, F は変わらないことがわかる. このことは, 分域壁を任意の距離 x_0 だけ動かすのにエネルギーをまったく必要としない, したがって分域壁は自由に動きうるということを意味するが, これは連続体近似を用いたことによる一種のアーティファクト (artifact) である.

もちろん，分域壁をはさんで，分極が急激に変化している場合には連続体近似は成立せず，格子の離散性を考慮して，系のエネルギー F を

$$F = \sum_n \left[\frac{\alpha}{2} p_n{}^2 + \frac{\beta}{4} p_n{}^4 + \frac{\kappa}{2a^2}(p_n - p_{n-1})^2 - \frac{\alpha^2}{4\beta} \right] \quad (10.31)$$

と書く必要がある．ただし，a は格子定数である．式 (10.31) を解析すると，格子の離散性による分域壁のピン止めエネルギー (転位におけるパイエルス・エネルギーに相当する)，言い換えるとピン止めを外すための活性化エネルギーが得られるが，詳述は避ける．

いずれにしろ，現実の分域壁は，格子の離散性によってではなく，不純物，転位などでピン止めされているのである．

10.3.2 分域壁の運動

強誘電体の分域壁の場合，若干現実とは乖離(かい)しているが，運動について定式化しておくことは意味がある．

運動エネルギーを $(m/2)(dp/dt)^2$ として，ランダウ–カラトニコフ (Landau–Khalatnikov) 方程式を導くと

$$m \frac{d^2 p}{dt^2} - \kappa \frac{d^2 p}{dx^2} + (\alpha p + \beta p^3) = 0 \quad (10.32)$$

が得られる．ただし，m は各分極の質量に相当する量である．この式 (10.32) は，動座標 z

$$z = \frac{x - vt}{\sqrt{1 - \dfrac{v^2}{v_0{}^2}}}, \qquad v_0{}^2 = \frac{\kappa}{m} \quad (10.33)$$

を用いると，

$$p = p_0 \tanh Kz \quad (10.34)$$

という興味ある解をもっている．すなわち分域壁は 0 から v_0 の間の任意の速度で自由に動きうるということである．もちろん，これも連続体近似に由来するアーティファクトである．

これを，より現実に近づけたものとして，粘性項を考慮した運動方程式

$$m \frac{dp^2}{dt^2} + \Gamma \frac{dp}{dt} - \kappa \frac{d^2 p}{dx^2} + \alpha p + \beta p^3 - E = 0 \quad (10.35)$$

が考えられる．一定速度 v で動く座標

$$s = \sqrt{\frac{|\alpha|}{m(v_0{}^2 - v^2)}}(x - vt), \qquad v_0{}^2 = \frac{\kappa}{m} \quad (10.36)$$

を用いると，電場 E が小さい場合，分域壁の速度 v が

$$v = \mu E \tag{10.37}$$

と書けることがわかる．ただし，μ は分域壁の移動度で

$$\mu = \frac{3}{\sqrt{2}} \frac{\sqrt{\kappa \beta}}{|\alpha| \Gamma} \tag{10.38}$$

と与えられる[2]．式 (10.37) は非常に小さい電場でも，分域壁が動くことを意味しているが，現実にはそういうことはなく，分域壁は多種多様の不純物や欠陥によってピン止めされており，分域壁が動き出すような電場の閾値が存在するのである．

10.3.3 分極反転

強誘電体における分極反転は，おおよそ図 10.38 に示されるような過程を経ると考えられている．負に分極した強誘電体結晶平板に，分極反転を起こすための電場を印加すると，まず電場印加とともに正の分極をもつくさび状の領域，すなわち反転核があちこちに発生する．そして，そのくさび状の領域が縦方向に成長し，結晶板を貫通する．次に正の分極をもつ領域 (正分域) が横方向に広がる．つまり，印加電場下でエ

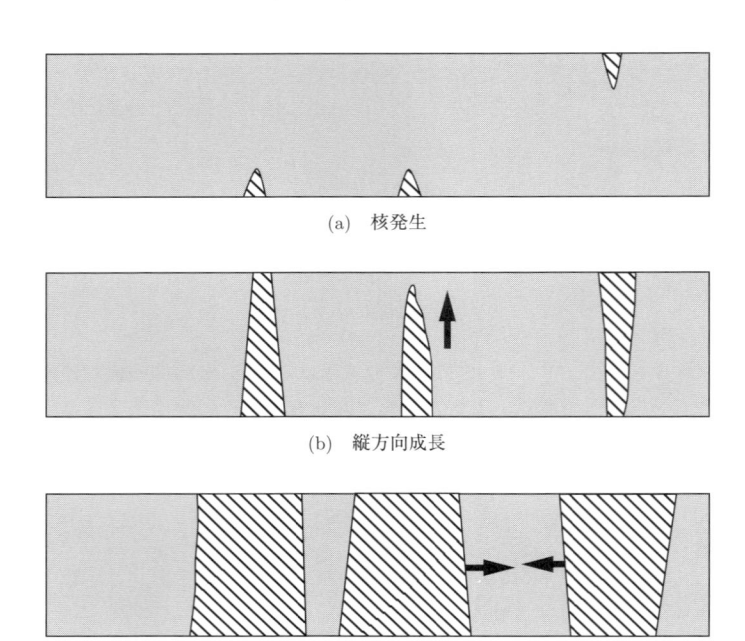

(a) 核発生

(b) 縦方向成長

(c) 横方向成長

図 **10.38** 分極反転過程．

ネルギー的に有利な正分域が広がるように，正負の分域の境界 (分域壁) が移動する．その移動速度は，縦方向の成長速度に比べてはるかに遅い．あちこちに発生した核を中心にして成長した正の分極をもつ分域が次第に合体し，全結晶板が正の分域で覆われて，分極反転が完了する．分極反転に要する時間，すなわち反転時間は，上記の過程のうちのもっとも遅いもの，つまり分域壁の横方向の運動速度で決まる．

上記の過程のミクロな機構はほとんどわかっていないといっても過言ではないが，とくにはじめのところ，すなわち核の発生および縦方向の成長については皆目わかってはいない．不純物，結晶転位，残留内部応力，電極の傷などが核発生サイトになっているのであろう．

次に，そのような核が縦方向に成長し始めるはずであるが，その際，印加電場の閾値があり，またその閾値が統計的に分布していることは容易に想像できる．しかし，この点についても確たる証拠は示されてはいない．いずれにしろ，そうして活性化された核が縦方向に成長する時間はきわめて短く，細かい機構にこだわらなければ，そのように核が結晶平板を貫通した時点までに起こる現象を，ひっくるめて核発生として取り扱ってもよい．

次に，貫通してできた核のサイズの問題があるが，これは電極面積に比べて十分に小さい (らしい) ので無視してよさそうである．

さて，核発生の後には，分域壁の移動すなわちエネルギー的に有利な正分域の成長過程が続く．この際問題になるのは，移動速度であるが，印加電場の大きさに依存して，速度が増すことが知られている．ただし，強誘電体はすべて圧電性をもつので，分極の動きには必ずひずみが伴われており，また分極の方位と分域壁の移動方向が直交していることから，分域壁の移動速度は横型超音波の速度以上にはなれないと思われる．

以上が分極反転に関与する素過程であるが，微視的には十分理解されているとはいいがたい．そこで，以下では，分極反転の時間経過を説明するための巨視的な理論，すなわちコルモゴロフ–アブラミ理論について解説する[3–5]．

いま，無限に広い結晶平板をとり，全体が負方向に分極していると考える．平板上に任意の点 P をとり，その点が時刻 t において，分極が反転している領域にまだ含まれない (点 P における分極はまだ負のまま) 確率 $q(t)$ を求めよう．もし，τ ($\tau < t$) において，点 P' に核が発生すれば，反転領域は，時間 $t-\tau$ の間に，点 P' から $v(t-\tau)$ の距離まで広がる (図 10.39)(ここで v は分域壁の移動速度で，一定と考える)．したがって，もし $\overline{PP'} < v(t-\tau)$ ならば，点 P は反転領域に含まれる．すなわち，時刻 τ と t の間に，点 P のまわりの "面積" $S(t,\tau)$ の中に核が発生すれば，点 P は時刻 t において反転領域に含まれる．ここで，結晶が面内で等方的ならば "面積" は

$$S = \pi v^2 (t-\tau)^2 \tag{10.39}$$

と書かれるが，異方性が極端に大きければ，分域が 1 次元的に広がると考えられ，そ

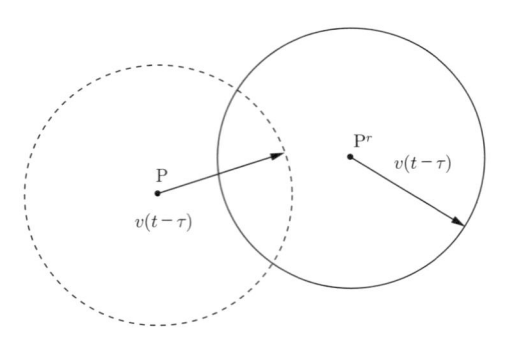

図 10.39 反転核の発生と成長.

の場合には"面積"というよりは"長さ"に相当し,

$$S = 2v(t-\tau) \tag{10.40}$$

と表される (図 10.40). ここで, v および $t-\tau$ の次数が分域の形状 (結晶平板の形状ではなく) によることに注意されたい. 以下では, 分域の形状次元を d で表す.

次に, 時刻 τ における反転核の発生確率を $J(\tau)$ としよう. これは $d=1$ の場合は単位時間・単位長さあたり, $d=2$ の場合は単位時間・単位面積あたりの確率である. そうすると, 時間 $\Delta\tau$ の間に上記の"面積"内に核が発生しない確率は $1-J(\tau)S(t,\tau)\Delta\tau$ である. 時間 t を $\Delta\tau$ ごとに区切り, $t=k\Delta\tau$, $\tau=i\Delta\tau$ などと書くと, 点 P が時刻 t において反転領域に含まれない確率は, 上記の確率の積

$$q(t) = \prod_{i=0}^{k}[1-J(i\Delta\tau)S(k\Delta\tau,i\Delta\tau)\Delta\tau] \tag{10.41}$$

となる. したがって, $\Delta\tau \to 0$ の極限では

$$\ln q(t) = -\int_0^t J(\tau)S(t-\tau)d\tau \tag{10.42}$$

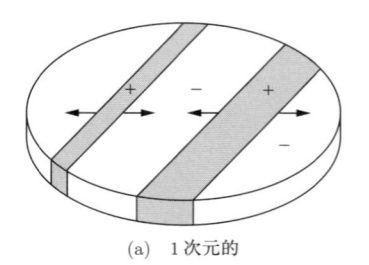

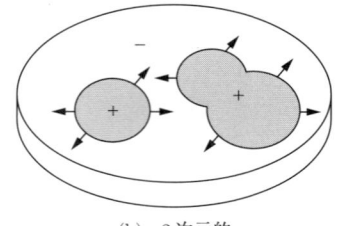

(a) 1次元的　　　　　(b) 2次元的

図 10.40 反転ドメインの形状.

となる．これから，任意に選んだ点が反転領域に含まれる確率，言い換えると，反転している領域の割合 $c(t)$ は

$$c(t) = 1 - q(t) = 1 - \exp\left[-\int_0^t J(\tau)S(t,\tau)d\tau\right] \tag{10.43}$$

と求められる．

したがって，分極 $-P_\mathrm{s}$ の状態から $+P_\mathrm{s}$ の状態への分極反転において，新たに電極に現れる電荷 $Q(t)$ は

$$Q(t) = 2P_\mathrm{s} S_0 c(t) \tag{10.44}$$

となる．ここで，S_0 は電極面積である．さらに，分極反転に伴って得られる反転電流は

$$I(t) = \frac{dQ(t)}{dt} = 2P_\mathrm{s} S_0 \frac{dc(t)}{dt} \tag{10.45}$$

となる．

ここで，$J(\tau)$ として，代表的な 2 つの場合について考えよう．第 1 は

$$J(\tau) = J_0 \tag{10.46}$$

の場合，すなわち，いつも一定の確率で核発生が起こっている場合である．これをカテゴリー I とする．すると

$$c(t) = \begin{cases} 1 - \exp\left(-J_0 \dfrac{\pi v^2}{3} t^3\right) & (d = 2) \\ 1 - \exp(-J_0 v t^2) & (d = 1) \end{cases} \tag{10.47}$$

となる．一般的には

$$c(t) = 1 - \exp\left[-\left(\frac{t}{t_\mathrm{I}}\right)^{d+1}\right] \tag{10.48}$$

の形に書ける．t_I は J_0, v, C_d (下添字 d はドメインの形状次元．$C_1 = 2$, $C_2 = \pi$, $C_3 = 4\pi/3$) で決まる特性時間である．

また，この過程中で発生する反転核のうち，一部はすでに反転した領域の中に発生するので，実際の反転には寄与しない．未反転領域で発生した核だけが反転に寄与するが，そのような核の数は

$$M = S_0 \int_0^\infty J_0 [1 - c(t)] dt = S_0 J_0 \int_0^\infty q(t) dt \tag{10.49}$$

で与えられる．

第 2 に，分極反転の起点になるような核 (与えられた電場下で活性化された核) がはじめから存在し，反転の途中では核発生は起こらない場合，すなわち，

$$J(\tau) = N\delta(\tau) \tag{10.50}$$

と書ける場合であり，カテゴリーIIとよぶことにする．このとき

$$c(t) = 1 - \exp[-NS(t,0)] = \begin{cases} 1 - \exp(-\pi N v^2 t^2) & (d=2) \\ 1 - \exp(-2Nvt) & (d=1) \end{cases} \quad (10.51)$$

となり，一般には

$$c(t) = 1 - \exp\left[-\left(\frac{t}{t_{\mathrm{II}}}\right)^d\right] \quad (10.52)$$

と書ける．t_{II} は N, v, C_d で決まる特性時間である．

ここで，カテゴリーIでは t 依存性を示す指数関数の中が t^{d+1} であるのに対し，カテゴリーIIでは t^d であることが重要である．

ここまでの議論で用いられた諸量 J_0, N, v は，もちろん印加電場の関数で，一般に印加電場が大きくなるにつれて大きくなるが，具体的な関数関係は詳細にしらべられてはいない．

さて，実際の分極反転では，カテゴリーIとIIが混在するかもしれない．あるいは，反転核がはじめから有限の大きさ r_C をもつかもしれない．そのほか，ここまでは J_0, v を一定と仮定しているが，実際は環境 (たとえば分域壁からの距離) に依存するかもしれない．それらをひっくるめて，近似的に

$$c(t) = 1 - \exp\left[-\left(\frac{t}{t_0}\right)^n\right] \quad (10.53)$$

と書き，n として非整数も許すことにしておくと，分極反転過程が2つのパラメーター (n, t_0) で記述できることになり，実験データの整理に際して便利である．

ここで，分極反転に伴う過渡電流 $I(t)$ について考えよう．式 (10.53) を使うと

$$I(t) = 2P_\mathrm{s} S_0 \frac{n}{t_0}\left(\frac{t}{t_0}\right)^{n-1} \exp\left[-\left(\frac{t}{t_0}\right)^n\right] \quad (10.54)$$

となる．また簡単な計算により，最大過渡電流 $I_{\max}$ とそれが得られる時刻 $t_{\max}$ との積は

$$\frac{I_{\max} \cdot t_{\max}}{P_\mathrm{s} S_0} = 2(n-1)\exp\left(-\frac{n-1}{n}\right) \quad (10.55)$$

となり，n だけで書かれることがわかる．式 (10.55) の左辺は実験で簡単に求められ，したがって n は容易に求められる．ただし，n を求めただけでは，分極反転の機構を解明したことにはならない．

実際の分極反転を上記のコルモゴロフ–アブラミ理論を用いて解析した例は多いが，ほとんどは n の値について言及しているだけである．それらの中にあって，例外的に表面安定化強誘電性液晶 MOPOP における反転過程を偏光顕微鏡を用いて観測した報告がある (図 10.41)[6]．これを見ると，その分極反転はカテゴリーIIに分類でき，

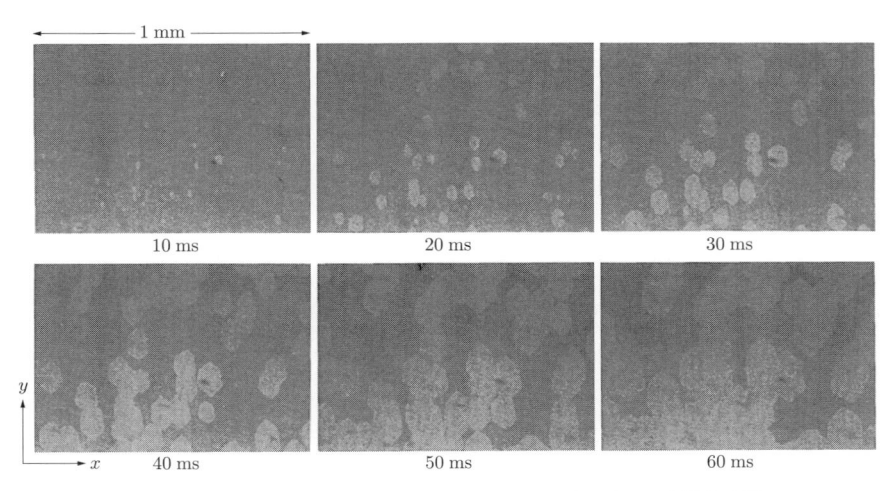

図 10.41 強誘電性液晶 MOPOP における分極反転過程の顕微鏡観察[6].

形状次元は 2 であることは一目瞭然である．また，$c(t)$ から n を求めると，確かに 2 となっている．

　ここまでは，強誘電体の分極反転を念頭において，結晶平板の場合の議論を進めてきたが，同様の議論は，たとえば金属溶融体から特定の合金が成長するような場合，すなわち 3 次元系における 3 次元的な成長にもあてはまることは容易にわかる．実際，金属学では，この理論はジョンソン–メア (Johnson–Mehr) の理論として知られている．

[石 橋 善 弘]

文　　献

[1] J. Sapriel, Phys. Rev. B **12** (1975) 5128.
[2] M. A. Collins et al., Phys. Rev. **19** (1979) 3630.
[3] A. N. Kolomogorov, Izv. Akad. Nauk SSSR, Ser. Math. **3** (1937) 355.
[4] M. Avrami, J. Chem. Phys. **7** (1939); ibid. **8** (1940) 212; ibid. **9** (1941) 177.
[5] Y. Ishibashi and Takagi, J. Phys. Soc. Jpn. **31** (1971) 506.
[6] H. Orihara et al., J. Phys. Soc. Jpn. **57** (1988) 4101.

10.4　マルチフェロイック

10.4.1　フェロイックとは

　強磁性 (ferromagnetic)，強誘電性 (ferroelectric)，強弾性 (ferroelastic) の 3 つをまとめてフェロイック (ferroic) とよぶ．この用語は 1969 年に相津によって提唱された[1]．強磁性とは自発磁化を有する状態であり，外部磁界による磁化反転が可能であ

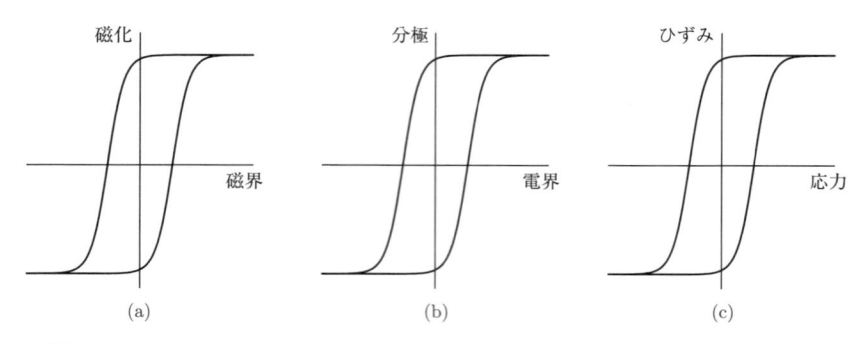

図 10.42 フェロイックスにおける履歴曲線の例. (a) 強磁性体, (b) 強誘電体, (c) 強弾性体.

る．強誘電は自発分極を有する状態であるが，単に自発分極を有する性質は焦電性とよばれる．強誘電とよばれるには，外部からの電界印加によって自発分極が反転できなくてはならない．また，強誘電の電気分極をひずみに，電界を応力に置き換えたものが強弾性に相当する．すなわち，自発的なひずみをもつ状態が2つ以上あり，応力を印加することによりそれらの状態間を行き来できる性質を強弾性とよぶ．このように，強磁性，強誘電性，強弾性は，対称性の破れによる複数の自由エネルギー最小の存在と，そのエネルギー最小状態間の外場による遷移という共通した特徴をもつ．すなわち，

(1) 対称性の破れに伴い複数の等価な状態が存在すること
(2) 外場によってこれらの等価な状態間を遷移できること

の2つがフェロイックの共通概念とされる．その結果，3種のフェロイックな物質は図 10.42 のように似通った履歴応答を示す．

　フェロイックな物質の示す物性は対称性の破れにより特徴づけられる．たとえば強誘電体では，空間反転対称性，極性ベクトル P に垂直な鏡映対称性，および，P と平行でない軸に対する回転対称性が点群の意味で破れる．「点群の意味で」と書いたのは，鏡映と並進の組み合わさった映進対称操作や，回転と並進の組み合わさったらせん対称操作も同様に失われるからだ．強誘電体は温度変化によって電流が取り出せる焦電気 (pyroelectricity)，圧電性 (piezoelectricity)，光の第2高調波発生 ((SHG: Second-Harmonic Generation) などを共通の性質として示す．これらの性質は上記にあげた対称性の破れの結果として理解することができる．強磁性は時間反転対称の破れによって特徴付けられる．さらに，軸性ベクトル M に垂直でない鏡映[*1)]，および，M と平行でない軸に対する回転対称性が点群の意味で破れる．強磁性体が共通し

[*1)] 軸性ベクトル，軸性テンソルとは，座標系を右手系から左手系に移行したときに (つまり，鏡映操作で) 成分の符号が反転するベクトルやテンソルのことをいう．反転しないものは極性ベクトル，極性テンソルである．

て示す磁気光学効果 (magneto-optic effect) や磁気ひずみ (magnetostriction) はこれらの対称性の破れの結果として理解される．このように，強誘電や強磁性では最低限破れなければならない対称性が明確に決まるが，強弾性の場合はそうではない．強弾性で自発的に生じる物理量は歪であり 2 階のテンソルで表現される．したがって，破れるべき対称性は単純には決まらない．この点で強誘電や強磁性とは決定的に異なる．

10.4.2 マルチフェロイックの示す物性

マルチフェロイック (multiferroic) とは本来，2 種以上のフェロイックの共存状態を指す．この概念は Schmid によって提唱された[2]．明らかに，マルチフェロイックは複合的な対称性の破れとそれによって生じた複数の自由エネルギー最小状態の間の外場による遷移で特徴づけられる．なお，「マルチフェロイック」には適切な日本語訳はないが，あえて訳すならば「多重強秩序性」とでもよべるだろう．マルチフェロイックな物質の具体例は文献 [3] にまとめてある．

マルチフェロイックの物性もフェロイックと同様に対称性によって支配される．ただし，前節で述べたとおり強弾性の場合には破れる対称性が多様であり，一般論を述べることは難しい．ここでは強誘電と強磁性が同時に現れた物質における物性について紹介しよう．強磁性強誘電体の磁気点群は

$$1,\ 2,\ 2',\ m,\ m',\ 3,\ 3m',\ 4,\ 4m'm',\ m'm2',\ m'm'2,\ 6,\ 6m'm'$$

のいずれかに限られる．ここで，磁気点群の表記法について簡単に述べておく．$m'm2'$ とは，適当に xyz 直交座標系を決めて

- m': x 軸に直交する平面による鏡映に続けて時間反転
- m: y 軸に直交する平面による鏡映
- $2'$: z 軸まわりの 1/2 回転に続けて時間反転

の各操作を行っても，操作前の状態と並進対称のみで重なることを表す．また，正方晶の場合は x 軸と y 軸が等価なので表現法が少し異なる．たとえば，磁気点群 $4m'm'$ のそれぞれの記号は

- 4: z 軸まわりの 1/4 回転
- はじめの m': x 軸に直交する平面による鏡映に続けて時間反転
- 2 つ目の m': (110) 平面による鏡映に続けて時間反転

の各対称操作を意味する．なお，時間反転操作の表現としてダッシュ(m' など) の変わりにアンダーバー ($\underline{m}$ など) を使う流儀もある．

マルチフェロイックにおいては，当然，個々の対称性の破れに伴う物性が観測される．たとえば，強磁性強誘電体は強誘電体が示す物性も強磁性体が示す物性もすべて

示す.しかし現実には,磁性強誘電体の電気分極の値は典型的な強誘電体と比べて小さいことが多く,磁性強誘電体を単なる強誘電体の一種として見た場合,基礎的にも応用的にもあまり魅力的ではない.むしろ強磁性強誘電体では,空間反転対称性と時間反転対称性が同時に破れることではじめて出現する性質に興味が集まる.たとえば,強磁性強誘電体の電気分極は外部磁界によって変化させることができる.逆に,電界を印加することによって磁化が変化する.これを電気磁気効果 (magnetoelectric effect) とよぶ.さらに,電磁波に対する応答にも対称性の複合的な破れに伴う特有の現象が見られる.このように,マルチフェロイックは個々のフェロイックにもとづく物性を併せもつだけでなく,対称性が複合的に破れることにより初めて生じる応答を示す.なお,上述した強誘電体や強磁性体の物性は磁化や電気分極の反転の可否とはあまり関係しない.したがって,自発分極をもつが分極反転が不可能な焦電体であっても,強磁性や強弾性と同時に現れればマルチフェロイックと同列に扱うことができる.

ここまで紹介した対称性の議論はバルク物質を前提としているが,近年のナノテクノロジーの進展とともに,強誘電体と強磁性体の人工的な複合組織を作成することによって大きな電気磁気効果を生み出そうとする試みも行われている[4].この場合,強誘電体と強磁性体がいかにひずみを通じて結合するかが重要である.また,ABC型3成分超格子のように人工的に反転対称心を破った構造を磁性体で作成して特殊な電磁波応答を生み出す試みもある[5].この場合は,界面における電子移動が物性の鍵を握る.

マルチフェロイックにおける対称性の複合的な破れに伴う効果は小さい場合が多く,応用の観点からはいかに大きな効果を発現させるかが課題である.効果の大小を議論するためには,対称性の議論とは別に物性の微視的な理解が必要となる.たとえば,電気磁気効果の微視的な起源としては単一磁性イオンの配位子場,超交換相互作用におけるひずみの効果などいくつかの候補があげられているが,今のところ決定版はない.

10.4.3 電気磁気効果

a. 1次の電気磁気効果

多くの物質では,電気分極に対する磁界の効果は事実上観測できない.磁化に対する電界の効果もほぼゼロである.ところが,磁性と誘電性を併せもつ一部の物質では,電気磁気効果が観測される.電気磁気効果の実験的研究は1960年代から行われており,とくに1次の電気磁気効果について興味がもたれた.磁界 H に対する電気分極 P の線形な変化率は2階の軸性テンソル α で表される[*2].同様に電界 E に対する磁化 M の変化率も2階の軸性テンソルで表される.これら2つのテンソルは独立ではなく,電界 E に対する磁化 M の変化率を表すテンソルは ${}^t\alpha$ となる.これは次の

---

*2) 556ページの脚注参照.

ように説明される．自由エネルギー F の電界 $\boldsymbol{E}$, 磁界 $\boldsymbol{H}$ についての展開

$$F(\boldsymbol{E},\boldsymbol{H}) = F_0 - \sum_i P_i^s E_i - \mu_0 \sum_i M_i^s H_i - \frac{1}{2}\sum_{i,j} \chi_{ij}^E E_i E_j$$
$$- \frac{1}{2}\sum_{i,j} \chi_{ij}^M H_i H_j - \sum_{i,j} \alpha_{ij} E_i H_j + \cdots \quad (10.56)$$

を考えよう．すると，

$$P_i(\boldsymbol{E},\boldsymbol{H}) = -\frac{\partial F}{\partial E_i} = P_i^s + \sum_j \chi_{ij}^E E_j + \sum_j \alpha_{ij} H_j + \cdots$$
$$\mu_0 M_i(\boldsymbol{E},\boldsymbol{H}) = -\frac{\partial F}{\partial H_i} = \mu_0 M_i^s + \sum_j \chi_{ij}^M H_j + \sum_j \alpha_{ji} E_j + \cdots \quad (10.57)$$

となる．したがって，

$$\frac{\partial P}{\partial H} = \mu_0 \frac{\partial M}{\partial E} \quad (10.58)$$

を満たす．

α_{ij} は SI 単位系では s/m の単位で表される．一方，cgs ガウス単位系では無次元量となる．両者の関係は

$$\frac{c}{4\pi}\boldsymbol{\alpha}^{(\text{SI})} = \boldsymbol{\alpha}^{(\text{cgs–Gauss})} \quad (10.59)$$

となる．cgs 単位系における 1 次の電気磁気効果テンソルの定義には，$4\pi\partial P_i/\partial H_j$ という流儀もある．その場合は，変換式 (10.59) の 4π はつかない．現在までに報告された 1 次の電気磁気効果の係数 α の値は，$TbPO_4$ が液体ヘリウム温度以下で 500 ps/m 程度の値を示す以外は，最大でも数十 ps/m となっている．遷移金属化合物では $Co_3B_7O_{13}X$ (X = Cl, Br, I) や $LiCoPO_4$, $GaFeO_3$ などで α が大きい[6]．電気磁気効果の理論的な上限は，電気感受率と磁気感受率の相乗平均となる[7]．

$$\alpha_{ij}{}^2 < \chi_{ii}^E \chi_{jj}^M \quad (10.60)$$

1 次の電気磁気効果は時間反転対称性と空間反転対称性が同時に破れた物質で見られる．この条件は，先に列挙した強磁性と強誘電が同時に見られるための条件よりは緩い．実際，電気磁気効果は自発磁化のない反強磁性強誘電体 $Ni_3B_7O_{13}Cl$[8] や自発磁化も自発分極ももたない Cr_2O_3[9] などの反強磁性体でも観測されている．対称性の議論からも，1 次の電気磁気効果が出現しうる磁気点群は，強誘電強磁性の出現しうる 13 種以外に 45 種類が加わることがわかっている[10]．このように，電気磁気効果はマルチフェロイックに限った現象ではない．しかし，マルチフェロイックでは電気感受率，磁気感受率がともに大きくなるため，関係式 (10.60) を念頭にすれば，大きな電気磁気効果を探す魅力的な対象である．

電気磁気効果の測定には様々な方法がある[11]．いずれの方法であっても，磁性や強誘電性についてのマルチドメイン構造を有すると，ドメインごとに符号の異なる電気

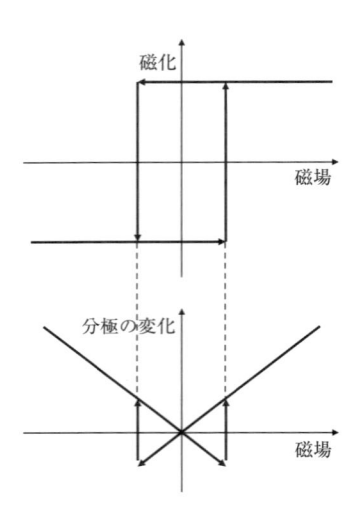

図 **10.43** 強磁性強誘電体における磁化と電気磁気効果の履歴の例．磁化反転に伴って電気磁気効果の係数も反転する．

磁気効果が平均化されて観測されてしまう．したがって，電気磁気効果の測定を行う前に電場や磁場を印加することで，前もって単領域化させる必要がある．また，磁場印加による電気分極の変化は，線形にふるまわないことも多い．純粋に自由エネルギーの展開式の3次以上の項が出現する場合のほか，磁場の印加による磁気構造の変化に起因することも多い．強磁性体で保磁力を越える磁場を加えて磁化を反転させると，電気磁気効果の符号も反転し，電気分極の外部依存性は「蝶ネクタイ」のようなふるまいとなる（図 10.43）[12,13]．その他に，反強磁性体でスピンフロップが起きる場合も磁気点群が変化する．このとき，無磁場下での結晶の磁気点群を用いた対称性の考察とは異なる応答が観測されるようになる．たとえば，反強磁性体 Cr_2O_3 の c 軸方向に強磁場を印加した場合，スピンフロップに伴い磁気点群が変化し電気磁気効果テンソルに影響が見られる[14]．そのほか，強磁性体の磁化容易軸に垂直に磁場を印加すると，徐々に磁化の方向が変化し，その結果，2次の電気磁気効果が生じる．実際，電気磁気効果の非線形成分が1次の電気磁気効果よりも大きく現れる場合も報告されており興味深い．

b. 非線形な電気磁気効果

磁性誘電体において磁場や電場が相転移を誘起する場合，自由エネルギーの展開式 (10.56) は意味を失う．2003年以降，$TbMnO_3$ や $TbMn_2O_5$ など多くの反強磁性強誘電体で磁場誘起相転移に伴う大きな電気磁気効果が観測されて注目を集めている[15,16]．これらの系の特徴は，スピン系に広い意味でのフラストレーションが存在することにある．このようなフラストレーションスピン系が磁気秩序をとる場合，そのスピン配列はらせん磁性などの複雑なパターンとなりやすく，また少なからず電気分極を誘発

する場合がある．このようなスピン系に起因した強誘電体のことも，マルチフェロイックと称する習慣になっている．

スピンの配列によって出現する電気分極についてはここ数年で飛躍的に理解が進んだ．もっとも有名なものは，サイクロイドとよばれる横滑り型のらせん磁性における強誘電性であろう．桂らは隣り合う2つの磁性イオンのスピン S_i, S_j が傾いたとき，

$$p = Ae_{ij} \times (S_i \times S_j) \qquad (10.61)$$

という式で表される電気双極子 p が生じることを明示した[17]．ここで A は比例係数，e_{ij} は2つのサイトを結ぶ単位ベクトルである．このほかにも，もともと2つのサイト i と j の中点が反転対称中心でない場合に，その電気双極子が $S_i \cdot S_j$ に比例した変調を受ける効果や，磁性イオンと陰イオンの共有結合性がスピンの向きによって変化を受ける効果[18]が，スピン起源の強誘電性をもたらす原因となりうることがわかってきた．

これらのスピン配列起源の強誘電体に磁場を印加すると，フラストレーション系に特有の多谷構造を反映して，比較的低い磁場でスピン配列が変化する．すると，スピン配列に伴って出現していた電気分極も変化する．これが相転移型の電気磁気効果として観測される．このタイプでは磁場の印加によって変化する電気分極は $10^2 \mu C/m^2$ のオーダーとなることもあり，同じ磁場で比べると電気磁気効果の場合よりも1桁大きい (図10.44)．

c. 光学的な電気磁気効果[19]

電気磁気効果は H や E が交流の場合にも生じる．形式的にその周波数を電波，光，X線の領域まで拡張することにより，それぞれの周波数領域での電気磁気効果が理論

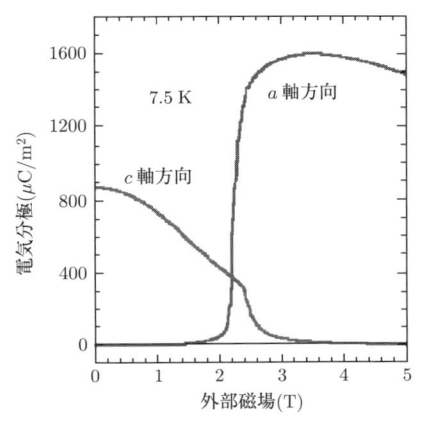

図 **10.44** 斜方晶 $DyMnO_3$ における相転移型の電気磁気効果の例．磁場印加に伴って電気分極が90度回転する．

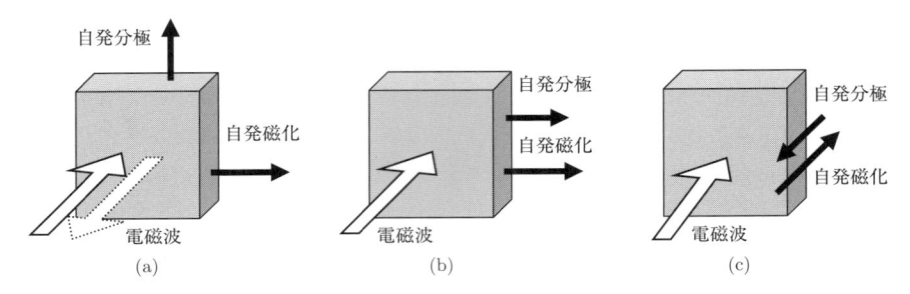

図 10.45 強磁性強誘電体における光学的電気磁気効果. (a) のように自発分極・自発磁化・電磁波の進行方向が直交する場合は，直線偏光の方向複屈折・方向二色性が，(b), (c) のように自発分極と自発磁化が平行な場合は，電磁波の偏光回転や円二色性が生じうる.

的に導かれる．すなわち，

$$\bm{P}^\omega = \bm{\chi}^E(\omega)\bm{E}^\omega + \bm{\alpha}(\omega)\bm{H}^\omega + \cdots \tag{10.62}$$

となる．ここで，応答関数 $\bm{\chi}^E$ と $\bm{\alpha}$ が物質の電子構造に対応した ω 依存性をもつことを明示した．$\bm{\alpha}$ のどの成分がゼロでないかは，通常の電気磁気効果と同じように磁気点群による．電磁波の電場と磁場の間には

$$\bm{H}^\omega = \frac{1}{\mu_0 \omega} \bm{k} \times \bm{E}^\omega \tag{10.63}$$

という関係があるので，式 (10.62) に式 (10.63) を代入すると，

$$\bm{P}^\omega = \bm{\chi}^E(\omega)\bm{E}^\omega + \frac{\bm{\alpha}(\omega)}{\mu_0 \omega}(\bm{k} \times \bm{E}^\omega) + \cdots \tag{10.64}$$

となる．物質の電磁波応答は $\bm{E}^\omega$ によって誘起される $\bm{P}^\omega$ の大きさで決まるので，$\bm{\alpha}$ が 0 でない物質では電磁波応答に電磁波の伝播ベクトル $\bm{k}$ の 1 次の項が含まれることを意味する．この点は，キラルな系が示す自然旋光性や円二色性と似ている．しかし，電気磁気効果に関連する応答は時間反転操作に対して奇のテンソル $\bm{\alpha}$ に起因している．これは，自然旋光性が時間反転操作に対して偶であるのと対照的だ．

強誘電強磁性体の場合について，式 (10.64) の電磁波応答が現れる具体的な配置を図 10.45 に描いた．自発分極と自発磁化が直交する場合は，電磁波がそれらと垂直な方向に進む配置で非相反的な (nonreciprocal) 方向複屈折 (directional birefringence) や方向二色性 (directional dichroism) が現れる．実際，この配置における光や X 線の領域での方向二色性がフェリ磁性焦電体 $GaFeO_3$ 系で観測されている[20, 21]．一方，自発分極と自発磁化が平行あるいは反平行の場合は，電磁波の進行方向の反転によって変化する偏光回転と円二色性が生じる．ただし，現実には自発磁化のみで出現する磁気旋光や磁気円二色性，あるいは自発分極による光学異方性が同時に顔を出す．そのため，光学的電気磁気効果のみを取り出すことはそれほど簡単ではない．

10.4.4 磁気構造に由来する第2高調波発生

前述したとおり焦電体にレーザ光を照射すると第2高調波が発生する (SHG: Second-Harmonic Generation). したがって，電気分極をもった強磁性体においても第2高調波が発生する．しかし，マルチフェロイックにおける第2高調波発生は通常の強誘電体とは異なる特徴をもつ．すなわち，高調波の偏光方向が自発分極の方向のみでは決定されず磁化方向にも依存する．この効果は非線形磁気カー効果 (nonlinear magneto-optical Kerr effect) とよばれる (図 10.46). 磁気的な偏光回転は，高調波における非磁性成分に対する磁性成分の比で決まる．通常の線形磁気光学と比べて，非線形応答では非磁性成分が小さいので偏光回転が大きくなりうる．実際，第2高調波発生は数十度の磁気回転を示す.

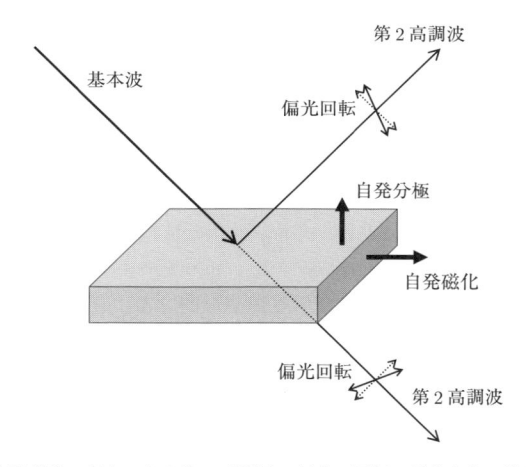

図 10.46 自発磁化の存在による第2高調波の偏光の回転．磁化がない場合，偏光は入射面内にある (破線) が，磁化によって偏光方向が数十度回転する (実線).

非線形磁気光学効果は応用上も重要になりつつある．様々な手段で非磁性成分と磁性成分の偏光と位相を解析することにより，マルチフェロイックの磁気点群の決定[22]，ドメイン構造の観察[23]などが行える．さらに，局所的な空間反転対称性の破れにも敏感なことから，磁性体の表面・界面における磁化情報の検出法として，適用範囲が広がっている[24,25].

10.4.5 ドメイン構造

フェロイックが多ドメイン構造を取る場合，各ドメインの内部の状態は単ドメイン状態における性質を反映するが，ドメイン壁は，内部とは対称性の異なる特殊な構造をもつ．しかも，ドメイン壁の運動が多ドメイン構造のフェロイックの物性を支配する側面もある．強磁性体における磁壁はその典型的な例の1つであり，磁化過程における磁壁移動の重要性や，不純物による磁壁のピン止め効果，磁壁運動の差異の雑音

発生，形状によるブロッホ壁とネール壁の安定性の差など，様々な視点から研究が行われてきた．

マルチフェロイックでは，異なる種類のドメイン壁の間の結合が注目される．これに関して，六方晶マンガン酸化物 RMnO$_3$ 系を対象とした興味深い結果が報告されている．RMnO$_3$ は，室温よりはるか高温で c 軸方向に電気分極を有する強誘電体に転移する．このとき，強誘電について 2 種類のドメインが存在する．さらに強誘電転移と同時に Mn の三角格子が 3 量体化を起こす．この Mn のスピンは低温で 120 度構造の反強磁性状態へと転移する．この反強磁性は時間反転対称性を破る配列となり，反強磁性のドメインが 2 種類存在する．結局，強誘電ドメインと反強磁性ドメインがそれぞれ 2 種類存在することになる．最近の磁気的な SHG の研究から，強誘電ドメイン壁が必ず反強磁性ドメイン壁を伴うことが明らかにされた[23]．ただし，その逆は必ずしも成り立たず，反強磁性ドメインは強誘電ドメインを伴わない場合もある．この起源についてはいくつかの仮説が立てられている段階である[26,27]．

10.4.6 トロイダルモーメント

統計力学では，強磁性体の物性を，ミクロな磁気双極子の配列から議論する．また，強誘電体でも，電気双極子の秩序-無秩序型の相転移機構で説明されるような強誘電体が少なからず存在する．このように，フェロイックを対称性の破れた微視的な要素の秩序配列状態と捉えることは，物理的な理解を助ける．電気磁気効果を示す物質についても，この種の微視的要素が提案されている．1 次の電気磁気効果を表現するテンソル $\boldsymbol{\alpha}$ は，空間反転操作に対しても時間反転操作に対しても符号が反転する．よって，電気磁気効果を示す微視的要素も空間反転に対しても時間反転に対しても奇である必要がある．このような物理量としてはたとえば電流密度ベクトル $\boldsymbol{j}$ が考えられるが，固体中の微視的要素として $\boldsymbol{j}$ そのものを考えると

$$\mathrm{div}\boldsymbol{j} = -\frac{\partial \rho}{\partial t}$$

を満たす束縛条件をどう取り入れるかなど，不都合が生じる．より扱いやすい微視的要素として，トロイダル (toroidal) モーメントが提案されている[28,29]．トロイダルモーメント $\boldsymbol{\tau}$ のうち，スピン角運動量 $\boldsymbol{S}$ に関する部分 $^s\boldsymbol{\tau}$ のみを抜き出すと，

$$^s\boldsymbol{\tau} = -\frac{1}{2}\mu_B \sum_i (\boldsymbol{r}_i \times \boldsymbol{S}_i) \tag{10.65}$$

となる[30]．ここで，$\boldsymbol{r}_i$ の原点の取り方は任意ではなく，反転対称心がある状態で 0 となるような位置を選ばなくてはならない．このトロイダルモーメントのイメージを図 10.47 に示す．

トロイダルモーメントが固体中で整列した状態はフェロトロイディック (ferrotoroidic) とよばれる[31]．これもフェロイックの一種と考えることもできる．自由エネルギーを

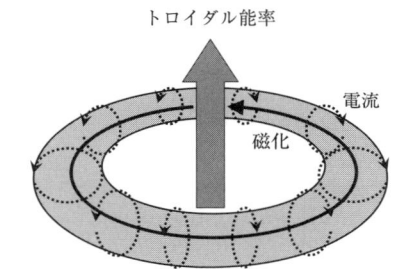

図 10.47 トロイダルモーメントのイメージ．破線はそのときの電流の分布を示す．太い矢印で示す円環状の磁化ベクトルが発生する．理想的なトロイダルモーメントは外部に電界も磁界も生み出さない．

トロイダルモーメント $\boldsymbol{\tau}$ の成分で展開し直すと

$$\boldsymbol{\tau} \cdot \mathrm{rot}\, \boldsymbol{H} \tag{10.66}$$

に比例する項と

$$\boldsymbol{\tau} \cdot \boldsymbol{E} \times \boldsymbol{H} \tag{10.67}$$

に比例する項が存在する．したがって，トロイダルモーメントに対する適当な「外場」としては空間的に回転する磁場か，あるいは直交する電界と磁界の組合せの 2 通りが考えられる．また，式 (10.67) はトロイダルモーメントが反対称な電気磁気効果テンソルの要因となることを表す．たとえば，トロイダルモーメントが z 軸に向いて整列したフェロトロイディックな系では，$\alpha_{xy} = -\alpha_{yx}$ なる 1 次の電気磁気効果成分が生じる．実際，Ga–Fe–O 系などでこの考え方にもとづく電気磁気効果の解析が行われている[32]．

以上，本節では電気磁気効果を中心としてマルチフェロイックについて紹介したが，紙面の関係からその一端を述べたに過ぎない．興味のある方はさらに詳細なレビュー[33]や特集[34]を御覧いただきたい．

[有馬孝尚]

文献

[1] K. Aizu, Phys. Rev. **B2**, 754 (1970).
[2] H. Schmid, Ferroelectrics **162** (1994) 317.
[3] G. A. Smolenskii and I. E. Chupis, Usp. Fiz. Nauk **137**, 415 (1982) [Sov. Phys. Usp. **25** (1982) 475].
[4] H. Zheng et al., Science **303** (2004) 661.
[5] Y. Ogawa et al., Phys. Rev. Lett. **90** (2003) 217403.
[6] 様々な物質における α の値が，Hans Schmid によって表にまとめられている．W. S. Weiglhofer and A. Lakhtakia (eds.), *Introduction to Complex Mediums for Optics and Electromagnetics* (SPIE Press, 2003) p. 175.
[7] W. F. Brown, Jr. et al., Phys. Rev. **168** (1968) 574.

[8] J. P. Rivera et al., Int. J. Mag. **6** (1974) 211.
[9] D. N. Astrov, Zh. Exp. Teor. Fiz. **38** (1960) 984 [Soviet Phys. JETP **1** (1960) 708]; Zh. Exp. Teor. Fiz. **40** (1961) 1035 [Soviet Phys. JETP **13** (1961) 729].
[10] J. P. Rivera, Ferroelectrics, **161**(1994) 165 およびその引用文献.
[11] 宮本芳子 (川西健次ら編),「磁気工学ハンドブック」(朝倉書店, 1998) p. 156.
[12] E. Ascher et al., J. Appl. Phys. **37** (1966) 1404.
[13] V. A. Murashov et al., Kristallografiya **35** (1990) 912 [Sov. Phys. Crystallogr. **35** (1990) 538].
[14] Yu. F. Popov et al., Pis'ma Zh. Eksp. Teor. Fiz. **69** (1999) 302 [JETP Lett. **69** (1999) 330].
[15] T. Kimura et al., Nature **426** (2003) 55.
[16] N. Hur et al. Nature **429** (2004) 392.
[17] H. Katsura et al., Phys. Rev. Lett. **95** (2005) 057205.
[18] T. Arima, J. Phys. Soc. Jpn. **76** (2007) 073702.
[19] ごく最近 CuB_2O_4 において巨大な方向二色性が観測された. M. Saito, J. Phys. Soc. Jpn. **77** (2008) 013705.
[20] M. Kubota et al., Phys. Rev. Lett. **92** (2004) 137401.
[21] J. H. Jung et al., Phys. Rev. Lett. **93** (2004) 037403.
[22] M. Fiebig et al., Phys. Rev. Lett. **84** (2000) 5620.
[23] M. Fiebig et al., Nature **419** (2002) 818.
[24] J. Reif et al., Phys. Rev. Lett. **67** (1991) 2878.
[25] H. Yamada et al., Science **305** (2004) 646.
[26] E. Hanamura and Y. Tanabe, J. Phys. Soc. Jpn. **72** (2003) 2959.
[27] A. V. Goltsev et al., Phys. Rev. Lett. **90** (2003) 177204.
[28] Ya. B. Zel'Dovich, Zh. Eksp. Teor. Fiz. **33** (1957) 1531 [Sov. Phys. JETP **6** (1958) 1184].
[29] D. G. Sannikov, J. Phys. C: Solid State Phys. **19** (1986) 2085.
[30] A. A. Gorbatsevich and Yu. V. Kopaev, Ferroelectrics **161** (1994) 321.
[31] H. Schmid, Ferroelectrics **252** (2001) 41.
[32] Yu. F. Popov et al., Zh. Eksp. Teor. Fiz. **114** (1998) 263 [J. Exp. Theor. Phys. **87** (1998) 146].
[33] M. Fiebig, J. Phys. D: Appl. Phys. **38** (2005) R123.
[34] J. Phys.: Condens. Matter **20**, No. 43 (2007) にマルチフェロイックの特集が組まれている.

11

物質から見た物性物理

11.1　半　導　体

11.1.1　半導体の位置付け

　半導体というものを概観するとき，それはどのように位置付けられるのだろうか？電気伝導の点から見れば，金，銀，銅のような金属ほどには電気や熱をよく伝える良導体ではない．かといってプラスチックやセラミックス，あるいはアルカリハライドのような不導体でもない．ほどほどに電流を流すことはできるが，金属のように安定した量を供給するわけではない．何かにつけて中途半端な導体という意味で半導体(semiconcuctor)と命名された．一般常識からすれば，この物質は「帯に短し，たすきに長し」で一番役に立たない困りものであろう．しかるに，この困りものがいつの間にか世の寵児となり，多岐にわたる応用に適し，産業にかなう生産物をつくるようになった．今では貿易摩擦の一因にすらなっている．よきにつけあしきにつけ，一国の基幹産業の一環を担っている．

　強磁性体は磁石となり，超伝導体はロスのない伝搬送や強磁場の発生ができるが，半導体と比べれば応用範囲は限られている．半導体こそは応用物理，電子工学の花形といってよい．

　しかし，役に立つ点では申し分ないものの，それだけで終わってしまったのでは人間の知的欲望を満足し尽くすものではない．半導体を利用した新奇なデバイスを考案する競争に終始すれば，研究者にとって半導体は歓びよりも苦痛を与えるものになりかねない．役に立つということとは別個に，物理としての面白みを追求できてこそ，そこに純粋な歓びを見出しうる．科学者はまずこの面白みに着目し，それぞれの方法でとことん醍醐味を味わえばよい．古代の哲学者たちは自然科学を教養の一部と考えていた．半導体はいわば「教養の物質」といえる．この教養を身につけてこそ，技術面での成功もありうる．本当に面白い現象というものは，不思議なことに，かならずいつの日にか輝かしい応用につながる潜在能力を備えているものなのである．

a. 単純な構造

半導体を代表するシリコン (Si) とゲルマニウム (Ge) の結晶はダイアモンド構造 (diamonnd structure) を構成する (図 11.1). これは化合物半導体ヒ化ガリウム (GaAs) でも変わらない. 閃亜鉛鉱型構造 (zincblend structure) のものもあるが, 代表的なところではダイヤモンド型が多い. したがって構成原子間の結合は共有結合が主体である. 周期表上で隣接する原子どうし, たとえば IV 族の Si とリン (P) は結晶内でも容易に置換し合う. このとき P のもつ 5 個の荷電子のうち 4 個は共有結合に参加し, 残る 1 個がドナー原子となって電気伝導に寄与する. また化合物半導体 GaAs ではガリウム (Ga) とヒ素 (As) が場所を交換して独特の性格をもつ欠陥 (antisite) をつくる. このように置換が可能であるというのが半導体の性質 (長所と欠点を含めて) を大きく左右する.

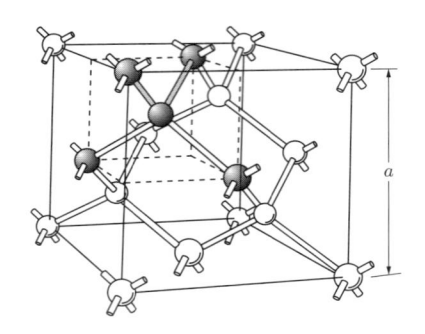

図 11.1 ダイアモンドの結晶構造.

b. 強束縛バンド構造

基本となる原子結合は共有結合である. これは水素原子が 2 個寄って水素分子をつくるときの結合と同じである. 水素原子の古典的モデルは陽子の周囲を電子が公転するという形のものだった. この描像は現実ではない. しかし共有結合を直観的に理解する上で, すこぶる便利なモデルなので, 間違いを承知であえて採用することとする. 公転運動は一種の周期運動である. これを同じく周期運動である単振子の動きに置き換えてみる. 2 個の水素原子が近寄って相互作用をはじめるとき, それは 2 個の単振子が絡まり合う複合振子と比較されよう. この複合振子をおもちゃにした「カチカチ・クラッカー」(正確には American craker) というものが一時代流行したことがある. 2 つの振子をつなぐ紐がいわば相互作用の役目をする. この複合振子を振らすとき, 振れ方には 2 つのモードがある. 1 つは 2 個の振子が同位相で同じ向きにブラブラ振れるモード (「ブラブラ・モード」と仮に名づけよう), もう 1 つは 2 個の振子がカチカチと衝突しながら逆位相で振れるモード (カチカチ・モード) である (図 11.2). これら 2 つのモードで振動を比較すると, カチカチ・モードの方がブラブラ・モードよりも振動数が高い. つまり複合振子のエネルギー準位としてはカチカチ・モードの方が高準

(a) 同位相モード　　　　(b) 逆位相モード

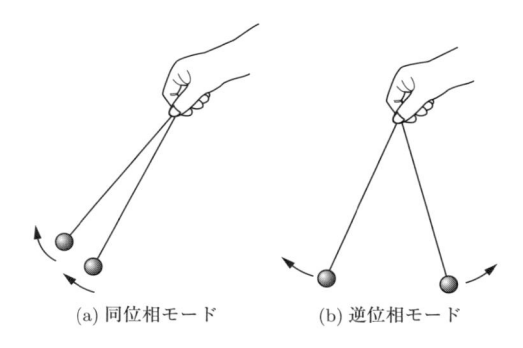

図 11.2　複合振子とカチカチ・クラッカーとその 2 種類のモード.

位にある．一方，ブラブラ・モードは低エネルギー準位なので，安定であり，2 個の原子はこちらの準位を選ぼうとする．この低い準位は原子がばらばらになったときよりも，U だけエネルギーが低い (図 11.3)．この U が分子の結合エネルギー (binding energy) であり，解離エネルギー (dissociation energy) といっても同じことである．

水素 (H) の場合は共有結合といっても H_2 どまりである．H_3 や H_3 は決してできない．しかしダイアモンド構造をつくる Si や Ge の場合には，ともに 4 個の価電子を抱えているので，四方に共有結合が可能であり，無限に伸びて行く．Si では共有結合に参加するのは $(3s)^2(3p)^2$ にある 4 個の電子であり，Ge では $(4s)^2(4p)^2$ が対応する (図 11.4)．s 準位と p 準位は最初から分かれており，結合モード (binding mode) (ブラブラ・モードとよぶのは止めよう) には s 準位から 1 本，p 準位から 3 本，計 4 本の準位線が降りてくる．反結合モード (antibonding mode)(カチカチ・モードだった) にも同じ配分で計 4 本の準位線が移る．水素原子の場合と同様に電子はすべて結合モー

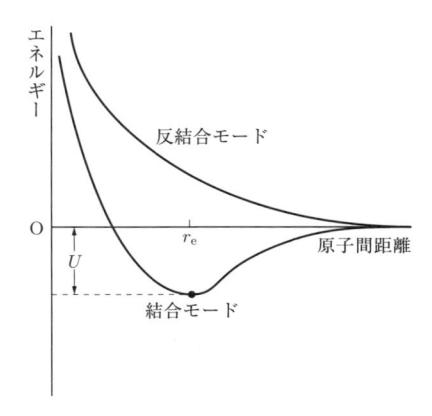

図 11.3　水素分子を形成する 2 個の水素原子の結合モード．反結合モードでは水素原子が形成されることはない．U は水素分子の結合エネルギー．

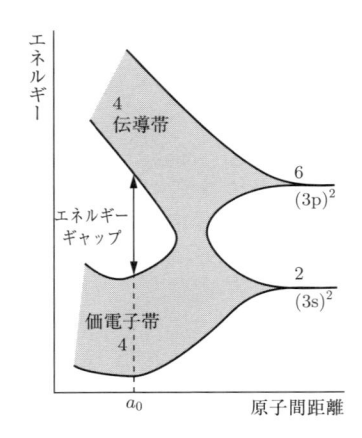

図 11.4 ダイアモンド格子を形成する Si, Ge は水素分子と同じ共有結合でも無限に大きな結晶をつくりうる．その際，エネルギー準位はバンドに広がる．

ドの方へ流れ込む．結晶を構成する原子の数が N 個であれば，$4N$ 個の電子がすべて結合モードへ流れ込み，反結合モードへ行く電子は皆無である．$4N$ 本の準位線が束になって移動するとなると，これはもはや準位というよりも帯──バンドである．したがって，エネルギー帯もしくはエネルギーバンド (energy band) とよぶ方が現実的である．結合モードのバンドは価電子がすべて移動したので，価電子帯 (valence band) と名づける．これら 2 つのバンドの間は電子にとっては進入禁止帯であって，エネルギーギャップ (energy gap) という．価電子帯には電子が一杯つまっており，満員電車と同じで電子は身動きできず，したがって伝導は起こらない．一方，伝導帯には電子がいないから，こちらでも伝導は起こらない．つまり，半導体は不導体であるということになってしまう．しかし何らかの形 (熱，光照射) でエネルギーを供給してやると，価電子帯のいくつかは空っぽの伝導帯へ持ち上げられる．伝導帯へ移った電子は空っぽの電車の中を子供が走り回るように自由に動くことができる．電子の動きは電気伝導であり，このゆえに伝導帯という名がつけられた．一方，価電子帯も一部電子が去るとその抜け孔が正に帯電した形となり，価電子帯の中を移動することができる．この抜け孔は真空中の陽電子に相当し，やはり伝導に寄与する．正に帯電した抜け孔を正孔 (positive hole, むしろ単に hole) とよぶ．伝導帯の電子は伝導電子 (conduction electron) とよんで，真空中の自由電子 (free electron) と区別し，伝導体の電子と価電子帯の正孔しか伝導に寄与しないような半導体のことを固有半導体または真性半導体 (intrinsic semiconductor) とよぶ．熱や光照射によるエネルギーの供給がなければ，固有半導体は絶縁体と変わらない．エネルギーギャップが大きすぎると，少なくとも室温では熱的に電子が価電子帯から伝導帯にまで持ち上がらないので，絶縁体になってしまう．同じ IV 族でもダイアモンドが半導体とはいえない理由がここにある．

　伝導電子と正孔はそれぞれ自由空間中の自由電子と自由陽電子に対応する．後者

の対はクーロン・ポテンシャルによって結ばれ,水素原子様の準粒子ポジトロニウム (positronium) を形成することはよく知られている.これと同様に半導体中でも伝導電子と正孔とが励起子—エキシトン (exiton) という準粒子を形成する.これに関しては 6.1 節に記述がある.

c. 不純物準位と不純物帯

エネルギーギャップには電子が進入できないと述べたが,不純物があると話は変わってくる.Si に P が入ると,これは 5 番目の価電子を伝導帯へ容易に供給できる.光照射などしなくても室温で P はすべてイオン化しており,解離した電子は伝導体で電気伝導に寄与する.解離する前に 5 番目の価電子がいた準位をドナー準位 (donor level) という.これは伝導帯のすぐ下にできる.もちろんエネルギーギャップの中にである.Si にホウ素 (B) が入った場合でも,これは価電子帯に正孔を容易に供給する.もともと B に属していた正孔の準位をアクセプター準位という.この準位は価電子帯のすぐ上,つまりドナー準位といわば対称の位置にできる.正孔を供給することは電子を受け入れる (英語では accept) ことであるところから,この準位名が生まれた.もちろんドナー準位とは与える物がある準位ということに由来する命名である.ドナー準位とアクセプター準位をまとめて不純物準位 (impurity levels) という.

不純物が多くなると,不純物準位にある電子もしくは正孔の間の相互作用が無視できなくなる.その場合は不純物準位というよりもバンドに近いものができる.これを不純物帯 (impurity band) とよぶ.低温になると,不純物帯内で電気伝導が起こる場合がある.これが不純物伝導 (impurity concuction) である.不純物伝導は不純物の濃度によっていろいろな段階がある.高濃度の不純物がある場合には金属に近い伝導となり,低濃度の場合には,不純物間を飛び石伝いに電子または正孔が飛び移るタイプの伝導 (hopping conduction) となる.このような伝導は温度によっても現れ方が違ってくる.不純物とエキシトンとの相互作用も見逃せない物性の 1 つである.これは光学スペクトルの上で顕著に見出されるが,サイクロトン共鳴 (cycoltoron resonance) にも大きな影響を及ぼす.

d. 反物質コンセプト

陽電子が人類によって最初に見出された反物質であった.ついで,反陽子 (anti-proton) が登場し,これらが結合すると反水素原子 (anti-hydrogen atom) をつくることも実験的に確認された.この先,反ヘリウム,反リチウムなどが考えられるが,現実の世界では物質が圧倒的に多いので,反元素はたとえつくられても,周囲の物質と再結合して消えてしまう.一番基本的な反水素もわずか 3.7 ns しか生きていなかった.しかし,半導体中の「反物質」はすこぶる長寿命で安定していて,「物質」と対等に自己主張する.物質–反物質間相互作用 (matter–antimatter interplay) に相当するものが容易に研究対象になりうる.ここに半導体の面白みがある.直接産業に貢献しうるものは少ないかに見えるが,物理的興味には事欠かない.陽電子に対応するものは正孔だったが,反陽子に対応するのはイオン化アクセプターであり,反水素に対応する

のは中性アクセプターにほかならない．エキシトンがポジトロニウムに対応することはいうまでもない．それどころか，現実の世界では陽子–反陽子の対が構成するポジトロニウムのバリオン版プロトニウムがあるが，半導体の世界では，ドナーイオンとアクセプターイオンとが結合すれば，これは単に電気双極子であるのみならず，プロトニウムそのものに近い．

現実の物質–反物質の対は寿命が極端に短い．ポジトロニウムではパラ結合で 10^{-10} s，オルト結合で 10^{-7} s と計算されている[1]が，半導体中のエキシトンはもっと寿命が長い．直接遷移型の半導体ではそれほどでもないが，間接遷移型の Si や Ge になると桁違いに長生きである．とくに Ge の中では $1 \sim 10\,\mu$s の間生きており，その物性を詳細に研究することが可能になる．また中性アクセプターによる電子散乱は水素原子による電子散乱だが，電荷の符号をすべて反転すると水素原子による陽電子の散乱と同等になる．これらの関係はサイクロトロン共鳴によって裏付けがとられている．ヘリウム原子による陽電子散乱は Ge 中の中性 Zn による電子散乱と同等であるところから，これも詳細にしらべられている[2]．

反物質コンセプトの極め付けは電子–正孔液滴 (electron–hole drop: EHD) であろう．これは電子と正孔がつくる高密度の「物質–反物質プラズマ」(matter–antimatter plasma) であって，エキシトンがたくさん集まると，個々の中性準粒子ではなくなり，電子と正孔はともに解離されて，いわば金属的なプラズマをつくる．超高圧下では水素も金属になるといわれているが，その金属水素にも似た存在である．しかし，EHD は固体というよりはむしろ液体に近い性質をもっており，表面張力，蒸発 (電子–正孔の離脱) 時の仕事関数の数値などが実験的に測定されている．歴史的には 1966〜1980 年頃に爆発的なブームを巻き起こした．実用的価値に乏しいところから次第に顧みられなくなったが，物性物理の醍醐味を多岐にわたって含んでおり，今日，視点を変えて眺め直せば，実用的展望もないとはいえまい．これは将来への課題である．

11.1.2 電子工業との連携

これまでの記述はバルクとしての半導体に関するものであった．これからは電子工業との関連で，半導体の姿がいかに変貌してきたかを概観する．

a. 低次元系への推移

バルクとは 3 次元の世界であった．トランジスターが真空管にとって代わったが，初期の素子はバルクの形をそのまま利用したものだった．しかし，これには多量の材料を必要とし，加工の失敗によるロスと歩留まりの悪さが大きな障害になっていた．

トランジスターに相当するものを半導体の表面だけで実現しようとする試みがやがて始まった．集積回路というのがそれである．Si を SiO_2 の表面に薄く塗布した形のものを準備する．少し削れば絶縁体である SiO_2 が顔を出す．削るのはナイフではなく，化学薬品である．

図 11.5 を見ていただきたい．薄い Si 膜で，上部は p 型，下部は n 型としよう．最

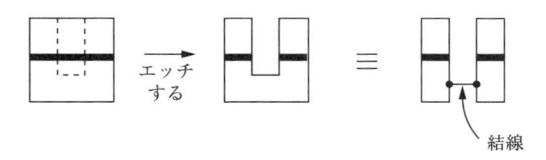

図 **11.5** IC 加工技術の基本的な形．これを多数組み合わせたのが LSI である．

初，中央部の上半分を薬品処理で取り除くと，これは p–n–p 接合と同等の形が残る．これは正にトランジスターそのものである．あるいは中央部の下半分も取り除き，結線すると今度は p–n 接合，つまりダイオードを 2 個つないだものとなる．これは簡単な例に過ぎないが，このような加工操作を順次重ねて行くと，SiO_2 上にある Si 膜全体にわたって複雑な電子回路を集積したものができ上がる．これが集積回路 (Integrated Circuit: IC) である．微細加工技術の進歩は留まるところを知らず，ほとんど年次を経ずしてこれを大規模に行うことが可能になった．ここでは半導体メーカーの技術者たちが Si 薄膜をいかに削るかでアイデアの競争をやるが，彼らにとっては，削るのは Si 薄膜ではなく自分の身を削る思いであったろう．最初に発売された電卓にはわずか 1 個の IC 素子が内蔵されていたといわれる．集積回路を複雑化した大規模集積 (Large Scale Integration: LSI)，さらにそれをいっそう大きくした巨大集積 (Very Large Scale Integration: VLSI) が誕生し，メーカーはこれらのための研究を特別に設けることになった．今日，コンピューターの心臓部を支えている回路基板はこのような VLSI を多数抱えている．

一言で済ませれば，半導体は 3 次元から 2 次元へと推移した．2 次元だと厚みを無視できるから，材料の経済性はいうまでもない．また微細加工技術の進歩は素子の小型化を促進し，1 g の Si があれば高性能のコンピューターを何台でも製作できるという時代になりつつある．

ただ，このような微細加工技術を成功させるためには，使用する材料が極度に精選されたものでなければならない．n, p 型をつくるにはきれいな不純物をドープしなければならないが，加工中に汚い不純物の原因となる微塵ごみを徹底的に排除しなければならない．このため VLSI 加工の現場は周囲から隔離され，空気を清浄化して $1\,\mathrm{cm}^3$ あたりのごみ粒子の数を ppm ($n/1000000$) の程度に抑えることを目指している．この清浄化競争に打ち勝ったメーカーが生産物の評価で上位にくる．

半導体は 3 次元から 2 次元へ移行することにより，実用面で格段に進歩した．1 次元の半導体もあるにはあるが，主として高分子型の有機半導体 (organic semiconductor) である．これらは半導体として使うより，むしろ超伝導体化して，ロスのない送配電に利用したらよいという意見もある．

さらに今日注目を集めつつあるものに 0 次元の量子ドット (quantum dot) というものがある．これ自体は半導体ではないが，半導体中につくられることが多い．現在

はまだアカデミックな興味を引くだけの段階であるが，将来が期待される希望の星の1つかも知れない．これに関しては8.2節を参照されたい．

以上の記述を要約するに，半導体にはn型とp型があり，真空管と同じように整流・増幅の作用をするが，真空中の電子よりも半導体中の電子や正孔(総称してキャリアー)の有効半径が，電子の実質径よりも小さいため，移動度が高くなり，作用効率を高め，画期的な電子材料を生み出したといえる．これは量子ホール効果をはじめ，新たな量子現象の発見にもつながった．また2次原価の成功が微視加工を容易にしてきたことが，メゾスコピック系の研究を進める上で大きな貢献をしてきたといえるのではなかろうか．

b. 結晶の作製

高純度で，しかもできるだけ大きな結晶を得ることが，バルクの時代から研究者にとっても技術者にとっても悲願であった．バルク時代に決め手となったのが，ベル研究所で開発された帯溶融法である．これが成功したからドーピング(doping)が可能となった．ドーピングとは特定のきれいな不純物を好きな量だけ添加する技術である．このドーピング技術がトランジスターの誕生につながった．ドーピングに意義があるためには，ドープする相手のバルク結晶が一切の不純物を含まないといっていいほどきれいでなければならない．また，すべてのデバイスについてこの方法が最適とは限らない．目的に応じて結晶の製作法を変える必要があり，現在いろいろな方法が多用されている．個々の方法について詳述するには紙数に余裕がないので，ごく簡単にいくつかの方法を列挙する．

(i) ブリッジマン法 (Bridgeman method) 大きなるつぼに材料を溶かし込み，これを固化すると多結晶ができる．るつぼの下部は細く絞っておく．温度分布のある電気炉にこのるつぼを入れ，全体の温度を緩やかに下げると下端で結晶の核が生まれる．この核が種となって大きな結晶ができる．この方法では結晶の大きさに関しては申し分ないが，不純物の量は最初の溶融液のときのままである．

(ii) 帯溶融法 (zone-melting method) 棒状の材料をボート型容器(Geの場合にはグラファイトのボート)に寝かせ，材料の一部を高周波加熱で溶かす．溶けた部分は帯状の液体であるが，この帯の前後にある不純物は液相の帯に移る．高周波加熱用のコイルを自動装置で移動させて行くと，不純物は液相の帯とともにコイルに導かれて材料の一端へ運ばれる．リレー装置を動かしてコイルをもう一方の端に戻し，ふたたびゆっくりともとの方向へ移動させる．これを繰り返すことにより，不純物は棒の終端へ後から後から運ばれ，材料は高純度の部分と不純物一杯の部分とに分けられる．この方法で純度99.999999999％もの結晶が得られた．相手がSiの場合には容器からの不純物進入を避けるために，不活性ガスの中で棒状材料を空中で上下に固定する．この一部をやはり高周波で溶かす．溶けた部分は液状ではあるが，表面張力が重力に勝るので，こぼれ落ちることはない．高純度になった側が溶けている部分に種結晶を接触させると全体が単結晶化する．これは帯溶融法の一種ではあるが，この場合，

浮遊帯溶融法 (floating zone-melting method: FZ 法) という．

(iii)　チョクラルスキー法 (Czochralskii method: CZ 法，または引上げ法)　これはもっぱら大きな結晶を得るのに便利である．半導体の大量生産のための必要材料であるウェハー (wafer) はこの方法でつくった円柱状の結晶を薄く輪切りにして何枚もつくる．巨大円柱型結晶は，最初るつぼの中にかなり高純度の多結晶質の材料を溶かし込み，上部の種結晶を接触させ，冷却管で冷やしながら緩やかに引き上げる．引き上げる結晶が一定の径をもつように自動制御する．Si だと直径 25 cm，長さ数 m に及ぶ円柱型単結晶の作製が可能である．この方法の欠点はるつぼ [白金 (Pt) か窒化ホウ素 (BN)] から酸素が不純物として入ってくるのを防げないことである．しかし，酸素は不純物としても特別な場合を除き，電気的な障害をもたらさないので，この方法は工業的には多用されている．

(iv)　エピタキシー (epitaxy)　これまでの方法は大きな結晶を成長させるというメリットがあるものの，FZ 法を除くと，容器からの不純物混入を避けられない．また化学的不純物はなくても，物理的欠陥，たとえば結晶転位 (dislocation) などを完全に取り除くことは難しい．一方，前述のように，半導体のごく一部である表面層の数 μm だけが LSI などには利用される．このことを考慮すると，バルク全体を純化しなくても表面から数 μm までを純化すれば事足りる．そこでベースとなる結晶 (必ずしも良質高純度のものでなくてよい) の上にあたかもめっきを施すように良質の薄膜を作製しようとするものである．エピタキシーには幾通りかがある．1 つは気相からの結晶成長 (vapor phase epitaxy) である．これは石英の反応管中に Si 基板 (良質のものでなくてよい) を置き，管の入口から高純度の $SiCl_4$ と H_2 とを不活性ガスで保護しながら流す．すると

$$SiCl_4 + 2H_2 \rightarrow Si + 4HCl$$

という化学反応で，右辺の Si は超高純度で完全に近い薄膜結晶になる．Si にはこのほかシラン (silane) SiH_4 を使い，

$$SiH_4 \rightarrow Si + 3HCl$$

という還元反応を利用する方法もある．ただし，この方法にはシランの危険性を伴うので，細心の注意が肝要である．コックの操作を誤って爆発事故を起こし，死者の出た研究室もある．しかし，この方法で非常にきれいな結晶ができるので，ほとんどのデバイス製作用には熟練した技術者によってこの方法でつくられた Si 薄膜が用いられている．

多用される化合物半導体 GaAs については

$$GaCl_3 + AsH_3 \rightarrow GaAs + 3HCl$$

などの反応を利用する．

GaAsに限らずIII–V化合物半導体の気相エピタキシーでは金属源としてメチル化もしくはエチル化したものが使われる．たとえばGaAsには$(CH_3)_3Ga$や$(C_2H_2)_3Ga$とAsH_3とが反応する．この方法はMOCVD (Metal Organic Chemical Vapor Deposition) とよばれ，半導体レーザーなど微細な多層構造を必要とするデバイスをつくるのに有力な方法である．もう1つのエピタキシーは液相から結晶を成長させる方法 (Liquid Phase Epitaxy: LPE) である．低い融点をもつ溶媒に半導体を希釈し，この中から結晶を析出させる．化合物半導体の場合には金属成分 (GaとかIn) を溶媒に使うと，不純物にならなくて済む．GaAsにはこのほか，傾斜型液相エピタキシー，スライド型液相エピタキシーなどの改良型液相エピタキシーもあるが，詳細は専門技術書を参照されたい．

エピタキシーの中でもっとも信頼度が高いものは分子線エピタキシー (Molecular Beam Epitaxy: MBE) であろう．この方法では真空中で，半導体の構成元素を分子線 (molecular beam) の形で，基板表面に蒸着する．真空蒸着法の延長であるが，真空技術の進歩に伴って急成長した技術である．コンピューターによる微細制御を施しながら複雑なと多層半導体薄膜を積み上げていく超高級な結晶成長技術である．初期の半導体加工技術を裁縫仕事にたとえるならば，こちらは織物づくりと比較されよう．この方法は1970年に，当時コンピューター産業の頂点にあったIBM社によって開発された．

(v) 酸化物の形成 ICをつくるときに配線を絶縁したり，トランジスターを保護するために，良質の絶縁物が必要である．まさに縁の下の力持ちである．とくにSiの場合にはSiO_2を用いることは前述した．Siは空気中に放置するだけで表面が酸化するが，この酸化表面層は薄すぎて使い物にならない．しかしバルクのSi (純度は問題外) を電気炉の中で，酸素ガスを流しながら1000°Cくらいまで熱してやると，最高1 μmまでの酸化層ができる．この程度になれば，トランジスターを保護するためのマスクとしても，電極や素子の間を絶縁する材料としても有効であり，LSI技術にとって欠かすことのできない素材となる．GaAsを用いたICではSiO_2に匹敵するような安定した基板材料が得られないために，Siほどには自由自在な回路設計ができない．

(vi) リソグラフィー (lithography) 集積回路はウェハーの表面の限られた部分にp/n領域を好きなようにつくり，トランジスターやダイオードを適正に配置したのと同等のはたらきをするデバイスである．不必要な部分はSiO_2のマスクでカバーし，熱拡散やイオン打込みによって上から必要できれいな不純物を添加する．このマスクには熱に耐え，不純物を遮る能力が要求される．SiにはSiO_2が最適である．表面にできたSiO_2に必要な孔をあけるには，リソグラフィー (lithography) という技術が使われる．これは写真製版技術の一種で，感光性のあるフォトレジスト (photoresist) とよばれる有機樹脂に，必要な図形を写すことからはじまる．これには紫外線が使われ，ガラス乾板上に撮影された回路図形がフォトレジストの表面に転写される．この転写パターンは化学処理 (etching) により，下地となるSiO_2や金属にも転写される．

化学処理に用いられる薬品 (etchant) は相手の物質によって作用する度合が異なるので，これを使用するときには，あらかじめ物質の化学的性質を十二分に調査しておく必要がある．

(vii) 不純物の添加 最後に問題になるのがドーピングである．これは特定のきれいな不純物を特定の量だけ加える技術である．トランジスターやダイオードに相当する部分にはウェハー表面から不純物を熱拡散 (thermal diffusion) によって添加し，表面と垂直な方向に沿って p–n 接合をつくる．これが熱拡散によるドーピングである．もう1つよく使われるのがイオン打込み (ion implantation) である．イオンとなった不純部はイオン銃で高エネルギーになるまで加速されてから半導体をたたく．この方法はマスクを使った薄い酸化膜を通してでも使える便利さがあるものの欠点もある．それは打込みの衝撃で多量の格子欠陥が生じることである．この後始末は長時間の熱処理 (heat treatment, annealing) に頼るしかない．

(viii) 配線とパッケージ 仕上げはダイオードやトランジスターに相当する要素間の接続と，でき上がった VLSI を保護するための包装 (package) である．接続操作はこれまた微細加工になるので，リソグラフィーによってなされる．包装には絶縁性が高く，水分を遮断する (water-proof) ものでなければならない．これも縁の下仕事であるが，産業界からの需要は大きい．京セラ (旧 京都セラミックス) という会社が，これに用いるセラミックス材料の生産で大企業に成長した逸話は有名である．

おわりに

筆者は半導体工業の現場にはなじみが薄く，もっぱら教養としての半導体と付き合ってきたが，半導体に限らず物性物理，なかんずく固体物理の世界では「試料を制する者は物性を制す」と断じてもよいほど，高純度，高品質材料の作製，調達が不可欠である．それにはメーカーの優れた技術の助けを借りなければ半導体物性を究めるのは不可能であることを強調できたかと思う． ［大塚穎三・宮尾正大］

文　　献

[1] V. B. Berstetskii et al. (English translation by J. B. Sykes and J. S. Bell), *Quantum Electrodynamics*, 2nd ed. (Pergamon Press, 1982) p. 371.
[2] E. Otsuka, Jpn. J. Appl. Phys. **25** (1986) 303–317.

11.2　イオン結晶

Ia–VIIb 化合物のハロゲン化アルカリに代表されるように，イオン結晶は正負のイオンやイオン基 (錯体) が静電引力によって強く結合してできた絶縁体である．大きなエネルギーギャップを有し，光学吸収が紫外部ないし極端紫外部からはじまるものが多い．したがって通常無色透明で，物理的・化学的に安定な化合物は光学材料として

広く利用される．このため古くから電子状態と光学的性質が詳しく研究されている[1]．絶縁体や半導体では光吸収によって価電子帯の電子が伝導帯に励起されるが，励起された伝導帯電子は価電子帯に生じた電子の孔(正孔)のクーロン引力に引きつけられ，電子と正孔の相対運動に関する束縛状態，すなわち励起子(exiton)ができる(6.1節参照)[2]．価電子の励起エネルギーが大きなイオン結晶では電子分極が起こりにくく，比誘電率 ε が2～3程度の比較的小さな値をもつものが多い．ε が大きな(~ 10)典型的な半導体の場合とは違って，媒質は電子–正孔間のクーロン引力を十分には遮蔽できないため，励起子効果が顕著に現れる(励起子半径 $\propto \varepsilon$，束縛エネルギー $\propto \varepsilon^{-2}$，振動子強度 $\propto \varepsilon^{-3}$)．このような事情で，イオン結晶の光学スペクトルには，基礎吸収端の低エネルギー部に励起子共鳴線が明瞭に観測されることが多い．

ハロゲン化アルカリでは，ワイドギャップである特長を生かして，Tlなどの重金属イオンで活性化した放射線検出用シンチレーター(蛍光体)の研究や，X線・電子線・粒子線などの電離放射線照射によって生じた色中心の研究が早くから行われた[1]．1950～60年代には，(1)不純物によらない結晶固有の真性発光である「固有発光」の存在と，(2)中性電荷のフレンケル欠陥対である「F–H対」の生成とが知られて，励起状態における電子格子相互作用のあり方に大きな関心が寄せられるようになった[1,3,4]．イオン結晶のように格子振動と伝導電子が強く相互作用する物質中では，伝導電子は格子の局所的な変形を引き起こし，この変形の着物をまとって運動するため，その有効質量は大きくなる(ポーラロン効果)．この効果がある閾値を越えると，電子は自分がつくり出した局所的な格子ひずみに束縛されて事実上動けなくなってしまう(自己束縛)[2]．ハロゲン化アルカリでは電子はラージポーラロンのままで自己束縛しないが，正孔と励起子についてはこのような自己束縛状態が見出されており，固有発光やF–H対生成の起源はこのことと深く関係している．

基底状態の物性を眺める限り単純明解で，力学的にも熱的にも安定であると思えるイオン結晶も，ひとたび光励起されると，往々にして原子配置の再編と周期構造の部分破壊に至る激しい動力学(格子緩和)が待ち受けている．300Kの熱平衡のもとで価電子が構築していた基底状態のバランスが一気に突き崩されるからである．ハロゲン化アルカリの研究においては，四半世紀を越える紆余曲折[3,4]を経て，一見複雑にみえた固有発光の物質依存性にミッシングリンクが発見され(1990)[5]，電子–正孔対や励起子が行き着く緩和終状態の多様・多彩な実態が明らかになった[6,8]．そこには，光励起の洗礼を受けてはじめて顕在化するイオン結晶の本性と，個々の物質の個性とが凝集されている．以下では，反転対称を破る奇モードの格子変形に対して励起状態の断熱ポテンシャル面が不安定化するという「断熱不安定性」の機構[9,10]を中心に，イオン結晶の光物性の一端を紹介する．

11.2.1 ハロゲン化アルカリの固有発光

化合物半導体の真性発光は自由励起子 (Free Exiton: FE) による共鳴発光線で，吸収端発光に鋭い線スペクトルとして観察されるのに対して，イオン結晶では幅広いガウス型形状の発光帯が励起子吸収帯のはるか低エネルギー部に現れることが多い．この発光帯は自己束縛励起子 (Self-Trapped Exciton: STE) に由来することから，STE 発光とよばれる．イオン結晶においても，FE 発光が単独で，あるいは STE 発光と共存して観測される物質もあり，その事情は励起子が結晶中を波動として非局在化すること (励起子の遍歴性) によるエネルギー利得と，励起子が音響フォノンとの短距離型相互作用を介して格子変形を伴った局在状態に陥ること (励起子の自己束縛) で獲得する格子緩和エネルギーとの大小関係に支配されている[2]．ハロゲン化アルカリでは常に STE が最安定であるが，ヨウ化物結晶においては FE も準安定で，この場合には STE 発光と共存して鋭い共鳴発光線が極低温域で観測される[11]．

岩塩型構造をとる代表的なハロゲン化アルカリ 9 種について STE 発光スペクトルとその励起スペクトルを図 11.6 にまとめて示した[5]．図中に矢印で示した励起スペクトルの窪み構造が最低励起子吸収ピークに対応する．この励起子吸収帯ピークと STE 発光帯ピークのエネルギー差，すなわちストークス・シフトは，励起子の自己束縛による安定化エネルギーと再結合発光後に解放される格子緩和エネルギーの和に相当し，励起子-格子相互作用の大きさを評価する直接的な指標である．たとえば KCl では，励起子吸収ピークは 7.77 eV，STE 発光ピークは 2.31 eV で，そのストークス・シフトは 5.46 eV となるから，光励起エネルギーの実に 70% が格子変形のために費やされて熱エネルギーに変わるわけである．

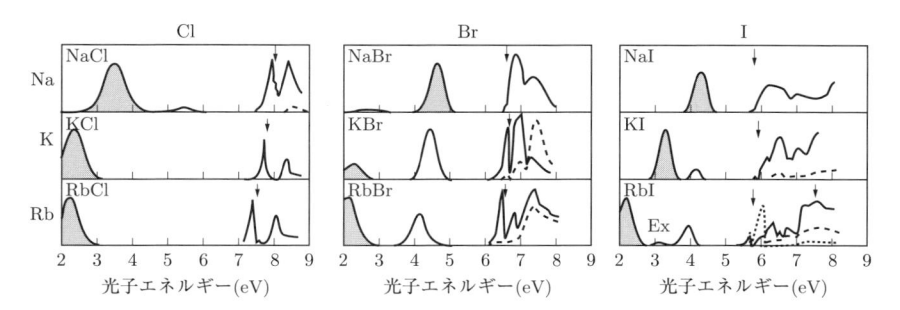

図 11.6　岩塩構造をとる 9 種類のハロゲン化アルカリ結晶 (Na, K, Rb) x (Cl, Br, I) の固有発光スペクトル (灰色: π 発光, 白抜き: σ 発光. 励起は単色真空紫外光による帯間励起. 測定温度は 7 K). 高エネルギー部はその励起スペクトル (実線: π 発光, 波線: σ 発光, RbI の点線: Ex 発光)[5]．矢印は最低励起子吸収ピークを示す．

11.2.2　正孔の V_K 緩和と自己束縛励起子

ハロゲン化アルカリをはじめ金属ハライドの多くは，価電子帯がハロゲン陰イオン (X^-) の p 電子から構成される．その場合の基礎励起は，ハロゲン軌道から金属軌道への電荷移動型遷移であることが多い．光励起によって価電子帯に生じた正孔は，ハロゲン副格子上を遍歴する間もなく隣接ハロゲンイオン対の伸縮振動モード (Q_1) と相互作用して自己束縛し，2 原子分子型の共有結合イオン X_2^- となって安定化する (図 11.7a)．この二中心型の自己束縛正孔は「V_K 中心」とよばれ，代表的な色中心の 1 つである[1]．他方，励起電子のふるまいは，伝導帯を構成する金属イオンの電子軌道の性格に支配されるが，ハロゲン化アルカリのように金属副格子上に等方的に広がった s 電子は自己束縛しない．この遍歴電子が自己束縛正孔 (V_K 中心) のクーロン力に捉えられると，自己束縛状態の励起子，すなわち STE になる．ハロゲン化アルカリの固有発光とは，こうしてできた STE が電子–正孔再結合により輻射消滅する過程にほかならない．実際，あらかじめ特定の $\langle 110 \rangle$ 軸に沿って整列させた V_K 中心に電子を再結合させると，基礎励起による場合と同じ固有発光が生じ，V_K 中心の分子軸に対して平行 (σ 偏光)，ないし垂直 (π 偏光) に偏った異方性を示す[12]．一方，励起子吸収帯を光励起したときには自由励起子が共鳴的につくられるので，その後の緩和過程は帯間励起の場合とは異なる．しかし，ハロゲン化アルカリでは励起子帯の直接励起によっても帯間励起の場合と同じ固有発光が観測される．すなわち，緩和経路は異なっても終状態として同じ STE 状態がつくられるわけで，自由励起子が遍歴中に自己束縛して局在化することを示している．自由励起子の自己束縛においても正孔の V_K 緩和が本質的といえる．

STE が図 11.7b に示すような V_K 中心に束縛された電子 (これを「V_K＋電子」と記す) であると仮定すると，その電子配置は結晶場の効果を無視すれば希ガス 2 原子分子の励起状態と同じであるので，この場合にもいわゆるエキシマー発光が生じると

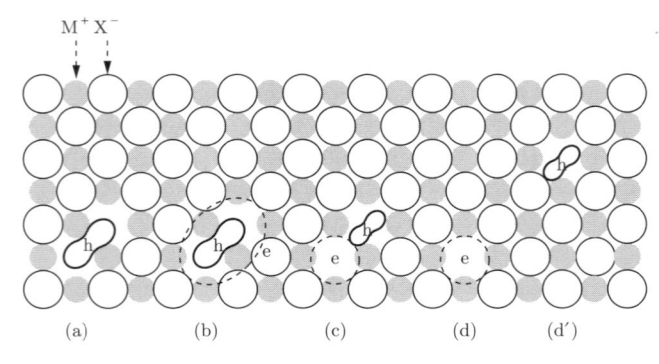

図 11.7　ハロゲン化アルカリ結晶 (M^+X^-) における局在中心の構造モデル．(a) V_K 中心，(b) オンセンター STE ("V_K＋電子")，(c) オフセンター STE ("nnF–H")，(d) F 中心．(d') H 中心．破線の e は電子を，太線の h は二中心型に緩和した正孔 X_2^- を表す．

$\sigma_g(n+1)s$ ───── ──●── ──●──

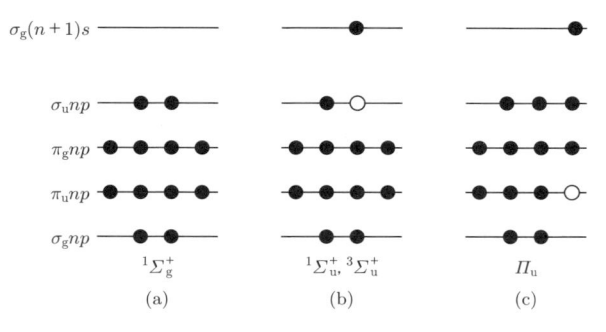

$\sigma_u np$ ──●●── ──●○── ──●●──
$\pi_g np$ ──●●●●── ──●●●●── ──●●●●──
$\pi_u np$ ──●●●●── ──●●●●── ──●●●○──
$\sigma_g np$ ──●●── ──●●── ──●●──

      $^1\Sigma_g^+$ $^1\Sigma_u^+, {}^3\Sigma_u^+$ Π_u

      (a)   (b)   (c)

図 11.8 $D_{\infty h}$ の対称表現で近似した STE の電子配置．(a) 基底状態．(b) 最低励起状態 (1 重項・3 重項)．(c) 正孔励起状態．

考えて良い．図 11.8 に，$D_{\infty h}$ の対称表現で近似した STE の電子配置を示す．電子スピンと正孔スピンの交換相互作用により，STE の励起状態にはスピン 1 重項とスピン 3 重項が存在する．最低励起 1 重項状態 $^1\Sigma_u^+$ から基底状態 $^1\Sigma_g^+$ へのスピン許容遷移により σ 発光が現れ，他方，スピン禁制の最低 3 重項状態 $^3\Sigma_u^+$ には正孔励起 1 重項状態 $^1\Pi_u$ がスピン–軌道相互作用を介して混じるため部分許容となって π 発光が現れる．σ 発光の寿命は数 ns と短く，π 発光の寿命は数百 ns から ms と長い[13]．KCl, KBr, KI の π 発光寿命を比べると，5 ms, 130 μs, 4.4 μs と，ハロゲンが重くなるにつれて著しく短くなっているが，スピン–軌道相互作用は重いハロゲンほど大きく，したがって $^3\Sigma_u^+$ に混じる $^1\Pi_u$ の割合も大きいことがその主要因である．

11.2.3 励起子の断熱不安定性とオフセンター緩和

ハロゲン化アルカリにおける色中心生成の特徴は，基礎励起によって F 中心 (ハロゲンイオン空位に捕獲された電子: 図 11.7d) と H 中心 (1 つの負イオン格子点を占めるハロゲンの 2 原子分子イオン，X_2^-: 図 11.7d′) とが対になって生じることである．H 中心は実質的には格子間ハロゲン原子であり，格子間ハロゲンイオンに捕獲された正孔といってもよい．空格子点と格子間イオンの対は一般にフレンケル対とよばれるが，完全結晶の電子励起によってこのような欠陥対が生まれるには，イオンないしは原子を格子間位置に押し出すための緩和機構，すなわち断熱ポテンシャル面の不安定化 (断熱不安定性) が必要である[4,14]．とくに F–H 対生成においては，本来クーロン力で引き合うはずの電子と正孔とが分離して，それぞれが中性電荷の点欠陥となって安定化しているわけで，電子–正孔対の生成または励起子の生成からこのような電荷分離状態の発現に至る物理機構について，合理的な説明を要する．豊沢は色中心生成に関するモデル理論[9]において，励起子の自己束縛による並進対称性の破れ (対称伸縮モード Q_1 による正孔の V_K 緩和) と，束縛電子の擬ヤーン–テラー効果 (非対称変位モード Q_2 を介した sp 軌道混成) による反転対称性の破れが協同することが，断熱不

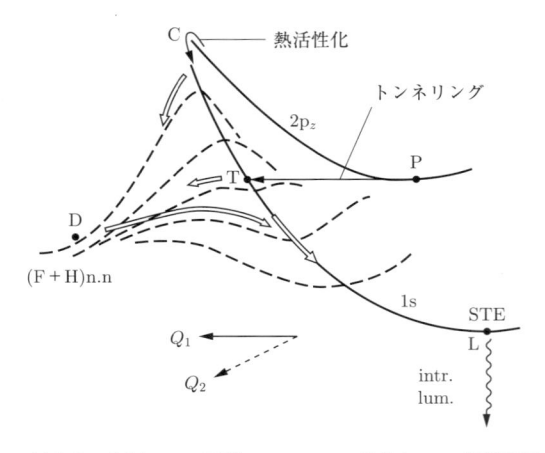

図11.9 F–H対生成の豊沢モデル図[9]．STEの1s状態と$2p_z$状態が混成（擬ヤーン–テラー効果）するため，非対称並進モードQ_2方向に断熱ポテンシャル面が不安定化して，最近接F–H対の配置（D点）へ緩和が進行する様子．

安定性の原因であると考えた（図11.9）．「欠陥生成の豊沢モデル」として知られるこの機構は，以下のような説明も可能である[6]．

ハロゲン化アルカリにおいて，V_K中心が正の実効電荷をもち，自由電子に対する引力中心でありうるのは，中性のマクロな媒質の中で正孔が局在しているからである．そのクーロン場に引かれて引力中心に向けて束縛軌道をカスケード緩和するうち，電子にはミクロな物質構造，すなわち自分を引き寄せている正孔の正体，負電荷の2原子分子イオンX_2^-とそれを取り囲む正負イオンの局所配列，が見えてくる．X_2^-の両隣りには，正孔がハロゲンを引き寄せたため生じた「負イオン半空位」が存在している．引力の正体はX_2^-ではなく，この半空位が有する正の実効電荷，すなわちX_2^-を取り囲む周辺アルカリイオンがつくるマーデルング・ポテンシャルにほかならない．X_2^-のQ_2振動に伴って〈110〉軸上でフリップフロップする2重ポテンシャル井戸の一方に電子は飛び込んで，そこで安定化しようとし，それと呼応して正孔はハロゲンを引き寄せたままQ_2変位の余勢を駆って反対方向へ飛び出そうとする．このときの電子捕獲の安定化エネルギーがX_2^-を正孔ごと押し出す運動量へと転化して，「最隣接配置のF–H対」（nnF–H，図11.7c）へと緩和する．

V_K中心による電子捕獲に限らず，自由励起子の緩和によってもF–H対は生成するが，これはハロゲン化アルカリにおける断熱不安定性の要因が励起子の自己束縛過程自体に内包されることの必然的結果である．他方で，KClの3重項STEについて行われた光検出ENDOR（電子–核2重スピン共鳴）の実験によって，Cl核の電気四重極スペクトルが2組に分裂していることが見出されている[15]．この結果は，STEのCl_2^-核がオフセンターへずれて対称性がD_{2h}からC_{2v}へ低下していること，つまり，固有発光の始状態である断熱ポテンシャル面の平衡点においてすら，擬ヤーン–テラー効果

が大きく，STE 自体が断熱不安定性の産物にほかならないことを示唆する[16]．K. S. Song らは，一連の理論計算[17] によって，STE の安定構造が「V_K＋電子」(オンセンターモデル) よりは，むしろ「nnF–H」(オフセンターモデル) の配置をとりやすいことを示した．

11.2.4　自己束縛励起子の多重安定構造

図 11.6 からわかるように，吸収帯の構造を反映する励起スペクトルが単純な規則性を示すこととは裏腹に，ハロゲン化アルカリの STE の発光スペクトルは，観測される発光帯の数，ピーク位置，偏光特性など結晶によって様々である (たとえば 3 つの沃化アルカリのスペクトルを見比べて欲しい)．1 重項 STE の σ 発光帯 (白抜き) と 3 重項 STE の π 発光帯 (灰色) の 2 群に分類するだけでは，このような多様性は説明がつかない．実際，軌道放射光による時間分解スペクトルの精密測定から，NaBr と NaI の π 発光に高速減衰する蛍光成分が発見され[18]，逆に KBr や KI などの σ 発光には長寿命の燐光成分が見出されて (図 11.10)[19]，発光帯を単純に蛍光と燐光の 2 群に分ける従来の分類は，その根拠が失われたといえる．混晶中で STE 発光がどのよ

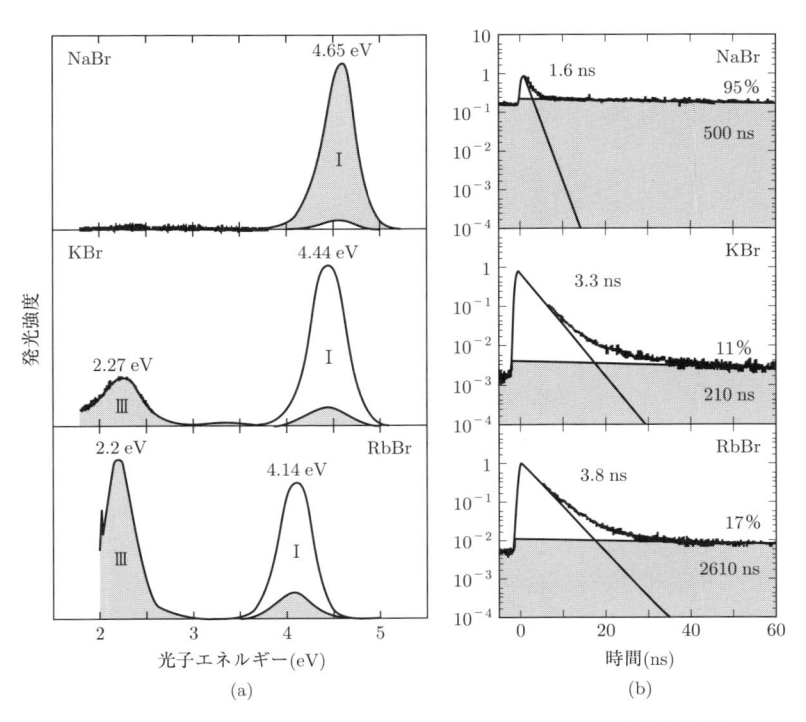

図 **11.10**　NaBr, KBr, RbBr 単結晶の STE 発光スペクトル (a) と紫外部発光帯 (I) の減衰曲線 (b)[19]．白抜き部分は蛍光成分を，灰色部分は燐光成分を表す．

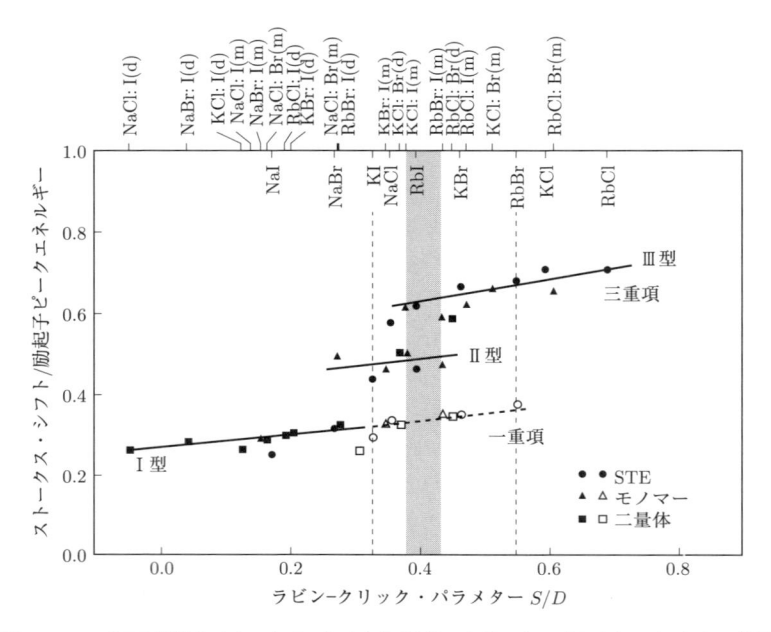

図 11.11 STE 発光のストークス・シフトとラビン–クリック・パラメター (S/D) の相関図[5, 8].

うに変化するかが,寿命特性も含めて系統的に追跡された結果[5, 20]. ハロゲン不純物の局在励起子発光も含めたすべての STE 発光帯は,1 重項発光であるか 3 重項発光であるかを問わず,格子緩和の形態を異にする 3 群 (I, II, III) に分類できることが明らかになった[5]. この分類によれば,たとえば NaI, KI, RbI の 3 種の沃化アルカリの π 発光帯はすべて異なるクラスに属する.

図 11.11 には,これらの STE 発光のストークス・シフトを励起子エネルギーで規格化した値がラビン–クリック・パラメター S/D に対してプロットされている[8]. (丸印は純粋結晶,三角印は混晶内孤立ハロゲン不純物,四角印はハロゲン不純物対における STE を表す). ここで S は隣接ハロゲンイオン間の隙間,D はハロゲン原子直径であり,S/D は格子間ハロゲン原子のできやすさ,ないし nnF–H 配置への緩和のしやすさの尺度と考えることができる. この 2 次元平面上で,3 群の発光帯は線で結んで示したような明確な分布を示す. この結果から,ハロゲン化アルカリの励起子発光は 3 つの異なる緩和終状態から生じていると結論される. 断熱ポテンシャル面には少なくとも 3 カ所に極小点が出現しうるが,その安定性は S/D に微妙に依存する. $S/D < 0.33$ (領域 1: NaI, NaBr) では極小 I だけが,$S/D > 0.55$ (領域 5: KCl, RbCl) では極小 III だけが安定である. $0.33 < S/D < 0.4$ (領域 2: KI, NaCl) では I と II が,$0.4 < S/D < 0.55$ (領域 4: KBr, RbBr) では I と III が双安定で,極小

Iからはσ発光（○,△,□印）が，IIないしIIIからはπ発光（●,▲,■印）が生じる．灰色で示した$S/D \sim 0.4$のごく狭い（領域3）ではI～IIIのすべての配置が局所安定で，3本の固有発光帯を有することで特異的なRbIはまさにこの領域に位置する．

時間分解共鳴ラマン散乱[21]，過渡赤外吸収分光[22]，ODMR（光検出磁気共鳴）[23]の実験から，STEの構造に関する情報が蓄積されている．これらの結果から，極小Iでは偶モードの格子ひずみ（Q_1：オンセンター緩和）が，IIとIIIではこれに加えて弱または強の奇モードの格子ひずみ（Q_2：オフセンター緩和）が生じていると結論できる．極小IのオンセンターSTEには「V_K＋電子」の対称配置を，極小IIにはそれが非対称に"弱くひずんだ"オフセンターを対応させると，極小IIIの"強くひずんだ"オフセンターSTEはnnF–Hの配置をとると考えられ，したがって，$S/D > 0.4$（領域4，5）の結晶で生じるF–H欠陥対はその彼方に位置する第IVの局所安定点と見なすのがよい．

11.2.5 断熱ポテンシャル面と緩和ダイナミクス

σ発光とπ発光とが時に2 eVも離れて観測されるのは，1重項STEと3重項STEとで断熱ポテンシャル面の安定配置が異なる結果で図11.12[7]．このエネルギー差が交換エネルギーを与えるわけではない．つまり1重項の断熱ポテンシャル面と3重項の断熱ポテンシャル面とは相似ではなく，両者を隔てる交換エネルギーは格子緩和座標に依存して敏感に変わると考えられる[8,24]．図11.13[8]に，擬ポテンシャル法によ

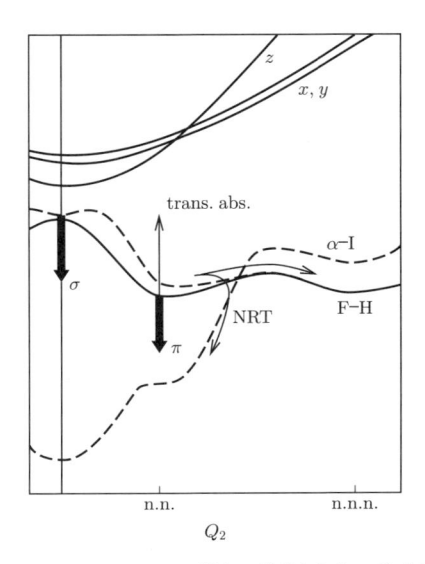

図 **11.12** KBr, RbBr, NaClのSTEに関して提案された3重項状態（実線）と1重項状態（破線）に対する配置座標モデルの概念図[7]．

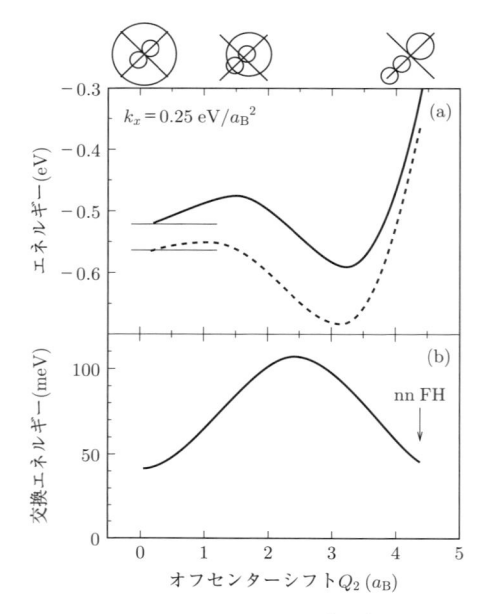

図 11.13　擬ポテンシャル法による現象論モデル計算[8,24]. (a) 1 重項 STE (実線) と 3 重項 STE (点線) の断熱ポテンシャルエネルギーのオフセンターシフト (Q_2) 依存性, (b) 交換エネルギーのオフセンターシフト (Q_2) 依存性.

る現象論モデル計算によって得られた KBr の STE の断熱ポテンシャル面を示した.

オンセンターからオフセンターへ X_2^- の重心座標がシフトしても, 正孔波動関数は V_K 中心と H 中心の相似性からわかるように大きくは変わらないが, 束縛電子の波動関数の広がりは 3 通りの STE 配置で大きく異なる. I 型のオンセンター配置では電子雲は正孔に比べてはるかに広がっているので (また, そのような状況でない限りオンセンターに極小点が生じることはないので), 電子–正孔の重なりは小さい. III 型のオフセンター配置では, 電子雲の広がりは F 電子の程度に小さいが, その中心が正孔中心から大きく変位しているため, やはり重なりは小さい. 他方, 中間の II 型配置では電子雲の広がりはコンパクトで, かつオフセンターシフトは小さいので, 電子と正孔の重なりは前 2 者に比べてずっと大きい. オンからオフへ X_2^- のシフトに連れて交換エネルギーは"小 → 大 → 小"と激しく変化するため, 3 重項状態と 1 重項状態とでは断熱ポテンシャル面に微妙な相違が生じ, これが緩和ダイナミクスに決定的な影響を与えている. 実際, RbI において, フェムト秒パルスの 2 光子励起による時間分解蛍光測定が行われ, 図 11.14 に示すように断熱ポテンシャル面の 2 重構造に関する知見が得られている[25]. また, 発光減衰特性の温度変化の解析から断熱ポテンシャル面が実験的に決定された例として, KCl:I のモノマー励起子の結果を図 11.15 に示す[26]. この系は RbI の STE 発光とよく似た状況にあり, I 型~III 型のすべての発光

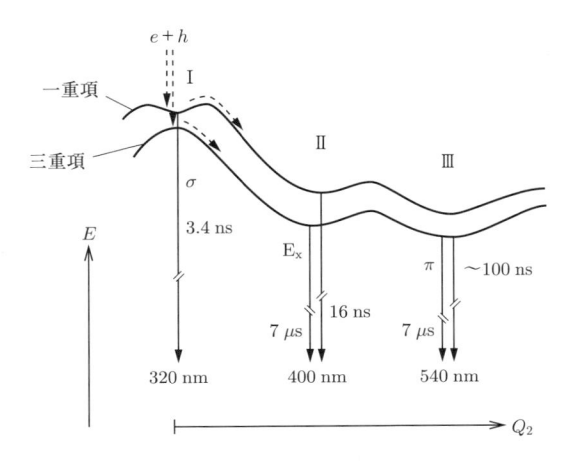

図 11.14 RbI の STE の最低励起 1 重項・3 重項状態に対する断熱ポテンシャル面のモデル図[25].

が共存するが，II 型配置の交換分裂幅が 96 meV と見積もられるのに対し，III 型配置では 32 meV で 1/3 となっている．フェムト秒レーザーパルスを用いた過渡吸収測定によって，NaCl の STE が断熱ポテンシャル面上を動的に緩和する様子も追跡されている[27]．3 重項 STE を電子励起した場合に，最低エネルギーの断熱ポテンシャル面上に回帰した波束が 2 つの極小点 (II 型と III 型) のあいだを行き来しながら振動緩和し，その過程で一部が F–H 対へ変換する様子が捉えられている．この実験は，オフセンター緩和が駆動力となって最低状態のポテンシャル面から F–H 対への動的緩和が進行することを実証したものといえる．

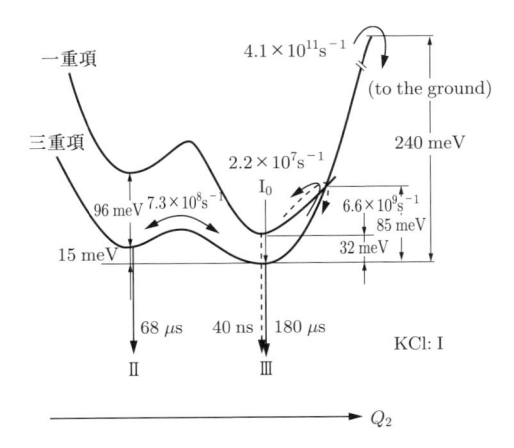

図 11.15 KCl:I の I モノマー STE の最低励起 1 重項・3 重項状態に対する断熱ポテンシャル面のモデル図[26].

11.2.6 特徴的な金属ハライド

$S/D > 0.33$ のハロゲン化アルカリでは,電子と正孔が再結合する際に,オフセンター型の断熱不安定性が発現し,その結果,クーロン力で引き合うはずの電子と正孔が空間分離して対分割型の緩和終状態に落ち着くという逆説的ともいえる事態が起きていることを述べた.これは電子と正孔とでハロゲンに対する変形ポテンシャルの符号が逆であることが関係している[28].正孔はハロゲンを引き寄せるが (Q_1 モード),電子はそれを押し退けるので (Q_2 モード),両者の思惑が一致したあげく α 中心 (ハロゲン空孔) がつくり出され,そこに電子は捕獲される.長距離で優勢なクーロン型の束縛と短距離で顕在化する井戸型の束縛の狭間で,物質定数の微妙な変化に応じて多彩な緩和状態が選択されており,F–H 対もその 1 つにすぎない[8,24].ハロゲン化アンモニウム (NH$_4$X: X = Cl, Br, I),フッ化アルカリ土類 (MgF$_2$, CaF$_2$, SrF$_2$, BaF$_2$),バリウムフルオロハライド (BaFX: X = Cl, Br, I) など,固有発光や色中心についてハロゲン化アルカリと類似の状況が見受けられる金属ハライドは少なくない[3,4].

他方,それとは異なる緩和機構が最近になって詳しく研究された例として,ハロゲン化鉛 (PbCl$_2$, PbBr$_2$)[29,30] とその誘導体であるピペリジン臭化鉛 (C$_5$H$_{10}$NH$_2$PbBr$_3$: PLB)[31] があげられる.これらの物質では伝導帯は Pb^{2+} の 6p 軌道から構成されるが,価電子帯はハロゲンの p 軌道に Pb^{2+} の 6s 軌道が大きく混成しているので,励起子遷移は Pb^{2+} のイオン内遷移の性格を強く帯びる.ハロゲン化鉛では励起子帯の光励起によって観測される発光の固有性については議論が残るが[29,30],擬 1 次元構造の PLB では指数関数減衰をするストークス・シフトの小さな真性発光の存在が確認されており,Pb^{2+} イオン上で 1 中心型に緩和した STE に同定されている[31].他方,帯間遷移域の光励起では,電子は鉛サイトを,正孔はハロゲンサイトを選んで,それぞれが 2 中心型の格子緩和を伴って独立に自己束縛し,Pb$_2^{3+}$ 中心と V_K 中心になる[29–31].電子であれ,正孔であれ,s 対称軌道より p 対称軌道の方が格子緩和には都合がよいからである.発光過程はこの状況のもとでむしろ単純となっている.自己束縛電子と自己束縛正孔のトンネル再結合によるストークス・シフトの大きな発光が観測されており,それらは再結合中心の空間分布の統計性を反映して非指数関数型の減衰寿命特性を示す.興味深いのは,励起子生成の際にはこれとは異なる 1 中心型の STE 発光[31]が生じていることである.励起子の束縛エネルギーが電子と正孔の個別の格子緩和を阻害して,そのかわりに Pb^{2+} 上の 1 中心型格子緩和を優先させているわけで,ハロゲン化アルカリのオフセンター効果と裏腹な状況といってよいであろう.

[神 野 賢 一]

文　献

[1] 塩谷敏雄ほか 編,「光物性ハンドブック」(朝倉書店,1984).
[2] Y. Toyozawa, *Optical Processes in Solids* (Cambridge University Press, 2003).

[3] R. T. Williams and K. S. Song, J. Phys. Chem. Solid. **51** (1990) 679; K. S. Song and W. T. Williams, *Self Trapped Exciton*, 2nd ed. (Springer-Verlag, 1996).
[4] N. Itoh and A. M. Stonham, *Materials Modification by Electronic Excitation* (Cambridge University Press, 2001).
[5] K. Kan'no et al., Rev. Solid State Sci. **4** (1990) 383.
[6] K. S. Song, 萱沼洋輔, 日本物理学会誌 **45** (1990) 469.
[7] Y. Kayanuma, Rev. Solid State Sci. **4** (1990) 403; Y. Kayanuma, in *Defect Processes Induced by Electronic Excitation in Insulators*, ed. by N. Itoh (World Scientific, 1989) p. 13.
[8] K. Kan'no et al., Pure Appl. Chem. **69** (1997) 1227.
[9] Y. Toyozawa, J. Phys. Soc. Jpn. **44** (1978) 482.
[10] R. T. Williams et al., Phys. Rev. B **33** (1986) 7232.
[11] T. Hayashi, et al., J. Phys. Soc. Jpn. **42** (1977) 1647; H. Nishimura et al., ibid. **43** (1977) 157.
[12] M. N. Kabler, Phys. Rev., **136** (1964) A1296.
[13] M. N. Kabler and D. A. Patterson, Phys. Rev. Lett. **19** (1967) 652.
[14] N. Itoh, Advances in Phys. **31** (1982) 491.
[15] D. Block et al., J. Phys. C **11** (1978) 4201.
[16] C. H. Leung and K. S. Song, J.Phys. C **12** (1979) 3921.
[17] C. H. Leung et al., J. Phys. C **18** (1985) 4459; K. S. Song and C. H. Leung, J. Phys. Soc. Jpn. **56** (1987) 2113; K. S. Song et al., J. Phys. Cond. Matter **1** (1989) 683; R. C. Baetzold and K. S. Song, J. Phys. Cond. Matter. **3** (1991) 2499.
[18] K. Kan'no et al., Physica Scripta **41** (1990) 120.
[19] T. Matsumoto et al., J. Phys. Soc. Jpn. **61** (1992), 4229; ibid. **64** (1995) 987.
[20] K. Tanaka K. et al., J. Phys. Soc. Jpn. **59** (1990) 1474; M. Itoh et al., ibid. **60** (1991) 61; T. Hayashi et al., ibid. **61** (1992) 1098; K. Kan'no et al., J. Lumines. **48/49** (1991) 147.
[21] K. Tanimura et al., Phys. Rev. Lett. **68** (1992) 635.
[22] S. Hirota et al., Phys. Rev. Lett. **67** (1991) 3283.
[23] K. Kan'no et al., Materials Science Forum **239–241** (1997) 569–572; M. Shirai and K. Kan'no, J. Phys. Soc. Jpn. **67** (1998) 2112.
[24] T. Matsumoto et al., J. Phys. Soc. Jpn. **64** (1995) 291.
[25] R. T. Williams et al., Phys. Rev. Lett. **66** (1991) 2140.
[26] M. Abe and K. Kan'no, J. Electron Spectrosc. Relat. Phenom., **79** (1996) 167.
[27] T. Tokizaki et al., Phys. Rev. Lett. **67** (1991) 2701.
[28] A. Sumi, J. Phys. Soc. Jpn. **43** (1977) 1286.
[29] M. Kitaura and H. Nakagawa, J. Phys. Soc. Jpn. **70** (2001) 2462.
[30] M. Iwanaga et al., Phys. Rev. B **65** (2002) 214306; ibid. **66** (2002) 064304.
[31] J. Azuma et al., J. Phys. Soc. Jpn. **71** (2002) 971.

11.3 酸化物

11.3.1 多様な電子状態・結晶構造

a. 電子状態

酸化物 MO につき，電子間反発相互作用を無視した単純な金属的な見方からはじめることとする[1]．いま MO 分子で，それぞれの原子の電子軌道 φ_M, φ_O から次の分子

軌道

$$\varphi_{\mathrm{m}} = c_{\mathrm{M}}\varphi_{\mathrm{M}} + c_{\mathrm{O}}\varphi_{\mathrm{O}} \tag{11.1}$$

が固有関数として与えられるという近似がよいとき，そのエネルギー準位は図 11.16 のようになる．ただし

$$H_{\mathrm{MM}} - H_{\mathrm{OO}} \gg SH_{\mathrm{OO}}(\text{または } SH_{\mathrm{MM}}) - H_{\mathrm{MO}}$$

が成り立つ場合で，添字はそれぞれの原子軌道で分子のハミルトニアン H を挟んだもの，の S は原子軌道の重なり積分である．同じ軌道で H を挟んだものは原子電子の準位を与えるものと近似する．下側の準位が結合準位，上側が反結合準位である．それぞれの軌道は N を規格化定数として

$$\begin{aligned}\varphi_{\mathrm{bond}} &= \frac{1}{\sqrt{N_{\mathrm{b}}}}\left(\varphi_{\mathrm{O}} + \frac{SH_{\mathrm{OO}} - H_{\mathrm{MO}}}{H_{\mathrm{MM}} - H_{\mathrm{OO}}}\varphi_{\mathrm{M}}\right) \to \varphi_{\mathrm{O}} + \varphi_{\mathrm{M}} \\ \varphi_{\mathrm{antibond}} &= \frac{1}{\sqrt{N_{\mathrm{a}}}}\left(\varphi_{\mathrm{M}} - \frac{SH_{\mathrm{MM}} - H_{\mathrm{MO}}}{H_{\mathrm{MM}} - H_{\mathrm{OO}}}\varphi_{\mathrm{O}}\right) \to \varphi_{\mathrm{M}} - \varphi_{\mathrm{O}}\end{aligned} \tag{11.2}$$

最後は波動関数の重なり具合を象徴的に表したものである．

まず価数を問題にしよう．O^{-2} と書くのが O の振幅の大きい結合軌道に 2 個 (スピン上下) の電子が中性より余計に入るということを意味しているのならば，2 は正確に 2 である．しかしこの軌道は両方の原子軌道が混ざってできているのであるから，O のまわりの電子分布は正確に 2 であるとはいえない．Mulliken は次のように電荷を定義してそれがふつう使われている．式 (11.1) なら

$$\begin{aligned}&c_{\mathrm{M}}^{2} : \text{原子 M の純電子数 (net population)} \\ &c_{\mathrm{M}}^{2} + c_{\mathrm{M}}c_{\mathrm{O}}\int \varphi_{\mathrm{M}}^{*}\varphi_{\mathrm{O}}dV : \text{原子 M の総電子数 (gross population)}\end{aligned} \tag{11.3}$$

O についても同様である．これは整数にはならず電気的双極子モーメントに対応したイオン性を与える．結晶になると，反結合軌道からなるバンドが伝導バンドを形成するから，伝導電子を議論するということは，ふつうは，金属イオンの電子を議論する

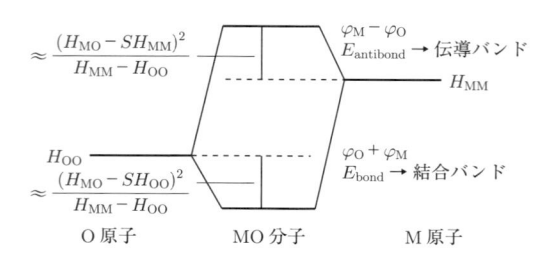

図 11.16　原子軌道から分子軌道へ (電子間反発相互作用を含まず).

11.3 酸化物

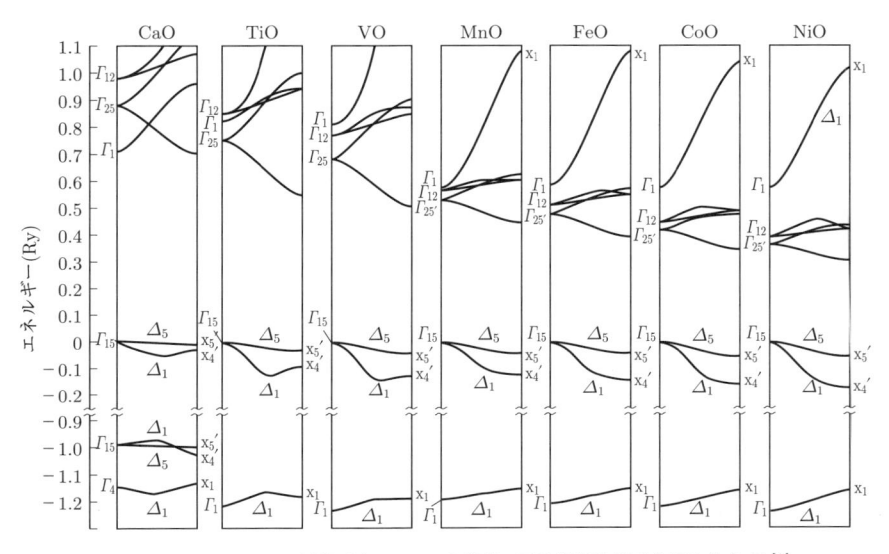

図 **11.17** MO (M3d 遷移元素) のバンド構造 (電子間反発相互作用を含まず)[2].

ことになるという直感的イメージは正しい．かように電子間反発相互作用を無視した Mattheiss のバンド計算の例を図 11.17 に示す[2]．図 11.17 からわかるように絶縁体 NiO は計算上は金属的伝導を示さねばならない．これは Ni 原子内で小さなイオン半径の狭い空間に高密度にいる 3d 電子間の反発相互作用を無視したことに起因する．電子間反発相互作用が強い場合は，藤森による図 11.18 が参考になる[3]．電子間相互作用が結晶場よりも大きな役割を演じるから，電子の密度がエネルギーを支配するパラメータになり，図 11.18 は 1 個増やせばエネルギーがどのように大きくなるかを書いていて Mattheiss のバンド図 11.17 とは異なるが，電子相関の弱い TiO では同じよ

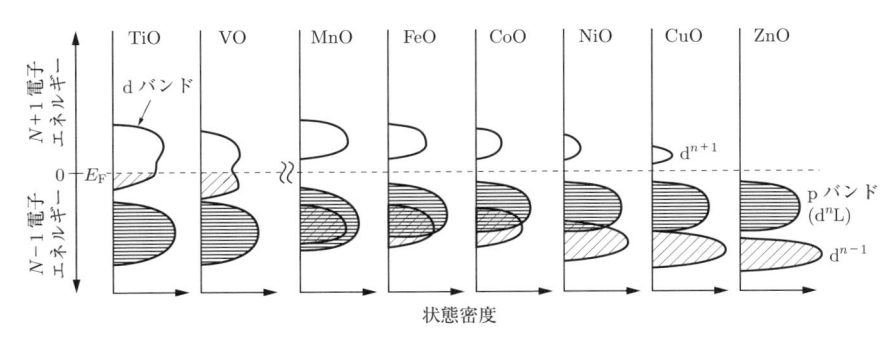

図 **11.18** MO (M3d 遷移元素) のバンド構造 (状態密度) の模式図 (電子間反発相互作用を含む[3]).

うに考えてよい．右へ移るにつれ d 電子密度が大きくなり，電子相関が強くなって，一番上の白バンドと下の斜線バンドに分かれていく．いわゆるハバード (Hubbard) バンドである．ここで p とか d は構成する主たる軌道を示している．この図 11.18 では MnO 以降は絶縁体で，そこではイオン結晶的考えが粗い近似になることがある．つまり 3d 元素は 4s 電子を O に与えて半径の小さな正イオンになり，d 電子は原子核の大きな正電荷に引き付けられて凝り固まって局在磁気モーメントをもち，電気伝導は p バンドでの正孔伝導であるという見方である．しかしこの見方は単純すぎており，たとえば NiO ではバンド伝導ではなく小さいポーラロンのホッピング伝導であるという主張もあり，電子–フォノン相互作用を無視できない[4,5]．

Zaanen たちは p と d バンドでの伝導，電子間相互作用，イオン化エネルギーを考慮したモデルで遷移元素酸化物を解析し[6]，藤森たちが図 11.19 に示すように発展させた[7,8]．d 電子の伝導は，直接 d 軌道間のホッピング $d_i^n d_j^n \to d_i^{n-1} d_j^{n+1}$ と，これに並列した p バンドに飛び移って広がり，ふたたび d 軌道に帰ってくる伝導との 2 種類を仮定する．前者には d 軌道内クーロン反発 U，後者には p バンドに移るのに必要な電荷移動エネルギー Δ が必要であるとする．$U > \Delta$ なら小さい Δ が伝導現象のエネルギーギャップを与える電荷移動型絶縁体，$U < \Delta$ なら U がギャップを決めるモット–ハバード絶縁体，$\Delta < 0$ なら原子価結合型絶縁体と名づける．SnO_2 のよう非遷移元素絶縁体はこの表には入らないが，U の小さなバンド物質である[9]．単純立方格子をもつ ReO_3 では U が小さく良い近似で解析的にバンド構造を計算でき，バンド構造理解の助けになる[10]．バンドが形成されるのは Re5d と O2p 軌道の混入のため

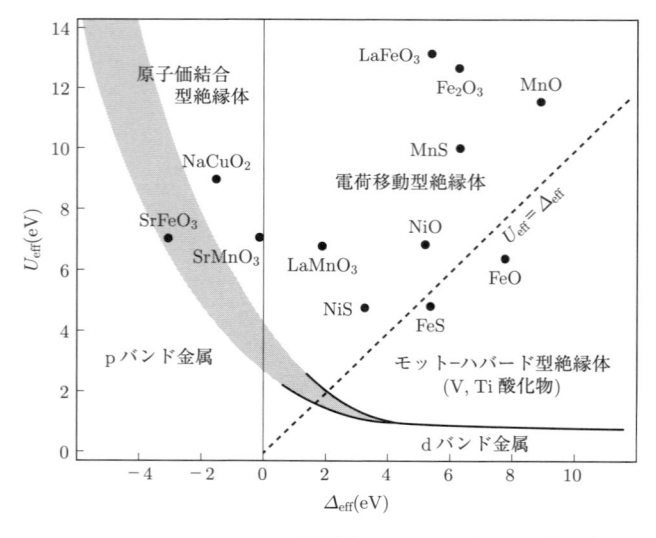

図 **11.19** Zaanen–Sawatzky–Allen の相図[7]．Δ_{eff}, U_{eff} と Δ, U との違いについては文献 [7] を参照．電子準位の平均値か，先端値を用いる (eff) か，の違い．

でO2pどうし間の直接重なり効果は小さい．一方，ザーネン(Zaanen)モデルや高温超伝導体ではO2pどうしの直接重なりが主としてpバンドを与えると仮定される場合が多いが，d軌道はもちろん混入する．図11.18が示すように，d電子間の反発相互作用が強いからといっても遷移元素酸化物中のすべての伝導電子間の反発相互作用が強いわけではない．強い反発相互作用はd軌道の寄与を小さくし，弱い反発相互作用の酸素2p軌道の寄与を大きくするからである．さらにNasuは電子間相互作用が強い場合でもフェルミ準位近傍の電子のふるまいを左右するのは電子-フォノン相互作用であるとの理論を展開している[11]．

b. 結晶構造の特徴

酸化物では，Oが最稠密な詰め方であるfcc格子をつくり，金属イオンがその隙間に入り込んでいる構造が多い[12]．正イオンはOに4配位の四面体MO_4，または6配位の八面体MO_6的に囲まれていて，MO_6やMO_4が頂点のOを共有，稜共有，面共有して結晶をつくる．Cu, Ni, Ru, Rhは面状四配位構造もとる[13]．

ランダムな構造の酸化物もある．ランダム系では電子が自動的にエネルギーの低い状態を形成していく自己形成(self-organization)の現象が特徴的に存在する[14]．ランダム場中の局在状態の広がりは原子よりは大きい．Davisたちは$Bi_2Sr_2CaCu_2O_{8-\delta}$で正孔がアクセプターを中心として不均一に分布していることを見出した[15]．また特徴的な規則配列としてマグネリ(Magnéli)相がある．これはイオン配列に格子欠陥の長周期構造が現れるもので，数多くの類似構造を与える[16]．また電子(正孔)が規則配列するものがある．たとえば$La_{1.875}Ba_{0.125}CuO_4$ (1/8構造)では電子空孔が磁気的ドメイン(静的, 動的)の境界に入った長周期配列をつくる[17]．磁気的エネルギーよりも運動エネルギーの方が支配的な場合が後述する2重交換相互作用で，このときは1/8構造とは逆に走り回る電子が局在スピンをそろえていく．

c. 質量作用の法則，正規組成からのずれ

酸化物ではOの成分比をppm単位で制御するのは困難である．高温で平衡状態で試料をつくると，試料内のO濃度と製作雰囲気中のO濃度は質量作用の法則で縛られているが，温度を下げる過程でOが非平衡的に移動する．両者あいまって分子式どおりの正規組成からずれる．質量作用の法則を使って，OsbornたちはNiOでの酸素分圧と正孔密度の関係からNi空孔1つあたり2個の正孔ができているとした[18]．

d. イオン伝導，固体電解質

イオンが動き電子がほとんど動かない場合，固体電池に使える．ランダム場は電子の運動を妨げイオンの輸率を大きくする．またH_xWO_3のようにH^+が電場により試料に出入りして色がつくものは電子色表示材料として利用できる．結晶水がH^+移動路を提供する陽子伝導体もある．ZrO_2では酸素欠陥を通してOイオンが移動する．結晶構造にトンネルがあればイオンの通路になる．イオン伝導体で電子伝導も起こる場合はLi_xCoO_2のように電極に使える[19]．

e. 表面物性

表面では電子の局在性が強く触媒反応を起こす[20]．さらに O 空孔が吸着サイトになって隣接する金属イオンの触媒作用を助ける．また光による励起が反応を助ける TiO_2[21]．吸着種と母体との電子のやりとりを利用したセンサー機能，など表面の利用範囲はきわめて広い．いずれも表面積を広げることが鍵である．動きやすいアルカリイオンは表面が一種の吸出しポンプになるため，空気中では安定性に欠ける．

11.3.2 電気伝導性

a. フォノンによる抵抗

単純な元素金属では電場に対する応答は主として移動度の大きい s 電子や p 電子があたる．しかし遷移元素酸化物では前述のように，伝導バンドは主として d 電子からなる．高温超伝導体では O2p 準位の位置が高く，d 電子間反発も強いから O2p 電子の寄与も大きいと思われている．SnO_2, ReO_3, $Bi_2Sr_2CaCu_2O_8$ の電流担体の移動度は 300 K で $0.024\,\text{m}^2/\text{V·s}$, $0.003\,\text{m}^2/\text{V·s}$, $0.0004\,\text{m}^2/\text{V·s}$ である．これに比べて金属 Cu のそれが $0.003\,\text{m}^2/\text{V·s}$ であるから大差はない[22]．

単純な金属，酸化物を問わず伝導電子間に反発相互作用が小さいとき，電子-フォノン相互作用による電気抵抗率はミグダル (Migdal) 近似で (ガウス単位, x 方向)

$$\rho = \frac{(4\pi)^2}{\omega_{\text{p}}^2} \int_0^{\omega_{\text{D}}} d\omega \frac{\left(\dfrac{\hbar\omega}{k_{\text{B}}T}\right) \alpha^2 F(\omega) \langle v_x(k)^2 - v_x(k)v_x(k')\rangle}{\left[\exp\left(\dfrac{\hbar\omega}{k_{\text{B}}T}\right) - 1\right]\left[1 - \exp\left(-\dfrac{\hbar\omega}{k_{\text{B}}T}\right)\right]\langle v_x(k)^2\rangle} \tag{11.4}$$

ここで

$$\alpha^2 F(\omega) = \left[\frac{V}{(2\pi)^3}\right]^2 \frac{1}{N(E_\text{F})\hbar} \sum_j \int d^3\boldsymbol{k}\,\delta(\mathcal{E}_{\boldsymbol{k}}) \int d^3\boldsymbol{k}'\,\delta(\mathcal{E}_{\boldsymbol{k}'})|g_{\boldsymbol{k}\boldsymbol{k}'j}|^2$$
$$\times \delta(\omega - \omega_j(\boldsymbol{k}' - \boldsymbol{k})) \tag{11.5}$$

$$g_{\boldsymbol{k}\boldsymbol{k}'j} = \langle\psi_{\boldsymbol{k}}|\mathcal{E}^j(\boldsymbol{k} - \boldsymbol{k}') \cdot \nabla\Omega|\psi_{\boldsymbol{k}'}\rangle \left[\frac{\hbar}{2M\omega_j(\boldsymbol{k} - \boldsymbol{k}')}\right]^{1/2}$$

これは原子容 V 質量 M の原子のモード j，偏極ベクトル $\boldsymbol{\mathcal{E}}$，振動数 ω_j のフォノンと電子 $\psi_{\boldsymbol{k}}$（エネルギー $\mathcal{E}_k$）との相互作用の式で，化合物では原子は何種類もあるからもう少し複雑になる．$N(E_\text{F})$ はフェルミ面での電子の状態密度である[23]．$g_{kk'j}$ は電子-フォノン相互作用の行列要素，Ω は結晶場ポテンシャル，$\alpha^2 F(\omega)$ は電子-フォノン相互作用のスペクトル関数といわれるもので，超伝導トンネル伝導度から決めることができるが，一般には k 依存性をもつ．ω_p は裸のプラズマ振動数である．酸化物ではプラズマ振動と光学フォノンが物質の色を左右することになる．電子間相互作用の大きいときは前方散乱が優越するから抵抗率はそうでないときよりも小さくなる[24]．

b. 電子間相互作用

酸化物ではキャリアー密度 n が小さくなれば絶縁体になる．単純な自由電子の場合，クーロン・ポテンシャルは遮蔽され

$$\frac{q}{r} \to \frac{q}{r} \exp\left(-\frac{r}{\kappa}\right)$$

となる[25]．このポテンシャルのもとでは n が一定値より小さいと電子の束縛状態が出現して絶縁体となる[26]．全体の相転移として現れる場合モット転移とよぶが，ふつうはこのとき格子変態が起こるから単純ではない．

自由電子による遮蔽の概念は電子間相互作用が大きいときには健全ではない．電子間の斥力は電子を互いに遠ざけようとし，その極限では電子が互いに離れて局在し，その局在電子点が規則正しく配列して格子をつくるだろうと思われる．このギャップのある仮想的状態をウィグナー (Wigner) 結晶という．ランダムな系では規則性が乱されてギャップもいくぶんかならされ，フェルミ面で状態密度が小さくはなるがゼロではない擬ギャップをつくると思われて，クーロン・ギャップとよんでいる[27]．$Na_xW_{1-y}Ta_yO_3$ の光電子分光の結果はこの擬ギャップを見ているのだと思われている．

電子格子の中で 1 電子が隣の電子点に移ろうとすると先住電子との電子間反発相互作用 U, U' により反発されるから，移動するにはそれ以上の活性エネルギーを必要とする．U, U' 以上のエネルギーをもつものは電子格子点上をバンド電子として広がっていける．このバンドをハバード・バンドという．U, U' は後述の金森パラメターである．裸の電子間クーロン反発相互作用は広いバンド内では遮蔽効果で小さくなる[28]．

周期性の乱れは電子波のコヒーレントな広がりを壊し，アンダーソン (Anderson) 局在問題とよばれるが，Thouless たちは実際に計算機実験で局在状態の出方をしらべている[29]．Mott はこの原子よりは大きいが結晶よりは小さい軌道間のホッピング伝導を考察した[30]．伝導率は

$$\sigma \propto f(T) \exp\left[-\left(\frac{T_0}{T}\right)^{1/(n+1)}\right]$$

で与えられる．ここで，$f(T)$ は緩やかな温度の関数，n は伝導路の次元数で，VRH 伝導とよばれている．これは温度範囲を適当にとればほとんどすべての伝導度に合わせることができるから，合ったからといって VRH 伝導とは限らない．Lee と Ramakrishnan は乱れた金属における電子間反発相互作用と局在性の伝導度に与える効果を考察していて，それらは金属の次元性にもよるが，たとえば 3 次元金属ならば局在性のある場合の伝導度は

$$\Delta\sigma_{\text{loc}} \propto T^{p/2} \qquad (p \text{ は条件による})$$

電子間反発相互作用がある場合の伝導度は

$$\Delta\sigma_{\text{int}} \propto T^{1/2}$$

で両者の効果は加算的になるとしている[31]．実際のデータに適用し，真であることを証明するのは VRH と同様容易なことではない．

以上のことが原因となって金属絶–縁体転移が起こる[32]．

c. 伝導性と磁性

(i) スレーター (Slater) 反強磁性絶縁体・パイエルス (Peierls) 転移・電荷密度波
磁性と伝導性は相互に影響しあう．たとえば反強磁性スピンの向きまで考慮した周期は，考慮しないときの周期を 2 倍にするから逆格子空間の周期は半分になり，新たなギャップが生まれ，金属のはずが絶縁体になるという事態が生じる．Peierls が示したようにスピンではなくイオン間距離が長短 2 種になって周期が 2 倍になっても同じことが起こるから (パイエルス転移)，イオンの位置変化なしにこのようなことが起こるとは信じがたい．なお，スピンを引き金とするパイエルス転移をスピン・パイエルス転移といい，$CuGeO_3$ で起こっていると思われている[33]．ところが Mo 酸化物などのようなバンド像の良い低次元物質では，格子の周期性と整数比にならない周期を伴う絶縁状態が知られている．これは電荷密度波 CDW が立ったからである[34]．低次元物質ではフェルミ面も低次元で，たとえば正方形だと相対するフェルミ線上の電子が多数同じ波数ベクトル k で結ばれ，その k をもつ作用に不安定になって，電子群はよりエネルギーの低い状態に落ち込む可能性がある[35]．この k は電子密度で決まるから，もともとの格子の周期性とは無関係で，ここに新しい周期性をもった電子密度波ができる．これそのものは絶縁体である必要はないが弾性エネルギが関与し，不純物があるとそれに引っかかってしまい，実際は絶縁体になる．3 次元ではフェルミ面上の多くの点がさまざまな k で結ばれるから CDW が立つ条件は実現されにくい．

(ii) RKKY 相互作用・2 重交換相互作用・近藤効果・守谷理論　　局在電子と遍歴電子の磁気的相互作用は Ruderman–Kittel–Kasuya–Yosida や近藤により考察された．局在磁気モーメントが間遠に分布し遍歴電子のバンドが広いときには遍歴電子のスピン密度が局在モーメントのまわりに振動して分布し，局在磁気モーメント間にその距離に応じて平行または反並行の磁気的相互作用が生じる．これを RKKY 相互作用という[36,37]．伝導電子のスピン密度がエネルギー的に一方向に偏極しうる場合は局在磁気モーメント間にはスピンを平行にさせる相互作用が生じ，2 重交換相互作用とよばれている[38]．条件によっては複雑なスパイラルスピン構造が出現する[39]．遍歴電子間に局在スピンのゆらぎが交換されると，近藤効果が生じる[40–42]．この結果温度を下げていくと抵抗値は緩やかな $\log T$ 的に変化し極小極大を示すと同時に，伝導電子スピンと局在スピンが反平行になる相互作用のときは，両方の状態の入れ交じりの効果で局在スピンが小さくなり磁化率が頭打ちする．

強磁性 (F) 的あるいは反強磁性 (AF) 的スピンゆらぎの大きい場合の電気伝導度は守谷，上田たちにより計算された[43–45]．温度変化は単純ではないが，$\rho \propto T^\alpha$ のように表される (α は 2〜1 程度で条件により異なる)．実験値をこれらの式で解析する場

合は VRH 同様要注意である．

トンネル素子の障壁 (barrier) に磁気モーメントがある場合，トンネル伝導度を磁気的にコントロールすることも可能である[46]．

(iii) スピン整列・電荷整列・軌道整列・巨大磁気抵抗　　$Fe_3O_4(Fe^{+2}Fe_2^{+3}O_4)$ は 858 K 以下でフェリ磁性，120 K で金属–絶縁体転移 [フェルウェイ (Verwey) 転移] を起こす[47]．この例でもスピン配列と電荷配列の温度は異なるがスピン整列，電荷整列，軌道整列がきれいに表現されたのが巨大磁気抵抗とよばれる現象を示す $AMnO_3$ 系である[48]．

強磁性体になると金属伝導を示すことから，磁場をかけて磁気モーメントをそろえると金属となることは期待されていた[49]．研究が進むと局所的な格子の変形が電子の移動に伴っていて，磁性もかかわるポーラロンが存在することが明らかになった．図 11.20 に $La_{0.5}Ca_{0.5}MnO_3$ の電荷，軌道，スピン配列と物性の変化を示す[32,50]．

スピン–軌道整列の例として藤森の次の計算が参考になる．M(d)–O–M(d′) は直線状であり d 電子がそれぞれに 1 個いて隣の M に飛び移る場合とする．軌道整列を強調するため，両側の電子軌道が同じ形の d 軌道なら軌道強磁性，異なる形の軌道なら軌道反強磁性とよぶことにする (スピンではない[51])．

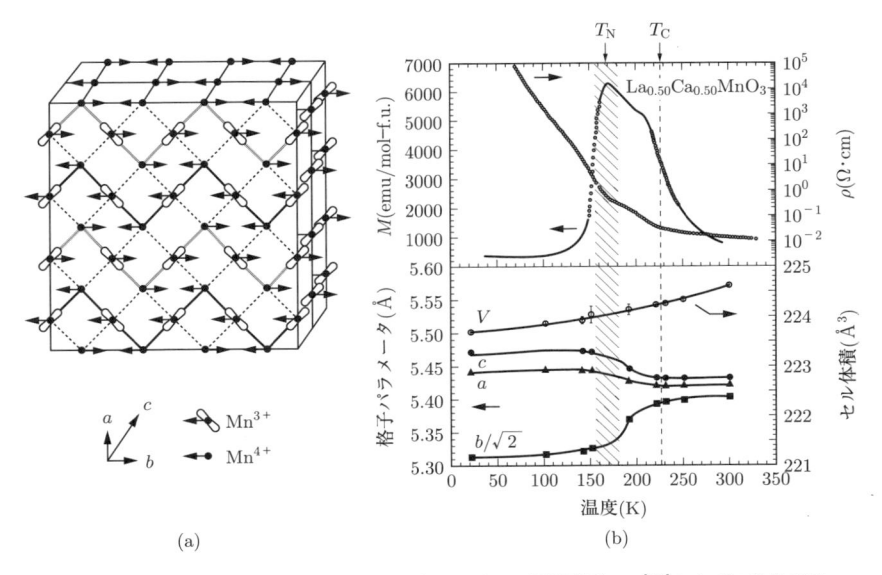

図 11.20　$A_{0.5}A'_{0.5}MnO_3$ の電荷，軌道，スピンの規則配列 (a)[32] および物性変化 (b)[50]．T_C, T_N はスピン (矢印) の平行，反平行整列温度，軌道模式図はその伸び方向．

$$E(\text{spin-antiferro}, \text{orbital-antiferro}) \equiv E(\text{AF}, \text{AF}) \approx 2E_\text{d} - \frac{2t^2}{U'}$$
$$E(\text{AF}, \text{F}) \approx 2E_\text{d} - \frac{2t^2}{U}, \quad E(\text{F}, \text{AF}) \approx 2E_\text{d} - \frac{2t^2}{U' - J}, \quad E(\text{F}, \text{F}) \approx 2E_\text{d} \tag{11.6}$$

t は d から p への飛び移り積分を $\Delta \ (= E_\text{d} - E_\text{p})$ で割ったものである.

$$U > U' > U' - J, \quad J > 0 \ (\text{スピン反強磁性}), \quad J < 0 \ (\text{スピン強磁性})$$

から J の符号を考えて

$$E(\text{AF}, \text{AF}) < E(\text{F}, \text{AF}) < E(\text{AF}, \text{F})$$

となる. M–O–M が直角の場合は $J < 0$ でスピンは強磁性となる. U, U', J は後述の金森パラメターである.

(iv) 磁気転移点のアイソトープ効果 磁気的転移点には大きなアイソトープ効果が現れ, 電子–フォノン相互作用の重要性を示している. たとえば $\text{La}_{0.8}\text{Ca}_{0.2}\text{MnO}_3$ では 95% ^{18}O 交換でキュリー温度が約 205 K から 183 K まで下がる[52]. Fe_3O_4 ではフェルウェイ転移温度が ^{18}O 43%置換で 119 K から 125 K まで上がる[53].

(v) イオン結晶から金属までの磁性 原子内 d 電子間の交換相互作用はスピンを平行にしようとする. これが結晶場の影響より十分大きい場合には, 原子内スピンが平行になりイオンは磁気モーメントをもつ. しかし結晶場が大きいときには, それにより分裂した準位に低いほうから各軌道に 1 つずつスピンが平行になるように入る. たとえば 6 配位の八面体軌道では, d 軌道は上に来る dγ ($dx^2 - y^2, d3z^2 - r^2$) と下側の dε (dxy, dyz, dzx) に分裂するが[54], 電子が 4 個の場合, 4 個目は交換相互作用が結晶場分裂より大きいのならスピン平行が優先して上の軌道に入り, $S = 2$ となる. これを高スピン状態とよぶ. これに対し結晶場分裂の方が大きい場合は 4 番目は下側の dε 軌道にスピン反平行に入り, $S = 1$ となる. これを低スピン状態とよぶ. たいていの絶縁磁性体はこの簡単な近似で扱われて, 磁気モーメント μ の値に補正 (自由電子と異なる g 値, 一般にテンソル[55]) を入れる程度でよかった. $\mu = gS$ である.

一般に直線構造を除いて, 対称性の高い位置にあるイオンの電子に軌道縮退のある場合, イオンは必ず対称性の低い場所にずれて縮退の取れた状態の方がより低いエネルギーになる. これをヤーン–テラー (Jahn–Teller) の定理[56]といい, Müller たちが高温超伝導体を発見したときの指導原理になった. 直感的にいえば, ひずんだ電子雲は対称性の良い位置から少しずれようとする. つまりフォノンとの相互作用が大きい.

立方結晶場の分裂を表す大事なパラメターは dε, dγ 軌道間のエネルギー差を表す $10Dq$ であるが, その対極の d 電子間 (軌道 μ, ν) のクーロン反発や交換相互作用は金

森パラメター U, U', J で表される[57].

$$U \equiv \langle \mu\mu || \mu\mu \rangle \equiv \iint d\boldsymbol{r}_1 d\boldsymbol{r}_2 \phi_\mu(r_1)^* \phi_\mu(r_2)^* \frac{1}{r_{12}} \phi_\mu(r_1) \phi_\mu(r_2)$$
$$U' \equiv \langle \mu\nu || \mu\nu \rangle, \qquad J \equiv \langle \mu\nu || \nu\mu \rangle \tag{11.7}$$

J がハイゼンベルクの交換相互作用である．U' は異なる軌道間の電子間反発相互作用である．

磁化率の温度変化は現象論的にはキュリー–ワイス (Curie–Weiss) の式で近似できる場合が多い．絶縁体の場合はイオンモデルと分子場近似で簡単に説明されるが，守谷らは遍歴する (itinerant) 電子系の磁化率を計算し，このときもこれらの表現が正しい場合があることを明らかにした．一般には複雑な温度変化が予想される[58]．低次元物質では，ゆらぎのため長距離磁気秩序が生じず，磁化率はパウリの磁化率に見間違う場合がある[59]．

d. 超 伝 導

銅酸化物[60]以後も新しい材料探しが行われていて[61]，室温超伝導が不可能である理由はない．銅酸化物超伝導体は層状構造をもち，超伝導層が垂直方向にジョゼフソン結合して相の安定が保たれている．垂直方向のクーロン相互作用の遮蔽は弱い．また銅イオンはヤーン–テラー効果の大きなイオンとして知られていた．このことは遮蔽の弱い層状構造とあいまって強い電子–フォノン相互作用を与える．同時に銅イオンには磁気モーメントがあり，その間に反強磁性的結合がゆらぎながら存在していてスピン反平行のクーパー対の安定化に寄与する可能性がある[62]．上村たちは局在スピンと伝導電子軌道を相関させた状態を提案している[63]．発生機構を明らかにする決定的な実験手段はトンネル効果で準粒子の状態を見ることであり，津田たちは電子–フォノン相互作用であると主張し[64–66]，Chaudhari たちのグループも同様なデータを得ている[67]．トンネル伝導度から相互作用のスペクトル関数 $\alpha^2 F(\omega)$ を決める理論は Scalapino[68]や McMillan たちにより工夫された[69]．トンネル伝導度より分解能が落ちるが確実性に富み，最近急速に発展してきたのがシンクロトロン放射を使った角度分解型光電子分光であり[70]，準粒子の分散関係は強い電子–フォノン相互作用を示唆している[71]．電子の分散関係は，高次の相互作用を無視するミグダル近似では次のように与えられる[28, 72]．

$$\begin{aligned}
E_k &= \mathcal{E}_k + \text{Re}[\Sigma(E_k)] \\
\Sigma(\nu) &= \int_0^\infty d\omega \alpha^2 F(\omega) \left\{ -2\pi i \left[n(\omega) + \frac{1}{2} \right] + \psi\left(\frac{1}{2} + i\frac{\omega - \nu}{2\pi T} \right) \right. \\
&\quad \left. - \psi\left(\frac{1}{2} - i\frac{\omega - \nu}{2\pi T} \right) \right\} \qquad (\hbar = k_\text{B} = 1) \\
\psi(1+z) &= -\gamma + \sum_{m=1}^\infty \frac{z}{m(m+z)}
\end{aligned} \tag{11.8}$$

γ はオイラー定数である．$\mathcal{E}_k$ は相互作用のない場合の電子のエネルギー，$n(\omega)$ はボーズ分布関数である．電子の分散関係はこれだけ変化するからフェルミ準位での状態密度は $N(E_\mathrm{F}) = N(E_\mathrm{F})_\mathrm{bare}(1+\lambda)$ だけ大きくなる．

$$\lambda_k \equiv -\left.\frac{\partial \mathrm{Re}\Sigma(k,E)}{\partial E}\right|_{E=E_\mathrm{f}}$$

つまり質量増大 (mass enhancement) $m^* = m_\mathrm{bare}(1+\lambda)$ が起こる．しかし，この変化も磁気的相互作用の結果であり，高温超伝導は非フォノン超伝導であるという主張もある[73]．これには擬ギャップ (pseudogap) やフォノンと同じ程度のエネルギーの磁気的な共鳴モード (resonance mode) の存在が影響している．T_c 以上で擬ギャップとNMR による核磁気モーメントの緩和率の変化が同じ温度領域で起こって磁気的な短距離秩序が擬ギャップ生成に関与していることが示唆されていて[74]，擬ギャップがそのまま超伝導ギャップにつながると考える人もいるのである．

非フォノン超伝導ではないかと研究が進められたのが U 合金で，f 電子が伝導に関与して有効質量が $200m_0$ にも達する重い電子が 3 重項 $(S=1)$ 超伝導を起こしているという主張であるが，酸化物でも $\mathrm{Sr_2RuO_4}$ が 3 重項超伝導であるという前野たちの主張がある[75]．なお，$\mathrm{SrRuO_3}$ は強磁性金属である． ［津田惟雄］

文　献

[1] 足立裕彦,「量子材料化学入門」(三共出版, 1991) p. 46; 簡単には H. Ibach and H. Lüte, *Solid-State Physics*, 2nd ed. (Springer-Verlag, 1995).
[2] L. F. Mattheiss, Phys. Rev. B **5** (1972) 290.
[3] 藤森 淳, 固体物理 **5** (1990) 941.
[4] A. J. Bossman and C. Crevecoeur, Phys. Rev. **144** (1966) 763.
[5] J. E. Keem et al., Phil. Mag. B **37** (1978) 537.
[6] J. Zaanen et al., Phys. Rev. Lett. **55** (1985) 418.
[7] A. Fujimori, in N. Tsuda et al., *Electronic Conduction in Oxides*, 2nd ed. (Springer-Verlag, 2000) p. 139; 津田惟雄ら,「電気伝導性酸化物 (改訂版)」(裳華房, 1993) p. 162. 本稿の内容の多くは Springer 版でより精しく説明されているし，いろいろな物性値もあげられている．
[8] T. Mizokawa et al., Phys. Rev. B **49** (1994) 7193.
[9] J. Robertson, J. Phys. C **12** (1979) 4767.
[10] L. F. Mattheiss, Phys. Rev. **181** (1969) 987.
[11] K. Nasu, 文献 [7] の Springer 版, pp. 57–116; 裳華房版, pp. 68–136.
[12] 文献 [7] の Springer 版, p. 246; 裳華房版, p. 308.
[13] R. D. Shannon and C. T. Prewitt, Acta Crystallogr. B **25** (1969) 925.
[14] J. C. Phillips, Phil. Mag. B **81** (2001) 35.
[15] S. H. Pan et al., Nature **413** (2001) 282.
[16] S. Takeuti and K. Suzuki, Trans. Jpn. Inst. Metal **33** (1969) 279, 竹内 栄 編,「非化学量論的金属化合物」(丸善, 1975).
[17] J. M. Tranquada et al., Nature **375** (1995) 561.
[18] C. M. Osborn and R. W. Vest, J. Phys. Chem. Solids **32** (1971) 1331.
[19] K. Mizushima et al., Mater. Res. Bull., **15** (1980) 783.

[20] F. J. Morin and T. Wolfram, Phys. Rev. Lett. **30** (1973) 1214.
[21] A. Fujisima and K. Honda, Nature **238** (1972) 37.
[22] 文献 [7], index の mobility (移動度) を参照.
[23] J. P. Carbotte, Rev. Mod. Phys. **62** (1990) 1027.
[24] R. Zeyher and M. L. Kulić, Phys. Rev. B **53** (1996) 2850.
[25] C. Kittel, *Introduction to Solid State Physics*, 6th ed. (John Wiley & Sons, 1986).
[26] N. F. Mott, *Metal-Insulator Transition*, 2nd ed. (Taylor & Francis, London, 1990)
[27] A. Fujimori, 文献 [7] Springer 版, p. 155; 裳華房版, p. 180.
[28] P. B. Allen and B. Mitrović, in *Solid State Physics*, Vol. 37 ed. by F. Seitz, D. Turnbull, and H. Ehrenreich (Academic Press, 1982) p. 1.
[29] D. C. Liccardello and D. J. Thouless, J. Phys. C **8** (1975) 4157.
[30] N. F. Mott, Phil. Mag. **19** (1969) 835.
[31] P. A. Lee and T. V. Ramakrishnan, Rev. Mod. Phys. **57** (1985) 287.
[32] M. Imada et al., Rev. Mod. Phys. **70** (1998) 1039.
[33] H. Hase et al., Phys. Rev. Lett. **70** (1993) 3651.
[34] C. Schlenker et al., Phil. Mag. B **52** (1985) 643.
[35] 鹿児島誠一 編著,「低次元導体――有機導体の多彩な物理と密度波」(裳華房, 2000).
[36] 芳田 奎, 物性物理学講座 6,「物質の磁性」(共立出版, 1958) p. 234.
[37] C. Kittel, *Solid State Physics*, Vol. 22, ed. by F. Seitz et al. (Academic Press, 1968) p. 199.
[38] C. Zener, Phys. Rev. **82** (1951) 403.
[39] P.-G. DeGennes, Phys. Rev. **118** (1960) 141.
[40] J. Kondo, *Solid State Physics*, Vol. 23, ed. by F. Seitz et al. (Academic Press, 1969) p. 183,
[41] A. J. Heeger, 文献 [40] の p. 283.
[42] D. R. Hamann, Phys. Rev. **158** (1967) 570.
[43] T. Moriya, J. Magn. Magn. Mater. **100** (1991) 261.
[44] K. Ueda, J. Phys. Soc. Jpn. **43** (1977) 1497.
[45] J. Mathon, Proc. R. Soc. London, Ser. A **306** (1968) 355.
[46] K. Mizushima et al., Phys. Rev. B **58** (1998) 4660.
[47] 文献 [7] Springer 版, p. 243; 裳華房版, p. 304.
[48] Y. Tokura et al., J. Phys. Soc. Jpn. **63** (1994) 3931.
[49] 津田惟雄,「導電性無機化合物に関する研究報告書」(導電性無機化合物技術研究組合, 昭和 58 年).
[50] P. G. Radaelli et al., Phys. Rev. Lett. **75** (1995) 4488.
[51] A. Fujimori, 文献 [7] Springer 版, p. 142; 裳華房版, p. 165.
[52] G.-M. Zhao et al., Nature **381** (1996) 676.
[53] E. I. Terkov et al., Phys. Status Solidi B **95** (1979) 491.
[54] 上村 洸ら,「配位場理論とその応用」(裳華房, 1976)).
[55] 文献 [36], p. 94.
[56] 久保亮五, 小幡行雄, 物性物理学講座 6,「物質の磁性」(共立出版, 1958) p. 91, 146.
[57] A. Fujimori, 文献 [7] Springer 版, p. 127, p. 130; 裳華房版, p. 148.
[58] T. Moriya and H. Hasegawa, J. Phys. Soc. Jpn. **48** (1980) 1490.
[59] M. E. Lines, J. Phys. Chem. Solids **31** (1970) 101.
[60] J. G. Bednorz and K. A. Müller, Z. Phys. B **64** (1986) 189.
[61] in *Proceedings of the 16th International Symposium on Superconductivity*, ed. by M. Tachiki and S Tajima (ISS, 2003); Physica C **412**–**414** (2004).
[62] T. Moriya et al., J. Phys. Soc. Jpn. **59** (1990) 2905.

[63] H. Kamimura et al., Phys. Rev. Lett. 77 (1996) 723.
[64] D. Shimada et al., Phys. Rev. B **51** (1995) 16495.
[65] Y. Shiina et al., J. Phys. Soc. Jpn. **64** (1995) 2577.
[66] N. Tsuda et al., *New Research on Superconductivity*, ed. by B. P. Martin (Nova Science Publishers, 2007) chap. 3 (review paper).
[67] H. Shim et al., Phys. Rev.Lett. **101** (2008) 247004.
[68] D. J. Scalapino et al., Phys. Rev. **148** (1966) 263.
[69] W. L. McMillan and J. M. Rowell, Phys. Rev. Lett. **14** (1965) 108.
[70] A. Lanzara et al., Nature **412** (2001) 510.
[71] G.-H. Gweon et al., Nature **430** (2004) 187.
[72] S. Verga et al., Phys. Rev. B **67** (2003) 054503.
[73] T. Sato et al., Physica C **412**–**414** (2004) 51.
[74] Y. Itoh et al., J. Phys. Soc. Jpn. **67** (1998) 312.
[75] Y. Maeno et al., J. Supercond. **12** (1999) 535.

11.4　分子性物質

11.4.1　有 機 導 体[*1)]

a.　有機導体とは

　有機導体には，大別して結晶とポリマーがある．原子を基本とした通常の金属や半導体の結晶では，基本単位となるのは原子なのに対して，分子性物質の有機導体の基本単位はまず，有機分子である．したがって，物質を得るまでには，分子の合成と，その後の結晶成長 (結晶の場合) ないしは固体形成の少なくとも2段階のプロセスがある．

　結晶型の典型的な有機導体は TTF-TCNQ (tetrathiafulvalenetetracyanoquino-dimethane の略称) のように2種類の有機分子が積層しているか (図 11.21)，TMTSF$_2$X (tetramethyltetraselenafulvalene の略称．X はマイナス1価のアニオンを指す) のように1種類の有機分子と1種類の無機アニオンが積層している (図 11.22)．このように有機導体は有機–有機，あるいは有機–無機のように異種分子の組合せで構成されており，電子を出しやすい分子 (ドナー) と引き受けやすい分子 (アクセプター) の異種分子の間で電荷の移動が行われ，動ける正孔や電子が生まれる．単一分子だけでも結晶はできるが，軌道が満たされた分子のファン・デル・ワールス (Van der Waals) 的な積層になるだけなので，最近の例外[8]を除き，絶縁体となる．

　原子を基本とした通常の金属や半導体の結晶では，基本単位となるのは原子であり，原子中の電子軌道のうち，閉殻をなす電子はエネルギー的に深く離れているので，伝導に関与する電子は浅い最外殻の電子を考慮するだけでよかった．この類似で考えると，有機導体の場合は，基本となるのは分子であり，分子軌道とよぶ分子内での電子の軌道のうち，問題とするのは最外殻というべき最上位占有分子軌道—HOMO (Highest Occupied Molecular Orbital) ないしは最下位非占有分子軌道—LUMO (Lowest Unoccupied

---

　[*1)] この項の一般的な教科書，総説，特集号としては，文献 [1–7] のようなものがあげられる．

11.4 分子性物質

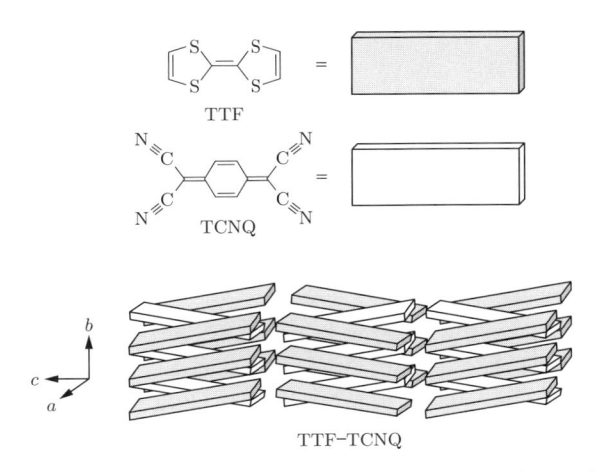

図 11.21 2 種類の有機分子間で電子の移動がある．TTF-TCNQ では TTF から TCNQ に電子の移動がある．分子式上で交点に記号のないに場所には炭素 (C) が，C の場所からの結合数が 3 以下の場合は水素 (H) が省略されている．文献 [9] より転載．

Molecular Orbital) のみでよい．通常の金属では，伝導に寄与する最外殻の電子を供出した残りの原子はプラスの電荷をもち，電荷の均衡は母体原子全体と伝導電子全体で成り立っており，結晶を形成する結合は金属結合となっているが，有機導体の場合は，電荷の均衡はまず異種分子間で成り立っている．ゆえに異種分子間はイオン結合といえる．また，同種分子間の結合はファン・デル・ワールス的であるが，伝導は主としてこの方向に起きており，他方向への伝導性が悪いことから，異方性，低次元性が出現する．

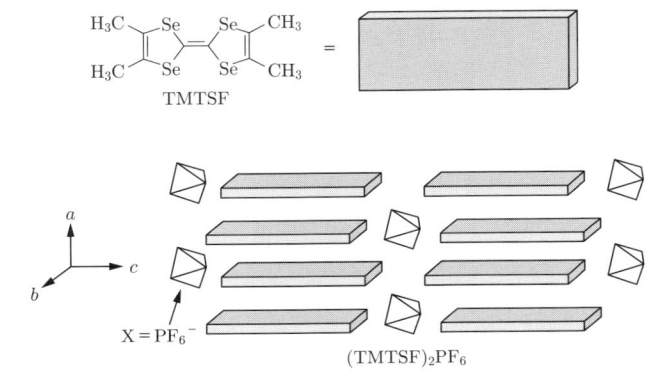

図 11.22 有機分子と無機アニオン間で電子の移動がある例．$(TMTSF)_2PF_6$ では TMTSF から PF_6 に電子の移動がある．文献 [9] より転載．

ポリマーの場合の主たる伝導はポリマー内の共役結合が主たる伝導経路をなす．

結晶もポリマーも有機導体の両者に共通していることは，基本となる有機分子やポリマーが共役結合をもっていること，電荷を抜き取るか注入して (電荷移動させ)，動き得る電子か正孔をつくり出さねばならないことである．結晶では上記のように異種分子間で電荷移動を実現しているが，$(CH)_x$ (ポリアセチレン) やポリチオフェンのようなポリマーでは半導体のようにドーピングで電荷移動をさせる．共役結合は簡単にいえば，化学式上で，2重結合と1重結合が交互に並んでいる結合であり，結晶中の分子では，σ結合が骨格をつくり，残るπ電子軌道がほぼ，または正確に平面状の分子に垂直に立っている．σ電子はπ電子に比べて"内殻"電子なので，π電子だけを考慮した分子軌道計算を行い，その HOMO ないしは LUMO の隣の分子どうしの重なりを計算し，結晶としての電子のエネルギーと波数の分散関係を求める．充填度によりバンドの途中にフェルミ・エネルギーが位置すれば無限小励起が可能という本来の意味で金属となる．

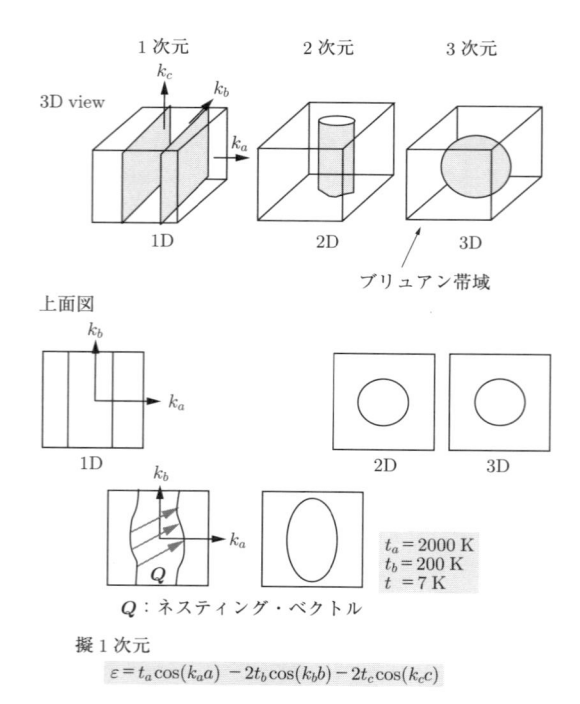

図 11.23 1次元，2次元，3次元の3次元のブリユアン帯域でのフェルミ面の図．それぞれシート状，茶筒状，球状をしている．2次元面に射影はそれぞれ平行な2本の直線，円，円になる (2段目の3つの図)．純粋な1次元での平行な2本の直線は第2，第3の方向に分散があると，少し真ん中が膨らむ．$(TMTSF)_2X$塩では，膨らみのもととなる異方性は移動積分の比にして，2000 K:200 K:7 K 程度とされる．もっと膨らめば，より2次元らしく丸くなっていく様子を図解した．

強相関電子系の他の仲間と比較してみる．有機導体のバンドには上述のように分子軌道のうち1ないしは2の軌道しか関与しないので，バンド構造(電子構造)は有機分子の見かけの複雑さに反して，きわめて単純になり，図11.23のように低次元のモデルになるような電子構造を提供している．電子構造の単純さは強相関の電子系の仲間である重い電子系の多バンドの存在と対照的であり，物性に関与するバンドを指定しやすい．また，高温超伝導体では伝導層での電荷量を調整する電荷量調整層があるが，有機導体にも電荷量調整層といえるものがあり，もう一種の無機の分子層がその役割をしている．高温超伝導体ではドープ量はドーパント量の調整で行ったりするので，有機導体では1価のアニオンと2価のアニオンを混ぜて行ったりするが，結晶成長の段階で仕込む必要があり，あまり多用されてはいない．以後，結晶を中心に記述する．

b. 有機導体で見られる物性

有機導体の特徴は，低次元性と強相関性であるが，これらはそもそも結晶が分子を単位構成要素としているという事実と密接な関係があり，多様な伝導性・磁性・超伝導の特性が発生するもとになっている．逆にいうと物性観測手段，制御に，これらを利用できるということでもある．有機研究は新物質開拓の歴史であったと同時に新物性制御法の開拓の歴史でもあった．以下，物質，物性とその観測手段に焦点をあてて記述する．

(i) TTF-TCNQ (CDW・圧力・電荷の集団運動) TTF-TCNQ は TTF 鎖から TCNQ 鎖に電子の移動が起こり，TTF 鎖では正孔伝導が TCNQ 鎖では電子伝導が起きている．53 K で電荷密度波 CDW (Charge Density Wave) の秩序化が起き，その電荷密度の空間周期は格子周期と不整合である．そのため，転移温度以上で CDW のゆらぎが電荷の集団運動を起こし，転移温度に近づくほど，1次元方向の運動が増大する (図 11.24)[10]．しかし，圧力印加で電荷密度の周期を格子と整合にすると，逆に CDW は格子にロックされて CDW の集団運動が抑えられる．実際，電荷移動量 ρ は CDW の空間周期 λ，格子の周期 a と，

$$\frac{\rho}{a} = \frac{2}{\lambda}$$

の関係があり，常圧の室温で $\rho = 0.56$，低温で 0.59 であったものが，1.9 GPa で $0.66 = 2/3$ と整合になるため，CDW の集団運動が抑えられ，全体の伝導性は落ち，T_CDW は上昇する (図 11.25[11])．実験上の教訓は圧力が CDW の格子との整合性と集団運動の理解に大いに役に立つことを知ったことである．圧力が次元性を上げてフェルミ面のネスティングを落とすように働くなら，金属状態はより低温まで続くはずである．しかし，TTF-TCNQ ではパイエルス転移にもとづく M–I 転移 (金属-非金属転移) の温度を下げることなく上昇させてしまったが，これ以後，圧力をかけることは有機導体の物性探索での基本的測定になった．

アイソトープを局所プローブに： 分子性結晶ならではの有利な点を特記したい．結

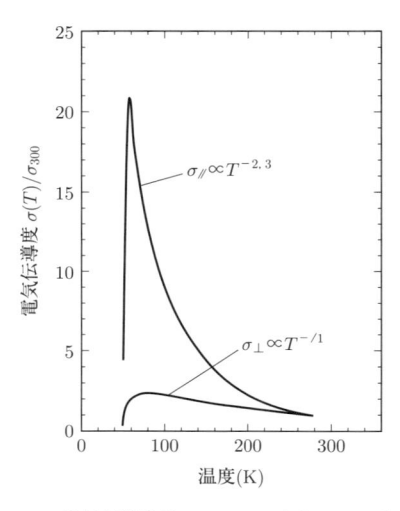

図 11.24 TTF-TCNQ の電気伝導度が TCDW に向かって 1 次元方向の伝導度の増加がそれと垂直方向への伝導度の増加に比べて大きくなっていて，1 次元軸に沿って集団運動をしていることを示す[10]．

晶成長の前に分子を別々に合成すること，および分子の合成もステップごとに進めるので，TTF，あるいは TCNQ の分子の特定部位にアイソトープを合成時に埋込み点分子の特別な場所の関与を特定するような探針をいれることができる．TTF あるいは

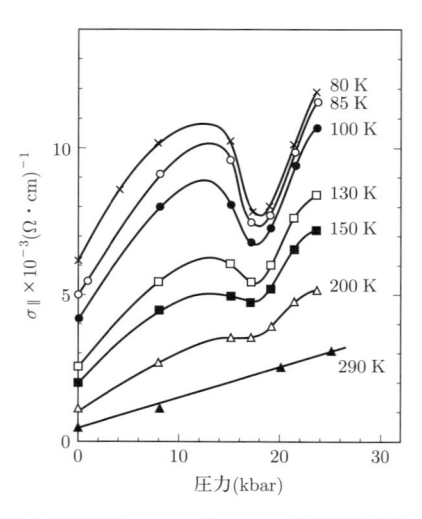

図 11.25 CDW のゆらぎ伝導が 19 kbar (1.9 GPa) 伝導度が落ちることがわかる．圧力で TTF から TCNQ に電荷移動量が増え，電荷移動量と連動した CDW の波数が格子と整合になったためとされる[11]．

TCNQ の合成時に分子の特定部位に ^{13}C を増強しておき NMR のナイト・シフトを測定すると全体の磁化率をどちらの鎖がどれだけ担っているのか，分離ができた．この手法はその後の有機導体の研究に引き継がれて，精密科学への道を拓いた．

(ii) (TMTSF)$_2$X・(TMTTF)$_2$X

1/2 充填の低次元導体： (TMTSF)$_2$X は TTT-TCNQ のアニオン側を無機のアニオンに置き換え，ドナー，アニオン比を 1:1 から 2:1 に変えたものである．図 11.22 に示す (TMTSF)$_2$PF$_6$ の T_c が 1 K であったが，超伝導が 1980 年にはじめて発見されたことはエポックメーキングであった．しかしなにより重大なことは電荷移動が完璧になり，TMTSF の単位胞あたり 1/2 充填が実現し有機導体がモット絶縁体の仲間入りしたことである．高温超伝導体はモット絶縁体に少量の電荷を注入した状態であるのに対し，有機導体はモット絶縁体に圧力でバンド幅を少し増やして U/t を弱めた状態である．ここに，U はオンサイト (分子位置) での電子相関，t は隣接分子への移動積分である．図 11.26 は (TMTTF)$_2$X から (TMTSF)$_2$X まで俯瞰するジェローム (Jérome) 相図なるものである．図 11.26 での左上の絶縁体状態が発見以来 20 年間，不明であった．電気抵抗で見ると，室温以下緩い金属状態から緩い抵抗極小を経て，緩い抵抗上昇が見られる．今日，電荷分離状態が起きていると理解されている．オンサイトの U のほかに，隣接サイト (分子) の電子相関 V が効いている．

SDW： スピン密度波 SDW (Spin Density Wave) は TMTTF 寄り (図 11.26 で

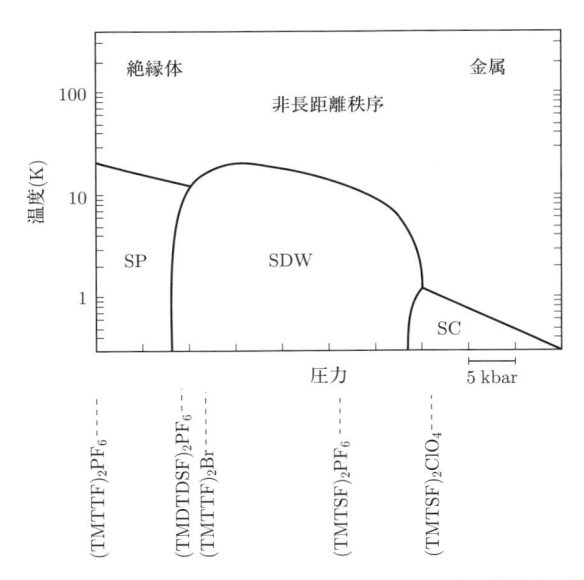

図 11.26 擬 1 次元物質，(TMTTF)$_2$X から (TMTSF)$_2$X まで俯瞰する相図．右に行くほど高圧で実現されより 2 次元的になる．物質によって圧力ゼロの原点が異なる[12]．

は左寄り) では格子と整合的で TMTSF 寄り (図 11.26 では右寄り) では不整合的にな
る．実際，(TMTSF)$_2$PF$_6$ の SDW の波数は NMR で $(0.5, 0.24 \pm 0.03, 0.06 \pm 0.20)$
と詳細に決められた[13]．

p 型超伝導： (TMTSF)$_2$ClO$_4$ と (TMTSF)$_2$PF$_6$ の超伝導の電気抵抗から H_{c2}
を推察すると $T_c/2$ 以下で急上昇を始め，パウリ・リミットをはるかに越えるように
見える[14]．また NMR のナイト・シフトが T_c 通過で不変なこと[15]，コーヒーレンス
ピークが見えないこと[16]，超伝導が不純物に弱いことなどを根拠に p 型超伝導とする
提唱が主流である．理論では f 型を提唱するものもある[17]．

磁場誘起 SDW・量子ホール効果： (TMTSF)$_2$ClO$_4$ と (TMTSF)$_2$PF$_6$ の超伝
導を伝導面に垂直な磁場で破壊した後，さらに大きな 10 T 前後以上でふたたび絶縁
体になる．磁場で誘起された SDW (Field-Induced-SDW: FISDW) である．磁場掃
引で金属から絶縁体になるときは磁気抵抗に激しいヒステリシスを伴う 1 次の相転移
であり，絶縁体内では 2 次の逐次相転移をする．金属–絶縁体転移は擬 1 次元軌道が
強磁場内でより 1 次元性を取り戻し SDW に戻る転移である．内部構造としての逐次
転移は不完全なフェルミ面のネスティングが生ずる小さな 2 次元フェルミ面のポケッ
トでのランダウ量子数の異なる状態への転移である．面白いことに，ネスティングベ
クトルが磁場掃引時にエネルギーミニマムのとり方に特徴がある．磁場掃引の一定区
間ごとに，完全充填と完全に空のランダウ準位が持続して量子ホール効果を示すよう
に，ネスティングベクトルが自動調整するのである．これは GaAs などで見られる弱
局在とは異なる機構による量子ホール効果である[18]．

アニオン配向秩序・徐冷・急冷： (TMTSF)$_2$ClO$_4$ は，30 K 以下で急冷 (およそ
数秒で He 温度まで) するか，徐冷 (およそ 2 時間から数日で He 温度まで) で，5 K 以
下で SDW という絶縁体になるか超伝導になるかの違いが現れる[19]．量子ホール効果
もていねいな徐冷ほど美しく現れる．徐冷と急冷の違いは ClO$_4^{-1}$ アニオンが四面体構
造をしているため反転対称性を持たず，室温以下 24 K まで 2 種の配向を不規則にとっ
ていて，急冷では配向無秩序のまま凍結されるためである．徐冷では，$(0, 1/2, 0)$ の
配向秩序が生じ，実空間の単位格子が 2 倍になり，ブリユアン帯域が 1/2 になること，
急冷では無秩序さが散乱を大きくしていることと関連している．これも分子が基本と
なっている物質特有の性質である．(TMTSF)$_2$ClO$_4$ はそもそも，それぞれの分子が
定位置にいるので室温以下，すでに結晶である．しかし，アニオンの配向に注目すれ
ば，室温では液体，24 K 以下固体，急冷ではアモルファス，徐冷では結晶と見ること
ができる．結晶の中での液体，結晶などを考えられる面白い系である．その後，徐冷
状態は 19 K 付近で長時間滞在することで実現できることがわかった．これをアニー
ルとよんでいる．これ以後，試料の急冷，徐冷が有機導体の研究の手法に加わった．

このように，アニオンの対称性が単位格子を 2 倍にしたりする効果がある．その場
合，ブリユアン帯域が折りたたまれて半分になる．それに引きづられて，フェルミ面
が再構築され，たとえばもともと 1 次元のバンドしかなかったものに，電子や正孔が

(a) BEDT-TTF(ET)   (b) BEDT-TSF(BETS)

図 11.27　BEDT-TTF と BEDT-TSF の分子図．TMTSF と異なり端の環は平面ではないので，ねじれの不規則性が生じうる．ねじれが規則的に並べば超格子の発生のもとになる．

生じたりして，物性に影響を与える．電子の流れない場所のアニオン配向が電子の流れの次元性などを変えるのだから面白い[20]．

フェルミ面の波打ち効果・1 次元：　低温で磁気抵抗の角度依存性をみると，おおむね 2 回対称ないしは 4 回対称という結晶の方位の細かさよりもずっと細かな角度依存性が現れる．伝導性の順に a, b, c 軸と名づけると，bc 方向に磁場を回転して現れる磁気抵抗の角度依存性を長田–Lebed 振動，ac 方向は Danner–Chaikin 振動，ab 方向は第 3 角度効果 (吉野治一が発見) とよぶ．a 軸のほぼ垂直な 1 次元のフェルミ面が第 2，第 3 の方向にわずかな分散をもっているために図 11.23 の上のような完全な平面 (すなわち完全な 1 次元) ではなく，方位を反映した波打ちがある (warped Fermi surface とよぶ) ことに起因している．bc 面内のある方向に磁場を印加したとき，磁場は電子の運動にエネルギーを与えないので，電子は磁場に垂直にフェルミ面上をほぼ直線的に漂うことになる．b/c が整数比になるような特定の角度の磁場では，フェルミ面をなめ尽くすことができない．この特定の角度になるかどうかで磁気抵抗に振動が生ずる．第 3 角度効果では t_a/t_b を反映したフェルミ面のうねりの変曲点で磁気抵抗の鋭い極小が出る．このように擬 1 次元のフェルミオロジーが磁気抵抗を通じて詳細に検討され，物性との比較が可能になっている．ただ，c 軸方向へのコーヒーレンス[*2)]が必要かどうかは後述の 2 次元フェルミ面の項で改めて触れる[21]．

隣接サイト電子相関と SDW・CDW 共存：　(TMTSF)$_2$PF$_6$ は低温で SDW と CDW が共存する[22]．通常両相は排他的であるが，これを許すのも隣接サイトでの電子相関 V のおかげである．

(iii) (BEDT-TTF)$_2$X　BEDT-TTF や BEDT-TSF を基本分子 (図 11.27) とした 2 次元有機導体では，積層の様式により，$\beta, \alpha, \theta, \kappa, \beta', \lambda, \tau$ 型などがあり (図 11.28)，それぞれに特有のフェルミ面をもつ (図 11.28)．

2 つの超伝導 T_c と構造：　β–(BEDT-TTF)$_2$I$_3$ は常圧で 1 K の超伝導を示していたが，0.04 GPa 以上の圧力では，8 K の超伝導を示す[24] (図 11.29)．T–P 相図上に 2 つの超伝導が存在するなら，非 s 型超伝導の可能性がある．しかし研究の結果，常圧で T_c の低さは 175 K で起こる不整合の超格子変調のためで，弱圧でそれが抑えると T_c を 8 K に上昇することがわかった．有機導体の超伝導は 1 K 付近に留まってい

---

*2) c 軸方向へのコーヒーレンスがあるとは最小伝導軸 (c 軸) 方向への分散関係が定義され，図 11.30 のようにうねったフェルミ面が定義される状態をさす．

β型

κ型

τ型

α型

試料:
α-(BEDTTTF)$_2$MHg(SCN)$_4$

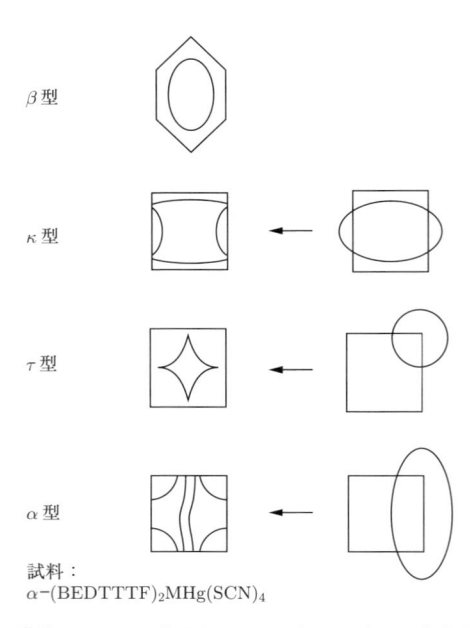

図 11.28　2次元導体のフェルミ面は図 11.23 で示したように，筒状をしている．上から見た絵は閉じた丸形をしている．しかし，ガンマ点からずれたところに中心があったりして，ブリユアン帯域からはみ出たりすると，κ型や α型のように，平行的な1次元バンド的なものと2次元バンド的なものができることがある．文献 [23] より抜粋．

たため，研究者の有機導体への関心を戻したという歴史的意義がある．

2次元フェルミ面と角度依存磁気抵抗・1次元フェルミ面の再考：　β型は図 11.28 に示すようにとくに単純な筒状のフェルミ面をもつ．しかし第3の方向への分散がわず

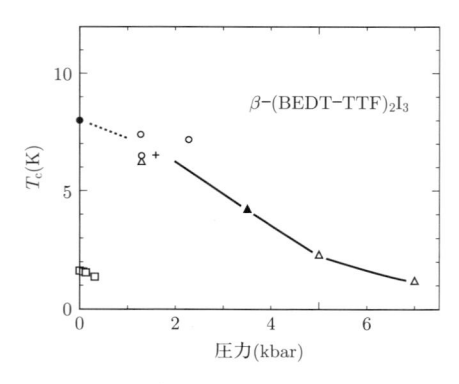

図 11.29　常圧で 1K の T_c がわずかの加圧で 8K に T_c が上昇した．格子変形なしに2つの超伝導が接すれば非 s 型超伝導の直接証拠となる．しかし，格子変形が起因している事が後に判明した．文献 [24] から転載．

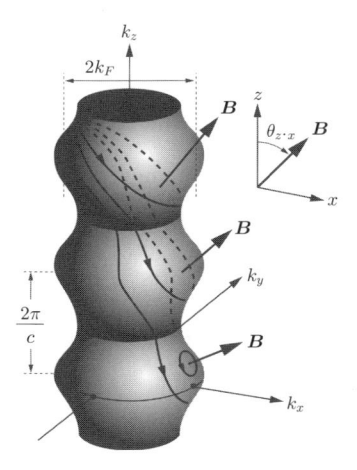

図 11.30 擬 2 次元導体を示す緩やかなふくらみとくびれの繰り返しの柱状のフェルミ面．軌道は角度依存磁気抵抗のピークを与える軌道とそれに垂直な磁場方位．文献 [21] から転載．

かにあると拡張ゾーンでは図 11.30 のように，フェルミ面は膨らみと縮みを繰り返す．面に垂直方向の磁気抵抗の磁場の角度に関する角度依存性は，磁場に垂直な面がこの膨らみと膨らみを結ぶような角度を通過するごとに振動を繰り返す (梶田–Kartsovnik–山地振動とよぶ)[25–27]．角度依存磁気抵抗 (Angular dependent MagnetoResistance Oscillation: AMRO) とよび，フェルミ面の計測に利用される．これは，発見当初，図 11.30 のように z 軸方向への分散のある状態で説明されたが，本質はこのような拡張ゾーンで凹凸を繰り返すフェルミ面を必要とせず，独立な 2 次元層の間でのトンネル効果で説明できることが明らかになった．唯一面間のコヒーレンス (すなわち，

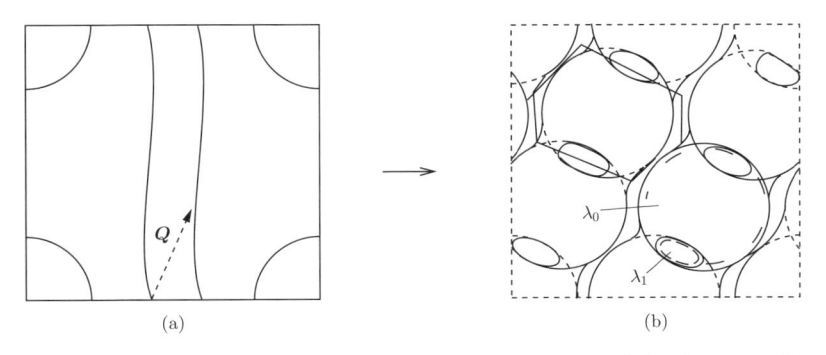

図 11.31 低温，低圧，低磁場下で起こるネスティングベクトル Q をもった CDW のために 1 フェルミ面が再構築される．その結果，ポケットができたり，主軸が変わったように見える．文献 [27] より転載．

z 軸方向への分散) を必要とする現象は，磁場を面に垂直に印加したとき，抵抗に小さな山を示すピーク効果とよばれる現象である．

このような磁気抵抗の振動に対する理解の発展から擬 1 次元の角度依存磁気抵抗の振動についても，再検討がなされた．その結果，多くの現象は独立な 2 次元層[*3] の間でのトンネル効果で説明できた．さらに $(TMTSF)_2PF_6$ と $(TMTSF)_2ClO_4$ の AMRO の微細構造ではなく，バックグラウンドが対照的に山と谷が逆転している．これは，層間のコーヒーレンスがない場合 (前者) とある場合 (後者) の違いによるものであることもわかってきた[21]．

α 型には α–$(BEDT\text{-}TTF)_2KHg(SCN)_4$ の仲間と α–$(BEDT\text{-}TTF)_2I_3$ がある．前者は 8 K 以下，0.4 GPa 以下，16 T 以下で，弱い CDW 状態が起こる．フェルミ面のネスティングでフェルミ面の再構築が起こり，図 11.29 で示すように，フェルミ面の主軸が変化する．これは梶田振動で確かめられている[27] (図 11.31)．

1 軸性圧力と超伝導： α–$(BEDT\text{-}TTF)_2KHg(SCN)_4$ にある方向に 1 軸圧力 (ひずみ) をかけたときだけ超伝導が見られ，この類縁物質 α–$(BEDT\text{-}TTF)_2NH_4Hg(SCN)_4$ は 1 K の超伝導体であるが，その T_c が 1 軸圧力で増大する．これらは圧力下の X 線観測の結果をもとにしたバンド計算による状態密度の増加と合致している[28]．このような 1 軸性の圧力による超伝導の発生は α–$(BEDT\text{-}TTF)_2I_3$ でも見つけられている[29] (図 11.32)．

ゼロ質量型分散関係・電荷秩序： α–$(BEDT\text{-}TTF)_2I_3$ は室温以下，金属的なふるまいがあり，135 K で急激な絶縁体化が起こる．絶縁体化したときは電荷分離が生じ，電荷秩序が起きていることが明らかになった．また，加圧により室温以下ほとん

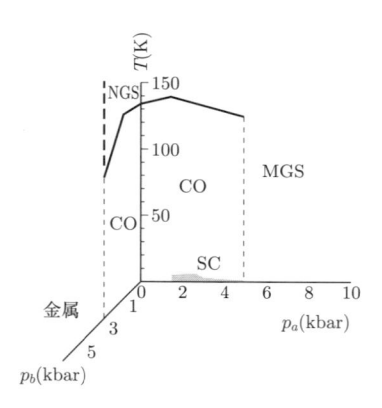

図 **11.32** α–$(BEDT\text{-}TTF)_2I_3$ で 1 軸性ひずみと温度の相図．135 K で電荷秩序状態 (CO) の絶縁体になる．NGS は Narrow Gap Semiconductor を示す．文献 [29] より転載．

[*3] 独立な 2 次元面：TMTSF 塩のような擬 1 次元伝導体は異方性は移動積分の比で，$t_a : t_b : t_c =$ 2000 K: 200 K: 7 K 程度であるので，ab 面を 2 次元面ということもある．

ど温度に依存しない異常な電気抵抗が生じる．ホール効果と比較すると室温以下ヘリウム温度まで，キャリアー数は何桁も減少することと，易動度が拮抗して増大していることが原因らしいが，その理由は 20 年間不明であった．最近の研究によれば，電子バンドと正孔バンドが円錐 (コーン) 状に向き合い，その接触点にフェルミ面がくるというゼロギャップの半導体になっていることが，構造解析の実験結果にもとづいた理論によって導かれた．円錐状の分散関係なので，曲率がない．すなわち質量のない粒子の分散関係であり，ディラック・コーンとよばれている．固体の中に「質量ゼロのディラック粒子」が出現することは以前から単原子層グラファイトにおいて指摘されていたが，このような特異な状態が複雑な構造をもつ有機物質の結晶中で実現した．異常ホール効果などが予想されている[30] (図 11.33)．

κ 型伝導体と強相関・超伝導： κ–$(BEDT-TTF)_2Cu(NCS)_2$ は β–$(BEDT-TTF)_2I_3$ の 8 K を超える 10 K の超伝導として出現した．また，初めて明瞭なシュブニコフ–ド・ハース信号が発見され，有機伝導体のフェルミオロジーの端緒となった物質である．BEDT-TTF 分子が井桁のごとくダイマー (2 量体) を組むことから，1/2 充填の実現ぎりぎりの状態を実現し，温度と圧力でモット絶縁体と金属の臨界的な状況になっている．そこでは反強磁性ゆらぎが大きくなっている．反強磁性と超伝導の相図が提唱されて，この物質群の理解の基礎となっており，臨界点に近づくときの状態密度の U/W に対する変化の様子が比熱，帯磁率，緩和時間などから詳細にしらべられている[31] (図 11.34)．この物質では反強磁性が大きな役割を演じており，超伝導は d 波とみなすことが有力である．相図の相境界のぎりぎりのところでは，BEDT-TTF の一部の

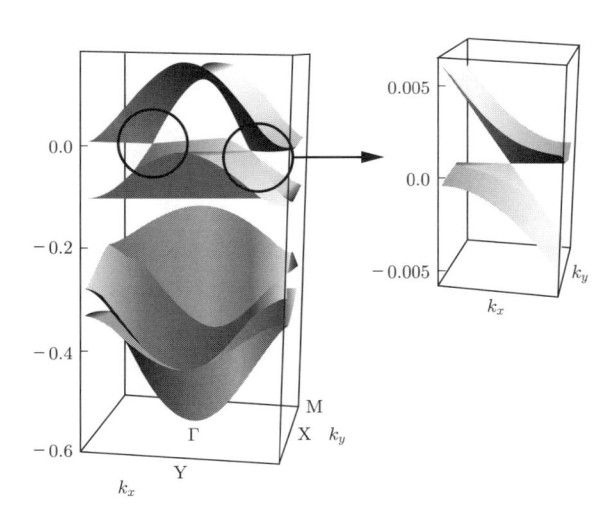

図 11.33 上のバンドと下のバンドの円錐状にゼロギャップで向き合い，フェルミ準位がちょうど真ん中に位置する．分散 (エネルギー対運動量) に曲率がなく，質量ゼロであることを示している．文献 [30] より転載．

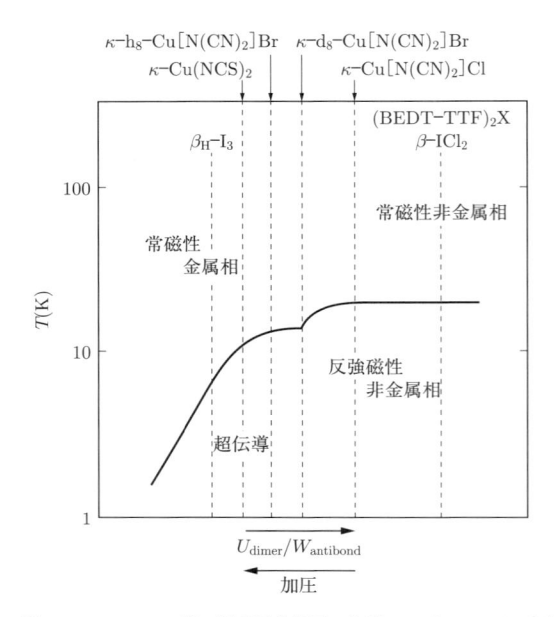

図 11.34　κ 型の BEDT-TTF 塩の温度圧力相図．上部に U と W (バンド幅) の比によってモット (Mott) 絶縁体と金属の境界が縦に現れる．左側が高圧側．上方で左に折れるのは温度降下が熱収縮をもたらし，加圧と同等になったためである．文献 [31] より転載．

H を D (重水素) に置き換えることで圧力をさらに微妙に調整できる．STM (scanning tunneling microscope) によるトンネルスペクトルで κ–(BEDT-TTF)$_2$Cu(NCS)$_2$ ではゼロ・バイアス・ピークが見られていないので超伝導は d$_{x^2-y^2}$ で，d(3,3)–κ–(BEDT-TTF)$_2$CuN(CN)$_2$Br ではそれが見えているので d$_{xy}$ ではないかという議論がされているが，確立されてはいない．

(MDT-TTF)$_2$AuI$_2$ の超伝導:　超伝導は s 波である．1 つの証拠に T_c 直下の NMR の緩和時間の山 (コーヒーレンスピーク) の存在がある．(MDT-TTF)$_2$AuI$_2$ ではそれらしきものが観測され，有機伝導体の超伝導にはいろんな種類がありそうである[32] (図 11.35)．

θ 型伝導体・電荷分離・電荷ゆらぎ・電荷秩序・超伝導:　θ 型ではドナー分子の積層の仕方で隣の積層カラムの分子どうしが開いた形になっており，開き方の角度 (dihedral angle) で移動積分が異なり，θ 型を分類している[33]．これにより電荷秩序の発生温度や性質が異なる．θ–(BEDT-TTF)$_2$RbZn(SCN)$_4$ は 190 K で，θ–(BEDT-TTF)$_2$CsZn(SCN)$_4$ は 20 K で金属的伝導から非金属的伝導に変わる．金属的領域からすでに電荷の分離 (charge disproportionation) が生じて，電荷の空間ゆらぎが起きており，電荷秩序が空間的に起きて電荷秩序状態 (charge order) が起こると非金属的になると考えられる．電荷の分離とは電荷をたくさん有する BEDT-TTF 分子と少な

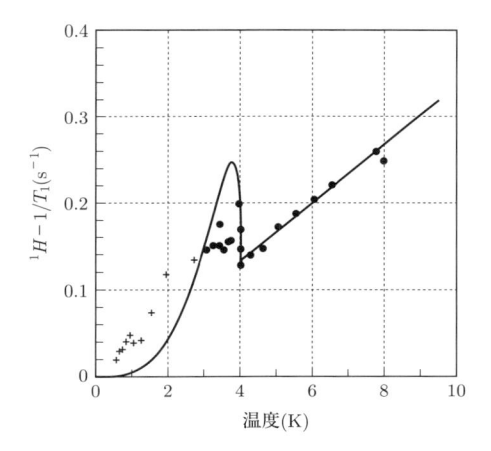

図 11.35 (MDT-TTF)$_2$AuI$_2$ で見られた超伝導転移温度直下の緩和時間の増大. コーヒーレンスピークとよび, s 波超伝導体の特徴を示している.

く有する BEDT-TTF 分子が結晶内で混在することを指す. また, 電荷秩序が起こると結晶中では縞状に電荷の濃淡が起こる. このような系は 2 量体化が起こっていないような 1/4 充填系で観測される. 原因はオンサイトのクーロン電子相関に加えて隣接サイト (分子) 間のクーロン電子相関である. 後者はオンサイトの U に対し V の記号で表される. 単一の V で現象が理解できる場合もあるが, 異なった方向への異なった V の導入が必要なこともある.

α–(BEDT-TTF)$_2$I$_3$ の 1 軸加圧下での超伝導や θ–(BEDT-TTF)$_2$I$_3$ の超伝導の出現から電荷ゆらぎを介した超伝導の可能性も提唱されている.

λ–(BETS)$_2$FeCl$_4$・κ–(BETS)$_2$FeCl$_4$ (**磁場誘起超伝導, FFLO 超伝導**):
λ–(BETS)FeCl$_4$ は室温以下金属的な電気伝導を示すが, 8 K で局在スピンをもつ Fe^{3+} が反強磁性転移することに伴い絶縁体化する. この物質の 2 次元面に正確に平行に磁場を入れると 30 T (Tesla) 程度で超伝導が出現する. 伝導面にはもともと Fe^{3+} のつくる内部磁場があった. 外場がそれを打ち消すような磁場を伝導面に加えたことになり超伝導が出現したと理解されている. ジャッカリーノ–ピーター (Jaccarino–Peter) 機構とよばれる. 同様の現象が κ–(BETS)$_2$FeCl$_4$ でも見られている. これで直接 π–d 相互作用の強さもわかる. FeCl$_4$ のサイトに非磁性の GaCl$_4$ を置き換えていくと超伝導の出現する磁場が徐々に低磁場側に移動し, GaCl$_4$ による全置換では λ–(BETS)$_2$GaCl$_4$ の超伝導とつながる[34] (図 11.36). これは, 部分的に置き換わったときには, Ga が空間的にばらばらに存在するにもかかわらず, 連続的に薄められていくように見えることで, π–d 相互作用が伝導面で Fe^{3+} の磁場を平均化していることを示している.

また, ほどよく外部磁場と内部磁場が補償されている磁場値からずれだす低磁場側では anti-vortex, 高磁場側では渦状態 (vortex state) が関与する FFLO (Fulde–Ferrel–

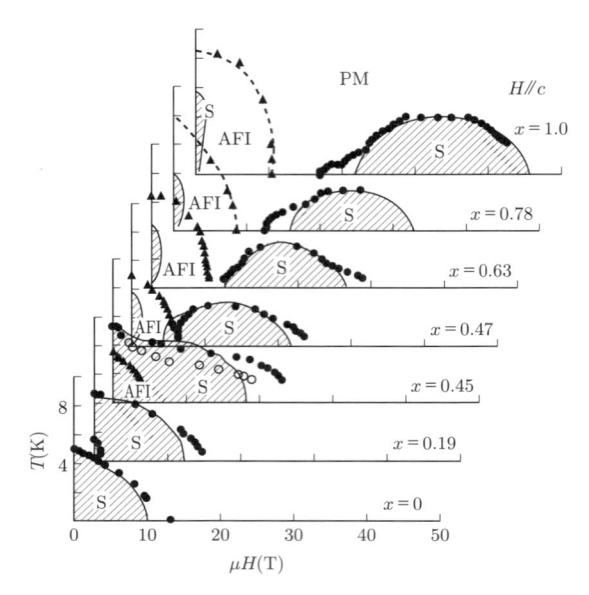

図 11.36 λ-$(BETS)_2(FeCl_4)_x(GaCl_4)_{1-x}$ における磁場誘起超伝導の温度–磁場強度相図. 磁場は 2 次元面内に性格に入れる必要がある. 文献 [34] より転載.

Larkin–Ovchinnikov) 状態, すなわち超伝導の秩序変数が空間的に変動する状態ではないかと提唱されている.

β'-$(BEDT$-$TTF)_2ICl_2$ の超高圧下超伝導: β 型と β' 型を比較すると後者のほうが 2 量体性が強い. β'-$(BEDT$-$TTF)_2ICl_2$ はモット絶縁体とみなせる. これに加圧していくと温度降下に伴う抵抗上昇が抑えられ, 金属化が完成し, 8 GPa で超伝導が出現する. この Tc が有機伝導体でもっとも高い 14 K であったので, 超高圧が物性探索に注目されるきっかけになった[35].

τ 型 2 次元導体: τ 型導体という一連の物質がある. τ-$(EDO$-S, S-$DMEDT$-$TTF)_2(AuBr_2)_{1+y}$ は室温以下金属的であるが 30〜50 K で抵抗極小を経た後, 抵抗上昇に転ずる. 室温とヘリウム温度の抵抗比が 1 程度であるにもかかわらず, 振幅の大きなシュブニコフ–ド・ハース振動が見られた[*4) [36]. ここではブリユアン帯域の 0.6% の正孔と 6% の電子バンドが検出され, 2 バンドの量子ホール効果が議論された[37].

(iv) 別の系統の 1 次元伝導体 $(DCNQI)_2Cu$ $(TMTSF)_2X$ 系の伝導体は有機ドナーが伝導を担ってきた. $(DCNQI)_2Cu$ では, 有機アクセプターが伝導を担っている. この温度–圧力相図は図 11.37 のようになっており, ある圧力では, 激しく 1 次の相転移で絶縁体化したあとふたたび金属に戻る. この金属–絶縁体相の境界の微調整

---

*4) 通常, シュブニコフ–ド・ハース振動は散乱の小さい場合に見られる現象である. そのような基礎的条件は低温での抵抗値が小さい, すなわち室温と低温での抵抗値の比が大きいもので見られるというのが常識である. τ 型導体は少なくとも見かけ, その常識に反している.

11.4 分子性物質

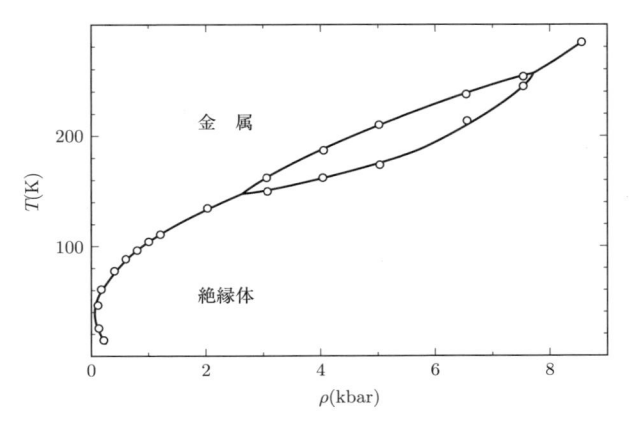

図 11.37 (DMeDCNQI)$_2$Cu の温度–圧力相図. 低圧側で温度を下げると金属がふたたび現れる. また, この金属非金属転移は大きなヒステリシスを伴う. 文献 [38] より転載.

は, 試料に簡単なおもりを触らせるとか, 図 11.38 の R$_1$ や R$_2$ 位置の置換基を置き換えたりすることでできる. (DCNQI)$_2$Cu では (TMTSF)$_2$X に比して 1 次元性は強いが, 小さな 3 次元フェルミ面ももっていることがシュブニコフ–ド・ハース振動から

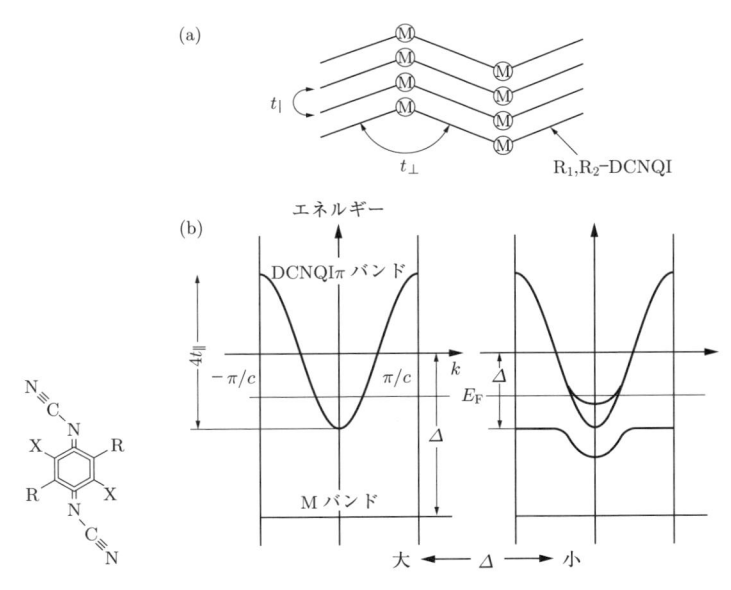

図 11.38 DCNQI の分子図とバンド分散. R$_1$, R$_2$ 位置には CH$_3$, I, Br などが入る. (DCNQI)$_2$M の M 位置に Li, Ag, Cu が入り, Li, Ag の場合は左に, Cu の場合は右のように d と π の混成の様子が異なる. 文献 [31] より転載.

わかっている．図 11.38 の DCNQI の π バンドが Cu の M バンドと混成して分離した上のバンドが 3 次元フェルミ面を形成している．

κ 型 BEDFTTF の場合，U/W*5) で 1/2 充填になるか，ならないかの臨界点を議論したが，ここでは，物理圧力や化学圧力を介して，バンド幅を微妙に調整し，1/4 充填 (電荷秩序)，1/2 充填 (モット絶縁体) のせめぎ合いの物理が存在するのである．

温度低下とともに金属–絶縁体転移に際し，ヤーン–テラーひずみが起こり，1 次元方向に縮み，垂直方向に不連続的に伸びる[39]．同時に金属相では一様であった Cu^+ が $Cu^+Cu^+Cu^{2+}$ と 3 倍周期の電荷分離を起こし，かつ平均電荷が 4/3 になる．それに引きずられて，DCNQI バンドは分子あたり $-1/2$ から $-2/3$ 価になる．それに伴う格子変調も起こり，盛り沢山の物理が凝縮された相転移が起こっている．

(v) 単一種類でつくられる原子の有機導体 有機導体は 2 種以上の構成分子の間で電荷移動が起きることが伝導性を起こす基本であったが，小林昭子らは単一種類の分子でつくられる導体に伝導性をもたせることに成功した．フェルミ面の存在はド・ハース–ファン・アルフェン効果を示す磁気トルク測定で証明された．結晶に伝導性を付与する出発点は電荷移動であったが，電荷移動の結果，満たされないバンドができることが必要であった．単一種類の分子でも，HOMO と LUMO がエネルギー的に重なることが実現すると HOMO も LUMO も不完全充填のバンドになり，定義通りの金属になるというアイディアから $Ni(tmdt)_2$ が開発された．

(vi) おわりに 有機伝導体はたいへん多様性に富んだ物性を示す．$(TMTSF)_2X$ 塩が超伝導体として 1980 年にデビューして以来，物性測定技術，理論が格段に進歩した．フェルミ面の形状の測定も進み，物質設計ができそうなところまで到達した．こうして次々と新物質を輩出しているが，面白いことに，いまだ，$(TMTSF)_2X$ 塩で新しい物性が議論されている．物性の小宇宙とよばれるように，奥が限りなく深い．ここでは最近の話題，光誘起の物性現象，非線形伝導やそれに伴うその場観察，誘電特性には触れきれなかったが，まだまだ，新しい機能，新しい物性が限りなく生まれてくる予感をさせる分野である．　　　　　　　　　　　　　　　　　　　　[村田惠三]

文　　献

[1] 鹿児島誠一 編著「低次元導体」(裳華房，2000)．
[2] J. Williams, *Organic Superconductors* (Prentice Hall, 1992).
[3] T. Ishiguro et al., *Organic Superconductor* (Springer-Verlag, 1997).
[4] J. Phys. I (Paris) **6** (1996) 1489–2366.
[5] 齋藤軍治.「有機導電体の化学」(丸善，2003)．
[6] Chem. Rev. **104**, No. 11, (2004) 4887–5782.
[7] 特集号 "Organic Conductors," J. Phys. Soc. Jpn. **75**, May (2006).

---

*5) U/t とほぼ同義．U はサイト位置でのクーロン相互作用，W はバンド幅，t はタイトバインディング近似でのバンド移動積分．

- [8] H. Tanaka et al., Science, **291** (2001) 285 , A. Kobayashi et al., Chem. Rev. **104** (2004) 5243; J. Phys.Soc. Jpn. **75** (2006) 051002-1. 解説は小林昭子ら，固体物理 **39**, No. 8 (2004) 551.
- [9] J. Phys. Soc. Jpn. **75** (2006) 051015.
- [10] T. Ishiguro, J. Phys. Soc. Jpn. **41** (1976) 351.
- [11] A. Andrieux et al., Phys. Rev. Lett. **43** (1979) 227.
- [12] D. Jerome, Science, **252** (1991) 1509.
- [13] T. Takahashi et al., J. Phys. Soc. Jpn. **55** (1986) 1364.
- [14] I. J. Lee et al., Phys. Rev. B **62** (2000) R14669.
- [15] I. J. Lee et al., Phys. Rev. B **68** (2003) 92510.
- [16] M. Takigawa et al., J. Phys. Soc. Jpn. **56** (1987) 873.
- [17] K. Kuroki et al., Phys. Rev. B **63** (2001) 94509; ibid. **70** (2004) 60502.
- [18] P. M. Chaikin, J. Phys. I (Paris) **6** (1996) 1875.
- [19] T. Takahashi et al., J. Phys. Lett. (Paris) **43** (1982) L565.
- [20] P. M. Grant, J. Phys. Colloq. (Paris), C **3**, supplement au n6, 44 (1983) 847.
- [21] 長田俊人，蔵口雅彦，小早川将子，大道英二，固体物理 **41** (2006) 239.
- [22] S. Kagoshima et al., Solid State Commun. **110** (1999) 479.
- [23] K. Murata, J. Phys. I (Paris) **6** (1996) 1865.
- [24] K. Murata et al., J. Phys. Soc. Jpn. **54** (1985) 2084.
- [25] K. Kajita et al., Solid State Commun. **70** (1989) 1189.
- [26] K. Yamaji, J. Phys. Soc. Jpn. **55** (1986) 1424.
- [27] M. V. Kartsovnik and V. N. Laukhin, J. Phys. I (Paris) **6** (1996) 1753.
- [28] S. Kagoshima and R. Kondo, Chem. Rev. **104** (2004) 5593.
- [29] N. Tajima et al., J. Phys. Soc. Jpn. **71** (202) 1832.
- [30] S. Katayama et al., J. Phys. Soc. Jpn. **75** (2006) 054705. 解説は固体物理 **41** (2006) 250.
- [31] 鹿野田一司，日本物理学会誌 **54** (1999) 107.
- [32] T. Takahashi et al., Physica C **235–240** (1994) 2461.
- [33] H. Mori et al., Phys. Rev. B **57** (1998) 12023.
- [34] S. Uji et al., J. Phys. Soc. Jpn. **72** (2003) 369.
- [35] H. Taniguchi et al., J. Phys. Soc. Jpn. **72** (2003) 468.
- [36] T. Konoike et al., Phys. Rev. B **66** (2002) 245308.
- [37] K. Murata et al., Curr. Appl. Phys. **4** (2004) 488.
- [38] S. Tomic et al., J. Phys. C **21** (1988) L203.
- [39] H. Kobayashi et al., Solid State Commun. **65** (1988) 1351.

11.4.2 フラーレン：軌道の自由度をもつ分子性固体

a. はじめに

フラーレンは，炭素蒸気の急冷によって合成される炭素原子のみからなる球状分子であり，最小サイズの C_{60} からはじまって C_{70}, C_{76}, … と，さまざまなサイズと形状が知られている．ケージ内部が空のフラーレンだけでなく，金属イオンや希ガス，窒素原子などを内包したフラーレンが多数報告されている[1]．最近では水素分子を内包したフラーレンなども有機化学的に合成されるようになった[2]．多様なフラーレンの中でも C_{60} はもっとも収量が多く，かつサッカーボール型の特殊な形状を有しているため，1990 年代に爆発的に研究が進展するとともに応用にも供されるようになった

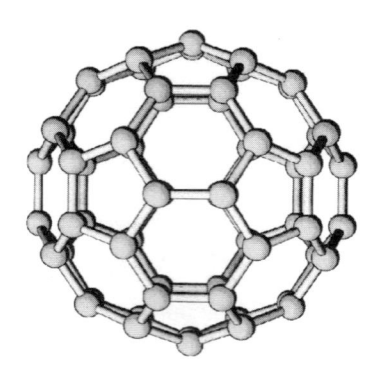

図 **11.39** フラーレン C_{60} 分子.

(図 11.39). 現在では価格が大幅に低下したこともあり，化学分野におけるベンゼンのような基幹分子としての地位が確立されている．実際，これまでに化学分野で発見，合成された1000万種を超える分子の中で，C_{60} がもっともよく研究された分子であるといわれている[3]．この C_{60} をはじめとするフラーレンは，ファン・デル・ワールス結合により弱く凝集した，いわゆる分子性固体を形成する．しかも電子ドープによって，超伝導[4]や強磁性が発現し，その T_c は，超伝導 (33 K)[5]，強磁性 (16 K)[6] ともに分子性固体の中での最高の値を示すのである．

最近ホウ素をドープしたダイヤモンドが超伝導になることが発見され，これで3次元 (ダイヤモンド)，2次元 (グラファイト)，0次元 (フラーレン) という3つの代表的炭素固体結晶相が，キャリアー導入によって超伝導を示すことが明らかになった．(1次元炭素であるカーボンナノチューブの超伝導もいくつか報告されているが[8,9]，確立されるにはいたっていない．しかし，他の炭素同素体の状況をかんがみるとナノチューブが超伝導になっても不思議ではない状況になっているといえよう．) ダイヤモンドにおける電気伝導は σ 電子に，グラファイトとフラーレンは π 電子に担われている．1種類の元素だけで，数種類の異なる結合様式をもつ同素体が存在し，しかもその多くが超伝導を示すという事実は，炭素固体のもつ特殊な能力を雄弁に物語っているといえよう．

炭素固体の超伝導は，直感的には軽い炭素原子の振動，したがってエネルギーの高いフォノンによって担われていると考えられる．ダイヤモンドの場合は結合を担うのも伝導性を担うのもともに σ 電子であり，このような場合には MgB_2 の場合のように非常に強い電子–格子相互作用が期待される[10]．一方，グラファイトやフラーレンでは，結合は σ 電子，伝導性は π 電子というように役割分担がなされているため，電子格子相互作用はダイヤモンドほどは強くないであろう．そのため，グラファイトの T_c はインターカレーション化合物 C_2Na で最高 5 K と比較的低い[11]．しかしながら，フラーレンのような分子性固体では，バンド幅が非常に狭く状態密度が高くなるため，

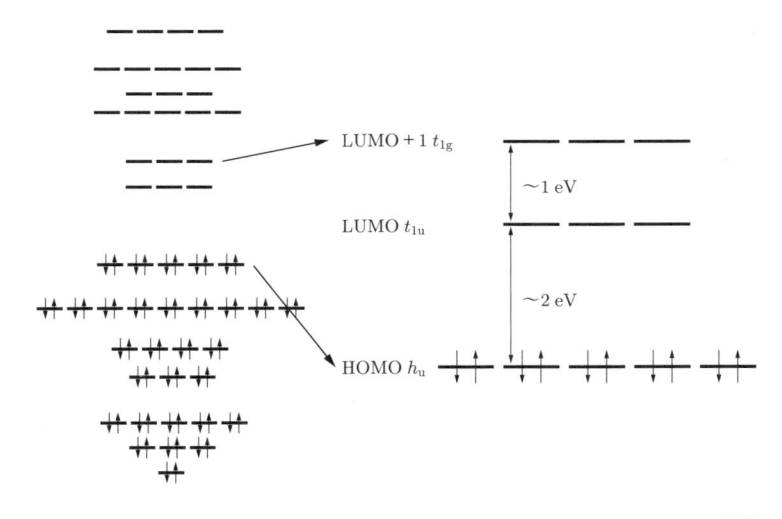

図 11.40 フラーレン C_{60} の π 電子の分子軌道と，その HOMO-LUMO 近辺の拡大図．金属ドーピングによって，LUMO と LUMO+1 軌道まで電子を，最高で C_{60} 分子あたり 12 個までドープすることができる．

T_c が 33 K まで達していると考えられる[12-14]．以上が，超伝導体として炭素固体を見たときの，非常に大まかな概観であろう．しかし，このような観点からは，C_{60} 以外のフラーレンで超伝導が発現しないこと，C_{60} からは強磁性体を含め，磁性を有する絶縁体が存在するという事実を説明することはできない．そこで本項では，C_{60} 超伝導体と磁性体の物性を説明して，その背景にある C_{60} 特有の物理描像を明確にしたい[15]．

b. C_{60} の超伝導

分子性固体としての C_{60} は，他の物質と比べ大きく異なる特徴をいくつかもっている．そしてそれらの多くは，分子が炭素のみでできていることではなく，特異な分子の形状に帰着されると考えられる．図 11.39 に示す C_{60} 分子は，正二十面体対称 (I_h) を有するサッカーボール型の形状をしており，存在しうるもっとも対称性の高い分子である．このことは，結晶構造および電子状態に重要な特徴をもたらす．まず，球状の分子が積層すると，結果として 3 次元的な結晶構造 (fcc 面心立方格子) が形成される．これは，パチンコ球が積み重なった様子を想像すればよい．従来，分子性結晶においては，少しでも伝導性のある固体を形成する有機分子はすべて平面的であり，その結果，結晶構造はつねに異方的であった．フラーレン固体は π 電子固体で実現した初めての等方的な結晶なのである[16]．

電子状態における C_{60} 分子の重要な特徴は，分子の対称性が非常に高いため，多くの縮退軌道を有することである．図 11.40 の C_{60} の分子軌道を見ると非常に多くの軌道が縮退していることがわかる[17]．エネルギーの低い軌道に注目すると，下から順に

1重, 3重, 5重のように並んでいるが, これは球殻上に閉じ込められた電子の量子化順位をそのまま反映したものである. エネルギーが高くなってゆくとこのような単純な図式は成り立たなくなるが, それでも HOMO は 5 重に, LUMO は 3 重に, その 1 つ上の LUMO+1 も 3 重に縮退している. このように分子軌道の高度な縮退は, 他の分子ではまったく見られないことである. その上さらに, 上述したように C_{60} は多くの場合, 等方的な結晶構造をとるため, 軌道が結晶場によって分裂することが少ない. したがって, C_{60} は固体状態でも縮退軌道 (あるいは軌道の自由度) を有する唯一の分子性物質になっている. C_{60} 化合物の物性物理は, このような縮退した分子軌道に電子を詰めてゆく問題に還元されると考えられる.

C_{60} 固体そのものはキャリアーのないバンド絶縁体であるので, これに伝導性, 磁性を付与するためにはキャリアーをドープする必要がある. 多くのフラーレンは電子受容性が強いため, 電子供与性の強い原子や分子を分子の隙間に挿入 (インターカレーション) する. 超伝導はアルカリ金属やアルカリ土類金属をインターカレーションすることによって達成される. 超伝導を示す 3 種類の化合物 K_3C_{60} (面心立方晶),[18] Ba_4C_{60} (体心斜方晶),[19] $K_3Ba_3C_{60}$ (体心立方晶) の結晶構造の模式図を図 11.41 に示す. 金属の挿入量が少ないときには C_{60} の最密充填構造である fcc を維持しているが, 挿入するイオンの数が C_{60} あたり 4 個以上になると, 金属の入るスペースがより多い体心構造に移ってゆく.

挿入されるアルカリ金属やアルカリ土類金属の個数によって C_{60} 分子 1 個あたりに供給される電子数 x が変わってくる. 電子数 x と超伝導転移温度の関係をプロットした図が, 図 11.42 である. 電子数 x を固定して金属の種類を変えると T_c は変化するが, その中での最高値をプロットしたものである[15]. また, 2 価の希土類金属をインターカレーションした化合物 $Yb_{2.75}C_{60}$[21] や $Sm_{2.75}C_{60}$[22] の超伝導も報告されているが, 最近その超伝導に疑問が呈されているので[23,24], ここではあえてプロットしていない. 図 11.42 を見ると, 超伝導と, C_{60} あたりの電子数 x の間には特異な関係があることが読み取れる. まず, 電子数 x が 6 以下で, フェルミ・エネルギーが LUMO

C_{60}
(fcc)

K_3C_{60}
(fcc)

Ba_4C_{60}
(bco)

$K_3Ba_3C_{60}$
(bcc)

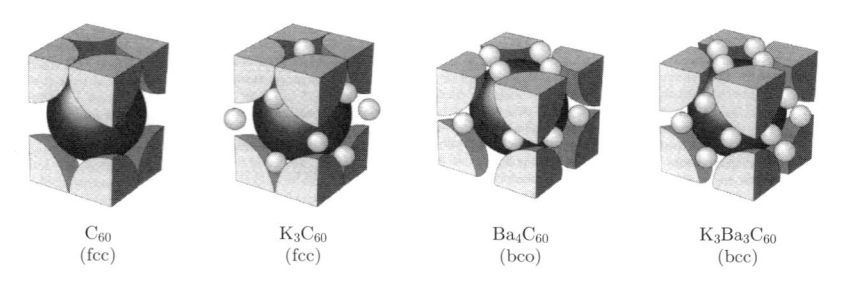

図 11.41 純粋 C_{60} および, 3 種類の C_{60} 超伝導体の結晶構造. 左から順に C_{60} ($x = 0$, fcc), K_3C_{60} ($x = 3$, fcc), Ba_4C_{60} ($x = 8$, bco 体心斜方晶), $K_3Ba_3C_{60}$ ($x = 9$, bcc). fcc 構造は通常の単位胞の半分が示してある.

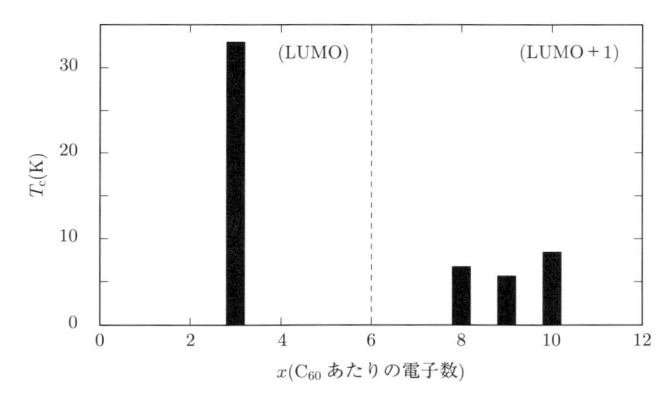

図 11.42 C_{60} 分子あたりの電子数 x に対する，超伝導転移温度 T_c の関係．各 x に対して複数の化合物が存在するが，その最高の T_c をそれぞれプロットしてある．

からなるバンドにある場合には超伝導が現れる x は 3 に限られている．しかし，いったんこの条件を満たした場合には最高 33 K という高い T_c が現れる．より正確にいうと，図 11.41 にプロットされていない $x = 3$ 以外の電子数では，化合物が存在しないのではなく，化合物が存在しても超伝導はおろか金属状態にもなりにくいのである．たとえば電子数が $x = 2$ の Na_2C_{60}[25] や $x = 4$ の K_4C_{60}[26] などの化合物における電子状態は，絶縁体であることが知られている．すなわち，$x = 2$ や $x = 4$ のような偶数フィリングでは，分子のもつヤーン–テラー不安定性が勝って，3 重縮退した LUMO は 1 重と 2 重の軌道に分裂するため，これらの物質は非磁気的な絶縁体になると考えられる[27]．

一方，電子数 x が 6 以上で，LUMO を超えて LUMO+1 まで電子が収容されるようになると，T_c こそ低いがさまざまな電子数で超伝導が現れるようになる．ここでは，$x = 8$ の Ba_4C_{60}[19]，$x = 9$ の $K_3Ba_3C_{60}$[20, 28]，$x = 10$ の Ca_5C_{60}[29] が示されている．すなわち，LUMO では金属あるいは超伝導の発現条件が厳しい反面，いったん超伝導になると高い T_c が出現する．一方，LUMO+1 では，バンドが中途半端に詰まればそのまま金属となり，超伝導になるように見える．このような LUMO バンドと LUMO+1 バンドの違いは，バンド幅の広さに関係している可能性がある．金属との混成により，LUMO+1 バンドの方が広いバンド幅をもっていることが，第 1 原理計算によって示されている[30, 31]とともに，状態密度が小さいことも磁化測定によって明らかにされている[28]．すなわち，LUMO は，バンド幅が小さいため，金属状態が保たれるための条件が非常に厳しいが，金属状態が保たれる条件下では状態密度が高く T_c も高くなる．一方，LUMO+1 はバンド幅が広く金属状態は保たれやすいが，状態密度が低いので T_c は高くならない．

次に，$x = 3$ で現れる超伝導についてより詳しく見てみることにしよう．図 11.43

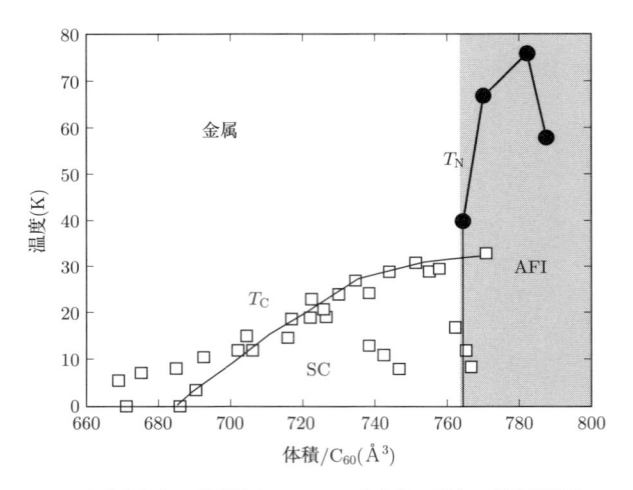

図 11.43 C_{60} 分子あたりの電子数が $x = 3$ の化合物に対する電子相図を，C_{60} あたりの体積 (分子間距離に対応) と温度の関係を示す．白四角が fcc 構造の超伝導体の T_c．黒四角がモット絶縁体のネール温度 T_N (構造は fcc をわずかにひずませた fco)．

には，分子間距離の大小を表現するパラメーターとして C_{60} 分子 1 個あたりの体積をとり，それと T_c の関係が示されている．C_{60} 分子間距離は，インターカレーションするアルカリ金属のイオン半径によって変化することが知られており，アルカリ金属の組成を A_3C_{60} に保ったまま A サイトをさまざまに置換することによってほぼ連続的に格子定数を変化させることができる．これらの結晶系は，C_{60} 分子の回転状態の違いを無視すると，すべて同系の fcc である．T_c は分子間距離を増加させるとともに上昇し，Cs_2RbC_{60} で最高値の 33 K をとる[5]．この T_c の上昇は，状態密度の上昇によって理解され，定量的にも BCS 理論によってよく説明できる．また，標準物質である K_3C_{60} や Rb_3C_{60} では同位体効果が精密に測定されており，その結果，高い周波数の分子内振動によって媒介された超伝導との解釈が一般的となっている．

アルカリ金属置換で分子間距離を広げてゆく方法は Cs_2RbC_{60} で限界に達するため，A_3C_{60} 組成の化合物にさらに中性分子 (とくにアンモニア分子が成功を収めた) をインターカレーションして分子間距離を広げる試みがなされた．その結果，アンモニアが C_{60} 分子に対して 1 の組成までは，fcc あるいは fcc にきわめて近い構造を保持し，組成によって超伝導体を示す化合物と，超伝導性を失う化合物が得られることが明らかにされた．アンモニア組成が C_{60} 分子に対して 1 より小さい場合の代表的組成は $(NH_3)_xNaK_2C_{60}$, $(NH_3)_xNaRb_2C_{60}$ であり，これらは fcc 構造をとり超伝導となる[32]．しかし，アンモニア組成を変化させて分子間距離を広げてゆくと T_c は低下する傾向にあり (図 11.43 中の，右下がりの白四角)，アンモニアのない標準的な A_3C_{60} (図 11.43 中の右上がりの白四角) とは大きく異なることがわかる．一方，アンモニ

ア組成が C_{60} あたり 1 の物質 [$(NH_3)K_3C_{60}$[33], $(NH_3)Rb_3C_{60}$, およびそれらの混晶[34]] は, fcc がわずかにひずんだ面心斜方晶 (fco) となる. それと同時に電子が局在化し[35], モット絶縁体となる. このモット絶縁相が, 分子間距離の拡大によって起こったのか, あるいは fcc から斜方晶へという対称性の低下によって引き起こされたのかは判定するのが難しい. 図 11.43 をよく見ると, モット絶縁体の中でもっとも小さい $(NH_3)K_3C_{60}$ の単位胞は, もっとも大きい超伝導体 Cs_2RbC_{60} の単位胞より小さいことを考慮すると, 結晶構造の変化がもっとも重要な要因かもしれない. $(NH_3)K_3C_{60}$ における, 分子あたりの電子数は超伝導相と変わらず $x = 3$ であるが, 磁化測定から求められる分子あたりのスピンは $S = 1/2$ であることがわかっている[36]. 高スピンの $S = 3/2$ でなく低スピン状態が観測される原因は対称性の低下した結晶場かヤーン–テラー分裂にあると考えられる. このスピンは低温で反強磁性的に秩序化し[36–38], そのネール温度 T_N は, 図 11.43 に黒四角で示したように変化し, 最高 $T_N = 76$ K に達する.

このように見てくると, A_3C_{60} と一般的に記述される C_{60} の超伝導は, BCS 機構で理解できる標準的な超伝導に見えるが, 一方で非常に壊れやすく, もろい超伝導であるということができる. それは, C_{60} の価数変化にも, 結晶構造にもきわめて敏感である. アルカリ組成, すなわち C_{60} 分子あたりの電子数が $x = 3$ からずれると即座に金属性を失い非磁性的な絶縁体になる (Na_2C_{60} や K_4C_{60}). 一方, 結晶構造が立方晶からずれるとたちどころに反強磁性秩序を伴うモット絶縁体となる. 注意すべきことは, 超伝導が壊れたときに現れる絶縁相が, 非磁性と磁性の 2 通りがあることであり, これらの事実からフラーレン固体では電子格子相互作用と電子間相互作用がともに重要な役割をしていることが結論できる.

c. 分子回転と磁気秩序

以上指摘したとおり, フラーレン固体には, バンド幅, 電子格子相互作用, 電子間相互作用, さらには分子内振動エネルギーまでが, 同じエネルギースケールで拮抗するという特筆すべき特徴がある. こういう状態で実現した金属状態には非常に特異なことが起こっていると期待されるが, 実際には通常のフェルミ流体として観測される場合が多いようである. 空気中で不安定で, 信頼できる単結晶が得にくいフラーレンの場合, 金属状態を精密に理解するにはどうしても現状では限界がある. 一方, 超伝導に隣接して現れる絶縁体においては, フラーレン分子のもつ特徴がよりあらわに見えてくる. それは, 分子の回転と配向と, 磁気的相互作用の相関である.

C_{60} 分子は非常に対称性の高い球状の分子なので, 結晶を組んだ状態でも分子は回転している. 純粋な fcc–C_{60} の場合, 室温では分子は自由回転しているが, 270 K 程度の温度で数個の安定な配向の間をジャンプするような制限された回転状態になる. さらに温度を下げると 90 K 以下でガラス状に回転が凍結する[39]. カリウム金属をドープした超伝導体 K_3C_{60} (fcc 構造) の回転状態は, 純粋な C_{60} と大きく異なり, 室温

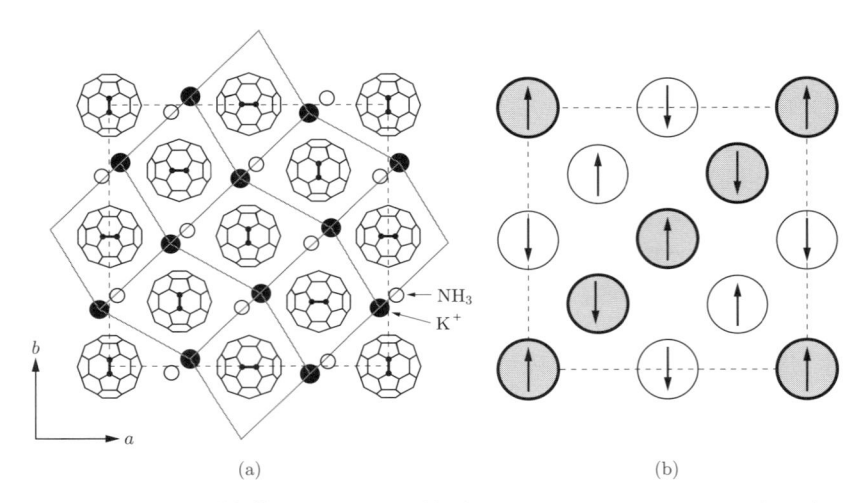

図 11.44 モット絶縁体 $(NH_3)K_3C_{60}$ の低温相 ($T < T_S = 150\,\text{K}$) の $Z = 0$ 面での分子配向秩序構造の模式図 (a) と，反強磁性状態 ($T < T_N = 40\,\text{K}$) での磁気構造 (b). (a) の，C_{60} 分子を囲むひし形は，K が形成している八面体である．この図から，八面体が大きくひずみ，C_{60} の感じる局所場の対称性が下がっていることがわかる．(b) の丸は，C_{60} 分子を表し，(a) に対応して 2 種類の配向は，分子内の影の有無で示してある．これから，分子配向が平行な場合には反強磁性的な相互作用が，分子配向が直交する場合には強磁性的な相互作用があるように見える．

ですでに 2 つの安定配向の間をジャンプする，制限回転状態にある．約 150 K の温度で，この回転がクロスオーバー的に凍結し[40]，低温では 2 種類の配向がランダムに固定された状態となっている．この構造のまま $T_c = 19\,\text{K}$ で超伝導となる．

一方，モット絶縁体 $(NH_3)K_3C_{60}$ は，これらとは大きく異なった回転相転移を示す．まず室温では，C_{60} 分子は K_3C_{60} と同様に制限された回転状態にあるが，それとともに K–NH_3 のクラスタが，制限された回転をしているのである．この 2 つの回転は，$T_S = 150\,\text{K}$ で協力的に停止し，低温相は分子配向が規則的に凍結した状態になる[41]．$(NH_3)K_3C_{60}$ の低温での結晶構造の模式図を図 11.44a に示す．これを見ると K–NH_3 の回転が規則的に秩序化するとともに，それを反映して C_{60} の回転も止まり配向秩序化している様子がわかる[42]．その結果，低温単位胞は点線で示したとおりになっており，これは室温の単位胞を各軸方向に 2 倍したものになっている．C_{60} 中に太線で示した 6–6 ボンドを見ると，分子が 2 種類の配向をとっており，配向秩序化が [110] に平行な方向に縞模様的に起こっていることがよくわかる．

ここで注目すべきは，磁気秩序と分子配向の相関である．$(NH_3)K_3C_{60}$ における $T_N = 40\,\text{K}$ より低温での磁気構造は NMR の粉末パターンの解析から求められている．図 11.44b に示した矢印は，スピンの相対的な向きである．これと図 11.44a の分子回転秩序を比較すると以下のことがわかる．すなわち，分子配向が平行にそろって

いる方向では ([110] 方向),磁気的には反強磁性配列が見られる.一方,分子配向が直行している方向では ([−110] 方向),強磁性配列が観測されている.すなわち,分子配向が分子間の磁気的相互作用を決定している可能性があるのである.分子配向と磁気的相互作用は一見無関係にも思われるが,分子には波動関数が張り付いているので,この結果は分子の波動関数と磁気的相互作用の関係を示唆している.結果的には,図 11.44 では,隣接した軌道が直交する場合には強磁性が得られ,平行な場合には反強磁性が得られるということを支持しているように見える.この関係は,遷移金属酸化物の経験則 (金森–Goodenough 則) に類似したものである.以上のような,分子回転自由度と磁気秩序の相関は,分子性化合物ではまったく新しい現象であり,球状分子 C_{60} の特徴が如実に発現した現象であると考えられる.

分子配向と磁気秩序の関係は,C_{60} から構成される強磁性体 (TDAE)C_{60} についても明らかになっている.TDAE (tetrakis-diaminoethylene) とは非常にドナー性の強い有機分子で,この分子から C_{60} へ,分子 1 個あたり 1 電子が移動している.この電子が局在スピンとなりお互いに強磁性的相互作用をしており,その結果 $T_C = 16$ K で強磁性転移することが知られている[6,43].この T_c は,金属イオンをまったく含まない磁性体の中で最高の転移温度であり,有機強磁性体の T_c が 1 K 以下にとどまっているのと比べると 2 桁近くも高い特筆すべき強磁性体である.この物質では,他の多くの C_{60} 化合物と同様に C_{60} 分子の回転相転移が $T_S = 160$ K で起こることが知られている[44].すなわち,高温で回転している C_{60} が,この温度以下で完全に回転を止めてしまうのであるが,この相転移は $(NH_3)K_3C_{60}$ と同様に,2 次相転移的に現れるという特徴がある.最近決定された T_S 以下の構造を図 11.45 に示す[45].C_{60} の配向は,最隣接 C_{60} 分子間の配向はすべて異なっており,同じ配向が隣接していることがないことがわかる.磁気的な測定から C_{60} 分子間の相互作用は強磁性的であることが

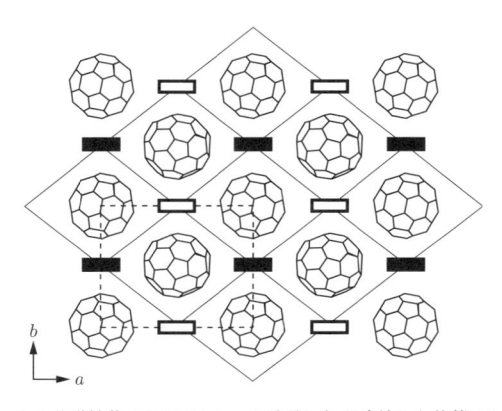

図 **11.45** $x = 1$ の強磁性体 (TDAE)C_{60} の分子回転が凍結した状態 $(T < T_S = 160$ K$)$ での,分子配向.この状況で,C_{60} 分子間には強磁性的相互作用が働く.黒および白い四角は TDAE 分子.

わかっているので，C_{60} 間の強磁性的磁気的相互作用は，平行でない分子配向から生じていることが明らかになったわけである．

この点を，$(NH_3)K_3C_{60}$ の場合とあわせ考えると，分子の配向秩序が磁気的相互作用，ひいては磁気構造を決定するというシナリオが，C_{60} 磁性体の物性を支配している主要因子として見えてくる．C_{60} 固体における分子配向秩序と磁気構造の関係は，遷移金属酸化物における軌道秩序と磁気構造の関係にきわめて類似している．もともと電子がドープされる C_{60} の LUMO は，3 重に縮退した軌道をもっている．電子が 1 個ドープされている $(TDAE)C_{60}$ には，その電子がどの軌道に収容されるかという軌道の自由度が存在する．一方，電子が 3 個移動した $(NH_3)K_3C_{60}$ の場合は一見軌道の自由度はなさそうであるが，現実に実現されるのは $S=1/2$ の低スピン状態なので，どの軌道が半充満で残されるかという自由度がやはり存在する．C_{60} における，この軌道の自由度というものは，分子回転と不可分なものである．なぜなら，C_{60} まわりの空間の対称性は一般的に低いため，いったん回転が凍結されると，その局所場に応じた軌道が選択され，軌道の固定化が起こる．しかしながら，回転しているときには，局所場は平均化されるため，どの軌道もエネルギー的にはあまり差がないということになり，軌道の自由度があるということになる．すなわち，分子回転と軌道自由度は C_{60} においては非常に深い関係で結ばれていることがわかる．

d. フラーレン固体物性のまとめ

フラーレン超伝導体は，フォノンの周波数と状態密度の高い通常の BCS 超伝導体のように見えるが，そこに隣接してモット絶縁体が存在することを示した．その事実は，フラーレン固体には電子相互作用が非常に強いことを直接示す証拠である．もともと C_{60} は，分子の表面積が大きく電子は表面全体に広がるので，電子相関は大きくないだろうというのが，C_{60} 超伝導体発見直後の支配的な考え方であった．ところが，本項で紹介した $(NH_3)K_3C_{60}$, $(TDAE)C_{60}$ のほかにも，反強磁性を示すポリマー相 Rb_1C_{60}[46] などが発見され，バンド描像で金属状態が期待される物質をモット絶縁体にするほど，電子相関の効果は強いということは明確になったといえよう．その結果 C_{60} 固体は，バンド幅，フォノン周波数，電子–格子相互作用，電子間相互作用がすべて同じ 0.1 eV のオーダーで競合する系であることが確立された．

しかも，そのモット絶縁体においては，分子回転あるいは軌道縮退と磁気構造が相関しているという事実が明らかになった．このような見方をすると，C_{60} 固体における磁気的絶縁体相は軌道の固体状態のようにみなすこともできる．一方，fcc 構造のまま，すなわち軌道の自由度を保持したまま発現する，ヤーン–テラー・フォノンに媒介された C_{60} の超伝導は，軌道の液体状態に対応するのかもしれない[47]．いずれにしても，C_{60} は分子の形状や軌道縮退の効果が固体物性に反映された初めての分子であると位置づけることができるであろう．もともと，分子性固体の研究においては，分子固有の特徴を，集合体である固体の物性に反映させようという大きな目的がある．C_{60} という特異な形状の分子は，意外な形で分子形状を直接固体物性に反映さ

せた1つの代表例といえるであろう.

2008年になって非常に大きな展開がフラーレン超伝導の分野で始まっている. A15型 (体心立方晶の一種) の構造をもつ Cs_3C_{60} という化合物が合成され, それが $T_c = 38\,\mathrm{K}$ の圧力誘起超伝導を示すことが明らかになったのである[48]. この T_c の値は, これまでのフラーレンの最高値を上回るとともに, おそらく無機物を含むあらゆる立方晶構造の中でも最高の T_c ではないかと思われる. Cs_3C_{60} が圧力印加によって超伝導を示すこと自体は, 1994年に示されていたが[49], 様々な結晶層が混ざった多相試料の上, 超伝導体積分率も低く, しかも再現実験がどこからも報告されず, ほとんど忘れ去られていた. Prassides, Rosseinskyら英国チームは, 新しい低温合成ルートによって単相A15型 Cs_3C_{60} の合成に成功し, この相がバルクの圧力誘起超伝導層であることを, 疑いの余地なく示した[48]. その後, 彼らはA15型 Cs_3C_{60} の常圧相がモット絶縁体であること[50], fcc型 Cs_3C_{60} の合成も可能で, こちらは $T_c = 35\,\mathrm{K}$ の超伝導となること[51]などを矢継ぎ早に報告している. 図11.43は構造変化を伴う電子相図であったが, 今や構造変化を伴わない, 純粋な電子相転移として超伝導–モット絶縁体転移がfccフラーレンで確立したことになる. 今後のさらなる発展を期待したい.

[岩佐義宏]

文　献

[1] 篠原久典, 斎藤弥八, 「フラーレンの化学と物理」 (名古屋大学出版会, 1997).
[2] K. Komatsu et al., Science **307**, 238 (2005).
[3] 大澤映二 (阿多誠文, 根上友美 編), 「未来社会への架け橋—ナノテクノロジー」 (日経BP社, 2005) p.74.
[4] A. F. Hebard et al., Nature **350** (1991) 320.
[5] K. Tanigaki et al., Nature **352** (1991) 222.
[6] P.-M. Allemand et al., Science **253** (1991) 301.
[7] A. A. Ekimov et al., Nature **428** (2004) 542.
[8] M. Kociak et al., Phys. Rev. Lett. **86** (2001) 2416.
[9] Z. K. Tang et al., Science **292** (2001) 2462.
[10] J. Kortus et al., Phys. Rev. Lett. **86** (2001) 4656.
[11] I. T. Belash et al., Synth. Metals **36** (1990) 283.
[12] O. Gunnarsson, Rev. Mod. Phys. **69** (1997) 575.
[13] K. Prassides, Curr. Opin. Solid State Mater. Sci. **2** (1997) 433.
[14] M. J. Rosseinsky, Chem. Mater. **10** (1998) 2665.
[15] Y. Iwasa and T. Takenobu, J. Phys.: Condens. Matter **15** (2003) R495.
[16] S. Saito and A. Oshiyama, Phys. Rev. Lett. **66** (1991) 2637.
[17] R. C. Haddon et al., Chem. Phys. Lett. **125** (1986) 459.
[18] P. W. Stephens et al., Nature **351** (1991) 632.
[19] C. M. Brown et al., Phys. Rev. Lett. **83** (1999) 2258.
[20] Y. Iwasa et al., Phys. Rev. B **54** (1996) 14960.
[21] E. Ozdas et al., Nature **375** (1995) 126.
[22] X. H. Chen and G. Roth, Phys. Rev. B **52** (1995) 15534.

[23] J. Takeuchi et al., in "Nanonetwork materials," AIP Conference Proceeding, Vol. 590, ed. by S. Saito et al. (2001) p. 361.
[24] J. Arvanitidis et al., Nature **425** (2003) 599.
[25] Y. Kubozono et al., Phys. Rev. B **59** (1999) 15062.
[26] Y. Iwasa and T. Kaneyasu, Phys. Rev. B **51** (1995) 3678.
[27] V. Brouet et al., in *Fullerene Based Materials: Structures and Properties*, ed. by K. Prassides (Springer-Verlag, 2004) p. 165.
[28] Y. Iwasa et al., Phys. Rev. B **57** (1998) 13395.
[29] A. R. Kortan et al., Nature **355** (1992) 529.
[30] K. Umemoto et al., Phys. Rev. B **60** (1999) 16186.
[31] K. Umemoto and S. Saito, Phys. Rev. B **61** (2000) 14204.
[32] H. Shimoda et al., Phys. Rev. B **54** (1996) R15653.
[33] M. J. Rosseinsky et al., Nature **364** (1993) 425.
[34] T. Takenobu et al., Phys. Rev. Lett. **85** (2000) 381.
[35] H. Kitano et al., Phys. Rev. Lett. **88** (2002) 096401.
[36] Y. Iwasa et al., Phys. Rev. B **53** (1996) R8836.
[37] K. Prassides et al., J. Am. Chem. Soc. **121** (1999) 11227.
[38] H. Tou et al., Phys. Rev. B **62** (2000) R775.
[39] W. I. F. David et al., Europhys. Lett. **18** (1992) 219.
[40] Y. Yoshinari et al., Phys. Rev. Lett. **71** (1993) 2413.
[41] K. Ishii et al., Phys. Rev. B **59** (1999) 3956.
[42] S. Margadonna et al., Phys. Rev. B **64** (2001) 132414.
[43] D. Arcon et al., Phys. Rev. Lett. **80** (1998) 1529.
[44] T. Kambe et al., Phys. Rev. B **61** (2000) R862.
[45] M. Fujiwara et al., Phys. Rev. B **71** (2005) 174424.
[46] O. Chauvet et al., Phys. Rev. Lett. **72** (1994) 2721.
[47] S. Suzuki et al., J. Phys. Soc. Jpn. **69** (2000) 2615.
[48] A. Y. Ganin et al., Nature **7** (2008) 367.
[49] T. T. M. Palstra et al., Solid State Commun. **93** (1995) 327.
[50] Y. Tkabayashi et al., Science **323** (2009) 1585.
[51] A. Y. Ganin et al., Nature (2010) Advanced Online Publication.

11.5 ソフトマテリアル

11.5.1 ソフトマテリアルの定義と実例

　従来の物性物理学におけるメインストリームは，物質の性質をミクロな原子の配列や電子のふるまいから解明することに焦点を当てた研究であった．これらの研究の主たる対象は，イオン結晶，金属結晶やアモルファス固体のような分子間あるいは原子間の相互作用によって維持された硬い物質群である．これらの物質群とは対局にあるのが，ソフトマテリアル（最近では「ソフトマター」とよばれる）である[1–5]．
　ソフトマテリアルとは，ミクロからマクロに渡る多階層の構造と時間スケールを有し，かつ，このような複雑な内部構造に起因するエントロピー効果が支配的な物質と定義することができる[1–5]．具体的な例をあげれば，多数のモノマーの連鎖構造で構

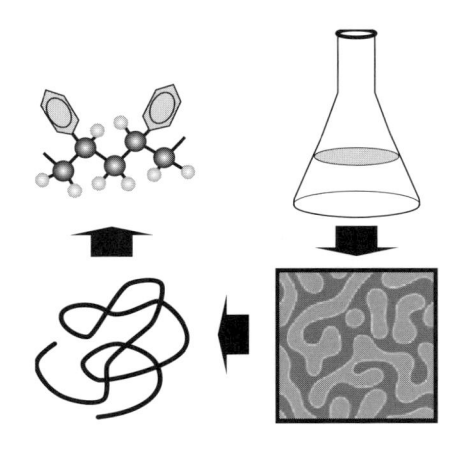

図 11.46 高分子混合系における階層構造の例．マクロな流体の内部には，相分離によるメソスケールのドメイン構造があり，それを構成している高分子鎖は紐状の構造をもっている．この紐状の構造は，原子の連鎖から構成される．

成される高分子 (プラスチックやゲルなど)[5–9]，界面活性剤分子が集合して形成される膜構造 (石鹸膜や生体膜)[10]，コロイド粒子の分散溶液 (インクなど)[4]，棒状分子 (液晶分子) が集合してできる種々の液晶相[11]などがある．これらの物質には，原子スケールよりも十分に大きないわゆるメソスケール (1〜100 nm) の中間構造が存在している．高分子やコロイド粒子の場合には分子自身が巨大で，その空間的な広がりのサイズがこのようなメソスケールになりうるし，界面活性剤や液晶の系では，分子が自己会合してメソスケールの超分子構造を形成し，あるいは分子の集団が長波長の規則的な配置をつくり出している．図 11.46 に，高分子混合系を例にとって，ソフトマテリアルの多階層構造を示す．マクロな流体のスケールとミクロな原子のスケールの中間にいくつかの特徴的な構造があることがわかる．

ソフトマテリアルのマクロな物理特性として重要なものの 1 つに，流動特性があげられる[12,13]．多くのソフトマテリアルは，外部から変形を加えられたときに，固体 (弾性体) と液体 (粘性流体) の中間的な性質である粘弾性を示す．図 11.47 に示すのは，(a) 高分子濃厚系と (b) 低分子の界面活性剤溶液の「紐状ミセル相」(11.5.1 項 b で後述) の粘弾性特性の実験データである．$G'(\omega)$ と $G''(\omega)$ はそれぞれ，貯蔵弾性率および損失弾性率とよばれる量で，外部から単位振幅の正弦波的なひずみ (変形) を印加したときに，ひずみと同位相で現れる応力成分およびひずみと位相が $\pi/2$ ずれて生じる応力成分の振幅であり，前者が弾性的性質，後者が粘性的性質を現している．これら 2 つの系は，とくに中〜低振動数領域でよく似たふるまいを示していることがわかる．以下で述べるように，これらの系では，紐状のメソスケールの構造が絡まりあいながら運動している点が共通しており，系を構成する分子のサイズや構造が大きく

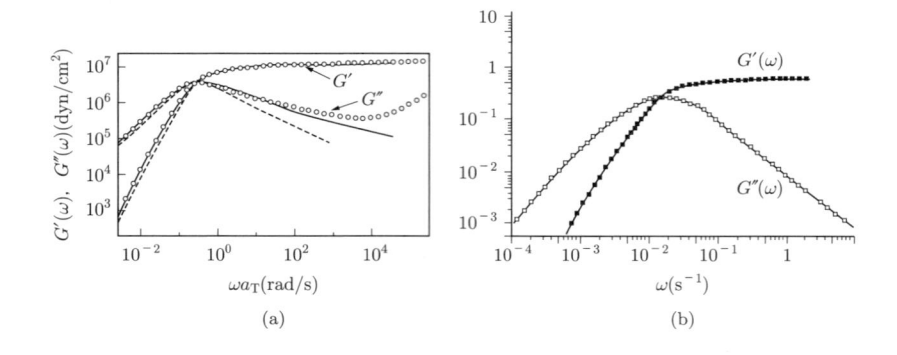

図 **11.47** ソフトマテリアルの粘弾性特性. (a) 高分子濃厚系と (b) 紐状ミセル系の貯蔵弾性率と損失弾性率の実験データ. (a) は D.S.Person, in "Rubber Chemical Technology," Rubber Reviews (1987) および (b) は H. Rehage and H. Hoffmann, J. Phys. Chem., **92** (1988) 4712 より許可を得て転載.

異なっていても,メソスケール構造に共通性があれば,マクロなふるまいに普遍性が現れる可能性があることを示している.

以下では,まずいくつかの代表的なソフトマテリアルの例に対して,これらのメソスケールの構造とその特性について簡単にまとめておく.これらのメソスケール構造に共通する特徴は(もちろん例外も多いが),「フレキシブルで組替え可能なネットワーク構造」あるいは「ミクロな自由度が一部凍結した状態(非エルゴード状態)」といえるだろう.

a. 高分子溶液と高分子ネットワーク(紐状の巨大分子)

高分子とは,主として炭素原子の共有結合による連鎖を骨格としたフレキシブルな紐状の構造をもつ巨大分子である[5-9]. 高分子鎖は,主鎖に沿って配置された原子団(モノマー)の配列の自由度や,枝分かれ構造の自由度など,構成原子団の配列に関する膨大な数の自由度(立体配置)を有しているだけでなく,高分子の紐状構造が熱ゆらぎの影響下で示すランダムな糸まり状の空間形状の自由度(立体配座あるいは配位)をもっている.また,ゲルやゴムは,このような多数の糸まり状の高分子鎖が化学結合によって架橋されたネットワーク構造から構成されている.

高分子系のソフトマテリアルとしての物理的性質の代表的な例は,外力を加えたときに生じる大変形(ゲルなどでは固体にもかかわらず変形率数100%にも及ぶ)とそれに伴う柔らかなゴム弾性である.この高分子のゴム弾性は,鎖が引き伸ばされる際に,高分子鎖の立体配座の場合の数が減少することに伴うエントロピーの損失に起因している.化学結合でつながれていないモノマーの間の相互作用を無視した理想的な鎖(理想鎖)の場合には,このエントロピー損失は容易に計算可能である. N 個のモノマーから構成される理想鎖を考えると,その熱平衡状態における両末端を結ぶベクトル $\boldsymbol{R}$

の確率分布は，N が十分大きい極限で，

$$P(\boldsymbol{R}) \propto \exp\left(-\frac{3}{2Nb^2}|\boldsymbol{R}|^2\right) \tag{11.9}$$

で与えられるガウス分布に従うことが示せる．ここに，b はモノマーのサイズに相当する長さのユニットである．この平衡確率分布をカノニカルアンサンブルと同一視すれば，鎖長 N の理想鎖の両末端を引っ張るときに，この鎖は，ばね定数が $3k_\mathrm{B}T/Nb^2$ の線形のばねとしてふるまうことがわかる．また，理想鎖は，末端間ベクトルの分布がガウス分布になるだけでなく，鎖の個々の部分もガウス分布に従うことが示せるため，「理想鎖はガウス鎖の統計に従う」といわれる[6–9]．

ゲルやゴムでは，高分子鎖どうしを化学結合によって架橋することでネットワーク構造が形成されており，系は弾性体としてふるまう．この場合，上記の式 (11.9) の理想鎖の末端間ベクトルの分布を用いた簡単な理論的考察によると，架橋点の数密度が ν のときの系の弾性率がおおよそ $\nu k_\mathrm{B}T$ のオーダーの量になることが示せる[8]．

架橋されていない高分子の濃厚溶液では状況はより複雑になり，外的変形に対して粘弾性特性とよばれる粘性流体と弾性体の中間の性質を示す．これは，高分子の糸まりどうしが互いに絡まりあうことで，変形時に一時的なネットワークが形成され，ゲルと同様のネットワーク弾性が生じるが，時間の経過とともに互いに絡まりあった鎖が非常にゆっくり拡散することで弾性が緩和することに起因する (レプテイション運動とよばれる)[7]．この緩和の特徴的な時間は，直鎖状の高分子の場合には鎖長の 3～3.5 乗に比例して増大することが知られており，ガラス転移温度よりも十分高温の溶融状態においてさえ，鎖の拡散に伴う緩和時間は数秒～数千秒のオーダーになりうる．これは，低分子の場合の分子の拡散運動の時間スケールと比べて桁違いに長い時間スケールである．

b. 界面活性剤 (超分子構造の形成)

界面活性剤分子とは，水と親和性をもつ親水基と水と親和性をもたない疎水基の 2 つの原子団をもつ，いわゆる両親媒性分子である[10]．代表的な例は，洗剤に使われる石鹸分子や生体膜の主たる構成分子であるリン脂質分子である．これらの分子は，親水性の原子団からなる頭部に疎水性の炭化水素鎖が 1 本あるいは 2 本つながった構造をもっている．このような界面活性剤系の特徴は，個々の分子は低分子であっても，それらが多数集合することにより，多様な形状を持った超分子構造を形成する点にある．このような超分子構造は，その特徴的なサイズが数 nm～数 mm に及ぶメソスケールの構造体である．たとえば，界面活性剤の水溶液では，界面活性剤分子が親水性の頭部を外に向けて会合し，ミセルとよばれる球状や棒状の超分子構造を形成する．また，生物細胞の外壁を構成する生体膜は，リン脂質分子がその親水性の頭部を外側に向けて面状に配列した 2 枚の膜を張り合わせた 2 重膜構造をしている (生体膜のような閉じた 2 重膜構造はとくにベシクルとよばれる)．

これらミセルや膜構造のもつ著しい特性として，弱い分子間力によって形成された非常にフレキシブルかつ分子の集合状態の組替え可能な構造である点があげられる．たとえば，棒状の構造をもつミセルは「紐状ミセル」とよばれており，熱ゆらぎのために高分子鎖に似た糸まり状のランダムな空間配置をとる．しかしながら高分子鎖と決定的に違う点は，2つの紐状ミセルが交差した場合に，絡まりあうだけでなく，切れたりすり抜けたりするといういわゆる「トポロジー変化」を起こすことができる点にある．

また，外部変形の下では，これらの超分子構造は離合集散を繰り返すことで独特の粘弾性特性を示す[13]．このような複雑な流動の代表例である血流は，やわらかい赤血球(ベシクル)を多数含む溶液であり，その流動特性の研究はバイオレオロジーとよばれ，医学・薬学の分野のみならず，ソフトマテリアルの物理の研究対象としても魅力的な分野になりつつある．

平衡構造に関しても，界面活性剤系は独特の性質を示す．界面活性剤濃度の高い溶液においては，ミセルや膜が濃密につまり，結晶構造のような秩序だった空間構造(メソフェーズとよばれる)を形成することが知られている[2,10]．このような空間構造の例としては，2重膜構造が層状に積層したラメラ構造，球状ミセルが体心立方格子上に配置した立方晶系構造，紐状ミセルが三角格子上に密につまった六方晶系構造，ジャイロイドとよばれる複雑なネットワーク構造をもつ立方晶系の構造など，多彩な秩序構造が知られている．同様のメソフェーズは，2種以上の高分子鎖を化学結合でつないでつくられるブロック共重合体においても観測されており[2,9]，界面活性剤とブロック共重合体という，低分子と高分子の界面活性剤系の間の物理的な共通性が示唆される．

温度や濃度の勾配の利用や外場を印加することで，界面活性剤系のメソフェーズの構造はかなりの高精度で制御することが可能であり，ナノテクノロジーにおける代表

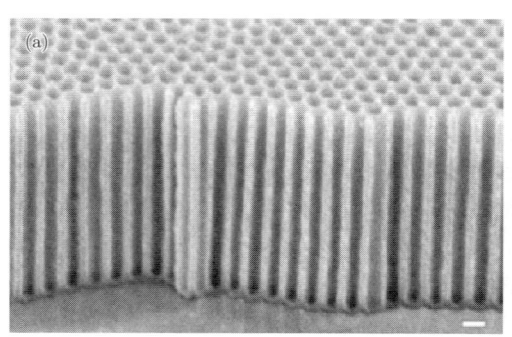

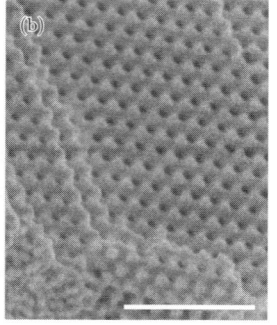

図 **11.48** 界面活性剤系のメソフェーズの例．(a) メソポーラスシリカの多孔質構造．スケールバーの大きさは 100 nm である [Y. Wi et al., Nature Materials, **3** (2004) 816 より許可を得て転載]．(b) ブロック共重合体のジャイロイド構造の破断面の電子顕微鏡写真．スケールバーは 1 μm である (日本原子力研究開発機構 橋本竹治氏のご好意による)．

的な機能性材料の候補にあげられている．その格好の例が，図 11.48a に示すメソポーラスシリカであろう．これは界面活性剤が形成する棒状ミセルの六方晶構造をシリカ置換によって固定することで得られる，ナノスケールの多孔質構造である．このようなナノ多孔質構造は，ナノスケールの化学反応容器などの応用が考えられている．また，図 11.48b に示すのは，ブロック共重合体のジャイロイド相の破断面の電子顕微鏡写真である．このような規則的な構造は，フォトニック結晶への応用も期待されている．

c. コロイド分散系 (ブラウン運動する巨大粒子)

コロイドとは，直径がおおよそ 1 nm～1 μm 程度の固体粒子である[4]．サイズが原子スケールよりもはるかに大きなため，コロイド粒子を分散させた溶液 (コロイド分散系) における各コロイド粒子の運動は，ニュートンの運動方程式ではなく，熱ゆらぎの効果を含んだブラウン運動の方程式 (確率微分方程式あるいはランジュバン方程式) で記述される．このように，熱によるランダム運動をする点がコロイド分散系の特徴である．これは，その粒子のサイズに対して，分子の重心の並進自由度の運動の効果が非常に小さいことを意味している．したがって，コロイド粒子間にファン・デル・ワールス力のようなごく弱い凝集力があれば，コロイド粒子は熱ゆらぎの効果に打ち勝って凝集体を形成する．このような凝集体は，内部に広い空間をもつフラクタル的なネットワーク構造をもつ場合があり，弱い凝集力のために，このような凝集体は高分子系や界面活性剤系の場合と同様，外力に関してネットワーク構造の組換えと粘弾性特性を示す[13]．

また，コロイド粒子が非常に高密度かつ不規則に凝集された場合には，低分子系のガラス状態に相当する非常に遅い緩和過程を示す固体的な相になる．このような不規則凝集状態は，ガラス転移の理想的なモデル物質であり，モード結合理論などのモダンなガラス転移 (より正確には「エルゴード–非エルゴード転移」) の理論を検証するための非常に有用な現実系として知られている[14]．

d. 液晶 (棒状分子の配向秩序)

液晶分子は，ベンゼン環や 2 重結合などの曲がりにくい構造をもつ剛直な棒状分子である．このような棒状の液晶分子の凝集状態においては，近接の液晶分子の間に配向をそろえようとする相互作用が働き，長距離 (メソスケール) にわたって分子配向がそろったいわゆる「液晶相」が形成される[11]．

液晶分子は，重心の並進自由度と分子軸の配向自由度の 2 つの自由度をもっているため，それぞれの自由度が別々の温度あるいは密度で秩序–無秩序転移を起こすことにより，種々の相を示す．等方相 (配向・重心ともに無秩序)，ネマチック相 (配向は秩序化しているが重心は無秩序)，スメクチック相 (配向は秩序化，重心は層状の領域に制限され，各層内では重心位置は無秩序)，結晶相 (配向・重心ともに秩序化) の種々の代表的な液晶相を示す．また，液晶分子の分子形状の異方性があまり大きくない場合には，重心配置は結晶構造をとりながら，各結晶格子点において分子軸の方向が熱ゆ

らぎによって回転する「プラスチック結晶相」も出現する．これらの液晶相においては，分子形状のもつ異方性のために液晶分子のもつ自由度が一部凍結しており，異方性をもたない分子からなる単純液体でみられる液体と固体の間の中間的な秩序構造をつくり出している．

11.5.2　実験的手法 (散乱実験と実空間観察)

ソフトマテリアルの物性を実験的に研究する場合，そのメソスケール構造と動力学に注目することが必要である．前節にて，種々の事例を用いて紹介したように，ソフトマテリアルのメソスケール構造の特徴的なサイズは 1〜100 nm の程度になる．このような長さのスケールの構造と動力学を観測する手段としては，固体物理で伝統的な散乱実験による波数空間測定と，トモグラフィーや電子顕微鏡や光学顕微鏡を用いた実空間測定の 2 種類がある[15, 16]．

代表的な散乱実験手法である中性子小角散乱，X 線小角散乱，光散乱など，異なる波数領域をカバーする手法を複数組み合わせることで，ソフトマテリアルの幅広いスケールのメソスケール構造の特徴が観測される[15, 16]．このような構造の平衡状態における動的現象・緩和現象を研究する際には，系の遅い緩和過程の特徴を捉えるために，中性子スピンエコー法 (中性子非弾性散乱の一種) や動的光散乱法などの手法が用いられる．また，ソフトマテリアルにおいては，大変形を加えたり温度変化を行ったりして得られた非平衡状態からの緩和現象も，系の特徴を捉えるための重要な実験となる．このような場合には，緩和の特徴時間が非常に長いことを利用して，時事刻々と変化する系に対して散乱実験を行う時分解測定もよくなされる．

実空間の測定法としては，入射粒子線の入射角を変化させながら 3 次元実空間構造を再現するトモグラフィーの方法が有力であり，ブロック共重合体のメソフェーズやコロイド分散系の凝集状態を直接観測することができる[15]．また，DNA，アクチンフィラメント，コロイドなどのような巨大分子に対しては，蛍光顕微鏡を用いた実空間測定により，分子の運動を実時間で観測することもなされている．

また，メソスケールよりも大きなスケールでは，ソフトマテリアルは一般に粘弾性流体とみなすことができ，そのような時間スケールの現象をしらべる際には，流体に外的な変形を加えることで応力の時間変化を測定するレオメーターを用いた測定が有力である[13]．

11.5.3　理論的手法 (統計的な解析手法とシミュレーション)

ソフトマテリアルのマクロな物理的特性を，ミクロなスケールから理論的に理解するためには，統計力学を用いた粗視化の手法が必要不可欠である．これは，ソフトマテリアルの構造と運動を特徴付けているのが，原子スケールよりもはるかに大きな 1〜100 nm のメソスケールの構造であるためである．このようなメソスケールの構造を解析するためには，臨界現象で開発された種々の手法，たとえば繰込み群の方法，ス

ケーリングの議論，ギンツブルク–ランダウ (Ginzburg–Landau) 理論などの場の理論による粗視化モデルの構築，そして粗視化モデルの数値シミュレーションなどの方法が有効である[6,9]．また，このような手法を用いて得られる基礎的なモデルはしばしば非常に複雑になるので，シミュレーションを用いた解析が重要となる．

ソフトマテリアルにおける粗視化手法の代表的な例は，先に述べた1本の理想鎖の配位のガウス統計性である．十分に鎖長の長い理想鎖では，鎖を構成するモノマーを複数個まとめて，保持長以上の長さもつ基本単位にまで粗視化した (繰り込んだ) ときには，鎖の配位の確率分布はガウス鎖の分布に収束することがわかる (繰込み変換の不動点に相当)．この議論からも，ガウス鎖の統計が，高分子系のマクロ物性を議論する上で普遍的に重要な地位を占めていることが理解できる．また，モノマー間に相互作用がある場合には，粗視化の結果，理想鎖とは異なった別の普遍的粗視化モデル (実在鎖のモデル) に収束することも知られている[6,9]．

孤立高分子鎖あるいは高分子鎖の集団の運動を解析したい場合にもっとも直接的な方法は，ビーズがばねでつながれた鎖のモデルを用意し，この系の運動を計算機シミュレーションで解析することである．代表的な方法には，鎖を構成する各ビーズの運動方程式を数値的に解く分子動力学シミュレーションと，平衡アンサンブルに従う鎖の配置を確率的に生成するモンテカルロ・シミュレーションの2つの手法がある[17]．上記の粗視化によるガウス鎖あるいは実在鎖のもつ普遍性の結果，これらミクロなモデルにおけるビーズ間の相互作用やばねの非線形性などの詳細は，マクロな物理的性質に定性的には影響を及ぼさないことがわかる．

高分子混合系や高分子とコロイド混合系，液晶とコロイドの混合系など，複数の要素を混合した系では，要素間に斥力相互作用がある場合には相分離が生じ，ドメインが形成される[16,18]．このようなドメイン構造を解析する方法として，不均一系の粗視化された濃度分布を変数として，系の自由エネルギーを書き下す方法がある．とくに2相の濃度の差が消失するいわゆる臨界点の近傍では，通常の低分子系の臨界現象と同様に相関距離が発散するため，ソフトマテリアルの構成要素のサイズ (高分子のサイズや超分子構造のサイズ) と相関距離が同程度となりえる．このような状況においては，ギンツブルク–ランダウ (Ginzburg–Landau) 理論のような場の理論を用いた解析が有効になる[9,18]．これは，2相分離系の臨界点近傍において，2相の濃度の差に関して系の自由エネルギーをべき展開する手法である．高分子の特性は展開係数 (濃度場の相関関数で記述される) を通じてモデルに現れるが，この相関関数を計算するためには，粗視化された鎖のガウス鎖の統計のようなミクロな自由度に対する統計理論を用いる必要がある．(高分子系の場合には，乱雑位相近似とよばれる近似が用いられる．) 臨界点から離れるにつれて，べき展開の方法は正当性を失うが，そのような場合には展開項を無限次まで数値的に足しあげることで定量的に信頼できる結果を得る方法があり，自己無撞着場理論として知られている[9]．これらギンツブルク–ランダウ理論や自己無撞着場理論は，計算機シミュレーションの手法 (偏微分方程式の数値解析)

と組み合わせることで，種々のソフトマテリアルの空間構造の形成過程および秩序構造間の転移の動力学の研究などに盛んに用いられている[9]．

ソフトマテリアルのマクロな流動特性の解析のためには，上記のミクロからのアプローチとは異なり，メソスケールの構造を平均化した連続体として扱う手法が主流である．このような描像では，系は流動と変形を表す場に対する偏微分方程式で書き表され，この偏微分方程式を有限要素法や有限差分法で解く．系のミクロな特徴は，流動・変形の方程式における変位と応力を結びつける現象論的関係式 (構成方程式とよばれる) を用いて表される[12, 13]．

11.5.4 ソフトマテリアル研究の今後の発展 (複合系とマルチスケールモデリング)

本節で紹介したように，ソフトマテリアルという用語がカバーする物質群は非常に多岐にわたるが，それらを包括する基本的な概念は，これまで繰り返し述べてきた「メソスケールの構造と動力学」である．このメソスケールの構造は，非常に多数のミクロな構成要素の組合せから形成されている．したがって，ソフトマテリアルの実例は，構成要素の組合せの数だけつくることができる．高分子，界面活性剤，コロイド，液晶などの代表的なソフトマテリアルのそれぞれだけを見ても十分に複雑ではあるが，これらを組み合わせることで無数の新物質を開発できる可能性がある．このような系は，近年「複合系」とよばれ，ソフトマテリアル研究の中心的話題の1つになっている[16]．実例としては，界面活性剤の形成する膜構造に高分子を添加することで膜の形態変化を引き起こす現象や，コロイド粒子を液晶の中に添加することで，コロイド粒子間に長距離の相互作用を発生させる例など，枚挙に暇がない．このような複合系研究は，新機能性材料の開発という面から工学・医学・薬学などの各方面で重要性を増すに違いない．

このような応用面での研究の進展と並んで，従来からよく知られたソフトマテリアルに対して，その理論的な扱いを整備することも重要な研究の方向である．ソフトマテリアルの研究の究極の目的の1つは，系のミクロな構造の情報を用いて，粘弾性特性のような系のマクロな特性を演繹的に導き出す方法を確立し，所望のマクロ物性を有する物質を予測・設計するスキームを完成することである．しかしながら，現状では，ミクロからマクロにわたる各スケールにおいてばらばらの方法論が存在するだけで，それらを有機的に結びつけ，ミクロ構造からマクロ物性を予測することのできるスキームは，簡単な構造をもつソフトマテリアルに対してもほとんど確立されていない．このような複数の手法を組み合わせるモデル化はマルチスケールモデリングとよばれ，近年の超高速計算機の開発と並んで研究が推進されている．ソフトマテリアルは，そのような超高速計算機を用いたシミュレーション研究の格好のターゲットとなるであろう．

[川勝 年洋]

文　献

[1] C. E. Williams et al., *Soft Matter Physics* (Springer-Verlag, 1999).
[2] I. W. Hamley, *Introduction to Soft Matter* (John Wiley & Sons, 2000).
[3] R. A. L. Jones, *Soft Condensed Matter* (Oxford University Press, 2002).
[4] G. Gompper and M. Schick, *Soft Matter: Complex Colloidal Suspensions* (John Wiley & Sons, 2005).
[5] G. Gompper and M. Schick, *Soft Matter: Polymer Melts and Mixtures* (John Wiley & Sons, 2006).
[6] P. G. de Gennes, *Scaling Concepts in Polymer Science* (Cornel University Press, 1979)[久保亮五 監修 (高野 宏, 中西 秀 訳), 「高分子の物理学」(吉岡書店, 1984)].
[7] M. Doi and S. F. Edwards, *The Theory of Polymer Dynamics* (Oxford Science Publications, 1986).
[8] G. R. Strobl, *The Physics of Polymers* (Springer- Verlag, 1996)[深尾浩次, 宮本嘉久, 宮地英紀, 林 久夫 共訳, 「高分子の物理学」(シュプリンガー・ジャパン, 1998)].
[9] T. Kawakatsu, *Statistical Physics of Polymers* (Springer-Verlag, 2004); 川勝年洋, 「高分子物理の基礎」(サイエンス社, 2001).
[10] G. Gompper and M. Schick, *Self-Assembling Amphiphilic Systems* (Academic Press, 1994).
[11] P. G. de Gennes and J. Prost, *The Physics of Liquid Crystals* (Oxford University Press, 1993).
[12] A. S. Lodge, *Elastic Liquids* (Academic Press, 1964)[倉田道夫, 尾崎邦宏 共訳,「弾性液体」(吉岡書店, 1975)].
[13] R. G. Larson, *The Structure and Rheology of Complex Fluids* (Oxford University Press, 1999).
[14] M. E. Cates and M. R. Evans (eds.), *Soft and Fragile Matter* (IOP Publishing, 2000).
[15] R. J. Roe, *Methods of X-Ray and Neutron Scattering in Polymer Science* (Oxford University Press, 1999).
[16] 今井正幸,「ソフトマターの秩序形成」(シュプリンガー・ジャパン, 2007).
[17] M. P. Allen and D. J. Tildesley, *Computer Simulation of Liquids* (Oxford Science Publications, 1987).
[18] A. Onuki, *Phase Transition Dynamics* (Cambridge University Press, 2002).

11.6　準　結　晶

11.6.1　はじめに

　金属, 半導体, セラミックスおよび鉱物などわれわれの身のまわりにある無機物の多くは固体状態で結晶構造, すなわち原子配列が周期的に配列した構造をとる. また, それらの中には溶融状態から急冷するなどの方法で固体状態でアモルファス (非晶質) 構造をとる場合もある. これは, 原子配列秩序が短範囲に限られ, 長距離の秩序をもたない構造である. 1984 年に, それら結晶構造でもアモルファス構造でもない, まったく新しいタイプの秩序構造をもつ物質「準結晶」が Shechtman ら[1]によって Al–Mn 急冷合金中に発見された. 準結晶の定義および概念は, この報告の直後に Steinhardt ら[2] によって提案され, その定義に従った準結晶構造の記述の基本的な枠組みが確立した. Shechtman らによる Al–Mn 系における発見以降, 現在までに, Al 基, Zn 基,

Cd 基など 80 近い合金系で準結晶相の生成が見出されている．とくに，Tsai ら[3]により，多くの合金系で熱力学的に安定な準結晶が発見され，良質の試料が作製できるようになったことで，準結晶の構造研究および物性研究は大きく進展した．本節では，まず準結晶の原子配列秩序の特徴を説明し，続いて準結晶の物性物理として，その電子構造と電気伝導について概説する．

11.6.2 準結晶の原子配列秩序

一般に実験的に得られる，任意の物質の回折強度関数 $I(\boldsymbol{q})$ は，

$$I(\boldsymbol{q}) = |S(\boldsymbol{q})|^2 \tag{11.10}$$

$$S(\boldsymbol{q}) = \int \rho(\boldsymbol{r}) \exp(-2\pi i \boldsymbol{q} \cdot \boldsymbol{r}) \, d\boldsymbol{r} \tag{11.11}$$

で与えられる．ここで $\rho(\boldsymbol{r})$ は実空間における原子密度関数である．準結晶に対して実験的に得られる $I(\boldsymbol{q})$ は，次の 3 つの特徴をもつ．(1) δ 関数のセットからなる．(2) それら δ 関数の位置を指数づけするために必要な基本ベクトルの数が空間次元の数より多い．(3) 5 回対称，10 回対称などの周期構造に許されない回転対称性をもつ．逆に，回折強度関数 $I(\boldsymbol{q})$ がこのような特徴を示す物質を準結晶と定義する．(1) の条件は，この物質の原子配列が非晶質の場合と異なり，ある種の長距離並進秩序をもっていることを示している．(2) の条件からその秩序が周期性ではないことがわかる．(1) および (2) の条件を満たす構造がもつ並進秩序を結晶がもつ周期性と対比して準周期性とよぶ．

定義より，任意の d 次元準周期構造は，式 (11.11) の逆変換として，

$$\rho(\boldsymbol{r}) = \sum_{m_i \in I} \rho_{m_1, \cdots, m_N} \exp\left[2\pi i \left(\sum_{n=1}^{N} m_n \boldsymbol{q}_n\right) \cdot \boldsymbol{r}\right] \tag{11.12}$$

と表せる．ここで，$\{\boldsymbol{q}_n\}$ $(n = 1, 2, \cdots, N; N > d)$ は逆格子基本ベクトル，$\rho_{m_1, \cdots, m_N}$ は逆格子ベクトル

$$\boldsymbol{G}_{m_1, \cdots, m_N} = \sum_{n=1}^{N} m_n \boldsymbol{q}_n$$

におけるフーリエ係数である．$d = 1$, $N = 2$ の場合の単純な準周期関数の例として，2 つの非整合な周期関数の和からなる次のような関数があげられる．

$$\rho(r) = \cos(2\pi a^* r) + \cos(2\pi \alpha a^* r) \tag{11.13}$$

ここで α は，無理数の定数である．この準周期関数は，$|\boldsymbol{q}_1| = a^*$ と $|\boldsymbol{q}_2| = \alpha a^*$ の 2 つの逆格子基本ベクトル $\boldsymbol{q}_1$, $\boldsymbol{q}_2$ をもつ．式 (11.13) において，α が有理数の場合は，$\rho(r)$ は周期関数となる．このとき，すべての逆格子点は，ある適当な 1 つの基本ベク

トルを用いて指数づけし直すことができるので，必要な基本ベクトルの数は空間次元の数と一致する．これは，周期関数の特徴である．

式 (11.13) と類似な構造秩序をもつ非整合相とよばれる一群の物質が知られている．すなわち，非整合相と準結晶はともに準周期性をもつわけだが，後者は，前述の (3) の条件を満たす点で前者と区別される．また，両者の準周期性自体にも次のような質的な違いがある．それは，準結晶の準周期性を生む基本長さの比 (式 (11.13) の α に対応するもの) が (3) の条件の「周期構造に許されない回転対称性」の図形的な制限から決まっている点である．この点については，本節の最後で説明する．

さて，いま N 次元周期関数 $\rho^h(x_1, \cdots, x_N)$ を

$$\rho^h(x_1, \cdots, x_N) = \sum_{m_i \in I} \rho_{m_1, \cdots, m_N} \exp\left(2\pi i \sum_{n=1}^{N} m_n x_n\right) \tag{11.14}$$

と定義して式 (11.12) と比較すると，

$$\rho(\boldsymbol{r}) = \rho^h(\boldsymbol{q}_1 \cdot \boldsymbol{r}, \cdots, \boldsymbol{q}_N \cdot \boldsymbol{r}) \tag{11.15}$$

であることがわかる．このことは，任意の d 次元準周期構造が適当な N 次元周期構造の断面として記述できることを示している．式 (11.13) の関数 $\rho(r)$ については，2次元平面で適当な 2 方向に向かう余弦平面波の足し合せで定義される 2 次元周期関数の1 次元断面として記述できることが示される．

$d=1, N=2$ の準周期構造の別の例を図 11.49 に示す．ここでは，フィボナッチ格子とよばれる 1 次元準周期点列構造が 2 次元周期構造の断面として記述されている．1 次元構造では，準結晶の定義の (3) の条件を満たしえないので，「1 次元準結晶」は原理的に存在しない．しかしながら，図 11.49 のフィボナッチ格子は，現実の正 20 面体準結晶や正 10 角形準結晶の構造と共通の特徴を数多くもつため，しばしば 1 次元

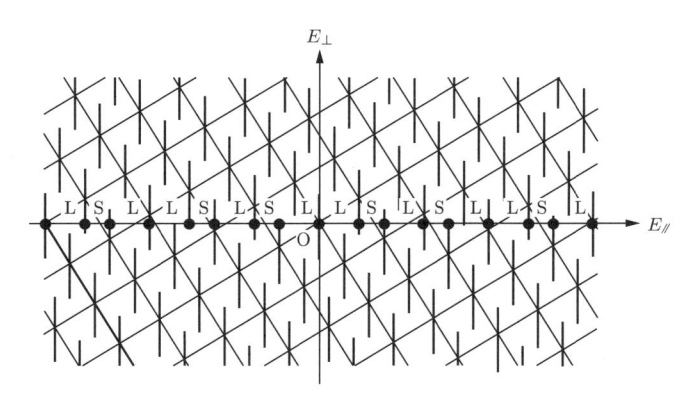

図 **11.49** 2 次元周期構造の断面として記述した 1 次元フィボナッチ格子．

準結晶とよばれる．図 11.49 で，$E_\parallel$ が物理空間を表し，$E_\perp$ はこれに直交する補空間を表す．この場合の 2 次元周期構造は $E_\perp$ 方向にのびた線分 (atomic surface とよばれる．以下 A.S. と記す) の周期配列からなり，この周期構造を $E_\parallel$ で切った断面に 2 種類の間隔 (L と S) からなる点列が得られている．ここで $E_\parallel$ の 2 次元周期格子に対する傾きは無理数 τ (黄金比 $1.618\cdots$) である．この構造の回折強度関数は δ 関数のセットとなり，それらを指数づけするのに必要な逆格子基本ベクトルは $q_1 = \tau q_2$ を満たす 2 つのベクトル q_1, q_2 である．このことからフィボナッチ格子における無理数は，式 (11.13) の例の無理数 α に相当するものであることがわかる．

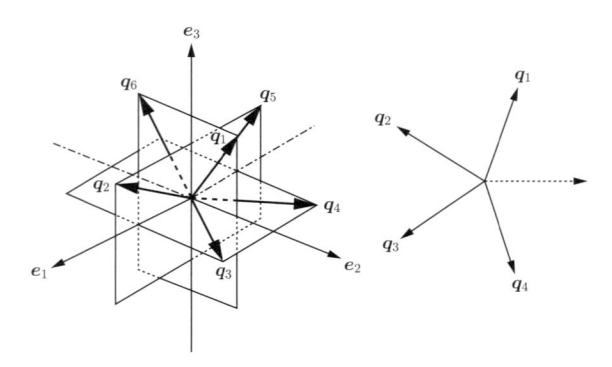

図 11.50 に 3 次元正 20 面体準結晶，2 次元正 10 角形準結晶の逆格子基本ベクトルを示す．前者は，正 20 面体の中心から各頂点に向かう 12 ベクトルのうちの整数係数線形独立な 6 ベクトル，後者は正 10 角形の中心から各頂点に向かう 10 ベクトルのうちの整数係数線形独立な 4 ベクトルである．すなわち，前者は $N = 6$，後者は $N = 4$ である．したがって，3 次元正 20 面体準結晶，2 次元正 10 角形準結晶の構造は，それぞれ 6 次元周期構造の 3 次元断面，4 次元周期構造の 2 次元断面として記述される．ここでは図 11.49 の 1 次元フィボナッチ格子の場合と同様に，高次元周期格子に適当な A.S. を配置することで種々の 3 次元正 20 面体準結晶，2 次元正 10 角形準結晶の構造が記述される．実在の正 20 面体準結晶相が，そのような 3 次元正 20 面体準結晶構造をもつのに対し，実在の正 10 角形準結晶相は，2 次元正 10 角形準結晶構造がそれと垂直な方向に周期的に積層した 3 次元構造をもつ．現在までにそれら 2 つに加えて，後者と同様な構造をもつ「正 8 角形準結晶相」，「正 12 角形準結晶相」が見出されている．

さて，図 11.50 でたとえば正 20 面体準結晶において，

$$(q_1 + q_6) = \tau(q_2 + q_5)$$

図 **11.50**　3 次元正 20 面体準結晶と 2 次元正 10 角形準結晶の逆格子基本ベクトル．

正 10 角形準結晶において

$$(q_1 - q_4) = \tau(q_2 - q_3)$$

などが成り立つ．これは，正 20 面体準結晶，正 10 角形準結晶において準周期性を特徴づける基本長さの比が黄金比であることを示しており，このような無理数が正 20 面体や正 10 角形の図形的な制限から決まっていることがわかる．これは，準結晶の準周期性に特有な性質である．

11.6.3　準結晶の電子構造と電気伝導

準周期系の電子状態は主に，強束縛近似により，電子が n 番目の原子サイト (n サイト) を占める状態を $|n\rangle$ として，

$$\hat{H} = \sum_n |n\rangle \mathcal{E}_n \langle n| + \sum_{n,m} |n\rangle t_{n,m} \langle m| \tag{11.16}$$

の形のハミルトニアンについてしらべられている．ここで，$\mathcal{E}_n$ は n サイトのエネルギー，$t_{n,m}$ は，n–m サイト間の飛び移りエネルギーで，2 番目の和は，隣接サイトの組に対してとる．準周期性は $\mathcal{E}_n$ か $t_{n,m}$ を準周期配列とすることで取り込まれる．まず，1 次元フィボナッチ格子については，準結晶発見以前にすでに Kohmoto ら[4]，Ostlund ら[5] によりしらべられており，エネルギースペクトルがカントール集合 (特異連続) となること，すべての固有状態が臨界状態とよばれる状態となることが示されている．ここで臨界状態とは，波動関数が全系に広がりもせず，局在もしない状態で，典型的には，べき関数 $\varphi(r) \sim |r|^{-\alpha}$ の空間的広がりをもつものをいう．2 次元正 10 角形準結晶の典型的な例である 2 次元ペンローズ格子については，エネルギースペクトルはいくつかの有限な幅のギャップと，それ以外の特異連続な部分からなり，ほとんどの固有状態が臨界状態となることがわかっている．3 次元正 20 面体準結晶の典型的な例である 3 次元ペンローズ格子についても同様な理論研究がなされているが，上述のような特徴的なエネルギースペクトルや波動関数が存在するかどうかは，はっきりわかっていない．

Fujiwara ら[6] は，実在する種々の合金系の正 20 面体準結晶と正 10 角形準結晶の現実的なモデルに対して，一連のバンド計算を行っている．ただし，周期系ではない準結晶に対して通常のバンド計算はできないため，前項で説明した準周期性を生む無理数の基本長さの比を有理数で近似することによって生成する周期構造 (近似結晶とよばれる) に対して計算がなされている．図 11.51 に例として，Al–Li–Cu 系に対する電子状態密度の計算結果を示す[7]．このスペクトルの特徴として，(1) スパイク状のピークが高密度に存在すること，(2) フェルミ準位 (E_F) 付近に状態密度の深い落込み (擬ギャップ) が存在すること，があげられる．これらの特徴は，計算されたほとんどすべての合金系で共通に現れている．(1) のスパイク状の構造については実験的には，はっ

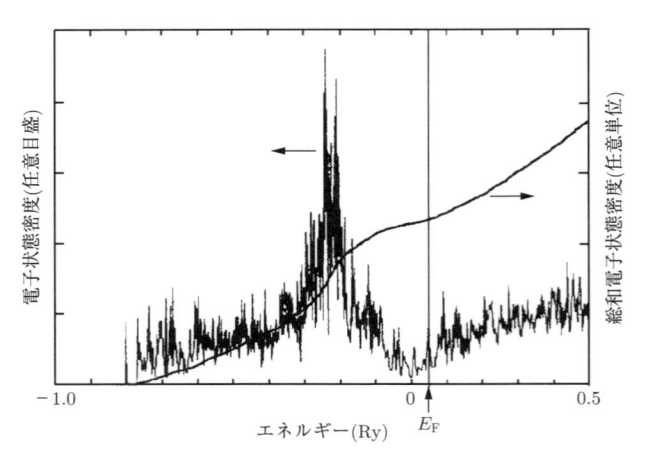

図 11.51　Al–Li–Cu 近似結晶について計算された電子状態密度[7].

きり観測されてはいないが，(2) の擬ギャップについては，多くの合金系で光電子分光などの実験で確認されている．通常の金属間化合物に電子化合物とよばれる一群の物質がある．これは，フェルミ球がブリユアン帯域境界に接することで E_F での状態密度の落込みが生じて電子系のエネルギーが減少することにより安定化している物質である．準結晶における擬ギャップ形成も同様な機構によると考えられ，したがって準結晶は電子化合物の一種であるとみなされている．電子波動関数については Al–Cu–Co 系正 10 角形準結晶について，E_F 近傍の状態が臨界状態であることが示されている．

準結晶の電気伝導については，現在までに理論，実験の両面から多くの研究がなされている[8]．一般に，準結晶は，金属元素のみから構成されているにもかかわらず，その電気伝導特性は，非金属的である．つまり電気伝導率の値は，きわめて低く，またその温度係数は正である．たとえば，4.2 K での電気伝導率は，Al–Cu–Fe 系や Al–Pd–Mn 系で $100 \sim 500 \, \Omega^{-1} \cdot \text{cm}^{-1}$，Al–Cu–Ru 系で $30 \sim 100 \, \Omega^{-1} \cdot \text{cm}^{-1}$，Al–Pd–Re 系ではさらに低く，$1 \, \Omega^{-1} \cdot \text{cm}^{-1}$ を下回るものが報告されている．典型的な結晶合金の値は，$10^5 \sim 10^6 \, \Omega^{-1} \cdot \text{cm}^{-1}$，アモルファス合金でも，せいぜい数 $1000 \, \Omega^{-1} \cdot \text{cm}^{-1}$ 程度であり，準結晶の電気伝導率がいかに低いかがわかる．また，準結晶が構造欠陥を含むほど，電気伝導率が上がることがわかっており，このことは低電気伝導率が準結晶の本来的な性質であることを示唆している．

電気伝導率 σ をアインシュタインの表式に従って，$\sigma = e^2 N(E_F) D(E_F)$ と書く．ここで，$N(E_F)$，$D(E_F)$ はフェルミ準位 E_F における電子状態密度と E_F の電子の拡散係数である．前述のように準結晶の電子状態密度は，E_F 付近に擬ギャップをもち，このことによる $N(E_F)$ の低下が σ の低下の原因となりうる．しかしながら，実験的に観測されている $N(E_F)$ は，自由電子を仮定した場合の値の 1/3〜1/10 程度にすぎ

ず,準結晶の極端な低電気伝導率は,説明できない.したがって,$D(E_F)$ の著しい低下が準結晶の低電気伝導率をもたらすおもな原因と考えられる.比較的 σ の大きい Al–Cu–Fe 系や Al–Pd–Mn 系における σ の温度依存性や磁場依存性は,弱局在および電子-電子相互作用などの多重散乱にもとづく量子補正の理論でよく説明されている.σ のもっとも小さい Al–Pd–Re 系については,もはやそれらの理論は適用できず,局在準位間のホッピングによる伝導モデルで解釈できることが示されている.

11.6.4 おわりに

以上,準結晶の原子配列秩序と電子構造および電気伝導について概説した.最近,合金準結晶以外に Hayashida ら[9]によりポリマーの準結晶が発見された.また,コロイドの系における準結晶秩序の形成やフォトニック結晶への準結晶秩序の応用など,新たな分野が開拓されつつある. [枝川圭一]

文　献

[1] D. Shechtman et al., Phys. Rev. Lett. **54** (1984) 1951.
[2] P. J. Steinhardt and S. Ostlund, in *The Physics of Quasicrystals* (World Scientific, 1987) Chap. 1.
[3] A. P. Tsai, Acc. Chem. Res. **36** (2003) 31.
[4] M. Kohmoto et al., Phys. Rev. Lett. **50** (1983) 1870.
[5] S. Ostlund et al., Phys. Rev. Lett. **50** (1983) 1873.
[6] T. Fujiwara, in *Physical Properties of Quasicrystals* ed. by Z. M. Stadnik (Springer-Verlag, 1999) p.169.
[7] T. Fujiwara and T. Yokoyama, Phys. Rev. Lett. **66** (1991) 333.
[8] S. Roche et al., in *Quasicrystals: An Introduction to Structure, Physical Properties and Applications*, ed. by J. B. Suck et al. (Springer-Verlag, 2002) p. 321.
[9] K. Hayashida et al., Phys. Rev. Lett. **98** (2007) 195502.

11.7　アモルファス物質

11.7.1　アモルファス金属

a.　はしがき

アモルファス金属 (amorphous metal) とは液体あるいは気体を急冷することにより原子配列に長距離秩序がないまま固化した熱力学的に準安定な金属合金を指す.最近では冷却速度がかなり遅くてもアモルファス相単相が得られる合金が開発され,とくに金属ガラス (metallic glass) とよばれている.この節ではアモルファス金属の構造と作製法を紹介した後,電子構造と電子輸送現象の特長を概観する.

b.　原子構造

結晶では並進対称性を満たすように単位胞 (unit cell) をならべることにより巨視的な構造を一義的に決定できるのに対し,液体やアモルファス固体では原子配列が不

規則なため単位胞が定義できない．その原子分布は2体分布関数 (pair distribution function) $g(r)$ で記述される．$r=0$ における原子より距離 r における体積要素 dr ($=4\pi r^2 dr$) 内に別の原子を見出す確率を

$$\rho_0 g(r) 4\pi r^2 dr \tag{11.17}$$

と表す．ここで $\rho_0 = N/V$ は体積 V あたりの原子数 N であり，数密度とよばれる．半径 r を増加させると，$4\pi r^2 dr$ で表される球殻の体積が増加する．その結果，その中に入る原子数が増加し，しだいに平均密度 ρ_0 に近づく．したがって，2体分布関数は $\lim_{r\to\infty} g(r) = 1$ の性質をもつ．この $g(\boldsymbol{r})$ は原子の座標 $\boldsymbol{r}_i$ を使って

$$g(\boldsymbol{r}) = \frac{1}{\rho_0}\left[\frac{1}{N}\left\langle\sum_{j=1}^{N}\sum_{i=1}^{N}\delta(\boldsymbol{r}-(\boldsymbol{r}_j-\boldsymbol{r}_i))\right\rangle_V - \delta(\boldsymbol{r})\right] \tag{11.18}$$

と数学的に表現される．第2項のデルタ関数は $g(0)=0$ を保証する．両辺に $\exp(-i\boldsymbol{K}\cdot\boldsymbol{r})\,d\boldsymbol{r}$ を掛けて体積 V にわたって積分すると

$$S(\boldsymbol{K}) = 1 + \rho_0\int g(\boldsymbol{r})\exp(-i\boldsymbol{K}\cdot\boldsymbol{r})\,d\boldsymbol{r} \tag{11.19}$$

を得る．ここに $S(\boldsymbol{K})$ は

$$S(\boldsymbol{K}) = \frac{I(\boldsymbol{K})}{Nf^2} = 1 + \frac{1}{N}\sum_{i\neq j}^{N}\sum_{j=1}^{N}\exp[-i\boldsymbol{K}\cdot(\boldsymbol{r}_i-\boldsymbol{r}_j)] \tag{11.20}$$

であり，構造因子 (structure factor) とよばれる．X線，電子線あるいは中性子線回折法により干渉性の散乱強度 $I(K)$ を測定し，それを散乱因子 f をもつ N 個の原子によ

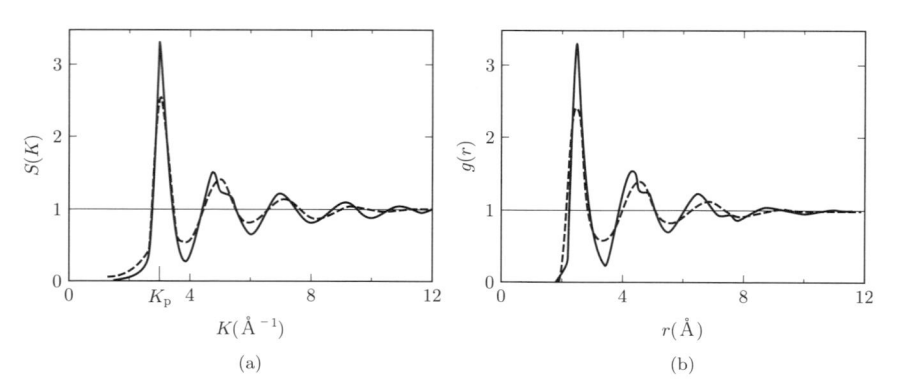

図 **11.52** 液体およびアモルファス Ni の (a) 構造因子と (b) 2体分布関数[1]．図中の実線はアモルファス，破線は液体，K_p は構造因子の第1ピークにおける波数を示す．

り独立に散乱し，干渉を起こさないとした場合の強度 Nf^2 との比を求め，式 (11.19) を使ってそのフーリエ変換を行うことで 2 体分布関数 $g(r)$ を実験で求めることができる．

図 11.52 は液体およびアモルファス Ni の構造因子 $S(\boldsymbol{K})$ および 2 体分布関数 $g(\boldsymbol{r})$ を示す[1,2]．両不規則系に共通の特長として，$S(\boldsymbol{K}), g(\boldsymbol{r})$ ともに最大強度を示す第 1 ピークの後振動しながら減衰し，1 に収束する．第 1 ピークは平均の原子間距離に相当する位置であり，液体とアモルファス金属に差は見られない．しかし，第 1 ピークの強度はアモルファス金属の方が液体より鋭く高く，アモルファス金属のほうが遠方まで振動が残り，さらに第 2 ピークの分裂が認められる．このことより一般に両者はほぼ類似な構造をもつもののアモルファス金属の方が原子の充填密度が高いため上記のような差が現れると理解されている．

c. 製　　法

アモルファス金属は準安定相として得られるので，その作製には特殊な工夫が必要である．作製法を大別すると，(1) 気相急冷法，(2) 液体急冷法および (3) 固相拡散法がある[3]．(1) の気相急冷法では飛来してくる原子あるいは分子を基板上に堆積させてアモルファス膜を作製する．真空蒸着法やスパッタ法などが知られている．一方，(2) の液体急冷法はリボン状のアモルファス金属を作製する手段として 1970 年以降，単ロール法が開発されるにおよんで急速に進展した．(3) にはメカニカルアロイング法がある．作製方法を変えても実際に観測される原子構造はそのアモルファス状態にほぼ固有である．これはアモルファス金属の短範囲構造が原子対の性質でほぼ決ることを反映している．物性に関してもその性質を反映する価電子帯構造などは作製方法の差に敏感ではない．

d. 熱的性質

アモルファス金属は平衡状態図には存在しない準安定相である．そのため温度を上げれば結晶化する．この温度は結晶化温度 (crystallization temperature) T_x とよばれる．図 11.53 は物質の自由体積の温度依存性を示す[3,4]．温度の低下とともに液体の体積は減少し融点 T_m において結晶化するとその体積は不連続に減少する．液体の冷却過程で過冷却が起こる場合がある．温度の低下とともに液体内の原子の動きは遅くなり，その粘性率が約 10^{13}P (ポアズ) といわれているその臨界値を越えると，ついに原子の拡散は事実上不可能となる．この温度はガラス遷移温度 (glass transition temperature) T_g とよばれ，アモルファス金属が形成することになる．

アモルファス金属を昇温する場合を考える．T_g を越えても，結晶化が起こらなければ，過冷却液体の状態となる．図 11.53 に示すように，T_g において自由エネルギーの 1 階微分である体積は連続であるが，その傾きが変化する．同様なことがエントロピーについても成り立つ．したがって，自由エネルギーの 2 階微分に相当する比熱は T_g で不連続な飛びを示す．アモルファス金属の結晶化温度 T_x やガラス遷移温度 T_g は示差

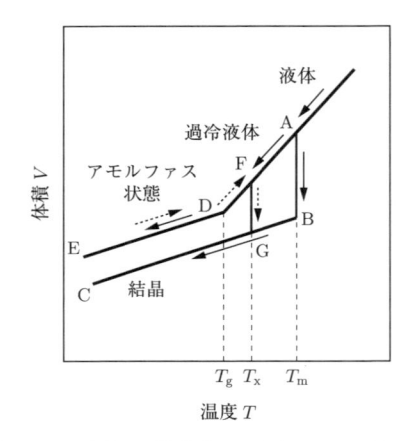

図 **11.53** 自由体積の温度依存性.平衡条件では融点において凝固する.急冷下では過冷液体となり点 D で固化しアモルファス化する.この温度がガラス遷移温度である.アモルファス固体を加熱すると D 点で過冷液体となり点 F で結晶化する.この温度が結晶化温度である (文献 [4] より).

熱分析法 (Differential Thermal Analysis: DTA) や示差走査型熱量計 (Differential Scanning Calorimetry: DSC) を使った実験で求められる.

e. 電子構造

結晶では,単位胞内の原子分布さえ決まればブロッホの定理のおかげで結晶全体に広がる波動関数とエネルギー固有値は還元されたブリルアン帯域内の波数ベクトルの関数として正確に計算される.これよりフェルミ面や電子状態密度 (Density Of States: DOS) が求まる.アモルファス金属では単位胞が定義できないのでこのような計算はできない.図 11.52 に示した構造因子の波数依存性を見ると,平均の原子間距離の逆数に相当する波数 K_p において第 1 ピークを呈した後,振動しながら減衰する.この第 1 ピークは平均の原子間距離に結晶の場合と変わらない程の原子が集まって不完全ながら "周期性" を生み出している証拠である.したがって,波数 K_p は結晶の逆格子ベクトルに相当し,たとえばフェルミ準位付近の伝導電子の波数 k_F が $K_p/2$ に一致すると電子波は "周期場" と共鳴して弱い定在波を形成し擬ギャップを生む.このため,電子系のエネルギーが低下しその構造の安定化に寄与する.第 1 ピークの半値幅は結晶のブラッグ・ピークに比べ広いため共鳴効果は確かに弱いが,360°あらゆる方向で可能な点で無視できない効果となりうる.

上に述べた長距離 "秩序" 効果と合わせて,異種原子対間の短範囲構造が電子構造に大きな影響を与える.具体例として,きわめて遅い冷却速度でもアモルファス化することが知られている $Zr_{55}Al_{10}Cu_{30}Ni_5$ 金属ガラスの光電子分光測定による価電子帯構造を図 11.54 に示す[5].各構成元素の外殻電子が価電子帯を構成するが電子の散乱断面積はその量子状態と入射エネルギーに依存する.たとえば,$h\nu = 22.3\,\mathrm{eV}$ の光

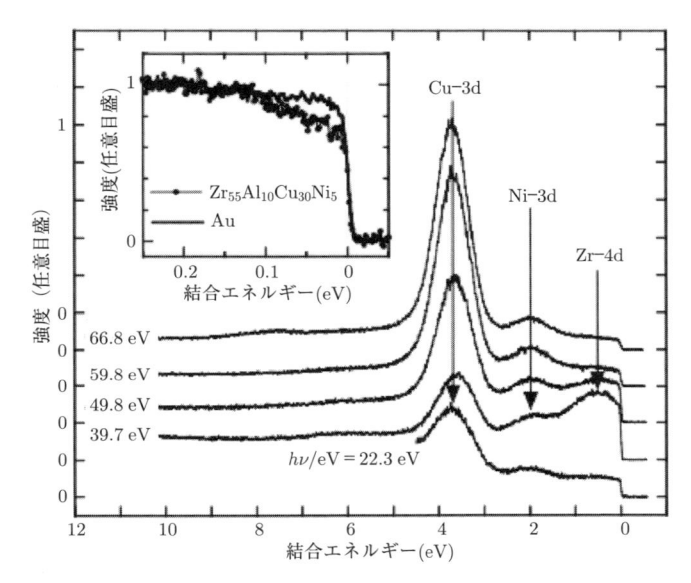

図 11.54 種々の入射エネルギーで測定した $Zr_{55}Al_{10}Cu_{30}Ni_5$ 金属ガラスの光電子分光価電子帯スペクトル[4]. 挿入図は He I 励起光 ($h\nu = 21.2\,\mathrm{eV}$) で測定した高分解能スペクトルのフェルミ準位近傍を擬ギャップのない Au スペクトルと比較して示す.

を使って測定した価電子帯はもっぱら p 波成分が強調されるのでフェルミ準位近傍のスペクトルの落込みは周期場との共鳴効果が効いて生まれた擬ギャップと解釈される. 一方, $h\nu = 40\,\mathrm{eV}$ 付近の光で励起したスペクトルでは $E_B = 0.6, 2.0, 3.7\,\mathrm{eV}$ を中心とするピークが観察される. このエネルギー付近では d 波の散乱断面積が大きいためそれぞれ Zr–4d, Ni–3d, Cu–3d バンドと特定できる. とくに Zr–4d が支配的なフェルミ準位近傍ではスペクトルの大きな落込みがある. これは Zr–4d 電子がまわりの原子の波動関数と軌道混成し擬ギャップを生み金属ガラスの安定化に貢献している証拠と解釈される.

アモルファス金属の電子構造の計算は, 原子間の対ポテンシャル (pair potential) を設定して, 構成原子に高い運動エネルギーを与え, 液体に相当する状態を出発点に選ぶ. その後, 原子から運動エネルギーを急速に奪い, 分子動力学 (molecular dynamics) 法を用いて, 各原子の位置を追跡する. このとき, それぞれの原子は対ポテンシャルの極小値に向かって動き, より安定な位置に落ち着こうとする. こうして長距離秩序はもたないが対ポテンシャルの性質を反映した短範囲構造をもつアモルファス構造が得られる. 最近ではリバース・モンテカルロ (Reverse Monte Calro: RMC) 法とよばれる構造解析手法を使い観測した構造因子あるいは 2 体分布関数を再現するように 5000〜10000 個の原子集団のすべての原子位置の決定が行われている. 1000 個以上

の原子位置が決まれば,電子の状態密度はグリーン関数を用いた連分数法 (recursion method) で計算される.

単位胞を持たずその原子位置が一義的には決まっていない液体やアモルファス金属では,原子配列と電子状態が互いに矛盾しないよう,いわゆる自己無撞着 (self-consistent) な解を求めることが望ましい.このような場合の解法としてカー–パリネロ (Car–Parrinello) の方法が開発されている.一方,実験的研究では X 線回折や中性子線回折を使ってアモルファス金属の短範囲の原子構造を決め,さらに光電子分光法や軟 X 線分光法を使って電子状態を測定する.こうして観測した原子配列と電子構造を計算機内で再現することにより電子輸送現象を理解する試みが行われている.

f. 電子輸送現象

液体金属あるいはアモルファス金属における電気伝導のおもな担い手は sp 伝導電子であり,約 $10^{22}/\mathrm{cm}^3$ に達する数密度は結晶の場合と変わらない.等方的な金属の電気伝導度 σ は

$$\sigma = \frac{e^2}{3} \Lambda v_\mathrm{F} N(E_\mathrm{F}) \tag{11.21}$$

と表される[4,6,7].ここに Λ は電子の平均自由行程,v_F はフェルミ速度,$N(E_\mathrm{F})$ はフェルミ準位における状態密度である.アモルファス金属はきわめて等方的なのでこの式を使う.電気抵抗の温度係数 (Temperature Coefficient of Resistivity: TCR) が負になる現象は半導体のようにエネルギーギャップをもつ系に現れることはよく知られている.しかし,エネルギーギャップがなく,しかも $10^{22}/\mathrm{cm}^3$ のオーダーの伝導電子を抱える液体金属やアモルファス金属でも負の TCR が広い温度範囲で観測される.この問題を巡り不規則系の電気伝導機構に関して多くの理論が提出されてきた.2価の液体金属に現れる負の TCR は Ziman により解釈された.一方,1980 年代以降アモルファス金属の低温での輸送現象のデータが蓄積されるに伴い,1958 年に提出されたアンダーソン局在理論,1966 年以降アンダーソン局在理論を発展させたモットの弱局在 (weak localization) 理論が重要な地位を占めるようになった.

不規則系ではイオンポテンシャルの周期性欠如のためブロッホの定理が破綻しているが伝導電子の平均自由行程が平均の原子間距離 a より大きい場合 ($\Lambda > a$) からほぼ等しくなる場合 $\Lambda \approx a$ まで様々な状況が存在する.$\Lambda > a$ であればボルツマン輸送方程式にもとづく理論が有効である.一方,ヨッフェ–レーゲル (Ioffe–Regel) の条件として知られている $\Lambda \approx a$ あるいは $\Lambda k_\mathrm{F} \approx 1/2\pi$ が満たされるとボルツマン輸送方程式は破綻し量子干渉効果が重要となり弱局在効果が発達する.以下にアモルファス金属に対する電気伝導理論を紹介する.

(i) 一般化されたザイマン理論 液体金属に対するザイマン理論は $\Lambda > a$ でかつ $T > \Theta_\mathrm{D}$ を満たす高温で伝導電子がイオンと弾性散乱するとしてその散乱を 2 次の摂動で扱っている.この近似は擬ポテンシャル近似が使える範囲であれば,液体,アモルファス金属を問わず適用できるが $\Lambda > a$ を満たすために比較的小さい比抵抗をも

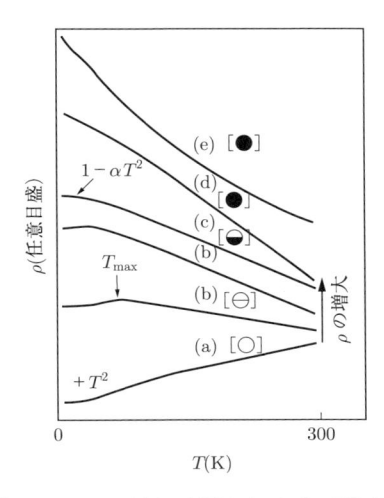

図 11.55 非磁性アモルファス金属の室温以下における電気抵抗の温度依存性[6].

つ系が対象となる[*6]. $T < \Theta_D$ を満たす室温以下の低温はアモルファス金属の世界である.このような温度領域では,各イオンは独立な粒子として扱えず,イオンの熱振動に対して格子振動という集団励起の記述が必要となる.ボルツマン輸送方程式に基礎をおき,電子-フォノン相互作用を取り入れた比抵抗の温度依存性の定式化は Baym により導かれている.高温近似を使うとザイマン理論に帰着するので一般化されたザイマン理論 (generalized Ziman theory) ともよばれている.

これまでに膨大な数の非磁性アモルファス金属の電気抵抗の温度依存性 (2〜300 K) が報告されているが,それらは図 11.55 に示すように比抵抗の増加に伴って,タイプ (a)→(b)→(c)→(d)→(e) と順次,温度特性を変えていくことが確かめられている[6].このうち,$\Lambda > a$ を満たす低抵抗のアモルファス金属では比抵抗の増加に伴い Λ が a に漸近するとタイプ (a)→(b)→(c) の変化が観測される.このふるまいは一般化されたザイマン理論でよく説明できる.$\Lambda \approx a$ を満たす高比抵抗アモルファス金属では,タイプ (d) や (e) が観測されるが,このふるまいは一般化されたザイマン理論では説明できず,ボルツマン輸送方程式を越えた取扱いが必要となる.

(ii) **$\Lambda \approx a$ 下での電気伝導機構** 遷移金属を基とするアモルファス金属では sp 電子に比してバンド幅の狭い d 電子がフェルミ準位近傍を支配する.バンド幅の狭い

[*6] 伝導電子の平均自由行程は

$$\Lambda = \frac{mv_F}{ne^2\rho} = 5.92 \times 10^{-5} \frac{A}{\rho \cdot d}$$

でおおまかに見積もられる.ここに A は原子量 (g),d は密度 (g/cm^3),ρ は比抵抗 ($\Omega \cdot$cm) である.この単位で数値を代入すると Λ はÅ で計算される.多くの金属で $A/d \approx 10$ 程度であるため,ρ の値が 150〜200 $\mu\Omega \cdot$cm を越えると $\Lambda \approx a \approx 4$Å となる.

d 電子の移動度は sp 電子に比べ小さいため，d 電子の電気伝導度への寄与は無視して扱うことがある．しかし，不規則系では原子配列が不規則なため，sp 電子の平均自由行程は $\Lambda \approx a$ となっており，d 電子と sp 電子は区別なく伝導に寄与する．フェルミ準位上のすべての電子が電気伝導に寄与するとすれば，式 (11.21) がそのまま成り立つ．電子の拡散係数 D は $D = v_F \Lambda/3$ で与えられる．もし D に金属伝導を許す最小値があれば，その極限で電気伝導度 σ はフェルミ準位における電子の状態密度 $N(E_F)$ に比例する．$N(E_F)$ は電子比熱係数 γ に比例するから比抵抗 ρ は γ と逆比例の関係を満たすことになる．後述のように，タイプ (e) の温度特性を示すアモルファス金属群は $\rho \propto \gamma^{-1}$ の包絡線を形成する．この事実から，これら高抵抗アモルファス金属ではフェルミ準位上の sp および d 電子が区別なくほぼ最小の D をもって電気伝導に寄与していることになる．D の最小値は具体的にどのような値を指すのか，また，どのような状況に対応しているのかを弱局在理論を基にして考察する[7]．

(iii) アンダーソン局在理論　その振幅が $-V_0/2 < V < V_0/2$ の範囲で不規則に変化するポテンシャル場をバンド幅 B の電子が伝播する場合を考える．このとき，比 V_0/B がある臨界値を越えると，バンド内のどのエネルギーの電子もブロッホ波を形成できず，電子は局在することが 1958 年 Anderson により示された．この局在電子は有限温度になるとフォノンとエネルギーの交換が可能になり，ある場所から別の場所へホッピング伝導を起こすことになる．Anderson が提出した局在理論は Mott らに引き継がれて発展し，易動端 (mobility edge)，弱局在理論，金属の最小電気伝導度，さらにスケーリング則，金属−絶縁体転移の問題へと進展していった．

伝導電子とフォノンとの非弾性散乱の効果は残留抵抗が大きくなると相対的に小さくなる．高比抵抗アモルファス金属は残留抵抗が大きい．これは絶対零度において電子が不規則に配列したイオンと弾性散乱することにより生ずる効果である．アンダーソン局在ではこの弾性散乱が主役を演じる．したがって，残留抵抗の大きい系でアンダーソン局在が起こりやすい．有限温度になると，フォノンとの非弾性散乱が生じ，散乱に伴う位相のコヒーレンスが壊れ局在効果は低下していく．すなわち，電気抵抗は温度の上昇とともに低下することになり，負の TCR が得られる．

局在効果が生じると電子−電子相互作用が強くなることが Altshuler らにより指摘された．金属は多電子系であるが，1 電子近似がよく成り立つのは電子が動きやすいため，お互いを遮蔽 (screening) し合うからである．しかし，局在するとこのような動的な遮蔽効果が弱くなり電子−電子相互作用が強くなる．Altshuler らによれば，3 次元系では電気伝導度およびホール係数は低温で $\sqrt{T}$ に比例する．実際，このようなふるまいは高い比抵抗をもつアモルファス金属で観察されており，アンダーソン局在を起こしている傍証となっている．

g. アモルファス金属の電気伝導機構

図 11.56 には非磁性アモルファス金属について測定された残留抵抗と電子比熱係数のデータを示す[4,6,7]．この図には $\Lambda = 4$Å および $v_F = 0.2 v_F^{\text{free}} = 0.2 \times 10^8$ cm/s と

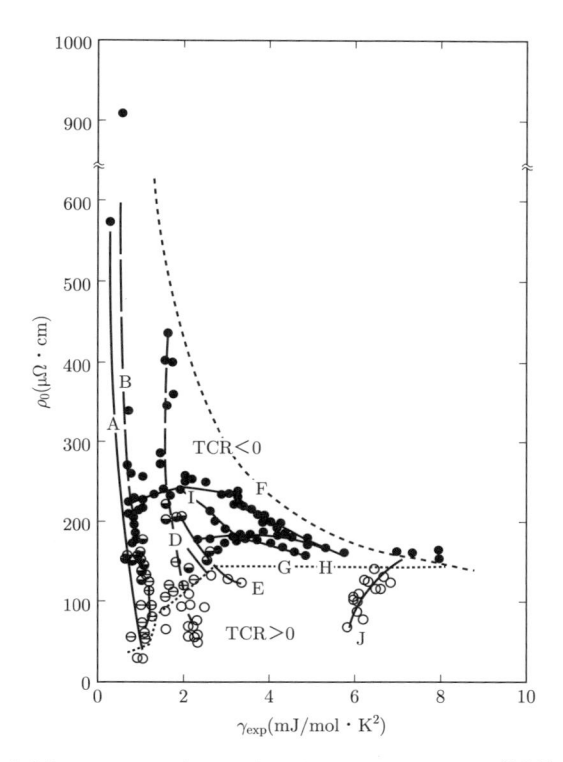

図 11.56 非磁性アモルファス金属の残留抵抗と電子比熱係数の関係[4, 6, 7]．抵抗の温度依存性は図 11.55 で用いた記号で示す．破線は を仮定した式 (11.21) であり，高抵抗極限曲線である．

仮定して得られる双曲線が破線で示してある．この場合，電子の拡散係数は

$$D = \frac{\Lambda v_F}{3} \approx 0.25 \, \text{cm}^2 \cdot \text{s}^{-1}$$

となる．この双曲線は 1 つの目安に過ぎないが，非磁性アモルファス金属のデータがこの "高抵抗極限曲線" の下に分布していることがわかる．

図には抵抗の温度依存性にも注目し，タイプ (a)〜(e) を図 11.55 と同じ記号で分類して示してある．図より明らかなように，比抵抗が増加するにつれて，タイプ (a)→(b)→(c) が順に現れ，しかもボルツマン輸送方程式に基礎をおく一般化されたザイマン理論で説明できないタイプ (d) および (e) がつねに高抵抗極限曲線のすぐ下に分布する．この双曲線は電子比熱係数が大きいほど，比抵抗が小さくなることを表している．タイプ (d) あるいは (e) の温度依存性を示す系はフェルミ準位上の sp 電子および d 電子が区別なく同じフェルミ速度と平均自由行程をもって電気伝導に寄与していることを意味する．

Mottは高抵抗領域の金属的な電気伝導現象を論じるため，gパラメターとよばれる量を $g = N(E_F)/N(E_F)^{\text{free}}$ で定義し，電気伝導度 $\sigma = g^2 S_F^{\text{free}} e^2 \Lambda/12\pi^3 \hbar$ を導いた．ここに $N(E_F)^{\text{free}}$ と S_F^{free} は対応する自由電子模型でのフェルミ準位における状態密度とフェルミ面の面積である．したがって，$g < 1$ はフェルミ準位に擬ギャップが形成していることを意味する．g を使うと式 (11.21) は

$$\sigma = \frac{e^2}{3} g v_F^{\text{free}} \Lambda N(E_F) \tag{11.22}$$

となり，$D = g v_F^{\text{free}} \Lambda/3$ となる．Mott によれば，$g = 1$ の場合にはボルツマン輸送方程式にもとづいたザイマン理論が有効であり，$g < 1$ において電子の局在効果が出現し，$g = 0.2$ 程度で金属としてほぼ最小の電気伝導度が実現する．$0.2 < g < 1$ は弱局在領域とよばれる金属領域である．図に示した高抵抗極限曲線は Mott が主張した $g = 0.2$ に相当している．図 11.55 に示したように，タイプ (d) は抵抗の温度依存性が低温まできわめて直線的であり，タイプ (e) は下に凸の特長をもつとして両者を区別した．しかし，比抵抗の逆数である電気伝導度の温度依存性を見ると，実はタイプ (d) とタイプ (e) は約 20 K 以下の低温で $\sigma \propto \sqrt{T}$，30 K 以上の高温で $\sigma \propto T$ の温度依存性をもつことが確かめられている．これは Altshuler らの理論でよく説明できる．これらの事実より高抵抗領域の非磁性アモルファス金属の電気伝導では弱局在効果が支配的となる．

これまで Mott 理論に沿って解析した結果を紹介したが，重い電子系に属するアモ

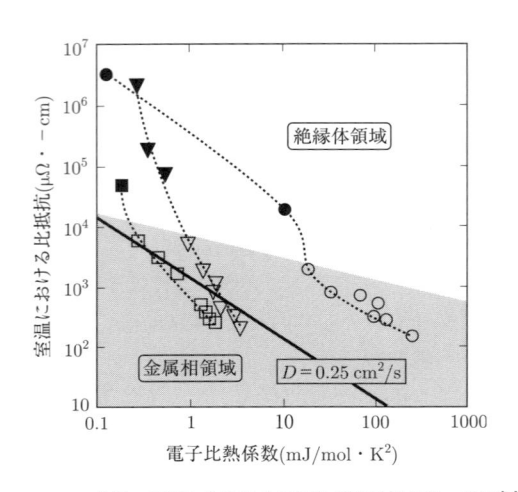

図 **11.57** アモルファス金属の室温における比抵抗と電子比熱係数の関係[7]．$Ce_x Si_{100-x}$ (○, ●), $V_x Si_{100-x}$ (▽, ▼), $Ti_x Si_{100-x}$ (□, ■). 白抜きは金属伝導領域，黒印はホッピング伝導領域にあることを示す．$D = 0.25\ \text{cm}^2/\text{s}$ の直線は図 11.56 に示す非磁性アモルファス金属における高抵抗極限曲線に相当する．影をつけた領域は重い電子系も含めて引いた金属相の範囲を示す．量子干渉効果の影響を避けるためここでは室温における比抵抗を採用した．

ルファス金属では特異なふるまいが観測されているのでそれについて最後にふれたい．Ce_xSi_{100-x} ($4 \leq x \leq 83$) アモルファス金属では金属–絶縁体転移が $x = 10$ 近傍に存在し，金属領域では $100\,\mathrm{mJ/mol\cdot K^2}$ を越える巨大電子比熱係数が観察される．Ti_xSi_{100-x} ($6 \leq x \leq 41$) および V_xSi_{100-x} ($7 \leq x \leq 74$) アモルファス金属のデータと合わせて室温における比抵抗と電子比熱係数の関係を両対数プロットで図 11.57 に示す[7]．Ce-Si アモルファス金属では $D = 0.25\,\mathrm{cm^2/s}$ よりもはるかに小さな拡散係数をもつ領域でも金属伝導が続くが，複雑な磁性が関与ししかも 1 電子近似が破綻する系では横軸の電子比熱係数，縦軸の室温における比抵抗の意味をさらに深く考える必要がある．

本項では Mott の最小電気伝導度の概念が非磁性アモルファス金属に対して有効であることを示す一方でその概念を越えるアモルファス金属が存在することを述べた．アモルファス金属の磁性，機械的性質など応用に直結したテーマは紙数の関係で割愛し，基礎物性の中でも電子構造と電子輸送現象に話題を限定した．個々の文献を含め詳細な議論は以下の参考文献を参照されたい． [水谷宇一郎]

文　　　献

[1] Y. Waseda et al., J. Mat. Sci. **12** (1977) 1927.
[2] Y. Waseda, *The Structure of Non-Crystalline Materials, Liquids and Amorphous Solids* (McGraw-Hill, 1980).
[3] 増本 健，深道和明 編,「アモルファス金属 その物性と応用」(アグネ社, 1981).
[4] 水谷宇一郎,「金属電子論 (下)」(内田老鶴圃, 1996).
[5] K. Soda et al., J. Electron Spectroscopy and Related Phenomena, **144-147** (2005) 585–587.
[6] U. Mizutani, Phys. Stat. Sol. (b) **176** (1993) 9.
[7] U. Mizutani, *Introduction to the Electron Theory of Metals* (Cambridge University Press, 2001).

11.7.2　アモルファス半導体

a.　構　　造

アモルファス半導体の特徴は，原子配列の不規則性にある．このような構造は，X線，電子線，中性子回折によって明らかにされている．アモルファスシリコン (a-Si) の場合，その電子線回折から求められた原子位置の動径分布関数から，Si 原子の四面体構造は保持されていることがわかる．ただし，原子間距離は 1%程度伸びている．また，第 2 近接原子数は 12 で結晶と変わらないが，結合角に 10%程度のゆらぎがある．このような結果からアモルファスシリコンの構造モデルが議論されている．その 1 つとして連続ランダムネットワークモデルが知られている[1–4]（図 11.58）．

このような構造モデルに対して，コンピューターシュミレーションの研究も多くなされている．モンテカルロ法，分子動力学法，逆モンテカルロ法などがある[2–4]．太陽電池，薄膜トランジスターなどの応用に使われるアモルファスシリコン[5]は，水素

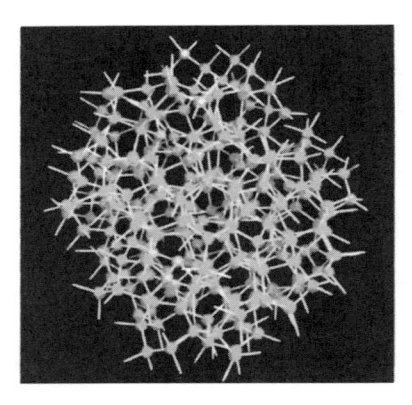

図 11.58 アモルファスシリコンの構造モデル[4].

を含む水素化アモルファスシリコン (a-Si:H と略する) で，そのような水素の結合，位置に関する知見は，赤外吸収，ラマン散乱，中性子散乱から得られている[2].

アモルファス半導体の構造での中距離秩序に関しては，小角 X 線散乱が有効である[2]．短距離秩序は存在するが，長距離秩序は存在しないというのがアモルファス半導体構造の特徴であるが，その中間の中距離秩序は物質によって，また同じ物質でも作製法によって違ってくる．

b. 電子状態

アモルファス半導体の原子配列が不規則であるために，結晶のように電子に対するバンド理論が適用できない．すなわち，ブロッホの定理が成立しない．言い換えれば波数ベクトル k 空間が定義できない．しかし，先に述べたように，短距離秩序は保持されていて，たとえばアモルファスシリコンでは，Si 原子の配位数が 4 で四面体配位を構成している．その結果，その電子状態は強結合近似によって求められる．この場合中心の Si 原子とまわりの 4 個の Si 原子の軌道から混成軌道 (sp^3) として結合軌道と反結合軌道が形成される．このような化学結合論の立場から，その電子状態が議論される[2,3]．そのような原子クラスターが集合して固体が形成されることから，これらの準位は幅をもち，結合バンド，反結合バンドとなり，それらがそれぞれ価電子帯，伝導帯となる．カルコゲナイドガラスは，DVD (digital video/versatile disk)，メモリー素子，撮像管，電子写真材料などとして注目されているが[5]，その代表例としてアモルファスセレン (a-Se) を取り上げると，上記以外に非結合軌道が存在し，この軌道から価電子帯が，反結合軌道から伝導帯が形成される．

上記のような考察は Weaire と Thorpe[6] によって四面体半導体について簡単なハミルトニアンを用いてより詳しく議論されている．このハミルトニアンには，同じ原子に属する異なる軌道間の相互作用 V_1 と同じボンドに属する異なるサイト間の相互作用 V_2 の 2 つの相互作用の項があり，このハミルトニアンから V_1/V_2 (V_1, V_2 はと

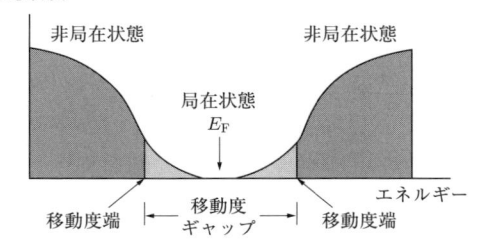

図 11.59 アモルファス半導体のバンドモデル図. 伝導帯 (非局在状態), 価電子帯 (非局在状態), バンド裾 (局在状態) の状態密度スペクトルの模式図. 移動度端, 移動度ギャップ, フェルミ準位 (E_F) が示されている.

もに負) の関数としてエネルギーを求め, バンドとバンドギャップの存在を証明している. また, V_1, V_2 の空間的ゆらぎがそれぞれ結合角, 原子間距離のゆらぎによって起こり, その結果バンド端に裾状態が生ずる.

上記の結果をふまえてアモルファス半導体においてもバンドモデルによって議論されるが, 上に述べたように各バンド端に裾が見られることから, 図 11.59 のように伝導帯, 価電子帯にバンド裾が存在することになる. このバンド裾には Anderson による電子の局在・非局在性によって図 11.59 に示されるようにその境界が存在することになって移動度端とよばれている[1]. また, 図 11.59 に示されているように, 伝導帯, 価電子帯の移動度端間のエネルギーは移動度ギャップとよばれている. このような移動度端やバンド裾の存在はアモルファス半導体の電子的性質に結晶とは異なる特徴をもたらすことになる. これらは以下の節で述べられる.

c. 電気的性質

(i) 電気伝導 アモルファス半導体の電子状態が電気的性質にいかに反映されるか, 以下にその要点を述べよう.

半導体の特徴である価電子帯から伝導帯へ熱励起されたキャリアーによる伝導, いわゆるバンド伝導が見られる. このバンド伝導による直流電気伝導度は,

$$\sigma_{dc} = \sigma_0 \exp\left(-\frac{E_a}{k_B T}\right) \tag{11.23}$$

で表される. E_a は活性化エネルギーとよばれ, 一般にキャリアーが電子の場合 $E_a = E_C - E_F$, キャリアーが正孔の場合 $E_a = E_F - E_V$ である. ここで, E_C, E_V, E_F はそれぞれ伝導帯, 価電子帯のバンド端, フェルミ準位である.

アモルファス半導体特有の電気伝導として, ホッピング伝導が観測される. これはバンド裾に励起されたキャリアー (伝導帯裾の電子) がフォノンの助けを借りて伝導する, いわゆるホッピング伝導で, 局在したサイト間を渡り歩くことから, この名前がつけられている. このようなバンド裾状態間のホッピング伝導はフェルミ準位がバン

ドギャップ内の局在状態 (裾状態) にある場合，そのフェルミ準位近傍の状態を通じてホッピング伝導が生ずる[1].

Mott による理論[1]では，この直流電気伝導度は，

$$\sigma_{\rm dc} = \sigma_0 \exp\left[-\left(\frac{T_0}{T}\right)\right]^{1/4} \quad (11.24)$$

で表される．ここで，σ_0, T_0 にはフェルミ準位における状態密度が含まれている．このようなホッピング伝導は広範囲ホッピング伝導といわれる[1].

アモルファス半導体の場合も結晶半導体と同じように，n 型，p 型のドーピングが可能で，p–n 接合が実現されている．

(ii) ホール効果 結晶半導体においては，ホール係数の符号はキャリアーの符号によって決まる．このことからホール効果の測定は，キャリアーの符号を決める実験的手段となっている．しかしアモルファス半導体の場合，その符号はキャリアーの符号によらず負である．この結果は，移動度端近傍のキャリアーの磁場中での運動を，3 サイト間でまわる運動を考えるランダム位相モデルによって説明されている．しかし，上記の結果に例外があり，それがアモルファスシリコンの場合である．ここでは，キャリアーが電子の場合は符号は正，キャリアーが正孔の場合は負となり，このように 2 重に符号が逆転していることから，2 重逆転とよばれている[2,3]．キャリアーの符号は熱電能の符号で決められる．

(iii) 分散型伝導 パルス光励起後の光伝導応答は，通常指数関数的な減衰を示す．それに対して拡張指数関数で表される非指数関数的な減衰を示すのが分散型伝導である．このような分散型伝導の起因として，キャリアーの走行時間の分散を考慮したホッピング伝導やバンド裾への多重捕獲に伴うバンド伝導などが議論されている[2,3,7]．この分散型伝導はアモルファス半導体で観測されており，光電流 $i_{\rm p}$ の光パルス励起後の時間的変化は，次式によって表される．

$$t < t_{\rm T} \text{では，} \quad i_{\rm p} \propto t^{-(1-\alpha)} \quad (11.25{\rm a})$$

$$t > t_{\rm T} \text{では，} \quad i_{\rm p} \propto t^{-(1+\alpha)} \quad (11.25{\rm b})$$

ここで，$t_{\rm T}$ は走行時間で，キャリアーが 1 つの電極から他の電極に走行する時間を表している．2 つの時間域での傾斜の和は α によらず，-2 となる．

上記のような過渡光電流の時間依存性を求める実験は，一般に飛行時間 (time-of-flight) 法とよばれている．

式 (11.25) での α は，バンド裾の指数関数幅 $k_{\rm B}T_0$ の間に，温度 T において

$$\alpha = \frac{T}{T_0} \quad (11.26)$$

の関係がある．上記の過渡光電流減衰の測定から，$k_{\rm B}T_0$ が求められている．a-Si:H について求められている伝導帯裾幅の値は 25 meV[7] である．

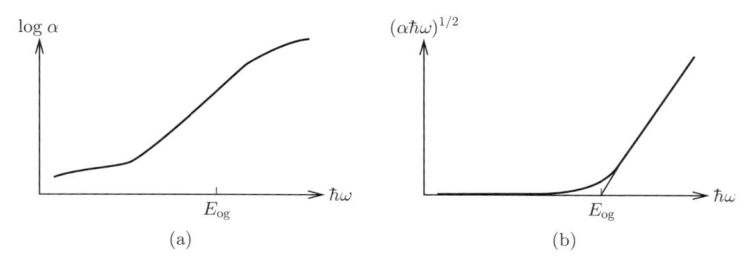

図 11.60 アモルファス半導体の光吸収スペクトル (吸収係数 α 対光エネルギー $\hbar\omega$) の模式図 (a) と そのタウツ・プロット (b). E_{og} は光学ギャップエネルギー.

d. 光学的性質

(i) 光吸収 アモルファス半導体におけるバンド間遷移にあたる光学遷移には, 結晶のような k に関する選択則が成り立たない. 状態密度スペクトルとして放物線型バンドを仮定すると, 光学遷移 $\hbar\omega$ に対する吸収係数は,

$$\alpha(\omega) = B(\hbar\omega - E_{og})^2/\hbar\omega \tag{11.27}$$

となる[1]. ここで E_{og} は, 光学ギャップエネルギーである. 光吸収スペクトルから,

$$(\alpha\hbar\omega)^{1/2} \propto (\hbar\omega - E_{og}) \tag{11.28}$$

の形でプロットすることにより, E_{og} が求められる (図 11.60b). このプロットはタウツ (Tauc)・プロットともいわれる. 図 11.60a, b に式 (11.27), (11.28) を表す模式図がそれぞれ示されている. 図 11.60a では, $\log \alpha$ 対 $\hbar\omega$ のプロットからわかるように, 中間に直線部分が見られる. それより高エネルギー側がバンド間遷移 [式 (11.27)] で, 低エネルギー側は欠陥にもとづく吸収である. 上記の直線部分は裾吸収とよばれ, 価電子帯から伝導帯裾へ, または価電子帯裾から伝導帯への光学遷移に対応する吸収で,

$$\alpha(\omega) = \alpha_0 \exp\left(\frac{\hbar\omega}{E_u}\right) \tag{11.29}$$

表 11.1 光学ギャップエネルギーと B 値.

物質	E_{og} (eV)	B (cm$^{-1}\cdot$eV^{-1})
Si	1.26	5.2×10^5
SiH$_{0.26}$	1.82	4.6×10^5
Ge: H	1.05	6.7×10^5
As$_2$S$_3$	2.32	4.0×10^5
As$_2$Se$_3$	1.76	8.3×10^5
As$_2$Te$_3$	0.83	4.7×10^5

出典は Ge: H は文献 [8], それ以外は文献 [1].

の形で表される．ここで E_u はアーバック・エネルギーまたはアーバック裾幅といわれる．代表的なアモルファス半導体について，式 (11.27) における E_og, B の値が表 11.1 に示されている．

(ii) ルミネッセンス　ルミネッセンスの起因となる電子–正孔間の輻射再結合過程は，結晶と同じようにバンド間，局在準位とバンド間，局在準位間のように分類される．ここで，バンド裾はバンドの中に含められている．a-Si: H で一般に観測されているルミネッセンス[2,5]は，主ルミネッセンス (ピークエネルギー 1.3〜1.4 eV) と低エネルギールミネッセンス (ピークエネルギー 0.8〜0.9 eV) に分けられる．主ルミネッセンスは，比較的高温では伝導帯裾の電子と価電子裾の正孔，低温では伝導帯裾の電子と自己束縛正孔による輻射再結合さらに 1 重項，3 重項励起子再結合がそれに関与している[2,5]．低エネルギールミネッセンスは欠陥が関与しているルミネッセンスである．

電子–正孔再結合は，輻射再結合と非輻射再結合があるが，後者によって主として発光効率が決められる．a-Si:H で知られている非輻射再結合中心はダングリングボンド，すなわち Si-Si ボンドの切れた未結合手である[2–5]．

光吸収スペクトルとルミネッセンス・スペクトルの間には，いわゆるストークス・シフトが生じる．a-Si:H では，上記の局在中心を除いてストークス・シフトはあまり見られないが，カルコゲナイドガラスでは観測されている．

(iii) 光伝導　光伝導は電気伝導にあずかる現象の 1 つであるが，上記の電子–正孔再結合過程に密接に関係しているため，本節で簡単に説明することにする[2,3]．

電子によるバンド伝導を考える．伝導帯を走る電子はギャップ内の局在状態 (たとえば裾状態) に捕獲されたり，熱エネルギーによって伝導帯へ再励起したりしながら，伝導帯を走行する．このような捕獲は，11.7.2 項の c(iii) で述べた多重捕獲にあたる．しかし，バンド裾に落ちた電子が伝導帯に上がらずに価電子帯裾の正孔と再結合して消滅したりする．このような捕獲，バンドへの再励起と再結合との境界は温度によって変わってくる．温度が低いほど，その境界はエネルギーの高い方へ伝導帯端に近づく．捕獲，再励起を繰り返すことによって光伝導が持続されるために，アモルファス半導体ではバンド裾の存在によって大きな光伝導が見られることになる．

低温では，バンド裾内での局在準位間を電子がホッピングすることによって光伝導が生ずる．低温側ではホッピングによる光伝導，高温側では上記のバンド伝導による光伝導が観測されることになる．　　　　　　　　　　　　　　　　　[森垣和夫]

文　献

[1] N. F. Mott and E. A. Davis, *Electronic Processes in Non-Crystalline Materials* (Clarendon Press, 1979).
[2] K. Morigaki, *Physics of Amorphous Semiconductors* (World Scientific, and Imperial College Press, 1999).

[3] J. Singh and K. Shimakawa, *Advances in Amorphous Semiconductors* (Taylor & Francis, 2003).
[4] K. Morigaki and C. Ogihara, *Springer Handbook of Electronic and Photonic Materials*, ed. by S. Kasap and P. Capper (Springer-Verlag, 2006) chap.C.25.
[5] 森垣和夫ほか 編,特集号「アモルファス半導体と関連物質」,固体物理 **37**, No. 12 (2002).
[6] D. Weaire and M. F. Thorpe, Phys. Rev. B **4** (1971) 2508.
[7] T. Tiedje, *Semiconductors and Semimetals*, Vol. 21, Part C, ed. by J. I. Pankove (Academic Press, 1984) p. 207.
[8] T. Aoki et al., Phys. Rev. B **59** (1999) 1579.

索　引

欧　文

A15 型化合物　141
A_1 相　244
A_2 相　245
ABM 状態　133, 136, 234
AMRO　611
AT 線　97
A 相　235

BCS–BEC クロスオーバー　252, 259, 377
BCS 理論　36, 126
BdG 方程式　342
BEC　69
BET の吸着等温式　501
Bi–Sr–Ca–Cu–O　221
BW 状態　133, 136, 234
B 相　234

CARS　360
CDW　288
CIP　103
clean limit　138
CMR 効果　100
CPP　103

DAC　211
dirty limit　138
d–p 模型　178
DR プロット　502
d 波超伝導　159
d ベクトル　133, 198, 237

EA モデル　96
EPR　381
ESP 状態　135
ES 障壁　512

fcc 格子　593

FE 発光　579
FFLO 状態　188, 192, 193, 377
F–H 対　578
FM 様式　510

GGA　17, 22
GL コヒーレンス長　137
GL パラメター　138
GL 方程式　137
GMR 効果　100
GMR 素子構造　22
GP 方程式　228, 257
g 因子　283
g 値　53, 598

HEMT　494

KDP　522
$\bm{k}\cdot\bm{p}$ 近似　460
KT 転移　231

LDA　17
LSDA　17
LST 関係　522
LST の関係式　533
l ベクトル　136

MBE 法　489
MCBJ 法　468
MIS 構造　485
MOS 型電界効果トランジスタ　486
MOS 構造　485
MRI　221
MR 効果　471
MS 不安定性　513

NbTi　217
NP 完全　99

ODS 204

PGEC 435
π–d 電子系 193
π 発光帯 583
π バンド 149
π 偏光 580
PIPT 373
planar 状態 133
PLE 465
p–n 接合 463
polar 状態 133
p 波 3 重項状態 133
p 波状態 283

QPC 411

RBM 465
RKKY 相互作用 11, 95, 596
RPA 近似 32
RVB 状態 77
RVB 理論 177

SCR 理論 34
SDW 293, 607
s–d 交換相互作用 52
s–d 相互作用 53
SET 振動 333
SHG 563
σ 発光帯 583
σ バンド 149
σ 偏光 580
SK モデル 96
SK 様式 510
SQUID 222
STE 発光 579
STM 法 468
s 波超伝導体 148

TCR 650
TDAE 627
t–J 模型 178
2DEG 487
T 行列 52

UCF 298

VBC 状態 75
V_K 中心 580
VRH 伝導 595
VW 様式 510

wetting 転移 505

Y–Ba–Cu–O 218

あ 行

アイソトープ効果 598
亜鉛ニオブ酸鉛 527
アーク放電法 459
圧電効果 533
アーティファクト 548
アトムチップ 253
アーバック裾幅 660
アーバック則 357
アハラノフ–ボーム位相 318
アハラノフ–ボーム効果 281, 462
アブリコソフの三角格子 249
アモルファス 639
アモルファス金属 645
アモルファスシリコン 655
アモルファス半導体 655
アーリック–シュウェーベル障壁 512
アルカリ金属 473
アルカリ金属元素 213
アルトシュラー–アロノフ–スピバック振動 329
荒れた面 508
アレニウス型 536
アワーグラス型 171
アンダーソン局在 296, 595
アンダーソン転移 296
アンダーソンの直交定理 54, 372
アンダーソン・ハミルトニアン 50, 55
アンダーソン模型 56
アンドレーエフ反射 341

硫黄 213
イオン性 590
閾値電圧 487
異常金属相 161
イジング型スピン 39

位相緩和長　300, 318
位相共役波発生　360
位相コントラストイメージング法　249
位相のずれ　48
位相の長距離秩序　285
1 光子吸収　367
1 次元鎖　42
1 次元磁性体　44
1 次元電子系　391
1 重項　40
　——の結合エネルギー　53
1 重項 STE　585
1 重項基底状態　57
1 中心型　588
1 変数スケーリング則　297
一様ドーピング　491
一般化勾配近似　17, 22
移動度　594
移動度ギャップ　657
移動度端　657
井戸型ポテンシャル　490
異方性パラメータ　145
異方的超伝導　134
色中心　578
インターカレーション　147

ヴァン・ヴレックの常磁性　6
ウィグナー結晶　277, 595
ウィルソン比　57
ウィーン則　380
ヴェグナーの関係式　298
渦糸　125
　——の量子化　124
渦巻成長　508
ウッドの表記法　481
ウルフの平衡形　506
運動量分布関数　393

エアリー関数　489
永続的ホールバーニング　449
液体 ^{3}He　133
液体ヘリウム面上の電子系　485
エージング現象　94
エッジ状態　467
エドワーズ–アンダーソン・モデル　96
エニオン　402

エネルギー閾値　274
エネルギーギャップ　129, 134, 287
エピタキシー　575
エピタキシャル成長　510
エルゴード　529
エレクトライド　433
エンタングルメント　381
沿面成長　508

オーバーラップ　97
オフセンター緩和　585
重い電子系　182
オンサガーの相反性　326

か 行

階層構造　282
回転対称性　640
　——の破れ　136
カイネティック係数　508
界面　478
カイラリティー　474
カイラル磁性体　47
カイラルベクトル　458
化学気相成長法　459
化学吸着　494
過完備　385
核スピン　284
角度依存磁気抵抗　611
角度分解 (型) 光電子分光　156, 599
確率的ドミノ倒し過程　375
隠れた秩序　168
梶田–Kartsovnik–山地振動　611
過剰ドーピング　154
価数　590
ガス中蒸発法　437
可積分系　398
荷電移動型絶縁体　309
価電子数　140
荷電分離状態　581
荷電励起子　465
荷電励起子状態　371
金森–グッドイナフ則　10
金森パラメーター　595, 598, 599
カーボンナノチューブ　458
ガラス遷移温度　647

索　引

ガラス転移　528
カルコゲナイドガラス　656
完備性　384
寛容係数　518
緩和　425
緩和時間　380, 511

擬1次元構造　588
擬ギャップ　163, 193, 595, 600
貴金属元素　213
希釈冷凍機　211
擬スピン　284, 462
擬双極子型異方性　40
軌道依存型超伝導　204
軌道角運動量演算子　233
軌道強磁性　597
軌道磁気モーメント　2
軌道縮退　10
軌道整列　597
軌道反強磁性　597
希土類元素を含むナノ結晶　450
既約表現　136
ギャップ内状態　156
ギャップ方程式　130, 131
キャリアードープ　195
擬ヤーン–テラー効果　581
吸着エネルギー　496
吸着サイト　594
吸着平衡　499
キュリー温度　1
キュリー則　30
キュリー定数　6, 53
キュリーの法則　1
キュリー–ワイス則　30, 533
共系次元　396
共形場理論　395
共形不変性　395
強結合効果　130
強結合超伝導体　141, 149
強磁性　12
強束縛近似　438
協同冷却　247
共鳴共有結合　177
局在　595
局在状態　296
局在スピン系　38

局在長　296
局在理論　650
局在励起子発光　584
局所実在論　381
局所スピン密度近似　17
局所密度近似　16
極性ナノクラスター　526
巨視的波動関数　228, 232
巨大磁気抵抗　597
巨大超伝導ゆらぎ　166
キンク　507
金属ガラス　645
金属気相成長法　489
金属系超伝導　137
金属水素　215
金属–絶縁体転移　296, 596, 597
金属チューブの電気抵抗　475
金属ナノチューブ　474
金属ナノワイヤー　468
ギンツブルク–ランダウ方程式　137
ギンツブルク判定条件　35
ギンツブルク–ランダウ自由エネルギー
　　237
ギンツブルク–ランダウ展開　132
ギンツブルク–ランダウ理論　340, 637

空間電荷層　486
偶数分母状態　283
空乏層　486
クエンチ　217
クーパー対　125
くびれた接点　472
グラジエント項　238
クラスター　452
クラスレート研究　433
グラファイト　433, 460, 620
グラファイトシート　458
グラフェン　458, 460, 466
グラフェンリボン　467
クラマース縮退　5
グランドカノニカル分布　122, 126
繰り込まれた電子　393
繰込み変換　297
グロス–ピタエフスキー方程式　228, 257
クーロン・ギャップ　595
クーロン振動　336

クーロン斥力　50
クーロン・ダイアモンド　337
クーロン島　334
クーロン反発　598
クーロン・ブロッケード　462
クーロン閉塞　332

蛍光体　578
経歴依存性　530
ゲージ対称性の乱れ　125
欠陥生成の豊沢モデル　582
結合軌道　590
結晶化温度　647
結晶場　4
結晶場分裂　598
決定論的ドミノ倒し過程　375
ゲート電極　485
ゲルカラムクロマトグラフィー法　459
原子価結合型絶縁体　592
原子鎖　472
原子点接触　472
原子波レーザー　248
厳密解　398

高移動度トランジスタ　494
高温超伝導　150
光学トラップ　255
光学利得　371
交換関係　382
交換相関エネルギー　17
交換相関ポテンシャル　17
交換相互作用　1, 39, 418, 581, 598, 599
合金系超伝導線材　140
格子緩和　578
高スピン状態　598
構造因子　646
構造相転移　143
光電効果　380
広範囲ホッピング伝導　658
黒体輻射　380
極低温極性分子　253
極細多芯線　217
コスタリッツ–サウレス転移　231, 251
固定磁気モーメント法　18
古典スピン系　59
コトネリング　337

近藤効果　57
コヒーレンス長　239, 317
コヒーレント状態　383
コヒーレントに保たれる長さ　300
コルモゴロフ–アブラミ理論　551
コーン異常　392
コーン–シャム方程式　16
コンダクタンス　296
　——と張力　471
　——の階段状変化　472
コンダクタンスチャネルの透過率　473
コンダクタンスヒストグラム　471
コンダクタンス量子化　469
コンタクト相互作用模型　418
近藤温度　54
近藤効果　48, 51, 52, 337, 596
近藤問題　53, 56
コンプトン散乱　380

さ　行

最強発散項　53
サイクロトロン質量　464
サイクロトロン振動数　466
再構成表面　478
最大密度電子液滴　420
最適化問題　98, 99
最適ドーピング　154
ザイマン理論　651
ザーネン–サワツキー–アレンのダイヤグラム　309
サブバンド構造　488
サブポアソン分布　388
三角格子　192
三角格子磁性体　45
3次元磁性体　46
3重項　40
3重項超伝導　600
酸素　213
3体衝突　247
3d 遷移金属　48
散漫散乱　532
散漫相転移　526
散乱長　248
残留抵抗　48

シェブレル相化合物　141
ジェリウム模型　472
シェリングトン–カークパトリック・モデル　96
シェル模型　453, 475
磁化プラトー　66, 89
磁化率　57, 599
時間反転対称性　299
磁気回転比　241
磁気光学効果　557
磁気収束　283
磁気抵抗効果　471
磁気的異方性　241
磁気トラップ　254
磁気八極子　6
磁気ひずみ　557
磁気フォーカシング　323
磁気浮上列車　221
磁気モーメント　1, 48, 50, 51
磁気ワイス振動　324
自己形成　593
自己束縛　578
自己束縛励起子　579
示差走査型熱量計　648
示差熱分析法　648
指数関数幅　658
磁性金属元素　213
磁性体　92
磁性不純物　57
自然放出　381
磁束の量子化　124
磁束量子　125, 216, 276, 318, 462
質量作用の法則　593
質量増大　600
磁場侵入長　138
磁場誘起超伝導　193
弱局在理論　300, 650
弱結合近似　141
弱結合理論　130, 132
シャストリー–サザランド模型　69
ジャストロー型　280
遮断はしご近似　371
ジャッカリーノ–ピーター効果　194
遮蔽　595
ジャロシンスキー–守谷相互作用　63
自由エネルギー　131

終状態共鳴効果　358
臭素　213
収束端　372
自由励起子　579
シュテファン–ボルツマン則　380
シュレーディンガーの猫　381
巡回セールスマン問題　99
準結晶　639
準2次元モデル　145
準粒子　281
小丘 (マウンド)　512
状態密度　130
衝突イオン化　463
上部臨界磁場　137, 144
消滅演算子　126, 382
触媒　594
ジョセフソン共鳴　160
ジョセフソン結合モデル　145
ジョセフソン効果　346
ジョセフソン電流　346
ショットキー障壁　463
ショット雑音　381
ジョンソン–メアの理論　555
真空状態　384
真空場　384
シングルイオン型異方性　40
人工原子　418
人工量子細線　364
真性特異点　406
シンプレクティック対称性　299

水素化アモルファスシリコン　656
垂直成長　508
スカーミオン　284
スカンジウムニオブ酸鉛　527
スキルミオン　407
スクイジング　381
スクイーズ演算子　387
スクッテルダイト　187
スケーリング　57
スケーリング理論　296
スケール不変性　395
スケール変換　297
裾吸収　659
スティープネス因子　357
ステップ　507

——の蛇行　512
ステップバンチング　512
ストークス・シフト　350, 579
ストーナー条件　29
ストライプ状態　277
ストライプ秩序　169
ストランスキー–クラスタノフ様式　510
スーパーグロース法　459
スーパー常誘電体モデル　530
スピン　58, 394
　　——と電荷の分離　393
スピン1重項状態　128
スピン1重項超伝導　158, 197
スピン液体　193
スピン回転対称性　299
スピン角運動量演算子　233
スピン核磁気緩和率　135
スピン–軌道散乱　145
スピン–軌道相互作用　3, 581
スピンギャップ　82
スピン効果　418
スピン3重項状態　128
スピン3重項超伝導体　197
スピン磁化率　56
スピン整列　597
スピン帯磁率　135
スピン対　40
スピン・パイエルス転移　14, 81, 596
スピン・パイエルス相　191
スピン波量子化　471
スピン密度波　13, 191, 293, 392, 607
スピン密度汎関数法　16
スピンメモリー　450
スプリットゲート法　411
スペクトル関数　594, 599
スペーサー層　491
フラストレーション　92
スレーター反強磁性絶縁体　596
スレーター–ポーリング曲線　25

正規組成　593
正規直交基底　384
正12角形準結晶層　642
正10面体結晶　642
整数量子ホール効果　264, 464
生成演算子　126, 382

正20面体結晶　642
正8角形準結晶層　642
ゼオライト　433
セカンダリー場　396
赤外発散　372
接触抵抗　462
切断面　478
ゼーマン分裂　418
ゼロモード異常　462
閃亜鉛鉱型構造　568
遷移金属　22
遷移金属ダイカルコゲナイド　146
センサー　594
選択則　469
セントラルチャージ　396
前方散乱　594

相関距離　395
双極子相互作用　7, 242
相互作用　127
相互作用モード　351
層状超伝導体　144
層成長　508
相転移　57
ソース電極　486
粗大化　514
ソフトフォノン　532
ソフトマテリアル　630
ソリトン　399
ゾンマーフェルト因子　368

　　　　　　　た　行

第1種超伝導体　137, 216
対称アンダーソン模型　50, 51, 55, 56
対称ゲージ　279
対称性　299
帯磁率　241
第2種超伝導体　137, 216
ダイポールガラスモデル　531
ダイマー　82
ダイマー系　68
ダイマー秩序　74
ダイヤモンド　620
帯溶融法　574
多価金属　473

多極子秩序　13
多極子モーメント　5
多重項　40
多重捕獲　658
多層吸着　504
多層チューブ　474
縦型量子ドット　417
縦共鳴　244
種結晶溶融法　219
ダブルカウンティングエネルギー　19
単一量子磁束　223
単光子発生　450
弾性散乱　315
単層チューブ　474
単電子帯電効果　332
単電子トランジスタ　334, 463
単電子トンネル　347
単電子メモリ　334
断熱近似　374
断熱不安定性　578, 581
断熱ポテンシャル面　581
単分子磁性体　40

力の鋸歯状変化　472
チタン酸カルシウム銅　534
秩序変数　122, 123, 126, 136, 529
チャイーズらの不等式　301
超音波吸収係数　135
超交換相互作用　9, 95
超格子　489
超伝導　121
超伝導エネルギーギャップ　140
超伝導化合物　141
超伝導ギャップ　185
超伝導ケーブル　221
超伝導磁石　220
超伝導電流　124
超伝導薄膜　222
超伝導バルク材　219
超伝導フィルター　223
超伝導量子干渉素子　90
重複補正エネルギー　19
張–ライス1重項　179
超流動　121, 134, 282
超流動速度　124
超流動ヘリウム　230

超流動ヘリウム 3　197
超流動–モット絶縁体転移　251
直接交換相互作用　7
直接相互作用　95
チョクラルスキー法　575
直交位相成分　384
直交対称性　299
直交破局効果　372

ツェナー・トンネル　347

デ・アルメイダ–サウレス線　97
抵抗極小　52
低次元系　363
低次元物質　596, 599
低スピン状態　598
ディラック・コーン　460
ディラック点　460
ディラック方程式　461
デコヒーレンス　316
鉄　213
転移温度　128, 130
電界効果トランジスタ　463
電荷移動エネルギー　592
電荷移動型絶縁体　154, 592
電荷移動型遷移　580
電荷感受率　56
電荷整列　597
電荷秩序相　195
電荷密度波　146, 288, 392, 596
電気–機械結合定数　526
電気抵抗　48, 51
　——の温度係数　650
電気抵抗極小　51
電気抵抗率　594
電気伝導　657
電子型超伝導体　196
電子間相互作用　592
電子間反発相互作用　591, 595, 599
電子顕微鏡　470
電子状態密度　648
電子色表示材料　593
電子–正孔 BCS 状態　377
電子–正孔液体　377
電子–正孔液滴　377
電子–正孔対称状態　283

電子–正孔プラズマ (気体)　376
電子比熱係数　56
電子–フォノン相互作用　141, 593, 594, 599
電子分極　578
伝導チャネル　320
伝導電子　50, 51
天然量子細線　364

透過係数　321
銅酸化物　150
銅酸化物超伝導体　599
銅酸素 2 次元面　150
動的平均場理論　377
透熱極限　375
ドゥビニン–ラドシケビッチの吸着式　501
閉じ込めポテンシャル　488
トポロジカル特異点　462
朝永–ラッティンジャー液体　391, 414
朝永–ラッティンジャー流体　72, 463
トリオン　371
トリプロン　68
ドレイン電極　486
ドロップレット描像　97
トンクス気体　251
トンネル結合　421
トンネル再結合　588
トンネル接合　463
トンネル伝導度　594, 597, 599

な 行

内殻励起子　357
ナイト・シフト　185
ナノコンタクト　411
ナノワイヤー　468
ナノワイヤー接点
　　一定太さの—　472
南部スピノル　127

2 光子吸収　368
2 次元系　400
2 次元磁性体　44
2 次元性　160
2 次元ネットワーク　42
2 次元ハイゼンベルク反強磁性体　156

2 次元ボース系　282
2 次元臨界核の形成自由エネルギー　508
2 次転移　517
2 次の相転移　132
2 重項 STE　585
2 重交換相互作用　10, 593, 596
2 重量子ドット　420
2 層グラフェン　464
2 層系　284
2 体分布関数　646
2 部格子　59
二ホウ化マグネシウム　148
2 流体モデル　124, 226

ネスティング　147
熱拡散長　318
熱長　318
熱放射　249
ネルンスト効果　193

脳磁波　222

は 行

配位座標モデル　351
パイエルス絶縁体　372
パイエルス転移　287, 410, 596
パイエルス–ハバード・モデル　293
パイエルス不安定性　392
ハイゼンベルク型スピン　39
ハイゼンベルクの運動方程式　383
ハイゼンベルク模型　10
パイロクロア酸化物磁性体　46
パウリ効果　419, 421
パウリ常磁性　6
パウリ常磁性効果　145
パウリ・スピン閉塞　421
パウリの原理　1
パウリの排他律　1
パーコレーション　274
梯子格子磁性体　81
パーセプトロン　98
1/8 構造　593
発光ダイオード　463
発散端　372
波動関数　384

索　引

ハトラー–ロンドン法　370
ハートリー–フォック近似　50
場の演算子　123
ハバード・バンド　592, 595
ハバード模型　176
ハーフメタル　23
バブル状態　277
ハミルトニアン　383
バリウムフルオロハライド　588
バリスティック伝導　316, 475
ハルデイン・ギャップ　71
ハルデイン状態　43, 71
ハルデインの擬ポテンシャル　280
ハルデイン予想　71
ハルペリンの111状態　284
バレンスボンド結晶状態　75
ハロゲン化アルカリ　577
ハロゲン化アンモニウム　588
ハロゲン化鉛　588
反強磁性　12
半金分離　459
反結合軌道　590
半古典論　380
反磁性　7
バーンズ温度　530
半整数量子ホール効果　464
反対称交換相互作用　12
反転層　485
反転対称性の破れ　581
反電場効果　465
半導体　567
半導体ブロッホ方程式　371
バンドエネルギー　19
バンドギャップ繰り込み効果　371
バンド構造　592
バンド裾　657
バンド絶縁状態　363
バンド・ヤーン–テラー効果　143
バンド理論　16

光ギャップエネルギー　659
光吸収　659
光格子　250
光双安定性　360
光伝導　463, 660
光非線形性　449

光物性物理学　363
光誘起相転移　373
光誘起ドミノ倒し過程　374
光量子仮説　380
非金属元素　213
微細構造定数　2
非磁性アモルファス金属　652
微斜面　508
非整合相　641
非線形磁気カー効果　563
非線形シグマモデル　297
非線形波動　399
非線形誘電応答　528
非対角長距離秩序　282
非弾性散乱　315
非直交　385
比熱　131, 135
比熱係数　57
非フェルミ液体　161
非フォノン超伝導　600
非輻射再結合　660
ピペリジン臭化鉛　588
非ユニタリ状態　133
表面　478
表面拡散長　509
表面再構成構造　483
表面自由エネルギー密度　506
表面抵抗　223
ビラソロ代数　396
ピン止め効果　216

ファセット　506
ファブリ–ペロ干渉　463
ファン・デル・ワールス状態方程式
　2次元系の—　503
ファン・デル・ワールス力　496
フェッシュバッハ共鳴　248, 258
フェッシュバッハ分子　251
フェリ磁性　12
フェルウェイ転移　597
フェルミ液体　57, 162, 283, 391
　—の断熱的連続　57
フェルミ液体論　37
フェルミ縮退　251
フェルミ端特異性　372
フェルミ分布関数　129

フェルミ粒子系 121
フェロイック 555
フォーゲル–フルチャー則 528
フォトルミネッセンス励起分光 465
フォトレジスト 576
フォノン 435
フォノン閉じ込め 449
フォノン瀑布 533
フォノンボトルネック効果 449
フォルマー–ウェーバー様式 510
フォン・クリッツィング定数 265
不確定性原理 381
不活性相 235
不完全殻 3
不規則構造 527
複合フェルミオン 282
複合ペロブスカイト 527
複合ボソン 282
複合粒子 281
輻射再結合過程 660
不整合 SDW 相 191
不足ドーピング 154
2 つのギャップ 166
付着成長 508
フッ化アルカリ土類 588
物質波 246
物理吸着 494
部分格子 515
部分波 128
普遍クラス 299, 301
普遍的伝導度ゆらぎ 330
普遍的なコンダクタンスのゆらぎ 298
プライマリー場 396
フラクソイド 124, 340
フラストレーション 60
　——のある系 73
フラストレート系 15
フラーレン 619, 620
プランク定数 380
フランク–ファン・デル・メルヴェ様式 510
ブリッジマン法 574
フリーデルの総和則 49
フレンケル対 581
フレンケル励起子 365
ブロック層 150
ブロッホ・トンネル 347

ブロッホの定理 295
分域壁 546
分極回転 534
分散型伝導 658
分散関係 599
分散力 496
分子軌道 590
分子線エピタキシー法 489
分子場 1
分子場理論 126
分数統計 281
分数量子ホール効果 275, 460, 492
フント結合 49
フントの規則 4
粉末チューブ法 218

平均自由行程 144
平均滞在時間 497
並進対称性の破れ 581
並進秩序 640
並列 2 重量子ドット 420
べき依存性 393
ベータ関数 298
ベーテ仮説 398
　——による厳密解 55, 56
ベーテ方程式 398
ヘテロエピタキシャル成長 510
ヘテロ構造 485, 489
ヘテロ接合 491
ヘテロダイン検波 381
ヘビーフェルミオン 182
ヘリウム 4 224
ヘリウム I 224
ヘリウム II 224
ヘリカル多層構造 474
ベリーの位相 462
ヘリングの関係式 507
ベルの不等式 381
ベレジンスキー–コステリッツ–サウレス転移 403
ペロブスカイト型結晶 515
ペロブスカイト酸化物 527
変位演算子 386
変調ドーピング 491
ヘンリー則 500
ペンローズ格子 643

ボーア磁子　2, 53
ポアソン分布　386
ポイントノード　134
ホウ素炭化物超伝導体　147
ボゴリューボフ準粒子　127, 128, 129
ボゴリューボフ変換　127, 128
ボース–アインシュタイン凝縮　69, 225, 376
ボース–アインシュタイン凝縮体　246
ボース凝縮　122
ボース–ハバード・ハミルトニアン　262
ボース粒子系　121
ボソン化法　396
ホッピング伝導　592, 657
ホップフィールド模型　98
ホモエピタキシャル成長　510
ホモダイン検波　381
ポーラロン　597
　　小さい—　592
ポーラロン効果　578
ホール型超伝導体　196
ボルツマン伝導度　300
ホール伝導度　464
ボルン近似　52
ホロン　394
ボンド秩序波　288

ま　行

マイクロクラスター　452
マイスナー効果　121, 124, 282
マクスウェルの方程式　124
マクスウェル–ワグナー型　535
マグネシウムニオブ酸鉛　527
マグネリ相　593
マグノン　68
マクミランの式　141
マジック数　453
マティアス則　138, 143
魔法数状態　420
マーミン–ワグナーの定理　36
マーミン–ワグナー–ホーエンベルグの定理　177
マリンズ–セカーカ不安定性　513
マルチフェロイック　557

ミスフィット転移　510
乱れ　595
密度演算子　384
ミッドギャップ2光子吸収過程　369
密度汎関数法　16

明滅現象　449
メゾスコピック　469
メゾスコピック超伝導　339
メロン　407
面状四配位構造　593
面心立方格子　479

モット絶縁体　155, 262, 363, 394
モット転移　192, 306, 308, 595
モット–ハバード (型) 絶縁体　309, 363, 592
モード間相互作用　32
守屋理論　596
モルフォトロピック境界　533

や　行

ヤン–テラーの定理　598
ヤン–バクスター関係式　398

有機物超伝導　190
誘起モーメント磁性　27
有限サイズスケーリング　297
有効化学ポテンシャル差　508
有効質量近似　460
有効質量モデル　145, 149
誘電緩和　526
誘電損　528
誘電閉じ込め効果　366
誘電率　526
ユニタリ状態　133
ユニタリ相　236
ユニタリ対称性　299
ユニバーサリティ　301
ゆらぎ　599

ヨウ素　213
横型量子ドット　417
芳田関数　241
ヨッフェ–レーゲルの条件　296, 650
4端子　322

ら 行

ラインノード 134
ラジアルブリージングモード 465
らせん構造 13
ラビ振動 427
ラビン–クリック・パラメター 584
ラフニング転移 507
ラフリンの波動関数 279
ラマン活性モード 465
ラマン散乱 465
ラングミュア吸着等温式 500
ランダウアー 320
ランダウアー公式 469
ランダウアー–ビュティカーの公式 327
ランダウ–カラトニコフ方程式 549
ランダウ・ゲージ 278
ランダウ準位 276, 466
　——の占有率 276
ランダウの現象論 530
ランダウ反磁性 7
ランダムネス 92
ランダム場 531, 593
ランダムボンド 531
ランデの g 因子 4

リソグラフィー 576
リチウム 215
量子暗号 389
量子井戸 490
量子渦 249
量子エラー訂正 389
量子エレクトロニクス 379
量子化抵抗 334
量子逆散乱法 398
量子光学 379
量子コンピューター 389
量子細線 410
量子雑音 389
量子縮退 247
量子情報 427
量子情報処理 379
量子スピン 60
量子スピン系 59
量子相転移 296
量子通信 389

量子抵抗 320, 462
量子伝導度 320
量子ドット 334, 417
量子ドットレーザー 449
量子ビット 427
量子非破壊測定 381
量子ビリヤードモデル 331
量子ポイントコンタクト 411, 468
量子ホール効果 487
量子もつれ 317, 381
量子乱流 230
量子臨界現象 393
リラクサー 526
履歴現象 93
臨界温度 503
臨界コンダクタンス 299
臨界指数 275, 297, 393
臨界点 395
臨界ゆらぎ 35

ルミネッセンス 660
ルミネッセンスホールバーニング 448
励起子 364, 465, 578
　——の自己束縛 579
　——の遍歴性 579
励起子 n ストリング状態 371
励起子気体 376
励起子状態 285
励起子分子 370, 465
励起子モット転移 377
励起スペクトル 579
励起分子結晶 378
零点振動 384
0.7 異常問題 415
レイリー–ジーンズ則 380
レゲット角 243
レーザー蒸発法 459
レーザー冷却 252
レナードジョーンズ・ポテンシャル 496
レプリカ対称解 96, 97
レプリカ法 96
連続ランダムネットワークモデル 655
連分数法 650

ローレンツ補正 519
ローレンツ力 216

ロンドンの磁場侵入長　124

　　　　　わ　行

ワイス振動　323

ワイル方程式　461
ワニエ励起子　364

物性物理学ハンドブック

2012 年 5 月 10 日　初版第 1 刷
2013 年 4 月 30 日　　　第 2 刷

定価はカバーに表示

編集者　川　畑　有　郷
　　　　鹿　児　島　誠　一
　　　　北　岡　良　雄
　　　　上　田　正　仁
発行者　朝　倉　邦　造
発行所　株式会社　朝　倉　書　店
　　　　東京都新宿区新小川町 6-29
　　　　郵便番号　162-8707
　　　　電　話　03 (3260) 0141
　　　　FAX　03 (3260) 0180
　　　　http://www.asakura.co.jp

〈検印省略〉

© 2012〈無断複写・転載を禁ず〉

中央印刷・牧製本

ISBN 978-4-254-13103-1　C 3042

Printed in Japan

JCOPY　〈(社)出版者著作権管理機構　委託出版物〉

本書の無断複写は著作権法上での例外を除き禁じられています．複写される場合は，そのつど事前に，(社) 出版者著作権管理機構 (電話 03-3513-6969, FAX 03-3513-6979, e-mail: info@jcopy.or.jp) の許諾を得てください．

東邦大 小野嘉之著 朝倉物性物理シリーズ1 **金属絶縁体転移** 13721-7 C3342　A5判 224頁 本体4500円	計算過程などはできるだけ詳しく述べ，グリーン関数を付録で解説した。〔内容〕電子輸送理論の概略／パイエルス転移／整合と不整合／2次元，3次元におけるパイエルス転移／アンダーソン局在とは／局在–非局在転移／弱局在のミクロ理論
東大 勝本信吾著 朝倉物性物理シリーズ2 **メゾスコピック系** 13722-4 C3342　A5判 212頁 本体4500円	基礎を親切に解説し興味深い問題を考える。〔内容〕メゾスコピック系とは／コヒーレントな伝導／量子閉じ込めと電気伝導／量子ホール効果／単電子トンネル／量子ドット／超伝導メゾスコピック系／量子コヒーレンス・デコヒーレンス
東大 久我隆弘著 朝倉物性物理シリーズ3 **量子光学** 13723-1 C3342　A5判 192頁 本体4200円	基本概念を十分に説明し新しい展開を解説。〔内容〕電磁場の量子化／単一モード中の光の状態／原子と光の相互作用／レーザーによる原子運動の制御／レーザー冷却／原子の波動性／原子のボース・アインシュタイン凝縮／原子波光学／他
前東大 三浦 登・埼玉大 毛利信男・筑波大 重川秀実著 朝倉物性物理シリーズ4 **極限実験技術** 13724-8 C3342　A5判 256頁 本体5200円	物性物理の研究に不可欠の最先端実験技術から，強磁場，超高圧の技術，ナノスケールでの構造解析の手段としての走査プローブ顕微鏡の3部門を取り上げ，これらの技術の最新の姿と，それによって何ができ，何が明らかになるかを解説する
東大 家 泰弘著 朝倉物性物理シリーズ5 **超伝導** 13725-5 C3342　A5判 224頁 本体4200円	超伝導に関する基礎理論から応用分野までを解説。〔内容〕超伝導現象の基礎／超伝導の現象論／超伝導の微視的理論／位相と干渉／渦糸系の物理／高温超伝導体特有の性質／メゾスコピック超伝導現象／不均一な超伝導／エキゾチック超伝導体
前学習院大 川路紳治著 朝倉物性物理シリーズ6 **二次元電子と磁場** 13726-2 C3342　A5判 176頁 本体4000円	半導体界面の二次元電子の誕生からアンダーソン局在と量子ホール効果の発見および諸現象について詳細かつ興味深く解説。〔内容〕序章／二次元電子系／二次元電子のアンダーソン局在／強磁場中の二次元電子の電気伝導／量子ホール効果
青学大 久保 健・東工大 田中秀数著 朝倉物性物理シリーズ7 **磁性 I** 13727-9 C3342　A5判 248頁 本体4600円	量子効果の説明を詳しく述べた，現代的な磁性物理学への入門書。〔内容〕磁性体の基礎／スピン間の相互作用／磁性体の相転移／分子場理論／磁性体の励起状態／一次元量子スピン系／ダイマー状態／フラストレーションの強いスピン系／付録
前東北大 遠藤康夫著 朝倉物性物理シリーズ9 **中性子散乱** 13729-3 C3342　A5判 220頁 本体4000円	中性子散乱の基礎的な知識，実験に使われる装置および研究の具体例を紹介。〔内容〕物質の顕微／中性子の特性と発生／中性子散乱現象の基本／中性子カメラを用いた構造解析／中性子分光装置を用いた散乱研究／中性子散乱による物性物理研究
前東大 守谷 亨著 物理の考え方1 **磁性物理学** —局在と遍歴，電子相関，スピンゆらぎと超伝導— 13741-5 C3342　A5判 164頁 本体3400円	磁性物理学の基礎的な枠組みを理解するには，電子相関を理解することが不可欠である。本書では，遍歴モデルに基づく磁性理論を中心にして，20世紀以降電子相関の問題がどのように理解されてきたかを，全9章にわたって簡潔に解説する。
前学習院大 川畑有郷著 物理の考え方3 **固体物理学** 13743-9 C3342　A5判 244頁 本体3500円	過去の研究成果の独創性を実感できる教科書。〔内容〕固体の構造と電子状態／結晶の構造とエネルギー・バンド／格子振動／固体の熱的性質—比熱／電磁波と固体の相互作用／電気伝導／半導体における電気伝導／磁場中の電子の運動／超伝導

東北大 倉本義夫・理研 江澤潤一著 現代物理学[基礎シリーズ]1 **量　　子　　力　　学** 13771-2　C3342　　　　A5判 232頁 本体3400円	基本的な考え方を習得し、自ら使えるようにするため、正確かつ丁寧な解説と例題で数学的な手法をマスターできる。基礎事項から最近の発展による初等的にも扱えるトピックを取り入れ、量子力学の美しく、かつ堅牢な姿がイメージされる書。
東北大 二間瀬敏史・東北大 綿村 哲著 現代物理学[基礎シリーズ]2 **解　析　力　学　と　相　対　論** 13772-9　C3342　　　　A5判 180頁 本体2900円	解析力学の基本を学び現代物理学の基礎である特殊相対性理論を理解する。〔内容〕ラグランジュ形式／変分原理／ハミルトン形式／正準変換／特殊相対性理論の基礎／4次元ミンコフスキー時空／相対論的力学／電気力学／一般相対性理論／他
東北大 中村　哲・東北大 須藤彰三著 現代物理学[基礎シリーズ]3 **電　　磁　　気　　学** 13773-6　C3342　　　　A5判 260頁 本体3400円	初学者が物理数学の知識を前提とせず読み進めることができる教科書。〔内容〕電荷と電場／静電場と静電ポテンシャル／静電場の境界値問題／電気双極子と物質中の電場／磁気双極子と物質中の磁場／電磁誘導とマクスウェル方程式／電磁波，他
東北大 川勝年洋著 現代物理学[基礎シリーズ]4 **統　　計　　物　　理　　学** 13774-3　C3342　　　　A5判 180頁 本体2900円	統計力学の基本的な概念から簡単な例題について具体的な計算を実行しつつ種々の問題を平易に解説。〔内容〕序章／熱力学の基礎事項の復習／統計力学の基礎／古典統計力学の応用／理想量子系の統計力学／相互作用のある多体系の協力現象／他
理研 江澤潤一著 現代物理学[基礎シリーズ]5 **量　子　場　の　理　論** ―素粒子物理から凝縮系物理まで― 13775-0　C3342　　　　A5判 224頁 本体3300円	凝縮系物理の直感的わかり易さを用い、正統的場の量子論の形式的な美しさと論理的透明さを解説〔内容〕生成消滅演算子／場の量子論／正準量子化／自発的対称性の破れ／電磁場の量子化／ディラック場／場の相互作用／量子電磁気学／他
東北大 齋藤理一郎著 現代物理学[基礎シリーズ]6 **基　礎　固　体　物　性** 13776-7　C3342　　　　A5判 192頁 本体3000円	固体物性の基礎を定量的に理解できるように実験手法も含めて解説。〔内容〕結晶の構造／エネルギーバンド／格子振動／電子物性／磁性／光と物質の相互作用・レーザー／電子電子相互作用／電子格子相互作用，超伝導／物質中を流れる電子／他
東北大 倉本義夫著 現代物理学[基礎シリーズ]7 **量　子　多　体　物　理　学** 13777-4　C3342　　　　A5判 192頁 本体3200円	多数の粒子が引き起こす物理を理解するための基礎概念と理論的手法を解説。〔内容〕摂動論と有効ハミルトニアン／電子の遍歴性と局在性／線型応答理論／フェルミ流体の理論／超伝導／近藤効果／1次元電子系とボソン化／多体摂動論／他
東北大 髙橋　隆著 現代物理学[展開シリーズ]3 **光　電　子　固　体　物　性** 13783-5　C3342　　　　A5判 144頁 本体2800円	光電子分光法を用い銅酸化物・鉄系高温超伝導やグラフェンなどのナノ構造物質の電子構造と物性を解説。〔内容〕固体の電子構造／光電子分光基礎／装置と技術／様々な光電子分光とその関連分光／逆光電子分光と関連分光／高分解能光電子分光
東北大 豊田直樹・東北大 谷垣勝己著 現代物理学[展開シリーズ]6 **分　子　性　ナ　ノ　構　造　物　理　学** 13786-6　C3342　　　　A5判 196頁 本体3400円	分子性ナノ構造物質の電子物性や材料としての応用について平易に解説。〔内容〕歴史的概観／基礎的概念／低次元分子性導体／低次元分子系超伝導体／ナノ結晶・クラスタ・微粒子／ナノチューブ／ナノ磁性体／作製技術と電子デバイスへの応用
東北大 大木和夫・東北大 宮田英威著 現代物理学[展開シリーズ]8 **生　　物　　物　　理　　学** 13788-0　C3342　　　　A5判 256頁 本体3900円	広範囲の分野にわたる生物物理学の生体膜と生物の力学的な機能を中心に解説。〔内容〕生命の誕生と進化の物理学／細胞と生体膜／研究方法／生体膜の物性と細胞の機能／生体分子間の相互作用／仕事をする酵素／細胞骨格／細胞運動の物理機構

理科大 福山秀敏・青学大 秋光　純編

超伝導ハンドブック

13102-4　C3042　　　　A 5 判　328頁　本体8800円

超伝導の基礎から，超伝導物質の物性，発現機構・応用までをまとめる。高温超伝導の発見から20年。実用化を目指し，これまで発見された超伝導物質の物性を中心にまとめる。〔内容〕超伝導の基礎／物性(分子性結晶，炭素系超伝導体，ホウ素系，ドープされた半導体，イットリウム系，鉄・ニッケル，銅酸化物，コバルト酸化物，重い電子系，接合系，USO等)／発現機構(電子格子相互作用，電荷・スピン揺らぎ，銅酸化物高温超伝導物質，ボルテックスマター)／超伝導物質の応用

前宇宙研 市川行和・前電通大 大谷俊介編

原子分子物理学ハンドブック

13105-5　C3042　　　　A 5 判　536頁　本体16000円

自然科学の中でもっとも基礎的な学問分野であるといわれる原子分子物理学は，近年急速に進歩しつつある科学や工学の基礎をなすとともに，それ自身先端科学として重要な位置を占め，他分野に多大な影響を与えている。この原子分子物理学とその関連分野の知識を整理し，基礎から先端的な研究成果までを初学者や他分野の研究者にもわかりやすく解説する。〔内容〕原子・分子・イオンの構造および基本的性質／光との相互作用／衝突過程／特異な原子分子／応用／物理定数表

前東大 山田作衛・東大 相原博昭・KEK 岡田安弘・東女大 坂井典佑・KEK 西川公一郎編

素粒子物理学ハンドブック

13100-0　C3042　　　　A 5 判　688頁　本体18000円

素粒子物理学の全貌を理論，実験の両側面から解説，紹介。知りたい事項をすぐ調べられる構成で素粒子を専門としない人でも理解できるよう配慮。〔内容〕素粒子物理学の概観／素粒子理論(対称性と量子数，ゲージ理論，ニュートリノ質量，他)／素粒子の諸現象(ハドロン物理，標準模型の検証，宇宙からの素粒子，他)／粒子検出器(チェレンコフ光検出器，他)／粒子加速器(線形加速器，シンクロトロン，他)／素粒子と宇宙(ビッグバン宇宙，暗黒物質，他)／素粒子物理の周辺

M.ル・ベラ他著
理科大 鈴木増雄・東海大 豊田　正・中央大 香取眞理・理化研 飯高敏晃・東大 羽田野直道訳

統計物理学ハンドブック
―熱平衡から非平衡まで―

13098-0　C3042　　　　A 5 判　608頁　本体18000円

定評のCambridge Univ. Pressの"Equilibrium and Non-equilibrium Statistical Thermodynamics"の邦訳。統計物理学の全分野(カオス，複雑系を除く)をカバーし，数理的にわかりやすく論理的に解説。〔内容〕熱統計／統計的エントロピーとボルツマン分布／カノニカル集団とグランドカノニカル集団：応用例／臨界現象／量子統計／不可逆過程：巨視的理論／数値シミュレーション／不可逆過程：運動論／非平衡統計力学のトピックス／付録／訳者補章(相転移の統計力学と数理)

C.P.プール著
理科大 鈴木増雄・理科大 鈴木　公・理科大 鈴木　彰訳

現代物理学ハンドブック

13092-8　C3042　　　　A 5 判　448頁　本体14000円

必要な基本公式を簡潔に解説したJohn Wiley社の"The Physics Handbook"の邦訳。〔内容〕ラグランジアン形式およびハミルトニアン形式／中心力／剛体／振動／正準変換／非線型力学とカオス／相対性理論／熱力学／統計力学と分布関数／静電磁場と静磁場／多重極子／相対論的電気力学／波の伝播／光学／放射／衝突／角運動量／量子力学／シュレディンガー方程式／1次元量子系／原子／摂動論／流体と固体／固体の電気伝導／原子核／素粒子／物理数学／訳者補章：計算物理の基礎

上記価格（税別）は 2013 年 4 月現在